国家自然科学基金委员会
建 设 部 科 学 技 术 司　联合资助

中国古代建筑史

第一卷

原始社会、夏、商、周、秦、汉建筑

（第二版）

刘叙杰　主编

中 国 建 筑 工 业 出 版 社

图书在版编目（CIP）数据

中国古代建筑史．第1卷，原始社会、夏、商、周、秦、汉建筑/刘叙杰编著．—2版．—北京：中国建筑工业出版社，2009.10

ISBN 978-7-112-09070-9

Ⅰ.①中… Ⅱ.①刘… Ⅲ.①建筑史-中国-古代
Ⅳ.①TU-092.2

中国版本图书馆CIP数据核字（2009）第198468号

责任编辑：[illegible] 王莉慧
整体设计：冯彝诤
版式设计：王莉慧
责任校对：王雪竹

国家自然科学基金委员会
建 设 部 科 学 技 术 司 联合资助

中国古代建筑史

第一卷

原始社会、夏、商、周、秦、汉建筑

（第二版）

刘叙杰 主编

*

中国建筑工业出版社出版、发行（北京西郊百万庄）
各地新华书店、建筑书店经销
北京红光制版公司制版
天津翔远印刷有限公司印刷

*

开本：880×1230毫米 1/16 印张：45½ 插页：3 字数：1256千字
2009年12月第二版 2019年11月第四次印刷
定价：**148.00**元
ISBN 978-7-112-09070-9
（14479）

《中国古代建筑史》(五卷集)

第二版出版说明

用现代科学方法进行我国传统建筑的研究，肇自梁思成、刘敦桢两位先生。在其引领下，一代学人对我国建筑古代建筑遗存进行了实地测绘和调研，写出了大量的调查研究报告，为中国古代建筑史研究奠定了重要的基础。在两位开拓者的引领和影响下，近百年来我国建筑史领域的几代学人在中国建筑史研究这一项浩大的学术工程中，不畏艰辛，辛勤耕耘，取得了丰硕的研究成果。20世纪60年代由梁思成与刘敦桢两位先生亲自负责，并由刘敦桢先生担任主编的《中国古代建筑史》就是一个重要的研究成果。这部系统而全面的中国古代建筑史学术著作，曾八易其稿，久经磨难，直到“文革”结束的1980年代，才得以出版。

本套《中国古代建筑史》(五卷）正是在继承前人研究基础上，按中国古代建筑发展过程而编写的全面、系统描述中国古代建筑历史的巨著，按照历史年代顺序编写，分为五卷。各卷作者或在梁思成先生或在刘敦桢先生麾下工作和学习过，且均为当今我国建筑史界有所建树的著名学者。从强大的编写阵容，即可窥见本套书的学术地位。而这套书又系各位学者多年潜心研究的成果，是一套全面、系统研究中国古代建筑史的资料性书籍，为建筑史研究人员、建筑学专业师生和相关专业人士学习、研究中国古代建筑史提供了详尽、重要的参考资料。

本套书具有如下特点：

(1) 书中大量体现了最新的建筑考古研究成果。搜集了丰富的建筑考古资料，并对这些遗迹进行了细致的描述与分析，体现了深厚的学术见解。

(2) 广泛深入地发掘了古代文献，为读者提供了具有深厚学术价值的史料。

(3) 丛书探索了建筑的内在规律，体现了深湛的建筑史学观点，并增加了以往研究所不太注意的建筑类型，深入描述了建筑技术的发展。

(4) 对建筑复原进行了深入探索，使一些重要的古代建筑物跃然纸上，让读者对古代建筑有了更为直观的了解，丰富了读者对古代建筑的认知。

(5) 图片丰富，全套书近5000幅的图片使原本枯燥的建筑史学论述变得生动，大大地拓宽了读者对中国古代建筑的认识视野。

本套书初版于2001～2003年间，这套字数达560余万字的宏篇大著面世后即博得专业读者的好评，并传播到我国的台湾、香港地区以及韩国、日本、美国等国家，受到海内外学者的关注，成为海内外学者研究中国古代建筑的重要资料。之后，我社组织有关专家对本套图书又进行了认真审读，更正了书中不妥之处，替换了一些插图，并对全套书重新排版，在装祯和版面设计上更具美感，力求为读者提供一套内容与形式同样优秀的精品图书。

中国建筑工业出版社
2009年10月

《中国古代建筑史》（五卷集）

第一版出版说明

中国古代建筑历史的研究，肇自梁思成、刘敦桢两位先生。从20世纪30年代初开始，他们对散布于中国大地上的许多建筑遗迹、遗物进行了测量绘图，调查研究，发表了不少著作与论文；又于60年代前期，编著成《中国古代建筑史》书稿（刘敦桢主编），后因故搁置，至1980年才由中国建筑工业出版社出版。本次编著出版的五卷集《中国古代建筑史》，系继承前述而作。全书按照中国古代建筑发展过程分为五卷。

第一卷，中国古代建筑的初创、形成与第一次发展高潮，包括原始社会、夏、商、周、秦、汉建筑，东南大学刘叙杰主编。

第二卷，传统建筑继续发展，佛教建筑传入，以及中国古建筑历史第二次发展高潮，包括三国、两晋、南北朝、隋唐、五代建筑，中国建筑技术研究院建筑历史研究所傅熹年主编。

第三卷，中国古代建筑进一步规范化、模数化与成熟时期，包括宋、辽、金、西夏建筑，清华大学郭黛姮主编。

第四卷，中国古代建筑历史第三次发展高潮，元、明时期建筑，东南大学潘谷西主编。

第五卷，中国古代建筑历史第三次发展高潮之持续与向近代建筑过渡，清代建筑，中国建筑技术研究院建筑历史研究所孙大章主编。

晚清，是中国古代建筑历史发展的终结时期，接下来的就是近、现代建筑发展的历史了。但古代建筑历史的终结，并不是古典建筑的终结，在广阔的中华大地上，遗存有众多的古代建筑实物与古代建筑遗迹。在它们身上凝聚着古代人们的创造与智慧，是我们取之不尽的宝藏。对此，研究与继承都仍很不足。对古代建筑的研究，对中国古建筑历史的研究，是当今我们面临的一项重大课题。

本书的编著，曾得到国家自然科学基金委员会与建设部科技司的资助。

中国建筑工业出版社
二〇〇三年六月

前　　言

中华民族是世界上历史与文明最悠久的民族之一，曾经创造了灿烂辉煌的东方文化，为人类进步和文明发展作出过重要贡献。除了众所周知在农业、医学、罗盘、造纸、火药、活字版印刷等方面的突出成就，还肇建了一个具有中国独特风格的完整建筑体系。这一体系的形成与发展，与中华文明的形成与发展基本同步。就其历史时期延续之长、地域范围分布之广、数量规模营建之巨，以及其建筑类型、结构、外观与构造变化之众，都是世界其他民族文化所难以企及的。

依我国古代文史载述与当今考古发掘资料表明，至迟在七千年前的新石器时代中期，生活在中华大地上的我国先民已经营造从穴居到干阑建筑以及地面房屋等多种类型的居住建筑了。随着社会的发展和需求的不断增加，又次第出现了仓窖、作坊、陶窑、墓葬、坛庙、宫室、园囿、津梁、沟渠、堤坝、城垣、聚落、城市等各类新的单体与群体建构筑物。它们的产生大大丰富并扩展了我国传统建筑的内涵与范畴，经过日后长期实践的不断验证与改进，才逐步形成了这一具有鲜明中国地域与民族特色的建筑体系。它的存在与发展，已不间断地延续了几千年，许多传统的设计原则和建筑形式，直至今日还在为人们所应用。对比那些在人类历史中曾经一度辉煌，尔后又因种种缘故而被中断甚至湮没了的世界其他古建筑文化，例如埃及、巴比伦与波斯、希腊与罗马、印度和中南美洲，我们是有理由为自己的传统建筑如此久盛不衰而感到无比自豪的。它几千年来在建筑技术与艺术上所创下的光辉业绩，乃是中华民族亿万先民在十分艰难困苦的条件下，以无穷的智慧与难以想象的艰辛劳动所取得的。中国传统建筑的伟大成就，不但已得到世界公认，而且还应当永远为我华夏子孙所颂扬与铭记。

自古以来，由于众多不为人类主观愿望所左右的各类自然灾害，以及出自人类主观意图所导致的种种破坏，使我国传统建筑得以保存至今的为数不多，特别是两汉及以前的早期建筑。它们昔日的壮丽华焕，大多已化为飞烟尘土，少数的亦仅存断壁残基，隐没于荒原野草之中，徒供后人思古伤怀吊凭叹息。为了探究这一伟大成就的沧桑变幻，历代曾有不少文人墨客进行过多方考证，由于缺乏确凿依据和正确的探索手段，虽有纷纭众说，均皆难以定论。直至本世纪 30 年代初期，用现代科学手段进行研究的我国历史考古与建筑考古学者，才取得了为数不多但意义重大的突破。以本卷所涉及的范围为例，就有北京市房山区周口店龙骨山“北京猿人”居住的天然崖洞，山东历城县龙山镇城子崖新石器时期龙山文化城址，河南安阳市小屯村晚商宫殿与皇室墓葬，以及河南、山东、四川、原西康省诸地的汉代石阙、石祠与崖墓等遗址的发现。这些资料虽然比较孤立与分散，但却引起了中外学术界的极大重视与关注。不幸的是，随后爆发的全面抗日战争，不仅破坏了许多宝贵的文化遗迹，而且还大大削弱甚至完全中止了这一刚刚肇始而又十分重要的科学活动。

1949 年新中国成立后，由于国家的一贯重视，对本学科领域研究的经费投入、机构建设、人才培养等方面都逐年有了很大增长，研究的规模与深度也日益扩展，从而取得了非常丰硕的成果。例如陕西西安市半坡村仰韶文化遗址的发现，使对黄河中游新石器中期的原始社会聚落的组成与不同形式的住所有了较系统与明晰的认识。而春秋、战国若干诸侯都邑及西汉长安城的发掘，则大大加深了对不同历史时期城市建设及其变化的了解。又如对汉长安城南郊辟雍遗址的清理，不但剖析了这类礼制建筑的早期实例，而且还从它的布局原则及建筑配置，引溯出后代坛庙建筑的演衍。在大量有关资料积累的基础上，全国建筑史学界的专家学者们通过七年的共同努力，于1965年写出了《中国古代建筑史》定稿，但由于“文化大革命”的阻滞，该书在1980年方正式问世。这是一本汇集了众多学者大量心血与辛勤劳动的阶段性研究成果。虽然由于历史条件的局限，例如许多重要资料尚未揭露，某些学术观点也受到一定的制约……。但就当时而言，这已是大家力所能及与学术水平最高的建筑史学著作了。

事隔三十余年后的今天，特别是由于“改革开放”政策的正确实施，给全国的经济、政治和文化都带来了深刻的变化和巨大的发展，也给我国传统建筑的研究带来更有利的条件与前景。各地新资料的不断发现与研究工作的全面深入开展，使得人们的认识与视野日益深化与宽广，已有的学术论据与观念也不断得到补充与修正。例如对内蒙古大青山——辽宁北部一带的红山文化与长江中游湖北、湖南的彭头山——屈家岭文化的系统发现，修正了过去认为黄河流域是华夏文明惟一摇篮的观点，从而确定了中国古代文明发展的多元性。而各地原始社会城市、祭祀建筑及聚落、民居的不断发现，使对这一时期上述各类建筑的形成、发展以及它们所带来的影响，都有了较过去更为全面的认识。又如1998年考古学家对河南偃师县尸乡沟商城城垣的剖析，证明了它乃是始建于商汤的首座都城——西亳，从而判定其附近的二里头遗址为夏代末都斟寻。由此进一步确认了夏、商两代的文化分界（包括建筑在内）。这样，就基本解决了学术界中久悬而未决的一个重要课题。其他比较突出的遗址，例如河南洛阳市周王城，陕西凤翔县秦公墓园与祭祀建筑，咸阳市秦宫室及骊山始皇陵，西汉长安未央宫与武库，东汉雒阳城和灵台，战国、秦、汉长城，汉代大型土圹墓、崖墓及多种形制的砖券墓等等，都是各时期具有代表性和十分重要的第一手资料。它们不但弥补了中国古代早期建筑中的许多空白，而且还将这一领域中的研究水平与成果，提升到又一个新的高度。

编写中国古代建筑史的目的，首先是要努力发掘并整理它几千年来的光辉成就，系统地再现其原有面目，并将它作为全人类不朽的历史文化遗产，奉献给包括中华民族在内的全世界人民。其次，是将它作为华夏祖先留下的无价瑰宝与伟业丰碑，用以激励和教育我们与子孙万代。再次，就是要从这份内容丰富与水平高湛的建筑遗产中，整理与总结出我国古代匠师在建筑活动中所运作的基本规律、指导原则和具体手法，以供今后我们在建筑实践中的借鉴，为创造有中国民族与传统风貌的新建筑形式提供物质上和精神上的可靠依据。此外，建筑作为伟大中华文明中的重要组成部分，我们应当同时也需要整理出一部能够系统并准确反映几千年来我国传统建筑活动的完整记录，以作为我们今后在工作、研究与学习中的重要教科书与指南。

今日的社会环境和工作条件，与开创学科的先辈们在20世纪30年代，甚至50年代相比，真不知要好上多少倍。我们目前所进行的工作，虽然也取得许多进展，但仍然是在前人开拓基础上的延续，还有大量的工作尚待进一步深化与完成。因为这是一项极为庞大且复杂、长期而艰巨的任务，需要若干代人持续的艰苦奋斗与不懈努力，以及众多学科更全面与深入的配合。为此，除了我们自己仍需不断加倍努力，还要将最殷切的希望寄托于今后继续这一艰巨工作的后来者。

刘叙杰
1998年11月

目 录

第一章 中国原始社会建筑（远古至公元前2100年） …… 1
第一节 中国原始社会概况 …… 1
一、中国的旧石器时代 …… 1
二、中国的新石器时代 …… 7
三、中国原始社会意识形态的表现 …… 22
第二节 建筑最初的两个基本形态——巢居和穴居 …… 27
一、架空的巢居——水网沼泽及热湿丘陵地带的主要居住形式；“穿斗式”木结构的主要渊源 …… 28
二、黄土地带的穴居及其发展；中国土木混合结构建筑的主要渊源 …… 30
第三节 中国原始社会建筑 …… 32
一、中国原始社会城市 …… 32
二、中国原始社会的聚落 …… 46
三、中国原始社会的居住建筑及其他建、构筑物 …… 59
四、中国原始社会的祭祀建筑 …… 98
五、中国原始社会的墓葬 …… 103
第四节 中国原始社会建筑的成就和影响 …… 112
一、群体建筑的产生与发展 …… 112
二、多种类型建筑的形成 …… 112
三、单体建筑空间的组织与发展 …… 113
四、建筑技术的多方面发展 …… 114
五、建筑造型和装饰 …… 122
第二章 夏、商时期建筑（公元前2070—前1046年） …… 127
第一节 夏代和商代的历史与社会 …… 127
一、夏代与商代的历史与社会概况 …… 127
二、夏代与商代的农业、畜牧业和手工业生产 …… 129
三、夏代与商代社会的特点 …… 134
第二节 夏代与商代的建筑 …… 142
一、城市 …… 142
二、宫室、坛庙、祭祀建筑 …… 147
三、聚落、民居 …… 171
四、墓葬 …… 180
五、其他建筑 …… 188
第三节 夏、商二代建筑的成就及影响 …… 196
一、我国古代建筑各主要类型的雏形已逐渐形成 …… 196
二、“城以卫君，郭以守民”的建城原则 …… 196
三、“前朝后寝”的宫室布局 …… 197

四、土圹木椁墓葬制式的确立 …… 197
五、夯土技术的进一步发展 …… 198
六、抬梁式木架成为建筑的主要结构形式 …… 198
七、其他建筑技术的长足进步 …… 199
八、各种造型艺术对建筑的影响 …… 201
第三章　周代建筑（公元前1046—前221年） …… 205
第一节　周代的历史和社会概况 …… 205
一、周人的起源与建国 …… 205
二、中国古代封建社会制度的确立 …… 207
三、周代的社会生产 …… 208
四、学说思想的活跃与“百家争鸣” …… 223
五、周代的文学、艺术活动 …… 223
第二节　周代的建筑 …… 226
一、城市 …… 226
二、宫室、坛庙与祭祀建筑 …… 256
三、周代之墓葬 …… 285
四、居住建筑 …… 315
五、其他建筑与构筑物 …… 322
六、周代的建筑技术与建筑艺术 …… 338
第三节　周代建筑的成就及其影响 …… 355
一、奠定了我国封建社会建筑体系的主要格局 …… 355
二、建筑中表现的封建等级制度十分显著明确 …… 356
三、木架建筑得到进一步发展 …… 356
四、陶质建材的推广使用，大大促进了建筑的发展 …… 357
五、我国最早建筑文献的出现 …… 358
六、建筑模数尺度的规定与应用 …… 358
第四章　秦代建筑（公元前221—前206年） …… 363
第一节　秦代的历史与社会概况 …… 363
一、秦人的起源、以变法图强取得天下 …… 363
二、秦代的社会生产状况 …… 365
三、全国法令、制度……的统一 …… 372
四、苛政厉法导致帝国崩溃 …… 373
第二节　秦代的建筑 …… 374
一、城市 …… 374
二、宫室 …… 380
三、墓葬 …… 397
四、长城 …… 408
五、其他建筑与构筑 …… 410
六、秦代的建筑技术及建筑艺术 …… 418
第三节　秦代建筑的成就与影响 …… 432
一、建成多项举世闻名巨构，使华夏建筑登上新高峰 …… 432

二、骊山始皇陵开辟了我国帝陵建设新篇章 …… 432
三、确立边城防卫体系，为日后消弭外患、沟通东西文化与经济交流奠定基础 …… 433
四、广建皇家宫室苑囿，推动建筑技术与建筑艺术的进一步发展 …… 433
五、取得组织与施行特大工程的实施经验 …… 434
六、对两汉及后代建筑产生直接和巨大的影响 …… 434
第五章　汉代建筑（公元前206—公元220年） …… 436
第一节　汉代的历史及社会概况 …… 436
一、汉王朝的建立与国势之强盛 …… 436
二、社会生产及社会状况 …… 437
三、东西交通之开拓 …… 445
四、儒家思想确立与佛教传入 …… 446
第二节　两汉之建筑 …… 448
一、城市 …… 448
二、宫室、官衙、苑囿、园林 …… 458
三、汉代之祠庙坛台建筑 …… 485
四、陵墓 …… 500
五、居住建筑 …… 559
六、宗教建筑 …… 573
七、长城 …… 576
八、其他建、构筑物 …… 587
九、建筑技术 …… 617
十、建筑艺术及造型 …… 639
第三节　汉代建筑的成就与影响 …… 658
一、城市建设中出现的帝都新格局 …… 658
二、宫殿的多功能趋向及大量离宫的兴建 …… 660
三、宫殿主体建筑组合形式的改变 …… 661
四、祭祀建筑的发展与定制 …… 661
五、帝后陵寝新形制的完善，一般墓葬结构与形式的多样化 …… 662
六、奠定我国传统民居的基本类型与形式 …… 662
七、佛教传入对中国历史、文化和建筑都带来深远影响 …… 662
八、大木结构基本定型，并出现高层木梁柱建筑，表明结构上质的飞跃 …… 663
九、对陶质建材结构与形式的改良与探索，推动了建筑的进一步发展 …… 664
十、建筑装饰题材与形式的“百花齐放”，不断提高了建筑的艺术水平，也反映了当时建筑创作思想的活跃 …… 664
十一、若干社会传统及思想意识在汉代建筑中得到充分反映，并成为日后不移的建筑法则 …… 665
附录　中国古代建筑大事年表（原始社会——东汉） …… 669
插图目录 …… 694
编写后记 …… 716

第一章　中国原始社会建筑

（远古至公元前 2100 年）

第一节　中国原始社会概况

人和现代类人猿的共同祖先是距今 3000 万年以前渐新世时期的埃及古猿。它的一支经过森林古猿逐步演变为现代类人猿；另一支经过腊玛古猿、南方古猿（纤细种）转化为直立人。南方古猿（纤细种）渐能制造石器等工具，逐步进化成为人类，这便开始了人类社会的历史。

中国是世界上发现早期人类化石和文化遗存的重要地区之一，例如湖北建始县、巴东县就发现了南方古猿的牙齿化石[1]。云南元谋县发现人类牙齿化石和石器（距今 170 万年前，为现知最早的古人化石遗存）；山西芮城县西侯度（发现石器，距今 135 万年，为现知最早的旧石器文化遗存）、河北阳原县小长梁等地相继发现了古人类文化遗迹，这几处遗址都属距今 100 多万年前的早更新世。其他的旧石器时代人类和主要文化遗址，在北京、山西、陕西、河南、云南、广西、贵州等地都有发现（图 1-1）。

人类的劳动水准以制造工具为标志，因此工具的出现便意味着人类生产活动的开始。人类以其劳动改善生存环境的同时，也改善着自身。人类最初制作的生产工具主要是石器，全是打制而成，相当粗糙。考古学称使用这种打制石器的时代为旧石器时代。进一步发展，则出现磨制加工的石器，使用这种石器的时代被称作新石器时代。在人类漫长的史前时期，使用打制石器的旧石器时代最长，若以人类迄今的历史为 300 万年计算，旧石器时代即占去 299 万年，一万年前才开始过渡到新石器时代。

一、中国的旧石器时代

古人类学将原始人类划分为猿人、古人和新人三个发展阶段。这基本上是考古学划分的旧石器时代（包括向新石器时代过渡的中石器时代），距今大约二三百万年以前，在我们这颗星球上古猿开始分化而产生了人类——猿人。云南省开远地区所发现的古猿牙齿化石证明，作为人类祖先的古猿，已经生活在中国这块土地上了。

（一）中国猿人的生活和栖居方式

猿人在相当长的一段历史时期里，大约和现代大猩猩、黑猩猩以及长臂猿等类人猿一样，仍旧住在具备热带、亚热带条件的茂密的森林中，为躲避猛兽的侵袭，基本是住在树上的。至于猿人是否只能选择树上或自然洞窟等栖居处所而无建造的栖居形式，则是正在研讨中的问题。在山西芮城县西侯度发现的一批原始的但非最古老的石器（刮削器、砍斫器及三棱大尖状器等）以及

图 1-1 中国旧石器时代人类和主要文化遗址分布图

人类最早用火痕迹——烧骨，表明在135万年前我国的古人已进入旧石器时代。在河北张家口市阳原县桑乾河畔的泥河湾遗址中，又发现石器和古人敲骨吸髓、刮肉进食等遗迹。这更将我国旧石器时代古人的历史提前到200万年以前。另外，1965年在云南元谋县发现的170万年以前猿人文化遗址中伴生有炭屑，是当时业已用火的明证。这就是说，早在猿人阶段，由于他们已能粗制石器，并已能引用天然火，他们依靠集体的力量突破了森林的局限，逐渐向温带地区开拓自己的生活领域。根据目前所知的材料，处于猿人阶段的人类遗存，最早的是"元谋人"，学名为"直立人元谋新亚种"（Homo erectus yuanmouensis）。元谋猿人不但在中国是已发现最早的猿人，而且也是全世界目前所知最早的猿人类型之一。其次，则为1963—1965年在陕西蓝田县所发现的距今约80万至60万年的蓝田猿人，学名"直立人蓝田亚种"（Homo erectus lantianensis）。蓝田遗址出土有猿人上下颌骨，头盖骨和牙齿化石，以及伴生的石器和一些动物残骸化石。在时代上和蓝田猿人接近的则是20世纪20年代在北京市房山区周口店龙骨山岩洞中首次发现的、早已名震中外的"北京中国猿人"（Sinanthropus pekinensis），俗称"北京人"，现在定名为"北京直立人"（Homo erectus pekinensis）。北京人所属的地质时代，多数学者认为是中更新世的民德尔——里斯间冰期，距今约70万～20万年。也有人估计它是距今大约50万年以前的猿人残骸化石。20世纪70年代对周口店龙骨山岩洞进一步发掘，又获得大批珍贵资料。到目前为止，北京猿人文化遗存共有分属于四十多个男女个体的头盖骨、面骨、股骨等化石；还有若干石器、灰烬以及动物遗骸化石等。经复原研究，"北京人"骨骼粗壮，肌肉发达、毛发浓密；身高约为156～157厘米；脑量平均约1043毫升，比现代类人猿的脑量——平均415毫升——大一倍以上；头盖骨比现代人约厚一倍。他们虽然还保留有若干古猿的痕迹，但基本上已接近现代人的体质形态。

猿人过着群居的生活，一个原始群大约有几十人，以群婚的方式进行着种族的繁衍。他们依靠集体力量进行艰苦的生存斗争，季候的变化、自然灾害、猛兽侵袭、疾病的困扰，都给他们带来严重的威胁。从"北京人"的遗骸化石测知表明，他们的死亡年龄不是很高的。他们力图选择有水源供给、捕猎和采集食物便利而又安全的生活环境，其栖居的处所，则喜欢选择自然岩洞。以北京猿人所生活的周口店一带环境来看，周围有群山、平原与河流。"北京人"在这里居住的时期，气候和自然环境屡经变化。早期气温偏冷，喜冷动物如狼獾、洞熊、扁角鹿、披毛犀等在动物化石中占优势。中期，即距今四、五十万年以前的气候较为温暖，喜暖热的动物如竹鼠、硕猕猴、德氏水牛、豪猪等占多数。遗存的安氏鸵鸟和巨鸵等动物化石，证实这一带曾有过半干旱和干旱时期，出现过草原甚至沙漠。而水獭、居氏大河狸、河狸等喜水栖动物骨骼化石的发现，又表明这里还曾出现过大面积的水域。在"北京人"得到发展时期，这一带的自然面貌是被浓郁的松、桦、紫荆、朴树等所构成的森林所覆盖的丘陵和群山；平原的河流、沼泽之间，也是草木丛生。大地茂密的植被所生产的可食野果、茎叶、籽、根，提供了较充裕的植物食品；这里栖居的动物，除了凶猛的虎以外，多是成群的野羊、野马、肿骨鹿、梅花鹿等，对人类没有什么威胁而且较易围猎的素食动物；水域则提供了水栖兽类和各种鱼类、贝介类，均可供捕取食用。

北京猿人群居栖在龙骨山的天然岩洞里。现在所看到的洞口已遭破坏，而当年的洞口要小得多。居住在岩洞里，既可身避风雨和严寒酷暑，也便于防御猛兽的危害。使用自然形成的洞穴，大概是这一时期温带丘陵地区猿人的主要栖居方式。

北京猿人利用河滩上的砾石，打制成狩猎和宰割野兽以及采伐和修整树木枝干的工具。已发现的石器，从功能区分有：投掷器、砍斫器、锥刺器和刮削器等（图1-2）。考古学把这种粗制的石器称之为"旧石器"，北京猿人正处于旧石器时代的初期阶段。在他们栖居的山洞中，还发现成

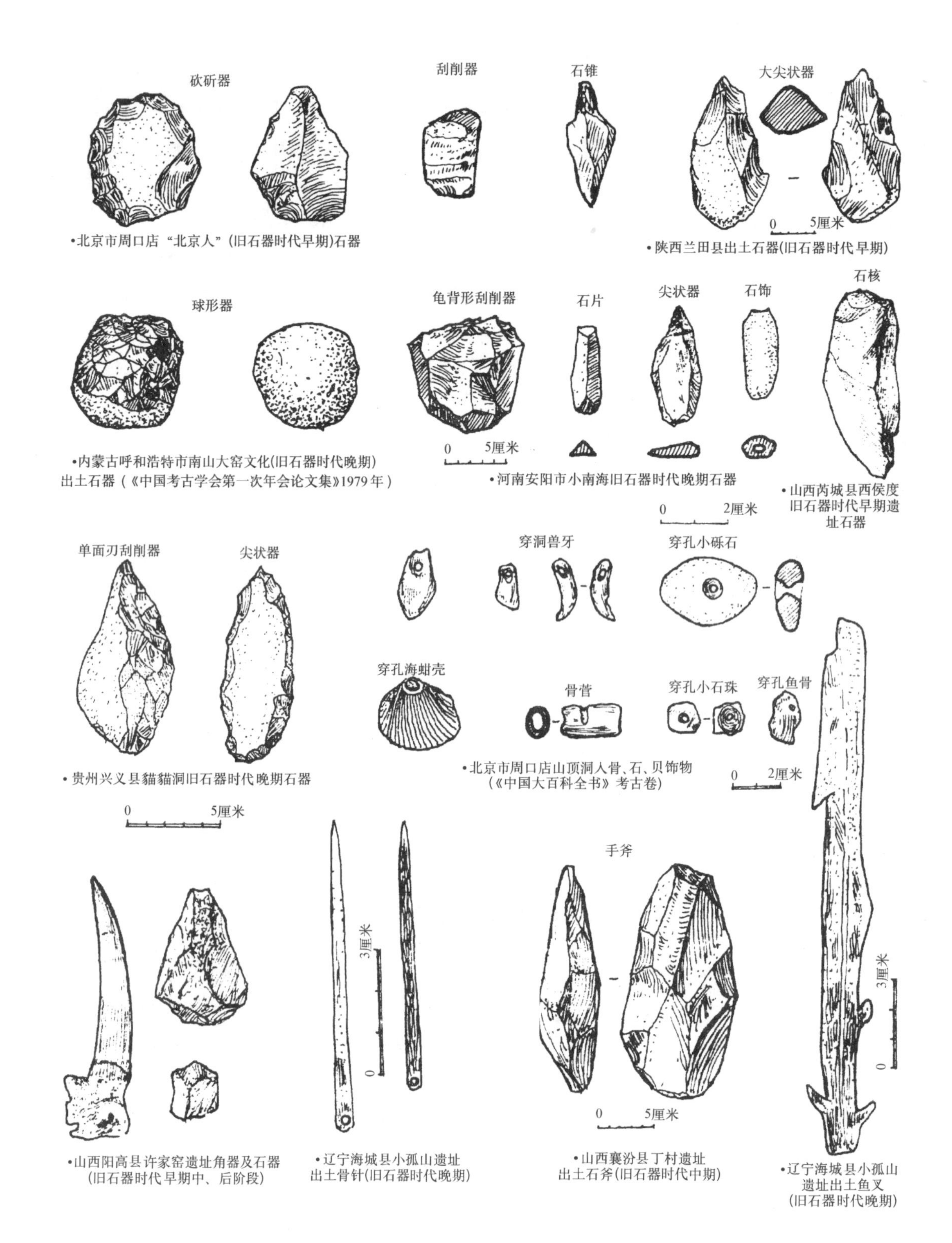

图 1-2 中国旧石器时代的各种生产工具及饰物

层、成堆的植物炭屑、灰烬厚达 6 米，里面夹杂着经火烧过的兽骨、朴树籽和石块等，这直接证明了北京人是经年累世地食用烧烤的食物。能够引用和控制天然火，标志原始人类彻底与动物相分离，标志人类社会进步的一大飞跃。熟食提高了猿人摄取营养的效率，加速了智力的发育；就生活方式来说，用火并可取暖、照明和驱逐猛兽。由于有了人工采暖和驱除虫蛇猛兽侵害的手段，就有了脱离自然岩洞、比较自由地选择更为适宜的生活环境的条件。因此可以说，火的利用，促成了人类广阔生存空间的开拓。

（二）中国“古人”的生活和栖居方式

猿人原始群不断繁衍，体质形态逐渐进化，到距今大约20万年前后，他们的颅骨已经变薄，额骨已经凸起，上颌骨已不像猿人那样向前突出，整个体质形态与现代人更为接近了。他们活动能力的提高，反映在表现生产力水平的石制工具发生了重要的变革。考察遗物可知，这时石器的加工，在原来直接打击和碰砧的工艺基础上，更创造了交互打击的方法，从而制作出单刃和多刃的砍斫器。这时的石器还发现有球形投掷器，以及较大的厚三棱形、小的尖形以及多边形、圆形的刮削器。标志此时已进入旧石器时代的中期阶段。这一阶段的人类，在古人类学上称为“古人”。

“古人”遗骸化石和石器等遗存，在中国南、北方都有发现。属于早期古人类型的，有广东韶关市马坝乡“马坝人”。略晚的则有湖北长阳县赵家堰岩洞里发现的连接两颗牙齿的左上颌骨和前臼齿化石，被命名为“长阳人”。以及山西襄汾县丁村发现的三颗牙齿化石，被命名为“丁村人”。对“丁村人”居住遗址的发掘，同时还出土了两千多件石器和动物化石等。

“古人”所选择的生活环境仍然是山林茂密、水草丰美，有充裕的动、植物食品来源的地区。从“丁村人”所居住的环境来看，它位于太行山脉以西的汾河流域，当年这里的气候也很温暖、湿润；山林及平原、河谷的丛生草木之间，有成群的豺、狼、狐、熊、象、牛、斑鹿、赤鹿、大角鹿、野驴、野马、水牛、原始牛、羚羊等出没，汾河及其支流的水中则有大量的草鱼、青鱼、鲤鱼和贝介类可供食用。

在这一时期，不但原始人群有所增加，每一个聚居的人群成员数量也有所增长。其繁衍也逐渐脱离了原始群婚的方式，并开始了氏族制度的萌芽。但是总的来说，这种改变对群居的生活方式并没有产生重大的影响，这一时期的人群，仍然主要是集体居住在山洞里。

（三）中国“新人”的生活和栖居方式

大约从四五万年以前开始，人的脑量又有增加，脑机能也更趋健全。这时人类的头颅高度显著加大，厚度显著减小，眉嵴已经低平，嘴部已不再前凸；肢骨的管壁也变薄，髓腔扩大，总的体质形态已不再有猿人的原始迹象，而与现代人十分相像了。这时的人类则被称作“新人”。在中国，“新人”的遗骸、遗迹也多有发现。代表早期“新人”的是广西柳江县通天岩洞窟里发现的一个完整头骨和部分体骨、肢骨化石，而被称为“柳江人”。其他则有广西来宾县麒麟山发现的部分头骨的化石，被称为“麒麟山人”；在四川资阳县黄鳝溪发现的部分头骨化石，被称为“资阳人”。在河套地区——内蒙古自治区鄂尔多斯市乌审旗滴哨沟湾，发现一块颅骨和一段股骨化石，被称为“河套人”。以及早在1933—1934年在北京市房山区周口店龙骨山所发现的“山顶洞人”。“山顶洞人”残骸化石，分属十个男女个体；同时出土的还有丰富的石器、骨器——工具和装饰品等（图1-2）。“新人”的劳动技能有了更大的提高，器物制作工艺也有重大的改革。例如石器的加工技术，这时已发明了更进一步的间接打击法和压剥法，并再加以精心的磨制。所制作的工具类型更加增多，像双刃带尖和三棱长尖的锥刺器以及凹刃、凸刃、圆刃、双刃的刮削器等。这些工具（应该有柄）显然更加适用，从而可以提高劳动生产效率，标志此时已进入旧石器时代的晚期。

“新人”在石器制造的经验基础上，进一步利用兽骨来加工制作器物。在“资阳人”的遗物中，发现一件有长期使用痕迹的残长108.2毫米的三棱骨锥。“山顶洞人”的遗物中则发现了一件直径31～33毫米，全长82毫米的骨针，针尖圆锐，针眼狭小，制作工艺相当精细。这些骨器不但表现出当时的人们已掌握一套较为复杂的制骨技术，并且说明“新人”日益提高的卫生要求以及羞耻感与美感，使他们创造并穿上了用兽皮之类缝合的衣着。

“山顶洞人”所居住的山洞中出土有白色小石珠、黄绿色的钻孔小砾石和穿孔兽牙等装饰品。

原来大约用麻葛藤或动物皮条之类穿成串链，作为头饰、项饰、腕饰或服饰的。被称作“生活三要素”的衣、食、住是相互关联的。“新人”在衣着上的变革以及在饰物上所反映出来的审美要求，显示了他们在饮食和居住方面也必有美好的向往。这时，渔猎生产成为主要经济部门，首先表现在渔猎工具有了更多的革新。系以藤蔓或革条之类的石球投掷器（用以羁绊野兽）以及木杆石矛头的标枪已经发明。用于木材细加工的小巧细石器，也是装柄使用的。这种种不同材料合制成的复合工具的出现，标志着生产力的跃进。从出土的食物遗存来看，这一时期不仅可以捕获许多种鱼类、兽类，而且还能捉到禽鸟。

在这一时期的生产中，磨、钻工艺促成了人工取火技术的发明。摩擦生火——人类第一次支配了一种自然力，从而告别了依赖天然火的历史。中国古史传说中的“燧人氏”教人“钻木取火”，正是对这一历史阶段的第一伟大成就经久不泯的古老传颂。新疆托克逊县阿拉沟和渔儿沟春秋、战国时期的墓葬中，出土了多件钻木取火器具——钻砧。这是一些长约10～20厘米，宽约2厘米左右的长条形木片，在木片的边缘有若干小圆坑，每个小坑的外侧都凿有一个楔形小竖槽，多数小坑都被烧焦。在帕米尔高原塔什库尔干县城以北的一座春秋战国时期的墓葬中，也出土过一件类似的钻砧。此外，苏联考古队也曾在帕米尔的木尔加布河上游一座公元前5—前4世纪的墓葬中发现过同样的器具，更可贵的是，与钻砧同时出土的有一件钻杆。它是一根直径约1厘米、长约12厘米的木棍，下端经钻用磨损已变细，并且也被烧焦变成黑色。关于使用钻砧、钻杆取火的操作，近代海南省黎族人也曾沿用钻木取火，所使用的器具与上述考古发现的器具相同。取火时，一人在地面稳定木钻砧，另一人将钻杆直立按在钻砧的小坑内，双手迅速搓转钻杆，圆坑内产生的木屑顺坑边竖槽落地，积成小堆，待摩擦所产生的火花落到木屑上，即可点燃生火。一人也可操作，即用脚踏住木砧，以手搓杆，但效率要低一些。目前所知最早的钻木取火器具是上述两千多年以前的遗物，原始氏族时期发明钻木取火之初的器具以及操作，应该还要笨拙一些。

生产上的重大进步，促使了社会结构的变革。人类生产技能的增长，使他们自己日益感到人口繁殖的可贵。在当时群婚的情况下，人们只知有其母，不知有其父。于是理解人口的繁殖是由女性来完成的。因此，女性受到普遍的重视。在当时社会中，女性既是生产的劳动者，也是生产与生活的组织者。这就是说，她们在社会中占据了主导的地位。同时，由于人们所看到的血统关系仅是逐代延续的母系亲缘，因此母性始祖便获得由她所衍生的所有后代的特别尊敬。发展到这一阶段，以母性始祖为核心，维系着所有由她衍生的后代，便形成一个关系密切的集团，这便构成了氏族组织，也就是所谓的氏族公社。氏族公社的发展，不断分化出支系，另立新的氏族。在同一氏族中，先是排除了同胞兄弟姊妹之间的婚姻关系，进而排除了氏族内部的一切婚姻关系，而实行一个氏族的男女和另一氏族的男女之间交互群婚的制度，也就是完成了从血缘婚到族外婚的过渡，从而形成了所谓的对偶婚制。自从排除了近血缘关系的通婚以后，所生下的子女体质和智力逐代有所改善，这大大地加速了人类社会的进步。

以血缘情感的纽带联结起来的氏族成员之间，自然保持着一种团结、互助、平等的关系。他们共同劳动，共享成果，共同遵守氏族习俗和制度，死后被埋葬在同一墓地。氏族公社的劳动组织已形成一种按性别和年龄的原始分工，即青、壮年男子主要从事渔猎生产及担任保卫的工作，妇女主要从事采集生产，少年、儿童可做一些采集生产的辅助工作，老年人及病残成员留守驻所和照看婴、幼儿。

从“山顶洞人”居住的洞内深部所发掘的墓葬来看，这时已有随葬品（石器和石珠、穿孔兽牙等装饰品），而且安葬时在遗体上撒有赤铁矿粉粒。这反映了当时人们似已形成一种灵魂不灭的原始宗教观念。

了解了“新人”阶段上述的社会关系和观念，即为理解其生活方式和居住情况奠定了基础。这一时期的居住形式，目前所发现的仍然是自然岩洞，例如北京市房山区周口店龙骨山、河南安阳市小南海、河南许昌市灵井、浙江建德市乌龟洞。另外，在宁夏灵武县水洞沟、山西朔县峙峪、陕西韩城县禹门口、云南宜良县、广东阳春县、辽宁凌源县等地，都曾发现"新人"文化的遗迹、遗物。

到目前为止，在中国发现的旧石器（包括过渡性的所谓"中石器"）时代人类居住的自然洞穴，除了前面提到的以外，主要还有辽宁营口市金牛山岩洞、喀左县鸽子洞、湖北大冶市石龙头岩洞、郧县梅铺岩洞、贵州黔西县观音洞等。

被原始人选择作为栖身之所的自然洞穴，总结其选择条件和使用情况，可有以下几点：

1. 近水——为了生活用水及渔猎方便，都选择湖滨、河谷或海岸的河汊附近。

2. 防止水淹——为防止涨水时受淹，所选择的洞口都比较高，高出附近水面 10～100 米不等，多数在 20～60 米处。

3. 洞内较干燥——选择钟乳石较少的喀斯特溶洞，洞内湿度较低，以利生存。太深的洞内则过分潮湿而且空气稀薄，不宜居住。处于"新人"阶段的"山顶洞人"居住的岩洞，前部为集体生活起居使用，内部低洼部分，早期也曾住人，后期改为埋葬死者。

4. 洞口背向寒风——一般洞口收敛，而且背向冬季主要风向。已发现的这些岩洞，很少朝向东北或北方的。

原始人类栖居自然岩洞的同时，在湿度较高的沼泽地带，仍然依靠树木作为居住的处所。虽然这些树木和岩洞都是自然物，但生活的经验使他们懂得根据环境条件，分别情况采用不同的方式来略事加工修整。例如对栖居的树木去掉一些有碍枝杈以及采用一些枝干茎叶之类填补空档，对于栖居的岩洞则清除有碍石块以及填补地面坑洼等等以改善栖息条件，即已萌发了古人的营造的观念。实际上，在远古猿人阶段时，即已产生了区别于动物的自觉营造意识并开始了简易的营造活动。早期大约只是利用树、竹的枝干茎叶营巢，直至旧石器晚期仍然是继续不辍，只是没有遗迹保存下来而已。

在距今约万年前后是旧石器时代向新石器时代的过渡后期，人类的体质形态已经和现代人没有多大差别了。这时的文化遗迹，在山西沁水县下川、陕西渭南县郭镇和大荔县沙苑、河南许昌市灵井、江西万年县仙人洞、北京市郊区东胡林等地都有发现。

这一时期，复合工具得到较快的发展，多种石器都安装了长短不等的木或骨柄，这极大地提高了工具的效率。特别具有划时代意义的是弓箭的发明。弓箭比投掷的标枪射程更远，命中率又高，而且省力。生产工具的革新，使得生活资料的供给比以前更为充足，人口的增长比以前更为迅速，这就要求居住方式有更进一步的稳定性。人口增加，氏族单位也随之增加，相应地，既相互分离又相互联系的氏族聚落群随之兴起。自然洞窟缺少适应这样居住方式的条件，迫于生产与生活的需求，大约在 1 万年前，一种反映更为自觉的人工居住形式——聚落建筑便发展起来了。这就是说，人工环境的创造，是在一定生产力水平，一定物质手段的基础上，出于社会需求的结果。

二、中国的新石器时代

在我国，人约 1 万年前已完成了由旧石器时代到新石器时代的过渡。社会生产由采集、渔猎的攫取经济进化为原始农业与畜牧业的生产经济，这是人类历史上的第一次社会大分工，是一场重大的经济革命。

中国的新石器时代已被发现及发掘的遗址，目前已达二千余处，地域分布遍布全国（图 1-3），

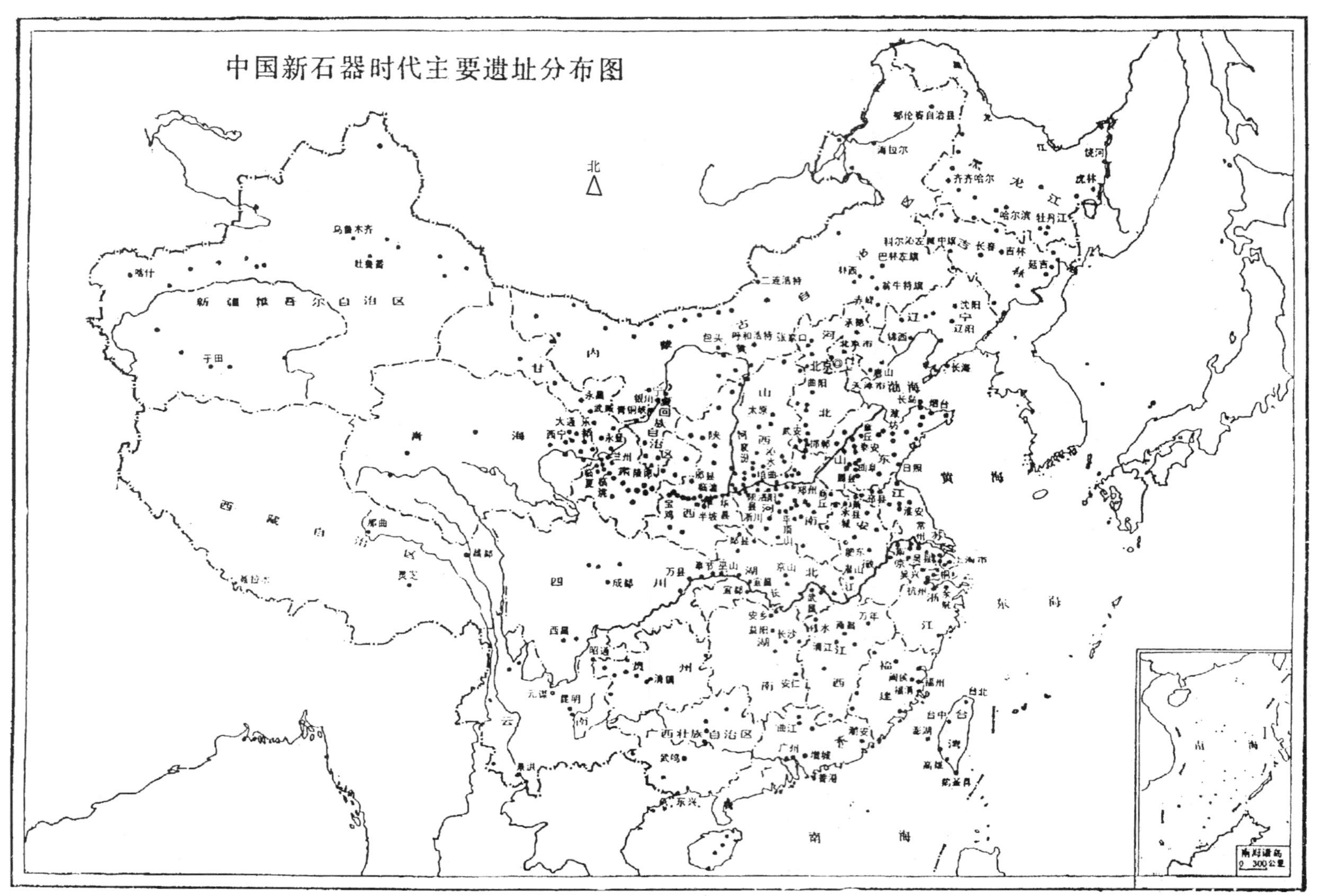

图 1-3 中国新石器时代主要遗址分布图

但各地发展并非同步。总的来说，其中心地区约在今日黄河及长江的中、下游一带。按照它们发展的渊源、时期、地域及文化特征或生产特征，又可在生产经济及文化上划分为若干体系（图 1-4，1-5）。虽然其间存在着若干差别，但它们相辅相成，并不断发扬光大，共同奠定了中华民族传统文化的最初基石，其意义的重大与深远，自是不言而喻的。在这一历史进程中，就社会特点而言，大致可划分为母系氏族社会与父系氏族社会两大阶段。

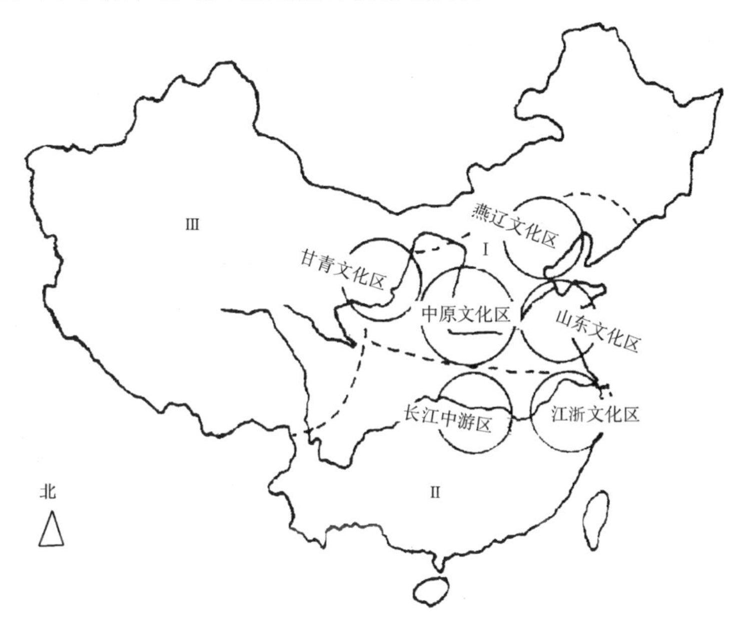

图 1-4　中国新石器时代经济发展分区示意图（《文物》1987 年第 3 期）

Ⅰ. 旱地农业经济文化区——燕辽文化区、中原文化区、山东文化区；Ⅱ. 稻作农业经济文化区——长江中游区、江浙文化区；Ⅲ. 狩猎、采集经济文化区——甘青文化区

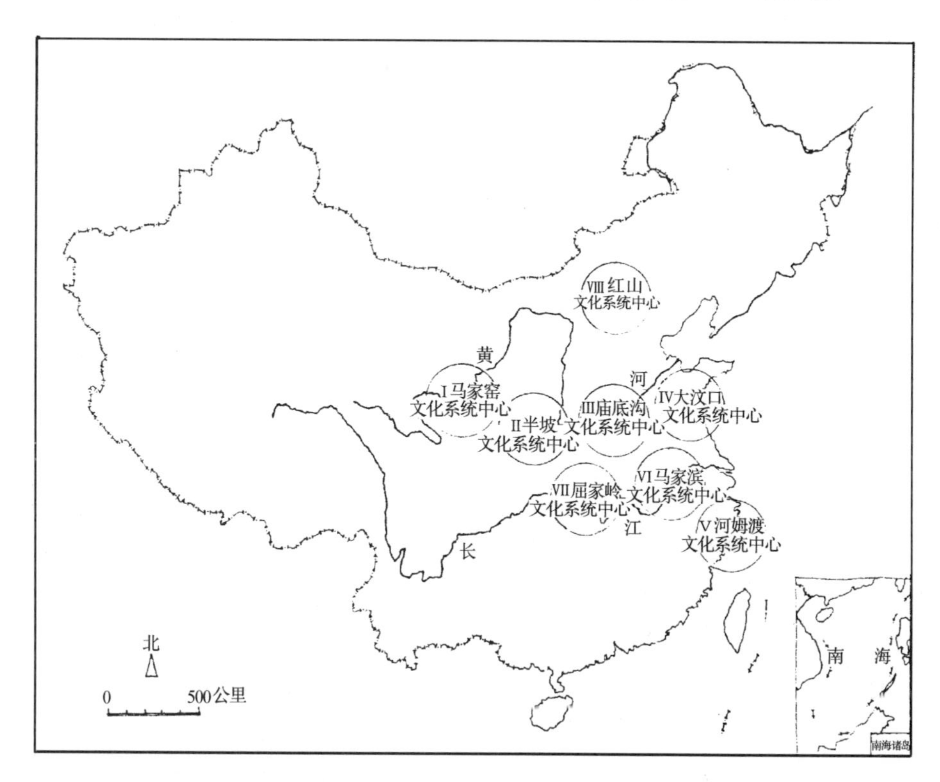

图 1-5　中国新石器时代文化多中心发展示意图（《文物》1986 年第 2 期）

Ⅰ. 马家窑文化系统中心；Ⅱ. 半坡文化系统中心；Ⅲ. 庙底沟文化系统中心；Ⅳ. 大汶口文化系统中心；Ⅴ. 河姆渡文化系统中心；Ⅵ. 马家滨文化系统中心；Ⅶ. 屈家岭文化系统中心；Ⅷ. 红山文化系统中心

（一）中国母系氏族社会的发展与特点

旧石器时代中、晚期逐渐形成的母系氏族，到新石器时代中、晚期已进入高度发展的阶段。

距今六七千年前，黄河、长江两流域的母系氏族已经发展到全盛时期。裴李岗——磁山文化，仰韶文化早、中期，彭头山——屈家岭文化，红山文化，大汶口文化早期，河姆渡文化和马家浜文化早期都处于这一历史阶段。

母系氏族具有如下特征：

1. 世系以母系血缘为渊源。

2. 妇女在生产中起主要支配作用。

3. 财产为氏族集体公有。

4. 实行母方居住制。

5. 妇女是氏族的管理者。

6. 氏族外婚制发展为走访婚。

7. 氏族全体成员各尽其能，甘苦与共。

8. 氏族成员死后葬在同一墓地。

在当时的社会条件下，此项制度对整个社会生产和社会文化的发展，起了十分积极的作用。它不但大大推进了农业、畜牧和手工业（制陶、纺织、制革、……）的生产，创造了由于定居而出现的多种类型建筑，还使得原始的绘画、音乐和舞蹈等艺术形式，得到萌芽与发展，从而形成了我国人类社会组织的基本雏形。

母系氏族的极盛，导致了旧有氏族的解体。由于农业、畜牧业、手工业的发展，生产技术的改进，无需大集体的协作也能从事生产活动；另一方面，生活水平的提高，人口的增加，这些促成了氏族内部按照血缘亲疏的分化，逐渐形成血缘亲近的小集体。氏族内部普遍出现的这种小集体，构成生产与生活的单位，这便是所谓的家族或称母系亲族，也就是一种母系家庭公社。在母系亲族内部，仍沿袭氏族制度的基本原则，但整个氏族的原则却日益受到这种亲族的冲击。在婚姻形式上，主要由于生产劳力的原因，由原来的走访婚演变为较为固定的对偶婚。这便孕育了后来外氏族男子定居于本氏族，或本氏族男子移居外氏族，从而逐步建立一夫一妻家庭，导致母系氏族完全解体，并让位于夫权制的父系社会的结果。

（二）中国父系氏族社会的发展与特点

母系制向父系制的过渡，是一个划时代的激烈斗争过程。促成这一过渡的因素，主要是生产力的发展和私有制的形成。母系氏族晚期，由于劳动生产的联系，使偶婚制向一夫一妻制转化。又由于农业耜耕到犁耕生产以及制陶业的陶车操作等生产劳动日益需要更强的体力，因而男子就逐渐成为生产的主要承担者，担负生育及家务之累的女性逐渐退出社会主要生产的行列。这便导致了社会中心由母系向父系的转化。

父系氏族承袭了母系氏族的一些基本原则，例如公有制和平等的分配制，然而其范围却是缩小了，它只限于父权所及的氏族或父系家庭公社之内。同时，突破了原有氏族的法则，出现了财产私有制。以致在世系计算、财产继承、婚姻与家庭形态等方面，都产生完全不同于旧日的新制度。生产劳动随着一夫一妻制家庭的巩固，日益失去其社会性质，而成为一家一户的私人事务。父系家庭可以确认自己的子女，助长了私有的意识；财产由子女继承，更促成了私有制的发展。由于大量财富集中于男子一人之手，因此必须排除妇女的激烈反抗，而建立强有力的父权制。可以说，尽管导致母系制向父权制过渡的原因很多，但起决定作用的，还是经济的因素。

父权制的发展，最后导致了男子在社会政治、经济乃至生活中的绝对统治地位。这在我国古代文献和传说中也有所反映。例如黄帝、神农……都是男性。而新石器晚期许多成人男女合葬墓中，男子皆直身仰卧，女子多曲肢侧身，面向男子，亦是当时“男尊女卑”风尚的最好证明。

（三）中国新石器时代的重要成就

1. 原始农业的产生与发展

进入新石器时代母系氏族制度日益健全，人口显著增加，居民点相对稳定，聚落分布沿河流交通带不断扩大。人口的增长需要稳定的食物来源，以往的采集和渔猎生产不能予以保证。人们在长期实践的基础上，终于认识到某些植物可以移植乃至播种以求稳定的收获，从而导致原始农业的形成。古史传说“神农氏”教人稼穑，正反映了这一史实。相对的定居促成了农业的形成；农业的出现又导致了定居的巩固和发展，定居生活则需要更为正规的居住房屋。而氏族的定点群居，则要求人们建造由若干不同类型的建筑物和构筑物组合的聚落。因此，可以说农业经济是促使人类建筑发展的重要条件。

新石器时代已经知道以人为方式制作更多与更有效的石、陶、骨、角、蚌质工具（图 1-6～1-9），大大提高了生产的效率和产量。由于已经基本掌握了某些农作物的生长和种植规律，于是在使用石斧、石镰之类的工具砍伐林莽，用火消灭野生植物以求得播种的土地后，随即进行农业种植。作物品种在黄河流域主要为粟，长江流域主要为稻；并有葫芦、薏仁、大麻（皮为纺织材料，籽可食用）等菜蔬之类。火耕过的土地松软而布满灰肥，无需翻地就可播种，而且收获量大。但是火耕土地浮表的灰肥容易流失，土壤肥力减退很快并容易板结，一般一二年就得休耕，只得另辟新的耕地。这样，人们也随之迁徙，并另筑新屋与新的聚落。所以在新石器时代的定居，还只能是相对稳定的；随着农业工具与耕作技术的发展，使定居的时间逐步延长。

父系体制的确立，大大调动了男子的生产积极性。农业的发展逐渐成为主要生产部门，渔猎成为退居次要的辅助性生产。农业、家畜饲养业和手工业生产的大发展，终于促成了手工业与农业的分离，这便是第二次社会大分工。它的直接后果，便是出现了商品生产和商品交换，从而加速了私有制的巩固与发展。

父系家庭的私有制，调动了为家庭创造财富的积极性。男子在劳动中发挥主观能动作用，不断改进耕作技术和革新农具。这时，农具种类增多，制作精细，结构也更趋合理。考古发现的石、骨、木、角制作的铲、锄、耜和犁等，都是用于翻地挖沟的工具。在浙江余姚市河姆渡遗址第二层、嘉兴市和江苏吴县澄湖、昆山市等良渚文化遗址，以及河北、河南的一些龙山文化遗址中，都发现了水井。其中尤以河姆渡的水井为最早，而且还有木构的井壁支承维护结构和井亭设置。这些水井不仅提供了生活水源，而且也有利于农田灌溉。

考古发现用于收割的农具成倍地增长；窖穴容量增大，数量增多；盛粮食的大型陶瓮出现；以及聚落遗址和墓葬中有大量谷物出土。例如山东胶县三里河遗址大汶口文化层发现的粮窖中积粟遗存竟达 1 立方米之多。这些都证明当时粮食产量相当丰裕，从而使酿酒成为可能。

2. 原始畜牧业的产生与发展

动物是人类食物重要来源之一。人口的增长以及由于大量捕猎而使动物减少或远离，以致捕获量不足食用，这便使得原来的渔猎经济必须寻求新的出路。人们长期捕猎动物的斗争实践，到新石器时代，经验的积累终于使认识的量变产生了质的飞跃。先是捕获丰收时，把剩余的活猎物蓄存起来，待无获时食用。人们发现蓄存的动物可以繁殖仔兽，这便启示了畜牧业的发生。但当时的育养仍是属于“家养”型的，规模既小，品种也不多。而农业定居的生活，逐渐为畜牧业的

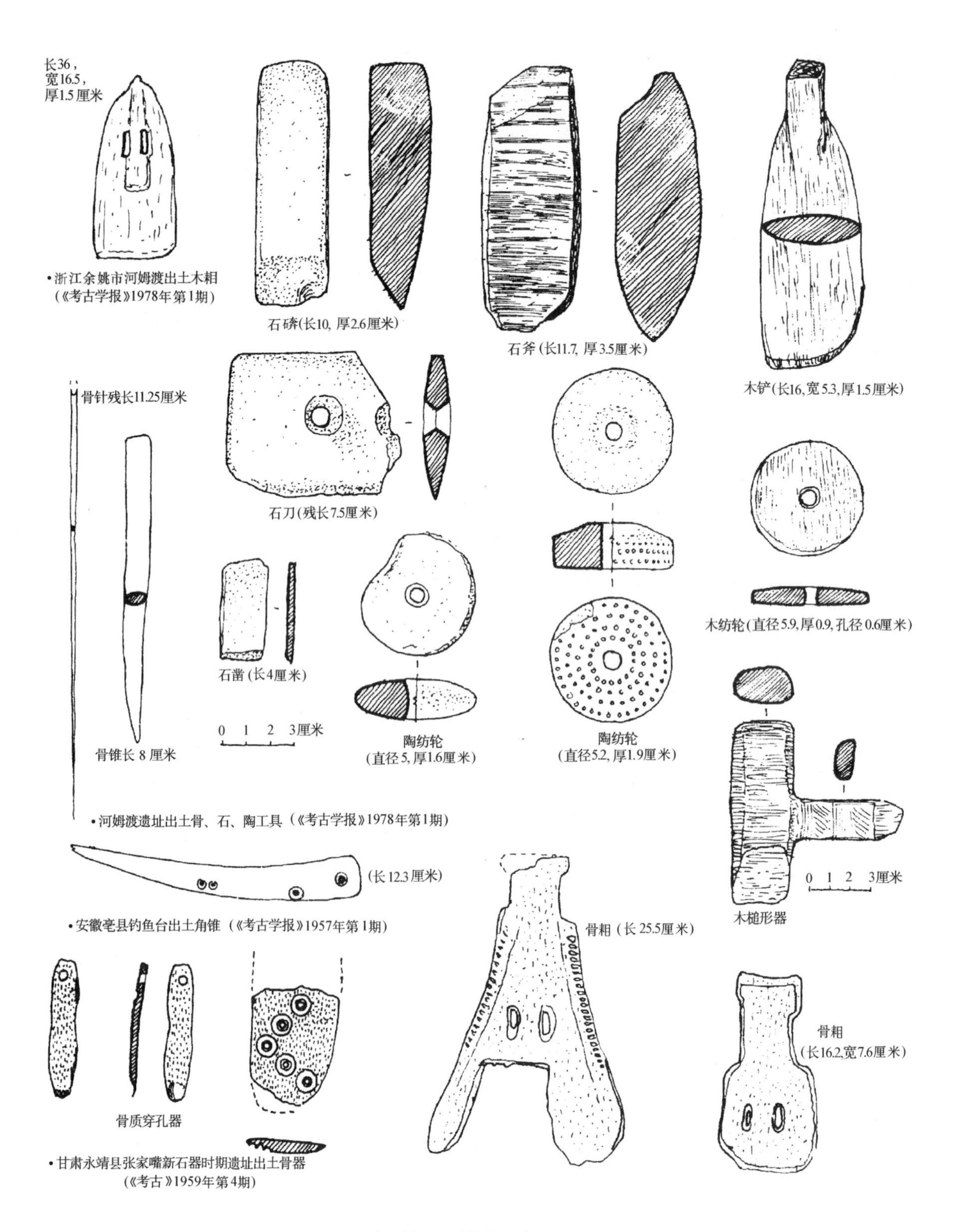

图 1-6 中国新石器时代的各种生产工具（一）

发展提供了必要的条件。

父系氏族社会因私有制实施与工具改进，使得粮食产量大为增加，农副产品也就增多，家畜、家禽的饲料也就更加充足与丰富。商品交换则推动了对家畜、特别是大家畜的饲养。河南陕县庙底沟二期文化遗址的 26 个灰坑出土的猪、鸡、狗、山羊和牛的遗骸，远远超过了仰韶文化 160 个灰坑出土量的总和。甘肃、吉林并出土马骨；湖北屈家岭文化遗址中又发现了以绵羊、鸭或鹅为题材的陶制工艺品。说明后世所谓六畜——猪、牛、羊、马、鸡、狗都已齐备了。考古材料表明，

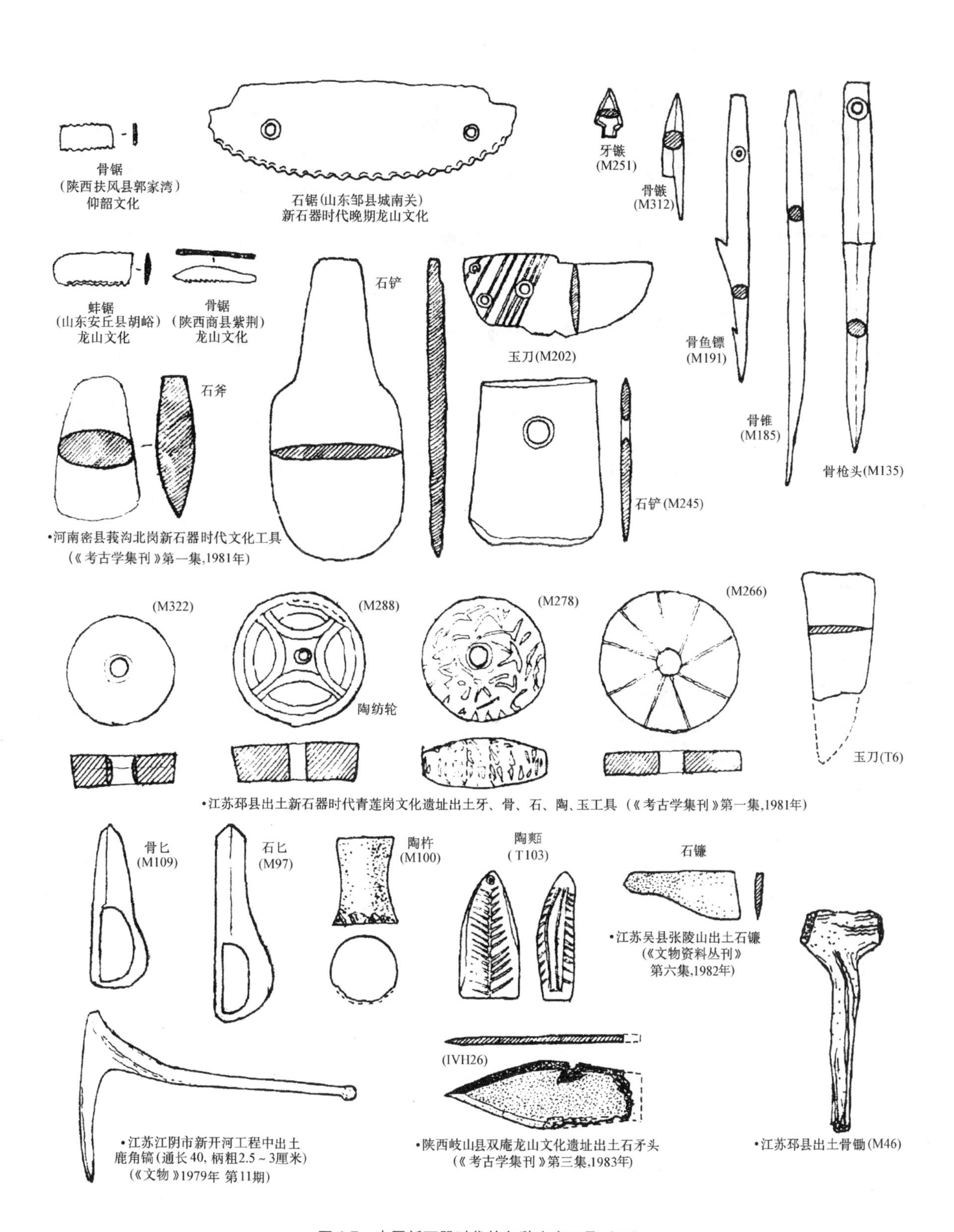

图 1-7 中国新石器时代的各种生产工具（二）

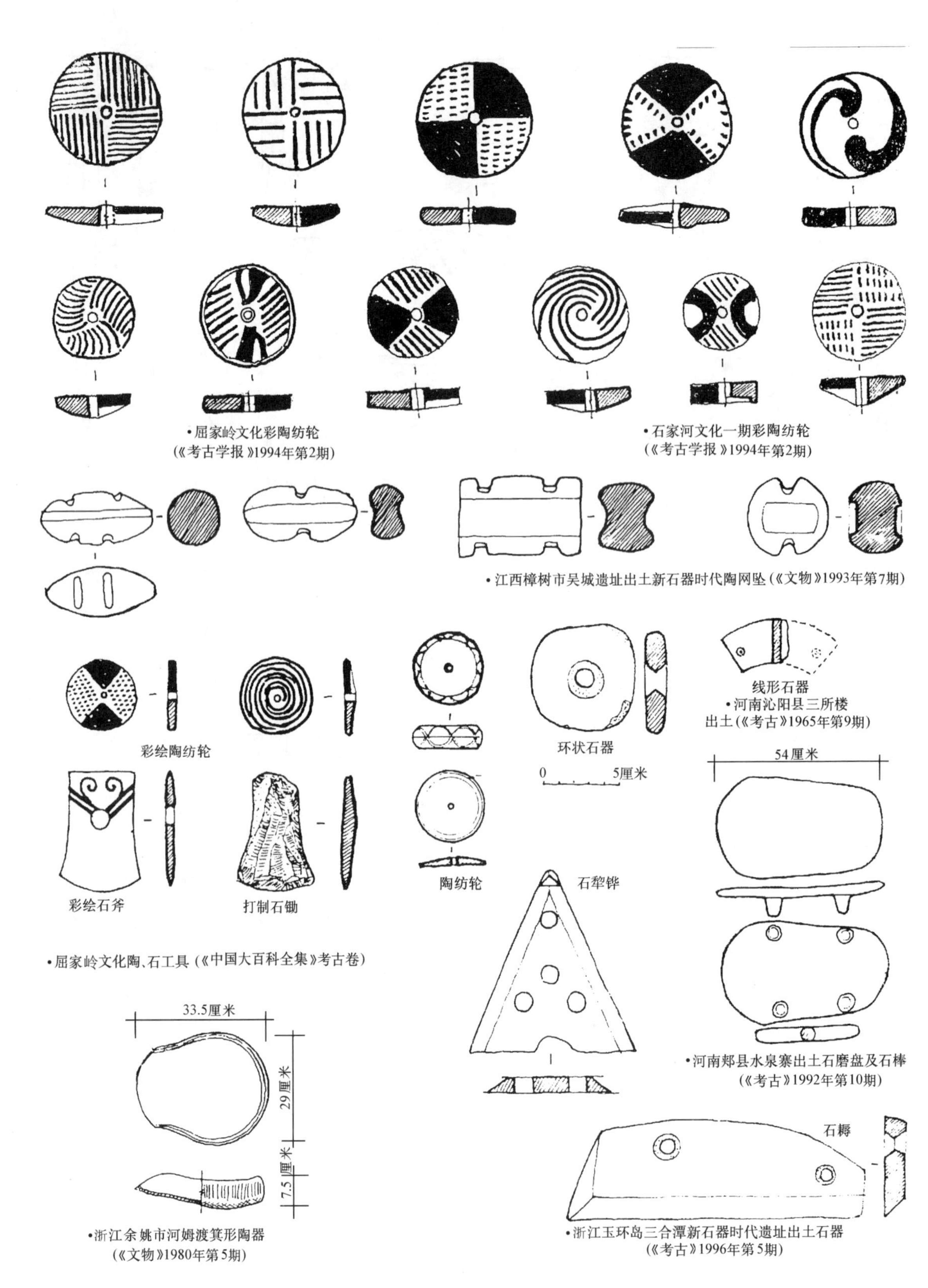

图 1-8 中国新石器时代的各种生产工具(三)

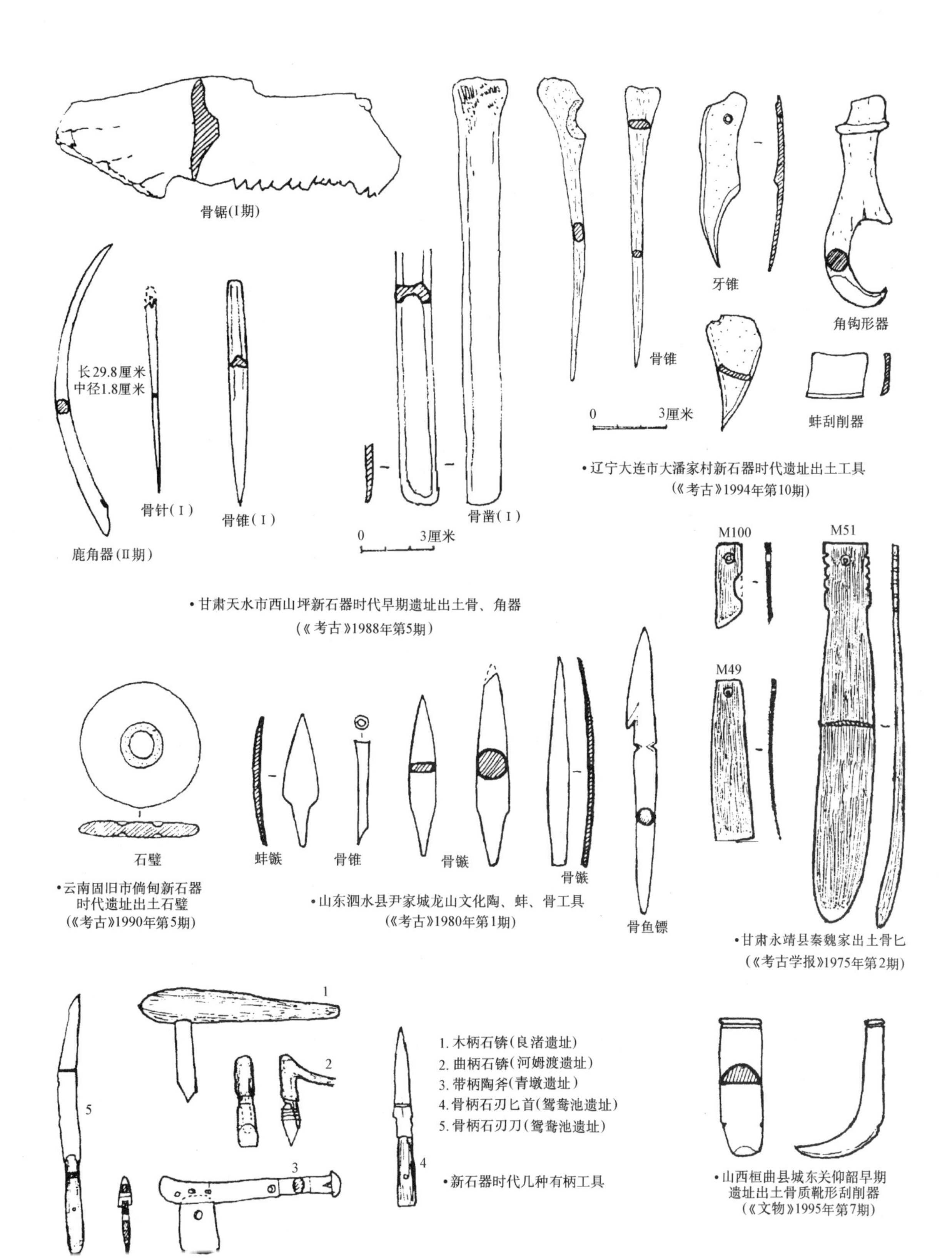

图 1-9　中国新石器时代的各种生产工具（四）

当时猪受到特别重视，可能是以猪作为物物交换的等价物。它象征着财富，又多用于宗教祭祀和随葬，所以畜养居于六畜之首。

我国原始畜牧业的发展，大体可分为野生动物驯育、家畜新种的繁殖和人工选择三个阶段。从考古材料来看，黄河、长江两流域广大农业聚落已兼营畜牧，畜种主要有狗、猪、羊、牛以及鸡等家畜和家禽。在开展农业条件不甚具备的若干地区，例如草原地带，则以畜牧业为主，畜种主要品种为马、牛、羊。由于牧草及气候等原因，人们逐水草而居，流动性很大。因此使得他们的生产、生活、文化和习俗，与定居从事农业者有着很大的区别。即使经过多次激烈的社会变革，这种差异仍然延续了数千年之久。例如：便于拆卸和搬运的帐幕，长期以来仍然是牧民最普遍的居住形式。

3. 制革的提高与纺织业的产生与发展

在此之前，由“山顶洞人”文化遗址中出土的骨针，证明至迟在旧石器时代晚期已掌握了衣着缝制技术。其衣着面料，推测是皮革和树皮之类；缝合材料可能是兽尾毛、皮条、鱼皮条、筋线以及多种植物纤维。到新石器时代，除了皮革加工技术有了进一步发展外，大约已出现了鱼皮布、树皮布之类。继树皮布，特别是纤维式的树皮布的使用之后，在编织工艺的基础上，进一步有了纺织技术的发明。已进入母系氏族社会的半坡仰韶文化遗址出土印有布纹的陶片，证明当时已有了原始纺织手工业。

首先是纺纱，也就是把松散的植物纤维捻成结实的线。开始用手捻，到母系氏族中期，已发明用纺轮捻制。这一时期的遗址中，出土已有各式陶、石、木纺轮（图 1-6～1-8）。河姆渡遗址出土若干木质织机残件，可能属木制水平式踞织机——或称腰机。表明至迟七千年前已有相当成熟的纺织手工业。到新石器时代晚期，并出现以蚕丝纺织织物（原始丝绸）的技术。

父系氏族社会时提供衣着的纺织业又有了明显的进步。在考古发掘中，经常发现麻布和布痕遗存。浙江湖州（吴兴）市钱山漾出土麻布残片，鉴定为平纹麻织物，密度分别为 40～120/寸，与今日的麻布相当。另外，江南地区因种植大片桑林，使养蚕业发展。钱山漾遗址并出土绢片、丝绳和丝带残段，经鉴定确为蚕丝制品。

4. 制陶术的产生与发展

制陶术的发明大约是和农业经济的形成相联系的。粟、稻等农作物颗粒细小松散，熟食加工不能直接烘烤，这就需要创造一种耐火的容器来作为炊具。起初也许是用竹筒、葫芦之类烧制米饭的，但这种容器只能一次性使用。继之，可能像推测的那样，在木制或编制的容器外面涂泥耐火，进而发现成型的黏土不用内部容器时也可达到这个目的，于是便有了制陶术的发明。

最初的制陶，是手捏成型或模制的；继之发展为在陶垫（或称托子）上的泥条盘筑；进而由不定轴心的转盘（河姆渡遗址有遗物出土）而发展为慢轮修整。仰韶文化众多类型的陶器，就是采用慢轮工艺制作的。陶器的烧制，开始是用一次性泥浆窑；至仰韶文化时期，已使用相当成熟的陶窑烧制了。最早的制陶劳动，从陶器上遗留的指痕可知是由妇女承担的，这与女儿“弄瓦”的古老传说和民族学材料正相符合。

陶器既不怕火也不怕水，一经发明，便不止用作炊具，更可用作工具、餐具、饮器、汲水器和储存器等。陶器的发明，极大地推动了社会的生产和再生产，同时对日后建筑的材料、结构和构造以及外观，都带来重大的影响和变化。

制陶业经过长期发展，到父系氏族社会时，无论就陶质、器型、拉坯技术与烧制技术而言，都有了长足的进步。这时的陶器，一般来讲，已具有器型规整，造型优美，装饰雅丽等特点，有的堪称工艺美术品而极具欣赏价值（图 1-10、1-11）。

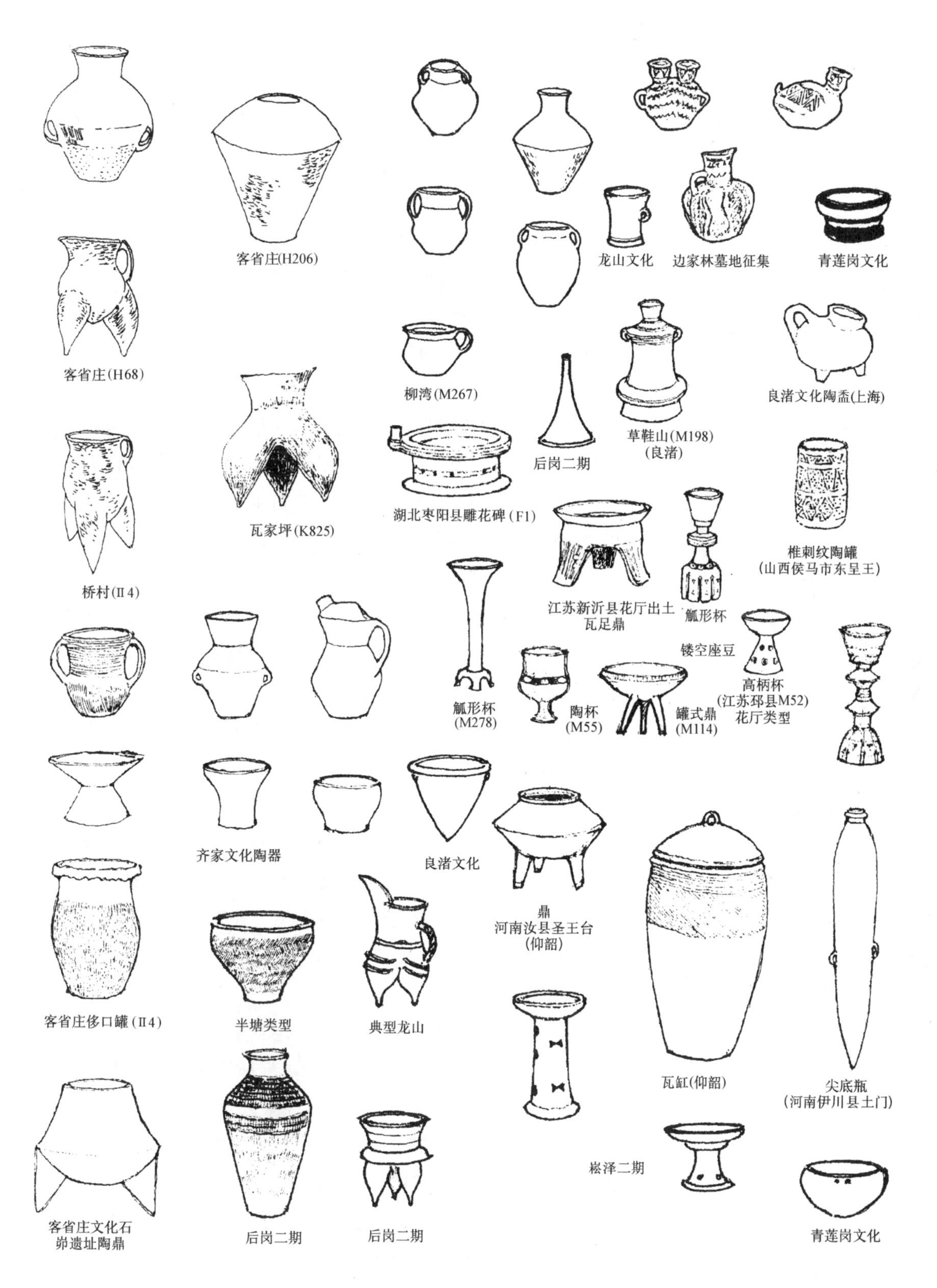

图 1-10 中国新石器时代的各种陶器（一）

用以成型陶器的陶车工艺的发明，是原始制陶手工业的重大成就。目前在山东、河南、陕西、河北、湖北、浙江、广东、上海的许多遗址中，都出土有这一时期的轮制陶器。用以轮制陶坯的陶车，是由托子演进而成的不定轴心转盘，经历有轴的慢轮，进一步发展形成的。当时的陶车需要二人操作，一人急速转动轮盘，另一人拉坯成型。这一工艺不但使器型端正精美，而且大大地提高了生产率。

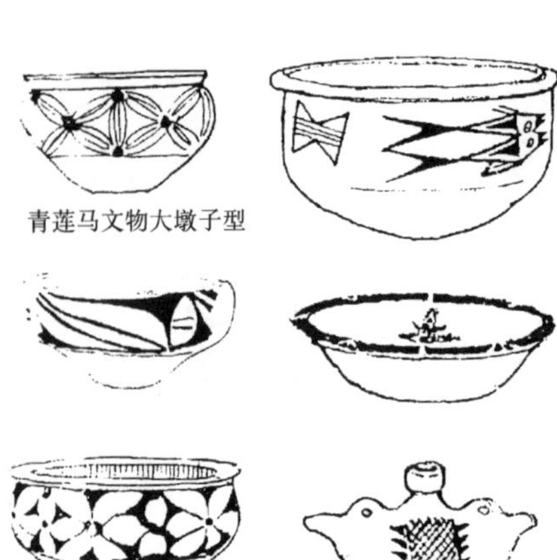

图 1-11　中国新石器时代的各种陶器（二）

烧制技术也有很大提高，这时扩大了窑室，缩小火口，加深了火膛，增加了火道分支和窑箅孔数，使窑内热力分布均匀，温度提高。有的烧成温度达到 950～1050℃，因此窑壁也改进为耐火材料。

这时又出现了陶器新产品——白陶和蛋壳陶，其遗物在山东、湖北、河南等地都有发现，尤以山东为最多。蛋壳陶工艺精细，陶壁厚仅 0.2～0.5 毫米，器表面乌黑质地精细并有光泽；另屈家岭又有彩绘蛋壳陶。白陶是使用高岭土烧制的，这是世界的首创，为未来我国饮誉世界的瓷器生产打下了基础。这时在社会生产中，无论就数量或质量而言，制陶已成为一种独立的和重要的生产行业了。

5. 其他手工业的产生与发展

这里主要是指对石、玉、骨、蚌、角、木材以及金属的加工与制作。依制成品的内容，大体可分为生产工具和装饰品两大类。

众所周知，贯穿新石器整个时代最主要的和最大量的生产工具仍是各种石器。但对其制作已逐渐精细，从原来单纯依靠击打转变为击打加磨制。除了对早期的投掷、打砸、砍削等狩猎、采伐工具予以改进（如为石斧加添手柄……）外，还新增了供田间耕作的铲、镰等农业工具。另外，为捕鱼和纺织而使用的石质网坠与纺轮，在各地遗址中亦屡见不鲜。至于形形色色的石质装饰品，各地出土之数量及种类均甚众多，造型也很美观，它们表明了新石器时代人们对审美观念及其实践的进一步发展（图1-12）。

骨器、角器和蚌器亦大量使用于为当时的生产。已出土的骨工具有锄、耜、锯、匕、锥、针等。角工具有镐、锥……，蚌工具有刀、锯、箭头……浙江余姚河姆渡遗址出土的多量木结构榫卯，有的加工甚为精细（如木阑干），就是用上述工具加工的。作为装饰品出土的，亦多见于各地遗址及墓葬，有环、镯、珠、佩、坠、链等种种形式（图 1-12）。

出土的玉器，以装饰品及礼器为多（图 1-13），也有一些象征性的工具，如玉刀等，但为数很少。安徽含山县凌家滩新石器时代墓葬中出土双手并举于胸前的男性玉人（M1）及树形及矩形穿孔玉片（M4），雕刻都很精美，尤以后者之图案为具八方位之圆形，其意义恐不限于装饰（图 1-14）。另外，在良渚文化墓葬中多次出土的玉琮、玉璜等，不但形体有小有大，而且纹饰美奂，雕刻精细，就是以目前的标准衡量，也可称为是玉石制品中的上乘之作。这里应当强调的一点是：对玉石的加工需要坚硬和细巧的工具，熟练的刻琢技术和丰富的制作经验，高湛的多维构思和艺术表现力，以及充裕的工作时间。它可能是各种手工业中工艺要求最高的，因此可以认为它代表了当时最高的工艺水平与艺术水准。而这样的水准，在新石器时代其他方面的遗物中，尚未得以充分表达出来。

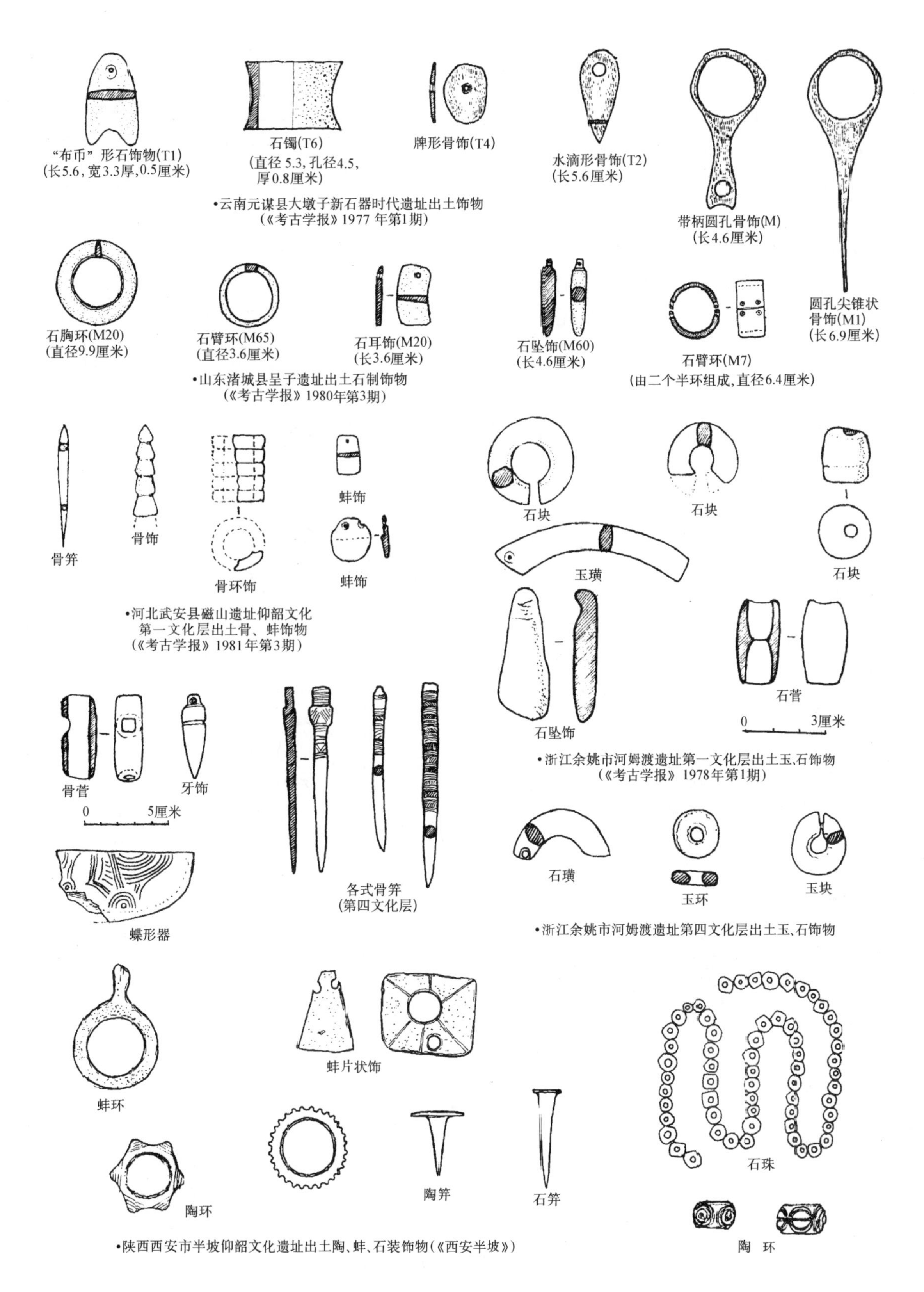

图 1-12 中国新石器时代的装饰品

此时木材仍大量使用于建筑，但也逐渐扩及其他领域，特别是生产工具方面。例如为某些铲、斧、刀……安装了木柄，使操作更加方便并提高了生产效率。而纺织中所需的机架、纺轮和制陶所需的转盘……，也多用木材制造。

新石器时代晚期，在若干遗址中发现了少量红铜和黄铜的制品，例如河北唐山市大城山遗址

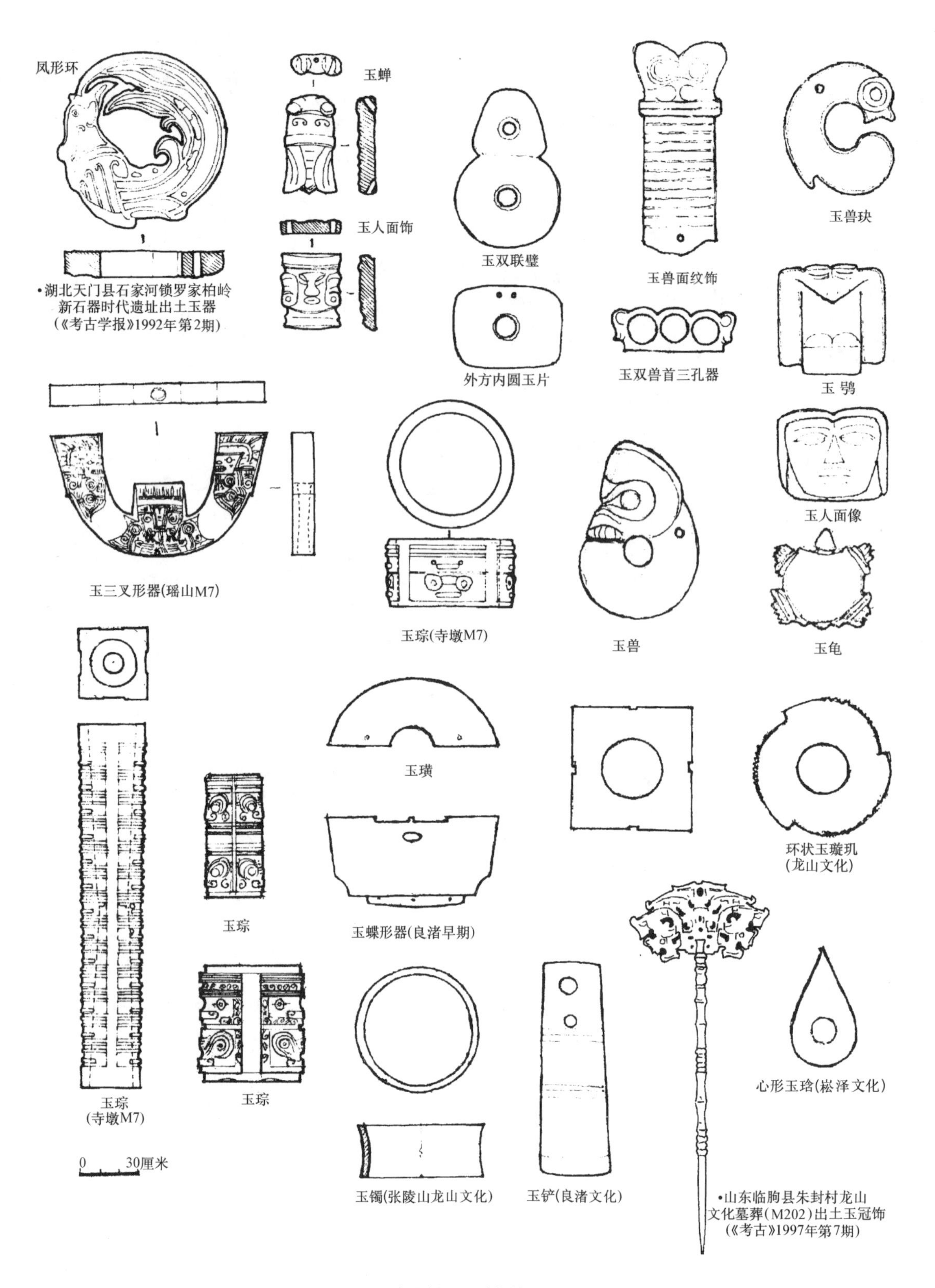

图 1-13　中国新石器时代的玉器（一）

即出土红铜穿孔小铃二件，甘肃武威市皇娘娘台遗址出土红铜刀及铜锥。临夏县魏家台子遗址出土骨柄铜刃刀。永靖县秦魏家遗址出土红铜锥、斧、环及饰片等；大河庄遗址出土红铜器残片。山东胶县三里河遗址出土黄铜锥等（图 1-15）。这是一个重要的迹象，表明在以后的社会生产和生活中将出现巨大的变化。同时也表明古史传说中蚩尤“以金作兵”（《世本》）和“夏铸九鼎”（《史记》）都是有一定可信性的记载。通过金相鉴定，某些器物已由青铜制造；而某些红铜器物，又出

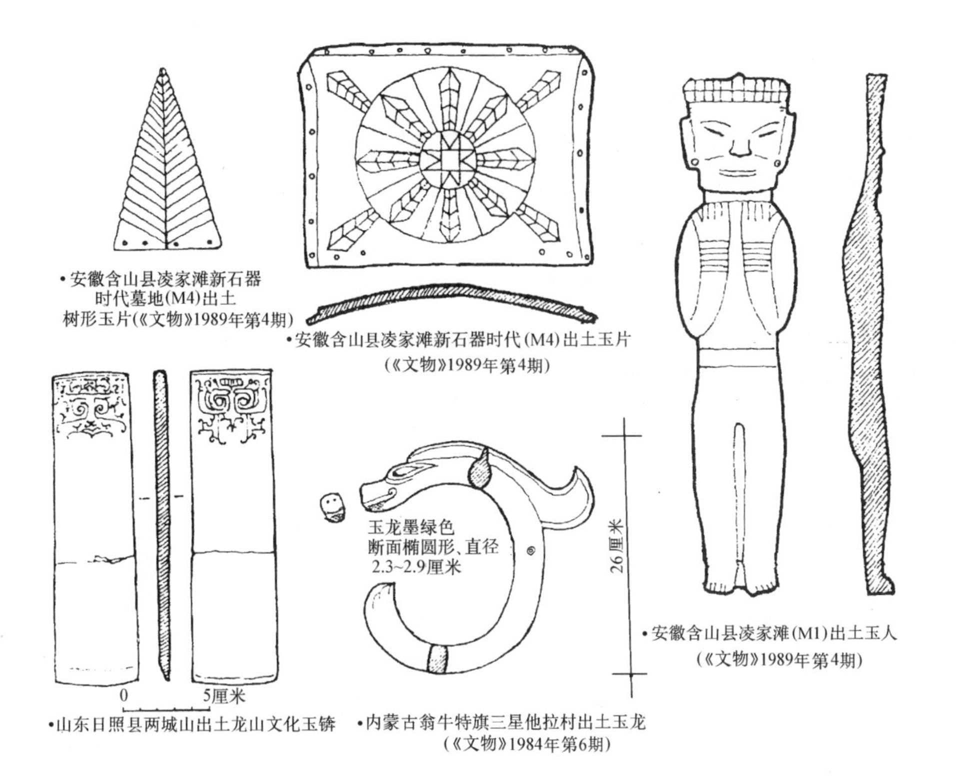

图 1-14 中国新石器时代的玉器（二）

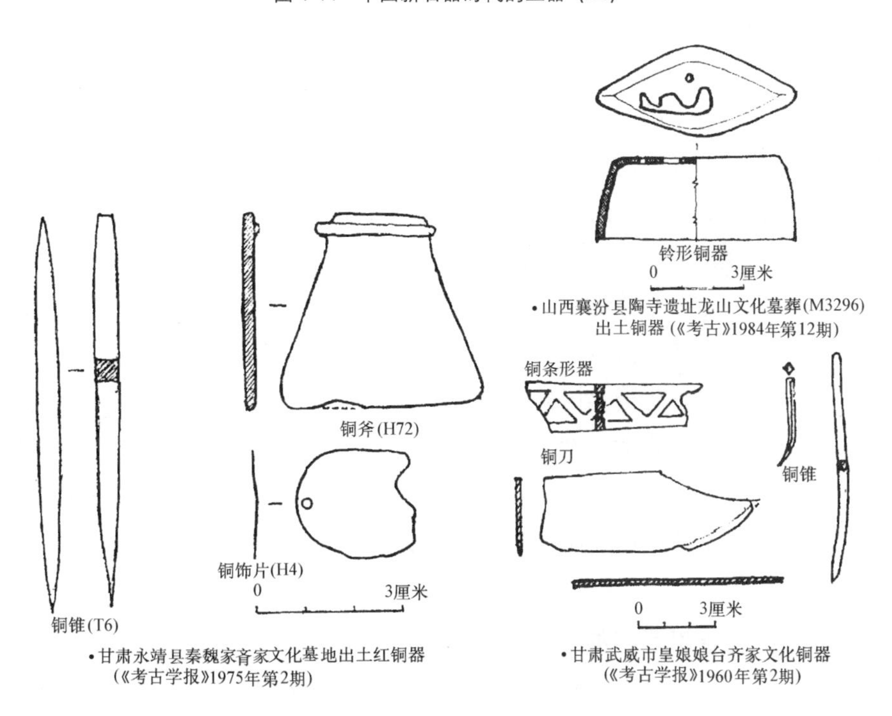

图 1-15 中国新石器时代的铜器

土于较晚的地层中，因此我国原始社会是否已使用青铜，以及已报道的上述铜器是否都属于原始社会，还是一个有相当争议的学术问题。由于出土铜器总的数量并不很多，从而这些问题的解决，还有待于更多的证据。

应当看到，在当时社会条件下，上述大多数的产品都应出于家庭的副业劳动，特别是某些供生产所需的配件。随着私有制经济的进一步发展，必然使若干劳动的社会分工更加明显，对于某些需要特别技能的尤其如此。例如某些玉器（玉琮等祭祀物品）的制作，至少在新石器时代晚期，已经成为一项独立的行业了。

6. 各式建、构筑物及其群体的产生与发展

农业、渔业、手工业和畜牧业的发展，使人们不断寻觅新的生产与生活地点，并创造新的居住形式。人群的定居不但创造了不同自然条件下的居住形式（横穴、竖穴、半穴居与地面建筑）和多种类型的建筑（居住房屋、公共建筑、作坊、陶窑、窖藏、畜圈……），同时还将它们形成有机的组群——聚落。而聚落对居住、生产与墓葬的分区，更反映了人们在建筑中的进步。随着社会的发展，尔后又出现了各种大小城市。它们不但是先民在建筑、规划、设计和工程技术上的一个综合性的重大突破，而且也是人类历史文化中一个重要的里程碑。有关以上各方面的情况，将在以后作较详细的介绍。

7. 商品交换的出现与扩大

交换早在母系氏族社会即已出现，由于当时生产力低，可供交换的剩余产品不多，交换只是一种偶然的现象。第一次社会大分工之后，使交换成为经常的事。但由于农业部落和游牧部落的活动范围还不够大，交换活动仍是有限的。待社会生产进一步发展，父权及私有制确定，交换的领域才日益宽广了。随着第二次社会大分工，又出现了以交换为目的的商品生产。交换不仅在氏族部落之间、家族之间进行，而且在个体生产者之间也开展起来。但总的来说，它们仍处于物物交换的初级阶段。然而在青海乐都县柳湾三座马厂期墓葬中出土了海贝、石贝和骨贝，表明了当时的商品交换已开始使用了特殊的等价物——货币。这就是说，商品交换已逐渐超出上述"以物易物"的范畴了。

8. 社会阶级的产生

父系氏族是由父系血缘组成的社会集团。他们共同居住在同一聚落，共同占有生产资料和生活资料，共同劳动，集体继承财产，并有互相保护的义务。后来由于生产的发展与人口的增殖，父系家庭公社便发展起来，氏族的原则日益被削弱，终于只剩下氏族的躯壳。一旦有着血缘关系的个体家庭聚居的村落转化为以地缘为纽带的农村公社，氏族制度就彻底瓦解了。

在父系家庭内，家长对妻子、儿女的支配，是孕育阶级关系的胚胎。此时妇女的地位，不但在生产中居于从属，在家庭中亦是如此。父权制又产生了家长奴隶制，开始是扩大为对收养的童工之类的奴役，进而出现了来自战俘、买卖和抵债的奴隶。父系家庭之间，由于人口结构多寡、劳力强弱、生产技术能力高低等诸多因素，就出现了贫富不均现象。家庭贫富的分化，助长了奴役和剥削的发展，也提供了奴隶的来源。到原始社会晚期，已基本形成剥削、压迫者和被剥削、被压迫者两个阶级，后者便是初生的奴隶阶级。此时已发生用奴隶殉葬和建筑物用奴隶杀殉奠基的现象，甘肃乐都县等地的新石器时代考古材料，已提供了许多实例和证据。

三、中国原始社会意识形态的表现

原始人不仅在劳动中创造了日益丰盛的物质财富，而且还创造了语言、文字符号，以及绘画、雕刻、音乐和舞蹈等原始艺术。此外，在长期面对大自然的种种变化以及在劳动和生活中接触到的许多感受，又使人们在思想中产生了原始的宇宙观，并逐渐发展为原始的信仰与崇拜。这些原始精神生活的表现，是和物质生活分不开的，它们是当时物质生活的某种反映。

（一）绘画艺术

考古材料所提供的原始绘画，除绝对年代年较晚的岩画以外，主要是彩陶上的绘画。彩陶画可分两种，一为装饰图案；一为写实的绘画。前者是有各种几何形图案和源于动、植物等自然题材的抽象化形象（图 1-16）；后者是出于生活题材的写照，代表作有青海大通县上孙家寨出土彩陶

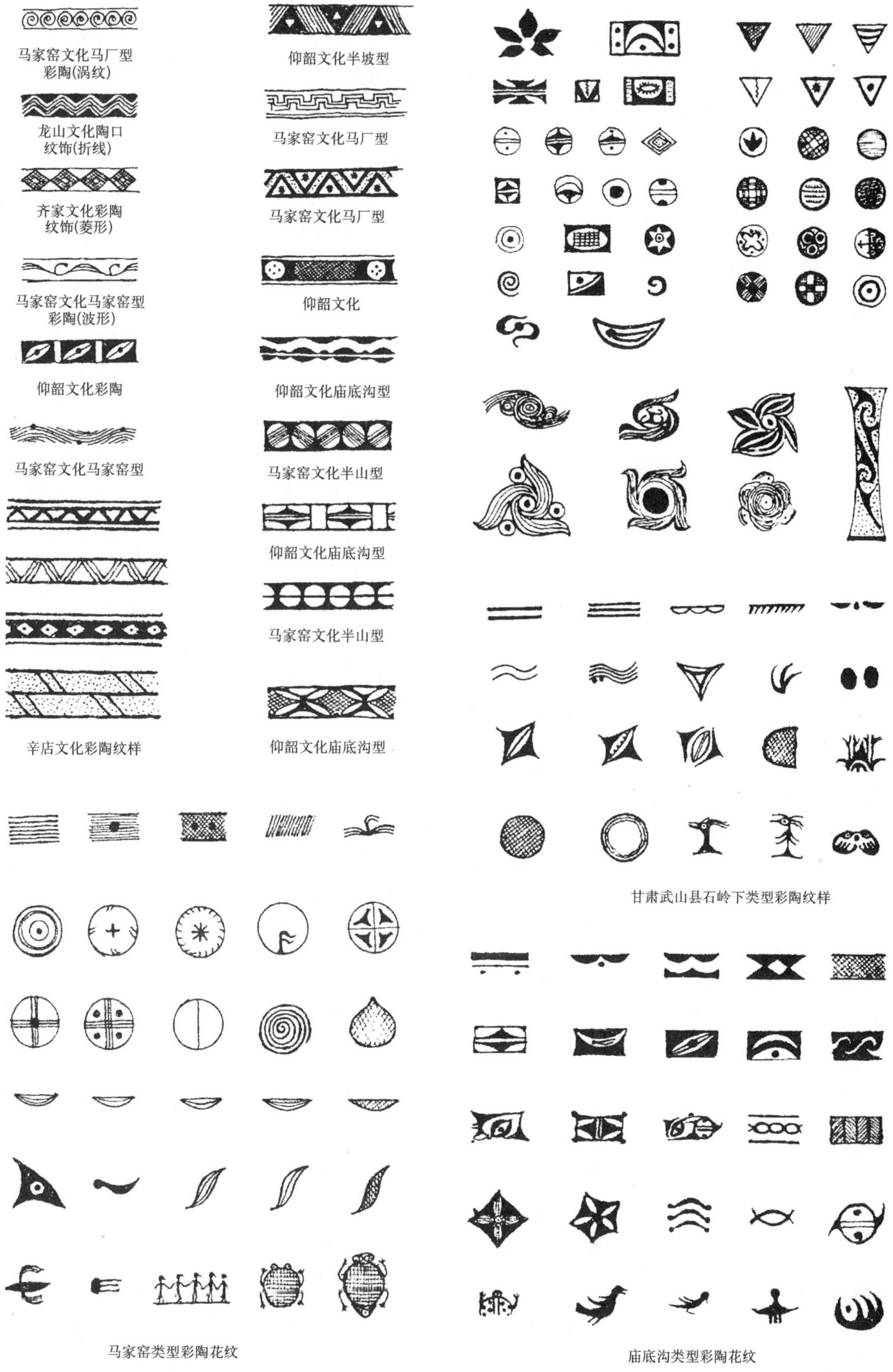

马家窑文化马厂型彩陶(涡纹)

龙山文化陶口纹饰(折线)

齐家文化彩陶纹饰(菱形)

马家窑文化马家窑型彩陶(波形)

仰韶文化彩陶

马家窑文化马家窑型

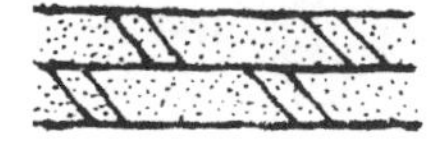

辛店文化彩陶纹样

仰韶文化半坡型

马家窑文化马厂型

马家窑文化马厂型

仰韶文化

仰韶文化庙底沟型

马家窑文化半山型

仰韶文化庙底沟型

马家窑文化半山型

仰韶文化庙底沟型

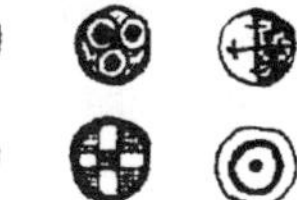

甘肃武山县石岭下类型彩陶纹样

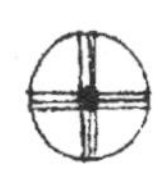
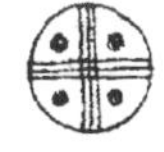

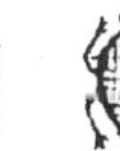

马家窑类型彩陶花纹

庙底沟类型彩陶花纹

图 1-16 中国新石器时代的陶器装饰图案（一）

盆内壁上画的一幅舞蹈图，和河南临汝县阎村发现画在陶缸腹部的鹳鱼石斧图（图 1-17）。其做法一般是在浅土红色陶器上，先用黑色线勾勒轮廓，再用棕、白填充设色。这种手法不但奠定了原始社会晚期壁画的基础，而且也肇创了后世中国画技法的渊源。此外，还有以人物形象为主的少数地画，则是原始社会绘画艺术中的特例。如甘肃秦安县大地湾仰韶时期房屋 F411 遗址中所见，据分析属于原始的祭祀崇拜（图 1-18）。

（二）雕塑艺术

除绝对年代较晚的线刻浮雕岩画不计外，目前所见最早的石雕刻人体及头像，为河南密县莪沟北岗及新郑县裴李岗遗址出土的 7000 多年前遗物（图 1-19）。浙江余姚市河姆渡遗址出土 7000 年前骨匕上的双鸟纹线刻，及陶器上动、植物题材的线刻，技巧都已相当熟练，形象均亦相当生动（图 1-20）。甘肃永昌县鸳鸯池出土有石浮雕头像，值得注意的是它的眼球、鼻孔和口，皆用白色骨珠镶嵌。后世塑造佛像采用镶眼球的手法，正是它的一脉相承。河姆渡、大汶口等遗址，还出土有象牙雕刻，既有浮雕，也有透雕。良渚文化遗址所出的玉琮、玉璧……，雕刻题材除几何纹样，还有人兽形象。陶塑艺术品也多有出土（图 1-21），除了实用陶器上的装饰性雕塑（如大地湾出土的人头器口陶瓶）外，独立的作品有柴家坪、半坡等遗址出土的人头枭首半圆塑像，邓家庄出土的立体人物胸像，以及辽宁省凌源县牛河梁红山文化女神庙遗址发现的女神塑像（头，肩……）等。陶塑即泥塑的陶制品，原始社会晚期建筑上的塑形装饰就是建立在这些陶塑创作的基础上的。

（三）音乐和舞蹈

音乐、舞蹈虽是两种不同的艺术形式，但二者关系密切，又常互相补充，从而发挥出更大的艺术效果。

原始音乐重节奏而少旋律，以打击乐为主。山西夏县东下冯遗址出土的木鼓圈鳄鱼皮鼓，辽宁凌源县牛河梁遗址出土有陶鼓圈的鼓以及石磬，另外还有陶铃和铜铃，都是原始社会晚期的遗物。吹奏乐器开始于狩猎的骨哨、陶埙，最早的遗物见于河姆渡遗址。也许还有木、竹之类植物材料的哨子，但未能保留至今。多音孔的骨哨已有二孔甚至三孔，可知原始骨哨的发明还要早得多。在陕西华县井家堡仰韶文化遗址中又出土角状陶号，它无疑是对骨质兽角的模仿，而先民对后者的使用必然也大大超越前者（图 1-22）。原始舞蹈推测最早出现于人们对生产丰收和战争胜利的欢迎和喜庆，后来才发展到祭祀等仪礼活动中来，其内容和形式自然也就日趋丰富和完美，并且逐渐形成了各民族与各地区的特殊风格和传统形式。

（四）文字符号

在新石器时代各地出土之陶器上，常刻画有许多符号和图形，如仰韶、马家窑、龙山、马厂等文化（图 1-23）。它们最初可能是生产者确认自我产品的符号。后来才逐步发展到正规的文字。上述符号表现的多种形式，直至商、周时的陶文中，尚屡有所见。

（五）原始崇拜

原始人对大自然与自身周围发生的事物和现象多不理解，前者如日、月、星辰、雷、电、火、地震、海啸……，后者如生、老、病、死等等。从而产生敬畏和崇拜，并由此派生出各种仪式和顶礼对象。它们在建筑上的反映，如室外筑砌的土、石祭坛（浙江余杭县瑶山遗址、内蒙古包头市大青山莎木佳遗址及阿善遗址……），有女神像之神庙（辽宁凌源县牛河梁遗址）。室内的有地画（甘肃秦安县大地湾 F411）及内部有十字形道路之内圆外方套室（河南杞县鹿台岗遗址）……。同时，又逐渐出现了供祭祀的牺牲，不但有动物，而且还有人。这些，都对后代产生很大的影响。

●甘肃正宁县宫家川遗址出土葫芦瓶(仰韶文化)
(《考古与文物》1988年第1期)

●河南临汝县阎村出土仰韶文化陶器纹样
(《中原文物》1981年第1期)

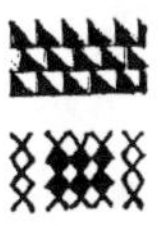
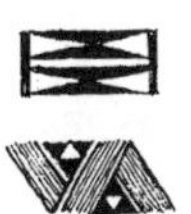

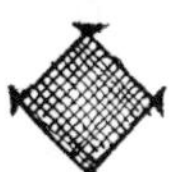

●半坡陶器几何纹样(《西安半坡》)

鱼纹(陕西西安市半坡村)

鸟纹(河南陕县庙底沟)

人面纹(陕西西安市半坡村)

水鸟鱼纹
(陕西宝鸡市北首岭)

彩陶盆口沿和腹部图案展开图
(河南陕县庙底沟)

●仰韶文化纹样

雷纹黑陶片
(山东日照县两城镇)

彩陶壶腹部图案展开图
(泰安大汶口)

●龙山文化纹样

图 1-17 中国新石器时代的陶器装饰图案（二）

甘肃秦安县大地湾411号房址内地画摹本(EW1.2M NS1.1M)

图 1-18 中国新石器时代的地面绘画
(《文物》1986 年第 2 期)

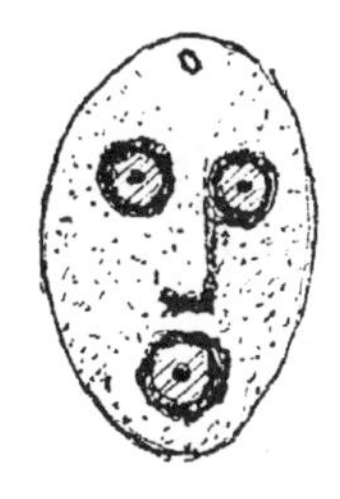

●石雕镶嵌人面像
(马家窑文化)

●双面石雕人像(大溪文化)

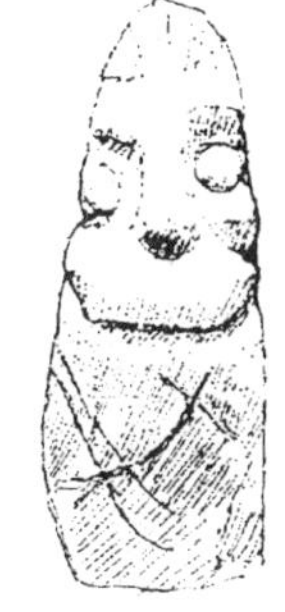

●辽宁东沟县后洼新石器时代遗址出土滑石人头像
(《文物》1989年第12期)

●河北滦平县后台子石人像两种
(《文物》1994年第3期)

图 1-19 中国新石器时代的人物石刻艺术

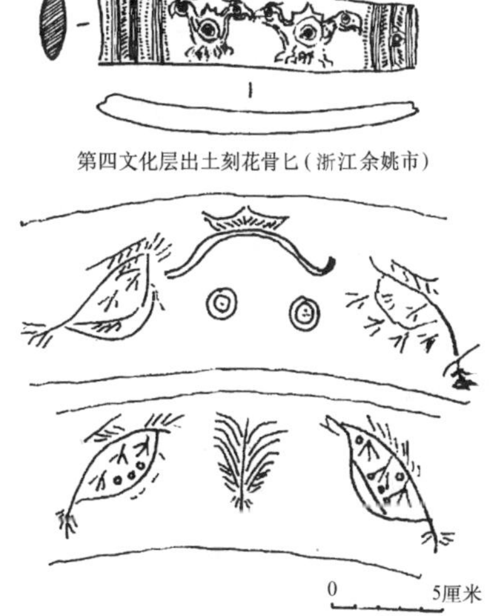

第四文化层出土刻花骨匕(浙江余姚市)

第四文化层出土陶器上刻划花纹(1/4)
河姆渡遗址出土刻划骨、陶器
(《考古学报》1978年第1期)

图 1-20 中国新石器时代的线刻艺术

●渭水流域仰韶文化人面陶片姜塬西村
(《考古》1991年第11期)

●甘肃临夏县出土彩陶人头像
原为陶器物顶部,泥质橙黄陶,残高7.5,宽6.5厘米,上有深褐色纹影,绘出眉、眼、头发及面纹
(《文物》1993年第5期)

●甘肃礼县高寺头仰韶陶人首
(《考古学报》1960年第1期)

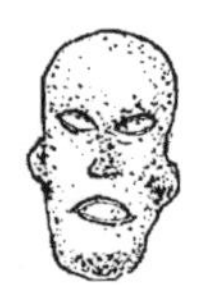

●陶人头
(河姆渡)

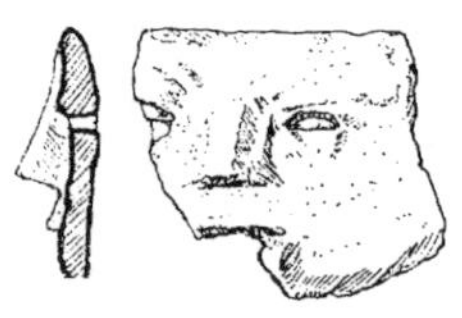

●河南陕县七里铺出土龙山文化人面形陶片
(《考古》1959年第4期)

●陶塑两面雕
(猴头、人面)

●陶有座人头像

●陶人头像

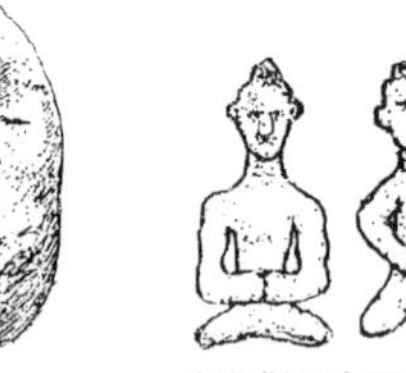

●湖北荆州市天门出土
(青龙泉三期文化)

●河南密县莪沟出土
(《考古学集刊》第一集,1981年)

●仰韶陶塑头像

图 1-21　中国新石器时代的陶塑人物艺术

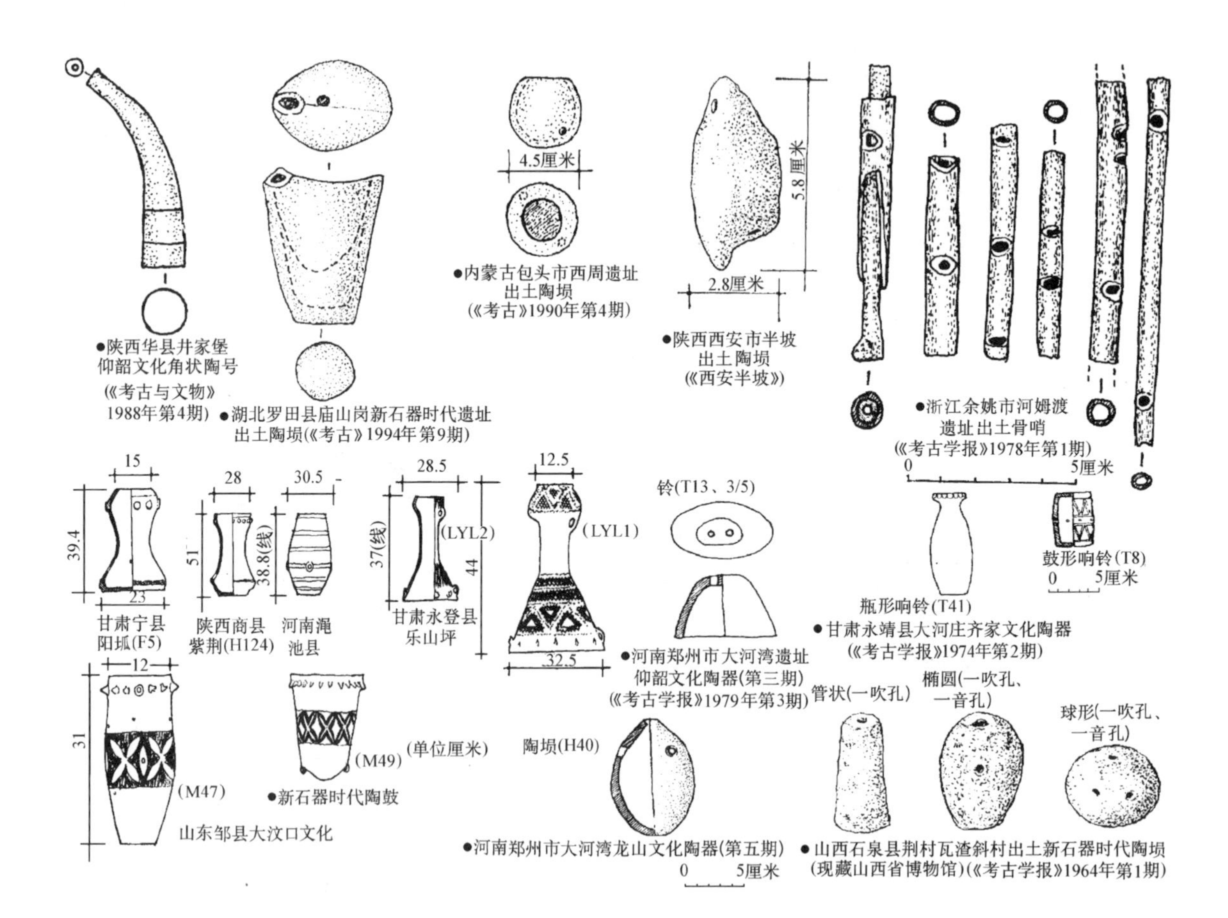

图 1-22　中国新石器时代的乐器

此外，这种对神灵崇拜的推广与深化，也在一定程度上推动了各种艺术（绘画、雕刻、音乐、舞蹈）和某些手工业的进一步繁荣和发展。

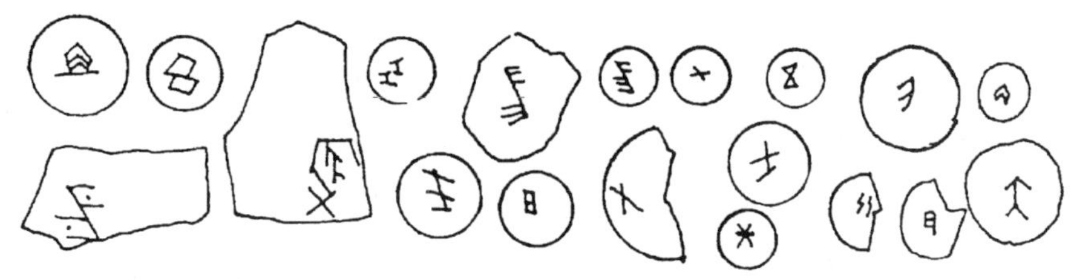

●湖北宜昌市杨家湾遗址出土大溪文化陶器刻划符号示意图(《考古》1997年第8期)

●陕西临潼县姜寨仰韶文化陶器符号(《姜寨》(上))

●山东历城县(现章丘)城子崖
龙山文化陶器符号(《城子崖》)

●青海乐都县柳湾马家窑文化、齐家文化墓地
出土陶彩壶上符号示意(《考古》1976年第6期)

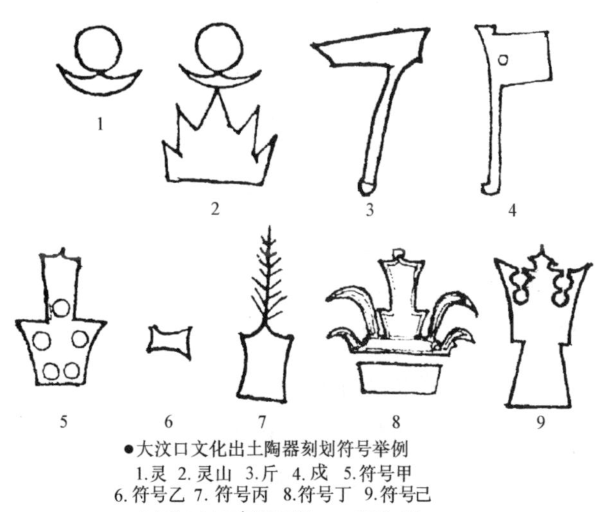

●大汶口文化出土陶器刻划符号举例
1.炅 2.炅山 3.斤 4.戌 5.符号甲
6.符号乙 7.符号丙 8.符号丁 9.符号己
(《文物》1987年第12期，1994年第7期)

●马家窑文化陶文符号
(《中国大百科全书》考古卷)

●陕西西安市半坡仰韶文化陶器上符号示意
(《西安半坡》)

图 1-23　中国新石器时代的文字符号

第二节　建筑最初的两个基本形态——巢居和穴居

人类是由动物演变而来，猿人最初所处的栖身之所，与动物掘洞营巢之间并没有显著的鸿沟。不过，作为自觉的营造观念和开始建筑活动这一飞跃，则只能是从使用有关工具创造栖居处所开始。当原始人类基于住在树上、树洞和自然崖穴的生活经验以及对动物栖居的巢（窝）、穴的观察，通过运用思维，并使用自制的简陋工具采伐竹木，借助树干的支撑构筑一个架空的巢或就地的窝；或者在黄土断岩上用木棍、石器、骨器、角器掏挖一个的洞穴，则不但反映了自觉的营造观念，同时也产生了最原始的人为居住形式——巢居（包括树上和地上的棚窝）和穴居。因此，可以说，巢和穴是人类建筑最初出现的两个基本形态。

中国古文献中，还保留上古时期若干有关巢居、穴居传说的记载。例如韩非所著《五蠹》就有："上古之世，人民少而禽兽众，人民不胜禽兽虫蛇。有圣人作构木为巢以避群害，而民悦之，使王天下，号之曰'有巢氏'"。从"有巢氏"的"氏"来看，它的原义应指一个氏族而不是个别人，这个氏族是利用树木枝干建造窝棚居住的，所以被称作"有巢氏"。或者可以设想，在地势低凹潮湿或没有自然洞穴可供栖身的森林地区，某个氏族根据长期住在树上的经验，首先创造了搭在树上的窝棚，这既可避免潮湿、洪水和蛇虫、野兽的侵害，又可大大改善居住条件，从而为附近的其他氏族所称颂和效仿，以致传播开来。氏族时期人们拥戴的是有能力造福于人民的人，能组织一个氏族创造新的巢居的人被推举为胞族、部族或部落联盟的首领——"使王天下"，是极有可能的。

所谓"构木为巢"，"木"者"树"也，它既可以是就自然树木搭巢，也可以是"聚薪柴而居其上"的地面"橧巢"。

《墨子·辞过》记载："古之民未知为宫室时，就陵阜而居，穴而处。下润湿伤民，故圣王作为宫室"。穴居直至新石器时代早期，仍为黄河流域的主要居住形式。在地势高亢的黄土地带营造穴居很方便，由于地下水位较低，又缺乏营造技术知识的条件下，挖穴总比构巢容易一些。因此凡是地势高，有可能经营穴居的地方，不仅黄河流域，即使长江、珠江流域以及西南、东北等地区，举凡具备类似黄土地带条件的，总是采取穴居的方式。例如湖北大溪文化遗址、江苏青莲岗文化遗址、福建东瓯遗址、广东韶关市马坝遗址、西藏昌都遗址等等，都曾发现穴居系统的半穴居基址。

从我国古代文献所记："昔者先王未有宫室，冬则居营窟，夏则居橧巢"[2]来看，大约在黄土地带曾经有过巢居与穴居并用的情况，但台湾土著居室至今仍有此类现象。冬季干燥，地下水位低，采用地下的穴居，湿度既小又较为温暖，而且生起火来，更可防寒、防潮。初期穴居防潮措施较差，夏、秋阴雨，穴内潮湿，生火则又闷热，所以改住橧巢。等到穴居的防潮、通风技术有了改进，在夏季也可居住时，就不需要另构橧巢了。仰韶文化时期的穴居，大约是冬夏都可使用的。

中国幅员辽阔，地理条件复杂，全国各地区的原始文化的发展并不同步。介绍原始建筑的发展，可以中华民族文化的主要发祥地黄河流域和长江流域为主，以具有代表性的长江流域沼泽地带的巢居和黄河流域黄土地带的穴居，作为讨论中国原始建筑发展的两条主要线索。

一、架空的巢居——水网沼泽及热湿丘陵地带的主要居住形式；"穿斗式"木结构的主要渊源

所谓巢居，即《礼记》称为"橧巢"的居住形式。"橧"，辞书释为"聚薪柴，而居其上"。这种解释似乎是使用枝干茎叶构成的一种极为原始的窝或臼巢。"橧巢"一词可以概括地上的和树上的不同的巢居。一般所谓"巢居"，是指架空居住面的居住形式。在地势低洼、地下水位较高或者甚至积存有地表水的沼泽地带，由于有丰富的水源和动、植物，便于渔猎和采集，常是原始人择居的地区。在这类环境中，没有可供栖居的自然洞穴，需要自行解决居住问题。开始是利用自然树木架屋，进而便创造了用采伐的树干作为桩、柱，以架空居住面而建成住房。同时，在气候闷热的丘陵山地，由于需要降温、隔湿及防避蛇虫猛兽侵袭的种种原因，同样也很自然地采用了巢居——干阑的居住方式。也就是说，巢居形式的发展序列，是从"构木为巢"逐步进化成为干阑建筑的。

《韩非子·五蠹》所记“有巢氏”教人“构木为巢”，是古代中国广为流传的一个古老传说，应有一定的事实根据。巢居的发明，是古人世世代代营造经验积累的结果；其产生的时代，大约在氏族社会早期。从《五蠹》的记载来看，在具有丰厚黄土层的黄河流域也曾有过巢居，但未得到很大发展。在长江流域等南方地区，因有大面积地势低洼、气候湿热的水网地区，巢居则以其特有的优越性，而成为这类地区原始建筑的主流。

架空巢居的原始形态，推测只是在单株大树上构巢，即在分枝开阔的枝杈间铺设枝干茎叶，构成一介可供栖息的巢。它看起来确实像个大鸟巢，这大约就是“橧巢”的祖型。它的进一步发展，是在上面再用枝干相交，构成可遮阳避雨的顶篷，这便成为一个基本成熟的巢居了。关于在单株大树上构筑的巢居，可以从民族学材料得到一个近似的了解。太平洋的岛国新几内亚东南部，就有称作 Koiari 的土著民族的巢居，这是在一棵很高的树上架设一座具备墙体和屋盖的房屋，由长梯上下。它虽然已受到先进房屋的影响，但是在一棵树上架巢这一点，还保持着浓烈的原始性。

在单株树木上构筑巢居，具有很大的局限性。首先是树木的分枝必须开阔才便于架设居住面，即使这样，也不易把居住面铺设得宽阔、平整；同时，一个聚居的人群需要有许多比较集中并具备构巢条件的大树，而这样的自然条件，往往难于寻觅。为此就迫使人们探求更为方便的构巢方法和更适于居住的巢居形式。人们终于发现利用几棵相邻的树干架设巢居，可以得到更为宽阔、平整的居住面和围护结构，而树木林立的条件，在当时的自然环境中，几乎是随遇可求的。譬如在相邻近的四棵树的主干上，水平扎结四根采伐来的树干，再在上面铺设枝干茎叶之类，这便构成了一个平整的起居生活面；上面再用枝干为构架，搭成顶盖，于是一个改善了的巢居便做成了。现在农村中有些地方，每当庄稼、瓜果将要成熟的季节，田地里为便于守望，往往就利用天然草木搭起这类高架窝棚。为了遮挡四面袭来的风霜雨雪及阳光曝晒，常依托四角的树干以枝条扎成直立的四周围护结构（在一面留出入口），上面再搭顶盖，这样便具备了一般房屋的基本形态。中国历史博物馆藏一件约为四川出土的青铜錞于上有一象形文字——“[illegible]”[3]，正是依树构屋的形象。与前述农家的看青窝棚比较，它已有侧面较正规的围护结构——墙体，并增大了内部空间，从而改善了居住条件。

在原始社会时期，估计这种形式的住房，在潮湿地带使用了相当长的年代之后才有所变革。另一方面，它的原型继续保留下来，作为临时性简易的栖身形式，直至今日。据史籍记载，这种“依树积木以居其上”[4]的巢居，到南北朝时期还为少数民族所使用；唐代东谢蛮“散居山洞间，依树层巢而居”[5]，也是类似的形式；直到近代我国的独龙族，还有一种依山搭树而建的所谓“树屋”。

依靠树木建筑的巢居，受到自然条件的约束。随着氏族社会的发展与人口的增加，一个聚落的巢居数量也在增加。但在水源、渔猎、采集等生活、生产条件适于定居之处，其林木常不一定能够满足建造许多巢居的要求。人们在自然树木支撑作用启示下，探索出以人工栽立桩柱的形式。当然，采伐工具——例如石斧的改进及加工工艺水平的提高，为这一创造提供了先决条件。在理想的定居点的选址上，如果缺乏可资借以支撑的自然树木，则可采伐树干，按照预计的地点以及间距、数量栽立桩柱——在泥泞的滨水地点则使用打桩；在稍为干燥不能打桩的地点，则挖坑栽柱。至于桩、柱以上的构筑方法，仍一如传统的巢居。这种建造方式，是巢居发展的一个重大飞跃——它使人们摆脱了对自然的单纯依赖，并形成了一种新的建筑类型和居住方式。

这种在人工桩、柱上建屋的形式，就是文献所记的“干阑（栏）”或“高栏”、“阁栏”、“葛栏”[6]。这些都是少数民族同一词汇的译音，是指一种“结栅以居，上设茅屋，下豢牛豕”[7]的竹木建筑。直到现在，我国西南、东南少数民族，例如傣、侗、僮、景颇、崩龙、布依、佧瓦、爱尼、高山族仍在使用；东北的朝鲜族所居住的用矮桩或墙架空居住面的房屋，也属此类。干阑即汉语的栅居[8]，是现代民俗学所谓的“Piledwelling”。象形文字中的“☐”，似乎就是干阑的写照。在母系氏族的繁荣时期，干阑已被广泛地使用于湖沼地带，例如浙江余姚市河姆渡遗址、湖州市钱山漾遗址、江苏丹阳县香草河遗址、吴江县梅堰遗址、草鞋山遗址等，都为考古发掘所证实。位于江、浙一带的这些遗址表明，早期用于水网沼泽地带的为桩式干阑，晚期在地势较高处，则改为栽柱架屋。因地基潮湿、松软，柱脚下多垫有木板块作为基础，以避免柱脚沉陷。欧洲原始栅居（绝对年代晚于中国），也发现同样的做法。

归结起来，巢居体系的发展，大约经历了以下几个主要环节：

独木橧巢→多木橧巢→桩式干阑→柱式干阑→架空地板的穿斗式地面房屋 / 楼阁

干阑——栅居，是在排列较密的桩、柱与地板梁和屋架梁、枋之间，多置穿插构件。在交接节点由扎结改进为榫卯之后，自然形成穿斗构造方式。原始栅居的进一步发展，一方面成为地板下有防潮空间的穿斗式房屋；另一方面，升高下部的支架空间，再加以围护结构，从而成为二层的楼阁。

有关这些方面的具体情况，将在后面的遗迹实例中加以介绍。

二、黄土地带的穴居及其发展；中国土木混合结构建筑的主要渊源

黄河流域中游，有广阔而丰厚的黄土地层，为穴居的发展提供了有利的条件。黄土质地细密，并含有一定的石灰质，土壤结构呈垂直节理，壁立而不易塌落，适合横穴和袋型竖穴的制作。在母系氏族公社经济以农耕为主并提出定居的要求之后，穴居这一形式在黄土地带遂得到迅速的发展。

源于穴居的建筑发展序列，大约经过以下几个环节：

横穴（黄土阶地断崖地段）→半横穴（麓坡地段）→袋型竖穴（平地掏挖，口部以枝干茎叶作临时性遮掩，进而为编制的活动顶盖）→袋型半穴居（浅竖穴，口部架设固定顶盖）→直壁半穴居（直壁竖穴，浅至80厘米左右，顶盖加大）→原始地面建筑（全部围护结构都是构筑而成，可分浑然一体的穹庐式和半穴居矮墙体加屋盖，门开在屋盖上这两种类型）→地面建筑（高墙体，门开在墙上）→地面分室建筑（建筑空间的组织化）。

其中，由地下到半地下的发展概况为：

在黄土断崖上掏挖横穴，只是对自然穴洞的简单模仿，应是穴居的始发形态。横穴的制作只是对黄土材料的削减，就穴居发展而言，建筑的发生不是增筑而恰是从其含义的对立面开始的。横穴是一种只重空间经营、除穴口外没有更多外观体形的建设形式。

横穴为保持黄土自然结构的生土拱，它无需任何构筑，只要具有足够的拱背厚度，就比较牢固安全，即可满足遮阳、避雨、防风、御寒的初步要求。由于这一结构方式最为简易、经济，自从它出现以后，虽然后来又向竖穴、半穴居进化，但同时，横穴原型却一直保留下来，继续予以沿用，并得到不断改进。山西石楼县遗址[9]、宁夏海源县菜园村林子梁遗址[10]以及内蒙古凉城县岱海周围遗址等，都曾发现距今五六千年的横穴遗迹。

在阶地断崖上营造横穴，常受到地形的限制。对此的进一步发展，便开始了在陡坡上营穴。在陡坡上掏挖横穴，由于穴口土拱过深，往往易于塌落，于是认识到需要先铲出一个垂直壁面，

再在壁上向内作水平掏挖。

在坡地上营穴，常因土拱厚度不够而发生坍塌。坍塌的横穴，则可用柱支撑，补建一个顶盖。这样，便启示了横穴制作的新工艺——在坡地上开小口垂直下挖，并扩大内部空间，到预定深度，再于穴底处横向掏出一条通向穴外的走道；然后在穴内立柱封顶。

在缓坡及平地等无法营造横穴的情况下，只能采取向下挖掘，于是形成了袋状竖穴，其顶部则用树枝茅草覆盖（利用巢居的某些传统经验），这样就出现了一种新型的穴居形式。袋型竖穴可以在缓坡及平地上制作，它进一步扩大了选址的自由度。平地上的袋穴，可以由穴底向斜上方掏挖出一条出入的隧道，不太深的袋穴可以省掉出入隧道，而由顶部穴口进出。这样便形成了纯粹的袋形竖穴。

底大口小的袋穴，其纵剖面为拱形，是一种空间围护方式。起初用树木枝干、草本茎叶之类临时遮掩穴口，但暴风骤雨时，常不能适应，因而发展为扎结成型的活动顶盖。推测其形状略如斗笠式的露天缸盖，平时搁置穴口近旁，夜晚或雨雪时即行掩盖并可固定在穴口上。这种活动顶盖要随着昼夜、晴雨、出入而移动，还是很不方便。在长期使用中进一步改善，便形成了搭建在穴口上的固定顶盖了。这便是《诗经》所谓"陶复陶穴"，也便是"复"的内部空间，《诗经》称作"中冓"或"中霤"。穴居发展到此时，开始具备了固定的外观体形，即在地面上可以看到一个小小的窝棚。

随着棚架制作技术的熟练和提高，可以制作更大、更为稳定的顶盖时，竖穴深度即可减小了。竖穴变浅，有利于防潮和通风，而且出入便利。发展结果，就出现了半穴居。半穴居出现以后，袋形竖穴便作为贮藏的仓库或堆放垃圾的灰坑使用了。半穴居的内部空间，下半部是挖掘出来的，上部是构筑起来的。也就是说，建筑从地下变为半地下，开始了向地上的过渡。

属于仰韶文化时期的西安半坡遗址，反映了半穴居晚期发展以及向地面建筑转化的情况，可以作为典型代表。半坡所见半穴居，其竖穴皆为直壁，表明已非初期式样。较早的穴深 80～100 厘米，较晚的约 20～40 厘米，竖穴发展由深而浅，直至形成地面建筑。

半坡建筑按营建技术的发展程序排比，其结果与遗址早、晚期的考古地层学断代基本相符，发展线索清楚。即由直壁浅穴的半穴居到原始地面建筑的发展，据放射性碳素断代，约历时 300～400 年。

半坡建筑的发展，可分为早、中、晚三期。

早期：半穴居——下部空间是挖土形成，上部空间是使用土木等建材构筑而成。

中期：居住面上升到地面，围护结构全系构筑而成。

晚期：分室建筑——大空间分隔利用。

上述变化可参见后列之《西安半坡仰韶文化建筑发展程序图表》（图 1-58）。内中各典型建筑的具体情况，将在下面的章节中另予介绍。

人类建筑逐渐由地下转至地面，不但扩大了建筑内部的生活空间，提高了使用者的舒适度，最重要的还是使人们在创造过程中进一步认识和利用了自然。地面建筑较穴居和半穴居要求更坚固的墙体和更完善的屋面，这就要求解决和改进许多结构和构造上的问题，更有效地运用已有的建筑材料，并努力开辟新的途径。考古发掘实例证明，我们的祖先在当时条件下很好地解决了这些问题。例如：以绑扎方式结合的木梁、柱屋面支承结构体系，木骨泥墙的围护垣墙，夯土和室外泛水等等。它们为日后中国传统建筑的土木结构形制，提供了宝贵的经验并奠定了最初的基础。

第三节 中国原始社会建筑

前文已就我国原始社会最早出现的两种建筑的基本形式、特点和演绎情况，作了大致的阐述。本节将依据考古发掘中所获得的实物资料，对以上述两种建筑为基础而发展与形成的各类单体建筑与群组形式，分别予以具体介绍与分析研讨。

一、中国原始社会城市

城市是人类创造的诸多建筑物中最重要的类型之一，也是衡量人类社会文明与进步的重要尺度之一。我国古代何时才出现这类建筑群组，是很久以来人们一直关切与尚未解决的重要课题。依情理推测，它们应出现在父系氏族社会盛期，因当时社会分工已很明显，私有制也已相当巩固。社会财富和政治权力的日益集中，带来了人间更为激烈的倾轧与斗争，而诉诸于解决矛盾最后手段所采取的掠夺性战争，也变得更为频繁和规模巨大。为了保护统治阶层与氏族集团的利益，筑城就成为当时不可缺少的社会需要和建筑活动了。更重要的是，这一时期中国气候出现了巨大变化。大面积水灾频频发生，择高地而居，或在较低处筑城防洪，是当时城市必须考虑的问题。

20 世纪 30 年代对山东历城县龙山镇（现属章丘县）城子崖新石器时代遗址进行发掘，发现了我国第一座原始社会晚期的城址[12]。这对历史、考古和建筑等学科的研究来说，都是一件划时代的大事。但后来爆发的抗日战争，使得大规模的田野考古长期陷于停顿。直至 70 年代，考古工作者才在河南登封县王城岗[13]、淮阳县平粮台[13]与山西夏县等地，先后发现了属于龙山文化晚期的古城数处。但其保存多欠完整，规制亦不甚大。80 年代伊始，在长江中游的湖北天门市、石首市、荆门市公安县和江陵县，以及湖南的澧县，发现属于大溪文化——屈家岭文化的古城遗址多座[14]。它们不但平面形式较多、规模较大，在绝对年代方面，也比上述龙山文化诸古城为早。澧县城头山古城的发现，更将建造年代上推到大溪文化时期，是为我国现知最早之古城。1994 年以来，在山东的阳谷县、东阿县、聊城县、茌平县、邹平县、临淄市、滕县、五莲县等地，陆续发现了大汶口文化晚期——龙山文化时期的大小古城址十余处[11]，面积自 1～40 万平方米不等。尤以鲁西之古城分布甚为密集，并大体形成南、北两个组群（图 1-24-乙）[15]。1995 年底，在四川成都平原

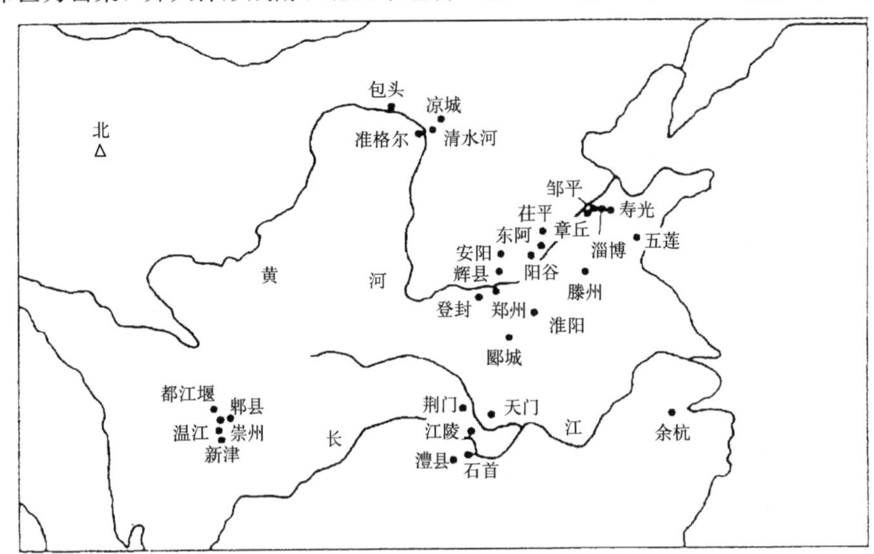

图 1-24-甲　中国史前城址分布示意图(《考古》1998 年第 1 期)

的新津县、都江堰市、温江县、崇川县和郫县，也发现了相当于中原龙山文化时期的史前城址[16]。而位于内蒙一带，亦发现属于红山文化之古城多处。这些发现，不但将我国原始社会的已知城址总数增加到30余座[11]，而且还将它们出现在地域，自黄河中、下游扩展到了长江中游的江汉平原与上游的四川盆地，以及北境的内蒙古大青山下（图1-24-甲），其意义无疑是十分重大的。以上多处新石器时代古城址的发现，标志着我国古代建筑活动的活跃与进步，其规模和水平，都已大大超过了我们以往的认识和想象。以下就已公布的有关资料，对这一时期的城市建设情况，逐一予以介绍。

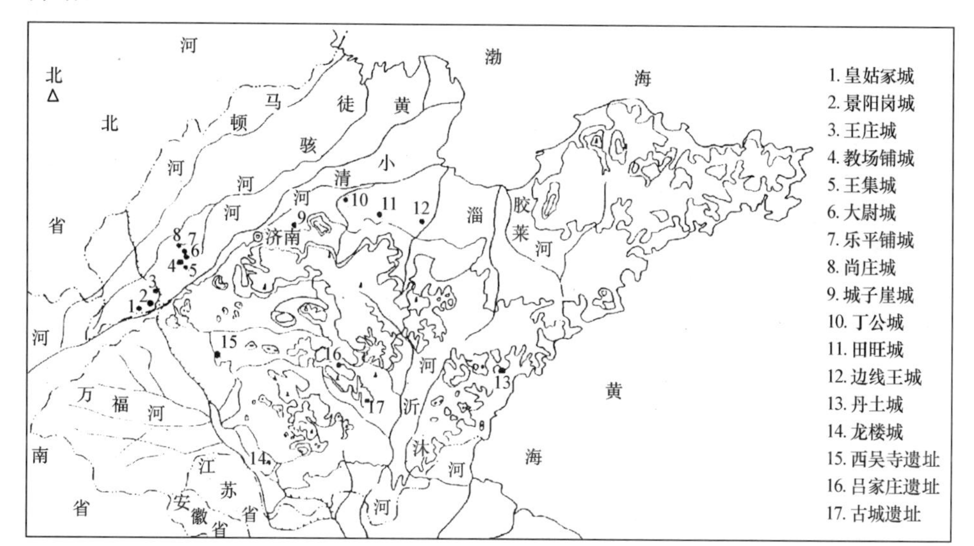

图1-24-乙　山东地区龙山文化城址分布图(《文物》1996年第12期)

（一）黄河流域新石器时代古城遗址

目前所知之遗址，皆分布于黄河中、下游之山西、河南、山东三省内，其中又以山东省最为集中（图1-24-甲）。

1. 山东章丘县龙山镇（原属历城县）城子崖古城遗址[11]、[12]（图1-25）

遗址位于龙山镇东之武原河东岸台地上，发现于20世纪30年代，是我国首座经科学发掘的新石器时代城市。平面大体呈方形，东西广455米、南北长540米，位置约高出武原河岸14米。城垣由夯土筑成，现尚余残高2.1～3米，宽度约10米。筑城以黄土及料礓石为原料，夯层厚12～14厘米，夯窝圆形，直径3～4厘米。除西墙偏北处（距北墙约120米）及南垣各有一较明显缺口，似为城门所在以外，其他门道位置均难以判明。武原河在西垣外200米处南北流，但城垣外未见护河痕迹。城内亦无建筑基址残留。城中部有面积约1万平方米之淤土，可能为旧日水面之遗迹。据考证，在大城之范围内，曾建有一龙山文化早期之小城。故此城始建于龙山文化早期。并沿用于整个龙山时期。

2. 山东阳谷县景阳冈古城遗址[11]、[15]（图1-26）

古城在阳谷县东，西近大运河西岸。平面呈椭圆形，其长轴方向为东北——西南，长约1150米。平面之北端约宽230米，南端宽330米，中部最宽处400米，总面积约35万平方米。由城垣东北角及东垣南端之断面，显示出夏代、龙山晚期与龙山早期的三重叠压，表明了此城的始建与沿用情况。

城内有大、小夯土台各一。大台平面亦为椭圆形，长轴方向与古城一致，长520米，南北两端宽度均为175米，中部宽约200米，台面积约10万平方米。经发掘知此台系经多次筑就，始建时较小，以后逐步扩大，至夏代时最大。构筑材料以纯净黄褐色沙土为主，至夏代时加入若干龙

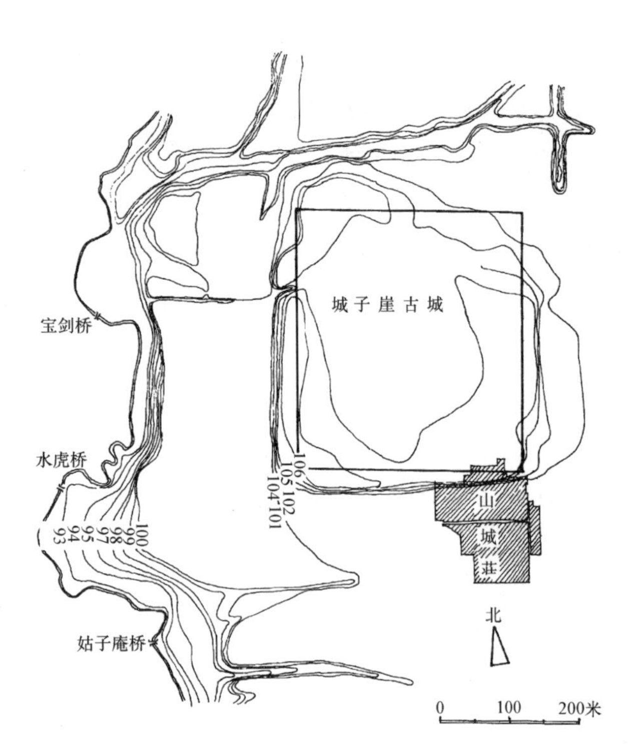

图 1-25 山东章丘县龙山镇城子崖古城遗址平面示意图(《城子崖》中央研究院历史语言研究所，1934 年)

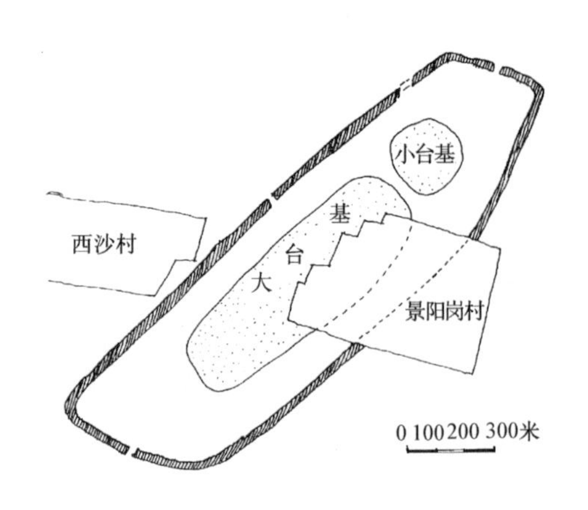

图 1-26 山东阳谷县景阳冈龙山文化城址平面图(《考古》1997 年第 5 期)

山时期之堆积物。此台大部已被破坏，推测最大高度为 6 米。小台位于大台以北 15 米，大体为东西长之矩形（东西 130 米、南北 60 米）。城内文化层堆积甚厚，上层属东周时期，中层为夏代，下层系龙山文化。

此城之东北有王庄古城，西南有皇姑冢古城，均属龙山文化。因本城之面积甚大且位置居中，显系此组古城之中心城市。

3. 山东阳谷县王庄古城遗址[11]、[15]

遗址位于阳谷县东北，又东北距景阳冈古城 10 公里。此城面积不大，因黄河淤积，实际面积无法探测。该城城垣之东南隅已为东周之阿城东南角所积压。早期城垣亦用纯净黄褐色沙土筑构，由于被龙山文化之早期灰坑所打破，故其建造年代应不晚于此期。

4. 山东阳谷县皇姑冢古城遗址[11]、[15]

城址在景阳冈古城西南 8 公里，平面大体呈矩形，方位为东北——西南。城长度约 400 米，宽约150 米，总面积 6 万平方米。城内亦发现有夯土台基遗迹。

5. 山东茌平县教场铺古城遗址[11]、[15]

位于茌平县南 20 公里。平面矩形，东西 1100 米，南北 300 米，现面积 33 万平方米，估计原有面积可能更大。西城垣亦由纯净黄沙土筑成，残宽 10 米，龙山时期兴造。东垣宽约 30 米，夯土坚实，由土中遗物知构筑于夏、商。城内有夯土基台二处。东台东西广 100 米，南北长 160 米，面积 1.6 万平方米。西台东西广 880 米，南北约 160 米，面积 14 万平方米。东、西二台相距 70 米。城内发现大汶口文化及大量商代陶片。

该城与其北、东之另外四座龙山时期古城又形成另一组群，并俨然为其间之中心城市，情况与前述之景阳冈古城相似。其东北 21 公里处有台子高龙山文化遗址，地面积有高大堆土，很可能亦为古城。

6. 山东茌平县大尉古城遗址[15]

城在教场铺古城东北 3 公里，因挖沙已被破坏三分之二，城内仅余南部一段。但在挖掘之断崖上，尚可见龙山时期修建之城垣形象。此城面积甚小，仅约3万平方米。

7. 山东茌平县乐平铺古城遗址[15]

遗址在县城南偏东，东西距教场铺古城6公里（乐平铺又称三十里铺）。城垣迹象清晰，平面近方形，东西约200米，南北约170米，面积约3.5万平方米。建于大汶口文化晚期。

8. 山东茌平县尚庄古城遗址[15]

古城遗址位于县南偏西约1公里处，南距教场铺古城19公里。其北垣较为平直，西、南垣作不规则形。城面积近4万平方米。此城已经发掘二次，其下层文化堆积属大汶口文化晚期。

9. 山东东阿县王集古城遗址[15]

遗址在东阿县北偏东，西南距教场铺古城4公里，北距大尉古城亦约莫相等。城市主轴东北——西南方向，长320米，宽120米，面积3.8万平方米。

其西南2.5公里处有孟尝君龙山文化遗址，地面残留土堆，也可能是座龙山文化城址。

10. 河南登封县王城岗古城遗址[13]（图1-27）

1975年考古工作者在河南登封县告成镇西半公里之王城岗，发现古城遗址一处。此遗址坐落在颍河北岸与五渡河西岸相汇之三角地带，为厚约1米之耕土与扰土所覆盖。经发掘后，知由东、西并联之二座小城组成。西侧小城平面大体呈方形，保存尚好，但城墙基础以上部分全毁。其东墙走向南北，北段已不存，中段与南段尚留残基长65米。南墙略有偏斜（北偏东85°），除东端有10米宽缺口外，其余82米均明晰可辨。西墙与南墙垂直，墙基全长92米，全部保存完好。北墙与南墙平行，仅存西端之29米。东城大部被五渡河及西北来之山洪冲毁，其西墙即西城之东墙，南墙剩西段约30米，走向与西城南墙一致。由于残破过甚，其原来之形制与面积已不可考。城墙基础的横断面呈梯形，以西城西墙南端为例，其上口宽4.4米，底宽2.54米，深2.04米。基础做法是先开挖基槽，然后填土分层夯实。夯层厚度不一，大多10～20厘米，也有6～8厘米的。每层夯实后，表面再铺1厘米厚的细砂。夯窝直径4～10厘米，深1～2.5厘米，所用夯具大概是河卵石。在西城内之中部及西南部，发现有若干夯土基址残余，可能是当时城内宫室所在。在一些填有夯土的圆形坑内，埋有成年人及儿童，人数自二人至七人不等。估计是作为建筑奠基时的牺牲而埋入的。在出土的器物中，除通常的陶器以外，还有少量铜器皿的残片。

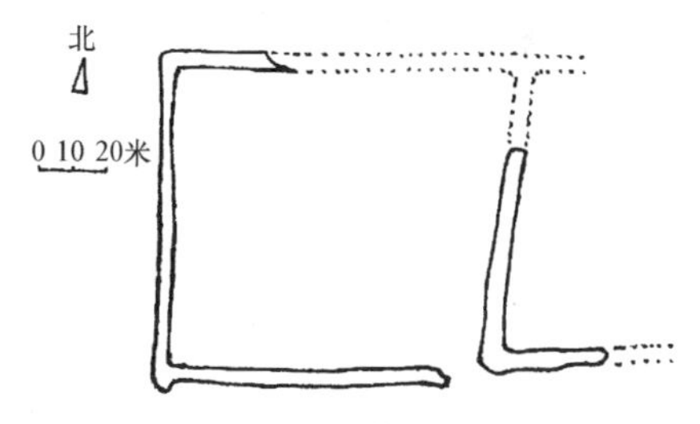

图1-27　河南登封县王城岗古城遗址平面图(《文物》1983年第3期)

11. 河南淮阳县平粮台古城遗址[13]

1979年在河南淮阳县东四公里之平粮台，也发现了古代城址。其平面为正方形，方位北偏东6°（图1-28-甲）。城墙每边长185米，

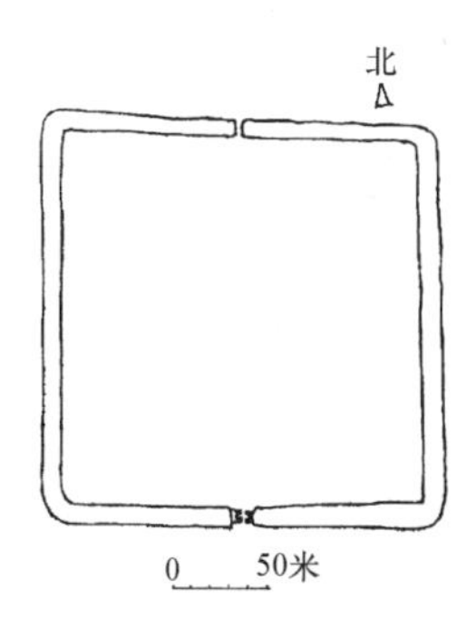

图1-28-甲　河南淮阳县平粮台古城遗址平面图(《文物》1983年第3期)

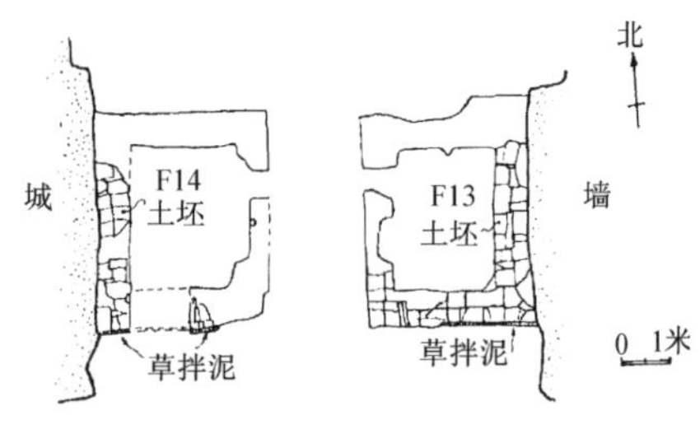

图 1-28-乙　河南淮阳县平粮台古城南城门及门卫室平面图(《文物》1983 年第 3 期)

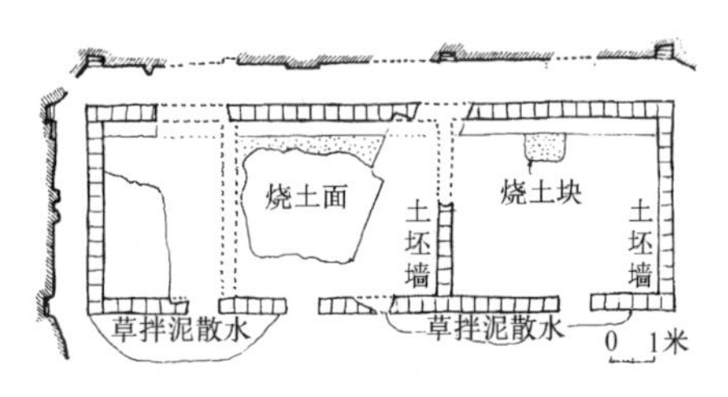

图 1-28-丙　河南淮阳县平粮台古城城内一号房址（F1）平面、剖面图（《文物》1983 年第 3 期）

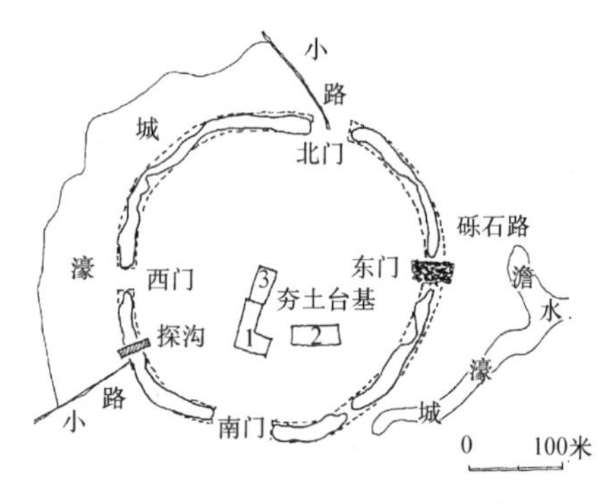

图 1-29　湖南澧县城头山古城遗址平面图(《文物》1993 年第 12 期)

一部分之残高达 3.5 米，基宽 13 米，顶宽 8～10 米，全由夯土筑成，夯层厚度 15～20 厘米。修建时采用小版筑堆筑法，即先以小版夯筑一宽 0.8～0.85 米，高 1.2 米之内墙，然后在此墙外侧堆土，并夯成斜坡状，至超过内墙高度后，再夯筑城墙的上部，如此重复堆筑，直达所需高度为止。城的北恒和南垣中部，遗有缺口和路土，当系城门之位置。其南门道中央有宽 1.7 米的道路，路两侧依城墙各建门屋一间（图 1-28-乙）。屋墙砌以土坯，且屋门相对，估计为门卫之用房。以东屋为例，平面矩形，东西宽 3.1 米，南北深 4.4 米，墙厚自 0.5～0.7 米不等，所用土坯有长方形、方形及三角形多种，尺度不一。南墙外表面抹有 4 厘米厚之草泥，屋内为红烧土居住面，标高略低于室外地面。中央道路路面以下 0.3 米处，埋有陶制排水管，每节长 0.35～0.45 米不等，大头直径0.27～0.32 米，小头直径 0.23～0.26 米，均为轮制，外表面施篮纹、方格纹、绳纹、弦纹，少量为素平者。城内东部有房屋基址十余处，有的建于平地，有的建于高台，平面多呈矩形（图 1-28-丙）。墙壁普遍使用土坯。土坯尺寸大小不一，长 0.32～0.58 米，宽 0.26～0.3 米，厚 0.06～0.1 米。砌时多平铺，亦有先顺铺再竖砌者。墙之外表涂以草泥。另在遗址灰坑中，出土了铜炼渣，表明已有冶炼铜器，也是一个很重要的发现。在对出土的木炭以碳 14 测定后，断其年代为距今 4130±100 年。

12. 山西夏县古城遗址

近年在山西夏县亦发现古城遗址，平面方形，每边长 140 米，面积约 2 万平方米。城垣亦由夯土构筑。

（二）长江流域新石器时代古城遗址

（其中中游地区实例 1～5，上游地区实例 6～9）。

1. 湖南澧县城头山古城遗址[14]（图 1-29）

遗址位于澧县西北约 10 公里之南岳村东南，西依台地徐家岗，南临澹水。城址平面大体呈圆形，直径 310～325 米。城外绕以护城河，其西面及西北侧，保存较为完整。护城河紧依城市，残存长度约460 米，宽 35～50 米，深 4 米，岸壁陡峭，宽度整齐，显系由人工开掘而成。东南之护城河由澹水支流构成，现存长度约 300 米，宽 14～30 米不等。其他之北、东、南侧护城河，虽已平为水田，但原有形制仍依稀可辨。其与城墙间，形成宽 50～90 米之缓坡漫滩。

城垣以纯净灰、黄二色胶泥夯筑而成，有的中间塞以河卵石，夯层厚度约 20 厘米。残垣高度 3.6～5 米不等。基宽不一，有的宽 20 米。城垣外壁坡度约 50°，内壁筑为 15°～25°缓坡。

城之四面各有一似城门之缺口。北侧缺口宽 32 米，地势很低，门内有东西宽 37 米，南北长 32 米之近圆形大堰，估计北门为水门，有河道可通城内外。东侧缺口广19米，进深11米，此处有宽约5米之铺石道路一条，由城外通至城内。铺砌材料为直径5～10厘米之河卵石，其下垫以红烧土及灰土。似为城内外陆路交通之主要通道。

城中地面高于四门，故城内排水可经四门宣泄至城外。城内中央偏南处，有坐西面东夯土建筑基址一组，东西广30米，南北长60米，其中1号台基平面为曲尺形，2号、3号台基平面为矩形，当系城内主要建筑所在。

由城垣及城内出土大量红、黑陶器及陶片，判断此城建于屈家岭文化早期晚段至中段。

2. 湖北天门市石家河古城遗址[14]（图1-30-甲）

该城位于天门市石家河镇以北约1公里，其南、西、北三面由丘陵环绕，东侧有东河自南曲折北流。城之平面大致呈南北略长之方形，每面长约1000米。现城垣尚保存约全长之2/5，以西垣较为完整。南垣西段仅余长200余米一段，北垣惟西北隅位置可以辨识，其东段似被另一时代稍晚且面积较小之古城所打破。经对西垣试掘，知由夯土筑成，夯层厚10～20厘米。城垣之西北隅内，曾埋有屈家岭文化二期之墓葬，故可判明此城之建造应在此时期之前。城之西垣及南垣外，还发现有护城河遗迹。

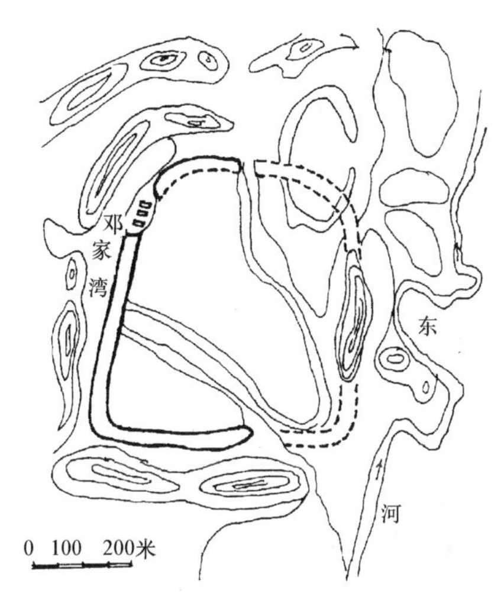

图1-30-甲 湖北天门市石家河古城遗址平面图(《考古》1994年第7期)

3. 湖北石首市走马岭古城遗址[14]（图1-30-乙）

城址在石首市焦山河乡走马岭村，平面呈东西长南北短之不规则椭圆形，周长约1200米。城垣有缺口数处，有的两侧尚有圆形土台，可能是城门的防御性构筑物。城垣最高处距城外地面约7～8米，距城内地面约5米。沿城垣以外，有明显的护城河遗迹。西南垣外不远处有本地最大湖泊上津湖，可供城市取水、排水及交通运输。

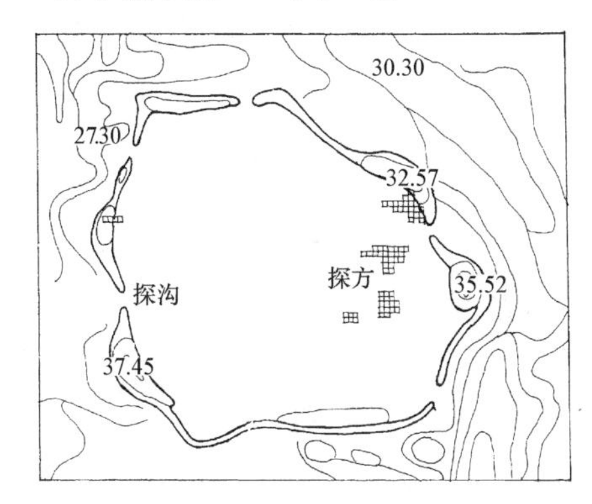

图1-30-乙 湖北石首市走马岭古城遗址平面图(《考古》1994年第7期)

城内地势东北高而西南低。已发现之房屋建筑遗址多在东北。

城垣由夯土筑成，夯层厚10～30厘米，据城垣内坡出土文物，该城系建于屈家岭文代时期。

4. 湖北江陵县阴湘古城遗址[14]（图1-31-甲）

城在江陵县荆州城西北约34公里。平面呈大圆角方形，东西广约580米，南北长约350米，北半部已为湖水冲毁。现有南部面积尚有约12万平方米。原有城垣在清代尚存，大部现已荡然。垣全长约900米，残垣最高8米。城垣由黄、灰二色土夯筑成，夯层厚度不一。护城河在城北、城西者尚可见，宽约30～40米；城东、城西者已为湖水所掩。

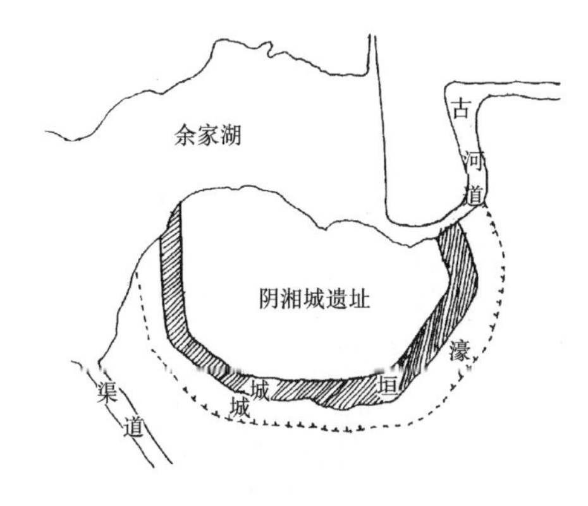

图1-31-甲 湖北江陵县阴湘古城遗址平面示意图(《考古》1997年第5期)

城内地面高出城外约4～5米，已知此城建于石家河文化第四期，即屈家岭文化第一期之时。

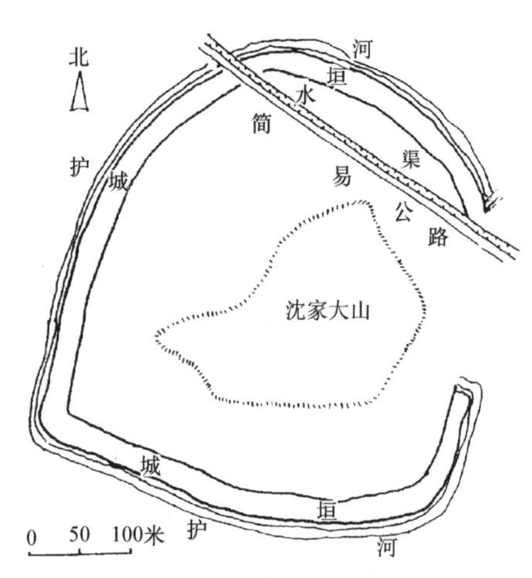

图 1-31-乙 湖北公安县鸡鸣古城遗址平面示意图(《文物》1998 年第 6 期)

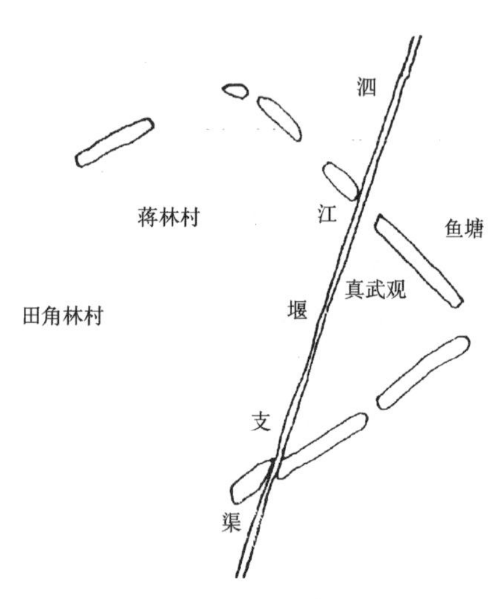

图 1-32 四川新津县宝墩古城遗址平面图(《中国文物报》1996 年 8 月 18 日)

5. 湖北公安县鸡鸣古城（图 1-31-乙）

城平面呈不规则椭圆形，南北 500 米，东西 400 米，方位北偏东约 30°。城垣周长约 1100 米。城内面积约 15 万平方米。城垣宽 30 米，残高 2～4 米。城壕周长 1300 米，宽 20～30 米，深 1～2 米。城中部有名为沈家大山之土台，高约 1 米，面积 4 万平方米。依遗物，知此城建于屈家岭文化时期。

6. 湖北荆门市马家垸古城遗址[14]

遗址位于荆门市显灵村外平坦岗地上，平面呈梯形，面积 20 余万平方米。城垣基本保存完整，周长约 2000 米，其中东、西垣各长 600 余米，南垣长 400 余米，北垣较南垣为短。南垣宽约 32 米，残高距城内地面为 5 米，距城外地面为 6 米，外坡陡而内坡缓。城上尚留有若干高台，似为防御性构筑物。城垣南、西、北三面中央各有一缺口，东垣南端亦有一处，似为城门所在。其中东、西垣缺口与古河道相连，应属水门。城外环以护城河。筑城时期为屈家岭文化晚期至石家河文化初期。

7. 四川新津县宝墩古城遗址[16]（图 1-32）

古城位于新津县西北约 5 公里之龙马乡宝墩村外，西南 500 米处有自西北流向东南之铁溪河，城址基本与河流保持平行方向。古城平面呈菱形，方位北偏西 44°。地面城垣尚明晰可见，但以东、北二垣保存较好，各长 500 米。西垣余北段 270 米，南垣则无迹可寻。城垣残高最多达 5 米，部分城垣上叠压以卵石。现测得东北城隅之夹角为 80°，西北隅夹角为 120°，城内面积约 25 万平方米。

通过北垣东测之探构（真武观东侧），知墙基宽 31.3 米，残垣高4 米，顶宽 8.8 米。整个城址坐落在较周围高出 3 米之台地上（现残高约 1.6 米），城垣即沿台址边缘修筑。修建方式是自外向城内作逐层斜坡式夯筑，并在外侧进行若干补筑，以使外墙面整齐。在城内方向的几道斜面夯层中，又划分为若干水平之小夯层。夯筑工具已使用板状夯具和棍，板痕大多宽 10 厘米，少数为 5 厘米，长 50～58 厘米，深约 0.2 厘米。棍痕为数很少，宽 1.8 厘米，长 30 厘米，深 0.2 厘米。夯土内混以大量陶片，并有少量工具（石斧）。总的来说，其墙垣下部基本为堆筑，仅略加拍击，惟墙内、外侧夯打稍好。但夯层厚薄不均，水平与斜面同存，表明技术仍属原始。据遗物表明，古人居住之遗址早于建城甚久，且遗址范围亦明显大于城址，是以城外亦有遗址分布。其绝对时间为距今 4500～4000 年。

8. 四川都江堰市芒城古城遗址[16]

遗址在都江堰市南 12 公里青城乡芒城村外。其东 1.4 公里有泊江河自北南流，城址方向与之大体一致，现测得为北偏东 10°。城平面作不规则矩形，有外、内二道城垣。外垣南北长约 360 米，东西广340 米，面积约 12 万平方米。内垣南北长 290 米，东西宽 270 米，现外垣北墙长 238 米，东墙 36 米，南墙 224 米，西墙 224 米。内垣残高 1～2.2 米，残宽 8～13 米。

城市建于高出周围地面 0.3 米之台址上，但内城地表却低于外城及城外。

城垣以黄褐土夯筑成，夯层颇不规整，似多为堆积而成。夯土内又杂以大量木炭及夹砂之红褐色绳纹陶片。该城建造年代大体与宝墩古城一致。

9. 四川温江县鱼凫古城遗址[16]

该古城在温江县北 5 公里之万春乡直属村，其西南 1.6 公里处有由西北流向东南之江安河。现存城市平面因城垣大受破坏而极不完整，大体呈东北——西南方向。西南城垣平行于江安河，现长 430 米，西垣尚存 170 米，东南城垣残留三段，分别为 90 米、100 米、280 米，城内面积超过 30 万平方米。城内地面高于周围约 0.3 米。

城垣之构筑方式与宝墩古城同，均为斜坡夯筑。加以垣内出土灰陶及外褐内黑陶片，均与宝墩古城遗物相同，故建城时间亦应基本一致。现城垣残高约 2 米，宽 12～30 米。有一古河道自西北至东南穿城而过。虽然城垣有缺口多处，但原有城门位置尚难确定。

10. 四川郫县古城遗址[16]

遗址在郫县北 9 公里古城乡之梓路村与梓桐村之间。东北 3.9 公里处有青白江，800 米处有锦水河。古城位置与上述江河平行，方向北偏西 60°，即具西北——东南轴线。城平面为长方形，长 600 米，宽 450 米，面积 27 万平方米。城内现有地面高于城外 0.6 米。

城垣最大残高 3 米，宽 30 米，部分城垣上有明显之卵石叠压。

此城所出遗物绝少，建造年代可能稍迟于前述三例。

（三）内蒙古地区新石器时期古城遗址

1. 凉城县老虎山古城[11]（图 1-33-甲）

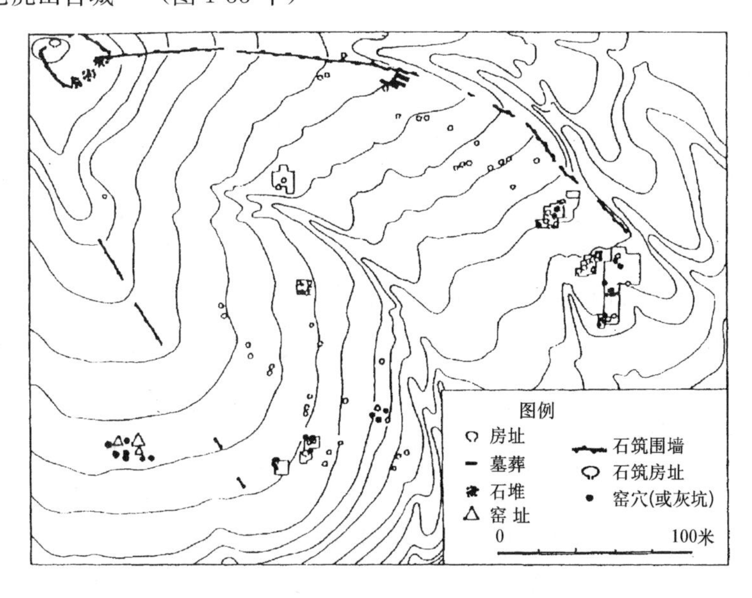

图 1-33-甲　内蒙古凉城县老虎山古城址(《考古》1998 年第 1 期)

为依山而建，平面大体呈菱形，城垣石构，尚余北面及东西各一段。城面积约 13 万平方米。城之西北建一平面方形小堡。城垣及城内建筑墙体均为石构，垣宽约 1.2 米。城内依等高线建为阶地八层，分布有住所、窖穴、窑址等。此城建于红山文化时期。

2. 包头市威俊西古城[11]（图 1-33-乙）

亦为山城，平面为不规则形。其南垣较完整，依山势屈曲为四折之弧形，西垣沿忽洞沟呈较

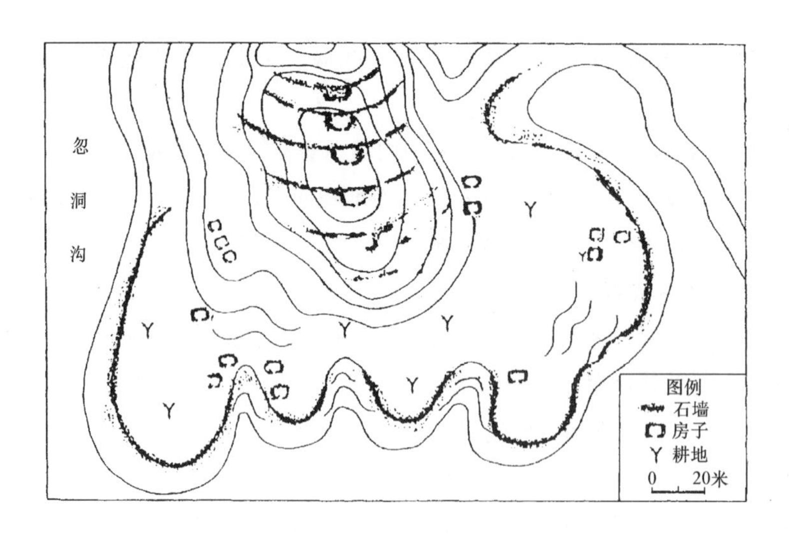

图 1-33-乙　内蒙古包头市威俊西古城址(《考古》1998 年第 1 期)

直之弧线；东垣呈 S形。城中部有较高之丘岗，现遗存大体呈平行弧线之石墙六道。城内建筑墙体及城垣皆为石构。此城亦为红山文化之产物。

以上各城市之概括资料，可见表 1-1：《中国原始社会城市状况一览表》。

（四）中国新石器时代城市特点

1. 营建时间

就已知情况，它们都建造在原始社会父权统治时期的上升阶段。具体来说长江中游的新石器时代古城均属大溪文化至屈家岭文化时期，绝对年代在公元前 4000 年至公元前 2100 年间。而黄河中、下游与四川盆地所发现之新石器时代城址，绝对年代虽有早有迟，但大多均不出龙山文化期间。由于城市的出现与社会的发展有极为密切的关系，因此我国古代城市初创于何时的问题，根据已知例证和推理，已经大致可知。

2. 地域分布

已发现的原始社会古城皆具有一个共同的特点，就是在地域上表现为相对地集中。以山东地区为例，最早发现的章丘县城子崖古城虽地处黄河南岸，但与位于北岸的鲁西诸古城相去不远。后者又各以一较大的城市（阳谷县景阳冈古城与在平县教场铺古城）为中心，划分为两个城市组群。这表明至少新石器晚期的黄河下游地区，在政治、军事、血缘等方面有密切联系的氏族集团，可能已经建立起了联合性的城邦或同盟。而上述大小城市的分布情况，则显示出了它们之间的主从关系。四川盆地的新石器时代古城遗址都位于今日成都以西的岷江流域，其位置距离亦近，与鲁西颇为相似，但主次关系则表现不甚明显。长江中游屈家岭文化古城均集中于今日湖北省南部与湖南省北部，虽然各城间距离较鲁西及四川诸例略远，但就地区而言，仍是相当集中的。

3. 平面形式

山东、河南及四川盆地所发现之古城，平面大多采用方形或矩形式样，仅景阳冈古城一例为椭圆形。长江中游古城，平面则有矩形、圆、椭圆、梯形多种。这是因为前者地处平原，在建城时采用较规整之平面并无多大困难。后者由于境内多丘陵沼泽，常为自然条件所局限，不得不因地制宜。这两类不同的处理方式，在我国以后几千年的历代城市建设中，仍然被人们广泛予以沿袭和应用。内蒙古红山文化古城均为山城，故平面形状多不规则，与中原迥异。

各城均建城垣一道，惟四川都江堰市芒城古城有内、外城垣。但二垣间距离仅 35 米，因此该城是否已采用子城制式，尚难以断定。又河南登封县王城岗古城采用毗联二座方城的形式，它们在功能上是否已有区别，目前尚无法知晓。此种并联格局，亦见于后世战国之燕下都。

表 1-1

中国原始社会城市状况一览表

序号	古城名称所在地点	平面形状及方位	各面城垣长度(m)				城垣周长(m)	城市面积(万 m²)	城垣高度(m)	城垣宽度(m)	筑城材料	夯层厚度(cm)	夯窝直径、深度(cm)	城门状况	护濠状况	其他	营造时间
			东	南	西	北											
1	城子崖古城，山东章丘	大体呈方形，台城	南北 540，东西 455				1680	约 20	2.1～3(残)	14	黄土，料礓石	12～14	3～4	已发现南、北门。门外有斜坡，长 12m		城中部有约 1 万 m² 淤土，可能原为水面。城内外地面高差 5m 以上	龙山文化早期建(B.C.2600)，使用于龙山全期
2	景阳岗古城，山东阳谷	扁椭圆形	ES 约 1170	SW 330	WN 约 1170	NE 230	约 2900	约 35			黄褐砂土					城内有大、小二夯土台，大台椭圆形，面积 10 万 m²，分六层。小台>1 万 m²，分为三层。城垣南、西、北三面有门	大汶口文化晚期
3	王庄古城，山东阳谷	圆角扁长方形	360	120				约 4								在景阳岗古城东北 10 公里	大汶口文化晚期
4	皇姑冢古城，山东阳谷	圆角扁长方形	ES 495	SW 150	WN 495	NE 150	1100	495×150 =7.4								在景阳岗古城西南 8 公里。城内有夯土台	大汶口文化晚期
5	教场铺古城，山东茌平	圆角横长方形，台城	360	1100	360	1100	2920	40		10(W)，地下基宽 15	黄褐砂土					城内有夯土台二处。小台近东垣，面积 1.6 万 m²。大台在小台西 70m，面积 10 万余 m²	大汶口文化晚期
6	大尉古城，山东茌平	竖长方形						约 3								在教场铺古城东北 3 公里	大汶口文化晚期
7	乐平铺古城，山东茌平	横长方形	170	200	170	200	740	200×170 =3.4						南垣中央有一门		在教场铺古城东北 6 公里	大汶口文化晚期
8	尚庄古城，山东茌平	圆角方形						约 4								在教场铺古城北 19 公里	大汶口文化晚期
9	王集古城，山东东阿	圆角长方形	ES 320	SW 120	WN 320	NE 120	880	320×120 =3.8								在教场铺古城东南 3 公里	大汶口文化晚期
10	边线王古城，山东寿光	外城：不规则方形内城：圆角方形	外城：240×240 内城：100×100					5.7(外)，1(内)			夯土	5～15		外城东、西、北三面有门，内城东、北二面有门		墙基槽上口宽 4～6m(最大 8m)，深 2～3m。先建小城	内城建于海岱龙山文化中期，外城建于晚期

续表

序号	古城名称所在地点	平面形状及方位	各面城垣长度(m)				城垣周长(m)	城市面积(万 m²)	城垣高度(m)	城垣宽度(m)	筑城材料	夯层厚度(cm)	夯窝直径、深度(cm)	城门状况	护濠状况	其　　他	营造时间
			东	南	西	北											
11	丁公古城，山东邹平	圆角方形，台城						11	1.5～2	20	土				濠宽 20m，深 3m	东垣内 20 米有平行之龙山早期城垣。城内有住房、窑、井。墙基有涵洞式排水设施	龙山早期建，使用于龙山全期
12	田旺古城，山东临淄	圆角竖长方形，台城						15			土						海岱龙山中、晚期
13	龙楼古城，山东滕县	方形	100×100				未见城垣	1			土				周以护濠		龙山文化
14	丹土古城，山东五莲	不规则圆角，方形						25			土						龙山文化
15	西康留古城，山东滕县	方形，圆角	南北 195，东西 185					3.5									大汶口文化晚期(B. C. 3000 左右)
16	王城岗古城，河南登封	并联二方形 ☐☐	92	92＋92	92	92＋92	552	(92＋92)×92＝1.7		4.4		10～20，6～8(少)	4～10，深 1～2.5			城夯土墓内有奠基殉人	龙山文化晚期(B. C. 2400 ～ B. C. 2200)
17	平粮台古城，河南淮阳	方形，☐ 北偏东 6°	185	185	185	185	740	185×185＝3.4	3.5	顶 8～10，底 13		15～20		南、北各一门	护濠甚宽	南门侧有门卫室。城内有土坯建筑。南门道下有水道三条	龙山文化晚期(B. C. 2400 ～ B. C. 2200)
18	西山古城，河南郑州	约为圆形	直径约 200				北半部圆弧形，城垣长 300	3.4	残高 3	5～6 转角，处厚 8	夯土、块状			西、北各一门，北门西有墩台，门外有屏	濠宽 5～7.5m 深 4m	使用期 B. C. 3300～B. C. 2800 年，为目前黄河中游最早城址。房址甚多，一般 30～40m²，最大 100m²	仰韶文化晚期秦王寨类型
19	孟庄古城，河南辉县	方形	400×400					16								为目前河南龙山文化最大古城	河南龙山文化中期(B. C. 2300)
20	郝家台古城，河南郾城	长方形						3.3							有濠	城内有排屋数栋，大者 10 间，有的用木板铺地，构筑讲究	河南龙山文化中期(B. C. 2300)
21	夏县古城，山西夏县	方形 ☐	140	140	140	140	560	(140×140)＝2									龙山文化晚期(B. C. 2400～B. C. 2200)

续表

序号	古城名称所在地点	平面形状及方位	各面城垣长度(m)				城垣周长(m)	城市面积(万 m^2)	城垣高度(m)	城垣宽度(m)	筑城材料	夯层厚度(cm)	夯窝直径、深度(cm)	城门状况	护濠状况	其他	营造时间
			东	南	西	北											
22	城头山古城，湖南澧县	圆形 ○	直径 310～325				1000	8	3.6～5	20	灰、黄胶泥夹卵石	20		四面各一门（北为水门）	濠宽 35～50m(W)，深 4m	东门内外有卵石路（宽15m），城中央有大夯土基址	大溪文化(B.C.4000)至屈家岭文化中期(B.C.2800)，为我国目前最早古城
23	石家河古城，湖北天门	圆角方形 □	南北 1200，东西 1100				4000	约 120	6	顶 8～10，底 50					护濠周长4800m，宽 80～100m		屈家岭文化中期建。使用及繁荣于石家河文化早、中期
24	走马岭古城，湖北石首	370m 横椭圆形	东西长径 370，南北短径 300				约 1200	约 7.8	7～8(外)，5（内）	顶 10～20，基 25～37 米		10～30		有缺口五处	有城濠		屈家岭文化
25	阴湘古城，湖北江陵	圆角横长方形	南北 350，东西 580				残长 900	(500×240)=12（为仅有南半部之面积）						四面各一门（北为水门）	有城濠，宽 30～40m		屈家岭文化
26	马家垸古城，湖北荆门	竖长梯形	640	440	740	250	约 2000	约 20	6（外），5（内）	32 (S)				四面各一缺口	有城濠		屈家岭文化
27	鸡鸣古城，湖北公安	不规则椭圆形，北偏东约 30°	南北 500（最大）东西 400（最大）				1100	15	残高 2～4	30（15）	土				城濠宽 20～30m，深 1～2m，周长 1300m	城中有土台（沈家大山），高 1m，面积 4 万 m^2	屈家岭文化
28	宝墩古城，四川新津	方形 ◇ 北偏西 44°	南北 1000，东西 600				约 3200	约 60	5	31.3（顶 8.8）						垣上有卵石积压	B.C.2600～B.C.1700
29	芒城古城，四川都江堰	长方形 北偏东 10°	外城：南北 360，东西 340 内城：南北 290，东西 270				外：1400 内：1120	外:340×360=12 内:270×290=7.8	内 1～2.2	8～13						有内、外二重城垣	B.C.2600～B.C.1700
30	鱼凫古城，四川温江	不规则多边形						约 32	3.5	15.5(顶)，30(底)						城墙由堆筑法构筑	B.C.2600～B.C.1700

续表

序号	古城名称所在地点	平面形状及方位	各面城垣长度（m）				城垣周长（m）	城市面积（万 m²）	城垣高度（m）	城垣宽度（m）	筑城材料	夯层厚度（cm）	夯窝直径深度（cm）	城门状况	护濠状况	其他	营造时间
			东	南	西	北											
31	梓路古城，四川郫县	长方形，▱ 北偏西 60°	ES 490	SW 620	WN 500	NE 650	2220	30.4	1～3.8	8～40						垣上有卵石积压	B.C.2600～B.C.1700
32	双河古城，四川崇州						内、外二城垣，相距 15	15									B.C.2600～B.C.1700
33	老虎山古城，内蒙凉城	大体呈菱形，山城	南北残长 220，东西残长 300				现余北东垣，残长约 300。西垣残长 150	约 13		0.8～1.2	石料					依山，城垣、建筑墙垣皆石构。西北端建一小城堡。城内构为八层阶地	红山文化
34	威俊西古城，内蒙包头	不规则形，山城	南北残长 170，东西残长 220				南垣曲折，完整，约长 350。东垣存约 170。西垣存约 80				石					中部地形较高，构有东西向石墙六道。城内房屋墙体均石构	红山文化
35	西关寺古城，山东兖州																龙山文化
36	吕家庄古城，山东蒙阴																龙山文化
37	□□古城，山东费县																龙山文化
38	鸡叫古城，湖南澧县	圆角长方形	南北 500，东西 400					20	2～4					有城门	有护濠		屈家岭文化

4. 规模尺度

现知最大的湖北天门市石家河古城，其方形城址每面长约1000米，城垣总长4000米，所包纳面积达到100万平方米。其他较大城址如山东谷阳县景阳冈古城、在平县教场铺古城、四川郫县古城、新津县宝墩古城，城址范围均在25万～40万平方米之间，城垣长度2000～3000米。而最小的城址，如河南登封县王城岗古城、山西夏县古城、山东茌平县乐平铺古城及尚庄古城等，面积约为2万平方米至4万平方米，城垣长度仅500～1000米。我国古代城市在规模尺度上的这种差别，固然与该城某些具体的条件有关（如居住人口的多寡，建城时的物质条件与水平……），但当时因社会发展而带来的种种政治需求，仍然是巨大的和不可忽视的因素。

5. 城市设施

（1）城垣

具有堆域夯土城垣，是黄河及长江流域各古城共有的现象。作为战争时的重要防御手段，它的使用一直延续到封建社会末期。城垣基宽在较大城市中已达30米，估计原有高度应在10米左右。为了便于防御守备，城垣外坡陡而内坡缓，如湖南澧县城头山古城所见。

山东一带之龙山文化原始社会古城，常选址于高出附近地面若干米之台地上。利用台地之陡坡作为外垣之一部，故其实际筑垣之工时、用料均可大大减少，而收事半功倍之利。如城子崖古城之内外高差达5米，人工构筑之城垣现余残高约3米。此种类型之城市可称之为“台城”。

长江中游屈家岭文化诸城城垣，均在四面各辟一门，此项规制，亦为后代各地建城时所因袭。山东鲁西及四川诸例，因详细报告未出，故目前尚不能进行论述。河南淮阳县平粮台古城则仅于南、北垣中央各辟一门，估计是因为城市面积较小的缘故。

屈家岭文化古城已置有水门，并凿置水道以通达城外河流湖泊。有的还在城内设既便利交通又可蓄水的大池，如湖南澧县城头山古城所见。这种处理方式，亦为我国古代城市建设之首见。

内蒙古红山文化诸古城，均依山而建。其城垣皆用石料堆砌，大石间塞以碎石，未见有用黏合物者。

（2）护濠

屈家岭文化古城均有此项防护构筑。有的利用天然河道，有的加以人工开凿。湖南澧县城头山古城之护河宽35～50米，现深尚达4米，可为一例。其他之中原及四川地区古城，则未见有此方面之报道。

（3）道路

澧县城头山古城之东门内外，铺有卵石道路一段，为已知各城之惟一孤例。又该城仅东门一处如此，较为突出，似与古人崇日而以面东为尊的习俗有关。

（4）建筑基台

古城中央常见有夯土基台，应为重要建筑所在。较大城市其土台常有二处，一大一小，如湖南澧县城头山古城、山东阳谷县景阳冈古城、茌平县教场铺古城等。其方位与面积皆各具特点，如城头山古城中部大土台为坐西面东（正对有卵石道之东门）。景阳冈古城大土台平面亦为椭圆形，其轴线并与城市一致，土台面积大至10万平方米。教场铺古城夯土台面积达14万平方米，为已知诸城中最大者。

（5）建筑技术

1）夯土

均甚为原始。表现在尚未使用后世通行之版筑，夯层较厚（一般10～20厘米，有的达到30厘米）且不匀，为了使各层土壤结合紧密，采用上下不同质地与颜色的土壤。土壤一般纯净不掺入其他材料，但龙山晚期之山东章丘城子崖古城，已在黄土中掺入料礓石。较早之屈家岭文化湖南澧县城头山古城，则在灰、黄色土中加添河卵石。

2）排水

除龙山文化之河南淮阳平粮台古城南门道下埋有陶排水管外，其他城址均未发现，推测当时排水主要仍采取明沟及自然排水方式。如屈家岭古城之下水，系经沟渠排入城内河道、池塘，然后再流至城外。

3）土坯砖

淮阳平粮台古城南门道两侧门卫室及城内房屋皆已使用。

二、中国原始社会的聚落

新石器时代的先民是以群体形式进行农业、渔猎或畜牧生产的，为了生产便利和生活安全，必然采用聚居的形式，这就产生了由多座建筑组合起来的聚落。除了游牧民族外，一般均为定居。随着社会的发展，聚落的内容也日益丰富，除了供居住的一般房舍，还有存贮物品（粮食、陶器……）的窖藏，圈养牲畜的畜栏，公共活动的广场、祭坛及“大房子”，供防御的壕沟、吊桥，烧制陶器的陶窑，埋葬氏族亡人的墓地……。它们有的设在聚落之内，有的依附于聚落之外，形成一个有机的建筑群组。从建筑发展的观点来看，聚落是后来出现的城市雏形，它的许多布局原则与建造设置内容，都为日后的城市建设所沿用。

（一）黄河流域新石器时代的聚落

此时期这一地区的聚落，虽然都以从事农业生产为主，但由于各地自然条件与经济发展的不同，使得建筑的形式产生了较大的区别。总的说来，地处黄河上游黄土高原的聚落，多采用横穴窑洞式的建筑。而中、下游分布于黄土冲积平原的聚落，则以竖穴和半穴居为主，后来又发展到地面建筑。到了新石器晚期，上游地区使用半穴居和地面建筑的也不在少数，但其原有的横穴窑洞仍保留了下来。

1. 以横穴（即窑洞式）为主要居住建筑形式的原始社会聚落

目前已发现并保存较好的，仅有宁夏海源县菜园村林子梁（有横穴式建筑 8 座）、内蒙古凉城县圆子沟（有横穴式建筑 28 座）等少数遗址。由于考古报告对聚落总体布置及各建筑之相应位置未作详细报道，故其优劣无从与资料较多之半坡、姜寨等进行比较。但可以推断的是：此类横穴住所多沿较陡之山坡构筑，其间之联系为带状之道路。因地形限制，难以形成大面积之公共广场，有时仅在各住所前辟一小空地成庭院。是以聚落之平面，大体为狭长的条状或多枝状，与地处平原或河谷台地之块状平面聚落有别。在防卫设施方面，修建环绕整个聚落的壕堑或围垣困难甚多，估计依凭局部的天然断崖或沟壑乃其主要方式。

在某些遗址中（如林子梁），除窑洞建筑外，亦有半穴居式居住建筑与之并存（已发现 5 处）。就总的发展规律而言，后者的出现应晚于前者。之所以出现这样的情况，可能与窑洞建筑当时某些难以解决的缺陷（例如土质不佳时洞容易崩塌、内部空气不流通、难以排除湿气……）有关，从而使居民不得不另觅其他建筑形式。

2. 以竖穴和半穴居（后发展到地面建筑）为主要形式的原始社会聚落

中原母系氏族发达阶段的聚落，尤以地处关中地区仰韶时期的最具代表性，例如陕西西安市半坡、临潼县姜寨等。它们在建造时对聚落的选址、分区、内部各种建筑的布置、防御设施的安排……，似已事先经过周详的策划，然后才付诸实践。

父系家族形成之后，全氏族的集体事业受到削弱，但家庭生产职能不断扩大。为改善自家的生活，增加交换手段，各个家庭自营石、骨、牙制品或编织、纺织以及制陶等手工业。处于这一发展阶段的龙山文化遗址，在这些方面已有很多反映。

在龙山文化和陕西省长安县客省庄二期遗址中，陶窑已零散地出现在住房之间，原来分散在住房之间的公用贮藏窖穴，则进入到各家各户的住房内部。至今尚未发现完整的父系氏族时期的聚落，不知是否还有中心广场的存在。不过从姜寨晚期来看，中心广场已经建有房屋并出现了墓葬。这个过渡时期聚落居民点在布局上的杂乱现象，正反映着氏族的瓦解和奴隶制文明的即将到来。

3. 黄河流域新石器时代聚落遗址实例

（1）河南密县莪沟北岗聚落遗址[17]

该聚落遗址属裴李岗文化（约公元前6200年—前5500年），早于关中之仰韶文化。

居住建筑集中于聚落中部，已发现半穴居建筑六座，平面有方形及圆形二种，面积均不大。以保存较好之圆形房屋为例，直径仅2.2～2.8米，即面积为4～6平方米。室内有灶址及沿穴壁分布之若干柱洞。门辟于室南或西南，以踏垛或斜坡门道上下。

窖穴分布于聚落南部，平面有圆形、椭圆形和不规则形三种。其中已有少数为口小底大之圆形平面袋状竖穴，表明这种形式早在仰韶文化以前就已为先民所使用。

墓地位于聚落西面和西北，墓葬均为长方形浅竖穴墓坑，以单人葬居多，少数墓已有放置随葬品的壁龛。

（2）河北武安县新石器时代磁山文化聚落遗址

此聚落之最大特点为其建筑遗址绝大部分为灰坑而少房屋。例如其第一期文化未发现房屋基址，但有灰坑186处。第二期仅有房基2处，灰坑282处。磁山遗址是我国目前已知最早的新石器时代遗址之一，时代约在公元前6100年—前5600年间，早于陕西宝鸡北首岭及西安半坡仰韶文化，因此以上现象不得不引起注意。以稍迟之河南陕县庙底沟遗址（仰韶文化时期）为例，其房址亦仅6处，而灰坑168处，二者相较仍很悬殊。

磁山遗址中的二处房址均为半地穴式，室内未见灶坑和烧烤面，墙面及地面亦未予细致整修，与河南密县莪沟北岗、甘肃秦安县大地湾等遗址中同期居住房屋有很大区别。因此很可能是非居住性的聚落祭祀场所。

供居住之处恐仍为被视作灰坑的袋状半竖穴，共有468座（每座面积约6～7平方米），其中发现有粮食堆积的80余座，应不在居住房屋范围之内。

（3）陕西西安市半坡村新石器时代聚落遗址[18]（图1-34，1-35）

图1-34 陕西西安市半坡村仰韶文化聚落遗址

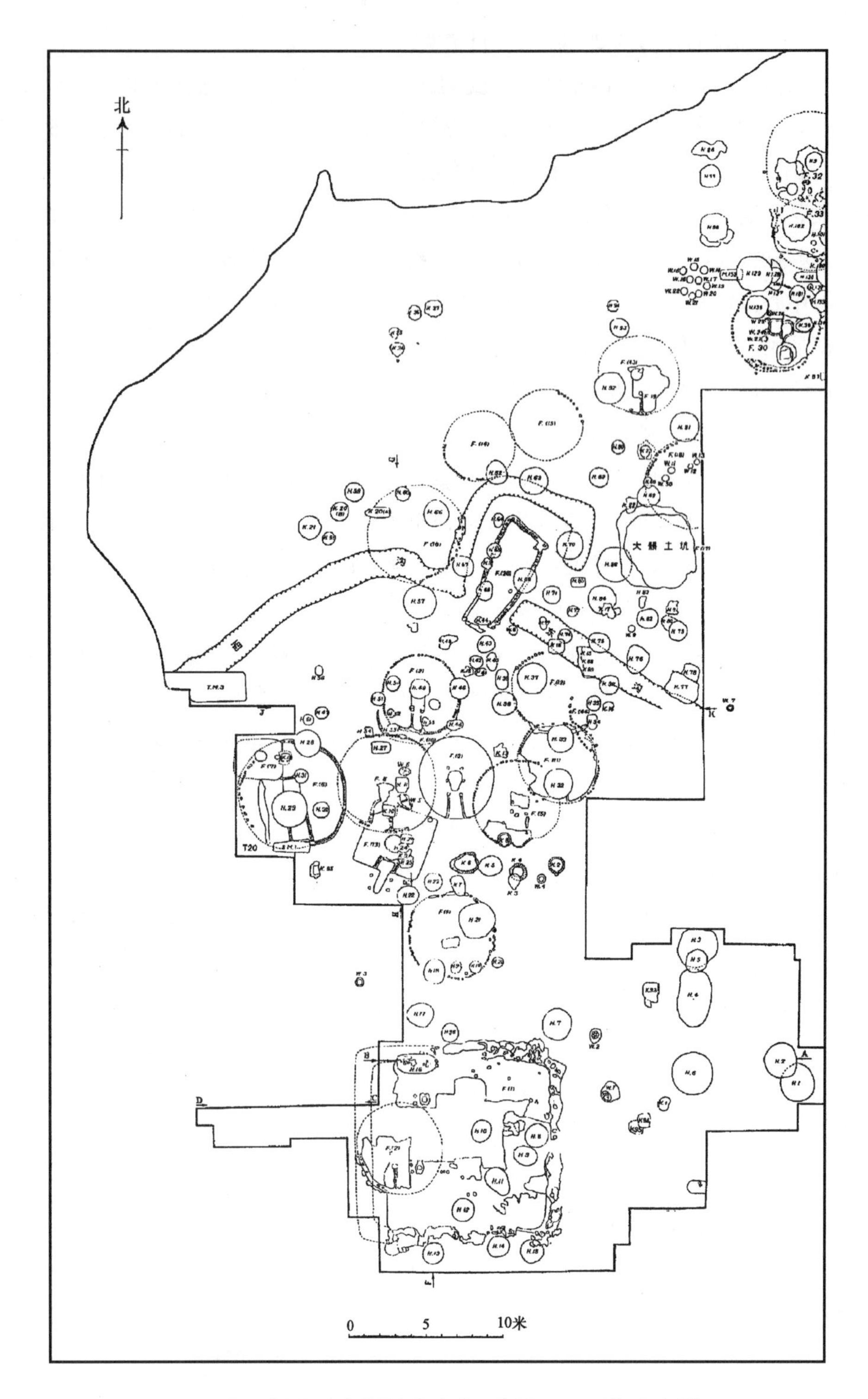

图 1-35-甲　陕西西安市半坡仰韶文化聚落平面（一）(《西安半坡》)

遗址在渭水南支流浐河东岸半坡村北之二级台地上，西距西安市 6 公里，东南倚白鹿原。1954—1957 年，考古工作者先后在此进行了五次发掘，发现了我国新石器时代首座具有代表性的大型聚落遗址。根据水土流失的情况看，当时此地应是近河的一级台地，并与浐、灞二河汇合处相距不远。由遗址发现的大量水鹿、竹鹿骨骼推测，6000 年前的当地水量较现在为大，或多沼泽。又处土壤肥沃之黄土地带，这便构成了农业定居的理想环境。

该聚落平面呈不规则长方形，南北最长处约 300 米，东西最广处约 190 米，总面积超过 50000 平方米，为目前已知的仰韶文化聚落遗址中最大者。已发掘 3500 平方米，共发现大、小壕沟四

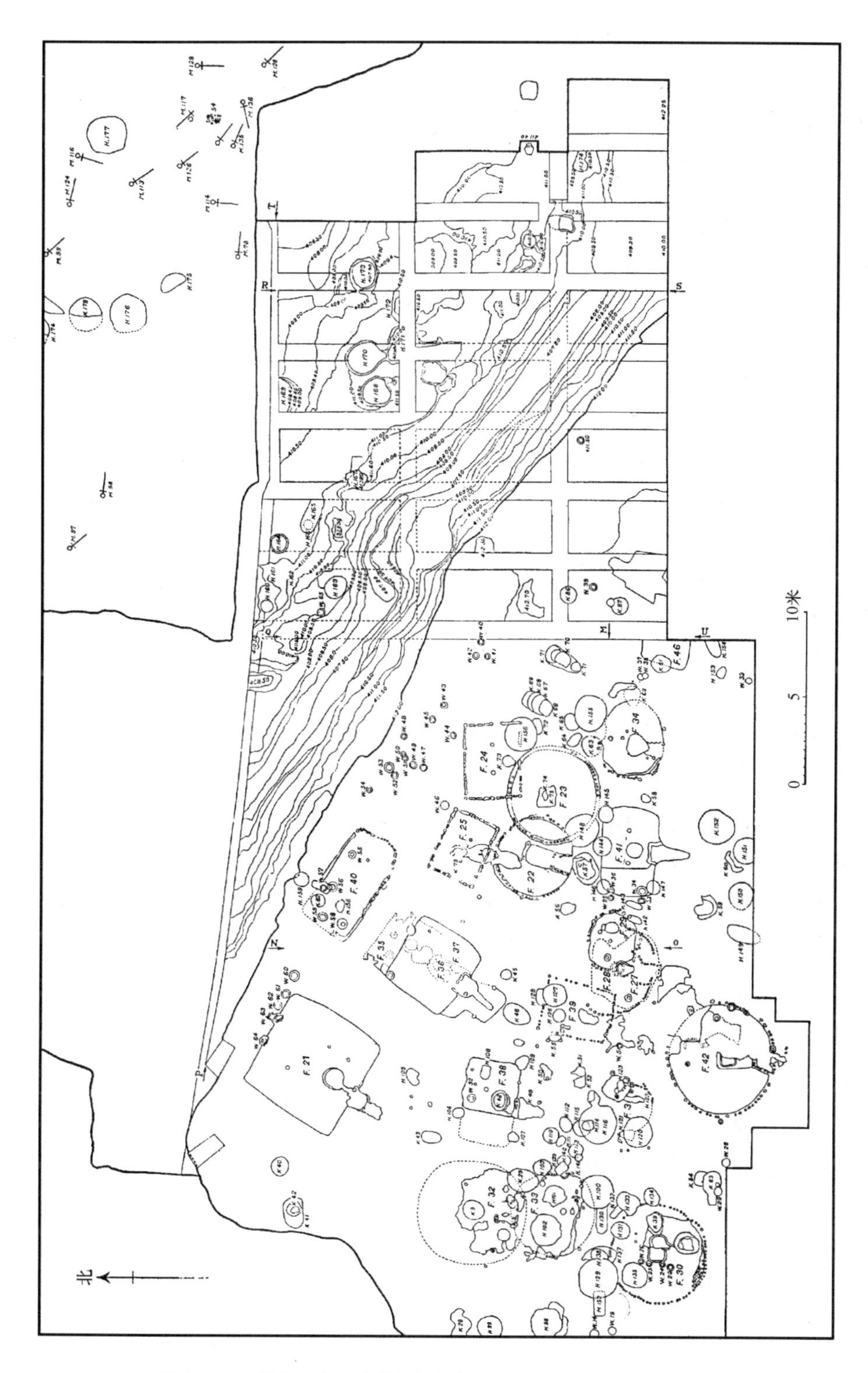

图 1-35-乙　陕西西安市半坡仰韶文化聚落平面（二）(《西安半坡》)

段，较完整房屋 46 座（方形及长方形平面 15 座，圆形平面 31 座），墓葬二百余处，生产及生活用具约一万件。

聚落周围圩以宽深之大壕沟，已发掘北面之 70 米及东南面 18 米各一段，它们与东侧壕沟（已经探出，未予发掘）合组成略呈弓形之弧状平面，总长达 300 米。各处壕沟形制同一，上口宽 6～8 米，底宽 1～3 米，深 5～6 米。靠近居住区一侧之沟壁较陡，其高度也较外侧沟沿多一米，估计乃出于防御要求。另在北濠底部发现长 1.5 米、直径 0.15 米之烧焦木柱三根，其间距均约 4 米，估计是原有桥梁结构之遗存。

在居住区中部发现较小壕沟二处。一在东边，称东沟。已揭露长度为 13.5 米，壕沟上口宽 1.7～2 米，底宽 0.8～1.1 米，深 1.5 米。一在西边，称西沟。上口宽 1.4～2.9 米（大多在 1.7 米左右），底部甚为平整，宽 0.45～0.84 米（一般为 0.6 米），深 1.9 米。

聚落主体为位于中部之居住区，包括各种住房、窖穴、畜栏及儿童瓮棺葬等，共占面积约 30000 平方米。已发掘之范围，为由上述东、西沟划分为北区与西北区之二部分，可能分属氏族内部不同的血缘集团。已发现的 46 座建筑除平面上分为方、圆二类以外，在时间上也大致可分为早、晚二期。总的来说，似以方形平面较早居多，其层位关系可见附表。

聚落以北之壕沟外为氏族成人墓葬区，已发现之墓葬 174 处大多位于此。亦有少量在壕沟外之东部及东南。以土穴单人葬为多，方向亦以头西脚东为主。均未见葬具，随葬品亦少。儿童葬以瓮棺，计 75 座，多埋置于居室附近，似为当时习俗。以木板为葬具的仅有一例，其情况在以后之墓葬一节中另予介绍。

壕沟以东为烧制陶器之窑场，共发现窑址 6 座，仅一座较完整。各窑面积均甚小，形制也很原始。

由聚落总体平面依功能及血缘等作出的内、外区域划分，及施之有效的防御设施，表明它在建造前已经过缜密之筹划，而非一时仓促之作。

（4）陕西临潼县姜寨新石器时期聚落遗址[19]

位于临潼县北约 1 公里临河东岸之第二级台地上，紧邻姜寨村南沿。1972—1979 年间，共进行发掘 11 次，将总面积约 5 万平方米的遗址揭露了三分之一（16580 平方米）。这是继半坡遗址发现后，对我国新石器时期原始聚落研究的又一次重大突破。该遗址保存之完好与布局之清晰，也是过去考古发掘中前所未有的。

据地质及水文资料，渭河古时应在遗址附近，也就是姜寨聚落的选址是择在渭河与临河交汇处的三角地带，它依山傍水，土地肥沃，自然资源丰富，是新石器时代先民开展农耕、渔猎等生产活动和定居的良好所在。

由发掘得知该遗址曾长期为先民所使用，文化层叠压丰厚，大体可分为五期。其最底层之第一期文化，与西安半坡早期、宝鸡北首岭中期相近（约公元前 4000 年）。最表面之第五期与长安客省庄二期文化相似（约公元前 2000 年）。就文化内涵而言，第一期文化最为丰富。由于位处最下层，保存比较完整。举凡构成原始聚落的各项基本内容，如住房、窖穴、围沟、畜栏、作坊、陶窑等，均有遗址发现。此外还出土了几千件生产工具和生活用具。就分布面而言，以上各种遗址已遍布整个聚落。第二期文化遗存，分布在遗址中部及北部偏东。内中前者为墓地，其墓葬保存较佳，出土文物亦多。后者破坏严重，建筑遗址甚少。第三期文化遗存中的遗迹、遗物很少，文化堆积面积亦小。第四期文化遗存分布在中部及其偏北、偏西之较大面积内。由于地层破坏严重，建筑遗址很少，但窖穴及其他遗物甚多。第五期文化遗存分布在中部及其偏东、偏西较大面积内，情况与第四文化遗存相类似。以下就第一期文化遗存作重点介绍：

第一期文化遗存（图 1-36）之聚落平面呈椭圆形，东西 210 米，南北 160 米，面积 3.36 万平方米。其西北被现在之姜寨村所叠压，西南为临河之洪水冲毁。对尚余之 18000 平方米面积进行全面发掘后，知其聚落大体分为居住、墓地和窑场三区。

①居住区　位于聚落中部，中心是一个面积约 4000 平方米大广场，周旁绕以五个居住房屋组群。外侧再环以长数百米壕沟。此区之建筑包括住房、窖穴、畜栏、陶器作坊及儿童瓮棺葬等。

● 房屋：遗址共 120 余处，平面形式有方、圆、椭圆及不规则形，以前二种为多（方形 55

图 1-36 陕西临潼县姜寨仰韶文化聚落平面（第一期文化遗存）（《姜寨》（上））

座，圆形 65 座）。规模有大、中、小三等。结构分地穴、半地穴和地面建筑三种。

一期文化房屋分为五组：其中南组之西部，西组之南部与西部，西北组北部及西部，均遭破坏或叠压，故原有房屋应更多。

东组：位于居住区东部。有大型房屋 1 座（F1），中型房屋 7 座，小型方平面房屋 7 座，小型圆平面房屋 11 座，共 21 座。门全部朝西。

南组：位于居住区南部。有大型房屋 1 座（F103），无中型房屋，小型方平面房屋 6 座，小型圆平面房屋 8 座，共 15 座。门全部朝北。

西组：位于居住区西部。有大型房屋 1 座（F53），中型房屋 1 座，小型方平面房屋 4 座，小型圆平面房屋 5 座，共 11 座。门全部朝东。

西北组：位于居住区西北部。有大型房屋 1 座（F74），无中型房屋，小型方平面房屋 4 座，小型圆平面房屋 3 座，共 8 座。大部分门向西南。

北组：位于居住区北部。有大型房屋 1 座（F47），中型房屋 1 座，小型方平面房屋 5 座，小型圆平面房屋 7 座，共 14 座。门向南开。

房屋面积：小型房屋面积 4～18 平方米不等，大多为 10 平方米左右，平面方、圆均有。

中型房屋面积 24～40 平方米不等，均为方形平面之半地穴式。

大型房屋面积一般 53～87 平方米不等，最大之 F1 面积为 128 平方米，可能为氏族集体活动场所。同时也为氏族首领住房。

● 窖穴（灰坑）：共 291 座，其中圆形平面袋穴 91 座，方形平面袋穴 82 座，圆筒形窖穴 33

座，圆口锅底形穴 29 座，椭圆形穴 13 座，长方形穴 27 座，不规则形穴 16 座。

● 陶窑：均为小型横穴式，共 3 座，属早期式样。其建造时期亦属偏早。

● 陶器作坊：1 座，为半地穴式圆形平面，有制陶物件残留。

● 畜栏及牲畜夜宿场：各二处。前者平面为矩形，四周有栏杆（或墙）痕迹。后者平面大体呈圆形，仅有灰土地面。

● 壕沟：四段，分布于聚落北、东、南三面。西侧为天然河道临河。四段壕沟分别长 46 米，48.3 米，47 米及 73 米。沟上口宽 1.5～3.2 米，底宽 0.5～1.3 米，深 1～2.4 米不等。其相互间并未通联，亦非供排水之用。

②墓葬区　共有 380 座，内土坑葬 174 座，瓮棺葬 206 座。前者绝大多数分布于遗址东、东北及东南三区墓地中，仅 20 座在居住区内。后者仅 50 多座位于上述三墓区内，约占 1/4，其余大多分散布置于居住区中。葬具有钵、盆、瓮、尖底瓶、罐等陶器，或单独，或组合使用，全置 14 岁以下儿童。

③窑场区　在居住区西，接近临河河岸，已发现四座。将有烟尘污染，并需大量用水及陶土之制陶地点迁至聚落外，反映了先民对生产和生活认识的进一步深化。

至于第二至第五层文化遗存，因与聚落总体部署关系不大，故予以从略。

（5）陕西宝鸡市北首岭聚落遗址[20]

该聚落遗址位于北首岭文化堆积之上层，时间相当于西安半坡晚期。

聚落中心为广场，南北 100 米，东西 60 米。经探测，此处未发现房屋或墓葬，仅有路土二层。第一层路土离地表 1.3 米，厚 0.02～0.03 米。第二层路土离地表约 2 米，厚 0.10～0.15 米。显然为氏族聚落中之公共露天活动场地。周围建房屋三组：北组有房屋基址 22 处，其中 16 座之门道朝南；西组有房址 10 座，其中 8 座门朝东；东南组发现房址 17 座，其中 10 座之门道朝向北或东北。以上 49 座房址绕广场作椭圆形布置，且多数房屋门道都呈“向心”状，与临潼县姜寨仰韶文化聚落有相似之处。房屋平面为圆角方形或长方形之半地穴式样，并有木柱洞及红烧土发现。

墓地位于居住区之东南，南北长 100 米，东西广 80 米，约有墓葬 404 座。其他零散的尚有 40 余座。

（6）河南汤阴县白营新石器晚期聚落遗址[21]（图 1-37）

遗址在汤阴县城东之白营村附近，1976—1978 年经三次发掘，考证属河南龙山文化。发掘面积三万多平方米，文化层可划分为早（公元前 2950 年）、中及晚期（公元前 2200 年—前 2100 年）。出土有房屋基址 63 座，多屋叠压井字木架结构水井与白灰窖等。

早期房屋 9 座，平面为圆形或椭圆形，皆半地穴式样，其中少数居住面涂抹白灰面。叠有 46 层井字木架、深 11 米之水井，亦属此期遗物。又发现一座以白灰涂抹壁面的小型白灰窖。

中期房屋 8 座，平面皆圆形，分为半地穴式和地面建筑两类。

晚期房屋 46 座，排列密集，距离一般 2～3 米，最远 6 米。房屋皆单间之地面建筑，除一间平面为矩形外，其余皆为直径 3～5 米之圆形平面。室门多数朝南，亦有朝西、朝东或西南的。这种在很近距离内，同一类型与功能的房屋出现不同的朝向，显然与取得最良好日照有矛盾。此种情况，亦见于同期其他聚落。因此，很可能是出于数座房屋间联系方便之目的。室中部置一圆形灶。居住面大半涂白灰面，或施烧土面、硬土面。墙壁施木骨抹泥或迳用草拌泥块垒砌。使用较大土坯的仅有一处圆屋，是目前所知使用土坯的最早一例。

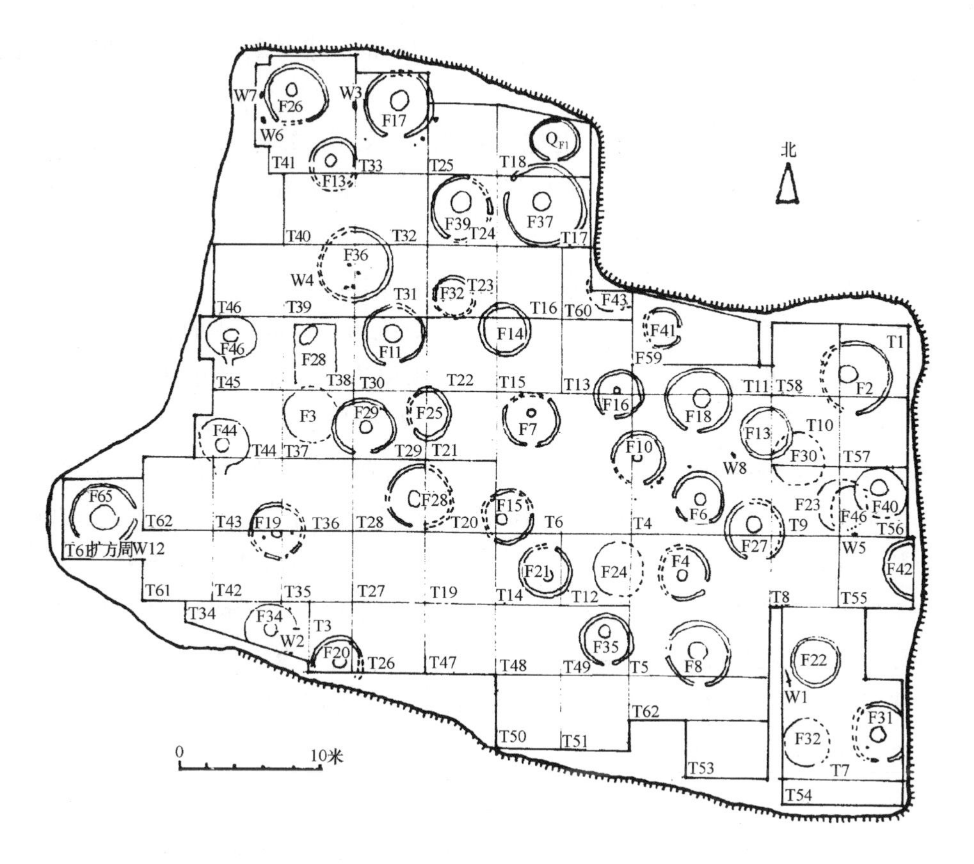

图 1-37　河南汤阴县白营龙山文化聚落平面(《考古学集刊》第三集 1983 年)

（二）长江流域新石器时代的聚落

目前发现较有特点的水网地带新石器时代聚落，可以位于浙江余姚市河姆渡的母系氏族社会聚落遗址为代表。其建筑系采用干阑式木结构，与中原地区大相径庭。但江南其他广大地区的聚落，仍以土木结构的半穴居或地面建筑为主，例如江苏吴江县龙南新石器时代父系氏族社会之聚落遗址即是。

1. 浙江余姚市河姆渡干阑建筑聚落[22]

1973 年开始，在浙江省余姚市姚江畔的河姆渡村，发掘了一处母系氏族公社聚落遗址。其早期（第四文化层）距今 6900 多年（放射性碳素断代为 6960±100 年），晚期（第一文化层）距今约 5000 年左右，表明该居民点前后使用达 2000 年之久。早期遗址保存了丰富的文化内涵，其中最引人注目的是大量干阑长屋的木构遗存，乃为我国建筑史中难得的珍贵实物资料。

（1）地理环境和文化面貌

河姆渡遗址的所在 7000 年前原为沼泽地带。遗址即处于沼泽的南沿，隔水就是四明山麓。在当时是一处繁荣的母系氏族聚落，以水稻为主要作物的耕农业已相当发达。人们已驯养了猪、狗，水牛可能也已成为家畜。当时气候温热而湿润，大致接近现在广东、广西南部和云南等地区的气候。聚落周围的平原、大面水域和山林，蕴藏着丰富的野生动、植物资源。有鲤、鲫、鲶、青鱼、雁、鸭、鹤、獐、四不像、梅花鹿、水鹿、麂、猕猴、红面猴、虎、熊、象、犀等。丰富的动物资源，使得渔猎生产有了兴旺的发展。植物方面，除了农业栽培水稻以外，还有供菜食用和作盛水器具的小葫芦。四明山以及聚落东边的小山丘一带，生长着茂密的林木，主要有蕈树、枫香、栎、栲、青岗、山毛榉等；林下地被层甚为茂密，蕨类植物繁盛。此外，还有赤皮椆、苦槠、桑、细叶桂、山椒、浙江钓樟，这些树种至今在浙江仍然分布很广。丰富的林木，为房屋建筑以及造船、纺织等机具和各种工具、生活器具的制作，提供了充足的材料。除此以外，如橡籽、菱角、酸枣、芡料等富有淀粉的可食果籽，都是植物资源所提供的采集对象；而芦苇、竹类，也都是建筑及编制器物所需的材料。

遗址已发掘的部分，普遍堆积稻草、稻壳、稻粒，厚达20～50厘米，反映了农业收获富足而多有积蓄。出土器物也是非常丰富的，按材料质地来说，有陶器和木、竹、石、骨、角、牙制的各种生产工具、器物和装饰品。仅第一次630平方米的发掘，就出土比较完整的遗物1600多件，其中属于早期（第四文化层）的有1171件。这些遗物反映了7000年前这一氏族生产、生活和文化状况。各种生产工具遗存，例如，主要用于农耕，同时也用于建筑工程的骨耜、木耜、木铲等；建筑工程使用的骨凿、角凿、石斧、石镰、石楔、石扁铲等；渔猎使用的船桨、骨梭镖、网坠、骨镞、骨哨等；制陶使用的不定轴心木转盘、陶拍；纺织、缝纫使用的陶制和木制纺轮、骨纬刀、角梭、骨锥、骨针等，种类繁多，制作精细，许多工具附有美化装饰纹样，堪称实用美术品。这些不但说明了生产的发达，而且也反映了当时高涨的劳动热情。不论是各种生产用具和陶制炊具、餐具以及食物储存器具，还是骨笄和珠、坠、管、璜等头饰、服饰，以及陶制猪、羊、人头等玩具和陶埙之类的乐器（骨哨既是猎具也是乐器），都是造型生动并富有装饰效果。出土的文化遗物表明，这一原始聚落，就当时的物质条件来说，可谓生产发达，生活富裕；精神生活如音乐、装饰、绘画艺术、可能还有舞蹈，都具有相当水平。以上诸多方面所提供的美的享受表明，当时的建筑创作必然也同样有美的追求。

（2）建筑布局——以平行配置的干阑长屋为主干

河姆渡遗址早期遗存大量木构件，其中有打入原始沉积的泥灰层中的一排排木桩，其顶端以榫卯联结着水平的地板龙骨；还有散乱的地板、梁、柱以及芦席、树皮瓦等上部结构遗物。有榫卯的多种木构件的出现，表明当时建筑技术已有很大的进步，并对后代我国传统木建筑起着决定性的影响（图1-38）。

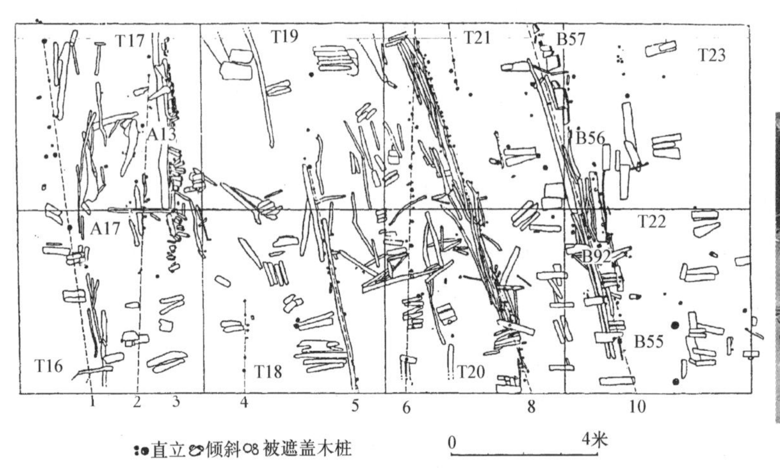

图1-38-甲 浙江余姚市河姆渡原始聚落干阑建筑遗址平面（第四文化层）（《考古学报》1978年第1期）

图1-38-乙 浙江余姚市河姆渡文化遗址出土榫卯木构件（《考古学报》1978年第1期）

建筑遗迹位于河姆渡村附近的一座小山岗的东面，根据地质钻探资料得知，在建筑遗迹的东北面，当时是一片湖沼。这就是说，当时的这些建筑是在山水之间。木构建筑遗留的一排排木桩的基本走向是西北→东南，部分接近正南北，这表明原来的建筑是背山面水布置的。在这些建筑所在的西南小山与东北沿沼泽之间的地段内，地势由西南向东北略呈缓坡，建筑所取背山面水的布置，正使其纵轴在等高位置上。

由于发掘面积的局限，又遗存的桩木多有破坏，目前尚难进行全面的复原考证。从遗迹来看，有的建筑曾遭火灾，例如第一次发掘的10号排桩约有3米的一段，桩顶端都有炭痕；建筑废弃后，大部分木构件被拆除，只剩下几排木桩和少数长构件以及部分板材。

从第一次发掘来看，木构遗存主要分布在发掘区的中部300平方米范围内。根据木桩的不同走向分析，这里原来至少有三栋以上的建筑。其中8号、10号、12号、13号四排桩木，略可看出它们之间的关系。它们相互平行，8号、10号二排与10号、12号二排之间的距离各约3.20米左右。从这四桩木的出土情况看，木材类同，排列方向一致，8号、10号与10号、12号两者间距相等，可以推测它们大约是同一栋建筑的遗构。原来的建筑物，应是顺着排桩轴线方向的长条体形；从已揭露最长的10号排桩来看，桩间面阔至少在2.30米以上。如果以8号排桩至12号桩计算，进深约为7.0米左右。12号排桩至13号排桩的间距仅1.30米，可能是这座建筑的前廊过道。这样看来，这座建筑的原状大约是像现在四川、云南、西藏等西南地区所见的带前廊的干阑长屋形式。

至于该聚落内是否还有其他建筑物，以及寨门、道路、防护设施（墙垣、栅栏、壕沟……）等，因遗址其他部分尚未发掘，故均有待来日考证。

2. 江苏吴江县良渚文化土木结构聚落[23]

在江苏吴江县龙南村，曾发现属于良渚文化（公元前2600年—前2000年）的聚落遗址，经局部发掘知该聚落系夹建于一小河之南北两岸。已发掘之文化层分为上下两层（图1-39，1-40），分属良渚文化之二期（均为早期），其中以下层表现之聚落内容为多。

下层文化层经发掘，计有建筑遗址9处，均为半穴居（如87F2、88F1、88F4、88F6）及浅穴居（如87F3～F6）。另灰坑19处，码头残迹一处。均分布于一东西流向宽度约4米之小河两岸，沿岸又筑有护房堤坝，故得知涨水期间河道宽度在9米左右。已发掘遗址大多位于河南。其住房之平面有圆形（87F2）、条形（88F1）、T形（87F5与87F6），其余残缺不全者，经检测其平面多为方形或矩形式样。北岸有残缺建筑遗址二处，推测平面均为矩形。内中88F6之面积甚大。其东侧且有柱洞十数，并在东南隅置一踏道（可能西南隅亦有），推测是一处公共活动场所。多数建筑之门道均朝南偏西（88F1、88F4、88F6），仅圆形平面87F2之门向东，由于它的位置与小河南岸护堤相叠压，可能该屋建造时间较早。

上层文化层仅发现方形平面房屋一座，距河南岸约5米，其北墙偏东辟一门。距此建筑西南约23米处有古代道路一条，走向为西北→东南再折南，残长约20米，残宽1～2米余不等。另有灰坑3处。此文化层建构筑物少而墓葬多，共有15座，均为南北向或北

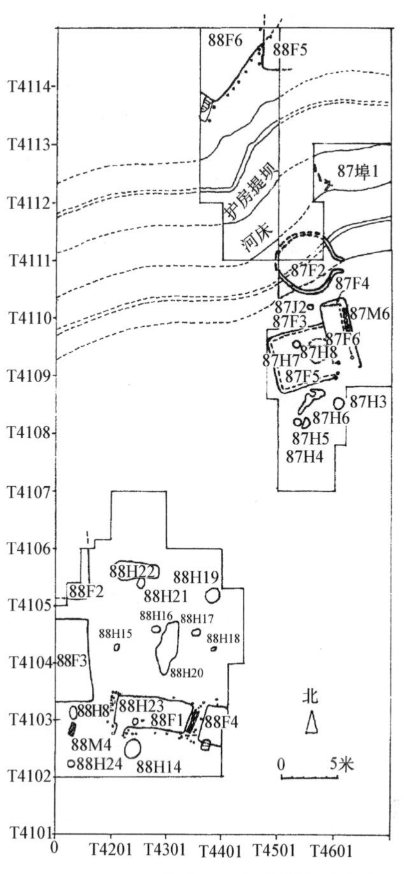

图1-39 江苏吴江县龙南村良渚文化聚落平面（下层）(《文物》1990年第7期)

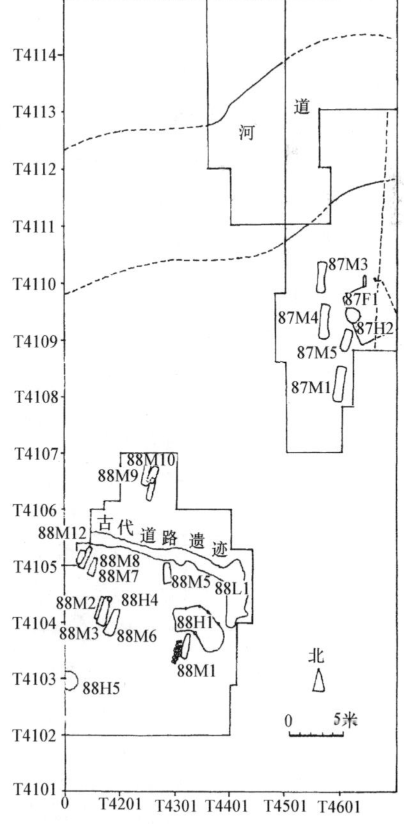

图1-40 江苏吴江县龙南村良渚文化聚落平面（上层）(《文物》1990年第7期)

偏东之矩形土坑形式，表明此时该聚落供生活居住之主体区域已不在此。小河北岸无任何发现，亦可说明上述推测之成立。

（三）东北地区新石器时代的聚落

1. 内蒙古赤峰市敖汉旗兴隆洼文化聚落遗址

遗址位于赤峰市大凌河支流牤牛河上游右岸约1.5公里，高出附近平地约20米之低岗地西南缓坡上，地势东北高而西南低。

聚落外周以不规则之圆形壕沟，东北—西南直径长183米，西北—东南直径166米，壕沟总长570米，现上口宽1.5～2米，深1米。西北有一宽4.6米缺口，是为该聚落出入的主要通道。根据沟之宽深，估计原来沟内侧设有栅栏。

围沟内面积约24000平方米。1983—1993年共发掘六次，发现房屋160座，属兴隆洼文化同一时期的约100座，依西北—东南整齐排列为十行，每行有房屋十余座，显系经过事先筹划。

房屋均为半地穴式，平面为具圆角之方形或长方形，均未见斜道及踏垛，可能使用了木梯。穴深均1米，穴壁不经涂抹或烧烤，室内面积最大为145平方米（二座140平方米之“大房子”均置于聚落中心之显著位置），最小面积19平方米，一般为50～70平方米。居住面经砸实、涂抹或烧烤。室内有柱洞4～6个或更多，均位于近壁处或屋角。中央有直径约0.7米之圆形灶坑，有的坑底置有若干石块。屋角多置窖穴，形状为圆形直筒、袋状或长方形者。室内遗有多种石器（锄、磨盘、磨棒……）、陶器（罐……）、兽骨（猪、鹿……）或制陶器之陶土。

未发现聚落之公共墓地。死者常埋于居室之内，一室一墓。墓为长方形竖穴，位于房址穴壁之一侧，为单人直肢仰身葬。这种情况，在我国新石器时代遗址中甚为罕见。但在台湾土著居民中尚有遗存者。

按兴隆洼文化主要分布在内蒙及东北一带，时代为公元前6200年—前5400年，早于红山文化。

2. 内蒙古大青山红山文化石构建筑聚落遗址[24]

红山文化（公元前4500年—前3000年）石构建筑聚落遗址在内蒙包头市以东之大青山下，计有十余处之多（图1-41）。现以内蒙大青山黑麻板聚落为例（图1-42）。该遗址东距包头市30公里，位于一南北向水沟二侧台地上，高出山下地面70余米。虽然其全部范围与整体布置目前尚难以确定，但由现存实物，得知它至少已包括居住及祭祀两大区域。已发掘之聚落居住建筑遗迹，皆位于西侧台地上，沿一北高南低之狭长山坡作梯次状排列，现尚余建筑遗址12处，均为具圆角之方形或矩形平面单室建筑，仅F6为南北相连之双室形式。建筑面积由10余平方米至60平方米不等。房址门均南向，墙壁由不规则之石块构成。有的屋外一侧或四周再砌以石护坡墙，房屋与护墙相距大多在1米左右。个别的最宽处可达3米（如F6之东外垣）。东台地较平坦，南北长70米，东

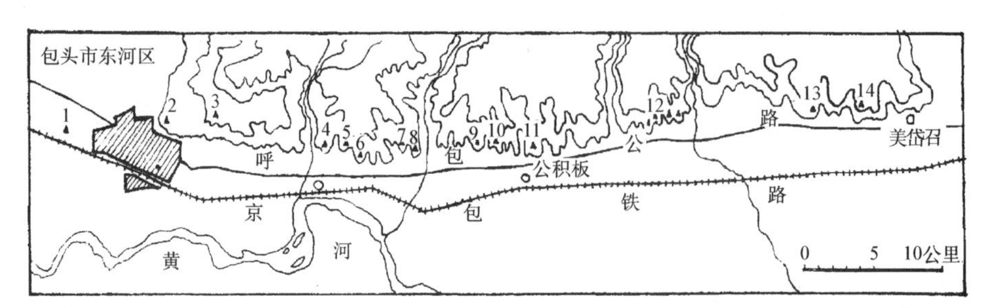

图1-41 内蒙古包头市大青山南麓红山文化聚落遗址分布示意图(《考古》1986年第6期)

1. 韩庆坝遗址；2. 转龙芷遗址；3. 莕荄沟遗址；4、5. 阿善遗址；6. 阿都赖遗址；7、8. 西园遗址；9、10. 莎木佳遗址；11. 黑麻板遗址；12. 威俊遗址；13. 纳太遗址；14. 莎浜崖遗址

西宽 110 米，周围绕以石垣，现墙基及若干墙石尚存。其北垣中央有 2 米宽门道，两侧各有一与墙相连之方形石墩。此区内未见居住建筑遗址。近北墙处有大型石砌台基，为聚落祭祀建筑所在，其具体情况，将在祭祀建筑一节中另予介绍。

3. 内蒙古赤峰市四分地东山嘴聚落遗址[31]

位于赤峰市西南 50 公里之西路嘎河南岸黄土台地上，整个聚落分布在南高北低斜坡上，文化堆积层厚达两米。遗址东西宽 280 米，南北长 100 米，总面积 28000 平方米。遗址南尽端最高处尚存长 27 米，宽1 米石墙一段。1973 年进行发掘，揭露面积 450 平方米，清理房址 9 座、灰坑 18 座。

上述房址、灰坑可分为四组：

● 北组　由房址 F4、F5、F6 及灰坑 H1、H2、H3、H4、H5、H6 组成。

三座房屋相距甚近，大体作三角形排列。圆形平面之 F4 与矩形平面之 F5 相距不到 0.5 米，并与距离约 2 米之 F6 隔一小水沟南北相对。沟南有灰坑 5 处：其中三处位于 F4 之东侧（H1、H4、H5）；另一在其南（H6），再一在 F5 北（H2）。沟北灰坑一处：H3 在 F6 以北。

● 中组　由房址 F1、F2、F3 及灰坑 H7、H8、H9、H10、H11、H12、H13、H19、H20 组成。

三座房址大体作南北一线配置。大部灰坑位于西侧，仅 H11 在 F3 西南面，而 H12、H13 在其东侧。

● 南组　由房址 F9 及灰坑 H14、H15 组成。F9 平面为椭圆形，二灰坑均在其东北。南距 F9 约 4 米处，有石墙一道。

● 西组　由房址 F7、F8 及灰坑 H17、H18 组成。灰坑在 F8 之东及东南。

聚落中之房屋平面有圆形（F1、F2、F3、F4、F7）、椭圆形（F5、F6、F9）及方形（F8）三种。建筑特点：

①半地穴深度较大，除 F1、F8 外，均深 1.2～1.8 米。

②未用土坯、石块砌墙，地面亦未见“白灰面”。

③房屋及灰坑分为四组，组与组间距离为 15～50 米。

④室壁上有大小、高低不同的若干壁龛。

⑤室壁表面甚少加工。

（四）中国新石器时代聚落特点

1. 聚落选址

由在黄河流域进行的普查得知，原始聚落的分布相当稠密，其选址大体上接近现有自然村。仰韶文化遗址的分布，可以确定以关中、晋南、豫西一带为中心，西至渭河上游，个别遗址达到洮河流域，东至河南，南及汉水中、上游，北达河套地区，已发现的遗址

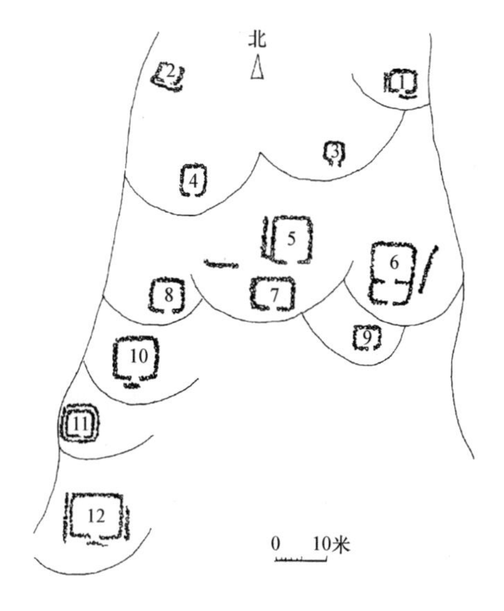

图 1-42　内蒙古包头市黑麻板红山文化聚落平面图(《考古》1986 年第 6 期)

达1000余处。遗址多位于沿河两岸的台地上，或者在河流的汇合处一带。其距河面之高度自十余米至数十米不等。这大概主要决定于最大洪水期的极限水位，可能是经过多年的观察和实践才得以确定的。这样的位置既便于汲取生活用水以及制陶、建屋和农耕生产用水，又便于渔猎和采集经济的作业。同时，河流的汇合处联系着河谷之间的交通，选址在这一带，也有利聚落之间的交通往来。

长江流域以土木结构为主的聚落和东北、内蒙地区以石建筑为主的聚落选址，也大体遵照上述方式。

居水网或沼泽地带以干阑为主要建筑形式的聚落，受洪水影响较小，故建筑与水面之距离较前述诸例为近（有的甚至整个聚落可能都建在浅水中而以栈桥与陆地相连，这样更便于本身的防卫）。

在选址上，取得良好的日照方向（特别是冬季应有充足阳光）与季候风向，也是极为重要的因素。

为了进行农业生产，选择非盐碱性的肥沃土壤自然亦是理所当然的。

2. 功能分区

根据保存较完整的聚落实例，依照生产和生活需要，大致划分为居住、生产和墓葬（有的另有祭祀）等几个区域。一般来说，总是以居住区为聚落主体，其他区域则分别布置于其周围。

以半坡为例：聚落东西最宽处近200米，南北最长约300余米。经勘探，居住区约占地30000平方米，其北部之1/5面积已经发掘。外有壕堑维护，壕北为公共墓地，壕东为陶窑生产区。姜寨之居住区在中部，其西与临河间为窑场。居住区之东北、东及东南为氏族墓地。红山文化包头市大青山黑麻板聚落遗址之居住区在沟西，祭祀区在沟东。而莎木佳聚落遗址之布置正与之相反。

居住、生产、墓葬用地的区分，是生活与生产实践的结果。根据劳动分工，将制陶作业集中起来，布置在接近水源的地方，并分离在居住区以外。这不但方便了生产，而且避免制坯的泥水和烧窑的烟熏污染。将氏族成年成员的遗体集中埋葬在居住区以外，不但便利基于原始信仰的哀悼纪念活动，而且有益于卫生。集中的公墓也是氏族社会秩序的一个表现。在意识形态上，它反映了原始居民信仰死后有知，从而将死者按生前聚居情况集中掩埋。婴、幼儿童死后，则以陶器为“瓦棺”，埋葬在住房附近，可能是为了表达双亲对幼者的依恋。

当时农业已是主要经济部门，农业生产区——耕地，也应位于壕外接近水源的地方。

3. 建筑布局

聚落内部各建筑的布置情况，以陕西临潼县姜寨遗址保存最为完整。其居住房屋均围绕中央之大广场，形成五个小集团，每集团又各以一栋“大房子”为核心，向内作环式配置。这种在总体中呈周边集团式的布局，大概是我国原始社会氏族建筑在已出现的母系亲族或母系家族关系上的反映。上述的建筑小集团，也应是该氏族在血缘上更进一步划分的体现。属于同一时期及同一地区的西安市半坡遗址，其聚落中的居住建筑布局，则未出现上述情况，它是以较狭的内部壕沟隔划为两个区域的。各建筑之朝向多为南或西南，其同期并存建筑之间的距离约为3～4.5米，但因又存在若干室外窖穴，所以总体布局还是显得相当紧凑。河南汤阴县白营遗址是父系社会产物。建筑布局比较混乱，也看不到聚落中供公共活动的大广场。但相邻几座不同朝向建筑的相对集中，似也表现了父系社会发展家庭组合的关系。

窑洞建筑聚落的居住建筑系沿山崖作带状布置，其道路亦复如此。而水网地区之干阑建筑聚落，其居住建筑为条形长屋。故推测其聚落布局之主要形式亦基于这种方式。

4. 防御设施

半坡与姜寨遗址都在聚落居住区周围掘有相当宽度与深度之濠堑，显然是作为防御外敌的重要手段。而半坡内部用以划分居住区的较小壕沟，虽然宽深度并不很大，但多少也能起一定防御或阻碍的作用。又姜寨北部之外濠，在F45处形成“U”字形转折，似乎该建筑兼具有居住与瞭望、守卫的功能。

内蒙古包头市大青山莎木佳遗址系红山文化聚落，以石垣为围护结构。至于使用土垣的，除安阳后岗聚落在30年代曾发现一段长70余米、宽2～4米筑于龙山时期的夯土墙，其他未见报道。但从新石器时代诸多城市已大规模使用夯土墙垣为例，则其起源之聚落早就使用此项设施，应属合乎情理。至于地处危崖深谷的窑洞聚落和水网地带的干阑聚落，利用天然山崖及辽阔水面作为屏障，再部分辅以人工栅墙沟堑，也是事半功倍的最佳选择。

出入交通门道，应是防卫重点。陆路设大门及门卫屋，水道壕沟架设桥梁。半坡北濠中三根等距木柱，即是一例。

5. 已形成聚落群体

随着社会生产和氏族人口的增长，在一些自然条件比较优越，有利于先民生产和生活的地区，聚落数量已呈直线上升。在关中平原、黄河中、下游、长江中游和江南水乡等地，原始聚落的密度已达到惊人地步。现以自然条件不及上述诸地的淮河流域为例，经考古调查，在淮河支流泉河至黄河故道之间，即西南起于阜南县东北止于萧县以南的范围内，已发现大小不等的原始社会聚落遗址约40座（图1-43）。它们大多沿淮河各支流分布，并大体划分为三个组群。东北组群在萧县东南及淮北市东、南一带，即黄河故道与濉河之间，聚落遗址约有9～10座。中部组群在今宿州市西南与蒙城县东北地区，即浍河与北淝河之间，遗址共17处，规模为三组中最大者。西南组群在今阜阳市西南及阜南县西北、西及西南，即颍河与泉河以南地区，有遗址11～12处。它们的时代，约在大汶口文化晚期至龙山文化早期之间。

它们共同的特点是以一较大的聚落（一级聚落）为中心，外围拱列若干中、小聚落（二级、三级聚落）。以中部组群为例，其中最大的是尉迟寺聚落遗址（一级），其附近建有二级聚落3座，三级聚落13座（图1-44）。至中心聚落距离最远为22公里，最近仅约3公里。这种格局的形成，很可能是因为同属一血缘氏族集团的缘故。它最早应出于自然形成（如开发早迟、氏族强弱以及其他种种自然与社会原因），到后来才出现有意识的人为安排与调整。这种聚落的分布与组合，与上面介绍的鲁西原始社会城市组群的部署情况大致相同，从建筑发展的角度来看，后者无疑是受到前者的影响。

三、中国原始社会的居住建筑及其他建、构筑物

古人所采用最原始的穴居与巢居两种建筑形式，在我国的新石器时代得到了巨大的发展，特别是居住建筑，在平面、结构、材料和外观上都有了许多突破性的创造。这里介绍的是在全国各地通过考古发掘与调查获得的一些资料，它们并不仅仅局限于居住建筑这一范畴，还包括了供聚落氏族成员公共活动的“大房子”，贮藏用的窖穴，饲养牲畜的畜圈，与放置垃圾的灰坑等等。可以认为，它们不但奠定了我国以后几千年传统居住建筑的基本形制，同时还进一步演绎为具有更多使用功能的其他类型建筑。由于我国疆域广大，自然条件复杂，在漫长的原始社会中曾出现过多种各具特色的建筑文化，因此很难对它们作出全面与明确的分界与定性，只能就各种建筑的类

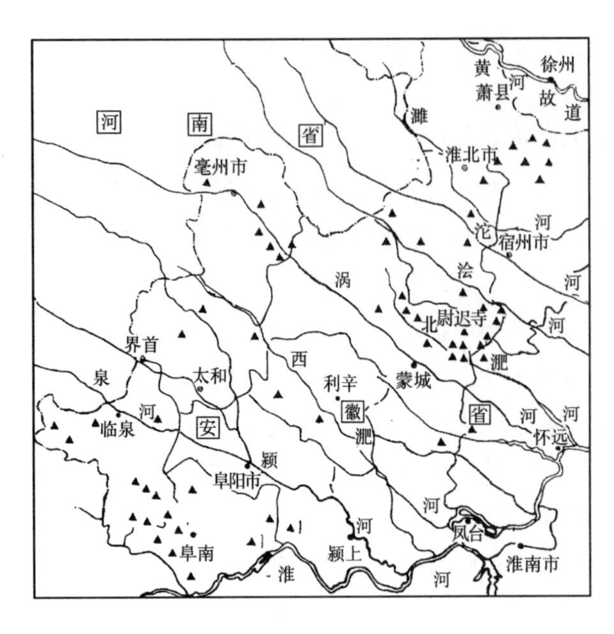

图 1-43 安徽北部地区史前聚落遗址分布图
(《考古》1996 年第 9 期)

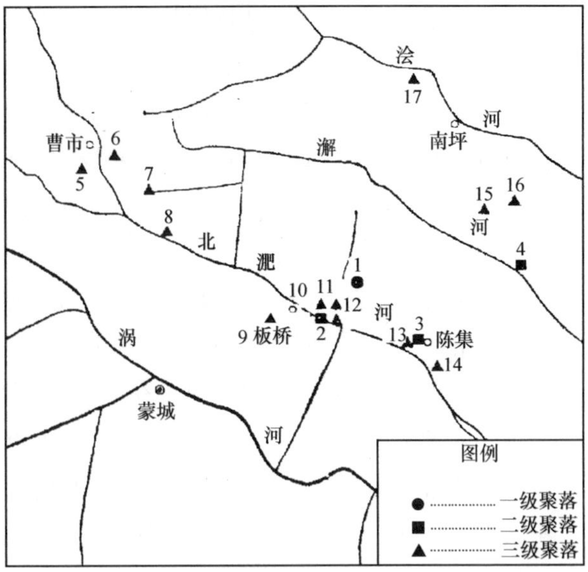

图 1-44 安徽蒙城县尉迟寺新石器时代聚落遗址分布图
(《考古》1996 年第 9 期)
1. 尉迟寺 2. 吴祖冢 3. 安郎寺 4. 欢岗寺 5. 铁骡子 6. 侯堌堆 7. 量砂台 8. 芮集堌堆 9. 刘堌堆 10. 松林 11. 黄岗堌堆 12. 西场庵 13. 马堌堆 14. 刺岗子 15. 尖堌堆 16. 平堌堆 17. 霸王城

型、功能及发展，作一初步综合与概括的描绘。

(一) 中国原始社会的居住建筑

1. 穴居

利用天然洞穴作为居所是中国古人久已采用的居住形式之一。至新石器时代，先民们尚在使用这种方式，例如江西万年县大源仙人洞，即有他们生活过的遗迹（图 1-45）。人们开始模仿这种形式，在我国北方的黄土地带开掘出与之相类似的横穴—窑洞或穴居。就目前所知，在仰韶文化与龙山文化时期，位于黄河上、中游的宁夏、甘肃、山西、陕西、河南……一带，因有较厚的黄土层可资利用，所以很早就出现了横穴穴居，至今尚有不少实例遗存。后来在坡度较缓或土质较差不宜构筑横穴的地区，又发展了竖穴—袋穴的居住形式。现将若干有代表性的穴居建筑实例，分别列述于下：

(1) 横穴式建筑

大体可分为居于地面的窑洞式和处于地面以下的地穴窑洞式两种类型。

● 例一：甘肃宁县阳坬遗址 F10[25]（图 1-46）

遗址由居室及门道组成。居室平面呈圆形，直径约 4 米。壁面作内收为弧形，最后至上部合为穹隆顶，室内高度 2.3 米。门道置于居室之西南，方位为西偏南 34°。门道宽 1.5 米，进深 1 米，高 1.6 米，顶部作弧度甚小之拱形。室内未见有柱穴或其他木构架痕迹。居室南端近门处，构一直径约 1.2 米之圆形灶面，灶西筑一土埂直达西壁下。埂内外各有小坑，用以保留火种与积水。居住面做法，先在底部施 6 厘米厚夯土，上抹草拌泥 1 厘米，表面再涂厚 0.3 厘米之白灰面。内壁亦抹白灰。

此建筑形制甚为简单，是一种较原始的形式。与之相类似的尚有山西石楼县岔沟遗址龙山文化 F5（图 1-47）。平面亦近方形，室内无柱，内壁下部约高 0.7 米一段全刷白灰面。

● 例二：山西石楼县岔沟遗址 F3[9]（图 1-48）

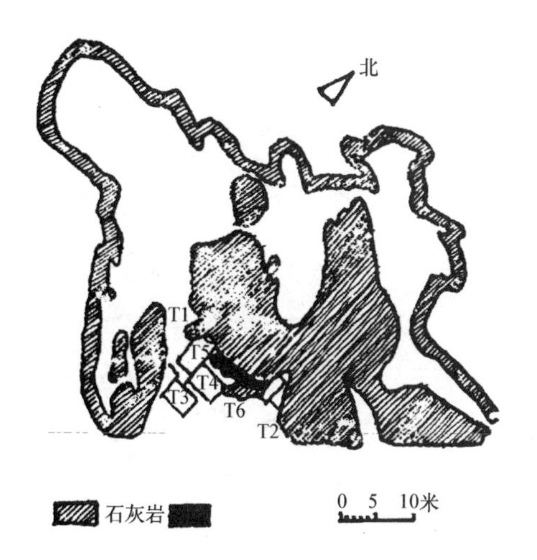

图 1-45 江西万年县大源仙人洞新石器时代天然岩洞居址(《文物》1976 年第 12 期)

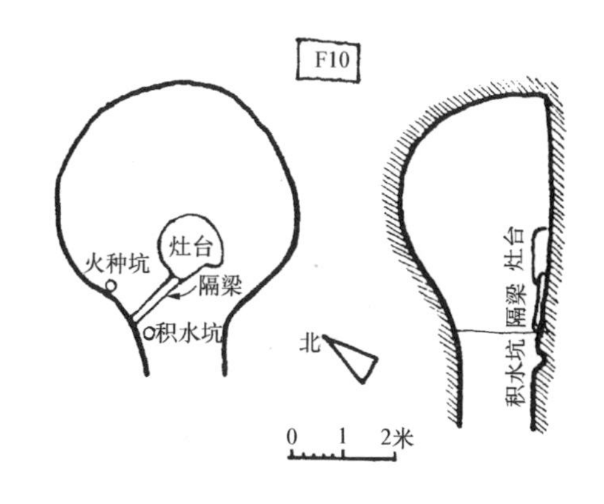

图 1-46 甘肃宁县阳坬遗址 F10 平、剖面图(《考古》1983 年第 10 期)

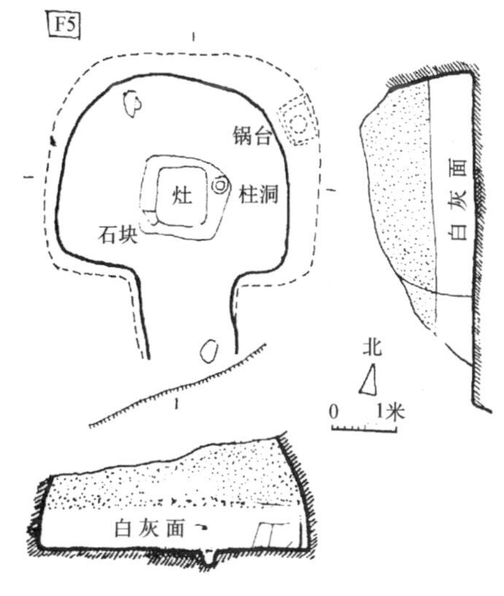

图 1-47 山西石楼县岔沟遗址 F5 平、剖面图(《考古学报》1985 年第 2 期)

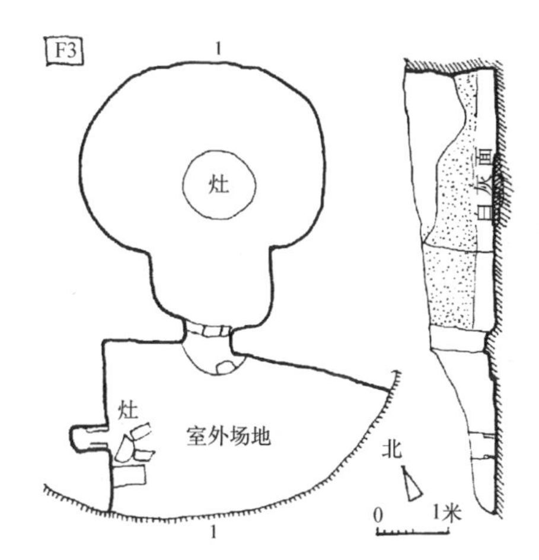

图 1-48 山西石楼县岔沟遗址 F3 平、剖面图(《考古学报》1985 年第 2 期)

由居室、门道及室外场地组成。居室平面呈“凸”字形，面阔 4.15 米，进深 3.1 米，顶部已塌，据壁面情况，知其仍为穹隆顶。居室中央有直径 1 米之灶面，灶周围及室壁下均未发现立柱遗迹。门道在室西南，方位为南偏西 26°。门道仅宽 0.7 米，进深 0.3 米，至室外建土阶一级。室内居住面及墙面均抹草泥再涂白灰，做法与上例相同。

室外场地呈长三角形，南侧为断崖，北侧中部辟一小灶。

据 C14 测定并校正，该遗址约建于公元前 2450 年，相当于庙底沟二期文化。

- 例三：宁夏海源县菜园村林子梁新石器时代遗址 F3[10]（图1-49）

该遗址由居室、门洞、门道及室外场地四部组成。居室平面大体呈圆形，东西广 4.1 米，南北长 4.8 米，室内面积约 17 平方米。室门置于东北，其北壁方位为 77°。室内中央有锅形圆灶坑一，西北壁下尚残留红色烧烤土面一处。室内初建时有窖穴四，其中较大的 J1、J2 及较小的 J3 分布于灶坑之西、东、北侧，另一小窖 J4 在室内南壁下，后来均被填没。灶坑东北有土阶二级通向

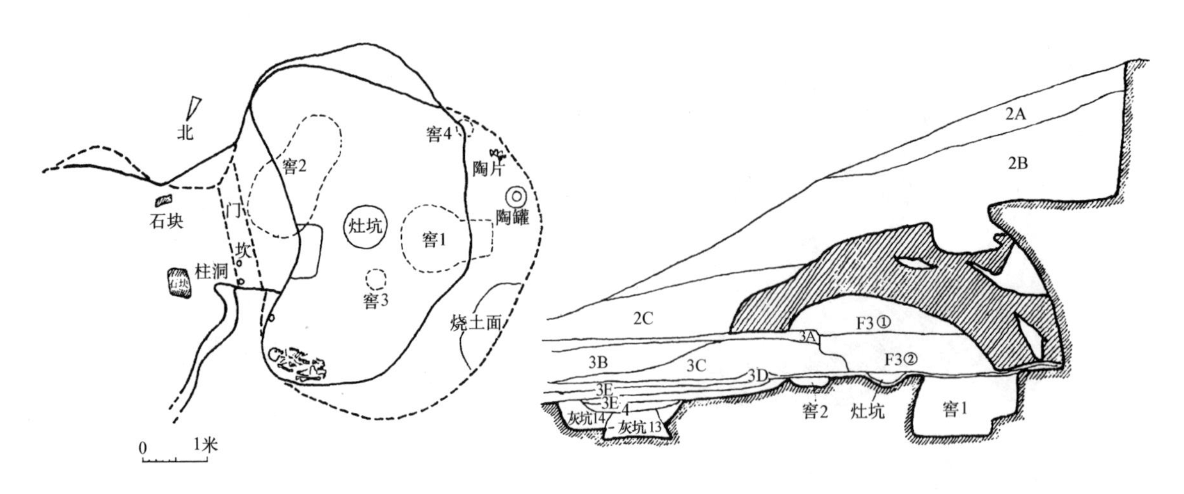

图 1-49 宁夏海源县菜园村林子梁遗址 F3 平、剖面图(《中国考古学会七届年会学术报告论文集》)

门洞。门洞宽 1.44 米，下有土门槛。槛外北端遗有小柱洞二处。门道已残，仅余东南侧长 1.6 米之生土壁一段及北端柱础石两块（门道前檐柱下）。其外之场地略呈半圆形，面积约 37 平方米。居室土壁尚存西侧一部，残高 2.4 米，断面作逐渐上收之碗状，故知其上部室顶为穹隆形。据考证此建筑之建造时间为林子梁诸例中最早者。

室内北壁下遗有完整之成人骨架一副，西南壁下则有婴儿骨架残余，估计都是穹隆土顶崩塌时所埋压者。而遗址之破坏及废弃，推测亦在此时。就建造年代而言，与上例之石楼县岔沟遗址 F3 大致相当。

- 例四：林子梁遗址 F9（图 1-50）

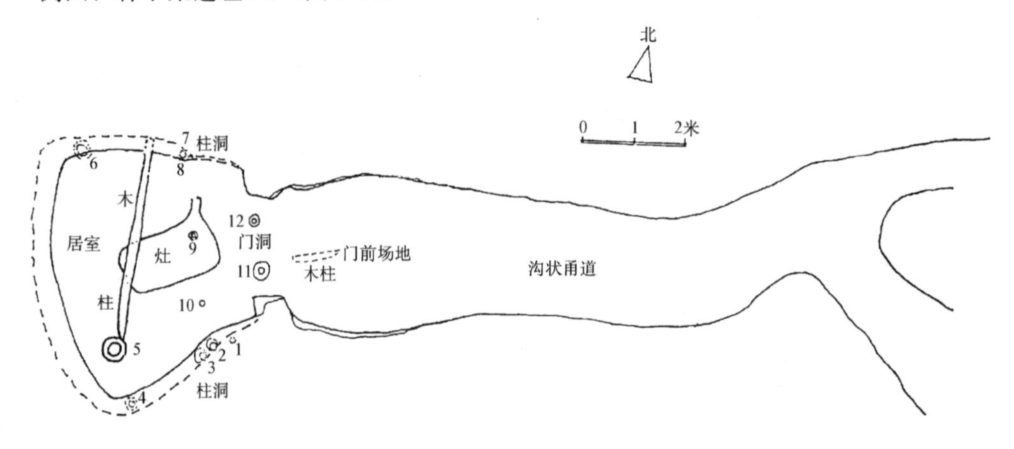

图 1-50 宁夏海源县菜园村林子梁遗址 F9 平面图(《中国考古学会七届年会学术报告论文集》)

平面由附套窑之居室、门洞及室外长甬道组成。居室平面约呈扇形，南北 3.04～5.34 米，东西 4.32 米。面积约 19 平方米。门朝向东北，其轴线方位为 66°。室内中部有一长方形灶面，内有火种坑二。窖穴四处，二在南壁东南，二在灶面以北，面积俱甚小。室内共发现粗细不等之柱洞十二处，主要分布于入口门洞及主室南、北壁下。中部仅有三根，以位于灶面西南之 5 号柱坑最大，柱直径约在 20 厘米左右。南壁下有红烧土面一块。主室壁面俱作弧形上收，如 F3 所见。其表面抹以草拌泥，厚 1.5～11 厘米不等。室外甬道长 14 米，宽 1.2～2.6 米不等，至东端再分为支路二条。路面铺白云质大理岩块，坡度为 8.5°，经考证，此建筑之建造年代稍晚于 F3。

- 例五：陕西武功县赵家来村新石器时代院落型窑洞式居住建筑遗址 F11[26]（附 F1，F7）（图 1-51）

与之相毗联的同类型遗址，尚有 F1 及 F7，均属半坡系统之客省庄二期文化。平面皆为大体呈方形之单间建筑，进深与面阔俱在3～4米之间，门均西向。其构筑方式为沿黄土壁开掘敞口式洞穴，再至内部向上掘出穹隆形室顶，然后以夯土或草拌泥修补壁面并砌出前檐墙。室门辟于此墙中部，宽0.7～0.9米。室中置一圆形灶坑。另立木柱若干。保存较完整之F11共有柱洞9处，其中二处在前檐墙外两侧，似为外廊内侧之柱孔。室内计有七柱，或依墙或环绕灶坑，未见有一定之规律。

窑洞之外各以夯土墙划分院落，并围出面积略等或稍小于主室的地面建筑，估计是辅助用的畜栏、柴屋等所在。

● 例六：山西襄汾县丁村新石器时代窑洞式居住建筑F3[27]（图1-52）

该遗址位于南向山坡上，居室平面大致为圆形，直径约2米。门置于室之西南，方向北偏东。室内地坪较室外入口处约低1.5米，以凹堑及斜坡门道交通上下。门道近地面处两侧各有柱孔一个，应为支承其上之顶棚设置。室壁亦内收呈弧形，则原有屋顶当为穹隆形圆顶。

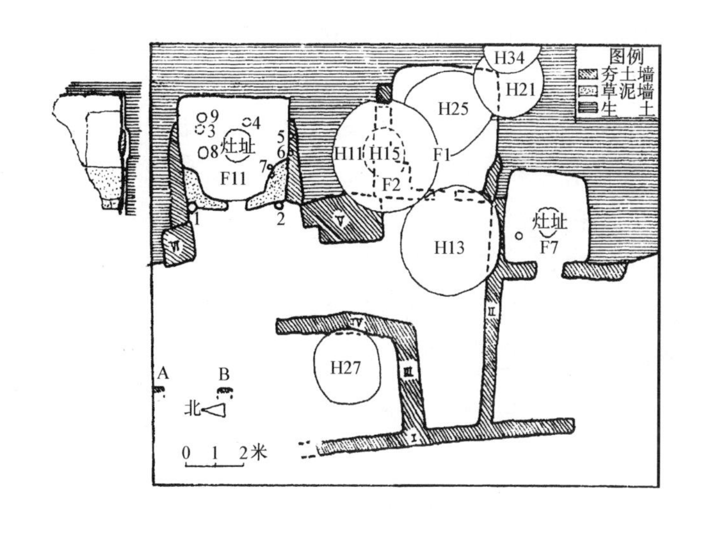

图1-51　陕西武功县赵家来村院落型窑洞遗迹F11平面图（附F1、F7）（《考古》1991年第3期）

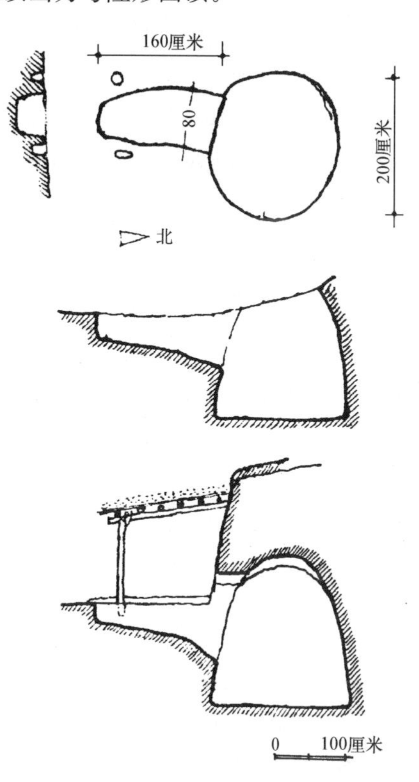

图1-52　山西襄汾县丁村遗址F3及复原设想图(《考古》1993年第1期)

自剖面观察，此建筑似为窑洞与半穴居的混合式样。室内面积很小，尚不足4平方米，很可能是用作贮藏物品的窖穴。

● 例七：陕西西安市客省庄遗址二期文化H98（图1-53）、H174（图1-54）[28]

H98平面作“吕”字形。内室为方形，穴底较穴口略大，口部东西3.05米，南北2.70米；穴底居住面东西3.17米，南北2.92米。外室为不规则的长方形，穴口东西5.29米，南北1.85米；穴底东西5.35米，南北2.00米。衔接二室的中间过道长0.70米，宽0.62米。两室的穴壁深约1.54米。

内室居住面（居住面有两层，相差11厘米，都是经过长期践踏形成的硬面）中部偏北有一柱洞，圆底，垫有碎陶片。中央及偏东处各有一凹下的小火塘，中央火塘之周围也经过烧烤，可知烧面为篝火范围，中央凹下处为贮存火种之用。

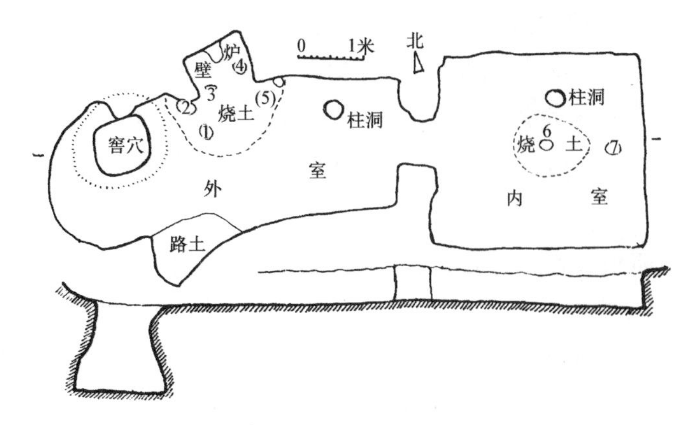

图 1-53 陕西西安市沣西客省庄遗址二期文化 H98 平、剖面图(《沣西发掘报告》1962 年)

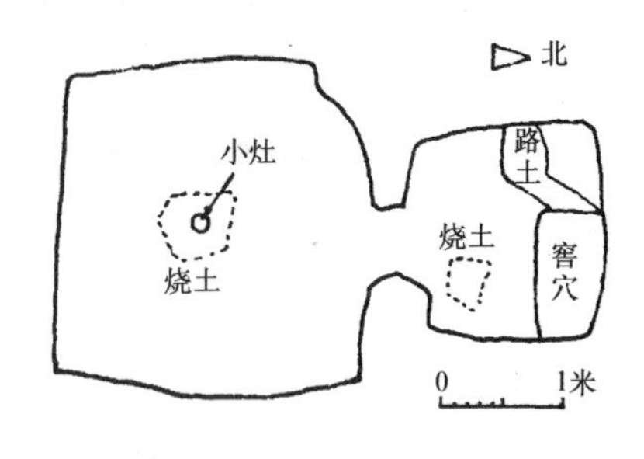

图 1-54 陕西西安市沣西客省庄遗址二期文化 H174 平面图(《沣西发掘报告》1962 年)

外室东北部有一个柱洞，与内室的柱洞相同。北壁中部有一“壁炉”，附近有五个小火塘，这一带居住面也都经火烧。“壁炉”即在穴壁上挖出的壁龛，龛底中间存一土埂，可起炊具支架的作用。由于长期火烧，龛壁已呈红色，表面并有烟熏的痕迹。这个“壁炉”除供炊事、取暖外，还可保存火种。小火塘有的只是简单的小圆坑，有的则在圆坑周围涂抹一层厚约1厘米的掺砂泥土或掺砂草筋泥，有一个小火塘底部还垫了一大块陶片。外室西北隅有一小型窖藏袋穴。西南隅为出入口的坡道。

H174 面积较 H98 稍小，但平面更具型典性，保存也最好。二室均呈方形。内室较大，东西宽 2.76 米，南北长 2.60 米，面积约 7 平方米。外室东西宽 1.68 米，南北长 1.70 米，面积约 4 平方米。二室间过道宽 0.6 米，长约 0.3 米。居住面距地表深 3.35 米，由置于外室西北之土阶二级（可能还有木梯）上下。外室东北角有一矩形平面窖穴。东西长约 1 米，南北宽约 0.6 米。西南有烧土一块。内室中部亦有烧土一块及一小灶坑。据了解，该室系利用一袋状灰坑之上口将其扩大为圆形房屋，尔后又扩大为方形房屋。因此目前此土穴之上口仍小于室底。内、外室中均未发现木柱遗迹。

（2）竖穴式建筑

前文已经提及，这是一种自地面垂直下掘的穴居形式，在自然条件为缓坡或平地，无从建造横穴的情况下，曾被广泛使用，其原始形制及构造均甚为简单，而且一般是以单穴的方式出现。它的深度较大，面积甚小，上下出入亦不够方便，因此后来逐渐为条件较为优越的半穴居所取代，但它在平原地区对以后建筑发展的启蒙作用却不容忽视。在半穴居发展起来后，旧有的竖穴不是改为储藏物品的窖穴，就是用作堆放垃圾的灰坑。因此目前作为居住建筑的竖穴遗存十分稀少。

● 例一：河南偃师县汤泉沟遗址竖穴（图 1-55）[29]

这是平面呈圆形而断面为袋状的竖穴（因此常被称为“袋穴”）。口径（约 1.5 米）小于底径（约 2 米），内壁作一缓和上收的曲弧线（这可能是受到传统的窑洞式横穴穴壁的影响）。穴底至地面高度稍高于人体尺度（约 2 米）。穴中直立一木柱用以支承遮覆穴口之屋盖，并兼作供上下之扒梯。

● 例二：陕西西安市客省庄遗址二期文化 H108（竖穴经改造之实例）（图 1-56）[28]

遗址为三个相连的竖穴，北部内室平面为不端正的圆形，中部外室为不规则形，南部为近似方形的窖穴——贮藏室。内室直径约 2.50 米。窖穴约 1.90 米×1.80 米。此例的内室借用了一个废弃的单独圆形竖穴。原来此竖穴较深，利用它作为内室并增加了外室和窖穴之后，就垫高了它

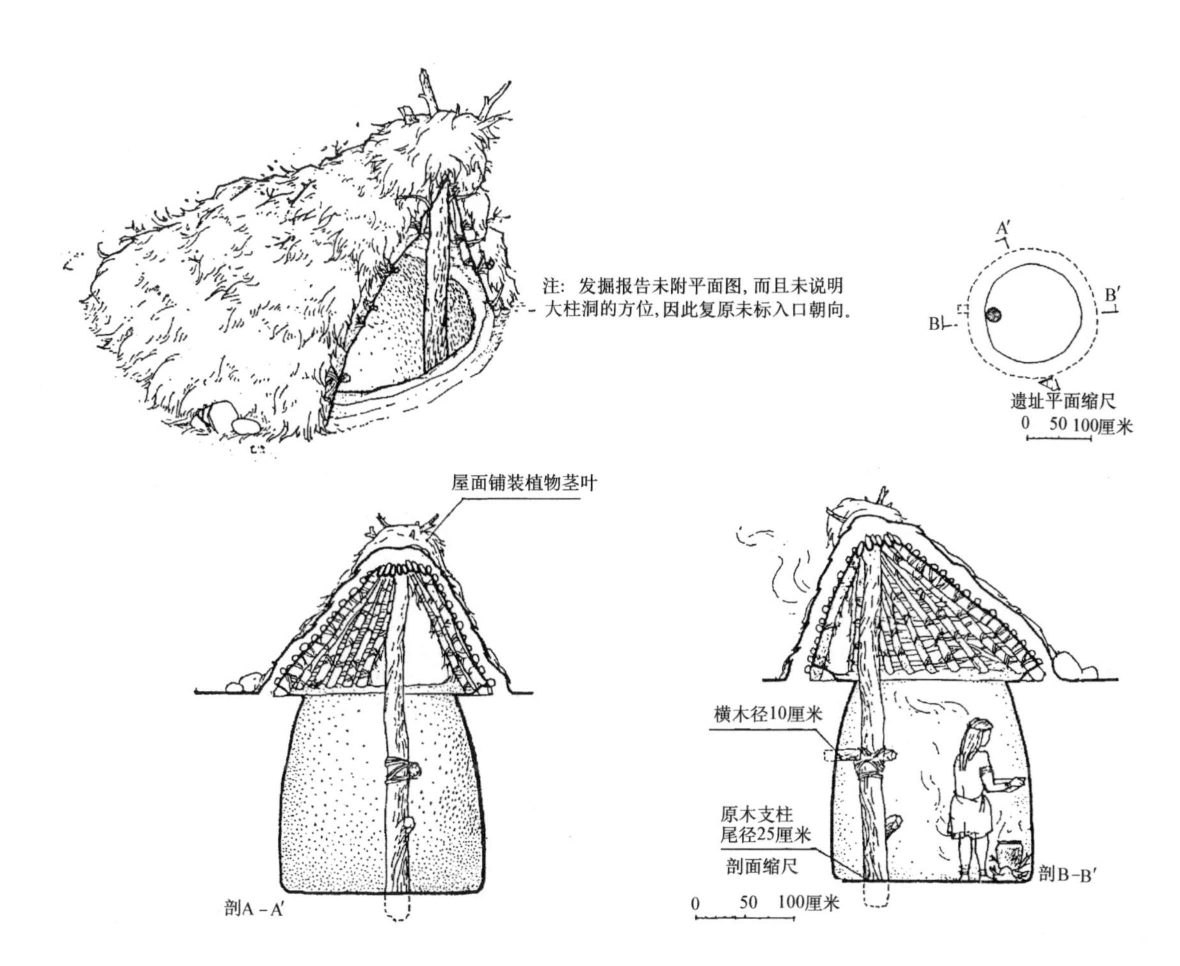

图 1-55 河南洛阳市偃师县汤泉沟 H6 复原（《建筑学考古论文集》）

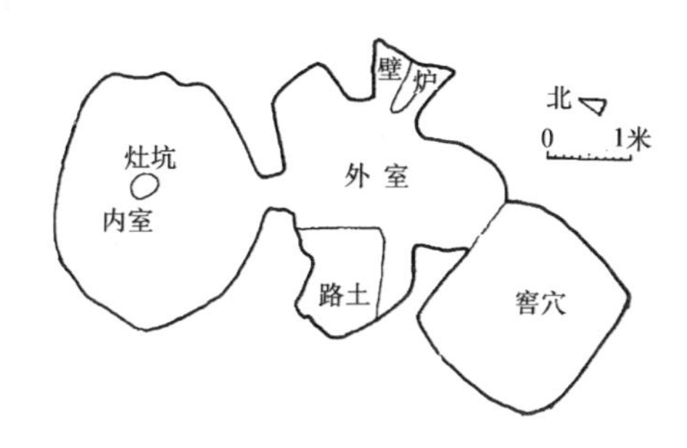

图 1-56 陕西西安市客省庄遗址二期文化 H108 平面图（《沣西发掘报告》1962 年）

的居住面。在形成三联半穴居的使用过程中，又普遍铺垫了居住面一次，厚 0.20 米。最上一层表面不甚坚硬，估计此面修成后使用时间不长。二层居住面保存较好，此层内室中央有火塘及烧土面；外室东壁有“壁炉”。西侧为出入口，设很陡的坡道。内外室之间过道两侧的隔墙是用黄土筑起的。窖穴内无“路土”硬面。可知不是经常活动的地方。

以上的“吕”字形平面为关中地区龙山文化父系氏族晚期一般家庭住房的一种形式。这种内外室的布局，从生活遗迹来看，内室为卧室，外室为供炊事等用途的起居室，必要时也可住人。这一类住房普遍在室内设置窖藏。母系氏族时期和父系氏族初期的窖藏是设在室外的，到父系氏族晚期，在空间狭窄的半穴居内不惜占据使用面积来设置窖穴，说明贮藏有看守的必要。各家庭之间私有财产的差别，日益加大，彻底破坏了原有同甘苦的氏族公有制原则，于是出现了偷盗一类现象，这一情况在这些住房上得到生动的反映。

2. 半穴居

袋状竖穴虽然一时缓解了先民迁来平原地带的居住问题，但它本身的缺陷使人们不得不进一步寻找更好的解决方式。这是一个漫长的过程，虽然其间出现过亿万个足以说明这一变化的实例，但历史的长河却把它们冲刷得几乎痕迹全无。然而考古工作者的辛勤劳动终于得到了报偿，多年的探索使我们逐渐了解内中的端倪，从而得到下面的认识：

（1）袋形半穴居是由袋形竖穴转化为半穴居的过渡形式

在河南洛阳市涧西孙旗屯新石器时代遗址中发现的一处袋形半穴居（图 1-57）为这种过渡提供了最好的证据。虽然它还保存着袋形竖穴的基本形制，但已有了很大变化。表现在：①穴深约 0.9 米，大致为常规竖穴的一半，这使得出入比较方便，也扩大了穴中的有效使用空间；②使用斜坡道出入；③取消了支承屋顶的木柱，屋顶直接支撑于穴周围地面；④减少了掘土的工作量；⑤改善了居室内日照和通风条件。上述情况的进一步改善，就完成了由竖穴向半穴居的全面过渡。

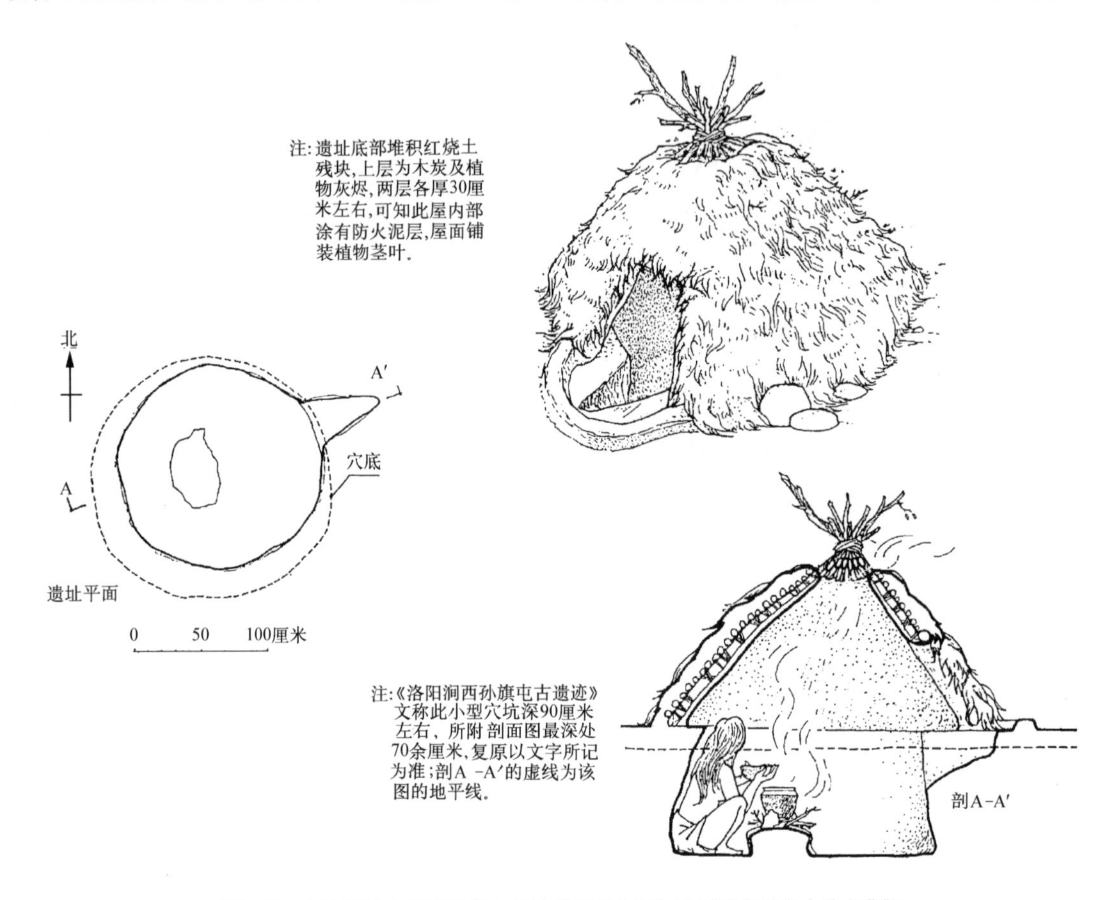

图 1-57 河南洛阳市涧西孙旗屯遗址袋形半穴居复原(《建筑学考古论文集》)

（2）半穴居是我国新石器时代中期黄河流域的主要建筑形式

这样半穴居在相当长的时间内就成为这一地区的建筑主流，它的影响并一直延续到夏、商、周、秦、汉。

袋形半穴居虽然较袋形竖穴有了进步，但居住面积仍不够大。在当时情况下，必须先解决屋顶的结构支承问题，才能进一步引申到平面形状、围护结构的变化和发展。就目前所获得的这方面有关资料，以关中地区的仰韶文化最为丰富。特别是陕西西安市半坡遗址所出的各种类型建筑，可作为我国新石器时代黄河流域建筑的代表。它们的时间早迟与整体变化，可参阅表 1-2《西安半坡仰韶遗址房屋建筑层位关系图表》[18] 及《西安半坡仰韶文化建筑发展程序图表》（图 1-58）[28]。现将半坡和其他地点的半穴居实例分列于后并予以一一介绍。

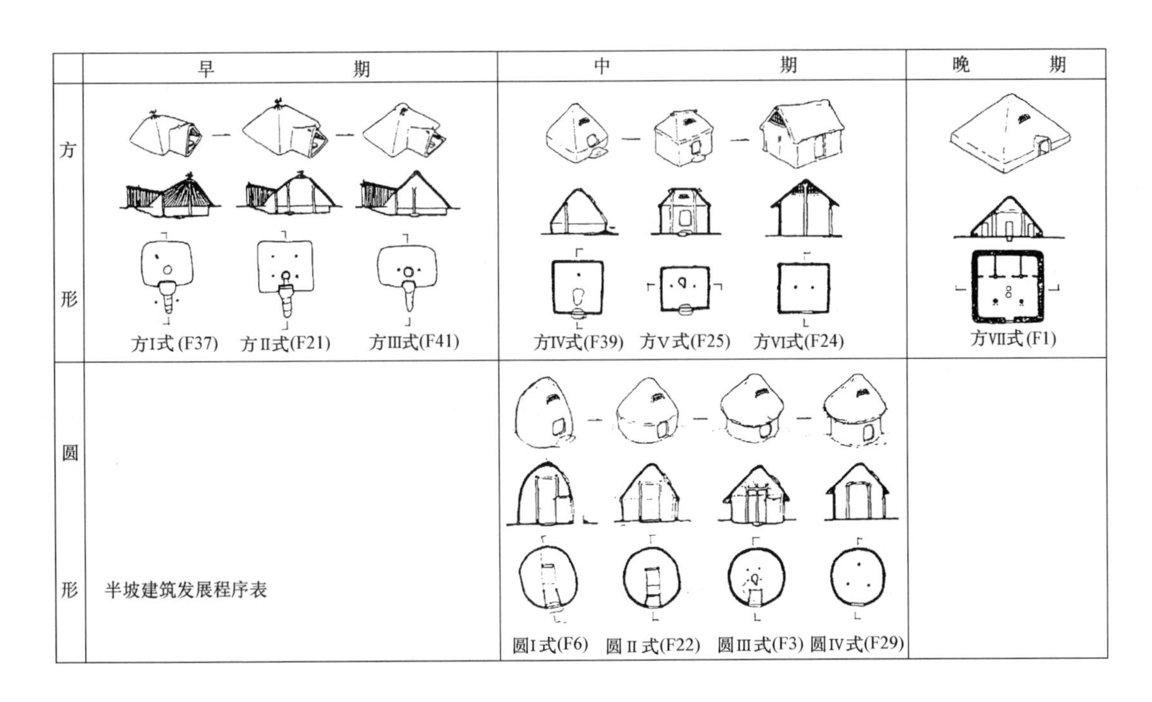

图 1-58 陕西西安市半坡仰韶文化建筑发展程序图表(《建筑学考古论文集》)

1）仰韶文化半坡类型的半穴居建筑及其发展

按现有材料，半坡半穴居建筑之早期平面仅见方形。其发展可以 F37、F21、F41 为例。

其发展概况是，平面由方形趋于长方形；地穴由深而浅，中柱布置由不规则到规则；火塘由篝火式的极浅的凹面发展为圆形浅坑，并有灶陉萌芽；顶部排烟通风口由椽、柱交接的节点移至前坡顶端；内部椽木开始涂泥防火；卧寝部分的居住面高起，并出现“炙地”的防潮、防寒措施。

● 例一，陕西西安市半坡仰韶文化遗址 F37（图 1-59）[29]

遗址平面近方形而具圆角，四边向外略呈弧线，约 4.20 米×4.75 米，穴深约 0.80 米。直壁。中央有略凹的火塘，直径 0.80 米。竖穴局部被毁，仅在穴内西北部发现两个连在一起的柱洞，二柱洞直径为 10～15 厘米，北柱洞深 43 厘米，南柱洞深 33 厘米，柱洞尖底，内壁有树皮痕迹。竖穴四周未见柱洞。出入口有门道，略呈踏跺四级。门道两侧有厚约 10 厘米的隔墙，残高 30 厘米，内有直径约 2 厘米的木骨遗迹。穴内残存印有木构痕迹的草筋泥碎块。

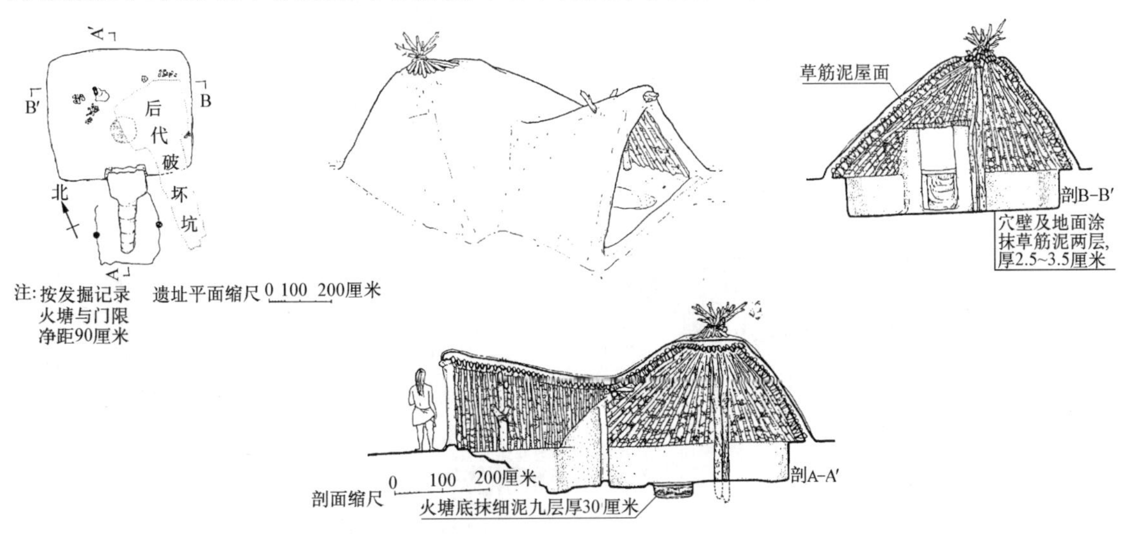

图 1-59 陕西西安市半坡仰韶文化 F37 复原(《建筑学考古论文集》)

穴底柱洞为直壁，应是上部围护结构的中心支柱遗迹。并用二柱，但埋深不一，可知其中一柱为后增的加固支柱，柱洞有树皮痕迹，则柱为原木截段；柱洞尖底，是石斧伐木所形成的截端形状，并非有意加工的“桩尖”。柱脚尖端未修平，说明此时还没有认识到承压面小易于下沉的道理。鉴于发掘只见柱洞，不见（难于辨认）栽柱挖坑的边界，可知柱坑为原土回填，无特殊加固处理。穴壁四周无明显的构筑痕迹，则推测顶盖是自四周斜架椽木交于柱头。为便于架设周围的长椽，柱顶应留有枝杈。从其他遗址残存的草筋泥块上的痕迹来看，椽、柱交接以及椽木与横向联系杆件的交接点，是用藤葛类或由植物纤维加工而成的绳索扎结固定的。由半坡 F26、F24、F34 遗址看，所用藤葛直径 5～10 毫米；F34 另有绳痕，直径 20 毫米。椽间空档应有茅草、芦苇等植物茎叶填充。椽木上置有横向枝干并扎结固定，从而构成一个不甚端正的（因柱不居中）方锥体构架；构架上涂草筋泥防水面层。黄土合水成泥，是一种天然可塑性材料，可以粘结、成型，对于早已掌握制陶工艺的母系氏族来说，是已有的知识，而用为建筑材料，则又有所发展。半坡遗址中凡属保存的倒塌堆积，都发现相当厚的草筋泥围护结构残块。在泥土中掺和草筋，目的在于增强其抗拉性能以防止龟裂。这种做法，汉、唐文献称之为“墐”，谓泥中掺和“穰草”，记载为“黍穰”。

黄河流域当时主要作物为粟或黍，因此半坡遗址的残块中发现粟（或黍）粒痕迹。长江流域以稻为主要作物的地区，墐涂中多掺稻草。

沟状门道两旁柱洞，显然是雨篷支柱遗迹，柱洞南北略有错位，推测以短柱顶部支杈为中间支点架设大叉手（人字木），构成门道雨篷横梁前方支点（梁悬臂至门道前端），梁的后端搭在顶盖上。横梁上架椽，其面层一如方锥顶盖的做法。

门道前方，为防止雨水倒灌，有低矮如门限的土埂。至于门道与内部空间衔接处，据遗址复原，为木骨泥墙围成的类似门厅的缓冲空间。

● 例二，陕西西安市半坡仰韶文化遗址 F21（图 1-60）[29]

穴底发现三处柱洞，直壁，深度各为 0.80、1.00、1.10 米，其一为后加支柱遗迹。其余柱洞的中轴对称位置上（已破坏），原来应另有两柱洞，现复原为对称布置的四中心柱。

顶部构架的做法，有两种可能：一是在四柱顶杈上架四横梁，构成周围椽木的中间支点；另

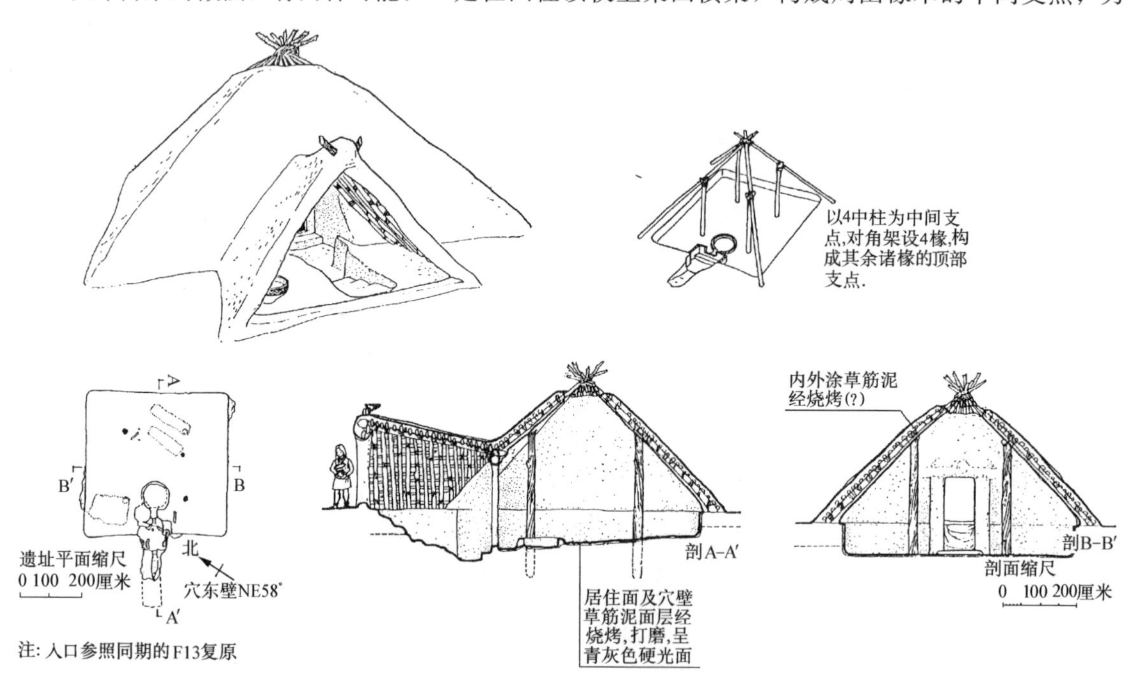

图 1-60 陕西西安市半坡仰韶文化 F21 复原（《建筑学考古论文集》）

一是以四柱顶杈为中间支点，先于对角架设四椽，顶部相交构成其余诸椽的顶部支点。上述例一的雨篷构架已采用大叉手提供顶部支点的做法，此例应采用相同做法。另外，柱洞深达 0.80～1.00 米，栽柱已相当稳定，这似乎也反映了四柱尚未用横向联系梁。从这一分析来看，后一种构架的可能性更大一些。

● 例三，陕西西安市半坡仰韶文化遗址 F41（图 1-61）[18][29]

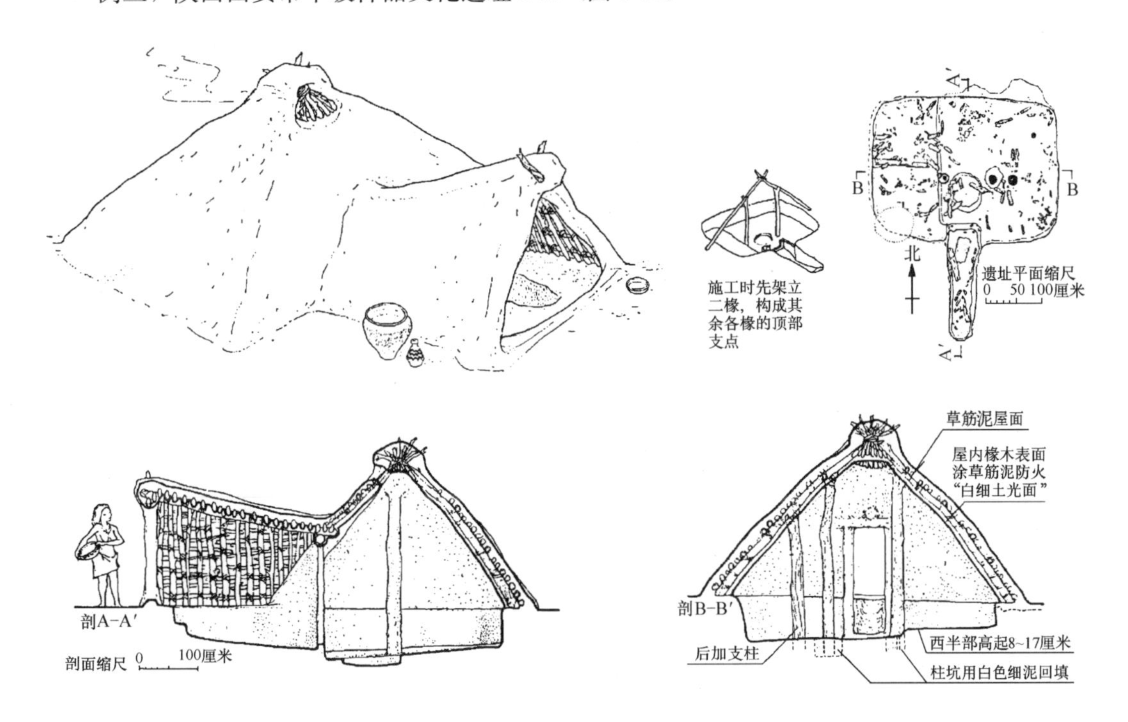

图 1-61 陕西西安市半坡仰韶文化 F41 复原(《《《建筑学考古论文集》)

这是一个毁于火的遗址，发掘时尚保存坍塌原状，底层堆积许多炭化木构残段。穴底发现四个柱洞，据发掘记录，相邻火塘左右两柱洞有浅色“细泥圈”，即栽柱后柱坑用细密泥土（或掺有料姜石粉之类的石灰质材料）回填。也就是说，柱基进行了初步的加固处理。另外两柱洞情况如前。

顶部结构有两种可能性较大的构架方式：一种是柱顶架横梁，以交接四周椽木，从而形成“四阿”屋盖；另一种是按例二的第二种方式，以二柱为中间支点，先建一大叉手，构成其余诸椽的顶部支点。此制晚于例二，按照当时的意匠逻辑及传统推测，以后一种的可能性为大。鉴于火塘上部需要争取空间，屋盖也应作传统的方锥形式。

据发掘记录，屋盖塌落的草筋泥残块，发现有粗面与抹有“白细泥土光面”两种；又有“平面烧得厉害”的迹象等等。据此推测，屋盖椽木内表面也涂有草筋泥。这是出于防火的需要。泥土耐火是人类掌握制陶术之初就已具备的知识，在制陶术已相当发达的新石器时代中、晚期的半坡人，把这一经验用于建筑中木构件的防火措施，是完全合乎逻辑的。此遗址的两根接近火塘的中柱根部残留有“泥圈”，更直接证明了木构涂泥防火的做法。

● 例四，陕西临潼县姜寨遗址二期文化 F114（图1-62）[19]

房址位于遗址中部，为凹入地下 0.2 米之半穴居式建筑。平面作椭圆形，南北长 2.2 米，东西广 3.4 米，面积不足 7.5 平方米。居住面及墙面皆为未经进一步加工之黄土面。室内中部有一深 0.20 米、直径 0.50 米之灶坑，经火烧成青灰色硬面。未见柱洞，门之朝向亦不明。

● 例五，河南陕县庙底沟遗址 F302（图 1-63）[29]

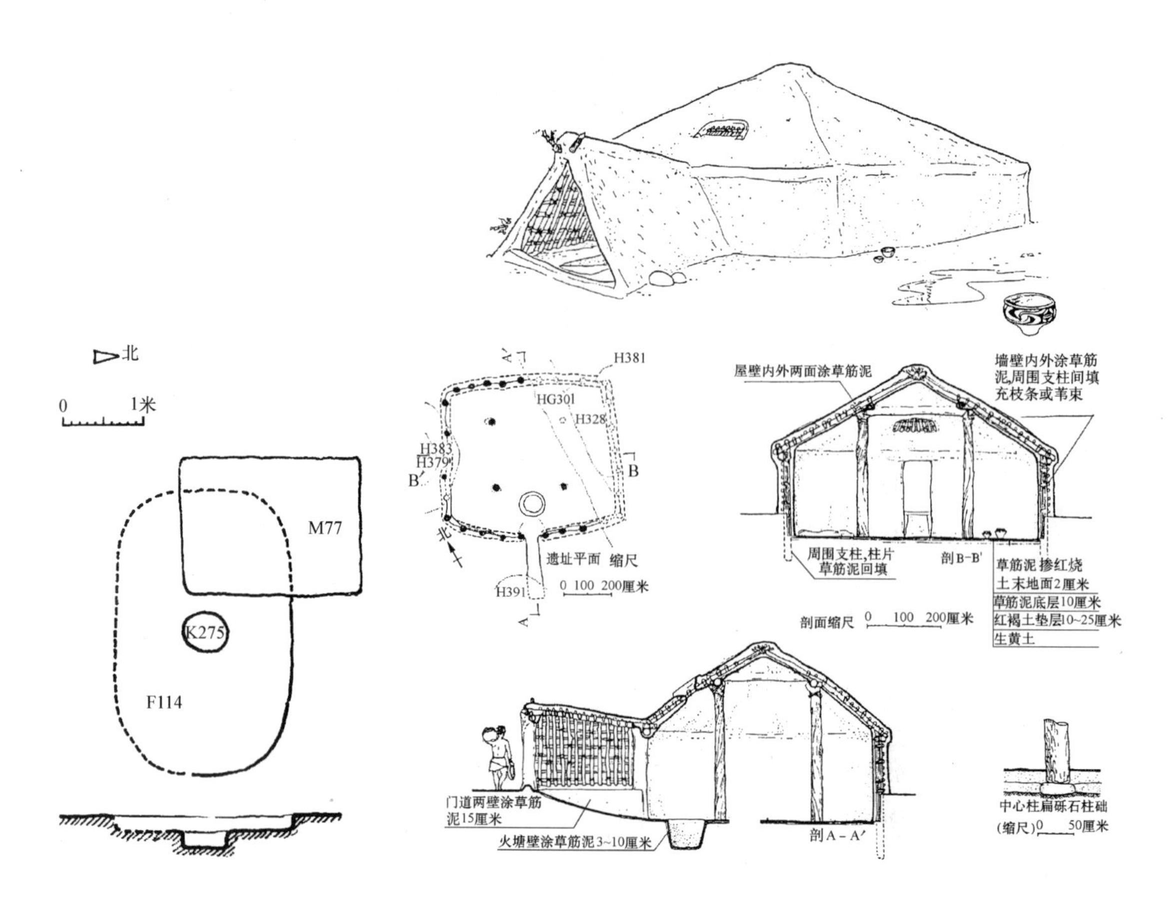

图 1-62 陕西临潼县姜寨遗址二期文化 F114（《姜寨》（上）1988 年）

图 1-63 河南陕县庙底沟遗址 F302 复原(《建筑学考古论文集》)

遗址系下掘仅 0.7 米之较浅半穴居。平面为周边略呈外凸弧线之方形，东西面宽 7.2 米，南北进深 6.5 米。室门置于南墙正中，朝向南偏西约 27°，辟有一长约 3 米之斜坡门道以供出入。建筑之西土壁保存较好，墙内共有柱洞 6 个。南壁大部及北壁一半尚存，各有柱洞 8 个及 5 个。惟东壁已完全破坏，但估计情况与西壁相仿佛。室内近门处有直径约 1.1 米、深 0.8 米之灶坑一处。其后对称排列中心内柱四根（其东北者已毁），是为建筑主要结构木柱所在。柱下有埋入地下之扁砾石柱础。据复原推测，四中柱上端架井字形梁，并与埋入四壁内之小柱共同承担屋面负荷。墙内各柱间编以植物枝条，再内外抹泥。屋面亦如此做法。屋顶可能是四坡式，为空气流通及排除火烟，可能在一侧开一孔口。地面做法为先在生黄土面上垫红烧土块 10～25 厘米，再施 10 厘米厚草泥垫层，最上抹草泥厚 2 厘米。

● 例六，陕西岐山县双庵龙山文化遗址 F2、F3[30]（图 1-64）

两遗址组合成曲尺形平面，其中 F2 为南北向，F3 为东西向。F2 系南北相套之双间建筑，前室为矩形，东西宽 3.4 米，南北最长处 3.9 米，门斜开于室之西南。室内东壁下有灶坑，外形呈椭圆形（东西宽 1 米、南北长约 1.5 米），室内外有柱洞五处。后室较前室略低，平面方形，东西宽 2.7 米，南北长 2.8 米，中央有圆形灶坑。F3 平面亦大体呈方形，东西 3.2 米，南北 2.7 米。室中有不规则形灶坑一，南壁近门处设壁炉。室内有柱洞五处。此组建筑半穴深度亦仅 0.7 米左右。

2）其他地区的半穴居建筑

除黄河流域以外，内蒙一带的红山文化及长江流域，亦多有使用半穴居之例。

● 例七，内蒙古赤峰市四分地东山嘴红山文化遗址 F6[31]（图 1-65）

这是一座深度达 1.2 米的半穴居建筑。平面大体呈圆角之长方形。内部以隔墙划分为前、后二室，前室东西及南北最宽处均为 2 米，后室亦相仿佛。门道在东南，朝向南偏东 56°。前、后室交通之门设于内墙中央。前室有柱洞 4 处，后室有 7 处，隔墙中立 4 柱，共有柱洞 15 处。在前室之西南隅及后室之西北隅，各遗有红烧土面一块，并皆附有壁龛，可能是灶址所在。

室外南侧有水沟一道，自东南引向西北，末端形成一直径约 1.5 米之小塘。

● 例八，内蒙古伊金霍洛旗朱开沟二期文化遗址 F7007[32]（图1-66）

平面为具圆角之方形，东西宽 2.8 米，南北长 2.2 米，土穴深 0.7 米。门辟于东侧，方位东偏南 11°。此建筑之特点为沿内壁以乱石圈砌厚约 25 厘米之石墙。室内近门处有一椭圆形灶。室中央有一直径约 30 厘米之柱洞。

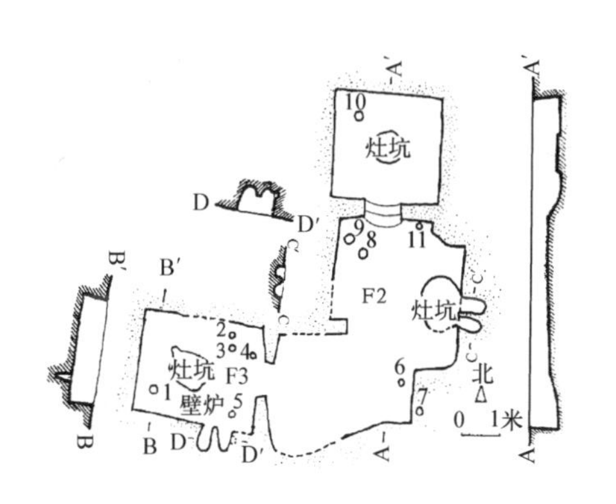

图 1-64 陕西岐山县双庵龙山文化遗址 F2，F3(《考古学集刊》第三集，1983 年)

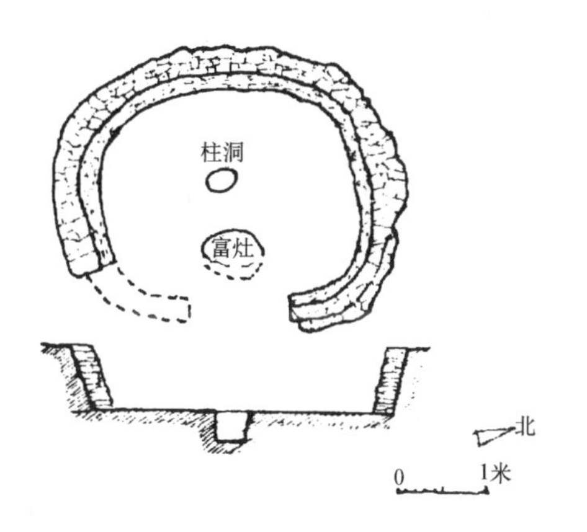

图 1-66 内蒙古伊金霍洛旗朱开沟二期文化遗址 F7007(《考古》1988 年第 6 期)

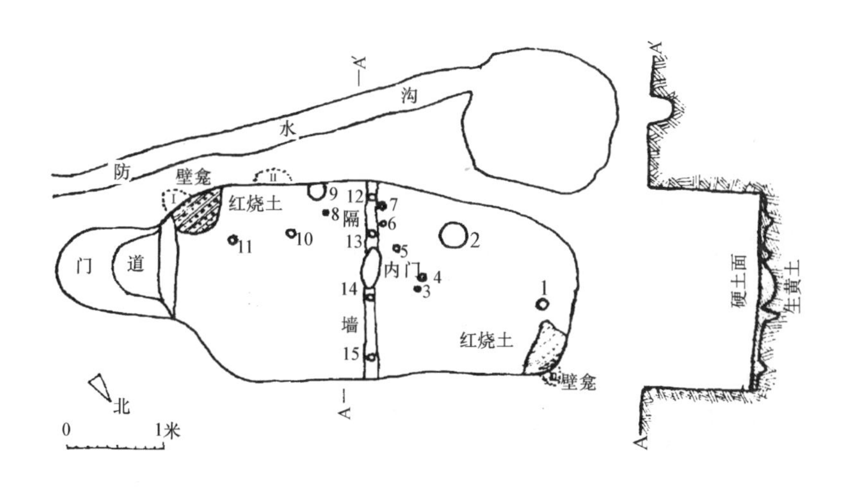

图 1-65 内蒙古赤峰市四分地东山嘴红山文化遗址 F6(《考古》1983 年第 5 期)
(1～11 室内柱洞 12～15 阳墙内柱洞)

● 例九，河北蔚县新石器时代居住遗址 F2[33]（图 1 67）

遗址平面呈五边形，室内居住面仅低于室外约 0.2 米。该室南北最长处 4.6 米，东西最广处 5.5 米。门道置于室南中央，宽 0.8 米，长 1.5 米，低于地表 0.5 米，方位基本南北向。门道之北，为一椭圆形灶坑（1 米×0.8 米)，深度与门道相等。二者之间有一土梁相隔，下端开一灶洞，看来是为了利用自门道而来的气流以促进燃烧而采用的手法。室内现遗柱洞四处，作较均衡布置。

估计其东北隅尚有一处，因为后来之灰坑破坏而不复存在。

● 例十，吉林东丰县西断梁山新石器时代房屋遗址 F2[34]（图 1-68）

平面呈圆形，直径仅 1.5 米。其一侧之穴壁保存完好，深度约 0.35 米，另侧有缓平坡道通向地面。室内有深 0.25 米、直径约 0.6 米之灶坑。沿坑放置十余块石块，可能是用以加固灶壁者。

● 例十一，江苏吴江县龙南新石器时代建筑遗址[23]（图 1-69，1-70）

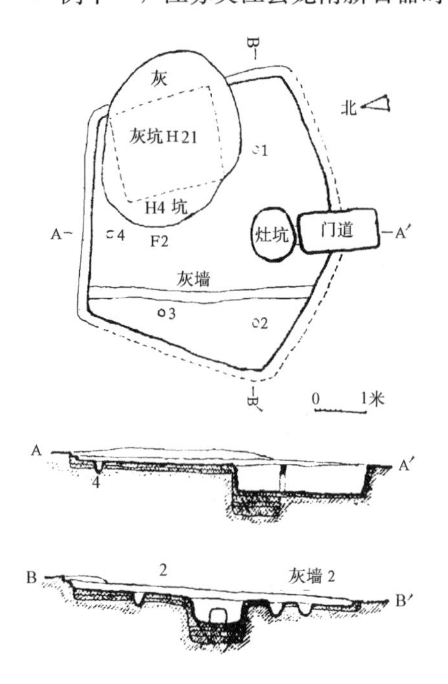

图 1-67　河北蔚县新石器时代居住遗址 F2（《考古》1981 年第 2 期）

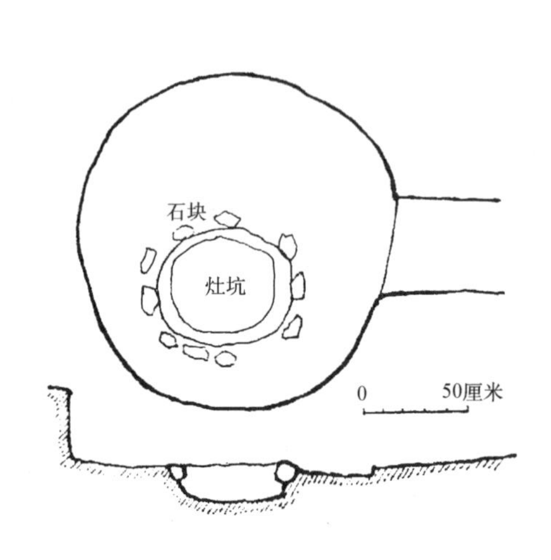

图 1-68　吉林东丰县西断梁山新石器时代房屋遗址 F2（《考古》1991 年第 4 期）

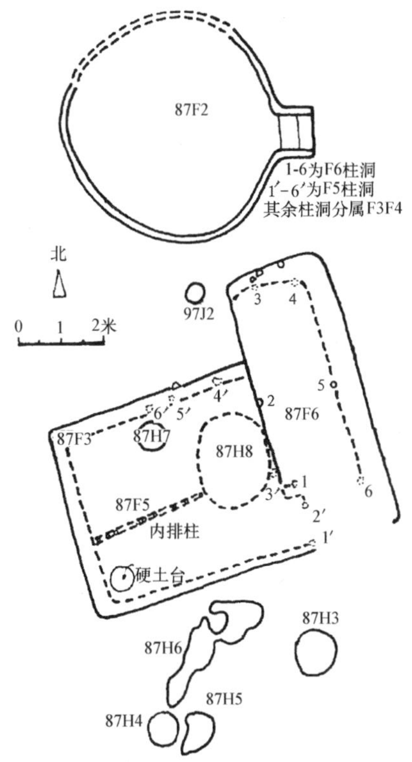

图 1-69　江苏吴江县龙南新石器时代建筑遗址（87F2、87F5、87F6）（《文物》1990 年第 7 期）

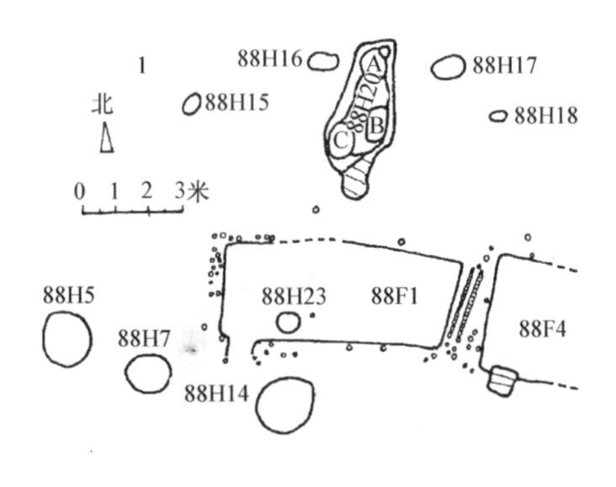

图 1-70　江苏吴江县龙南新石器时代建筑遗址（88F1、88F4）（《文物》1990 年第 7 期）

87F2　为平面圆形之半地穴建筑，直径5米。门道在正东，设有踏步三阶。

87F5　平面矩形，为一深0.2米之浅地穴建筑，东西宽4.7米，南北长4米。室内有东西向内隔墙一道，内有木柱痕迹9处。外墙之北垣内亦有木柱洞3处。室内南隅有圆形硬土台，直径约0.6米。东侧有睡坑87H8，平面为椭圆形。此建筑之门位置不详，房屋纵向轴线为北偏西10°。

87F6　平面条形，连接在87F5东侧，与之合组成一曲尺形房舍（浅地穴式）。F6南北轴线方位与F5相同。平面南北长约5.0米，东西广2.0米。

88F1　为平面呈矩形之半地穴建筑，东西约宽7米，南北长3米。室门设在南壁面西尽端，宽0.8米。室内未见分隔，但近南壁中部偏西处有一小柱洞，室外有小柱洞40余处，尤以西北为密集。

88F4　仅存西侧一部分（东西广约2.5米，南北长3.6米），门亦设于南墙西侧，有踏步四级。估计其平面形式与88F1大体相同。但室外柱洞仅10余个。

在此二建筑之间，即88F1之东与88F4之西约1～1.2米狭道内，遗有南北向平行之建筑构筑残余。

根据各建筑柱洞皆与地面成45°～55°倾斜角度，故推测该聚落之建筑构架均为斜梯形式样。

3. 地面建筑

由于人们对建筑结构、材料和构造知识的不断提高，以及对改善生活条件的要求日益迫切，使得半穴居建筑在结构与构造上日趋完善，地坑深度逐渐变浅，最后平齐或超出地面，成为今日大家所习见的地面建筑。这是建筑发展中的大事，它标志着人类在很大程度上已摆脱了对自然的模拟和依赖。

就目前所知，我国原始社会的地面建筑，大约出现在母系社会的中、晚期。当时聚落中的对偶住房，就已采用了这种形式，例如西安半坡所见。

（1）黄河流域之地面建筑

可以关中的仰韶文化西安市半坡及临潼县姜寨等遗址为主要代表。

1）半坡中期（包括他处同期之仰韶文化）

①方型平面：可以F39、F25及F24，为发展环节的代表。

● 例一，陕西西安市半坡仰韶文化F39（图1-71）[29]

这座遗址的居住面与当时室外地面略平，周围柱洞应是侧部围护结构的遗迹。值得注意的是，南部入口处排列有柱洞，说明门限甚高，以至需要内设木骨。所谓门限，实际是因袭穴壁概念的矮墙。鉴于柱洞较小，周围大约同是门限矮墙的高度。这是地面建筑的雏形，实际是以构筑起来的木骨泥墙代替挖土形成的四壁，估计墙体即按半穴居穴壁的高度，为80厘米左右。参考其他遗址，门内、外应垫土作为出入踏跺。矮墙上架设顶盖，一如半穴居情况。

其承重构架，根据中轴偏北的中柱遗迹，可以设想屋盖木构仍沿袭前述三例的架设方式，以中柱为中间支点，先架一椽，悬臂至室中心形成其余诸椽的顶部支点，从而形成端正的方锥体屋盖。这样，它应是半坡F21及F41构架的进一步发展。周围排柱未重点加粗，说明这种萌芽状态的墙体构造与屋盖全同，即尚未明确区分“墙体”、“屋盖”两个不同的部分。由此可知两者交接一体没有出檐。附近武功县出土同一时代的陶制房屋模型，也提供了佐证（图1-154）。这一模型之墙体甚矮，其高度基本上是半穴居的深度。墙体明显外倾，反映了内部无横梁拉杆，由于屋盖自重的水平分力使其产生有限变形的情况。更有趣的是，尽管它已有代替原来穴壁，可供开门的墙体，但是由于传统的惰性，门依然开在屋盖上，这全然是半穴居的处理方法。这个模型忠实地

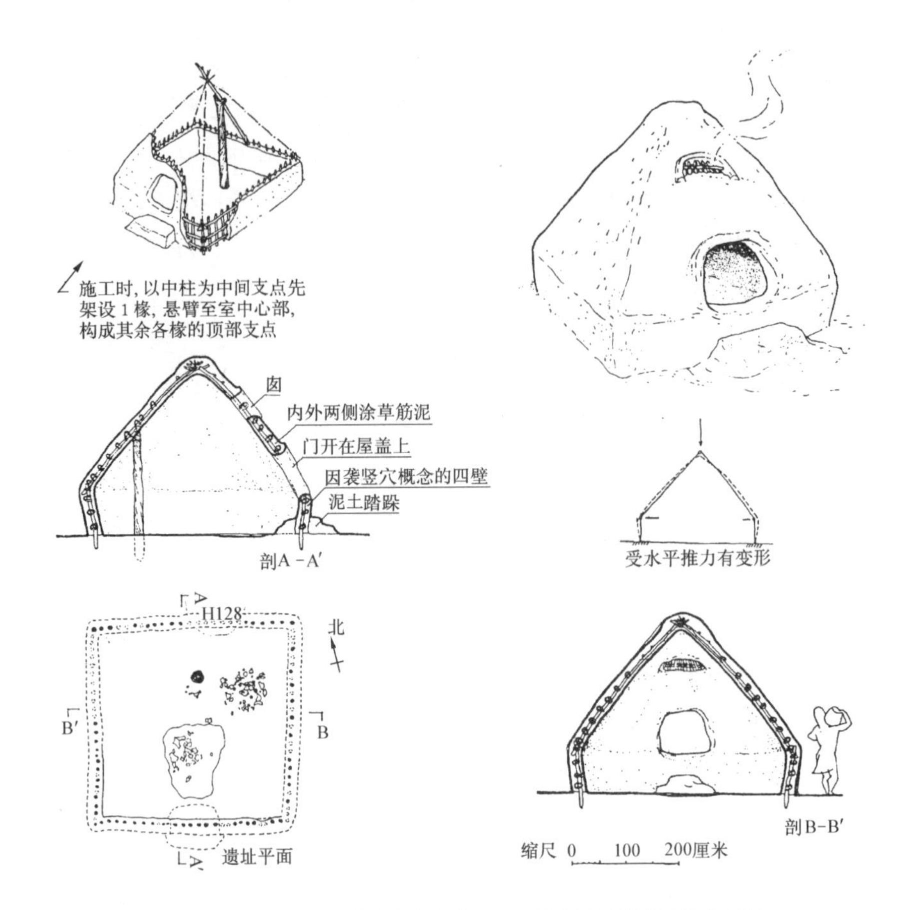

图 1-71 陕西西安市半坡仰韶文化 F39 复原(《建筑学考古论文集》)

描写了初期地面建筑的基本特征。

● 例二，陕西西安市半坡仰韶文化 F25（图 1-72）[29]

遗址柱洞出现显著的大小差别，四角和四边中间以及室内的两个柱洞，直径最大的达 25 厘米；外围大柱洞之间的小柱洞，一般约 5～10 厘米；这反映了外围支柱已有承重与围护的分工。据此可以推测，外围柱顶横向杆件用料也有增大，基本上形成了檐檩。鉴于大柱洞的排列尚未形成严格的柱网，周围支柱所构成的四壁，可能仍因袭前期穴壁的传统概念，而处理成等高的；仅

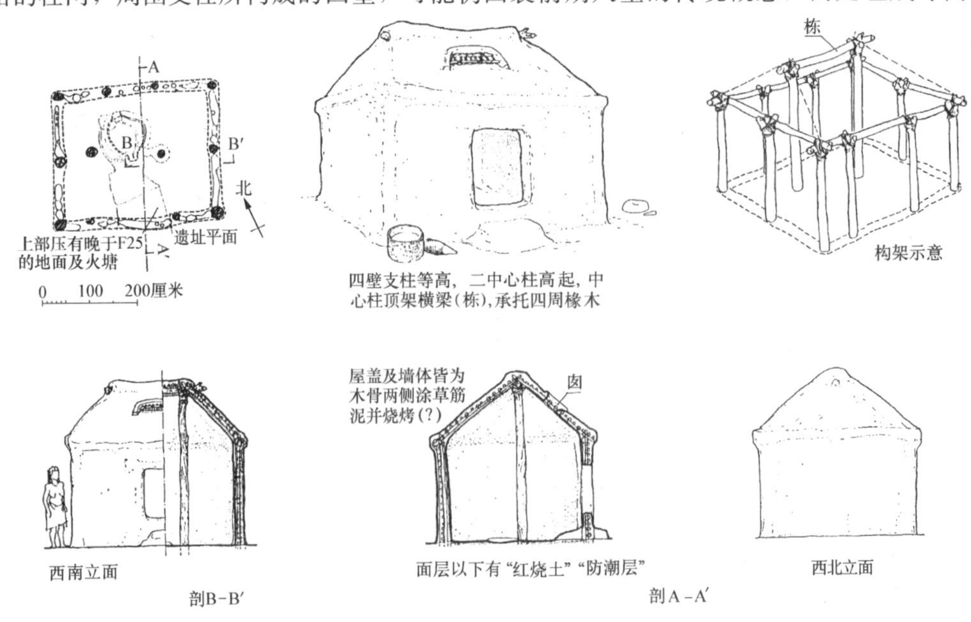

图 1-72 陕西西安市半坡仰韶文化 F25 复原(《建筑学考古论文集》)

二中心柱高起，屋架仍有传统攒尖式的可能性，但从周围主要承重柱加粗判断，墙体已有所增高，内部空间已有相当的高度，已没有用攒尖顶争取空间的必要。因此，推测它已采用中柱顶架梁（脊檩），以承受四周椽木的结构方式。此时已完全形成“墙体”与“屋盖”两个部分；二者交结一体，涂泥已有分界的凸棱。江苏省邳县大墩子遗址出土的陶制房屋模型（图 1-154），其檐部的处理，正是这一发展阶段的写照。

● 例三，陕西西安市半坡仰韶文化 F24（图 1-73）[29]

这一遗址情况与 F25 类似，但较为规整。大柱洞已略呈柱网，初具“间”的规模。这是一个非常重要的实例，它标志以间架为单位的“墙倒屋不塌”的中国古代木架体系已具雏形。另一个值得注意的现象是，中间一列四柱洞在一直线上，反映了脊檩已达两山，即这四柱等高。据发掘记录，遗址中部偏南一带，有与南墙平行的草筋泥残“墙”直达东墙，西端残缺。残“墙”两面涂泥，共厚 26 厘米，中间有南北向扁洞，约 7 厘米×2 厘米。清理室内地面，未见沟槽、小柱洞等墙基遗迹，可知室内无隔墙，“墙”内扁洞应是板椽遗迹；所谓残“墙”，应是屋盖遗存。塌落屋盖直至两山，可证原为南北两坡。参考类似民居，其烟通风口大约设在山尖处。板椽为同期方、圆建筑所通用，它反映了屋盖与墙体构造已有区分，椽间不再施草把、苇束之类的填充材料，而是用板椽密排，以承托泥被（工匠讹书作“背”）屋面，屋盖应已出檐。

入口宽敞，但门内外均未发现缓冲处理或遮掩结构的痕迹，看来门口似乎已采用不固定的掩闭设置，按民族学材料，可能为苇编的帘、席或枝条编笆之类的挡板。

● 例四，陕西临潼县姜寨遗址一期文化 F77（图 1-74）[19]

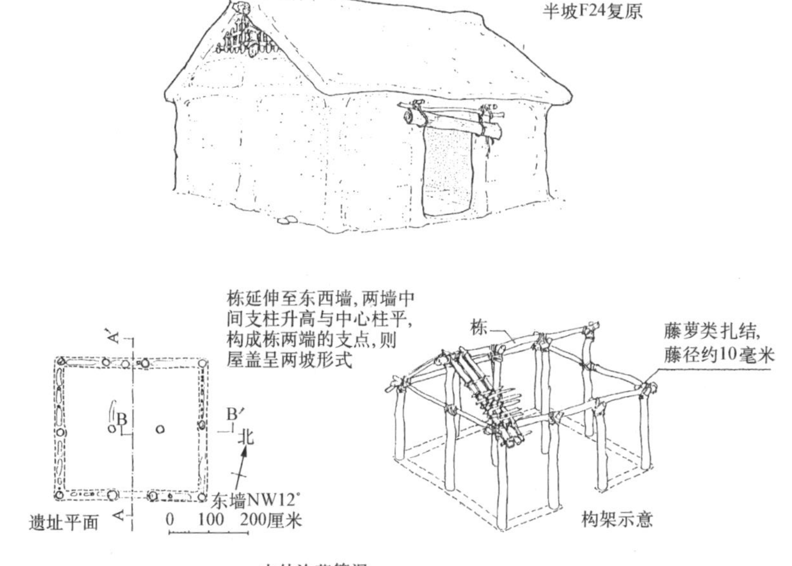

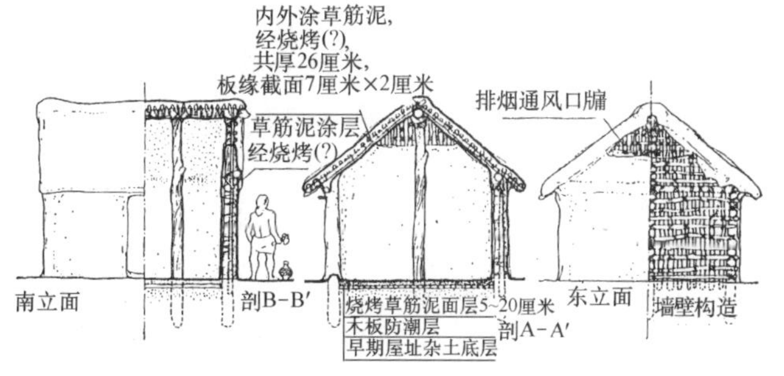

图 1-73 陕西西安市半坡仰韶文化 F24 复原(《建筑学考古论文集》)

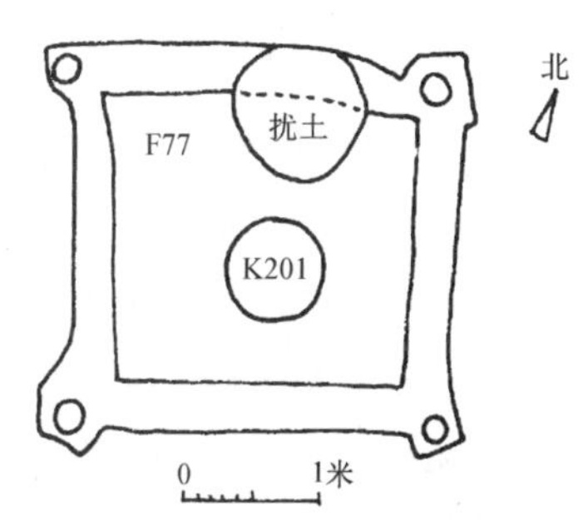

图 1-74 陕西临潼县姜寨遗址一期文化 F77(《姜寨》(上))

该建筑位于遗址南部探方 T259 内，为平面方形之地面建筑。室内之南北长度为 2.12 米，东西宽 2.24 米，面积约 5 平方米。外周以厚 30～35 厘米土墙。门可能位于西北方向。残垣高 20 厘米，四角向外凸出，并各有一直径约 20 厘米角柱。室内无柱。此种布置，尚属少见。室内中央偏南有直径 74 厘米灶面（K201），居住面抹以草泥，呈厚 2 厘米之青灰色硬面。

②圆形平面：

其穹庐式屋外围护结构浑然一体，具备早期特征。但空间由构筑而成，居住面升至地面，且不用竖穴，又具备中期特征。因此，可视其为早期到中期的过渡形态。圆形建筑的发展，可以山西芮城县东庄遗址 F201 及西安半坡 F6、F3、F23、F29 为例。

● 例五，山西芮城县东庄遗址 F201（图 1-75）[29]

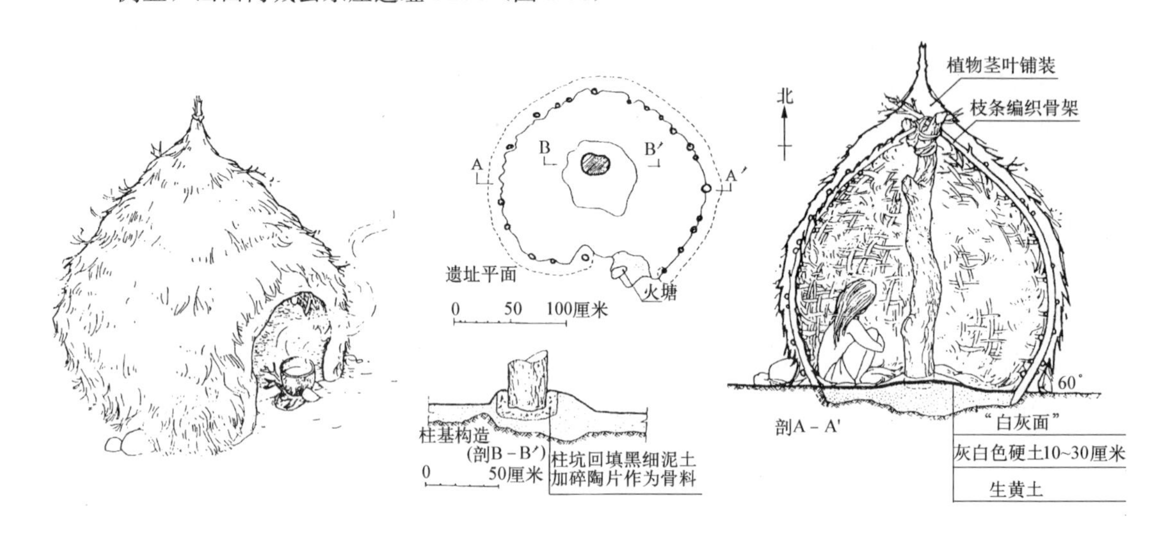

图 1-75 山西芮城东庄 F201 复原(《建筑学考古论文集》)

其平面为直径约 1.3 米之圆形。居住面大体与室外地面齐平。其做法为：先在地面掘一条约 20 厘米浅坑。然后在黄土面上垫以灰白色硬土，表面涂以“白灰面”。居址中央有一直径 20 余厘米之柱洞，浅埋于居住面中，其下与周围垫填掺入碎陶片之黑色细土。居室周围有较小之孔洞 20 余处，应是外围护体中木骨之插入处。推测这是一座窝棚式地面建筑，其屋顶与周垣合为一体，故外观呈桃形。中央大木柱为其结构主要支撑。看来这种式样受袋状竖穴影响颇大，而它在面积上的扩大和结构上的发展，很可能就形成了如下例半坡遗址 F6 那样的状况。

● 例六，陕西西安市半坡仰韶文化 F6（图 1-76）[29]

遗址平面为不甚规则的圆形，最大直径约 6.70 米，中部偏北有 2 柱洞，柱间有防火拦护坎墙。参考同时同类遗址可知，残缺部分还有对称的 2 柱，故应为 4 中柱。

这一遗址的重要现象是：墙体较薄，为 16～20 厘米，泥墙内的木骨遗迹多为半圆形、楔形、矩形等扁长柱洞。即木骨多为劈裂加工的木材，其截面长边多在 10 厘米左右，长边沿圆屋切线布置，其间无较粗的原木。

根据这些遗迹现象可以知道：

墙体木骨截面扁长，长边不过 10 厘米左右，则木骨上端截面应更小；其间无等距布置的大柱洞，说明荷载均布在这些杆件上。

从早期用料情况看，承重支柱用原木。而以截面较小的扁木来作为承重的墙体支柱，则既费工又不能稳固地承受厚重的泥被屋盖荷载。由此判断，它不是一般木骨泥墙的骨架。

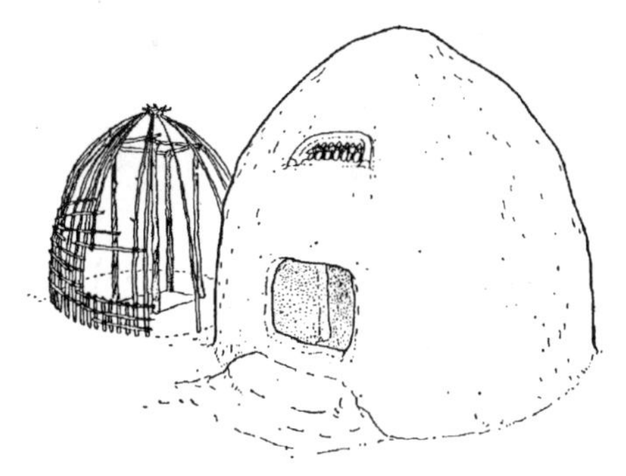

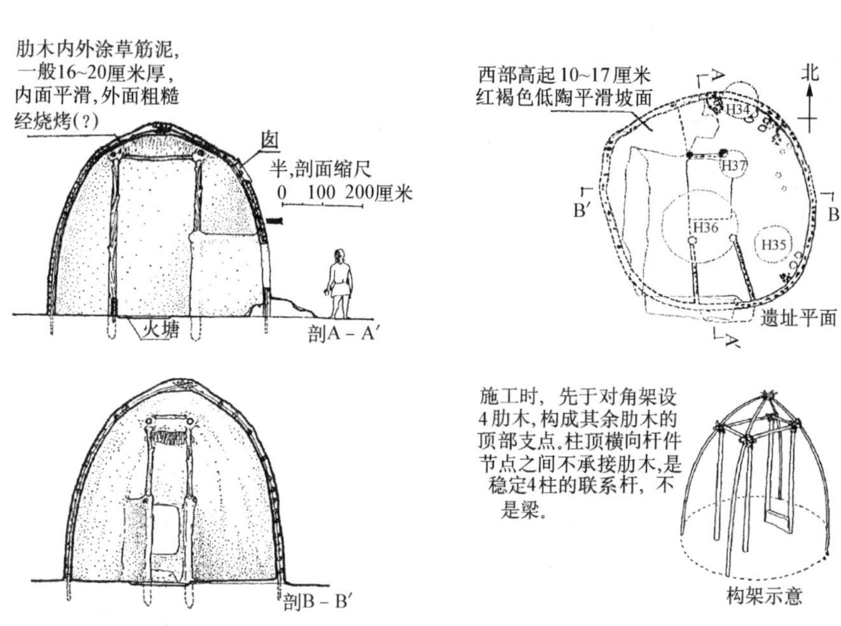

图 1-76 陕西西安市半坡仰韶文化 F6 复原(《建筑学考古论文集》)

使用石斧、石锛以及木、石楔具之类劈裂原木是相当困难的。作为支柱，无劈裂加工的必要，这里将原木劈裂使用，应当另有目的。

此类构件两侧涂泥较薄，总厚度不超过 16～20 厘米，与 F3 一类圆屋遗存的厚 25～30 厘米的墙体比较，显然不同。

综上所述，周围薄墙内的扁长柱洞应是穹庐式房屋木骨遗迹。自附近的长安鄠县五楼采集的同一时期的陶制房屋模型，正是这种建筑形式的写照（图 1-154）。山西芮城东庄 F201 遗址的复原，是较此例更为原始的穹庐式房屋（图 1-75）。对照来看，半坡型较为优越。首先，遗址入口处有木骨遗迹，推知门限较高，既可起掩蔽作用，也可减少室外雨雪、尘土吹入室内。其次，门内两侧设隔墙，墙后形成适于卧寝要求的隐奥空间。据同类的 F2 等遗址中部塌落的草筋泥凸棱残段推测，入口上方屋面开应有排烟通风口。

● 例七，陕西西安市半坡仰韶文化 F22（图 1-77）[29]

这座遗址毁于火，发掘时尚保存坍塌原状。周围墙体厚达 25～30 厘米，从柱洞看，木骨最大直径约 20 厘米，一般为 4～16 厘米的原木。看来，围护结构已分化为墙体与屋盖两部分。鉴于墙体内的支柱尚无承重与维护的分工，估计屋盖构造与墙体相同，可能尚遗留脱胎于穹庐的痕迹——屋盖与墙体交接圆滑、无檐或以凸棱方式处理。

入口内吸取半穴居的经验，做出一个完整的缓冲空间。火塘以北的 2 中柱之间，置有拦护坎墙。

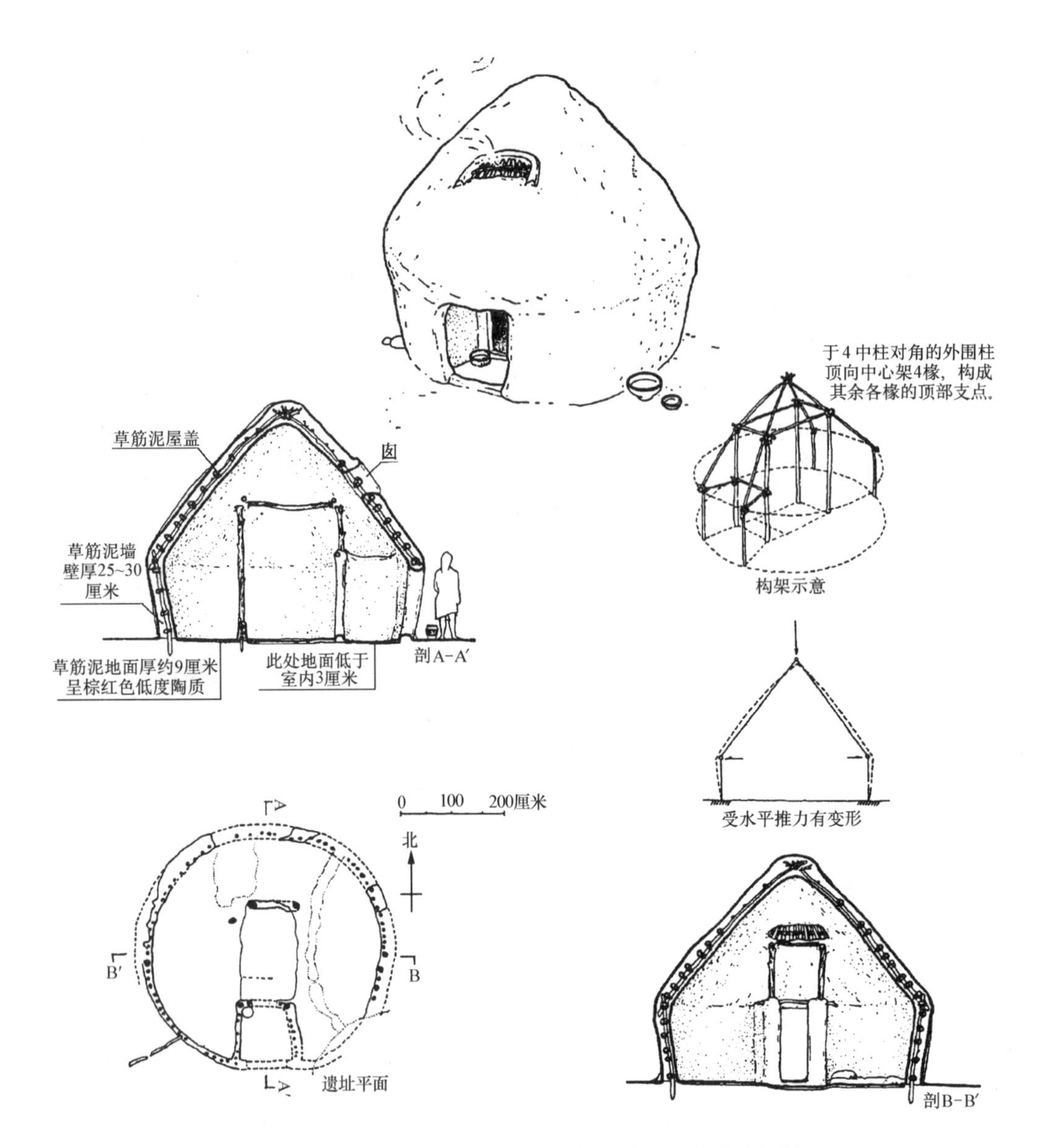

图 1-77 陕西西安市半坡仰韶文化 F22 复原(《建筑学考古论文集》)

● 例八，陕西西安市半坡仰韶文化 F29（图 1-78）[18]

平面圆形，直径约 3.50 米，居住面涂草筋泥 2～3 厘米，打磨光滑，室内有约作等边三角形三顶点布置的 3 个柱洞，直径 20～25 厘米。一个重要现象是，周围柱洞有显著的大小差别，并且排列有序——大柱洞直径约与中部的 3 个柱洞相等，彼此间距略同，其间布置有直径 10 厘米左右的小柱洞。这虽与方形的 F24、F25 做法相同，但却是更为进步的早期遗存。

3 中柱的构架原则与 4 柱、6 柱相同，即以 3 中柱为中间支点先架 3 椽，顶端相交构成其余诸椽顶部支点。

● 例九，陕西西安市半坡仰韶文化 F3（图 1-79）[29]

这座遗址保存较好，据周围残墙遗迹及板椽屋盖残块，推测原为墙体上覆圆锥形屋盖的形式。屋盖伸出于墙体外，形成出檐。遗址中部一带保存的草筋泥凸棱残段，特别是尽端残段，证明这一类凸棱并不是环起来的“弧状屋脊”，而可能是屋盖（背风一面）上排烟通风口的防水边缘。武功出土的一个圆形陶屋，在入口一侧的屋盖上开有近似长椭圆的洞口——天窗（图 1-154），可以作为这一推测的佐证。

特别值得注意的是，6 柱不随圆屋作环形布置，这证明除柱头的 6 根基本木椽外，其余诸椽无

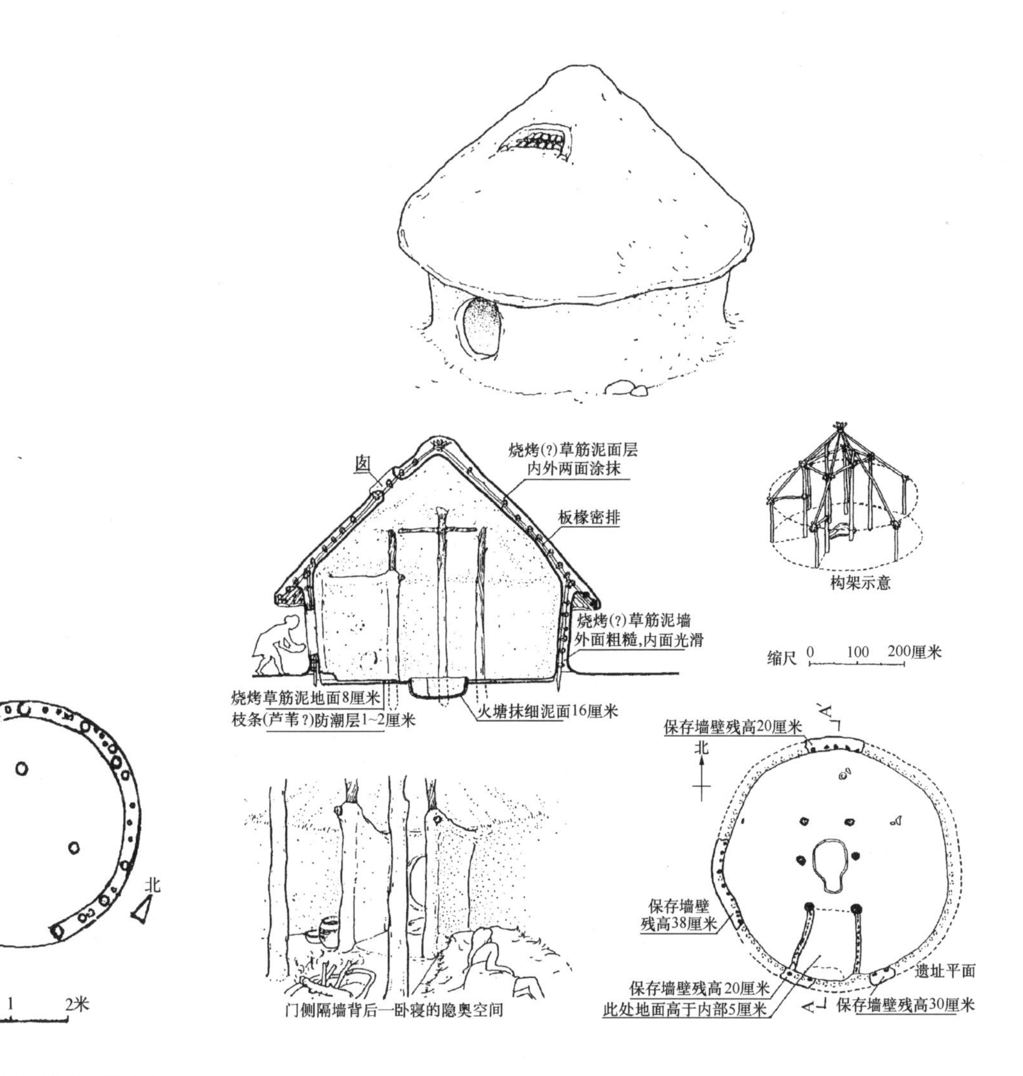

图 1-78　陕西西安市半坡仰韶文化 F29 平面(《西安半坡》)

图 1-79　陕西西安市半坡仰韶文化 F3 复原(《建筑学考古论文集》)

中间支点（仍采用大叉手做法）。即柱顶如设横向杆件，只起联系作用，不是承托屋椽的梁。也就是说，其架椽方法与方屋为同一体系。

6 柱可架 6 根木椽，构架较 4 柱稳定性有所提高。

入口处有柱洞，推测仍是高门限。

这一遗址的火塘加深，有灶陉萌芽，故北部柱间坎墙略去，更便于在灶北面进行炊事操作。这恰可证明半坡 F6、F22 北部 2 中柱间的薄墙遗迹，确是防火拦护的坎墙。

2）半坡晚期（包括他处同期之仰韶文化）

主要特点是：内部空间用木骨泥墙分隔成几部分，突破了原来一个体形一个空间的简单形式，而形成分室建筑。半坡遗址上层破坏严重，无完整的晚期实例，从叠压的大量建筑遗迹看，特别是有砾石加固的柱基以及双联火塘，证明晚期住房又有了新发展，大约已形成河南镇平县赵湾遗址以及郑州大河村遗址一类的长方形分室建筑。

分室建筑标志建筑发展的新阶段，出现建筑内部空间的组织化。就工程技术方面来说， 栋多室较一栋一室的建筑节省外围结构，从而节省了材料和施工；由于减少了外墙面积，也提高了室内的隔热保温效果。当然，一栋多室的建筑形式首先是由实用功能（公共活动、家庭成员增加……）所要求的，在功能上，它反映着使用成员之间关系的新变化。

● 例十，河南郑州大河村遗址 F1～4（图 1-80）[29][35]

据考古发掘报告，F1、F2 墙体连续，与 F3 之间断开，F3 与 F4 之间断开。这证明 F1、F2 是一座完整建筑，平面呈长方形，为 5.39 米×6.64 米；F3 为 2.10 米×3.70 米；F4 为 0.87 米×2.57 米。F1～F4 复杂而较长的体形，完全消失了脱胎于穴居的痕迹。

主体部分 F1、F2 内有隔墙，分割内部空间为三部分。从建筑学上讲，显然较半坡 F24 为先进。然而在结构学上，周围支柱无分工，仍处于半坡 F39 阶段，说明其墙体、屋盖在结构构造上无原则区别。估计 F1 原来门向东，增建 F3 之后，门改设在北墙上。F1 与 F3 之间，F3 与 F4 之间墙体断开，显然 F3、F4 是使用中附加的。

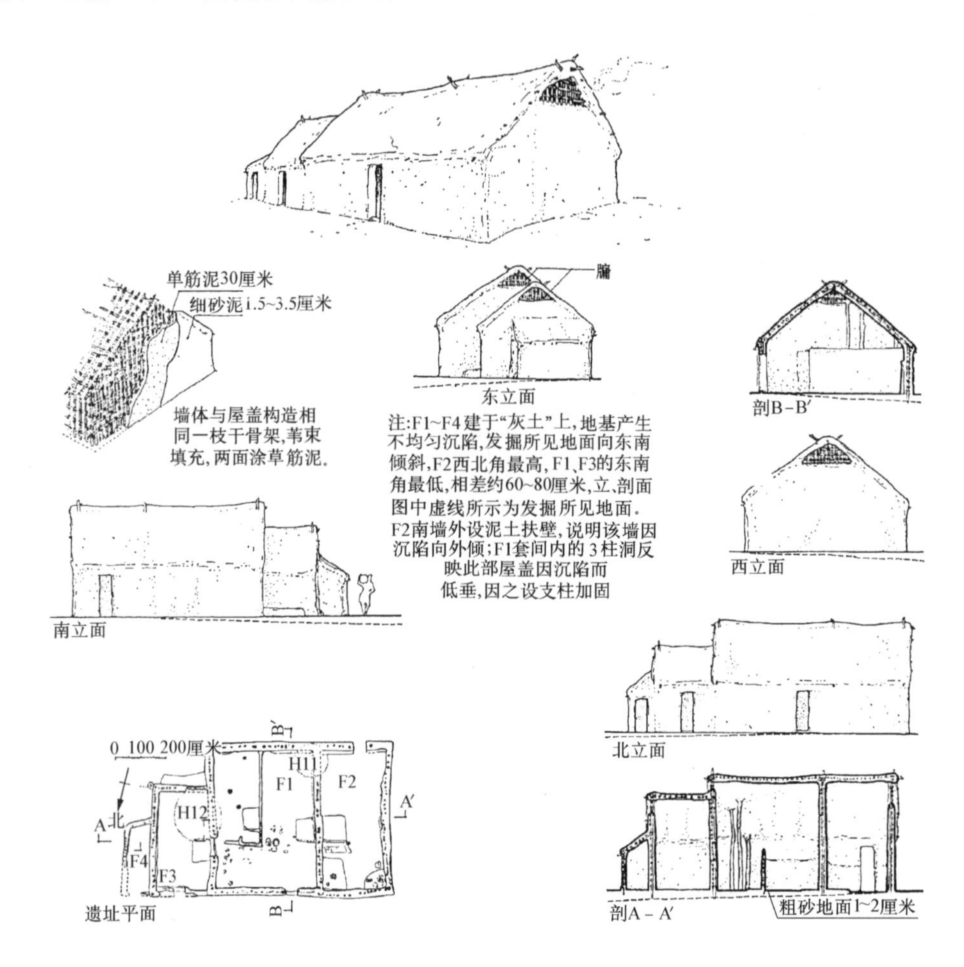

图 1-80 河南郑州大河村 F1～F4 复原（《建筑学考古论文集》）

这一遗址保存较好，残墙最高达 1 米。复原为直立的木骨泥墙，鉴于墙体内排柱尚未分化，而且用料不大，可知墙体不高，设想为一人左右高度。由墙体木骨间施苇束填充的结构构造，可以推测屋盖为同一做法。即未明确形成椽、檩，大约仍是大叉手式的长椽和横向杆件，加以填充材料，纵横扎结而成的骨架。据遗址堆积，可知屋面也是堇涂的。据报告，房址西北部稍高于东南部；房基地段下有文化层灰土，由于房基垫土不实，发生不均匀沉陷。F1 跨度较大，地面下沉后，沉陷部分的屋盖约有断裂，套间内的三个柱洞，大概就是为此增设的加固支柱遗迹。

F1、F2、F3 内部都发现有烧过的"土台"，高 2～8 厘米；F1 内部还有"火池"，这些应是取暖和炊事所用篝火位置。这种"火台"、"火池"的方式，屡见于河南地区（长江流域也有发现），应属地方做法。就室内篝火来说，无论凹下的火塘还是抬高的火台，其使火源均脱离居住面，以避免铺垫的茅草、皮毛、席铺之类的失火。

- 例十一，河南省淅川县下王冈遗址仰韶文化三期长屋[36]

该屋属仰韶文化晚期遗存，位于整个聚落遗址的中部。长屋作东北—西南斜向布置，即所有入口都偏向东南。在长屋中部的前后，有散置的贮藏窖。

长屋基址局部遭受严重破坏，但仍可辨认形状。总长约155米，通进深约13～15米，共由15个单元组成。单元分为一前厅一居室和一前厅二居室两种；前厅内有的隔有小间。居室大小不同，二居室单元建筑面积为15.35～38.85平方米，一居室单元建筑面积为13.58～22.02平方米。在这栋单元式长屋的东端，紧隔一段窄巷，还有一座曲尺形的三间小屋，每间18～19平方米左右。居室地面平整坚硬，有的印有竹编痕迹。部分居室有火塘，形式不一，数目1～6不等，有的有灶陉。墙体部分有墙基，局部内含木柱；多数墙面有堇涂。

3）龙山时期

- 例十二，山东日照市东海峪龙山文化早期地面建筑遗址[37]（图1-81）

遗址在日照市城东南之东海峪村西北，东临黄海，西依奎山。1973—1975年进行三次发掘，探明遗址面积达八万余平方米，其中层文化堆积表明有自大汶口文化向龙山文化过渡的特点。

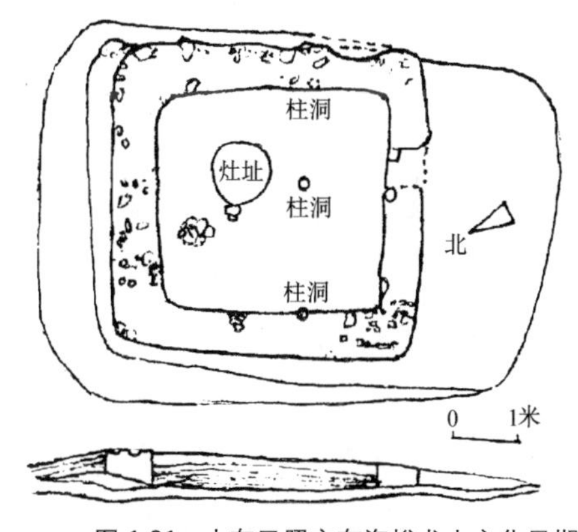

图1-81 山东日照市东海峪龙山文化早期地面建筑遗址（《考古》1976年第6期）

其中、上层之建筑都有在夯土台基上平地起建或挖槽起建土墙的特点。墙基多用黄黏土夹以石块垛垒而成，墙外施防水护坡。室内居住面则用黄黏土加砂筑成。房屋平面多近方形。

本例平面方形，南、北、东、西均长约4.8米，室内面积约12平方米，周以厚约0.75米土墙。门辟于南垣东偏，宽约0.6米，方位北偏东23°。正对门1.75米处有一直径1米之圆形灶坑。室内仅有柱洞一处，墙内则有倚柱洞数处。

- 例十三，河南安阳市后岗遗址F12[38]（图1-82）

平面呈圆形，直径5.3～5.6米。正门在南端，宽1米，方位基本为正南北。东面另开一较窄小门，宽0.5米。墙厚0.4～0.5米不等，内置土坯砖。室内地面由硬土面五层组成，估计曾经长期使用，表面涂白灰面。室外墙脚下做散水。

（2）长江流域之地面建筑

长江流域已发现较完整之遗址甚少。常于单间房屋内再砌隔墙，墙壁用夯土或木骨泥墙形式。室内虽经烧烤，但未见有施用“白灰面”者。

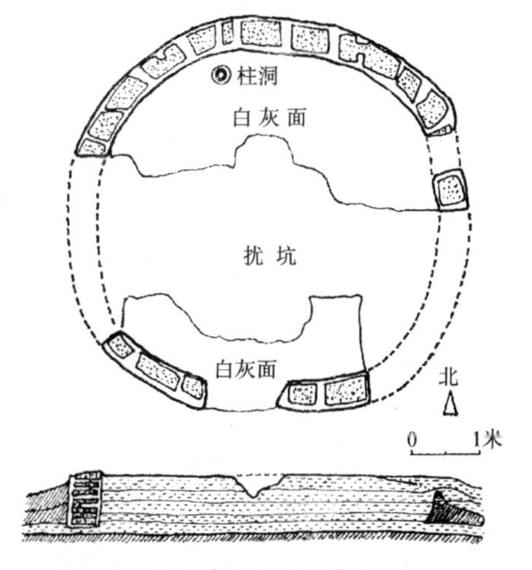

图1-82 河南安阳市后岗遗址F12（《考古学报》1985年第1期）

- 例一，湖北枝江县关庙乡大溪文化遗址F22[39]（图1-83）

平面方形，东西广5.8米，南北5.4米，面积约30平方米。门置于西垣正中。室内正中设“曰”字形火塘，灶北有隔墙一段直抵北墙下。室内有柱洞16处，墙内亦有柱洞20处（内中4处为倚柱

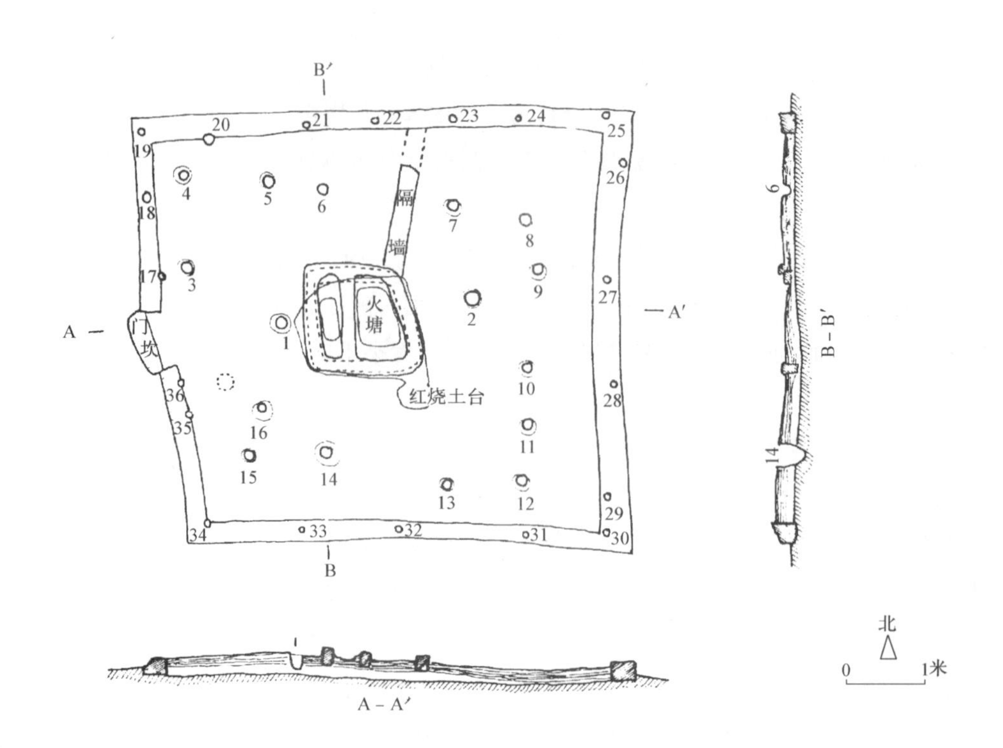

图 1-83　湖北枝江县关庙乡大溪文化遗址 F22(《考古与文物》1986 年第 4 期)

形式)。室内地面较室外约高 20 厘米，夯土墙厚 20～35 厘米不等。据碳 14 测量并校正，大溪文化存在期为公元前 4400 年—前 3300 年，其后即为屈家岭文化。

● 例二，江西修水县跑马岭新石器时代晚期建筑遗址 F1[40]（图1-84）

平面圆角长方形，东西宽 4 米，南北长 5.5 米，面积 22 平方米。门辟于南垣，宽约 0.7 米，方位南偏东 23°。室内于西南隅以内垣隔出一小间（1.8 米×3.0 米）。以红砂土掺入稻秆、谷壳筑成墙壁，并经烧烤。土墙内有不规则之块状柱础石 13 块，分布疏密不匀，多数间距为 1 米，室内散见灰坑 6 处，又北墙下有灶土 2 块。本建筑面积不大，但建于烧土基面上。该遗址之绝对年代约为公元前 2800 年。

● 例三，浙江余姚市河姆渡干阑长屋建筑遗址[22]

这是当时建造在高于低湿地面或水面一定距离的干阑建筑。其居住建筑为可共居若干家庭的并联式长屋。虽然遗址已破坏严重，但仍可得知其基本情况如下：

通面宽约 30 米以上，通进深约 7 米，前檐有宽约 1.30 米的走廊，外侧设有直棂木栏杆。地板高出地面 0.80～1.00 米，由木梯上下。

木桩一般直径 8～10 厘米，密排版桩一般厚约 3～5 厘米，最宽约 55 厘米。一般木桩打入地下 40～80 厘米，主要承重大桩入地深达 1.00～1.50 米。

地板厚约 5～10 厘米，长度一般为 80～100 厘米，浮摆在小梁上，可以掀开，从室内可投下垃圾。

地板大梁跨度可能在 3.00～3.50 米之间，小梁跨度即大梁间距约在 1.30～3.90 米之间。

柱高约 2.63 米。四壁为编笆抹泥围护。上部为前坡长，后坡短的两坡屋面。参考民族学材料推测，若山面防雨，应为长脊悬山式样，或附有披厦。屋面用树皮瓦做防水面层。

这种以桩木为支架，上面设大梁、小梁（地板龙骨）以承托地板，构成架空的基座，再在上面立柱、架屋梁及叉手长椽（人字木）而构成的干阑——栅居，正是原始巢居的直系发展。考古学材料说明，在近 7000 年前的河姆渡文化时期，这种栅居大约已成为长江下游水网地区的主要建筑形式。使用木材建造几十米长的大体量建筑，是适应母系氏族生活及地理条件的结果。氏族社会要求众多的成员住房既分隔又相互联系；而在泥泞、多雨的沼泽边缘要满足这一要求，自然不是分散的多栋小屋，而是相互毗连并有防雨走廊相通的长屋形式。此时能够使用木材建筑几十米的长屋，也说明木结构技术已有相当久远的历史。此外，各构件的结合已使用多种榫卯，而非其他地区所见的绑扎方式。这种构造上的进步，对日后中国传统木建筑带来极为重要的影响。有关这些方面的具体情况，将在后文中再予介绍。

(3) 其他地区之地面建筑

● 例 内蒙古伊金霍洛旗朱开沟二期文化遗址 F7006[32]（图1-85）

该建筑为带圆角之方形平面，每边长度 4.50 米，室内面积约 14 平方米。四面周以乱石砌屋垣。门开于东侧，宽约 0.9 米。朝向东略偏南。正对户门有一 0.7 米见方之灶坑，其后对称埋置室内木柱 2 根。室内居住面与室外地坪基本在同一高度上。

这种方形附圆角之平面及石砌屋墙的建筑形式，为内蒙及辽宁一带红山文化居住建筑最常见式样。如辽宁凌源县三官甸子遗址 F1 亦大体同此。

（二）中国原始社会的公共建筑

1. 形成的历史背景

在对西安市半坡村仰韶文化原始社会聚落遗址的发掘中，其居住区中部南端，发现了一座体积巨大的建筑，就其位置、面积和内部构造而言，都与一般居住建筑有很大区别，显然是聚落中一处重要建筑所在。为了方便和通俗，一般都称它为“大房子”。这种类型的建筑，除半坡外，在临潼县姜寨，河南洛阳市王湾，华县泉护村，西乡李家村，甘肃秦安县大地湾，宁夏海源县菜园村林子梁……都有发现，它们虽然在形制上可能有若干差别，但在使用上，却都具有相类似的功能。

“大房子”的出现，应在母系氏族社会的繁荣时期，至父系氏族社会时依然存在，不过在某些方面已有了改变。据民族学材料，母系氏族公社聚落中心的“大房子”，是当时社会最受尊重的“外祖母”和氏族首领的住所，亦即氏族事务管理部门的所在地；同时也是社会被抚养人口，诸如老年、少年、儿童及病、残成员的集体住所，他们集中居住，便于社会的照顾。我国尚存母系氏族制度的纳西族的住宅，也是提供了类似的例证。从建筑学的角度，我们可以说：“大房子”是最早出现的具有聚落管理、聚会和集体福利性质的公共建筑。西安市半坡遗址 F1，即是为满足上述要求而建造起来的建筑。

随着父系氏族首领特权的增长以及向奴隶主的转化，其居

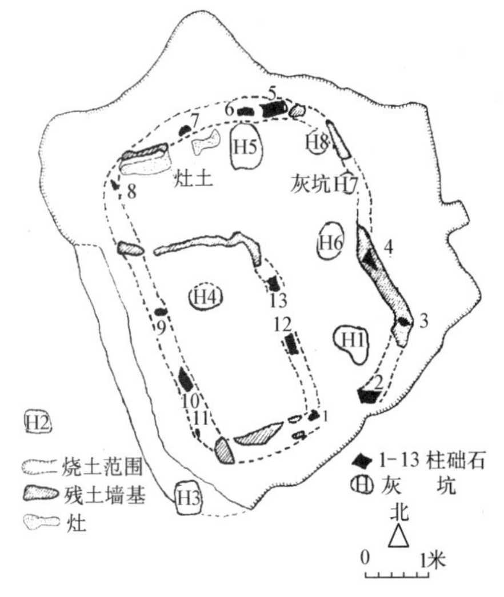

图 1-84 江西修水县跑马岭新石器时代晚期建筑遗址 F1(《考古》1962 年第 7 期)

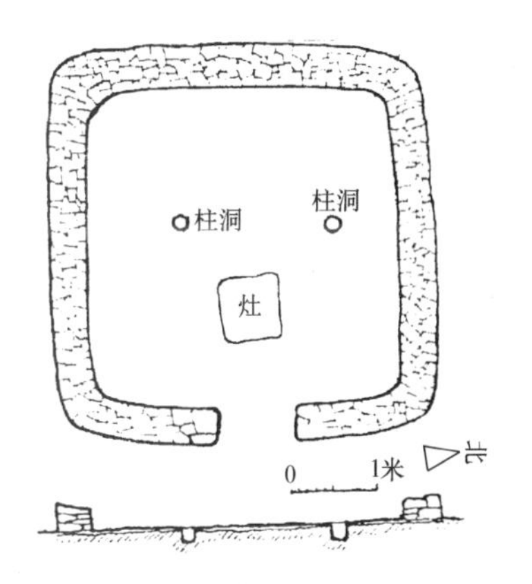

图 1-85 内蒙古伊金霍洛旗朱开沟二期文化遗址 F7006(《考古》1988 年第 6 期)

住的“大房子”也逐渐改变了原来公共议事场所、氏族会场和集体福利建筑的性质。在父系氏族后期，前堂后室的“大房子”变成父系首领所专用，成为他的特权家庭居住和办理统治事宜的场所。甘肃秦安县大地湾遗址 F901 大约可以代表这一时期“大房子”的情况。

2.“大房子”实例

与大量的一般居住建筑相比较，这类公共性建筑已发现的十分稀少，而且大多残缺不全。例如河南洛阳市王湾“大房子”遗址东西 20 米，南北 10 米，是目前所知最大的“大房子”。由于破坏严重而且缺乏资料，无法进行复原研究。华县泉护村的“大房子”遗址北部残缺，从南部所存的情况看，东西长达 15 米，入口在南部中间，室内地面低下，门外有坡向室内的沟状门道。进门有双联火塘（北圆南方二坑，中间有火道相通）。同样由于缺乏资料，无法进行复原研究。西乡李家村遗址仅存三个直径 45～60 厘米的大柱洞，建筑形制一无所知。西安市半坡遗址虽经唐墓打破，但尚可复原。临潼县姜寨遗址较为特殊，全聚落共有五座大房子，都不太大，但保存较好。现以甘肃秦安大地湾、陕西西安市半坡、宁夏海源县菜园村林子梁三处此项建筑遗址为例：

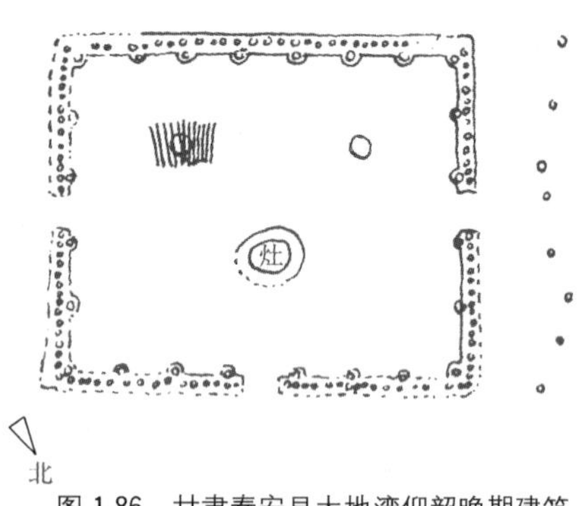

图 1-86 甘肃秦安县大地湾仰韶晚期建筑遗址 F405(《文物》1983 年第 11 期)

● 例一，甘肃秦安县大地湾仰韶晚期 F405 建筑遗址[41]（图 1-86）

此建筑平面为矩形，北墙长 14 米，南墙 13.8 米，东、西墙各长 11.2 米，面积约 150 平方米。朝向北偏东 28°。

其东、北、西三面各于墙壁中央辟一宽 1.25 米之门。房屋周以厚 0.62～0.7 米之夯土墙，墙内密排小木柱，计北壁 33 根，东壁 27 根，南壁 26 根（一部已佚），西壁 28 根。断面皆圆形，间距以 10 厘米为多。室内壁面另置木倚柱，将面阔划为七间，进深划为五间。间距 1.36～1.82 米不等。室中偏南有大内柱二根，相距 5.75 米。其东柱距东墙 3.18 米，距南墙 3.09 米。柱下置直径 11～19 厘米，长 1.5～1.7 米圆木 12 根为基础。

灶平面呈东西略长之椭圆形，东西宽 1.35 米，南北长 1.06 米，深 0.88 米。位于室内中央稍北，正对北门。

内壁于土墙面上抹草泥，再涂白灰面。居住面铺干土，上再加厚 20 厘米由料礓石与沙土之混合物作防湿层。

室外东、西墙外均有散水。距西垣外 1.3～1.8 米处遗柱洞一列，直径 10～46 厘米，深 55～204 厘米。

此建筑面积甚大，远胜一般居住房屋，室内门户及倚柱、内柱均作对称布置，又西垣外似有走廊。根据种种迹象，并与下例介绍之同一遗址同一轴线但属龙山时期之另一大型建筑 F901 相比较，F405 应属聚落中供公共活动之场所。

● 例二，甘肃秦安县大地湾 F901 遗址[41]（图 1-87）

大地湾 F901 遗址位于大地湾阶地上聚落的中部，现状地势高出河床 80 米。

该遗址是一座多空间的复合体建筑，占地总面积达 420 平方米。主体为一梯形平面的大空间，前墙宽 16.70 米，后墙宽 15.20 米，左墙长 7.84 米，右墙长 8.36 米，室内面积约 130 平方米。这个大空间的前面有三门；中门有凸出的门斗，室内居中设大火塘，左右近后山墙各有一大柱洞，形成中轴对称格局。前、后檐墙各有壁柱八根（角柱在外），划分壁面为九间。东、西山墙仅外侧有壁柱，二墙北端各开一门通左右侧。

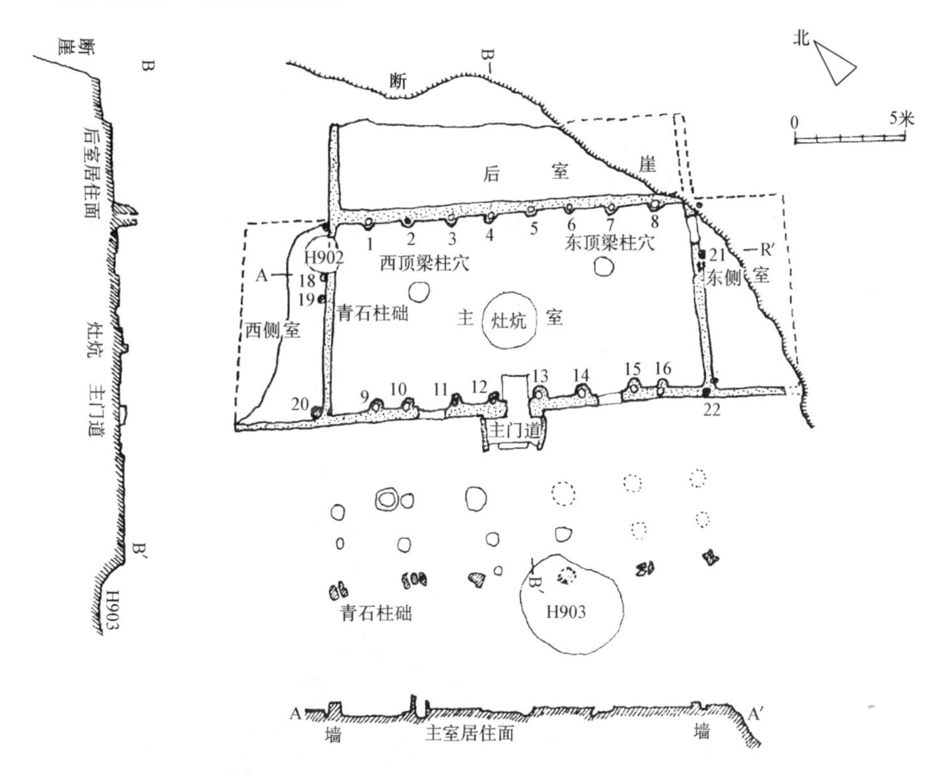

图 1-87 甘肃秦安县大地湾龙山文化建筑遗址 F901(《文物》1986 年第 2 期)

这个主体空间左右各有侧室残迹；后部有后室残迹；前部有与主体空间等宽的三列柱迹，表明前部连接一敞棚。整组建筑纵轴北偏东 30°，即面向西南，正是古籍追记上古时期建筑的好朝向——昃位。

这一建筑遗址反映了如下特点：

a. 位于聚落总体中心部位。

b. 体量大，且为对称的空间与体形的组合，其形制较前述同一聚落之仰韶晚期公共建筑 F405 更为宏巨。

c. 主体空间——前部厅堂，后部连接后室，正是“前堂后室”的格局。

d. 主体空间左右，亦连接有“旁”室。

e. 主体空间前面并列三门，累计宽度 350 厘米左右。这不但反映了使用时人数的众多，而且反映了仪礼排场的要求。

f. 主体空间前方连接一个开放性空间——前轩，发人以“天子临轩”的联想。

g. 主体厅堂内出土收装粮食的陶抄，建筑施工找平仪器——陶平水等氏族公用的器具。

综合以上特点，这座较 F405 更为进步的 F901 绝非一般建筑，大约是当时部落治理的中心建筑。前堂及前轩为议事聚会或举行典礼的场所，后室和两“旁”，大约是部落酋长的家庭用房。奴隶制初期的宫殿——“夏后氏世家”，前堂后室，并有“旁”、“夹”的格局，可能就是在 F901 一类“大房子”的基础上发展起来的。

F901 除上述特点外，并有：

a. 建筑本身显示了数据概念和构成意识：主室长宽比为 2∶1；二中柱各居中轴一侧的方形面积的中轴上；前后檐承重柱数目相等（但不完全对位），并划分为九间。

b. 以木结构为骨干的土木混合结构，承重与围护构架分化，但与半坡类型 F24、F25 不同，其围护结构不在承重柱轴线上，而在外侧。

● 例三，陕西西安市半坡仰韶文化遗址 F1[18]（图 1-88）[29]

它属半坡聚落的晚期建筑，现存平面南北长约 10.80 米，东西残长 10.50 米。出入口在东墙中间，面向中心广场，宽约 1 米。室内外地坪大致等高，周围墙体部分保存完整，墙高 0.50 米左右，厚 0.90～1.30 米。墙内有若干不整齐的柱洞，直径 7～25 厘米不等，一般 15～20 厘米，深 30～70 厘米，转角处柱洞密集。这些都是加强矮墙承受屋盖荷载的支柱遗迹。室内西部有两只完整的大柱洞，外附凸起但已残的经过烧烤的“泥圈”。从“泥圈”外皮计算，二柱洞净距 4.50 米。南

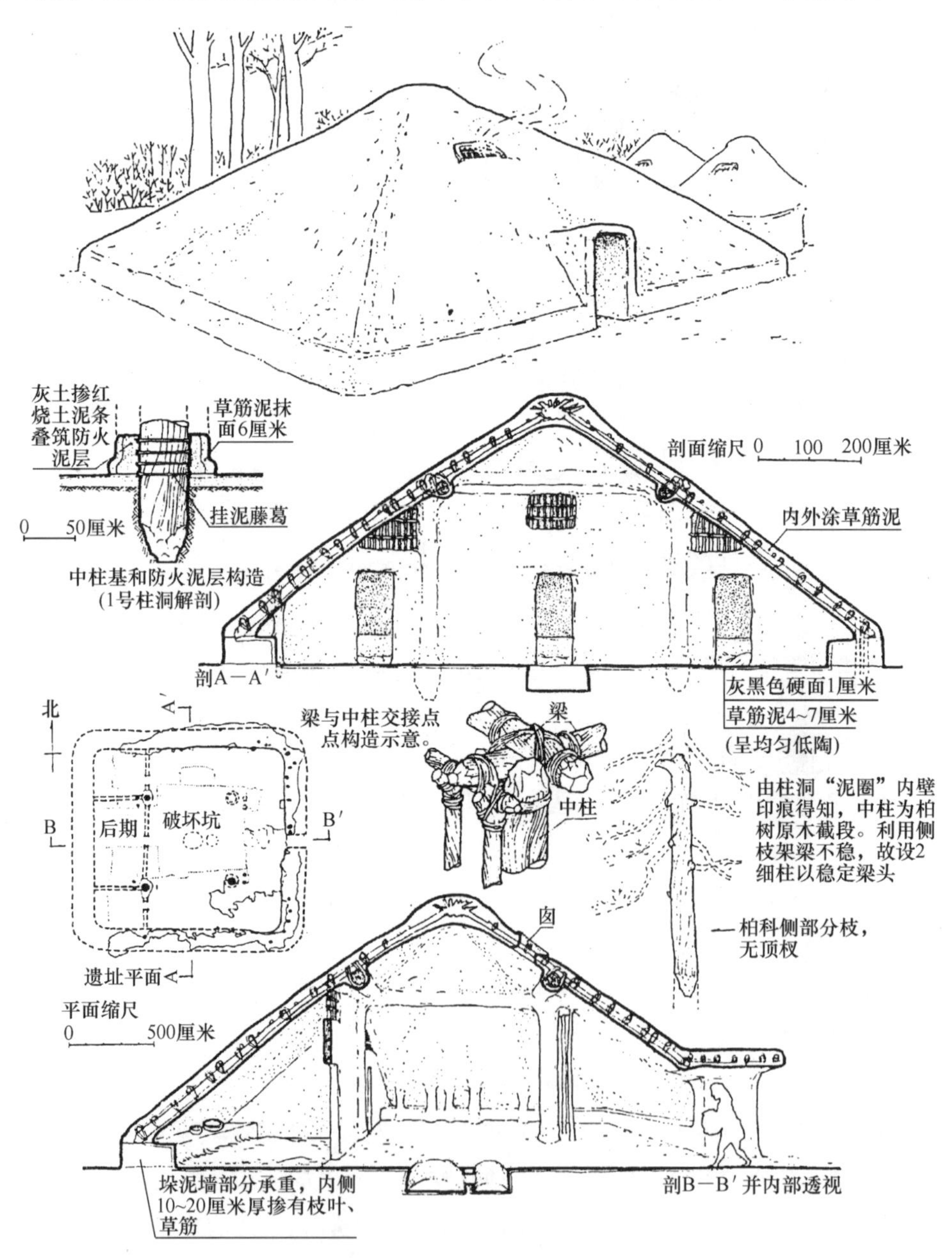

图 1-88 陕西西安市半坡仰韶文化 F1 复原(《建筑学考古论文集》)

柱洞直径 0.45 米，深 0.70 米；北柱洞直径 0.47 米，深 0.50 米。另于南柱洞东部大约与此等距处，还残存一个已遭破坏的大柱洞，从底部炭化痕迹看，其直径为 0.40 米。复原应为对称布置的四个中心柱。这座建筑平面复原近似方形而东西略长，约为 10.80 米×11.50 米，墙体弧形转角。柱洞外围的“泥圈”乃为柱身防火泥层残迹。据大柱洞内壁多道凹槽可知，为使柱身挂泥牢固，涂泥前缠有绳索。两个完整“泥圈”南北较长，且呈残断面，并有横向插件遗痕；西向也有小柱洞及明显的断痕。此外，沿这二完整柱洞南北轴线及以西，并发现若干属于此建筑的小柱洞和“两面光”的“烧土”残块。由此可知，这座建筑原来沿上述轴线部位都有隔墙。

F1 复原为：进门是一个大空间，后部分隔出三个小空间，已具“前堂后室”的雏形。前部大空间约是氏族聚会和举行仪式的场所；分隔出的后部三个小空间，从其隐奥性应是居住用房。因为遗址表明，此时之贮藏设施仍采用竖穴，还没有达到使用这种先进的房屋的程度。

“大房子”的出现，使原始聚落建筑群形成了一个核心，体现了团结向心的氏族原则。F1 不仅在空间组织上开辟了“前堂后室”的新局面，而且在工程技术上也显示出一个提高了的水平。从其直径40～47 厘米的大型支柱遗迹以及宽广的平面基址来看，显然它是全聚落体形最高大的建筑物。它的施工建造，必是动员了整个聚落的力量。大型柱、梁等构件反映了半坡晚期在木材采伐、运输、成材加工以及施工吊装架设等技术方面，已具备较高的能力。值得注意的是，此时并创造了承重垛泥墙。厚约 100 厘米的墙体，除去内、外壁的堇涂，净剩 80 厘米左右厚度都是泥土堆筑而成。泥中掺有“红烧土”碎块（晚期大河村 F1～F4 遗址的木骨泥墙堇涂中，也掺有“红烧土”块）。墙内壁堇涂掺有树叶、枝条之类，并经火烤，相当坚硬，表面平滑而呈灰、白灰色。墙体为平地筑起，未置基础。转角因应力集中，故于此处墙体内设木柱，以加强支承屋盖椽木的作用，但这些柱不是墙体骨架。屋椽下端即抵于墙上，为防止屋椽受力后下端外移，则依墙立柱，与椽联结固定；依墙木柱涂泥防火，状若壁柱。从印有椽痕的大量“红烧土块”（甚坚硬，内含草筋很多，并掺有树叶、枝条等）来看，这座建筑仍为堇涂屋面。由保存较好的东墙北段有破损的水平裂痕可知，所承荷载是很大的。

从南壁一带保存的地面来看，其做法是将草筋泥烧烤成红色低陶层，故上面有极薄的（约 0.15 厘米）黑色炭质面层。北墙附壁支柱附近地面上所发现白色植物灰烬，在东北角及南部也都有发现，似为取暖的柴草燃料的篝火遗迹。北墙顶面上发现黑色灰烬两堆，可能是木柴篝火遗迹，据此可知屋椽内部均有堇涂，否则室内篝火易引起火灾。各室可能都有火塘设置，作为取暖、防潮之用。根据北首岭和姜寨“大房子”遗址来看，半坡 F1 前部大空间中，也应设有烧煮食物的中心火塘。

门内北侧发现凸曲面黑色烧土残块，面上有坑点装饰，似为烟囱边缘或入口边框残段。结合这批建筑所处的重要地位判断，它很可能有更多的装饰。

● 例四　陕西扶风县案板遗址仰韶文化晚期聚落“大房子”（93FAGNF3）[42]（图 1-89）

该原始社会聚落位于扶风县南，沣河与美阳河交汇处之黄土台塬上。1984—1993 年，曾进行六次发掘，现将此聚落中之“大房子”（F3）情况介绍如下：

建筑平面主体部分为具圆角之方形，其东、西墙南端向外伸出约 2.6 米，整个平面为“日”形，南北长 14 米，东西 11.8 米（二轴线间），总面积约 165.2 平方米。

主室：轴线中距为南北 11.4 米，东西 11.8 米，面积约 134.5 平方米。四周环以密植内柱之土墙，部分已被后代墓葬及灰坑打破。墙之构造方法为：先在地面挖口大底小之基槽，槽宽 0.7～0.9 米，深 0.8 米。然后立墙内之木骨柱，再填以由黄土、料礓石、碎石、烧土块及细碎陶片之混合土，该土呈紫红色，与周围土壤有明显差别。填土看不出夯层，但十分坚实。门辟于南墙正中，宽 0.75 米。其他墙面未有门户发现。室内地面东西宽 10.3 米，南北长 10.1 米，面积约 104 平方米。

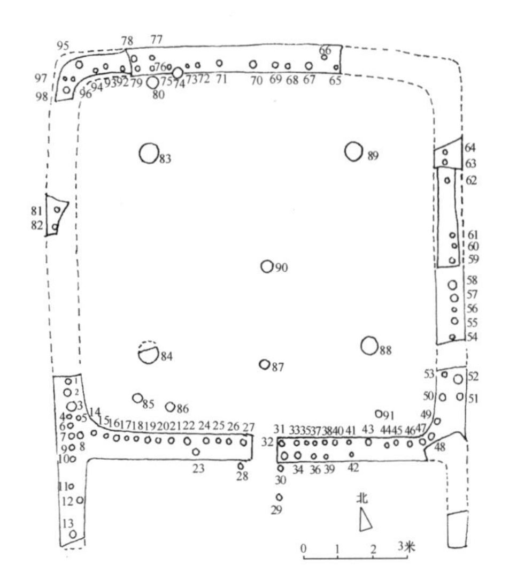

图 1-89 陕西扶风县案板遗址仰韶文化晚期聚落“大房子”（93FAGNF3）平面图（《文物》1996 年第 6 期）

未发现灶址。地面用黄土与料礓石混合筑成，厚 0.1～0.15 米，坚硬平整但不光滑，可能表面另涂有白灰面等材料（室内发现若干白灰面碎片）。

墙体内有柱洞 85 处，室内柱洞 10 处，室外 3 处。室内柱分布于近四角处的，应为主要结构柱，直径 0.4～0.5 米，距墙角 2.5～3 米。洞内木柱已朽，洞壁较坚硬。四柱间距离为南北 5.5 米，东西 5.8～6.3 米。另有辅助性木柱六根。墙体内木骨柱有单、双列之分，但似无一定规律。墙柱洞直径多在 0.1～0.2 米间，最大可达 0.26 米，间距约 0.3 米。埋入深度不一，大多均在基槽之内。

前廊：南北 2.6 米，东西 11.5 米，面积约 30 平方米。西墙保存较好，内有木骨柱 3 根。东墙大部破坏，仅余南端一小段，内木骨柱 1 根。廊内有柱洞 3 处，位于门外二侧（东二，西一），大体作对称布置。墙基槽与地面做法俱同主室。前廊以南未发现其他建筑。

此建筑应为聚落居民用于集会、议事、祭祀等公共活动中心，其功能及建筑情况与半坡 F1 颇为相似，而与大地湾 F405、F901 有若干差异。例如，本建筑与半坡 F1 之土墙均无承重木柱，故壁面未能表现出开间与进深的多寡，墙内使用断面小之木骨，是为较早手法。室平面近方形，以四对称内柱支承屋面，如为四坡屋面，则近似方攒尖顶。内柱数量及位置皆与大地湾二例不同，其上之屋架形式推测亦不一致。又门仅一处，且甚为狭小，从交通功能或礼仪规格上，似不及大地湾之合宜。就时代而言，大地湾文化为公元前 5850 年—前 5400 年。而仰韶文化之早、中、晚期为公元前 4050 年—前 2950 年。两处建筑之所以形成差异，估计是用途上有所区别。推测大地湾的“大房子”是用于祭祀等公共活动，而此处遗址之“大房子”则可能以母系社会的日常的公共生活为主。

● 例五，宁夏海源县菜园村林子梁新石器时代窑洞式氏族公共建筑遗址 F13[10]（图1-90，1-91）

该建筑遗址由主窑、套窑、门洞及室外甬道组成。主窑平面作马蹄形，东西宽 5.7 米，南北长6.1 米，窑内面积约 25 平方米。窑门朝向东北，方位 78°。窑壁皆向上内收呈弧形，估计原来窑顶为穹隆顶。窑内西北有套窑一处，平面为不规则形，面积约 4 平方米。周壁及地面共有竖窑穴七、横窑穴三、壁龛二座。主室中央设大面积灶面（东西 2.1 米，南北 1.7 米）。距北壁约 0.5 米处，有高 1.35 米，长 1.9 米，厚 0.3 米之坎墙一道，系以木柱为骨架外抹黄泥构成。门洞在主室东面，东西进深 2.2 米，外口南北 1.42 米，高 2.12 米，顶为筒拱式样。门洞处有柱洞 12 个，排列甚为密集，可能作为门侧泥墙之骨架。主室内有柱洞 17 个（其中六个在坎墙），大多沿室壁作不均匀排列。在门洞及主室之生土壁上，挖有供插入“松明”之类火炬的壁孔 48 个，另套窑内之南壁亦有 2 个（图 1-92）。

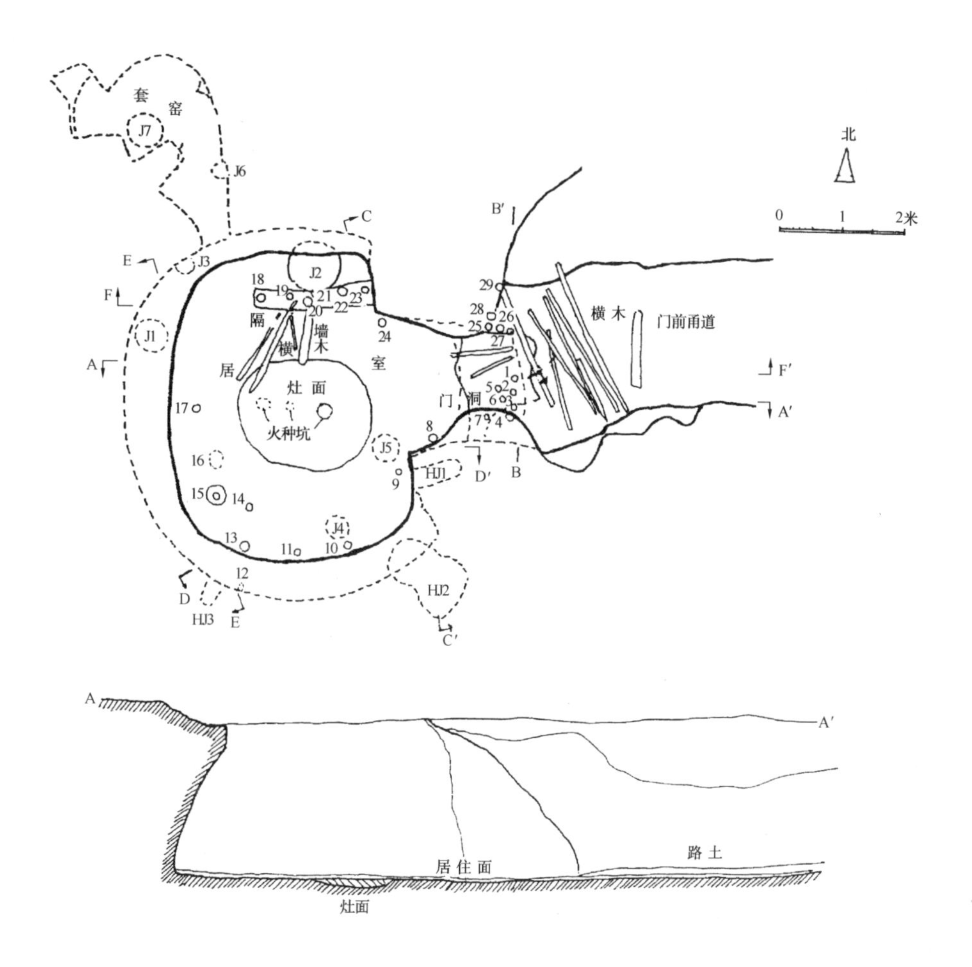

图 1-90 宁夏海源县菜园村林子梁新石器时代窑洞建筑遗址 F13 平、剖面（一）（《中国考古学会第七届年会学术报告论文集》1989 年）

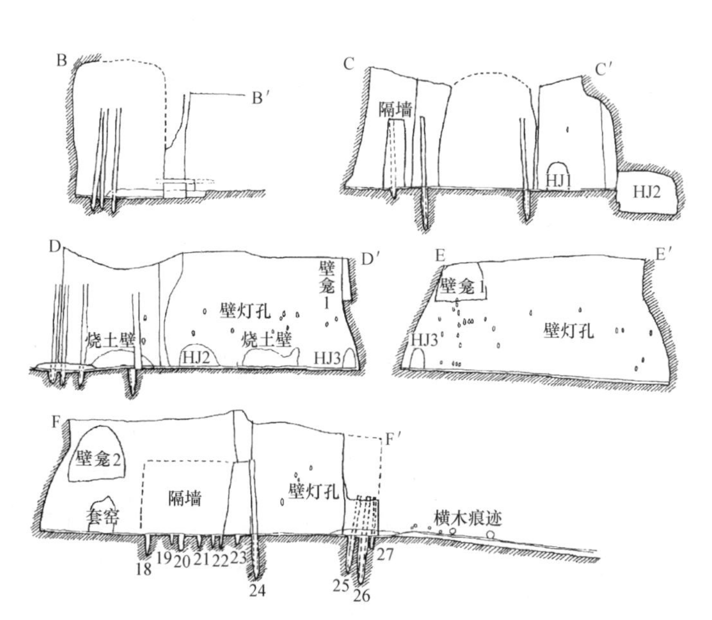

图 1-91 宁夏海源县菜园村林子梁新石器时代窑洞建筑遗址 F13 剖面（二）（《中国考古学会第七届年会学术报告论文集》1989 年）

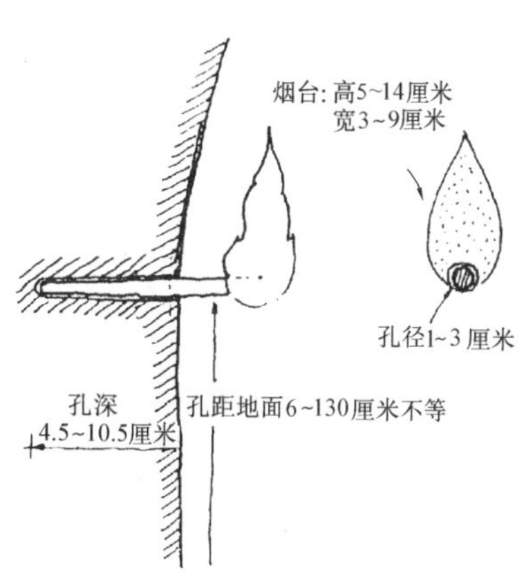

图 1-92 宁夏海源县菜园村林子梁新石器时代窑洞建筑遗址 F13 "壁灯" 痕迹（《中国考古学会第七届年会学术报告论文集》1989 年）

F13的面积是迄今为止所知新石器时代窑洞式建筑中最大者。其主室内灶面积之大，以及各式窖穴、壁龛之多，亦为过去所未见。室内木柱林立，显然并非全为结构所需，而壁上火炬孔洞的众多，表明室内需要相当强烈的照明。凡此种种，都意味着它与一般供居住的窑洞或建筑有着很大的区别，极有可能是当时聚落中一处供氏族公众聚集并举行各种典礼与仪式的场所。此外，在主室西壁发现的木胎漆璜和光滑的鹿角器，以及在坎墙的2号窖穴中出土的彩绘角匕，都不是日常用具，其用途恐怕要从祭祀等方面去寻找。

（三）中国原始社会的其他建筑

1. 作坊

原始社会时代的手工业类型虽然很多，但在早期它们大多都属于家庭的附带劳动，规模很小，从事的人员也不多，所以可以利用住所户外或室内之一部分作为工作的场所。独立的手工业作坊应出现在人类社会第一次大分工以后。虽因工作需要使内部部署有所变化，但其建筑平面形状、结构体系、构造方式和建筑材料仍与居住建筑无多大区别。目前这类建筑的遗存很少，且主要为制陶性质的。

● 例一，陕西临潼县姜寨仰韶文化遗址陶器作坊[19]（图1-93）

位于遗址南端西头之探方267区内，为圆形平面半地穴式建筑，直径2.23米，穴深0.35米。室内北部有高出居住面5～7厘米之工作台，上置套叠与散放之未烧制陶钵泥胚多件，大部已碎。南部则堆有与陶钵相同质地的许多纯净陶土。室内未发现灶坑等生活痕迹。以上种种迹象表明，此建筑应为陶器胚体之制作场所。

● 例二，山西太谷县白燕遗址（第二、三、四地点）F504[43]（图1-94）

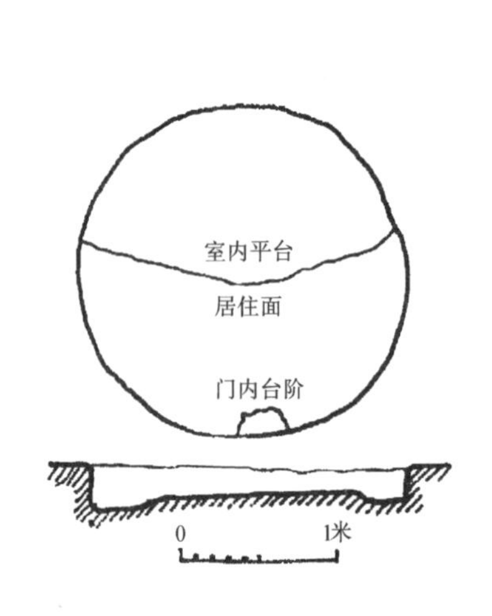

图1-93 陕西临潼县姜寨半穴居式陶器作坊（《姜寨》（上））

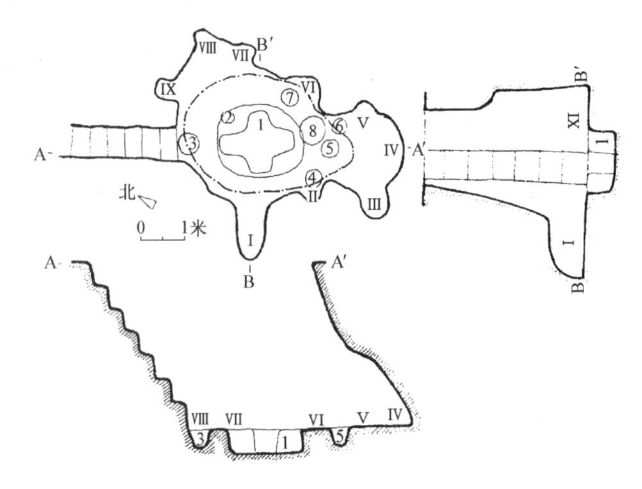

图1-94 山西太谷县白燕遗址（第二、三、四地点）窑洞式作坊F504（《文物》1989年第3期）1～8地洞 Ⅰ～Ⅸ凹龛

由主室、踏道及众多龛、坑组成。主室底部平面大体为椭圆形，南北约长3.8米，东西约宽2.5米，残高3.8米。室中央有深约0.5米之十字形平面大坑（南北1.7米，东西1.3米），周围另有大小圆形土坑七处。室壁下部，有凹入之小龛九处，高0.4～1.6米不等。踏道设在主室西北，方位北偏西30°。平面为狭长条形，长2.4米，宽约0.7米，共分七级。室内无灶坑及火痕迹，亦未见柱洞，故其用途不似居住建筑。

● 例三，山西太谷县白燕遗址（第一地点）F2[43]（图1-95）

遗址为地穴式洞室双间房屋。总体形状不甚规整，平面大体作“吕”字形，由南室、北室及过道组成。南室较大，为平面椭圆形之袋状穴，底径东西 3.72 米，南北 2.8 米，残高 1.48 米。过道平面长方形，宽 1.2 米，残长 2.4 米。北室位于过道西北，平面略呈方形，每边约 2.3 米，上施穹隆顶，最高处距室地面 2.04 米。南室及过道壁上，有半圆形槽孔，内遗成形木炭，应为壁柱所在。居住面地面坚硬，共分四层：①硬黑土厚 3～5 厘米；②草泥厚 4～15 厘米；③红烧土厚 3～6 厘米；④浅黄土厚 2～5 厘米。二室内均未发现灶面，仅走道东北隅尚存烧土面一块。

在接近居住面之填土中。发现大量木炭、烧土块、草泥及少量白灰面。又有多量碎陶片，已复原为彩陶器二十余件，素面及绳纹陶器十余件。经 C14 探测并校正，F2 所在之年代为公元前 2900 年—前 2815 年。

依情况判断，此建筑很可能是一陶器作坊。

2. 陶窑

这是人类最早用于生产的专门性建筑。大多数人都认为陶器的产生，是人们从烧烤装有细颗料食物（如粟）的包泥竹木容器时得到的启发。因此，在烧制最早的陶器时，可能仍沿用上述举炊的方法，也就是说还没有出现陶窑的形式。

最原始的陶窑及其烧制方法，目前在我国云南西双版纳自治州景洪县曼斗寨尚可看到。烧制时将陶坯放在铺有柴草的地面上，再在四周及上面围盖同样燃料，然后遍抹厚约 1 厘米黄泥，并在顶上穿几个供出烟的小洞，最后在四角点火。陶器在这样的泥壳中烧成大约需要 9 小时，最高温度可达 800℃左右。

我国新石器时代的陶窑，目前已发现的主要集中于黄河流域，其他地区如长江中游的鄂北和辽河流域西部亦有所见。

陶窑的形式，大致可分为二种：

(1) 横穴窑　又称卧式窑，其结构较为原始。最早出现于河南新郑县之裴李岗文化，尔后流行于仰韶文化。此类窑之窑室（或称窑床）平面为直径约 1 米之圆形，燃烧室（或称火膛）在窑室的侧下方，作较长具穹顶的筒状，二者大体位于同一水平高度上。窑室中辟中央及环绕窑床之周围火道。为了增强火力，后来又将较大之窑床划分为若干窑柱。

后期之陶窑将窑室升高，火膛之火焰通过倾斜的火道及均匀分布于窑底之火眼进入窑室。

● 例一，陕西西安市半坡遗址三号陶窑（Y3）[18]（图 1-96）

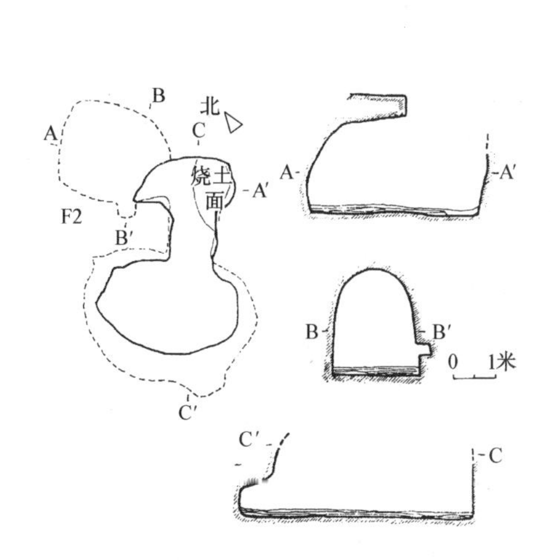

图 1-95　山西太谷县白燕遗址（第一地点）F2（《文物》1989 年第 3 期）

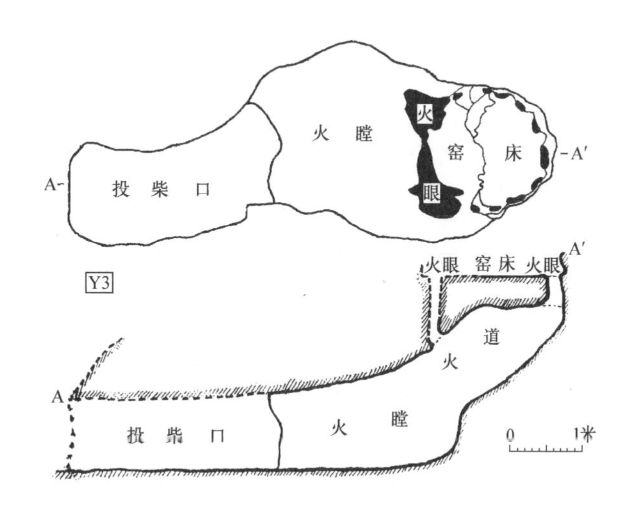

图 1-96　陕西西安市半坡遗址第三号陶窑（Y3）（《西安半坡》）

这是遗址中保存最好的实例。除窑门外，火膛、火道、火眼和窑室都基本完好。火膛为残长2米之穹顶筒状长通道，宽0.7～1米，高约0.8米。火膛后有火道三条，边上二条全通窑室周围，火道宽0.1米，高0.6米。三条火道向上汇合为圆形通道，并经周围的小火眼与窑室相通。窑室平面圆形，直径0.8米，与火道垂直交合。周围小火眼尚存10个，均为长方形，长6～17厘米，宽2～5厘米。

此窑全长2.1米，宽1.1米，高0.55～0.82米，距今地面约2米。

● 例二，陕西临潼县姜寨遗址一号窑（Y1）[19]（图1-97）

该窑位于居住区东侧护濠外Ⅰ区墓地以北，全长2.4米，宽0.72～1.08米。朝向西偏南20°。窑门及火道保存完好，但火膛部分及窑室已被破坏。窑门宽0.7米，上部呈拱形。火膛残长0.9米，宽0.66米，高0.68米，上部亦作拱状。火道在火膛后，分为斜坡状之中央火道（与地面成35°角，长1.83米，宽0.18米，深1.35米）及长4.26米之环形火道。火道壁面有厚3～10厘米之青灰色烧土面。窑室全毁，仅余二对称之半椭圆形平台，南平台长0.84米，宽0.40米；北平台长0.86米，宽0.42米。二平台前后有高差、前高1.35米，后高0.24米。

● 例三，辽宁敖汉旗小河沿四棱山遗址陶窑（Y1，Y3，Y6）[44]（图1-98）

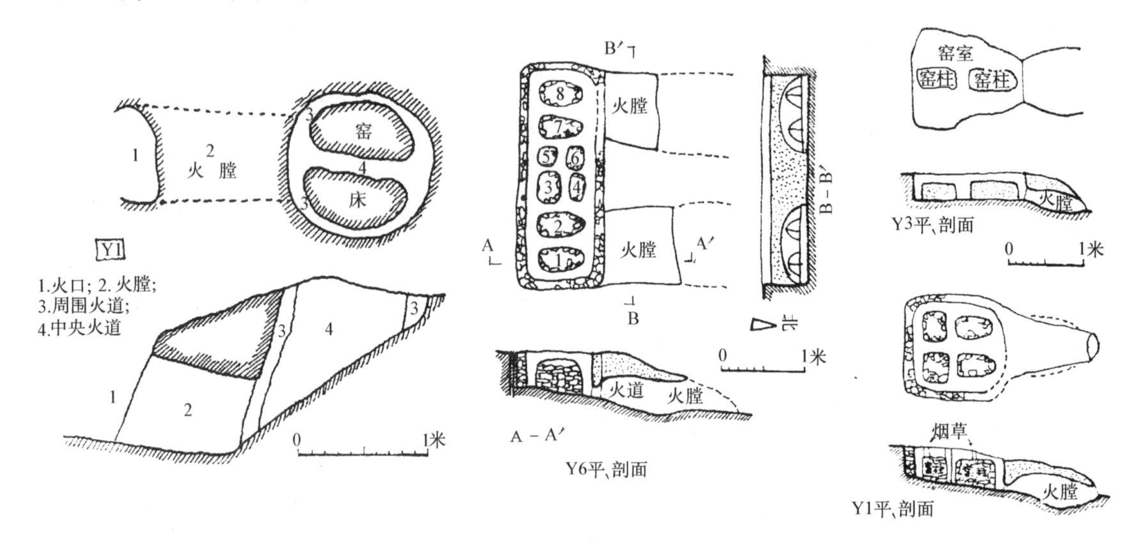

图1-97 陕西临潼县姜寨遗址第一号陶窑（Y1）（《姜寨》（上））

图1-98 辽宁敖汉旗小河沿四棱山红山文化遗址陶窑（Y1，Y3，Y6）（《文物》1977年第12期）

均属新石器时代之红山文化。其共同特点是火口（投柴口）甚小，火膛（燃烧室）为顶、底皆呈弧线之筒形，出火口亦甚狭小，可增加火焰及热空气之流速。窑室地面除Y3为水平，Y1、Y6均为略上斜之缓坡。室中以土或石块筑出窑柱若干（Y1、Y3各两个，Y6八个）。窑室上部均毁，故不悉其原来形状。比较特殊的是Y6使用了平行置于窑室两端的双火膛，以更加有效地利用燃烧热力。三座窑的窑室尺度都不很大，均在1米左右。虽Y6因使用双火膛，将窑室增长至2.5米，但其折半值仍仅1.25米。

（2）竖穴窑　又称竖式窑。它产生较横穴窑为晚，始于仰韶文化而盛行于龙山文化。

其早期形式之火膛为口小底大之袋状竖坑，位于窑室之下，以数条垂直火道与之相通。

较晚之窑，其火膛逐渐移向窑室下前方，并以倾斜火道上通。窑室底部有沟状火道数条，上设有多火眼之窑箅使火力均匀分布。亦有仅用多条火道而不用窑箅者。

● 例一，河南陕县庙底沟二期文化遗址一号窑（Y1）（图1-99）

该窑保存甚为完整，是河南龙山文化陶窑的典型例证。其火口（或称投柴口）在火膛侧上方，长、宽均约20厘米。火膛为底部平面长方形之竖穴，长0.5米，宽0.3米，高0.48米，有上斜火道通窑室。窑室平面呈南北长之椭圆形，长径约0.95米，短径0.7米。在不到0.7平方米之窑床上，设宽度为7厘米之火道八条，上置火孔25个。考虑到火力应均匀分布，故离火膛远之火孔较大，以减小火焰在此处流出之阻力。

● 例二，山西襄汾县陶寺遗址315号窑（Y315）[45]（图1-100）

此窑保存较好，由火膛、火道、双层窑室及其间之窑箅组成。火膛呈下底略大于上口之袋状竖穴，其北侧已毁，高1.05米，残宽约0.45米。其南壁中部有上斜火道（长0.40米，高0.20米）通向窑室。窑室亦为与火膛形状相似之袋状竖穴式样，底部有叶脉式火道十条，并以有椭圆形火口之陶箅分为上、下二层。下层高0.6米，直径1.15米；南壁有门通至外面，应为放取陶坯和陶器之用。上层窑室之顶部已毁，原有高度不明，估计亦与下层相当，也可能设有供出入之洞口以放取坯体及成品。

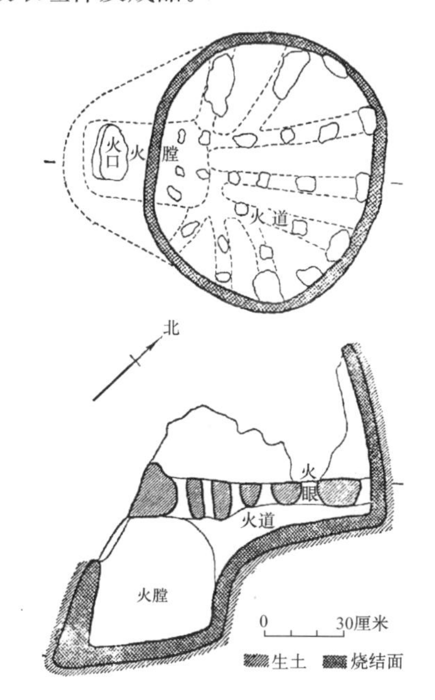

图1-99 河南陕县庙底沟二期文化一号陶窑（Y1）（《庙底沟与三里桥》1959年）

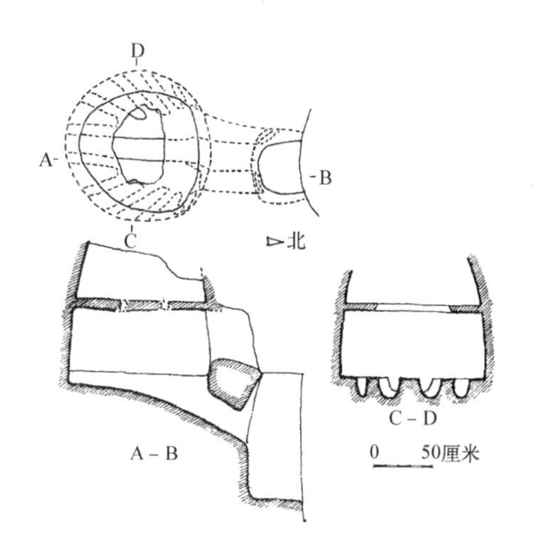

图1-100 山西襄汾县陶寺类型龙山文化早期陶窑遗址Y315（《考古》1986年第9期）

● 例三，山西侯马市东呈王遗址1号陶窑（Y1）（图1-101）、2号陶窑（Y2）[46]（图1-101）

Y1平面为二套合之圆形，虽中间之结合部被近代墓葬打破，但仍可看出它们都是袋状竖穴形式。火膛直径约1.1米，窑室直径稍大，约1.2米。二者高差约1米。火膛中烟焰直接进入窑室底部之放射状火道中，可提高热利用效应。火膛及窑室内壁俱有一层烧结的草拌泥。

Y2之火膛为梯形平面之竖穴，窑室平面大体为圆形。窑底火道呈羽状排列，大小共十条，通过18个圆形及椭圆形火眼进入窑室。

● 例四，山东章丘县龙山镇城子崖龙山文化陶窑遗址（A5）[11]（图1-102）

火膛及火道位于窑室之下，通过四个椭圆形火口进入平面为圆形之窑室。窑室直径约1米，周以厚约20厘米之硬土窑墙。此窑虽属龙山文化晚期，但其火道及火眼之分布，似不及前述诸例之进步。

3. 水井

最早形式应为直壁之土井，但壁体易塌落，目前尚未见有实例。为了补救此缺陷，古人已利用由四根原木组合成的框架，层层叠压以为井之内壁。这种结构后世名之为“井干”，并运用于建筑房屋、矿井……乃源于此。现举实例于下：

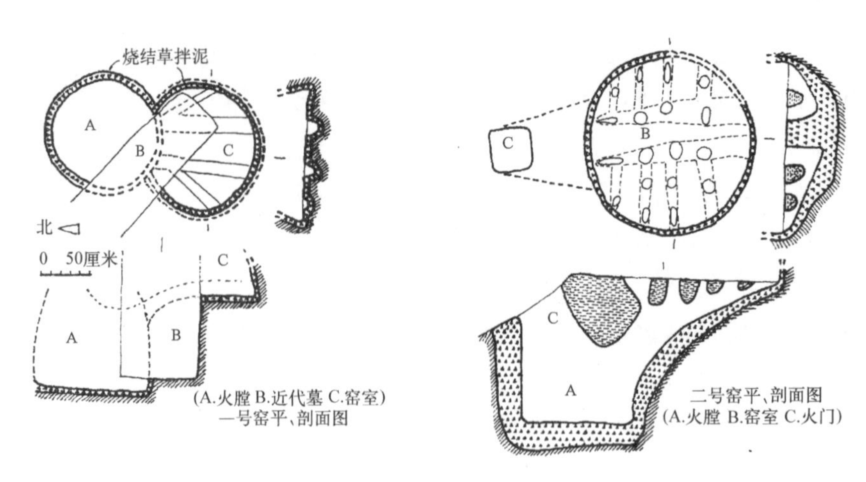

图 1-101 山西侯马市东呈王遗址新石器时代陶窑遗址(《考古》1991 年第 2 期)

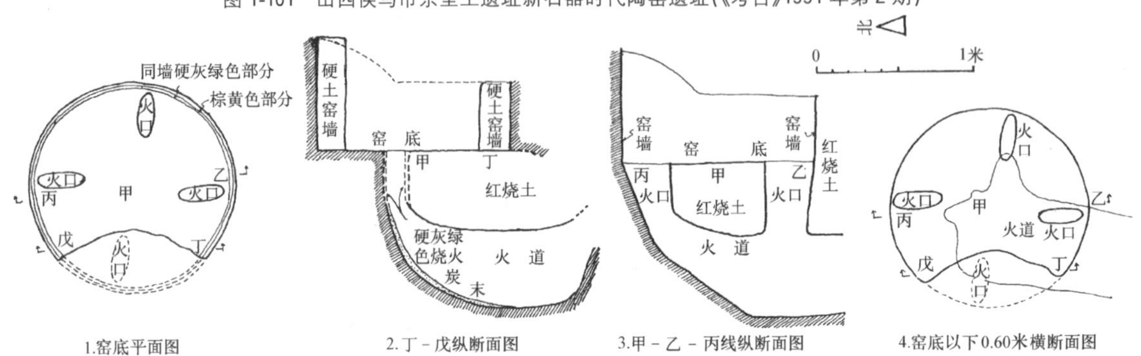

图 1-102 山东章丘县龙山镇城子崖龙山文化陶窑遗址 (A5)(《城子崖》)

● 例一，浙江余姚市河姆渡文化聚落遗址水井[22]（图 1-103）

水井发现于河姆渡遗址的第二文化堆积层。在直径约 6 米的不规则圆形土坑周围，有间距不等（20～70 厘米）之残木柱 28 根，木桩直径约 5～10 厘米，埋入深度 1～1.42 米。其中两根南北对峙者（直径约 8 厘米），系以 55°斜角埋入地下，甚为特殊。

土坑深约 1 米，底部呈锅底形。其中央略偏西北处有一约 2 米×2 米之方坑，坑壁四周密布直径约 6 厘米之圆桩或半圆桩，并由水平方框承护。此方框由直径约 17 厘米之木材四根构成，其东、西二根为圆木，两端均开榫头，插入断面为半圆形之南、北二木端部之卯口（13 厘米×18 厘米）内。上有由直径 15～18 厘米，长 196～260 厘米构成框形之卧置原木 16 根。

方坑坑底淤泥中出带耳陶罐等取水器。方坑至圆坑沿之间泥土中，置平整面朝上之石块若干。

根据上述情况，知中央方坑为经木构加固之水井（井底距地面约 1.35 米），圆坑则为高水位时之水潭。在枯水季节中，先民于经由圆坑中所铺石块，至方井中取水。而圆坑周围所遗木柱，应是当时遮盖此水源之屋顶的支撑结构。其复原式样如图 1-104。[29]

● 例二，河南汤阴县白营龙山文化聚落遗址水井[21]（图 1-105）

该井外有呈圆角方形之土坑（每边长约 5.5 米，深 0.7 米），中央另有 3.6 米×3.6 米之方形井口。现探明井壁为向内倾斜，至距井口 8.1 米处，收为 1.8 米×1.8 米方口。再下又收为上口方 1.1 米，下口方 1 米之直筒形，此段深 1.7 米。在井之上段长 8.1 米距离内，密叠由四根直径 8～12 厘米木棍组合之框架 46 层，每层之间距约 15 厘米。此例为目前所知由井干式木框架构成的最早与最大的水井。

4. 窖穴、灰坑

自地面向下掘出不同形式和体积的竖坑，或利用过去住人的竖穴，以贮存物品或堆放生活垃圾。

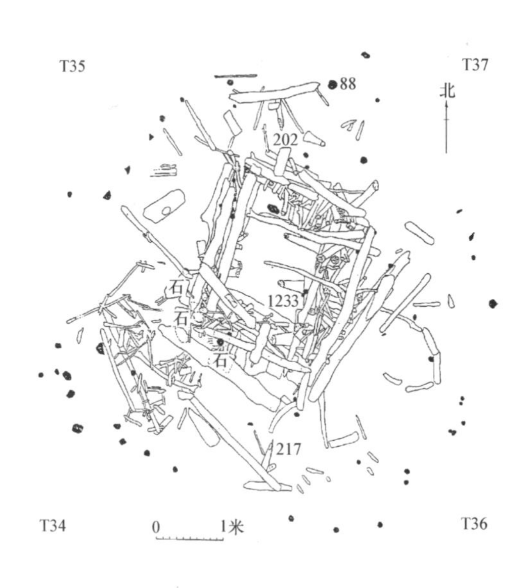

图 1-103 浙江余姚市河姆渡文化聚落遗址水井(《考古学报》1978 年第 1 期)

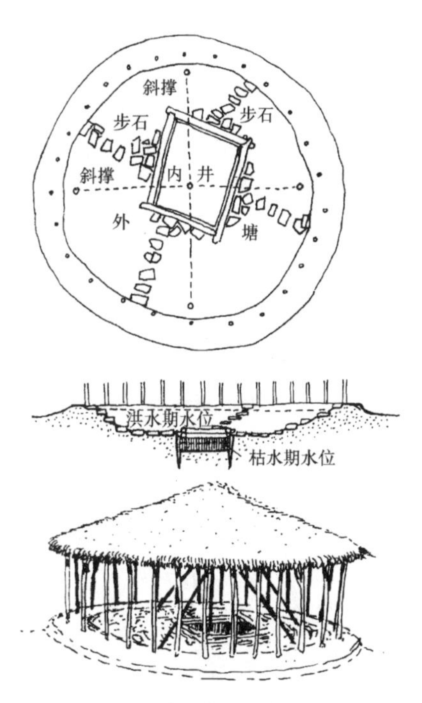

图 1-104 浙江余姚市河姆渡文化聚落水井复原图(《建筑学考古论文集》)

前者称为窖穴，后者谓之灰坑。一般来说，它们的尺度不很大，直径约 1 米至 2 米，深度亦如此(最深达3 米)。母系氏族社会之窖穴均在室外，有公共性质。父系氏族社会之贮存窖穴则转入室内，这是因为出现私有制的缘故。

它们的形式，大致有下列数种（图 1-106～1-109）：

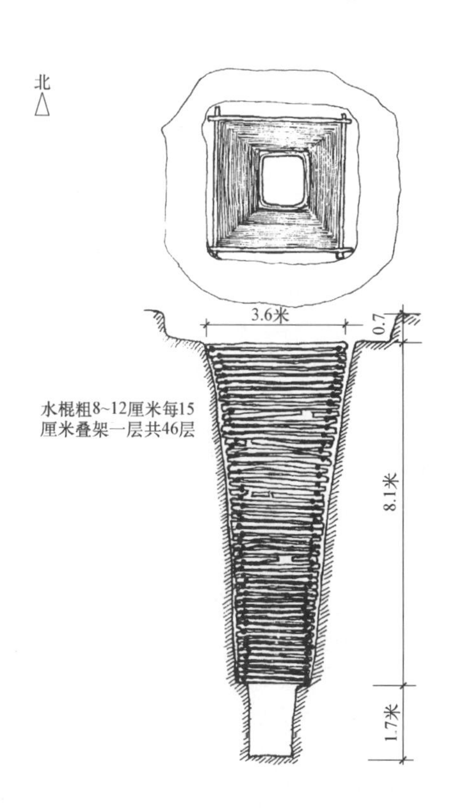

图 1-105 河南汤阴县白营龙山文化聚落水井(《考古学集刊》第三卷 1983 年)

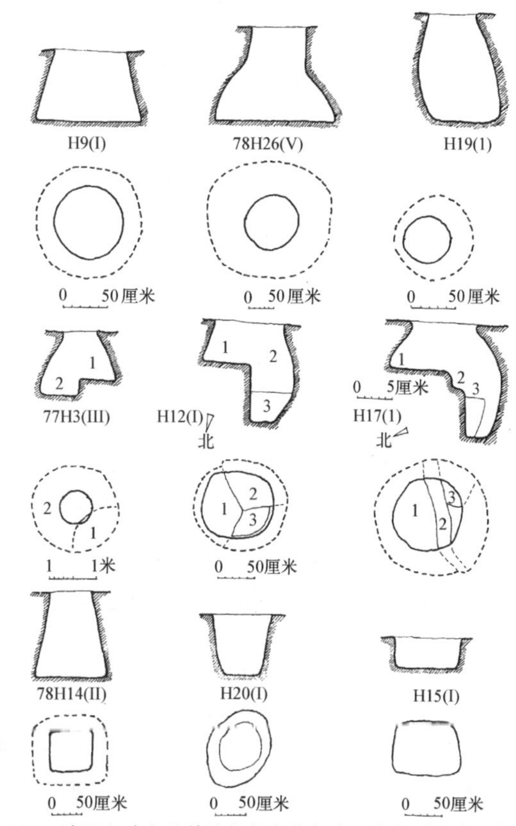

图 1-106 陕西宝鸡市北首岭仰韶文化灰坑、窖穴(《宝鸡北首岭》)

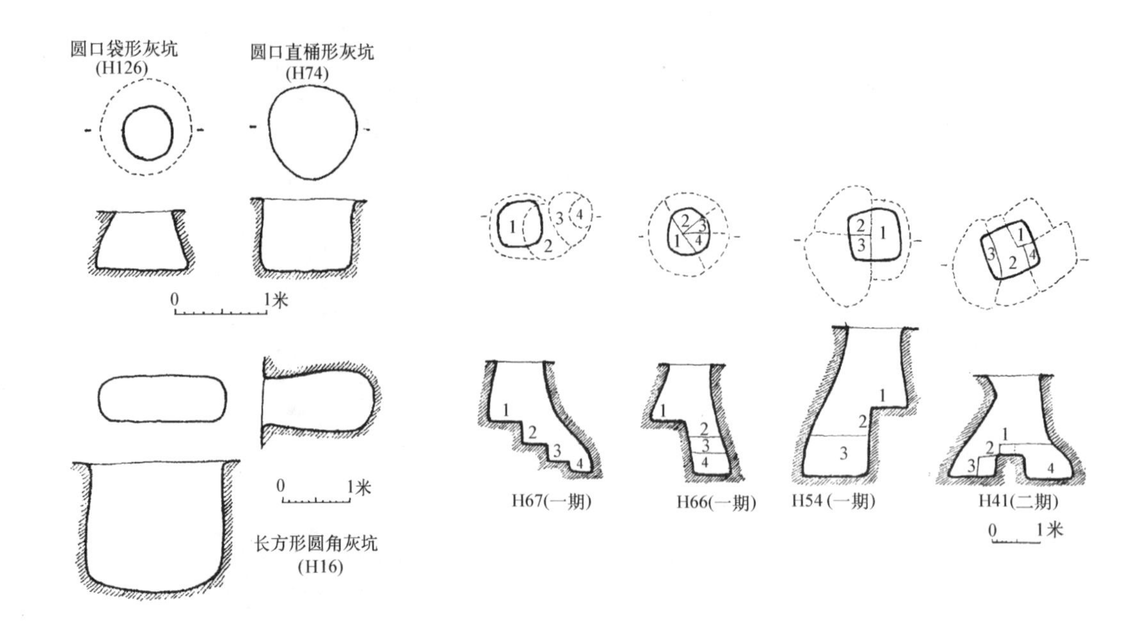

图 1-107 陕西西安市半坡仰韶文化灰坑、窖穴(《西安半坡》) 图 1-108 陕西临潼县姜寨仰韶文化窖穴(《姜寨》(上))

(1) 圆形

● 圆口圆底袋状穴口小底大，穴壁作上收之弧形，基本按照居住建筑竖穴的做法。这类形式在实物中最多，以半坡为例，在早期中占 40%，而晚期中则占绝对多数。二者区别是后者尺度较大。此种袋穴之实例，如陕西宝鸡市北首岭遗址 H9（Ⅰ)、西安市半坡遗址 H126、临潼姜寨一期文化遗址 H194、四期文化遗址 H82 等。

● 圆口圆底瓶状袋穴小口直颈，下部壁面再作弧形之扩大，实例见于宝鸡北首岭 78H26 (Ⅴ)、西安半坡 H19（Ⅰ)。

● 圆口阶梯形底袋穴小口而壁面呈弧形，但一部化作阶梯一至四级，例如宝鸡北首岭 77H3 (Ⅲ)、临潼姜寨一期文化遗址 H66。

● 圆口圆底锅底形袋穴穴底部下凹如锅形，见于临潼姜寨一期文化遗址 H36。

● 圆口圆底直桶形袋穴壁面基本呈垂直状，实例有西安半坡 H74。

(2) 方形

● 方口方底袋状穴其角部皆作圆角形，如宝鸡北首岭 78H14（Ⅱ)、临潼姜寨一期文化遗址 H194、四期文化遗址 H82。

● 方口阶梯形底袋穴壁面仍作下扩之弧形，并掘出踏跺数步达于底面，如临潼姜寨一期文化遗址 H59 及 H67。又其二期文化遗址之 H41，底部以土坎划为同一底高之二部。

(3) 椭圆形

● 椭圆形口椭圆形底杯状穴口大底小，穴壁呈斜收直线，见宝鸡北首岭 H20（Ⅰ)。

● 椭圆形口阶梯形底袋穴口小腹大，构土阶数级下至穴底，如宝鸡北首岭 H17（Ⅰ)。

(4) 长方形

● 长方形口锅状底袋穴口狭长，具圆角，如西安半坡 H16。

● 长方形口浅穴口与底大体尺度一致，直壁，但深底仅 40 厘米，见宝鸡北首岭 H15（Ⅰ)

(5) 不规则形

多半经后来的破坏或扰乱形成，特别是上口部分。

5. 畜栏

(1) 半坡居住区内有平面大体呈长方形之建筑遗址二处，形式与聚落内之居住建筑有明显不同，且未发现任何与居住有关的灶坑或居住面，估计是用以圈养牲畜的畜栏。现分述于下：

● 1号圈栏（F20）位于居住区中部东、西沟交汇之曲折处。平面呈不规则之长方形，南北7.1米，东西1.8～2.6米，方向北偏东27°。四周有小沟漕环绕，虽被灰坑打破三处，但仍可大体辨明其原来形式。沟宽20～40厘米，深20～30厘米。内有直径15～20厘米、深5～10厘米之小柱洞43处（为灰坑破坏者不在其内），但西南与南侧未见柱洞。室内另有柱洞3处。门辟于东侧南端，仅宽40厘米（图1-110）。

● 2号圈栏（F40）位于居住区北部壕沟南侧，平面亦为长方形，南北2.5米，东西5.7米，方向北偏西56°，其西北隅似缺一角。保存现状不如1号，北端仅余一狭窄凹槽，东端及南端尚余大小不等之柱洞27处。洞直径4～16厘米，深9～50厘米（图1-110）。

(2) 姜寨遗址居住区内亦发现圈栏二处，均在北部。圈栏内亦未发现灶坑、居住面及生活用具。

● 1号圈栏　平面作不规则形，位于北区F46南偏东。南北长5米，东西宽3.9米，方向约北偏西15°。周围漕沟宽13～27厘米，深8～30厘米。除东北及南端被灰坑等扰乱外，槽底尚余小柱洞22个，洞直径8～40厘米，深4～44厘米。圈栏地面有厚3～27厘米灰土，可能是牲畜粪便之堆积（图1-111）。

● 2号圈栏　平面为圆形，位于F47之西北。南北3.64米，东西3.05米，保存不佳。四周有宽4～10厘米，深7～22厘米小沟槽。槽中仅南部有一直径12厘米、深15厘米柱洞。但室内有较密集柱洞八个，洞直径6～12厘米，洞深6～26厘米。

(3) 姜寨遗址之聚落广场西北及西南部各发现一处灰土遗迹，推测为露天牲畜夜宿场。

● 1号牲畜夜宿场　位于广场西南部，即西部“大房子”F53前之东侧。平面呈不规则形，南北17米，东西最宽处亦如此，面积约227平方米。表面有厚20厘米灰土，周围未发现栅栏痕迹。场内亦无居住面及灶坑（图1-36）。

● 2号牲畜夜宿场　位于大广场西北部，西北组“大房子”F74前之东南部。平面呈圆形，直径14米，面积约154平方米。其他情况同上（图1-36）。

(4) 其他如陕西武功县赵家来村客省庄二期文化院落式窑洞居址，位于室外庭院中由夯土墙作三面围合之空间（图1-51），亦有

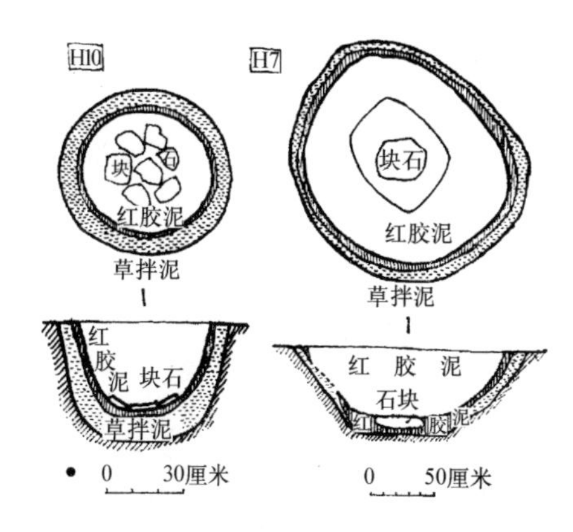

图1-109　甘肃永靖县大河庄齐家文化窖穴遗址（《考古学报》1974年第2期）

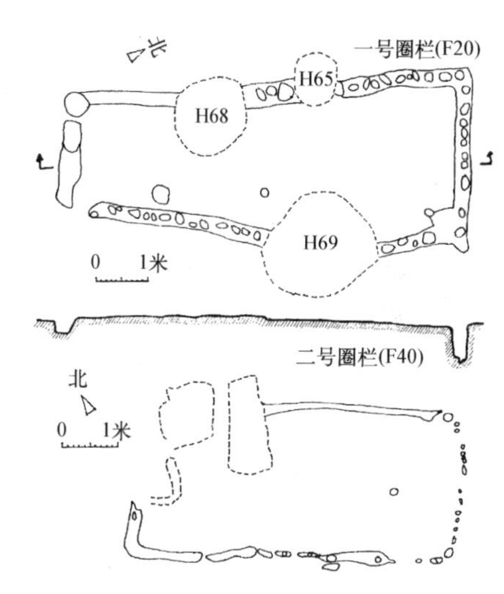

图1-110　陕西西安市半坡仰韶文化聚落畜栏遗址（F20，F40）（《西安半坡》）

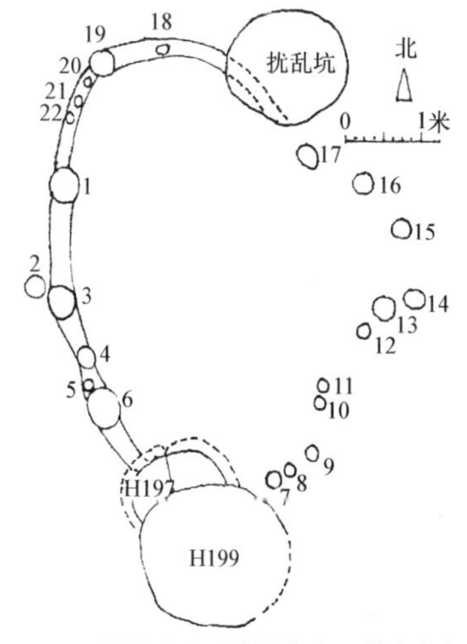

图1-111　陕西临潼县姜寨仰韶文化聚落畜栏遗址（《姜寨》（上））

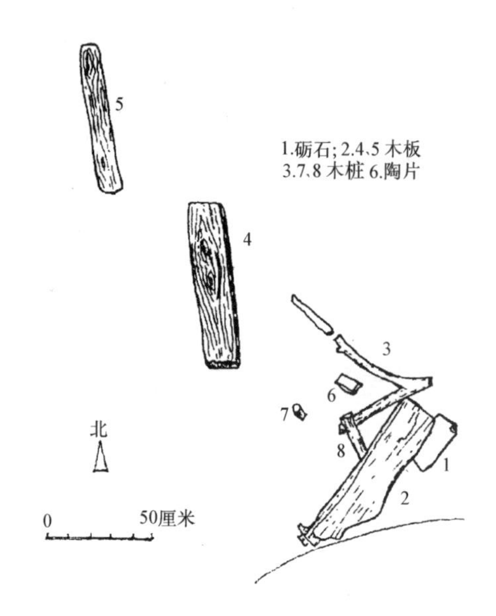

图 1-112 江苏吴江县龙南新石器时代聚落埠头遗址(《文物》1990 年第 7 期)

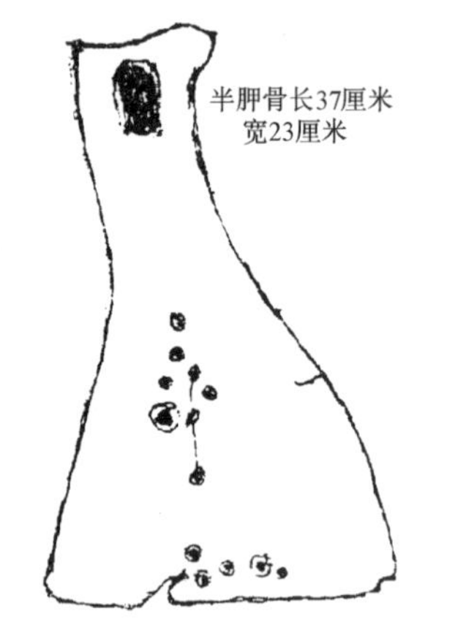

图 1-113 甘肃武威市皇娘娘台齐家文化遗址卜骨(《文物》1959 年第 9 期)

可能作为围栏牲畜之处。

6. 码头(埠头)

目前,仅在江苏吴江县龙南新石器时代聚落遗址内发现一处。该遗址位于穿越聚落之小河南岸,现存木桩三根及若干形状整齐之木板,估计是一处小型供泊船或取水……之埠头(图 1-112)。

四、中国原始社会的祭祀建筑

前面已经提到,原始人在对自然界和社会中所发生的一些无法控制与难以理解的现象和灾难,表示了十分崇敬或畏惧的心情,并由此逐渐发展到对它们的膜拜。例如太阳给世界带来光和热,因此被人们认为是一切生命的源泉而受到最高的崇拜。这一现象,不但在我国,就是在世界许多地区,都曾有过一致的认同。

另外一种就是对祖先的祭祀,后人认为前人的灵魂永在,为了追恩思源和祈求庇护,因此祭祖也成为祭祀活动中的一个重要内容。就目前所获得的资料来看,它们大多位于聚落中或公共墓地内,形制也较祭天、地、山、川……之大型坛台小得多。有关这方面的内容,将在墓葬中另予介绍。

原始崇拜由开始的自发性逐渐走向规范性,于是出现了由简趋繁的种种仪式,主持典礼是以巫师为首的神职人员,以及专门供祭祀活动用的礼器、音乐和舞蹈等等。然而这些都需要一定空间和环境才得以体现,从而为上述各类活动需要而服务的祭祀建筑、构筑物,也就走上了历史舞台。其出现时间,大约在新石器时代的中期前后。这时也已出现使用灼骨占卜,表明此项活动已非原始阶段。甘肃武威皇娘娘台齐家文化遗址已出土卜骨[58] 40 余片,均为羊、牛、猪肩胛骨(图 1-113),其中以羊骨为多。骨上有明显烧灼痕迹和少许细微刮痕,但未钻未凿,与后世商、周卜骨占甲法不完全一致。

(一)室外祭祀建筑遗址

已发现的原始社会室外祭祀遗址,目前以内蒙一带的红山文化保存最多,这大概和它们采用石建筑有很大关系。一般皆以露天的祭坛形式出现,且规模都相当巨大。南方实物仅见于良渚文化一例,坛台构以夯土。

现将已知各地实例介绍如下:

1. 河北武安县磁山文化祭祀遗址

磁山遗址探方 T27、T28、T25 之下,发现由大小不等之卵石平铺成“S”形平面之遗址一处,宽度 1.1~1.5 米,估计是供祭祀之用。

磁山遗址之灰坑,内中积有粮食的有 80 多个,但常在最底面发现猪、犬骨架,很难想象会在堆放粮食之下埋葬动物。粮食层以上盖一层黄色硬土，再上为含大量陶片之灰土。坑中又常出成组陶器或作炊器之陶盂，这些都与粮食贮藏无关。故此类灰坑也应是祭祀遗址。

2. 内蒙古包头市大青山莎木佳红山文化祭祀遗址[24]（图 1-114）

在内蒙古包头市东郊 20 公里大青山南麓莎木佳村外一处已经发掘之红山文化聚落遗址中，除发现曲尺形平面居住建筑外，遗址之西南，有用大石块砌筑呈圈状（宽 0.4 米）平面的露天祭坛群基址遗留。全长约 19 米，由三座圆形土丘组成，自西南延向东北。最南为直径 1.5 米之圆形祭坛；中间为圆角矩形（东西 3.8 米，南北 3 米）祭坛；最北祭坛平面亦为方形圆角，但分为两层；外层尺度为 7.4 米×7.4 米，内层 3.3 米×3.3 米；最高处高 1.2 米，顶部并平铺石块一层。此三坛之间距均为 1 米，并采用中轴对称式布局，有可能表现了古人最早的“天圆地方”思想。附近并出土陶塑女性裸像，伴有陶制祭器。遗物经 C14 测定为 4240 年±80 年，时间相当于阿善遗址第三期文化晚段。

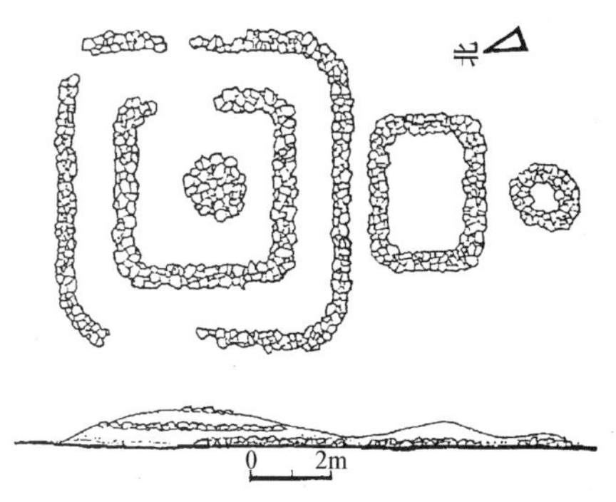

图 1-114 内蒙古包头市大青山莎木佳红山文化祭祀遗址(《考古》1986 年第 6 期)

3. 内蒙古包头市大青山黑麻板红山文化祭祀遗址[24]

黑麻板遗址位于上述莎木佳遗址以东约 7 公里，亦为红山文化聚落。在此居住聚落北墙附近，有一呈不规则矩形平面之大型台基，东西宽 52 米，南北长 25 米，残高 2.2 米，由土筑成。台基中心有呈“回”字形之石圈二道，平面亦为具圆角之方形。石圈本身宽 0.4 米，埋砌与地面平齐。内圈中央平铺石数块。台基西侧另有每面长 3.2 米之正方形石圈，圈宽亦 0.4 米，残高 0.3 米，推测其功能用途应与中央者相同。

此组石构建筑与莎木佳遗址所见者甚为类似，年代亦与之相当，应均属当时先民之祭坛遗址。

4. 内蒙古包头市大青山阿善红山文化祭祀遗址[24]（图 1-115）

在阿善遗址之西台地南端一道高岗（南北 80 米，东西 30 米）上，发现有 18 座外观呈圆锥形之石堆，作南北一线排列，全长 51 米，其最北之堆石距阿善遗址中心 90 米。

南端石堆最大，直径 8.8 米，残高 2.1 米。中部 16 堆石尺度大致相若，直径 1.4～1.6 米，残高 0.35～0.55 米，其间距除北数第 2 第 3 堆间为 4 米外，余皆 0.8～1 米。此部北端最末石堆之西，另有一小石堆，直径 1.1 米，残高 0.2 米。这些石堆所用石块都较规整，其基底构于生土上，距现地表 0.2 米。

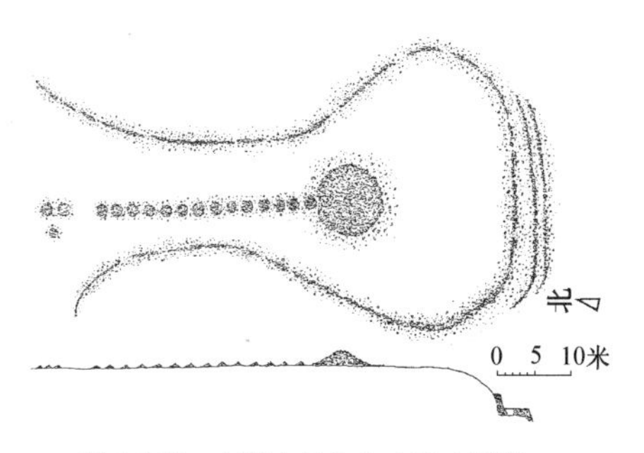

图 1-115 内蒙古包头市大青山阿善红山文化祭祀遗址(《考古》1986 年第 6 期)

在石堆所在岗梁之东、南、西三面，均发现有垄状石墙址，残体略高于地面。计东、西各一道，南侧三道，平面均呈弧状曲线。南墙内起第一道与第二道相距 6 米。第二道与第三道相距 1.8～2.2 米，均长 35 米。已知第二道南墙正面（南）高 1.7 米，顶宽

0.6米。第三道墙残高0.5米，宽0.9～1米。此二墙墙身均背面（北）贴坡而正面（南）向内斜收，显系用于护坡。石块皆错缝平砌，其间嵌以碎石或黄泥。据遗物判断，此第二、第三道墙均建于阿善第三期早段文化堆积上。

最南端大石堆与第一道南墙间，有开阔台地，东西约34米，南北17米。估计是当时祭祀活动场所。

5. 辽宁喀左县东山嘴红山文化祭祀建筑遗址

遗址中心为一大型长方形基址（编号g1），东西宽11.8米，南北长9.5米。上部堆积黑灰土夹碎石层厚50厘米，下部为厚30厘米左右之黄土。底部为平整黄土硬面，间有大片红烧土面。基址四周皆以经加工之砂岩（少数为灰岩）砌墙基，砌石一般长30厘米、宽20厘米、厚15厘米。东墙基中部尚保存长3米、高0.46米一段，共分四层。南墙基亦存中部长3米、高0.15～0.40米一段，厚1～4层不等。西墙不存，仅见其西南、西北角。其西南角成90°折角，尚存高0.45米之砌石5层。北墙存3.4米，高度仅1～2层。

基址内有大石堆三处。以南侧中部者最大，由密置竖立长条石组成略似椭圆之平面，东西长2.5米。石条底平顶尖，作锥形，高0.85米左右，一律向东北方倾斜。

出土遗物有玉璜及龙首玉璜各一，上层之黑灰土陶片大多属粗泥质红陶筒形器。

基址以外建长方形石垣，垣宽约0.20米。

遗址南部另有石砌圈形台址及圆形基址。

● 圈形石台址（编号g6）距g1基址南墙约15米，平面圆形，直径2.5米，距地表深0.2～0.4米。以长0.30米白灰岩片砌为圈状，其下垫黄土约厚0.5米。最上表面铺小河卵石一层（此石在遗址附近未见，可能取自山下河滩）。

● 圆形石基址（编号g7），在g6南约4米，已残，尚可辨出三个相连之圆形基址。其中一个南北径3.1米，东西径3.8米。另一南北径2.9米，东西径4.1米，均为单层石块砌成，边缘再以大河卵石砌出二圈，圈内表面铺小石块，其下亦黄土垫层。

6. 浙江余杭县瑶山良渚文化祭祀遗址[47]（图1-116）

该遗址属南方良渚文化。祭坛平面呈三重之方形，位于一小山顶上，其上文化堆积厚0.2～0.3米。最内为由红色土壤夯筑成之坛台，测得其各面长度为：东，7.6米；南，6.2米；西，7.7米；北，5.9米。其外为灰色土筑成之围沟，深0.65～0.85米，宽1.7～2.1米。沟之南、西、北三面分别以黄褐色斑状土筑成宽4.0米、5.7米与3.1米之土台。台面铺以砾石。其西、北再建由砾石砌成之石坺，外形作整齐之斜坡状，现仅残余之西侧约10.6米、北侧约11.3米各一段。

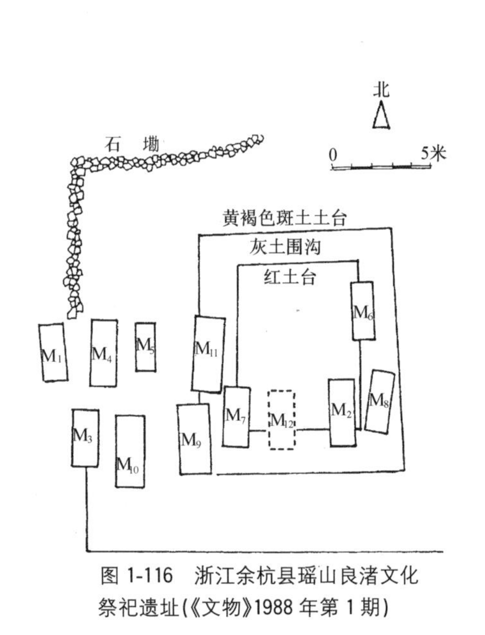

图1-116 浙江余杭县瑶山良渚文化祭祀遗址（《文物》1988年第1期）

坛上经发掘知列有南、北二行之墓葬12处，依出土文物考证，可能是当时祭师之墓。

（二）室内外结合的祭祀建筑遗址

这类遗址至今发现绝少，其规模也不若前述室外者大。例如，在属于河南龙山文化油坊类型的河南杞县鹿台岗新石器时代遗址中，发现二组具有祭祀功能的建构筑物[48]。（图1-117），形制甚为特殊，现介绍于下：

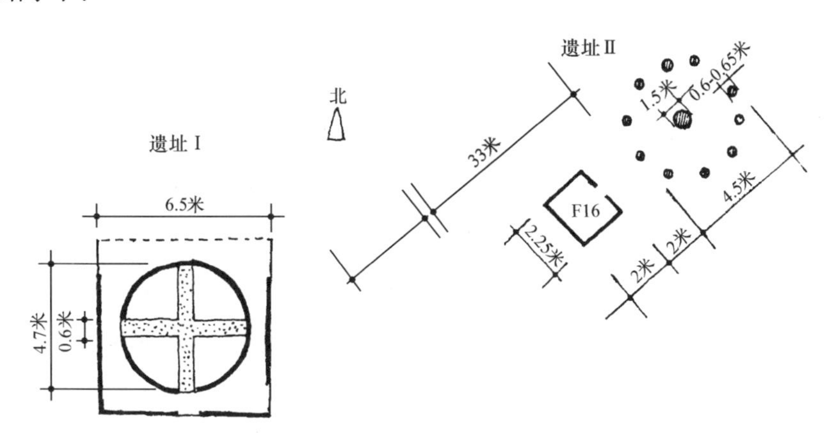

图1-117　河南杞县鹿台岗龙山文化祭祀遗址(《考古》1994年第8期)

● 遗址Ⅰ：

为一外方内圆之特殊组合平面建筑，方向为正南北，基址高于当时周围地面1米左右。

内部建筑为直径4.7米之圆形平面，墙厚0.2米。其南、西中央各辟一门，室内有南北向与东西向正交之十字形“通道”，道宽0.6米，由坚硬之黄花土筑成，与室内其余部分之灰黑色土壤完全不同。在十字交叉处附近及西门一侧，各有一柱洞。室内未见烧火灶面。

外部建筑为正方形，每边长6.5米。其中南墙完整，东墙残长4.15米，西墙残长3.7米，北墙已毁，一部为现有房屋及大树积压。在南、西墙中央亦各开一门，并与内室门及“通道”相对应，且宽度同为0.6米。表明它们在使用功能上有密切关联。

● 遗址Ⅱ：

位于遗址东北33米处，由10个土墩及一座建筑组成，沿东北——西南轴线作对称布置，全长约9米，其北部与西南部已局部破坏。主体似为位于最东北之土墩群，平面亦呈圆形，中央为一直径1.48米之大土墩，周围环绕直径0.6～0.65米圆形小土墩10个，总体直径为4.40～4.50米。诸墩高度0.4～0.5米。遗址周旁未见墙基、壕沟、柱洞或烧土面等居住建筑痕迹。但其东南外侧约1.5米范围内，有厚2厘米之烧灰堆积。其西南外侧2米处，有一近方形建筑（F16），东西宽2米，南北长2.25米，周以墙垣，其西南隅有柱洞。正对上述土墩群的一面中央辟门，宽亦0.6米。在建筑技术方面，上述土墩之构筑，为先在地面掘圆形坑，坑壁抹厚10～20厘米之草拌泥一层，然后填入纯净黄土，逐层夯实，直至地面以上，一般为4～5夯层。至于本组建筑与遗址Ⅰ的具体关系，目前尚不清楚。

（三）室内祭祀建筑遗址

1. 辽宁凌源县牛河梁红山文化“女神庙”遗址[49]［图1-118（一）］

属于红山文化之“女神庙”，位于凌源县与建平县交界处大凌河与老哈河之间的牛河梁山脊上，朝向北偏东，为一深0.7～1.2米之半穴居建筑。其平面不甚规整，可分为南、北二部，主体在北部（J1B），呈狭长之“匕”字形，南北18.4米，东西最宽6.9米，最高处2米。南部（J1A）大体为中腹凸出之矩形，南北最长处2.5米，东西宽6米。南、北二部相距2.05米。整体平面约长23米。经局部试探，在北部遗址北端，出土泥塑人像残体多件，包括头、肩、臂等，其中较完整的是“女神像”首部。其眉、目、口、鼻之形象均酷似生人，并且使用绿松石作为眼珠嵌入目内［图 1-118（二）］，这些都表明当时的塑像艺术已达到了很不错的水平。

穴中及穴外均未发现柱洞，以及供上下交通的斜坡道或踏垛。虽然它是我国目前已知惟一出土有偶像的新石器时代祭祀建筑，但对在如此狭长且具相当深度的建筑中，怎样进行祭祀活动，以及它上部的屋盖又采用何种结构与外观等问题，一时尚未觅得答案。

2. 甘肃秦安县大地湾仰韶文化附地画房址 F411[41]（图 1-119）

这是一座主体平面为矩形并前附凸出门斗的地面建筑。东西宽约 6 米（北墙以柱划为五间，南墙划为六间），南北长约 4.8 米（东、西墙各以柱划为四间）。其柱网排列不整齐。门辟于北墙正中，宽 0.6 米。前有宽 1.13 米，进深 0.8 米门斗。室中央稍北有直径 1.16 米圆形灶面，凸出地面约 0.05 米。灶后左右各立内柱一根，相距 2.5 米，直径0.18～0.23 米，埋深 0.40～0.64 米。周边外柱应有 19 根，现余 17 根，直径 0.18～0.22 米，埋深 0.40～0.56 米。就建筑平面布置而言，与前述原始聚落中的“大房子”颇为相似。

室内地表遍涂“白灰面”，下为草泥垫层及夯实基土。在近南壁之居住面上，有由炭黑绘就之地画，

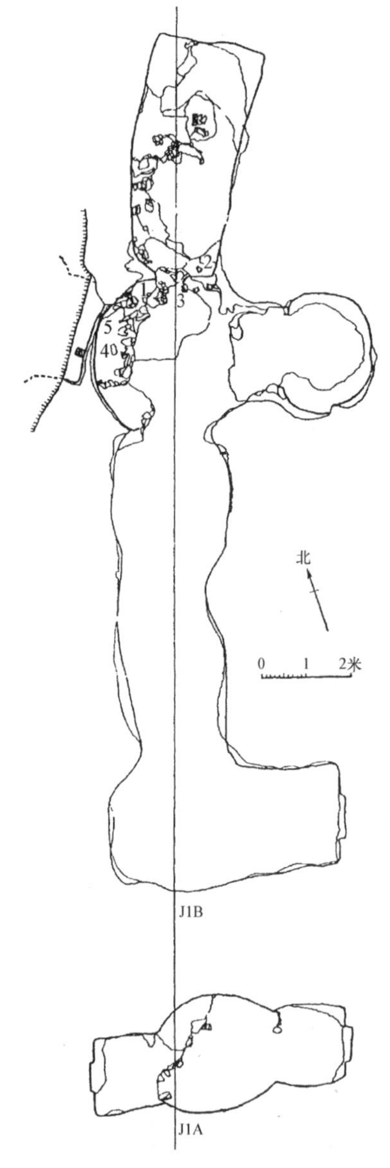

1. 头 2. 手 3. 手 4. 肩头 5. 肩臂

图 1-118（一） 辽宁凌源县牛河梁红山文化“女神庙”遗址(《文物》1986 年第 8 期)

图 1-118（二） 辽宁凌源县牛河梁红山文化“女神庙”出土“女神”头像(《文物》1986 年第 8 期)

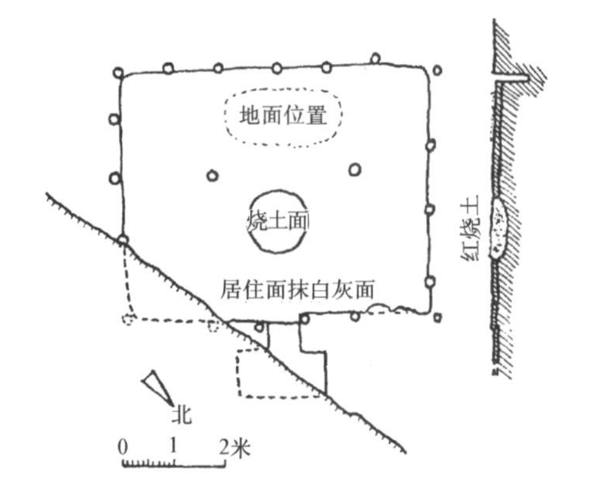

图 1-119 甘肃秦安县大地湾仰韶文化附地画房址 F411(《文物》1986 年第 2 期)

其范围为东西 1.2 米，南北 1.1 米。主要内容为曲左臂至头作舞蹈状男女各一人，下侧另有二动物图像（图 1-18）。此种“地画”在各地原始社会房址中尚属首次出现，推测可能是对祖先的崇拜。

据出土陶片测试，此建筑存在年代为公元前 3000 年左右。地画中男子居中地位突出，表明当时社会已进入父系氏族时期。

五、中国原始社会的墓葬

以血缘关系组合在一起的原始人群，平时劳动和生活都在一起，就是亡故后似乎也脱离不了上述关系。例如旧石器时代晚期北京周口店的山顶洞人，在其生活的崖洞里，前部作为生人起居之所，后部则作为亡人埋葬之地。这种将死亡者集中于某一地点的现象，在某些有相当智能的脊椎动物中，亦有所表现，例如大象。山顶洞人的埋葬是迄今为止最早的例证。除此以外，还表现了先民对死者的尊重与怀恋。例如在当时得来不易由兽牙、海贝、石珠、骨管等组成的装饰品，也随死者而入葬。另外撒在尸体上的赤铁矿粉（平时用来染红物品），也应有它的意义。上述事实表明，当时的古人对亡人和墓葬，已经有了某种信仰和寄托。

新石器时代的墓葬，亦按照氏族血缘关系集中在一起，并与居住、生产区分离（仅儿童瓮棺葬或某些建筑的牲人葬例外），在前述的原始社会聚落一节中，已有若干介绍。现就其氏族公共墓地与个体墓葬，分别举例叙述于后。

（一）公共墓地

就目前已知资料，原始社会的公共墓地具有如下几个特点：

1. 规模巨大

已经发掘的原始社会氏族公共墓地大都位于聚落附近（依此情况类推，当时城市的周旁也应设置，但目前尚无具体资料），不但面积广大，而且墓葬集中，数量也很众多。但由于自然地形条件所限，以及出于氏族血缘关系等原因，这类氏族公共墓地往往不仅集中一处。目前所知最大的氏族公共墓地，首推陕西宝鸡市北首岭遗址墓地，其南北长 100 米，东西广 80 米，占地 8000 平方米，共发掘有墓葬 404 处。西安市半坡遗址墓地主要集中于北部，占地 6000 平方米，但因长期遭受破坏，仅余墓葬约 150 座。临潼县姜寨遗址墓地共分为三区，据部分发掘之 2400 平方米内，亦有墓葬 300 余座。

2. 区域划分

除在聚落中与居住、生产等地域有明显的大区分以外，在墓地内部，又再作若干划分。例如姜寨位于聚落东北、东和东南的三区墓地，可能分属聚落中三个不同的氏族。由先民在聚落居住区中的分布情况，可作为这种推断的理由。另河南郏县水泉寨裴李岗文化遗址之公共墓地中部，明显地有一条宽 4～5 米的南北向旷地，将整个墓地隔为东、西二区（图 1-120），并在其间置一较大的烧土坑。由于墓穴

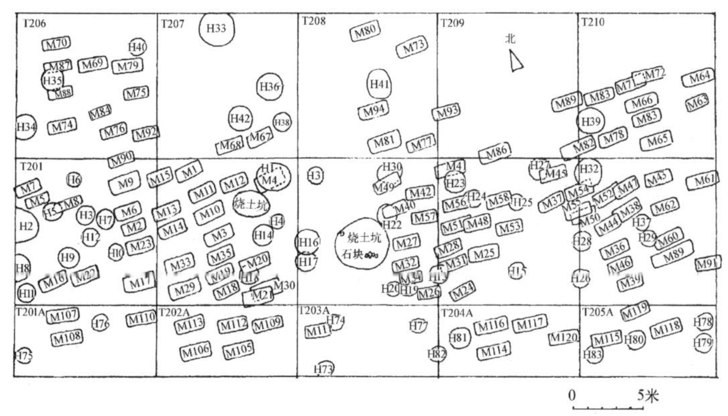

图 1-120 河南郏县水泉新石器时代遗址墓地（《考古学报》1995 年第 1 期）

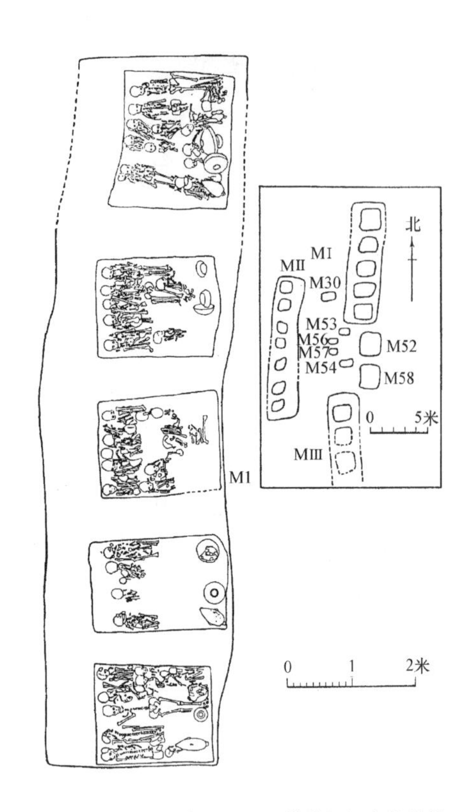

图 1-121　陕西华阴县横阵仰韶文化墓地（《考古》1960 年第 9 期）右．墓地墓穴分布图左．M1 平面图（陕西华阴横阵出土）

皆顺东西向作有序排列，因此上述分隔可以肯定是出于有意识的人为，看来也是对聚落中至少二个氏族集团墓葬的分界。此外，在一个氏族墓区中又再可划为若干家族墓葬范围。例如陕西华阴县横阵仰韶文化墓地中，其多人合葬墓被划分为三组（墓Ⅰ，Ⅱ，Ⅲ），并依品字形作对称式排列。每组之长条形大墓穴（长 10～12 米，宽 2.5～3 米）内，再掘出平面大体呈方形之多人合葬墓若干。其他较小墓葬也按照一定规律分布于其间（如较大之 M52、M58……）（图 1-121）。上述墓葬形制，可以认为是聚落对不同氏族所作的有计划安排。而郑县水泉寨墓地中，有些墓间尚余有若干空地，似乎有意为未亡人保留了按一定顺序分布的位置。这种现象，只能从家族关系得到解释。因当时尚属母系氏族社会，各成员间的小家庭关系并不突出。但在龙山文化等新石器晚期的墓地中，常发现相对集中的成组墓葬，这应当是父系社会中家庭被强化的表现。

3. 埋葬制式

早期成人墓地中男、女墓穴相混，但都以单人葬为主。但也有二至四人以至更多的合葬，如陕西华县柳子镇元君庙仰韶文化墓地。在母系社会中出现的二人葬，大多为同性者（但母子例外）。父系社会之单人葬仍多，但双人墓已有男女合葬并以男子为主（男子直身仰卧、女子曲身侧卧）的现象。儿童皆以瓮棺为主。二次多人葬死者之年龄、性别混杂，肢体有排列整齐的，也有乱葬的。

土坑竖穴是最常见的墓坑形式，一般无葬具，仰韶时期个别有用卵石砌出“椁室”或以红烧土块铺垫墓底的，例见元君庙墓地。甘肃景泰县张家台新石器时代墓葬（属仰韶文化半山类型），其 M1，M5 均用石板作棺具、四面之壁板及顶板（无底板，下垫黄土）。用木板者除见仰韶 M152 一例以外，上述张家台墓葬之 M7，为当地用木板为棺之孤例。其尺度甚小（长 1.16，宽 0.8，残高 0.14 米）死者屈肢踡缩其中，又无棺盖及底板。至龙山中、晚期，则有用“井”字木框作木棺，例见甘肃兰州市花寨子“半山类型”墓葬 M25（图 1-122）；或以原木作四壁及顶部之“木椁”者（见大汶口龙山文化），以及在墓穴四壁立木柱（其间应另有木板，已毁），见陕西凤翔县大辛村龙山文化墓。这些都为以后商、周盛行的木椁墓提供了经验。

红山文化地区盛行由块石叠砌之墓葬，墓外再周以石垣。

各地发现之墓葬，以头西足东为多，如陕西西安市半坡、临潼县姜寨、河南郑县水泉寨等。可能与崇日有关。或朝西北，如甘肃永靖县秦魏家（图 1-123）。也有朝南、朝北的。

在随葬品方面，母氏氏族社会的墓中，以工具和装饰品为多，且女性的多于男性。至父系氏族社会，男性统治者（包括部落首领、巫师……）为了表现其权力和财富，随葬品就有了显著增加，而且还出现了礼器（玉琮、玉璧……）这类过去未曾有的内容。

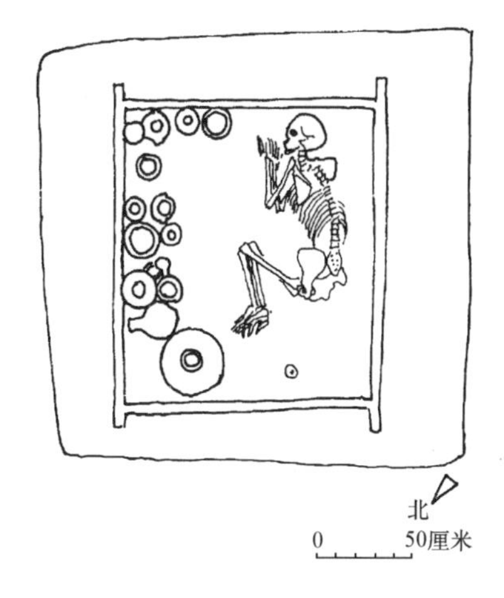

图 1-122　甘肃兰州市花寨子“半山类型”墓葬 M25(《考古学报》1980 年第 2 期)

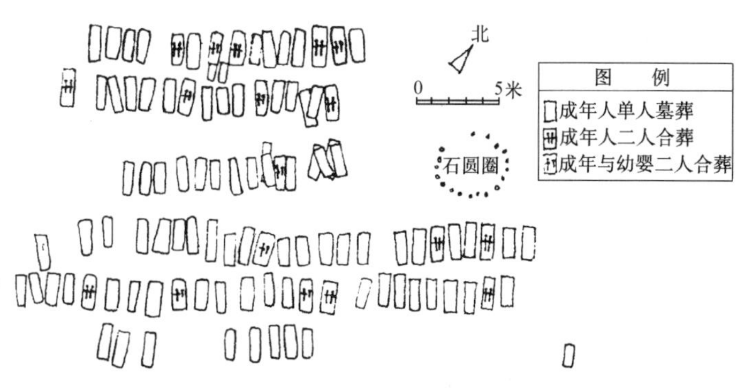

图 1-123　甘肃永靖县莲花城秦魏家南区齐家文化墓葬(《考古学报》1975 年第 2 期)

由上可知，新石器时代的埋葬方式已有相当丰富的内容与制度，随着社会的发展，埋葬制度中的仪礼性也日趋突出，特别是对于统治阶层，他们的墓葬与一般平民的距离逐渐扩大。

4. 墓祭杀殉

对祖先的祭祀亦是先民祭祀活动中一个重要和经常的内容。因此也就必然要有进行这类活动的场所。根据对一些原始社会公共墓地的发掘，已找到这方面的若干证据（但不是在每个氏族墓地中都有出现）。现将已知情况记述于下：

● 例一　河南郏县水泉寨新石器早期裴李岗文化墓地（图 1-120）[50]中部有一椭圆形大烧土坑，东西宽 3.8 米，南北长 3.5 米，坑底遗有若干乱石。另一较小之烧土坑在西墓区东北隅，距东南之大烧土坑约 4.3 米。平面亦为椭圆形，东西 1.7 米，南北 1.2 米，坑底有少量兽骨堆积。估计它们都与该墓地之祭祀有关。

● 例二　甘肃永靖县莲花城秦魏家遗址[51]南区墓地之东北隅，发现有直径约 4.5 米之石圈，由若干石块隔一定距离围成圆圈，除西北角略有佚缺外，尚有砾石 18 块清晰可见（图 1-123）。同样情况，亦见于与其隔沟相望之大河庄遗址（图 1-124）[52]，其墓地上有相类似之石圆圈 5 处，直径约 4 米，均由天然扁平砾石排列而成。附近并发现牛羊骨骼（其中包括一头被断首的怀孕母牛）及卜骨等，显系祭祀活动之遗物。此二地均属齐家文化（新石器末期），C14 测定并校正年代为公元前 2000 年前后。

（二）单人墓葬

1. 陕西西安市半坡遗址仰韶文化墓葬 M152[18]（图 1-125）

该墓位于遗址第二瓮棺葬群东侧，墓主是一个三四岁女孩，但使用的却是为成人埋葬的土坑墓。土坑平面长方形，东西长 1.46～1.6 米，南北宽 0.7～0.8 米，墓口距地表深 0.2～0.24 米。墓坑内有显著的木板痕迹，这是用长短宽窄不一的木板垂直插入穴周土中，形成一东西长 1.4 米，南北宽 0.45～0.55 米，南高 0.48 米，北高 0.4 米的“木棺”，并在木板与土壁间，形成了“二层台”。这些现象，都是过去所未曾见的。由木板遗留纹理观察，两侧木板系横放，而两端则为竖置。

随葬物品甚多，共有陶器 6 件，石珠 138 颗，石球 3 个及玉石耳坠 1 件。

从墓葬层位看，此墓属遗址中之晚期。其特异之处，是使用了非同一般的葬制，并出现了当地尚未见于成人墓葬的“木棺”，加上丰富的随葬品，说明死者具有特殊的社会地位。

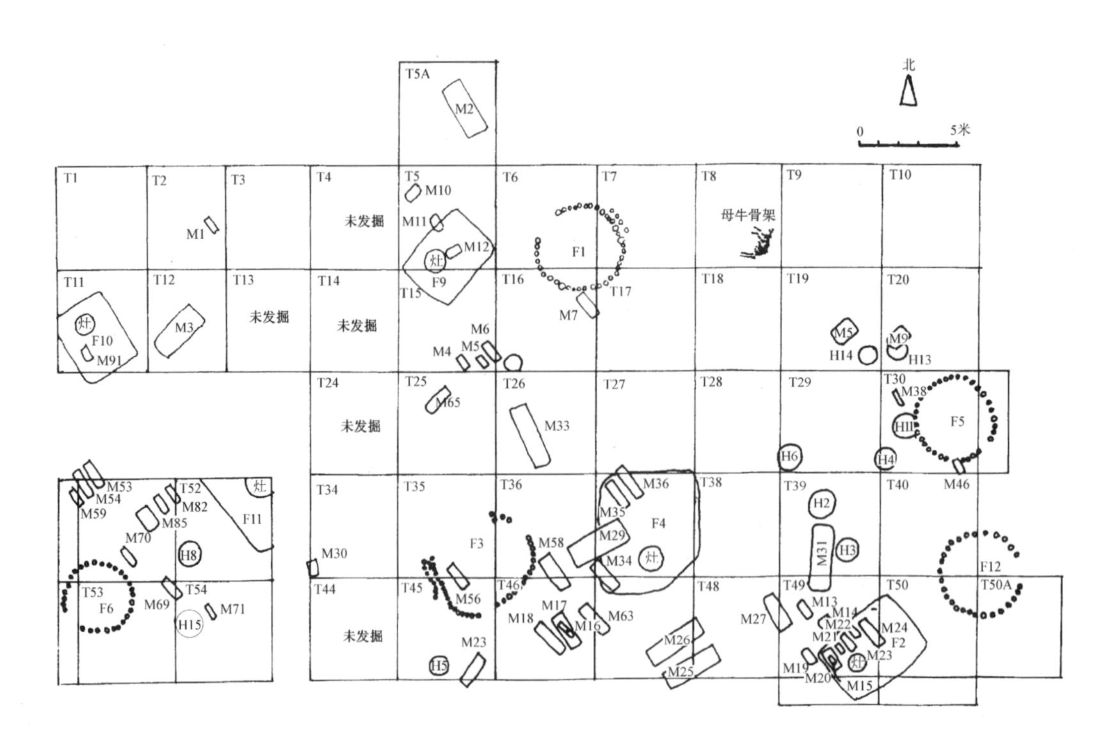

图 1-124 甘肃永靖县大何庄齐家文化遗址东区、西区遗迹分布图(《考古学报》1974 年第 2 期)

2. 甘肃秦安县王家阴洼仰韶墓葬，M45，M51，M63[53]（图 1-126）

这是当时最常见的土坑竖穴墓葬。墓穴大体呈长方形，朝向北或北偏西。均为单人仰身直肢葬。其所不同者，为 M63 之左侧掘有与墓壁相通之椭圆形壁龛，内置随葬陶器 7 件。M51 则在墓穴以外之东侧，另掘一较大之椭圆形独立土坑，其中亦贮放陶器 7 件。此种另增壁龛或独立土坑贮放随葬物品的制式，与新石器时代通常所见之土坑墓将随葬少量陶器置于死者足端者有所不同。出现这种变化，应视作是原始社会个人私有财产增加的结果。

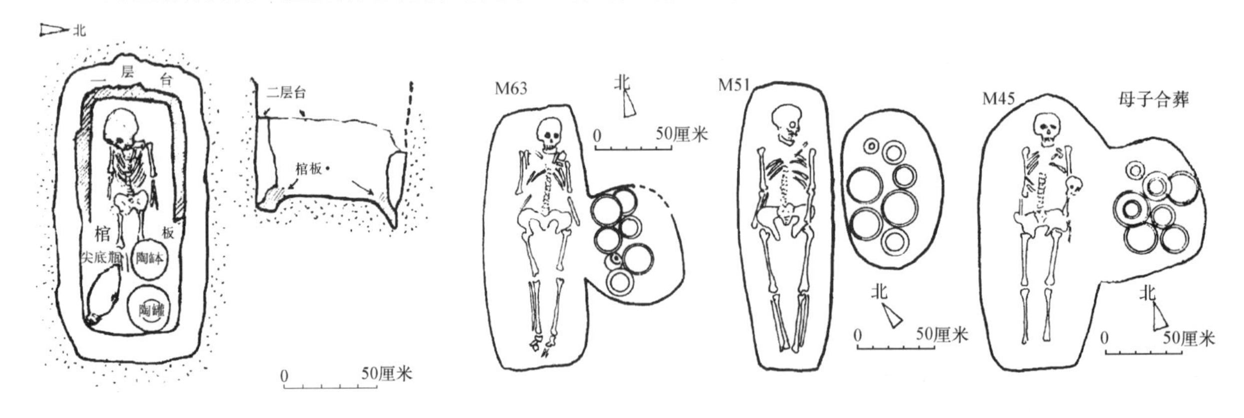

图 1-125 陕西西安市半坡遗址仰韶文化墓葬 M152(《西安半坡》)

图 1-126 甘肃秦安县王家阴洼仰韶墓葬 M45、M51、M63(《考古与文物》1984 年第 2 期)

3. 青海乐都县柳湾原始社会墓葬 M197[54]（图 1-127）

该墓平面近方形，东西宽 2.90 米，南北长 2.3 米，深 2 米。墓道在南壁偏西，宽 0.7 米，曾用三层木板封堵。朝向北偏东 15°。近北壁置有葬具，由木板构成，长 1.7 米，宽 0.5 米。墓主头西足东，直肢仰身，除棺内置小型陶器 7 件外，墓室内大部为各式彩陶壶、罐所占据，总数达 56 件之多，其上纹样种类之多，构图之美，为此时期墓葬中所罕见。亦为父系氏族社会私有制发展与财富集中的一种表现。

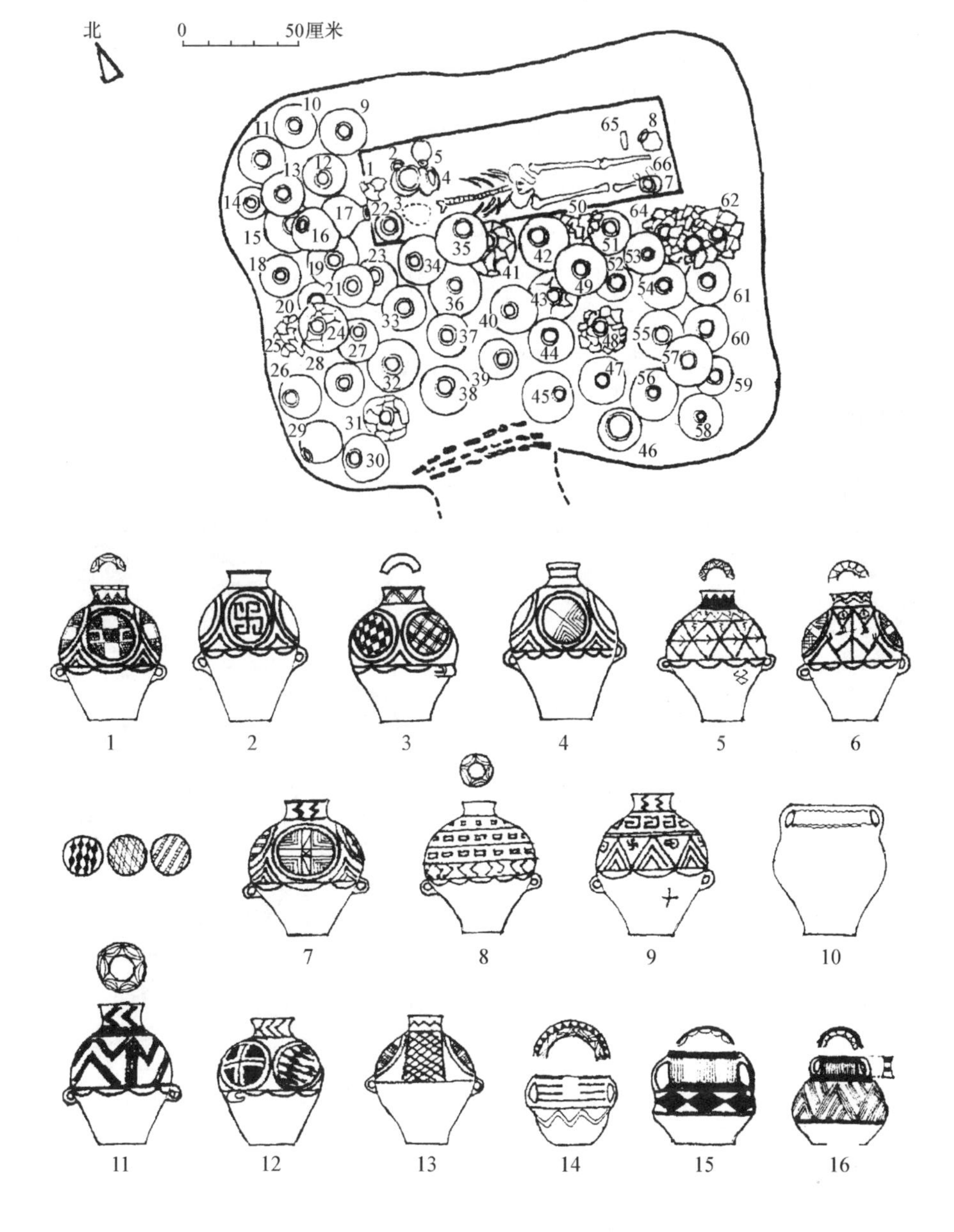

图 1-127 青海乐都县柳湾原始社会墓葬 M197(《考古》1976 年第 6 期)
1～9、11～13. 彩陶壶；10. 粗双罐；14、15. 侈彩罐；16. 小垂罐

4. 陕西凤翔县大辛村龙山文化遗址 M3[55]（图 1-128）

为平面长方形之竖穴土坑墓，穴长 2.3 米，宽 0.82 米，深 0.6 米。墓主头向西南，方位 280°。沿内壁立木柱若干，计东、西各五柱，其柱洞上口直径 18～26 厘米，底径 8～10 厘米，深 60 厘米，即与墓底平，但未埋入地下，似属倚柱性质。南壁施四柱，上下径与东、西柱相同，但埋入深度仅 30～34 厘米，即未达墓底。此外，未见其他木构痕迹。

墓主男性，随葬陶器 3 件及猪下颌骨 10 块。

5. 辽宁阜新市胡头沟红山文化积石玉器墓 M1[57]（图 1-129）

墓在阜新市境内，大凌河支流牤牛河东岸一圆形山丘上，高于现河岸约 25 米，因被河水冲毁大部，才暴露了位于断崖上的墓葬。此墓编号为 M1，外周砌有一圈石围。

该墓位于石围的中心部，土圹南北宽约 1.8 米，东西长度因西端被河水冲毁，故未能确定。自原来地表至墓底深 4.5 米，方位为西偏北约 30°。墓中石棺由石板构成，宽 0.57 米，高 0.45 米。

墓主仰身直肢，首西足东。出土玉器多件，已征集15件，包括龟、鸮、鸟、璧、环、珠等。

建此墓时曾在其周围构一石圈，平面圆形，现仅存东部之一半，南北长13.5米。东北隅开一长5米、宽1米之巷状通道，出口朝北。石圈宽0.5～1.1米，残高0.3～0.5米，由长约0.35米，宽约0.20米石块构成。石围圈下遍压红陶碎片，其东侧外还置有彩陶筒形器一列，共11件。其中5号筒底径32厘米，上口部分已残，施压印条，下接黑彩之勾连涡纹及垂环纹。11号筒较完整，长0.64米，上径0.37米，下径0.30米，上口亦压印条纹，下接三条宽约0.07米黑彩平行宽带纹。此类彩绘陶筒之作用尚不明了。

附近出土另有东周春秋时期墓葬三座（M2，M4，M5），其中M2适在M1填土之上。

6. 儿童瓮棺葬（图1-130，1-131）

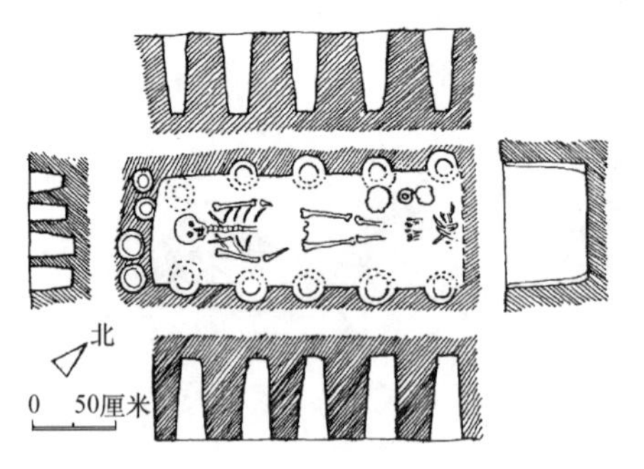

图1-128 陕西凤翔县大辛村龙山文化墓葬M3(《考古与文物》1985年第1期)

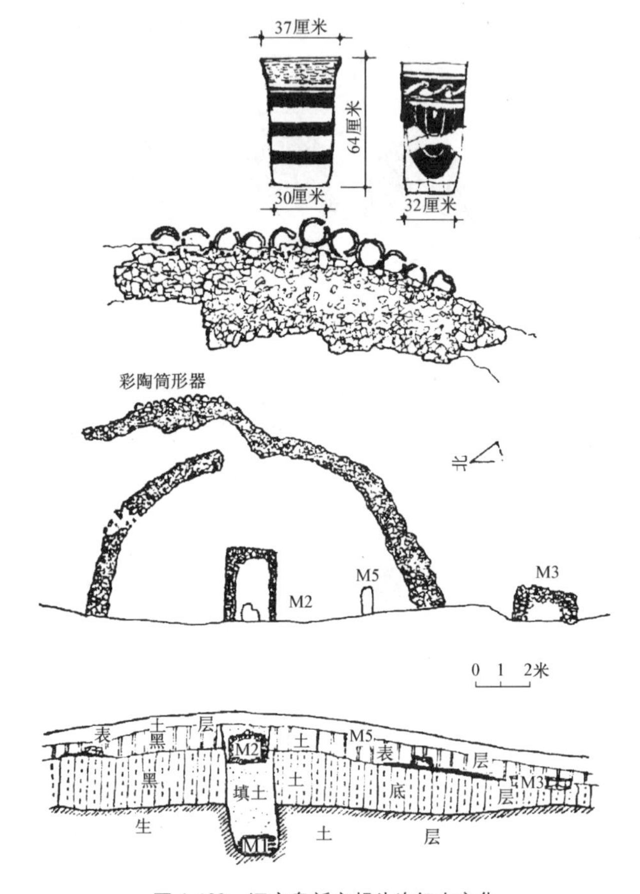

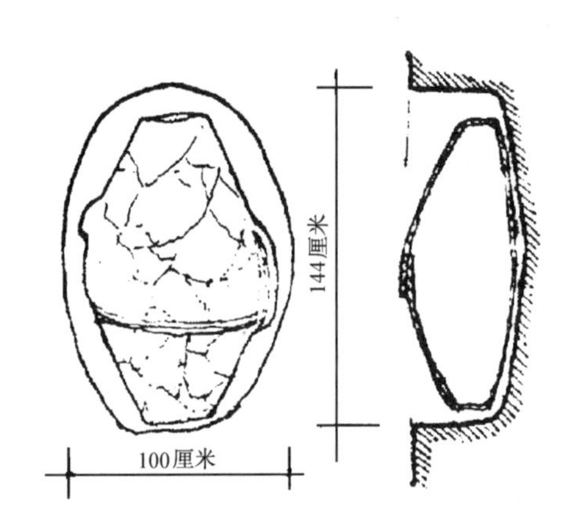

图1-130 甘肃秦安县大地湾仰韶文化遗址儿童瓮棺墓M49(《考古与文物》1984年第2期)

图1-129 辽宁阜新市胡头沟红山文化积石玉器墓M1(《文物》1984年第6期)

采用葬具为陶器，如钵、罐、缸等大型器件，一般是两件扣合，但器物品种不限同类。葬坑多为长方形或椭圆形，甚浅，能容上述陶器即可。瓮棺一般侧放。埋葬地点多在居住区内，也有少量置于成人墓地的。

（三）多人墓葬

内中埋葬人数，自2人至20余人不等。一般情况下，人数少的多为一次葬，而人数多的常属二次葬。现举例如下：

1. 甘肃秦安县王家阴洼仰韶墓葬M45[53]（图1-126）

是一座土坑竖穴母子合葬墓。母体直身仰卧，幼儿位于其左侧腹旁。墓穴东侧亦有相连之壁龛，内贮放陶器七件。

2. 辽宁阜新市胡头沟红山文化积石玉器墓 M3[57]（图 1-129）

此墓在前述 M1 之石围圈外南侧 2.7 米，埋人较浅，墓底距当时地表约 1.1 米，为多室石棺墓。南北宽 2.2 米，高 0.4 米，内部自北向南划为五室，其中第四室葬二人，余皆葬一人。随葬品很少，仅三、五室各出绿松石鱼形坠一件，四室出三联玉璧一件，制作均较粗糙。

3. 陕西华县柳子镇元君庙仰韶文化墓地多人墓（图 1-132）

墓地内共发现墓葬 57 处，其中 45 座分属同时并存的东、西二墓区。每区内又依入葬时间之早迟，自东向西排列为三个纵行，同期者由北往南依次入葬，由此可见当时对墓葬已有相当严格的规定。

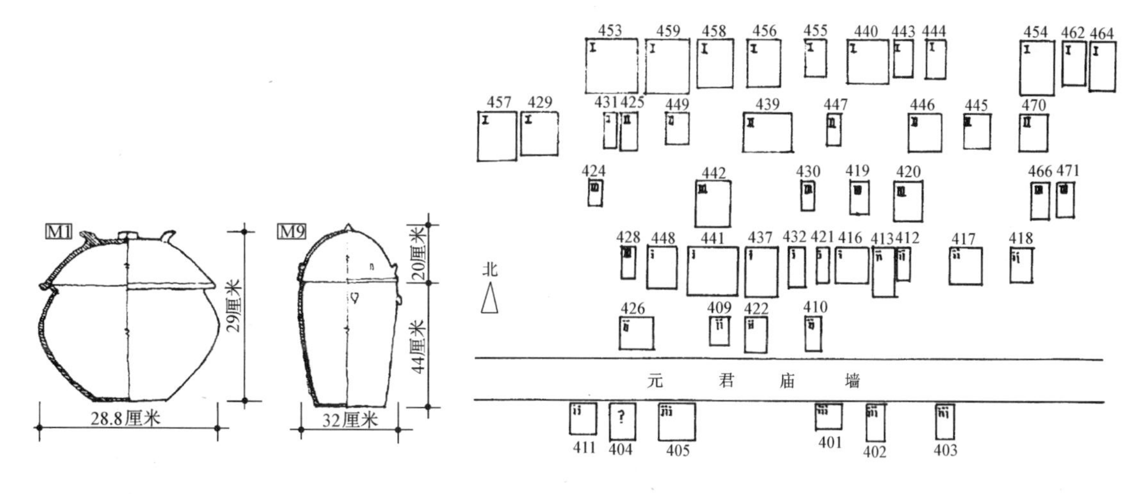

图 1-131 河南鲁山县邱公城岛原始社会儿童瓮棺墓(《考古》1962 年第 11 期)

图 1-132 陕西华县柳子镇元君庙仰韶文化墓地(《元君庙仰韶墓地》)

在上述 45 座墓葬中，有 28 座为多人合葬墓，其入葬者占整个墓地总人数的 92%，每墓葬人 2～25 人不等，但以 4 人以上者为多。多人合葬墓大多为二次葬（迁葬），故埋入者之年龄、性别差别甚大。如 M405 合葬 12 人，包括老、少二代或三代，表明死者应属于同一家族。双人墓葬中尚未发现有夫妻合葬者，且人数较多之合葬墓中，成年男女之比例相差亦大，这些现象都表明当时仍处于母系氏族社会时期。

（四）杀殉墓葬

古人在筑城或房屋奠基时，常举行祭祀，其时所用的牺牲，除了动物牲畜，也有用人的。此外，至少自仰韶时期开始，已发现在墓葬中出现殉人，这种情况，到了龙山时期就更为普遍。现将各种形式的殉人葬实例，摘要介绍于下：

1. 河南登封县王城岗古城遗址夯土基址殉人葬[12]

在西古城中部及西南若干夯土基址下之圆坑内，埋有成人及儿童，每处 2～7 人不等，估计是建造宫室时的牺牲。

2. 陕西西安市半坡遗址之“大房子”F1 基址殉人葬[18]

室内南壁下白灰层中，有人头骨一，旁有破碎粗陶罐，应是奠基之殉人。

3. 河南郑州市二里岗遗址祭祀杀殉遗存

（1）C5.1H171：此灰坑为长方形平面之竖穴式样。

共埋三人：第一人头骨在深 3 米处，其腿骨则在 3.6 米处。

第二人双手反绑，缺一手指及两足趾骨，趾骨断处平齐，似为斩断。

第三人头东面北，俯身，手臂似斩断，双足交叉作捆绑状。此人以北，放完整牛角一对。

（2）M1（灰坑?）：平面及形式皆与灰坑一致，内中埋人之杀殉人畜亦分为三层。

第一层有人骨架三具。第二层有人、猪骨架各一具。其下再放人头骨四个。此种非同一般之埋葬组合，除用于祭祀，很难找到其他理由。

4. 河南安阳市后岗龙山文化建筑遗址殉人葬[38]

遗址中所见儿童殉葬，大多与建筑有关。墓坑在室外之柱下、散水或堆积下，则死者多用瓮棺，且头朝向房屋。若埋于墙基下或泥墙内，则无葬具，且身躯常与墙体平行，埋入之时即建屋之际。埋入人数大多为一人，如F2、F9、F13、F15、F16、F25、F28、F33；埋二人者，如F18、F21、F27、F34；埋三人者，如F19、F38；埋四人仅F23一处。现将其各种不同情况分述于下：

（1）埋柱洞下：以M11为例。墓穴为长方形，置于房屋F9西墙外0.6米处，亦即墙外散水之下。死者仰身直肢，腹腰处压一擎檐柱（图1-133），头向东南。

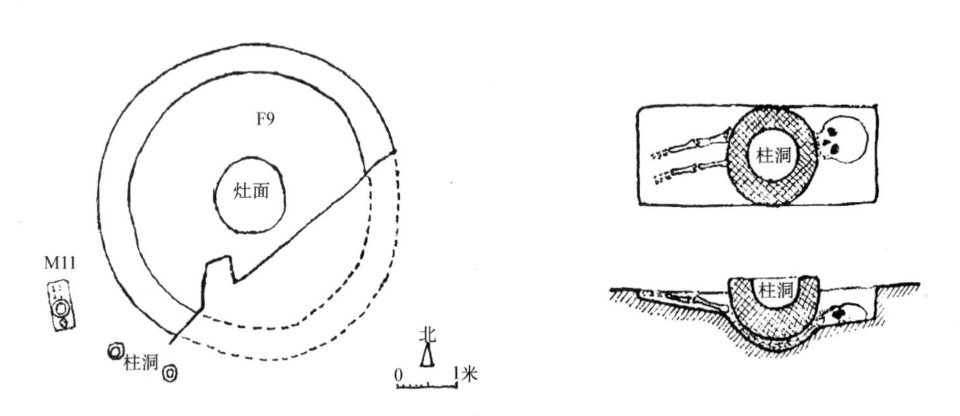

图1-133 河南安阳市后岗龙山文化房屋F9奠基殉人葬（M11）（《考古学报》1985年第1期）

（2）埋于墙基下：M5、F12埋于F21东墙散水之下，均为长方形土穴，死者女性，皆无葬具。身体大致与墙体平行（图1-134）。

（3）埋于泥墙中：M18为一幼童，埋于F25东墙基处，头向东北，身与墙平行，上盖陶片数块。M19、M20、M16分埋于F19之北墙及东墙下，其中M19有瓮棺，M20无葬具，M16为二次葬肢骨零乱。其过程是先垫夯房基土，埋入M16、M20后筑墙，在筑墙中再埋入M19（图1-134）。

（4）埋于散水下及房屋垫土下：M23埋于F33东墙外散水下，长方形墓穴，有瓮棺，方向与墙大致平行。M6、M7、M8、M9埋在F23西面及西北之室外散水下，其中M6、M7、M8均埋于生土中，然后再作房屋垫土。M9则埋入房屋最下层之垫土中。四墓皆有瓮棺，除M9外，其余皆朝向房屋（图1-134）。

5. 河南濮阳县西水坡遗址仰韶文化早期具贝壳龙虎图案殉人墓M45[56]（图1-135）

这是一座平面略呈人首形的竖穴土圹墓，方位北偏东。墓穴东西宽3.1米，南北长4.1米，深0.5米。墓壁及墓底掘修平整。墓中共埋四人，墓主居南面正中，为身长1.84米壮年男子，仰身直肢。葬于西侧的为12岁女童，身长1.15米，仰身直肢，但头部有刀砍痕，显系非正常死亡。北端为16岁左右男性，仰身直肢。东侧死者保存不佳，仰身直肢，年龄亦小。

在墓主两侧有以贝壳精心摆塑之龙虎图案。龙形图案置于墓主右侧，首北尾南背朝西方，全长1.78米，高0.67米，作张口腾飞状。虎形图案在墓主左侧，亦首北尾南但背朝东。全长1.39

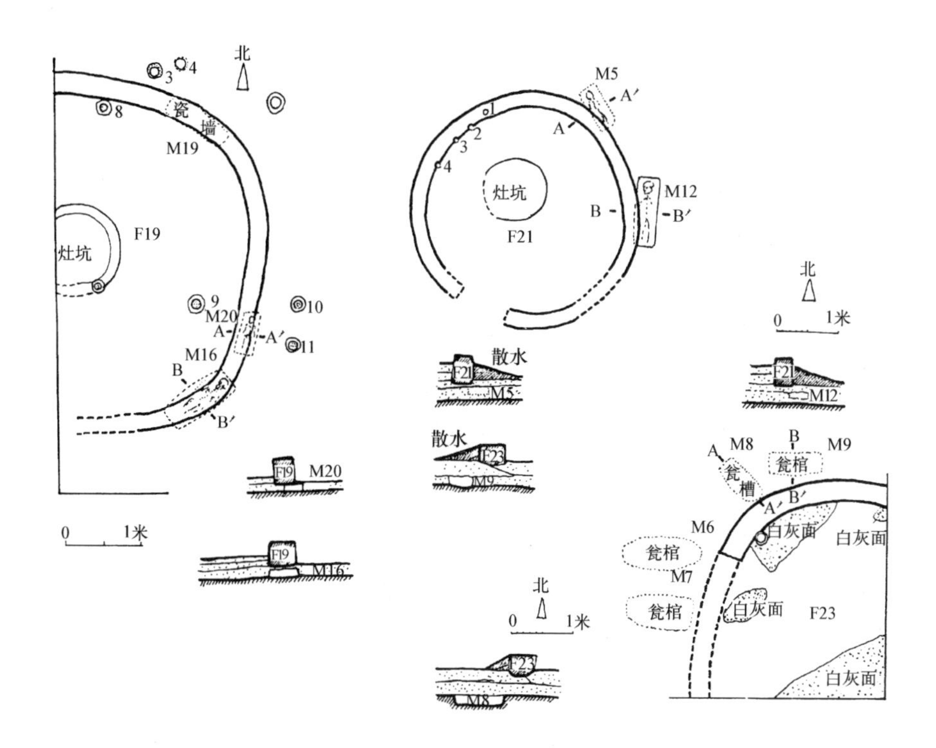

图 1-134 河南安阳市后岗龙山文化房屋 F21、F19、F23 奠基殉人葬(《考古学报》1985 年第 1 期)

米，高 0.63 米，作露齿行走状。虎首以北约 0.65 米有三角形贝壳一堆，堆东有人胫骨二根。

此墓属仰韶文化早期，即母系氏族社会盛期。但墓主为男性，不但殉葬三人，且有上述独特之龙虎图案，其社会地位定然很高。此墓制式特殊，其殉人及龙虎图案，都是仰韶文化中首见。

与此同出的贝塑图案另有两处[56]，但均无葬人痕迹。

其一位于 M45 南约 20 米处的一个地穴中，图案有龙、虎、鹿、蜘蛛等。其中龙、虎联为一体。龙首向南，背朝北；虎首南面西，背向东。鹿卧虎背，外观颇似站立之长颈鹿。蜘蛛在龙首以东，首南而躯北。另在鹿与蜘蛛间，出土一件制作精细之石斧。

其二在上组图案南 25 米之灰沟中，该沟走向东北—西南，底部铺垫厚 0.10 米灰土，蚌壳塑砌图案即位于其上（图 1-136）。全组图案包括人骑龙、虎、飞禽等，南北总长 5.6 米，东西总宽 3

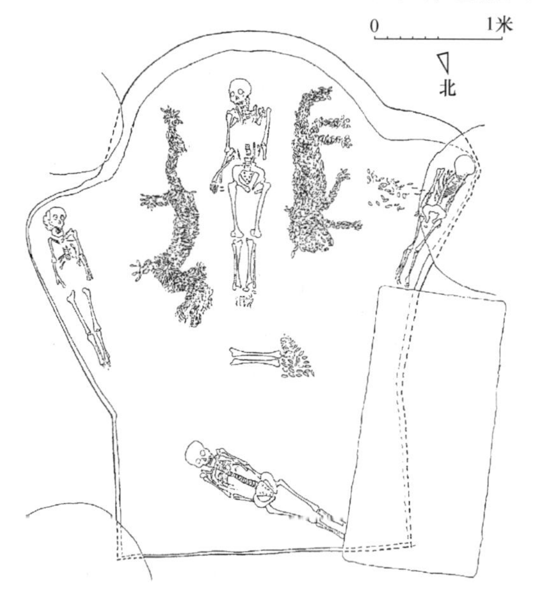

图 1-135 河南濮阳县西水坡仰韶文化早期具贝壳龙虎图案殉人墓 M45(《文物》1988 年第 3 期)

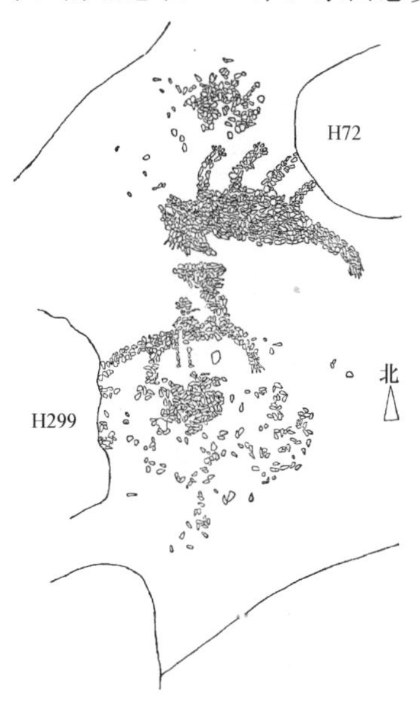

图1-136 河南濮阳县西水坡仰韶文化早期第三组贝壳龙虎图案坑穴(《考古》1989 年第 12 期)

米。人骑龙图案位于中部偏南，龙体长2.2米，高1.45米，首东尾西而背北，作回首奔走状。虎形图案长2.5米，高1.4米，首西尾东而背南，适与龙体相反，作仰首疾行状。二者之西有展翅飞禽，因被晚期灰坑打破，形态不甚清晰。此外，龙之南与虎之北，及二者之西，各有蚌壳一堆，呈圆形。其他尚有若干零星散置蚌壳，但不似随意撒放者，是否影射天河，尚待考证。

此三组蚌壳图案均在同一文化层中，并作南北一线展开，除M45外，其余二组恐有祭祀意味。经C—14测定，其年代为距今5800±110年（公元前3850年），树轮校正年代为距今6460±135年（公元前4510年）。

第四节　中国原始社会建筑的成就和影响

中国原始社会建筑的形成和发展主要是在新石器时代进行的，在将近一万年的漫长过程中，先民们通过自身的智慧和劳动，创造了多种类型和丰富多彩的建筑文化，奠定了日后中华民族的传统建筑形式和风貌。其具体表现在下列几个方面：

一、群体建筑的产生与发展

原始人群为了取得更好的生活条件，相继离开丛林岩窟，来到平原谷地从事定居的农业生产。集体的人群需要集体的住所，因此聚落的产生乃是必然的现象。但由于自然条件的不同，人们创造的建筑形式和聚落形式也不一致。例如以横穴窑洞式为主的聚落（宁夏海源县菜园村林子梁遗址）和以竖向半穴居与地面建筑为主的聚落（陕西西安市半坡遗址、临潼县姜寨遗址、内蒙古包头市大青山黑麻板遗址……）以及以干阑式建筑为主的聚落（浙江余姚市河姆渡遗址）就有显著的区别。而同一类型中，如半坡与黑麻板，也有许多不同。

聚落的进一步发展，就出现了城市。虽然目前已发掘的原始社会城市数量不太多（已有四十余处），分布也限于少数地区，但可以肯定，当时建造的城市数量必然大大超过我们目前所发现的。城市的出现不但反映人类社会进入了一个新的阶段，也反映人类建筑达到了一个新的高度，并需要面对和解决更多新的实际问题。

经过长期实践和探索，原始聚落和原始城市在选址、分区、布局、交通、防卫等方面逐步奠定了许多规划和设计原则，不但使自身的建设日趋合理，而且还为后世提供了宝贵的经验与教训。在某些公共技术工程方面，例如筑城、修路、供排水等，也是如此。

二、多种类型建筑的形成

原始社会的建筑活动，为人们的物质需要和精神需要创造了多种类型的建筑形式。例如，供生活起居的有住室和“大房子”、窖穴与灰坑……供生产的有陶窑、手工业作坊、水井和畜栏；供交通的有广场、道路、桥梁、码头……供防卫的有城墙、寨垣、壕沟、栅栏……供祭祀的有祭坛、祭坑、祭室……供埋葬的有氏族公墓及各种墓葬……可以说，凡是人类社会中所必需的建筑，在原始社会中都已基本具备了。当然，它们也是通过长期实践，才逐渐趋于完善的。

在建筑形式方面，从天然洞窟，经人工横穴（窑洞）、竖穴、半地穴到地面建筑；从天然巢居经人工橧巢到干阑建筑。通过漫长而反复的探索，终于确定了几种经得起各种自然和社会考验的基本建筑类型，其大体形制一直流传到近代，几千年来未有大改。

在结构上，缔造了以土木结构为主流的建筑结构体系，虽然当时它还不很完善，但却对中国传统建筑起了决定性的“启蒙”作用。

三、单体建筑空间的组织与发展

（一）母系氏族社会建筑

在黄河流域中、上游，大约距今六千年前后的仰韶文化中、晚期，是母系氏族的发达阶段。关中地区的北首岭、半坡、姜寨等氏族聚落的一般建筑，大约都是由公社分配给成年女性居住的房屋。推测当时实行的是走访制对偶婚，而这种住房仅是供不健全的“对偶家庭”夜生活使用。白天氏族女成员从事本氏族的劳动，其对偶则回到他的氏族公社劳动。从民族学材料来看，氏族聚落中大约没有成年男子的单独宿舍。

以陕西西安市半坡仰韶文化遗址为例，这种住房的特点如下：

1. 早期从防水出发所设的门道雨篷，既达到了功能要求，又使内部空间较为隐蔽和安全。门前这一缓冲空间，反映了由于生活中需求的不断增加，引起了必须对建筑空间作进一步组织这一观念的萌发。半坡 F13 在门前小空间内遗存破陶罐一件；F2 等遗址在该处也发现压碎的陶瓮之类，证明这里已具备暂存杂物之类的实用功能。门前这个独立空间可认作是“堂”的雏形。它往横向发展，即形成后世的“明间”，隔墙左右形成两“次间”，于是成为“一明两暗”的格局。这一空间往纵向发展，则分隔室内为前后两部，于是形成“前堂后室”的形式。由此看来，“一明两暗”和“前堂后室”乃是同源的异向发展。

2. 圆形平面建筑门内两侧隔墙背后形成的隐奥空间，类似现代居住建筑的所谓“内室”。为争取更多的隐奥空间，两隔墙各向中心张开而不作平行布置，这就是门内空间呈梯形的道理。对于居住要求来说，在没有出现封闭的卧室之前，隔墙使其背后的空间成为距门最远的隐奥处，实际上已初步地具备了卧室的功能（图 1-79）。居住建筑内部这一情况的出现，标志着原始建筑室内空间组织的开端，在建筑史上具有划时代的意义。

3. 住房内部空间的功能分配：

在住房南隅多发现炊具杂物，如 F6、F11、F13、F19 等都在此处发现陶器，F38 在此稍偏北处并有粮食窖藏，可知这一位置习惯作为食物、用具等存放之用。

东北隅常见压碎的陶器，F3、F6、F24、F37、F39、F41 等都有发现。该处面对入口，迎光明亮，可能是举炊与饮食的地方。火塘北部常设坎墙（F6、F22 等），是防止灼烤的拦护设施。这里与上述杂物存放处邻近，似与方便炊事操作有关。

西南隅未发现贮藏遗迹，在稍晚的遗址中，这部分居住面略为高起，如 F41 约高出 10 厘米左右，F6 高出 10～17 厘米，F2 高出 15 厘米。高起部分表面坚硬、光洁，有的经多次烧烤，似为炕的雏形。据此推知西南隅（对于圆屋来说，即前述隐奥空间）为对偶卧寝的地方。

4. 仰韶文化晚期的河南郑州市大河村遗址一类分室建筑以及河南淅川县下王岗一类多室长屋。反映了居住人口结构关系有重大变化。一栋多室，说明各室居住者需要一定的隔离居寝，又需要密切的联系。郑州市大河村、河南镇平县赵湾一类遗址的平面布置都是一大室、一小室，大室又划分出套间或设独立出入口的房间（图 1-137）。河南淅川县下王岗是母系氏族晚期蜕变阶段出现的一种新的居住形式。这些住宅形式，大约是母系氏族晚期出现的若干亲族或曰家族的住所。它们在建筑史上标志空间组织的新阶段，是相当重要的史料；在历史学方面，它们提供了生动的社会关系变革的佐证。

（二）父系氏族社会建筑

随着氏族内部私有制的发展，贫富差距日益加大，家庭住房也出现面积大小与质量高低的区别。

1. 对于一般氏族成员而言，由于经济与物质条件所限，大多数人仍然使用面积较小的单间居室，例如河南汤阴白营聚落遗址中所示。这时一个父系氏族家庭的诸多成员，可能分散在相距很近的若干单室建筑里。之所以出现此种情况，大概还是受到母系氏族社会建筑的传统影响。而父权对其家庭统治的加强，使家庭的聚居成为必然，于是数室毗联的形式就得到日益广泛的运用。虽然这种形式在仰韶文化晚期就已出现，例如河南郑州市大河村遗址 F1—F4，但它不是母系氏族社会居住建筑的主流。但对于父系氏族社会私有制家庭，则是十分需要和有发展前途的建筑形式，因此逐渐得到推广。如河南永城县黑堌堆龙山文化房屋遗址 F6→F9 所示（图 1-138），及河南淮阳县平粮台固城城内一号土坯连间房屋（图 1-28-丙）等。同时，居住房屋中出现了较大和不止一处的贮藏窖穴，进一步体现了父权私有制在建筑中的反映。

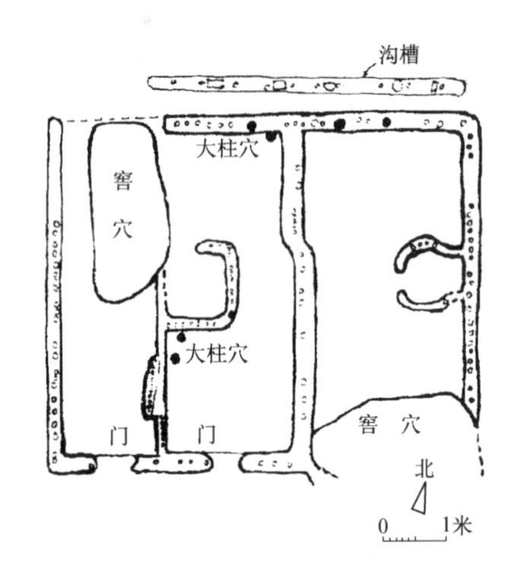

图 1-137 河南镇平县赵湾新石器时代建筑遗址(《考古》1962 年第 1 期)

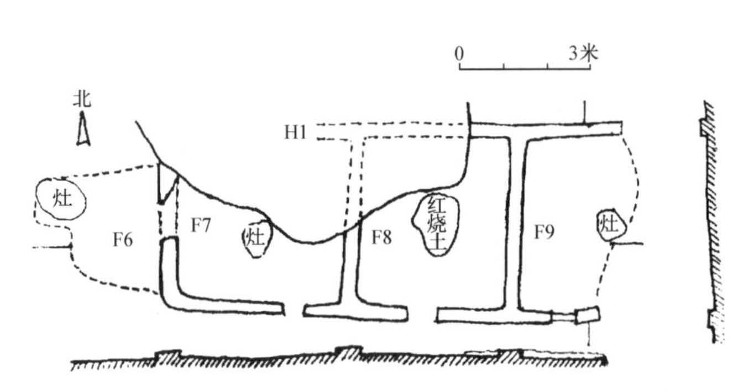

图 1-138 河南永城县黑堌堆龙山文化房址(《考古》1981 年第 5 期)

2. 西安市沣西地区发掘属于龙山时期的客省庄二期遗址，在 3000 平方米的范围内发现 10 座住房遗址。这些都是半穴居，平面有方、圆或不规则形。与母系氏族比较，工程质量显著降低。但是这些多是两个或三个半穴居的组合体，空间体形都较以前的半穴居复杂，是一种新的发展。这些建筑的工程质量低下，应是一般家庭住房。母系氏族时期的建筑是公社集体事业，是在群策群力情况下建造的，质量较好。而父系氏族社会的住房大约是家庭自营或小集体互助建造的，所以单体规模和工程质量都受到了限制，显得较差。仅有少数父系家庭，由于劳力的优越或生产技术高超等条件，经济比较富裕，他们的住房也就能建造得更大些和更好些。至于掌握公社管理大权的氏族领袖人物，由于种种的便利，特别是通过奴役和剥削可以获得更多的财物，于是成为全氏族最富有的人。他们的住所，在母系氏族时期的水平上，又有新的提高。

四、建筑技术的多方面发展

母系氏族中期开始流行的半穴居，据考古发掘知道，至少延续到营建水平已大有提高的商、周时代，用作广大奴隶和贫民的住所，而与奴隶主的高大宫殿并存。这一现象反映了奴隶制社会的阶级矛盾。由于半穴居以及原始地面建筑在成文历史以后仍然使用，因此古文献对之有生动的记述。从遗址实例出发，结合有关原始建筑的文献材料，可以增加我们对原始建筑成就的了解。

穴居的发展，至竖穴初级阶段已形成土木混合结构，即在浅竖穴上使用起支承作用的木柱，并在树木枝干扎结的骨架上涂泥构成屋顶结构。木结构构件的进一步发展，出现了柱、长椽（斜梁）、横梁以及大叉手屋架。大多数实例所显示的木构节点构造方法，主要仍为扎结。作为房屋外围护体的墙壁，其初期使用木骨泥墙，晚期已有承重垛泥墙的做法。

巢居的发展，出现了以竹木为主要结构和材料的干阑式建筑。它的结构节点，最初还是采用绑扎方式，到后来才转变为榫卯。虽然这样的实例不多，但这种技术对后世的影响，却是具有根本性的。

在母系氏族时期，柱坑回填已见分层夯实的做法。至父系氏族时期，如河南汤阴县白营遗址，圆屋地面也采用夯筑的做法，夯土密实坚硬；其 F16 地面有明显的夯窝，夯具可能就是木棍或卵石。这是目前所知居住建筑较早的夯筑实例。山东龙山文化晚期遗址，也发现同样的做法。然而最大规模的夯筑活动，还是对各地城市的城垣和城内中心大型建筑群基址的构筑。虽然技术还不十分完善和正规，但为我国传统建筑的发展打下了重要的基础。

现将我国新石器时代有关建筑技术的发展介绍如下：

1. 建筑方位与日照

关中地区原始社会的居住建筑多为西南向开门，显然是考虑日照所致。建筑方位虽与聚落布局有关，但在保证总体关系的前提下，选定方位仍以日照为准。例如西安市半坡遗址已发掘的位于广场北部的 40 余座建筑遗址，本应朝南面对广场，然而大部分房屋的门却偏向西南。半坡建筑有门无窗，出入口兼作日照与采光口之用，这正与日照深入室内的要求相一致。成文历史初期，明确记载一日之中日照最强的方位在“昃”——西南方，故房屋取西南向以取得冬季最佳日照。半坡遗址反映，当时人们基于生活和营造的经验，已有了西南向为最好的知识。按半坡所在的西安地区，夏季（以夏至日为准）下午 2 时（昃）太阳的高度角约 60°10′，方位角约 70°；冬季（以冬至日为准）下午 2 时，高度角约 38°，方位角约 35°。以晚期之圆屋为例，建筑方位偏向西南，门内两侧建有隔墙，正好迎合冬季最强日照而避开夏季最强日照。且门口的提高也是兼顾日照的要求。

其他地区的建筑朝向，如河南镇平县赵湾、江西修水县跑马岭等遗址建筑室门朝向东南，内蒙古包头市黑麻板建筑向南，河南郑州市大河湾 F2 为东南，大抵都是日照决定的。

也有出于其他原因，致使日照因素退居次要地位。如陕西临潼县姜寨聚落，其五组建筑环中心广场而建，故周围房屋之门户朝向均以面向中央为最高准则。

2. 大叉手屋架与木骨泥墙

据 8000 年前的大地湾、磁山等原始社会半穴居，其构成竖穴顶盖的构架，可能已孕育了大叉手屋架胚胎。实物资料证明，至迟半坡 F13 门道顶篷遗迹已说明大叉手的形成。大叉手即人字木屋架。它是这一时期的主要屋架方式。直至商、周的宫殿，仍然沿用。

木骨泥墙，是以树木枝干为立柱，再用枝干横向扎结成架，其间填以苇束等轻质材料，然后两面涂泥做成的墙体。它孕育了内含木骨的垛泥墙，进而为奴隶制初期的内含木骨的版筑墙的创造打下了基础。

大叉手屋架、木骨泥墙和堇涂屋面，形成了以木构为骨干的原始建筑土木混合结构体系。

3. 栽柱暗础

早期掘坑栽柱以原土回填，柱基无特殊处理。因此发掘时只见木柱的自然腐朽或焚化后遗留的“柱洞”，而辨不出挖坑的界限。半坡遗址中较晚的柱基，其回填土中掺有石灰质材料，对于柱脚的加固和防潮略有改善，例如半坡遗址 F38 的中心柱洞（图 1-139）。还有在回填土中掺加骨料的，例如临潼县姜寨（图 1-140）、安阳市后岗（图 1-141）、沈阳市新乐（图 1-142）、烟台市白石

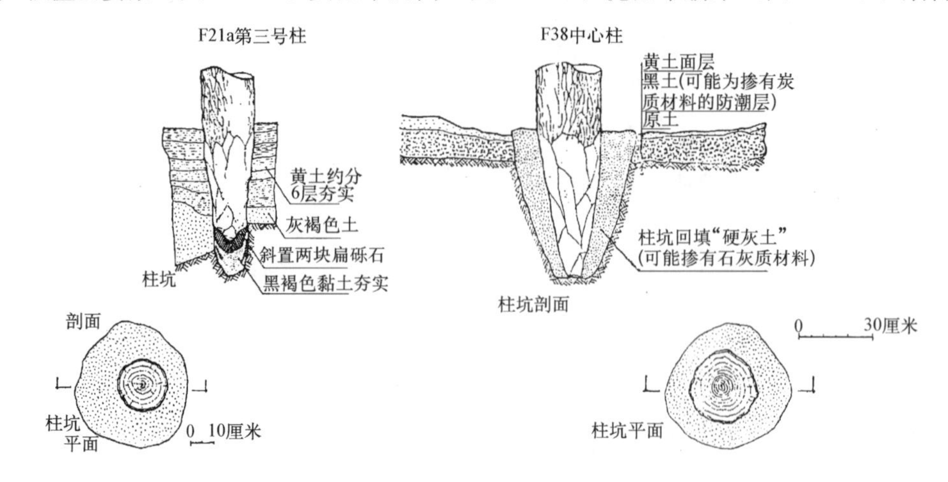

图 1-139　陕西西安市半坡遗址柱基构造示意(《建筑学考古论文集》)

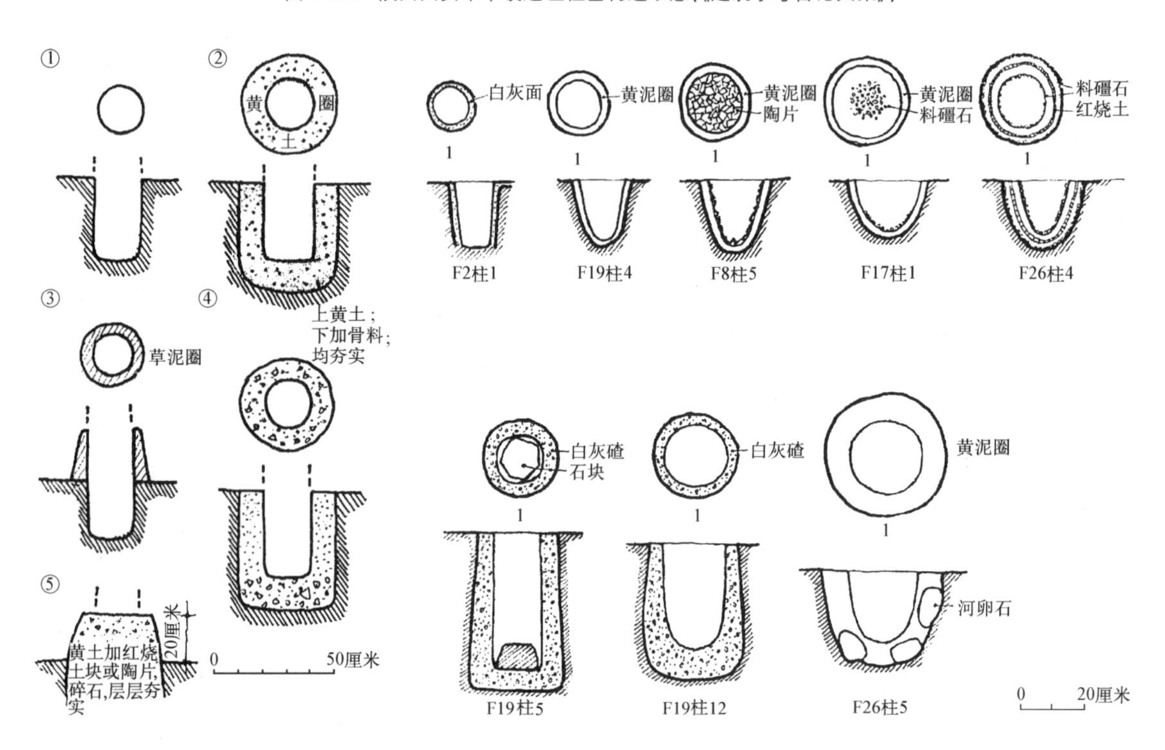

图 1-140　陕西临潼县姜寨遗址柱洞柱基做法(《姜寨》(上))

图 1-141　河南安阳市后岗遗址建筑柱洞柱基做法(《考古学报》1985 年第 1 期)

村（图 1-143）等遗址，其回填土中分别掺有红烧土渣、碎骨片、加砂粗陶片等。其他遗址（如海源县林子梁）还发现有用草筋泥回填的（图 1-144）。这种在回填土中掺和颗粒骨料的做法，可以增强柱脚的稳定性，但对柱基底承载情况并未有所改善。半坡遗基址 F21a 第 3 号柱洞（图 1-139），底部垫有 10 厘米黏土层，柱脚侧部斜置两块扁砾石加固；周围回填土上部 35 厘米一段，分六层夯实。分层夯筑较一次回填压实提高了柱基周围土壤的密实程度。而此例最重要的是柱底基础的改善，黏土、砾石的铺垫，对于当时人们的认识来说可能只是出于使基底变硬而防止柱受力下沉，但客观上却符合了扩大尖底柱脚承压面从而减小压应力的原理。长江下游河姆渡文化晚期

和良渚文化遗址中，还有使用木板、木块作柱础的做法。而甘肃秦安县大地湾遗址 F405 柱下也使用成排垫木（图 1-145）。这些都是为栽柱所用而深埋在地下的暗础。洛阳市王湾遗址 F15 的木骨泥墙为平铺的砾石基础，下垫“红烧土块”。特别值得注意的是庙底沟遗址 301 号、302 号基址的中心柱，和安阳市后岗遗址 F19 柱 5 的下面，均已埋设了平置的砾石柱础（图 1-146），这是迄今所知最早和成熟的础石实例。

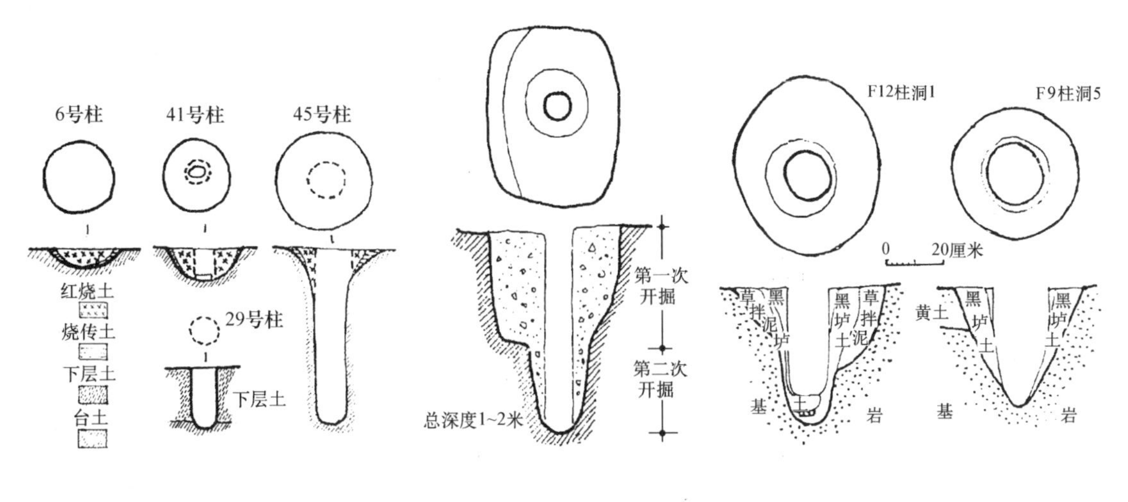

图 1-142　辽宁沈阳市新乐遗址 F2 柱洞平、剖面（《考古学报》1985 年第 2 期）

图 1-143　山东烟台市白石村原始社会房屋深埋型柱洞（《考古》1992 年第 7 期）

图 1-144　宁夏海源县林子梁窑洞遗址柱洞平、剖面（《中国考古学会第七届年会学术报告论文集》）

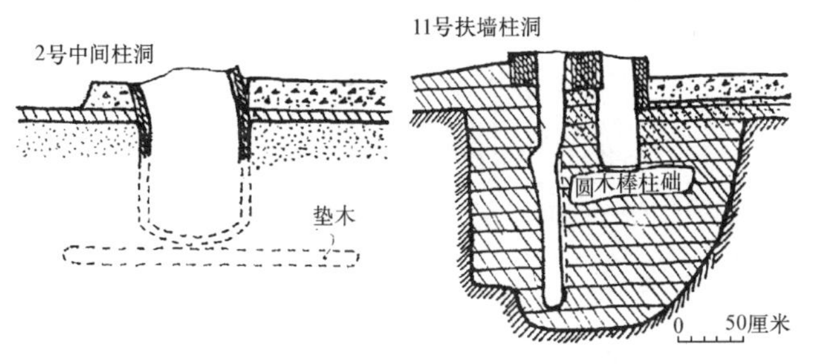

图 1-145　甘肃秦安县大地湾 F405 柱洞构造（《文物》1983 年第 11 期）

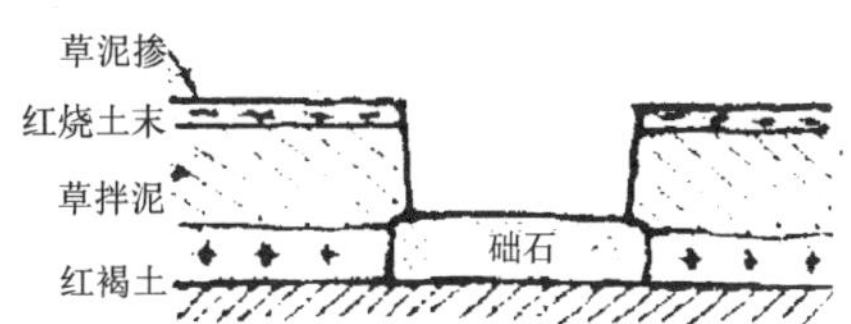

图 1-146　河南陕县庙底沟 F302　2 号柱洞做法（《庙底沟与三里桥》）

4. 擎檐柱

半坡遗址反映其晚期建筑已有屋檐，陕西武功县出土的当时陶制圆屋模型即是证明。仰韶文化晚期建筑，居住面多接近室外地坪，则木骨泥墙应已达到一人高度。出檐较小就不能保护这种高度的墙体免遭雨淋，更不能防止墙基受潮。因此随着房屋高度的增长，出檐也相应加大。过大的出檐使屋椽容易折断，这就促使了承檐结构的发展。檐下立柱支撑悬挑的屋椽，便是最早的承檐方式。洛阳市王湾遗址 F11，与安阳市后岗 F9、F19，都是目前所知较早使用擎檐柱的实例[38]。

洛阳市王湾 F11 在墙基外围环列大小不一的柱洞。柱洞与墙基净距 30～50 厘米，柱洞直径一般 5～10 厘米，间距大小不等。这类泥墙外围栽立的擎檐柱遗迹，反映它还处于原始的阶段。

安阳市后岗 F9 西南墙外约 60 厘米处有擎檐柱三根，洞穴直径约 20 厘米，相距（中—中）约 1 米，均位于室外散水上（图 1-133）。F19 室外北侧有二柱、东北一柱、东南二柱，间距（中—中）40～55 厘米不等（图 1-134）。

其他置擎檐柱的还有 F1、F11、F13、F25、F26、F33，各立柱 1～4 根不等。遗址中发现置擎檐柱最多的首推 F8，其周围柱洞共有 14 处之多。

此外，湖北宜都县红花套遗址也发现擎檐柱迹。这一带因地制宜采用地方材料，擎檐柱多用毛竹，其泥墙也是以竹做骨架的。

落地支承的擎檐柱是承檐结构的原始形态。在它转化为斜撑之前，一直是承檐结构的惟一方式。考古学材料证明，至商代晚期的大奴隶主宫殿仍然使用擎檐柱。当然，较之原始社会，无论在材料上还是柱位的布置上，都有了很大改进和提高。

5. 榫卯结合

由已发现的绝大多数原始社会建筑遗址中得知，当时各种木构件的结合，都采用绑扎方式。但长江下游河姆渡文化遗址中，却发现了大量具有榫卯的木构件。它们大到柱、梁、枋、板，小至栏杆的木楞，都一无例外地采用了这种先进且密合的联结方式。河姆渡所出土木构件多经重复利用，晚期建筑常利用早期废屋的旧料。除直接利用原构件外，更多的是将废旧构件截割使用，如将枋改作桩木，柱改作梁、枋，圆木或较大的方料纵剖成板材，许多地板就是用废梁、柱加工制作的。归纳当时榫卯类型，可有如下几种：

平身柱两侧插梁的榫卯，转角柱直角插梁的榫卯，柱头与梁相接的榫及柱脚与地梁（地板龙骨）相接的榫，联系梁（穿插枋）防脱落带梢钉孔的榫，直棂栏杆榫卯，企口板榫卯（图 1-147）等。

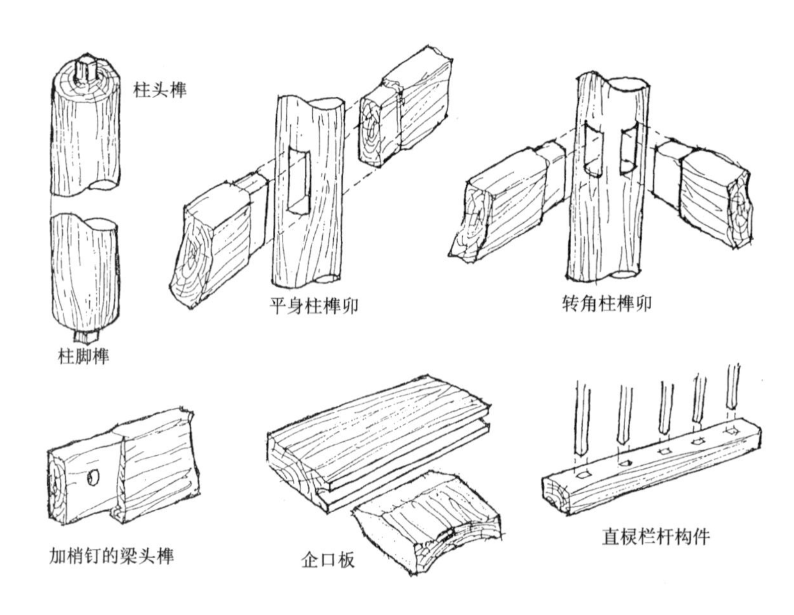

图 1-147　浙江余姚市河姆渡遗址木构件榫卯(《考古学报》1978 年第 1 期)

它们的出现，表明了已经采用较为精细的骨工具和蚌工具，否则不可能制作如此准确接合的榫卯，特别是要经过仔细加工的小型构件（如栏杆）。长期大量的堆积和构件的多次重复使用表明，它们的出现已有很长的历史，至少是与河姆渡聚落的历史等齐。在这里我们不能不为这些遗物而赞叹古人的聪睿与技巧。在日后我国木结构建筑迅速发展的形势下，以榫卯处理各节点的方式就逐渐遍及全国，并成为最主要和最广泛的结构与构造形式。

6. 土结构的防潮与木结构的防火

黄河流域半穴居的下部空间是挖掘自然土地形成，穴底和四壁都保持着黄土的自然结构，由于毛细现象，土壤水分不断上升，尤其在阴雨时，这种竖穴是相当潮湿的。长久居住，轻则致病，重则致残死亡。所以《墨子》有“下湿润伤民”的说法。生活经验迫使人们探求防潮的办法。从仰韶文化早期半穴居遗址来看，有的穴底、穴壁涂细泥面层，略可隔断毛细现象。推测卧寝处主要还是依靠铺垫较厚的茅草、皮毛之类以防潮。半坡所见，则大部分改进为堇涂，穴底涂层比穴壁稍厚，一般为1～4厘米，厚者约5～10厘米。堇涂较细泥的防潮效果有所提高，再加以茅草、粟穰之类以及其他编织物的垫层（从陶器印痕知道，此时已有芦席），略可满足要求。仰韶文化的建筑遗址已多有烧烤痕迹，穴底形成一个青灰色、白灰色或赭红色的低度陶质面层，应是一种防潮处理。据观察，此种烧烤均匀，不是火灾所致。毁于火的大河村遗址主体部分的南墙内侧，在经过烧烤的墙面上有10厘米的加厚部分的残迹却未经烧过便是一个明证。一般遗址无火灾迹象，而穴面呈均匀的烧烤硬面，更能说明属防潮处理。从半坡F6来看，屋内西部略高起的居住面，表面坚硬，厚17厘米，薄处约10厘米，为多层（层厚一般0.8厘米）表面平滑的“红烧土”重叠而成，最多处达9层，可以说是烧烤防潮处理的确凿证据。烧烤居住面不但是一种防潮措施，同时是一种取暖措施。迟至唐代，民间仍有席地而卧，至严冬则“炙地”而眠的记载。半坡F6高起的居住面当是经反复炙地而陶化的。堇涂陶化以防潮，已为考古材料所一再证实，《诗·大雅·绵》：“陶复陶穴”的诗句正是对烧烤半穴居的穴底、穴壁和屋面堇涂的记录。

居住面的防潮，后期建筑有利用前期旧址遗留的烧烤残块作为垫层的。如半坡F21基址上后建的房屋，即以“红烧土”残渣垫底，上面平铺厚约30厘米的不规则“红烧土”块。半坡中期，出现用木材之类作为防潮层的做法。如F3，以直径1厘米左右的芦苇作为防潮层，上敷8厘米的草筋泥面层。建于早期遗址堆积上的F24，采用宽约15厘米的木板满铺居住面，其上再铺草筋泥作为防火面层并烧烤成红色硬面。

仰韶文化晚期，豫西地区已出现“白灰面”的做法。河南安阳市鲍家堂村H22的居住面，在黄土底层上垫有一层黑色植物灰烬，上面敷白色光滑坚硬的石灰质面层。黑色“灰层”上敷“白灰面”，证明这一“灰层”是有意处理的，或为炭质防潮层。“白灰面”一般厚0.1～0.3厘米，不仅卫生、美观，有一定的防潮作用，而且还可增强室内光线亮度。这一做法在龙山时期得到推广，商、周时期称之为“垩”，为奴隶主的建筑所广泛采用。

安阳市后岗遗址龙山文化F7的室内居住面，全由整齐木材水平铺放而成。木材为一劈为二半的原木，平面向上，半圆面向下。窄端在内，宽端在外。围绕室中央之大灶面向外作辐射式铺放，仅东南角是南北向平行的。东北角木板延伸至木骨垛泥墙内，表明此段墙为木地面铺成后修补的（图1-148）。

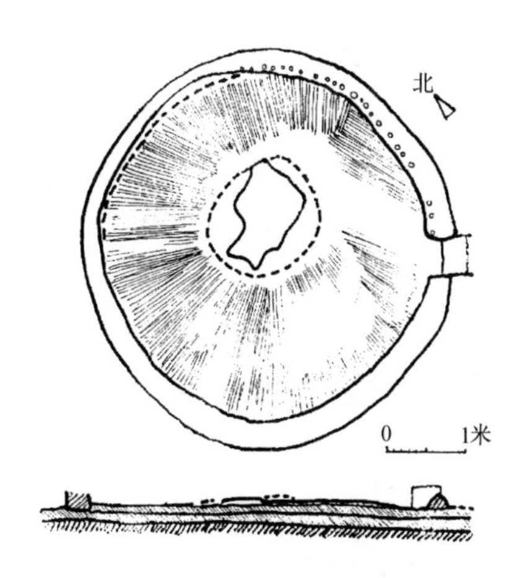

图1-148 河南安阳市后岗龙山文化房址F7（室内地面通铺木材）（《考古学报》1985年第1期）

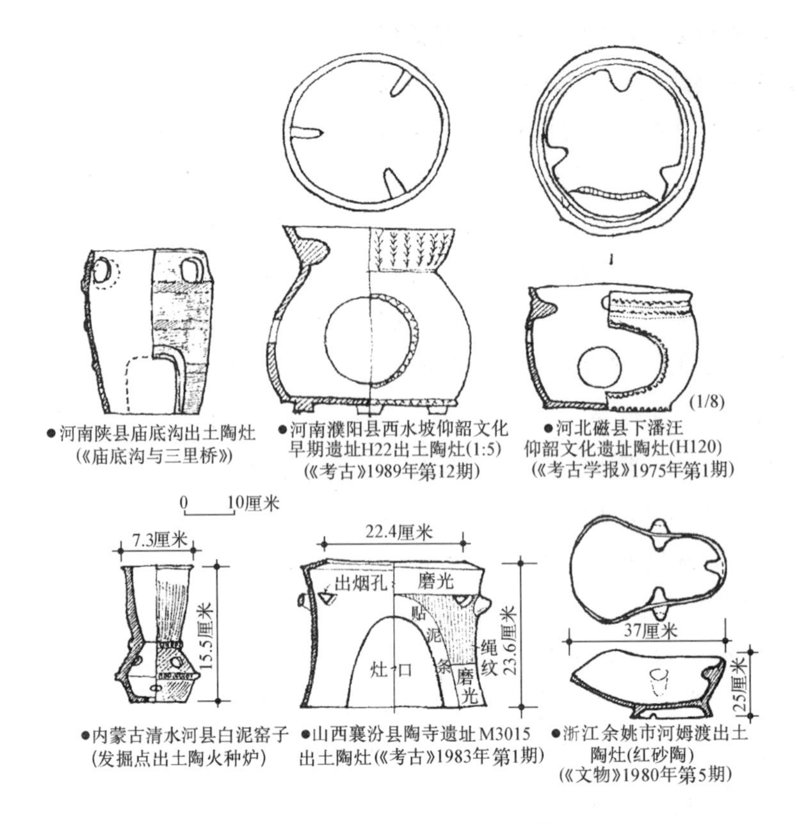

图 1-149　我国新石器时代的陶灶

木结构的严重问题在于防火。半穴居以及后来地面建筑内部都设有火塘。火塘不论深浅，始终存在着火灾的威胁。洛阳王湾遗址有未见火塘遗存的住房（F15），但出土有移动式的陶炉。同样的陶炉也发现于陶寺、西水坡、庙底沟及河姆渡等遗址（图 1-149），这是一项值得注意的发明。这种有灶膛拦护的火源比较安全，而且还可根据需要而移动位置。

母系氏族公社时期一般住房，内部空间狭隘，中央火塘使用时，热焰及火星飞扬；地面为坐卧置有席铺、茅草、皮毛之类的铺垫，很容易失火。同时，内部椽木及填充的柴草之类裸露在外，也极易酿成火灾。考古发掘多见毁于火的遗址。屡次失火的教训，促使了对防火技术的探求。半坡遗址已见室内木柱涂泥防火的做法；居住面上铺的枝条、芦苇、木板等防潮层，同样也施堇涂以防火。半坡等遗址的屋盖残迹更提供了内部堇涂的做法，使内部椽木不暴露，就安全多了。此外，甘肃秦安县大地湾 F901（“大房子”）之壁柱及中心大柱均有涂泥做法，其残泥圈至今犹存（图 1-150）。

7. 排烟通风口——囱

原始住房内部的火塘无烟道，形同篝火，尤其在燃烧不充分的情况下，屋内烟熏难以容身。

古文献有关于穴居、半穴居顶部开口的记载，民族学材料也提供了屋上设排烟通风口的例证。半坡稍晚的建筑遗址，如 F2、F3、F20、F26、F27、F34 等，都在中部堆积中发现了屋顶通风口的防水泥棱残段，证明屋顶已有排烟通风口的设置。

屋盖上的通风口，古称“囱”，由象形字“囱”的图形可知，即屋面敷泥留出的孔洞，商、周时期屋上的通风口，仍然保持着半坡的这样形式。囱与门形成对流，排烟效果良好。囱的大小可以任意调整，遇大风雪时，可以遮掩。对于圆锥形或四坡形的原始住房来说，它已基本解决了排烟通风的要求。囱防水问题的根本解决，取决于屋架的发展。F24 一类两坡屋盖的出现，使排烟通风口有条件设在山墙尖上，随着墙体的加高，也可在一般墙上开口，即形成了“牖”。可以认为，原始社会住屋上的囱，除排除烟热、流通空气外，还有部分采光和取得少量日照的功能。

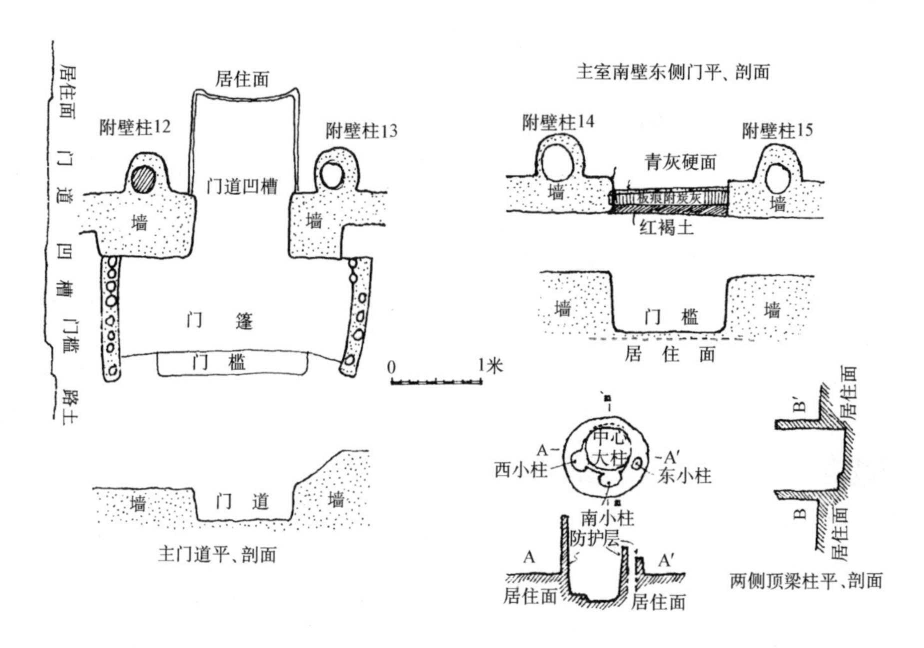

图 1-150 甘肃秦安县大地湾 F901 房址墙、柱构造(《文物》1986 年第 2 期)

8. 土坯的发明

河南淮阳县平粮台古城城内龙山文化房址 F1(图 1-28-丙)与 F4 及安阳市后岗遗址龙山文化晚期住房 F8、F12、F15、F18 之墙体，均使用了土坯砖(图 1-151)，现将后者介绍如下：

F8 墙厚 23～30 厘米，砌以不甚规整之土坯，其尺度为长 20～45 厘米，宽 15～20 厘米，厚 4～9 厘米。均以错缝垒砌，间隙填以黄泥。墙内、外表面再抹厚 3～4 厘米之草拌泥一层。

F12 墙厚 36～52 厘米，所砌土坯为不规则矩形，长 40～60 厘米，宽 30～38 厘米，厚 6～9 厘米。土坯以深褐色黏土为主，内夹少许小块红烧土。墙外壁抹细黄泥一层。内壁除抹细黄泥外，再加草拌泥一层，最后抹“白灰面”。据观察，内壁曾用此方式修补多次。

河南汤阴县白营龙山文化晚期遗址发现圆屋墙体有用泥土砌块垒筑的做法，砌块可分三种：

一种是逐块摔打成的砌块，如同陶坯；

一种是厚度基本相同，但长短规格不一，大约是摊成泥片，划分切割而成的坯块；

再一种似乎是用模型逐个拓成的相同规格的坯块。

这三种做法似乎反映了土坯的发展过程。另河南永城县王油坊龙山文化晚期遗址中，圆屋 F1 也是用土坯来砌筑墙体。土坯用于内壁，陡砌错缝，土坯之间用黄泥粘结，坯缝宽约 1 厘米。土坯为褐色，密度较大，边齐面平。大约是湿土夯制的，规格不甚统一，一般长 40～42 厘米，宽 16～20 厘米，厚 8～10 厘米，看来不止一个模具。这种用湿土夯筑的砌块，古称“墼”，它是版筑的预制块，比泥坯坚硬、牢固得多。

这样看来，我国广大民间所使用的土坯与土墼，在原始社会晚期都已发明了。

9. 石灰石的烧制与白灰抹面和粉刷技术

早在仰韶文化晚期，就出现了居住面施石灰质面层的做法，用料可能是蚌壳灰或料礓石(黄土中的石灰质结核)灰，即古籍所谓“蜃灰”或“垩”——“白土”。

龙山文化时期，“白灰面”又得到推广。前期只是在居住面上用白灰粉刷数道，形成一个极薄的白色硬面，大概是由于材料来源不足，此时只有用灰浆的粉刷做法。晚期遗址，如河南汤阴县白营的三十余座房屋基址，绝大多数都抹有白灰面，一般厚约 3 毫米。遗址出土且有当时施工所用合灰的陶罐，里面尚存有石灰膏；并出土施工所用砾石抹子，即用于碾压抹灰的砻石。另外，河南

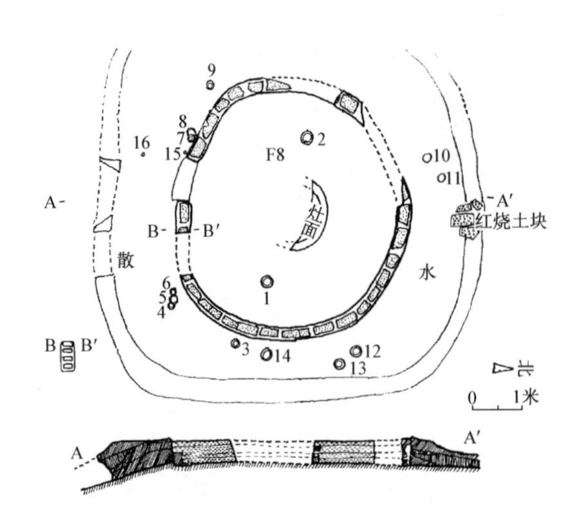

图 1-151 河南安阳市后岗龙山文化房址 F8 墙内土坯（《考古学报》1985 年第 1 期）

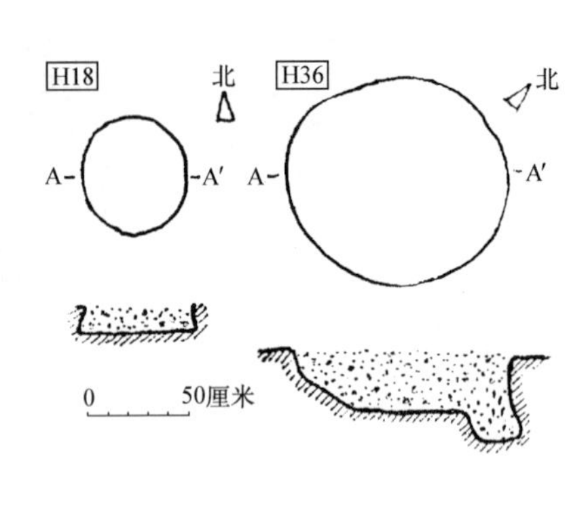

图 1-152 河南安阳市后岗龙山文化白灰渣坑 H18、H36（《考古学报》1985 年第 1 期）

安阳市后岗龙山文化遗址，发现盛有白灰渣土坑五座（图 1-152），编号为 H18、H36、H44、H56、H58。坑口圆形，口径35～62厘米，深 12～40 厘米。坑内均满填白灰渣，为石灰过滤后的残渣，估计这些坑就是为过滤而开掘的。从这里已看到当时人们对石灰的使用已有了相当认识并在使用前作了相应的技术处理。

河南永城县龙山文化晚期遗址，在“灰坑”中发现业已烧过的石灰若干块，原料为石灰岩。汤阴县白营附近小山也多石灰岩，附近河滩则多石灰岩砾石，可知白营住房取用白灰也是用石灰石烧制的。山西夏县东下冯遗址不但出土烧好的熟石灰和未烧透的石灰石，而且也发现过滤灰渣的遗迹。

龙山文化晚期，由于进一步掌握了石灰石烧制石灰的技术，所以住房大量使用白灰膏抹面。抹面的部位也不限于居住面，而且也用于内壁，如抹出一周白灰面裙墙。

10. 散水的使用

散水的使用，避免了墙基积水及减少受潮；结构擎檐柱（下述后岗、白营住房也有此遗物）的加大出檐，就基本上解决了墙基防水问题。

安阳市后岗遗址中，其多处建筑户外已用散水。现知有 F8、F9、F11、F12、F21、F23、F25、F33 等。其中有的置多层散水，例如 F12、F23、F33 均为 2 层散水，F11 为 3 层，F8、F25 为 4 层散水。表明这些建筑使用期较长，故散水被多次修补。其做法为以黄泥堆积成内高外低之斜坡状，宽 0.5～1 米，并拍打结实，以与墙基粘结密合。有的在表面上再抹草拌泥一层，并经火烤。散水之下墙基外侧往往埋若干石块，以加固墙基。

白营遗址之房屋墙外周围亦普遍发现散水，且坡度较大。面层做法：一种为草筋泥涂抹而成，厚约 2.5～3.0 厘米，与墙体草筋泥抹面连续；另一种为料礓石渣掺黄土拍实，表面尤为坚硬。

五、建筑造型和装饰

对一切美好事物的爱好与追求，乃是人类共有的天性，古今中外莫不如是，几千年前的我国先民，自然亦不能例外。事实说明，由出土的大量缤纷夺目的陶器器形和装饰图案，以及众多精美绝伦的玉、石、骨、蚌器造型与雕刻，可以看到当时人们在艺术方面的探索和实践，已经达到很高的水平。至于与日常生活和劳动息息相关的建筑，则更是人们最经常和普遍接触的对象，在不断改善建筑使用功能的情况下，逐步提出并体现建筑在美观上的需求，应是十分正常和必然的现象。

然而直至目前为止，还没有发现我国原始社会完整的建筑遗物。因此对当时建筑的具体结构形式和外观风貌，长期以来只能依照考古发掘所获得的建筑平面和剖面，予以推测和想象。近年各地发现了一批新石器时代的陶屋模型（图 1-153）和建筑塌毁后存留的建筑残件，使我们能对当时的建筑形象和建筑装饰，有了进一步的认识。

就建筑的整个外形轮廓而言，例如江苏邳县大墩子、陕西武功县游凤、户县五楼等遗址所出的陶屋，其方锥体、桃形或卵形的外观形象与尺度比例，几乎都已达到无瑕可指的完美程度。而江西清江县营盘里的陶屋模型，则更加具体地反映了当时干阑建筑的形象，其上部山面由上而下做倾斜状的两坡屋面，有着鲜明的代表性，与后来的云南晋宁县石寨山出土的铜屋以及今日南太平洋和东南亚仍在使用的民居极为相似。虽然模型只能间接反映当时建筑的大体风貌，但也是极为难能可贵的资料了。

在建筑局部形象方面，上述武功县游凤遗址的桃形陶屋模型，其外表面表现的褶皱纹痕，应是所用树枝、茅草等建筑材料的实际写照。同地出土之建筑形器盖纽，其圆锥形屋顶似为层层覆盖之茅草形象。而下部光整壁面，则似为经抹面之草泥墙。江苏邳县大墩子出土之方形有顶檐陶屋模型之屋面，被划为若干斜方形纹格，似为以绳索交叉固定的茅草屋顶。这种方式屋顶在世界多处农村房舍中尚可见到。

西安市半坡、临潼县姜寨和宝鸡市北首岭遗址中，发现若干表面施不同坑点或褶皱纹的泥块（图 1-154），据分析可能是用于屋面囱缘或门口的装饰。它们的形象与某些陶器的表面处理相同，

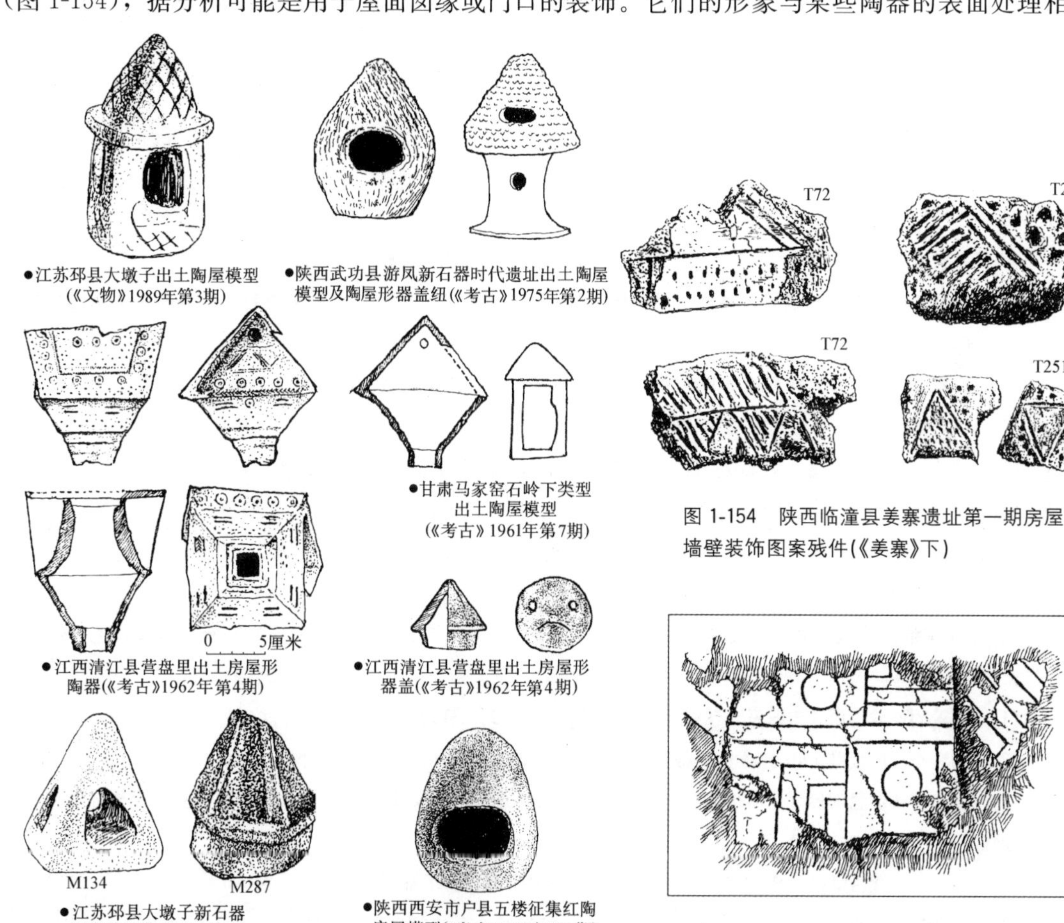

图 1-154　陕西临潼县姜寨遗址第一期房屋墙壁装饰图案残件(《姜寨》下)

图 1-155　山西襄汾县陶寺遗址 H330 出土刻画几何图案之白灰墙皮(《考古》1986 年第 9 期)

图 1-153　我国新石器时代出土之陶屋模型

这也说明制陶对建筑的影响和启发。施用于室内、外墙面抹涂“白灰面”的粉饰方式，在我国新石器时代建筑中实例甚多，也是当时对建筑进行装饰最普遍和最主要的方式。这种泥墙刷白的统传并一直流传到今日。而山西襄汾县陶寺遗址 H330 出土的以圆圈、直线、折线等为组合图案的刻画白灰墙皮（图 1-155）其目的出于装饰更是不言而喻。江西清江县营盘里干阑式陶屋模型在屋顶及壁面所施的环圈纹及“<”形纹，亦是富有意匠的建筑装饰之例。

应当看到，当时由于物质条件所限，还不大可能在建筑造型和建筑装饰方面作出更多的突破。但它们的朴素无华形象，乃是出自最简单的建筑结构、材料和当时的生活要求。就是在这样的基础上，才一步步发展成为后世令人眼花瞭乱的各种建筑形象和装饰的。而在原始社会最普遍应用的茅顶、土墙和刷白的建筑手法，却仍然长期被袭用到今天，这说明了虽然是简单的形式，但往往是最富有生命力的。

注释

[1]《与鄂西巨猿共生的南方古猿牙齿化石》(《古脊椎动物与古人类》1975 年第 2 期　高建)。

[2]《礼记・礼运》。

[3]《巴蜀文化初论》(《四川大学学报》(社会科学) 1995 年第 2 期　徐中舒)。

[4] (1)《魏书・僚》:“依树积木，以居其上，名曰：干阑”。

(2)《北史》卷九十五。

[5]《太平御览》卷七八八。

[6] (1)《魏书》卷一〇一，《北史》卷九十五，《通典》卷一八七，《归唐书》卷一九七，《新唐书》卷二二二，《太平寰宇记》卷一六三均有“干阑”记载。

(2)《蛮书》卷四称“葛栏”，卷十称“高栏”。

(3)《太平寰宇记》卷八八，卷一六三称“阁栏”。

[7]《岭外代答》卷四。

[8]《太平御览》卷七八五。

[9]《山西石楼岔沟原始文化遗存》(《考古学报》1985 年第 2 期　中国社会科学院考古研究所山西工作队)

[10] (1)《宁夏海源县菜园村遗址、墓地发掘报告》(《考古》1988 年第 9 期　宁夏文物考古研究所中国历史博物馆考古部)

(2)《宁夏菜园窑洞式建筑遗迹初探》(《中国考古学会第七届年会学术报告》1989 年　李文杰)

[11] (1)《中国史前城址考察》(《考古》1998 年第 1 期　任式楠)

(2)《试论山东地区的龙山文化城》(《文物》1996 年第 12 期　张学海)

[12]《城子崖》(国立中央研究院历史语言研究所　《中华民国》二十三年 (1934 年)　南京)

[13] (1)《登封王城岗遗址的发掘》(《文物》1983 年第 3 期　中国历史博物馆考古部河南省文物研究所)

(2)《王城岗城堡遗址分析》(《文物》1984 年第 11 期　董琦)

(3)《河南淮阳平粮台龙山文化城址试掘简报》(《文物》1983 年第 3 期　河南省文物研究所周口地区文化局文物科)

[14] (1)《江陵阴湘城的调查与探索》(《江汉考古》1986 年第 1 期　江陵县文化局)

(2)《湖北石河遗址群 1987 年发掘简报》(《文物》1990 年第 8 期　石河考古队)

(3)《澧县城头山屈家岭文化城址调查与试掘》(《文物》1993 年第 12 期　湖南省文物考古研究所湖南省澧县文物管理所)

(4)《屈家岭文化古城的发现和初步研究》(《考古》1994 年第 7 期　张绪球)

(5)《湖北荆州市阴湘遗址 1995 年发掘简报》(《考古》1998 年第 1 期　荆州博物馆)

[15]《鲁西发现两组八座龙山文化古城址》(《中国文物报》1995 年 1 月 22 日　山东省考古所聊城地区文研室)

[16] (1)《成都平原发现一批史前古城址》(《中国文物报》1986 年 8 月 18 日)

(2)《四川新津县宝墩遗址1996年发掘简报》(《考古》1998年第1期　中日联合考古调查队)
[17]《新中国的考古发现和研究》(文物出版社1984年　中国社会科学院考古研究所)
[18]《西安半坡》(文物出版社　1963年　中国科学院考古研究所陕西省西安半坡博物馆)
[19]《姜寨》(上、下)(文物出版社　1988年　西安半坡博物馆　陕西省考古研究所　临潼县博物馆)
[20]《宝鸡北首岭》(文物出版社　1983年　中国社会科学院考古研究所)
[21]《汤阴白营河南龙山文化村落遗址发掘报告》(《考古学集刊》第三集　1983年河南省安阳地区文物管理委员会)
[22](1)《河姆渡发现原始社会重要遗物》(《文物》1976年第8期　浙江省文物管理委员会　浙江省博物馆)
(2)《河姆渡遗址第一期发掘报告》(《考古学报》1978年第1期　浙江省文物管理委员会　浙江省博物馆)
[23]《江苏吴江龙南新石器时代村落第一、二次发掘简报》(《文物》1990年第7期苏州市博物馆　吴江县文物管理委员会)
[24](1)《内蒙古大青山西段新石器时代遗址》(《考古》1986年第6期　包头市文物管理所)
(2)《内蒙古包头市阿善遗址发掘简报》(《考古》1984年第2期　内蒙古社会科学研究院蒙古史研究所　包头市文物管理所)
[25]《甘肃省宁县阳坬遗址试掘简报》(《考古》1983年第10期　庆阳地区博物馆)
[26]《陕西武功赵家来院落居址的步复原》(《考古》1991年第3期　梁星彭　李淼)
[27]《丁村新石器时代遗存与陶寺类型龙山文化的关系》(《考古》1993年第1期　学晋)
[28]《沣西发掘报告》(文物出版社　1962年　中国科学院考古研究所)
[29]《建筑考古学论文集》(杨鸿勋　文物出版社　1987年)
[30]《陕西岐山双庵新石器时代遗址》(《考古学集刊》第三集1983年　西安半坡博物馆)
[31]《内蒙古赤峰县四分地东山嘴遗址试掘简报》(《考古》1983年第5期　辽宁省博物馆　昭乌达盟文物工作站　赤峰县文化馆)
[32]《内蒙古伊金霍洛旗朱开沟遗址V11区考古纪略》(《考古》1988年第6期　田广金)
[33]《1979年蔚县新石器时代考古的主要收获》(《考古》1981年第2期　张家口考古队)
[34]《吉林东丰县西断梁山新石器时代遗址发掘》(《考古》1991年4月　吉林省文物考古研究所)
[35]《郑州大河村仰韶文化的房基遗址》(《考古》1973年第6期　郑州市博物馆)
[36]《淅川下王岗》(河南省文物研究所　文物出版社　1989年)
[37]《1975年东海峪遗址的发掘》(《考古》1976年第6期　山东省博物馆　日照县文化馆东海峪发掘小组)
[38]《1979年安阳后岗遗址发掘报告》(《考古学报》1985年第1期　中国社会科学院考古研究所安阳工作队)
[39]《湖北枝江关庙山遗址第二次发掘》(《考古》1983年第1期　中国社会科学院考古研究所湖北工作队)
[40]《江西修水山背地区考古调查与试掘》(《考古》1962年第7期　江西省文物管理委员会)
[41](1)《秦安大地湾405号新石器时代房屋遗址》(《文物》1983年第11期　甘肃省博物馆工作队)
(2)《甘肃秦安大地湾901号房址发掘简报》(《文物》1986年第2期　甘肃省博物馆文物工作队)
[42]《案板遗址仰韶时期大型房址的发掘——陕西扶风案板遗址第六次发掘纪要》(《文物》1996年第6期　西北大学文博学院考古专业)
[43](1)《山西太谷白燕遗址第一地点发掘简报》(《文物》1989年第3期　晋中考古队)
(2)《山西太谷白燕遗址第二、三、四地点发掘简报》(《文物》1989年第3期　晋中考古队)
[44]《辽宁敖汉旗小河沿三种原始文化的发现》(《文物》1977年第12期　辽宁省博物馆　昭乌达盟文物工作站　敖汉旗文化馆)
[45]《陶寺遗址1983～1984Ⅲ区居住遗址发掘的主要收获》(《考古》1986年第9期　中国社会科学院考古研究所山西工作队　山西省临汾地区文化局)
[46]《山西侯马东呈王新石器时代遗址》(《考古》1991年第2期　山西省考古研究所　山西大学历史系考古专业)
[47]《余杭瑶山良渚文化祭坛遗址发掘简报》(《文物》1988年第1期　浙江省文物考古研究所)
[48]《河南杞县鹿台岗遗址发掘简报》(《考古》1994年第8期　郑州大学考古专业　开封市文物工作队　杞县文物管理所)
[49]《辽宁牛河梁红山文化“女神庙”与积石冢群发掘简报》(《文物》1986年第8期　辽宁省文物考古研究所)
[50]《河南郑县水泉新石器时代遗址发掘简报》(《考古》1992年第10期　中国社会科学院考古研究所河南一队)

[51]《甘肃永靖秦魏家齐家文化墓地》(《考古学报》1975 年第 2 期　中国科学院考古研究所甘肃工作队)

[52]《甘肃大何庄遗址发掘报告》(《考古学报》1974 年第 2 期　中国科学院考古研究所甘肃工作队)

[53]《甘肃秦安王家阴洼仰韶文化遗址的发掘》(《考古与文物》1984 年第 2 期　甘肃省博物馆大地湾发掘小组)

[54]《青海乐都柳湾原始社会墓地反映出的主要问题》(《考古》1976 年第 6 期　青海省文物管理处考古队　中国科学院考古研究所青海队)

[55]《陕西凤翔大辛村遗址发掘简报》(《考古与文物》1985 年第 1 期　雍城考古队)

[56] (1)《河南濮阳西水坡遗址发掘简报》(《文物》1988 年第 3 期　濮阳市文物管理委员会　濮阳市博物馆　濮阳市文物工作队)

(2)《1988 年河南濮阳西水坡遗址发掘简报》(《考古》1989 年第 12 期　濮阳西水坡遗址考古队)

[57]《辽宁阜新县胡头沟红山文化玉器墓的发现》(《文物》1984 年第 6 期　方殿春　刘葆华)

[58] (1)《武威齐家文化遗址中发现卜骨》(《文物》1959 年第 9 期　怡如)

(2) [51]、[52]

第二章 夏、商时期建筑

（公元前2070—前1046年）

第一节 夏代和商代的历史与社会

一、夏代与商代的历史与社会概况

（一）夏人的起源。我国奴隶社会第一个王朝

约距今四千年前，出现了我国第一个王朝——夏。它的建立，使古代中国在由原始氏族社会过渡到奴隶社会这一历史进程中，形成了我国最早的奴隶社会国家机器。同时，它又是我华夏文明中皇权统治世代因袭制度的肇始。由于可靠的上古史料十分匮乏，致使人们长期对此历史阶段的各方面情况了解甚微，仅能从少量文字记载和若干传说中，获得极为有限的一点认识。解放以来，通过多次对我国原始社会遗址和商代遗址的发掘与考证，特别是近十年来有关夏文化的探索，使得学界对这几乎是史学空白领域的历史渊源及其演绎发展，有了较多和较深的了解。

按《史记》和《竹书纪年》等史籍，夏王朝自其始创至灭亡，先后共历十四世十七王，历时约四百年（公元前2070—前1600年）。其活动与分布的地域，依《国语·周语》："昔夏之兴也，融降于嵩山"。则夏人之始祖祝融，当居息于今日河南登封境内之嵩山一带。及建国以后，则以今山西省西南及河南省西北为中心，再逐渐扩展到目前之山东省与河北省境内（图2-1)。这个范围，是与现有的考古发掘资料大体吻合的。其中特别重要的，是河南洛阳市偃师县二里头遗址（图2-2）的发现，它的一、二期（甚至三期）文化较商代为早。因此被普遍认为应属于夏代中、晚期文化。同样情况亦出现在某些河南龙山文化遗址中，如洛阳市王湾、东干沟及矬李等遗址。此外，山西夏县东下冯遗址、襄汾县陶寺遗址的某些文化层，亦有可能属于夏代。

由于古史对夏代纪年的准确性尚存在一定问题，从而也影响对考古实物的时空判断。虽然目前通过"夏商周断代工程"已有了很大进展，但对夏代文化的全面认识，还有待今后更进一步的探索。

（二）商人的起源。鼎盛的奴隶社会时期和灿烂的青铜文化

相传商人的祖先，最早生活在今河北省西北之易水流域，尔后东移至渤海湾一带定居。其族人一支又北上，繁衍于今辽东迤朝鲜半岛；另支则次第南下，活动在山东半岛及附近地区。他们后来又溯黄河西进，屡与夏人发生冲突，遂成为其东南之大患。商人吸收较进步的夏文化，同时又兼并周旁氏族部落，势力日强。公元前18世纪上半叶，商族首领成汤终于灭夏，并建立了国号为商的新王朝。史载自首帝成汤迄于末世帝辛（即纣王），共传祚凡十六世三十王，历时约六百年（公元前1600—前1046年）。其间国势曾经五度兴衰，并迁徙国都六次。商代之主要政治活动中

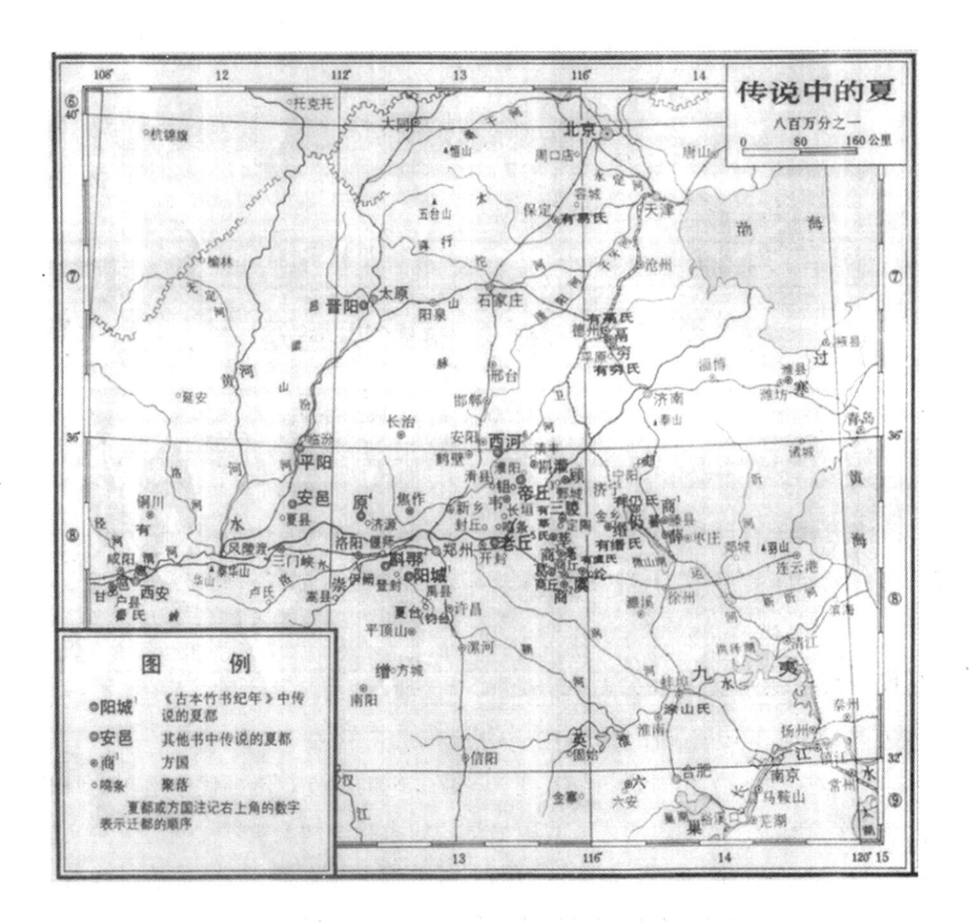

图 2-1 传说中的夏代疆域(《中国历史地图集》第一册)

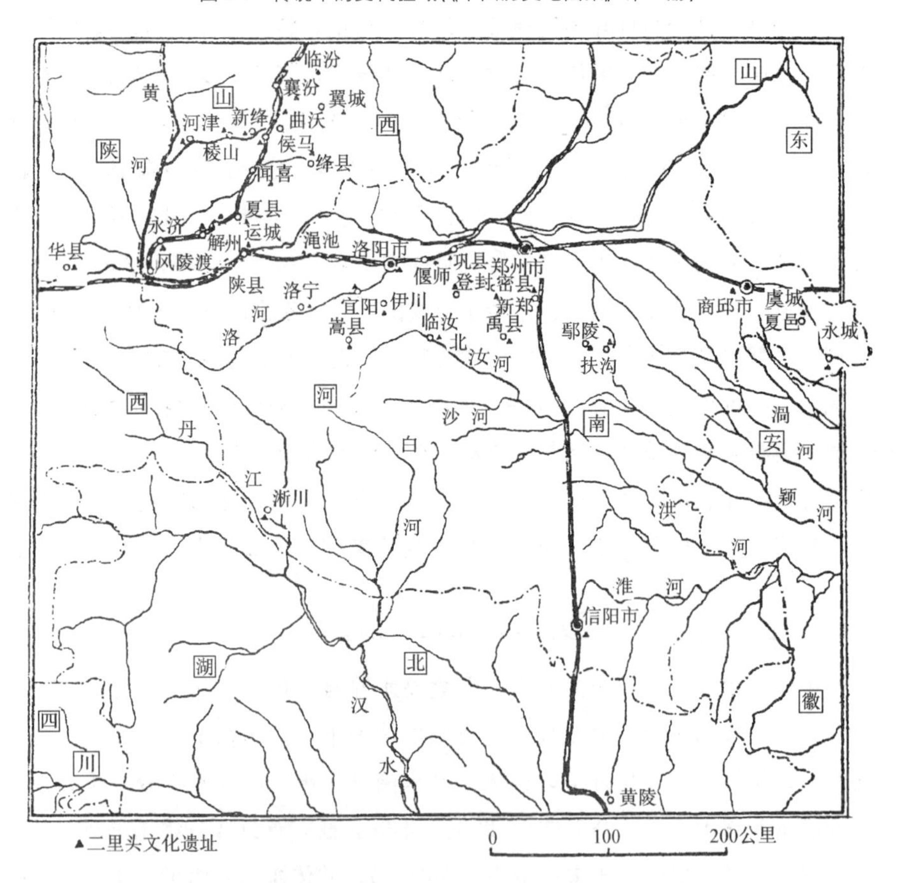

图 2-2 河南洛阳市偃师县二里头文化遗址分布图(《商周考古》)

心，在今日河南省之中部及北部。王朝疆域大体在西至陕西，南及湖北，东抵山东，北达河北之范围内，其版图较夏代有所扩大（图 2-3）。

商代是我国历史中第二个世袭王朝，它的社会已完全确立了以父权为中心的统治体系，并进入了我国奴隶制度的鼎盛时期。它最有代表性的青铜文化，曾为我中华文明史写下了十分光辉灿烂的一页，至今仍为世人叹为观止。此外，铁器的开始使用，对以后社会生产力的发展和技术的进步，也带来了深远的影响。

二、夏代与商代的农业、畜牧业和手工业生产

夏代的社会生产，当时还比较原始，但已有了相当程度的分工，其中又以农业生产居主要地位。据后世记载，如《论语·宪问篇》："后稷躬稼，而有天下……"可见农业在夏初已很受重视。然而当时农业的生产技术与水平仍很低下，往往使用"烈山泽，驱猛兽"的方式来开辟耕地，一若近代海南岛黎族所采取的"刀耕火种"原始形式。其农作物种类，有粟、稻、桑，麻等多种。此时饲养家畜家禽也很普遍，有牛、马、猪、犬、鸡等。在夏代聚落遗址的发掘中，窖藏之农作物残留，以及居处周旁大量的禽兽骨殖堆积，都可作为明证。此外，渔猎及采集，亦成为当时社会生活资料的重要来源，射猎的对象有鹿、野猪、熊、狼、兔、雁……渔钓网罟所获，则为鲤、鲟、鲢、龟、鳖等。常见之采集果实，以桃、杏、核桃、无花果……为多。至于其他未见遗留残骸之各类动植物，估计其数量当数倍或数十倍于此。由于粮食生产已有若干积余，至少在夏代初期即已有酒类的生产。《孟子·离娄》载："禹恶旨酒，而好善言"。就置酒器皿（觚、爵、……）在夏代遗址中曾被多次发现而言，上述记载的可靠性就进一步得到了肯定。

夏代手工业已有进一步分工，其工具之制作，亦较原始社会更为精细。

当时所使用的生产工具，仍以石器（图 2-4）、骨器、牙器、角器、蚌器（图 2-5）、陶器

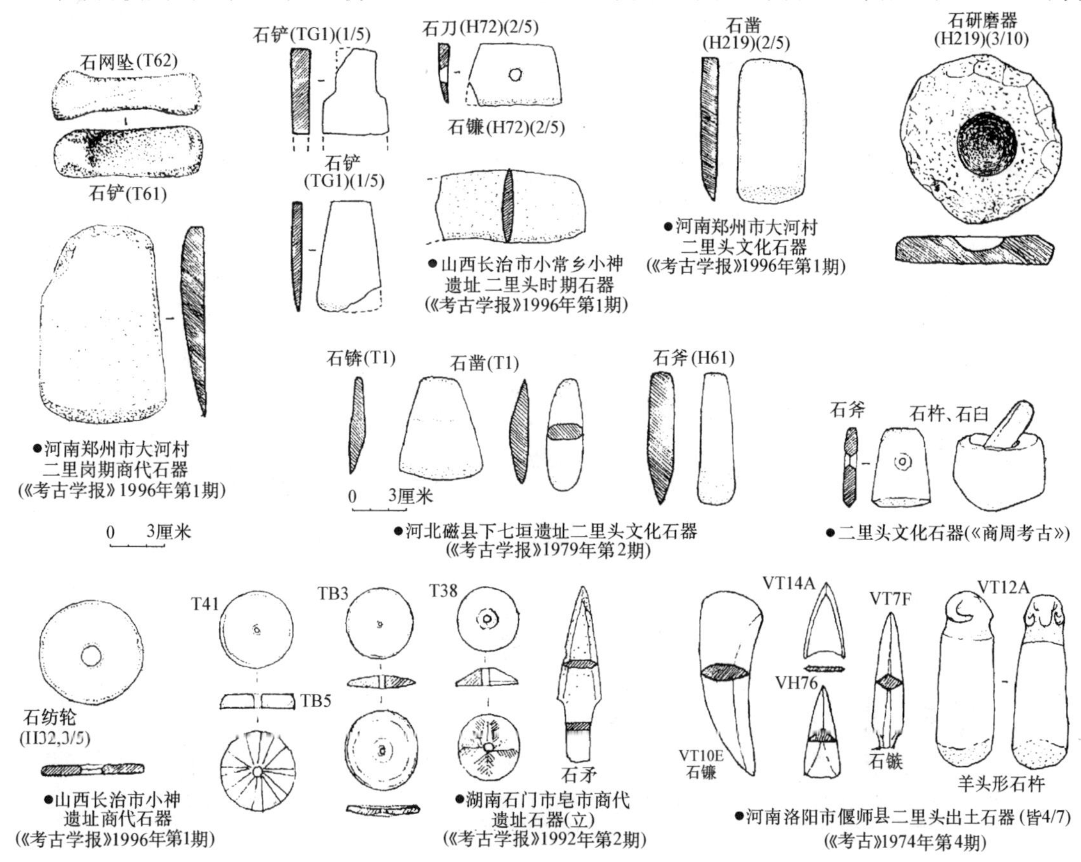

图 2-4　夏、商时期的石工具

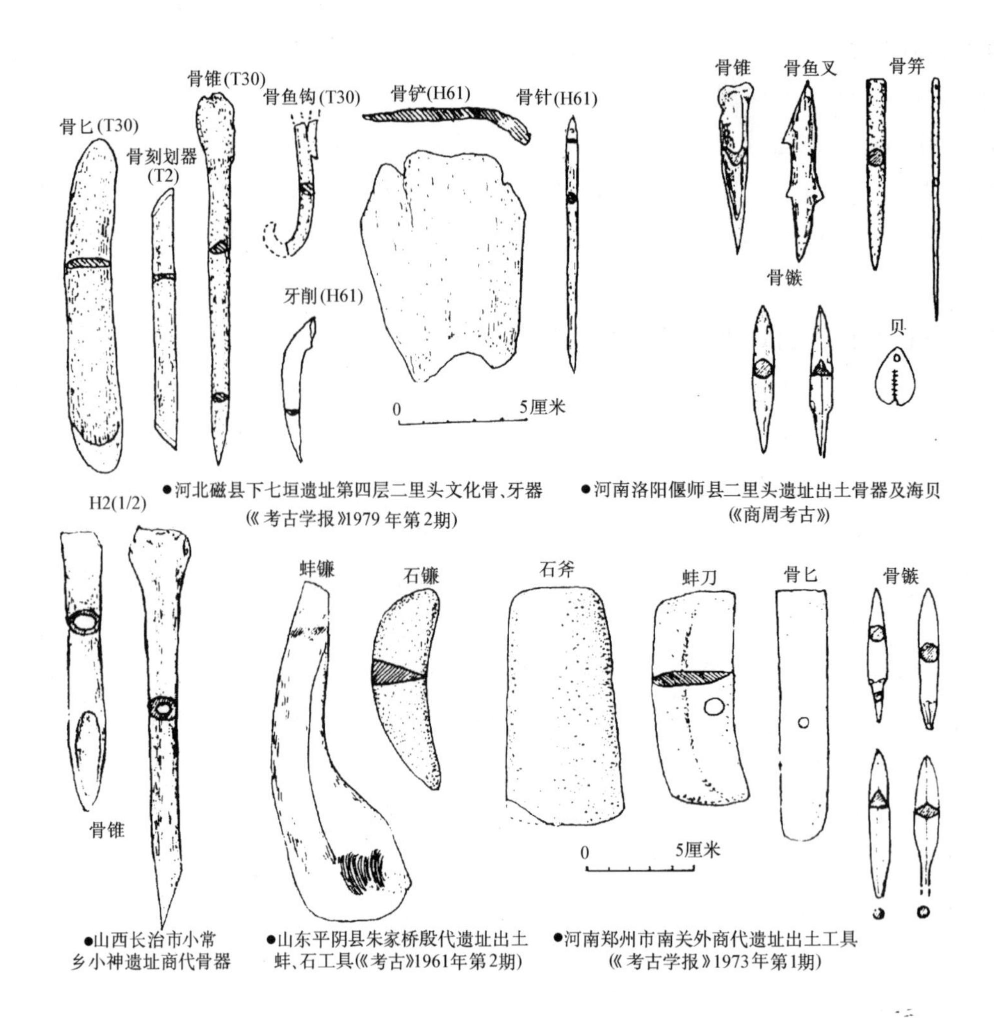

●河北磁县下七垣遗址第四层二里头文化骨、牙器（《考古学报》1979年第2期）

●河南洛阳偃师县二里头遗址出土骨器及海贝（《商周考古》）

●山西长治市小常乡小神遗址商代骨器

●山东平阴县朱家桥殷代遗址出土蚌、石工具（《考古》1961年第2期）

●河南郑州市南关外商代遗址出土工具（《考古学报》1973年第1期）

图 2-5　夏、商时期的骨、蚌、牙、石工具

（图 2-6）以及木器为常见。如农具有石锄、石铲、石耨……工具有石斧、石锛……纺织缝纫具有陶、石纺轮，骨针……武器有石刀、石镞、骨镞……其他如网罟则出自麻制绳索，弓矢取诸木、竹、兽筋、禽羽，起居之席垫大抵由竹、草、苇等编成。至于生活用具，如供炊庖饮食的鼎、鬲、鬶、盉、爵、杯……贮存用的罐、瓮、壶、盆……大多仍用陶器。后来才出现若干铜器，如爵、鼎等，但为数不多。

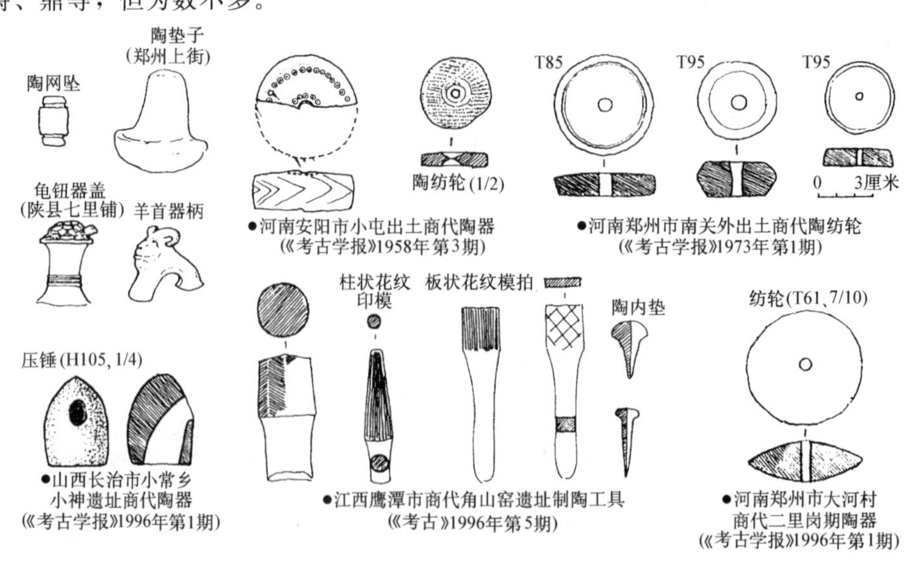

●河南安阳市小屯出土商代陶器（《考古学报》1958年第3期）

●河南郑州市南关外出土商代陶纺轮（《考古学报》1973年第1期）

●山西长治市小常乡小神遗址商代陶器（《考古学报》1996年第1期）

●江西鹰潭市商代角山窑遗址制陶工具（《考古》1996年第5期）

●河南郑州市大河村商代二里岗期陶器（《考古学报》1996年第1期）

图 2-6　夏、商时期的陶工具

由于铜器的发现（图 2-7），可知其采矿、冶炼、铸造已始具雏形。另外陶器之制作，亦较原始社会更为进步，供使用之器形变化与种类均有增加，又出现了专用的祭器，《韩非子 · 中过篇》即提及“禹作祭器，墨染其内，而朱染其外”。

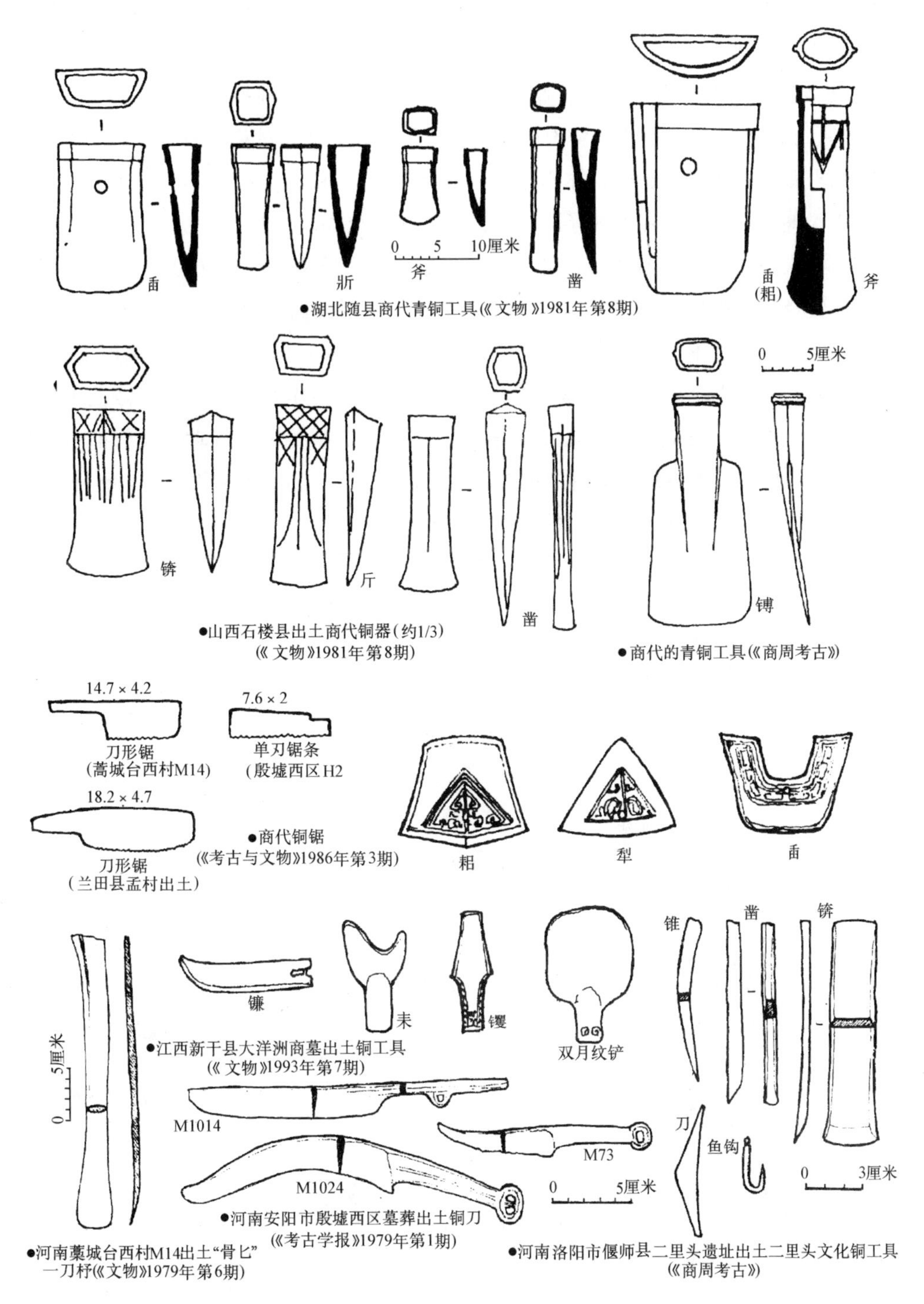

图 2-7　夏、商时期的铜工具

社会劳动的主要承担者是人，后来牲畜和车辆的运用，大大减轻了人的劳动负担。《史记》称夏禹治水时，“陆行用车”。《左传》襄公九年：“奚仲居夏，为夏车正”。又云：“盖夏初奚仲作车，或尚以人力挽之。至相土作乘马，王亥作服牛，而车之用益广”。可知夏初之车系由人力拉挽，后来才改用牛、马拖曳。而《五子之歌》亦有：“若朽索之御六马”，则表明引车之马已用多匹，除运输之荷载大为增加外，其中车制与马具，亦必有相当之进步。

值得注意的，是在陶器上出现了单体的文字符号（图 2-16）。它们较新石器时代仰韶文化陶器上所刻画的符号复杂，和商代甲骨文颇为近似，在时间上则要早 800 年。虽然已发现的数量尚不多，且意义不明，但它们的出现，却是我国古代文化史中一件十分重要的里程碑。此外，在二里头夏文化遗址中又发现卜骨，表明这一活动的渊源久远。

在商代社会各业的生产中，仍以农业居于首位。已知商代所耕种的农作物，有黍、稷、禾、麦、麻、桑等，它们构成了社会生活需要的主要物质供应，并把这种格局维持到以后的许多世纪。由考古发掘所获得的甲骨文卜辞中，亦不乏如“卜黍年”，“求禾于夋”，“屮告麦”之类的记载。而文字中的田、畴、井、甽、畯、畄等词汇，亦可明显看出与农业耕作有关。当时所使用的农具及手工业工具，大概仍以石（图 2-4）、骨、蚌（图 2-5）、木质为主。陶器用于生产中不多（如纺轮、网坠、压锤及制铜模具等）（图 2-6），但在生活用具中则大量运用，继承了原始社会以来的传统。青铜在当时还相当贵重，除作为各种手工业工具及少量农具外（图 2-7），多用于制作兵器或贵族使用的礼器与生活器皿。由于发现了多处冶炼及制作铜器作坊，出土多类修范工具及陶范、坩埚（图 2-8），使今人对其制作过程有了更多了解。商代农业的田间劳动，大部都由奴隶承担，甲骨文中名之曰：“众”。如卜辞中即有“贞叀，小臣令众黍，一月”及“丙午卜，㞢贞，令众黍于□”等等。畜牧业在商代是仅次于农业的第二大生产，据文献记载及遗址发掘，当时除广泛饲养

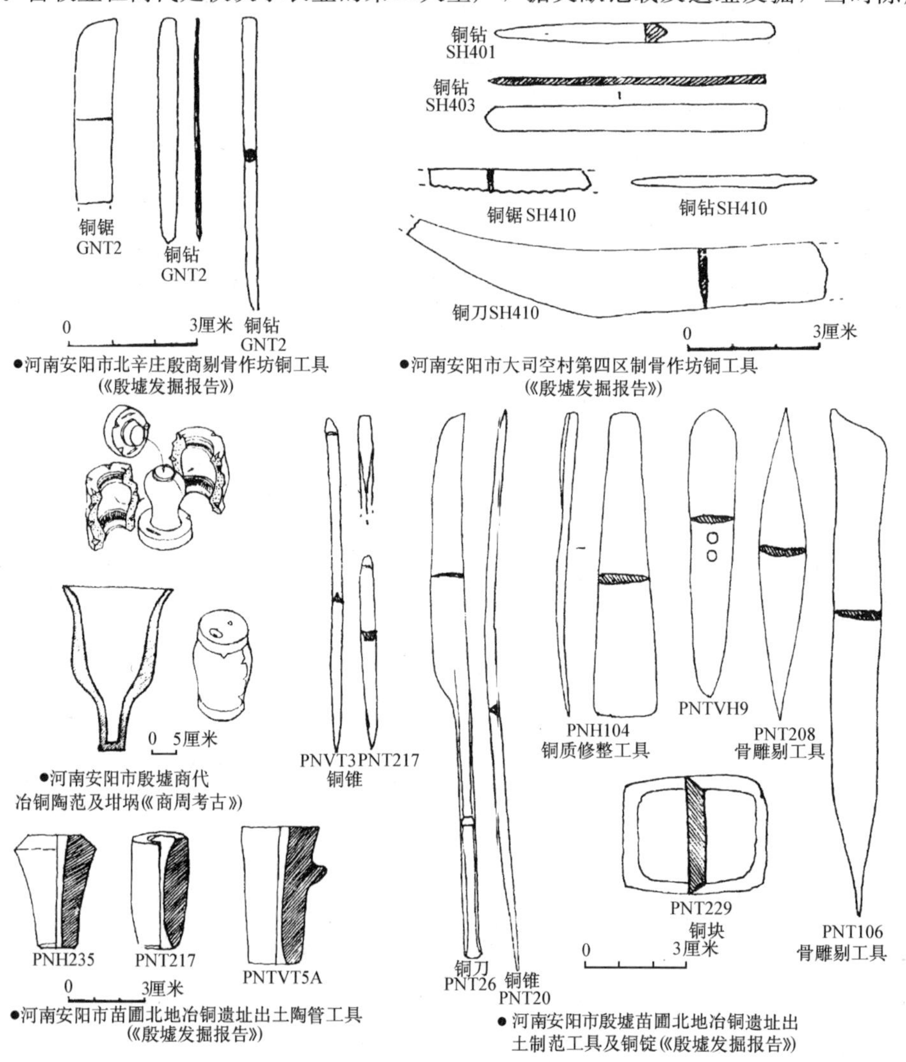

图 2-8　商代制铜工具及陶范、坩埚

马、牛、羊、猪、犬、鸡之“六畜”外，还有象、猴等其他动物。由于在商代的祭祀中，多用牲畜作为牺牲，尤以牛、羊、猪三类为主。其大型仪式中所用牛羊，一次常达数百头之众。见于卜辞者，有“贞嘂，御牛三百”，“丁亥卜□贞，昔日乙酉，箙武御（于）大丁、大甲、祖乙，百嘂，百羊，卯三百□”[1]。此外，牛、马已普遍用于运输，它们当时是否已用于耕种，目前学界尚有争论，意见不一。至于日常生活中，饲犬供畋猎与守户，战争中以马驭兵车，或驱象、虎、豹陷阵等，均可属于此类畜牧业范畴。畜牧业中同样也大量使用奴隶作为劳动力，如卜辞中所载之“戊戌大占奴，卜令牧坐”，即是一例。商代手工业技艺的精湛与分工之细微，可由各地发掘所得之青铜、金、玉、牙、骨、蚌、陶、漆器实物，以及如殷墟发现之铜、陶、石、骨器等作坊得知，产品乃供生活、装饰、祭祀、随葬等多方面用途。器件之种类亦甚繁众，如青铜器有鼎、甗、鬲、斝、觚、爵、匜、壶、瓿、罍、盘、豆、戟、戈、刀、矛、钺、斧、镞、锯、凿等（图 2-9，2-10）。陶器有鼎、鬲、尊、簋、盂、盆、罐、壶、碗、豆、纺轮、网坠等（图 2-11、2-12）。玉、石器有戈、斧、钺、铲、刀、镰、夯、锤、砺石、镞、球、磬、璧、环、珠及各种人形或动物装饰雕刻等（图 2-13、2-14）。骨器有镞、锥、凿、笄、匕、梳、针等（图 2-15）。值得注意的，是商代已出现了由铜与铁合制的器物。1972 年 11 月于河北藁城台西之商代中期遗址与 1977 年北京平谷县商代中期墓葬，以及山西省灵石县商代晚期墓葬中，都发现了带铁刃之青铜钺，皆是证据昭然之实物。而在我国古代文献中，亦曾有所披露，如《诗经·公刘》载：“笃公刘，于豳斯馆，涉渭为乱，取厉取锻”。按公刘时所在之周族，尚为商人之附属。文中之“锻”，即“锻打”之意，

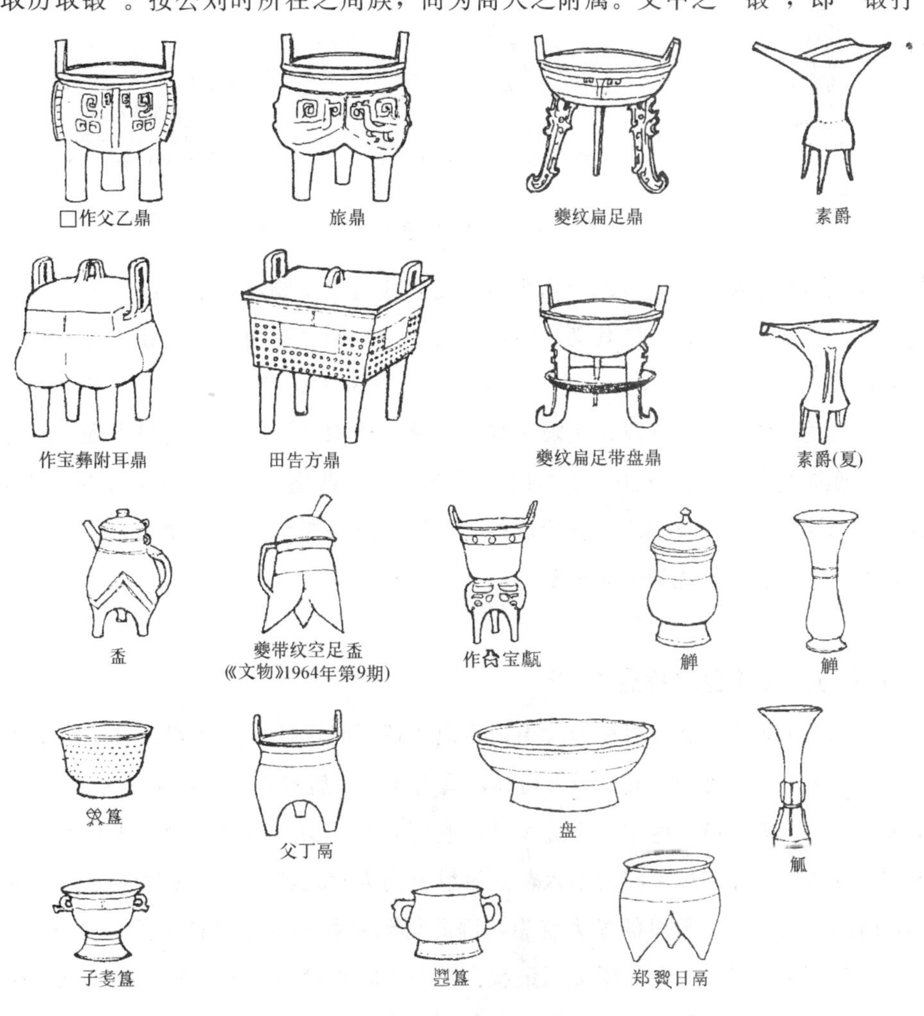

图 2-9　夏、商时期的铜器（一）

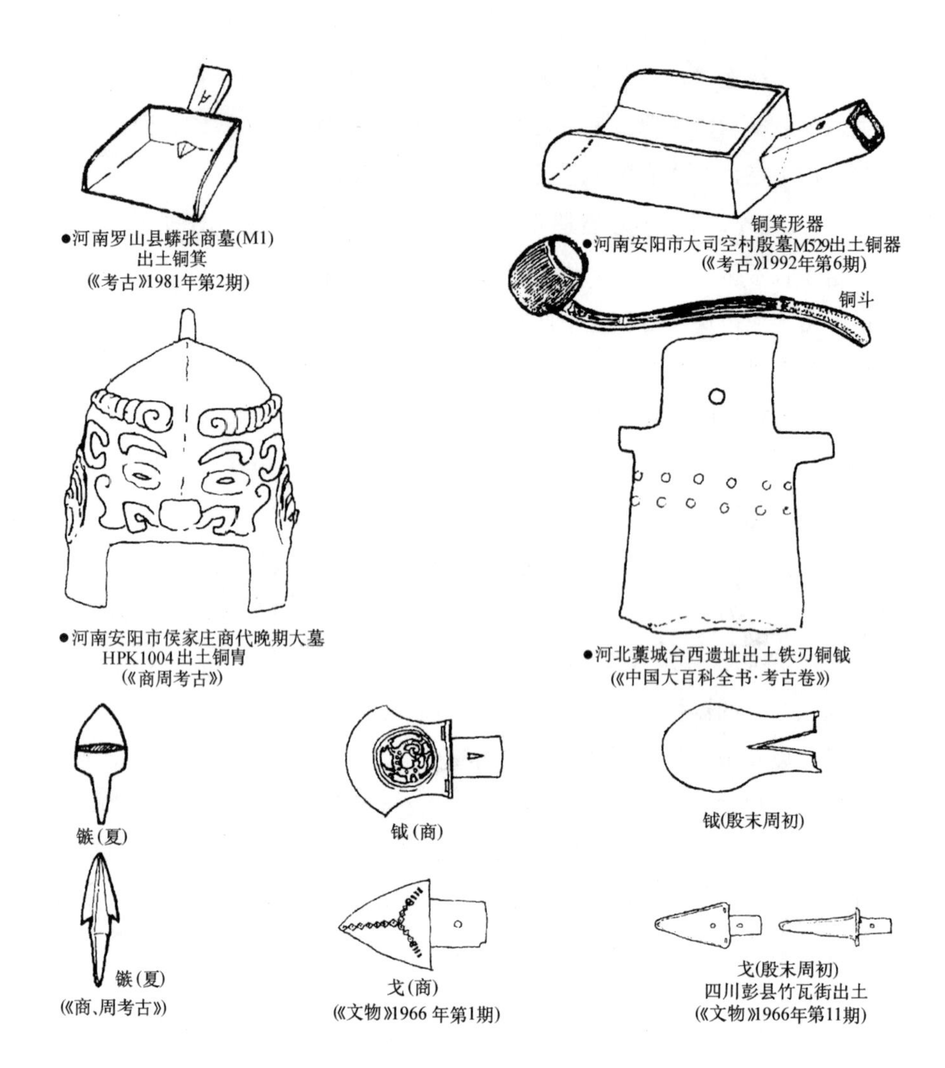

图 2-10　夏、商时期的铜器（二）

而一般青铜器无需作此项加工。且迄今为止所见之商代青铜实物，均未有经此工序者。故上述载录，必有所本。校之前列实物，则其义甚明矣。另外，原始之釉陶于商代亦多有发现，如前述河北藁城台西商中期遗址中，即出土胎质灰色或灰白，表面施豆青、豆绿、黄、棕色釉之釉陶 172 片。江西清江县之吴城及湖北武汉市黄陂区盘龙城诸商代遗址，亦皆有类似发现。由此可见其分布地域甚广，亦即此项釉陶之使用，于当时已带有一定的普遍性了。又河北藁城台西之商墓中，掘得丝帛织物与漆盒残片，其中之平纹绉丝的“縠”与红底黑纹嵌有松绿石的漆片，都可表明商代纺织与漆器之手工艺，已达到很高水平。

三、夏代与商代社会的特点

夏朝的开国君王姒禹，后人尊称为大禹，传说在帝尧时已任司空之职，事见《淮南子·齐俗训》：“故尧之治天下也，舜为司徒，契为司马，禹为司空，后稷为大田，奚仲为工”。后禹奉帝舜之命，率天下臣民治理水患，他常年不辞辛苦，遍历万水千山，与洪水顽强搏斗十三年，才取得最后的胜利。相传他曾经三过家门而不入，被后世誉为人君之典范。由于他领导的治水成功这一伟大业绩，解除了当时天下黎民的最大忧患，因此得到帝舜的推重和许多氏族部落首领的拥护，最后禅继了舜位而得以君临天下。据文献记载，禹晚年时曾打算禅位于舜子益，而诸侯则以为益不若禹子启贤，遂拥立启为国君。从此以后，帝位禅让制度就逐渐为父子或兄弟相传的君权世袭

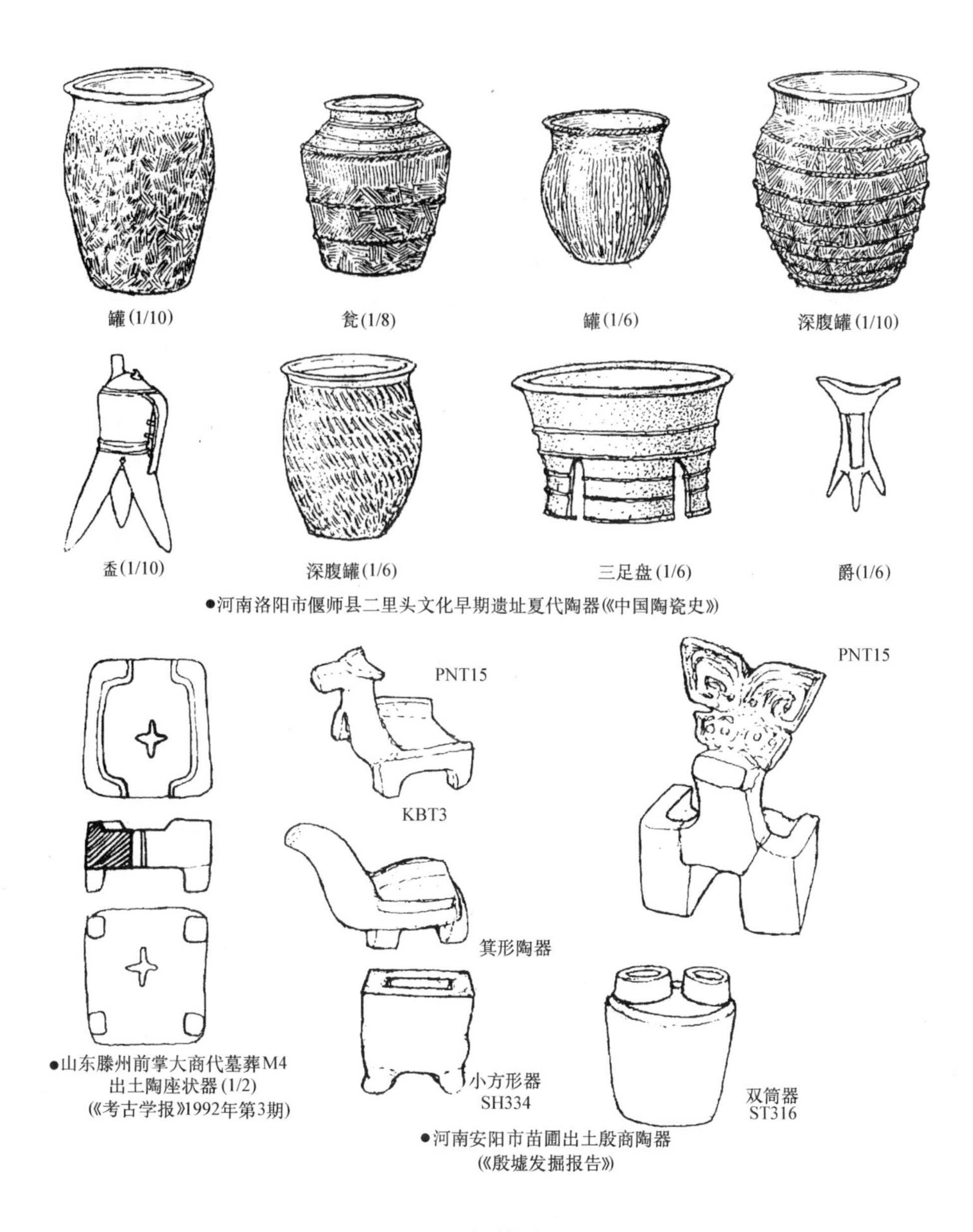

图 2-11 夏、商时期的陶器（一）

制度所取代，政治上实现了由母权制到父权制的过渡。这在中国历史进程中，是一件具有深远影响的大事。

根据种种迹象，在夏代建立之初，仍然保留了若干远古流传下来的母系氏族社会制度和传统，从民俗学的角度来看，当时的社会还具有如下几个特点：

1. 子女从母姓

关于禹的姓氏，在《史记索隐》中引《礼纬》有载："禹母修已，吞薏苡而生禹，因姓姒氏"。这与以前的尧、舜姓氏，亦有共同之处。如前书又称："尧初生时，其母在河之南，寄居于伊长儒之家，故从母所居之姓也"。而《史记正义》则云："瞽叟姓妫，妻曰：握登，见大虹，意感而生舜于姚墟，故姓姚"。在上古母系氏族社会中，由于实行对偶婚制，一名女子或男子，都可有多名配偶。但家庭则是以女子为中心组织的，因此家庭中的子女，往往仅知有其母，而不知有其父。这种早期社会的组织形式和风俗，在时至今日的某些民族和地区中，仍然保存了下来，例如位于我国西南边陲云南省的摩梭族人，就是如此。

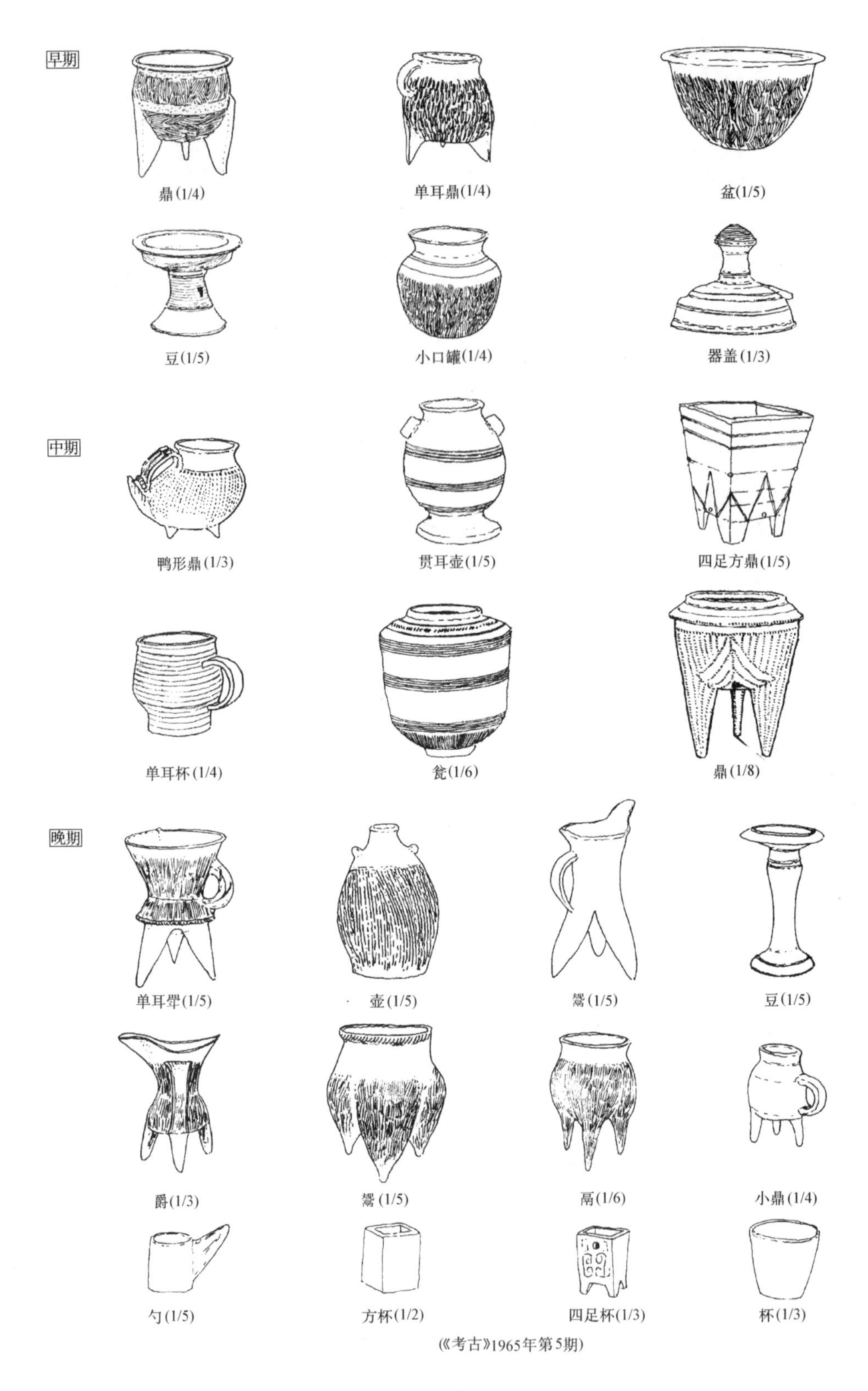

图2-12　夏、商时期的陶器（二）

2. 女性在家庭中仍有相当崇高的地位

在原始社会中，最早的农业、制陶、纺织和家畜饲养等生产劳动，都是由妇女主持的。部落内老人及小孩的照料，亦多经过妇女。特别重要的是，可能当时原始人认为，关系到部族兴衰的最根本原因——人群的繁衍，其主要决定条件仍在于妇女（在许多地区发现的裸体女子陶塑或石刻，可为证明）。因此，在基于以上原因而形成的母系氏族社会中，各家庭及整个部落的主宰都是

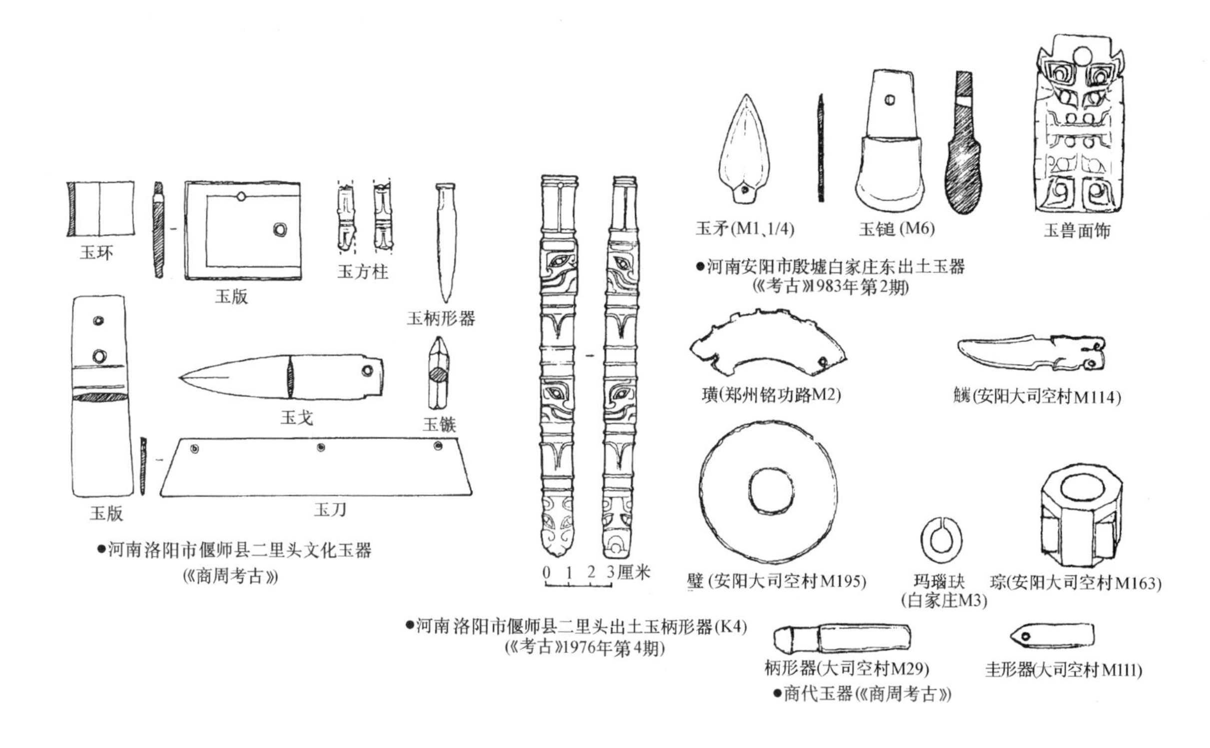

图 2-13　夏、商时期的玉器（一）

女子，举凡公共财物的积累和分配以及劳动的组织分工，均由女性长辈安排。上述摩梭人即仍沿袭此种传统。但由于战争等特殊原因，部落的首领可能由男子担任，但他的当选、罢免以及族中大事，都必须通过氏族评议会予以商议和决定。而这个评议会的组成成员，无疑是由氏族中的有力人物与贤良者所担任，可以推想，其中必不乏女性，而且她们还可能占有较多的席位。以上情况虽然因为社会转化为男性氏族社会而逐渐遭到削弱，但其影响却会长期存在。例如，这种女性的权威，依然表现在各氏族所崇拜的祖先方面。如传说中早于夏代之“伏羲氏”，其族人崇拜之母神是“华胥”。“神农氏”族崇拜之母神是“安登”。“有熊氏”族之母神是“附宝”。“少皞氏”族之母神是“女节”。“陶唐氏”族之母神是“庆都”。“有虞氏”族之母神是“握登”。而“夏后氏”族之母神是“修巳”。及至后代，商族之母神是“有娀”，周族之母神是“姜嫄”[2]。后者表明这种“受兹介福于王母”而非“王父”的观念，即使在我国社会已进入奴隶制盛期依然存在。因此它对于夏代之影响，当可不遑论述。

3．“以女继母”的承替关系

这是母系氏族社会家庭的继承原则，而亲子则因婚姻缘故，被“嫁出”而属于其他氏族。传说中的黄帝诸子，即是如此。《国语》称：“黄帝之子二十五宗，其得姓者十四人，为十二姓：姬，酉，祁，巳，滕、箴、任、荀、僖、嬉、姞、儇是也”。又云：“黄帝之子二十五人，其同姓者二人而已。惟青阳与夷鼓为已姓”。因此，即使部落之首领为男性，其职位亦不得父子相传。只有族内女子之配偶，才有可能得此机会。史载帝尧以娥皇、女英二女匹配于舜。实际是使舜“嫁人”尧所在的“陶唐氏”族，恐怕这也是为了使舜能够取得禅让资格的重要原因之一。由此可知，尧之未能传位于子丹朱，舜之未能传位于商均，以及禹之未能直接传位于启，并非因为诸子之“不肖”与“非贤”（这一点在禹子启身上已得到了证实），而是出于当时社会制度和习俗的不允许。这种君权禅替和评选方式，直到夏朝第二代君主启以后，才得到根本性的更改。

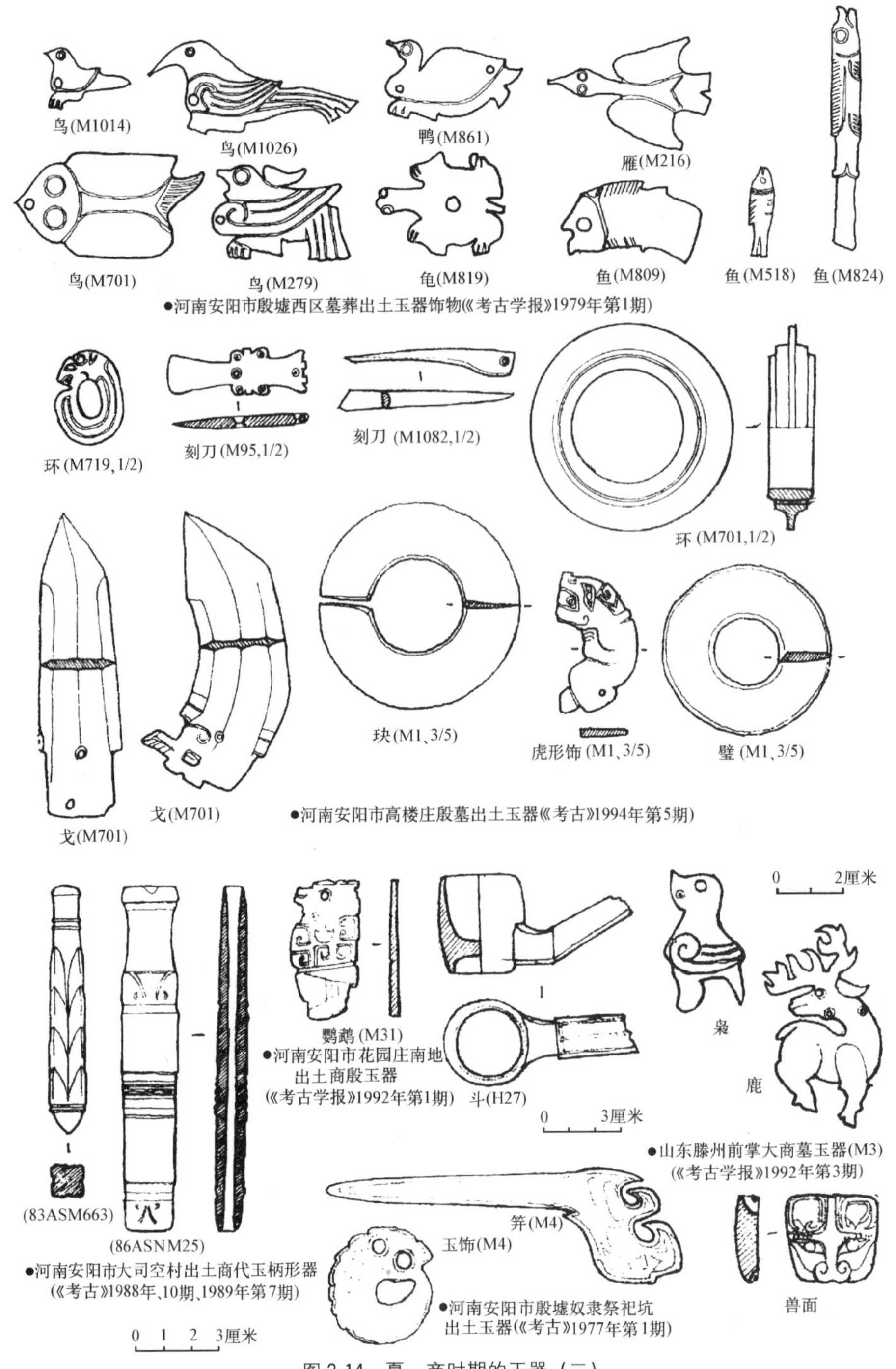

图2-14　夏、商时期的玉器（二）

4. “重轨式”的最高执政形式

即翦伯赞先生所谓的“两头军长制”。并引证了挚与尧共同执政九年，尧与舜共政三十一年，舜与禹共政十七年，禹与皋陶共政时不详（为期不长，以皋陶早逝中断），禹与益共政十年等事例[2]。这种正规的君主禅位制度，未见于世界其他民族，在我国历史中，也是仅见于龙山文化父系社会末期之特例，即据记载出现在尧、舜时和夏初。而“双头执政”的形成，则是为了完善禅替制度而派生出来的一项补充，其目的是使预定的受禅者在正式接位以前，能够取得足够的施政经验，并通过实践接受各个方面的长期考查，这种通过实践来培养与考验国家领导接班人的做法，在四千余年前的我国已经成为重要的定制。说明了我们的祖先虽然在社会生产力非常低下的条件下，但是对于政治体制上的某些考虑，已经十分慎重和相当成熟了。

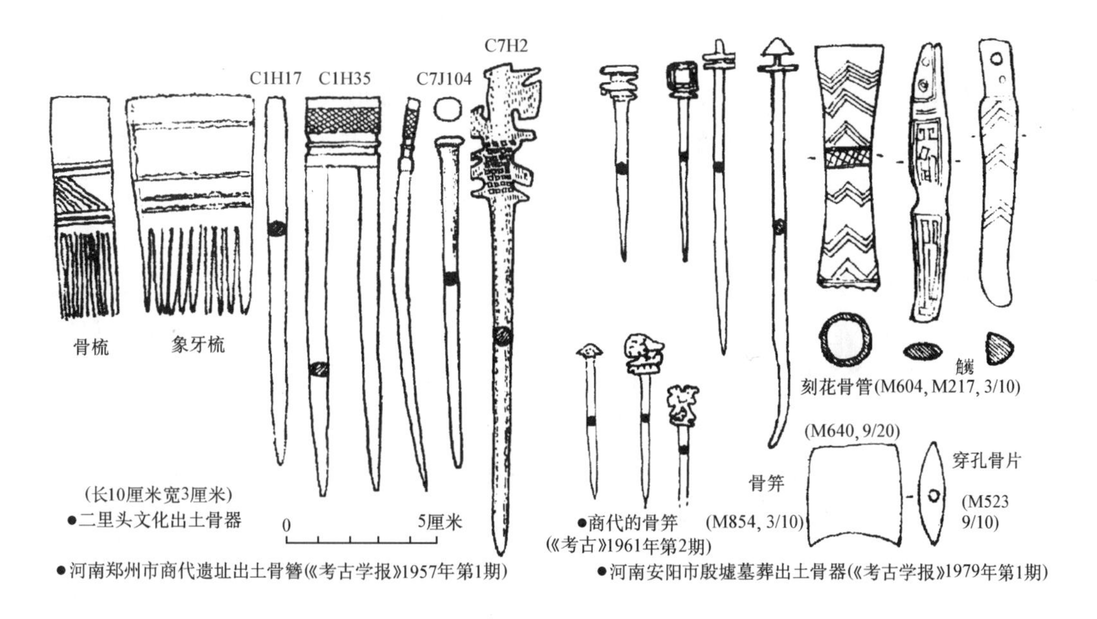

图 2-15　夏、商时期的牙、骨器

夏代之初，君王和过去一样，不过是天下诸氏族部落联盟所推举的盟主，其下属诸侯部族甚多，史称夏禹“会诸侯于涂山，执玉帛者万国”。其中一部来自世袭，一部出于加封，如《史记·夏本纪》载：“禹即天子位……封皋陶之后于英六”。然自十四代夏君孔甲以后，国势渐衰，诸侯不膺王命，且相互兼并，国数大减。但有夏一代大规模战争不多，其可以为例者，如《国策·秦策》所载夏禹诛伐共工之战，以及《史记·夏本纪》中帝启征灭有扈氏诸役，而最后商君成汤讨伐夏末帝桀之战，则导致了中国第一个奴隶王朝的完全崩溃。从此以后，战争就成为历代政权更替所采用的主要手段，而氏族社会长期在社会生活和政治活动中所形成的原始民主典行风范，就被私有制日益汹涌的狂涛冲刷得一干二净了。

商代社会政治统治集团之顶层，为商王及其皇族。惟商代王位之传承，系以“弟继兄”为原则。若至无可继者，则以最幼弟之子接位。此与夏代大多由“子继父”之方式有所不同。商代四方之诸侯、部落，虽较夏禹开国时之万邦为少，但成汤即位时，犹达三千之众。贵族、诸侯、官吏和巫师等上层分子，是构成捍卫与稳定奴隶制度的中坚力量。即甲骨文及古文献中所谓的“侯”、“宰”、“伯”、“师长”、“父师”、“少师”、“巫祝”、“卿史”、“御事”等。至于社会的底层，除了称为“畜民”的自由民外，就是管理奴隶的工头“臣”、“小臣”，以及名为“奚”、“奴”、“童”、“仆”、“妾”、“役”、“牧”、“驭”等奴隶。奴隶的来源，早期大多出自战争中的俘虏，后来则由各行业中破产的“畜民”予以补充。他（她）们没有人身自由和最基本的权利，终生受最残酷的压迫和剥削，并被迫从事社会中一切最艰苦和“低贱”的工作。举凡农耕、放牧、开矿和各种手工业劳动中的大多数生产，都出自这些人的无偿血汗。对于少数具有某些特长者，则被驱使于音乐、歌舞或角力、格斗，以供奴隶主观赏取乐。在举行盛大祭典或发生战争时，大批奴隶又被无情地送上祭坛或战场，以他（她）的鲜血和生命，作为野蛮制度下最悲惨的牺牲品。然而暴力终究不能维持长久，正是商代末帝纣王军队中大批奴隶的倒戈，才加速促使了这个残暴奴隶王朝的最后覆灭。

随着社会生产力与分工的发展，使得商代的商业贸易活动也逐渐繁荣与活跃起来，此时商贾的足迹不但遍于全国，而且还远至朝鲜、新疆等地。由于贸易的扩大，以货易货的交易方式，已经不能适应当时的经济形势，于是出现了我国最早的货币——贝。这是一种产于南海的小型贝壳，商人将其背面穿孔，积若干枚系为一串，称之曰：“朋”。这种用作货币的贝除了实物见于墓葬出土遗物外，亦屡现于甲骨文中，如“庚戌卜口贞易多女贝朋”[1]，而一些与财货贸易有关之文字，如“宝”（其繁体为“寶”）、“货”、“贮”等，皆依“贝”字而形成，内中原委，自可不言而喻。其于铜器铭文中亦多有载述者。贝的使用，直至周代。后来并依贝的形式，以骨料或铜仿制，楚国通行之“蚁鼻钱”即是一例，惟形体较原来之海贝差小。

虽然早在我国的原始社会期间，刻画在陶器上类似文字的象形符号已经出现，但文字的正规形成和使用，是在商代中期或以后。考古学家在商代遗址中发现的甲骨文，被认为是经过长期发展后才形成的中国古文字。它除了还保留若干最早的象形文字的特点以外，其同类型的词汇已经依循着一定的规律。内中有的旁水，如河、江、洋、淮、汜等；有的从木，如树、林、枝等。与建筑有关的，则加一似屋顶的“宀”形，如室、宅……（图 2-16）。由于它们最早是作为卜辞，写刻在牛、羊、猪、鹿的肩胛骨和龟的腹甲上（图 2-17），所以称为甲骨文。它们最早被发现的地点，主要是河南安阳小屯的晚商遗址殷墟。经过解放前后的多次发掘，该地一共出土了刻写文字的卜骨和卜甲十余万片，其中不同的单字达四千多个，但能辨认的只有一千左右。目前在山东济南市大辛庄商代中晚期遗址中又发现有卜辞之甲骨。卜辞一般都很短，以十数字的为多，但也有长达百字的。由文辞的言简意赅与叙述流畅来看，当时的语言和表达都已达到很高水平。同时，它又为我们提供了中国古代最早的纪年史料，对研究我国早期社会历史，起着十分重要的推动作用。

在对天文历象的认识方面，商人已将地球绕太阳一周的时间，称为一年。将月球绕地球一周的时间，称为一月。将地球自转一周的时间，称为一日。又将常年均分为十二个月，闰年分为十三个月。等分一年为春、夏、秋、冬四季，每季三个月。每月再分为三旬，每旬十日。此外，还使用了干支记日期，每六十日为一周期。历法之制定，可能在夏代已见端倪，但未有确切材料可资证明。商人农耕依季节施行，其卜辞中使用干支已甚普遍。又建筑之方位、朝向均很准确，表

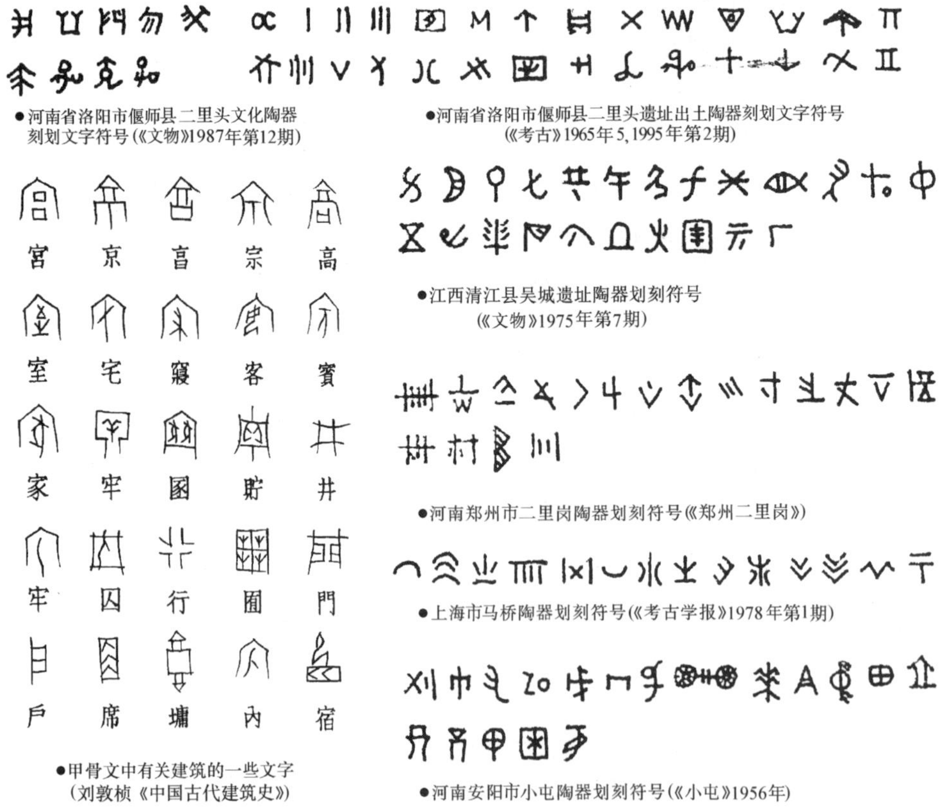

●河南省洛阳市偃师县二里头文化陶器刻划文字符号（《文物》1987年第12期）

●河南省洛阳市偃师县二里头遗址出土陶器刻划文字符号（《考古》1965年5，1995年第2期）

宫 京 亯 宗 高

室 宅 寢 客 賓

家 牢 圂 貯 井

牢 囚 行 圃 門

戶 席 墉 內 宿

●甲骨文中有关建筑的一些文字（刘敦桢《中国古代建筑史》）

●江西清江县吴城遗址陶器划刻符号（《文物》1975年第7期）

●河南郑州市二里岗陶器划刻符号（《郑州二里岗》）

●上海市马桥陶器划刻符号（《考古学报》1978年第1期）

●河南安阳市小屯陶器划刻符号（《小屯》1956年）

图 2-16　夏、商时期的文字符号

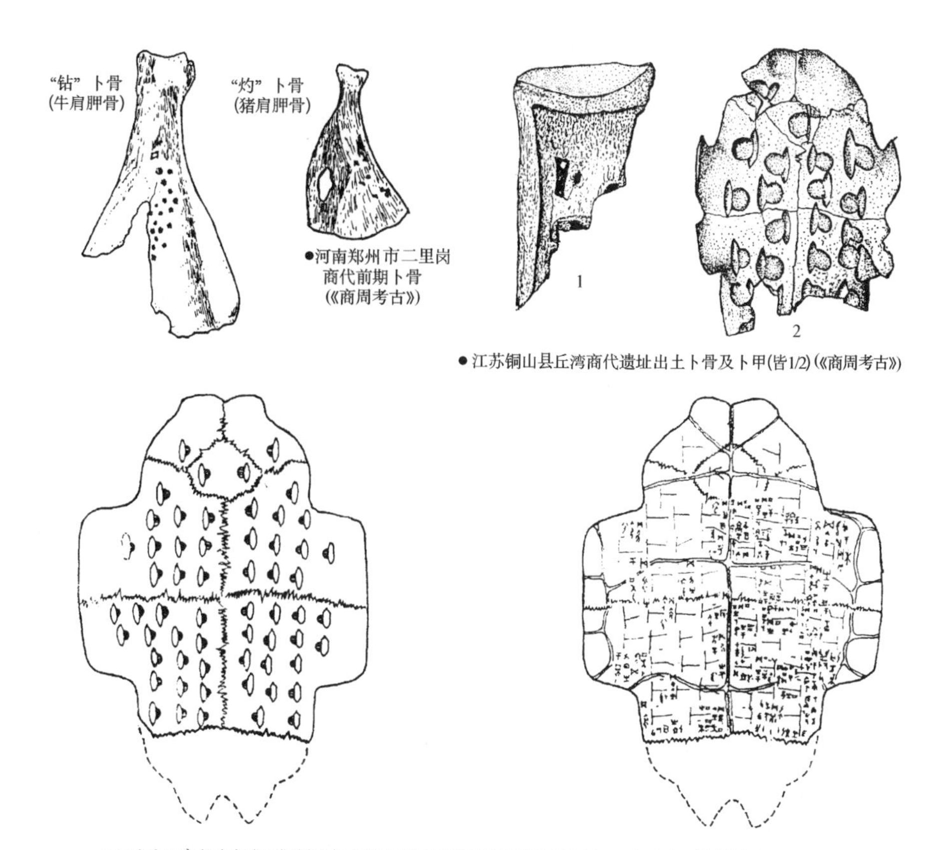

图 2-17　商代的卜骨、卜甲

示对天体日月星辰之观测已相当精审。

社会的经济发展，也必然带来其他方面的繁荣，例如文化艺术即是如此，特别是雕塑、绘画和音乐。商代的雕刻技艺，反映在玉石器和铜器上格外突出，塑像亦有相当水准（图 2-18）。这时

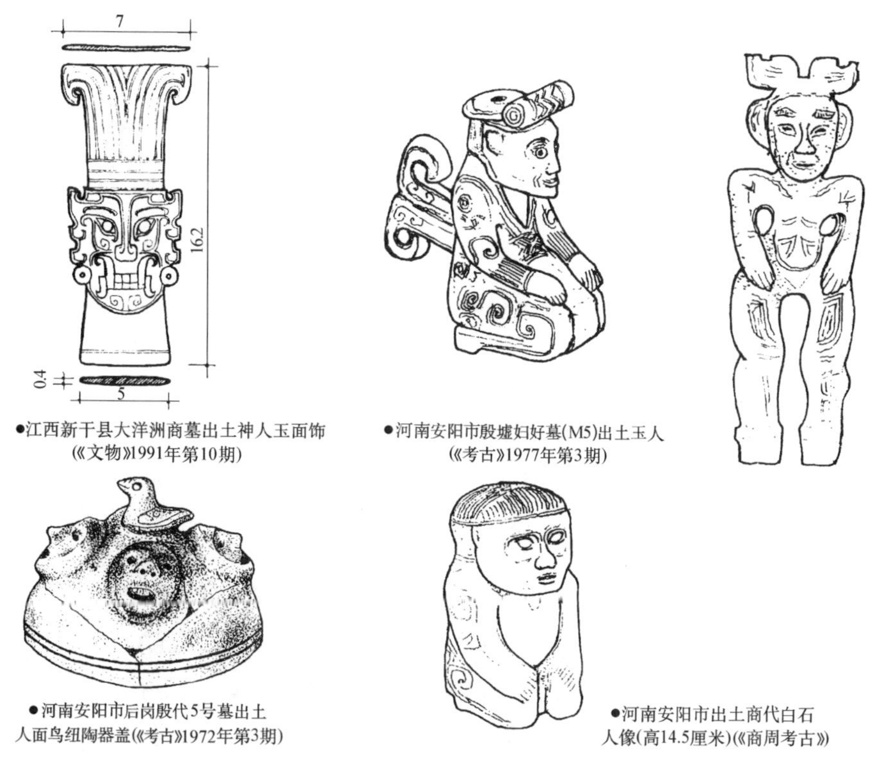

图 2-18　商代的玉雕和陶塑人像

的青铜文化已经进入了鼎盛时期，内中的器物，又以礼器为其最高水平之代表。绘画艺术表现在陶器、漆器的纹样上，依出土遗物，知其与原始社会在题材构图及色彩上均有所不同。音乐是当时举行仪典不可少的内容，又广泛流行于民间，已出土的乐器有石磬、陶埙、铜铃、铜铙等（图2-19）。原始社会已出现的鼓、号、笛等，亦应继续使用，惟实物尚未觅得。

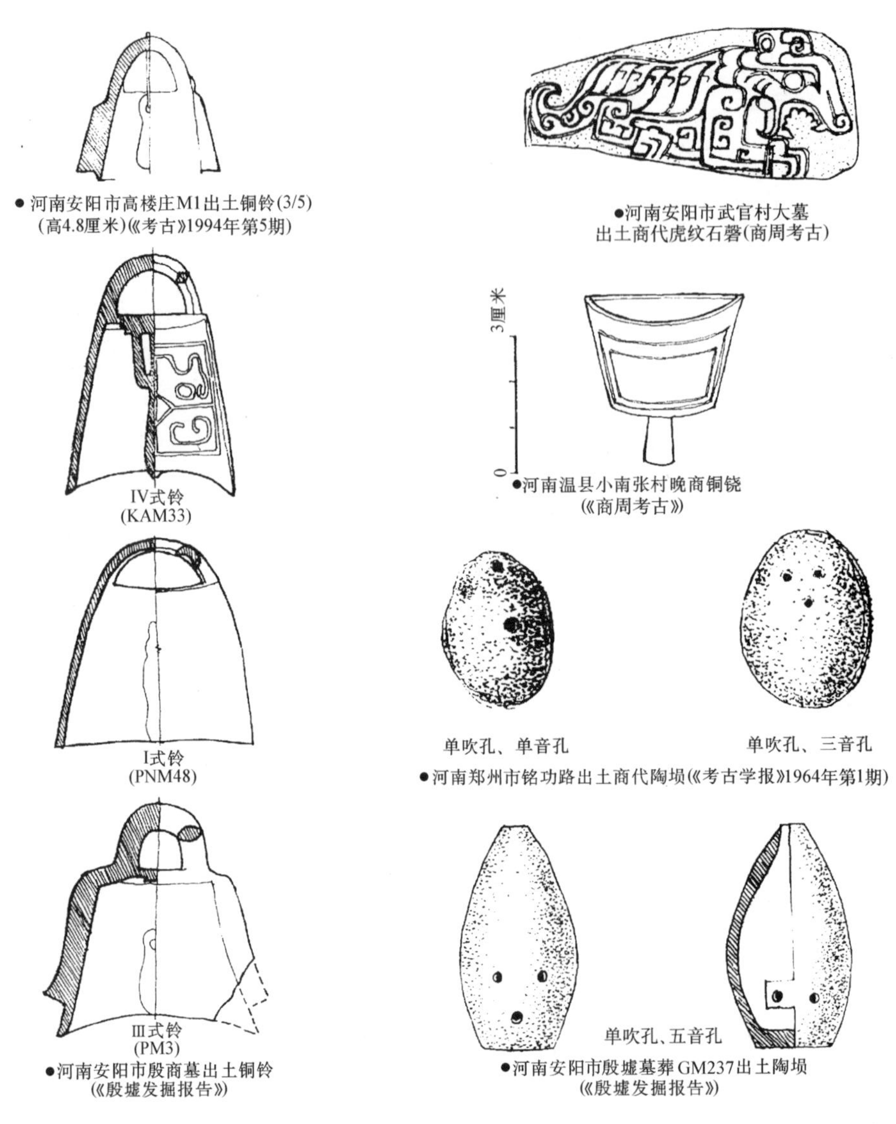

图 2-19 商代的乐器

第二节 夏代与商代的建筑

一、城市

（一）夏代的城市

据古代文记，在夏代或其更早时期即已建有城郭。如《吴越春秋》载：“鲧筑城以卫君，造郭以守民，此城郭之始也”。鲧相传为禹之父，曾奉舜命治天下水，九年不成，被处以极刑。文中所言之“君”，当系指舜而言。又《淮南子》：“夏鲧作三仞之城”。《管子》则谓：“夏人之王外凿二十七虻蝶十七湛，……道四经之水……民乃知城郭、门宫、闾屋之筑”。考城市之起源，乃肇于原始社会氏族部落之聚落。如陕西西安半坡之仰韶文化遗址，其聚落已建有半地穴式之住房、窖穴及“大房子”，外围再周以防卫性之深沟。浙江余姚市河姆渡遗址，聚落由立于水际之干阑式建筑组成。山东日照县半城山龙山文化遗址，于聚落外已筑有夯土之围垣。以后聚落由小而大，建筑之数量及种类亦逐渐增加，最终发展为人口众多，体制完备之城市。今日已发现之新石器时代城址，已有30余座，地域亦甚为广泛，包括山东、安徽、河南、湖北、湖南、四川等地。按照社会的发展和阶级的分化，以及经济、交通等条件的不同，城市也产生了等级的差别，一般以国君所在之帝都最高，诸侯方国所居之城邑为次，其他则更等而下之。

史载夏禹始定都于阳城，即今日河南省登封县境内，其后启迁至阳翟（今河南禹县）。太康都斟寻（今河南巩县西南）。最后桀居洛（今河南华阴县至洛阳市间）。《中国历史地图集》依《古本竹书纪年》中之传说，将夏代六次迁都之顺序列为：（1）阳城，（2）斟寻，（3）帝丘（今河南濮阳县西南），（4）原（今河南济源县西北），（5）老丘（今河南开封市东），（6）西河（今河南安阳市东南）。此外，对其他文史中所传说之夏都，如晋阳，平阳（今山西临汾市西南）及安邑（今山西夏县北），亦一并提及。观其地域，大都在今日河南北部及山西南部。

但就目前之考古发掘资料，上述夏都遗址均未得到发现，而一般城市之故迹，亦未有确切之证明。过去曾将河南登封县王城岗故城及淮阳县平粮台古城列为夏代，后均改属原始社会。过去曾有学者认为偃师二里头遗址是夏桀都城斟寻，众说纷纭，未有定论。1997—1998年对偃师商城的进一步发掘，确定了它是商汤灭夏后首建之都城西亳，并认为二里头是夏都斟寻。但对后者除宫室以外之情况所知甚少。是以夏代城市之建置及形态，尚有待今后再予探讨。就今日所知原始社会与商代城市诸例，其建筑处理与技术举措均已达到相当水平。作为在时间与空间上过渡的夏代城市，必与它们有紧密联系，以及有众多相类似的特点。由于远古时代生产力较落后，科学技术不甚发达，因此某些材料与技术在相当长的一段时间内仍被沿用且变化不大。例如以夯土构筑的城墙与房屋基址即是如此。但是随着社会的制度与意识形态的发展，不同时期的城市将被赋以这些方面有关的新内容。笔者认为，这应是夏代城市与原始社会城市以及商代城市的最主要区别所在。也就是说，出于统治者日益迫切的巩固政权要求，一切有关这方面的举措，都是必须首先考虑和实现的。例如，城市防卫系统日益完善，子城制度的确立，宫殿、坛庙方位的选择，及其组合制式的确定等等。此外，城市内依功能划分区域的相对集中，不同用途道路位置布置及尺度的决定……亦逐步列为城市建设（特别是王都一级城市）中所必须考虑的内容。

（二）商代的城市

在商人代夏以前，其“先公”就曾在黄河中下游八易其居。据王国维的考证：契居蕃，一迁；昭明居砥石，二迁；昭明又迁商，三迁；相土东迁泰山下，四迁；相土复归商丘，五迁；殷侯（上甲微）迁于殷，六迁；殷侯复归商丘，七迁；汤始居亳，八迁。其地域大抵都在河南、山东、河北范围之内。及商朝建立后，王都亦经多次迁徙，除一世成汤仍居西亳（在今河南偃师县尸乡沟）外，十世仲丁迁嚣（或作隞，今河南荥阳县西北）。十二世河亶甲移相（今河南内黄县东南）。十三世祖乙迁耿（今山西河津县南），后又徙邢（今河北邢台市）。十九世盘庚先都于奄（今山东曲阜县），继而迁殷（今河南安阳市西），直到祚绝。故商人活动之中心地域在今日河南中、北部至山东西部一带（图2-20）。但目前经确定之地点不多，现分述于后：

1. 河南洛阳市偃师县商城遗址[3]

位于河南偃师县西南尸乡沟之商城遗址，在我国古代史文中已屡有所载。如班固在《汉书·地理志》注中称：“偃师尸乡，殷汤所都”。又杜预于《左传》昭公四年之注亦谓：“河南巩县西南有汤亭，或言亳即偃师”。张守芦《史记·殷本纪》正义中，引《括地志》并称：“亳故城在河南偃师县西十四里，本帝喾之墟，商汤之都也”。其按语则云：“尸乡在洛阳偃师县西南五里也”。与目前所发现之商城遗址相合。现遗址位于洛水北岸，南临邙山。自1983年起至1998年经过多次发掘，对该城情况已有较全面之了解。城市平面基本呈南北长缺东南隅之矩形（图2-21），覆压在1～4米之表土及文化堆积层下。已发现有外、内、宫垣三重。外城垣之西垣残址走向南北（偏东7°），长1710米；北垣西段为东西向，东段斜向东南，全长1240米；东垣大部为直线，南段折西南再转南，长度1640米；南垣部分被洛河冲毁。外城垣包围面积约190万平方米。内城平面大致呈长方形，南北约长1100米，东西约宽740米。其西垣、东垣之南垣及南段与外城垣重合。北垣中段略向内凹入。过去认为西外垣南数第二城门（W2）以南之“马道”，实际是内城北垣之一部。史籍多次载及之尸乡沟，则东西向横亘于外城址之中部及内城之北部。外城垣之外周以护河，宽20米，深6米。内城北垣外则有平行于城垣之壕沟一道。

城内有较集中之建筑群基址三处，均位于南端。其中1号遗址居中，每面约长200米。2号遗址在西南隅，平面为东西长之矩形，面积不足1号遗址之半。3号遗址在其东北，平面亦呈方形，惟尺度略小。三处基址均绕以围墙，又有众多殿堂房舍，现已判明居中央之1号遗址为宫城所在。2号及3号建筑遗址为附属于宫城之府库性建筑。宫城内之中、南部建有宫殿建筑十余座。依考古发掘，知宫城及宫殿均经多次改建与扩建，其中2号宫殿之主殿长达90米，为现知商代早期宫殿中最大的单体建筑。

外城垣尚余残高1～2米，墙宽16～28米，墙基最宽40米。内垣残高0.2～0.6米，墙宽6～7米。其基槽甚浅，一般不足0.5米。构以红褐色夯土，夯层厚10厘米，细致紧密。外垣已探出城门五处（东二门，北一门，西二门）。其中东、西垣之南、北二端城门，均处于相对应之位置。已对东、西二垣中间之二门（即E-2及W-2）进行发掘。西二城门（W-2）门道宽2.4米，长16.5米(即西城垣厚)，门道二侧置木骨夯土墙，墙内植木柱(图2-22)。依残迹尚存南侧柱洞16处，

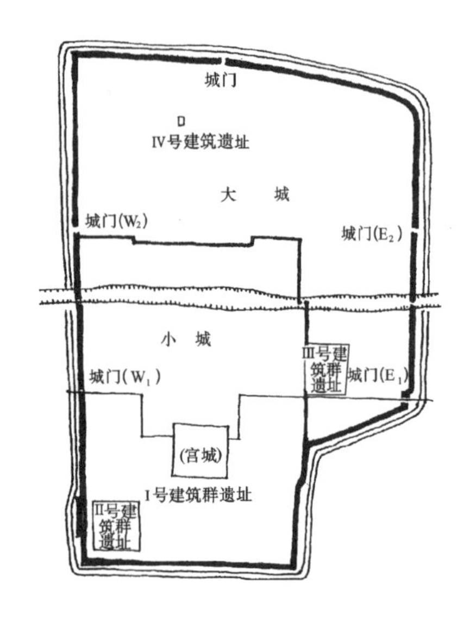

图2-21 河南洛阳市偃师县商城实测平面图(《中国文物报》1998年1月11日)

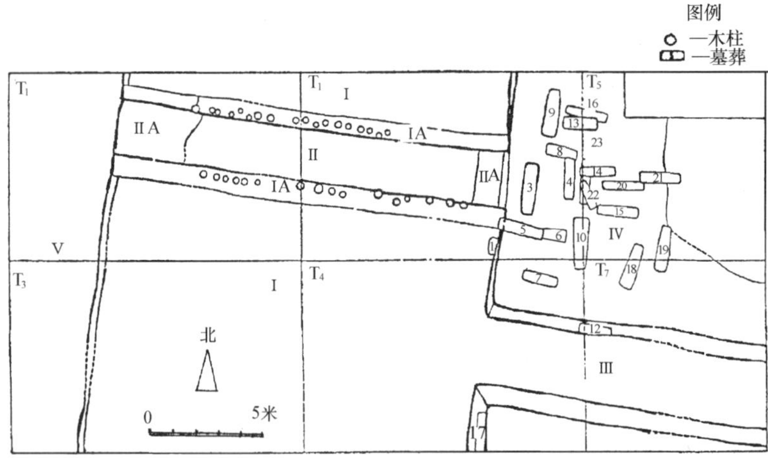

图2-22 河南洛阳市偃师县商城西垣2号城门（W-2）平面图（《考古》1984年第10期）

Ⅰ.城墙 Ⅱ.城门道 Ⅲ.马道 Ⅳ.Ⅴ.路土 ⅠA.夯土墙 ⅡA.封堵墙

北侧柱洞18处，柱直径20～35厘米，柱间距甚密，大部为20～40厘米。柱下置砂石暗础，埋深距原有路面1～1.65米。门道路面系土筑，厚40～50厘米，坚硬密实，并自中央向两侧略呈倾斜。东二城门（E-2）门道亦宽2.4米，长19.4米，两侧遗有木柱洞19处。门道下40厘米处置排水

沟，沟深1.3米，宽1.2米。沟底铺鱼鳞状石片，沟道之构造形式，有别于习见之陶管或卵石沟道，为我国古代此类工程之首例。城内共发现道路十余条，有的路面印有宽1.2米之车辙，为我国现知最早者，它将我国使用车辆之历史又自晚商提前了200—300年。此外，城内尚有横贯东西之下水道，长度达800余米。

经探测，知内城与外城重合之城墙，均为包筑于外垣之内者，表明内城之建造早于外城。由遗物判断，其建造时间当在商代之最早期，即商汤灭夏之后。再依地望及文献之佐证，此城应为史载之西亳。

位于偃师县商城东南6公里之二里头遗址，其下层文物之时代早于商城，而建筑之部署及朝向，均与商城有较大之区别，故考古学家认为它极可能是夏代晚期都城斟寻。于夏灭后又继续为商人所使用。

2. 河南郑州市商城遗址[4]

该遗址位于今郑州市东偏之郑县旧城及其北关一带。发现于1955年，经30余年之探掘，知其城址平面为一折东北角之南北纵长矩形（图2-23）。其中之东墙及南墙，各长约1700米，西墙约1870米，均为直线走向，北墙呈折线，约1690米。总周长6960米，墙基平均宽11米，现墙顶残宽5米，残高10米。其夯筑方式仍大体沿用原始社会筑城旧规。即先构筑城垣之主体，然后在其内、外二侧斜筑护城坡，如图（2-24）所示。但此种方式仅见于东墙。南墙则仅于内侧修筑。一般夯层厚8～10厘米，夯窝圆形，直径2～4厘米，寰底。现城垣有缺口共11处（东墙2处，南墙、西墙、北墙各3处），是否均系旧日城门尚难定断。城内东北偶，遗有由红土与黄土筑成之夯土台若干，其面积大者达2000平方米，小者亦百余平方米，平面俱作矩形。台上有排列整齐之柱穴，加以此等基址附近又出土青铜簪、玉簪及玉片等饰物，故估计当时系王室贵族之居所。城内南部及城外近郊半公里之内，皆有民居、作坊及墓葬分布。如城北郊有铸铜与瓷器作坊，西郊有制陶

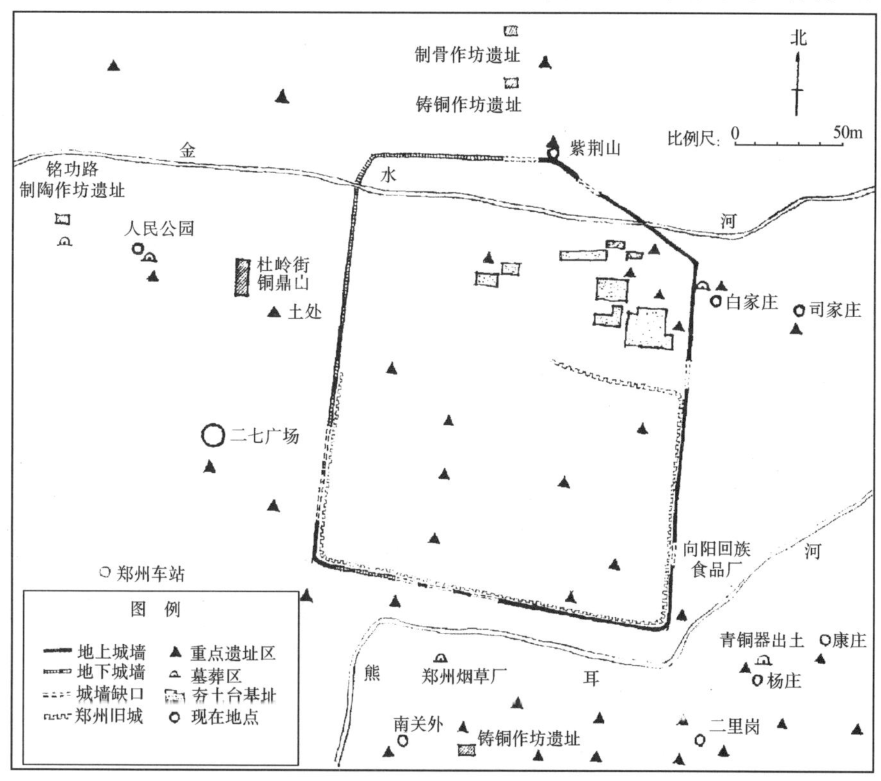

图2-23 河南郑州市商城及其重要遗址分布图(《商周考古》)

作坊，南郊亦有铜器作坊。据东墙灰坑发现之木炭，其碳14纪年为3235±90年，树轮校正后为距今3570±135年，相当于商代之中期，即公元前1400年左右。而“仲丁迁于隞”亦在其时，故有学者认为此城可能是传说中的“隞都”所在。

3. 河南安阳市殷墟遗址[5]

遗址在安阳西北之小屯村，近代以来已多次出土商代陶器、铜器及甲骨等珍贵文物。1928年至1937年间，我国考古工作人员即已对此遗址作了多达15次的正式科学发掘。解放后，此工作继续进行。已探明整个遗址东西长6公里，南北宽4公里，总面积达24平方公里。通过大批铜器、卜骨、卜甲和建筑遗址等有力证据的出土，确认了该地是商代后期自盘庚以下八代十三王共273年的国都。此城以坐落在洹水南岸与小屯村东北的宫室区为中心，环以手工业作坊与民居（图2-25）。王室、贵族的墓葬，则集中于洹水之北岸（今日之侯家庄与武官村北）（图2-26）。就目前

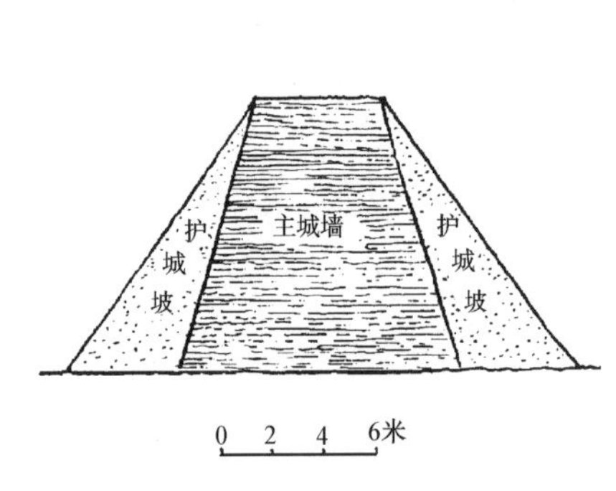

图2-24 河南郑州市商城夯土城墙截面示意图(《商周考古》)

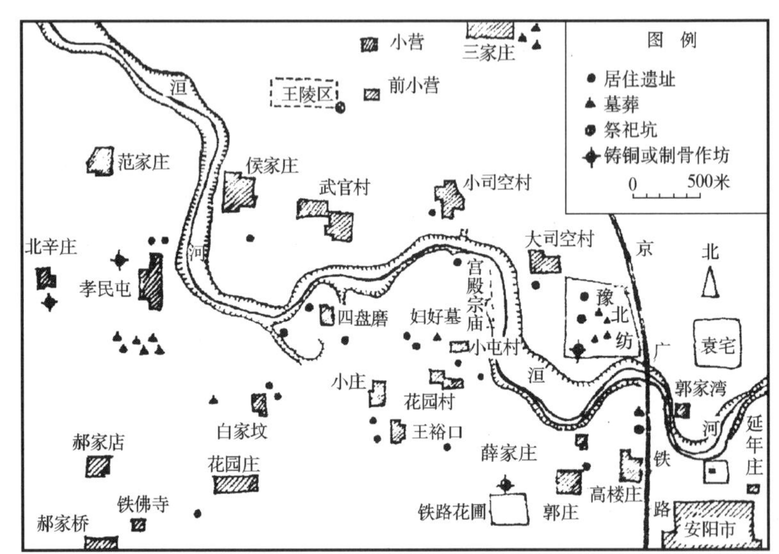

图2-25 河南安阳市殷墟文化遗址分布示意图(《中国大百科全书》考古卷)

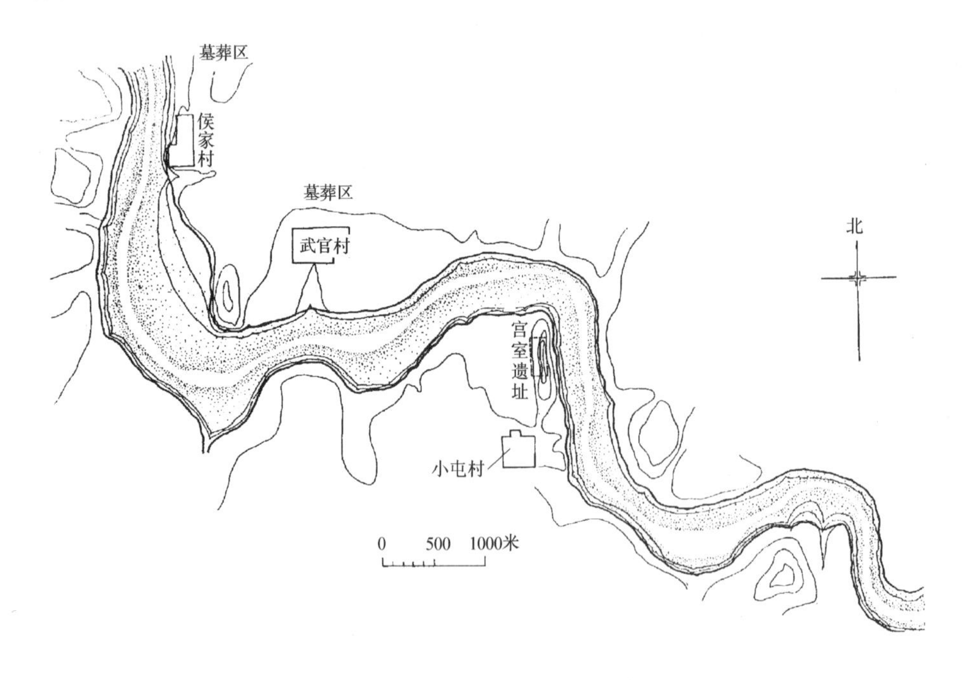

图2-26 河南安阳市殷墟宫室、墓葬遗迹位置图(《中国古代建筑史》)

所知，宫室区仅依洹水及壕沟为防御，未见有宫墙之建设。都城外围，亦无城墙、外濠遗址。但以宫室为中心，并将其与一般之民居、作坊以及墓葬作有计划之分隔，则已十分明显。

4. 湖北武汉市黄陂区盘龙城遗址[6]

商代诸侯方国一级之城邑，现仅发现一处，即地处湖北武汉市黄陂区叶店之盘龙城。该城建于盘龙湖畔府河北岸高地之东南侧，最早发现于1954年。后经1974年、1976年两次发掘，测得此城平面作方菱形（图2-27），东西距离260米，南北290米。城垣周长1100米，轴线方位北偏东20°。城内面积65400平方米，加上附近文化堆积层，总面积超过80000平方米。据考证，此城系

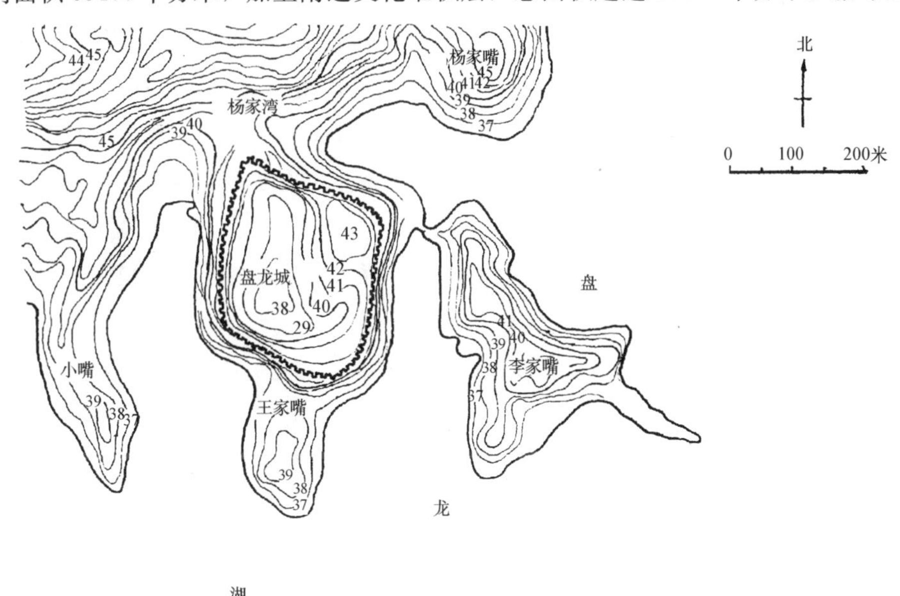

图2-27 湖北武汉市黄陂区盘龙城遗址略图(《文物》1976年第2期)

用作宫城。城内东北高起而西南低凹，高差在6米左右，而宫室即位于东北高地上。一般之民居及手工业作坊均分置城外，即今城南之王家嘴、城北之杨家湾以及西北之楼子湾一带。墓葬区在古城之东、北、西郊。该城之城垣亦由夯土筑就，现西墙与南墙仍清晰可辨，留有残高1～3米不等。北墙尚余西端若干痕迹，东墙则仅剩断崖上少许夯土。据当地老人称，数十年前四壁正中都有似城门之缺口，目下已平毁而无从追索。城墙夯筑方式与郑州市商城相同，即城墙之主体施水平夯筑，而内侧施斜向夯筑。夯土层甚薄，仅8～10厘米。城墙外侧，周以宽14米、深4米之壕沟。其南城濠之沟底，尚遗有若干木桩，当系昔日入城津梁之所在。根据城内出土之精美铜器（包括礼器及兵器）判断，此城之建造及使用，约在商代中期及以后。再依碳14测定，亦表示此城建于距今3500年前，即公元前15世纪，与上述判断基本一致。

二、宫室、坛庙、祭祀建筑

宫室为帝王诸侯施政与居息之地，而坛庙则为其祭祀天地鬼神及追崇祖先之所。此二类建筑之于夏代者，尚未遗留任何实物与可靠之文献以供今日研讨。由《论语》："夏卑宫室，而尽力乎沟洫"之记载，似乎在夏代之初，因致力于疏导天下洪水与兴修农田水利，故对君王宫室之营建无暇注意。当时宫室之结构与外观，可能仍沿袭前人"茅茨土阶"的简易形式。而一般建筑，更不会超过这个水平。但是后来情况有所改变，君王渐有沉溺于奢华享乐者，《史记·夏本纪》谓："夏作璇室"。此乃史家针砭夏桀宫室淫奢之简单记载，其程度及具体情况均不得而知。但至少可以由此推测，夏末宫廷之部分建筑，已脱离早期之淳朴风尚，而趋向于繁丽浮华矣。

史文有关商代宫室之记叙亦少。《周礼》载："商人四阿重屋"，表明至少在商代建筑中，已经使用了重层的四坡屋盖。在对我国原始社会建筑遗址的研究中，似乎陕西西安市半坡村仰韶时期聚落中之半穴居住所，已有迹象采用了"棚"式的四坡屋盖。单层的四坡顶，在后来的宫室建筑中使用很为普遍。但重檐的屋盖，则要受到一定的限制，或者说必须具备一定的条件，才有可能付诸实现。首先，此建筑必须是大型的，即应有相当大的面阔、进深与相应的高度，否则将"头重脚轻"，不成比例。其次，大建筑必须有长大的材料，多量的运输与施工的劳力，这就需要较雄厚的经济与众多的人力作为后盾。第三，此类建筑的结构与构造难度都较一般建筑为大，因此需要较高的技术和较长的时间。在社会生产力十分低下的时代，能满足上述要求的非统治阶级莫属。因此，是否可以这样假定：前文中的"殷人"，恐系指商代社会的上层统治者。"四阿重屋"乃是他们的政治、经济地位在建筑中的表现。而这种屋盖的式样，直至后世封建社会晚期，还被列为官式建筑中最高的等级与最隆重之形式，恐怕不是出于偶然，而是有其深远渊源的。关于商王宫室崇尚奢华的记载，《史记·殷本纪》中亦有："商纣作倾宫"之语。虽然与前面评论夏桀的史文都仅是寥寥数字，但"室"与"宫"是有区别的，似乎意味着后者的尺度规模和华丽程度都较前者有所增长。从社会和建筑的发展来看，也是合乎常理的。

《墨子·明鬼篇·下》："昔者虞、夏、商、周三代之圣王，其始建国都，必择国之正坛，置以为宗庙"。而《礼记·祭法》复云："夏后氏亦谛黄帝而郊鲧，祖颛顼而宗禹"。皆表示夏代已有祭先祖之宗庙。然此时宗庙建筑的制式和尺度古史无文，仅能自《周礼·考工记》中略知一鳞半爪："夏后氏世室，堂修二七，广四修一。五室，三四步，四三尺。九阶。四旁两夹窗。白盛。门堂三之二，室三之一"。按通常的解释，所谓"世室"，乃夏代皇室的宗庙。"堂修二七"，指世室的正堂进深为十四步（按：夏制每步合六尺）。"广四修一"，表示正堂面阔为其进深的四倍，即五十六步。以下录《周礼正义·匠人》之注："三四步，室方也。四三尺，以益广也"。关于"九阶"之配置，则采用南面设三阶，其余东、北、西三面各二阶的方式。"四旁夹两窗"，为建筑四面均辟一门，门两侧又各置一窗。"白盛"，谓墙面涂以白色。"门堂三之二"，系指门堂尺度为正堂之三分之二，即进深减为九步二尺，面阔减至三十七步二尺。"室三之一"，指宗庙中室的尺度，为正堂三分之一，或门堂的二分之一。即进深为四步四尺，面阔十八步四尺。然而此项"世室"是否即为夏代所创，仰或出于后人推臆，因目前尚无凭据可资判断，故仅遴列以供研究参考。若就上述尺度而言，如正堂面阔达三百三十六尺，约合今制百米：其进深亦至八十四尺，合今 25 米，则所载门堂及室之尺度均甚广大。当时的建筑材料和技术条件是否能予以解决，看来颇存疑问。

夏代有关祭祀之实物例证，目前甚为稀缺，特别是有代表性或较大型之祭祀坑及殉人葬。因为作为王朝建筑最高形式的王宫、坛庙和陵墓皆很少得到发现，使得它们在奠基、祝庆、入葬等重大活动中举行的种种祭祀仪典，尚无从为我们所知晓。然而，根据夏代以前的新石器时期已发现的多种祭祀遗址及杀殉事例，以及其后商、周两代出现的更大规模祭祀与杀殉现象。我们有理由断定，作为中继者的夏代，是不可能避免这种情况存在的。只是它们的定量问题，尚待今后予以证实而已。

商代宗庙的制式与祭祀仪典，至今尚无正式史料可予稽考。但近数十年来的考古发掘，为这一问题的探究，提供了若干重要的线索。由于奴隶制度在商代的深化，以及维护这一制度的宗法礼仪被进一步加强，使得各种祭祀活动得到了更多的发展。因此，祭祀已成为当时社会中一项十分重要和突出的活动。许多事情都要通过龟蓍占卜吉凶，并举行相应的祭祀仪典。凡遇重大事件，还要将占卜结果刻写在所钻炙的龟甲或牛骨之上。而反映这些事件的简要记载，就成为我国古代最早的编年史料。

目前我们对商人所举行祭祀的范围、内容、方式和场所的了解还很有限，从极少的历史文献和考古资料中，得知他们在祈年、祭祖、建筑、出征、大丧……时，都要举行隆重的祭祀活动。祭祀地点或在宫室、宗庙内与陵墓前，或在城郊野外、山巅水际。在举行仪式时，除占卜甲骨外，还奉献牛、羊、豕、马、犬等动物以及活人（战俘、奴隶……）作为牺牲。据卜甲卜骨上的文字记载，最大一次祭祀所杀戮的羊可达百头，牛三百头，牲人亦在五百名左右。

以下就已知有代表性的夏、商代宫室与祭祀遗址情况，分别予以介绍。

（一）宫室建筑

1. 河南洛阳市偃师县二里头夏代宫室遗址[7]

遗址在偃师县西南，北临洛水，南距伊河约 4 公里。其西北 6 公里处，即为尸乡沟商城。遗址东西宽 2500 米，南北长 1500 米，地下文化堆积层厚达 3～4 米。其地面范围包括二里头、圪㽁头与四角楼三个村落，故遗址因以为名。通过考古发掘，在该地区南部发掘出的大面积晚夏宫室建筑基址（原定为早商），为研究与了解我国古代建筑的形制与发展，提供了十分重要的实物资料。

这区宫室的范围约 8000 平方米，共有大小宫殿基址数十处，平面分方形及矩形二种，面积自 400～10000 平方米不等。除宫室以外，遗址南部发现冶铸青铜器遗址，留有大量陶范、铜渣及坩埚碎片。西北部为有陶窑之制陶作坊区。北面与东侧有埋入骨料、骨质半成品、磨石及骨废料之土坑，可能原建有制骨作坊。根据遗址内发现的大量石器、蚌器及若干玉器、漆器、酒器等，可能该区亦有制作上述器物的各种手工业作坊存在。

已发掘的大型宫室建筑遗址，有 1 号宫室及 2 号宫室两处，现分别介绍于后。

1 号宫室遗址为由门屋、回廊、广庭及主殿组合之廊院建筑群（图 2-28）。其平面大体呈方形而东南隅稍凸出，东西横亘 108 米，南北纵深 101 米，占地面积约 11000 平方米。整个建筑群即建于此高出原有地面 0.8 米之夯土地基上，而门、廊、殿下的夯土基址，又加筑于其上，全高为 1～3 米，夯层厚度4～6厘米，半球形夯窝痕印清晰，直径约 4 厘米。总的夯土土方量约在 20000 立方米以上。建筑群南北主轴线为北偏西 8°。

正门位于庭院南端回廊中部，位置向南稍有凸出。门基址东西面阔 34 米，依残留柱洞知原结构为九柱八间，所施木柱直径为 0.4 米，柱间距 3.8 米。门屋现仅存南侧屋柱一行如上述，较南廊南侧檐柱伸出约 1 米；北侧未见柱洞存留。柱间原建有门道三条，其建筑痕迹尚依稀可见。广庭面积在 5000 平方米以上，可举行大型集会。庭院四周绕以回廊，西侧为单廊，保存较完整，廊东侧有檐柱洞一列，计 23 处。柱直径 25～30 厘米，间距 3.7～3.8 米，廊之西墙与东檐柱间距离为 6 米。庭院其余三面均建复廊，其南廊及北廊之西段，与东廊之中段保存尚好，廊墙及柱洞均可辨析。东廊中部偏北，有四柱三间之"门屋"式建筑，应是一处辅助性用房。庭院北侧中部，有一长方形夯土台，东西约 36 米，南北约 25 米，夯土厚约 3.1 米。基座上有面阔八间宽 30.4 米，进深三间共 11.4 米之殿堂建筑。其柱排列整齐，柱径约 40 厘米，间距约 3.8 米。每檐柱外侧 60～70 厘米处，另有小柱洞二，直径 18～20 厘米，相距约 1.5 米，大概是擎檐柱位置。大、小柱洞中均置有础石，但尺度不一，最大的长 90 厘米，宽 58 厘米，厚 25 厘米。大础石每洞一块，小础石则可铺 3～5 块。此殿堂建筑采用木屋架结构，已无疑问。然而其南北檐柱间跨度超过 11 米，使用通檐大梁在当时技术上恐不可能，估计系采取由一至二根内柱支托大叉手的结构方式。其埋入较浅的内柱柱洞，可能因台基的上部遭受破坏而不存。单廊的外墙与复廊中央的隔墙，均使用原始社会建筑中已出现的木骨泥墙。各建筑之屋顶，仍铺以茅草。至于屋盖的形式与室内空间的分隔，目前还不清楚。

1977—1978年间，在距1号宫室东北150米处，发掘了本遗址中编号为2号宫室的另一组大型建筑（图2-29）。它的总体平面呈矩形，南北长72.8米，东西宽58米。建筑包括门屋、复廊、单廊、院墙、殿堂、短廊建筑和大墓，虽然也组合成为廊院形式，但广庭是由东、南、西三面回廊和北墙围合的，与1号宫室有所不同。其纵轴方位为354°（北偏西6°）。大门门屋在南廊中部偏东，平面为长方形，面阔14.4米，进深4.35米。此建筑划分为三间，中央之当心间净面阔为5.4米，东、西两塾各宽3.3米。其南、北侧门廊约宽3.1米，俱三间四柱。门屋左右各建复廊，东侧长16米，西侧长26米。其南、北廊宽度与门屋廊相同。门屋及复廊隔墙皆施木骨泥墙。庭院之东、北、西墙都由夯土筑成，厚度约1.9米。沿东、西墙之内侧，各有长廊直达南、北墙下。东廊宽4.4～4.9米，自北而南有缺口四道，恐系旧日门户所在。其中部偏北处于廊内建一木骨泥墙小室，室内南北长6.1米，东西3.5米。墙中木骨直径18厘米，间距85～95厘米。其北端之廊七间，南端八间。西廊宽3.4～4.7米，共十七间十八柱。北墙无廊，仅于中部偏西处建五开间短廊建筑，面阔12米，进深2.5米。其柱径18厘米，间距2.1～2.75米不等。院北中部有东西宽32米，南北深12.4～12.75米之夯土台，现台面高出庭院地面约20厘米，因台上已严重剥蚀，故此高度已非原来状况。台上列檐柱穴一圈，东西九间约30米，南北三间约11米。柱径20厘米，间距在3.5米左右。现有柱穴深度为40～75厘米。廊内2米处有三间之殿堂，当心间面阔8.1米，两次间各阔7.7米。各室皆周以木骨泥墙，木骨直径18～20厘米，间距1米。南壁均辟门通檐廊，另东、西室并置门达中室。庭院南北长60米，东西宽45米。自南廊至中心殿堂距离为40米。院东发现地下水道二处，一在院之东北，通过东墙北端第一门下，现存残长约7米，由完好之陶质水管十一节组成，水管每节长56厘米，直径18.5厘米。另一在院东南隅，先自北面顺东廊阶外南下，再东折自东墙南端第四门流出。其构造为在掘好的沟内，以石板上下左右砌成盒形。惟形状不甚整齐，故使水道之宽窄不一。在中央殿堂之北稍东处，发现一大型墓葬（M1）。此墓平面矩形，

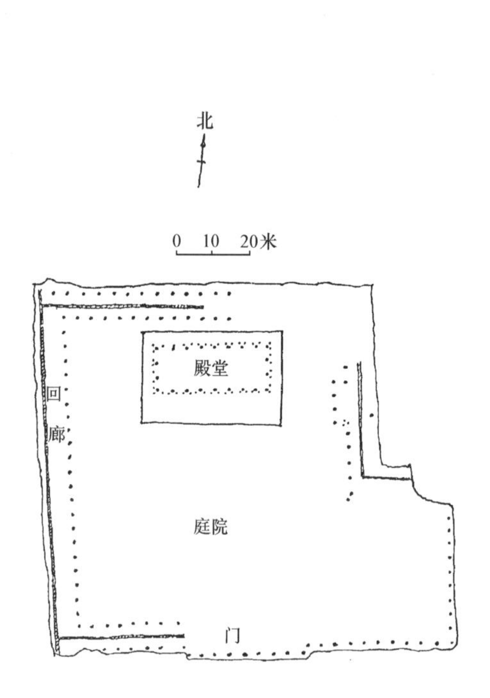

图2-28 河南洛阳市偃师县二里头夏代晚期一号宫殿基址平面图(《文物》1975年第6期)

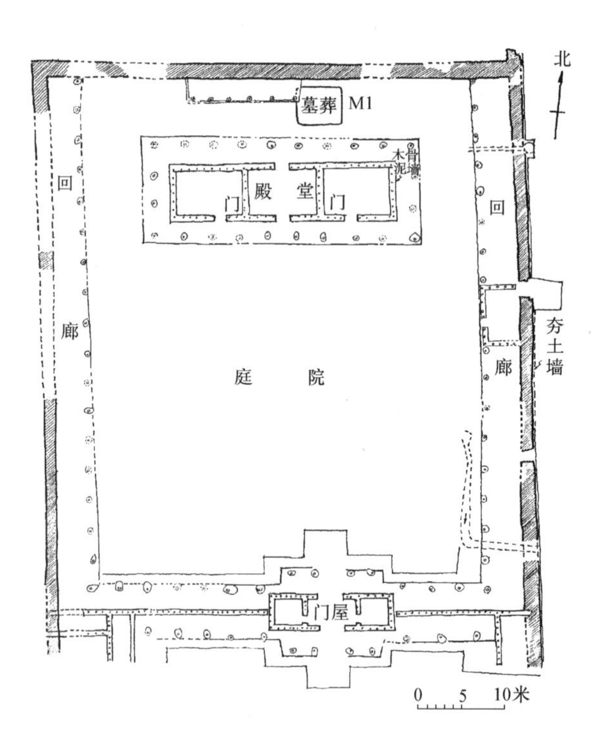

图2-29 河南洛阳市偃师县二里头夏代晚期二号宫殿基址平面图(《考古》1983年第3期)

朝向东西，未置墓道。因早年被盗，故墓中器物及人架均已散失。然建造时间与2号宫室同时，又置于中心殿堂之中，位置甚为重要，其与2号宫室主体建筑之间，必有相连关系。就上述墓葬的形制而言，未见若殷商王陵墓葬之四出墓道，而与中、晚期商代后妃墓（如河南安阳市妇好墓）及诸侯墓（如湖北武汉市黄陂区盘龙城李家嘴2号墓）相近，故颇疑墓主为更早期之夏王或其配偶。因而此区建筑之性质，类似祭祀而不类正规之宫殿。

2. 河南洛阳市偃师县尸乡沟商城宫室遗址[8]

偃师县商城内之商代宫室遗址已知划为三区，具见前述（图2-21）。

（1）Ⅰ号建筑群遗址

位于城市南部之中央，平面大体呈方形，四周环以厚约3米之夯土墙。根据实测，其北墙长200米，东墙长180米，南墙长190米，西墙长185米。总面积达35600平方米。宫门仅见一处，辟于南墙。宫城中部置主要殿堂三座（D1、D2、D3），作品字形排列。前者大道直抵南宫门及门外。其余小殿堂多所，配置于主殿后方及两侧，形如众星拱月。内中形制较大的第4号宫殿（D4）与第5号宫殿（D5）已经发掘。

4号宫殿位于主体宫殿东侧之北，东距东宫墙约2米。该组建筑平面呈矩形，东西宽51米，南北进深32米，占地面积1600平方米，是一组包括大门、门道、庭院、廊屋和正殿的独立院落宫室建筑（图2-30）。大门辟于南侧，经庭院可直趋正殿。正殿位于北端，夯土基址东西广36.5米，南北进深11.8米，残基高0.4米。殿内未见柱洞或础石，仅有残余之夯土墩基，间距为2.5米。殿之东、西二侧未建廊庑，仅各置宽2米之台基一段。殿南侧有台阶四道，平面均作矩形，南北长2.3～2.5米，东西宽2米，阶侧护砌石片，故保存甚好。庭院之东、南、西三面皆建廊屋，进深5.1～5.6米，西侧辟门可通往宫城中之主体建筑。

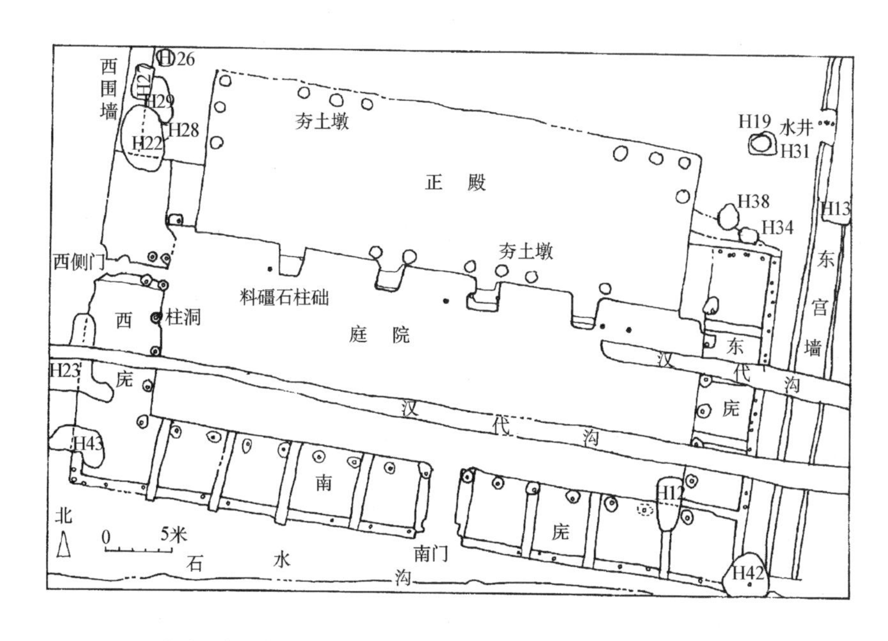

图2-30　河南洛阳市偃师县商城Ⅰ号宫室建筑群4号宫殿平面图（《考古》1985年第4期）

5号宫殿位于宫城之东南隅，距4号宫殿南约10米。根据发掘，该遗址可分为前后叠压之下上两层（图2-31），二者之建筑布局及面积均有很大区别。下层建筑遗址之平面呈“口”字形，基址北侧外边长38米，东、西侧各42米，南侧39米。入口门道于东垣正中，宽约2米。中央

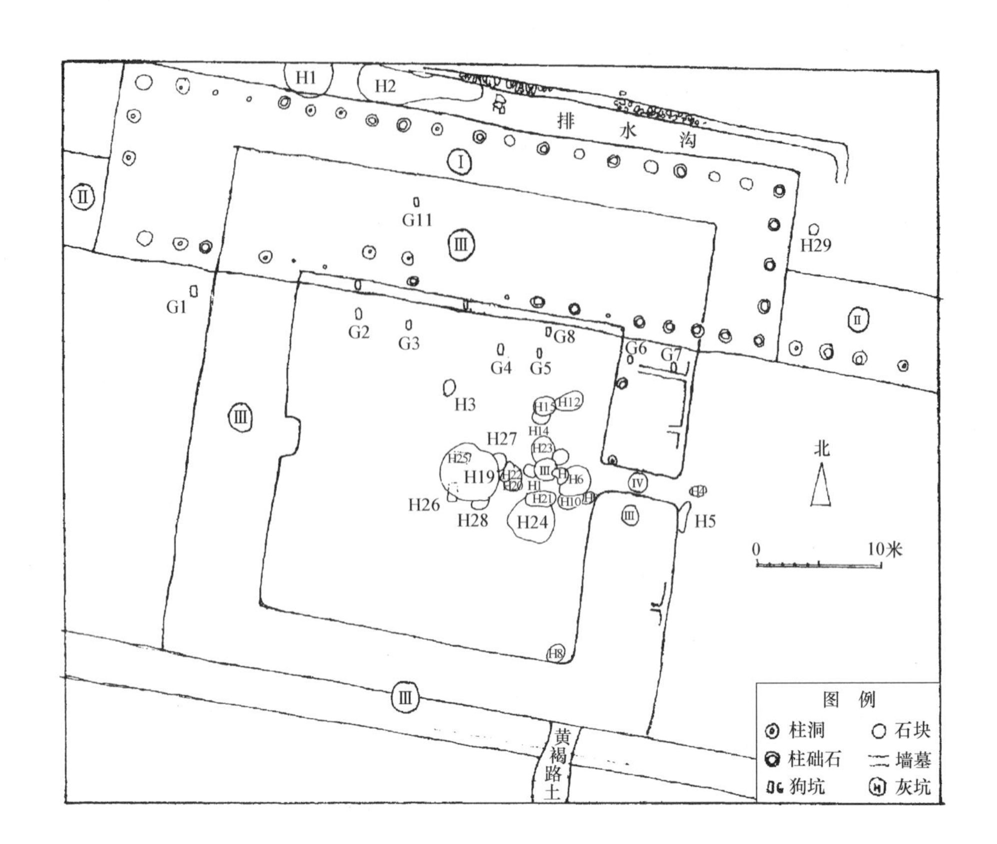

图 2-31 河南洛阳市偃师县商城Ⅰ号宫室建筑群5号宫殿平面图(《考古》1988年第2期)

Ⅰ. 上层正殿基址 Ⅱ. 上层北庑基址 Ⅲ. 下层建筑基址 Ⅳ. 下层门道

为方形庭院，南北长26米，东西宽25米。北侧建筑基址面积较大，南北进深约8.5米。东、南、西三面建筑基础较窄，为6.1～7.5米。院内有水井二口，井口平面作长方形，形制相仿，东西长约2米，南北宽约1米，深约6米。其土质井壁未作任何砌护，北壁面尚留有供施工或检修用之脚窝若干。上层之建筑遗址平面为长方形，东西长107米，较4号宫殿基址长约56米。此组建筑未能全部保存，现仅知有正殿、廊庑及庭院。正殿居北端，平面矩形，东西宽54米，南北深14.6米。夯土台基表面已毁，现余残高0.1～0.3米。殿四周排列有柱洞（最大直径42厘米）或柱础石（最大直径55厘米）共48处（北侧18处，南侧22处，东、西侧各3处），间距2.2～3.1米（一般为2.5米）。正殿东、西两侧另建有廊庑，其南缘与正殿平齐，现西廊尚存28米，东廊存25米。廊宽约7米，南侧均遗有柱础石若干。庭院内有埋小狗之土坑8处，沿正殿南阶下作直线排列，当属祭祀牺牲。按照建筑的规模及形制推测，上层遗址之等级似较下层建筑为高。

（2）Ⅱ号建筑群遗址

它位于偃师县商城西南隅，Ⅰ号建筑群西南100米处。平面大体呈矩形，其北垣长200米，西垣近商城西墙。自北垣以南约230米为商城之南墙。1991—1994年共发掘出大型建筑基址15处，其中5处位于小城内。现将保存较好的F2004下层及中层、F2005上层及F2009上层等基址综合介绍于下：（图2-32～2-34）。

1）基址：方位大多正南北向，均由夯土构成

建于生土上的建筑，如F2004下层基址，先掘出长方形状基坑，南北长29.3米，东西宽8米，深1.1～1.2米，挖好后即填土并逐层夯实，直至地面为止。夯层厚12～16厘米，每层又划为等厚

之二小层，下层为带褐斑之黄沙土，上层为浅青色砂土。夯窝直径有 5～6 厘米，10 厘米及 15 厘米三种，深 5～8 厘米。地面以上，为由夯土筑成之建筑台基，大多已残缺不全，如上例仅余残高 10～12 厘米。台基面积较地基略小，F2004 下层基址之台基，南北 27.75 米，东西 7.5 米，其夯土情况一如基坑。

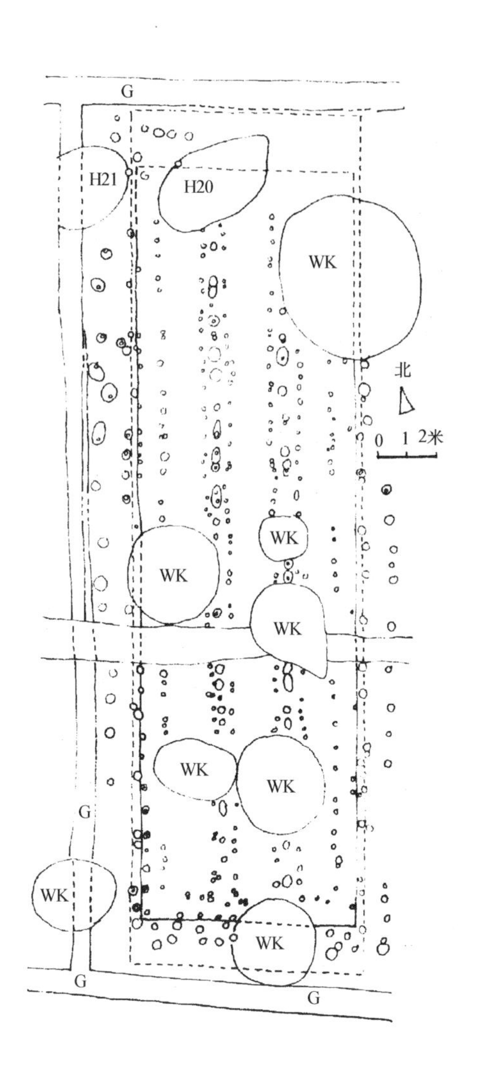

图 2-32　河南洛阳市偃师县商城Ⅱ号宫室建筑群下层建筑基址发掘平面图（《考古》1995 年第 11 期）

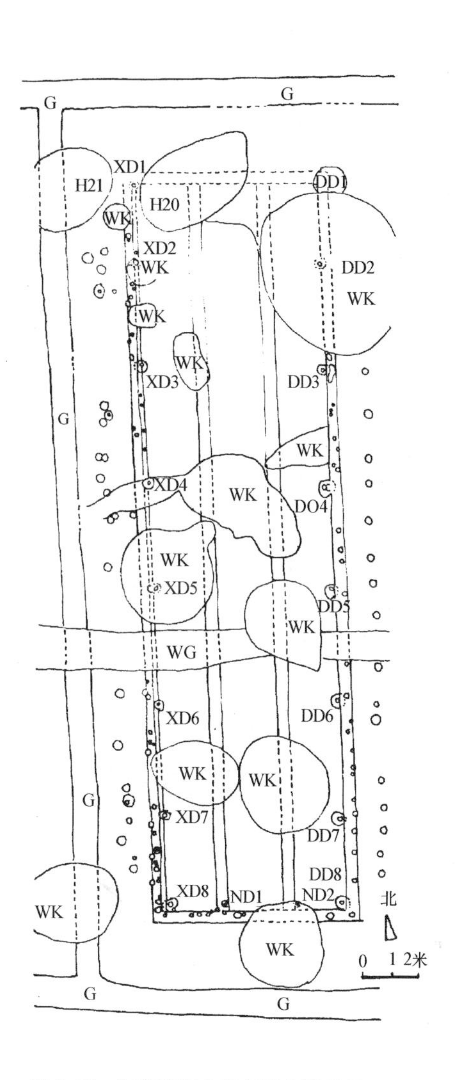

图 2-33　河南洛阳市偃师县商城Ⅱ号宫室建筑群中层建筑基址发掘平面图（《考古》1995 年第 11 期）

建于旧有建筑之上的，如 F2004 中层、F2005 上层、F2009 上层诸基址，均利用原来残台基加筑，平面尺度亦进一步减小，如 F2004 中层基址，南北残长 23.2 米，东西宽 6.25 米。

以上诸例就平面而言，南北长约 25～29 米，东西宽 6～8 米，即呈南北狭长之条状平面，长宽比约为 4∶1。

2）外垣　均为木骨泥墙

外墙皆沿台基周边构筑。墙柱则有结构柱与构造柱之分，实物以 F2004 中层建筑基址中所见者最有代表性。其构造柱多埋入墙内，柱径约 10 厘米，排列较密且不规则。结构柱依于墙垣内侧，柱洞直径及深度皆约 50 厘米，下垫块石柱础，柱径 12～15 厘米，间距大多为 3.7～3.8 米，仅少数为 2.5 米。除 4 根角柱外，其东西各有 8 根，南北各有 2 根，合计共 24 根。F2009 上层建筑于垣外设擎檐柱一周。

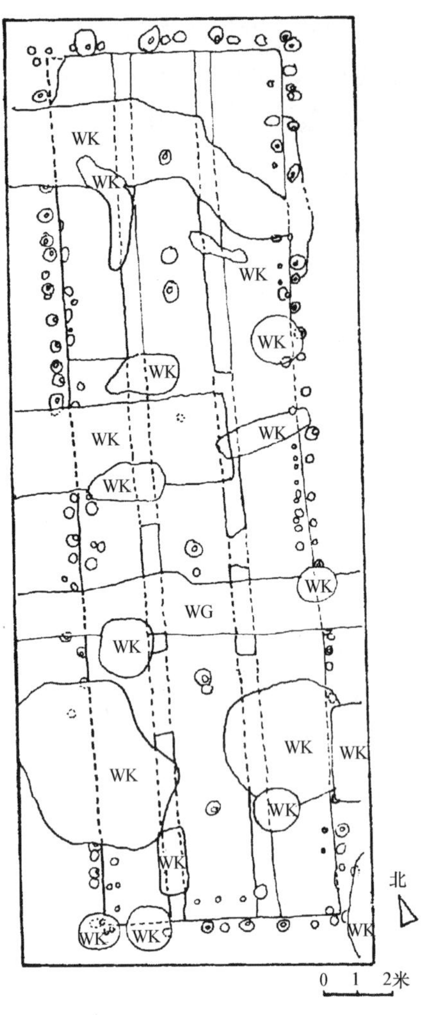

图 2-34 河南洛阳市偃师县商城Ⅱ号宫室建筑群上层建筑基址发掘平面图（《考古》1995 年第 11 期）

3）外廊

仅见于 F2004 下层及中层建筑基址，但宽度不一。如 F2004 下层基址东廊宽 1～1.3 米，西廊仅 0.65～0.85 米，均用圆形断面檐柱，间距大多为 1 米，亦有 0.75～1.7 米者。而 F2004 中层基址之东、西廊皆宽 1.4～1.5 米，柱间距 0.75～0.8 米，柱洞直径 0.2～0.3 米，已较为整齐划一。

4）室内构造

均有二列自北而南的平行柱洞（F2004 下层基址）或墙槽（F2004 中层、F2005 上层、F2009 上层基址），将室内划为中间略宽、二侧稍狭之条形面积三区。墙槽宽 0.4～0.55 米，深 0.15～0.5 米，一般填土，但在 F2009 上层基址之墙槽内又砌以多量石片，或竖置于槽侧壁，或平放于槽底或槽上部填土中。估计这些柱洞及墙槽皆与室内隔墙有关。

5）在F2005 上层基址之室内，除有上述二道墙槽外，其中央另有南北向柱洞一列，柱洞平面圆形，直径 35～50 厘米，埋深亦相若。内中木柱直径 20 厘米，埋深 40 厘米。共有 6 处（其中一处已破坏），间距除二端为 3 米外，余皆 3.5～3.6 米。估计是支承屋架的中柱遗迹。

F2004 下层基址之室内另有南北向小柱洞 6 行，分列于东、西垣内侧及内柱二列之两侧，柱洞直径 8～10 厘米，埋深 5～10 厘米，间距甚密且不均匀。F2005 上层基址则于东、西垣内侧各有一列。估计都是室内某项设施的构造柱。

6）路土

F2004 下层建筑基址台基周围有厚 2～4 厘米之青褐色路土。F2004 中层建筑基址外有厚 0.5～1 厘米同样路土。其他遗址因破坏大而不明显。

7）排水沟

均采用不甚宽深之明沟式样。如 F2004 下层建筑台基之北、西、南三侧，均开宽 0.7～1.3 米，深 0.3～0.5 米，断面呈半圆形之明沟。后为其上之 F2004 中层建筑所沿用。F2005 上层建筑利用自然地形形成之夹沟排水。F2009 上层建筑之排水明沟则位于台基擎檐柱之外侧。

（3）Ⅲ号建筑群遗址

位于城东垣南端，Ⅰ号建筑遗址之东北，平面大体呈方形，东西、南北各约 140 米，夯土距地面 1.2 米，夯土厚 2.5 米。内部未予探测，故组合情况尚不明了。

（4）Ⅳ号建筑遗址

面积较小，位于城北中部偏西，距北垣约 180 米，平面南北长 25 米，东西宽 20 米，夯土距地表深 3.7 米，夯土厚 1.2 米。

3. 河南郑州市商城宫室遗址[9]

1973—1978 年对河南郑州商城东北区进行多次发掘，在东西宽 750 米，南北长 500 米范围内，发现夯土台基数十处，以及若干墓葬、窖穴与壕沟。内中夯土台基最大的超过 2000 平方米，最小的也有 100 多平方米。台基最高约达 3 米。房基有三座规模较大，其上有排列整齐的柱洞、础槽和石柱础。并发现一批铜、玉器。根据地层积压，上述台基和屋基并非建于同一时期，依其早迟，可划分为三组：

（1）第一组建于南关外期，是商城宫殿遗址区中的最早建筑

1）C8T39 夯土位于宫殿遗址区中部。第五层有二里岗期下层夯土，厚 0.85～1.5 米，夯窝直径 2～5 厘米，深 1～2 厘米。

2）C8T43、45 夯土在 T39 附近，夯土台基上有柱础槽遗存，可知原建有房屋。

3）C8G9 屋基亦位于宫殿区中部，面积较大，东西残宽 13 米，南北残长 37 米，厚 1.1～1.8 米。已严重破坏。下部用灰土或灰花土，夯窝径 2～4 厘米，深 1.5 厘米。上部用红花土，夯层厚 15～20 厘米。

4）C8G15 屋基为大型房屋基地，位于宫殿遗址区西部，距地表下约 4 米，东西宽超过 65 米（东侧压于现路面以下），南北长 13.6 米。基台残高1～1.5米，夯层厚 8～12 厘米，夯窝直径 2～4 厘米，深1～1.5厘米，其夯土结构情况与郑州商代城墙夯土相同。

台基上尚存柱础二列，北列 27 个，南列 10 个，二者南北相距约 9 米。柱础均用不规则之河卵石或红砂岩块，长宽约 30～50 厘米。柱径 30～40 厘米。柱间距为 2.1 米。在北列 17 号及 22 号柱外侧，各遗有二擎檐柱穴，估计其他柱前亦有同样设置。此种布置与湖北武汉市黄陂区盘龙城商代中期宫殿颇为一致，故推测其建筑形制亦应雷同。即为在檐柱间施木骨泥墙围合的长条形房屋（图2-35）。

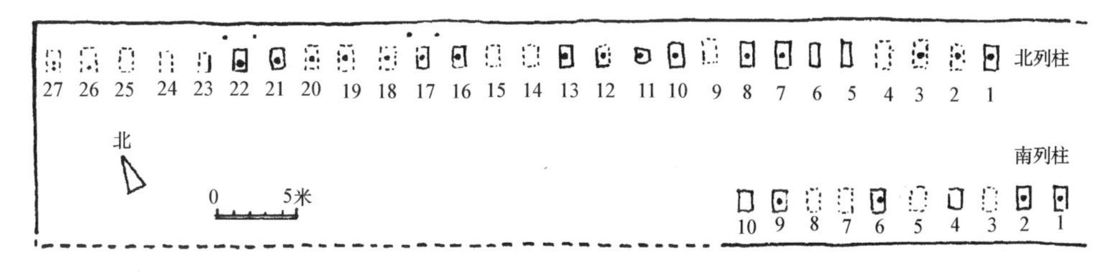

图 2-35 河南郑州市商城宫殿区 C8G15 基址平面图(《文物》1983 年第 4 期)

5）C8T55、60、61 夯土为在此三探方内发现之大片夯土，位于 C8G15 东部偏南，东西广 26 米，南北长 14 米，夯土层位于生土层上，可能是 G15 的附居建筑。

6）C8T62 夯土位于 C8G15 南，为一遭严重破坏之夯土台基，残址断断续续，可能是 G15 的附属建筑。

7）C8T67 夯土位于 C8G15 西南，东西宽 30 米，南北长 9 米，可能是 G15 的附属建筑。

（2）第二组均属二里岗下层，时间迟于第一组

1）C8T63 夯土位于宫殿遗址区中部。第四层有大量二里岗期下层陶片、骨、玉器。第五层有同上时期夯土。

2）C8G11 屋基位于宫殿遗址中部，平面矩形，南北残长 12～15 米，东西残宽 8.5 米，夯土残存最厚 1.5 米。

C8G9 及 C8G10 均在其东侧，用红黄黏土夯筑，夯厚 9～15 厘米，夯窝径 2～4、深 1～1.5 厘米。

3）C8G12 屋基位于 C8G11 南，平面亦矩形，南北残长 14 米，东西残宽 11 米，夯土情况与 C8G11 相同。

4）C8G14 屋基位于 C8G13 以西，已被严重破坏，北部尚存圆形柱础槽，础槽及石础情况与 C8G16 完全一致，屋基东部为 C8G13 破坏，夯土红灰色，夯土情况 C8G11。

5）C8G13 屋基为纵长方形屋基，打破 C8G12 西南部及 C8G14 东部，南北残长 11～14 米，东西残宽 9 米，夯层厚 15～20 厘米。

6）C8G16 屋基位于宫殿遗址区南部，为一平面大体呈方形之大型建筑基址，南北长 38.4 米，东西宽 31.2 米。台上有排列呈曲尺形之柱槽三行，最外侧之 A 行存圆柱槽 18 个，中间之 B 行有柱槽 17 个，最内之 C 行有 15 个，合计 50 个。础槽直径 0.95～1.35 米，木柱径 30～40 厘米，柱距 1.6～2.45 米，行间距离 2.05～2.50 米。估计其柱网为三重相套形式，依此作对称状复原，则最内之 C 行柱东西列柱距离将达 11 米左右，该建筑很可能是一座带回廊的大型宫殿（图 2-36）。

7）C8G10 屋基为一大型房屋台基，南部已于近代掘毁，北部则为现代建筑压盖，故仅得其南北残长 34 米，东西残宽 10.2～10.6 米。此建筑经多次修筑，共有十余层房屋之地坪叠压，柱洞也有相互打破现象。且屋基破坏了 C8G9 基址，并在其上建造。基址夯土层厚 10～15 厘米。

夯窝直径 1～2 厘米，深 1 厘米。室内地坪铺以石灰质结核。

室内共遗有南北向柱洞七列，每列柱数不等，多至 13 个，少至 2 个。柱洞圆口寰底，直径 20～40 厘米，内填料礓石碎块以承柱。

8）C8G8 屋基位于 C8G9 之东侧，为纵长形平面建筑，南北残长21～29米，东西残宽 6 米，建造时打破 C8G9 屋址。夯土残厚 0.5 米，每夯层厚 15～20 厘米，夯窝直径 2～4 厘米，深 1～2 厘米。

（3）第三组建于二里岗上层时期，时间最晚

1）C8G10 屋基该建筑始建于二里岗下层时期，至上层时期又予重建，以后为稍晚之壕沟打破。

2）C8T42 夯土第五层有商代壕沟，沟口宽 2 米，深 0.8 米，沟底宽 1.2 米。其第六层文化层有商代二里岗期上层之夯土屋基。

就时间而言，上述发现的屋基及夯土遗构，大多（约占 87%）建于南关外期及二里岗下层时期，这就可确定这些建筑兴建的上限和下限，也就是说郑州商城宫殿建筑在二里岗下层时期已经基本形成了。从建筑布局来看，三座大型建筑 C8G10、C8G15、C8G16 的周围各有若干附属建筑，形成三个组群。其中 C8G10 位于宫殿遗址区中部，与周围的八座基址合为宫殿区的中心。而 C8G15 与 C8G16 二组群列位于其北，构成一个三角形的布局。

4. 河南安阳市殷墟晚商宫室遗址[10]

遗址位于洹水南岸河流转折之西侧，未见筑有宫墙，估计当时是东、北二面依托洹水，西、南二面则凭借深沟作为防御工事。该沟系人工开掘，已查明长 750 米的一段，沟宽 7～21 米，深 5～10 米，自宫之西北延向东南，并与洹水相连。宫殿区经发掘后，知其南北展延 350 米，东西横亘 200 米（尚未包括其东侧为洹水冲毁部分）。全部建筑虽仅余夯土基址，但仍可明显划分为北（甲）、中（乙）、南（丙）三区，依次自北向南排列（图2-37）。建筑基址大多朝东西或南北，单

体平面有矩形、方形、条形、凹形、折尺形等多种。北区建筑已发现基址十五处，大多作东西向平行配置，基址土中，未见有殉葬人骨，估计是当时商王室的居住区（图 2-38～2-40）。中区建筑基址 21 处，平面作庭院式组合，并有一南北轴线，沿此轴排列门殿三重（乙十五、乙九、乙三），最后有一方形之黄土堂基（乙一），似为此区中心建筑。基址中埋有“奠基”之殉人与牲畜，门殿下亦埋持戈、盾武器之卫士五、六人不等。此区中之夯土基台也最大，如乙八为条形平面，南北长 85 米，东西宽 14.5 米。其余如乙十一、乙五之面积也不小。推测此区为商王朝廷所在。但东侧若干遗址已为洹水破坏，故其建筑全貌无法得知。南区建筑面积比较狭小，现已发现基址十七处，皆集中于西南一隅。此部建筑似依通过丙一、丙二的中轴线，作对称式排列组合。地下并发现大量牲人和牲畜，其埋置且依一定的规律。即牲人埋于西侧房基之下，而牲畜则埋于东侧，估计是王室祭祀建筑所在。根据各基址相互叠压或打破情况，三区建筑均非建于同时。总的来说，以乙区建筑较早，丙区最迟，甲区则时期未定。而各区之内，也还有先后之分。

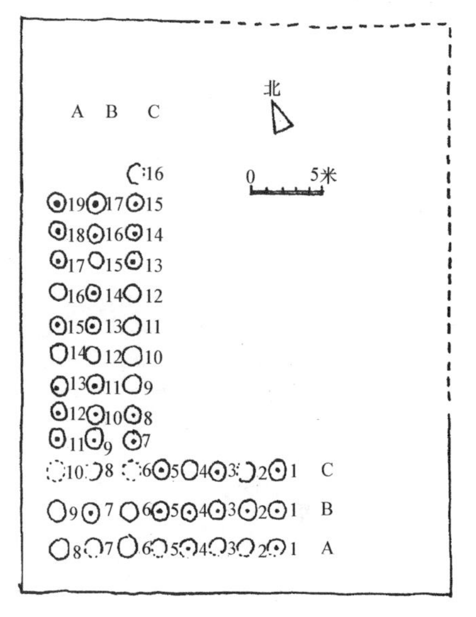

图 2-36　河南郑州市商城宫殿区 C8G16 基址平面图（《文物》1983 年第 4 期）

至于当时宫室建筑之结构与外观，可以有下列之设想。现以甲四为例，其主要支承结构为沿长轴方向之东西列柱，尤以二列檐柱为最，其上再以“大叉手”式斜梁及水平“撑捍”承屋面。在山墙处立排柱以增加侧向之抗力，并辅以分隔大空间之实心夯土墙及位于中缝之若干中柱。其结合方式可能已不采用绑扎式而用榫卯。大斜梁上置檩，再覆以较细之竹木支条及芦席、稻草为顶。柱间施木骨泥墙，辟门窗（图2-38）。

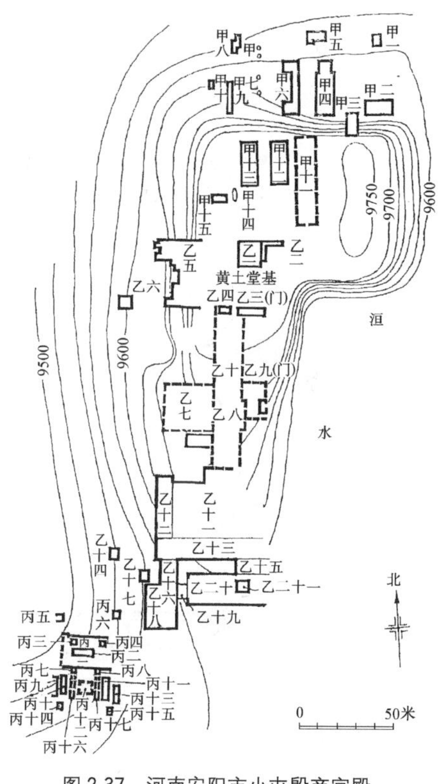

图 2-37　河南安阳市小屯殷商宫殿遗址总平面图（《中国古代建筑史》）

殷墟宫殿已有较明显之中轴线，这在乙区与丙组的建筑组合中可以看到。此时的定位也较精确，其宫室无论朝向南北或东西，都很接近磁针正方向。此外，在北区的甲十一基址中，其东侧一列残存的 25 个柱础石上，发现十一处使用了铜质的柱锧。它的作用有二：(1) 柱底取平，使柱上荷载能平稳地传给础石。(2) 隔绝土中水分，使水不致由柱底经木材内之毛细管上升，从而导致木材内部潮湿与腐烂。由此可知此时所使用的锧，除了不定形的普通铜片以外，还特制了厚约 10 厘米、直径 10～30 厘米的特制铜锧（图 2-41）。就其上表面微凸和底面稍凹，以便安放木柱和垫置础石的情况来看，匠师们对建筑中一些局部问题的考虑，已经相当细致和深入了。

5. 湖北武汉市黄陂区盘龙城商代宫室遗址[6]

此宫室遗址建于城内东北之高地上。已发现之较大基址计有三处，依轴线顺南北向排列，现择其最北端之 F1 基址为例（图 2-42）。该基址东西宽 39.8 米，南北深 12.3 米，残高 0.2 米，沿基

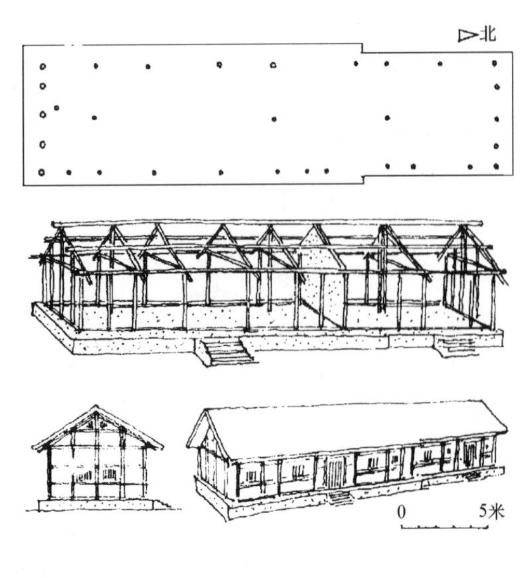

图 2-38 河南安阳市小屯殷商宫殿遗址甲四平面图及复原设想图(《安阳发掘报告》第 4 期)

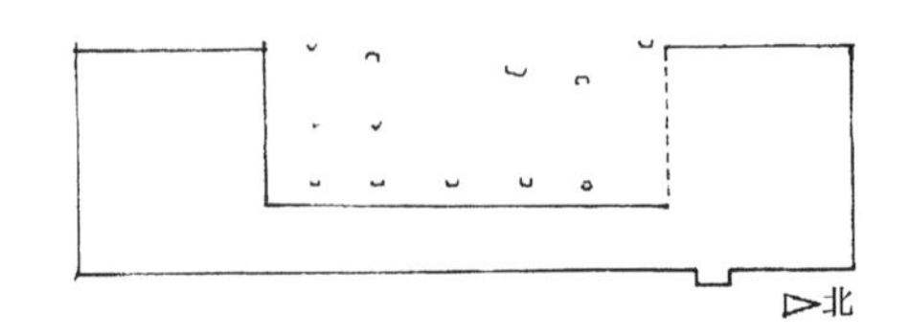

图 2-39 河南安阳市小屯殷商宫殿遗址甲六平面(《安阳发掘报告》第 4 期)

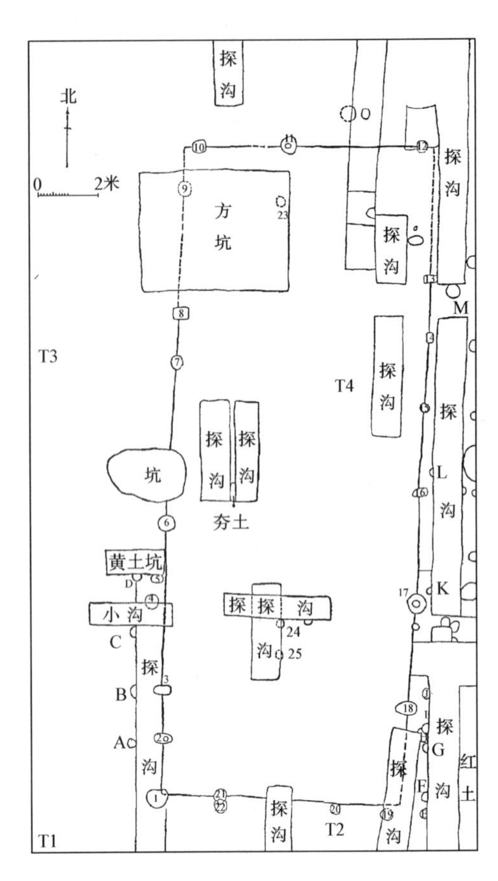

图 2-40 河南安阳市小屯殷商宫殿遗址甲十二基址平面图(《考古》1989 年第 10 期)
图中探沟系 30 年代发掘
1—25 为柱洞和柱础，A—M 为擎檐柱柱基

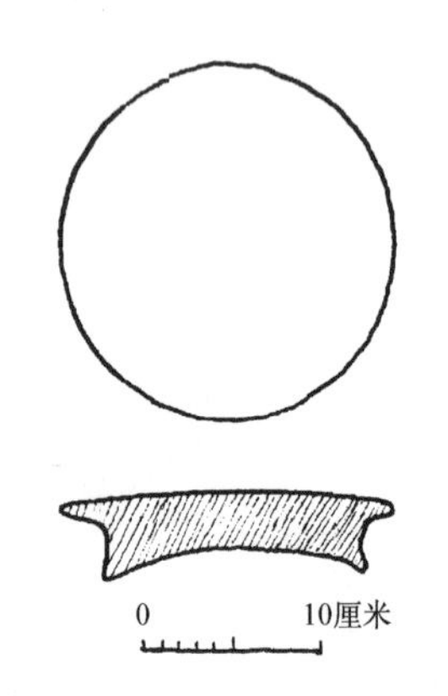

图 2-41 河南安阳市小屯殷商宫殿遗址甲十一柱下铜锧(《商周考古》)

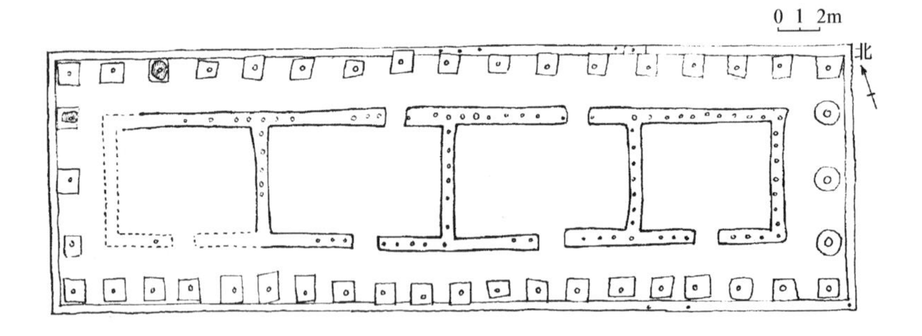

图 2-42 湖北武汉市黄陂区盘龙城商代诸侯宫室遗址 F1 平面(《文物》1976 年第 2 期)

址外缘有柱穴一周，东、西面各 5 孔，南面 20 孔，北面 17 孔，前后并不对称。檐廊宽度约 2 米，内建东西横列之房屋四间，总面阔 33.9 米，进深 6.5 米。中央二间房屋较宽，面阔俱 9.4 米，每室于南、北墙上各辟一门。两端二间较窄，面阔各 7.55 米，仅南向置门。建筑施夯土墙，墙基厚约 0.8 米。墙内每隔 0.7～0.8 厘米树直径为 0.2 厘米之木柱一根。檐柱直径 0.45 厘米，其残留柱

穴深度为 0.7 厘米。南列自东往西之 1 号、4 号、5 号柱及北列之 5 号、6 号柱前，尚有少数擎檐柱穴遗留。根据此建筑在宫殿中之位置及平面布局，应是一座供起居之寝殿。F2 基址在 F1 基址南 13 米，采同一建筑技法，但檐柱前后对称，估计为供“朝廷”用之殿堂。

上述建筑之平面布置及结构式样，亦见于河南偃师县二里头晚夏 2 号宫室之后殿，似为商代早、中期宫殿通用形式之渊源。其特点除平面呈狭长矩形外，檐柱排列甚密（间距 2 米左右），并与建筑垣墙间形成围廊，垣墙为具木骨之夯土墙。基于上述情况，故其屋架不大可能采用南北通檐的单层式样，而可能采用以夯土墙支承上层主体屋架，下层则为由檐柱及夯土墙支承之单坡式周围廊。若为单层屋顶，则单面屋顶长度将超过 9 米，除需采伐长大木材以外，对屋面排水，室内通风、采光均受到一定局限。其外观复原推测形象，可见图 2-43。

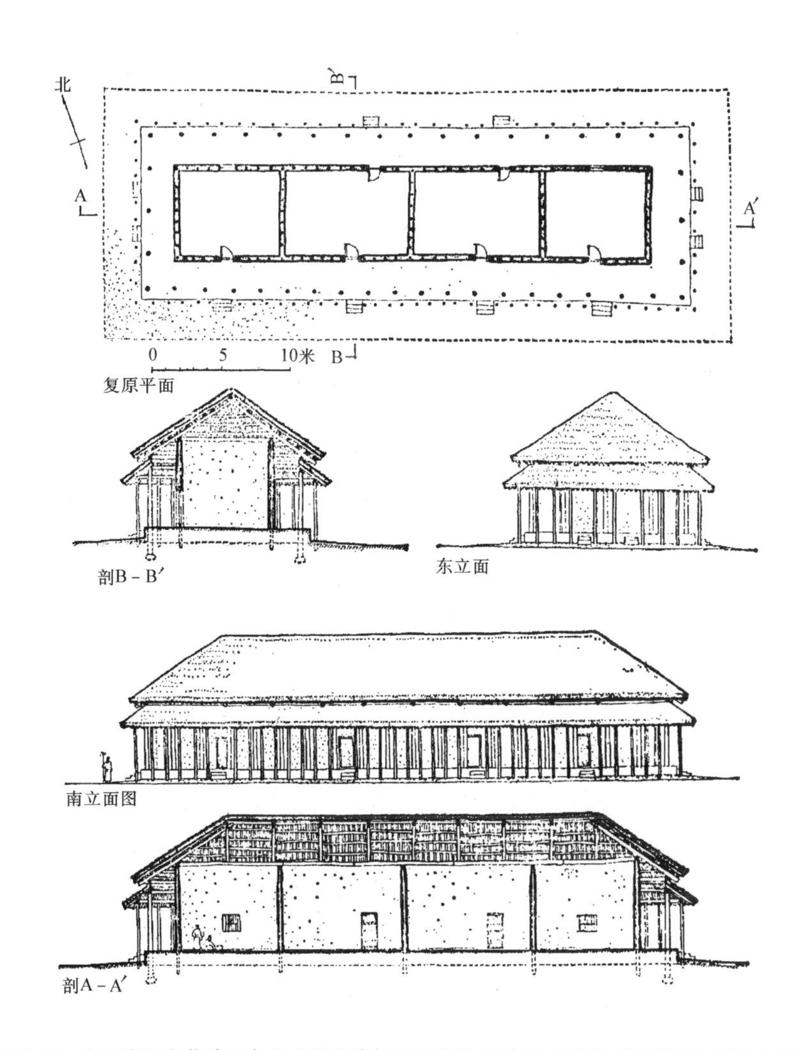

图 2-43　湖北武汉市黄陂区盘龙城商代诸侯宫室遗址 F1 复原设想图(《建筑考古学论文集》)

6. 四川成都市十二桥商代建筑遗址[11]

1985 年底，在四川成都市西郊的十二桥，发现了一处范围相当广阔的商代早期木构建筑遗址(图2-44)，其总面积在 15000 平方米以上。经碳 14 测定，其年代为距今 3700—3500 年前。能够在四川北部发现如此大量的商代早期建筑，说明了当时商人的文化影响，已经自中原越过秦岭，扩展到了我国的西南地区。目前的初步发掘，仅揭露了 1800 平方米的地下遗址（约合总面积的 1/8 弱），即已获得十分重要的成果。从发掘现场，可看到大量的木棒、圆木、竹片、茅草、木板和带有多处榫眼的大木地梁（图 2-45）。虽然它们因原有房屋的倒塌而散乱分离与重复叠压，但这些建筑是以木架构为主，并采取了与中原一带以及长江中下游地区迥然不同的建筑构造方式，则是显然易见的。遗址中的建筑，大致可分为大型建筑和小型建筑两类。前者大概属于宫室殿堂，后者则为附属房屋。它们在建筑的用材，结构和构造上，都存在着较大的区别。

图 2-44 四川成都市十二桥商代宫室遗址平面(《文物》1987 年第 12 期)(Ⅰ区 T22、T23 和Ⅱ区 T30、T40 遗迹分布平面图)

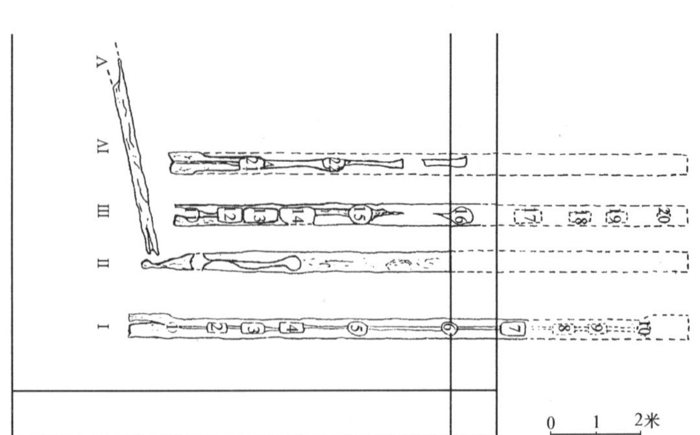

图 2-45 四川成都市十二桥商代宫室遗址平面Ⅰ区 T25 地梁分布(《文物》1987 年第 12 期)

小型建筑的地基，是采用密集打桩的方式。将直径为 8～13 厘米，长 85～120 厘米的圆木下端削尖，依中至中 40～70 厘米的间距成行打入地中，但留出上端桩头于地表外 15～30 厘米。行间距离为 45～75 厘米。即桩在建筑平面上，大体形成方形之网格状。其次将直径 14～18 厘米，长度为 200～340 厘米的圆木，依房屋纵轴方向绑扎在桩头上。绑扎的方式，有用竹篾直接绑扎，或在构件上先凿出较浅的卯口，再用竹篾固定的。然后依房屋横轴方向，同样绑扎一层较小的圆木（直径 8～11 厘米），如此形成方格状的栅形结构层。最后铺以厚度为 1.2～2.5 厘米之木板，作为室内的居住面。大型建筑（图 2-44）则于基址之地面上铺以平行置放之地梁。地梁宽 40 厘米，厚 23 厘米，复原长度约 1200 厘米。地梁之间的距离，自 60～113 厘米不等。梁上再开圆形或矩形之榫孔，以纳立柱。各柱孔间距离颇有规律，似依梁之中分线作对称布置。小型建筑之墙壁，依遗物知为木、竹所构。其法先用直径 6～11 厘米之圆木，纵横交叉绑扎成方格网状之骨架，再将由小竹和竹篾编织之竹笆绑扎在此木架上。由遗存残高 300 厘米，宽 175 厘米的竹编墙体，可知该建筑墙体高度必不低于 3 米。估计此类竹编墙之两面尚涂有泥土或草泥。至于屋顶之构造，为将茅草覆盖在由木檩与木椽绑扎的木架上。内中脊檩长约 350 厘米，直径 18 厘米。其他檩径为 16 厘米，间距离 145 厘米。椽与檩垂直相交，前者直径较小，仅 5～6 厘米。有的建筑更在茅草上压置网格状竹片，竹片宽 2 厘米，长 61 厘米，间距 14～20 厘米。其他也有在茅草上压置树枝者。

7. 四川广汉县三星堆商代建筑遗址（图 2-46）

现发现商代房屋建筑遗址有 18 座，均为地面木构建筑。平面大多为方形或长方形，仅 2 座为圆形。按时期早迟分为早、晚二期。早期房址有 3 座：方形平面 1 座（F17），圆形平面 2 座（F16、F18）。晚期共 15 座，又可分为甲组（11 座，F1～F3，F8～F15）及乙组（4 座，F4～F7）两组群。

总的来说，房屋面积多在10～25平方米。门之朝向不一，仅少数于门内置“屏风墙”（F2）。室内地面多经拍击，少数于地面涂一层白膏泥。建筑墙垣都用木骨泥墙，墙槽宽、深均为15～30厘米。内植木柱，柱洞直径14～30厘米，深20～60厘米。较大柱洞直径可达50厘米，如F1之16号柱所示。柱的间距，为60～120厘米。

（二）祭祀建筑

1. 河南安阳市小屯妇好墓（M5）墓上建筑遗址[12]

已知商王武丁配偶之一的妇好（甲骨文祭辞中尊其为“母辛”或“妣辛”）墓葬情况，在陵墓一节中将另有介绍，现仅就其墓上建筑遗址叙述如下。该墓于发掘时，于墓圹上口处清理出一块夯土基址，其面积较圹口稍大，南北残长5.5米，东西现宽5米，基厚0.3～0.5米（图2-47）。其上遗有柱洞六处，洞中并有承柱之河卵石柱础。另在墓上灰坑中发现河卵石三枚，应属被扰乱与移位之础石。依现有夯土台及柱洞予以推测复原，墓上原来应建有东西向面阔三间，南北进深二间之小型建筑（图2-48）。

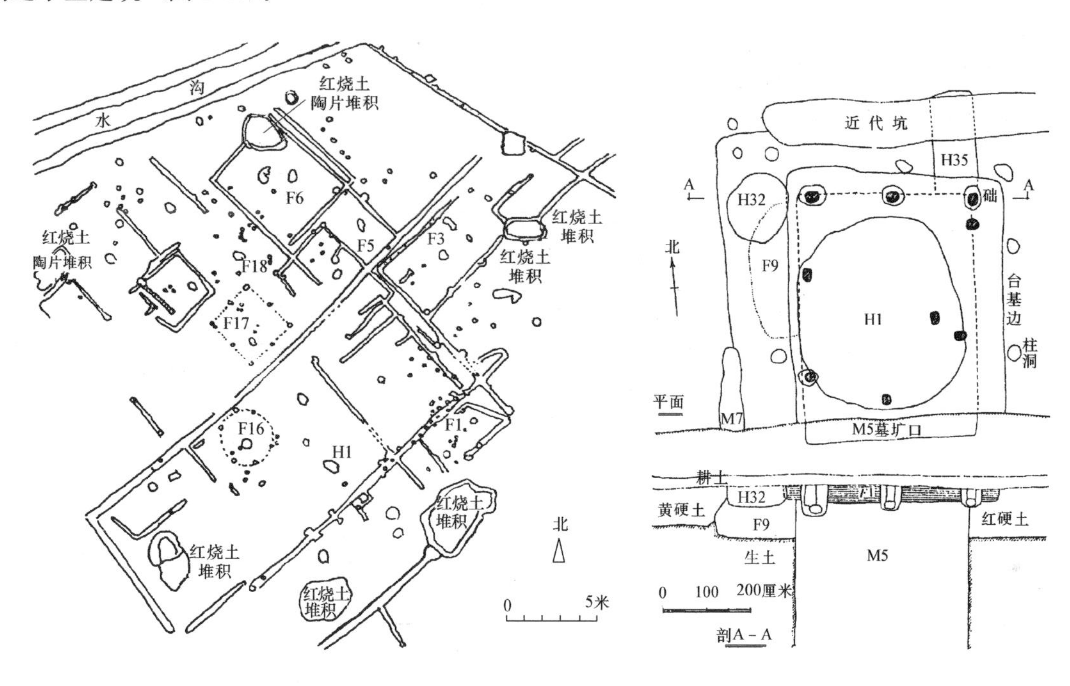

图2-46 四川广汉县三星堆遗址房基分布图（《考古学报》1987年第2期）

图2-47 河南安阳市小屯5号墓(妇好墓)上建筑遗迹平、剖面图(《建筑考古学论文集》)

根据殷墟出土之甲骨卜辞，商王祖甲曾有多次祭祀“母辛”的记载。因此，该建筑很可能是用来祭祀墓主的“宗”（即宗庙）。而殷墟宫殿中早期建筑遗址的朝向，又多采取面对东西的情况，想来与上例有一定的联系。

2. 河南安阳市大司空村商墓（M311、M312）墓上建筑遗址[13]

二者均属商代后期中型墓葬（图2-49）。其中M311之墓圹近于方形，东西宽4.8米，南北长4.4米。墓上构有东西宽7.4米，南北长6.8米之夯土台基，基上列卵石柱础十枚，除中部二枚稍有错位外，其余均排列整齐，亦表明其上原来构有南北面阔三间，东西进深二间之墓上建筑。

M312位于M311北侧约2米处，墓圹平面作矩形，东西宽1.8米，南北长3.3米。其上夯基东西2.2米，南北3.5米，据遗有之四块卵石柱础，亦可复原为东西向面阔三间，南北进深一间之墓上建筑。

上述二墓之墓上建筑基址，应当说和妇好墓上的属于同一性质。

3. 山东滕州前掌大村商代墓葬及其上的建筑遗址[14]

该商代墓地位于前掌大村北之高耸台地上，现有道路走向为南北，将台地划为东、西二部，每部各有一组大、中型墓葬。大、中型墓葬平面呈“中”或“甲”字形，小墓则为长方形土圹竖穴式样。经发掘先后在M203、M205、M206、M207、M214及M4之墓室与墓道口上，发现有残台基、夯土墙、夯土墩、柱洞、础石及散水等遗存，表明其上曾建有不同形制的建筑，现将其有代表性的介绍如下：

（1）M4（图2-50）

图2-48　河南安阳市小屯5号墓（妇好墓）上享堂复原设想图(《建筑考古学论文集》)

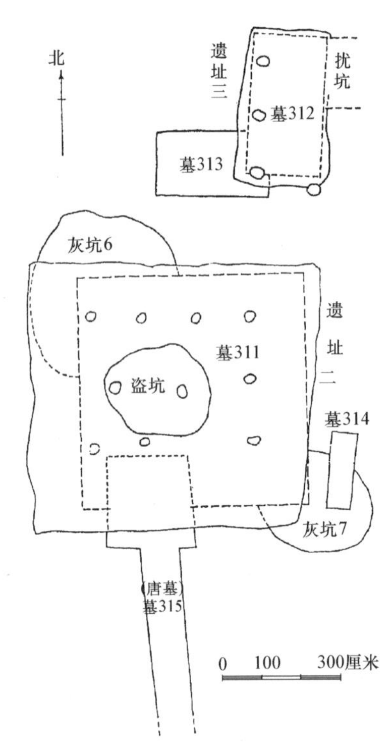

图2-49　河南安阳市大司空村商墓M311，M312上建筑遗迹平面图(《考古》1994年第2期)

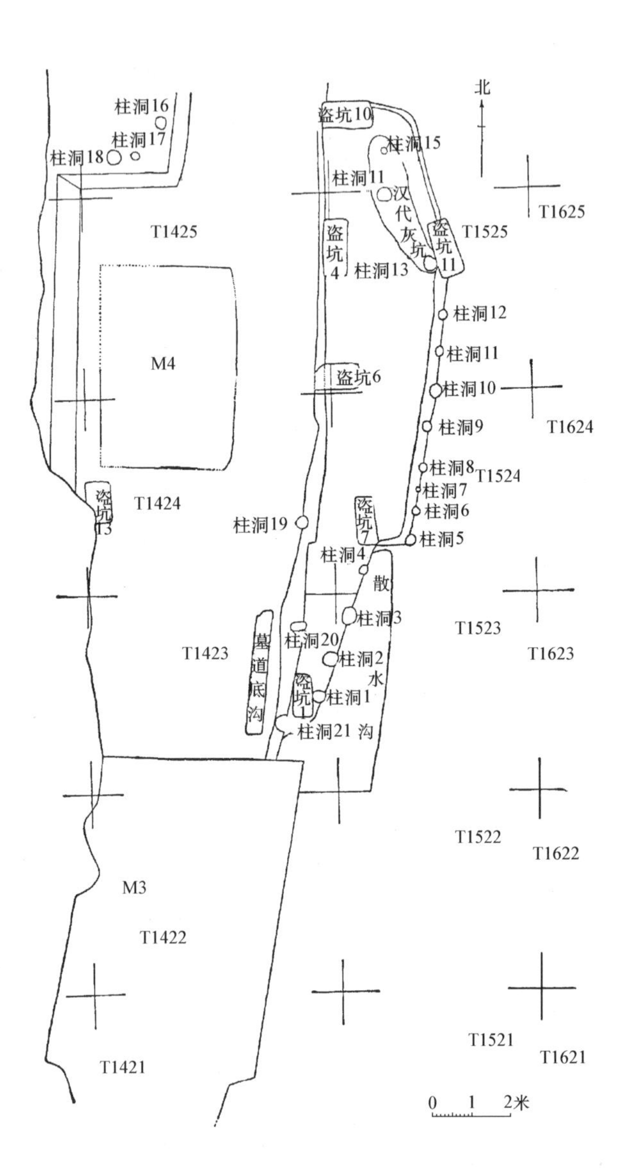

图2-50　山东滕州前掌大村商墓M4上建筑遗迹平面图(《考古学报》1992年第3期)

位于东区墓地之最北端，发掘于1991年春。是一座有南北墓道的“中”字形大墓，（实际其墓道不在中部而偏于东侧），墓室南北长9.18米，东西宽5.54～5.72米，深5.15米。北墓道清理部分长2.03～2.10米，宽2.50～2.65米；南墓道长5.35～5.44米，宽3.20～4.72米。全墓总长

16.72 米，方位几乎为正南北向（358°）。此墓先后为 13 个盗坑及一汉代灰坑打破，又被现代路沟破坏，故墓形制不全，随葬物品亦大多不存。

墓室西北角上部残存夯土一片，厚 3～5 厘米，面积约 2 平方米，色黄褐，明显覆盖在墓室之上。墓室上口东侧约 3 米有明显的南北向平行线二条，并有柱洞一列，可知该二平行线为埋柱沟槽之边线。它们向北延伸并西折与北墓道东壁相接，其西内侧有洞三个。沟槽南段斜向西南，并与南墓道东壁相交。现存柱洞共 27 个，其中 1 号～15 号在东侧，16 号～18 号在西北，19 号～21 号在南墓道底部东侧。柱洞以圆形为多，亦有少数椭圆形。剖面皆呈直筒式，底部多经夯实，仅 17 号、18 号下垫有石础。依柱洞夯土层推测，此墓上原有台基南北长约11.35 米，东西广约 10 米，因原台基高度不明，现暂以妇好墓之 0.7 米为准。

估计该墓上建筑之主体呈方形，长、宽均约 9 米，为一面阔及进深俱为三间之面南建筑。其南、北各延出廊道。南侧之前廊道南北约长5 米，东西宽 4～7 米。北侧之后廊道长亦约 5 米，东西宽约 4.7 米。由柱洞知埋入当时地表以下 0.12～1.10 米不等。由于台基有相当高度（前室为 0.7 米），故各柱之稳定性不成问题。由柱洞直径一般为0.3 米及当时人体高度（由商墓中骨架得知），推测台基面以上之檐柱高约 3 米，屋顶由檐口至屋脊高约 2 米，即主建筑通高为 5 米，屋顶形式大概是四坡式样。而前、后廊顶为两坡式。地面至廊屋、廊屋至主室间，均有踏步 1～2 级。

该墓二层台上有绚丽彩绘及蚌、骨饰物，可能墓上木构亦有多种装饰。

（2）M205（图 2-51）

位于西区墓地最南端，发掘于 1985 年，为一仅有南墓道之“甲”字形中型墓葬。其北侧有“中”字形墓 M214，西侧有与之并列之“甲”字形墓 M203、M206，此三墓上均遗有建筑残迹。

墓圹为长方形土圹竖穴，南北长 5.20 米，东西宽 3.40 米，墓口至底深 4.14 米。墓道在土圹南，为斜坡式样，南北长 7.03 米，东西宽 2.64 米，北端深 2.34 米，方位 175°。墓室内建有二层台及腰坑。

墓圹口上部原覆盖灰褐黄色夯土厚约 0.2 米，南北长 7 米，东西宽 4.5 米。

墓圹上口四隅均有夯土墩，东北为圆角方墩，长、宽约 0.4 米，厚约 0.05 米；西北亦有同样土墩，长宽约 0.3 米；西南土墩残长 0.4 米，宽 0.1 米、厚 0.1 米；东南土墩长 0.6 米，宽 0.4 米，厚 0.1 米，墩上偏东有一残柱洞，筑以数层灰白色夯土，洞底垫础石四块。土墩南北距离为 5.4 米，东西宽 3.6 米。

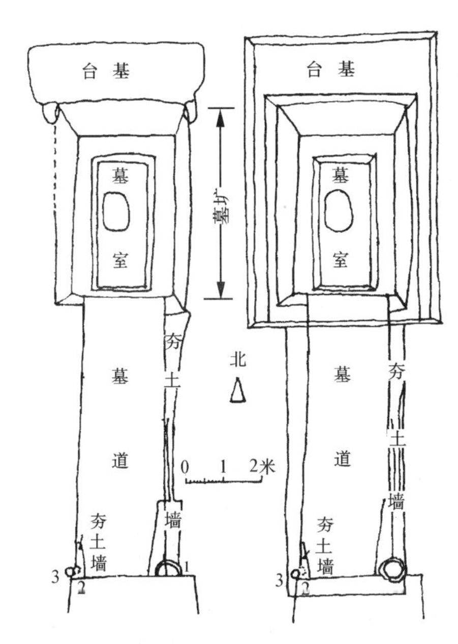

图 2-51 山东滕州前掌大村商墓 M205 平面及其上建筑复原平面设想(《考古》1994 年第 2 期)

墓道上东侧有一夯土墙，南北长7米，宽0.35～0.63米，夯层不等，为4～15厘米，夯窝直径3～4厘米。西侧亦存夯土墙一小段，残长1.5米，宽0.5米，夯筑情况同上。墓道东南及西南隅各有角柱洞，直径0.35米。

推测墓上建筑台基南北长7.6米，东西宽5米，高约0.7米。依残留西北及东北土墩，该主体建筑为南北壁长5.2米，东西壁宽3.4米之面阔一间，进深二间建筑，房屋檐柱及屋面高度约与上述M4相若。南廊道南北长7米，东西宽约2.5米，屋顶为二坡。地面与廊屋与主室间亦各建踏步。

（3）M207

为无墓道之小型土圹竖穴墓，墓上除有夯土痕迹，其墓口四角外亦有柱洞。推测其上仅有主室而无廊道。

4. 河南安阳市侯家庄——武官村商代祭祀坑遗址[15]

在安阳市小屯殷宫室西北之侯家庄至武官村一带，是晚商王陵集中地区。著名的武官村大墓（WKGMI）之北、西、南侧，埋葬有大量的杀殉祭祀坑，已探明位置或业经发掘者，共达1400处以上（图2-52）。其排列甚有规律且相当整齐，以南区诸坑为例，除35座为东西向外，其余葬坑均

图2-52 河南安阳市武官村大墓祭祀坑发掘位置图(《考古》1977年第1期,《考古学报》1987年第1期)

朝向南北。坑穴平面绝大多数为矩形，仅157号坑为正方形。以上种种情况，均表明它们是经过事先有计划安排的。由1959年与1976年两次清理的191处墓坑中，据不完全统计，埋入被害的奴隶已达1178人，即平均每坑在6人以上。发掘证明，在东西向坑墓中，杀殉的全是妇女及儿童，并大多保护全尸。而南北向坑墓中，则绝大多数是被斩首或断肢的青年男子，每坑约埋6～8人。而上述武官村大墓及附近的其他四座大墓（即HPK—M1129、HPK—M1400、HPK—M1443及相传出土司母戊鼎之“甲”字形大墓)，可能都是被杀殉者的祭祀对象。

据卜辞记载，祭祀所杀戮的牲人，每次少则数人，多者可达五百人。就晚商诸王而言，杀殉以武丁时期为最众；廪辛、康丁、武乙、太丁（文丁）诸王次之；祖庚、祖甲二王又次之；至商末帝乙、帝辛（纣）最少。

1978年在上述发掘区之东南约150米处，又钻探出120座祭祀坑，并对其中的40座进行了发掘。它们都是平面为长方形的竖坑，排列甚为整齐（图2-53)。坑的大小深浅不等，长约2.4～3.23米，宽约1.68～2.9米，深约0.55～1.9米。大体可划分为15组。（每组最多8坑，最少1坑)，可能是15次祭祀活动的遗迹。多数坑中埋有马、牛、羊、猪、犬、象、猴、狐、河狸等动物。但以马为最多。40座坑中埋马者达30座，共埋马117匹（最多8匹，最少1匹)，且埋马又

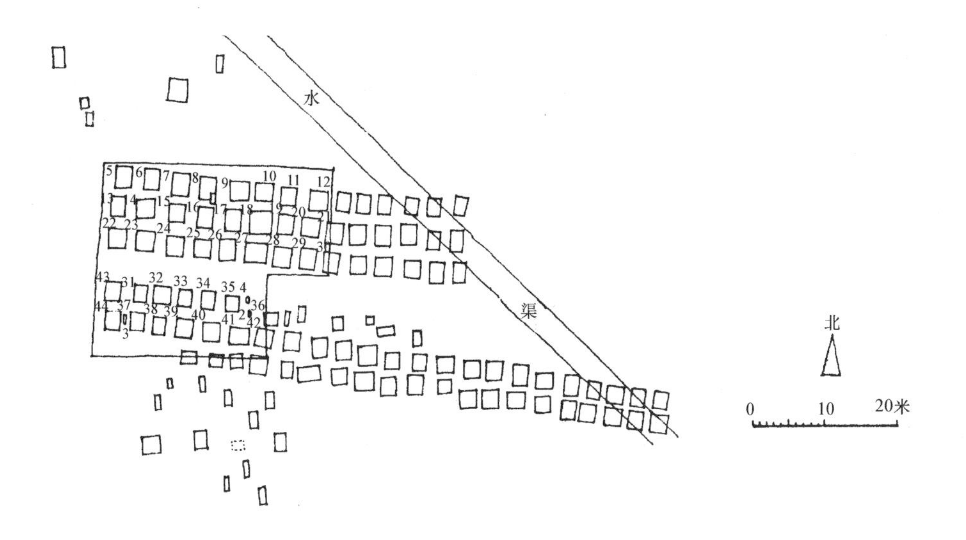

图2-53　河南安阳市武官村北地商代祭祀坑位置图(《考古》1987年第12期)(编号者为1978年发掘)

以偶数为多，如埋2匹马的有12座坑，埋6匹马的有11座坑。埋其他动物的有5座坑，如M2埋一犬、一羊、一河狸。M4埋一系铜铃之猴。M17埋一狐。M19埋二牛，亦系铜铃。M35埋象、猪各一；前者为系铜铃之幼象，后者为一小猪。埋有牲人的仅有5坑，其中M1埋被捆绑中年男子一人，M3为一砍头中年男子，M39、M40、M41各埋一人二马。此外，M14、M15及M16为空坑，可能是原定祭祀活动因故取消所致。

从时间上看，除M1—M4属殷代晚期外，其余均属殷代早期。从埋入对象来看，与前述东区祭祀坑有很大区别，即东区以殉人为主，本区（西区）则以动物（以马为多）为主，可见当时祭祀时，牲人与牲畜是分开进行并分别埋葬的。

河南安阳市武官村北地商代祭祀墓坑方向、大小及埋入对象情况表

墓号	组号	方向	长×宽×深(米)	骨　架	姿　势	备　　注
1	1	16°	1.93×0.70×−0.20	人①	全躯、仰身直肢	男性成年
2	2	10°	?	狗①羊①河狸①	不规整	

续表

墓号	组号	方向	长×宽×深(米)	骨 架	姿 势	备 注
3	3	185°	?	人①	砍头、仰身直肢	男性成身
4	4	342°	?	猴①	屈肢	铜铃Ⅰ-1
5	5	194°	2.90×2.70×—0.90	马⑥	规整	
6	5	195°	2.90×2.50×—0.80	马⑥	规整	
7	6	193°	3.14×2.60×—1.50	马⑥	不规整	
8	6	193°	3.10×2.20×—1.65	马⑤	不规整	
9	6	196°	3.10×2.35×—1.60	马⑧	不规整	被盗
10	6	195°	3.08×2.44×—1.75	马⑥	不规整	
11	6	196°	3.00×2.25×—1.65	马④	不规整	
12	6	190°	3.08×2.50×—1.70	马②	规整	
13	7	198°	3.10×2.20×—0.55	马⑥	规整	
14	8	15°	3.00×2.60×—1.10	无		空坑
15	8	18°	2.83×2.30×—1.40	无		空坑
16	8	17°	3.15×2.40×—1.57	无		空坑
17	9	19°	2.92×2.24×—1.70	狐①		
18	10	200°	3.09×2.85×—1.25	马?		被盗扰乱,不辨个体,暂以一匹计
19	10	198°	3.04×2.40×—1.60	牛②	规整	铜铃Ⅰ-1,Ⅱ-1
20	10	192°	3.12×2.66×—1.55	马①	规整	被盗、马头部有朱砵
21、30、36						大部位于发掘区外,故未发掘
22	11	195°	2.80×2.66×—1.10	马⑥(1头向北,5头向南)	不规整	马镳4
23	11	195°	3.00×2.50×—0.85	马⑥	规整	马镳12
24	11	198°	3.00×2.40×—1.40	马⑥	不规整	马镳8
25	11	197°	3.09×2.26×—1.60	马④	不规整	马镳8
26	11	200°	3.05×2.10×—1.60	马④	不规整	马镳8
27	11	190°	3.12×2.89×—1.50	马⑥	规整	马镳4
28	11	198°	3.15×2.90×—1.50	马⑥	不规整	
29	11	191°	3.16×2.56×—1.60	马⑥	规整	
43	12	196°	2.88×2.06×—1.35	马②	规整	
31	12	199°	3.00×2.40×—1.05	马②	规整	
32	12	191°	2.74×2.30×—0.98	马②	规整	
33	12	198°	2.85×2.20×—0.95	马②	规整	
34	12	197°	2.90×2.20×—0.97	马②	规整	
35	13	18°	2.40×1.68×—1.80	幼象①猪①	规整	铜铃Ⅰ-1
44	14	198°	3.23×2.26×—1.20	马②	规整	
37	14	200°	3.00×2.34×—1.00	马②	规整	
38	14	201°	3.00×1.90×—1.10	马②	规整	
39	15	13°	3.26×2.90×—1.60	人①马②	人俯身直肢、马姿态规整	男性成年
40	15	16°	2.60×2.80×—1.30	人①马②	人俯身直肢、马姿态规整	男性成年
41	15	23°	2.70×2.80×—1.90	人①马②	人俯身直肢、马姿态规整	男性成年

墓圹内二层台较窄。墓底有“奠基坑”九处：计中央一，墓室内四隅各一，椁室四角与墓室四角间又各一。坑平面均为长方形，坑内各葬卫士一人。其居中央者执玉戈，其余八人俱执铜戈。墓内之木构椁室，平面亦作“亚”字形。其墙面与地面均铺厚木板，地面木板长 2～4 米，宽为 0.2～0.4 米；墙板长 2.6～6 米，宽 0.4 米，其上部雕刻有若干花纹。

此墓自早年来已多次被盗，从残余之器物碎片来看，随葬品有铜、玉、石、骨、牙、蚌、白陶、黄金及木制器皿。其种类有礼器、生活用具、乐器、兵器、工具、车马具等多种，有的且备有多套。墓中殉葬约计百人，因被盗墓人扰乱，故对殉人的性别、年龄、葬式、随葬品及埋葬地点等，已无法知悉。葬在墓内外的牲人亦超过 74，殉马也在 12 匹以上。

②山东益都县苏埠屯商代大墓（M1）（图 2-82、2-83）[24]

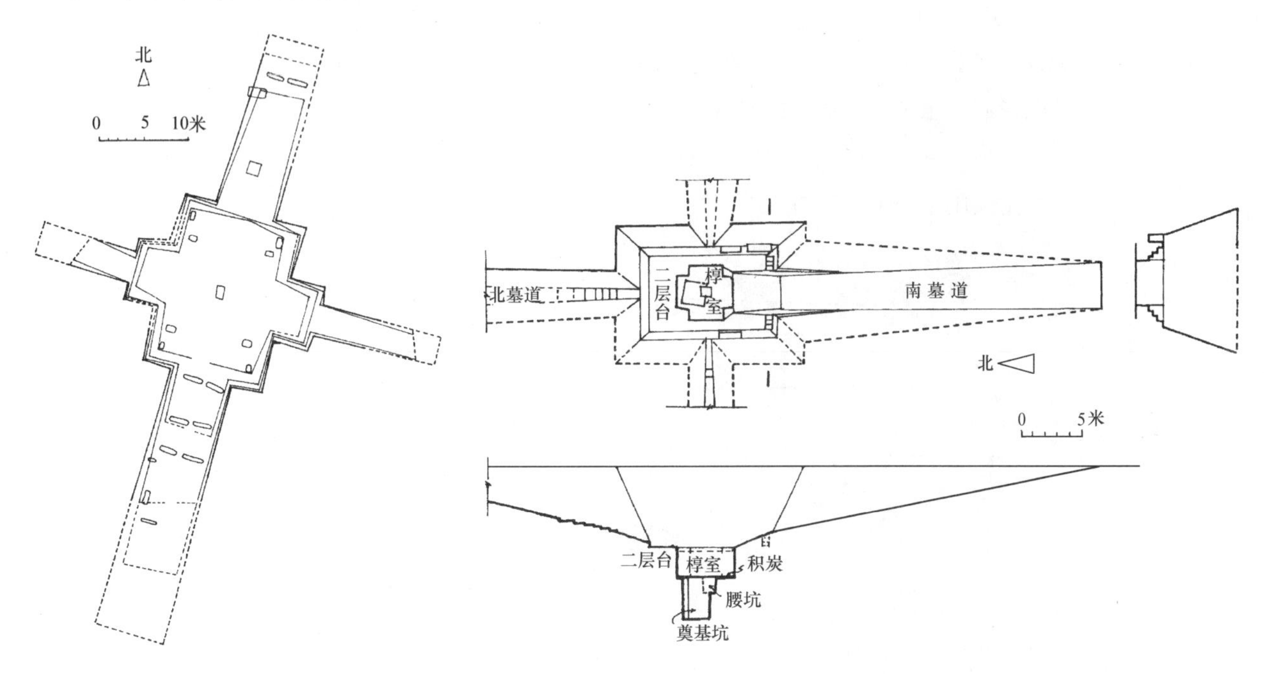

图 2-81 河南安阳市小屯侯家庄—武官村商代大墓 HPK M1001 平面图(《商周考古》)

图 2-82 山东益都县苏埠屯商代 M1 大墓平、剖面(《文物》1972 年第 8 期)

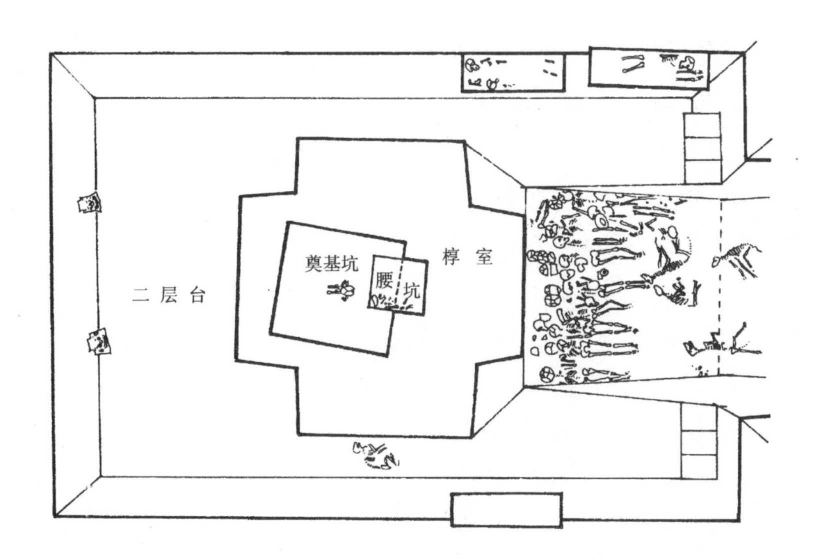

图 2-83 山东益都县苏埠屯商代 M1 大墓圹平面图(《文物》1972 年第 8 期)

此墓位于益都县东北 20 公里，苏埠屯村东侧之丘岗上，丘高约 5 米。

墓圹平面长方形，方位北偏西 30°，南北长 15 米，东西宽 10.70 米。至二层台深 6 米，台南北长 9.45 米，东西宽 5.9 米，椁室呈“十”字形（或谓“亚”字形），南北长 4.6 米，东西宽 4.3 米。其南端与南墓道相接。椁室深 2.5 米，中部有方形腰坑。坑面积约 1 平方米，深 1.5 米，中殉 1 人 1 犬。其下往北，又有长方形之奠基坑，面积约 4 平方米，深 3.3 米，中殉一跪葬者。二层台东台偏南有二殉葬棺，北棺中殉四人，南棺中殉 2 人。西台有一棺，殉儿童 1 人。

南墓道已经清理，为斜坡式。坡度有二，其主体部分斜度约为 10°，起于地面，止于二层台之南缘，斜长 26.10 米，宽 2.7～3.2 米。由二层台至椁室南缘之斜度约为 22°，斜长 3.7 米，宽 2.5～3.1 米。后者之下又可分为 3 层：上层中埋 2 人 1 犬，中层埋头骨 24 具，3 犬。下层埋 13 人，1 犬。其他墓道较窄较短，内中北墓道又较东、西墓道为长，且掘为土阶若干步。

综观此墓中共殉人 48 人，犬 6 头。其他尚出土铜器、玉器、陶器……多种，又有海贝、金箔等。

依其形制，至少是重要方国诸侯之墓葬。

2）“二出”墓道，（“中”字形平面）。

①河南安阳市小屯武官村大墓（WKGM1）（图 2-84）[25]

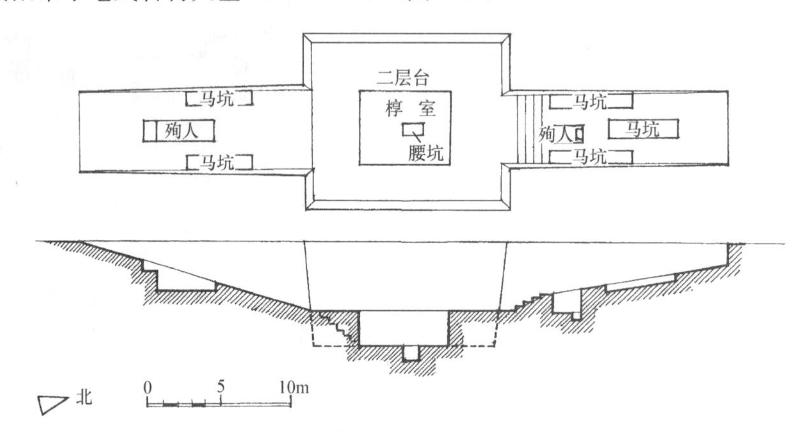

图 2-84 河南安阳市小屯武官村大墓（WKGM1）平、剖面(《商周考古》)

武官村大墓墓圹平面为矩形，南北长 14 米，东西宽 12 米，面积 168 平方米，通深 7.2 米。墓圹南北各开墓道一条。南墓道长 15.55 米，宽 6.1 米；北墓道长 15 米，宽 5.2 米。两墓道面积合计 172.85 平方米。全墓总面积为 340.85 平方米。圹内建二层台，东侧殉男近臣 17 人，西侧殉媵妾 24 人。椁室南北长 6.3 米，东西宽 5.2 米，深 2.5 米。底部中央有腰坑，埋一执戈侍卫。椁室四壁及上下，均搭盖粗大木材，计每壁九根，上下各横列三十根。此项木植于盗墓时被焚毁，如今仅余焦炭。由椁顶部夯土中仍保存的红色花纹印痕来看，当年木椁盖板表面曾有涂朱的雕刻。椁内棺木及人骨俱已无存，墓中随葬物品亦全部被盗。

北墓道中发现马坑三处，其位置为东、西壁下与北部中央各一。其南端中部则有殉人坑，葬对蹲之控马奴隶二人。南墓道亦于东、西壁下各置一马坑，北部中央殉一人跪葬。总计全墓共埋入殉墓之臣妾奴隶 79 人、马 27 匹、狗 11 头、猴 3 只、鹿 1 头、其他动物 15 头。大墓外侧，另有多量杀殉祀坑，其有关情形，已在前面有所介绍。

②河南安阳市后岗殷商大墓（图 2-85）[25]

形制与上述大致相同，唯二层台中之墓室（椁室）平面呈“亚”字形。墓圹上口南北 7 米，东西 6.2 米。二层台南北 5.6 米，东西4.5 米，距墓圹上口深 7 米。墓室南北 4.3 米，东西 3.7 米，深 1.4 米。腰坑在椁室底面中部，平面长方形，南北 1.2 米，东西 1 米，深0.5 米。中埋一犬。

主墓道在南，为斜坡式，斜长 21 米，宽 2.5～1.8 米。墓道中部有车坑一，埋有木质车辆已朽。

北墓道为阶梯形，斜长 14 米，宽 2.1～1.7 米，共有踏跺 25 步。

3）“单出”墓道（“甲”字形平面）。

①河南安阳市后岗商墓 M47（图 2-86）[26]

土圹长方形，南北 4.75 米，东西 3.10 米，圹壁平直，不若前二类墓圹之上大下小者。二层台距墓圹上口深 3 米，中辟椁室亦长方形平面，但稍有偏斜，南北 3.4 米，东西 2 米，下距墓底深 1 米。腰坑呈下收之长方形平面，上口南北 1.4 米，东西 2.9 米；下底南北 0.8 米，东西 0.4 米，深 0.6 米。

墓道在南面，宽 1.8 米。最下设浅踏垛二级，以上为斜坡道。

此墓于腰坑内殉一人，西南隅埋一犬。墓壁夯土中遗有饰兽面纹之长条凹凸痕迹，当为雕花之木椁板所模印者。随葬有石磬及饰物，均置于二层台上。

②河南安阳市殷墟西区商墓 M93（图 2-87）[26]

墓室为长方形土圹竖穴式样，南北 5.4 米，东西 4.1 米，方向 175°。墓道在墓圹南端，其北端长 2.1 米之一段与墓室垂直相交，其南段长 5 米者则折向西南，共有踏垛十一级。墓道上口斜长 7.12 米，宽 2.4～2.8 米，底坡斜长 8.7 米。墓室内有二层台，但仅有东、北、西三面，宽 0.65～0.7 米。主要随葬之铜器（尊、觚、爵、戈、矛、镞及车马器等），陶器（罐、甗、罍、……），石器（磬）及骨、蚌、玉饰等均置于其上。椁室长 3.82 米，宽 1.60 米，深 1.10 米，棺具及人骨已朽。中部有腰坑，长 1.14 米，宽 1.06 米，深 0.56 米，内殉一人。

4）无墓道墓圹。

此类墓葬从形制上看似乎很简单，除尺度较大、随葬品众多外，与平民使用者几无二致。其使用时间也最长，自商初达于商末，且葬者身份可高至商王后妃及诸侯。至于贵族墓为何采用此种形制而不开辟墓道，至今尚未能获得确切的答案。现将若干实例罗列于下：

①河南安阳市小屯妇好墓（M5）（图 2-88）[12]

1976 年春，在小屯村西北发现了一处晚商王室的重要墓葬——商王武丁的配偶妇好墓。此墓墓圹为竖井式，平面矩形，南北长 5.6 米，东西宽 4 米，深 7.5 米。朝向为北偏东 10°。距墓口 6.2 米处辟二层台，宽度仅 0.3 米，而椁室高为 1.3 米。室底中央有腰坑，长 1.2 米，宽 0.8 米，深 1 米。另于墓东、西壁二层台中，各开一长约 2 米，高 0.5 米之小龛。墓中木椁及棺均因积水而腐烂，仅剩椁顶盖处原木一根，长 3.4 米，直径 0.5 米。估计此项顶木原

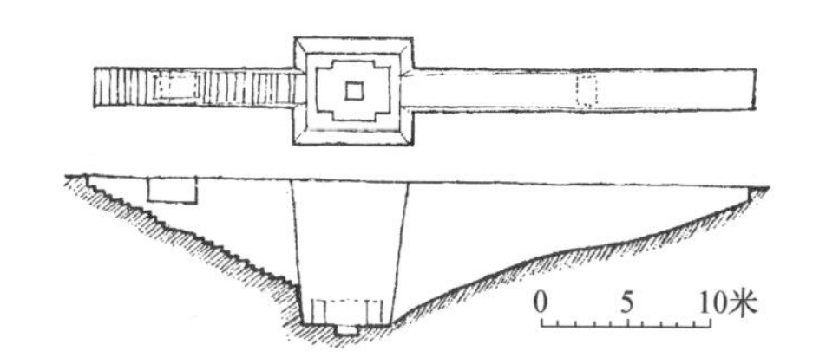

图 2-85　河南安阳市后岗殷商大墓(《中央研究院历史语言研究所集刊》1948 年第 13 期)

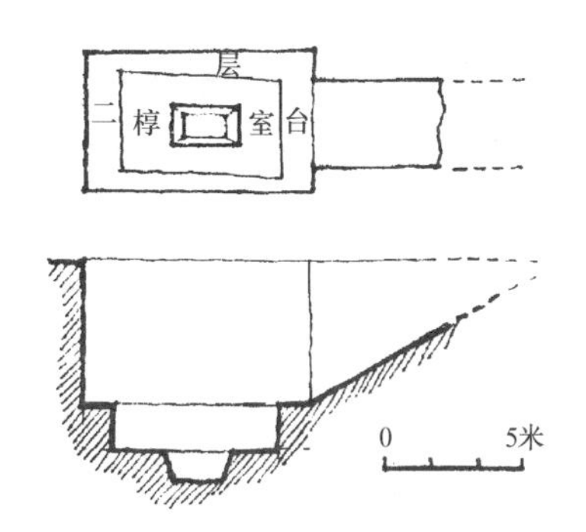

图 2-86　河南安阳市后岗商墓 M47 平、剖面图(《考古》1972 年第 3 期)

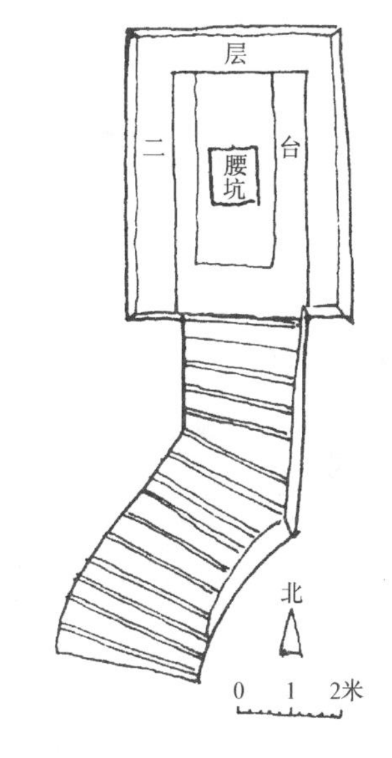

图 2-87　河南安阳市殷墟西区商墓 M93 平面图(《考古学报》1979 年第 1 期)

来系由南往北依次铺放。另有椁板残片一块，长 0.3 米，宽0.14 米，厚 0.04 米。其上尚残余红黑相间之图案。墓中共殉葬 16 人，其中置于东龛中 2 人，西龛中 1 人，椁室中 12 人，腰坑中 1 人。另殉犬 6 头。发掘中共出土珍贵文物 1928 件，包括铜器 468 件（内礼器二百余件）、玉器 755 件、石器 63 件、骨器 564 件、陶器 11 件、蚌器 15 件、象牙器 3 件。室石制品 47 件，另有货贝 6820 枚。文物之丰富精美，居已知出土殷墓之冠。

此墓仍无积土之坟丘，但墓上留有夯土基址及石柱础，表明构有建筑，其情况已在祭祀部分另予以叙述。

②湖北黄陂县盘龙城李家嘴 2 号商墓（图 2-89）[6]

此为无墓道之商代中期中型墓葬。墓圹呈矩形，南北长 3.67 米，东西宽 3.24 米，深 1.41 米（原地面已被削平 2～3 米以上）。墓室反较墓口略大，南北长 3.37 米，东西 3.40 米。其木椁板外壁雕刻饕餮纹及云雷纹，凹处涂朱，凸处涂黑，色彩斑斓，图案生动。墓中殉葬三人，其中二人

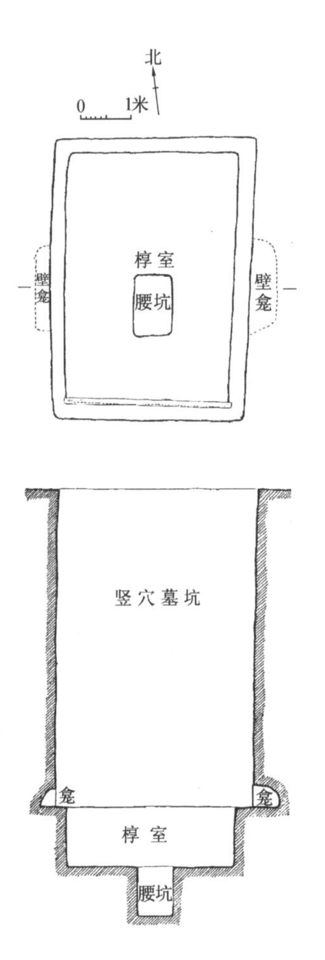

图 2-88 河南安阳市殷墟妇好墓平、剖面图(《殷墟妇好墓》)

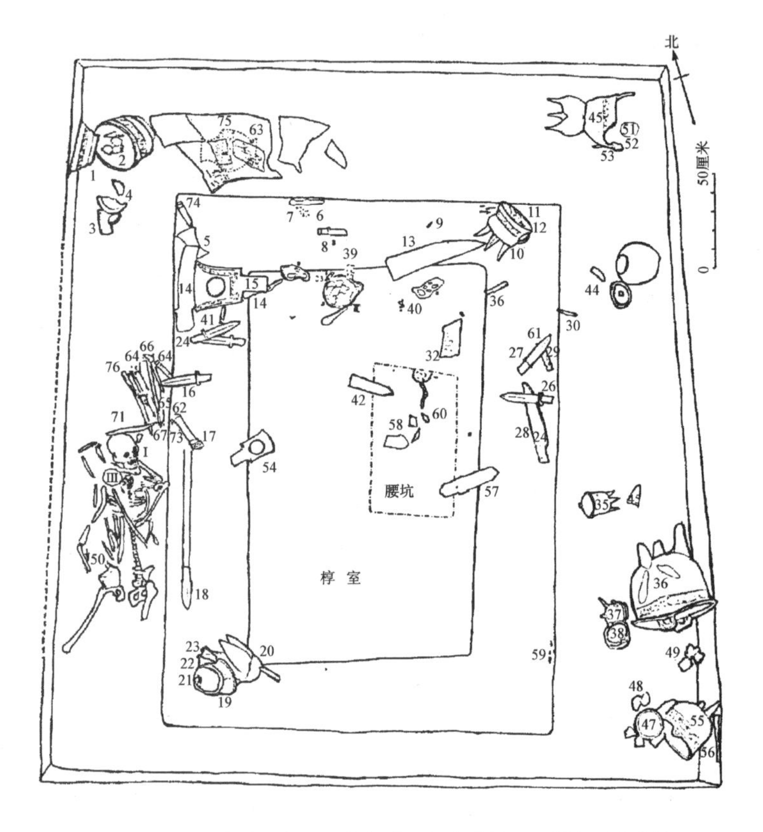

图 2-89 湖北黄陂县盘龙城李家嘴 2 号商墓平面图(《商周考古》)

1. 铜盘 2. 铜殷 3. 铜臿 4. 陶片 5. 铜觚 6、65～68、70、71. 铜刀 7、32、34、39、40. 绿松石 8、29、31、33、41. 玉柄形器 5、50、59. 铜镞 10、19、22. 铜斝 13、14、28、42、57、58. 玉戈 15、54. 铜钺 16、24～27. 铜戈 17、64. 铜斨 18、56. 铜矛 20. 铜盉 30. 玉笄 35、36、55. 铜鼎 37. 扁足鼎 38. 铜鬲 43、44、51～53. 铜小盘 45. 铜甗 46. 铜鼎足 47. 陶罐 48. 陶鬲 49. 硬陶瓮 60. 陶带流罐 61、62. 陶饼 63. 木雕印痕 69. 铜锯 70. 铜凿 73. 铜镦 74. 玉饰 75. 铜罍 Ⅰ、Ⅱ、Ⅲ、殉人骨骼

在二层台之西南隅，一人在墓室中部偏东之腰坑内（有骨骼粉末及折断之玉戈）。随葬物品及墓主尸骨均无存，估计死者应属该封国诸侯或其家族。

2. 商代之一般墓葬

商代一般之小型墓葬，尺度及规模均较窄小简陋。以河北藁城台西遗址为例，在已发掘的属于商代中期的112座墓葬中，全属长方形平面竖穴土坑形式，未见辟有墓道者。其中有二层台的43座（西面式二层台的占28座；三面式12座；二面式2座——其一位于西侧，另一位于头前及一侧；单面式1座——置于头端）。儿童墓葬多无二层台，也施棺木。墓底掘有腰坑的34座（平面有长方形及椭圆形）。二层台处掘小龛的见于4座墓中，小龛平面有长方形二种。其尺度为宽0.4～0.52米，高0.2～0.4米，进深0.16～0.20米，用以放置随葬之陶器及其他器物。墓中有棺者82例，但原棺已朽，仅余木灰及彩绘漆痕。在随葬品较多或有殉人之墓中，依残漆片知木棺曾髹以红漆。或用草席裹尸掩以朱砂，其残余至今尚有保存。殉人墓仅见9座，殉者以男性为多，每墓人数亦未超过二人，墓主当属小奴隶主水平。以河北藁城台西商代墓葬M36为例（图2-90），殉葬者男性，年龄五十余岁，与墓主相差无几。二人同葬一棺内。中间隔一木板，主人居左，殉葬人居右。而M35为男女各一人之合葬墓，亦同置一棺内，男年五十余岁，居左；女近成年，屈肢面向墓主而居右，其足部置铜器三件，当为殉葬之婢妾。此二例在商代墓葬中尚无先例。安阳小屯西区出土的小型墓葬，数量有1500以上，多属无墓道之土圹竖井形式。墓圹一般长2～4米，宽0.8～1.2米，深2～3米。死者大多无葬具，随葬品亦仅日常生活中使用的陶器数件，因此墓主显然是城市的下层居民及奴隶。有些墓葬有棺，有的有二层台并在腰坑或填土中埋一犬。随葬物品亦以生活陶器为多，但亦有铜戈、矛、镞等武器，表明死者曾是战士。此外，仅少数于棺下垫朱砂或有彩绘之织物。有殉人及车马者之墓极少，一般殉1～2人，但M307墓中葬12人（其中3人杀殉）。有车马坑者如M43，M150，M151，M698等，均未超过一车二马，表示墓主仍为社会等级不高者。这些墓葬大体可分为八个墓区，各区间均以空地隔开。值得注意的是同一区随葬之铜器上均有相同的符号——族徽。每区中再划分为十余座到三四十座不等的墓群，应是各家族墓地。一般来说，墓中随葬有铜礼器（觚、爵……）的，约占总墓数的1/10，其余均为陶器或仅一二枚海贝。这也反映了当时社会中的阶级贫富情况和比例关系。

位于西安市东部的老牛坡，发现晚商时期中型墓葬多座[27]。其腰坑已发展为头坑、脚坑和侧坑数种形式（图2-91），数量最多的可达七个，每坑一般埋犬一头。墓内椁室系用厚木板搭成，四壁间

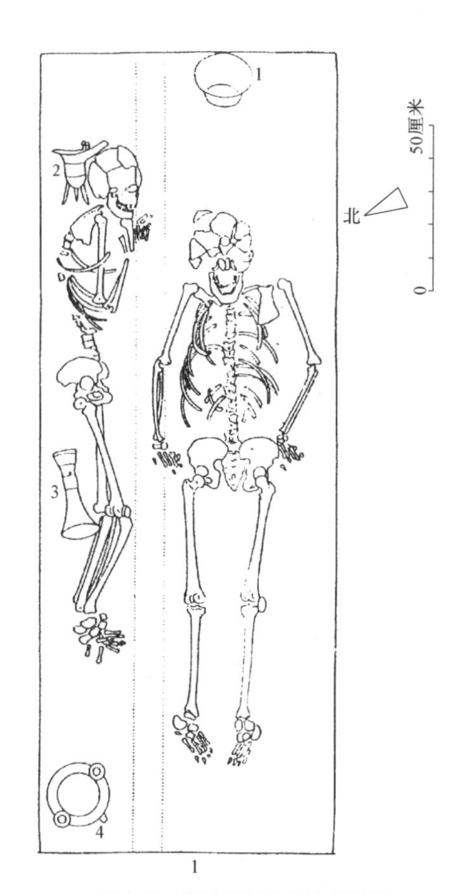

图2-90　河北藁城台西商代墓葬M36平面图(《河北藁城台西遗址》)
1.Ⅳ式陶盆 2.Ⅱ式铜爵 3.Ⅲ式铜觚 4.Ⅰ式铜斝（二人架之间虚线系棺内木板痕）

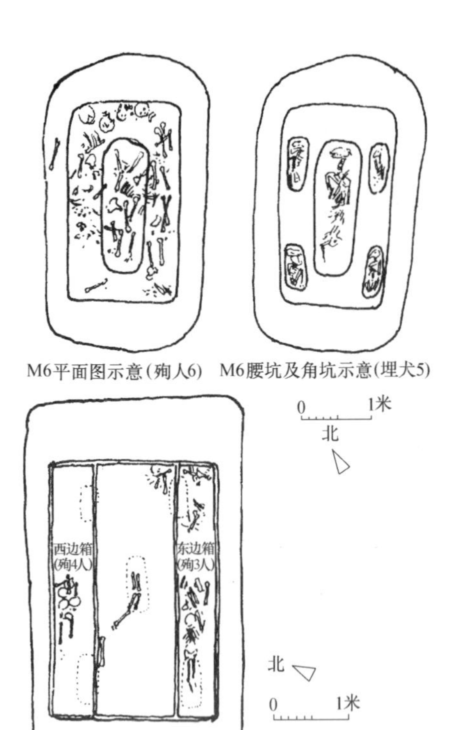

图 2-91 陕西西安市老牛坡商墓(《文物》1988 年第 6 期)

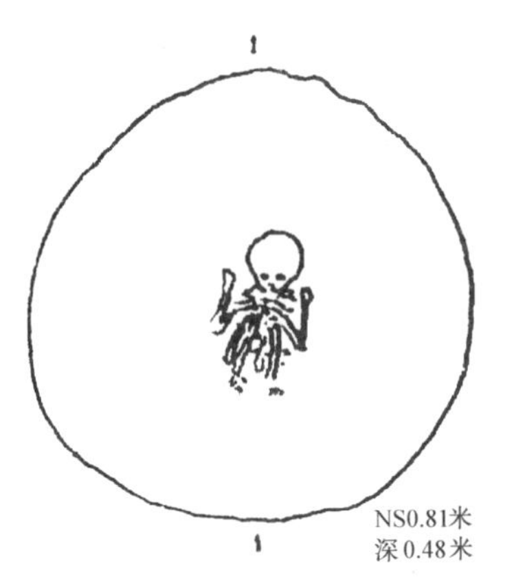

图 2-92 河南洛阳市吉利东杨村二里头文化遗址圆穴墓(H16)(《考古》1983 年第 2 期)

以榫卯接合。椁室内再施木板二道，自头前到脚下分隔为三部。中间较宽，为墓主尸体安放之处。西侧稍窄，为用以置殉人之“边箱”。在已发掘的 38 座墓葬中，有殉人的达 20 座。每墓殉人自一人到十数人不等。如 M5 墓中殉 12 人，其中腰坑中 1 人，左边箱 3 人，右边箱 6 人，二层台 1 人，夯填土中 1 人。少数墓中之殉葬人，置于墓主棺内，但葬式采用侧身曲卧，以与主人之仰身直卧有别。而此类殉人多属主人之亲随，如妾婢等。

就目前资料所知，商代之大、中型墓墓圹面积，早、中期较晚期为小，随葬品与殉人亦较少。殉人之身份贵贱，亦可自其埋葬处所有别；置于墓室木椁中的殉人之地位最高，置于椁顶及二层台上者次之，腰坑、墓壁龛者又次之，居墓道者最末。有的另从葬于墓侧，如殷墟侯家庄 M1001 墓东之从葬者 68 人。但他（她）们都属于墓主的近臣、媵妾、侍卫或仆从，是从死的殉葬者。因此有的还盛以木棺，并有若干随葬品，如首饰、武器、礼器以及个人生活用品等。与被斩杀以致身首离异或活埋作为祭祀牺牲的牲人，有着性质上的差别。

河南洛阳市吉利东杨村二里头文化遗址儿童窖穴墓葬（图 2-92）。

该窖穴（H16）为直径 0.81 圆形平面，深 0.48 米，寰底。中央有一屈肢蹲坐的婴儿骨架，头南面东，未见葬具及随葬物品。坑内填五花土。

五、其他建筑

（一）离宫苑囿

杂文野史中，有夏桀作“璇室”、“瑶台”、“长夜宫”、“象廊”、“石室”之记载。顾名思义，此类建筑已相当华丽，非一般之“茅茨土阶”可比。可能当时已有较小之石建筑（或利用天然石洞加工），也有了驯养野象的准动物园。文献载商汤有“镳室”，而纣王更建“倾宫”、“鹿台”与“琼室”。如《史记·殷本纪》：“（纣王）……厚赋税，以实鹿台之钱，而盈钜桥之粟。益收狗马奇物，充仞宫室。益广沙丘苑台，多取野兽蜚鸟置其中。慢于鬼神，大聚乐戏于沙丘，以酒为池，悬肉为林，使男女倮逐其间，为长夜之饮……”。依诸家注解，称鹿台“其大三里，高千尺”，在“朝歌”城内，是商王朝聚集钱财金宝之地。亦为商末周武王起兵，纣王战败，“走登鹿台，衣其宝玉衣，赴火而死”之所在。“钜桥”在今河北曲周县东北，乃商代贮粮积粟仓廪。而“沙丘”位于今河北巨鹿县东南，为商王离宫地。古籍《竹书纪年》中称：“自盘庚迁殷，至纣之灭，七（按：应作“二”）百七十三年不徙都。纣时稍大其邑，南距朝歌，北距邯郸及沙丘，皆为离宫别馆”。如此则商代所建离宫甚多，自不仅沙丘一处。前文所载及之“酒池”，于《太公六韬》中另谓：“纣为酒池，回船糟丘，而牛饮者三千余人……”。此言虽见于正史注文，然难以尽信，姑录之权供参佐。但此离宫中建有众多之宫室苑台，并广畜禽兽，大聚珍异已与后世离宫禁苑相距无多。此外，商代又有名“桐宫”之别馆，为商初伊尹幽太甲思过三年之地，事亦见《史记·殷本纪》。内中引《正义》称：“晋太康《地纪》云：尸乡南有亳坡，未有城，太甲所放之地也。按：尸乡沟在洛阳偃师县西南五里也”。依此，则桐宫在今河南偃师二里头商城遗址内，或即为已发现之晚夏第三号宫室基址处，亦未可知。

（二）监狱

监狱是国家机器中的一个重要构成，是阶级压迫的工具。《史记》卷二·夏本记载：“（帝桀）召汤，而囚之夏台”。其下之注引《索引》谓：“狱名。夏曰：钧台。皇甫谧云：地在阳翟是也”。即夏王朝之末，曾在今河南禹县南建有囚禁贵族方伯的国家监狱。

商代之监狱记载，亦见同书之殷本纪：“纣囚西伯羑里”。其注亦引《集解》：“骃案《地理志》曰：河内汤阴有羑里城，西伯所居处”。又据《正义》：“牖一作羑，音酉。城在相州汤阴县北九里。纣囚西伯城也”。按“西伯”即周文王于商时所封爵。“羑里”在今河南安阳市南，汤阴县北。

以上二例，仅从文献上考证其地望。至于夏、商监狱建筑之具体情况，目前尚无法了解。

（三）窑址

制陶自原始社会开始，就是重要的手工业生产。在目前就已发掘的夏、商建筑遗址中，尚未发现陶质砖瓦的存在，最多只有陶制水管。因此，当时制陶业的主要产品，仍是供生活使用的各种器皿。

1. 山西长治市小常乡小神遗址二里头时期陶窑（Y3）（图 2-93）

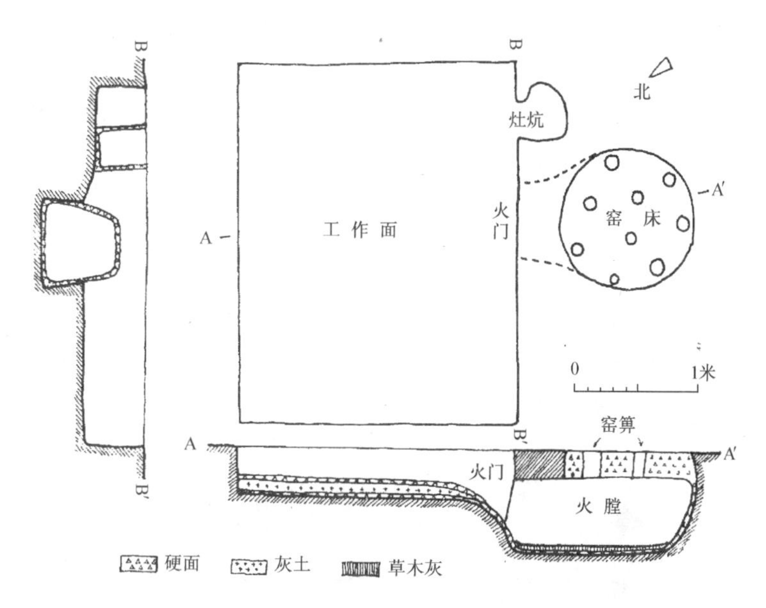

图 2-93　山西长治市小常乡小神遗址二里头时期陶窑 Y3 平、剖面图(《考古学报》1996 年第 1 期)

现遗有窑箅、火膛、火口及窑前工作面。窑室已毁，现遗有窑箅之圆形平面，应为竖穴式结构。火口在北端，朝向东北，底宽 65 厘米，顶宽 45 厘米，高 60 厘米。火膛呈底略窄于顶部之圆筒形，底径 134 厘米，项径 150 厘米，高 62 厘米。底表面尚存厚 4 厘米之草木灰一层。下为厚 2 厘米烧结硬土面（并上联至壁体）。窑箅现厚 24 厘米，直径 110 厘米，有箅孔九个，直径约 12 厘米。窑前有一长方形工作面（H62）。南北290厘米，东西225厘米，深40厘米。底面有夹灰土之硬面二层，另窑之东侧尚有椭圆形灶坑一处。

2. 河北唐山市东矿区古冶镇商代陶窑（Y1，Y2）（图2-94）

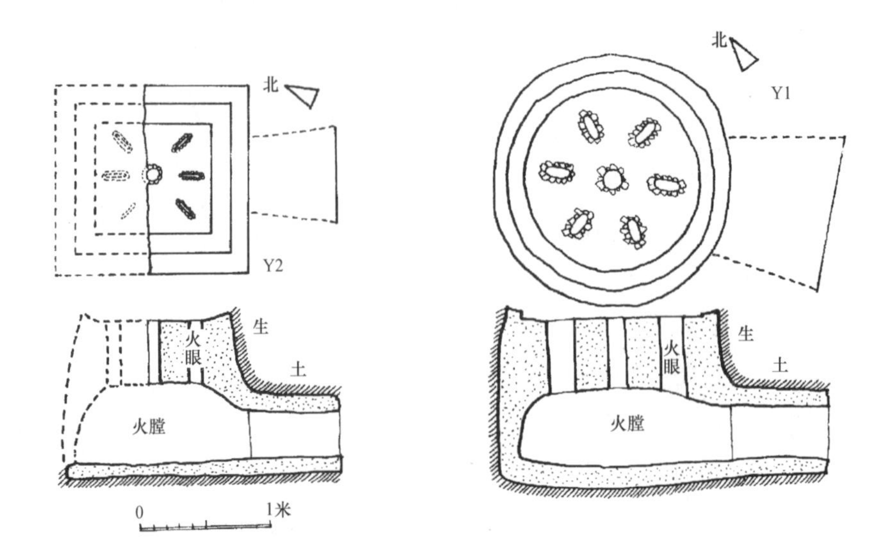

图2-94　河北唐山市东矿区古冶镇商代陶窑遗址(《考古》1984年第9期)

均由火门、火膛、窑箅、窑膛四部组成，现窑膛皆被破坏，仅余窑箅以下部分。

1号窑址（Y1）之窑体呈圆形，窑箅直径1.5米，厚0.59米，中心开一直径为0.12米之圆形火眼，四周均匀置椭圆形火眼六处（长径0.12米，短径0.04米）。下为底平而顶呈弧形之火膛，直径1.4米，最高处0.5米。火门设于东南端，长0.8米、宽0.9米、高0.4米。

2号窑址（Y2）平面为方形，上部已不存在，其窑箅以下亦一半被毁。窑箅尺度为0.9米×0.85米，厚0.5米，正中一圆形火眼，直径0.12米，四周六个矩形火眼（长0.14米，宽0.02米）。其余火膛、火门之尺度与朝向，和一号窑址大体相同。

此二窑址全由生土挖掘而成，仅火眼上方垫以若干碎陶片。依火膛中所遗红色烧土，知其构造仍属十分简单。

3. 河南柘城孟庄商代陶窑H29遗址（图2-95）

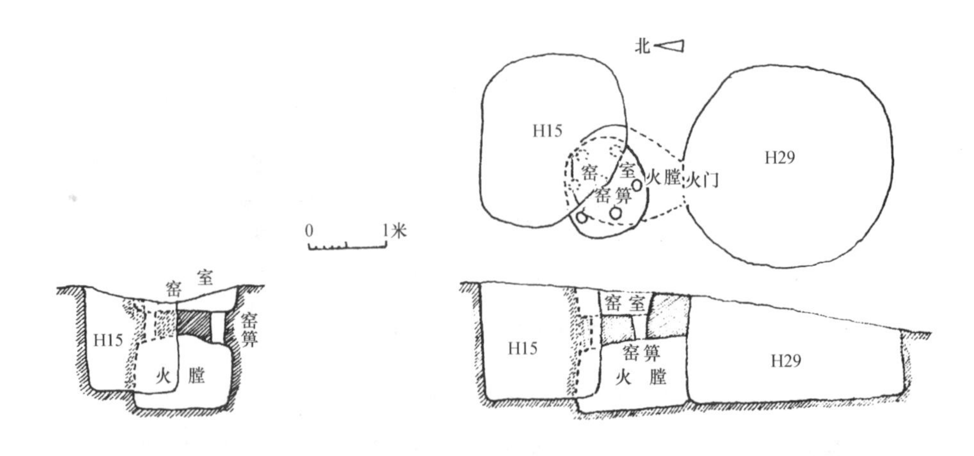

图2-95　河南柘城孟庄商代陶窑H29遗址平、剖面图(《考古学报》1982年第1期)

北端为陶窑。南端为堆放燃料及进行烧窑活动之场所（H29），系底径为2.8米之圆坑。

陶窑由火门、火膛、窑箅及窑室组成。火门大体呈具圆角之矩形，高0.8米，宽0.42米。火膛为横穴式坑道，上为穹隆状顶，平面近梨形，东西宽1.26米，南北长1.5米，大体位于窑室下方。窑箅为圆柱形孔洞，位于火膛与窑室之间，现余三个，估计另有四个已被破坏，其布置为中央一个，另六个沿周边大体依等距设置。孔洞上大（直径0.20米）下小（直径0.14米），可加速火焰及热空气流动。窑室平面呈圆形，底径1.14米，残高0.2～0.34米，其壁体亦呈逐渐上收之弧线。

4. 河北磁县下七垣遗址商代晚期陶窑（Y4）（图2-96）

亦为竖穴式样，由窑门、火膛、箅柱、火眼、窑床组成。方位西略偏南，窑门呈椭圆形，高42厘米，宽48厘米。火膛前低后高，后面中部置箅柱，柱高56厘米、宽30厘米、长74厘米。火眼十一个，八个在周围；三个在中部，呈三角形分布，直径6～10厘米。窑室平面椭圆形，直径116～139厘米，现余窑箅厚12厘米。窑室面积较火膛略大。

5. 湖南岳阳市费家河商代陶窑（图2-97～2-99）[28]

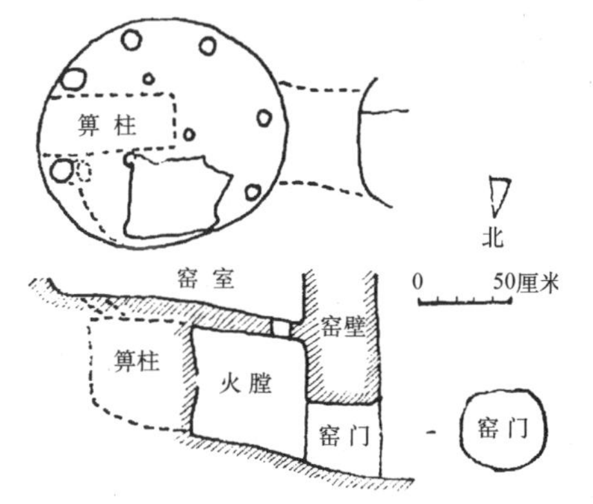

图2-96 河北磁县下七垣遗址商代晚期窑址Y4(《考古学报》1979年第2期)

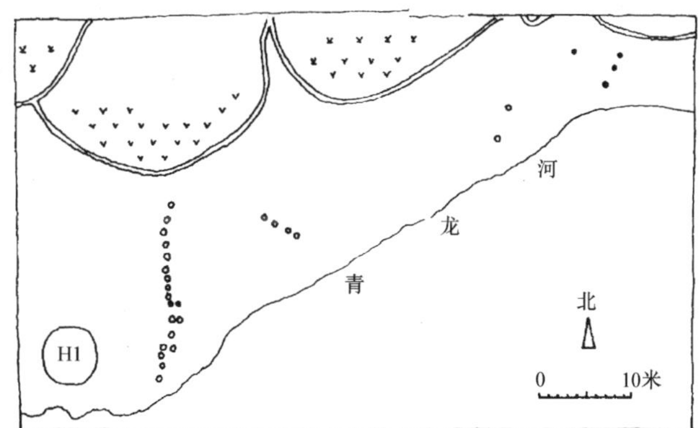

图2-97 湖南岳阳市王神庙商代窑址分布图(《考古》1995年第1期)

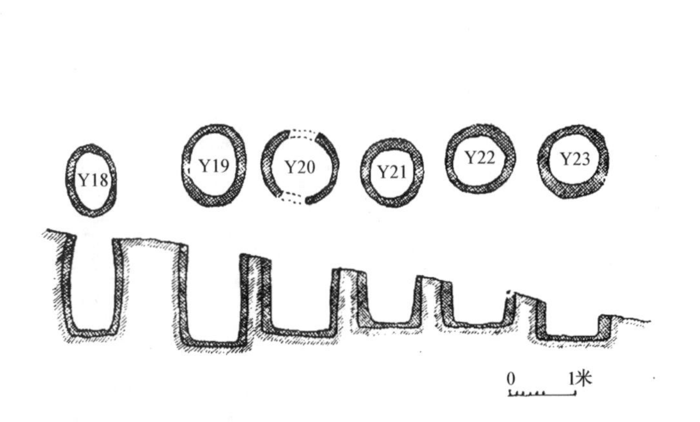

图2-98 湖南岳阳市双燕嘴商代陶窑群平、剖面图(《考古》1995年第1期)

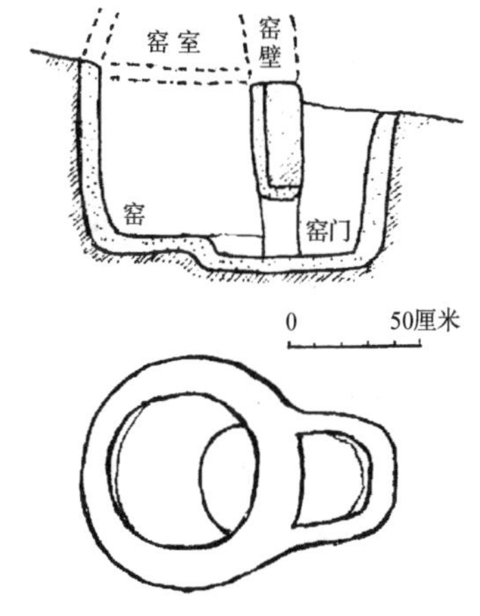

图2-99 湖南岳阳市水庙嘴商代陶窑群Y3平、剖面图(《考古》1995年第1期)

位于岳阳市南约40公里之费家河及其支流青龙河口一带，发现商代陶窑组群多处。1972—1982年间，进行多次发掘，已知王神庙有陶窑遗址29座，另大灰坑（出大量陶器）一座；窑田子陶窑4座；杉刺园3座，朴拜嘴4座，双燕嘴6座，水庙嘴17座，共有陶窑63座，其中已清理32座。

其特点为排列整齐有序。如王神庙窑址大体分为四列：位于西端之第一列共19座，自北向南伸向青龙河岸；其东之第二列4座，自西北延往东南；再东之第三列2座，自东北走向西南；最东之第四列共4座，除一座单独设置外，其余3座亦自东北向西南排列。双燕嘴窑址一排6座，水庙嘴一行7座。

圆形平面之竖穴窑以双燕嘴Y19最大：口径0.8米，底径0.64米，深1.4米。窑壁有厚0.1～0.12米厚之草拌泥，经火烧成棕红色硬块。烧窑陶器方法大体为：先在窑底铺一层谷壳，上置陶坯器三五件，再填以谷壳、木柴、稻草等。一次点火，不再补充燃料，温度可达600～700℃，焙烧时间为3～5日。

"8"字形平面窑（即前有窑门，火膛与窑床在后）均在水庙嘴。现以Y3为例，窑全长1.24米，窑室直径0.84米。火口呈新月形，火口下有梯形竖穴窑门，高0.58米。窑室有弯月形窑台，高0.12～0.18米，上无火道及窑箅。窑壁亦涂0.1～0.12米厚草拌泥。由于此类窑可添加燃料并有鼓风功能，属非封闭式窑，温度可达1200℃。

6. 陕西武功县郑家坡商代窑址（图2-100）

窑址Y1位于壕沟以北约14米处，为竖穴式土窑，由窑室、窑箅、火膛组成，火膛口南向。窑室平面呈圆形，顶小底大，上部已破坏。上口直径1.2米，底部直径1.62米，残高0.62～0.92米。西南壁有一半圆形凹槽，直径0.22米，应为烟道所在。窑箅厚0.7～0.84米，有直径为0.2米之火眼六个，一个居中，五个环绕（其中居西北者稍偏内）。火膛底平整，后有凹字形二层台，台高0.98米。火膛南壁呈陡壁形，有脚窝可供上下。

7. 江西清江县吴城商代龙窑[29]（图2-101）

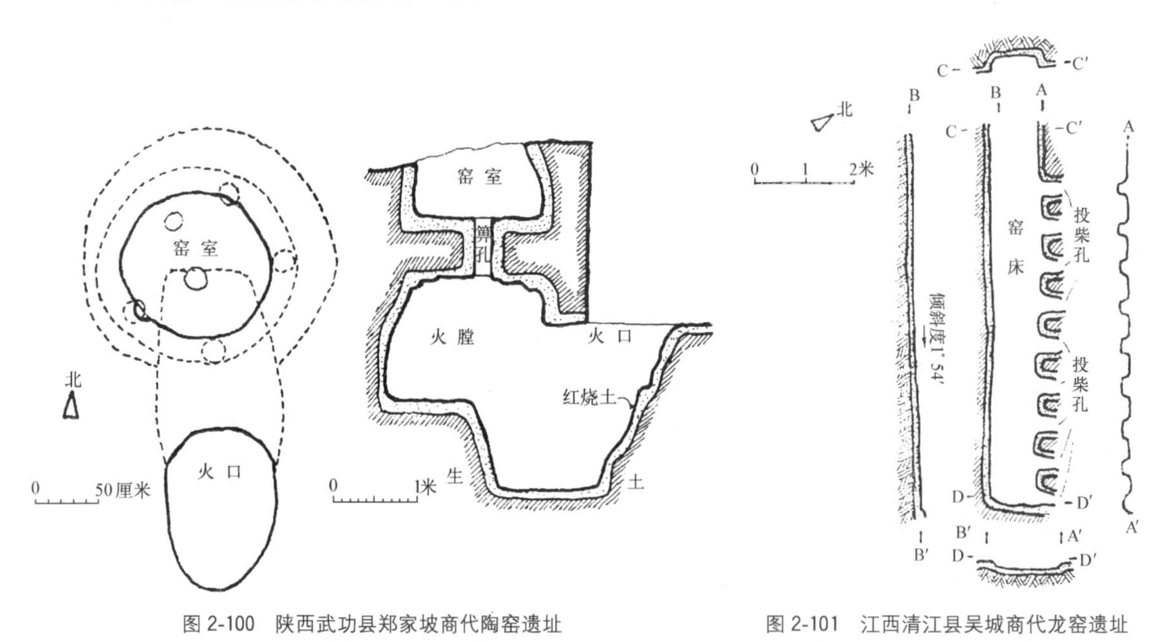

图2-100 陕西武功县郑家坡商代陶窑遗址平、剖面图（《文物》1984年第7期）

图2-101 江西清江县吴城商代龙窑遗址平、剖面图（《文物》1989年第1期）

1986年在吴城商代遗址中发现并清理龙窑四座，其他窑址八座。其中以6号龙窑较为完整。时代为商代晚期，属吴城二期文化。这是首次在我国发现商代龙窑，堪称珍罕，现介绍如下：

6号龙窑位于吴城遗址西北之丘陵坡地上，其窑顶及窑壁已于早年大部破坏。窑床平面呈条状，自窑头至窑尾残长7.54米，内宽0.92～1.07米。窑身倾斜度为1°54′，窑尾高于窑头0.25米。窑头朝向东北，九个投柴口面向西南，作一字形排列。其1号投柴口距窑头1米，以下每0.4

米设一投柴口，至9号投柴口则与窑尾联为一体。投柴口残高0.17～0.22米，内宽0.3米左右。

该龙窑系利用坡地构筑，挖高补低，平整后夯实成“垫层”，上再铺细泥一层以形成窑底。经焙烧后，窑底地面为红烧土硬面，中部及窑尾呈青灰色，厚0.1米左右。

现窑底尚遗留多量原始陶、夹砂陶、泥质陶、釉陶碎片。依投柴口外积灰判断，此窑使用期甚长。

此窑之特点有：

①系利用天然斜坡挖补再夯筑而成，不同于多数龙窑自下而上的依坡垒筑方式，较为经济。

②窑床有一定斜度，但甚缓和，表明该龙窑尚属原始阶段。

③窑身建于地面上，不似一般圆窑大部埋置地下。且窑身长，体积大，容量多，故一次生产产量较高。

④有多处投柴口，可控制火候及温度。

（四）作坊

1. 河南柘城孟庄商代作坊遗址（F4）（图2-102）

基址平面长方形，东西宽2.4米，南北长3.6米，面积约6.25平方米。周边有柱洞12处，其中东侧2处，南侧3处，西侧4处，北侧3处。柱间距离不等。最大2米，最小仅0.2米，一般约0.65米。柱洞直径0.13～0.18米，深0.16～0.40米，洞内残留少许白色木灰。室内中部下凹，在堆积之夯土中夹杂碎铸范和残陶片。其东南3.5米之灰坑H30内，出土坩埚残片，有的上附铜渣及草泥铸范遗迹。由此推测，F4为当时的作坊建筑。

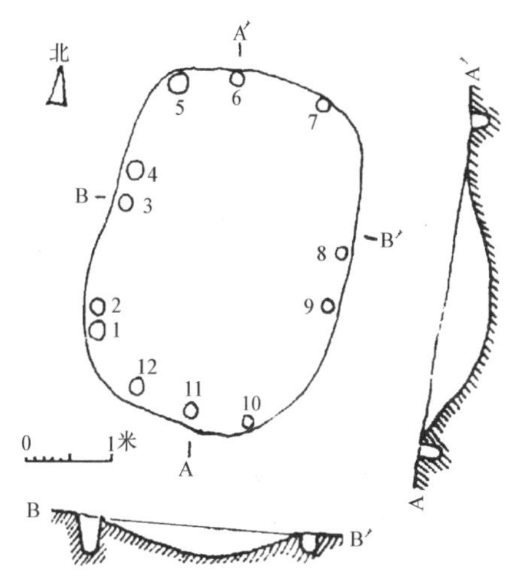

图2-102　河南柘城孟庄商代作坊遗址F4平、剖面图(《考古学报》1982年第1期)

2. 河南安阳市小屯苗圃北地商代作坊遗址

为无夯土墙之房屋基址，平面呈方形，为凹入地下约0.4米之浅穴式建筑。东西宽3.3米，南北长3.5米，坑壁为生土构成，未见拍打、烧烤或抹面痕迹。四角各有柱洞一，平面圆形，直径约0.5米，埋深约0.3米，内无础石。室内地面为经多次践踏形成的红褐色硬面，厚度3～6厘米。室内中央遗一方形（或长方形）大陶范（最长部分为1.17米），附近又有碎陶范及烧土块二堆。根据此建筑形制及出土物件，它应是为铸造大件铜器的一座工棚或作坊。

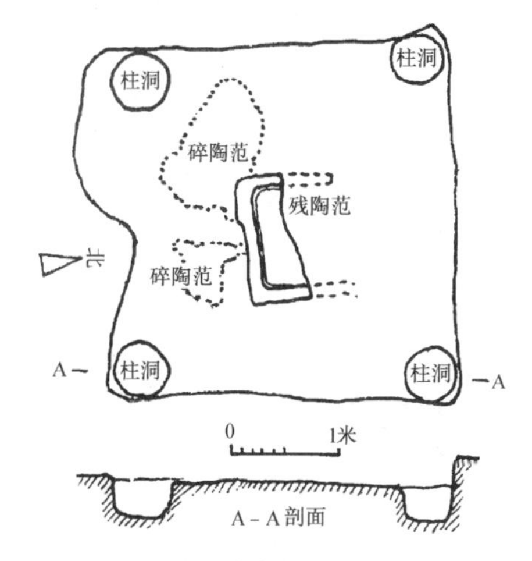

图2-103　河南安阳市小屯村苗圃北地商代铸铜作坊平、剖面图(《考古》1961年第2期)

通过长期发掘，得知位于小屯东南约1公里之苗圃北地，在商殷时有一大型铜器铸造作坊，占地面积约一万平方米（经发掘2400余平方米）。已知有构筑围墙的单间或双间工房，及无围墙的工棚建筑遗址（图2-103）。此外，还有与铸铜有关的土坑式熔炉、土炉式熔炉、陶坩埚及大量陶范、陶模遗留。从而得知该地是以生产礼器为主的大型铸铜工场，产品有圆鼎、簋、觚、爵、斝、角、觯、尊、卣、觥、方彝及大方鼎等。此外，尚生产少量武器，如戈、刀、镞等。

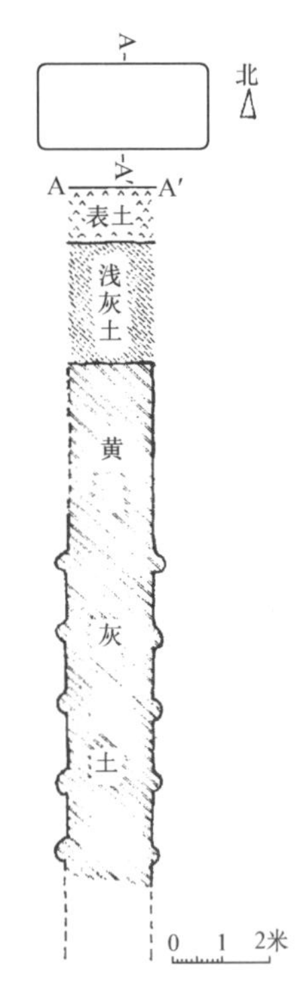

图 2-104 河南郑州市旭旮王村商代窖穴 C20H88 平、剖面图（《考古学报》1958 年第 3 期）

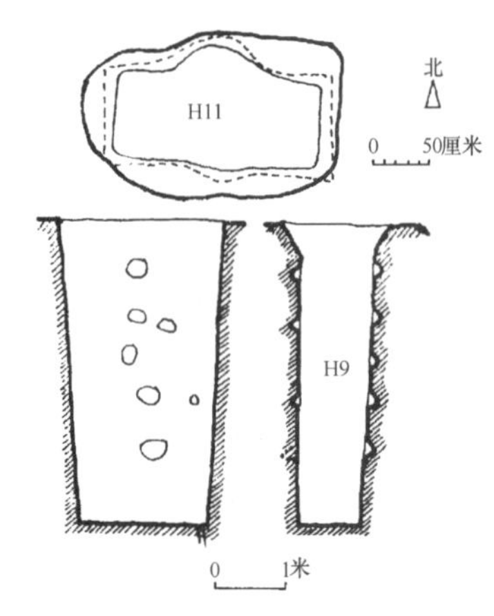

图 2-105 河南郑州市二里岗商代前期窖穴（《商周考古》）

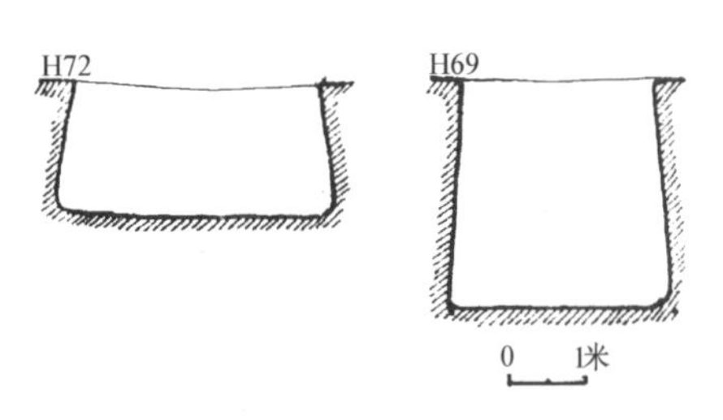

图 2-106 山西长治市小常乡小神遗址二里头时期灰坑（《考古学报》1996 年第 1 期）

（五）窖穴

1. 河南郑州市旭旮王村商代窖穴（图 2-104）

平面长方形穴口，东西宽 0.68 米，南北长 1.4 米，底深 8.2 米。在坑口下 1.5 米处，于南、北二壁上作对称脚窝，共五对，间距约 0.45 米。穴内出土有商代细绳纹陶片及若干龙山文化陶片。另有较完整之牛头骨一具及人骨等。

如此狭窄且深的窖穴，在使用上难称便利，因此很可能是一口水井，但未出汲水用具，故尚待进一步再予考证。而同一地点之其他平面呈圆形或椭圆形窖穴，深度多在 1.6～2.45 米之间，与本处窖穴有相当大的差异。

2. 河南郑州市二里岗商代前期窖穴（图 2-105）

该遗址中之商代窖穴，口部平面有圆形、椭圆形或长方形。有的深达 8～9 米，壁面平整光滑，设脚窝以供上下。如 H9 上口长 2.2 米，宽 1.6 米，深 4 米。在穴壁宽的二面，各有脚窝 5～7 个。

（六）灰坑

已发现之灰坑，坑口形状有圆形、椭圆形、长方形及不规则形多种。一般来说，坑壁大多自上往下外扩，因此形成袋状坑穴，底部多数平坦。总的形制，与原始社会灰坑无大差别。从发现的众多实例观察，其用途仍主要为放置生活垃圾以及容纳生产中的废料，也有少数用以贮放物品的。

1. 山西长治市小常乡小神遗址二里头时期灰坑（图 2-106）

均为圆形袋状，但口径与深浅不一。如 H69 之上口直径为 2.5 米，底径 2.9 米，深亦 2.9 米。H72 甚浅，仅深 1.6 米，其上口直径 3.2 米，底部直径 3.6 米。

2. 河南安阳市孝民屯商代遗址灰坑 H103（图 2-107）

坑口为不规则形，南北长 2.10 米，东西宽 1.43 米，现深度约为 1 米。底部收小而大体呈矩形，南北 1.50 米，东西 1 米。坑壁除北壁平直，其他三面均向内作不规则斜收。坑底平坦坚实。坑内出多量烧土渣，又有陶鬲、盆、簋、甑、钵……残片二百余块，以及少量铜矛范模及“将军盔”残片。由此可见此坑与铸铜有相当关系。

3. 河南安阳市北辛庄商代骨料坑 GNH1（图 2-108）

坑口呈长条形，四角作曲线，南北长 7.85 米，东西宽 1.80～2.90 米，坑底为南低北高不规则形斜坡，南端深 1.15 米，北端深 0.30 米。坑中有填土，土中出骨料 5110 块，及骨笄帽、骨镞、骨针、石刀、石钻、磨石、残铜锯，又有陶鬲、甑、盆、罐等陶片，时代为殷商晚期。

4. 河南安阳市孝民屯商代遗址灰坑 H301（图 2-109）

坑口呈椭圆形，南北 2.25 米，东西 1.80 米，坑口至坑底仅深

0.55 米。坑底为生土，平面亦呈椭圆形，南北长 1.70 米，东西宽 1.45 米，故坑壁略有斜收。坑内出陶器有鬲、盆、罐等，又出骨匕。此坑可能仅供储藏用。

5. 河南安阳市小屯村西地小灰坑（图 2-110）

坑口圆形，直径 0.55 米，深 0.50 米。坑内置一口径 0.42 米之大口瓮，瓮内及坑内均满填灰土。另在坑内发现小兽骨一片。此坑之作用不明，但形制实属罕见。

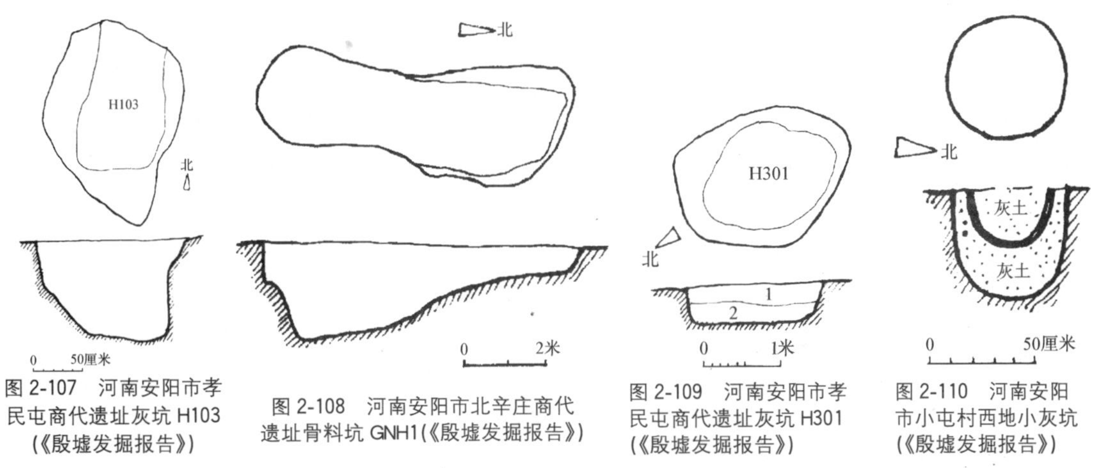

图 2-107 河南安阳市孝民屯商代遗址灰坑 H103（《殷墟发掘报告》）

图 2-108 河南安阳市北辛庄商代遗址骨料坑 GNH1（《殷墟发掘报告》）

图 2-109 河南安阳市孝民屯商代遗址灰坑 H301（《殷墟发掘报告》）

图 2-110 河南安阳市小屯村西地小灰坑（《殷墟发掘报告》）

（七）水井

商代之水井遗址，于河南安阳市殷墟，河北藁城台西诸地均有发现。井口平面有圆形、椭圆、方形多种。直径一般在 1.5 米左右，最大可达 3 米，井深 4～6 米。有的在井中另置井干式木井圈，如台西遗址所见。

安阳市小屯西地水井 GH202（图 2-111）

井口呈圆形，直径 1.60 米，坑中积土，依上下分为深灰土、黄灰土、浅灰土、绿灰土和灰土，目前已知深度为 3.70 米，再下为地下潜水，情况不明。井壁直且光滑，腰部略向外凸，各土层中出土遗物以陶片为多。

（八）土坑式熔炉

在河南安阳市小屯村苗圃北地冶铜遗址中，发现五座土坑式熔铜炉。形状有圆形及椭圆形二种，直径约 1 米，坑深 0.3～0.6 米。坑底或平或为环形，坑壁皆涂草拌泥，厚度约 2～5.5 厘米。现举保存较好的 H207 为例。

熔炉 H207，平面呈椭圆形，上口已被破坏，现存坑口距地表 3.27 米，坑口南北 1.04 米，东西 0.74 米，残深 0.42 米（图2-112），内壁尚存留若干草泥抹面。

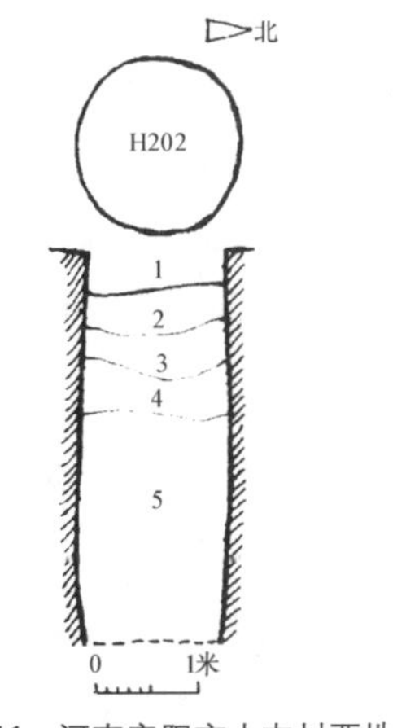

图 2-111 河南安阳市小屯村西地商代水井 GH202（《殷墟发掘报告》）

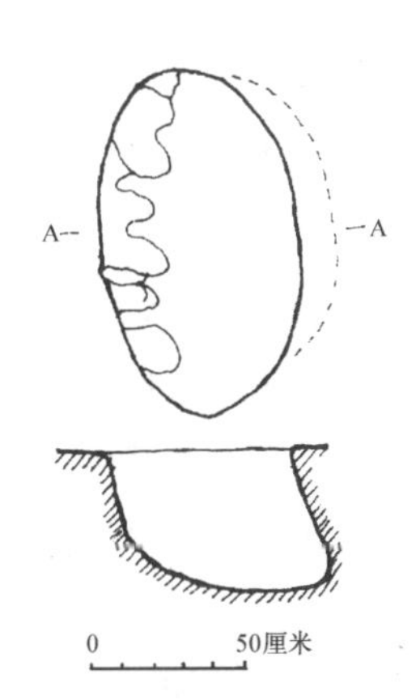

图 2-112 河南安阳市小屯村苗圃北地土坑式熔铜炉 H207（《殷墟发掘报告》）

第三节　夏、商二代建筑的成就及影响

中国社会从原始社会转化为奴隶社会，是一个实质上的巨大飞跃。它使社会面貌产生了根本性的改变，同时也大大加速了社会各方面的发展，建筑自不例外。生产力的发展和社会新需求的提出，使得建筑不得不努力适应新的环境，并力图突破旧的束缚，从而也取得了很大的进步和成就。但是这是一个相当漫长的过程，特别是在这一大转变的开始，似乎还看不到它后来的辉煌结果。这就和海边的礁石一样，只有当潮水完全退去，人们才能观察到它的全部形貌。因此，这一时期中国建筑的成就，大概到了商代的中、晚期，才较为突出地表现出来。这既是一个从量变到质变的必要过程，也是社会各方面同步发展后的必然结果。

总的来说，夏、商时期的建筑活动不但起着“承前启后”的巨大作用，并且还为中国的传统建筑确立了许多原则和典范。举世闻名的中国建筑的独特体系和伟大业绩，就是在这一基础上一步步发展起来的。夏、商时期建筑的成就和对后世的影响，具体表现在下列方面：

一、我国古代建筑各主要类型的雏形已逐渐形成

前面已经提到，中国自夏代开始才有了正式的国家，其社会制度，也从原始社会转入到奴隶社会。而商代则是以上情况的进一步发展。这在中国历史上是一个质的转变。由此而派生的种种建筑活动，亦是如此，不但意义重大，而且对后世的影响，也十分广泛而深远。过去在原始社会中不曾有过的许多类型，例如宫殿、苑囿、陵寝、官署、监狱等主要为统治阶级服务的建筑先后出现了。已曾有过的如城市、聚落、民居、坛庙、作坊等，也得到进一步的发展。从建筑学角度而言，这一时期虽仍属启蒙，但却为中国古代建筑的日后腾飞，奠定了必要的基础。

二、“城以卫君，郭以守民”的建城原则

在城市建设方面，显然最初的城市多数规模不大，机能也不很完善。推测早期的夏代城市，其情况与前章介绍的原始社会城址应无多大差异。在当时社会生产力低下和国家机构尚处初级状况的条件下，建筑的发展甚为缓慢，是理所当然的。至于夏代王朝中是否已建有宫城或内城，还不大清楚。但估计至少在夏代晚期，这种制度已具备雏形。这是依据后来建于河南洛阳偃师县的商代早期都城遗址，其位于都城之内、并为最高统治者服务的宫室建筑，已被划分为各自独立的三区，而且它们都有围垣。但与后世高度集中的宫城形制，似仍有较大差别。建于中商的河南郑州市商城，亦建有都垣，其位于城内东北隅的众多大夯土台周旁虽未发现围垣，但集中于一处，表明与偃师已有所不同。而安阳市殷墟中的宫城则已十分明确地将后宫、朝廷与皇室祭祀建筑依南北轴线组合在一起了。除了以濠堑代替宫墙外，其组合方式与内容已与后世宫城形制大体一致。这些现象表明：“城以卫君，郭以守民”的原则思想，至少从商代起，已逐渐形成了构筑内、外二重城垣的制度，并且成为以后中国历代建城的重要与不移原则。

至于城市内部的功能分区，已不是像原始聚落那样按氏族血缘聚居，而是从功能出发，以宫城为中心，将官舍、民居、作坊、道路等环绕其周围，同时也将某些建筑予以适当地集中。在河南偃师县商城中，位于中央宫城左右并建有围垣的两组建筑，显然是有规划布置的非民间建筑，就其体量与位置而言，除了出于功能，还反映了礼制上的观念。各类作坊的相对集中，主要是为了便于生产（如水源……）及管理，但分区并不十分严格，即划分不甚整齐，有的还与一般民居

混杂。而城市中的道路与排水等设施，恐也未有预先的通盘考虑。

三、“前朝后寝”的宫室布局

作为王朝统治者执政与生活所在的宫室，为了显示其权力与财富，常常是殚尽当时的人力与物力予以建造。因此，它们常反映了一代的建筑技术与艺术的最高水准。即使在早期的“茅茨土阶”阶段，宫室的广庭高阶仍然比黎民的低湿穴居要高级得多，这已是毋庸讳言的事实。

以庭院或廊院为单元的建筑组合，于商代各期宫室遗址中已多有所见，也是我国这类建筑平面组合已知的早期使用实例。河南偃师县二里头晚夏一号宫室与二号宫室的发现，表明廊院布局在商代以前已相当成熟。但其应用始于夏代何时？尚待今后新的实例予以证明。而晚商殷墟宫室的庭院平面，其三面或四面皆置有大型建筑，与夏末的廊庭又有所区别，形式与当今建筑更为相似，也说明了它渊源的久远。

在宫室的总体布局上，河南安阳市小屯商宫自南向北的三区排列，表明它们在功能上的差别。其顺序与位置，可以说是后世“前朝后寝，左祖右社”模式最为具体的早期例证。由此可见，《周礼·考工记》中有关“国”的记载，是确有所本的。

宫室组群沿中央轴线（大多南北向）作对称布置，在商代后期宫殿遗址中已很显著。这个原则虽然在世界古代各地都曾应用，但对于中国古代建筑（特别是皇室及官式建筑）却更显得突出与重要，并成为数千年一贯的原则。其始作俑者，亦应在夏、商之际。

从各遗址来看，凡宫室建筑都建于地面土阶之上，而未见有如当时民居之半穴居或穴居形式，这不仅是从舒适出发，更重要的还是等级制度在政治和建筑上的需要和反映。其平面大抵为矩形或条形，这也是出于使用要求并与当时建筑结构水平有关。上述特点，不但为历代的宫廷及诸多官式建筑所沿袭，同时也逐步扩大应用到一般的民间建筑。

四、土圹木椁墓葬制式的确立

商代墓葬均以竖穴土圹为主流，其大、中、小型墓结构区别，常在于土圹面积之大小与深度，以及有无二层台。而大、中型墓葬，又另辟有置于墓圹一面、二面或四面中央之墓道，形成所谓“甲”字形、“中”字形及“四出”之平面。墓圹底常设“腰坑”。中、大型墓以大木层叠为椁室。墓坑回填夯土。地面不起坟，但有些墓于墓圹上建有祭祀建筑。非平民之墓中，常有殉人，大墓则另有牲人。此外，还有殉犬、马、猴等动物的。以上特点，以晚商诸王陵最为典型。这些形制，对后来的周、秦、汉诸代墓葬影响至大。推测其基本制度的形成，至少不应迟于晚商。

商代贵族王室墓盛行厚葬之制，随葬之器物甚为丰富，依种类有礼器、兵器、车马具、货币及生活用具等，依质地有铜、金、玉、石、骨、象牙、木、陶器等。内中据未曾被盗的安阳5号墓（武丁配偶妇好墓）之发掘，出土器物近两千件，推测商王墓中必然更多。这种“厚殓送终”现象，是中国古代尊崇祖先的具体表现，也是当时社会制度与生产力的间接反映。因此，可以推测，在夏代的帝王陵墓中，由于社会生产力的限制，是不会出现如此大规模的墓葬与大量珍贵殉葬品的。

此外，商代墓上不起坟的风习，一直沿袭到东周春秋时才有所改变。但在墓上营建祭享死者的建筑，却对后世陵墓的祭殿与享堂制度，产生了重要影响。

五、夯土技术的进一步发展

夯土筑城起墙，在原始社会城市及聚落遗址中已有实例，且为数已经不少。这种夯筑技术起源甚早，它的进一步完善，恐在大禹治水之际。虽然当时理水以疏导为主，然而堤坝的建造也是重要内容之一，特别是对于夯土的密实性与防渗性格外重要。在这方面的实践经验，对于后来夏、商的许多建筑活动，无疑是大有裨益的。

商代夯土应用于筑城、屋基、墙体及墓圹回填等处，技术又有提高。例如为了使宫室建筑在大面积夯土地坪上而不致下沉，就要对夯土的均匀性和密实性提出更高的要求。在石料匮乏和陶砖尚未出现的情况下，夯土无疑是最重要的建筑手段之一。商代在建筑中对夯土的广泛使用，为后代在此领域中技术的发展与质量的提高打下了基础。

六、抬梁式木架成为建筑的主要结构形式

在夏代晚期宫室遗址中，木构架已成为主要的结构形式，如河南洛阳市偃师县二里头 1 号及 2 号宫室所示，无论正殿或廊屋，均有排列较整齐之柱网，一般柱间距不超过 4 米（即每间面阔），但进深已多达 11.4 米。而建于商代早期、距其不远之尸乡沟商城 5 号宫室上层遗址之进深更扩大为 14.6 米。这个距离是否即为当时单跨木梁架之最大跨度，目前尚不能断言。根据遗址台基表面保存较好的其他实例，如二里头 2 号宫室正殿、黄陂县盘龙城 F1 殿址，其外廊内另有木骨泥墙一道。由 F1 遗址泥墙中得知，每隔 70～80 厘米置有直径 20 厘米之木柱一根，该墙是否也起承重作用，抑或仅是单纯的围护体？如能探明这一问题，将大有利于对夏、商二代建筑屋架结构形式的研究。从而对此有下列的设想：即该木骨泥墙中之木柱，可升高至“大叉手”处，而与檐柱共同承托此斜向构件。各柱间并施水平之连系与加固构件。由于当时之建筑节点应已采用非绑扎式的拼卯接合，所以屋架本身的坚实性已大大提高。屋檩置于柱头与“大叉手”交汇处的上侧，而承茅草屋面的椽与芦席等，则再架于诸檩之上。至于檐口部分之荷载，则另加挑檐檩由擎檐柱予以支撑。

目前由于实物匮乏，对当时木构架之结构及构造形式，尚难予以准确之描述。但由于铜质工具的运用日益广泛，加以在原始社会如河姆渡遗址中木构件已使用榫卯的先例，可以认为，在商代的重要建筑中，应当已广泛使用这种构造方式了。例如地处边远地区巴蜀的成都十二桥遗址(时间相当于早商)，其地栿、柱……都使用了榫卯。而位于文化发达的中原一带，其情况自应更为进步。

根据遗址发掘，知商代宫室、民居的出檐，大多已采用擎檐柱支承的方式。而作为我国古代木构建筑特征之一的斗栱，是否已经出现？笔者认为：回答应当是肯定的，特别对于栌斗而言。根据西周灭商不久即铸造的铜器“令毁”，其四足上端即置有形象鲜明之栌斗。它们的出现及相当完善的造型，绝非短期之内所能形成。从而可以判断：栌斗的出现，至少是在晚商。但栱则未必，由于缺乏这种悬出的外挑式构件，因此擎檐柱的使用，一直延续了很长时间。而悬挑构件如华栱的形制，甚至到东汉之末尚未尽善。

由建筑遗址之柱穴位置，知前、后檐柱有在同一中心线的，也有相互错位的，这表明有些建筑的柱网布置还不十分严整。至于建筑的面阔间数，正规的大型殿堂，如偃师二里头 1 号宫室的正殿及门殿均为八开间；二里头 2 号宫室正殿面阔九间，门屋面阔三间；黄陂盘龙坡 F1 基址南侧十九间，北侧十六间；面阔开间有奇数亦有偶数，颇不一致。但使用偶数开间的方式，直到东汉

时，尚见于石墓、祭堂及若干明器，这无疑与礼制有关，其源流至少亦当上溯到夏代末叶。

七、其他建筑技术的长足进步

在建筑技术方面，根据夏、商之城址、宫室、王陵、民居等许多遗址的实测，其主要轴线均为北偏东约8°。这绝对不是一种巧合，而是对于建筑中的普遍性规律所作的精确安排。这种朝向可使建筑在冬季能获得充分的阳光，在原始社会中已为人们所注意，而在商代又得到进一步的发挥。同时，也说明商人测定方位的技术已经相当成熟。

河北藁城台西的中商时期聚落中，其居住遗址F2的西墙基与F12的南墙基内，均发现有用云母粉和石英粉划出的白色直线，表明在夯筑墙体以前，已经过仔细的丈量与定位。民间建筑况且如此，宫室、坛庙与陵墓等皇家建筑，就更可想而知了。此项施工做法，在我国古代建筑中，尚属首见之例。

夯土之施工，例如修筑墙垣，先在两侧竖立长0.9～2.25米，宽0.35米之木夹板，板外侧以戗柱固定，然后分层夯筑，其夯层甚薄，常仅5～8厘米厚。使用之夯具多为长30厘米、重约2.5公斤之圆柱形石锤。夯窝甚为密集，窝之直径约5厘米。据发掘知各段夯层结合紧密，但未见横向之杆件或绳索之压痕与穿孔。

土坯砖之使用见于上述藁城台西之F2及F6房址，均置于夯土墙上部。但均已残缺不全，砌法与构造暂不明了。

木柱仍埋入地下，柱底多置天然砾石或河卵石为柱础。这类的已发现实例甚多，宫室建筑如河南洛阳市偃师县二里头夏代宫室遗址（图2-113），郑州市商城宫殿C8G16外柱17号柱础（图2-114）。一般建筑如河南安阳市小屯西地商代夯土台基（图2-115），安阳市苗圃北地住房遗址（图2-116）等等。在安阳市小屯商代宫殿中，还发现了础石与柱底间放置一特制铜片，其目的是使柱脚取平并企图隔绝土中水分对柱脚产生的毛细管现象。它是我国建筑中最早使用的柱锧，也是我国古建筑中最早使用金属的实例。

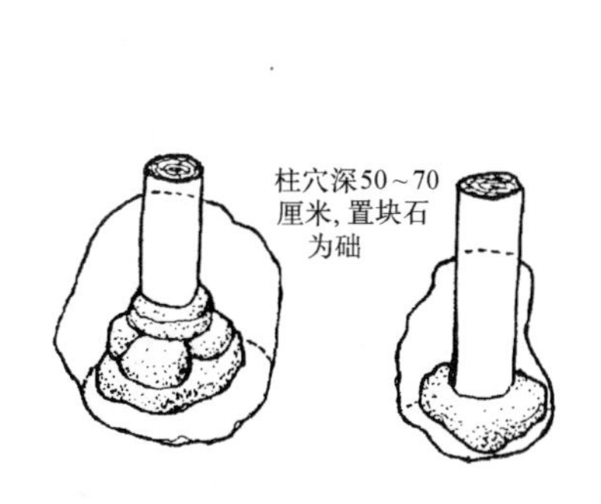

图2-113 河南洛阳市偃师县二里头夏代宫室建筑柱下做法示意（《中国古代建筑技术史》）

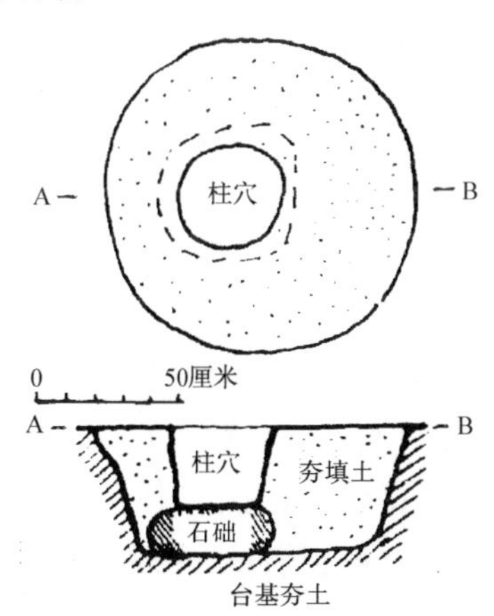

图2-114 河南郑州市商城宫室房基C8G16外柱17号柱槽、柱础做法（《文物》1983年第4期）

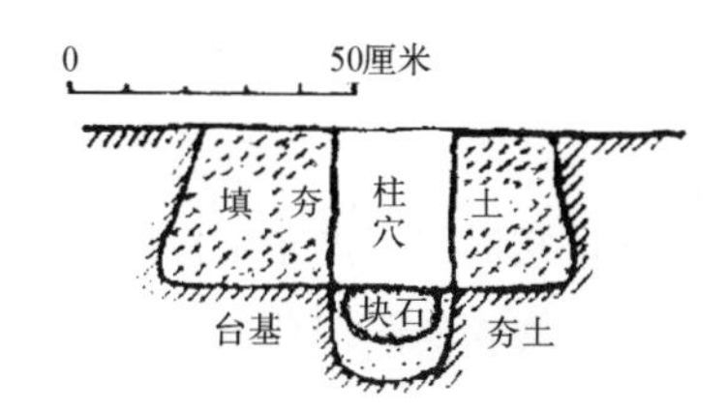

图2-115 河南安阳市小屯西地夯土台基柱穴剖面图（《考古》1961年第2期）

这时自原始社会已开始使用的若干陶制品，也见于建筑。其一是陶质水管（图2-117），多铺于地下用作排水沟道。例见河南洛阳市偃师县二里头夏代晚期之1号宫室北面、郑州市铭功路商代中期陶水管、安阳市殷墟商代晚期陶三通管等等。其二是利用陶器碎片铺于建筑外侧用作泛水。

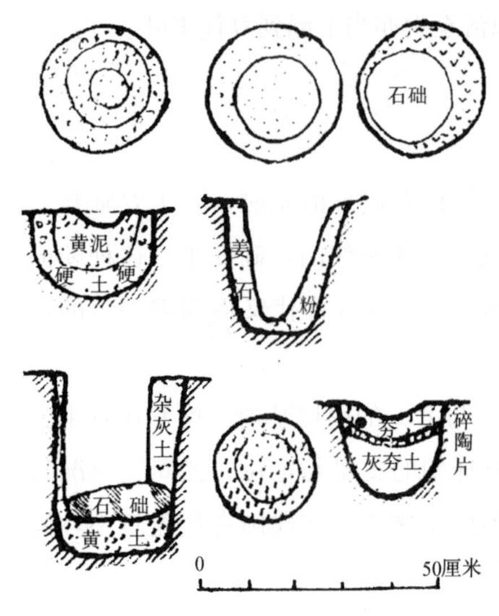

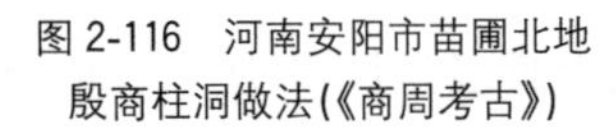

图 2-116　河南安阳市苗圃北地殷商柱洞做法(《商周考古》)

①河南洛阳市偃师县二里头四期陶水管（1/7）(《考古》1974年第4期)
②河南洛阳市偃师县二里头夏代晚期陶水管（约1/10）(《中国陶瓷史》)
③河南郑州市铭功路商代中期陶水管（约1/10）(《中国陶瓷史》)
④河南安阳市殷墟商代晚期陶三通管（约1/10）(《中国陶瓷史》)
⑤河南安阳市殷墟商代晚期陶水管（约1/10）(《中国陶瓷史》)

图 2-117　夏、商代遗址中发现的各种陶水管

正规的陶质砖瓦；虽未曾有所发现，但陶瓦很可能在晚商亦已被使用。这是根据在陕西岐山县周原遗址的先周大型建筑中，已使用了有瓦钉与瓦环的大型陶瓦。这种覆盖在“茅茨”屋顶脊部的早期陶瓦，其出现时间自较西周为早。因此判断它们至少在晚商已经应用，乃是无可否认的论断。其三，碎陶片亦见于铺设室外道路及填充柱洞的。此外，石料亦已逐渐用作建筑材料。例如偃师县二里头1号宫室建筑基址东北，曾清理由石板及河卵石铺面之道路长十余米。又尸乡沟商代宫城中4号遗址之台阶四处，均于侧面包砌石片以资保护。但夏、商地面建筑或墓葬多量使用石料的，尚未见于记载或实例。

铜质工具的广泛使用，不但有利于建筑材料（如木、石……）的采伐，也有利于对它们的加工，大木作如是，小木作亦如是。然而无论是夏、商时期的大木构架或小木构件，目前尚缺乏实物论证。例如，仅有的如四川成都十二桥商代的木构件，亦不典型。我们只能再从一些间接方面来进行探索。例如自图2-16之商代甲骨文中，能体现建筑小木作的只有“門”（门）和“戸”（户）二字。从前者不难看出，当时的门表现了日后称为“衡门”的式样，即先立二根门柱，上端加以横木，然后再于柱旁增置门扇。从形象看，它应是设置于户外的双扇大门，但也可理解为固定于横向“鸡栖木”上的两扇带长边梃的房屋大门。但不管怎样，都与后者仅一扇门扉的“户”，有着规制和用途上的多种区别。这里令人感兴趣的是这两种门的门扇，它们都作“戸”形。从构造上看，可认为是带“三抹头及二边梃”的门扇，而抹头与边梃之间，当然要用某些材料予以遮挡。因此，它们很可能是木板门最早形式的写照。至于窗扉，仅在“宮”（宫），“高”（高）中有所表现。看来它们的形象，在宫室建筑中应是横置的长方形，但构造不明，估计是在四周的边框中树以若干直棂。前述原始社会河姆渡遗址出土的木构直棂栏杆（窗棂?）与后世大量使用的直棂窗，都不应是空穴来风所致。

小木作的另一作用，就是发展了木家具的制作（图2-118）。虽然当时的社会习俗可能还是“席地而坐”，但一些低矮家具如几、案……，仍然为生活所需要。目前这方面的遗存相当稀少，实物仅有自殷墓中出土的木质“抬盘”。另外，还发现了石质和铜质的俎，这是一种专供祭祀用的小几案，外形与案、几相似。从这里可以看到它们所本的木制品的大致尺度与造型。而二者所施的纹饰，尤为研究者所重视。

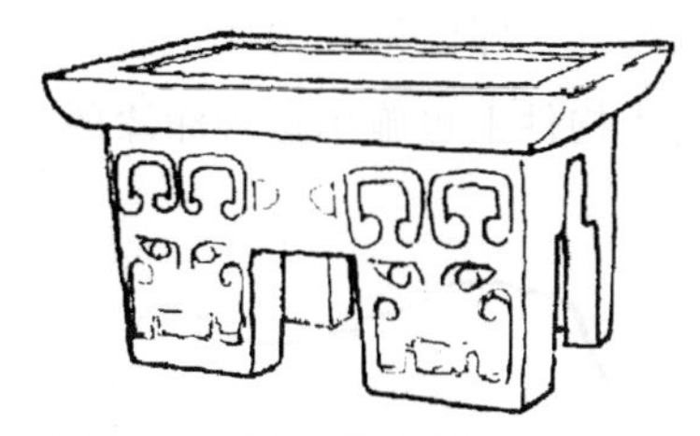

● 河南安阳市大司空村殷商53号墓出土石俎（灰白色）（长22.8厘米，宽13.4厘米，高2厘米）（《考古》1964年第8期）

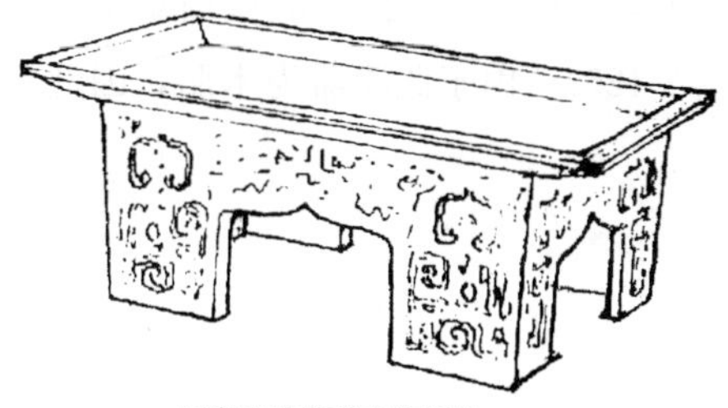

● 辽宁义县窖藏商代铜俎（《文物》1982年第2期）

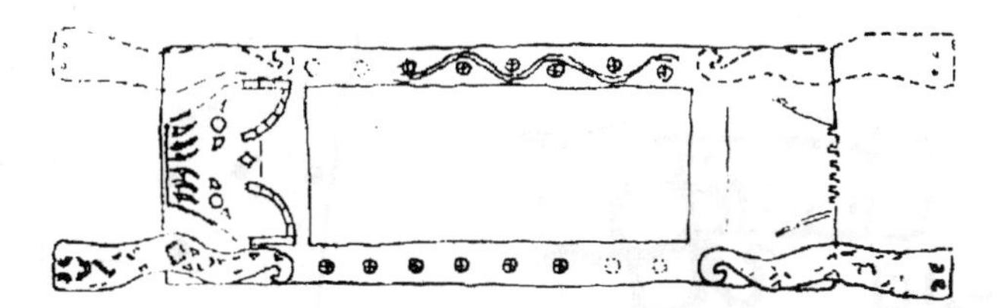

● 河南安阳市侯家庄商代大墓HPKM1001二层台上出土木器遗痕（《商周考古》）

图 2-118　商代遗址中发现的各式家具

木构件的重大缺点之一是不能受潮湿，否则很快导致腐朽，至少夏代晚期已开始用漆涂抹木材表面以求防腐（见于前述偃师二里头 2 号宫室后侧大墓），这是建筑技术的重要进步之一。此外，以多种色彩涂绘于其表面的纹样，还增加了建筑的美观华丽，可谓一举两得。

八、各种造型艺术对建筑的影响

造型艺术对建筑影响最大的，莫过于美术和雕塑，古今中外，无不如此。虽然夏、商时期没有留下来这些方面的完整遗物，但从已获得的一鳞半爪中，亦可看到当时曾经达到的可观水平。

在若干商代的贵族墓葬中，虽然木质的棺椁已经腐朽无存，但在夯土中仍留下了表面呈朱红色的饕餮纹与雷纹的模印，它们无疑是当时棺椁表面涂有颜色的雕刻纹样残余。这些木刻既然已出现在墓葬中，则完全有理由推断它们已经更多地使用于地面建筑了，特别是宫室、坛庙等高级建筑。上述墓中出土之"花土"实例，可见于河南安阳市殷墟大司空村 SM301 商墓（图 2-119）。

除了在木构件上施雕刻并涂黑、朱等色，商代建筑室内亦有使用彩绘壁画的。残片见于安阳市小屯北地 F10 及 F11 建筑遗址，其白灰墙皮上有红色纹样及黑色圆形斑点之图案组合，表明此时室内墙面已不仅刷白，而且还增加了彩画这一新的内容（图 2-120）。

施于建筑的这些装饰纹样及色彩，其来源大概首先是来自陶器。中国古代陶器的造型优美与装饰雅丽，早在原始社会时即已具有很高水平，其具体情况在上一章中已有介绍。夏、商时期的陶器纹样，与新石器时期比较，相对平素而简单，因此像马家窑文化那样的鲜丽彩陶纹饰已很少出现，代之的是绳纹或平浅的画刻，虽然也有一些圆圈纹、涡纹、云雷纹、方格纹、回纹……，似都不及原始社会彩陶的流畅（图 2-121）。在二里头及夏家店文化遗址出土的陶片上，已有多种的龙纹形象（图 2-122、2-123），河南郑州市商代遗址出土的陶片，则饰有双曲涡形纹（图 2-124）。商代中期陶器除几何纹样，又出现了饕餮纹、云纹等，与当时的铜器纹样甚为接近。以上各种纹样的使用与演变，无疑对建筑所采用的纹饰有着一定的影响。

前述出于墓中的模印"花土"，应当是出于铜器纹饰的同一源流。而在色彩上所见的黑底红纹（凸出部分）的色彩格调，则与原始社会的许多彩陶十分相似。由此观之，当时红与黑二种颜色，大概也是建筑中最普遍使用的。除这两种颜色相互配合外，使用单一色彩或利用同一色彩的深浅变化的，亦不乏实例。如安阳市殷墟商墓中出土的漆器残片，即以朱红为底，而在其上绘出深红色纹样（图 2-125）。由于此漆器为木胎，因此在建筑的木构件上也施用这种涂漆的方法，亦是极有可能的。

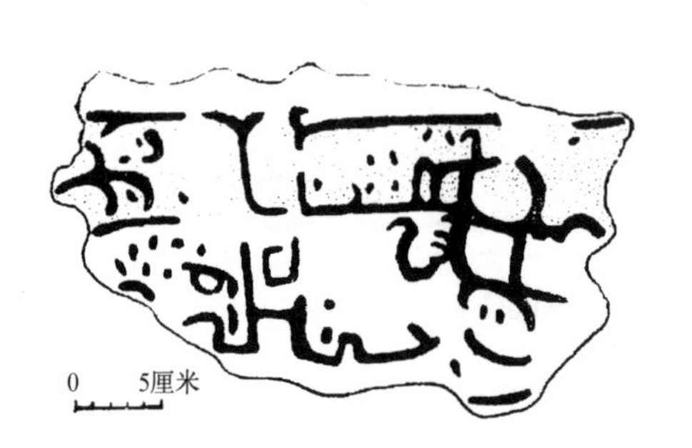

图 2-119 河南安阳市大司空村商墓 SM301 墓室填土中的“花土”（《殷墟发掘报告》）

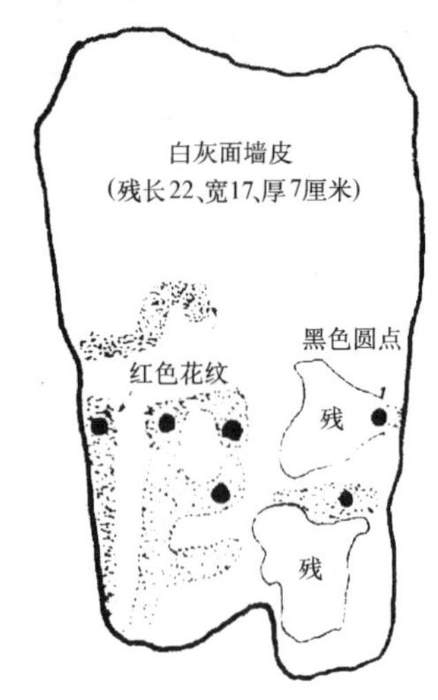

图 2-120 河南安阳市小屯村北地 F10、F11 建筑遗址出土彩绘壁画残片（《考古》1976 年第 4 期）

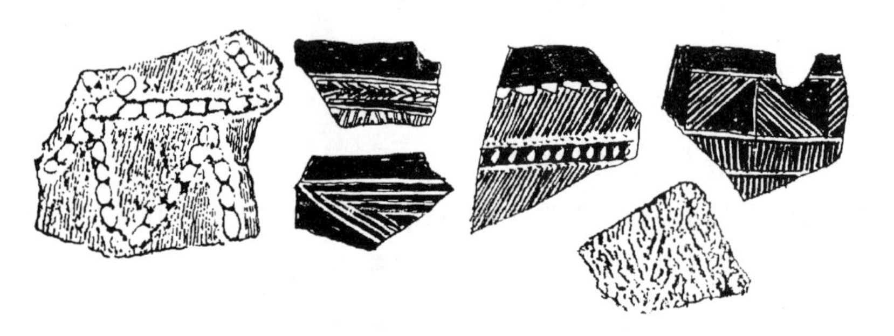

图 2-121 山西长治市小常乡小神遗址二里头时期陶片纹饰（3/10）（《考古学报》1996 年第 1 期）

图 2-122 河南洛阳市偃师县二里头遗址出土龙蛇纹陶片（《商周考古》）

图 2-123 内蒙古敖汉旗大甸子夏家店下层文化墓葬出土龙纹陶片

商代铜器纹饰对建筑的影响，已略见上述。然而建筑对铜器的造型，也能产生若干反馈。例如江西新干县大洋洲商墓出土的提梁方壶，其腹部四面均有若覆斗形之矩形窗口。而河南安阳市殷墟妇好墓出土的偶方彝，其上部之盖作四坡屋顶式样，且于檐下承以梁头状装饰。另殷墟戚家庄东侧商墓（M269）所出之铜器，除盖呈四坡顶外，其器壁一若置于台基上之墙垣（图 2-126）。由此可见，社会中各种文化内涵与形式的相互影响与交融，在我国早期社会中已有不少实例可循了。

图 2-124　河南郑州市上街商代遗址出土涡纹陶片（《考古》1966 年第 1 期）

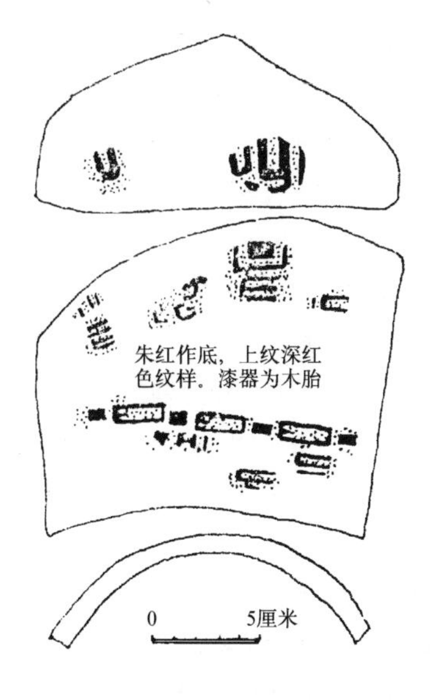

图 2-125　河南安阳市殷墟商墓 GM215 出土彩绘漆器残片（《殷墟发掘报告》）

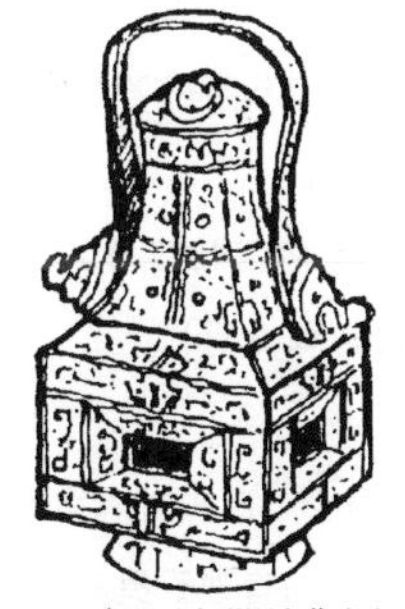

●江西新干县大洋洲商墓出土铜提梁方壶（《文物》1991年第10期）

●河南安阳市殷墟戚家庄东 M269 出土铜器（《考古学报》1991年第3期）

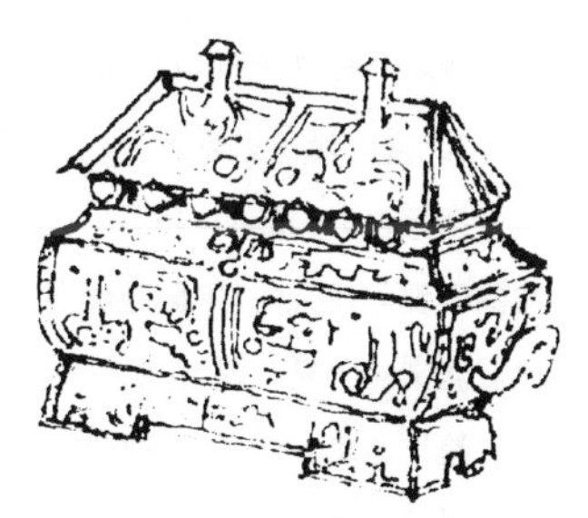

●河南安阳市殷墟妇好墓(M5)出土铜方彝（通长90厘米）（《考古》1977年第3期）

图 2-126　商代铜器中反映的建筑形象

注释

[1]（1）《殷契粹编》（郭沫若　科学出版社　1965 年）

（2）《殷墟卜辞综述》（陈梦家　科学出版社　1956 年）

[2]《中国史纲》第一卷・史前史・殷周史　（翦伯赞　1947 年　生活书店）

[3]（1）《河南偃师二里头遗址发掘简报》（《考古》1965 年第 5 期　中国科学院考古研究所洛阳发掘队）

（2）《偃师商城的初步勘探和发掘》（《考古》1984 年第 6 期　中国社会科学院考古研究所洛阳汉魏故城发掘队）

（3）《中国文物报》1998 年 1 月 11 日

[4]（1）《郑州商代城址试掘简报》（《文物》1977 年第 1 期　河南省博物馆　郑州市博物馆）

（2）《郑州商代城遗址发掘报告》（《文物资料丛刊》第 1 期 1977 年　河南省博物馆　郑州市博物馆）

[5]《中国古代建筑史》（刘敦桢　中国建筑工业出版社　1980 年）

[6]（1）《盘龙城 1974 年度田野考古纪要》（《文物》1976 年第 2 期　北京大学考古专业　湖北省博物馆盘龙城发掘队）

（2）《从盘龙城商代宫殿遗址谈中国宫廷建筑发展的几个问题》（《文物》1976 年第 2 期　杨鸿勋）

[7]（1）《河南偃师二里头早商宫殿遗址发掘简报》（《考古》1974 年第 4 期　中国科学院考古研究所二里头工作队）

（2）《河南偃师二里头二号宫殿遗址》（《考古》1983 年第 3 期　中国社会科学院考古研究所二里头工作队）

（3）《偃师商城与夏、商文化分界》（《光明日报》1998 年 7 月 24 日　高炜　杨锡璋　王巍　杜金鹏）

[8]（1）《1984 年春偃师尸乡沟商城宫殿遗址发掘简报》（《考古》1985 年第 4 期　中国社会科学院考古研究所河南二队）

（2）《河南偃师尸乡沟第五号宫殿基址发掘简报》（《考古》1988 年第 2 期　中国社会科学院考古研究所河南第二工作队）

（3）《偃师商城第Ⅱ号建筑群遗址发掘简报》（《考古》1995 年第 11 期　中国社会科学院考古研究所河南第二工作队）

(4)《偃师商城考古再获新突破》(《中国文物报》1998 年 1 月 11 日)

[9] (1)《郑州商代城内宫殿遗址区第一次发掘报告》(《文物》1983 年第 4 期　河南省文物研究所)

(2)《郑州商城宫殿基址的年代及其相关问题》(《中原文物》1985 年第 2 期　陈旭)

[10] (1)《中国建筑史》(《中国建筑史》编写组　中国建筑工业出版社　1982 年 7 月)

(2)《安阳发掘报告》第 4 期。

[11]《成都十二桥商代建筑遗址第一期发掘简报》(《文物》1987 年第 12 期　四川省文物管理委员会　四川省文物考古研究所　成都市博物馆)

[12] (1)《殷墟妇好墓》(中国社会科学院考古研究所　文物出版社　1981 年)

(2)《妇好墓上"母辛宗"建筑复原》《文物》(1988 年第 6 期　杨鸿勋)

[13]《一九五三年安阳大司空村发掘报告》(《考古学报》1955 年第 9 期　中国科学院考古研究所　马得志　周永珍　张云鹏)

[14] (1)《滕州前掌大商代墓葬》(《考古学报》1992 年第 3 期　中国社会科学院考古研究所山东工作队)

(2)《滕州前掌大商代墓葬地面建筑浅析》(《考古》1994 年第 2 期　胡秉华)

[15] (1)《安阳大司空村殷代杀殉坑》(《文物》1978 年第 1 期　安阳市博物馆)

(2)《安阳殷墟奴隶祀坑的发掘》(《考古》1977 年第 1 期　安阳亦工亦农文物考古短训班　中国科学院考古研究所安阳发掘队)

(3)《安阳武官村北地商代祭祀坑的发掘》(《考古》1987 年第 12 期　中国社会科学院考古研究所安阳工作队)

[16]《商周考古》(北京大学历史系考古教研室商周组　文物出版社　1979 年 1 月)

[17] (1)《殷墟发掘报告》(1958—1961)(中国社会科学院考古研究所　文物出版社　1987 年 11 月)

(2)《殷墟的发现与研究》(中国社会科学院考古研究所　科学出版社　1994 年 9 月)

(3)《试论殷墟文化分期》(《北京大学学报》1964 年第 4 期、第 5 期)

[18] (1)《广汉三星堆遗址》(《考古学报》1987 年第 2 期　四川省文物管理委员会　四川省博物馆　广汉县文化馆)

(2)《广汉三星堆 1 号祭祀坑发掘简报》(《文物》1987 年第 10 期　四川省文物管理委员会　四川省文物考古研究所、四川省广汉县文化局)

(3)《广汉三星堆遗址 2 号祭祀坑发掘简报》(《文物》1989 年第 5 期　四川省文物管理委员会　四川省文物考古研究所、广汉市文化局、文管所)

[19] (1)《江苏铜山丘湾古遗址的发掘》(《考古》1973 年第 2 期　南京博物院)

(2)《铜山丘湾商代社祀遗址的推定》(《考古》1973 年第 5 期　俞伟超)

(3)《关于江苏铜山丘湾商代祭祀遗址》(《文物》1973 年第 12 期　王宇信　陈绍棣)

[20]《内蒙朱开沟遗址》(《考古学报》1988 年第 3 期　内蒙古文物考古研究所)

[21]《山西夏县东下冯遗址东区、中区发掘简报》(《考古》1980 年第 2 期　东下冯考古队)

[22]《藁城台西商代遗址》(中国社会科学院考古研究所　文物出版社　1985 年)

[23]《河南柘城孟庄商代遗址》(《考古学报》1982 年第 1 期　中国社会科学院考古研究所河南一队　商丘地区文物管理委员会)

[24] (1)《侯家庄・第二本・1001 大墓》(中央研究院历史语言研究所　1962 年　台北)

(2)《山东益都苏埠屯第 1 号奴隶殉葬墓》(《文物》1972 年第 8 期　山东省博物馆)

[25] (1)《1962 年安阳大司空村发掘简报》(《考古》1964 年第 8 期　中国科学院考古研究所安阳发掘队)

(2)《国立中央研究院历史语言研究所集刊》1948 年第 13 期(南京)

[26] (1)《1971 年安阳后岗发掘简报》(《考古》1972 年第 3 期　中国科学院考古研究所安阳发掘队)

(2)《1969—1977 年殷墟西区墓葬发掘报告》(《考古学报》1979 年第 1 期　中国社会科学院考古研究所安阳工作队)

[27]《西安老牛坡商代墓地的发掘》(《文物》1988 年第 6 期　西北大学历史考古专业)

[28]《湖南岳阳费家河商代遗址和窑址的探掘》(《考古》1985 年第 1 期　湖南省博物馆　岳阳地区文物工作队　岳阳市文管所)

[29]《吴城商代龙窑》(《文物》1989 年第 1 期　江西省吴城考古工作队)

第三章 周 代 建 筑

（公元前 1046—前 221 年）

第一节 周代的历史和社会概况

一、周人的起源与建国

以尊崇姜嫄为始祖的姬姓周人，原是我国西北地区羌人的一支。据《国语·周语》记载，最早系“自窜于戎狄之间”，与他族混居，以畜牧为业。在新石器初期，即我国远古历史传说中的神农、黄帝时代，他们已生活在今日甘肃南部的洮河流域。到新石器的中、晚期，其首领公刘率领族人东移到甘陕边境的渭水河谷，并逐渐转变游牧生活为农业定居，当时的族人后稷（《史记》·周本纪中称与唐尧、虞舜同时），就以工于相地与稼穑著名，从而被后世尊为农神。后九传至古公亶父，为了回避西方犬戎的侵扰，周人又由豳（今陕西彬县，或称彬州）南迁到更适于农耕的岐下周原（今陕西岐山县）一带。由于这里土壤肥沃，又得以与东方经济与文化水平较高的商王朝频频交往，于是“乃贬戎狄之俗，而营城郭室屋，而邑别居之。作五官有司”（《史记》卷四·周本纪），使得原来相当低下的生产水平和文化程度，得到迅速的发展和提高，并逐渐成为商王朝下属的有力诸侯。古公亶父之孙昌（周建国后，追尊为文王），被商王册封为长西方各路诸侯之西伯。曾率部大败西夷鬼方（即犬戎），先后兼并附近之密须（或作密，地在今甘肃灵台县西南 25 公里处），黎（或作耆，在今山西长治市西南 15 公里长治县境内），邘（或作盂，今河南沁阳县西北 15 公里之邘台镇），崇（今河南嵩县）等诸侯邦国。又新作城丰邑（今陕西长安县境），并由岐下迁都至此。这些行动，都足以表示周人对东方经略十分重视。由于周人实力日益强盛，且发展重心逐步东移，因此就不可避免地与商王朝发生种种冲突。这时，正值商国君纣王在位，他的横暴荒淫与倒行逆施，久已激起众多诸侯与黎民百姓的反对，内部矛盾日趋尖锐与激化。西伯昌子发（即建立周王朝之武王）继位后，趁商王长期讨伐东夷实力疲惫之际，联合各地诸侯八百起兵。公元前 1046 年即商末帝——纣王三十三年，两军会战于牧野。商王虽辖众 70 万，但军无斗志，且奴隶兵阵前反戈，纣王兵溃至离宫鹿台，举火自焚死。周人遂以全胜取得天下。

西伯姬发登天子位，建国号周，从此揭开了中国古代历史新的一页。自武王立国到战国末秦昭襄王五十一年灭周，周王朝共立主三十七，历时 791 年。依历史发展阶段，则可分为西周（公元前 1046—前 771 年，共 276 年。即周武王登位至幽王十一年犬戎陷镐京期间）与东周（公元前 770—前 256 年，共 515 年。即周平王元年移都雒邑至赧王五十九年秦军入都灭周期间）。而东周又可析为春秋（公元前 770—前 476 年，即周平王元年至敬王四十四年之 295 年间）与战国（公元

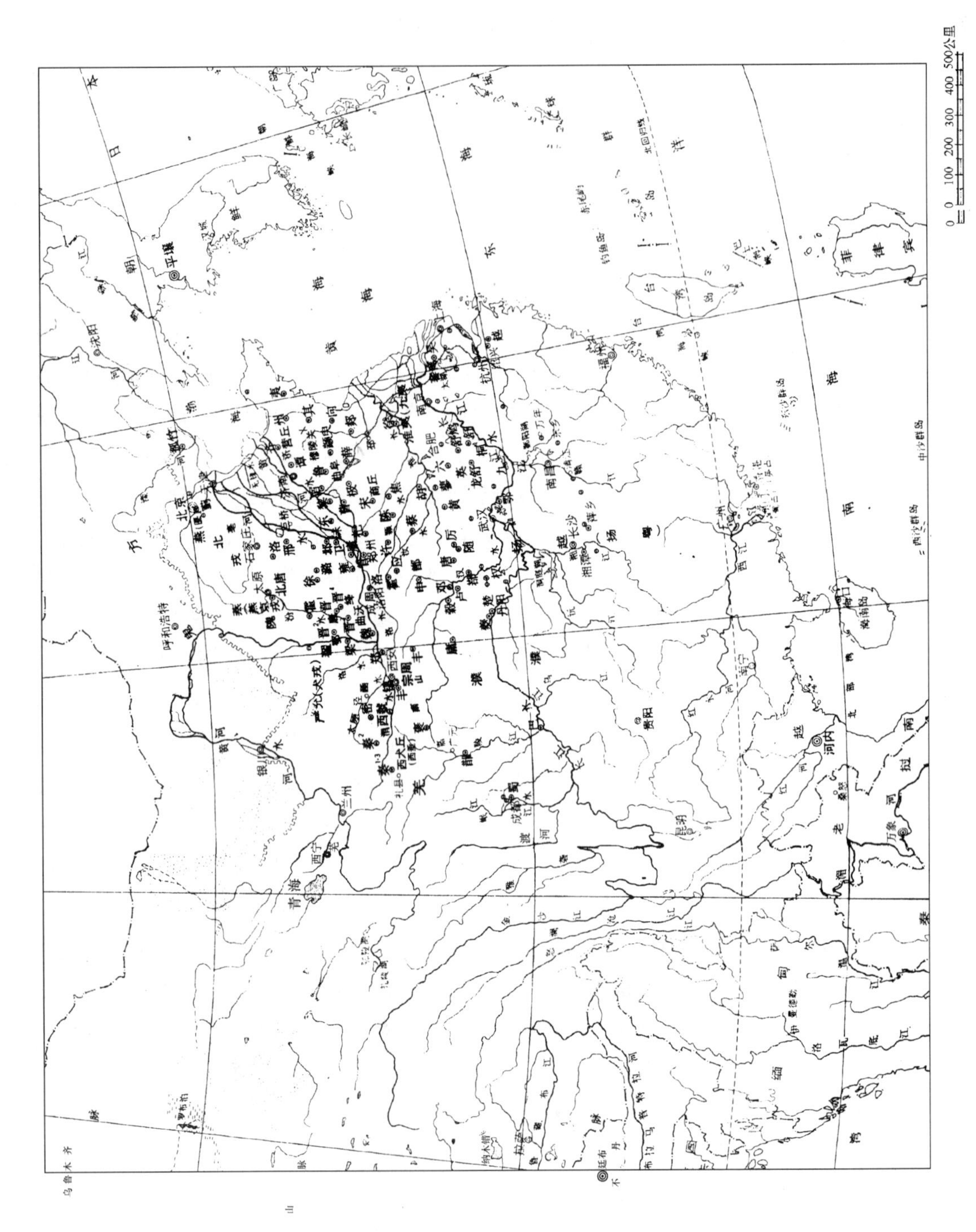

图 3-1　西周时期全图（《中国历史地图集》第一册 1974 年）

前475—前221年，即周元王元年至秦始皇二十六年统一天下之254年间）两个时期。经历史学家考证，自西周武王肇基至东周春秋之末的六百年间，是我国奴隶社会走向封建社会的过渡时期。从战国起，我国才正式进入长达两千余年漫长的封建社会。

周王朝的版图较商朝又有扩大。周天子所在之京师虽然仍处中原，但其所分封诸侯的疆土，已远在千里以外。西周早期之北界，已达今日河北北部与辽宁南部；东土抵山东、江苏的黄海之滨；南境至长江以南的浙江、安徽与湖北；西域则扩展到甘肃一带（图3-1）。这种格局，以后基本未有大改。只是战国时北方的燕、赵、秦诸国疆域，再向北延伸到今日内蒙古南部及宁夏河套地区；南方的楚国版图，也已向南进一步扩展，包纳了今日湖南、江西和广东的北部等地。至于周王朝的活动中心，则由西周时的丰、镐（均在今陕西西安市西），转移到东周的成周与雒邑（在今河南洛阳市附近）。

周代人口在西周成王时期，约为1370万人[1]。至东周初期之平王时（公元前770—前720年），为1194万人。以后各国虽然都有若干繁衍生息，但诸侯间的战争愈演愈烈，规模愈来愈大，而战场功绩，又都以掠地与斩首的多寡为标准。著名的大战，如公元前341年马陵之战，魏军丧师十万。公元前312年，秦大败魏军，获首24万级。公元前273年，秦将白起击魏，杀15万人。公元前260年，白起破赵，坑降卒40万人于长平，赵国丁壮几乎全灭。至于其他中、小战争，累积之数亦属可观。而战争中百姓无以为生，颠沛流离，死于道壑，甚至因“屠城”而未能幸免的，更是无法统计。就以蒙受兵火最少的周天子京畿之地，公元前256年秦军占领时，所属城邑33处中，仅有人口3万户。其他屡受战乱之地的人口，就可想而知了。

由于疆域的开拓和文化交流，北方的北狄、西方的犬戎、山东的东夷（或淮夷）、江南的群蛮和百濮，都在不同程度上和中原有所接触，多数后来被逐渐同化，成为中华民族不可分离的重要组成部分。

二、中国古代封建社会制度的确立

两周社会的八百年间，是中国奴隶制社会逐步崩溃和封建社会思想和制度的产生、发展和成熟时期。后者对于未来几千年中国的历史，影响甚为深远。不但在政治体制、法令等方面十分突出，就是在社会经济、文化和思想等领域也是如此。

周代封建制度的推行，首先是表现在它的政体的指导思想和体制构成上。“王权至上”的思想虽然从夏、商以来就在被不断地加强，到西周时则予以更加明确和突出了。周天子作为驾凌国内一切政治力量之上的最高权威，犹如金字塔的顶点。下面的塔身，则是由层层分封的大、小诸侯和他们的附庸、陪臣所组成。而严格的等级制度和上下隶从关系，犹如建筑砌体中的灰浆，将各部组合的构件凝为一体。在“普天之下，莫非王土；率土之滨，莫非王臣”的原则下，以及当时社会经济仍以农业为主要来源的具体条件下，采用“裂土分茅”的土地分封制度，是周王室巩固自身政权的惟一选择。武王定鼎后，即对王室近亲、有功诸侯、先哲后裔和前朝贵族等，分别进行封赏。其中重点当然是前面二类。据《左传》定公四年：“武王克商，光有天下，其兄弟之国十有五人；姬姓之国四十人，皆举亲也”。而《荀子·效行篇》则称：“周公划制天下七十一国，姬姓独居五十三”。《孔子家语》：“载干戈以至于封侯，而同姓之士百人”。虽然各书记载之数字有所出入，但周王大封宗室子弟，则是毫无疑问的。在这方面，《左传》僖公二十四年更有详细描绘：“管、蔡、陈、霍、鲁、卫、毛、聃、郜、雍、曹、滕、毕、原、酆、旬，文之昭也。邗、晋、应、韩，武之穆也。凡、蒋、邢、茅、祭、胙，周公之胤也”。

此外，在选择封土的地域方面，也是经过深思熟虑的。如武王封其同胞弟叔鲜于管国（今河南郑州市一带），叔度于蔡国（河南上蔡县），就是为了保卫京城并防止殷民反叛。封周公子于鲁（山东曲阜市），师尚父子于齐（山东营丘县）都是为了防范并进一步镇压山东的殷朝遗民及其东夷同盟者。封召公子于燕（河北蓟县），亦是为了扩展势力于北境并抗御鬼方、北戎之侵扰。其他如封神农之后于焦（河南三门峡市西）、黄帝之后于铸（或称祝，今山东宁阳县北 15 公里铸乡）、帝尧之后于黎（山西长治县）、帝舜之后于陈（河南淮阳县）、大禹之后于杞（河南杞县）等等，都是带有安抚性质的。至于封商纣子武庚、禄父于殷（河南安阳市），则是为了便于管理商殷旧民。而前述管、蔡二国的设立，就是出于对此的防范和监视。其余参加伐殷的外地诸侯酋长，如庸、蜀、羌、髳、卢、濮、彭、微等，也都受到周王的封命。根据武王起兵时已有诸侯八百参加及其他文献记载，西周初年全国各地诸侯总数约在 1200～1800 左右[2]。这个数字比较“夏禹万国，商汤三千”自然要少多了。随着大小诸侯邦国间的不断兼并，至东周春秋时仅存 170 个，其中较强大的为秦、晋、齐、楚、吴、越、燕、宋、鲁、陈、蔡、郑、曹、卫 14 国，尤以前四国实力更为雄厚，这时的周天子已不再是为诸侯拥戴和握有实权的最高政治领袖，而是下降为有名无实的象征性偶像。随着各地诸侯势力的继续扩张，使周天子更沦落到不得不受命于强者与寄人篱下的附庸地位。到了战国初期，晋国分裂为赵、魏、韩，从此开始了它们与秦、楚、燕、齐相互攻伐的“七国争雄”时代。直至公元前 221 年，秦次第攻灭六国取得了全国的统一，才结束了不断战乱和分裂的局面。

周代划分诸侯为公、侯、伯、子、男五等[3]，除有文献记载，在考古发掘所得的铜器铭文中，亦可得到证实，如毛公鼎、召公尊、齐侯钟、鲁侯鬲、井伯敦、北伯鼎、许子妆簠，邾子盨等。其受封采邑大小，亦有相应之区别，《孟子·万章篇》中载；“天子之地方千里，公侯之地方百里，伯七十里，子、男五十里。不及五十里者，不达于天子，附于诸侯曰：‘附庸’”。当时诸侯封土是否都依此式一律作规则之递减，目前尚难确定。孟子系战国时人，其所云当应有所凭依，至少也可作为重要的参考。周天子将土地分封给诸侯，诸侯则将他们的采邑分给大夫，大夫将土地分给士，士将土地分配给“夫”——自由民或半奴隶式的农奴。这种土地上的划分，也表现了人们在政治和经济地位上的等级与区别。

三、周代的社会生产

周初农业生产的主要从事者是农奴（金文中称为“臣”、“妾”、“鬲”、“庶人”……），其地位比商代的奴隶好不了多少，常伴随着他（她）们所在的土地被统治者转赐或买卖，甚至抵债。如《令毁铭》中“姜赏令贝十朋，臣十家，鬲百人”。《舀鼎铭》：“卖丝（兹）五夫，用百寽（锊）”。又：“令女（汝）嗣官成周，偿廾家”。仅少数农奴才拥有自己微薄的私有财产和家庭组织。这种制度无疑是奴隶制的延续，大约到西周末年，才逐渐被佃农制所取代。

根据考古发掘，作为周代主要社会生产的农业劳动，所使用的工具仍然相当落后，依旧以石（图 3-2）、陶（图 3-3）、角、骨、蚌（图 3-4）、木质器物（图 3-5）为主。采用青铜制作的为数不多，种类亦限于斧、铲、犁等农具及刀、钻、凿等小型工具（图 3-6）。这是因为当时的铜料还很昂贵，不能用来广泛制造礼器与兵器、马具等以外的多种生产工具。后来至战国时，才出现了若干铁工具（图 3-7）。据文献记载，周代田间主要的掘土工具，是附有足踏的木铲——耒。生产的农作物，则以麦、稻、粟、高粱、菽、麻为大宗。此外，又辅以饲养家畜（牛、马、鸡、鹅、豕、犬……），纺织（棉、麻、丝……）和狩猎等副业。至于专门从事的畜牧业，与旧时农牧并重时比

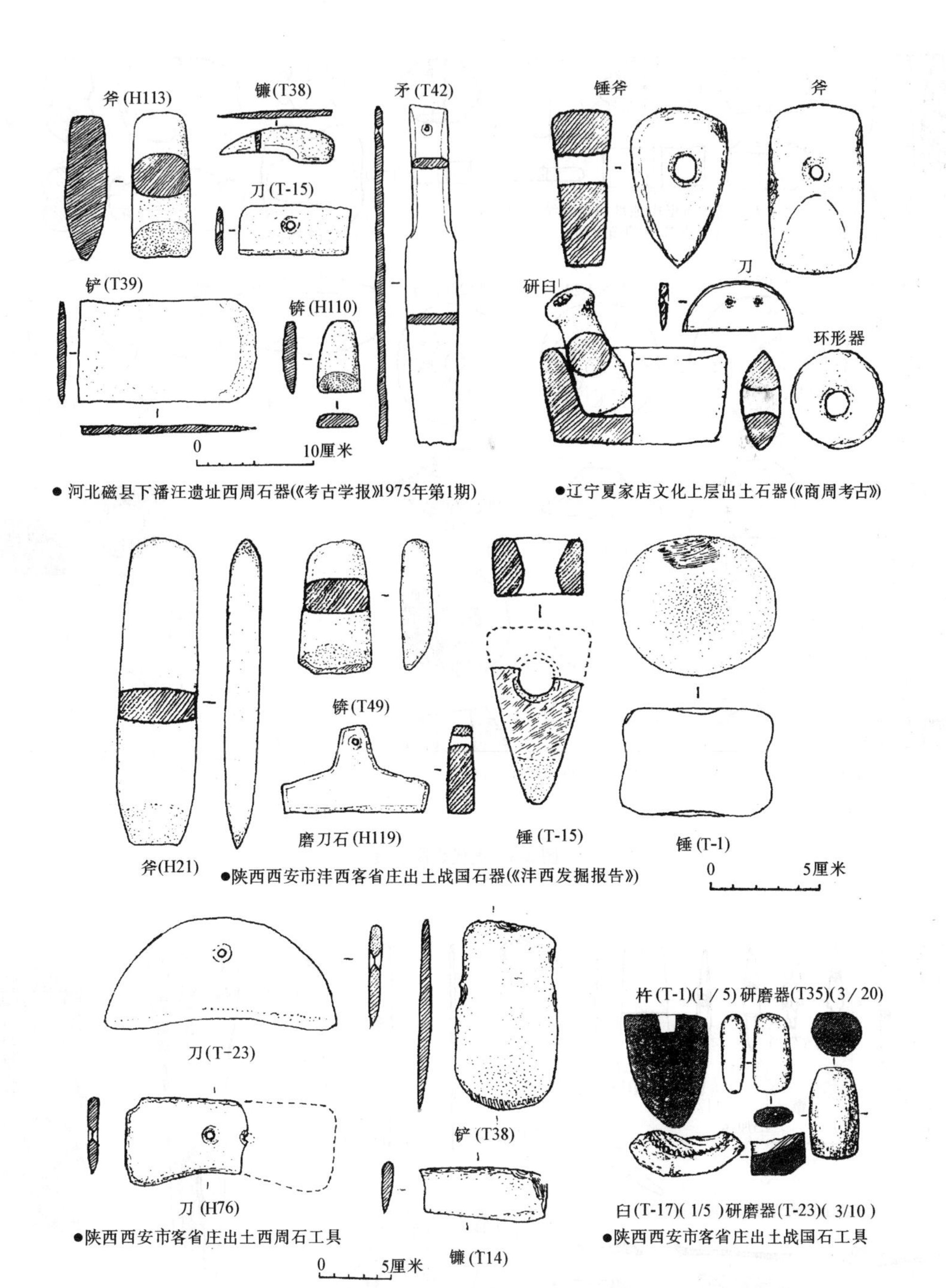

图 3-2 周代之石工具

较，则处于相对萎缩状况。但由于战争频繁和统治阶级的生活需要，饲马应占当时畜牧业中的一个重要比重。

在手工业方面，青铜的冶炼与浇铸，烧制陶器及陶质建筑材料，玉器、骨器、蚌器、角器与漆器的制作，车辆制造，以及后来的铁器生产，周代都已具有很高水平。

青铜器的制作，在商代就已十分突出。西周以降，又继续有所发展。它们大多为统治阶级的生活、礼制或军事目的服务。特别是其礼器和生活用器，不但品类繁多，而且造型优美（图 3-8、3-9）。因在制作时工艺复杂、难度大、技术和艺术上要求高，因此在周代社会中，已被目为百工之首。实物表明，至少在东周时，已采用了失蜡法浇铸，以及铸作叠浇和局部焊接的先进工艺。此外，还根据铜器的不同使用要求，控制添加料的数量，使器物发挥最佳效能。如铸钟控制锡含量

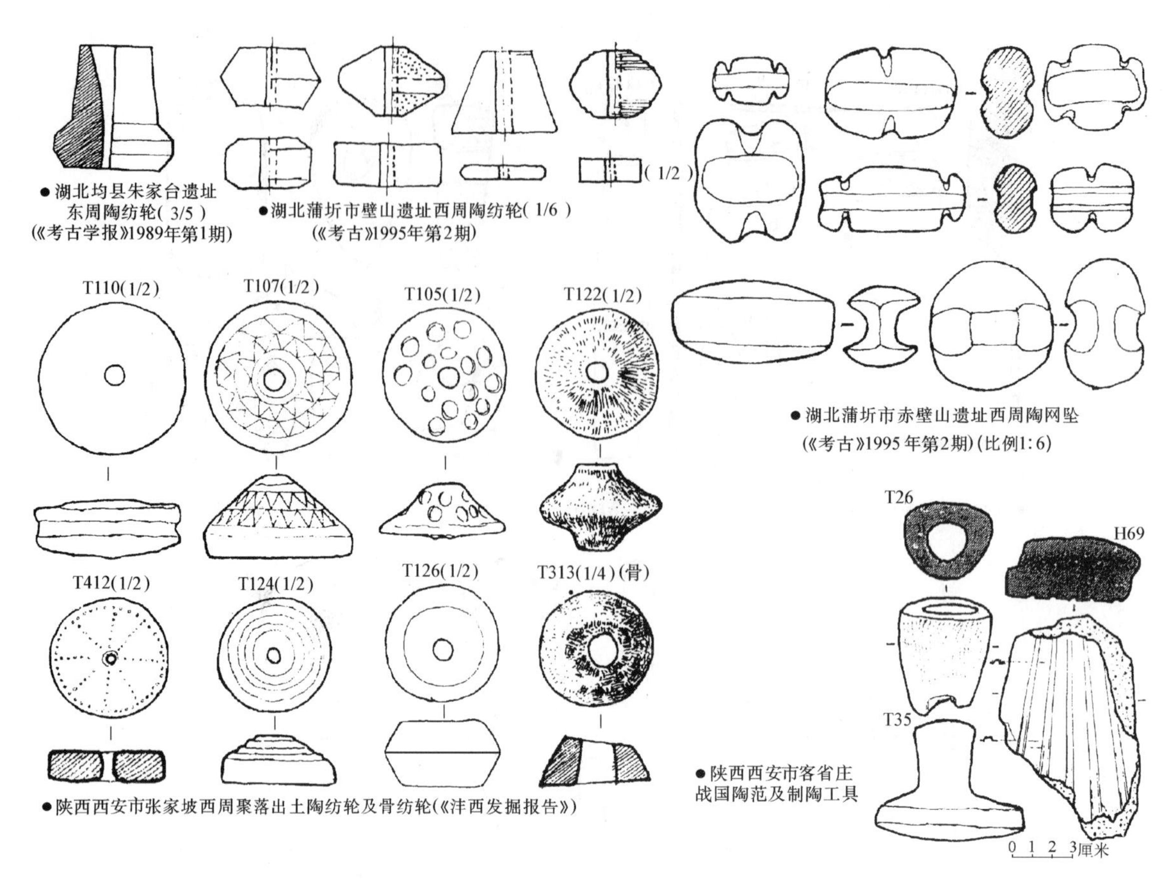

图 3-3　周代之陶工具

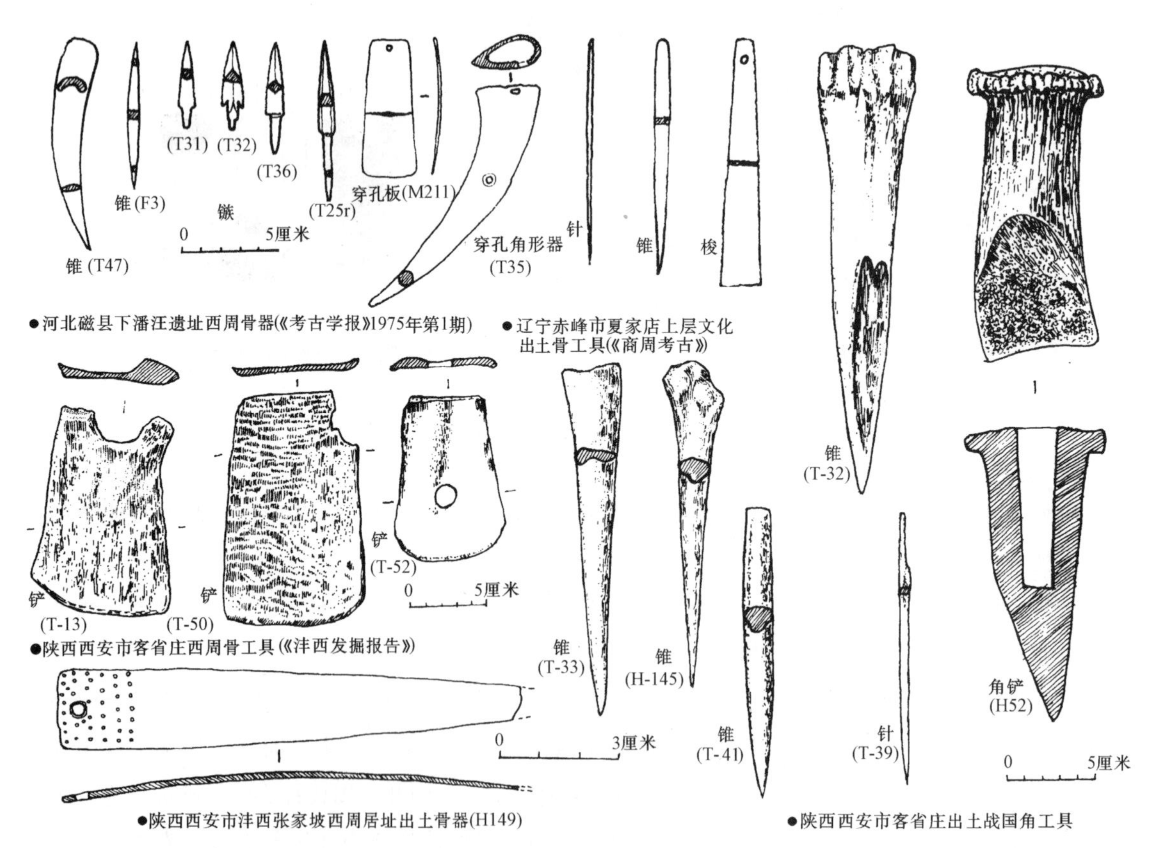

图 3-4　周代之骨、角、蚌工具

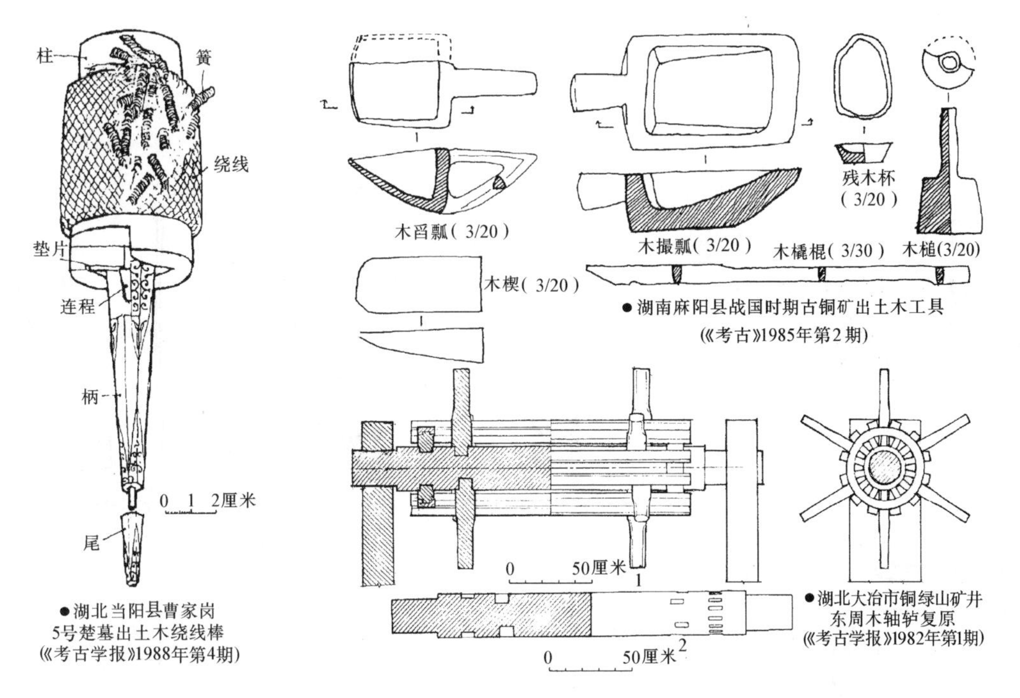

图 3-5 周代之木工具

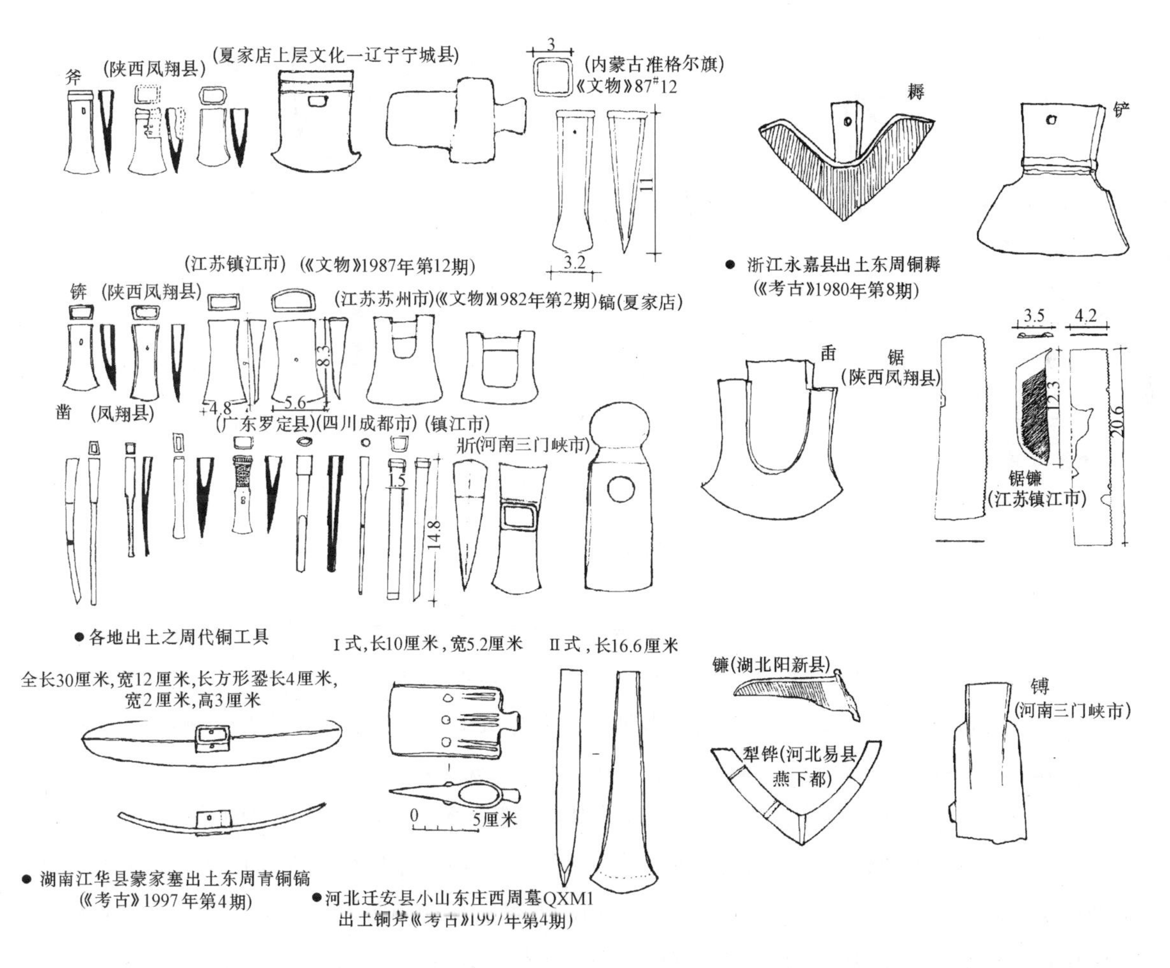

图 3-6 周代之铜工具

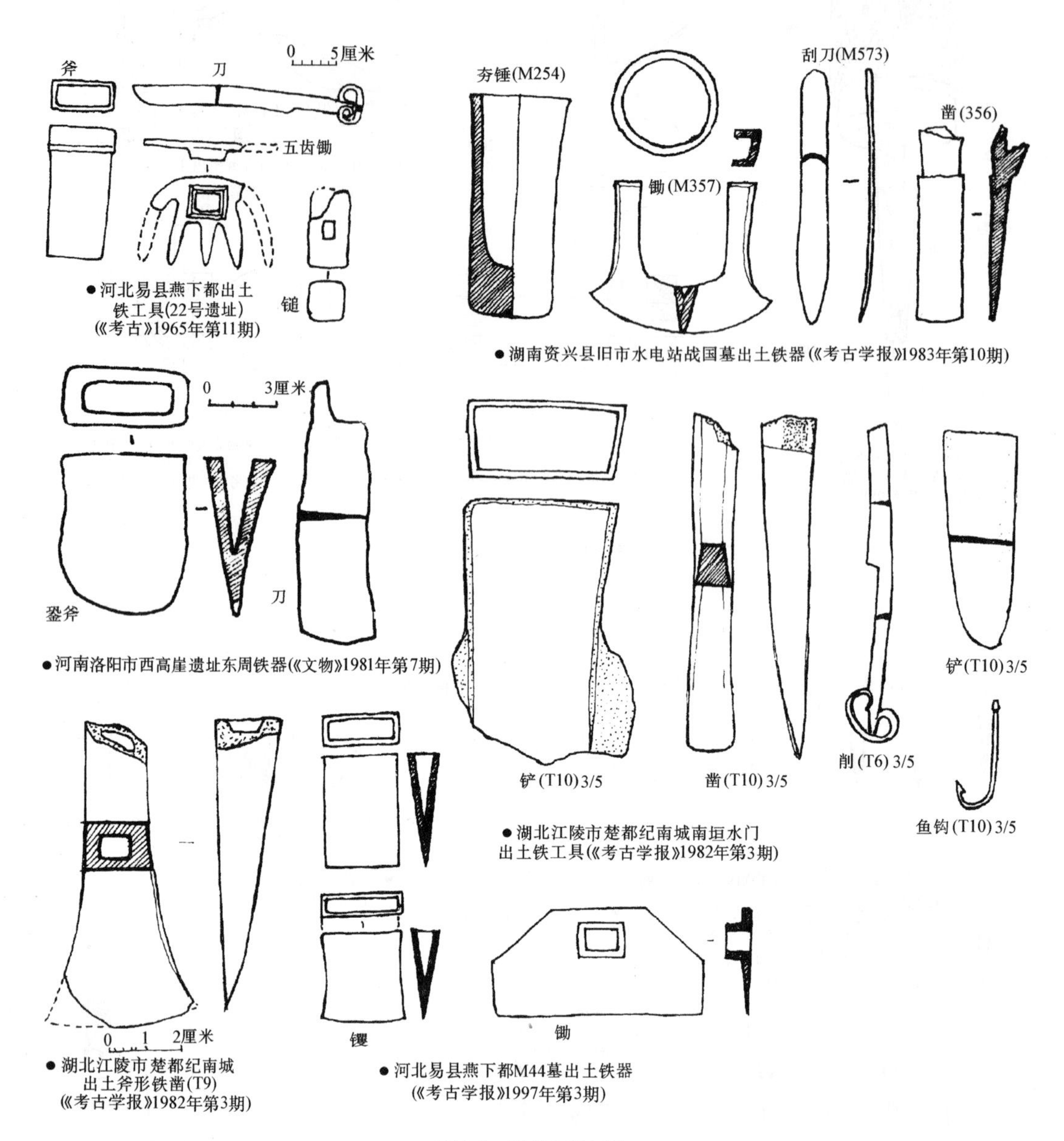

图 3-7　周代之铁工具

在13%，铅含量1%～3%，即可使钟发声悦耳且铸件不易脆裂。铸剑在中脊用低锡或含铅较多之合金，以提高其抗振之韧性，而在两锷加入19%锡，可增加刃部的锋利。就出土遗物而言，周代之武器仍以铜质为主流。以剑、戟为例，当时各国无有出于楚、韩之右者。周代铜武器之种类众多，已知有矛、戟、戈、剑、殳、弩机、镞、胄、盾等，现择若干如图3-10所示。

日用陶器仍然在社会生活中占有重要地位，其用量及种类仍然高居第一（图3-11）。在制作方面，此时除已普遍采用轮制外，又进一步改革了陶窑的构造。原始釉陶在商代基础上虽有发展，但各地出土数量仍很少，表明它尚未被大量使用。值得重视的是西周出现了大型的筒瓦和板瓦。陶砖则见于东周，首先用以铺地，表面模印有多种纹样。战国时期还出现了用于勾阑、屋面等处的各类异型砖，陶质管道亦广泛施于水井及沟洫。后来又产生了大块空心砖。这些建筑构件的出现及应用，对以后建筑的发展，起了很大的推动作用。

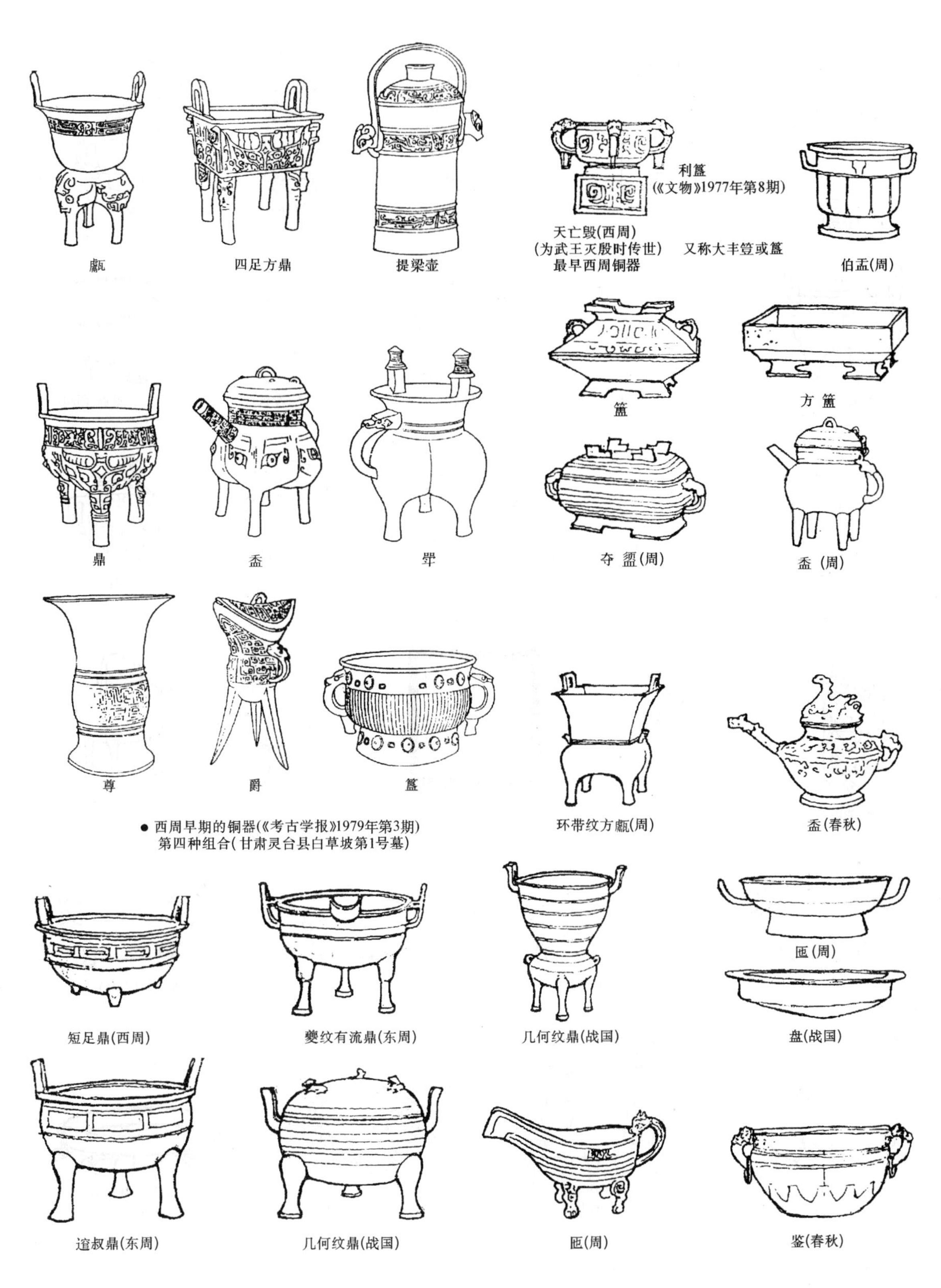
甗
四足方鼎
提梁壶
利簋
(《文物》1977年第8期)
天亡毁(西周)
(为武王灭殷时传世)
最早西周铜器
又称大丰簋或簋
伯盂(周)
簋
方簋
鼎
盉
斝
夺盨(周)
盉(周)
尊
爵
簋
● 西周早期的铜器(《考古学报》1979年第3期)
第四种组合(甘肃灵台县白草坡第1号墓)
环带纹方甗(周)
盉(春秋)
匜(周)
短足鼎(西周)
夔纹有流鼎(东周)
几何纹鼎(战国)
盘(战国)
遹叔鼎(东周)
几何纹鼎(战国)
匜(周)
鉴(春秋)

图 3-8 周代之铜器（一）

盥缶附瓢
(春秋)
𣪘(春秋)
缶
方壶(春秋)
觥
师趛鬲
笾(春秋)
蟠虺纹敦(战国)
鉼(春秋)
雁尊(西周)
缶(春秋)
缶(春秋)
䍡(战国)
匾扁壶(战国)
壶(周)
卮●(战国)
爵
方镜
(战国)
豆(春秋)
镳(战国)
盆(春秋)
盘(春秋)
匜(战国早期)
兽首匜(春秋)
虎子(东周)
有柄提链炉
(战国)
箕(春秋)
圆座炉盘及环链耳
(春秋)

图 3-9　周代之铜器（二）

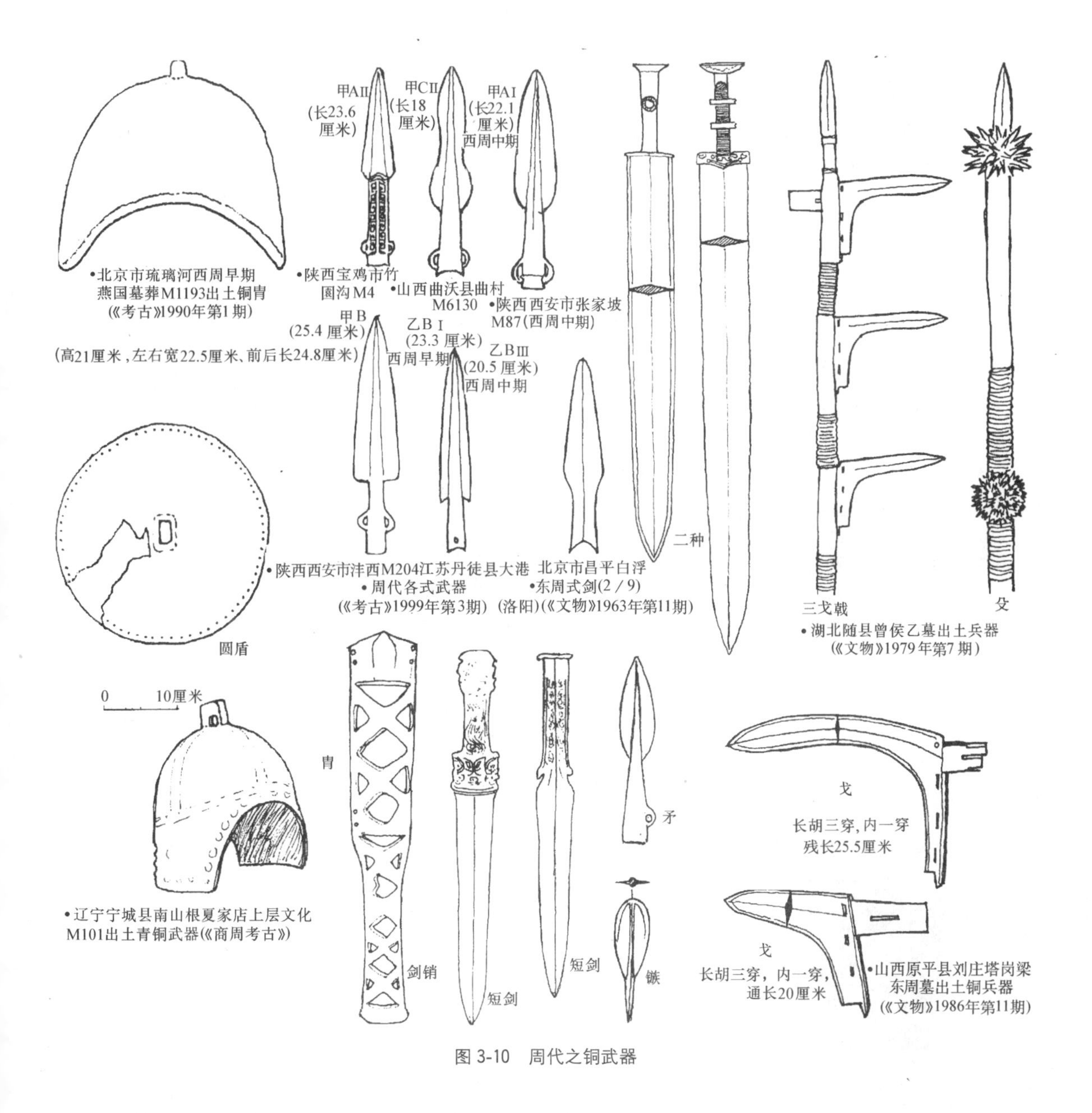

图 3-10 周代之铜武器

在周代贵族墓葬中，车马坑内出土车辆与马具的实物甚多（图3-12、3-13），其形制与商代大体一致，仅在局部上有所改进。车辆的制造是一项包纳木工、金工和油漆工的综合产品，反映了当时这几个工种的高湛水平和实用要求。此外，车辆两轮间的轨距，又被周代用来衡量道路、津梁与门道宽度的标准。

漆器的制作至少在西周早期已有实物出土，然而得到较大发展还是在春秋、战国时期。其胎骨有木胎、夹纻胎和竹（篾）胎三种。表面施以红、黑、黄、褐、蓝、白等十多种颜色，图案有几何纹、动植物、云纹、人物、天象等。表面有的已嵌金属件，或镶螺钿，技艺水平极高。尤以江淮一带楚墓出土器最为突出（图3-14）。

现知我国开始冶铁和使用铁器的确切时间是春秋早期，晚期墓葬中则发现铁剑与铁鼎。及至战国中期，铁已逐渐使用于农业、手工业和军用武器方面（图3-15），开始取代原始的石、木工具和铜器。在古代文献《战国策》和《韩非子》中，也都提到铁工具和武器的使用。

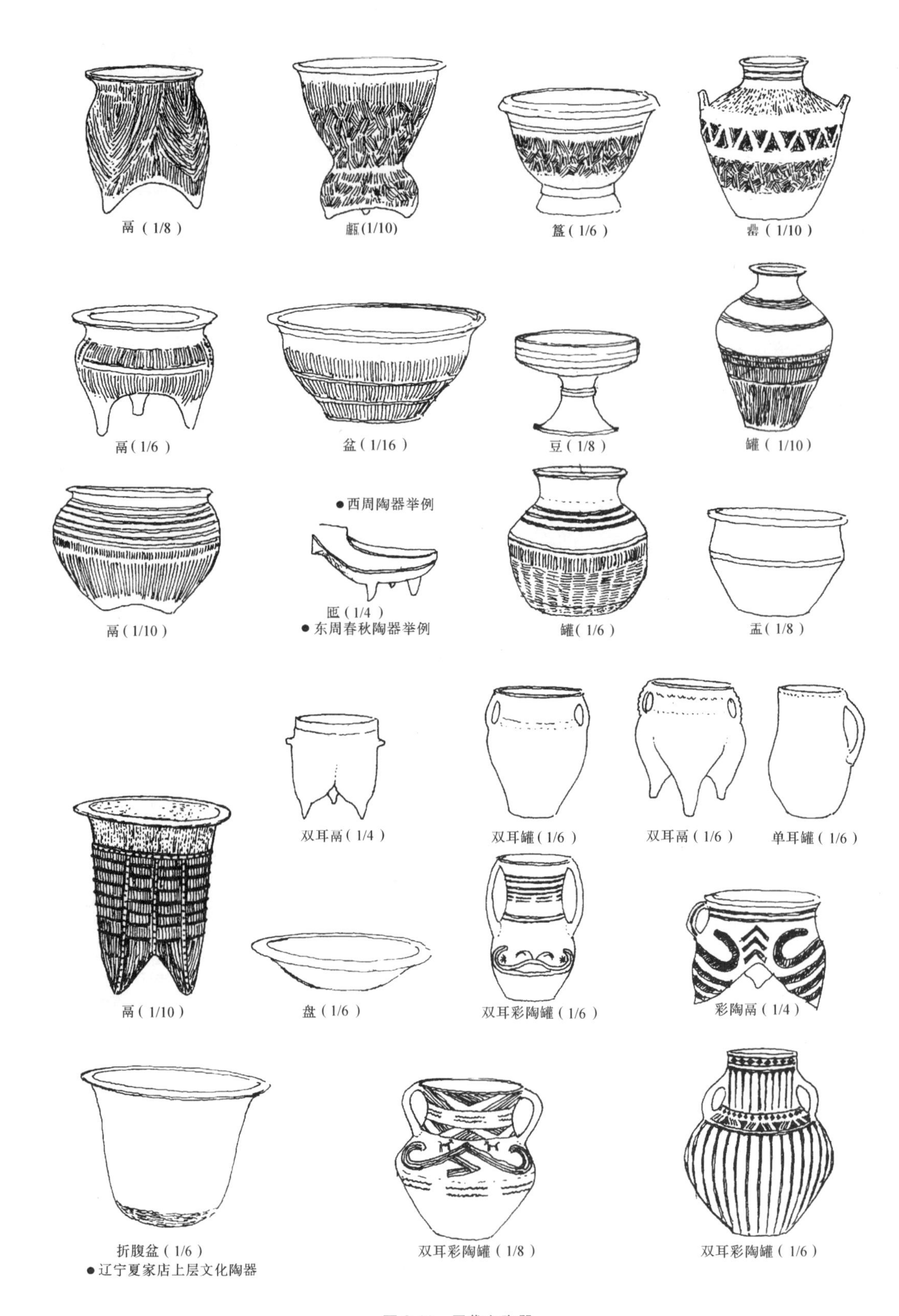
鬲（1/8）
甗(1/10)
簋（1/6）
罍（1/10）
鬲（1/6）
盆（1/16）
豆（1/8）
罐（1/10）
●西周陶器举例
鬲（1/10）
匜（1/4）
●东周春秋陶器举例
罐（1/6）
盂（1/8）
双耳鬲（1/4）
双耳罐（1/6）
双耳鬲（1/6）
单耳罐（1/6）
鬲（1/10）
盘（1/6）
双耳彩陶罐（1/6）
彩陶鬲（1/4）
折腹盆（1/6）
●辽宁夏家店上层文化陶器
双耳彩陶罐（1/8）
双耳彩陶罐（1/6）

图 3-11 周代之陶器

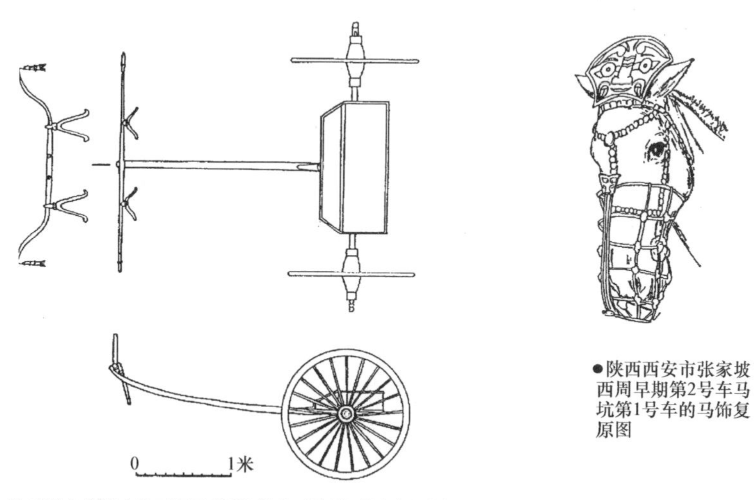

●陕西西安市张家坡西周早期第2号车马坑第2号车复原图

●陕西西安市张家坡西周早期第2号车马坑第1号车的马饰复原图

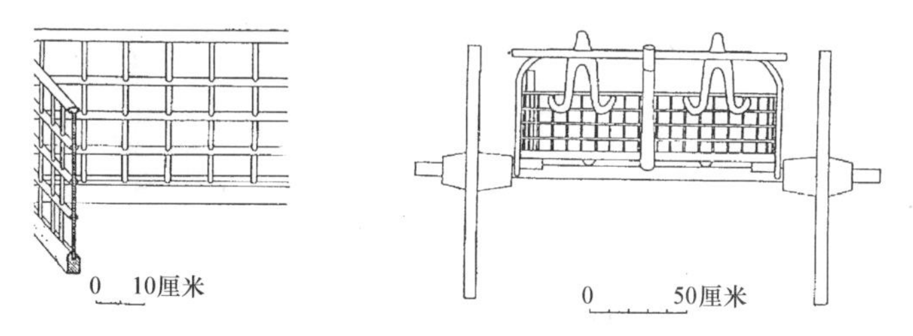

●河南三门峡市上村岭虢国墓M1727第3号车复原图(左：车箱(舆)栏杆结构 右：前视图)

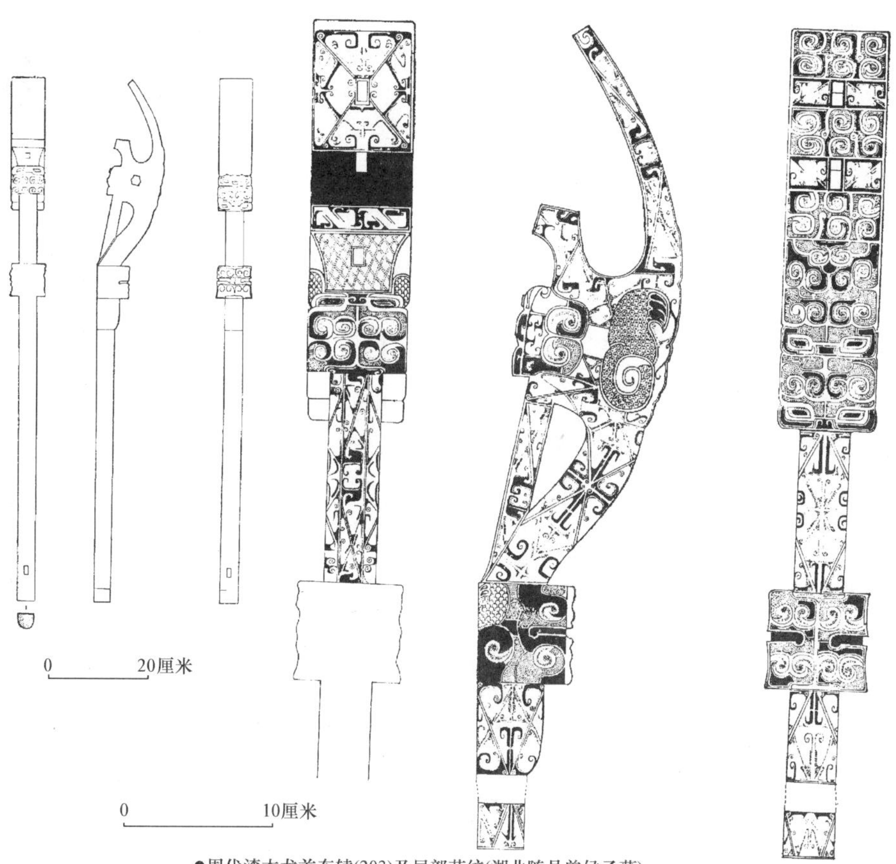

●周代漆木龙首车辕(203)及局部花纹(湖北随县曾侯乙墓)

图3-12 周代之车舆

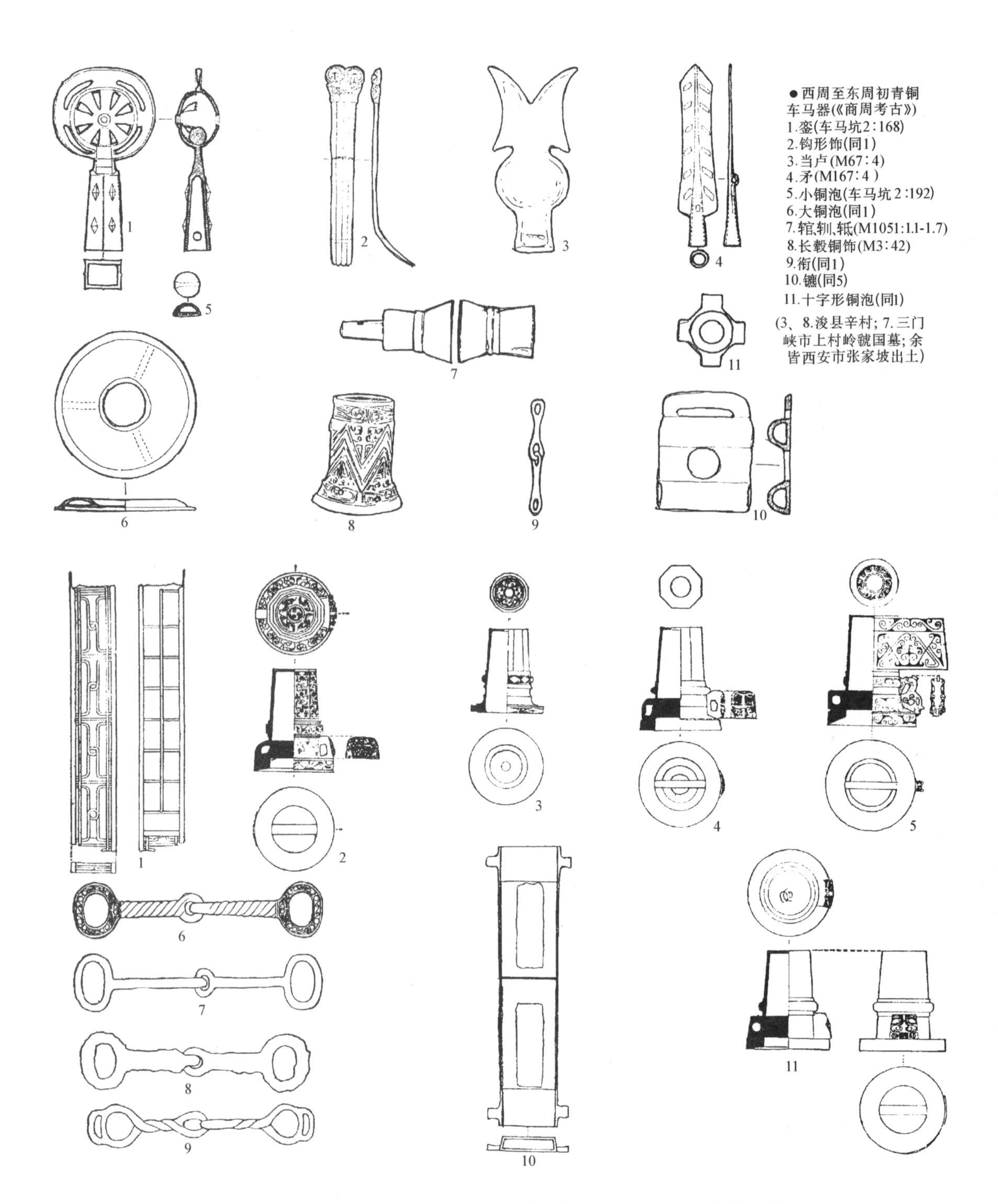

• 湖北江陵县天星观一号楚墓出土铜、木车马器(《考古学报》1982年第1期)

1. 木车栏(186) 2. Ⅰ式铜车軎(275) 3. Ⅱ式铜车軎(529)

4. Ⅰ式铜车軎(367) 5. Ⅲ式铜车軎(378) 6. Ⅰ式铜马衔(403)

7. Ⅱ式铜马衔(441) 8. Ⅲ式铜马衔(81) 9. Ⅳ式铜马衔(464)

10. 一类铜壁插(531)11. Ⅲ式铜车軎(522)(1,1/8,余1/4)

图3-13 周代之车马器

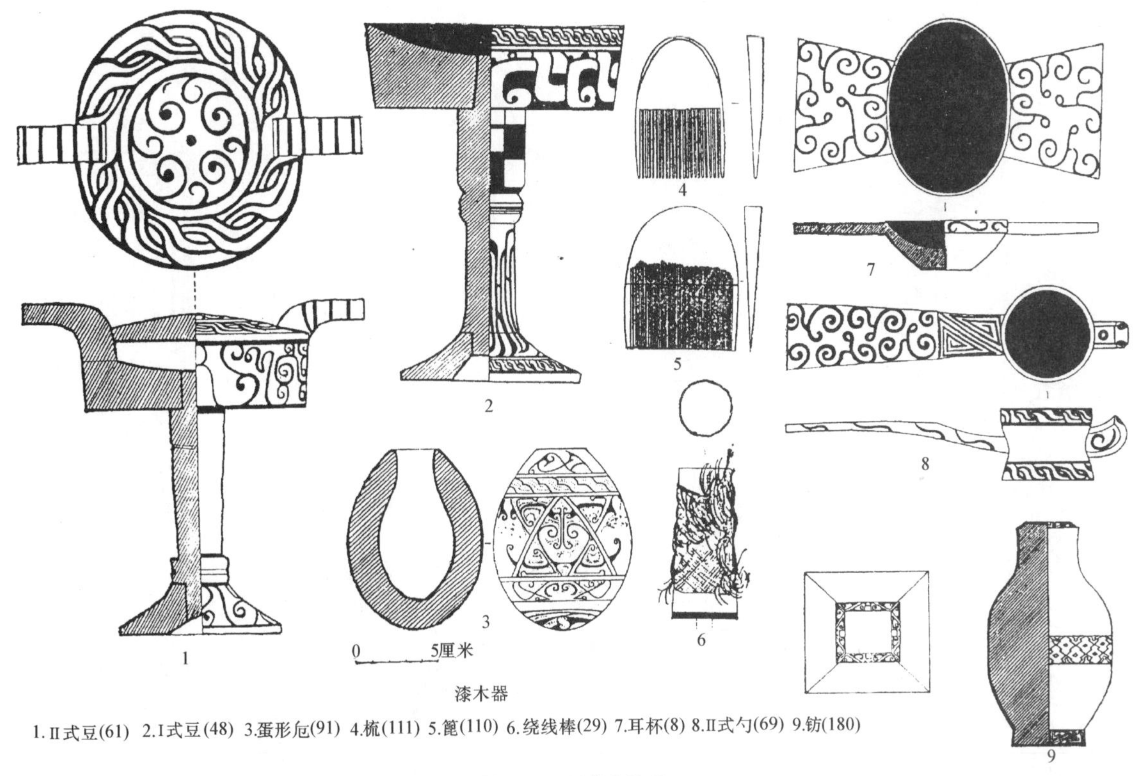

图 3-14 周代之漆器

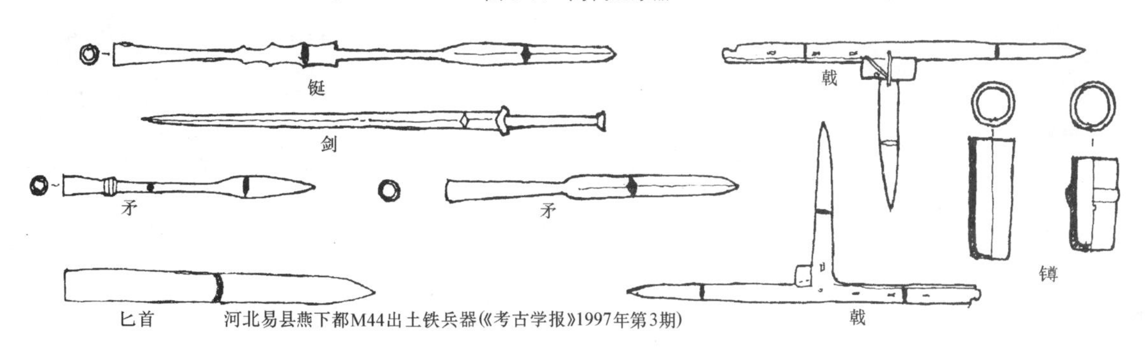

图 3-15 周代之铁武器

至于各种供礼制、日常生活和装饰用的玉器（图 3-16）、骨器与蚌器（图 3-17），亦有大量出土。其种类繁多与制作精良，造型优美，又较商代大有提高。如玉器中除雕刻精美的玉璧、玉璜、玉玦等礼器外，作为装饰件的造型，更为细致与写实，一扫过去的古朴作风。

其他如木、竹、滑石、皮革等制品亦多，皆用于生活用具、兵器、车马器中（图 3-18）。

农业和手工业的发展，使商品交换和运输逐渐发展起来。例如手工业的分工，到战国时已经十分精细。《墨子·节用篇》中称："凡天下群百工、轮、车、鞼、匏、陶、冶、梓匠，使各以事其所能"，即是一例。此外，各国因自然条件与社会情况的不同，形成了各地手工业的特点与发展。例如吴越以刀剑、三韩以弓、巴蜀以竹木器、邯郸以冶铁、临淄以制陶、番禺以珠玑犀象著称，这些特级产品的出现，必然引起远近市场的开拓与需求，而贾人则以获利丰厚奔走其间。是以有《周书·酒诰》："牵牛车，远服贾"。《诗经》："如贾三倍，君子是识"之语。从事商业的既有诸侯指派的臣下，也有个体经营的平民，但大多数的商业，还是以贩卖粮食、牛羊、纺织品、盐、铁等生活日用品为主，因此致富者大有人在。"通都大邑，铁器千石比千乘之者"，"金玉其车，文错其服"，甚至由钜富而为人相者，战国秦吕不韦即是一例。

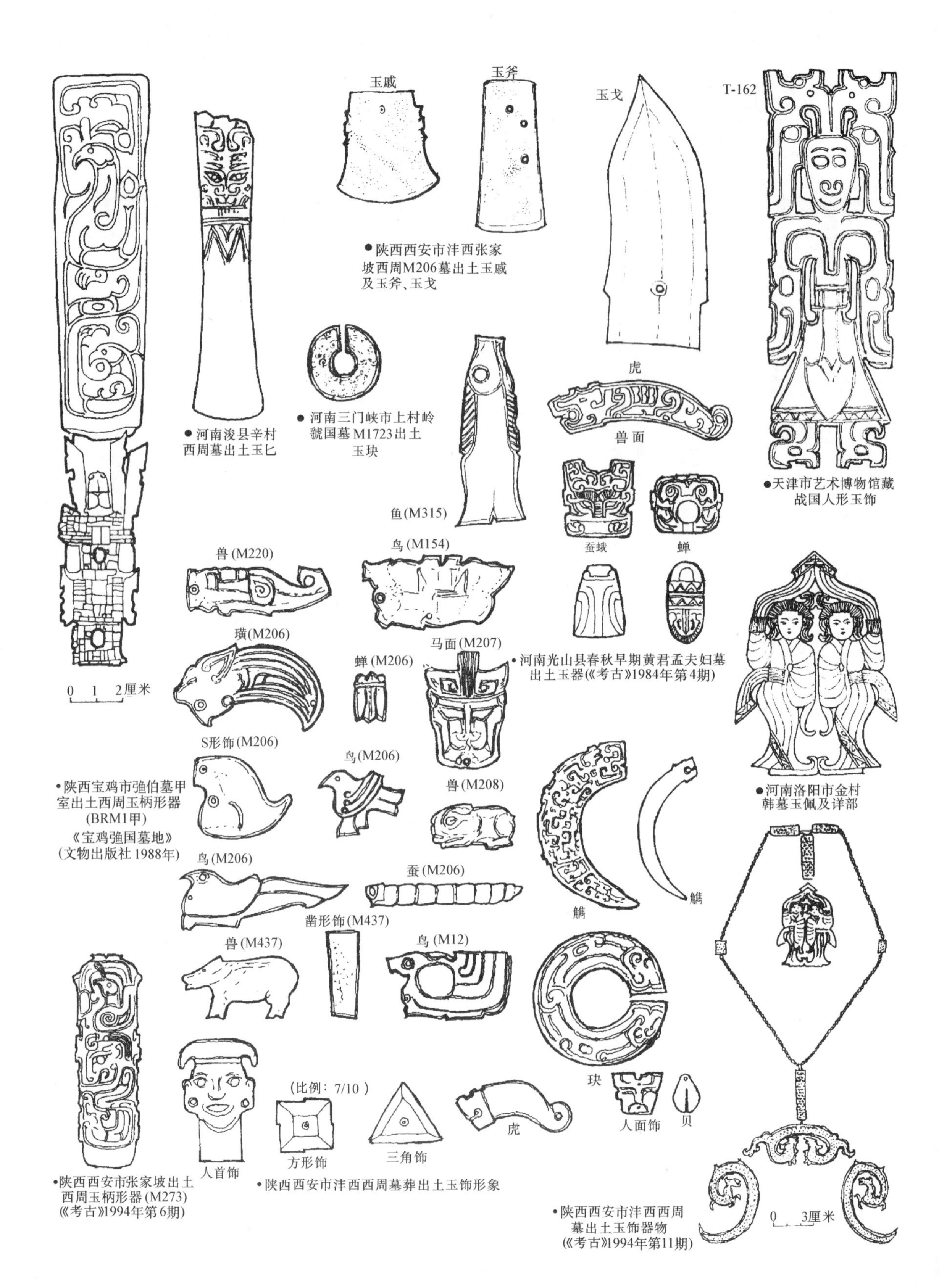
玉戚
玉斧
玉戈
T-162
●陕西西安市沣西张家坡西周M206墓出土玉戚及玉斧、玉戈
●河南浚县辛村西周墓出土玉匕
●河南三门峡市上村岭虢国墓M1723出土玉玦
虎
兽面
●天津市艺术博物馆藏战国人形玉饰
鱼(M315)
蚕蛾
蝉
兽(M220)
鸟(M154)
璜(M206)
蝉(M206)
马面(M207)
•河南光山县春秋早期黄君孟夫妇墓出土玉器(《考古》1984年第4期)
0 1 2厘米
S形饰(M206)
鸟(M206)
兽(M208)
•陕西宝鸡市弜伯墓甲室出土西周玉柄形器(BRM1甲)
《宝鸡弜国墓地》(文物出版社1988年)
•河南洛阳市金村韩墓玉佩及详部
鸟(M206)
蚕(M206)
觿
觿
凿形饰(M437)
兽(M437)
鸟(M12)
(比例：7/10)
玦
虎
人面饰
贝
方形饰
三角饰
人首饰
•陕西西安市张家坡出土西周玉柄形器(M273)《考古》1994年第6期)
•陕西西安市沣西西周墓葬出土玉饰形象
•陕西西安市沣西西周墓出土玉饰器物(《考古》1994年第11期)
0 3厘米

图 3-16 周代之玉器

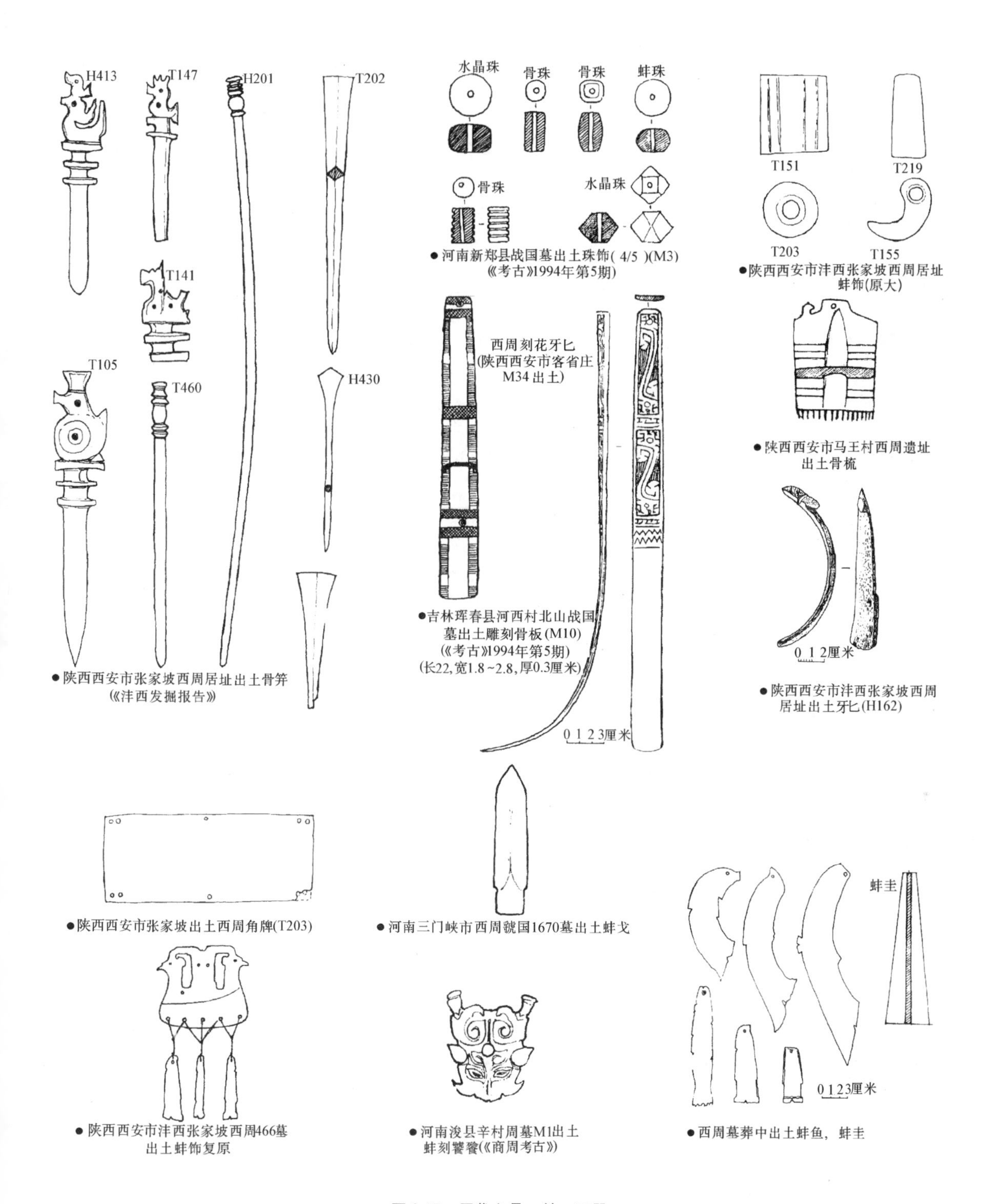

图 3-17 周代之骨、蚌、牙器

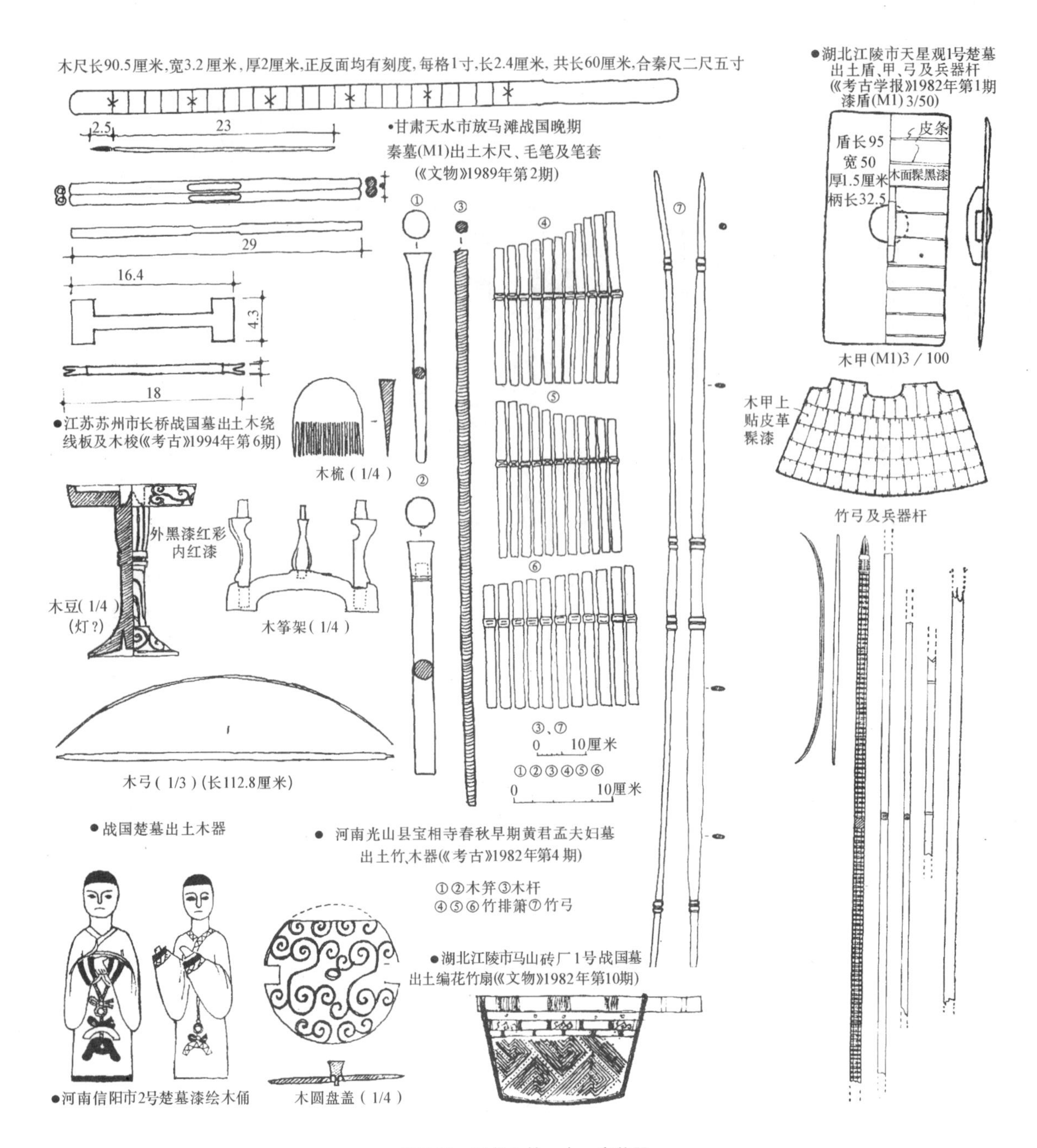

图 3-18 周代之竹、木、皮革器

商品交易已广泛使用货币为媒介，周初仍沿用海贝，前述铸于成王时期的铜器“矢令毁”，即有“姜尝令贝十朋”的铭文。此外，也有使用麻布的。使用金属货币出现于春秋之末。一种是铲形的“布币”，始见于晋，后来一直沿用到战国之末。第二种是“刀币”，流行于齐、燕、赵等国，形状如带环的小刀。第三种是圆钱，有圆孔和方孔之别，发行于三晋、周、燕、齐、秦。第四种是铜贝，是仿古代货币海贝形状而予以缩小，又称蚁鼻钱或鬼脸钱，流行于楚国。第五种是金银币，楚国使用打上“郢爰”或“陈爰”戳记的金版，可予以切割。又有制成饼状或马蹄状的金块。此外，河南还出土过铲形银币，也属战国之物，惟目前仅存此一例。

铸造货币主要使用青铜，这是当时仅次于金、银的贵重金属。由于金属货币耐用和体积小，便于携带和贮藏，因此得到普遍承认。其中的圆钱和银锭，并一直被后代沿用到封建社会之末。

随着社会的进步，随着生产和交换的发展，度量衡的重要性已越来越被人们所重视。各国根据自己的情况，厘定了自己的标准。如齐国的量器，以四升为一豆，四豆为一区，四区为一釜，十釜为一锺，取四和十的混合进位。而秦商秧变法后的量器，均为十进位，即一斛等于十斗，一斗十升，一升十合，一合十龠。按照实物测定，齐一升等于205.8毫升，秦商秧升等于202毫升。周代度器较商尺（一尺长15.7～16.95厘米）为长。战国尺与秦尺相若，皆在23.1厘米左右。衡器亦较统一，每斤重250克左右。

四、学说思想的活跃与“百家争鸣”

周人对自古以来的“尊祖先”、“敬鬼神”的传统风尚，仍然继续保持并有所发展，这表现在举行各种的祭祀活动和建造许多坛庙与陵墓等方面。目前所发现的建筑遗迹与文献记载都有许多明证。它们的存在和发展，是社会传统的沿袭，也是出于统治者的需要，因此被列为礼法制度中一个不可缺少的重要内容。

在另一方面，由于周代社会的动荡自春秋起日益显著，各地诸侯在争夺政权和与内外对立势力的斗争更加激化，统治阶级需要各类能解决他们矛盾的人才，特别是那些善于出谋划策的文士。许多知识分子为此努力探索“天下大同”或“强国富民”之道。一些人是为了理想，另一些人则借此作为个人荣华富贵晋身之阶。于是游说之风，盛极一时。公孙秧、张仪、苏秦……都是其中的佼佼者。由于“百家争鸣”，形成了学术思想上空前的活跃。当时诸子百家中最有代表性的，是孔丘的儒家，墨翟的法家和李耳的道家。总的说来，孔子是传统制度的维护者，他尊君重道，推崇礼、刑和仁，鄙视体力劳动，“远鬼神而敬之”。墨子则追求新的社会秩序，主张一切应为“天下之大利”，提倡“非攻”、节俭、薄葬，自己也身体力行地过着刻苦的苦行僧式生活。老子的学说是主张无为，一切听其自然。认为“福兮祸所伏，”“物极必反”，因此要知足寡欲，以退为进。又认为文明是万恶之源，所以提倡社会应回到原始状况。三者之中，以儒家思想最切合封建统治阶级的需要，因此得到推崇。后来它对中国历史和文化的发展，起了决定性的影响。

五、周代的文学、艺术活动

在文史艺术方面，周代也曾作出重大贡献。由孔丘撰写的《春秋》，忠实地反映了自鲁隐公元年（即周平王四十九年，公元前772年）至鲁哀公十四年（周敬王十三年，公元前507年）间242年的中国历史，也是我国首次正规编写的长篇纪年史。《诗经》则采用了记事诗歌体裁，既有很高的文学技巧，又有浓厚的乡土气息。《周官》（后称《周礼》）中叙述了周代礼制情况，从另一个方面反映了当时的社会面貌，其著作时间稍晚，可能出于战国齐人之手。此外，还有一些像尉缭子和孙子写的兵书，也被辗转传留下来。以上这些都表明是在中国古代文字已十分成熟的基础上才得以体现的。它们已由原始的符号和象形，转变为比较统一的篆书，并由毛笔以墨书写在竹简、木片上，并串联为册以供保存。或刻铸在铜器上，如商代所为（图3-19）。另外，占卜时书刻在甲骨上的文字，也是一个重要内容（图3-20）。音乐和舞蹈也都是周代社会文化中的重要环节，常施行于祭祀、出征、凯旋、丰收等喜庆场合。所用的乐器主要分打击和鼓吹、弹奏几大类，前者如编钟、磬、鼓、铃……，次者如笙、箫、笛、竽……，后者如琴、瑟……，都见于文献或实物（图3-21）。乐曲的格调也有“阳春白雪”和“下里巴人”之分。前述《诗经》中的若干作品，可能就是它们的升华和提炼。绘画在周代不甚发展，因为那时还未有纸的出现。据文献记载，春秋时已有壁画，如《左传》宣公二年：“晋灵公不君，厚敛以雕墙”。《论语》则称：“粪土之墙，不可圬也”。到战国时，有关记载更多。如《楚辞·天问篇》记屈原朝楚先王庙，见墙上已绘天地山川神灵，以及古代圣贤故事。解放以来，在湖北一带发掘的楚墓中，其棺郭外表面所绘漆画，也

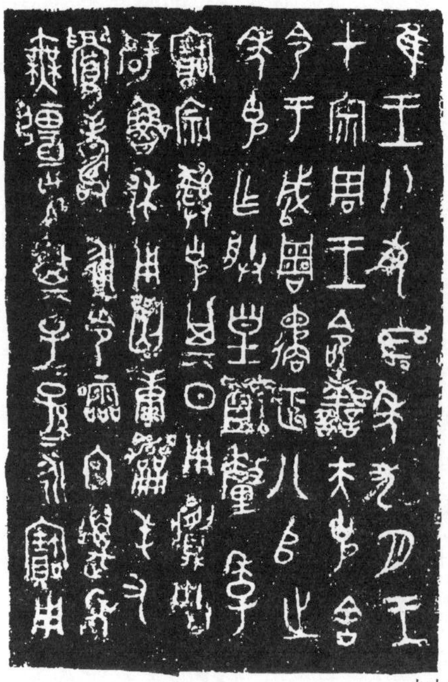

九十二

●克鼎 铭文
《中国历史参考图谱》(上)

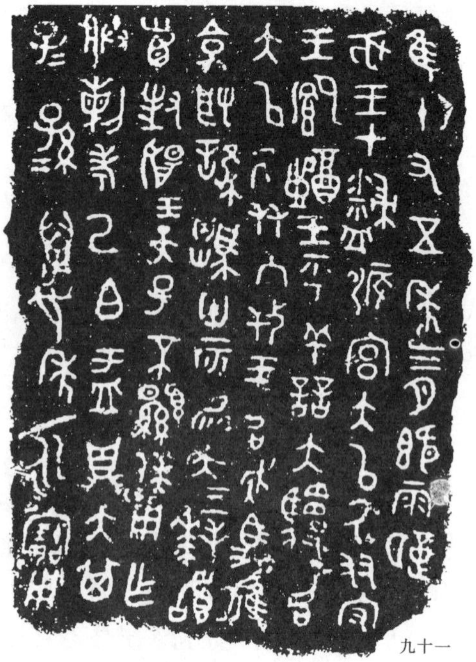

九十一

●大鼎 铭文
《中国历史参考图谱》(上)

图 3-19 周代之金文

卜祭

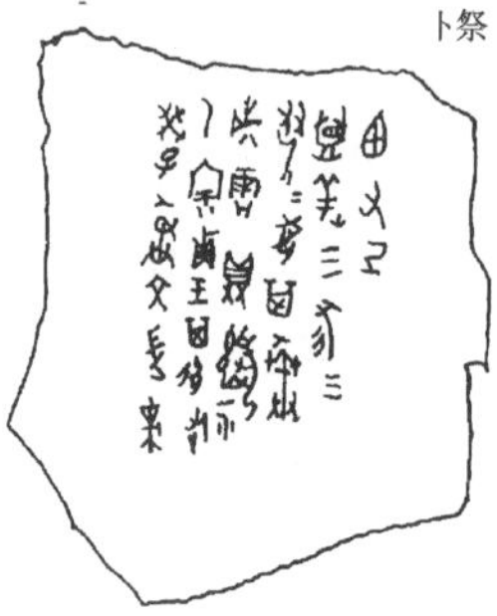

卜祭

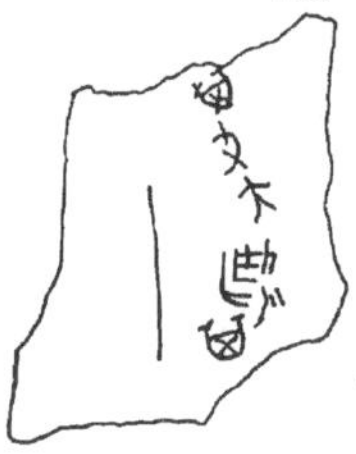

月象及记时法

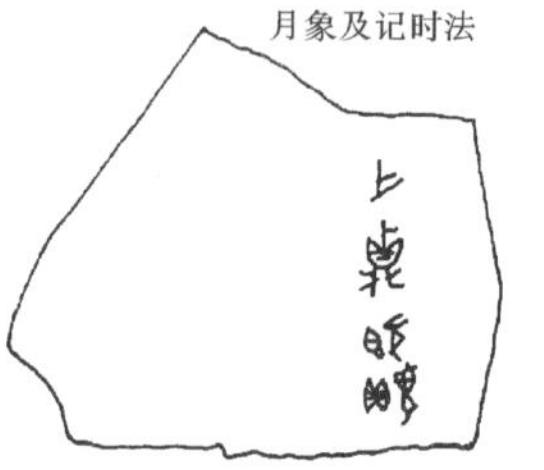

卜祭

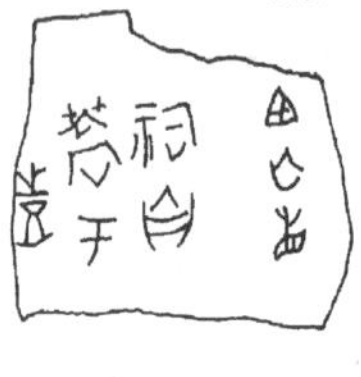

月象及记时法

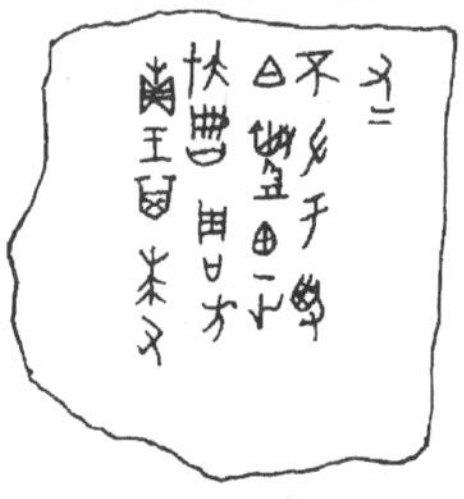

卜出入

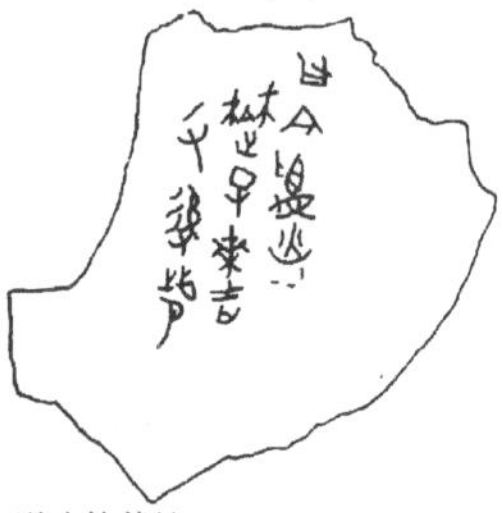

●陕西岐山县凤雏村早周大型建筑基址出土甲骨文 (H11)(《文物》1979年第10期)

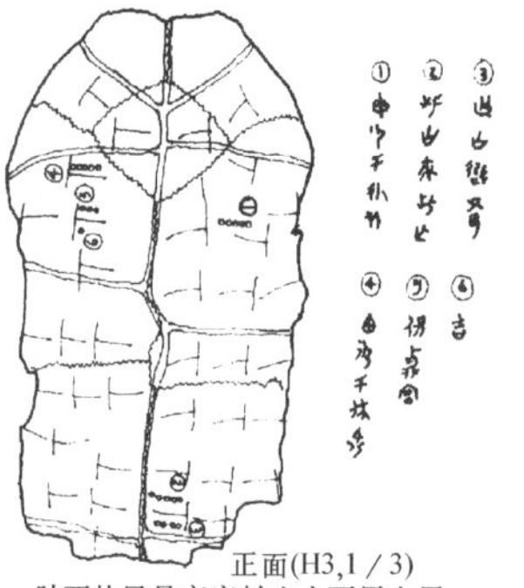

正面(H3,1／3)
•陕西扶风县齐家村出土西周卜甲
(《文物》1981年第9期)

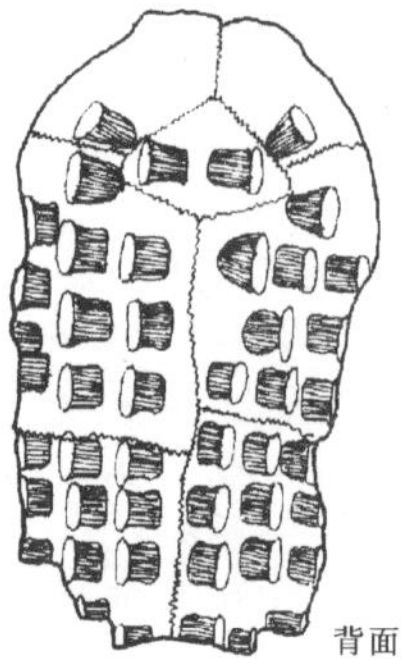

背面

图 3-20 周代之卜骨、卜甲

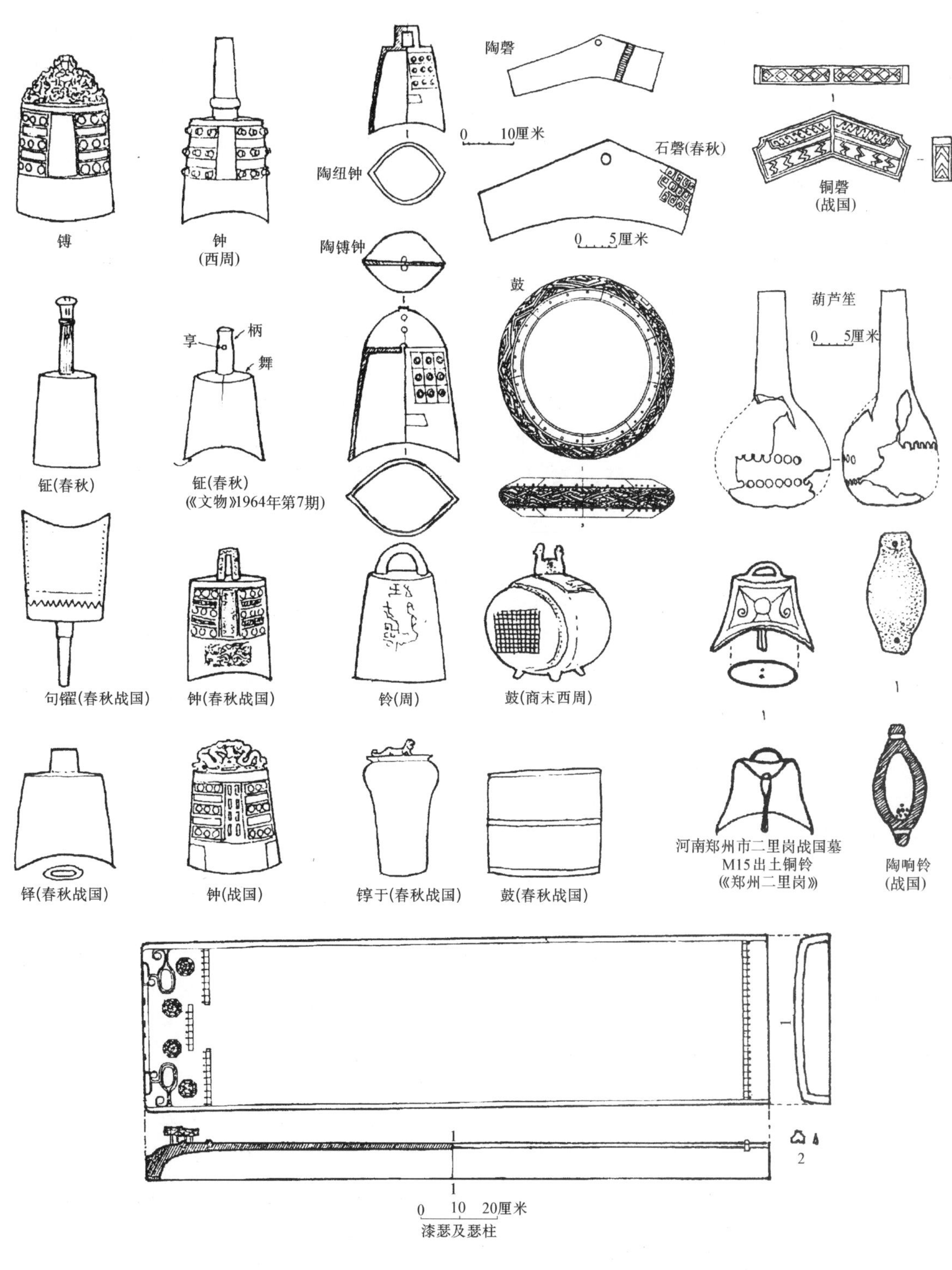

图 3-21 周代之乐器

以神怪、云气等为主题，用笔流畅，施色鲜明，极具文物与艺术价值。其他施于家具（几、案、鼓座……）及器皿上的图形纹样，也十分精丽美观，以红、黑为主调，间以金、白、棕诸色，形成了既调和又醒目的效果。

第二节　周代的建筑

根据历史文献和考古发掘资料，周代的建筑活动十分活跃，成为社会生活中的重要组成部分。其所涉及的范围亦相当广阔，有城邑、宫室、坛庙、陵墓、苑囿、边塞、道路、水利、民居等方面。在有周八百年间，为此殚耗的人力和物力，已经无法予以统计。然而也给我们留下了许多宝贵的遗产，无论是设计原则思想、建筑的技术和艺术，都有不少显著的特点。不但推动了当时建筑的进步，同时也为后代建筑的发展，起了重要的导引作用。

以下就周代建筑的各种类型，分别进行阐述。

一、城市

（一）封建等级制度对城市的影响

周代初年，随着封建制度的推行和发展，分封到全国各地的诸侯领主，纷纷在自己的领地上建立许多大大小小的城邑，或将旧有的城镇予以扩展，以作为他们在政治、经济和军事上统治的据点。这种活动到了春秋、战国时期，就进行得更加频繁。如《左传》中所载，自惠公二十八年筑郿，至哀公六年城邾瑕的不完全统计，250年间，大规模筑城即有三十余次，推其原因大多基于战争需要。据《春秋大事表·都邑》所载，周王有城邑四十、晋七十一、鲁四十、齐三十八、郑三十一、宋二十一、卫十八、莒十三、越十一、徐十、曹九、邾九、秦七、吴七、许六、陈四、蔡四、纪四、庸三、虞二、虢二、麇一。以上不完全之统计，城邑总数已达351座。至战国时，列国诸侯城邑总数又大大超过于此。

周代城市的等级，大体可分为三类：(1) 周王都城（称为“王城”或“国”）；(2) 诸侯封国都城；(3) 宗室或卿大夫封地都邑（依《左传》庄公二十八年所载，建有宗庙者，方可称“都”；无宗庙者，称“邑”）。除了政治地位上的高低以外，在城市的面积及其他附属设施（如城墙高度，道路宽度……）方面，也有着明显的区别。按照中国古代传统的数字观念，九是单位数中最高的数值，因此将它定为帝王专用。由此以下，依“二”的级数递减，形成了九、七、五、三、一的数字比例关系，这就是《左传》庄公十八年所载的：“名位不同，礼亦异数”。以及《汉书》卷七十三·韦贤传：“自上而下，降杀以两，礼也”，都说明了这个问题。表现在周代诸侯城制上，则如《左传》隐公元年所述：“先王之制，大都不过国三之一，中五之一、小九之一”。也就是说诸侯之城分为三等：“大都”（公）之城是天子之“国”的1/3，“中都”（侯、伯）为1/5，“子都”（子、男）为1/9。此外，文献中亦有定天子之城方九里，诸侯城则方七里（公），五里（侯、伯）与三里（子、男），卿大夫方一里的记载。这些都表示了周代各级城邑的严格等级关系，但是此制曾在何时执行？其执行情况又如何？则不得而知。因目前所知资料，还不能充分反映上面所述的情况。自东周以下，周王室权威日渐衰微，而各地诸侯势力却不断膨胀，于是出现了所谓的“礼崩乐坏”混乱局面。因此各地诸侯的城邑建设，就更加不受上述规定的约束，而任意自行发展了。

据已知文献与考古发掘，周代帝王诸侯的城市，大都有两道或更多的城墙，并将全城分为内城与外郭两大部分，所谓“城以卫君，郭以守民”，其职能是十分明显的。而郭城大于内城，也是理所当然。如《孟子·公孔丑篇》就有：“三里之城，七里之廓”。《国策》也载：“田单曰：‘臣以五里之城，七里之廓，破军亡卒，破万乘之燕，复齐墟……’”。也表明城与廓间，存在着一种比例关系。城垣之外，必有护河（称为“池），有的在外城内侧或内城之外，再挖有护河的。城墙高度亦有规定，由《五经异义》，知“天子之城高七雉，隅高九雉”。一雉高一丈，则王城城垣高七丈。诸侯城则等而下之，如《史记》卷七十三·白起、王翦传：“……以三十万之众，守（大）梁七仞之城……”。这是记战国末秦军攻魏情景。据《尔雅》：四尺谓之“仞”，倍“仞”谓之“寻”。则七仞高二丈八尺，以一周尺等于23厘米计算，合今制6.44米。作为魏都城墙，此高度可能有误。后世又考定为一仞七尺，则七仞高四丈九尺，合今制11.27米。而四丈九尺和诸侯城高次于王城一级的五丈（即五雉）甚为相近，比较可信。此时城上已有女墙、雉堞，城门上建城楼，城角处建高于城墙二雉的“隅”（即角台）等等，它们在古文献中亦多有反映，如《周礼正义·匠人·疏》：“此城有逆墙者，即所谓女墙也。……逆墙六分城高，以一分为之”。《考工记》，“城隅之制九雉”。

城垣皆用土夯筑，并有相当大的收分。据《匠人》：“囷窌仓城，逆墙六分”。郑玄《注》：“六分其高，却一分以为䊝”。即表墙之收分为墙基厚的1/6。城墙厚度，自十余米至三十米不等，它随城邑大小、性质以及构筑时间不同而有所区别。前二者是因为各诸侯城等级、人口等在政治、经济上的差异所形成的。后者则是出于各国之间战争的日益频繁和更加激烈的实际需要。因此，在对古城址的探掘中，常发现其城垣中春秋时期所构筑的部分，被战国的夯土所包围与叠压，就是出于这个缘故。例如洛阳东周王城之东墙与南墙所见。在构筑城垣时，又常在其薄弱环节如城门之入口或城墙之转角处予以拓宽和增厚，形成墩台状的“门台”与“角台”，以利防守及建造其上的门楼与角楼。此类构筑遗物之实例，已见于齐都临淄之小城东门及东北城隅等处。

城之修造，除面积、高度……已有等级区别外，对建造时间，亦有定规，并纳入制度。如《礼记·月令》载：“孟秋之月，补城郭”。“仲秋之月，可以筑城郭”。“孟冬之月，坏城郭，戒门闾，修键闭，慎管籥。”因这一时期正值农闲，气候又转凉爽，故不失为筑城良好时机。此种做法，亦沿用于后代之筑城及水利工程。周代文献中有关筑城之最早记录，为鲁隐公七年“夏，城中丘”，以其不合时令而载于史。同样情况，又有“九年夏，城郎”。而桓公十六年“冬，城向”，则是合乎时令的举措。

城市中之道路，亦因封建等级的高低而定其宽窄。据《周礼·考工记》载，周王城中的主要干道是“经途九轨”。《匠人》中又载：“经涂九轨，环涂七轨，野涂五轨”。“（国之）环涂以为诸侯经涂，野涂以为都经涂”。这里表明了王城的环城道路“环涂”与郊外道路“野涂”的具体尺度，并阐明了它们和大小诸侯城中干道的关系。依此推测，则诸侯城的“环涂”应宽五轨，“野涂”应宽三轨；而“都”的“环涂”宽三轨，“野涂”宽一轨。按周制一轨宽八尺，因此可知周代的一级道路宽七十二尺，合今制16.56米；二级道路宽五十六尺，合12.88米；三级道路宽四十尺，合9.2米；四级道路宽二十四尺，合5.52米；五级道路宽八尺，合1.84米。

由楚国郢都的遗址发掘，知其无论是旱门（如西垣北门）或水门（南垣西门），都采取“一门三道”的制式。除水门各通道均宽3.7米以外，旱门中道宽7.8米，两侧各宽3.8～4米，即中央门道宽为侧道之两倍。约合周制四轨之宽，这显然是为了供统治者车马畅行的措施。侧道则用作一般民众往来。从形制上看，它们的位置既偏，宽度又窄，然而这却是封建统治阶级所需要的。

（二）周代的城市

1. 周王都城

周人建国前后的都城，大致分布在关中与河洛一带。

（1）周人的早期都城及丰、镐二京

据《史记》卷四·周纪所载，周人在建国前的第一个都城，是首领公刘之子庆节所营的豳

（今陕西彬县）。当时人众还居住在土穴中，其简陋可想而知。后来古公亶父率族迁岐，才正式建立城郭与宫室、房屋。第三个都城是西伯昌新建的丰邑（今陕西西安市西）。武王灭商立国后，仍都于此。同时又命周公建雒邑（今河南洛阳），是为西周之东都，但此城工程未竣。成王复位后，又"使召公复营洛邑，如武王之意。周公复卜申视，卒营筑居九鼎焉"（《史记·周纪》）。另又于丰邑附近，建新都镐京（亦名宗周）。《诗经·大雅》文王有声载："文王受命，有此武功，既伐于崇，作邑于丰，文王烝哉。……考卜维王，宅是镐京，维龟正之，武王成之，武王烝哉"。这里已经明确表明了丰、镐二京的建造及其顺序。至于二者位置，则依《毛诗》郑笺："丰邑在水之西，镐京在丰水之东"，为我们提供了重要线索。然而它们的实际位置、平面形状、面积大小及有无都墙等具体情况，目前尚无从了解。此外，西周初年又在雒邑以东约 30 公里处建成周城，据记载是用以监管商殷遗民中的顽劣者。

丰、镐二都始毁于西周末的犬戎入侵。尔后西汉武帝兴建御苑昆明池，在长安西郊大兴土木，上述二京故址遂遭严重破坏。解放后经多次大规模发掘，在昆明池旧址西北之洛水村至斗门镇一带，发现不少西周时代夯土基址及文化遗物，结合文献，推断西周镐京的位置，在今西安市西北十公里斗门镇花园村西 500 米之眉鸣岭一带。而位于丰河西岸的客省庄、冯村及灵沼以北，则可能是丰邑部分遗址之所在（图 3-22）。1981—1984 年间，在客省庄至王马村一带发现西周大型夯土基址 14 处，其中的四号 T 形基址，东西长 61.5 米，西部最宽达 35.3 米，东部残宽 27.3 米，总面

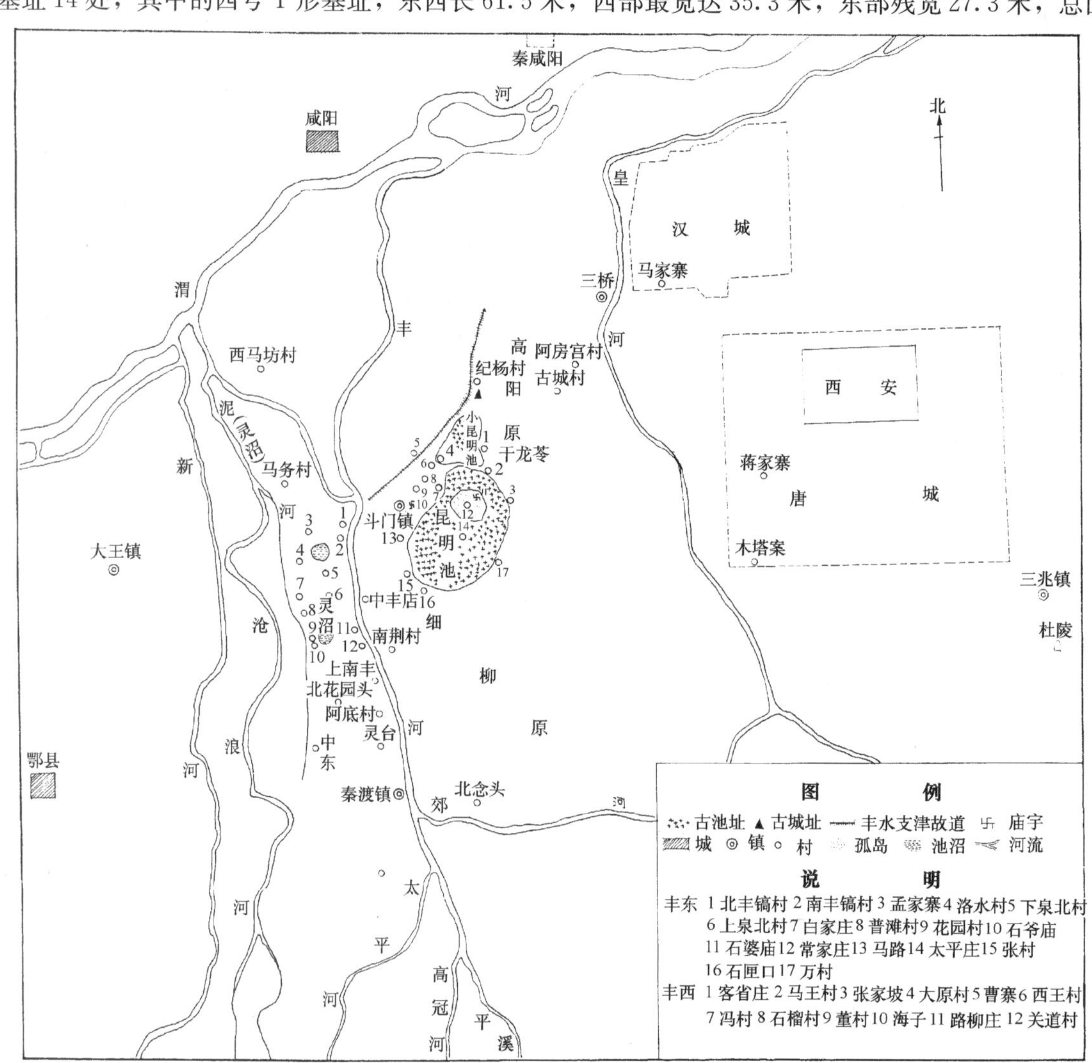

图 3-22　西周故都丰、镐地区位置图(《考古》1963 年第 4 期)

积超过1900平方米，是目前已知西周建筑基址最大的一处。[4]据唐·司马贞《史记索引》，谓武王建镐京后，立文王庙于丰，两都相距25里，但具体位置尚待考证。

根据多年考古发掘，可对西周丰京的布局有一初步了解。已发现之大型夯土基址多集中于遗址北部的客省庄至马王村一带。制骨作坊则位于遗址的南部。墓葬主要集中于马王村至大原村之高地上，而新旺村、冯村附近的高地上亦有发现。

上述资料表明，沣西一带在武王灭商以前早已成为周人居住之处。而丰都就是在此基础上建立起来的。

至于丰、镐二京之废弃时间，由于古史中对西周以后未载有任何涉及镐京的史录，而斗门镇至南丰村一带又未发现东周时期遗物，因此镐京很可能全毁于犬戎一役。但丰京的若干建筑如灵台，在东周时尚部分保存并被使用（见《左传》僖公十五年），故完全废弃时间较迟。但该处已不复具有都城的功能。

（2）雒邑、成周

雒邑是西周的东都与东周的国都，武王始建之情状，已见前述。成王七年复政后，其春之二月与三月，即先后命召公与周公亲至洛邑，相土卜地，续建新都，史文中又称之为“新邑”、“大邑”、“新大邑”、“新邑洛”、“成周”等。见《士卿尊铭》：“丁巳，王在新邑”。《柬鼎铭》“癸卯，王东奠新邑”。《尚书·召诰》：“周公朝至于洛，则达观于新邑营”。《多士》：“今朕作大邑于兹洛。”又：“周公初于新邑洛，用告商王士”。《康诰》：“周公初墓，作新大邑于东国洛”。《洛诰》：“王肇称殷礼，祀于新邑”。约在其后五年，即成王十二年，新都大功告成，成王也就迁都于此，事见《何尊》铭文；“惟王初迁宅于成周，复禀武王礼，福自天，……惟王五祀”，这里就已说明所迁的地点和时间。另据《尚书·洛诰》：“戊辰，王在洛邑蒸，祭岁”，则表明了成王在洛邑于冬季（为周代岁首）所进行的祭祀活动。而《史记》卷三十三·鲁周公世家又载；“周公在丰，病将殁，曰：必葬我成周，以明吾不敢离成王。”也证明成王当时确已身在成周。上述文献中，常将洛邑与成周混为一谈，实际上成周是洛邑以东的另一城市。而东周文献中，则将洛邑称为王城，如《左传》昭公廾二年，……所记。

古代之都城，除建宫室以外，必营祖庙。《左传》云：“凡邑，有宗庙先君之主，曰：‘都’；无，曰：‘邑’。”可见都、邑是有很大区别的。但文献中又往往不是那么严格，如上述引文中的第一个“邑”，就有含义混淆之处。东都既称洛邑，是否建有宗庙？《尚书·洛诰》载：“戊辰，王在新邑，……王入太室”。《逸周书·作雒解》则称：“乃作大邑、成周于土中，……乃位五宫，太庙、宗宫、考宫、路寝、明堂”。按所述“宗宫”，“考宫”，为周文王、武王在太庙中的祀所。而《诗经》中的《清庙》、《维清》、《维天之命》、《天作》诸篇，皆为祭庙之作，由此可见此时之洛邑，已经建有宗庙，完全符合国都的条件。

但是成王以后的西周诸王，并不都在洛邑执政。在铜器铭文中，曾载有昭、穆、恭、懿、孝、夷、厉、宣、幽诸王“在周（即成周）”的铭记，表明他们至少还是往来于宗周（按：以周为天下所宗，故凡王都若丰、镐、洛邑，皆号称“宗周”。如《书经》卷五·多方：“王来自奄，至于宗周”。及卷六·周官：“归于宗周，董正治官。”皆谓成王归于镐京之事。而《礼记》卷八·祭统：“随难于汉阳，即宫于宗周”。则此宗周为东周之王城洛邑），不过西周仍以丰、镐为主要首都。及至犬戎入侵，杀幽王于骊山之下，于是王室全部东迁。其后自平王至悼王，又末代赧王共十四世，均都于洛邑，从而成为东周王朝五百余年的政治与经济、文化中心。就地理、物产、气候和交通条件而论，洛邑较之丰、镐要优越得多，而且中国的富庶之地在东与南，居此进图比关中方便。

此外，洛邑还符合古代帝王建都于国土中央的“居天下中”思想，对于会诸侯，抚四夷，纳贡赋有利。因此周公曾以“此天下之中，四方入贡道里均”（见《史记》卷四·周纪），作为谏成王定都洛邑的理由之一。

关于周代洛邑的具体位置，由于该城毁废已久，学者对此争议甚多，文献所载亦不一致。内中可信的有《尚书·洛诰》：“我乃卜涧水东，瀍水西，惟洛食”。可知西周雒邑应在此二水之间。又《后汉书》卷二十九·郡国志中雒阳条，其注引《博物记》六：“（周）王城方七百二十丈，郛方一十里，南望雒水，北至郏山”。通过考古发掘，在今洛阳市中州路一带，发现了汉河南郡河南县城遗址[5]，其外垣均已探明（图3-23）。据《汉书》卷二十八（上）·地理志中班固注，考定该地为周王城所在。经多次扩大发掘，在此遗址以外，又发现范围更大之城址（图3-23-甲），时代属东周。其北墙保存最为完整，全长2890米，方向北偏东，墙体呈一直线。西墙较曲折，现尚保留约2200米，大部位于涧河以西，其南北走向墙身基本顺磁针方向。南墙仅余西南一段较明显，残长约1000米，横跨涧水，方向与西墙垂直。东墙亦残存东北一段约1000米，与北墙相接，走向大致同西墙之北段。此城形状大体呈方形，南北相距约3200米，墙体均由夯土筑成，夯体坚实。早期城墙厚度为5米，后经多次培筑，现存一般墙宽均约10米。但各墙夯筑时间不同，北墙残高约1米，残宽7米，其上部堆积压有春秋层，下部压有西周与晚商层；东墙与南墙底层夯土仍属春秋，上部则经战国及其后多次修补；西墙大部属战国，时代最晚，城内沿墙设二层台，似为巩固墙基之用。北墙之外，留有宽5米之护城河遗迹。但各面城垣之城门位置及数量，尚不明了。另据《逸周书·作雒》：“王城郛方七十二里，南系于洛水，北固于郏山”（按“郏”即“邙”）。表明王城已有郭。而《左传》则谓该城有圉门（南门）、北门（乾祭门）、东门（鼎门）等城门数处。

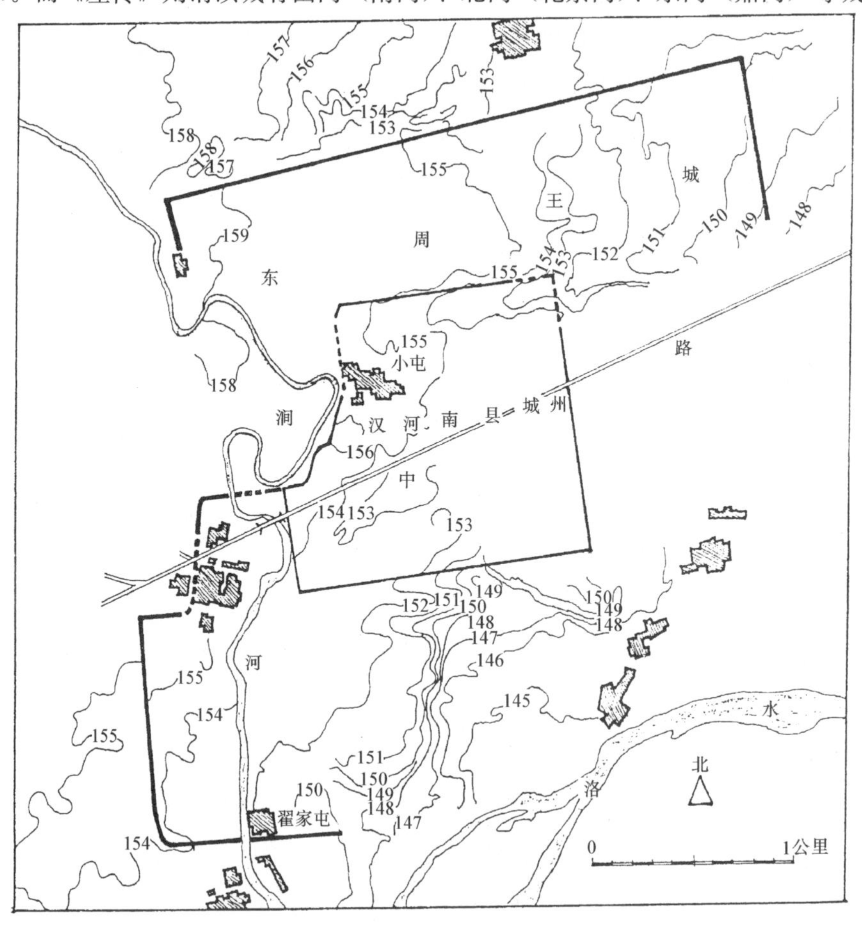

图3-23-甲　河南洛阳市东周王城遗址实测图（《考古》1998年第3期）

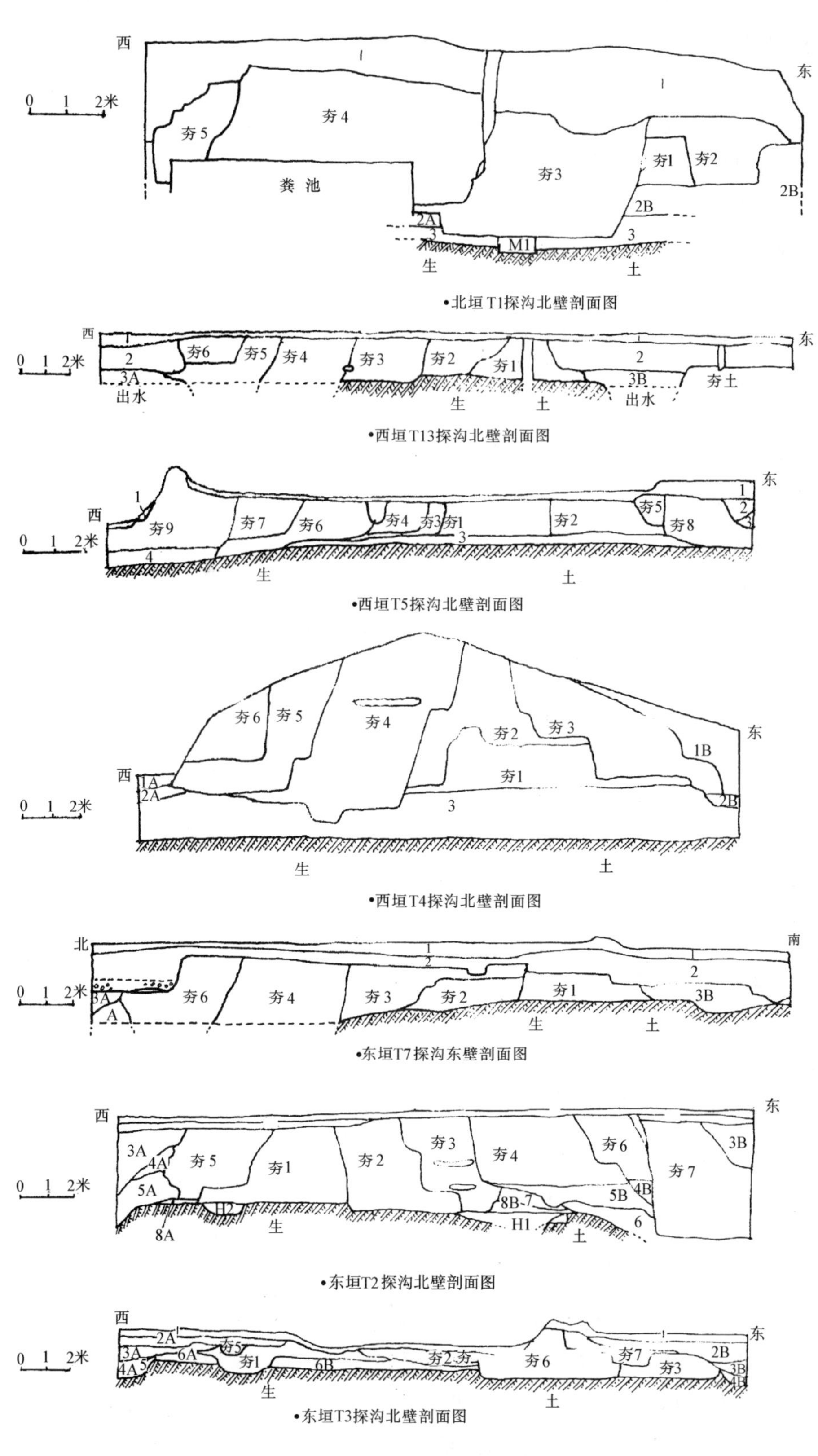

图 3-23-乙 河南洛阳市东周成周—汉魏洛阳城垣剖面图
(《考古学报》1998 年第 3 期)

由于汉河南县城（约占周王城面积10平方公里之1/4）的建立，使王城原来情况难以了解。就现已发掘所得资料，在王城偏南中部，有大型夯土基址二处，其北端者东西344米，南北182米，周以围墙，内有平面矩形之建筑台基若干，并遗有大量筒瓦及版瓦，估计是王宫、宗庙、社稷等重要建筑所在。城北有窑场、骨器及石器作坊遗址，面积都很大，其布局适在上述宫室建筑之后，符合“面朝背市”的原则。然而在城市中部（即沿今日中州路一带），发现东周墓葬若干，颇令人费解。按照常规，它们是不应当出现在王城中如此重要的地区的。

城内发现的建筑构件，有直径约20厘米的陶质水管，以及大量瓦件。其瓦当呈半圆形，纹样有卷云纹及饕餮纹等，形制颇多。

1984年考古学者对汉、魏洛阳故城城垣遗址进行了试掘[5]，共开掘探沟十一条，其中北垣一条（T1）、西垣四条（T4、T5、T12、T13）、东垣六条（T2、T3、T7、T8、T10、T11），发现了自西周经秦、汉迄于北魏各时期的筑城夯土遗迹（图3-23-乙），从而基本确认了成周城始建与扩展的先后顺序及时空范围，现将有关情况简述于下：

各探沟截取之城垣宽度，自15.6米（北垣T1）至26.5米（东垣T11）不等，其断面表现为分界相当明显的不同时期夯土5～9区，有的叠压情况相当复杂。其中早期之夯土（西周→秦）宽度一般为10～12米，经判断各探沟处城垣之始建夯土分别为：

北垣：	T1	秦秋中期	东垣：	T8	春秋晚期
西垣：	T13	春秋中期		T7	西周
	T12	西周		T2	西周
	T5	西周		T10	不明
	T4	秦		T11	不明
				T3	秦

夯土城垣之底部，或于生土及早期地层上掘出口大底小之梯形断面基槽（如北垣T1之东周夯1，夯2下，槽深0.9米）、或迳于平地起筑（如T13之东周夯1、夯2）。

后世加筑之墙垣，常将其内侧依凭之旧有城垣表面修整成台阶状，然后再行夯筑，例见东垣T2之夯2（东周）及夯3（秦）夯土。

周代夯土大多为红褐色或灰色土壤，为就地取土者，夯打质量较差，表现为土壤松软，夯层较厚（西周为5～20厘米，东周为5～12厘米）且不均匀，夯层与夯窝均不明显。少数已使用长1～3米，宽0.13～0.15米之夹板，用作夯土中未夯端之挡板。

秦代夯土大多为红褐色及黄褐色黏土，土质较纯净，显然经过挑选，夯打坚实，夯层较薄，厚3～10厘米左右。夯土中使用夹棍（长1.5～2米，直径8～15厘米），放置方向与城垣垂直，每排中棍间距0.7～1.1米，上下排相距0.8～1米，用以对城垣夯土之加固。

由上述各城垣始筑夯土之情况表明，成周之兴造大体可划分为三期：即中部始建于西周，其平面大致呈南北五里、东西六里之横长方形。北部扩建于东周春秋中晚期，平面作曲尺形。南部则建于秦代，平面作东西长南北狭之矩形，此时全城南北约达九里，平面及范围已基本定型（图3-23-丙），尔后为两汉、曹魏、西晋及北魏所沿用。

西周成周城址的确认及其发展与演变，是建筑史学中一件重要发现，在早期都城丰、镐均已基本湮没的情况下，对成周与王城的发现与研究，其意义之重要自是不言而喻的。

关于成周的资料，古代文献甚少提及。由《史记》卷三十三·鲁周公世家，知“成王七年……三月，周公往营成周、雒邑，卜居焉，曰：‘吉’，遂国之”。说明成周与洛邑之营建同时，其落成在成王七年（公元前1015年）以后。当时建造目的，既是要承武王建都于天下中心以统万民的志愿，又是为了驻重兵以监管迁徙来此的殷代顽民（见《何尊》铭文及《尚书·洛诰》等文献），并非用以定居王室。公元前770年，平王因犬戎压迫，东徙而迁都洛邑。以后再250年，敬王始迁成周。故笔者以为该城完全具备王都条件，当在春秋之中、晚期。而此时之情况，自与西周初建时已有天壤之别。

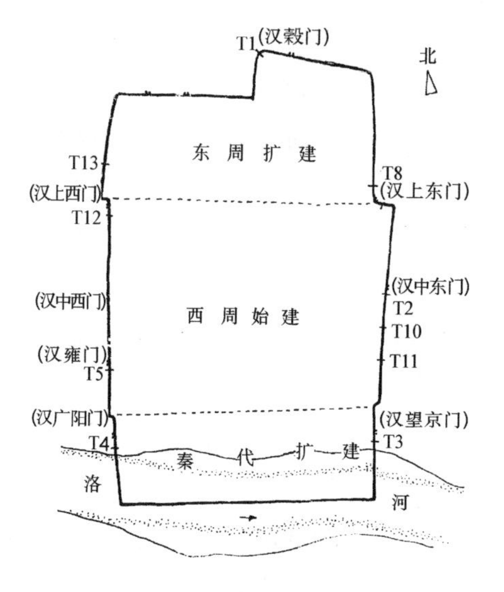

图3-23-丙　周、秦成周—洛阳城平面发展示意图(《考古学报》1998年第3期)

(3)《周礼·考工记》中描绘之周王城

据信是战国齐人所撰写的《考工记》，曾对周代王城作如下之叙述："匠人营国，方九里，旁三门。国中九经九纬，经涂九轨。左祖右社，面朝后市。市朝一夫"。按照这一记载，周代王城的平面应是由对称道路分划的九区正方形，王宫居中（图3-24），祖庙与社在宫南，市在宫北。而实际的东周都城雒邑情况如何？因城内遗址年久破坏，整体布局无法断言。经发掘知其平面并非完全的正方形，宫室建筑偏南而城内中部置有墓葬，都是和《考工记》大相径庭的。由于丰、镐及成周的资料极少，亦无法与之相比较。若就目前所了解的周代诸侯城市而言，除鲁都曲阜等少数都邑与之相仿佛外，绝大多数都不依此规定。但无可否认的是，《考工记》中的王城布局，无疑反映了"居天下之中"的王权至上思想。采用了方形平面，也许还和"天圆地方"的观念有关，以及表达对属下千邦万国的全方位统治。"九"又是单位数字中的最高者，常属帝王专用，所谓"九五之尊"即是。反映在周王城建筑中的，就有国"方九里"，"九经九纬"，"经涂九轨"。"（宫）内有九室，九嫔居之；外有九室，九卿朝焉"，"王城……城隅高九雉"等等，表明此时的"九"，已是周王所专用的了。另外，王城内部的划分，也和"井田制"的井字形划分有关联。而井田制曾盛于西周，至春秋才逐渐消亡。它在王城制度中的反映，说明了产生这种规划思想的时代应早于战国。过去学界有人因未发现类似《考工记》所叙述的实物遗迹，所以对此书抱怀疑甚至否定态度。笔者认为此项载述不可能全部出于杜撰，如果说不是反映了周初王城建设的大致轮廓，至少也是对西周王城一种理想模式的描绘。然而后人却将它奉为至高无上的金科玉律，并努力宣扬这些法则以贯彻到后来的封建王朝帝都规划中去。由于未考虑社会的发展与需求的改变，因此一直未被后代王朝所全盘接受。

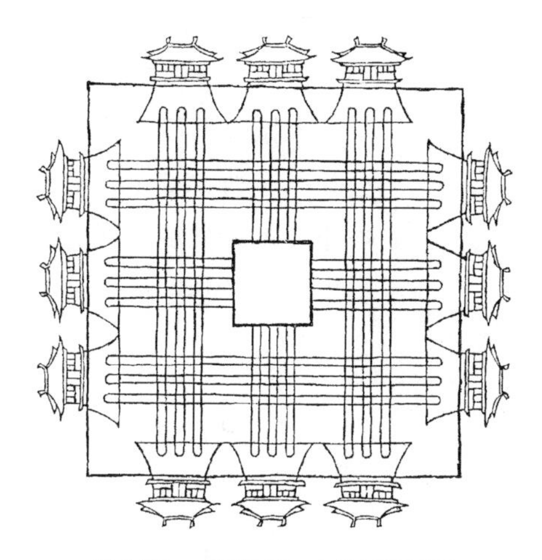
图3-24　《三礼图》中的周王城图

2. 周代诸侯城邑

西周初期诸侯大邑见于记载的，有鲁国曲阜、齐国营邱，可能都是利用当地原有建置，规模亦不甚大。经过西周至春秋的兼并，中小诸侯国被消灭了90%，剩下的又以齐、楚、晋、秦、宋等十四国最强。各国的都城，也都因国力强盛与长期建设得到发展。城市的面积也由于人口的增加，手工业与商业的繁荣，以及对周王旧时法规的漠视而得到巨大扩展。例如齐临淄、燕下都、赵邯郸、魏大梁、韩新郑、楚鄢郢、秦咸阳等，都成为人口众多，商廛密集的大城市。其下属各级城市以及中小诸侯之采邑都城则为数更多。这些城市虽规模不逮前者，但“麻雀虽小，五脏俱全”，凡是为其统治者在政治、军事、经济等方面所需要的，如外郭、城墙、外濠、角台、内城、宫室等，皆一应俱备，下面将要提及的各类城市，都是具有相当典型的实例。

现就考古发掘所获及文献资料，对周代遗存之若干城市，依大、小诸侯国之都城、陪都及一般城邑，分别叙述于后：

（1）鲁曲阜[6]

为周武王封周公旦子伯禽于鲁国之都城。遗址在今山东曲阜，旧有面积约为今曲阜市之六倍。故城形状作大体规则之矩形。东西 3700 米，南北 2700 米，面积约 10 平方公里（图 3-25）。据多次发掘，知该城筑有内、中、外城垣三道，其外垣筑于西周晚期至西汉。中垣建于东汉。内垣最晚，据记载为明嘉靖初所构，即今日之曲阜市址。惟东汉及明代之城垣，均共用旧时西周南墙西侧之一段。城垣皆由夯土构筑，其夯层清晰可见。周代大垣共辟有城门十一处，其东、西、北三面各置三门，南面二门。据《左传》等文献，知有稷门、东门、上东门、子驹门、莱门、雩门、鹿门、石门等。门道宽度 7～15 米。据对南墙东侧城门之发掘，其门外二侧，各筑有向前伸出之矩形平面土墩台一座。墩台现存残高约 1 米，宽 30 米，伸出垣外 58 米，二台中夹之门道宽度为 10 米（图 3-26）。据种种迹象，此项墩台恐系为建城门及上方门楼而设置者。

大城中央偏东北处（即东汉城之东北隅），遗有大型夯土台基多处，其范围约有 0.3 平方公里（东西 550 米，南北 500 米）。在探明之九处台基周旁，即其东、北、西三侧，均发现有夯土墙基，推测此区可能是西周时期鲁国诸侯宫室之所在。据《春秋》鲁成公九年（公元前 582 年）及定公六年（公元前 504 年）记载，都有“城中城”之语，此“城中城”当指大城中之内城或宫城。

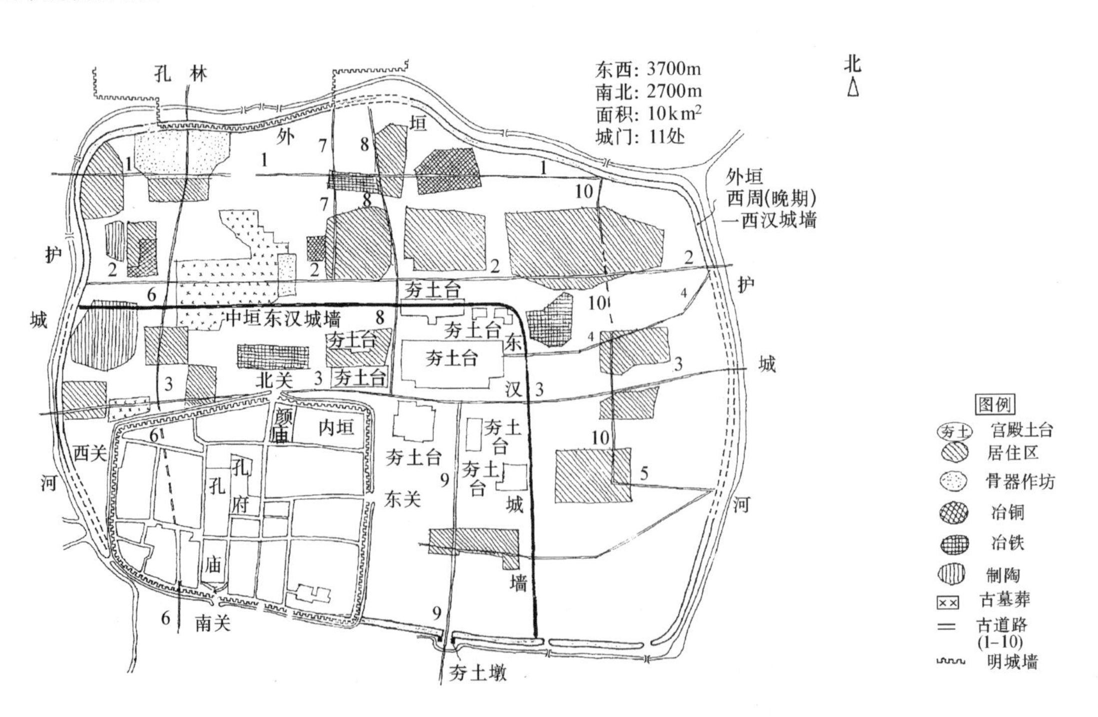

图 3-25　山东曲阜市鲁故城遗址遗迹分布图(《文物》1982 年第 12 期)

西周曲阜城址内之北部及西部，发现周代冶铜、冶铁、骨器、陶器作坊遗址不下十处之多。民居则散处于各作坊之间，数量尤为众多。城内西北，另有周人墓葬一区。

大城内之道路，已发现十条，主要有东西向及南北向各三条。其中最主要之干道为由宫室区南侧通向南墙东门者，并南延至城外1700米处之舞雩台。此处留有夯土台基，平面呈方形（东西120米，南北115米），地面以上部分已不存在，估计是当时的祭祀场所。由此向北，经南城东门直抵宫室，呈一条明显的中轴线，这是我国古代已知城市建设中最早使用中轴线布局的实例。此种将王宫置于城市中央的方式，也与西周迄战国的其他诸侯城不同，颇类似《周礼·考工记》中所述周王城的形制，这是一个值得研究的重要线索。按照中国旧时传统礼制，统治阶级的重要建筑及其布局，大都采用重点在中间与左右对称的形式。这种手法，在古代世界各地建筑中也十分常见。就目前所知的周代曲阜城平面观察，其王宫东侧似应有一南北贯通之大道，即目前发现之10号道路应向南延伸。而前述之南墙东门（即通过城市主轴线者），应为南墙之中门。这种设想恐不是毫无根据的臆断，但其证实还需要更多的考古资料或有关文献的发现。

城内出土的建筑构件，有周代的陶瓦与瓦当多种。

（2）齐临淄[7]

西周初，武王封师尚父于齐，先构都于营邱（今山东昌乐县东南），传七世至献公元年（公元前894年）始迁临淄（或以为营邱之扩大）。以后再未有迁徙，直至国灭。

此城平面呈不规则之矩形（图3-27），因介于东面之淄河与西侧之泥河（又名系水）之间，故城市发展为南北向略长于东西。临淄由大、小二城组成，大城南北长4.5公里，东西宽4公里，经实测外墙垣之周长为14158米，其面积约17平方公里。南墙与西墙较直，北墙与临淄河之东墙则多有曲折。城垣依东、西面之淄河与泥河为屏障，南、北二面则掘有宽25～30米，深3米以上之城濠。已探明大城之城门（通往小城者不在内）七处，计北墙三处，南墙二处，东、西墙各一处。依文献则有扬门（西北）、东闾（东）、稷门、鹿门（东南）、申门（西南）、雍门（南）、北门、西门、虎门等。考虑到城内旧有道路走向及当时使用可能情况，则东、西二面之城门应不仅于此。城内已掘出道路七条，其中南北向三条，东西向四条，大体呈网格形式。

小城位于大城西南隅，平面亦呈南北长之矩形。该城南北长2.2公里，东西宽1.4公里，小城城垣周长为7275米，面积约三平方公里。城墙之北、东、南三面俱平直，仅西墙依泥河而作阶梯状之曲折。已查明辟有城门五处，除西墙一门与南墙二门对外交通，

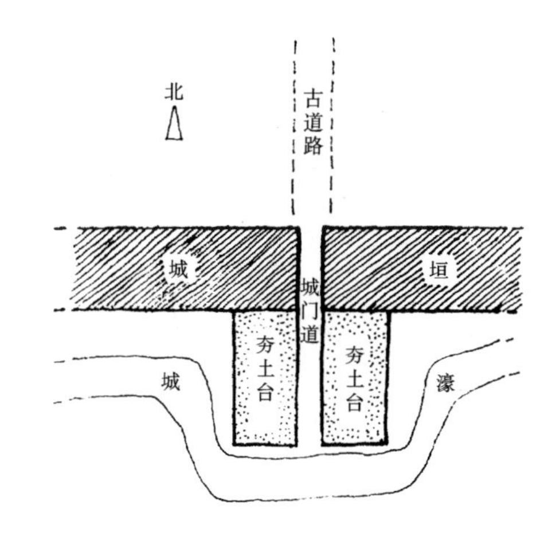

图3-26　山东曲阜市鲁故城南垣东门平面示意图(《文物》1982年第12期)

其北墙与东墙各辟一门交通外城。各门门道宽度为 8.2～20.5 米不等（图 3-28），其外口两侧墙体向外凸出，可能亦采用鲁都曲阜之类似手法，亦有学者认为是瓮城的早期形式。城垣墙基宽 20～30 米，垣外有宽 13～25 米之城濠。小城西北隅，遗有大面积夯土台基。其中心建筑为一南北长 86

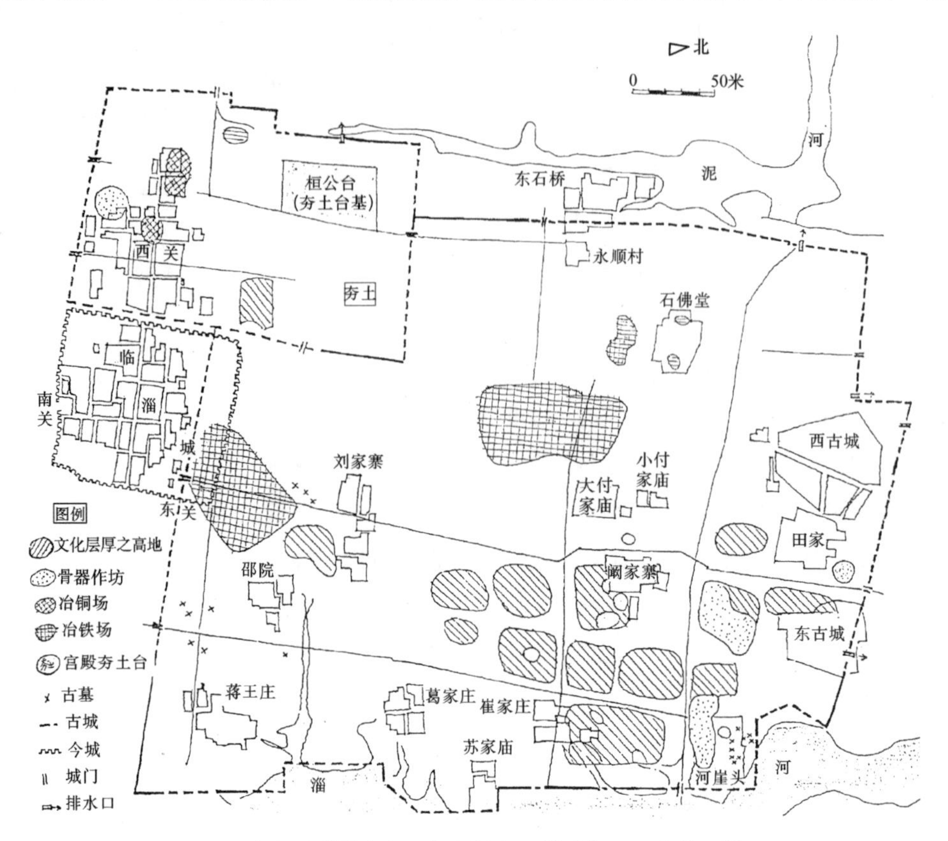

图 3-27 山东淄博市齐国故城实测图(《文物》1972 年第 5 期)

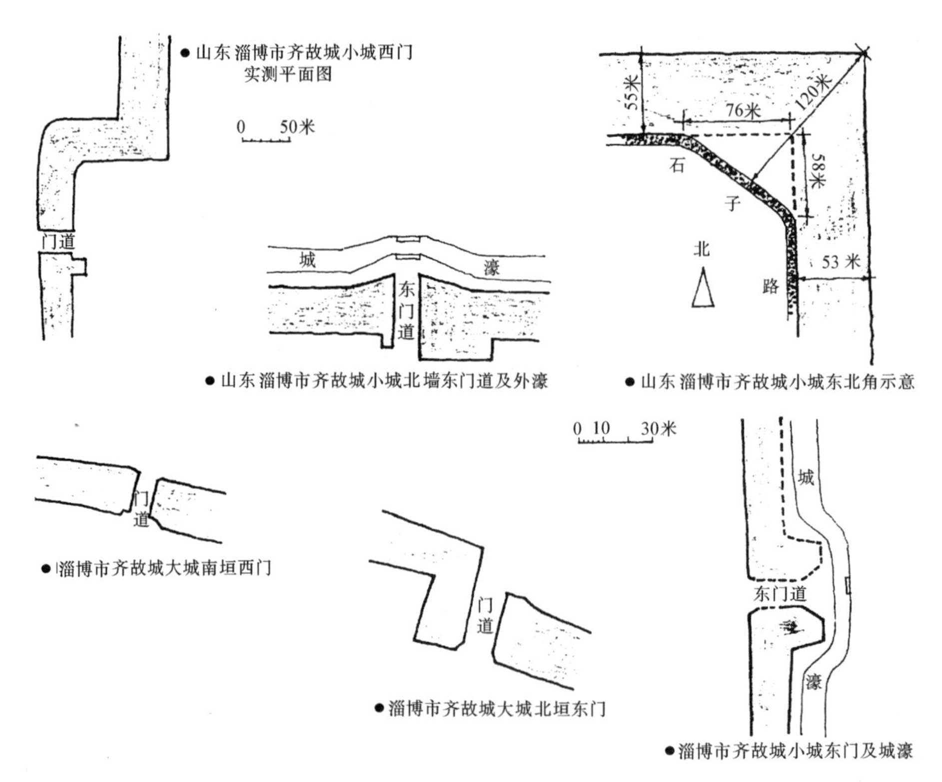

图 3-28 山东淄博市齐国故城垣及城门平面图(《文物》1972 年第 5 期)

米，残高14米之椭圆形基址，俗称“桓公台”，位于全城之最高点。据信此区应为齐侯宫室所在。

根据城内之文化堆积，大城之东部及中部（或城之东半部），大部为居住区及若干骨器作坊。冶铁场在城西及城南。小城南部有冶铜及骨器作坊，城东有少量居住区。由小城冶铜场出土之“齐法化”刀币来看，此区作坊应属于直接由官府控制之手工业。

城内公共设施除道路外，尚有设计与铺筑良好之石砌水道（图3-29）。水道两侧垣以石壁，底部垫石块二层，上再砌水沟五道。排水孔以条石构为三层。此项水道在大城东北与西侧，小城之西北至中央均有发现。其中尤以大城西侧者最长，自北墙迳通南墙共2800米，宽30米；另有支道导向城之西北。各水道均有穿越城垣排往城外之水口，大城已发现四处，小城一处。

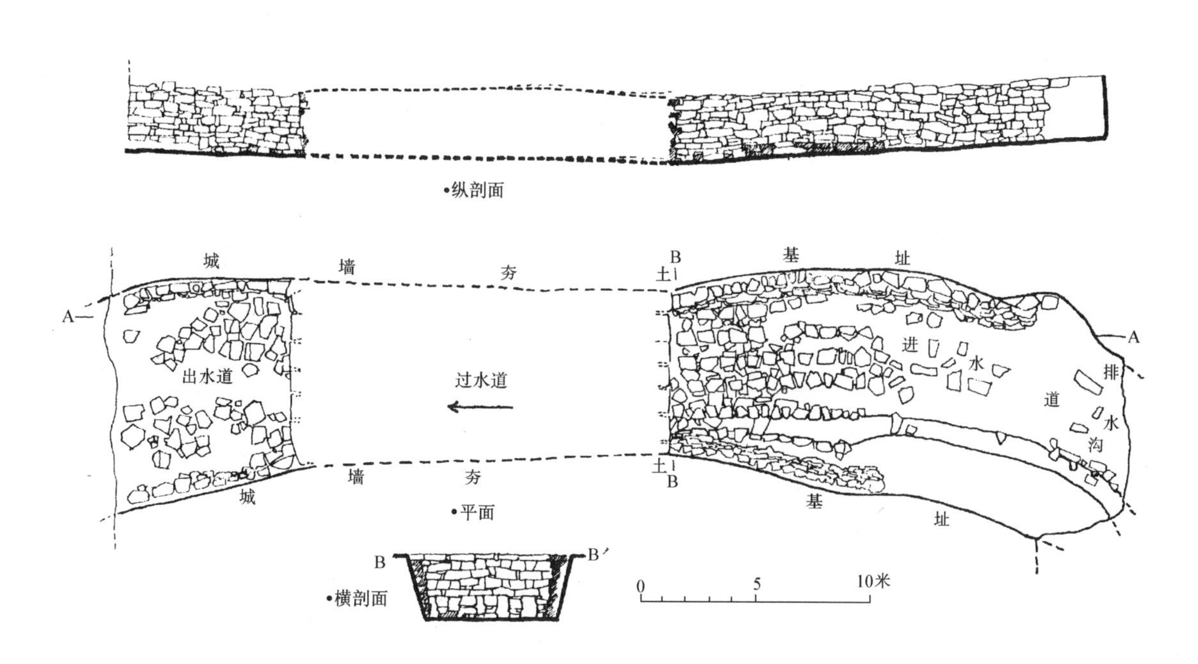

图3-29　山东淄博市齐国故城三号排水道平、剖面图(《考古》1988年第9期)

大城东北及东南，发现春秋时期墓葬多处，其中且有殉马达600匹之大墓，当属早期齐国统治者之茔地。战国时之大墓，则已迁往城南郊外。

由《战国策》等文献记载，淄博在东周时已成为全国最繁华城市。如齐宣王时（公元前455—前404年），城内已有居民七万户，男丁二十一万人。又称：“临淄甚富而实，其民无不吹竽、鼓瑟、击筑、弹琴、斗鸡、走狗、六博、踏鞠者。临淄之途，车毂击，人肩摩，连衽成帏，举袂成幕，挥汗成雨。家敦而富，志高而扬”。可见其盛况之一斑。临淄的繁荣，除了政治上的原因以外，还和齐国发展盐业和手工业分不开，这在《尚书·禹贡》也曾有所载述。

（3）燕上都与下都[8]

燕国是西周初武王大封功臣的三大诸侯国之一，原定都城于蓟（今北京市大兴区），后世称燕上都，遗址多已破坏。据近年考古发掘，该城北半部尚保留了大部分城墙基址，北墙长829米，残高1米多，内外均有护坡。城外又发现护河遗址。1996年在城内出土有“成周”字样之甲骨。而大墓M1193出土的铜器铭文，记载了周王册封燕侯的史实。在北京广安门外传说的“蓟丘”一带，曾发现燕国的饕餮纹半瓦当多具。而宣武门东至和平门，又发现数十口较集中的战国陶瓦井。说明这一带曾建有高级建筑且人口密度甚大。其南端自白纸坊向东经陶然亭至天坛一线，也掘得许多战国时期的墓葬。由此看来，明、清北京城区的西南隅，应是燕国蓟都的一部分。到目前为止，琉璃河西周燕国城址是惟一有城墙与明确年代的西周城址，其意义十分重要。

燕下都位于今日河北易县，建于何时尚不清楚，但至少在燕昭王时期（公元前 311—前 279 年）已相当繁荣，其废弃则是在秦国灭燕（公元前 222 年）以后。此城居北易水与中易水之间，由东、西二城并联组成（图 3-30），布局自成一系，与前述之鲁曲阜与齐临淄均不同。全城东西距离约 8 公里，南北 4 公里，面积约 30 平方公里，为已知周代诸侯城之最大者。

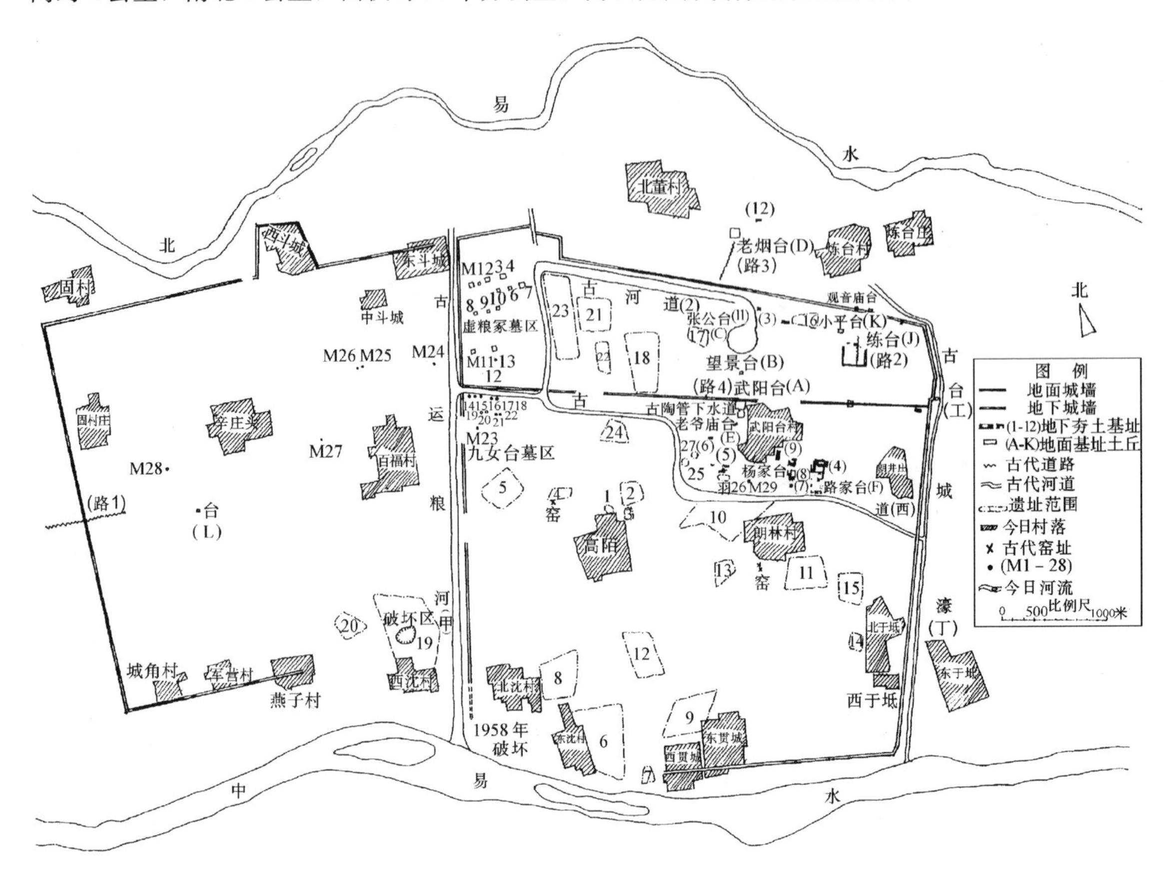

图 3-30　河北易县燕下都城址及建筑遗址位置图(《考古学报》1965 年第 1 期)

此城东墙长约 3930 米，方向 22°，其东南及东北隅均呈圆角。北墙长约 8300 米，东段方位 113°，西段 274°。西墙全长 3570 米，方位 4°。南墙仅余部分存留，西段长约 1500 米，方位 275°，中段长 1540 米，方位 101°；分隔东、西城之中垣长 3160 米，方位 15°。

城垣全由夯土筑成，基深 0.5～1.7 米。墙厚十余米。夯层厚一般 8～12 厘米，厚者可达 17～23 厘米。夯窝直径 4～5 厘米。

东城营建时期约在战国中期，即较燕昭王时稍早。此城自成一个完整的城市体系，城垣南、北二面临中易水和北易水，东、西垣外则分别为城濠及古运粮河。目前地面上尚留有城墙之若干残迹，已发现其东、北、西三面各辟城门一道。城内偏北处有走向东西之内垣一道，长 4500 米，方向 110°。垣南有沟通古运粮河与东墙外濠之东西向水道，此河道于西端另分出一支流，北行至北垣下再折向东，其末端凿为一池。即后世《水经注》易水条中所言及的“金台陂”。在内垣南北及北垣以外，发现多处夯土台基，应是燕国诸侯之宫室遗址。由此可见，上述内河支流之开凿，多系满足宫室之给排水及风景布置之要求。依据种种情况，东城应为下都之主体部分。

东城东垣外护城河的发现，为燕下都的研究提供了重要资料。此河北接北易水，南联中易水，宽 20～40 米，深约 4 米，与城垣距离 10～60 米。它与东城西垣外的古运粮河，北垣外的北易水、南垣外的中易水组合成一个环绕的护河防御体系，这就更说明了东城的重要性。

西城建设稍晚，约在战国之末。其功能则相当于东城之附郭。此城东西约 3.5 公里，南北约 3.7 公里，面积约 13 平方公里，较东城为小。除北垣中部有一小梯形平面之突出外，其余墙身均呈直线形状（其东垣即依东城西垣之大部），地面以上之墙垣至今仍有较多保存，有的尚高达 6.8 米。

除东城北部之宫室外，东城内还分布若干手工业作坊及民居。民居占地面积甚大，自内垣南至南垣之间，已有十余处之多，但主要集中于南部。宫殿区内已发现铁器、兵器及骨器作坊，均集中于该区之西北隅。居民区内有冶铁、兵器、烧陶及金属货币制造等作坊，位置都在靠近宫殿区的城市中部，规模均较宫殿区中者为小。城内道路及排水系统（管沟等）尚未有发现。西城内文化堆积极少，究其原因：一是建造期较晚，二是可能仅从军事防御需要出发，所以上述设施几乎未见。

关于此城之宫室情况，将在本章另节再予介绍。

值得注意的是在东城西北隅，建有大墓二区。一处有墓十三座，俗称“虚粮冢”，位于东城西北隅，共分为四排，最北一排有墓四座，其他各排均为三座。封土大者长宽均 40～50 米以上，高约 10 米。小者亦高宽 20～30 米以上，高 3～6 米。另外有墓十座，俗称“九女台”，位于东城内垣之东北，即“虚粮冢”以南。北边一排五座，分为东侧二座及西侧三座二组。南边一排四座，亦分为东、西二组，每组二座。以北部东组第二座墓为例，其封土高 7 米，南北长 36 米，东西宽 32.6 米。它们均构筑高大封土，显然是燕国贵族墓地（图 3-31）。此种将王侯贵族墓葬置于城内的方式，是保留了西周至春秋时的旧制。

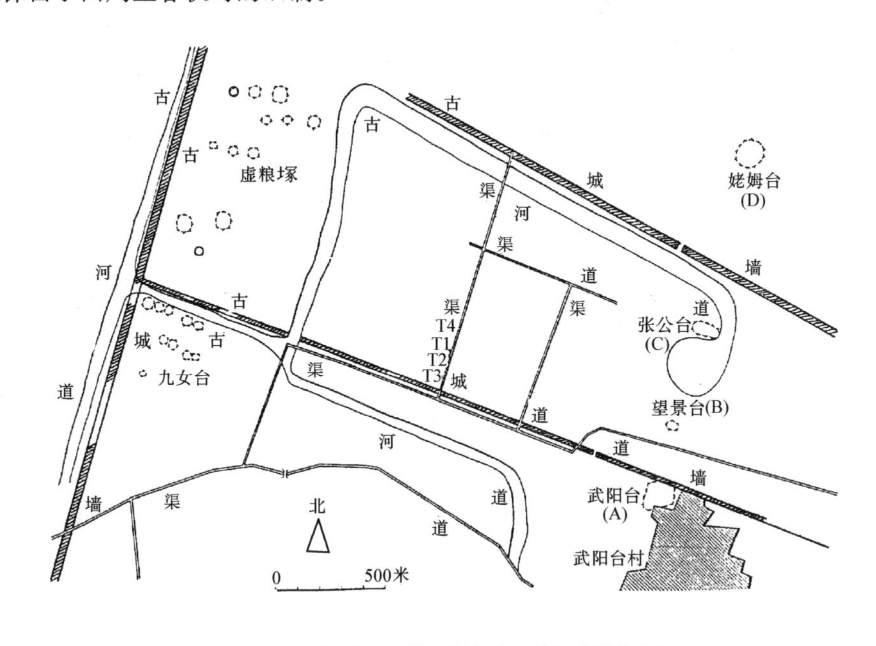

图 3-31　河北易县燕下都东城西北隅遗址分布图
（《考古》1965 年第 11 期）

从遗址发现的建筑构件主要是陶质水管、板瓦、筒瓦、瓦当、勾阑构件及井圈等。其中排水管端部作张口之虎头形，另出土之半圆瓦当及“山”字形勾阑部件，造型及纹样设计均甚有匠心。

（4）晋新田[9]

晋为西周至春秋诸侯大国之一，曾据有今山西及陕西、河南、河北各一部。其晚期都城新田，在今山西省侯马市区西北之汾河与浍河间。经解放后多次发掘，已探出此区内有古城址六处，即东北之马庄古城，东侧之呈王古城，以及中、西部由平望、牛村、白店、台神四座联为一片之古城遗址组成（图3-32）。其中以白店古城年代最早，约建于春秋早期。该城平面呈矩形，南北1050米，东西750米。其北部为后建之牛村古城与台神古城所叠压。牛村古城在白店古城东北，平面呈一缺东北角之长方形。南北1650米，东西1100米。据文化堆积，知此城始建于春秋中、晚期，并沿用到战国早期。城内中部偏北，遗有大夯土台，当系宫室基址。台神古城在其西侧，紧邻牛村古城。此城平面南北1250米，东西1700米，亦建于春秋中、晚期。平望古城在牛村、台神二城之北，三者组成品字形。此古城平面作东墙北段稍凸出之矩形，南北1025米，东西900米，城内中部偏西亦发现大型夯土台基。上述四古城组合成十字形平面，为过去我国古代城市所未见。马庄古城在平望古城东一公里，由二座并联的矩形小城组成。其东侧者稍大，南北350米，东西300米；西城较小，南北250米，东西200米。二者之北墙联为一直线。呈王古城在牛村古城东1.7公里，平面大体呈曲尺形，南北275米，东西400米。在此城东南约1.3公里处，发掘出春秋晚期晋国贵族与卿大夫举行盟誓的地点与埋藏的文物，为确定前述古城系晋国都城提供了重要的物证。据分析，马庄与呈王二古城可能是晋都新田近郊的宗庙祭祀建筑所在，而白店等四城则构成了新田的主要部分。但该城的外部墙垣，至今尚未发现。

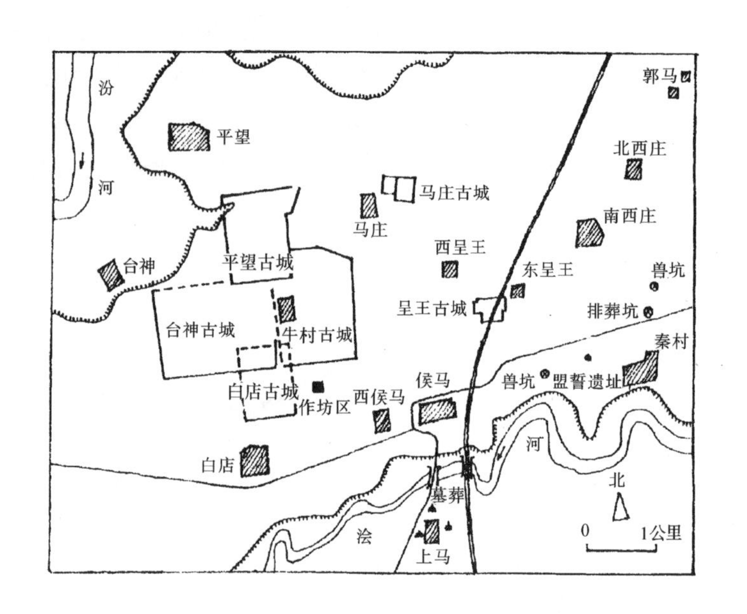

图3-32　山西侯马市晋都新田遗址及周围文物位置图
（《中国大百科全书》考古学卷　1986年）

由这些古城南下至浍河间，发现有分布范围很广的铸铜、制骨和制陶的手工业作坊。在浍河南岸的上马村附近，则有总面积超过50平方米的东周墓葬区。故笔者颇疑新田之外郭南垣，当在浍河北岸之台地边缘一线。

（5）赵邯郸[10]

公元前416年，“三家分晋”，于是出现了赵、魏、韩三个新的诸侯国。赵国都城原在中牟（今河南省汤阴县）。赵敬侯元年（公元前386年），始迁至邯郸（今河南邯郸市及其外围），直至公元前223年秦军灭赵后，城方衰落。

现发现的赵都邯郸，其平面包括宫城与郭城二部。宫城（称“赵王城”）由呈“品”字排列之小城组成，有渚河自西北穿越北城东南流（图3-33）。北城南北长1520米，东西宽1410米。其西垣内外有二大夯土台基对峙，另中部近南墙处有一较小台基。东城平面长方形，南北1440米，东西926米，南垣有门道二处，西垣亦有门道与西城通。城内近西垣处亦有大土屋基二处。南侧另有大、小土台五处。西城大体呈方形，南北长 1390 米，东西宽 1354 米，南垣有门道二，东垣有三，北、西垣亦各有一处。中部偏南有名为“龙台”之夯土高台，南北 296 米，东西 265 米，残高 19 米，为已知战国时期最大之夯土基台。各城垣墙基宽度都在 16 米左右。

郭城（又称“王郎城”）在宫城东北约 100 米处，平面呈缺西北角之矩形，南北约 4800 米，东西约 3200 米，现有沁河自西垣入城，曲折流向东北，经东墙北端出城。此城大半已深埋地下 6～9 米，仅西北部若干高地、台基与城垣尚高出地表，城内有铸铁、制陶及石、骨器手工业作坊多处。此种将郭城与宫城分离布置的平面形式，在我国古代城市中实属罕见，亦不符历来之传统。可能宫城周旁另有郭垣围绕，但目前尚无资料证实。

宫室所在之赵王城内，于夯土基址附近出土陶瓦甚多。所用半瓦当大多为素面，然偶见有涡云纹与三鹿纹之圆形者，则为此处所特有。部分夯土基址中，还发现有柱础石。

（6）魏安邑[11]

魏国前期都城安邑，在今山西夏县西北，据《史记》卷四十四·魏世家：“魏武侯……二年，城安邑”。知其始建于公元前 385 年，以后仅二世都于此。至惠王三十一年（公元前 340 年），因安邑地近秦国，乃迁都大梁（今河南开封）。

安邑城整体平面大体呈矩形，其主轴线为东北—西南方向，有青龙河于城东部穿越其东垣与南垣（图 3-34）。此城共筑构城垣外、中、内三道。外城南北长 4.3 公里，东西宽 3.8 公里，方位 50°。城墙除西垣较曲折外，其余三面均甚平直，残高 2～5 米。外城城垣周长 15.8 公里，面积约 13 平方公里。经发掘知此城墙基基本完整，外城城垣尺度如下：北垣长 2100 米，基宽 22 米；西垣长 4980 米，基宽 18.5 米；南垣长 3565 米，基宽 11 米；东垣残长 1530 米，基宽 17 米。夯层厚 9～11 厘米，夯窝直径 9 厘米。惟各面城门位置尚未能确定。建造时间为战国前期，即上述武侯二年之际。中城位于大城西南，平面亦大体为矩形，南北 2.5 公里，东西 2.2 公里，面积约 6 平方公里。此城之北垣长 1522 米。西垣长 2720 米，南垣长 2100 米，均沿用大城城垣之一部，东北则接小城。故该城新筑者仅东、北之二面。中城垣残高 0.4～5 米，基宽 5.8～8 米，夯层厚 5～10 厘米。据鉴定中城乃筑于秦、汉时期，而非灭魏以前所固有。小城位于大城中央与青龙河西岸，地势较周旁高出 1～4 米，平面近于方形而缺东南一角。其南北长 0.9 公里，东西宽 0.8 公里，面积不到一平方公里。亦周以围垣。其北墙位于中城北垣之东延线上，长 855 米，基宽 12 米。而西墙亦中城东垣之一部，长 930 米，基宽 11 米。南墙之西段为中城东垣之一部，东段则为另筑者，

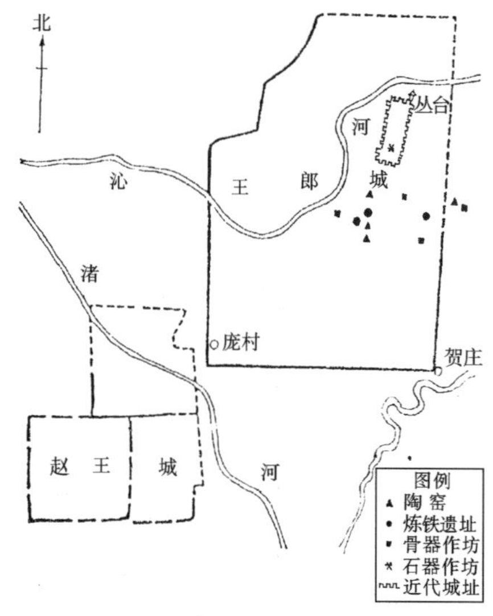

图 3-33　河北邯郸市赵王城及王郎城遗址平面示意图(《考古》1980 年第 2 期)

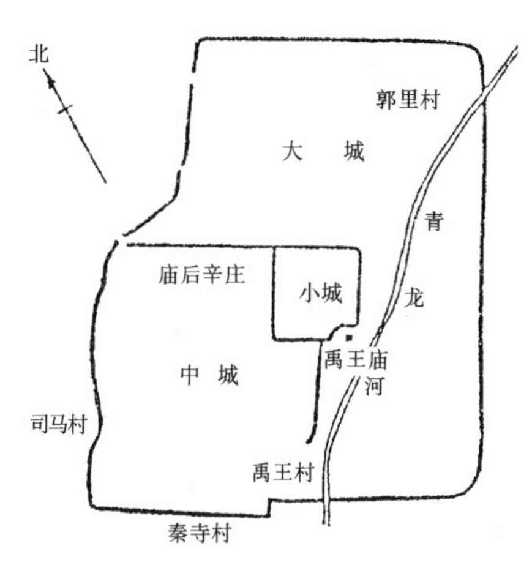

图 3-34　山西夏县魏都安邑(“禹王城”)平面图(《文物》1962 年第 4 期)

全长 990 米，基宽 11.3 米。东墙长 495 米，基宽 16.5 米。城垣残高 1～4.5 米，一般均在 3 米左右。夯层厚 6～10 厘米，夯窝同大城。小城估计是魏侯的宫城，建造时间同大城。此大、小城的布局形式，与鲁都曲阜及《考工记》中所载周王城大致相仿。

城墙之断面及转角处做法，见图 3-35 所示。

（7）郑、韩故都[12]

郑国是春秋时大国之一，其都城亦名郑（今河南新郑市境内）。公元前 375 年韩哀侯灭郑国，将其都城由阳翟（今河南禹县）迁来，传八世至王安九年（公元前 230 年）国灭为止。此后城之大部即被弃毁。

此城位于双洎河与黄水河之间，平面形状甚不规则（图 3-36），南北最长处达 4.5 公里，东西最宽距离为 5 公里。城中部有一南北向内垣，将都城划分为东、西二部。在形制上颇近于燕下都。东城面积较大，形状呈曲尺形，南北最长距离 4.5 公里，东西 2.8 公里。黄水河位于东垣之外，双洎河则由西墙穿越城之南部，并在城东南隅与黄水河交汇。是以此城之南垣均位于双洎河之南岸。各面城垣依实测资料，知东垣长 5100 米，南垣 2900 米，西垣 4300 米，北垣 1800 米。现存残垣尚高出地面 16～18 米之多，其地下基址宽度也在 40 米以外。城门仅发现一处，位于东墙北段。但文献中载有皇门、都门、北门、东门、南门、纯门、时门、渠门、师之梁门、桔柣之门十处之多（均见《左传》）。东城内文化层堆积表明，有众多的住居与手工业作坊（铸铜、骨器、玉器、制陶、制铁……），这就充分显示了它的郭城属性。西城现仅存北墙与东墙，双洎河曲折绕其西、南二侧，故此二城垣之确切位置尚未探明。按照古代筑城原则，似应沿双洎河之北岸。就目前双洎河东至北、东二垣之间范围，亦应属于西城（一部或全部）之内。此区南北长 4300 米，东西宽 2400 米，北垣与东垣（即东城西垣）各发现城门一处。宫殿区位于西城中部及北部，除留有密集的大、小夯土基台外，还发现水井多眼及贮藏物品的窖穴。宫室之外，再周以南北长 370 米，东西宽 500 米之宫墙。从使用情况来看，宫殿置于西城偏北的方式，则又与齐临淄类似。

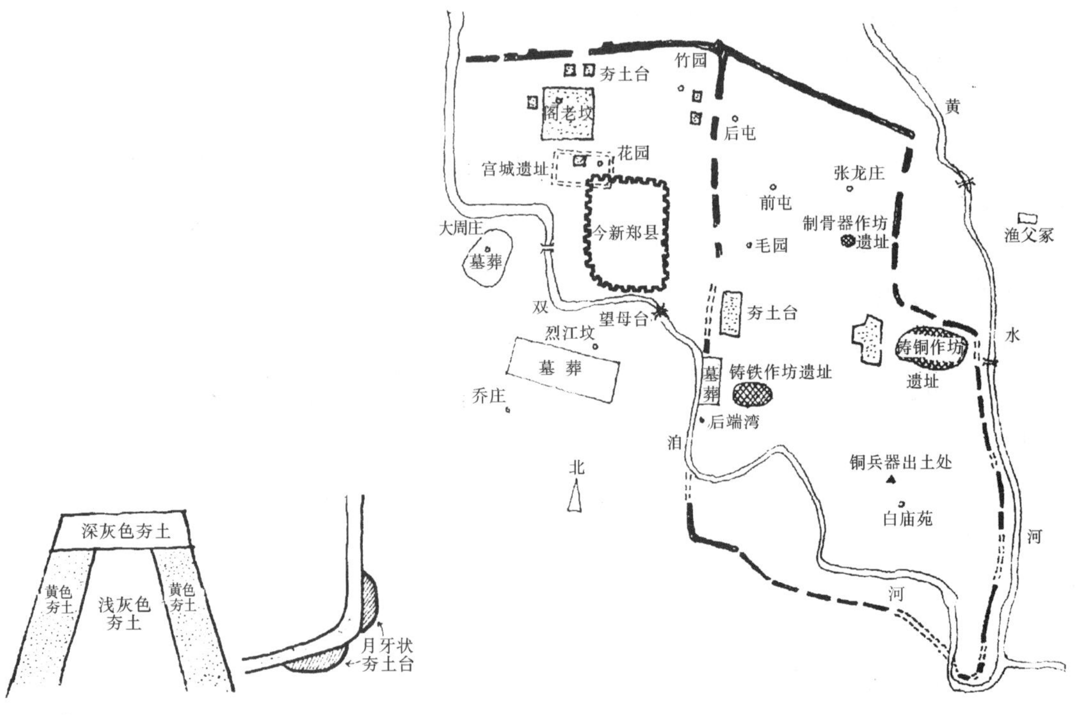

图 3-35　魏都安邑故城土垣剖面及西南城隅做法(《文物》1962 年第 4 期)

图 3-36　河南新郑市郑、韩故城平面示意图(《郑韩古城》1981 年)

春秋时期贵族墓葬（应属郑国）发现于西城东南隅和东城的西南隅。但战国时期韩国贵族墓葬尚未找到。至于春秋、战国的平民墓葬则分布于城外。

（8）楚郢都[13]

郢都位于湖北省江陵市北5公里纪山之南，故又称“纪南城”。《史记》卷四十·楚世家载：“文王熊赀立，始都郢”。是在楚文王元年，即公元前689年。以后至战国末秦将白起“拔郢”（公元前278年）的四百余年间，除春秋时昭王一度迁都于鄀（今湖北宜城境内）以外，一直都是楚国的首都。

此城平面亦大体呈矩形，南北约3600米，东西4450米，面积约16平方公里，方位10°。有河流三道入城，即穿越北垣之朱河，穿越东垣之龙桥河与南垣之新桥河。三河汇集于城内西北，该处原来似有较宽阔之水面，现已淤塞。城内东南为一高地，现名凤凰山，南城垣在此凸出一段，包纳该山于城内（图3-37）。

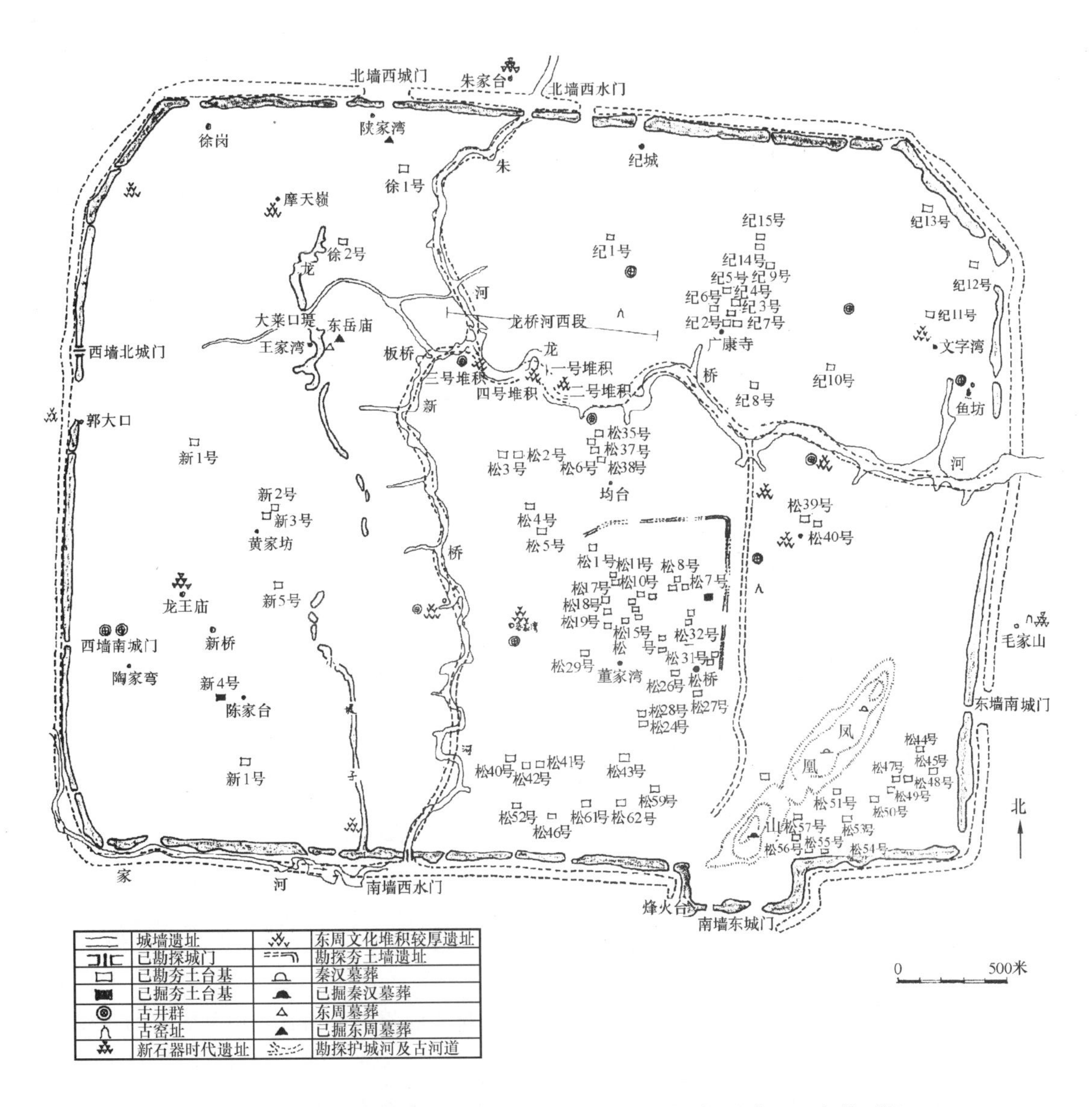

图3-37 湖北江陵市楚郢城（“纪南城”）遗迹分布图（《考古学报》1982年第3期）

城垣总周长为15506米，除东墙北段因修建襄阳至沙市之公路被叠压以外，其余都保存较好。其中东垣长3706米，残高5.6米；南垣长4502米，残高3.9米；西垣长3751米，残高4.1米；

北垣长 3547 米，残高 7.6 米。各墙底宽 30～40 米，顶宽 10～14 米，均由夯土筑成，夯层厚度约 10 厘米。据《楚辞》所述，此城东墙辟有二门，而《左传》则称至少有西、北二门，南墙三门。经发掘与钻探证明，有七处已可确定为城门遗址，即东墙一门，其余三面各二门，与文献所载稍有出入。七门之中，北垣东门与南垣西门为水门，其余皆旱门。各门道宽均为 10 米左右，其西垣北门与南垣西门已经详细发掘，现介绍如下：

西垣北门为旱城门，有门道三条。中门道宽 7.8 米；两侧门道宽各为中门道之半，即 3.8～3.9 米。三条门道由二座门垛隔开，各宽 3.6 米，长 10.1 米（图 3-38）。城内门侧分别建有门屋，现以南门屋保存较好，面阔二间，其西间尺度为东西 3.8～4.6 米，南北进深 3.8 米，夯土墙厚 1.4～2 米。城门外 20 米处有护城河，河道与城垣平行，宽约 30 米。位于城门前之河道向外凸出约 20 米。

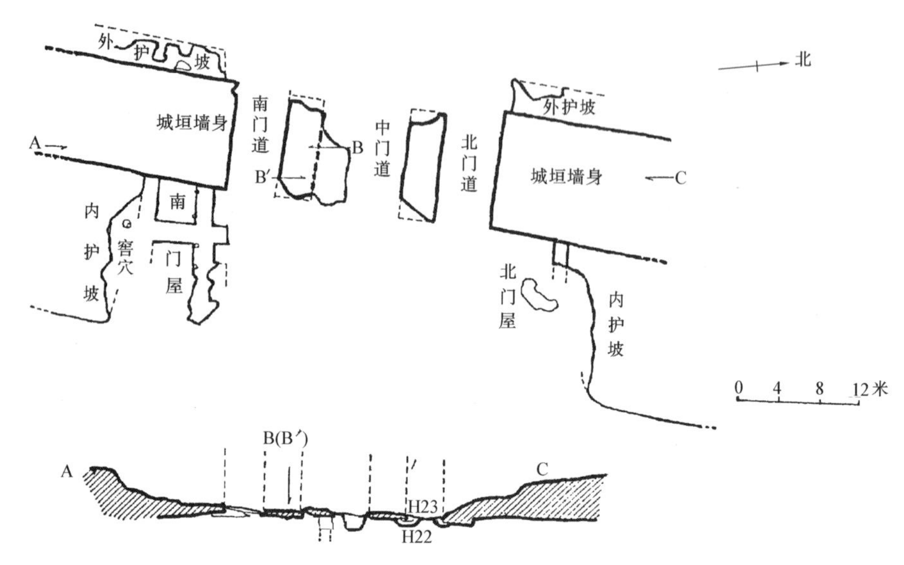

图 3-38 湖北江陵市楚郢都西垣北门遗迹平、剖面图（《考古学报》1982 年第 3 期）

在发掘与钻探中发现北城门下叠压相当数量之灰坑、水井，并有大量陶器残片及瓦片，表明建城前已为人口密集之居住区。由上述文物判断，应属春秋晚期至战国早期，因此城门之建造，应不早于此期。

南垣之西门为水门，经发掘知有并列之门道三条，各宽 3.5 米，门道进深 11.5 米（图 3-39）。以巨大木柱（直径 20～36 厘米，长 220～288 厘米）排为四列，埋入地下约 2 米深。柱下置矩形或梯形木板础，长 46～58 厘米，宽 20～49 厘米，厚 8 厘米。各柱间距不完全一致，约 1～1.5 米。

宫室集中于城内东南，遗有较大夯土台基五六十处，周以厚 9 米长 1300 米之宫垣。建筑均依中轴线作有规律之排列。已发掘的有松柏区 30 号建筑遗址（F1）。该遗址南距南城垣 1300 米，东距东城垣约 1400 米，其夯土台基长 70 米，宽 50 米，高 1.5～2 米。方向 10°。遗迹有墙基、磉墩、柱穴、散水、水沟与水井、灰坑等。

城内东北区亦有不少夯土台，估计是当时楚都另一重要建筑群体所在，但其大小与规模均不逮前者，且排列不甚整齐。

手工业作坊分布在城内西南部。陈家台遗址即有冶炼遗址存在，出土有铸炉、矿渣及鼓风管残片等。城外东郊则有制陶作坊遗址。

在上述二夯土台集中地区及沿龙桥河两岸，发现密集之大量水井（约占城内已发现水井四百余口之大半），表明乃系人口稠密之处。水井之结构绝大多数均使用陶井圈，仅有少数使用竹、

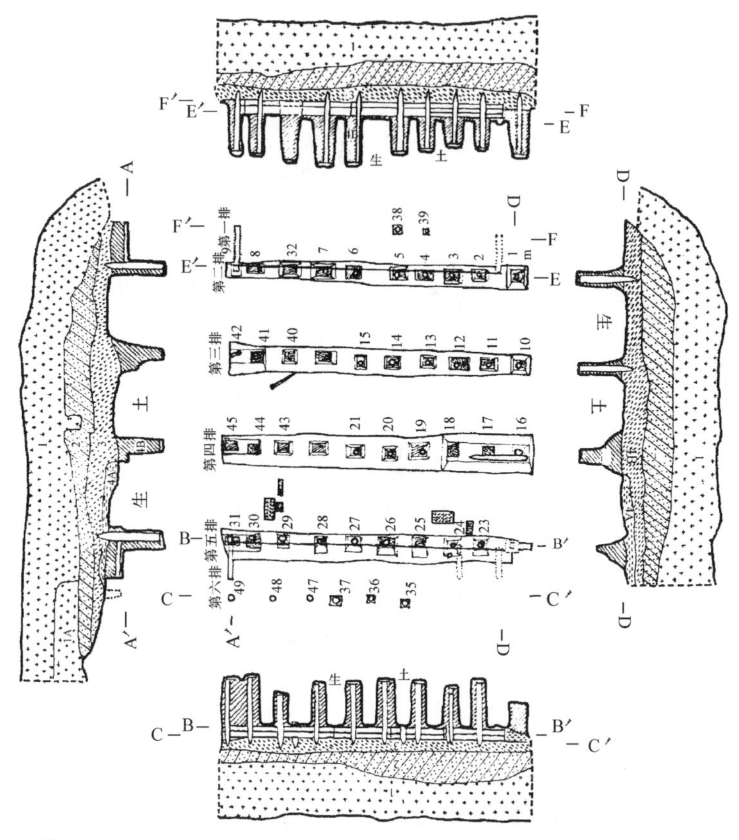

图 3-39 湖北江陵市楚郢都南垣西水门遗迹平、剖面图(《考古学报》1982 年第 3 期)

木井圈或单纯土壁者。

建筑材料除夯土与木材外，还出土半圆或圆形瓦当之陶瓦。瓦当大多素面，施云纹者偶见。

城内仅发现墓地二处，年代为战国早期及以前。大多墓葬置于城外（少数属春秋早、中期、多数为春秋晚期至战国者）。

（9）秦雍城[14]

是秦国早期都城，在今陕西省凤翔县南境雍水以北，始建于秦德公元年（公元前 677 年）。《史记·秦本纪》称："德公元年，初居雍城大郑宫"。以后传二十世，至献公二年（公元前 383 年）徙迁栎阳（今陕西临潼县东北）为止，先后共 294 年，一直是秦国的政治统治中心。

此城城址平面呈不规则之方形（图 3-40），方向北偏西 14°。南北长 3200 米，东西宽 3300 米，总面积约 10.6 平方公里。除西垣较完整以外，大多数墙垣都已被平毁，仅由钻探了解其位置与走向。西垣长 3200 米，宽 4.3～15 米，残高 1.65～2.05 米。南垣沿雍水修筑，故东段之平面曲折；西段为近代村庄叠压或取土破坏，现仅余三段，共长 1800 米，残宽 4～5 米，残高 2～7.35 米。东垣因纸坊河冲刷，损坏严重，仅剩残垣三段，共长 420 米，宽 8.25 米，高 3.75 米。北垣已被凤翔县城叠压，仅发现二段墙址，共长 450 米，宽 2.75～4.5 米，高 1～1.85 米。城门只西垣发现一处，门道宽 10 米，经探掘，城墙夯土与门道路土区分明显。经此门有大道直通宫室区。

雍城墙外有城濠，一部利用天然水系，一部由人工挖掘，全长约 1000 米，宽 12.6～25 米。以西垣外城濠为例，其上口宽 18 米，底宽 12.5 米，深 5.2 米。

宫室分布为三区：即姚家岗、马家庄和高王寺一带，大体位于城内中区，其时代为春秋中期至战国中期，地点则有自西往东移动的趋势。发现的建筑物，有宫室、宗庙、"凌阴"等，其中尤

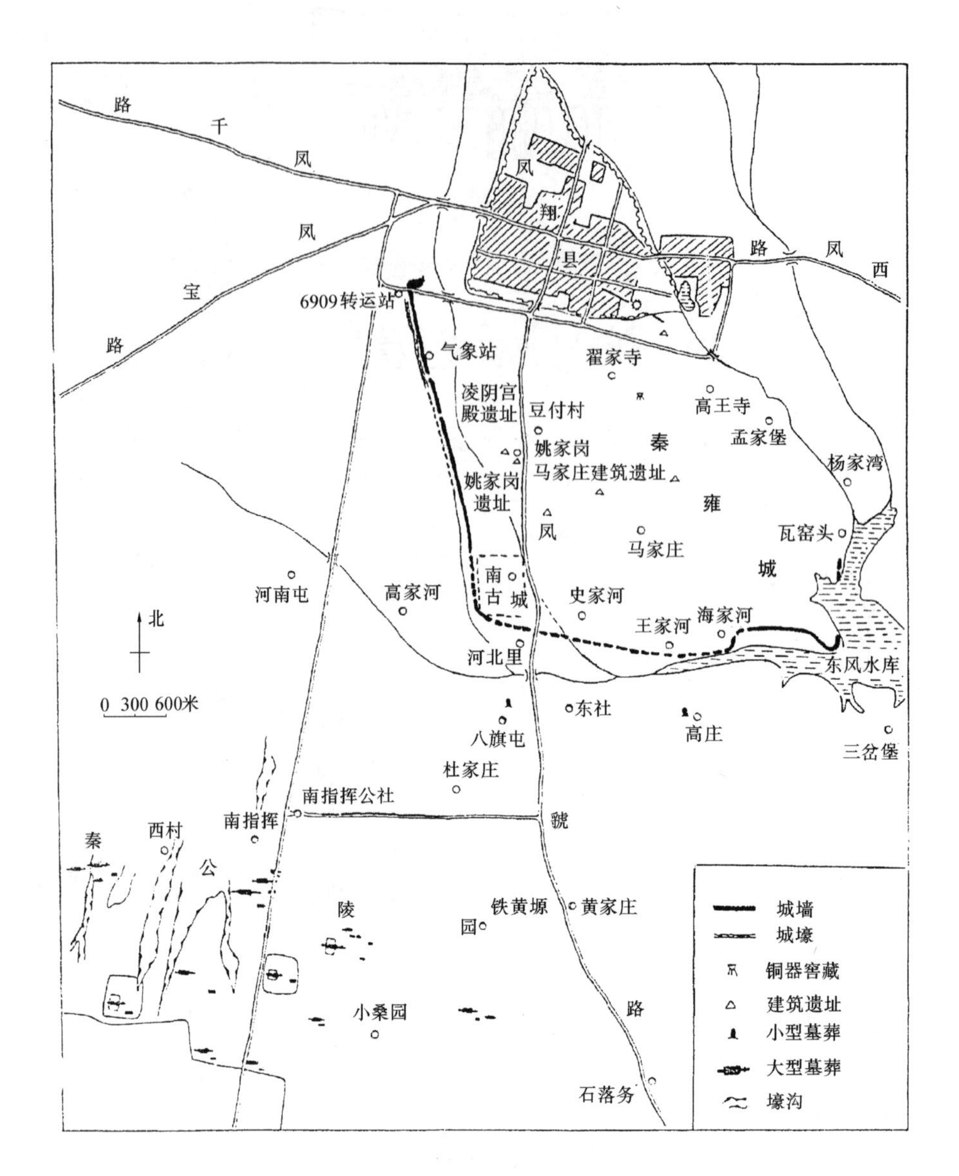

图 3-40　陕西凤翔县东周时期秦雍城遗址图(《考古与文物》1985 年第 2 期)

以占地 21849 平方米之马家庄三号建筑遗址最为重要。除保存较完整和规模巨大外，又在宫室中采用了“五门”制度，是我国古建筑史中一项重要发现。此外，还在城西南 16 公里处发现了著名的蕲年宫遗址。在城西南隅的南古城和史家河以及南部的东社村，发现了可能属于棫阳宫和年宫的遗址。

出土建筑构件有筒瓦、板瓦、半瓦当、圆瓦当以及多种铜质建筑构件等。

中、小型墓葬分布在城南近郊之八旗屯、东社、高庄一带，延亘十余公里。规模巨大的秦公贵族陵园，则位于城西南 10 公里的三畤原。现已发现陵园 13 处，大墓 43 座，以及部分墓葬的隍濠设施等。

（10）吴阖闾城

仅见于文献。如《吴城记》载：“周敬王六年（公元前 514 年）伍子胥筑大城，周回四十二里二十步，小城八里二百六十步。陆门八，以象天之八风。水门八，以象地之八卦”。《吴都赋》称：“通门二八，水道六衢”是也。西阊、胥二门，南盘、蛇二门，北齐、平二门，不开东门者，为绝越之故也。或谓其城故址在今日江苏苏州之城下。

(11) 中山灵寿城[15]

依史载中山国于春秋时称鲜虞，为白狄族所建。后数度兴衰，初灭于楚昭王（见《战国策》），复亡于魏（见《史记赵世家》）。再度复国后，即迁都灵寿。于此传五世，最后为赵、燕、齐所灭。灵寿城即今河北平山县之三汲古城。平面呈不规划之桃形，东西宽4公里，南北长4.5公里，面积约16平方公里。城墙由夯土筑成，厚26米。夯层坚实，每层厚7厘米。大城外附一小城，东西1400米，南北1050米。大城内之东北建有宫殿，西北则为贵族墓葬。城内又分布有战国时期之居住遗址及制陶、骨器、铜器与铁器作坊。据考证此城为中山国“桓公徙灵寿”之故址，兴造时间约在公元前380年。城内已清理出二座大型房基，似为当时“市”之残迹。城外发现大墓二区，一在西灵山下，一在东灵山麓，为当时国王之墓葬所在。

(12) 楚鄢郢城（“楚皇城”）[16]

据《史记》卷十四·十二诸侯年表及卷四十·楚世家，知楚昭王十二年（公元前504年）因惧吴，将都城自“郢北徙都鄀”。该地即今日湖北宜城之“楚皇城”，此后又复归郢。其一度都于鄀之时间则于史无载。

遗址位于湖北宜城县东南7.5公里，又称“楚皇城”。汉水流经城址之北、东二侧，各相距4及6公里。城市平面大体呈梯形，东北隅有一小城——“金城”，大城面积约2.2平方公里（图3-41）。城垣全为土筑，至今大体可辨，东垣长2000米，南垣长1500米，西垣长1840米，北垣1080米，合计共长6440米。墙底宽24～30米，残高2～4米，城墙之构筑方式仍较古老，即先筑墙基，然后筑墙身，最后于墙身二侧各筑护坡。以东墙为例，其墙体下宽8.65米，以上逐渐斜收，采用版筑，夯层厚8～12厘米，夯窝直径5～8厘米、深2厘米。用土有灰褐、黄褐色黏土二种，各段因用土不同而变化显著。墙基础下宽13.05米，上宽11.3米。

城垣每面有缺口二处，可能系当时城门所在，其东侧一处已测出有路土存在。

城隅四角均高起，似为当时角台之遗址，尤以东南处为最高。

“金城”为高于城内地面之台地，平面大体呈长方形，南北长900米，东西宽750米。面积0.78平方公里。除北墙及东垣北部沿用“皇城”都墙外，另构有内城墙，其厚度约为大城之半。

(13) 楚云梦城（“楚王城”）[17]

古城位置即在今湖北云梦县城之下，又称“楚王城”，面积大于今县城一倍有余。平面略呈刀形，东西宽2050米，南北长1200米，面积约2.5平方公里。城中有一道南北走向的内城墙，将古城划分为东、西二部（图3-42）。

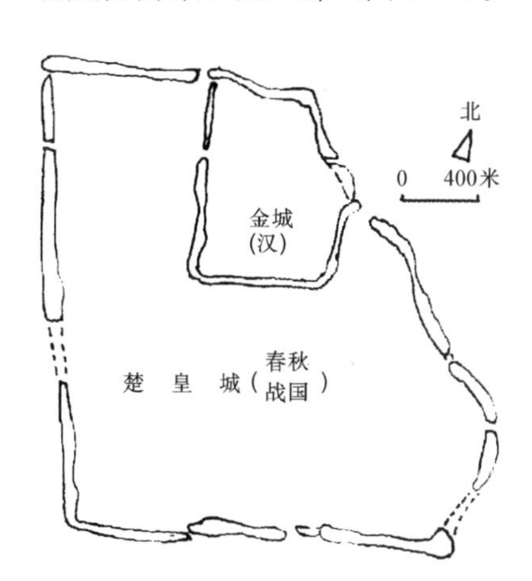

图3-41 湖北宜城县楚都鄢郢（“楚皇城”）遗址平面图（《考古》1980年第2期）

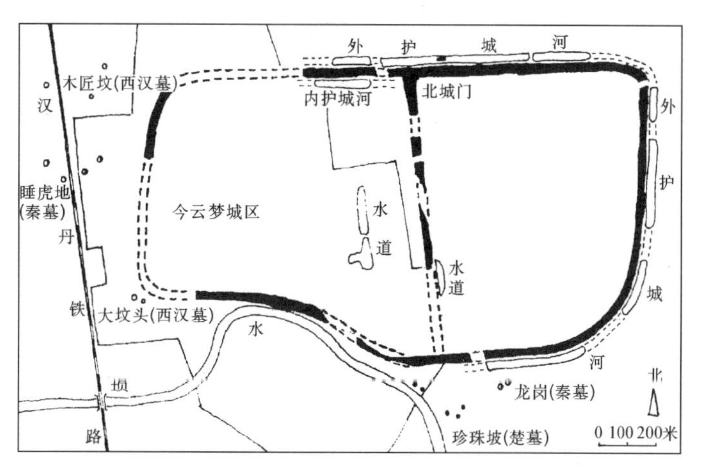

图3-42 湖北云梦县“楚王城”平面图（《考古》1991年第1期）

城墙以东垣保存最完整，南垣之大部及北垣 2/3 西垣 1/3 均已探出。计东垣长 850 米，南垣 1900 米，西垣 900 米，北垣 1880 米，中垣 1100 米。墙残高 2～4 米，宽 35 米。墙体由黄褐色黏土筑成，夯层厚 15～20 厘米，夯窝有圆形及椭圆形二种，深 3 厘米，直径 8 厘米。城墙内外皆构有护坡，外陡而内缓。城隅四角均有高台，似为角台所在，内中以东北角保存较好，平面圆形，残高约 6 米。

城门可辨者惟北门。现北护城河中有长 30 米，宽 5 米台基，可能是北城门道往城外之吊桥台墩。

护河：北、东、南垣外均各保存一段。其中以北段较长且完整。护河宽一般 30～35 米，深 2～5米。

文化堆积亦可分为东周及秦、汉二时期。

外垣建造时间应不晚于战国，中垣则可能建于秦。因该城东部于西汉初已放弃，至东汉更沦为墓地，说明秦时仅利用此城之西部，并为汉代所沿袭。

(14) 邾城（“纪王城”）[18]

位于山东邹县东南约 10.5 公里之廓山与峄山间，据考证为东周时期之邾国古都。按邾国又称邾娄，系周武王封古颛顼后人曹挟于此，为子国诸侯，曾一度附庸鲁国。始建国于鲁文公十三年（公元前 615 年）。战国末灭于楚，时在楚顷襄王十八年（公元前 281 年）以后。“纪王城”之名系当地之俗称，约始于明季。

此城平面作不规则之纵长形（图 3-43），南北长而东西狭。依现有城墙残迹，知分为南、北二城，其间以内垣相隔。现南城城垣位置基本清楚，其南墙循廓山之顶脊曲折蜿蜒，收纳此山之北部于城内。垣长 2530 米，底宽 3～4 米，尚余残高 1～2 米。东墙较直，北端止于高木山，长 980 米，

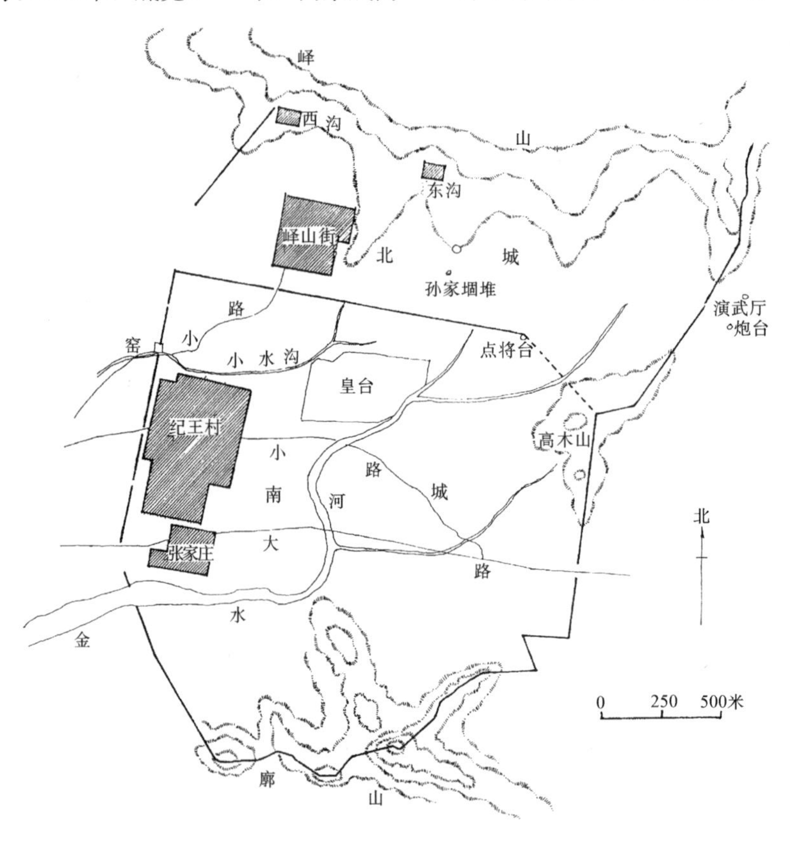

图 3-43　山东邹县邾城（“纪王城”）遗址平面图（《考古》1965 年第 12 期）

基宽21米，残高3米。西墙长1240米，残高亦3～4米，其南端有金水河，自城东北来经此出城。南城北垣即全城之内垣，全长约2000米。北城之北垣现已无存。东垣残长1370米，其北端现止于峄山东麓，原长度不明。西墙亦仅存中段，长530米，与南城之西北隅间约300米之墙垣已不存在。现南城西墙留有缺口四处，东墙一处，北城东墙一处，是否为古代城门所在，尚难以断定。据《左传》知此城至少有鱼门、范门二处。

南城北部中央，有东西500米，南北300米之大夯土台基，俗称"皇台"，遗有东周文化堆积及汉陶瓦片，应是当时统治阶级的宫室位置。其他的地区如城中、西部沿金水河两岸，也有大量陶片出土。

据《后汉书·郡国志》，知当时此城在峄山南二里，适与目前南城北垣距最近之峄山山麓相符。故推测北城迟建于南城，或北城已毁于汉代。

（15）薛城[18]

在山东滕州市城南之官桥镇西南2公里，距城约17公里。薛国系周初武王封黄帝后人奚仲之采邑，时为侯国。战国时灭于齐。

此城平面作不规则之矩形（图3-44）。周垣合计长10615米。其中南墙长3010米，基本平直，现留有缺口四处（其中2号、4号为后代所开）。由墙身断面，知经二次筑成。内层厚约10米，土质较纯，含沙量少。外层厚约11米，土质甚松，含沙较多。东墙长2480米，有缺口七处（5号、6号、7号、9号、10号、11号六处皆后代所掘）。北墙长3265米，平面曲折，有缺口八处（至少12号、13号、14号、18号、19号五处辟于现代）。西墙长度为1860米，有三处缺口（20号、22号亦开于近代）。

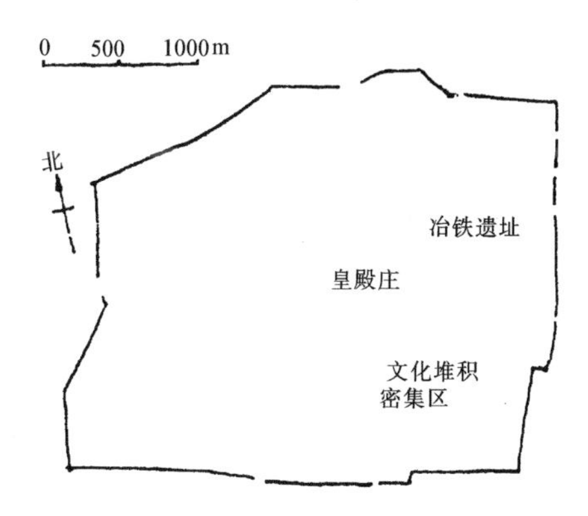

图3-44 山东滕县"薛城"遗址
（《考古》1965年第12期）

古城址中央现有村庄名皇殿庄，可能是原来诸侯宫殿故址，惜现已无法辨认。其东偏北有大面积冶铁遗迹，东西宽170米，南北长300米，现改为果园。但陶范残片、铁矿石、炉渣与铁块等仍随地可见。此外，城内文化堆积物较多的是东南一角，尤以东周遗物最多。出土有陶器及筒瓦等。

（16）蔡都上蔡[19]

古城在今日河南上蔡县城及其迤西、延南一带，平面为南垣呈斜边之矩形（图3-45），方位正南北。据测绘其北垣长2113米，东垣长2490米，南垣2700米，西垣3187米，全长共10490米，面积约6平方公里。垣外环以与蔡河相通之城濠，濠宽70～103米，深5～10米。城垣由夯土筑成，现余残高4～11米，墙基宽15～25米。夯层厚8～14厘米，夯窝直径2～3厘米。

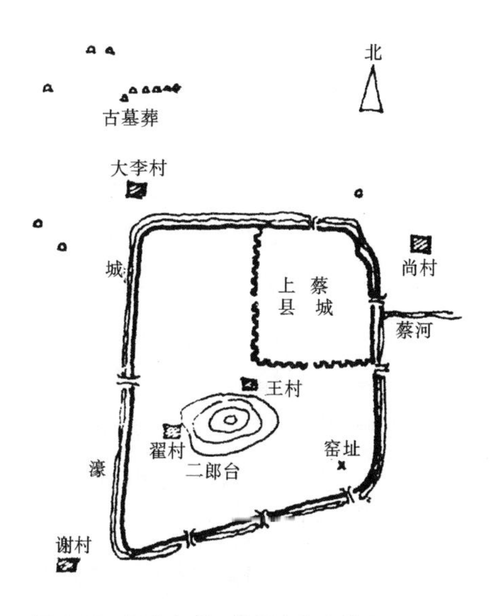

图3-45 河南上蔡县蔡国古都上蔡平面示意图（《河南文博通讯》1980年第2期）

城内中部略偏西南处有高地"二郎台"，东西宽1200米，南北长1000米，现尚高于地面5～7米。地面堆积有大量陶瓦片，又有水井多处，四周且环以沟渠，应是当时蔡侯宫室所在。城内东南，发现春秋时期陶窑遗址。

古墓葬大多分布于城外之西北一带，少数位于城外东北隅。

据文史记载，西周初年，即公元前11世纪时，周武王封其弟蔡叔度于此，至东周蔡灵侯十二年（公元前531年），鲁昭公杀灵侯灭蔡为止，为都凡五百余年。三年后蔡平侯复国，迁都于吕，称为新蔡。而旧都则名上蔡。

（17）淹都淹城[20]

淹国是春秋时江南一个小诸侯国，地点在今江苏武进县东南十公里。据《越绝书》："毗陵县（按：即今武进）城南，故淹君城也。东南为淹君子女冢"。淹国始建于何时，又灭于何人之手，史书皆无所载述。

淹城具城垣三重，即外城、内城与子城（图3-46）。外城平面呈卵形，东西约850米，南北约750米，总面积约0.6平方公里。城垣厚20～30米，其外周以护城河。门道仅一条，置于城之西北。内城位于大城之中、北部，平面大体作方形，面积为300米×300米，入口辟于西南，亦仅此一道，城周亦掘有外濠。子城位置偏于内城之西北，平面亦呈方形，约为100米×100米，有城垣但无城濠，门道设在正南。

此城虽小，但使用了三重城垣和两道城濠，据发掘，原有城濠俱与河道相通，对外交通主要通过水门。这在周代各大小诸侯城邑中，尚属少见。

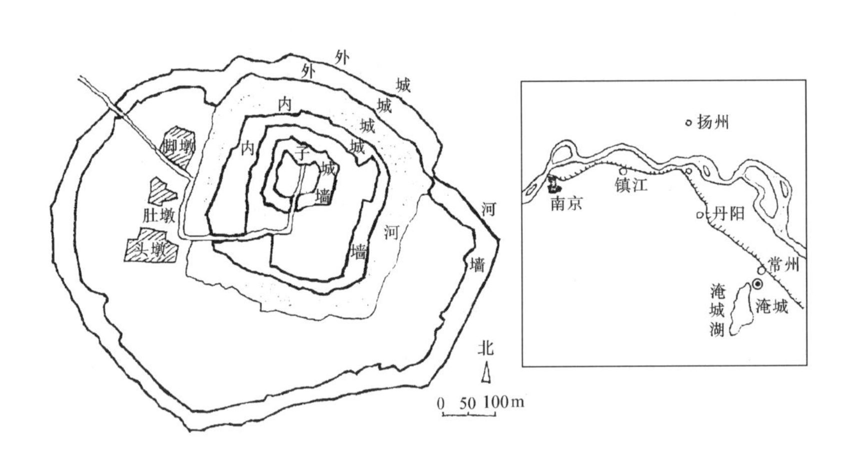

图3-46　江苏武进市春秋淹城平面及位置图(《文物》1959年第4期)

（18）楚筑卫城[21]

遗址在江西清江县（今樟树市）城东约7.5公里，距赣江约9公里。该城平面大体呈五边形，东西宽410米，南北长360米，面积约0.15平方公里。方位北偏西。城周以夯土墙，现有缺口六个（图3-47）。西墙高约17米、基宽14米，东墙高8米、基宽16米。

城内有一宽11～38米，深13米之大土沟，自西北走向东南，将城分为东、西二部，可能原来是一条纵贯城内并交通城外的河道。西垣及南垣外各有一段护城河遗迹，西侧较长，约长180米，宽10～26米；南侧长85米，宽8～14米。北垣外现有东西流向水渠，很可能它就是由北垣外护河演变来的。

东城区面积较西区略大，其北部有一勺形夯土台，东西最宽处80米，南北最长处42米。

据土城墙内遗物，知土墙建于春秋文化层以上，是为其上限，而下限亦不晚于汉代。

城内下层堆积（第三→第五层）为新石器晚期，上部之第一、二层为周、商。

（19）晋清源城（“大马”古城）[22]

古城位于山西闻喜县东北约17.5公里处，南倚稷王山，北对汾河，地势南高北低。据记载始建于东周，《左传》僖公三十一年及宣公十三年，《国语·晋语》中皆有提及。由于此城现位于大马村东北，故俗称“大马”古城。

城平面大体呈正方形，面积约1平方公里（图3-48），方向北偏东6°。东垣长980米，墙厚6～10米，残高2～6米。在中间偏北处有一门道。南垣长998米，厚11米，残高4～6米，有门道二。西垣长962米，残高1～3米，有门道一。北墙长980米，残垣高2～5米，有门道一。值得注意的是：这些门道的位置都不在各面城垣的正中。如东垣门偏北，北垣门偏西，西垣门偏南，似乎是有意如此布置的。其次是门道外的左侧，都由城垣砌出一个墙墩，其面阔15～25米，厚度12～15米，似为防御需要而设置者。全城墙垣总长3920米，城基宽8～12米，距城外3～10米处，掘有宽20～25米之护城河，现均为耕地。

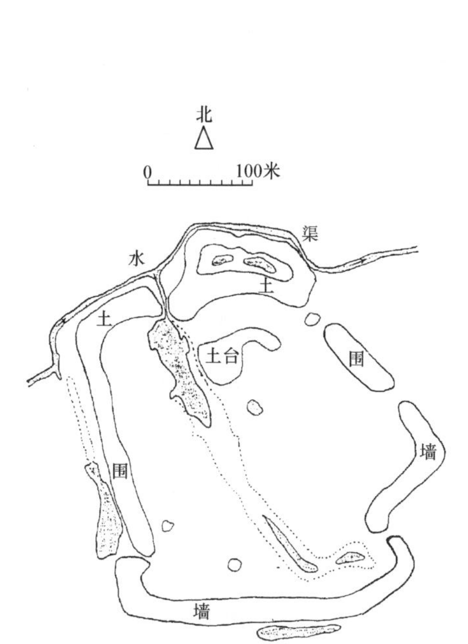

图3-47　江西樟树市楚筑卫城遗址平面图(《考古》1976年第6期)

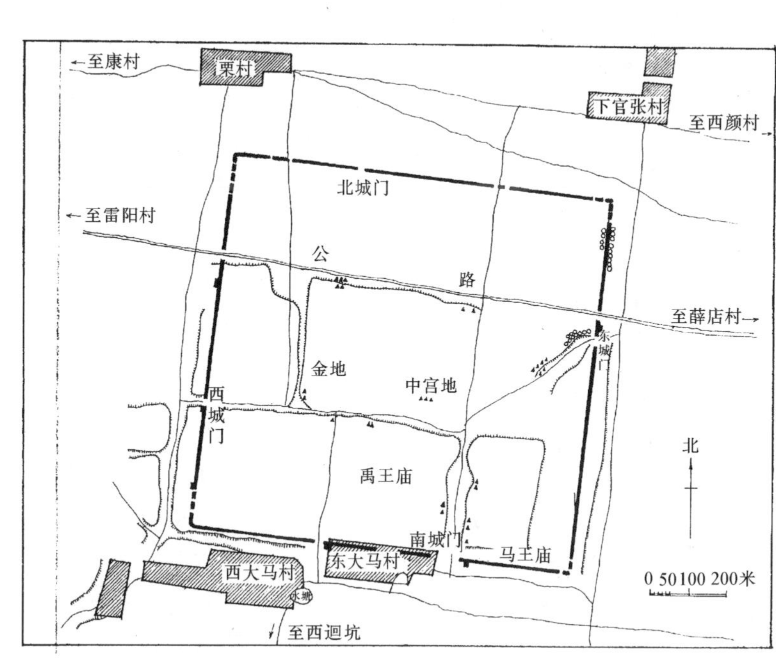

图3-48　山西闻喜县晋清源城（“大马”古城）遗址平面图(《考古》1963年第5期)

已发现之东周文化堆积，主要集中在南垣内中部一带，出土物品有日用陶器，如鬲、瓮、盆、罐、甑等。建筑材料有泥质灰陶筒瓦及板瓦，瓦当有平素半瓦当及由直线与弧线组成图案的圆瓦当，其特征与侯马东周遗物大致相同，且多数属于晚期。由于此城在西汉时尚在使用，所以城内也发现不少汉代陶器与砖瓦。

（20）晋聚城[23]

此城位于山西襄汾县赵康镇西南，平面为大小城相套叠形式（图3-49）。大城平面为南北长之矩形，方位北偏西5°。城内北高南低，形成层层递落之台地，其上下高差可达10米。现测得其北垣长1530米，东垣2600米，南垣1650米，西垣2700米。大城周垣共长8480米。面积约4.2平方公里。城垣共有缺口五处，内北垣三处，其余各垣均一处。现遗城垣残高1～6米，宽11米。夯

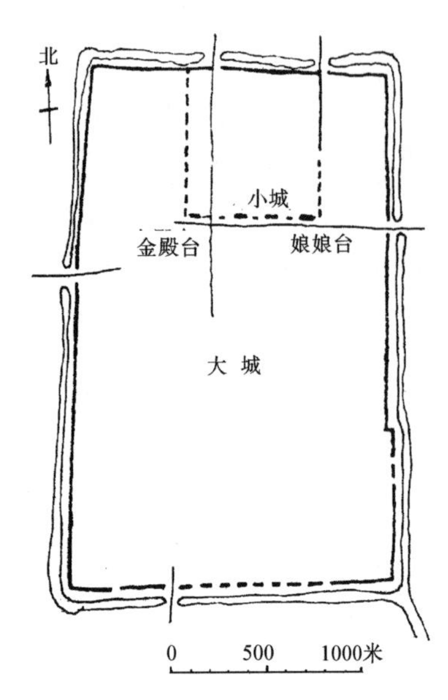

图 3-49 山西襄汾县赵康镇古城（春秋晋聚城）(《考古》1963 年第 10 期)

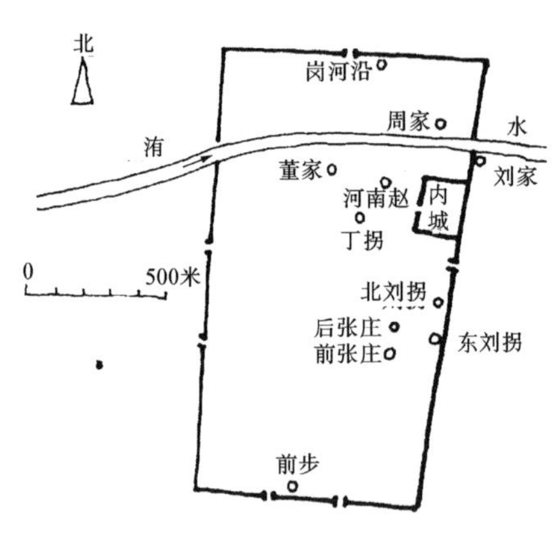

图 3-50 河南鄢陵县前步村古城（春秋郑鄢城）(《考古》1963 年第 4 期)

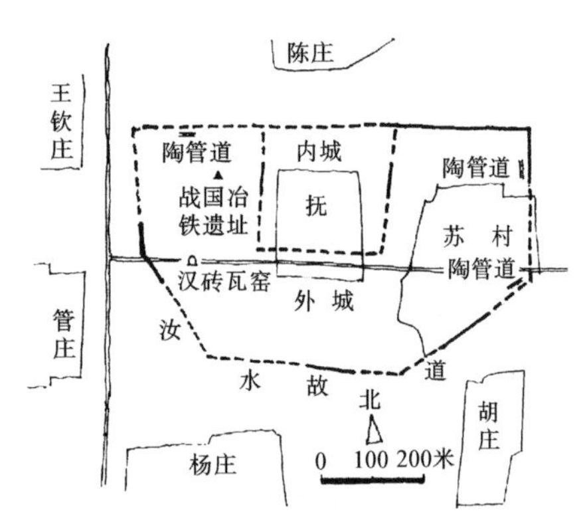

图 3-51 河南商水县扶苏村秦阳城（“扶苏城”）古址平面图(《考古》1983 年第 9 期)

土层厚 5～7 厘米，夯窝直径 7 厘米。城垣以外绕以城河。

小城平面亦为矩形，位于大城北端中央。其北垣即大城北垣之中段，长 660 米。东垣长 770 米，南垣长 720 米，西垣长 770 米。全长 2920 米，围合面积约 0.54 平方公里。城垣残高 1～2 米，残宽 2～7 米。夯层厚 6 厘米。

已探出自城外通入城内之道路二条。一条为南北向，自城外经大城北垣西门，穿小城而过，止于大城之内，长约 1400 米。另一条为东西向，自城外经大城东门入城，过小城南垣下向西，约长 1700 米。

(21) 郑鄢城[24]

古城址在河南鄢陵县城西北 9 公里前步村，附近地势平坦，洧水在古城北部自西向东穿城而过。古城平面大体呈矩形（图 3-50），北垣宽 998 米，南垣宽 800 米，东、西垣各长约 1595 米，周长约 4988 米，面积约 1.5 平方公里。方位北偏东约 5°。地面城墙可见者有南墙东段，西墙北段及北墙西段，一般残高 4～5 米，最高 13 米，墙底厚 10 米左右。夯层厚 10～14 厘米，夯窝直径 4～5 厘米，内中夹棍痕迹清晰可辨，棍洞直径 9～15 厘米，其间横向间距 1～2 米，纵向间距 0.9～1 米。

墙垣有缺口七处，东、南、西垣各二，北垣一，是否均为城门，尚待进一步考证。

内城位于东垣中部近北端，平面亦矩形，南北长 184 米，东西宽 148 米。除东垣为大城城垣外，其余三面内垣保存较好，一般高 5 米，下宽 6 米，其南垣中部及北垣东段均有较宽缺口。城内东南有面积约 10000 平方米遗址一处，文化堆积厚达 1 米，出土有陶器残片及筒瓦等。

在内城外附近及古城南墙外均有较多筒、板瓦出土。

据《鄢陵县志》载：“鄢陵自汉置县始，城距古鄢城一十八里”。“古鄢城在鄢陵县西北甘罗北保，周回九里一百六十步”。现古城位置与记载基本相合。又据出土陶器，多属春秋、战国时期者，故推测该城即春秋时期郑国之鄢城。

(22) 秦阳城（“扶苏城”）[25]

遗址在河南商水县西南 18 公里扶苏村，俗称“扶苏”城，由内、外二城组成（图 3-51）。

外城东西 800 米，南北 500 米，城垣基宽 20 米。面积 0.4 平方公里。平面呈“斗”形。

内城平面大体方形。位于大城北垣中央，每面约长 250 米。

在外城北垣西段及东垣北段，均发现陶质之五边形水管，长 42.5 厘米、下宽 55 厘米、高 75 厘米、壁厚 4.5 厘米。其外表饰绳纹，内面为平素或网点纹。又有筒、板瓦多种。

该城乃筑于战国晚期，可能为秦国之阳城古址。

（23）楚“草房店”古城[17]

在湖北孝感市北约10公里，城坐北朝南，东、北、西三面环绕岗峦，南临澴水。城址平面大体呈长方形，东西宽527米，南北310米，面积约0.15平方公里（图3-52）。

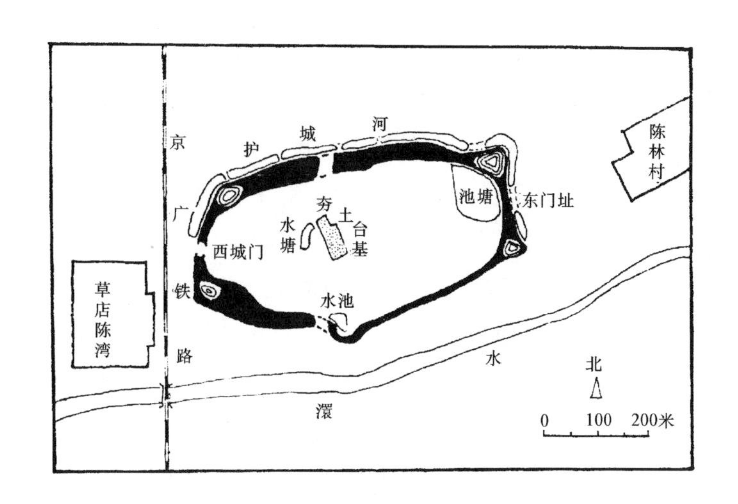

图3-52 湖北孝感市楚“草房店”古城遗址平面图
（《考古》1991年第1期）

城垣由夯土筑成，北垣长540米，东墙长210米，南垣长669米，西垣长225米，总长1644米。西垣保存较好，宽18～20米，残高3～5米。南垣高于澴水河底约10米。城墙夯层厚15厘米，夯窝有方形、圆形二种，夯土内有东周陶片。

护河　除南侧利用澴水外，其余三面均掘有护河，现有宽度18～30米，深2～5米。东城门内有一水池，长100米，宽50米，过去可由此出城经东护河入澴水。

城门　东、西各一，宽20～25米。

夯土台　位于城中部，高出地面1.5米。平面似刀形，南北长78米，东西宽36米。

城内出土遗物有东周陶器残片（鬲、豆、盂、盆、罐、瓮……）、筒瓦等。秦、汉则有陶器、陶井圈、瓦当等。1986年在城西1公里之田家岗发现战国、秦、汉时期大型墓地。

建城时间应在战国时期楚国之偏晚。

（24）燕“安杖子”古城[26]

古城位于辽宁凌源县城西南4公里之大凌河南岸九头山下之台地上，东、西、南三面环山，北面临河。

平面作不甚规则之“L”形，有大、小二城（图3-53）。大城南北长150～328米，东西宽200～230米。面积仅0.05平方公里。小城在大城东北，南北128米，东西80～116米，平面呈梯形。

小城西垣即大城东垣北段，南端有一长8米缺口，可能为旧时二城间门道。

大城城垣保存较好，城垣部分尚高于目前地表一米余。现顶宽6米，基宽9米，墙基深入地下0.5米，夯层厚10厘米。

目前西垣已被水冲成断崖，在距地表1.5～2米深度内，可见到排列密集之瓮棺多具。北墙外之断崖下，发现有夯土和石子路面残迹。城内因今日之耕作已平整了土地，故无从了解昔时建置之规制。

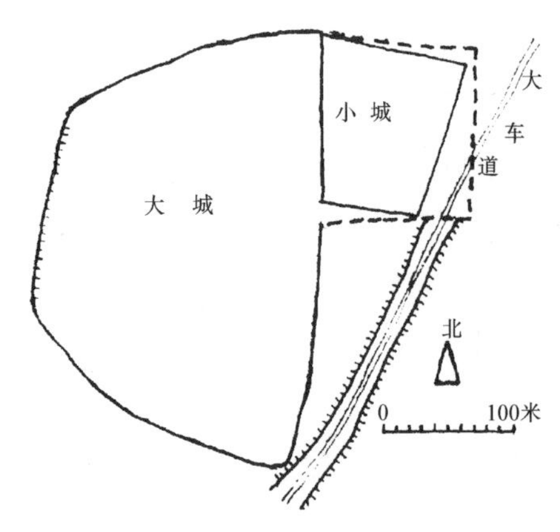

图 3-53 辽宁凌源县燕“安杖子”古城平面图(《考古学报》1996 年第 2 期)

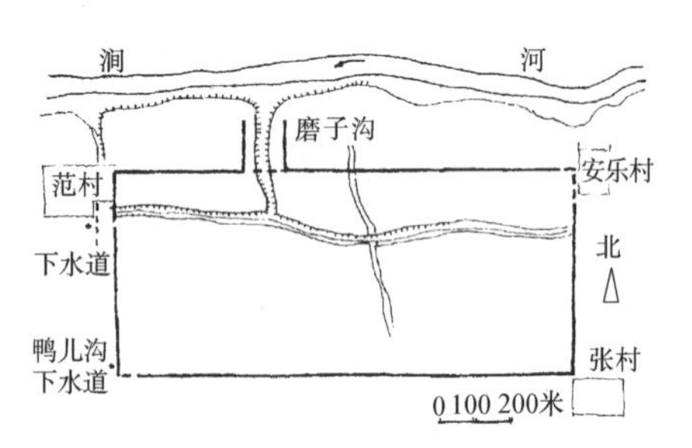

图 3-54 山西洪洞县杨国古城（战国羊舌邑城）遗址平面图(《考古》1963 年第 10 期)

发现有夏家店上层文化遗存之若干房址及陶器甚多，其次有战国至西汉之房址及铁、陶器物（武器、工具、陶器、瓦、瓦当……）。依此判断，该城始建于战国（燕），终止使用于西汉。在战国时当属县一级行政单位或诸侯附庸之封邑。由众多封泥推测，此城在西汉应为右北平郡之石城县治。

（25）杨国古城[27]

古城在山西洪洞县东南九公里之涧河南岸，据考证春秋时属杨国。城址平面长方形（图 3-54），方位北偏东 7°，东西宽 1300 米，南北长 580 米，面积 0.75 平方公里。地面上墙垣已大部无存，经探测西城墙基宽 17 米，南墙 13 米，东墙不明，北墙 11 米，某些部分还保存了版筑时的穿杆孔，夯层厚 7.5～10 厘米不等，夯窝直径 5～8 厘米。

城内有东西向之濠堑一道，似为古时城外东西护河之穿城水道。其中段偏西处又有一较宽濠堑通向北垣外之涧河，而此濠堑东、西二侧各有残长约 140 米，相距 120 米之短垣二道，疑为保卫此通道之防御设施。

城内文化堆积随处可见，尤以中部与西部为多，如陶豆、盂、鬲和板瓦等等，时代相当于春秋中、晚期。而墙垣夯土的叠压关系，则表明系建于战国。

虽然目前尚未探明其城门及内部道路之位置，也未发现显著的夯土高台与内城垣，但后者似乎已表明此城等级偏下。依《晋地道记》：“杨，故杨侯国，晋灭之以赐大夫羊舌”。而《左传》昭公二十八年（公元前 514 年）载：“晋韩宣子卒，魏献子为政……分羊舌氏之田以为三县，……乐霄为铜鞮大夫，赵朝为平阳大夫，僚安为杨氏大夫”。按铜鞮在今山西沁县西南，平阳在山西临汾南，杨氏即山西洪洞一带。如此则洪洞古城似应属低于诸侯之大夫采邑。

东周时期之墓葬，则见于古城西北之范村一带。

（26）秦商邑城[28]

古城位于陕西省丹凤县西 2 公里之西河乡古城村，西距商州市约 40 公里。遗址坐落在丹江北岸之二级台地上，南北长 1000 米，东西宽 300 米，面积仅 0.3 平方公里。南部有丹江自西向东流，古城即建于陡峭之高岸上。西有老君河，自北向南流入丹江，其河东岸一级阶地甚为开阔。北面紧邻山体甚高之蟒岭，东侧有一自蟒岭延向丹江之山梁，高出遗址 10～25 米。山梁顶部即建有夯土城墙，全长约 1000 米，现北端尚存有残高约 1 米之墙体。城墙基宽约 8 米，高约 1 米，填夯以五花土，夯层尚有二十余层可辨，每层厚 0.1～0.2 米。在该墙中部及两端均有大量瓦砾堆积，似原有城楼及角楼建筑。据文化层积淀，知此墙建造不晚于战国中期。

城内发现大量战国中、晚期之筒、板瓦，鬲、釜、盆、豆等陶器，文化层厚 0.1～0.3 米。若干筒瓦上有“商”字戳记。瓦当图案有葵纹、云纹、鹿纹等，与关中遗物甚为接近。另外又发现模印一篆体“商”字之半瓦当。由于遗址中还采集到若干汉代云纹及“与天无极”瓦当，故知该遗址曾沿用至西汉。

城外东南发现战国墓地一区，东西长 100 米，南北宽 50 米，距城墙不足百米。已探出墓葬百余座，均属战国中期早段之楚墓。

据《左传》文公十年载：楚成王四十年（公元前 632 年）城濮之战后，楚王任命子西为“商公”。杜预注：“商，楚邑，在今上雒商县”。由此可知丹江上游于春秋中期以前为楚国地。

据《史记》卷十五·六国表：秦孝公十一年（公元前 351 年）“城商塞”。孝公二十二年（公元前 340 年）“封大良造商秧”。按“大良造”为秦爵二十级中之第十六，于西汉时称：大上造。“商”即商邑，而“秧”为公孙秧。又《史记》卷六十八·商君传：“既破魏，还秦。封之于商十五邑，号为商君”。后二年，孝公薨，商君以不容于新君而获罪死。

(27)“三角城”遗址[29]

遗址位于甘肃省永昌县境内，平面大体呈矩形（图 3-55），南北长 154 米，东西宽 132 米。面积仅 0.02 平方公里。墙基厚 6～8 米，残高 4 米。东、西墙近南端各有一缺口，呈对称布置，为后人所开。南垣正中亦有一较宽缺口，其二侧墙稍凸出，似建有墩台。东南、西南及西北城隅亦有土台凸出现象。

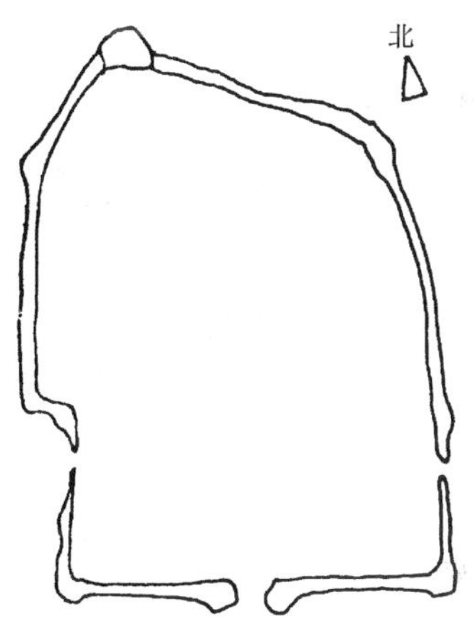

图 3-55　甘肃永昌县“三角城”(春秋早期) 遗址平面示意图(《考古》1984 年第 7 期)

据出土木炭测定，遗物年代为距今 2600±100 年，相当于春秋早期。

3. 周代城市的特点

综上所述，可知我国在原始社会晚期大量出现城市之后，于周代又出现了第二个城市建设高潮，它的规模既大，时间持续也久。大致可分为：

(1) 第一阶段　出现在西周初年，这是由于周王大封宗室、功臣，裂土封茅所致。据不完全记载，当时全国各地诸侯总数约在 1200～1800 左右。即使不是全部，他们在各自领地上所建的城邑，数量也定然可观。而疆域广大的诸侯，建城自然不止一处。至于其下的各级附庸所建的较小城市，总数就更多了。

(2) 第二阶段　约在东周的春秋中期至战国。这时周王室已逐渐衰微而诸侯国日益强盛。诸侯国间的战争更加频繁残酷，是以筑城自固已成为当时各国生死存亡的重要条件。此外，各地诸侯随其势力发展而更加骄纵无忌，致使“礼崩乐坏”。在建筑上产生的后果之一，就是使西周以来制定的城郭等级制度，遭到彻底破毁。这使得除原有大城市的面积有很大扩张以外，不依礼制而建的中、小城市亦大量涌现。

早在春秋初期，由于诸侯国君逾制赐封或臣属自行僭越，常出现了一个或多个与国都相若的大城邑，这就是所谓的“耦国”现象。例如郑伯封于段，其筑城已超过“百雉”。尔后他又在邻邑建规模相似的大城，致使公子吕发出“国不堪二，君将若之何”的警告。至春秋后期，各地诸侯有“耦国”的，如郑之京邑、栎城，卫之蒲、戚，宋之萧、蒙，鲁之弁、费，齐之梁丘，晋之曲沃，秦之徵、衙，……可谓比比皆是。这种情况的出现，经常引起国内叛乱，因此楚国的范无宇认为：“大都耦国”对国君“未有利者”（见《左传》僖公五年及昭公十二年）。

这个城市建设高潮的特点表现在：

1）城市数量增加，新城市大量形成。如春秋时鲁国已建城19座（中丘、祝丘……，见《左传》）。战国时中原一带“千丈之城，万家之邑相望”，齐国即有城120座。估计战国时城市已由春秋的百余座增加到八百至九百座。

2）城市规模不断扩大。当时小城占地1至5平方公里，大城10至30平方公里，面积已大大超过西周时的礼制规定。如楚原封子爵，依制都城“方三里”，约合1.15平方公里，而春秋时楚都郢（湖北江陵纪南城）的实测面积是16平方公里，为规定的14倍。已知周王城面积10平方公里，燕下都约32平方公里，齐临淄、赵邯郸、韩新郑之面积均约20平方公里，秦雍城与鲁曲阜则约10平方公里，另如韩国宜阳县城面积也达“城方八里”。都大大超过封建城制的规定。

3）出现一批经济十分繁荣的城市。这是当时社会商业、手工业发展的结果。如战国时期齐临淄，楚之郢都、陈、苑，燕之涿、蓟，赵之邯郸，魏之大梁、温、轵，韩之荥阳、邓，郑之阳翟，宋之定陶。城市中的市已成为工商业集中地，且在许多城中尚不止一处。

4）城市人口大大增加。春秋中期以前，据记载“大邑千户，大都三千家。”战国时，齐临淄已有居民七万户，韩宜阳则有“材士十万”。估计此时全国大、中城市人口共达四百余万，约占全国总人口的1/5。

5）城市交通更为便利。除建有可通车马的多条大道外，水路也很发达，特别是南方地区。又开掘了若干人工运河，如吴王夫差开邗沟、魏惠王凿鸿沟等。

6）城市形态及平面布局多样化。当时的旧城扩建，则依照经济、居住、军事等要求，并结合当地地形。中等以上城市大多有城有郭，二者之间的关系，或相套叠、或相毗联。完全按《周礼·考工记》中周王城的实物例证，目前还没有发现。

城市中的道路、上下水道……更加系统化和臻于完善，如齐临淄城中所见之石砌水道。

7）地方城市除广泛设县外，又增置了郡。

县一级城市出现于春秋初期，实行于秦、晋、楚等大国。目的是加强对新兼并领土的控制，而将它们直属于国君统制之下，如对小国之国都、别邑。到战国末期，大部城邑都已改为县。

设郡首先施于晋国，开始亦仅设在新开拓的边地，地位低于县。以后才以郡辖县，但不另建新城，而是将郡设在某一地理位置较合适或较大县内。这种制度，后来一直沿用到秦、汉以降。

多数郡、县的职能是出于政治、军事方面的考虑，经济上的职能并不突出。

二、宫室、坛庙与祭祀建筑

（一）周代宫室与坛庙之布局

从西周初武王践祚到战国末秦王一统天下的八百年间，封建王朝帝王和各级诸侯营建宫室、坛庙的活动一直延续未断，其数量与规模的宏巨，与人力和物力的耗费，都是难以想象和无法统计的。在其建筑设计、技术和艺术水平方面，也曾达到很高的境界。可惜的是史籍阙录，文献无载，而遗留的建筑实物既少又残缺不全，因此使我们对代表这一时期最高建筑水平的辉煌成就，了解和认识都非常有限。

有关这一时期宫室、坛庙较多与系统的叙述，大概要首推《周礼》中的《考工记》了，其中对王都和宫殿的记载，已在前面章节中转录，现择其涉及宫室、坛庙的，有如下几项：

(1) 宫城居王城中央，方三里。

(2) 王室宗庙与社稷分列于王宫前之左、右。

(3) 朝廷位于宫室前部（南侧）。

(4) 市肆置于宫后（北端）。

(5) 王宫门高五雉（丈），宫隅（角楼）高七雉（丈）。

(6) 王宫内有九室以居九嫔，宫外有九室由九卿治理。

再根据其他文献资料，又可补充：

(7) 宫内布局为“前朝后寝”形式。

(8) 朝廷部分采用“三朝五门”之制，并沿中轴线自前向后依次布置。

后人虽据记载绘图，但其中若干问题尚待研究。例如，祖庙和社稷是位于宫城之外仰内？“市”指宫市还是一般的肆市？宫内、外之九室的分布又如何？宫城是否也是四面开门？“三朝五门”的排列顺序又是怎样？……都是史学界长期未得到解决的问题。

由于周代王都（丰、镐、王城、成周等）久经破坏，未能给我们提供任何翔实资料，因此不得不将着眼点放到诸侯城的宫室上。从前述周代王侯构筑的大小城邑实例来看，其宫城布置可分为以下数类：

(1) 宫城居大城中部。如鲁都曲阜、魏都安邑、淹国淹城等，与《考工记》中所载的周王城布局甚为相近。以曲阜建于西周之初，淹城建于春秋，安邑建于战国前期等情况看，此种以宫城居中的形式，在周代延续了相当长久。因此《考工记》的叙述，不是完全没有根据的虚构。而后世的多数宫城及州、郡、府、县治的子城，也都沿用这种形制。这既符合“居中为贵”的礼制思想，也更有利于宫城子城的防御。

(2) 宫城在大城的一隅。如齐临淄宫城在大城之西南，楚纪南城之宫城则在东南，郑、韩新郑宫城在大城西北。其形成原因可能不一，有的是因为地形关系（河曲、高地……），有的可能基于城市的旧状与以后的自由发展。

(3) 宫城所在之大城与郭城并列。例见燕下都，其郭城（西城）建造较晚，即二城非建于同时。

(4) 宫城与郭城分离。如赵都邯郸、晋都新田。

依照周代封建等级制度，城邑大小列有等级，各级诸侯的宫室自不例外。然而目前缺乏实例进行比较，假如《考工记》中周王城中宫城的尺度是可依凭的，当时一里等于一千八百尺，或三百步，则宫城每面长九百步，符合“九”的最高标准。遵循“减二”的等差级数，则公之宫城应方七百步，侯、伯宫城方五百步，子、男宫城方三百步。按照目前发掘所获资料，如鲁都曲阜，其大城呈矩形而非正方，墙垣总长约二十八华里，已超过侯国都城周围二十里的限度。再根据城中部夯土台基的估算，若建有宫城墙垣，其周长度应在九华里上下，亦超过规定的七华里。魏都安邑之大城周长约三十二华里，大大超过规定；但小城周长七华里，则与“方五百步”相侔，且形状近于方形，是战国七雄宫城唯一与周初制度相近之例。总的说来，以王侯宫室为重心的周代宫城，其平面形体类型颇多，且绝大多数都呈不规则形状。宫城面积与大城相比较，也有较大悬殊。内中最突出的如赵都邯郸，小城面积约为大城的1/3。江南的春秋小国淹城，也达1/5。其余如齐临淄与燕下都，均约1/6。魏安邑较少，仅1/12。除了上述《周礼·考工记》中所载的规定以外，从上述实例中似乎找不出什么规律性来。特别是到了战国时期，由于周王室衰微和"礼崩乐坏"，诸侯们出于自己在政治上和军事上的需要，出于当地经济的发展和人口的增长，致使所在的城市得以不受限制地膨胀与扩张。是以《战国策》有载："古者，四海之内，分为万国。城虽大，无过三百丈者；人虽众，无过三千家者。今千丈之城，万家之邑相望也"。就城市本身的发展而言，大城（或郭城）的扩展，肯定要比宫城（内城或小城）要快，即使原来的大、小城是按严格的封建等级制度规定建造起来的。但到了后来，形势的发展使任何人都无法有效地加以控制了。

根据文献和发掘资料，宫城都建有宫城垣（有的遗址因破坏而不存在，如鲁曲阜、秦雍城……），垣外置以护河（现仅淹城一例较完整）。至于城垣的高度和城门的位置与数量，多已无从探索。城内主要建筑自然是诸侯王的宫室，有的还置有宗庙，其余就是若干官署和专门为统治阶级在经济和生活上服务的作坊（如制币、铜器、骨器、玉器、兵器……）以及少量供其属下使用的一般性居住房屋。

（二）周代王侯之宫室

1. 文献记载之周代宫室

周王与诸侯的宫室营构，不仅限于都城之内。在都城郊外或其他城邑，或风景秀丽的名山大川所在，也常建有这类建筑。它们可能是离宫或行宫，也可能是先王的旧居，其见于文史者为数不多，且极简略，现择其若干罗列于后。

（1）周

● 周居：在洛邑，见于《史记·周纪》："（武王）……营周居于洛邑而后去"。此"周居"当指其所居之宫室。时在武王即位以后，即公元前1121—前1116年之际。

● 后宫：《史记·周纪》："（幽）王三年（公元前779年），王之后宫，见（褒姒）而爱之。……"。此"后宫"当在镐京宫内，为周王与后妃居住之所，与施政之"朝"有别。

（2）秦

● 西垂宫：《史记·秦纪》："文公元年（公元前765年）居西垂宫"。按此宫遗址在今陕西郿县东北。

● 封宫：同书："武公元年（公元前679年）……居平阳封宫"。

● 大郑宫：同书："德公元年（公元前677年），初居雍城大郑宫"。

● 阳宫：《秦别纪》："宣公享国十二年（公元前675—前664年），居阳宫"。

● 霸宫：《三秦记》："霸城，秦穆公（公元前659年—前621年）筑为霸宫"。地在今陕西长安县东，秦置芷阳县。

● 高泉宫：《前汉书》卷二十八（上）·地理志·右扶风郡·美阳·注："高泉宫，秦宣太后（公元前？年—前265年）起也"。地在今陕西扶风县东。

● 萯阳宫：《三辅黄图》："萯阳宫，秦文王所起，在今陕西雩县西南23里"。

● 芷阳宫：《水经注》："襄王（公元前306年—前251年）芷阳宫在霸上"。在今陕西长安县东，近蓝田县界。

● 棫阳宫：《前汉书》卷二十八·（上）·地理志，右扶风郡·雍·注："棫阳宫，昭王起（公元前306年—前251年）"。今陕西凤翔县南郊。

● 橐泉宫：《前汉书》卷二十八·（上）·地理志·右扶风郡·雍·注："橐泉宫，孝公（公元前361年—前338年）起"。

● 祈年宫：亦作蕲年宫・同上书同条注："祈年宫，惠公（公元前337年—前311年）起"。在今陕西凤翔县西南16公里之千河东岸，背倚秦时祭祀场所五畤原，东邻秦公墓园。考古学家推测它非一般性寝宫或离宫，可能是秦君在祭祀前的斋宿宫室。

● 年宫：史书未载，近年在陕西凤翔县南郊发现其署名瓦当。

● 咸阳宫：在陕西西安之渭水北。秦昭王作渭桥，长三百八十步，以达渭南兴乐宫，事见《三辅黄图》。咸阳宫为秦孝公迁咸阳后所建，至秦始皇建阿房宫前，一直为秦都主要宫殿所在。

● 兴乐宫：在陕西西安之渭水南，见上条《三辅黄图》所述，为秦离宫。后刘邦依此宫建长乐宫。

● 虢宫：见《前汉书》卷二十八・（上）・地理志・右扶风郡・虢・注："虢宫，秦宣太后起也"。《雍录》："在岐州虢县"。

（3）齐

● 梧宫：《说苑》："楚使使聘于齐，齐王䜩之梧宫"。地在今山东省淄博市。

● 雪宫：《晏子春秋》："齐侯见晏子于雪宫"。故地在山东淄博市旧临淄城东北六里。又《孟子》："齐宣王（公元前455年—前405年）见孟子于雪宫"。

（4）楚

● 假君宫：《越绝书》："春申君子假君宫，前殿屋盖地东西十七丈五尺，南北十五丈八尺，堂高四丈十，霤高丈八尺。殿屋盖地东西十五丈，南北十丈二尺七寸，高丈二尺。库东乡屋南北四十丈八尺，上下户各二；南乡屋东西六十四丈四尺，上户四，下户三；西乡屋南北四十二丈九尺，上户三，下户二；凡百四十九丈一尺。檐高五丈二尺，霤高二丈九尺。周一里二百四十一步。春申君所造"。

● 兰台宫：《风赋》："楚襄王（公元前298年—前263年）游于兰台之宫"。地在今湖北省秭归县。

● 大宫：《战国策》："吴与楚战于柏举，蒙谷奔入大宫，负《鸡次之典》"。

● 渚宫：《左传》："楚子西缢而悬绝，王使适至，使为商公。沿汉泝江将入郢，王在渚宫下见之"。

（5）赵

● 信宫：《史记・赵世家》："武灵王元年（公元前325年）阳文君赵豹相，梁襄王与太子嗣、韩宣王与太子仓来朝信宫"。地在今河北省永年县西15里。

● 晋阳宫：《战国策》："张孟谈曰：'臣闻董子之治晋阳也，公宫之垣，皆以荻蒿楚廧为之，其高至丈余，君可发而为矢'。于是发而试之，其坚则箘簬之劲，不能过也。君曰：'矢足矣。吾铜少，若何'？张孟谈曰：'臣闻董子之治晋阳也，公宫之室，皆以炼铜为柱质'。请发而用之，则有余矣。及三国之兵乘晋阳城，三月不能拔"。按晋阳即今山西太原市。

● 东宫：《史记・赵世家》："武灵王二十七年（公元前299年）五月戊申，大朝于东宫，传国立王子何为王，……"

● 沙丘宫：同书："惠文王四年（公元前295年）……乃围主父……主父欲出不得，又不得食，……三月余而饿死沙丘宫"。

（6）魏

● 丹宫：《史记注》："梁襄王之丹宫，赵成侯（公元前374—前350年）之檀台，丽华冠于一时"。

（7）燕

● 碣石宫：《史记》："驺衍如燕，昭王（公元前311—前279年）筑碣石宫，身亲往师之"。宫在河北蓟县西三十里，临海。

● 甘棠宫：昭王慕召公之政，起甘棠宫祠之。

● 明光宫：《十二国续史》："燕惠王（公元前 278—前 272 年）起明光宫，金纬玉经，白刃为表，周宫为衣，迷不知其所出入"。

（8）晋

● 铜鞮宫：《左传》襄公三十一年（公元前 542 年）："（子产）对曰：今铜鞮之宫数里，而诸侯舍于隶人；门不容车，而不可逾越，盗贼公行，而天厉不戒"。按此宫为晋国离宫，用以接待诸侯宾客者。地在今山西省沁源县南 12 公里。

2. 考古发现之周代宫室

根据考古发掘，上述的若干宫室遗址一部分已被发现，例如秦国的棫阳宫、蕲年宫，燕国的碣石宫等。而在各诸侯都邑中，如齐临淄、鲁曲阜、燕下都、秦雍城……，亦发现当时各国的宫室基址。它们的共同特点，是都建筑在高大的夯土台基之上，例如齐临淄的"桓公台"，燕下都的"武阳台"、"张公台"、"老姆台"，楚纪王城的"皇台"，赵邯郸的"龙台"等。其中尤以高 19 米，占地面积达 8000 平方米之"龙台"最大。这些台基的夯土层次清晰，并杂有少量同期文化遗物。此外，在地表或接近地面处，还出土大量建筑构件及其残片。例如陶质砖、瓦、水管、勾阑……。而瓦当上的纹样，尤可说明该建筑的性质、规模和大致的年代。以这类夯土台基为基点，其周围常可找到建筑的泛水、踏跺、明沟、道路、水井、窖穴、庭院以至单体与群体建筑的墙垣、门道等等。

（1）燕下都台榭建筑遗址[8]

周王及诸侯之宫室多兴建于高台上，故台榭建筑成为当时统治阶级共相竞逐之风尚。然而各国之此类楼台多已化为尘土，甚难觅其踪迹。惟独燕下都一处，其夯土高台及建筑基址经考古发现者，已有四十余处之多，且位置集中，分布有序，为今日研究提供了可贵资料，现将其有关情况介绍于下。

该宫室位于河北易县燕下都东城之东北部（图 3-31），即在东西流向之古河道以北。现尚存大型夯土台基多处，并出土多量筒、板瓦。其半瓦当纹样有饕餮、双鹿、云山、树兽等。筒、板瓦有蝉纹、绳纹、雷纹、黼黻纹、云棂纹多种。又有山形纹勾阑砖、虎头水管等非常规建筑所使用之构件，是以判断该区建筑确系燕国宫殿之所在。依遗存夯土基址之高低、大小与分布情况，可划分为大型主体宫室建筑和宫殿建筑组群两大类：

1）大型主体宫室建筑：

①武阳台（1 号建筑基址）位于宫殿区最南端，是宫殿区的中心建筑，在今武阳台村西北角。残高 11 米，分为上下二层：依目前地面现有台基测绘（实际不止于此），其下层东西宽 140 米，南北长 110 米，高约 8.6 米。面积为燕下都诸基址最大者。上层平面亦大体呈方形，现址位于上层台基之南部中央略偏东，四周向内收进 4～12 米，台座每边约长 50 米，残高 2.4 米。夯层一般 10～15 厘米，最厚 20 厘米。

1962 年曾在台中部发现上下连接之陶水管，对其中三节进行检测，知每节长 0.7 米，大口直径 0.31 米，小口直径 0.27 米。另在武阳台西 210 米的断崖上，又发现长达 100 米走向东西之陶质排水管道，可能与武阳台之总排水系统有关。

②望景台（2 号建筑基址）在武阳台北 220 米，因多年破坏，现地面以上夯土仅余东西宽 8 米，南北长 4 米，残高 3.5 米一段。地下夯土范围已探得东西 40 米，南北 26 米。

③"张公台"（3 号建筑基址）在望景台以北约 450 米。现平面呈方形，每面长 40 米，残高 3 米。夯层厚 10～15 厘米。台顶及四周散布大量陶瓦片、红烧土及草泥烧土块等。台基地面以下向

南、西各 8 米，向东 6 米范围内均有夯土遗迹。

台东 13 米以外，有［11］号夯土建筑遗址，二者间有瓦砾及红烧土块堆积。该夯土基址东西宽 80 米，南北长 40 米，可能为“张公台”旧日附属建筑所在。

④“姥姆台”（4 号建筑基址）位于北城垣外，距“张公台”730 米。平面大体呈方形，东西宽 90 米，南北长 110 米，残高 12 米。现可分辨分为四层，一、二层共高 7 米。二层台基东西、南北各长 60 米。其北侧夯土痕迹明显，夯层厚 6～9 厘米，土质甚纯，内含陶片极少，为战国遗构。三、四层共高 5 米，平面呈凸字形，第三层台基东西宽 30 米，南北长 25 米，夯层厚 15～20 厘米。内包含蝉纹筒瓦、布纹瓦、点纹瓦及长方砖残片，当属汉以后建筑。

台基南侧中部地面以下，发现南北长 50 米，东西宽 30 米夯土遗迹，其近台基之北端夯土厚 2 米，南端远台基者仅 1 米，可能是当时登台之通道所在。

在“姥姆台”东北 160 米，有［12］号夯土建筑遗迹，东西宽 80 米，南北长 25～55 米。已暴露于断崖上之夯土厚达 1.8 米，土中有少量东周瓦片。可能为“姥姆台”的附属建筑。

2）宫殿建筑组群

大致可划分为三组，围绕在武阳台之东北、东南及西南。每群建筑都由一大型主体建筑基址与若干有组合关系的较小夯土建筑遗迹组成。

A. 东北建筑组群：

由“小平台”（8 号建筑基址）和［1］、［2］、［3］号夯土建筑遗迹组成。

①“小平台”位于武阳台东北 1100 米，为本建筑组群主体。平面呈椭圆形，东西宽 53 米，南北长 33 米。残高 5 米，上部有 0.7 米厚红烧土及瓦砾堆积。

土台东侧以外 4 米、南侧以外 3 米、西侧以外 10 米、北侧以外 3 米范围内，地下均有夯土痕迹。

在“小平台”西侧，发现房屋遗址间（F1—F4），作纵向排列，方位 22°（图 3-56）。各室内尺度均为东西宽 3.8 米，南北长 5 米。室内沿墙有倚柱柱穴，东、西墙内侧各四处，间距 1.2 米；南、北墙内侧各三处，间距 1.4 米。特点是转角处每面均置一柱。柱径 0.3 米。由穴内木炭灰烬，可知原立有木柱。西墙墙基外侧夯土中，排列有条状青石六块，每块长 0.8 米，宽 0.35 米，厚 0.1 米，间距 0.8～2.8 米不等。据遗物知建筑之屋盖做法为：先铺芦苇，再涂草泥，其上又涂厚 1 厘米之“三合土”，最后盖瓦。

在 F1 室内发现毗邻之陶圈井二口，F3 发现一口。可能不是一般之水井，而是储存物品的窖穴，其情况将在以后再予介绍。

②［1］号夯土建筑遗迹：位于“小平台”东南 100 米，平面为一方形之回环式样（图 3-57）。但北面中部与东北隅各缺一段。东侧夯土南北长 155 米，东西宽 19 米；南面夯土最完整，南北长 15～18 米，东西宽 231 米；西侧夯土南北长 196 米，东西宽 14 米；北面西段南北 12～14 米，东西 38 米；东段南北 16～35 米，东西 44 米。

在东、南、西垣内外，发现有夯土、红烧土、灰土与瓦砾之堆积十四处，厚 0.4～0.9 米。其中以⑬号面积最小，仅 60 平方米；④号面积最大，约 540 平方米。除①号⑦号平面为方形外，其余均为长方形。

已探出南北向道路一条，自北面夯土遗迹外 50 米直抵南面夯土遗迹前 6 米处，全长 247 米，宽 2.8 米。路土厚 0.05～0.2 米，表面距地表 0.5～0.8 米。

③［2］号夯土建筑遗迹：位于“小平台”西 470 米。东西宽 85 米，南北长 40 米，夯土厚 1.1 米。

④［3］号夯土建筑遗迹：位于“小平台”西北 650 米。

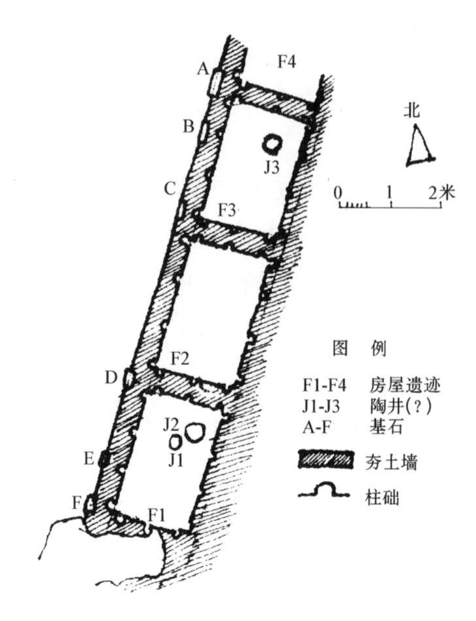

图3-56 河北易县燕下都古城“小平台”西侧建筑遗迹平面图（《考古》1965年第1期）

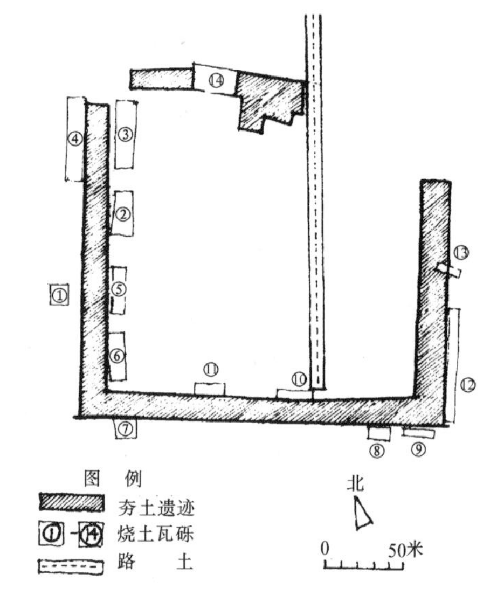

图3-57 河北易县燕下都古城[1]号夯土基址遗迹分布平面图（《考古》1965年第1期）

东西宽150米，南北长30米。经发掘，知夯土面上涂有一层坚硬平坦之草泥为居住面，夯土墙面平直。遗迹上有红烧土、薄方砖及瓦砾等建筑倒塌堆积。

B. 东南建筑组群（图3-58）

包括“路家台”（6号建筑基址）及第［4］、［7］、［8］、［9］号夯土建筑遗迹。

①“路家台”位于此组群之东南隅，武阳台东南约1050米。现存土台为长方形，东西宽8米，南北长12米，残高3米。夯层9～13厘米。土台四周有瓦砾、红烧土及草泥烧土块等。台西侧55米范围内地面以下均有夯土痕迹，其最西端二边作台阶状，逐渐变窄。

②［4］号夯土建筑遗迹　在“路家台”以北，武阳台东南800米。共有大小夯土遗址十五处。其中A—F号七处在“路家台”北及西侧，平面多数为长方形，仅F为曲尺形，面积皆不甚大。夯土遗迹G号在北端，由八处夯土遗迹组成，形状甚为复杂，阙口位于西北角。其南北总长180米，东西总宽160米，夯土基址厚0.8～1.7米，位于地表以下1.6～2米。附近有多量烧土及瓦片，半瓦当图案有饕餮纹、云山纹等。根据以上十五处夯土遗迹平面分布，似为一组相互有机联系之宫殿建筑群体。

③［7］号夯土建筑遗迹　在［4］号以西140米，由夯土遗址四座组成。其中平面为多角形之D号在最南端，北部之A、B、C号三座则围合在一起，阙口在西北角。其南北总长110米，东西总宽80米，夯土厚0.7～1.3米，距地面1.1～2.3米。附近亦有多量灰土及陶片、瓦片堆积。

④［8］号夯土遗迹　在［7］号以北，亦为一阙口在西北之围合型建筑基址。长、宽各70米。夯土厚1.1米，位于地表下2米。附近堆积中亦有灰土、陶片、瓦片等。

⑤［9］号夯土建筑遗迹　在［8］号西北，近武阳台村。共有夯土基址二处，A为矩形，面积较大。B为条状，面积仅约600平方米，约为A之1/6。

C. 西南建筑组群（图3-58）

包括“老爷庙台”（5号建筑基址）及［5］、［6］号二组建筑夯土遗迹。

①“老爷庙台”　在武阳台西南200米。为一东西长之椭圆形夯土基址，东西宽57米，南北长20米。残高9.5米。夯土台之夯层10～16厘米。从面积及位置看，似为本组群主体建筑。

②［5］号夯土建筑遗迹　在南端，距武阳台约530米。由五座夯土遗迹组成，其中A为凸字形，面积最大，东西最宽处63米，南北最长处50米。B为条形平面，东西宽85米，南北长15米。C为曲尺形。D为多边形。E为菱形，面积最小，仅约100平方米。

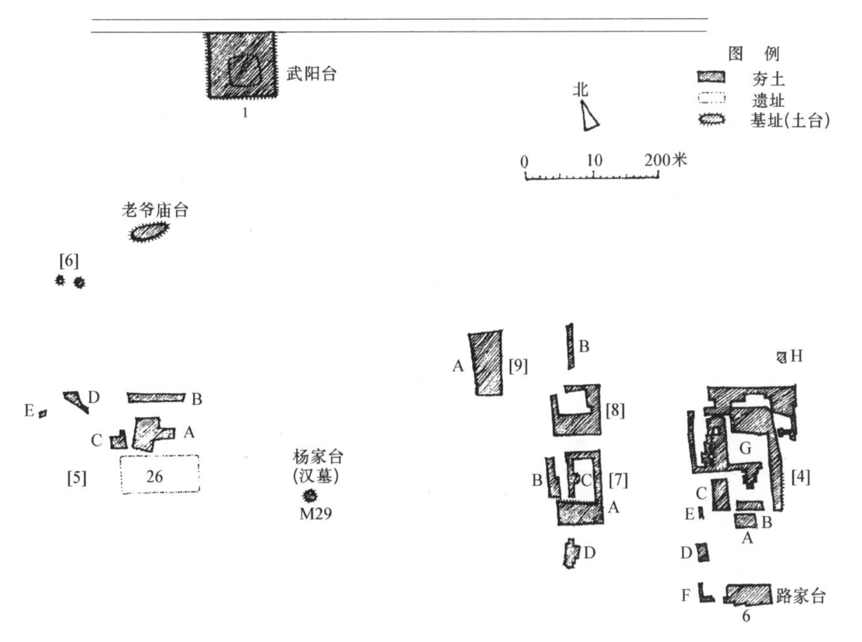

图3-58 河北易县燕下都古城夯土建筑遗迹［4］—［9］平面图(《考古学报》1965年第1期)

③［6］号夯土建筑遗迹 在“老爷庙台”西南约100米，东北距武阳台约340米。由二座小夯土台组成，面积均在100平方米左右。

（2）陕西凤翔县秦雍城三号宫室建筑遗址[14]

在周代诸侯宫室的遗例中，秦都雍城的3号建筑遗址甚为突出。根据1983年至1984年的调查和钻探，探明它是由五座庭院沿南北向轴线纵列的一组建筑。方向北偏东28°，纵长326.5米，北宽86米，南宽59.5米，总面积合计21849平方米（图3-59)。其下以黄土、五花土与红土筑基。建筑本身周以围墙，除主门置于南侧，其东墙辟侧门五道，西墙四道。以下就各庭院情况分述于后：

1）第一庭院：位于遗址南端，面阔59.5米，进深52米，总面积3094平方米。南墙大部破坏，中央门道宽8米，门南25米处有似屏墙的夯筑土垣一段，宽25米，厚1.5。西墙之西北段与西南隅均毁。东墙保存较好，仅中部开一宽2米之小门。此三墙厚度均在1.5～2米之间。

2）第二庭院：紧接第一庭院北端，故其南墙即第一庭院之北墙。此院进深49.5米；面阔北端60.5米，南端59.5米，总面积2970平方米。墙垣除东墙中部偏南一段约15米被毁外，其他基址保存很好。西墙辟门道一，宽2米。与东墙厚度均为1.5米。南墙厚2米，正中一门宽6米，通向第一庭院。本院中有二较大的矩形平面夯土台基东西相对。台基南北均长16米，东西均宽12.5米，面积各200平方米。台基距北墙约12米，距东、西墙各约5米，两台基间距离约23米。它们与北墙间又有二小型条状基台，均长6.5米，宽2米。

3）第三庭院：又接第二庭院之北，南北进深82.5米，东西面阔则稍有不同，其南墙宽60.5米，北墙宽62.5米。面积5074平方米。东墙辟二门：北门距北墙16米，门宽4米；此门外2.5米处有南北长6.5米、东西厚2米之夯土屏墙一道。南侧之门距南墙29米，宽2.6米。西墙亦有二门：北门与东墙者相同，惟外无屏墙。南侧门宽2.5米，距南墙16米。南墙正中辟一宽4米之门，通向第二庭院。三面之墙垣均厚2米。庭院中部有一大型夯土台基，北缘宽32.5米，南宽34.5米，东长17.2米，西长17.7米，占地面积585平方米。周围有散水石及陶质筒瓦及板瓦残片甚多。就平面规模及建筑构件来看，应是此组宫室中的主体建筑。

4）第四庭院：南邻第三庭院，南北进深51米，东西面阔70米，面积3570平方米。东、西墙

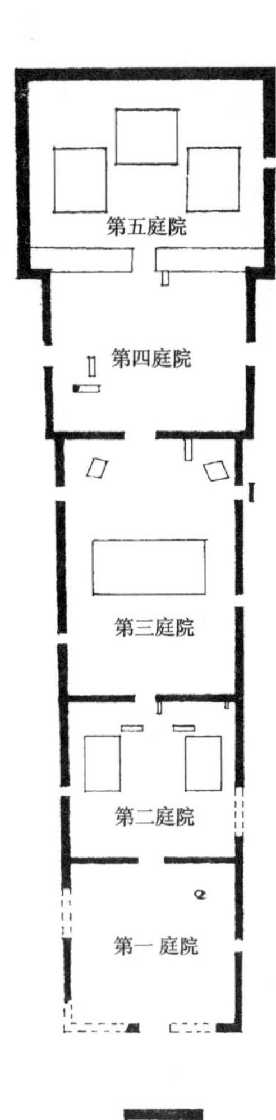

图 3-59 陕西凤翔县秦雍城3号宫室建筑遗址(《考古与文物》1985年第2期)

中央各开宽 2 米之门一道。南墙中央门宽 6 米，经此可通第三庭院。各墙厚度均为 2 米。北侧无墙，仅有第五庭院南端之夯土屋基与之相隔绝。院内仅西南部有小型条状台基二处。

5）第五庭院：位于整个宫室北端，南与第四庭院相接。其南北进深 65 米，东西面阔 86 米，面积 5590 平方米，为诸庭院中最大者。东墙厚 3.5 米，中部辟一门，宽 2.8 米。西墙无门，墙厚 3.2 米。北墙亦如此。庭院中有三座夯土台基，作品字形排列，平面皆作近方之矩形。其北端者东西宽 22 米，南北 17 米。东、西者东西 17 米，南北 22 米。三台基面积皆为 374 平方米。其间围合成一区三合院式内庭。院南中央置一门，宽 7.6 米。门之两侧各有夯土台基一条，东西均宽 35.85 米，南北进深皆为 7.5 米。

雍城 3 号建筑遗址是迄今发现规制整齐和面积最大的周代诸侯宫室群组。它的位置在断为秦国宗庙的 1 号建筑遗址之西侧约 500 米。颇符合《周礼・考工记》中述及的王宫居中，祖庙在东的情况。而此组建筑又依南北向中轴作对称式布置，前后五重庭院，其外周以宫垣。由遗址中发现的陶瓦残片及散水石，以及第五重庭院内庭中埋有兽骨的夯土坑，都表明它是属于诸侯宫室的重要凭据。其中特别使人瞩目的，则是它的“五门”制式。据考古学家的判断，这组建筑沿用的时期大致为春秋到战国，也正是诸侯称霸与周王室衰微时期，如果这时秦国诸侯无视周室而“僭越”了“天子之制”，那也是毫不足怪的。

（3）楚郢都三十号宫室建筑遗址[13]（图 3-60）

遗址位于湖北江陵市楚故都郢（又称“纪南城”）之堆积上层，夯土台基长 80 米，宽 54 米，残高 1.2～1.5 米。夯层厚 5～20 厘米，夯窝圆形，直径 6.5 厘米。

房屋平面呈矩形，长 63 米，宽 14 米。周围墙基尚存，其南、北墙基与纪南城之南、北城垣基本平行。室内中部偏西有一隔墙，分内部为东、西二室，东室长 33.4 米，西室长 26 米。

北墙基外 3.8 米处有与之平行的小墙基遗址，残长 29 米，宽 0.2 米。

北墙基外 12 米及南墙外 14 米处各有磉墩一列，其外侧即为散水。但东、西二侧未发现此二类建置，可知原建筑为两坡式大建筑，南北进深达 43 米。根据遗物，知此建筑建于战国早期至中期。

1）墙基：以北墙基保存较好，土色灰白，基宽 1 米，深 0.3～0.5 米。

墙基内、外均有平面为矩形之倚柱柱穴，北墙外侧尚存 4 处（1～4 号），间距 4.5～5 米；内侧存有五处（5～9 号），间距 4 米。外柱穴长 45 厘米，宽 40 厘米；内柱穴长 45 厘米，宽 30 厘米；均伸入墙内 15 厘米。

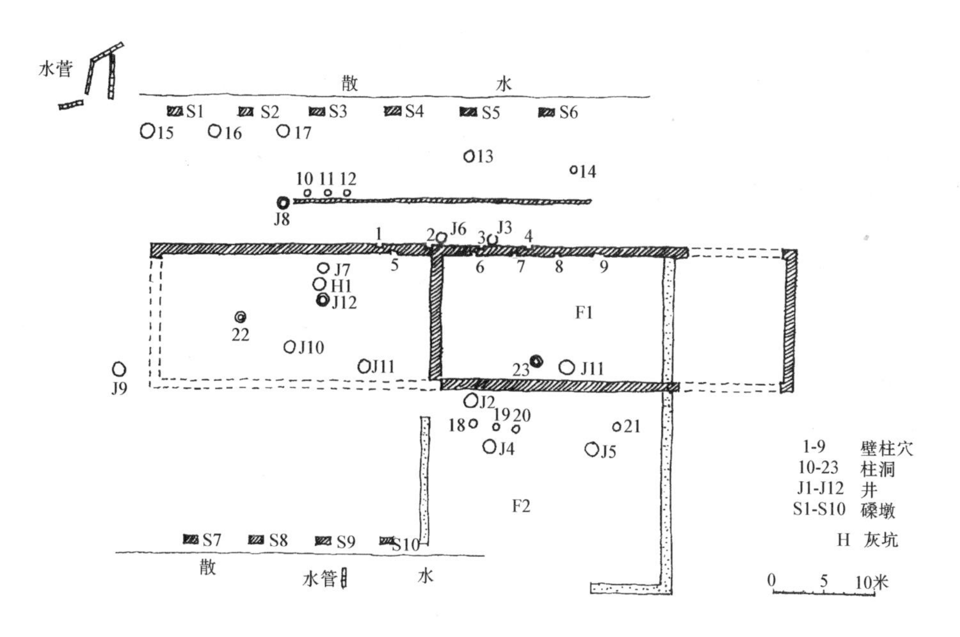

图 3-60 湖北江陵市楚郢都（“纪南城”）三十号建筑基址平面图(《考古学报》1982 年第 4 期)

2）磉墩：位于大檐柱下。北侧一列存有 6 个，南侧有 4 个。平面长方形，长 1.3 米，宽0.8～1 米，厚 0.75 米。其构筑法为在已筑成之夯土台基上掘坑，填入陶片、瓦片、红烧土及黏合泥土，再经夯实。经长期雨水浸泡后，目前仍很坚实。

3）柱洞：已不完整，大致可分三排。北墙外之小柱洞直径 0.4～0.5 米，间距 1.8 米（10、11、12 号）。中等柱洞直径 0.6～0.8 米，间距 10 米（13、14 号）。较大的直径 1.1 米，间距 6.5 米（15、16、17 号）。

南墙外 3～3.4 米有柱洞 4 处（18、19、20、21 号），排列与墙基平行，直径 0.4～0.5 米，间距 1.5～2 米。

西室中央偏西之“大柱”洞（22 号）直径 1.2 米。东室大柱洞（23 号）径 0.75 米，位置近南墙。

4）散水：在南、北二列磉墩外，均构有外斜坡度 4°～5°之散水。其底部为一层黑烧土面，上铺红、灰色碎陶片。北侧散水尚存西面一段长 50 米，南北宽 5 米。南侧散水不全，存残长 37 米，宽 5.4 米。

5）排水管：在南、北散水中发现残破排水管道数处（北三道，南一道），系由室内延伸向外，应为排污水之管道，但室内的已不存在。北部排水道位于台基西北部，计有南北向二道，东西向一道。南北向之二道间距 2.2 米，向北延伸 5 米后，即交汇于一处，再向外通向排水沟。南部之排水管，作南北方向放置。

管道皆为圆筒形，每节长 66.5 厘米，直径 19 厘米，壁厚 1～1.5 厘米。相互以平口对接，管道下均垫以板瓦，上面亦以板瓦覆盖。现北部共发现管道 21 节，南部仅余 2 节。

6）水沟：位于南、北散水之外，由已揭露部分，知沟宽 3 米，深 2～2.5 米。

7）水井：遗址内、外有水井十二口（J1～J12），其中土井仅一口。经发掘，知 J1～J11 诸井均为夯土台基筑成后开凿的。

本遗址出土有错银云纹铜门环及大量陶筒瓦、瓦当。而建筑位于宫殿区内东侧，且本身规模宏大，并有檐柱、外廊、散水、排水管等设施，故可判断应属于当时宫殿中一座重要建筑。

（4）湖北潜江县“放鹰台”东周宫殿基址

遗址位于湖北潜江县西南园林镇约 30 公里，西距楚古都纪南城约 50 公里，为长 300 米，宽 100 米，高 5 米岗地，由四座相连的夯土台组成。1987 年 4 月至 11 月进行了 450 平方米试掘，发现东周时期宫殿基址一处。

宫殿建于两层台基之上，底层保存较好，面积约60米×70米。第二层居住面已被毁，由大量陶砖瓦及红烧土等遗存，表明它毁于大火。此台东侧有一南北向侧门，门宽125厘米，两侧门垛呈曲尺形，残高90～115厘米。此门之南、北两侧，发现大片居住面，上覆厚1～2厘米之红色面土，显系人为烧结者。

土坯台基已发现部分南北长25.20米，其北部东西宽12.65米，南部东西宽15.25米。台基均由砖坯叠砌，三面尚有残余坚硬红砖墙，现有高度1～1.6米，宽0.5～0.7米。墙体内有成排大型方柱洞，其中南墙四个，东墙四个，东南墙隅一个，最大的柱洞达1.45米见方。依柱洞位于墙内、外各半判断，此项柱当系倚柱形式。柱下均有暗槽，皆被火烧红，估计内中原埋有木质地梁。台基上柱洞有圆、方、半圆、菱形等多种，排列有序，每一大型方柱洞处均排列有两个圆形柱洞、二个方形柱洞及一个半圆形柱洞。

遗址上发现之建筑材料有东周时期之碎砖瓦、瓦当、楔形砖、铜门环、厚4～6厘米砖坯等。另有豆、盂等具春秋、战国时期楚文化特征之生活陶器残片。

在夯土台基上与第二层台基之东侧，有南北向之道路一条，路面用5～7厘米大小之贝壳密铺，高出两侧地面约10厘米。已发现长度达10米。

据考古与历史学家考证，此台极可能是楚灵王建于公元前535年之章华台，是一处保存相当完好的楚国离宫遗址。

(5) 燕“安杖子”古城战国F3建筑遗址[26]（图3-61）

该遗址位于辽宁凌源县“安杖子”古城之大城中区中部，是一长方形平面建筑，东西宽12.75米，南北长4.3米，方位178°。门辟于南墙正中，宽1.75米。外有等宽及长2.5米之斜坡门道，道侧有二排共四块柱石对称排列，其南北距离为0.85～0.9米。东西相距1.2～1.5米，均为长、宽0.25～0.3米之天然石块，表明该处原建有门廊。房屋周以厚0.5米夯土墙，夯层厚0.06～0.08米。室内有柱三列，划分为面阔五间及进深二间。其南、北二列柱依墙，中列柱在东西中轴线上（其中部四柱有柱洞）。室内地面低于当时地表0.5米，共有红烧土四片，以中央者最大，当系取暖生火之处。

结构与构造之特点：

①柱洞之排列，在面阔上已有明显区别，如明间距离为3.0米，次间2.4～2.2米，梢间2.2～1.8米。

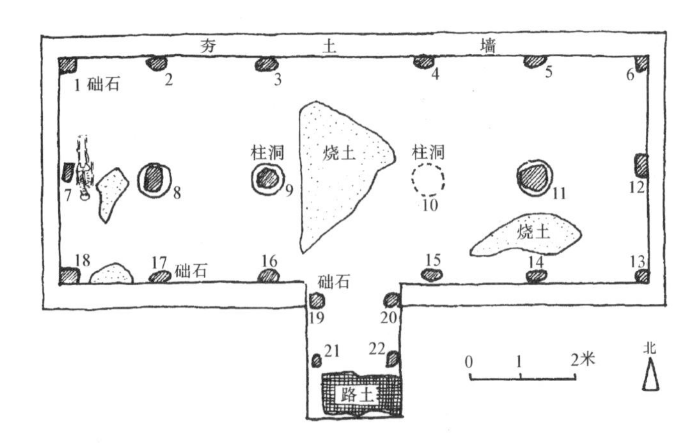

图3-61 辽宁凌源县“安杖子”古城战国F3建筑遗址平面图
（《考古学报》1996年第2期）

②大部柱础石已置于地面，但中列之中央四柱仍埋于地下，其柱洞口小底大，上口直径0.25～0.3米，深0.3米。其础石则置于洞底，且面积较其他各柱为大。看来此类主要承重柱之构造，仍沿用新石器时代旧法。

③屋面之筒、板瓦砌成坚固瓦垅，使屋面不漏水，木材不腐烂，以延长房屋使用时间。

④室内地面低于室外，仍保留半穴居形式。

⑤陶瓦色灰黑，火候较汉代遗址（F2）为低，尺寸则较大，出土数量多，且大部分完整。

板瓦：长48厘米，宽40～44厘米，厚2厘米，平面略呈梯形。正面粗绳纹，背面平素，色灰黑，火候较低。

长48厘米，宽36～42厘米，厚1厘米，平面略呈梯形。正面斜粗绳纹，背面平素。

长50厘米，宽40～44厘米，厚1厘米，平面近梯形。正面斜绳纹，背面平素。

筒瓦：长44厘米，直径16.2～17.5厘米，瓦舌长2厘米，半筒形。正面绳纹，背面小端抹平，大端麻点纹。

长46厘米，直径18厘米，瓦舌长3厘米。正面一端竖行绳纹，一端凹弦纹。背面一端抹平，一端绳纹。

长44厘米，直径18厘米，瓦舌长3厘米。正面一端竖行绳纹，一端凹弦纹。背面有凹凸不平沟槽。

半瓦当：当面饕餮纹。尺度有三种，直径17～19厘米。瓦面粗绳纹，背面抹平。

当面山形纹三道。残直径6厘米。

当面双鹿纹及三角形树纹。直径19.5厘米。

当面云纹，中央小树。周围有施五云纹（直径16.4厘米）、三云纹（直径16.7厘米）、二云纹向上（直径14.8厘米）、二云纹向下（直径15厘米）等几种形式，较晚者图案趋简化。

兽面纹。为燕国最流行式样，出土量也最多，直径15.5厘米，厚1厘米。

树纹及动物纹。残径12厘米，厚1厘米。

由该建筑之位置居大城中部及面积甚大，且出土有多量刀币、布币、圜钱、铁工具及云纹瓦当等物件，表明非一般性民用房屋，应是官署所在。

3. 周代宫室之门制

关于周王室的门制究竟采用何种制度？古今学者各有所见，大体说来是“三门”与“五门”之争。前者主要根据《考工记》，内中仅载有庙门，闱门，应门，路门四种。而《诗·大雅·緜》则云：“乃立皋门，皋门有伉”。提到了《考工记》中未述及的皋门。并引《传》：“王之郭门，曰：‘皋门’”。同一文献又有：“乃立应门，应门将将”；引《传》：“王之正门，曰：‘应门’”。关于路门，《考工记·匠人》载：“路门不容乘车之五个”。即路门不应超过并列五车之宽度。而《疏》加以注解：“路门近路寝，故特小为之”。按计算，路门宽合周尺三丈一尺二寸，以1周尺=0.23米，则约7.2米。从上面引文，知皋门为周天子宫城正门（但在某些文献中，如西周《小盂鼎铭文》，则称之为“南门”）。应门是王宫的大门。路门则是宫中内门，又称“毕门”，估计在治朝与燕朝之间，是燕朝与寝宫的大门。另有库门和雉门，某些文献中则列为诸侯宫室之门。如《礼·明堂位》：“库门，天子皋门”。引《疏》：“言鲁（国）之库门，制似天子皋门”。又同书：“雉门，天子应门”。《疏》：“言鲁（国）之雉门，制似天子应门”。此外，《左传》定公二年（公元前508年）：“夏五月壬辰，雉门及两观灾”。《注》：“雉门”，公宫之南门。这里的对应关系已很明确，因此，同意上述载录的学者，认为周王宫室仅有皋、应、路三座主要门户。

认为周天子宫室有五门（皋门、雉门、库门、应门、路门）的，首出《周礼・天宫・阍人》引郑司农语，又郑玄注与《玉海・宫室》中引《三礼宗义》，则将雉、库二门位置对调。虽然排列顺序不同，五门的名称都是一致的。“五门制”的论点，为历代统治阶级和大多数学人所接受，并认为是正统的周制，因此后来许多封建王朝皇宫的门制，都附合了这一制式。

“三门制”与“五门制”的分歧长期不能解决，关键在于双方各凭文献，而未有实物以供甄核。如今雍城秦代3号宫室遗址的发现，为这个问题的研究和解决，提供了虽然不完全但相当可信的实物资料，其所产生的作用和影响，都是十分重要的。但是也应看到，到目前为止，我们所知晓的周代王侯宫室采用此制式的仅此一例。如果要确切证明周王宫室的门制也是如此，恐怕还需要找到更多的证据。

从文献志载的周代制度来看，诸侯的领地、都邑、宫室、墙垣等，与周天子的都有数值为“二”的级差，推及门、殿制度，想必亦不脱此窠臼。因为它们都属于礼制中的重要建筑内容。根据上述种种情况综合分析，周王宫室采用“五门”的可能性，似较“三门”为多。

以下依郑玄说与实物，对周代宫室的五门制进行一些讨论与介绍：

首先，无论是“三门”或“五门”的不同论点，都认为皋门是周王室最外的一座大门。自字义而言，“皋”可译为“远”与“高”，这就大体上表明了此门在宫室中的位置和形象。它是否建有城台或门阙，史文未有载及。据黄以周《礼书通政》：“古者王宫方三里，……又曲其城而设重门，或以谓之‘曲城’”。关于此项“曲城”，学界曾有不同理解，有人认为在宫室中以墙垣隔成若干庭院，都可称为“曲城”。笔者的理解是：黄文中的“城”，应指宫城的外垣，即宫城城墙。其与宫内分隔内部庭院空间的内垣，在性质、高度、厚度与外观上，都形成显著区别。所谓的“曲”，是指宫城垣在宫门及其左右向内收进若干距离，并形成一个由三面宫城墙所围出的前广庭（正面为宫门；东墙有宗庙门，西向；西墙有社稷门，东向），广庭开敞之南侧，或建宫墙，或仅置象征性之皋门。此种布局，对周王自宫内赴宗庙举行大典和允许百姓通行的记载，是较为契合的。有的学者认为《考工记》中述及的“庙门”就是“皋门（或称南门）”。二者似乎不应混为一谈，若就其名称，就可知道和了解二门的含义。从使用方面来看，二者合一，也是不符合情况的。

库门在“五门制”中常被列为第二道门。而文献中又有将此门称为“厩门”的。顾名思义，也许此门之内，设置有供周王日常需要或出行所必具的府库与车马。由雍城秦宫室3号遗址的第二重庭院表明，虽然构有东西相对的矩形夯土基址二处，但由其规模、制式与夯土基甚薄的特点，可知它们并非宫中重要建筑。然而文史中述及的鲁国库门，因与周王宫城的皋门相当，故与雍城秦宫不同，推测其门内建筑与设施，自非一致。

“五门”的第三道是雉门。据《周礼・朝士》注：“雉门为中门。雉门设两观与今之宫门同，阍人凡出入考，穷民盖不得入也”。《朝庙宗室考》云：“天子之雉（门），阙门两观，诸侯之雉（门），台门一观”。“天子雉门，两旁筑土，建屋其上，悬国典以示人而虚其中，望之阙然，故谓之‘阙’。以其巍然而高，谓之‘魏（按，同巍）阙’；以悬法象，谓之‘象魏’；以其示人，又谓之‘观’……”。这里叙述了阙的形式和功能，但使用仅限于周王，而诸侯只能用城台上建城楼的方式。根据前面《礼・明堂位》引文，知雉门是诸侯宫室主门，相当于周天子宫室之应门。因此《朝庙宫室考》中所称的“天子之雉（门）”，恐系应门之误。现就雍城秦宫室第三道门观察，既未发现双阙或城台遗址，且其门道宽度仅宽4米，是五座门道中最窄的，如果它被用作宫室正门，实难想象。

第四座门是周王宫室的正门——应门，即上述可建阙者，对应于诸侯置门台门观的雉门。雍城秦宫室的第四门宽度达到10米，居五门之冠，足见其地位之重要，但门外未见双阙痕迹，亦未有门台基址。推其原因，一种可能是门阙已遭彻底破坏，达到片瓦无存的程度。另一种可能是原来就未建有双阙，以免过分“僭越”王制，同时亦未修筑门台，而是采用了某种尚不为目前所知晓的形式予以更替。周宫应门宽度达“八辙”，合四丈八尺（11.04米），较秦公宫室现门略宽。

“五门”制最后的一座名为路门，或称寝门。它是宫廷寝居区中的内门。依焦循《群经宫室图》，得周王宫室路门宽度为五辆乘车之广，计三丈三尺（7.2米），与雍城实例7.6米相差无多。由现场探测，该门东、西两侧均为条状夯土台基，未见墙垣遗留，这是与前述四门大不相同之处。从这里也可看到，第四和第五庭院实际是一个整体，均应属“寝”区。而路门以内，更是寝居重点所在。

按照商殷以及周原建筑（另述于后），门侧应建廊庑，并顺墙建为廊院。今此宫未见廊庑遗迹，似与我国传统建筑制式相左，估计原来曾予建造，现存疑以待来日之进一步发掘与研究。

4. 周代宫室之“三朝”及“寝”

周天子处理政务的场所，依其功能的不同而分为外、内及燕“三朝”，其中内朝又称“治朝”。据《周礼》等文献，外朝主要功能为举行重要的大典，如册命、献俘、公布法令以及断理狱讼，举行“三询”（与万民询讨国危、国迁及立君三项维系国家的大事）等。内中的一些活动，常在大庙（或称周庙，即周王室宗庙）中举行。如西周铜器《小盂鼎铭文》中所述周王接见军事领袖及后者献俘等情况。此时的外朝是否已和“大庙”合而为一？目前还难以断言。但至少可以认为，“大庙”是担负着大朝部分职能的。内朝或治朝，是周天子每天处理日常政务之地，又是举行宾射的场所，它位于宫城之内，故有斯名。燕朝亦属内朝，在路门以内与燕寝间。其功能是接见群臣议事，与宗族内亲议事，燕饮及燕射等。

天子“三朝”，诸侯又如何？史籍未有详载。若依前述封建等级制度，只能设朝堂一处。依秦雍宫室发掘，仅于第三庭院中发现一大型建筑基址，当系为秦公施政之处，其地位似应相当于天子的外朝。若模拟王制，则治朝应在第四庭院，而燕朝则在第五庭院内。

天子与诸侯起居之地，均称为“寝”。据《春秋·公羊传》庄公三十三年：“天子、诸侯皆有三寝。一曰：‘高寝’，二曰：‘路寝’，三曰：‘小寝’。父居高寝，子居路寝，……妻从夫寝，夫人居小寝”。《疏》：“父居高寝者，盖以寝中最尊”。《说苑》中亦称：“天子、诸侯三寝，高寝居中，路寝居左右”。秦雍城宫室第五庭院中，有三座大小相同的夯土基址作品字排列的，应是上文所述“三寝”之外。这种父寝居中，子居两侧的布局，直至封建晚期的官、私居住建筑（如北京四合院）中，还可见到。此外，这庭院的面积最大，围垣最厚，也说明了它的使用特点。

门前设屏，是天子之制。《尔雅·释宫》：“‘屏’，谓之‘树’”。《注》：“小墙当门中”。屏又称“塞门”或“萧墙”。另陈皓《集说》载：“……立屏当所行之路以蔽内外为敬；天子外屏，诸侯内屏，大夫以帘，士以帷”。雍城秦宫室不仅在第一道正门之外设屏墙，而且在第三庭院东墙外亦设外屏，均表明非诸侯之礼。

5. 周代宫室之台榭

建于夯土高基上的宫室建筑，除了正规宫殿与离宫之外，还有专门的台。它们的功能有：观天象，察四时，祭鬼神和供游览。一般来说台较宫室更高而面积小，但有时它又和宫室混为一谈，特别是对离宫苑囿而言，以致难以区别。此类建筑至少在商代已有。如《史记·殷纪》载纣王曾建鹿台，“其大三里，高千尺”。纣王除在其中游乐，还用以贮存重敛天下掠夺来的财富。最后因牧野之战失败，乃“走入登鹿台，衣其宝玉衣，赴火而死”。由此可见，其上应建有木构建筑。文史对这类建筑载录很少，估计当时为数亦不多。周时文王建有灵台，见于《诗经·大雅》：“始经灵台，经之营之，庶民攻之，不日成之……”其建造时间甚短，表明比较简单，上面建筑也不会很多。据《三辅黄图》：“周文王灵台在长安西北四十里，高二丈，周围百二十步”。折算此台高不过七米，方仅六十米，与日后诸侯台榭相比，可说是小巫见大巫。

台榭建筑的大量出现，大约始于西周之末到春秋之际，此时各地诸侯羽毛日渐丰满，大建宫室楼台，竟成一时风尚，目的都是为了炫耀权势地位和满足生活上的奢淫。例如春秋吴王所建姑苏台，华丽宏伟甲于江左。《述异记》称：“吴王夫差筑姑苏台，三年乃成。周旋曲诘，横亘五里，崇饰土木，殚耗人力。宫妓数千人，上别立春宵宫，作长夜之饮”。又《越绝书》：“胥门外有九曲路，阖闾造以游姑胥之台而望太湖”。（按：此台当在今江苏吴县西南之姑苏山上）。

秦国高台见于文献者，有章台（《史记，楚世家》），三休台（《文选注》），祀鸡台（《一统志》），灵台（《左传》），凤台（《列仙传》）……

齐国台榭有瑶台（《说苑》），柏寝台（《通典》），琅琊台（《战国春秋》），戏马台（《战国策》），九重台（《说苑》），檀台（《史记》）……

楚国有章华台（《左传》、《史记》），渐台（《烈女传》），小曲台（《烈女传》），层台（《楚书右篇》，《说苑》），云梦台（《高唐赋序》），阳云台（《古文苑》），豫章台（《水经注》），匏居台（《楚语》），春申台（《一统志》），钓台（《一统志》），乾溪台（《新语》），五仞台（《说苑》）……

赵国有丛台（《汉书·高后传》），洪波台（《郡国志》），檀台（《史记·赵世家》），野台（同前），野望台（《述异记》）……

魏国有范台（《战国策》），文台（无忌《上魏王书》，《史记》卷四十四·魏世家·注：“《括地志》云：文台在曹州宛句县西北六十五里”。），京台（《楚策》），晖台（《战国策》），中天台（《新序》）……

燕国有展台（《一统志》），宁台（乐毅《报燕王书》），黄金台（《上谷郡图经》），小金台（《一统志》），仙台（《水经注》），崇霞台（《拾遗记》），握日台（同上），钓台（《水经注》），阳华台（《燕丹子》），通云台（《拾遗记》）……

宋国有仪台（《史记》卷四十四·魏世家）。

台榭建筑的出现，表示了人对建筑新的需求。但当时木构建筑体系在结构和构造上未能予以满足，从而不得不采用高筑土台予以补救。这种成为中国古代宫室建筑特点的形式，后来还沿用了许多世纪。甚至在我国的木构建筑已经十分成熟的情况下，仍然对宫室建筑起着重要的影响。

6. 周代宫室建筑之形象

周代宫室单体建筑的形象如何？因实物已不存，目前仅能从出土的若干铜器略知其一二。

比较完整的形象，可以浙江绍兴市狮子山战国306号墓出土的铜屋为例（图3-62），它的平面大体呈方形，面阔三间，通宽13厘米；进深亦三间，共11.5厘米。屋高10厘米，屋顶为四坡攒尖式；其上建有高7厘米之图腾柱。柱平面作八边形，顶端栖伏一鸟。[30]

建筑下有稍凸出之阶台。正面仅施四柱而无墙，正中之当心间较二次间宽0.3厘米。两山于柱间砌墙，墙面由七列水平之空洞构为漏窗，当心间中开一较大之矩形空窗。背面于当心间中部为一“田”字形大窗，窗框内作覆斗状之斜面。室内有跪坐奏乐之铜人像，计六人，分为前、后二排，作击鼓、吹笙……状。屋面及图腾柱表面俱施卷云纹，制作甚为美观精致。

在若干铜器表面的装饰纹样中，亦偶有表现宫室建筑形象者。如北京故宫博物院收藏之战国铜器残片，四川成都市百花潭中学10号战国墓出土铜壶，江苏六合县和仁东周墓出土铜匜，上海市博物馆收藏战国铜桮等（图3-63）。其上之建筑多为二层者，有台基、楼梯、勾阑、柱、斗栱、

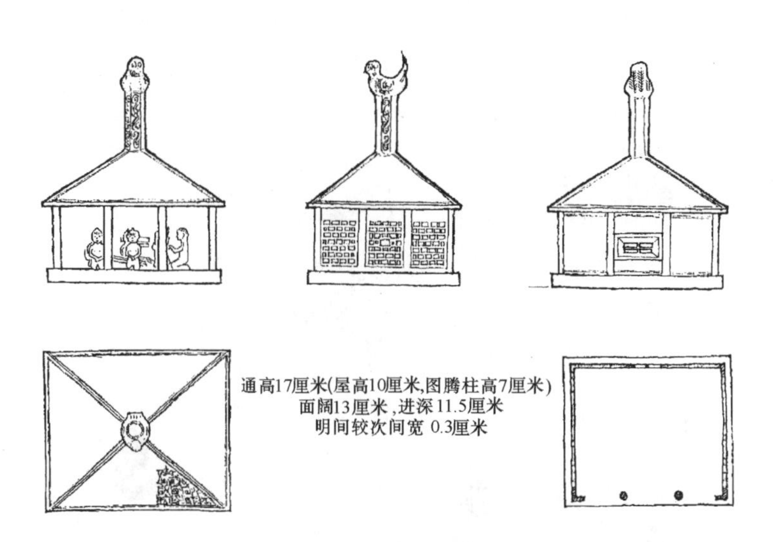

图3-62　浙江绍兴市狮子山战国306号墓出土铜屋(《文物》1984年第1期)

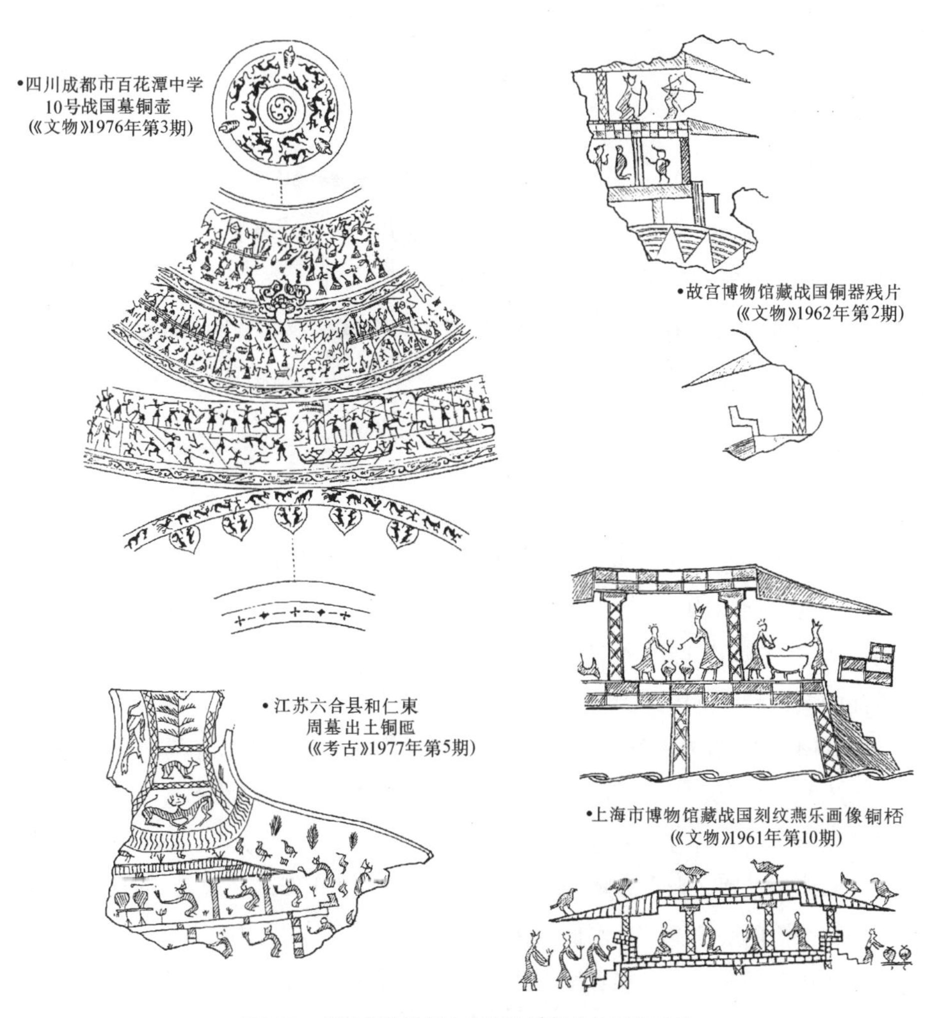

图3-63　战国铜器纹刻中表现的周代宫室建筑形象

出檐、屋顶等形象。或作临水之台榭式样。图中人物或行、或立、或跪、或引弓、或取酒，形象甚为生动。其中以成都出土之铜壶上描绘之建筑最多，有二层楼阁及一层之帐，所刻人物众多，作狩猎、攻战、划船、宴乐、歌舞等种种图像，其内容丰富亦居上述诸品之冠。

周代之若干大型铜器之器身均已具有房屋建筑之形象（图 3-64）。如西周早期铜器兽足方鬲之正面中央辟一双扇版门，门之两侧各置附十字棂格之低矮勾阑一段。其余三面中部开矩形之窗，棂格亦采用十字形状。此方鬲是目前已知表现我国古代建筑形象之最早铜器。

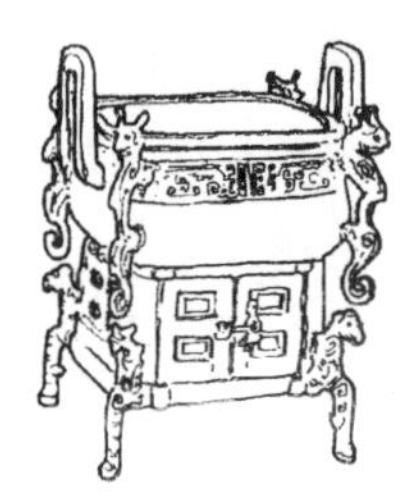

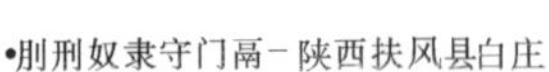

•刖刑奴隶守门鬲－陕西扶风县白庄

•蹲兽方鬲

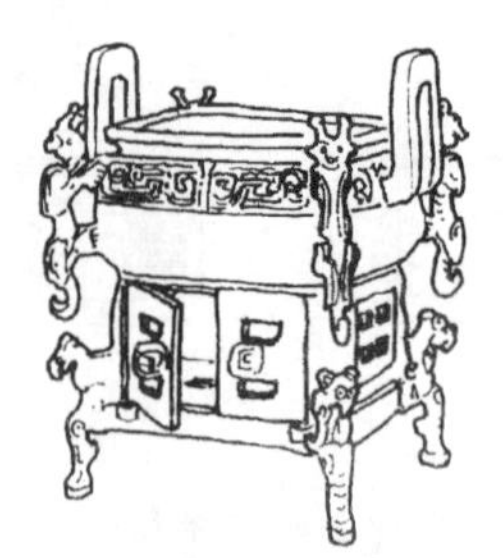

•季贞鬲—藏美国哈佛大学福格博物馆

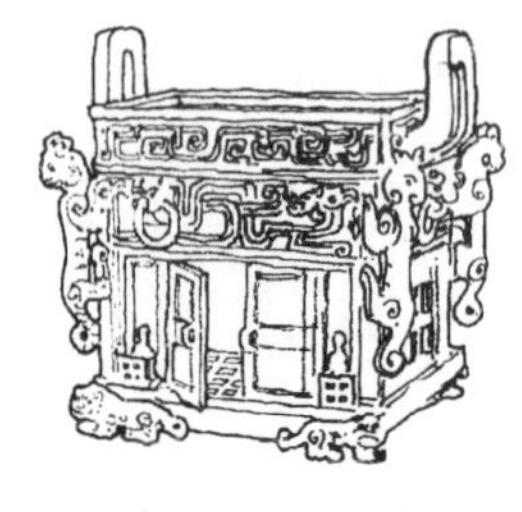

•兽足方鬲(正面)

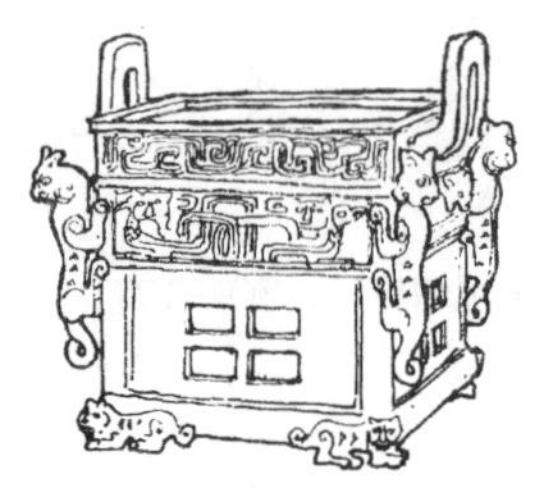

•兽足方鬲(背面)

•表现建筑形象之西周铜器

(《考古与文物》1981年第4期)

•刖刑奴隶无耳无足方鬲(西周后期)

故宫博物院藏(高13.5厘米,口径11.2厘米×9厘米)

(《文物》1966年第5期)

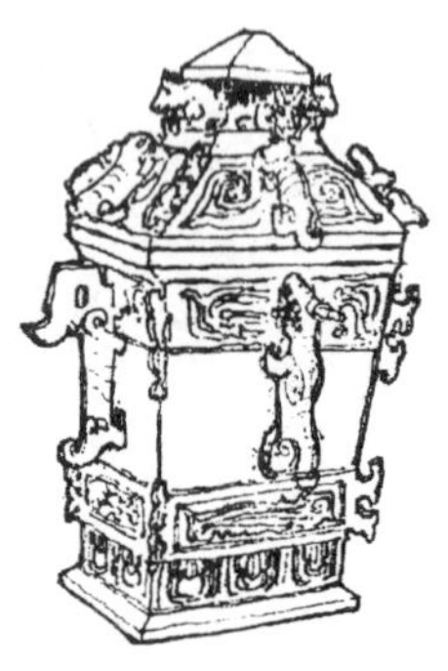

•山西侄马市天马—曲村遗址

北赵晋侯墓M93出土铜方彝

(《文物》1995年第7期)

图3-64　周代大型铜器所表现之建筑形象

其余如西周早期铜器令毁（其制作年代仅上距武王灭商二十余年），以及战国时期中山国灵寿城出土之陶制斗栱，均表现了不同的斗栱形象（图 3-65、3-66）。

河北易县燕下都东贯城 1970 年出土的阙形铜饰，全高 21.5 厘米（图 3-67）。阙身作三层之楼阁状，其与阙顶间又有亭状之建筑一层，四角隅立柱，上再承四阿式阙顶。楼台间皆有人及鸭鹅等动物，屋顶脊上则刻有鸟类及龙形之装饰。就其建筑结构与外貌观察，显然是仿木构形式。

7. 周代宫室之地下构筑

虽然周代宫室地面以上的建筑部分都已荡然无存，但位于地下的建筑物（例如窖室、窖藏井等），还偶见于发掘，现举例如下：

（1）秦雍城宫室“凌阴”建筑[14][31]

在陕西凤翔县秦古都雍城内西侧的姚家岗以西，发现平面近于方形（东西 16.5 米，南北 17.1 米）的土垣一区（图 3-68），内中建有窖室。其上口东西宽 10 米，南北长 11.4 米。四壁作长 1.84 米之斜坡，壁下构宽 0.7～0.8 米，深 0.32 米之二层台，所围合之窖底东西宽 6.4 米，南北 7.35 米。窖内铺片状砂岩一层，高与二层台平。

地面上于窖室四周建宽 2 米之回廊，并在西部辟一宽度为 1.5 米之通道。通道中设南北向平行之槽门五道。在第二槽门底部置有排水道一条。

估计此窖室乃用以储藏物品，本身虽无防潮设施但置有排水沟，可能是储冰的“凌阴”。其储量据计算约达 190 立方米。建造年代在东周、春秋时期。

(2) 韩新郑宫室地下建筑及窖藏井[32]

1965年在河南新郑县韩都新郑古城西城宫殿区北部，发掘出一处地下建筑遗迹。形状为呈长方平面之竖井室，其口部稍大，南北8.8米，东西2.9米。底部南北8.7米，东西2.5米。除东壁上口稍外移外，其余三壁均为垂直。室壁皆由黄色夯土筑成，甚为坚实，夯层厚10～12厘米，圆形夯窝直径6厘米。残壁高约3.4米，距今地表1.2米。

室内东南隅，建有一宽0.65～1.15米之台阶，共13级，为供上下之惟一通道。

发现柱穴四处，分别位于该室之西南、西北和东北角的夯土顶部及北壁顶部偏东处。

室底地面、东南墙隅及北壁下部，均发现嵌有背面具凹槽之方砖。四壁表面因抹以草拌泥，故十分光洁平整。现穴内遗有大量砖瓦碎片，其纹饰均属战国之常见者。

由上可知该建筑为一周以夯土墙之竖穴式建筑，并用木柱承屋架及瓦顶，内壁抹以草泥，穴底及一定高度之内墙内嵌贴砖面。其形制较为特殊，于已知周代城市及宫室中尚未见有他例。

在地下室内底部东侧，依南北方向排列窖井五口。其形制基本相同，均为圆筒形，由直径0.76～0.98米之陶井圈4～8节叠合而成。井深1.76～2.46米，间距0.30～0.65米。井内出土器物除有盆、钵、罐、釜、甑、豆及筒瓦、板瓦、凹槽砖、水管等陶器残片外，还有猪、牛、羊、鸡等动物骨骼，其数量甚大，约占全部出土遗物之2/3。由此可见它们是供存放食物的贮藏窖井。

另陶器残片上刻有“朕”、“左朕”、“公朕吏”等陶文，据专家考证，“朕”为“厨”，“公”为“宫”之假借。由此可更进一步证明这些井的功能与作用。

(3) 燕下都“武阳台”宫室窖藏井[8]

河北易县燕下都东城北部为昔日燕侯之宫殿所在，其武阳台之东北建筑群中，亦发现室内窖井。其中房址F1内有毗邻之窖井二口，F3内有井一口，均由陶圈构成。井深3.3～5米。如F1中之一号井(J1)，由圆形平面之陶井圈九节构成(其中首节已毁)，其井圈直径0.5米，高0.55米。而二号井(J2)则用六节直径0.8米，高0.55米陶井圈构成(图3-69)。二井出土有豆、尊、板瓦、筒瓦等陶器残片，以及铜镞、炭渣，还有牛、羊鸡等骨骼，但未见任何汲水工具及沉淀淤泥，其功能显然不是一般之水井，而是供贮藏物品之用的窖井。

(三) 周代之祭祀建筑

1. 文献资料中之周代祭祀建筑

出于对大自然种种现象的崇拜和对祖宗的尊敬，周人的祭祀活

图3-65 西周早期铜器令毁表现之斗栱(《中国古代建筑史》1979年)

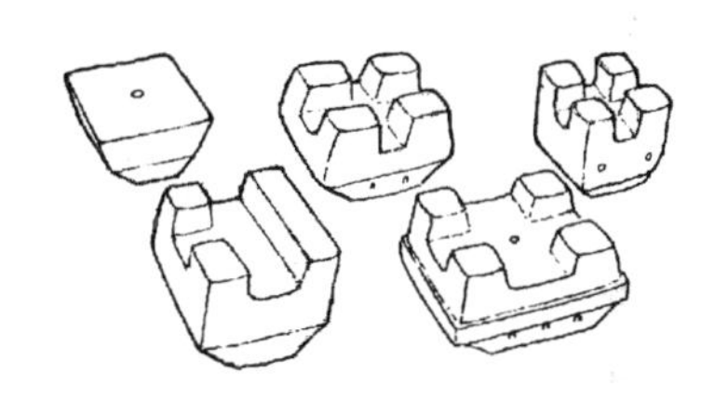

图3-66 河北平山县中山国灵寿城出土陶斗栱(《文物》1989年第11期)

图3-67 河北易县燕下都出土阙形铜饰(《河北省出土文物选集》1980年)

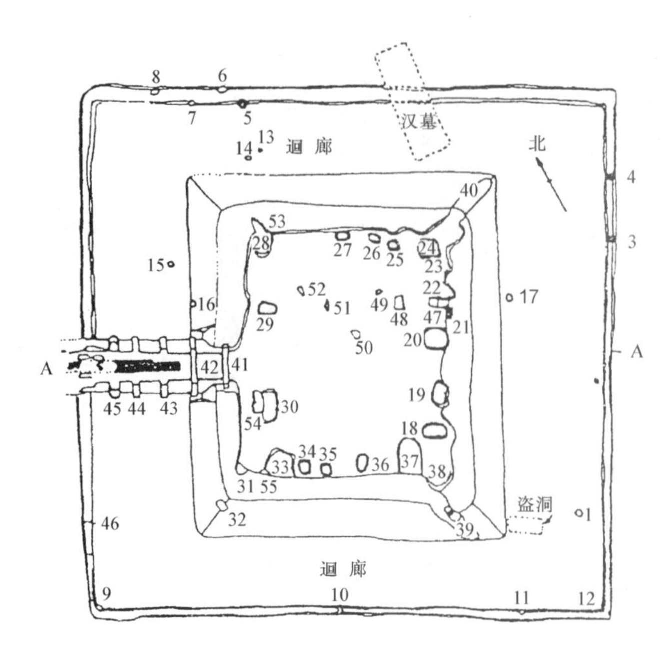

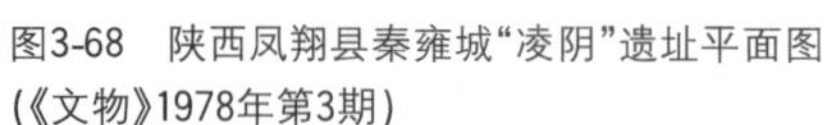
图3-68　陕西凤翔县秦雍城“凌阴”遗址平面图（《文物》1978年第3期）

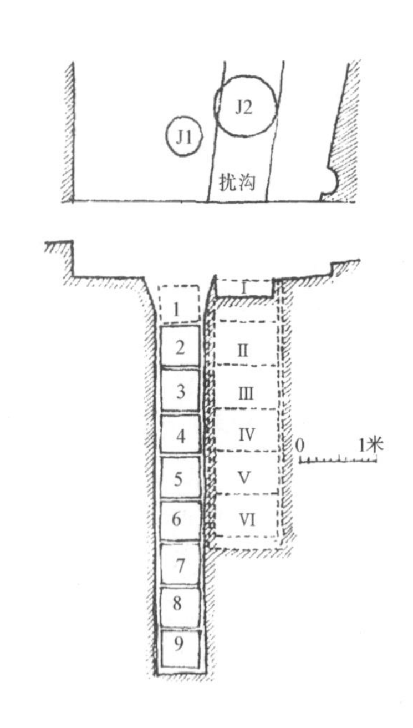

图3-69　河北易县燕下都古城“小平台”F1贮藏井（《考古学报》1965年第1期）

动相当频繁。《礼记》卷十二·王制称：“天子祭天地，诸侯祭社稷，大夫祭五祀。天子祭天下名山大川，五岳视三公，四渎视诸侯。诸侯祭名山大川之在其地者。天子诸侯祭因国之在其地，而无主后者”。这里表明了祭祀的对象，是天地、社稷、五祀（门、行、户、灶、中霤）、名山、大川和古代曾经造益于世人的贤君与圣者。为此设宗伯治其事，即《周官》中所谓：“掌邦礼，治神人，和上下”者。祭祀的建构筑物，有的筑土为坛，有的不筑，如祭天地之郊祀，即是如此，亦若《礼记》所云：“至敬不坛，扫地而祭”。又天子建明堂，诸侯建泮宫。后者平面为半圆形，以与前者之圆形平面有别。至于宗庙，则是有门有堂的建筑群。《礼记》中规定：“天子七庙，三昭三穆，与太祖之庙而七；诸侯二昭二穆，与太祖之庙而五；大夫一昭一穆，与太祖之庙而三”。由此可见其内部之平面，是按照不同的封建等级而作有次序排列组合的。所谓昭、穆，依《周礼·春官·小宗伯》：“辨庙祧之昭、穆”。《注》：“父曰：‘昭’，子曰：‘穆’”。其作用则如《礼记·祭统》所载：“夫祭有昭，穆。昭、穆者，所以别父子、远近、长幼、亲疏之序而无乱也”。是以周代宗庙中之平面布局，系以太祖庙居中，昭庙与穆庙分列于左右。这种制度不仅施于宗庙，而且还扩大到墓葬。《周礼·春官·冢人》记有：“先王之葬居中，以昭、穆为左、右”。至于此种规制始于何时，目前还不清楚。就已知的殷墟商代晚期王室墓葬和可能是早商宗庙的偃师二里头2号宫室遗址来看，尚未出现有类似上述文献所载者。早周铜器铭文中述及之宗庙，亦未提及此种关系。再以陕西岐山县凤雏出土之早周1号房址相比较，亦存在较大差别。惟独雍城遗址中发现之秦公宗庙建筑（陕西凤翔县马家庄春秋1号建筑遗址）与之甚为接近。由此初步予以推论，以太祖居中和左昭右穆的宗庙制度，约成于西周中期或稍后。

西周铜器中称宗庙为“宫”，与文献《周书·武成》等之“庙”同义。例如“康宫”，见于《伊夫簋铭》：“（穆）王在康宫大室”。按此“宫”在成周（洛邑）。同样铭文亦见于恭王、懿王、厉王、宣王时铜器。“般宫”则见于恭王时铜器。此“宫”亦在洛邑。“康剌宫”见于夷王时之《克钟铭》：“王在（成）周康剌宫”。

关于周代宗庙昭穆之制及门庭堂殿之配置情况，前人多有研究，现将清代学者任启运之《诸侯五庙都宫门道图》（图3-70）及《朝庙门堂寝室各名图》（图3-71）附录于下，以供研讨之参佐。

社是祭土地的祭祀场所，据文献称始于夏。《史记》卷二十八·封禅书载：“自禹兴而修社，祀后稷稼穑，故有稷祠郊社……”。《周书·泰誓·下》有“（商王）郊社不修，宗庙不享……”。《注》：“郊，所以祭天；社，所以祭地”。《周书·召诰》中有：“三月……，越翼日戊午，乃社于新邑”。无论商、周，都在都城乃至地方设置等级不同的社。如《礼记·祭法》：“（周）王为群姓立社，曰：‘大社’；王自为立社，曰：‘王社’。诸侯为百姓立社，曰：‘国社’；自为立社，曰：‘侯社’。大夫以下，成群立社，曰：‘置社’”。《疏》称：“大社在库门之内右。王社所在，书传无文。崔氏云：‘王社在籍田，王所自祭以供粢盛’。国社亦在公宫之右；侯社在籍田。置社者，大夫以下包括士庶，成群聚而居满百家以上，得立社，为众特置，故曰：置社”。

有关社之建筑形象，在清人焦循《群经宫室图》之“亳社图”中有所反映。其主体是一座平面为方形的亭状建筑，以四角柱承上部的攒尖方顶即所谓“奄（同掩）其上”。柱间无墙，而设木栅栏。其下不起台坛，而于平地积木（称“柴”）。四周建矮垣（称“堳埒”），仅南面辟门（图3-72）。但周代是否完全采用此形式，尚待进一步考证，目前姑依此说。

其他祭祀建筑尚多，如《史记》卷二十八·封禅书：“秦襄公既侯（西周之末，幽王十一年，公元前771年）居西垂，自以为主少皞之神，作西畤（东周平王元年，公元前770年），祠白帝。……其后十六年，秦文公东猎汧、渭之间，卜居之而吉，……于是作鄜畤。……秦宣公四年（公元前672年）作密畤于渭南，祭青帝。……秦灵公作吴阳上畤，祭黄帝；作下畤，祭炎帝。……栎阳雨金，秦献公自以为得金瑞，故作畦畤栎阳，而祀白帝”。文中所谓之“畤”，即是祭祀神祇之祠庙，汉代改称为“祠”。

2. 考古发现之周代祭祀建筑

(1) 陕西岐山县凤雏村早周祭祀建筑遗址[33]

自1976年开始，对周人灭商以前的政治中心岐邑（陕西省岐山、扶风二县北部）一带，进行了多次大规模的调查与发掘。在岐山县东北的凤雏村，发现了一座建于西周早期的大型建筑（编号为1号建筑遗址）。它建造在一东西宽32.5米，南北长43.5米，残高约1.3米的夯土台基上，平面呈矩形，总面积约1415平方米（图3-73）。该建筑具有显明的南北向中轴线（北偏西10°）。其最南端中央，有一夯土屏墙，墙宽约5米，厚1.2米。墙北4米处即为大门。人门门道为可通行车马之“断砌造”式样，长6米，宽3米，左右各建有称为“塾”的门屋一间。据残留的柱穴及夯土判断，知其墙体系采用夯土包纳木柱形式。门屋平面亦呈矩形，东西7米，南北4米。东塾辟一门于其东墙之南端，西塾门则在其西墙之南。

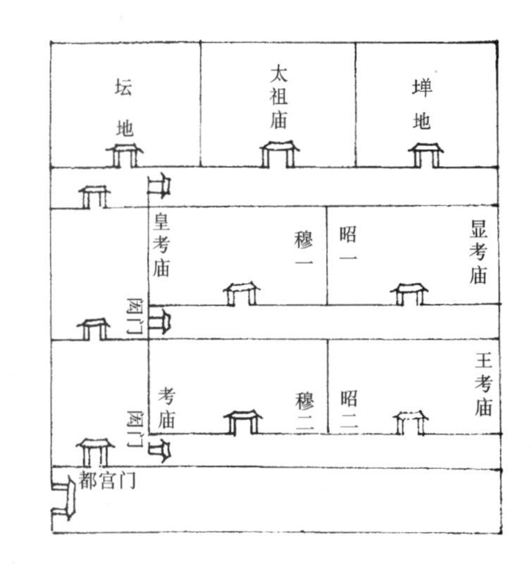

图3-70 清·任启远《诸侯五庙都宫门道图》

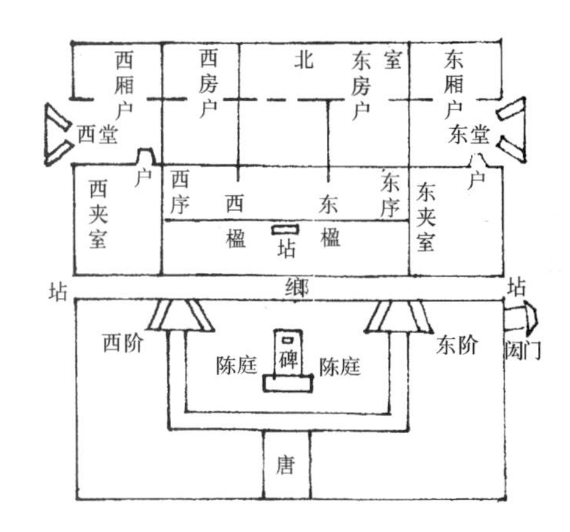

图3-71 清·任启远《朝庙门堂寝室各名图》

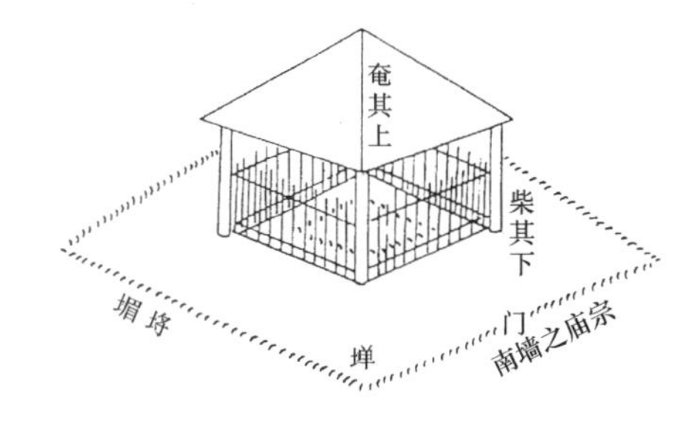

图3-72 清·焦循《群经宫室图》中之“亳社图”

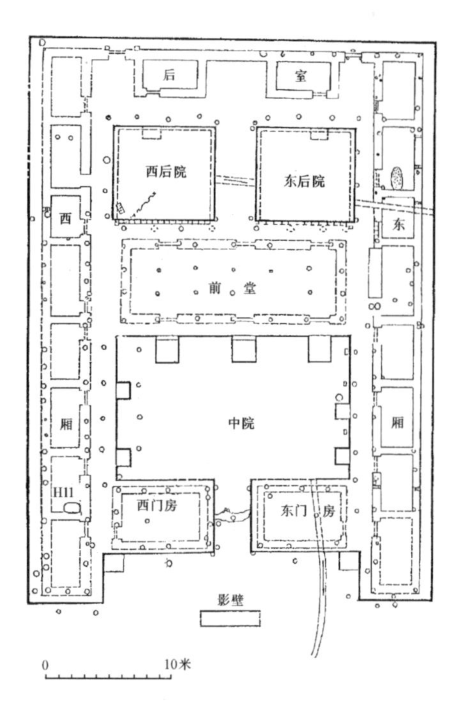

图 3-73 陕西岐山县凤雏村西周建筑基址平面图(《文物》1979 年第 10 期)

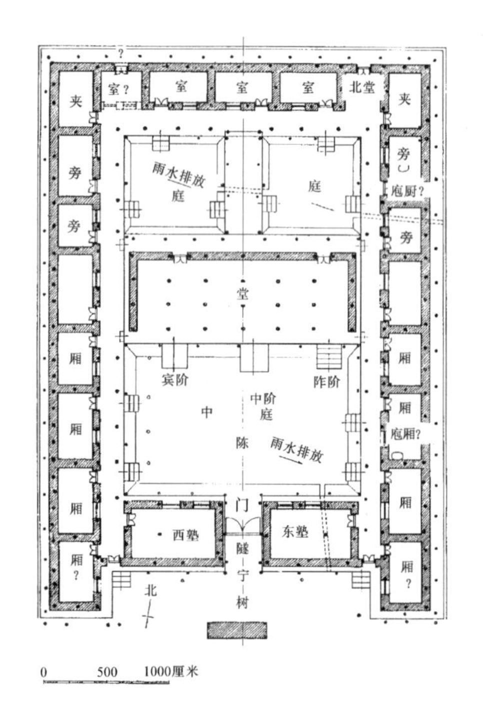

图3-74 陕西岐山县凤雏村西周建筑平面复原设想图(《建筑考古学论文集》1987 年)

门内有一庭，东西宽约 18.5 米，南北深约 12 米。正面建厅堂，二侧为附廊之厢屋。厅堂面阔六间，每间面阔 3 米；进深三间，每间约 2 米。室内柱网作“满堂柱”式。两山建山墙，其北墙外设檐廊一道。南阶则有踏步三处通至前庭。厅堂后又有庭院，由中央之行廊隔为东、西二小院，面积均为 8 米×8 米之方形。行廊宽 3 米，自南向北分为三间，其北端接后室南之檐廊。后室划为三间，每间东西约 5.2 米，南北 3.1 米。北墙厚约 0.75 米，东、西端各开一门。此建筑之东、西两侧均为南北贯通之厢廊，各附厢房八间，每间进深约 2.6 米，面阔 4.2～6.2 米不等，均对内院开门窗。东、西廊南端直抵门塾之南墙，并于此各设侧门。而廊屋则再向南延出约 5 米，从而在门屋前形成一扁宽之外院。

此建筑外垣俱用夯土墙内植木柱方式，有的部位（如西外垣）之柱间距离仅一米左右，显示出自构造需要。内墙则用草泥堆砌。前院东南隅发现陶制排水管，经由东塾地基下导向外部之卵石砌排水沟。后院亦有由卵石砌之排水道，由西向东延至垣外。

西垣自南往北的第二间厢房南端，发现存有占卜骨甲的窖穴一处，数量超过一万七千片，大部均为卜甲，其中二百余片刻有文字（最多者三十字），记录了自商末到周初的许多史实，是研究当时历史的重要补充。

此建筑的用途为宫室抑宗庙？国内学者颇有不同意见。从建筑本身来看，除厅室面积较大超过 100 平方米以外，其后室与西侧厢房面积都不大，室内面积均在 11～18 平方米之间，尚不及大门两侧之“塾”室，尤其是后堂面积仅有 12 平方米左右，作为贵族诸侯的内堂或寝居，都是不可思议的。此外，西侧厢房中发现的卜甲窖藏，尤可表明它不属于居住建筑范畴。

现将此建筑平面及外观之建筑复原设想图（图 3-74、3-75）附后，并供参考。

（2）陕西凤翔县马家庄春秋秦一号建筑遗址[14][34]

雍城秦国宗庙遗址发掘于 1981—1984 年间，地点位于该城的中部偏南，发掘报告称之为马家庄春秋秦一号建筑遗址。此组建筑平面呈规整之矩形，东西 87.6 米，南北 82 米，周以围垣，依南北向轴线（北偏东 20°）作对称式布局（图 3-76）。包纳之单体建筑有门屋，北部之太庙、太寝，东部之昭庙，西部之穆庙。现将各部建筑分别介绍于后。

1）门屋：位于本组遗址南墙之中央，为一东西宽、南北狭之矩形平面。依现存残迹，知由大门门道，东、西内外塾，东、西内外夹，回廊、散水等组成。因建筑之南部已毁，只能依对称原则，推测其残缺部分，得出平面尺寸为：东西 23.5 米，南北 14 米。门屋为“断砌造”式样。

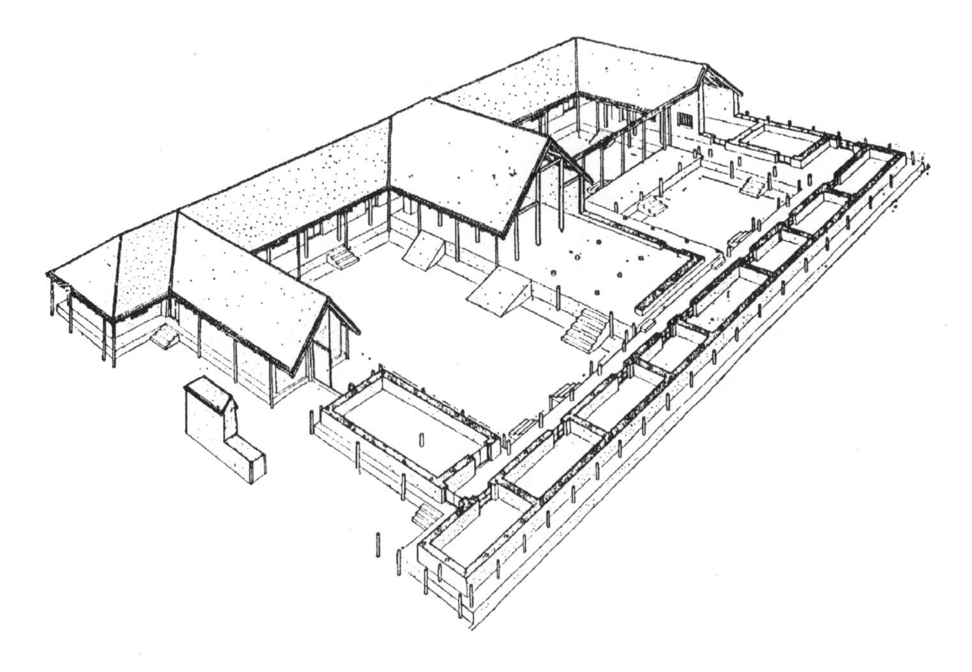

图 3-75 陕西岐山县凤雏村西周建筑立面复原设想图(《建筑考古学论文集》1987 年)

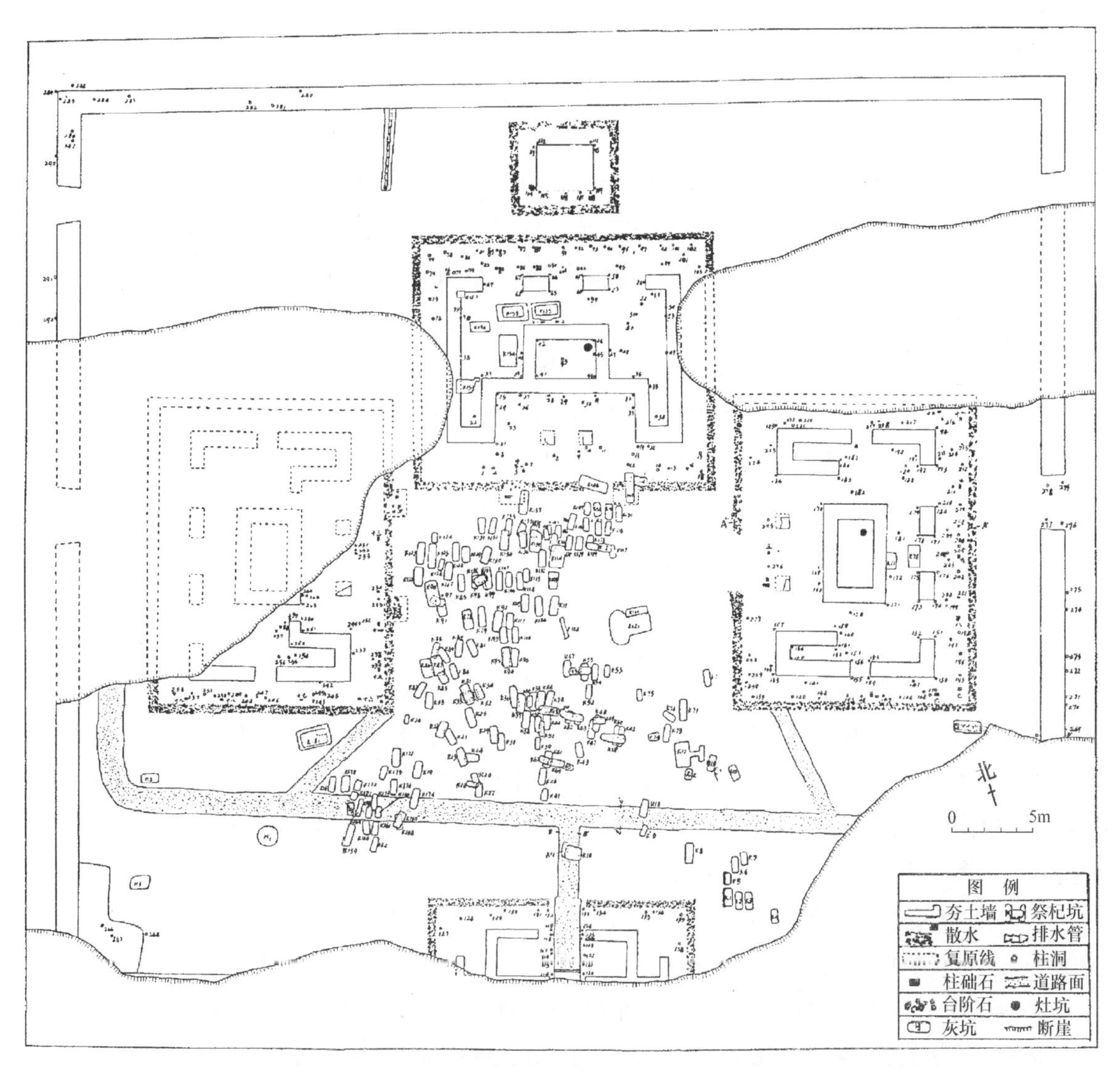

图 3-76 陕西凤翔县马家庄春秋秦一号建筑群遗址平面图(《文物》1985 年第 2 期)

①门道：现存北段门道宽3.35米，残长6.95米。近南端有置门槛（“捆”）之沟槽一道。槽东西向，宽2.55米，南北进深0.25米，深0.12米。门道二侧有圆形柱洞各一列，东侧七柱，西侧六柱，位置基本对称。

②塾：现仅余东、西内塾。东塾室内东西宽3.6米，南北进深3米；西塾东西3.5～4.6米，南北3.2米。二室面向门道之一侧均无墙，其余墙厚0.90～1米。

③夹：亦剩东、西内夹。面阔约2米，南北进深约1.6米，北面均不筑墙。山墙厚0.8～0.9米。

④回廊：北侧保存较完整，宽1.80米；东、西廊部分不存，宽1.62米。北廊北侧有洞十个。

⑤散水：沿建筑周围，宽0.75～0.8米，由直径8～14厘米之河卵石7～8行平铺而成，向外略呈坡度。

2）中庭：为大门门屋以北，太庙以南，昭庙以西，穆庙以东之各建筑散水间的庭院，东西宽30米，南北进深34.5米。南侧有夯土路一条，走向东西，宽约2米。

庭中有埋人畜等祭祀坑170处之多，共分为人、牛、羊、牛羊、车、空坑六类。其中人坑2处，牛坑84处，羊坑55处，牛羊坑1处，车坑2处，空坑28处。主要分布于庭院之北、中、西部，若干坑穴且有上下打破现象，表明庭院的使用已有较长时期。

3）太庙：位于中庭之北，基台作矩形，坐北朝南。东西面阔20.8米，南北进深13.9米，建筑平面呈冂字形，其内部又划分为：

①前室：位于太庙冂形平面之凹口处，面积呈矩形，东西宽12.8米，南北深4.30米。南面临中庭之一侧未筑土垣，现存方形柱础（1.2米×1.2米）二处，将面阔划分为三间，其中当心间宽3.60米，二次间较宽，达4.60米。东、北、西三面墙厚1.18～1.23米，残高约0.20米。

②后室：在前堂北墙外正中，平面亦呈矩形，东西宽5.75米，南北深3.25米。后室南墙（即前堂北墙）偏西处有一门，宽1.60米，似为通往前堂之前门。其北垣相对应处，有宽1.00米之门，可通往北堂，室内东北有一灶坑。

③东、西夹室：为前堂东、西墙（即东、西序）外之狭长小室，东西宽1.7米，南北长4.2米。据发掘报告，东夹室之西墙与西夹室之东墙，各辟宽1.00米之小门，通向前堂。

④东、西房：在后室之两侧，东西均宽5.20米，南北皆深约4.50米。北侧与东、西室及南侧与东、西夹室间均未筑土垣。

⑤东、北、西堂：在后室与东、西房以北。三堂之间未有土垣相隔，现为一连通之扁长形平面，东西宽18.33米，南北深5.20米。东、西堂北垣各辟一门，宽约3.35米，北堂北垣门宽3.25米，墙厚1.20米。

⑥回廊：环绕建筑四周，宽度2.20～3.00米不等，四面各遗有柱洞若干，计南廊17处，西廊4处，北廊27处，东廊6处。其于北廊者，大体排为东西方向之二列，间距以1.20米左右为多。

⑦东、西阶：在前室二次间之回廊南缘，发现若干长0.16～0.30米，宽0.13～0.22米，厚0.05～0.09米之麻石片多块，似为当时东、西阶之所在。复原宽度各为2.20米，进深2.0米。其他东、北、西三面回廊外侧，均未发现有上述建筑石材存在。

⑧散水：环绕建筑四面，宽度0.72～0.80米，由内向外略成坡度。以直径0.10～0.12米之青色河卵石7～8列铺砌成。其中北面的保存完好，东、南、西三面则略有损毁。

4）昭庙：位于中庭东侧，坐东面西，平面亦作冂形，面阔南北21.00米，进深东西13.90米。内部诸堂、室之划分，基本与太庙相若。各室面积亦大体相仿，所不同者有：

①前堂与后部建筑交通之门道，置于其东垣之两端，即直接通向南、北房，而非太庙之于两

序通至东、西夹室者。门道宽度 2.40 米。

②南、北房于南、北山墙中部，各开一通向回廊之门，宽度约 2.00 米。

5）穆庙：位于中庭西侧，坐西面东，平面已大部被毁，仅余约占全面积 1/3 之东南一隅。根据它与昭庙同一等级，故可大体将其复原如图。其惟一与昭庙有别者，乃是由前堂通往南房之门较窄，仅 1.40 米。

在太庙北垣以北 1.50 米处，有一较小之矩形平面建筑，东西宽 5.40 米，南北深 3.80 米。残基高 0.09 米，四周无墙垣，仅于角隅置角柱一对。基外环以河卵石散水，宽 0.80 米，列石 7～8 行，做法同前述门屋、庙堂。

围墙均由夯土筑成。北墙全长 87.60 米，保存最为完好。东墙毁缺中部偏北及东南隅各一段，约有 1/2 保存。此墙中部面对昭庙东廊处，有一缺口，南、北各列二柱，相距约 3.00 米，估计为东垣门道。南垣几乎全毁，仅西端有少许保留，据此遗迹，推知此垣正交于门屋之东、西山墙正中。西墙约保存1/2，即西北与西南之二段。

围墙厚度 1.90～2.10 米，残高 0.08～0.25 米。其构筑方法，先于地面挖一口大底小之梯形土槽，以东墙南端为例，基槽上口宽 3.40 米，底面宽 3.10 米，深 2.35 米。填以红色土并夯实，深度约 1.40 米。围垣墙基即建于其上，亦呈梯形，深度约 1.25 米，至地面后两面收进。然后再夯筑围垣墙体。所用土黄褐色，质地坚硬，每夯层厚度 0.10～0.36 米。

东垣南段外侧与西墙北段外侧，均有倚墙之圆柱穴。而北垣西北隅墙身内，亦发现若干木柱残余，似为加固之木骨。

围垣之西南隅，有 L 形夯土台基，东西残长 2.5～5.5 米，南北残长 4.20～8.50 米，残高 0.12～0.16 米。上有柱洞二处及大量碎瓦，表明其上原建有建筑，系“城隅”或其他附属房屋，实际情形现无可考。

垣内西北有陶排水管九节，排为东西向之一列。每节长 0.70～0.77 米，大端直径 0.28～0.33 米，小端直径 0.24～0.25 米。此部水管直接通往北墙之外。垣内东南有土坑，内有竖向陶水管一节，下端与东西向之五节水平陶管相接，显然为另一处排水设施。

建筑之内、外墙均用以承重，故夯土中夹有料姜碎石，使墙体坚实耐用。室内壁面则用草加细泥涂抹，已发现此类构造之残片若干。

柱之直径依结构作用之不同而异，大致在 0.17～0.41 米之间，埋柱深度 0.20～0.77 米不等。柱下基础有夯土及块石二种，以后者为多。

在各庙堂、门屋及围墙附近，有大量筒、板瓦碎片堆积，经清理获得完整的筒、板瓦多种。板瓦横断面多呈 ⌴ 形，长达 70～76 厘米，瓦背有错列三角纹三道，每道约宽 10 厘米，亦有较短之绳纹瓦（长 44.5～47 厘米）。筒瓦有的长达 75.5 厘米，直径约 16 厘米，瓦背有隆起之抹光带及绳纹带各八条。瓦当半圆形，施半圆线二道，内中划以绳纹。另有大型筒瓦，长 56 厘米，直径 47.2 厘米，瓦背有抹光带及绳纹带各五条。此种瓦似用于脊上。

陶砖使用仍少，素面砖较完整者仅两块，火候较差。砖长 36 厘米，宽 14 厘米，厚 6 厘米。空心砖发现残件二，表面饰以变形蟠螭纹，质地较坚硬，色青灰。

遗址中的祭祀坑除大部位于庭院中外，尚有少数位于室内或覆压于建筑散水之下。计太庙中有人坑五处，人羊坑一处，羊坑一处，空坑二处。昭庙中有牛坑、空坑各一处。应均属于祭祀时之牺牲。考古发掘时表明：昭庙中出土春秋晚期器物，昭庙又被战国早期祭祀坑所打破（K—153、K—155、K—156、K—158 等人坑，分别打破昭庙西夹室西墙及西堂、北堂等处之地面），因此判断此区建筑造于春秋中期，而废弃于春秋晚期或战国早期。

此区建筑之属性及其用途，依总体布局之太庙居中、左昭右穆及出土大量之祭祀坑，以及三庙内部之平面配置与古文献中记载十分契合等事实，判断为秦国之宗庙已殆无疑义。但内中若干问题，尚可讨论。

周代宗庙制度为天子七庙，诸侯五庙，大夫三庙，士一庙。而本建筑群中仅有三庙，似与秦国诸侯之地位不合。或引清人焦循之说：自唐虞至周，天子为五庙。至周中叶加上文、武世室，始合称七庙。而秦人直接承古制，只用三庙。这些都与《礼记》中一再提及的七、五、三制不合，但这制度确立与推行于何时？尚不得而知。以常理推衍，西周之初始行封建制度，其完善应是逐步的，全面推行恐在中期。而秦在周初并不强大，至西周末幽王为犬戎所杀，方立为诸侯，也就是说春秋时才渐为列强的。但由于“僻在雍州，不与中国诸侯之会盟”（《史记・秦纪》），其国力真正强盛，还是在战国时期。诸侯大小有别，其相应制度恐亦不同，就“诸侯五庙”而言，是否都是一律，颇存疑问。级别低的诸侯，可能采用另一标准。马家庄宗庙废于春秋晚期或稍迟，也许就正是秦诸侯的地位，由低走向高的转折点。在这以前使用“三庙”，是可以理解的。

秦宗庙中的三座主要祭祀建筑，方位虽然不同，但尺度一致，内部各堂、房、室、夹的布置与面积，亦基本雷同，这与后代主殿与配殿的关系不一样。而秦人又以坐西面东为尊，但大庙居中，坐北面南，与秦公墓园中主墓道面东又不一致，故其间关系颇值得进一步研究。依笔者意见，此时在礼制上之正规殿堂，如朝廷及宗庙之正殿，仍以面南为主。而日常起居及墓室，则以面东为尊。该项习俗，直至汉代，仍有可供说明之众例为证。

位于太庙与北垣之间，有一矩形台基，其上未筑有土墙，但于每角立二柱，这是什么建筑？有的学者认为是“社”，而且是“亳社”。据文献载，周灭商后，以商君无道，但社稷无罪，故迁商社于周庙，称之为“亳社”。其制式见《周礼・春官・丧祝》：“盖揜其上，而栈其下，为北墉”。即上有屋顶，四周除北面有墙以外，其余三面都施栅栏。其位置则据《白虎通》：“置宗庙之墙角，盖为庙屏，……庙门外望见之，故以为诫也”。它的位置在宗庙南墙之外，既起屏墙作用，又有提醒国人“引为殷鉴”的深意。但此建筑不在南墙之外，而在北墙之内，不深入宗庙是看不到它的，因此不但位置不对，而且也无从引诫人众。因此，它是否是“亳社”，尚难以定断。同时，它也不大可能是诸侯为百姓所立的“国社”，或为自己所立的“侯社”，因不符合“左祖右社”原则。

（3）山西侯马市晋国祭祀遗址[35]

1）祭祀建筑遗址

该遗址位于山西侯马市晋都牛村古城南垣以南250米，北距晋国石圭作坊遗址约100米。由主体建筑基址、广庭及环绕在其东、北、西三面之垣墙基址组成（图3-77）。东西宽39米，南北长38米（另北垣中部突出6米），总面积约1500平方米。方位为345°（以墙垣基址之东边为准）。

①主体建筑基址

平面矩形，东西宽20.80米，南北长10.40米，面积216平方米。基址表面残存厚10～20厘米之料礓石、夯土块。基址残高约80～100厘米，基槽壁底平整。附近出现大量筒、板瓦残片。

②垣墙建筑基址

北垣东西长38米。东、西垣已发掘10米及25米，经钻探原长均为38米。垣基宽度不一，北垣东段为3米，西垣南段宽4米。西北转角处尚遗留向东16米，向南10米各一段残垣，宽1.2～1.5米，高0.1～0.2米，由3～4层厚5～7厘米夯土层构成，未见版筑痕迹。夯土成分与色质与墙基完全一致。

北垣中段向北突出一段，长 6 米，北宽 2.2 米，南宽 4 米，残厚约 0.25 米，由厚 7～8 厘米三层夯土组成。向南亦突出一段，宽约 4.2 米，长 2.2 米，厚约 0.5 米，由未经夯筑之纯净红褐色土构成。它与中心建筑基址结合处有明显界线。

东、北、西垣墙与中心建筑基址之距离分别为 5.5 米、2.5 米及 4.5 米。

③广庭

在主体建筑基址以南及东、西二墙垣间，东西宽 28～30 米，南北进深 22.5 米（自东、西垣墙南缘至主体建筑基址南缘）。

基址之构筑方式，为先在需要范围处挖直壁平底基槽，深 0.7～1.1 米。然后将底部夯实，再逐层填土夯筑。中心建筑基址采用整层夯打，每层厚 4～5 厘米，层次清晰，厚度均匀。夯窝密集，直径 2～3 厘米，似由成束夯杆打筑而成。垣墙基址在夯土层次、厚薄、质量方面均较中心建筑为差。

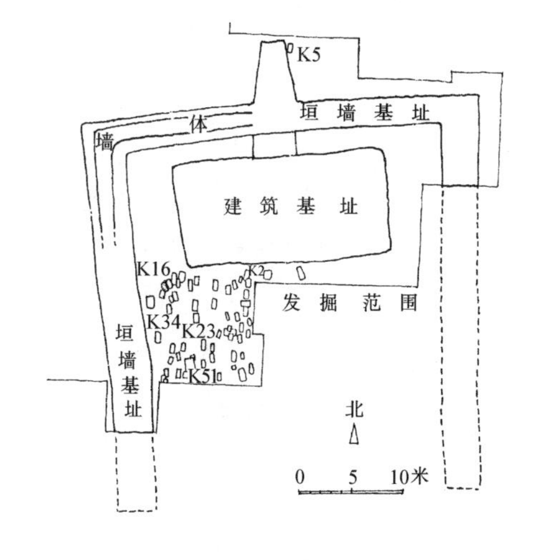

图3-77　山西侯马市牛村古城晋国祭祀建筑遗址平面图(《考古》1988 年第 10 期)

2）祭祀坑（图 3-78）

已发掘 59 座，绝大多数均出于垣墙内中心建筑基址以南大庭院之西南。大部坑穴朝向均为正南北，平面俱呈抹角之矩形，其中仅少数有叠压现象。面积最大者如 K30（1.45 米×1.0 米），最小者如 K31（0.30 米×0.40 米）。其中人坑 1（K16），牛坑 1（K2），马羊坑 1（K51），羊坑 3（K23、K25、K34），猪坑 1（K5），余 52 坑为空坑。

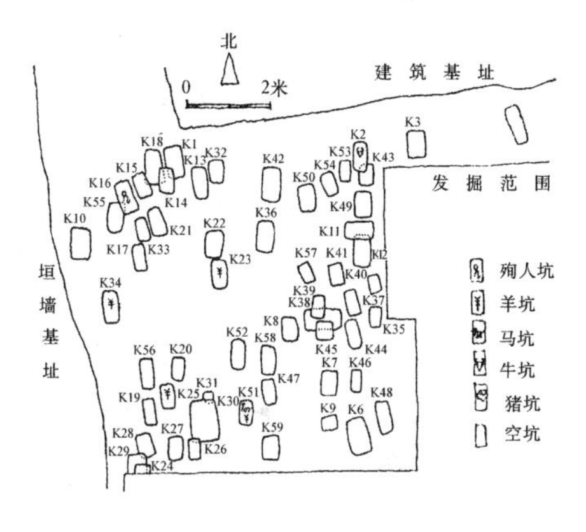

图 3-78　山西侯马市牛村古城晋国祭祀建筑遗址祭祀坑分布图(《考古》1988 年第 10 期)

①人坑（K16）（图 3-79）

位于中心建筑基址西南角以南 3.5 米，方位基本南北向。坑口长 1.22 米，宽 0.55～0.61 米，深 1 米。自坑口向下深 0.4 米处向南收进，形成每边 0.62 米之近方形坑穴。坑壁及坑底均不平整，内埋约 30 岁男性骨架一具，侧身跪卧，头北面东，上身侧依于土坑北壁，上肢交叉半屈于胸前。经查验为死后入葬者。

②牛坑（K2）（图 3-79）

位于中心建筑基址南缘以南 1.25 米。坑平面为抹角之长方形，长 1.07 米，宽 0.53 米，深 2.26 米。牛骨架侧卧，头向南，捆绑之四肢向南直伸，骨架亦较完整。

③马羊坑（K51）

位于中心建筑基址西南隅以南 8.5 米。平面亦为矩形，方向正北。南北长 0.80 米，东西宽 0.30 米，深 0.55 米。坑底出土一完整马头骨及一羊残下颌骨。

④羊坑（图 3-79）

以 K23 为例，乃位于中心建筑基址南缘以南 5.20 米。坑口平面呈一抹角之矩形，朝向正北，南北长 1 米，东西宽 0.52 米，深 0.90 米，直壁平底，甚为整齐，但所埋之羊骨已十分散乱。

⑤猪坑（K5）（图 3-79）

位于北垣中部突出部之东北约4米。平面矩形，南北0.80米，东西0.40米，深0.80米。猪骨架头向北，面向西，四肢屈曲交叉侧卧。

⑥空坑

占祭祀坑之绝大多数。就其若干坑位前后打破关系而言，似不可能是为了备用而挖掘者。由于坑中未留有任何遗物，所以其用途很可能是供血祭和肉祭的。

(4) 四川成都市羊子山露天祭坛遗址[36]

羊子山露天祭坛遗址位于成都市北门外驷马桥北一公里处，原为一直径140米，高10米之土丘，因取土而被发现。经清理知其为一平面方形之土台建筑，方位北偏西55°（图3-80），由三层相套叠之土墙组成（图3-81）。

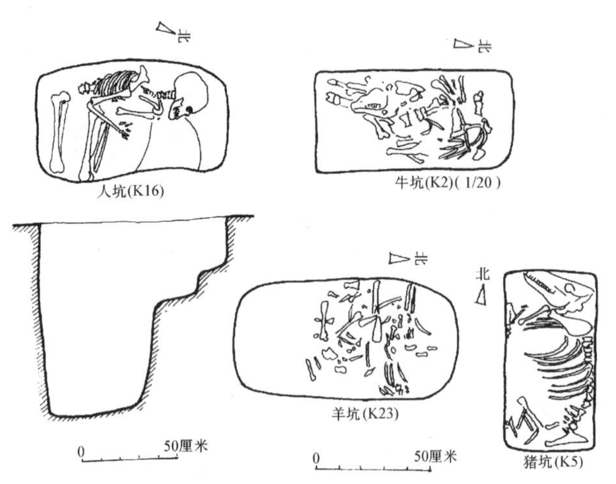

图3-79 山西侯马市牛村古城晋国祭祀建筑遗址各种祭祀坑(《考古》1988年第10期)

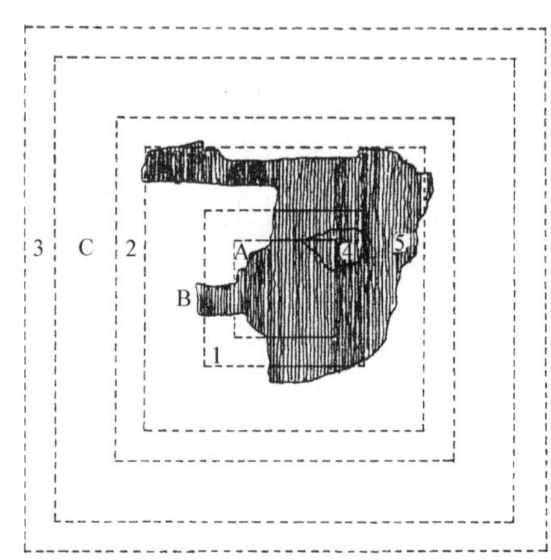

图3-80 四川成都市羊子山周代祭坛平面实测及推测复原图(《考古学报》1957年第4期)

图3-81 四川成都市羊子山周代祭坛土台遗址剖面图(《考古学报》1957年第4期)

1) 第一道墙　位于土台最内部，为以土砖垒砌的方形平面垣墙，每边长31.6米。下部墙宽6米，上砌至十层土砖后，内边收缩10厘米以形成收分。土墙围合之中部空间，则填土夯实，但夯层不甚均匀。目前墙高7.5米（1953年测时为10米）。

2) 第二道墙　距第一道墙外皮12米，平面亦为方形，与第一道墙形成“回”字形平面。此墙仅存南垣二小段，故厚度不明，现暂以上述之第一道墙厚为准。据推算，第二道墙每边长度为12米＋31.6米＋12米＋（2×6米）＝67.6米。二墙间空间亦填以夯土。墙高现为4.2米。

3) 第三道墙　现已不存，据上列数据推测，它的每边长度可复原为：（6米＋12米）＋67.6米＋（6米＋12米）＝36米＋67.6米＝103.6米。与原有土丘之140米仍有差距，但若考虑到四周尚设有供交通上下的斜坡或阶道，则其总尺度应与140米相差无几。

墙下先挖宽6米，深0.12米基槽。即用长65厘米，宽36厘米，厚10厘米土砖砌墙。砌时采用平置和上下对缝方式，表明砌法仍甚原始。砖间以灰白色细泥粘合得相当紧密。墙体内表虽有收进12厘米的收分，但外表面仍为直线向上。墙间夯土亦甚为紧实，所用工具为直径9厘米之圆形木棒或石锤。

土砖之上、下面不很平整，但四周侧面十分整齐，知当时已使用木制砖模。制砖时先在地面铺灰一层，放好木模后，即将混有草筋的拌和泥土倾入，面上再铺灰一层，并用工具锤打挤压。掺入草料均为具细条形叶之茅草，不见其他杂草，表明对掺入草料已有所选择。又掺入之草叶尚未枯萎，说明割草时间是在夏、秋时节。

以 1 立方米体积＝42.7 块土砖计算，则全部围墙体积为 31284 立方米，土砖总数达 133.58 万块。

此祭坛为三层相叠之方台，第三层台高至少为 10 米，各层台面积即所在之土垣围合面积。登台之方式采用置于四面正中之斜道。台上堆积未发现曾经构筑有建筑之迹象。现依旧址予以复原（图 3-82）。

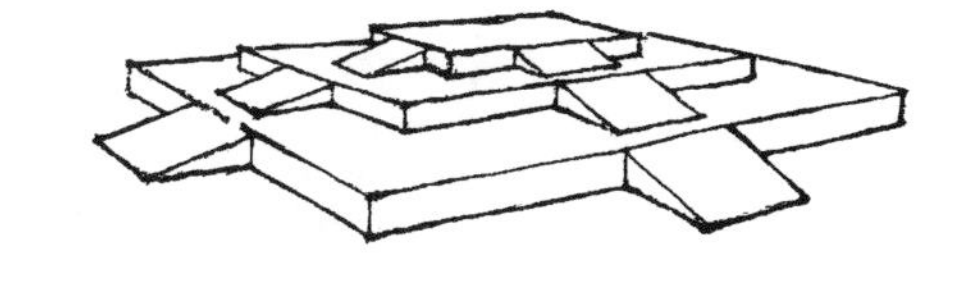

图 3-82　四川成都市羊子山周代祭坛复原鸟瞰图(《考古学报》1957 年第 4 期)

(5) 陕西凤翔县大辛村周代二号祭祀坑遗址[37]

共发现两座，现分述于下：

1) 一号坑　位于探方 T-21 中部，为圆形竖穴形式。上部已被破坏，现余残深 0.2 米，直径 3.6 米。坑内填五花夯土，质地甚硬。出土有牛骨、鹿骨等，但零乱无序。

2) 二号坑　位于一号坑西北 120 米处。呈平面圆形之袋状，上部亦经破坏。现上径残长 4.43 米，残深 3.7 米，底径 4.95 米。底部最下垫以草木灰，上铺红烧土一层，再上又加草木灰一层，总厚度 2～5 厘米。坑内填五花夯土，埋有牺牲骨骼四层，似为一次埋入者（图3-83）。

①第一层　距现坑口深 1.4 米，埋有羊四、犬五、猪二头。

②第二层　距现坑口深 1.6 米，埋有羊五、犬三、猪一头。

③第三层　距现坑口深 2.1 米，埋有羊四、犬三、猪四头。

④第四层　距现坑口深 3.4 米，埋有羊二头。

以上合计共埋入羊 15 头，犬 11 头、猪 7 头。但骨骼完整者仅有羊四、犬三、猪一。其余则依头骨数量计算。

依填土中出土之陶片判断，此坑应属东周之春秋时期。

(四) 周代之盟誓遗址

在西周时期，作为奴隶主最高层统治者的周王，还一直掌握着较大的国家权力。但自犬戎陷镐京杀幽王，平王东迁洛邑以后的东周时代，王室与公室次第衰微，出现了各国掌实权的卿大夫篡权夺位的反常现象。诸侯和卿大夫们为了团结与已有利的盟友和打击与已不利的对手，常举行各种形式的盟誓。这种日益频繁的政治活动，在《春秋》与《左传》中都有不少的记载。以下就考古发现的盟誓遗址数例进行介绍.

1. 山西侯马市晋都新田盟誓遗址[38]

1965—1966 年和 1972—1974 年，在山西省侯马市郊的牛村古村东南约 2.5 公里处，发现了有数量众多土坑（“坎”）的盟誓遗

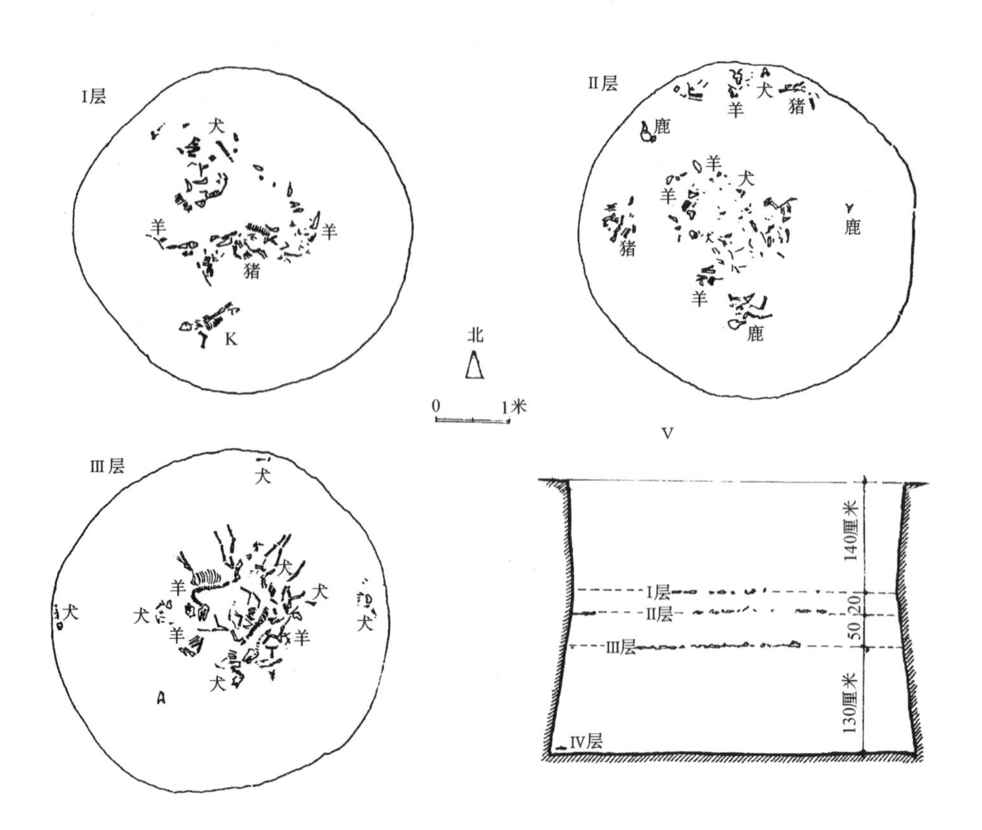

图 3-83　陕西凤翔县大辛村周代二号祭祀坑平、剖面(《考古与文物》1985 年第 1 期)

址，先后进行了发掘和整理。在东西 70 米，南北 55 米的范围内，共发现长方形的竖坑四百多个，其中已对 326 个予以清理。坑的平面分布可见图 3-84，它们大多朝向正北，少数偏东，或偏西5°～

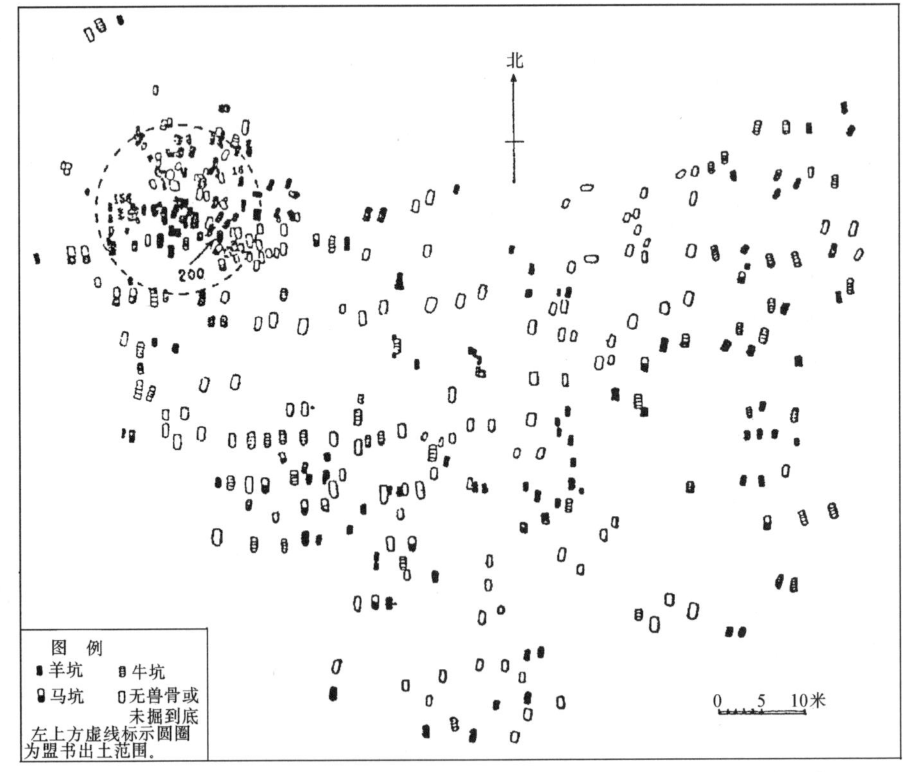

图 3-84　山西侯马市晋都新田盟誓遗址“坎”与盟书分布图(《文物》1972 年第 4 期)

10°。平面多数呈北宽南窄的梯形，坑壁垂直且光滑，底面也甚为平整。面积大小不一，一般长 1.30～1.60 米，宽 0.5～0.6 米，深 0.4～6 米。小坑一般长 0.5～0.8 米，宽 0.25 米。大坑用以埋马、牛、羊，小坑则埋羊和盟书。这些坑也就是古文献中所称的“坎”。

在诸坑中共发现羊 177 头，马 19 头，牛 63 头，鸡 1 头，未埋牲者 67 坑。而载有誓词的盟书，系用朱笔或墨笔书写在玉、石圭和玉璜上。其内容大抵可分为三类：(1)“宗盟”类，参加盟誓者均属同姓同宗，共同誓约诚事宗庙祭祀，遵服主盟者……。(2)“委质”类，誓者自顾委身于新主，而与旧主脱离关系……。(3)“纳室”类，参誓人不能擅取他人土地、财产和奴隶……。根据盟书内容，知其埋入时间在公元前 496—前 489 年之七年间。即赵鞅夺权时的一段历史记录。

这个盟誓遗址是迄今我国发现最大和最完整的，虽然没有建筑存在，但作为当时重要的盟誓活动所在，仍是值得注意的。

2. 河南温县东周盟誓遗址[39]

遗址位于温县东北 12.5 公里之沁河南岸旧州城遗址东北，原有高 2 米之台地，后因取土夷平。经探测知该台地东西宽 50 米，南北长 135 米。在 1930、1935、1942 及 1979 年，曾多次出土墨书之石圭。1980 年 3 月至 1982 年 6 月，进行正式发掘，在 594 平方米面积内，共发现土坑（坎）124 个。其中 16 坑出土写有盟辞之石片（8 坑单出石圭，5 坑单出石简，另 3 坑有石圭堆积在石简上），有的坑仅出玉璧、玉兽。又有 35 坑出羊骨架。

坑之形状大多为长方形，个别为椭圆形，现将 1 号坑情况列后（图 3-85）：

1 号坑上部已破坏，坑底长 2.04～2.08 米，宽 0.96～0.98 米，距现地表 1.26～1.30 米，坎中出土盟书 4588 片。绝大部分为石圭，仅少量为石简、石璋。经收集整理，原有石圭应在 5000 片左右，大体分为三种形状：①圭体短，两腰呈弧形，石质大多呈灰黑色，少数灰白色。②通体细长，两腰平直，上段呈折线或弧形内收，灰白色。③呈等腰三角形，较厚，土黄色。

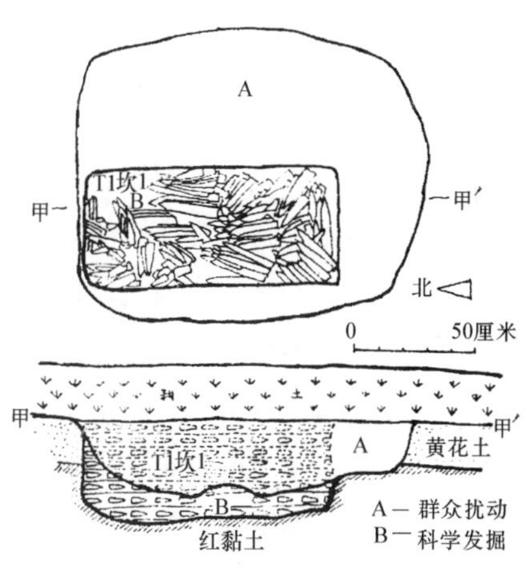

图 3-85 河南温县东周盟誓遗址一号坑（“坎”）平、剖面图
（《文物》1983 年第 3 期）
（平面：T1 坎 1、A、B、甲—甲′）
（A —群众扰动 B —科学发掘）
（剖面：耕土、 甲—甲′、T1 坎 1、A、A、黄花土 、红黏土 ）

虽部分盟辞已脱落，根据内容及用语判断，1 号坎盟誓的纪年为晋定公十五年十二月二十七日，即公元前 497 年 1 月 16 日，主盟者应为晋国六卿中的韩氏，时间与侯马盟书大致相若。

三、 周代之墓葬

（一）周代之葬制

我国古人尊崇祖先的具体表现，除了建祠祭祀，缅先追远以外，就是“重殓厚葬”和“视死如生”。在这些方面，上层统治阶级的葬制就显得更为突出。周代自武王立国至秦庄襄王灭周，前后

740年，凡二十七王，然其帝陵迄今未有发现。各大国历代诸侯的墓葬，目前知晓的还不太多。解放以来，发掘的西周至战国的墓葬不下数千处，其中重要的实例，在周代各国诸侯集体墓葬方面，有山西侯马市晋侯墓葬，河南三门峡市虢国贵族墓葬，河北易县燕下都贵族墓葬，陕西凤翔县秦公墓园，陕西临潼县秦东陵，陕西长安县张家坡西周井叔家族墓等。在诸侯个体大墓方面，著名的如甘肃灵台县白草坡㴸伯墓及陵伯墓，陕西宝鸡市茹家庄強伯墓及其夫人井姬墓，北京市琉璃河西周燕国早期1193号大墓，安徽黄山（屯溪）市西周中期1号土墩墓，河南洛阳市中州路战国大墓，三门峡市上村岭虢国太子墓及M1617墓，山东淄博市河崖头石椁大墓及郎家庄1号墓，长清县岗辛齐国大墓，莒南县大店镇春秋莒国墓，河南辉县固围村战国1、2、3号墓，河北邯郸市周窑村赵国大墓，平山县中山国王墓，湖北随县擂鼓墩曾侯乙墓，安徽寿县蔡昭侯墓、河南信阳市长台关楚墓，湖北江陵市天星观1号楚墓，陕西凤翔县三畤原秦公墓葬，河南固始县侯古堆1号墓，福建崇安县武夷山白崖及江西贵溪县仙岩崖墓等。封建等级大多在侯、伯及以下，时代上也以春秋、战国为多。就形制而言，内中又以土圹木椁墓居大多数，石墓、空心砖墓、土墩墓和崖墓等占的比重很小。然而它们又各具不同特点，并从不同方面反映了当时各地的社会风俗、建筑技术和文化水平，以及封建等级制度的种种差异。

周代王室、诸侯以至庶民的墓葬，大都采用在一定范围内依宗族群葬的形式，但有的按血缘家族，有的则较混杂。前者又分为两种：一种称为“公墓”，是王室、贵族的墓地，由“冢人”掌管。《周礼·春官·冢人》中载：“（冢人）掌公墓之地，辨其兆域而为之图”。又称：“先王之葬居中，以昭、穆为左、右。凡诸侯居左、右以前，卿大夫居后，各以其族。……凡有功者居前，以爵等为丘封之度，与其树数”。另一种名曰“邦墓”，葬一般平民百姓，由“墓大夫”管理。《周礼·春官·墓大夫》言明其职责是：“令国民族葬而掌其禁令”。就礼制而言，它们反映在贵族王侯墓葬中较之平民更为突出，例如河南浚县辛村西周至东周初的卫国贵族墓群和三门峡市上村岭虢国贵族墓群，其主从关系和排列有序，都可作为上述文献的物证。

墓葬的制式还反映在墓穴的大小、深浅，墓道的形制，封土的高低，棺椁的多寡，明器的质地、种类和数量，以及有无陪葬墓、车马坑和殉人等等。就墓葬的种类来说，土圹墓最为常见，而土圹木椁墓被当时社会列为最高等级，所以一直为帝王贵族所沿用。

墓圹平面形式皆采取矩形。一般小型墓葬之墓圹，尺度长约2米，宽约1米。中型墓长多为3～4米，宽不超过3米。大型墓圹长、宽都在8米左右或更多，最大的如陕西凤翔县秦公墓园M1，东西59.4米，南北38.45米，自墓口至椁顶板深24米。仅此墓穴土方量就达54814立方米。

周代大墓也有不置墓道的，如河南信阳市长台关楚1号墓。使用墓道的有一墓道（“甲”字形平面）、二墓道（“中”字形平面）和四出墓道（“亚”字形平面）的。墓道数量愈多，表示墓主地位愈高，这种制式还是沿袭商代王陵的传统。一般来说主墓道在南（秦国则以东墓道为主），常作成斜度平缓之坡道，北墓道（秦“甲字”形墓则为西墓道）多作成踏跺而较短。北京市琉璃河燕国M1193大墓四出墓道置于角隅，则为周代罕见之例。墓道绝大多数均为直线，仅个别采用曲尺形，如洛阳市北窑村西周大墓M14及摆架口西周中型墓M1。由于墓葬平面多采对称式样，因此墓道中线常与墓圹中线重合，但也有将墓道偏于一侧的，如山东莒南县大店镇莒国大墓M1、M2，墓道都正对与墓主椁室并列的器物坑。

西周早期墓尚无封土，大概在西周末至春秋时才逐渐盛行起来，到战国已成定制。后来还在封土上建享堂等建筑。河南辉县固围村魏国大墓，其封土面积为150米×135米。河北平山县中山国王墓之封土，也达92米×110米。这两例都属合葬之例，单独的墓葬封土，直径也有达30

米的。

陵墓之外周以陵垣，而且往往不止一道，如中山国王嚳墓即有“宫垣”三道。秦公墓则以壕沟划分陵区范围及内外，称之为“湟（亦作隍）”，亦发现有内、中、外三道之多。均取数为“三”，似为当时此类构筑物的最高标准。后世帝都城垣有都、皇、宫墙三重，大概也与此同理。

周代墓葬中棺椁重数，也依封建主的等级而有差别，这在文献中屡见不鲜，如《荀子・礼论》：“天子棺椁十重，诸侯五重，大夫三重，士再重”。《庄子・杂篇・天下》：“天子棺椁七重，诸侯五重、大夫三重，士再重”。二者除天子棺椁数不同外，其余未有变化，恐前者之“十”乃“七”之误。在周墓发掘中，如陕西宝鸡市茹家庄西周中期之強伯墓，及山西侯马市天马——曲村遗址西周晚期之晋侯墓，椁内均仅棺二重。河南辉县固围村战国时期魏国王族2号墓，亦属此式。其他如安徽寿县之蔡侯墓与湖北随县之曾侯乙墓，莫不如此。仅湖北江陵市天星观1号楚墓，椁室内重叠三棺，是现知周代诸侯贵族墓中棺椁数最多的。以上情况都和文献载述有较大差距。

礼器也是表示墓主身份的重要衡量标准。一般庶民随葬用陶器或少量铜器，贵族则以铜器为主。大概在西周中期以后，才形成了以鼎、簋为主的礼器制度。而其中又以鼎的数目至关重要。据《仪礼》所载，知九鼎等级最高，为天子及国君所用，七鼎属卿大夫，五鼎用于大夫，三鼎和一鼎则归士一级。实际上的墓葬礼器，也并不完全按此规定。如湖北京山县一残墓中，曾出土九鼎七簋（依制簋应为八尊），按此墓不可能属天子，最多只能属曾侯。其他墓葬中使用九鼎者有春秋早期的河南新郑县大墓，辉县琉璃阁M60之甲墓、乙墓，春秋晚期的安徽寿县蔡侯墓，战国早期的湖北随县曾侯乙墓等数处。表明某些侯一级的方伯在礼器使用上，也达到了特殊地位。

大墓（或五鼎及以上者）常有殉葬人及马、犬等动物。殉人或附于主人墓内（如陕西户县春秋秦国3号墓于二层台两侧各殉二人。湖北随县曾侯乙墓内殉青少年女子21人）或葬于主墓周旁。这时已开始出现以俑代人随葬的现象，表明此种极不人道的野蛮方式已渐为社会所摒弃。但直至战国晚期，仍有殉人现象的延续。如《史记》载，秦武公卒，从死者六十七人。秦缪公葬于雍，从死者竟达一百七十七人。陶俑使用于墓葬者至少已见于战国。如山东泰安市康家河村一号墓，出土陶俑之身形、面目、发式及衣着都已相当完美，且着红彩黑衣，表明它们已非初期始创的形式了。车马坑大多距主墓不远，多半以一车二马为单位，或一车四马，个别也有二车六马的。马坑则有马无车，殉马一般自二头至十余头不等。但山东淄博市河崖头齐国五号石椁大墓之凹字形马坑，殉马总数共达600头以上，则为目前所知为数最钜者。陕西陇县边家庄5号春秋早期秦墓（一棺一椁，五鼎四簋）中，于椁板上置木车一辆，是迄今为止的特例。随葬之器物，一般是置于棺内和椁内。但也有单独另设的，可置于椁后，侧面或椁下，例如山东淄博市河崖头齐国石椁大墓、莒南县大店镇莒国大墓、沂水县刘家店子春秋一号墓及四川新都县战国木椁墓等。或在墓圹内另掘出小龛以贮放器物，如山西长治市小常乡战国竖井洞窟墓M8、陕西临潼县上焦村秦国土圹洞窟墓等。

（二）周代之墓葬实例

以下就若干贵族聚葬墓园、大型墓葬及特殊类型墓葬之发掘实例，分别叙述于后：

1. 土圹木椁墓

是周代各地诸侯贵族最经常与最大量使用的墓葬形式，它上承殷商，下启秦汉，是我国古代最有代表性的墓制之一。

（1）山西侯马市晋侯墓地[40]

墓地在山西侯马市天马—曲村遗址之北赵村。经多次发掘，已探出晋国早期诸侯墓葬十七座，车马坑六处及陪葬墓若干（图 3-86）。该区墓葬大体呈南、北二列排列，并形成以二座大墓及一座车马坑为一组的八个小群体。墓葬之平面形制，除 M63、M93 为具南、北墓道之“中”字形，M102 及其他陪葬墓为无墓道之矩形以外，其余多数均为仅置南墓道之“甲”字形。

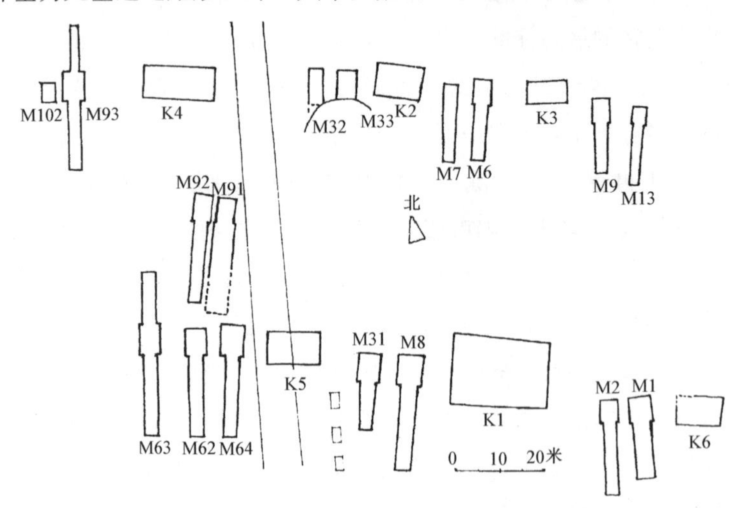

图 3-86 山西侯马市天马—曲村遗址北赵村晋侯墓地平面分布图
（《文物》1995 年第 7 期）

此墓地之建造年代，据《史记》所载晋侯世系及出土文物，推测约始于第三代之武侯（宁族）而止于第九代之文侯（仇）。即自西周中叶至东周春秋初季，连延约 150 年。就目前所知诸墓的平面形制及内中器物所示，其先后排列顺序，大体以北列最东端之 M13、M9 群组为最早。由此自东向西，再下转及于南列，其顺序亦复如此。另在各组群中，除首组之 M13、M9 以外，其余七组均为诸侯之墓在东，夫人之墓在西；而车马坑又位于群组之东侧偏北，排列甚有规律。依此则 M13、M9 及 M91、M92 二组之东偏，均应有车马坑未予发掘者。

由已发表之考古报告，知 M63 中出土铜礼器为三鼎三簋，较之 M64 穆侯（费王、弗生）墓中之五鼎四簋及 M62 穆侯夫人之三鼎四簋为少，故定其为穆侯次夫人杨姞之墓葬。但该墓平面为“中”字形，似较 M64 与 M62 之“甲”字形平面等级为高。在礼制等级盛行之西周时期，似不应出现此种现象。从而认为此墓之墓主身份，尚有进一步核实之必要。

周代各地诸侯之群葬墓地，至今发现者以此处为最早。其特点是总的排列与组合形式相当有规律，已胜于河南安阳之商殷王陵。但车马坑之规模与形制似不及日后东周之宏巨，且周围未发现建有围垣、濠洫等设施。因此可以认为，当时之墓葬制度与设施，尚未达到十分成熟与完备的程度。

以下就墓区中 M93 及 M102 之情况，作一简要介绍。

大墓 M93 位于墓区北列之最西端，与西侧之矩形平面墓葬 M102 及东端之车马坑 K4 合为一组。M93 本身为具南、北墓道之“中”字形平面，主轴线北偏东 15°（图 3-87）。全长 32.5 米，南侧呈 20°斜坡之主墓道南北水平长 14.7 米，东西宽 3.0 米，近墓室处深 4.2 米。墓室之上口：南北长 6.3 米，东西宽 5.1 米。底部较上口略大，其长 6.4 米，宽 5.4 米。自目前土圹口至墓底深 7.8 米。北墓道为具斜平踏步十级之阶梯形，南北水平长 11.6 米，东西宽 1.9 米，近墓室处深 4.5 米。各墓道二壁及地表，均涂 0.2～0.3 厘米厚之青灰涂料。

墓室中以块石砌出东西向石梁三道，各宽 1.2 米，高 0.9 米，以承木椁。又在土圹内每边砌出石墙墩二座，其平面大体为方形，每边约长 1 米，高 3.2 米。其间构以长 4.1 米，宽 3 米，高 1.9

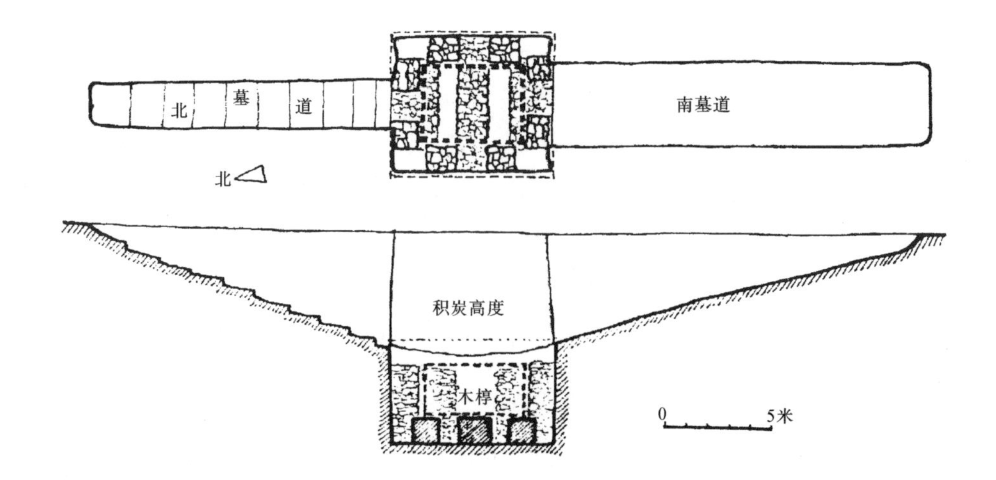

图 3-87 山西侯马市天马—曲村遗址北赵村晋侯墓地 M93 墓圹平、剖面图
(《文物》1995 年第 7 期)

米之木椁。在土壁、石墩与木椁间之空隙，均填以积炭，高度约 4 米，即大体与南、北墓道之底线平齐，以上即填筑夯土。此种以石、木构成外椁室的方式，在其他地区尚不多见。

椁内木棺二重，外棺长 2.65 米，宽 1.2 米，概髹以漆，上覆纺织物。内棺长 2.2 米，宽 0.9 米，棺外髹朱色漆，亦覆有织物。

墓中出铜礼器二套，其中明器一套 8 件（有鼎、簋、尊、卣、爵、觶、盘、方彝各一件），实用器一套 16 件（鼎五、簋六、壶二、盘、匜、甗各一）。乐器有大、小编钟各 8 件，编磬 10 件。又出土铜戈、镞、凿、削等兵器及工具。由此可见墓主为男性，推测为第十一代晋文侯（仇）之墓葬。

M102 在 M93 西侧，相距约 2 米。此墓为无墓道之土坑竖穴式样，平面矩形，南北向，方位 15°。墓口南北长 4.25 米，东西宽 3.45 米，深 7 米。

椁室木构。平面呈“Ⅱ”形，南北长 4.41 米，东西宽 3.02 米，深 1.4 米。上置盖板 20 块，东西向放置，每块长 2.9 米，宽 0.15～0.28 米，厚 0.2 米。下垫底板 13 块，南北向放置。

有棺二重。外棺长 2.33 米，宽 1.13 米，残高 0.5 米。内棺长 1.98 米，宽 0.75 米，未涂漆。

随葬铜礼器有明器 6 件（鼎、簋、盉、爵、觶、方彝各一），实用器 10 件（鼎三，簋四，盘、匜、壶各一）。又陶鬲一件。另有玉器（璧、玦、璜、环、牌、珠……）及漆器、蚌器等。由遗物知墓主为女性，应为晋文侯之夫人或地位相似之配偶。

(2) 陕西凤翔县秦公陵园[41]

陕西凤翔县是秦古都雍城所在。在古城南 5 公里雍水南岸之三畤原，发现了规模庞大的秦国诸侯葬群。从 1976 年起开始调查和发掘，现在已探明陵园共十三区之多，墓葬共 43 座。其中两端附长墓道的“中”字形大墓 18 座，一端附墓道的“甲”字形墓 3 座，“刀”字形墓一座，“凸”字形墓 6 座，“目”字形墓 15 座。其分布疏密不均（图 3-88）。各已知陵园共占地 200 万平方米，整个陵区占地 21 平方公里。各陵园平面多作矩形（依中隍，如 3 号、4 号、9 号、11 号等），或呈梯形（如 1 号、2 号、10 号），有的成组合形式（如 8 号、12 号、13 号），还有些则尚未探出其范围（如 5 号、6 号、7 号）。各陵园中包纳的墓葬多寡不一（从八座到两座）。但每区都至少有一座主墓。主墓绝大多数都是“中”字形，仅 13 号陵园的 M41 为“甲”字形。

1 号陵园：位于陵区中部偏北，面积甚大（图 3-89），有沟道（称为“中隍”）将其围合成北边长南边短之梯形平面。东隍长 517 米，宽 3.2～4.5 米，深 2.8～3.5 米。南隍长 585.5 米，宽

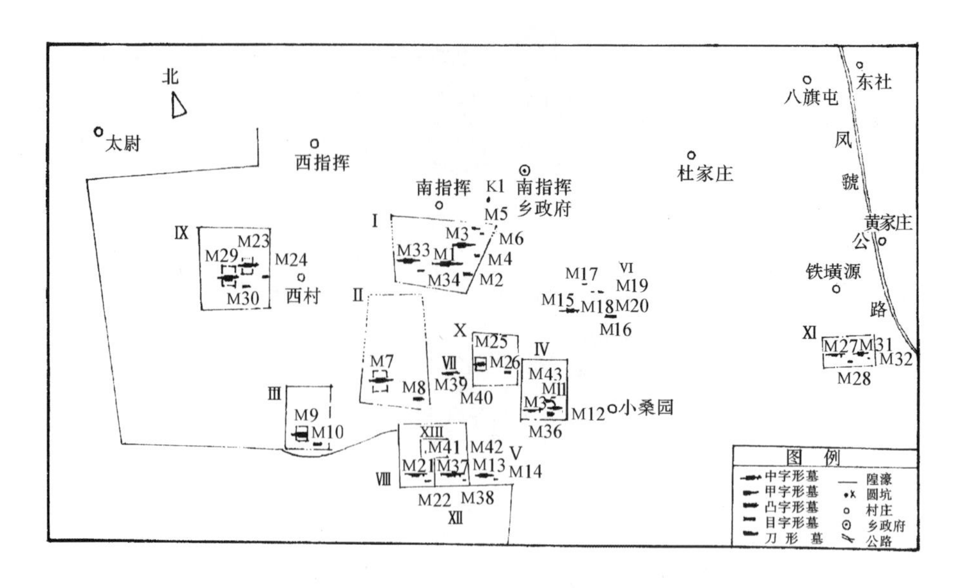

图 3-88 陕西凤翔县战国秦公陵园钻探总平面图(《文物》1987 年第 5 期)

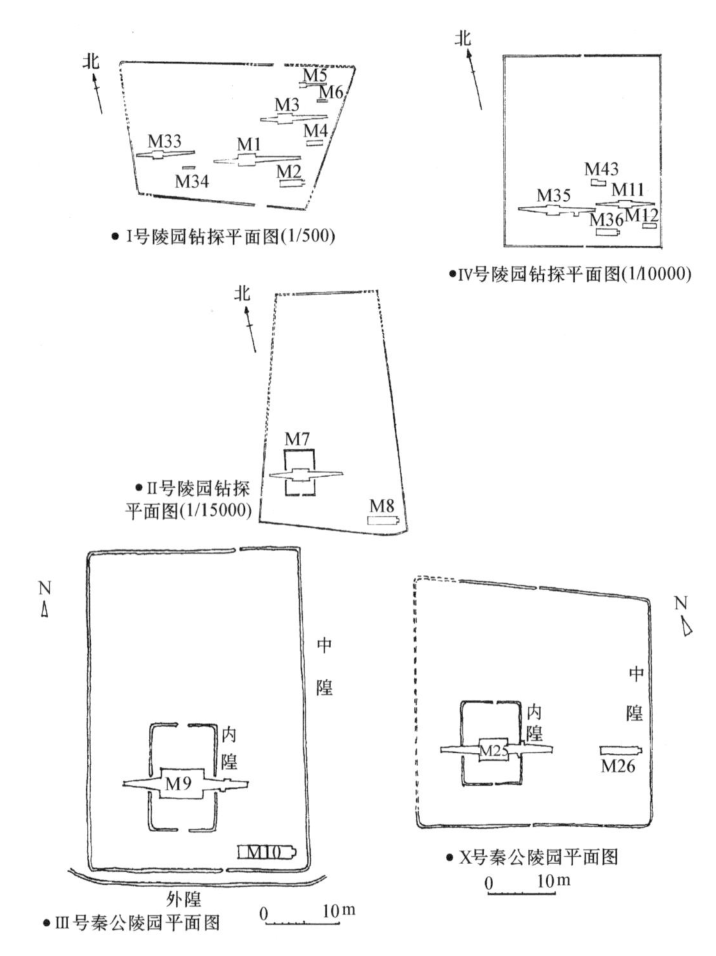

图 3-89 陕西凤翔县战国时期秦公陵园平面（之一）
(《文物》1983 年第 7 期，1987 年第 5 期)

3.1～3.8 米，深 3.5～3.8 米。西隍长 450 米，宽 3.5～4.2 米，深 2.7～3.2 米。北隍长 825 米，宽 3～3.8 米，深 3.2 米。在南隍与北隍各有长约 30 米对称之一段未掘，似为陵园之入口。隍沟总长度 2377.5 米，包纳面积达 340988 平方米。内有平面为“中”字形大墓三座（M1、M3、M33），“甲”字形大墓一座（M5），凸字形墓一座（M2）及“目”字形墓葬三座（M4、M6、M34）。其排列位置为 M33 在最西，M1 在中部稍东，M3、M5 依次错列其东北。而陪葬墓 M2、M4、M6 分置于东，M34 则位于西南。各墓的主轴线均为东西向，方位在 275°（M34）至 294°（M6）之间。排列整然有序，表明是经过事先仔细筹划然后付诸实现的。其朝向并反映了古人以“西方为尊”的观念付诸实现的。故亦可推断墓中棺首一定置于西端。

八座墓中尤以 M1 最为宏巨。墓圹尺度为东西 59.4 米，南北 38.45～38.80 米，墓口至椁顶深 24 米。其东墓道长 156.1 米，宽 8.7～19.1 米；西墓道长 84.5 米，宽 6.4～14.3 米，均呈缓平之坡道。全墓总长 300 米，整个土方量在 92000 立方米以上，可见其工程之浩大。在发掘中未见墓上积有封土，但有大型建筑之残迹。如在墓室与东墓道相接处之上方，遗有柱洞一列及陶质下水道与大量叠压之板瓦。表明当时曾有享堂一类建筑构营其上。在填土中，又发现殉葬奴隶尸骨六具。

M3 亦为“中”字形平面之墓葬。其墓圹东西 49.2 米，南北 29.2 米，深 17.6 米。东墓道长 123 米，宽 6.4～17.8 米；西墓道长 54.3 米，宽 5.8～16.4 米。全墓总长达 226.5 米，占地面积 3527 平方米，总土方量约 44000 立方米。墓上地面亦遗有多量绳纹陶瓦。

M33 为本区另一“中”字形平面大墓。墓室东西宽 35 米，南北长 24.7 米，深 20 米。东墓道长 113.2 米，宽 6.5～14.4 米。西墓道长 56.2 米，宽 6.7～14.9 米。全墓总长 204.4 米。其地面亦有绳纹陶瓦残片。

其他如 M5 为“甲”字形平面，墓圹尺度东西 21.3 米，南北平均为 15.75 米，深 17.45 米。占地面积 335.5 平方米。M2、M4 和 M6、M34 均为土圹竖穴墓而无墓道，但规模仍然不小，如 M2 之墓圹东西长 78.7 米，南北宽 20 米，深 16.4 米。M4 墓室东西长 53.6 米，南北宽 16.1 米，深 13.5 米。M6 墓室东西长 38 米，南北宽 15 米，深 11.4 米。M34 之墓室东西长 44.5 米，南北宽 6.5 米，深 12.5 米。各墓上未见有建筑残迹及陶瓦等堆积。

3 号陵园：在 1 号陵园西南，平面呈矩形（图 3-89）。南北长约 440 米，东西宽约 300 米，四周围以“中隍”。隍沟南北 14 米，东西 9 米，平面亦呈矩形，占地面积约 132000 平方米。园内共查明有墓葬二处，即主墓 M9 与陪葬墓 M10。M9 平面“中”字形，居围内西南隅“内隍”之中部偏南，朝向东西，方位 283°。全长 170.5 米。其中墓室东西 58.6 米，南北 43 米，深 20 米。东墓道长 62 米，宽 6～18.9 米，其南、北侧各置一错位小龛。西墓道长 50.2 米，宽 6～18.9 米。居“中隍”之东南隅，有“凸”字形平面陪葬墓 M10。此墓东西全长 80.2 米。墓圹东西 71.6 米，南北 17.4 米，深 12 米。“中隍”南、北二面之东端，各有一缺口，似为陵园之入口。“内隍”入口亦在南、北二面。

10 号陵园：平面呈一面斜之梯形（图 3-89），内有“中”字形大墓（M25）及“凸”字形陪葬墓（M26）各一座。此陵园亦置有壕沟二道。其“中隍”向北面倾斜，余三面俱成直角。据测量南沟道长 340 米，西面长 370 米（基本已毁），北面长 350 米（西端略毁），东面长 320 米，全部面积约 114000 平方米。“内隍”南北 120 米，东西 90 米，位于陵园中部之西侧。

大墓 M25 全长 175.2 米。墓圹东西 48 米，南北 31 米，深 19 米。东墓道长 70.3 米，宽 6.3～10.2 米，其南、北二面亦各有一错位小龛如 M9，惟位置在“内隍”处，而非在其外。西墓道长 56.9 米，宽 6～10.2 米。此墓占地 2551 平方米。陪葬墓 M26 全长 61.5 米，其中墓圹东西 54.8 米，南北 13.2 米，深 12 米。此墓位置在“中隍”东南隅，即 M25 之东，二者轴线基本重合成一直线。“中隍”与“内隍”之南、北二面中央各留一缺口，似为旧日陵门部位。

8 号、12 号、13 号陵园：三者同位于一矩形平面之“中隍”内（图 3-90）。东濠长 425 米，宽 3.3 米，深 3.7 米；南濠长 457.5 米，宽 3.8 米，深 3.1 米；西濠长 398 米，宽 3.3 米，深 3.2 米；

北濠长 445.5 米，宽 4 米，深 3.4 米。总周长 1726 米，包纳面积为 191887.5 平方米。南濠东侧与北濠中部各有一门，南门宽 6 米，北门宽 5.5 米。

“中隍”中部又掘有“次中隍”一道，并围合成一梯形平面。东濠长 144 米，宽 3.5 米，深 3.6 米；南濠长 179 米，宽 3.2 米，深 3.8 米；西濠长 157 米，宽 3.3 米，深 3.7 米；北濠长 179 米，宽 3.2 米，深 3.5 米。此壕沟全长 659 米，形成 13 号陵园之“中隍”。包纳面积为 26939.5 平方米。此区内有大墓 M41，平面为“甲”字形（东墓道南附一耳室）。其东南则有“目”字形平面之陪葬墓 M42 一座。

8 号陵园在“中隍”西南隅，其东侧有一壕沟，自“中隍”南濠北上，直抵“次中隍”（即 13 号墓园之“中隍”）南侧中央，以与 12 号墓园分隔。此濠长 156 米，宽 3.3 米，深 2.9 米。此区有平面为“中”字形之大墓 M21 一座，其东墓道南亦附耳室一间。陪葬墓 M22 位于东南，平面为“目”字形。

12 号陵园在“中隍”东南隅，其“中”字形平面大墓 M37 与“目”字形平面之陪葬墓 M38 之形状与布局，皆与 8 号陵园相仿，仅 M38 面积较小而已。

有关秦公陵园中诸墓葬的具体资料，请参阅后列之表 3-1。

陕西凤翔县秦公陵园墓葬一览表　　表 3-1

墓区	墓号	类别	方向	全长（m）	形制					有无墓上建筑
					东墓道 长×宽（小端—大端）（m）	南耳室（长×宽+高）（m）	北耳室（长×宽+高）（m）	墓室（长×宽+高）（m）	西墓道 长×宽（大端—小端）（m）	
Ⅰ	M1	中字	287°	300	156.1×（8.7—19.1）			59.4×（38.45～38.8）+24	84.5×（14.3—6.4）	地面有绳纹瓦
	M2	凸字	287°	86.3				78.8×20+16.4 中门（7.6×9）		
	M3	中字	287°	226.4	123×（6.4—17.8）			49.2×29.2+17.6	54.3×（16.4—5.8）	地面有绳纹瓦
	M4	目字	287°	53.6				53.6×16.1+13.5		
	M5	甲字	291°	96	74.7×（5—8.3）			21.3×（15.4～16.1）+17.45		
	M6	目字	294°	38				38×45+11.4		
	K7	圆坑						9.05×7.8+11.3		
	M33	中字	287°	204.4	113.2×（6.5—14.4）			35×24.7+20	56.2×（14.9—6.7）	地面有绳纹瓦
	M34	目字	275°	44.5				44.5×6.5+12.5		
Ⅱ	M7	中字	283°	256.7	117.5×（5—20.1）			59.9×（39.7～39.3）+22.5	79.3×（20.4—6.3）	地面有绳纹瓦
	M8	凸字	297°	111.6				106.6×25.4+13.5 中门（5×9）		

续表

墓区	墓号	类别	方向	全长(m)	形制					有无墓上建筑
					东墓道 长×宽(小端—大端)(m)	南耳室(长×宽+高)(m)	北耳室(长×宽+高)(m)	墓室(长×宽+高)(m)	西墓道 长×宽(大端—小端)(m)	
Ⅲ	M9	中字	283°	170.5	62×(6—18.9)	10.2×4.4+14	5.4×2.5+10	58.6×(43.1～42.9)+20	50.2×(18.9—6)	地面有绳纹瓦
	M10	凸字	281.5°	80.2				71.6×17.4+12 中门(8.6×4.5)		
Ⅳ	M11	中字	284°	130.9	50.9×(7.5—14.6)			30×(17.1～18)+21	50×(15—5.8)	地面有绳纹瓦
	M12	目字	282°	35.5				35.5×6+8		
	M35	中字	283°	170.8	80.6×(6.6—16.1)	6.5×6.2+13.6		29.7×21.9+25.1	60.5×(14.1—6)	地面有绳纹瓦
	M36	凸字	283°	65.3				59.5×(12.8～11.7)+10.3(中门7.1×5.8)		
	M43	刀形	283°	34.2	18.2×(4.4—5.8)			15.7×(6.8～7.9)+11.8		
Ⅴ	M13	中字	286°	143.1	68.8×(6.8—20.4)	7.2×5.6+7		30.7×(24.5～24.1)+22.5	43.6×(20.5—6.4)	地面有绳纹瓦
	M14	目字	285°	24.4				24.4×5.1+7.5		
Ⅵ	M15	中字	287°	214	89×(6.1—15.7)	4.8×3.8+15.35	3.3×3+13.1	63×(39.9～40.2)+21	62×(15.2—5.6)	地面有绳纹瓦
	M16	目字	280°	106.4				106.4×(24.7～24.1)+14.3		
	M17	中字	301°	65.9	28.8×(3.8—9.8)			17.8×(14～13.8)+13.5	19.3×(9.5—4.1)	
	M18	目字	295°	32				32×3.7+6.8		
	M19	甲字	289°	63.1	46×(3.6—6.3)			17.1×10.5+14		
	M20	目字	289°	29.2				29.2×(4.1～4.5)+8		

续表

墓区	墓号	类别	方向	全长(m)	形制					有无墓上建筑
					东墓道 长×宽(小端—大端)(m)	南耳室(长×宽+高)(m)	北耳室(长×宽+高)(m)	墓室(长×宽+高)(m)	西墓道 长×宽(大端—小端)(m)	
Ⅶ	M39	中字	277°	124.4	58×(6.6—12.5)		3.7×3.5	29.2×(20.4～20.5)+17.8	37.2×(12.2—6.6)	地面有绳纹瓦
	M40	目字	277°	29.3				29.3×(10.65～11.25)+12		
Ⅷ	M21	中字	287°	172.4	68.6×(7.6—19.8)	7.2×13.2+11.5		34.8×(27.2～27.4)+25.5	69×(20.2—6.7)	地面有绳纹瓦
	M22	目字	282°	67.5				67.5×9.2+11.2		
Ⅸ	M23	中字	275°	167.7	62.4×(6—19.5)	10.2×5.6	8.1×4.5	54.8×33.1+17.8	50.5×(18.9—3.7)	地面有绳纹瓦
	M24	目字	272°	57.2				57.2×11.5+11.5		
	M29	中字	270°	186	69×(7—19.1)	16.1×3.3	9.3×2.7	58×43.5+19.8	59×(18.1—5.8)	地面有绳纹瓦
	M30	凸字	275°	79.3				74.8×17.5+12.3 中门(4.5×8.3)		
Ⅹ	M25	中字	281°	175.2	70.3×(6.3—10.2)	7.2×4.2	5.4×3.6	48×(32～30)+19	56.9×(10.2—6)	地面有绳纹瓦
	M26	凸字	273°	61.5				54.8×13.2+12 中门(6.7×4.8)		
Ⅺ	M27	中字	281°	163.5	72.7×(7—19.2)	7.9×6.7		31×(25.6～25.4)+25.2	59.8×(14.7—6.5)	地面有绳纹瓦
	M28	目字	282°	30.8				30.8×5.8+10.5		
	M31	中字	289°	59.2	31.5×(6—3.5)	6×5.7+9.2		12×8+13.7	15.7×(6—3.5)	地面有绳纹瓦
	M32	目字	273°	9.7				9.7×4.2+11		
Ⅻ	M37	中字	287°	166.3	71.5×(6.3—17.4)	8.05×7.5+13.3		34.6×(26.5～27.5)+24.5	60.2×(15.5—6)	地面有绳纹瓦
	M38	目字	287°	39				39×(6.7～6.3)+17.8		
XIII	M41	甲字	286°	101.9	72.3×(6.3—15.3)	8.7×6.6+10.2		29.6×23.55+23.93		地面有绳纹瓦
	M42	目字	289°	32				32×6.7+10.8		

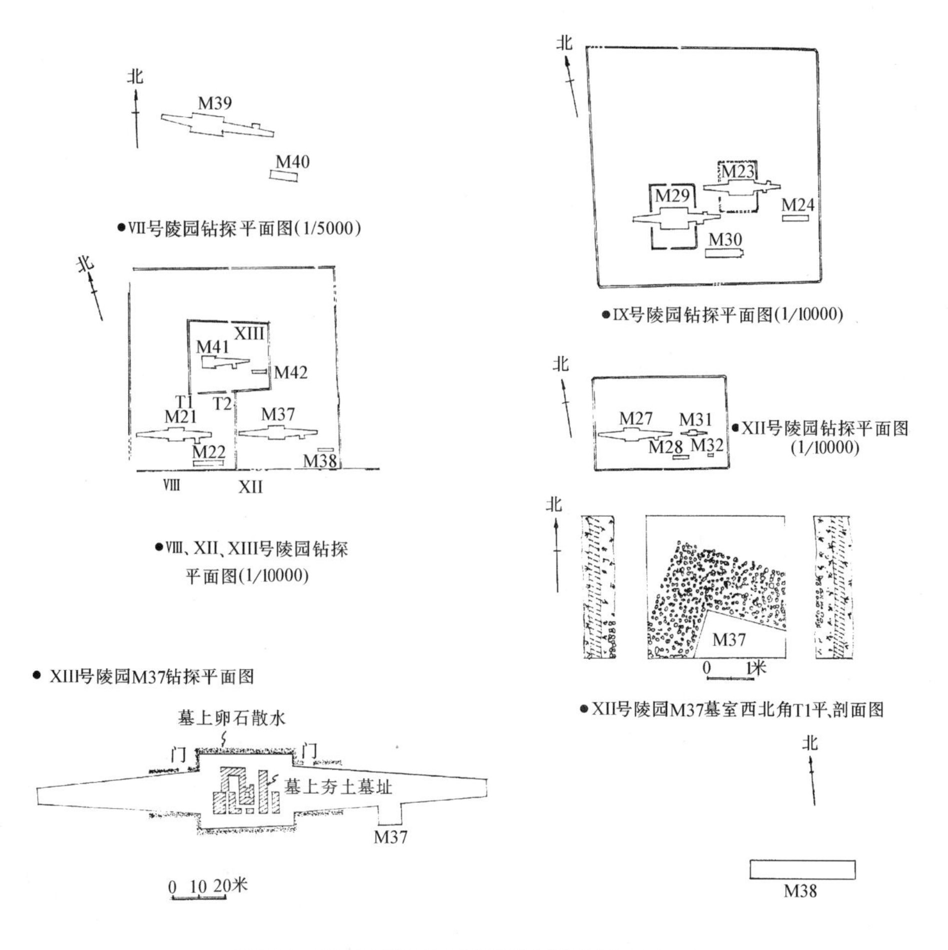

图 3-90 陕西凤翔县战国时期秦公陵园平面（之二）
（《文物》1983 年第 7 期、1987 年第 5 期）

通过钻探，发现 M37 墓上曾有建筑物存在可能即是享堂。在沿墓圹南、北上口外侧并延向东、西墓道各 19 米处，均构有卵石散水（图 3-90），东西总长约 73 米，宽 1～1.2 米。所用为青色河卵石，直径 5～12 厘米，铺为 12～15 列，并自内向外略作倾斜之排水坡度。其北缘近墓道处，分别有宽约 3 米之二处缺口，似为旧日建筑门道所在。散水以内的墓室上方，在东西 24 米，南北 16 米范围内，发现由纯净黄土夯筑之墙基多处，土墙宽度自 1.4～3.2 米不等，平面组合形制不明。但真正中有一矩形封闭空间，南北长 2.2 米，东西宽 1.8 米。可能即为建筑的中心部分。发掘时于散水石面上，覆有厚达 0.3 米之瓦砾，表明此墓上建筑曾施有瓦顶。

各陵园之主墓上均有陶瓦堆积，其中板瓦有 ⊔ 形与弧形二种断面，长约 44 厘米，宽 29～55 厘米。筒瓦长约 38 厘米，宽 14～16 厘米。瓦当为半圆形，或为素面，或于弧内施交错绳纹。

雍城秦公墓园是秦国最大的王陵区，自秦宁公二年（公元前 714 年）徙居平阳（今陕西岐山县西约 23 公里），德公元年（公元前 677 年）初居雍城，至献公二年（公元前 383 年）迁栎阳，300 余年间之二十二王均葬于斯，故历史之久与规模之隆，非他处可比。此陵之主要特点除上述之规模宏大与墓葬集中外，其内部用“隍”隔为十三陵区，亦是他处所少见。在总体布局方面，诸秦公墓葬均集中于陵园的南部，而大型殉葬坑均置于东侧，这和后来的秦始皇骊山陵同一原则。在每一陵区中，主墓在西，陪葬墓在东，且墓葬主轴均为东西向。这些都是秦人尊西习俗的具体表现。此外，各陵俱未见封土，亦与春秋以降各诸侯国制度不一。

在陵园北面的八旗屯和高庄一带，还发现百余座秦国中、小型墓葬，时代为春秋至战国。其中在八旗屯者布局甚有规律，南北成列。高庄战国中期墓墓圹由早期的 1∶2 矩形变为近正方形，又常附壁龛。晚期的还出现洞穴墓。

(3) 陕西临潼县秦东陵[42]

秦献公迁栎阳后不久，孝公十二年（公元前350年）又徙都咸阳（见《史记·秦纪》），于是王陵也随之东移。因新址在咸阳以东，故称“东陵”。

1986年3月，考古工作者在临潼县骊山西发现秦王陵寝一区，计有“亚”字形大墓二座，“中”字形大墓二座，“甲”字形大墓二座，陪葬墓多座，大体分布为三个陵域（图3-91）。现就其一号、二号陵园予以介绍。

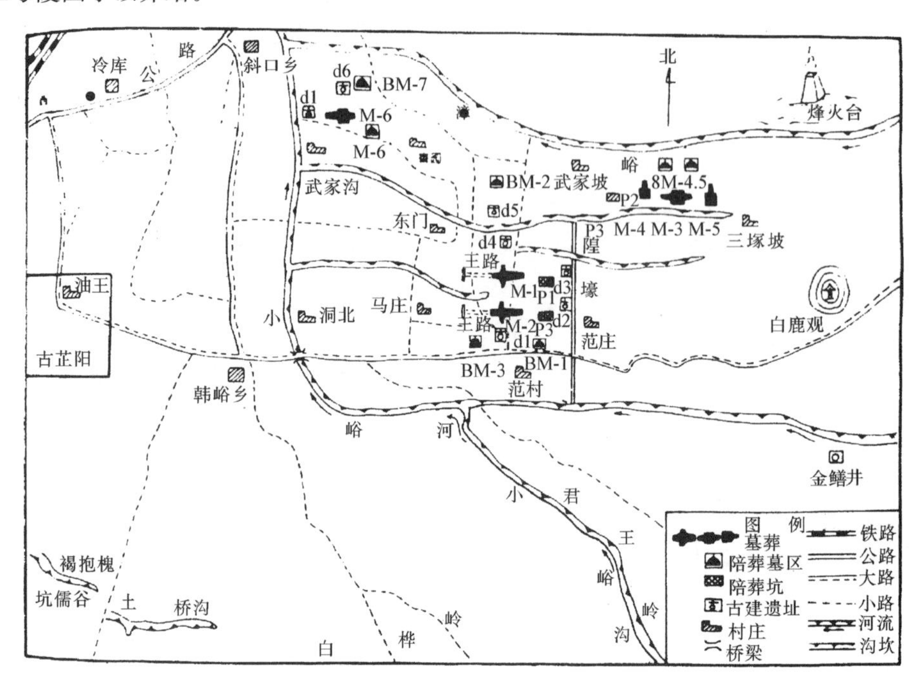

图3-91 陕西临潼县战国秦东陵位置示意图(《考古与文物》1987年第4期)

1) 东陵一号陵园

前临霸河，后倚骊山，西距秦芷阳城遗址约1.5公里。范围东西4000米，南北1800米，面积720000平方米。现有“亚”字形大墓两座，陪葬墓与陪葬坑各二座。

据《史记·秦纪》所载，秦王及后、太子等葬东陵的有：昭襄王悼太子，昭襄王母宣太后，昭襄王与唐后（合葬于芷陵），孝文王与后（合葬寿陵），庄襄王与后（合葬阳陵），已有八起之多。上述“亚”字形墓葬属于何人，目前尚不清楚，其时代定为战国晚期，当无疑问。

M1大墓位于陵区北端，南距与其并列的M2约40米。二墓之上，尚存东西宽250米，南北长150米，残高2～4米之夯筑封土。M1主轴线亦为东西向，与子午线之夹角为83°。全墓道东西通宽220米，南北总长128米。其中墓室东西57米，南北58米，平面基本呈正方形。墓道作四出式，其东墓道长120米，宽13～34米，坡度约8°，在南侧中部有一宽11米，进深5.5米之耳室。西墓道长43米，宽13.5～32米，坡度14°。南墓道长28米，宽18.5～31.8米，坡度16°。北墓道长42米，宽12～33.5米，坡度14°。其东壁北端建一宽13.5米，进深7.5米耳室。室内经钻探出土有镏金铜片、残木、漆皮及鸟兽骨等。

M2制式及尺度均与M1相似，仅南北稍长9米。经钻探于耳室内发现有朱砂、残木、彩绘漆皮、骨饰、铜片等。其椁室顶盖以上之构造为木炭0.4米，灰膏泥3.2米，夯土13.9米，封土4米。由此可知其土圹口至椁顶深度为17.5米。

陪葬墓分二区，一区位于M2东南，已发现有竖穴壁龛墓三处。另区位于M2西南，有墓葬八座，除二座平面呈“甲”字形外，其余均为矩形或方形平面之竖穴墓。出土器物有陶鼎、陶杯等，表明墓主社会地位低下。

陪葬坑二处，分别在二大墓之东侧略偏高。北坑东西长81米，南北长10.5米，平面呈“凸”字形，坑底分为高差0.7米之二阶台，出土有残木、漆皮、骨珠及马骨等。南坑平面为矩形，东西宽80米，南北长8.6米，深4.5～6米，坑底亦分为有0.7米高差之二部。出土物品同北坑。由坑之形状及钻探所得遗物，估计是随葬的车马坑。

此外，在本陵区还发现建筑夯土台基四处。其中二处各在M1、M2以东200米处，紧邻东隍，均宽16米，北端者尚余残长24米，南端者因近代取土破坏，长度不明。第三处夯土基址位于M1以北40米，原有面积为40米×100米。第四处在M2南40米，面积同上，现尚残存18米×14米，残高1.8米一段。除东隍北之台基外，其余三处均发现有0.3米厚的碎砖、瓦堆积层，有筒瓦、板瓦、瓦当及陶砖出土。

此区陵园周以壕沟（即“隍”），除东隍平直为人工挖就，其余皆利用天然沟渠略加调整而成。壕沟上口宽约15米，沟深7米，濠岸上部为坡面倾斜45°之2米厚红土，下垫厚0.1米之石板，板下筑坚硬细致之白土壁垂直于水面。

M1与M2西墓道向西，原铺有卵石路各一条，长315米，宽1.5米，当地俗称“王路”。现已拆毁，但卵石尚堆积路旁，据称当时还有陶质水道出土。

2）东陵二号陵园

二号陵园位于第一号陵园东北1.5公里，即临潼县范家村北，骊山西麓坂原之上，地势呈自东向西倾斜约30°之斜坡。东西宽500米、南北长300米，总面积150000平方米（图3-92）。其南、北二面有天然壕沟，东侧为经人工修整之天然壕沟，西端临一天然断崖。

陵园中发现“中”字形平面大墓一座（M3），“甲”字形平面大墓三座（M4A、M4B、M5），陪葬坑一座（P3），陪葬墓区二处BM3、BM4，地面建筑遗址一处（d5），及前述作为界沟之壕沟三道与断崖一道。现分述于下：

M3大墓位于陵园东南隅，平面为“中”字形，主轴线东西向，与磁针方向夹角105°。经钻探知全长81米。墓室平面矩形，东西宽27.5米，南北长23米。墓道二条，平面俱为梯形。东墓道长23米，二端宽度分别为8米及18米。西墓道长30.5米，宽度分别为3米及15.5米。墓室中部偏西有盗洞。墓上尚存部分封土，残高约10米，周长约120米，占地面积1213平方米。

M4大墓位于陵园中部偏南，亦即M3西140米处，由二座平面为“甲”字形墓葬组成，（图3-93）方位北偏西15°。其中M4A位于西侧，面积较大。M4B位于东侧，面积稍小，二墓穴仅相距4

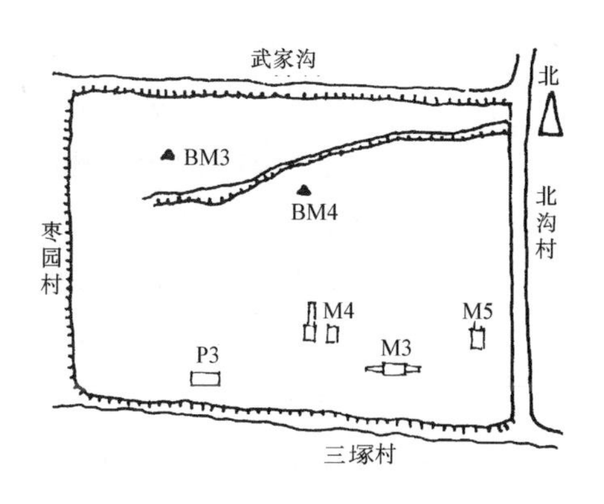

图3-92 陕西临潼县战国秦东陵平面示意图(《考古与文物》1990年第4期)

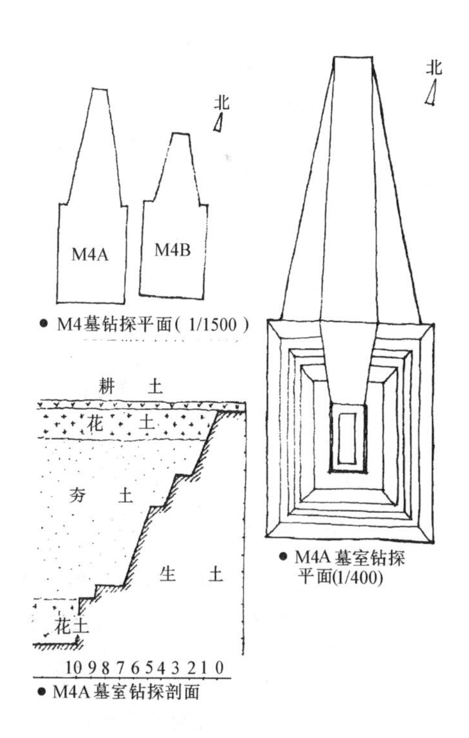

图3-93 陕西临潼县战国秦东陵二号陵园M4墓平、剖面图(《考古与文物》1990年第4期)

米。二墓合一墓塚，现封土大部不存，仅余高 2 米之土丘。

M4A 南北全长 58 米。其矩形平面墓室南北长 26 米，东西宽 20 米，深 14.5 米。土圹自上而下分为 4 阶，各有宽 1～2 米之小平台环绕。椁室亦矩形平面，南北长 6 米，东西宽 2 米，高 2.7 米。遗有残厚约 0.3 米之底椁板、棺板四层。亦发现有盗洞。墓道一条位于北端，平面梯形，南北长 32 米，二端宽度分别为 4.5 米及 17 米，坡道斜度 11°。

M4B 南北全长 41.5 米。墓室平面矩形，南北长 25 米，东西宽 18 米。位于北端之墓道亦为梯形平面，长 16.5 米，二端宽度分别为 5 米及 13 米。

M5 大墓位于陵园东侧偏南，西南距 M3 约 130 米。平面亦“甲”字形，方位北偏西 15°。全长 53 米。墓室矩形，南北长 25 米，东西宽 17.5 米。因西部被挖成断崖，墓圹及墓室夯土已明显暴露，并有塌陷之盗洞。墓道位于北侧，长 28 米，二端宽度分别为 6 米及 14.5 米。封土已破坏，仅余 3 米高度。

陪葬坑 P3，位于陵园南端西偏，即 M3 西 200 米处，已被完全破坏。原坑为东西向之矩形平面，东西宽约 80 米，南北长 10 米。出土有铜、银车饰及马饰，铜弓帽及马骨、人骨等。估计为随葬之车马坑。

陪葬墓区 BM3 位于陵园西北隅，在东西 52 米，南北 40 米范围内，发现陪葬墓 31 座（图 3-94）。由图中所表现之 23 座墓葬，其平面为矩形的有 15 座，曲尺形的 5 座，不规则形的 3 座。在墓型方面，竖穴土洞墓有 16 座，竖穴墓（或附壁龛）15 座。在前者之 BM3（4）墓（图 3-95）中，夯土中发现殉人骨一具。墓中出土铜镜、铁削、漆耳杯及陶鼎、罐、壶、盆等。土洞口以木板六块挡封。另 BM3（12）之形制甚为特殊，全长约 20 米（其主体部分约长 17 米，宽 3 米），估计亦是殉葬之车马坑。

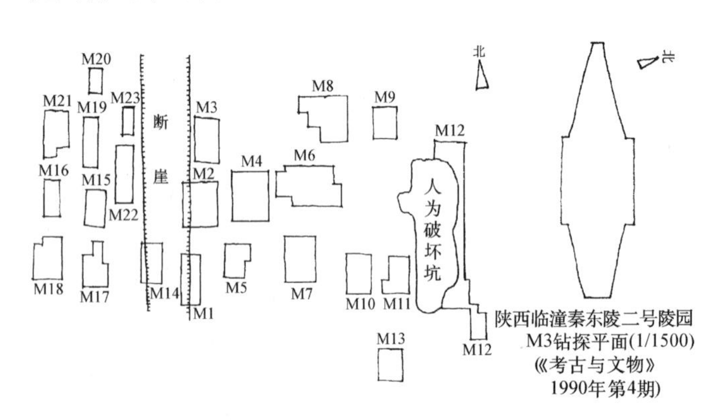

图 3-94 陕西临潼县战国秦东陵二号陵园陪葬墓区 BM3 平面图(《考古与文物》1990 年第 4 期)

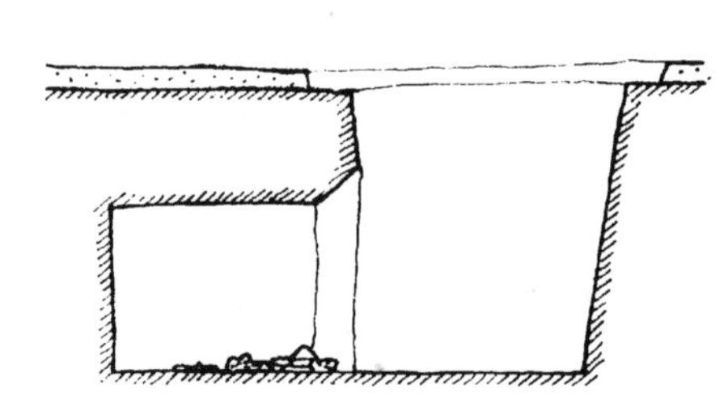

图 3-95 陕西临潼县战国秦东陵二号陵园陪葬墓区 BM3（4）墓剖面图（1/80）（《考古与文物》1990 年第 4 期）

陪葬墓区 BM4 位于陵园中部稍北，其南 70 米即为大墓 M4。已发现有竖穴墓四座，出土器物有陶罐、壶等。

二号陵园利用天然及人工加工之濠堑为界隍，是继承了凤翔雍城秦公陵园的遗法，其他建置亦大体与前述之一号陵园相同。但未见“亚”字平面之四出墓道大墓，故其年代应属尚未称王时期之秦君，即早于一号陵园之建造。

（4）河南辉县固围村魏国王墓[43]

此墓位于辉县城东 3 公里处，发掘于 1950 年冬至 1951 年春。墓地就自然山岗整治为东西 150 米，南北 135 米，高 2 米之平台，其上并列大墓三座（编号为 1 号、2 号、3 号）（图 3-96），内中以中央之 2 号墓规模最大。台基西侧，另有南北并列之中型陪葬墓二座。

因经多次盗掘，墓圹破坏甚大，随葬器物亦多半无存。经调查知三墓墓圹之南北二端，均有较长之墓道，通长超过150米，深度达15米。现M2墓室保存尚好，其构筑方法为：先在圹底平铺厚1.6米之巨石八层，再以枋木依井干式构成长9米，宽8.4米，高2米之椁室，椁内置套棺，棺椁间填充木炭。椁室两侧与邻近墓道处亦以巨石砌墙，墙内填以细砂，最后填土夯实。其南墓道尽端，另构木为室容马车二辆。

据遗物知墓上原建有享堂，其基址略大于墓圹。2号享堂基址（包括四周由砾石所砌散水）为每面长27.5米之方形，周围有厚达半米的瓦砾堆积，推测原建筑为每面七间的方攒尖式样（图3-97）。1号墓享堂基址为每边长18米之方形，3号墓享堂每边长19米，大概都是五开间。

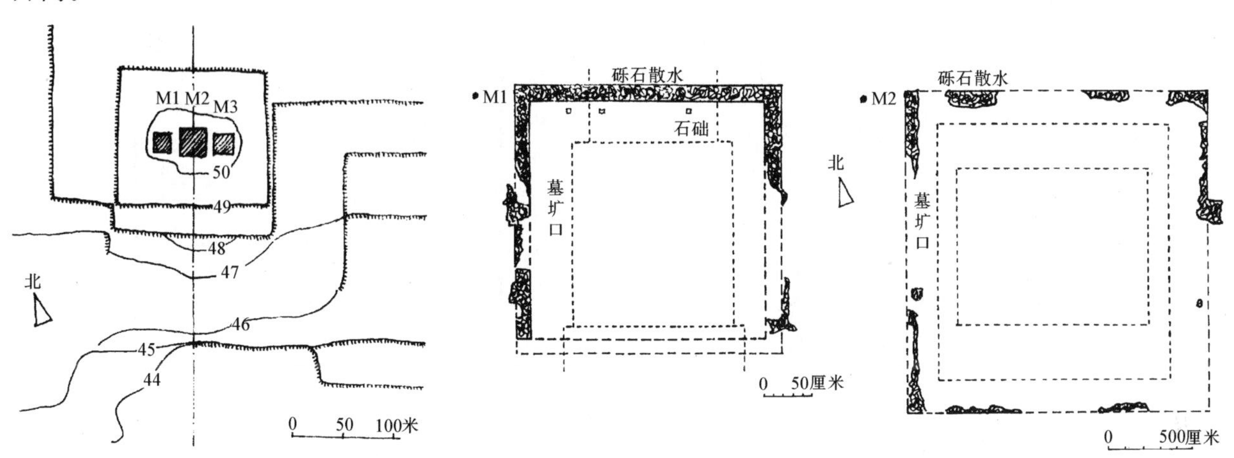

图3-96 河南辉县固围村魏国王陵总平面图(《辉县发掘报告》1956年)

图3-97 河南辉县固围村魏国王陵墓上享堂遗址平面图(《辉县发掘报告》1956年)

此墓年代，定为战国中期。估计2号墓为魏国君之墓，1号及3号墓为其配偶。此种将王与后之享堂合建于同一基台上的制式，是现知周代王侯中之最早例。

墓中出土金饰、玉雕甚多，其中陪葬墓出土的包金镶玉银带钩制作最为精美，亦表示该墓墓主身份非通常之辈。

（5）河北平山县中山国王墓[44]

在中山国都城灵寿内外，均有建于公元前4世纪战国晚期之中山国王陵墓葬。1974—1978年进行发掘，现知王陵分为二区：一在城外以西2公里之西灵山下，有大墓二座（编号为1号、2号）东西并列；另一在城内西北部之东灵山麓，有大墓四座（编号3号～6号）南北错列。现经发掘者有1号墓及6号墓。六座大墓均有封土，并各附陪葬墓（仅5号墓无）及车马坑等。

西灵山下之1号墓位于西侧，平面呈“中”字形（图3-98）。有方形墓圹及南、北墓道，全长110米。墓圹方形，每边长29米。其中之椁室南北14.9米，东西13.5米，深8.2米。椁壁周围砌以石，厚2米，石椁以外则积以炭。墓上封土保存较好，并曾建享堂于上。封土台呈矩形，东西92米，南北110米，高约15米，形成三阶的台座。下层为卵石铺砌之散水，中层有柱础与壁柱残迹，上层遗有大量瓦砾，表明它是一座周以回廊，上覆瓦顶的三层高台建筑。

从墓中出土的《兆域图》，使我们对这陵的平面布局与建筑的名称和位置，得到了一个较完整的认识。这是一块长98厘米，宽48厘米与厚1厘米的铜版，上面以金银镶错描绘了这陵的平面图，并有文字说明各部名称、尺度（图3-99）；另附有王命名“赒”的官员建造此陵时执法的诏

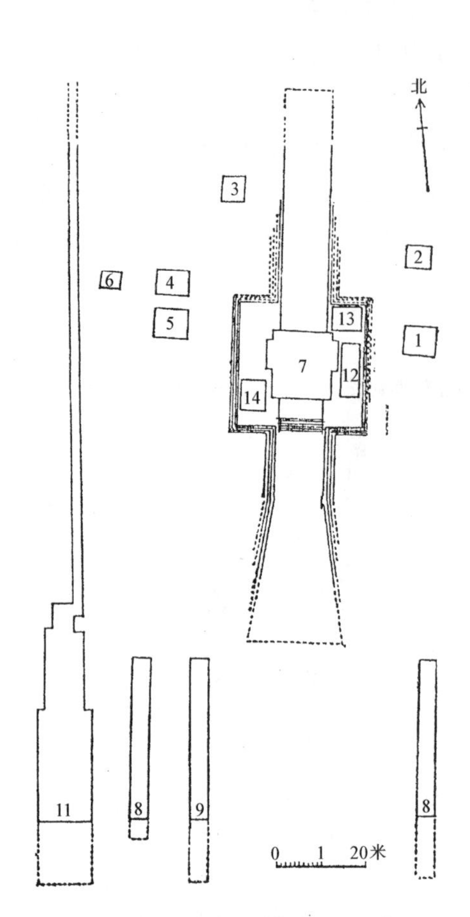

图 3-98 河北平山县战国时期中山国王陵 M1 及附葬坑位置图(《文物》1979 年第 1 期)
1～6. 陪葬墓 7. M1 墓室 8. 一号车马坑 9. 二号车马坑 10. 杂殉坑 11. 葬船坑 12. 东库 13. 东北库 14. 西库

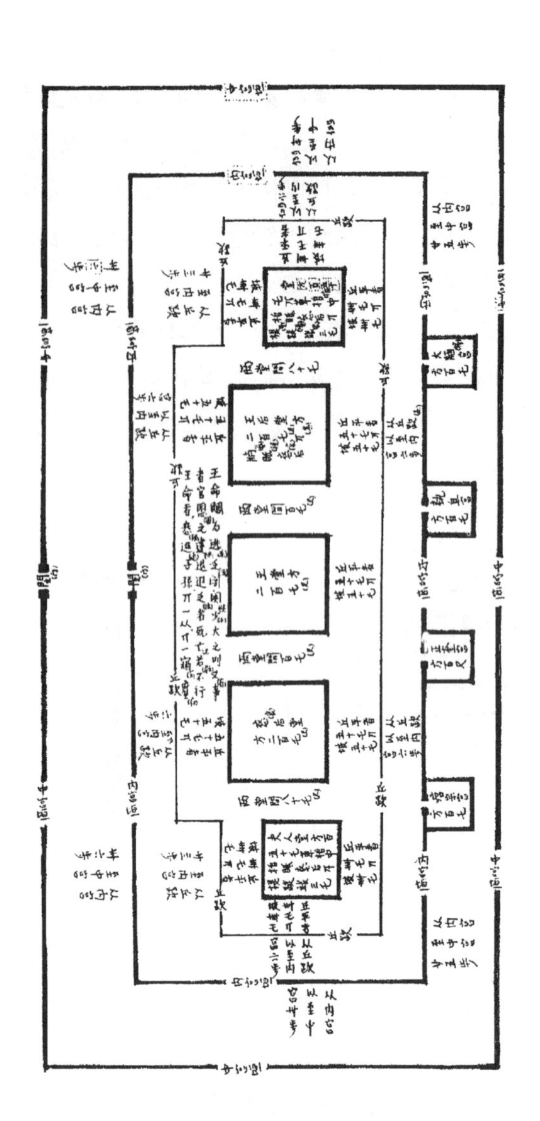

图 3-99 河北平山县战国时期中山国王陵 M1 出土《兆域图》铜版释文(《文物》1979 年第 1 期)

令。依图文可知此陵共建有宫垣三重（图上仅表示了“中垣”和“内垣”），在平面呈凸字形的“丘”上，建有王堂、哀后堂、后堂和二座夫人堂共五座建筑。在布局上是突出了中央的王堂，形成了在位置和尺度上的尊卑与主次。大门设在南垣正中。在北侧的内、中垣间，又设置了为守卫与服务而用的五组建筑。这铜版是我国现知最早的建筑总平面图，原来一式二块，一庋藏宫中，一随葬王墓。因前者已不知所终，所以现有的一块就格外显得珍贵。现就此铜版所载，将该墓之平面，外观及台顶享堂平面作复原想象图，如图 3-100～3-102。

据出土铜器所载铭文等资料，知 M1 墓为中山国的第五代王嚳，建陵时间大概在公元前 310 年左右。其东侧尚未发掘的 M2 大墓，很可能就是《兆域图》中所载“哀后”的陵寝。

（6）北京市琉璃河燕国早期大墓（M1193）[45]

西周初封如公于燕，但遗留文物及记载极少，近年对北京房山琉璃河镇一带的发掘，填补了不少燕国早期历史的空白。编号 1193 号大墓的发现，也是其中之一。

此墓方位 352°，墓圹平面作矩形（图 3-103），南北 7.68 米，东西 5.45 米，深 8.40 米。其周旁掘为二层台，墓室尺寸为南北 5.60 米，东西 3.44 米，深 1.85 米。椁室南北 3 米，东西 1.8 米，深 1.85 米，原有之椁顶板、椁壁及底板木材尚有若干残留，均为方木。就布局、构造、用材而

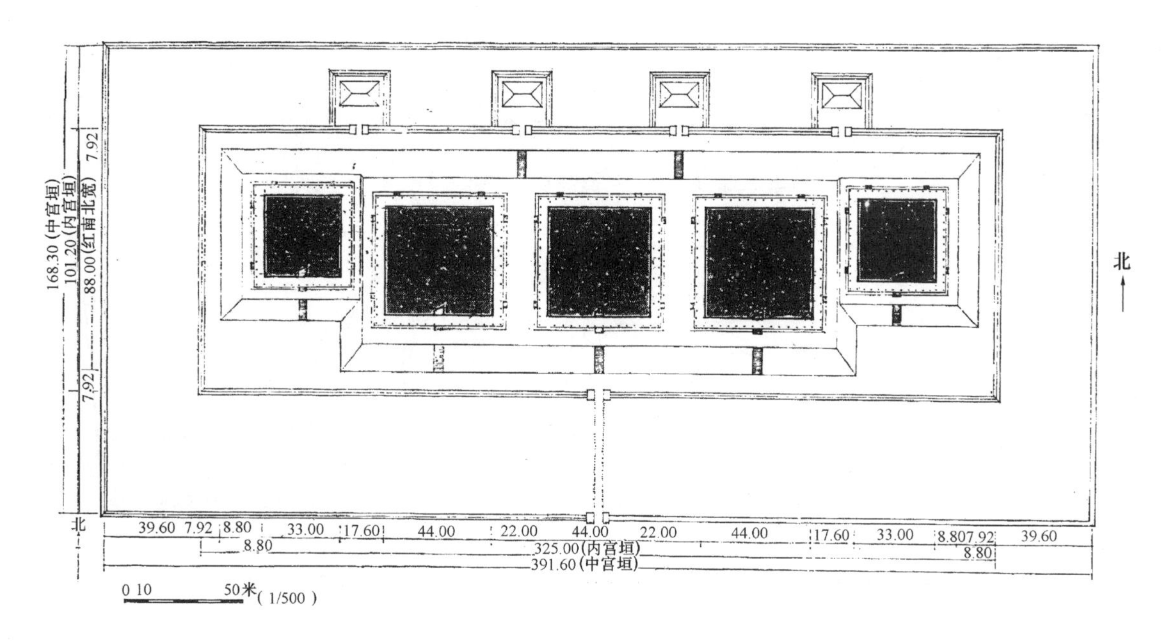

图 3-100　据《兆域图》复原的中山国王陵墓平面图(《考古学报》1980 年第 1 期)

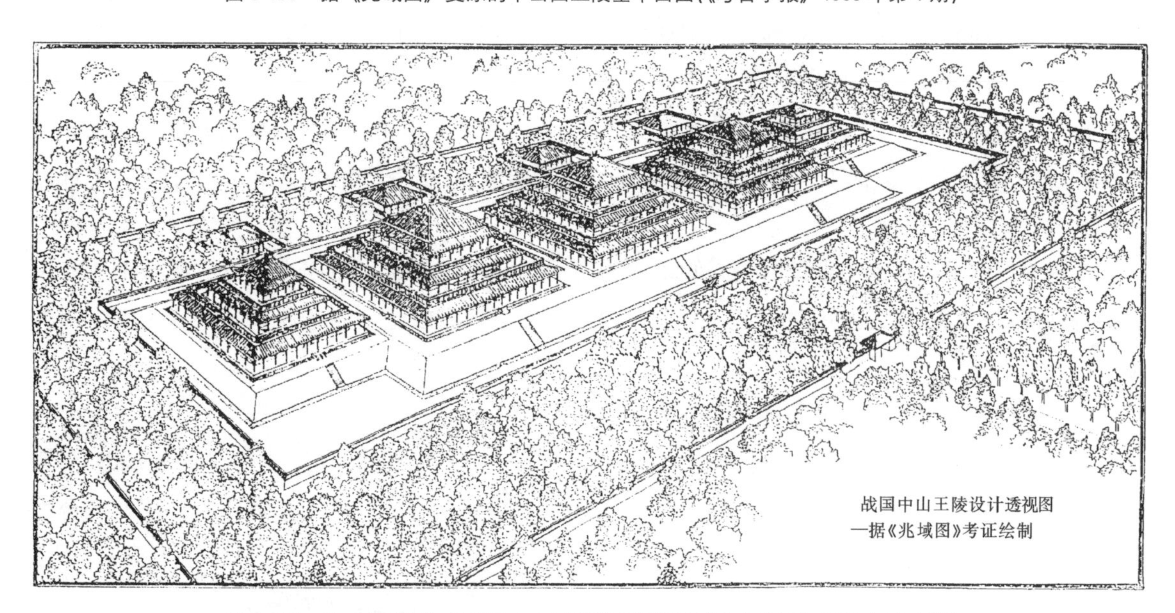

图 3-101　据《兆域图》复原的中山国王陵墓鸟瞰图(《考古学报》1980 年第 1 期)

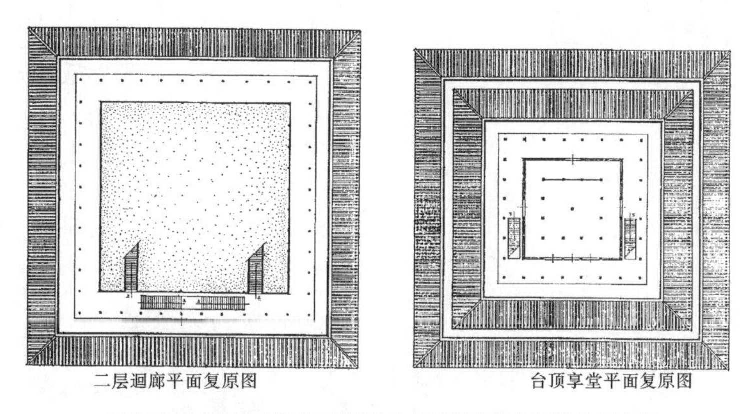

图 3-102　据《兆域图》复原的中山国王陵墓台顶享堂平面图
(《考古学报》1980 年第 1 期)

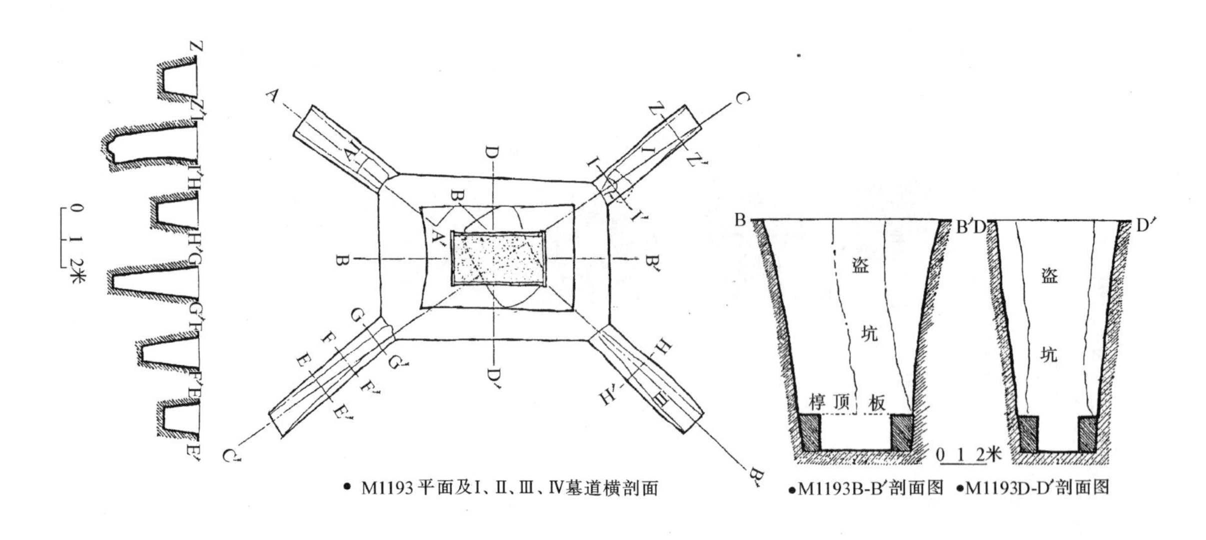

图 3-103 北京市琉璃河燕国 1193 号大墓平、剖面图(《考古》1990 年第 1 期)

言，都和商殷以来的木椁墓做法基本一致。其与一般墓葬突出的差异，乃在其四出墓道均置于土圹的四角，且向外作 45°左右的延伸。例如其东北隅之墓道，方位为北偏东 48°，长 4.33 米，宽 1.05～1.08 米，最深处距地面 3.8 米；东南墓道东偏南 49°，长 5.15 米，宽 0.92 米，最深 3.6 米；西南墓道方位南偏西 40°，墓道长 5.55 米，宽 1.15 米，最深处 3.6 米。西北墓道方位西偏北 49°，长 4.05 米，宽 1 米，最深处 3.65 米。各墓道均用斜坡形式，且长度相差无几，故其主次难以分辨。

此墓早经盗掘，据墓中残留文物，知墓主为西周早期燕国贵族。而四出墓道应属帝王所专用者，各地诸侯于周初尚无使用之先例。其置于四角之用意，或以此表明与周天子墓葬正出之四墓道有别。

（7）陕西宝鸡市茹家庄強伯墓（M1）[46]（图 3-104）

是西周中期的土圹竖穴墓，发掘于 1974—1975 年间。墓室平面作矩形，东西宽 8.48 米，南北长 5.2 米，南侧有一斜坡墓道。全墓总长约 30 米。墓室内再掘椁室，从而形成生土二层台。台之

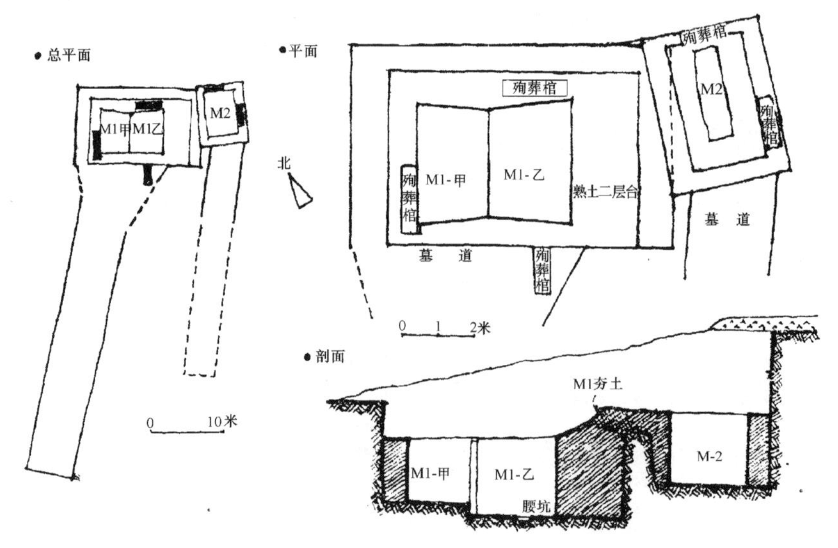

图 3-104 陕西宝鸡市茹家庄西周強伯墓(《文物》1976 年第 4 期)

西、北、南三面较窄，仅宽1米左右；东侧较宽，约2米。椁室东西4.2米，南北3.2米，中以木板隔为浅深不同的甲、乙二室。甲室较小，置有一棺，死者为女性。乙室较大，置重棺，墓主即为强伯。此墓共殉葬7人，在二层台北、西二侧各有一棺二人，东侧车具中二人，南侧墓道近墓室处一人。殉者有青年，亦有儿童，均应为墓主之奴隶。另乙室有埋狗的腰坑一处。随葬铜器有鼎、簋等30余件。

此墓之东侧有一较小之木棺墓（编号为M2），亦使用重棺。由墓中殉葬二人，及多数铜器上有"强伯作井姬用器"字样，知墓主为强伯夫人井姬。因M2侧打破M1东侧夯土，故知井姬之葬晚于强伯，由此也可推断M1西侧甲室之死者，大概是强伯之妾，于强伯死时殉葬的。从而甲、乙二室大小与深浅不同的理由，也可迎刃而解。然而这种葬制，在周代是甚为少见的，可认为是一种特例。

（8）湖北随县曾侯乙墓[47]

墓在城西擂鼓墩附近之一红砂岩小岗上，是保存十分完好的战国早期大墓。1978年进行发掘，以棺室规模巨大，出土文物众多与精美而闻名于世。

此墓为岩坑竖穴木椁墓，平面为不规则形（图3-105），未构墓道，朝向正南北。墓穴东西宽21米，南北长16.5米，深13米。椁室分为东、北、西、中四室，其内、外墙与上、下顶盖及底部，共用断面约60厘米×60厘米的大木材171根叠搭而成。椁室墙高为3.1～3.5米，隔墙下部留有小方洞，似有交通各室之意。现将各室面积及放置品分述于下：

东室　东西9.5米，南北4.75米。面积在诸室中最大，曾侯乙之重棺即置于此。其外棺构造颇异于一般，棺身由两块"目"字形铜框架及十根方铜柱作支架，其间嵌厚木板，板上再髹漆施彩绘。所用铜料重达3200公斤。又放殉葬人棺八具及贵重铜器及少量车马器、兵器。另置狗棺一具。

中室　东西4.75米，南北9.75米。乐器与礼器大多集中于此。编钟包括纽钟19件，甬钟45件与楚王赠送之镈钟一件，共计65件。总重量约2500公斤（最大者高1534厘米，重203.6公斤；最小者高20.4厘米，重2.4公斤）。依大小和音序编为八组，悬挂在由铜、木构成3层钟架上（图3-106）。钟上共有错金文字2800余，都是有关音乐的记载，是研究当时音乐文化的重要资料。编钟全部置于西壁之下及室内之南部。编磬则悬于北面。九鼎八簋等青铜重器亦列于中室南部。这些器物的排列安放位置，是与当时封建主厅堂上宴乐的情景一致的，对我们研究周代上层社会礼

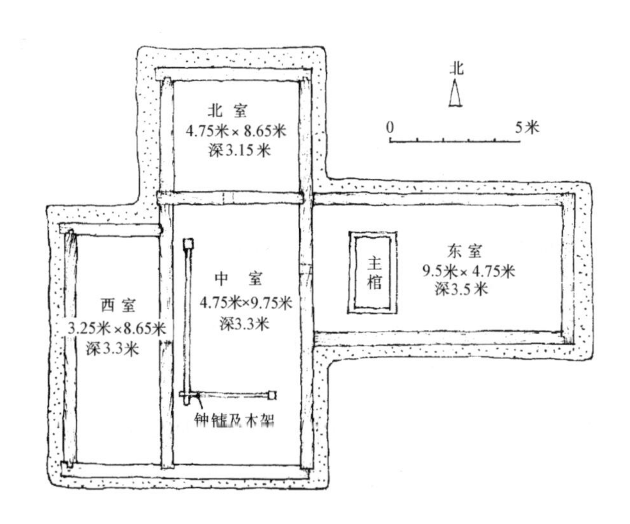

图3-105　湖北随县擂鼓墩战国曾侯乙墓平面(《文物》1979年第7期)

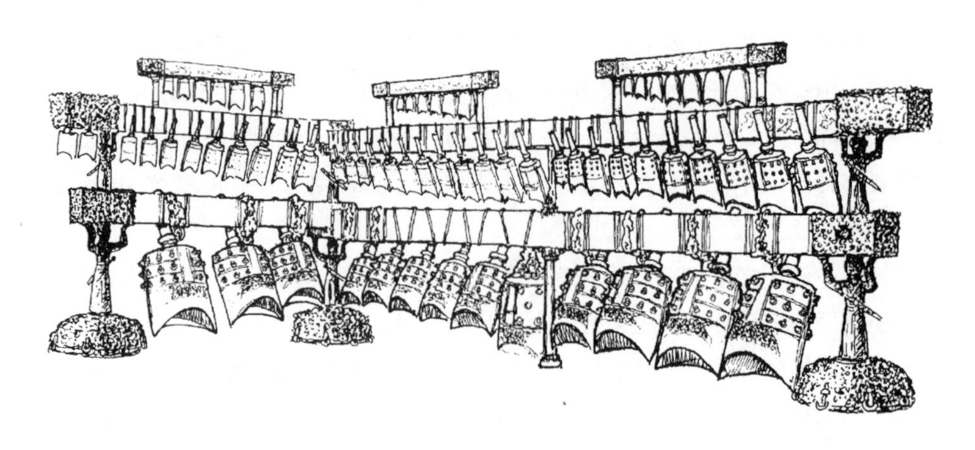

图 3-106　湖北随县擂鼓墩战国编钟及钟架(《文物》1979 年第 7 期)

俗和生活很有帮助。

北室　东西 4.75 米，南北 4.25 米。放置有兵器、车马器及竹简等。

西室　东西 3.25 米，南北 8.65 米。仅放置若干零散物品，数量为四室中最少者。另有殉葬人棺 13 具。

此墓出土殉葬物品达一万余件，内容极为丰富。除上述之礼器、乐器、食器、车马器、兵器以外，还有大量漆器、纺织品、金饰、玉雕等，均造型优美，色彩艳丽，可称集当时社会技术与艺术之大成。

墓中所瘗铜器之总重量共约 10 吨。使用作椁板之木材，总量达 380 立方米。为了防湿，又在墓穴与椁墙间以及椁顶板之上，积炭达 6 万公斤之多。木炭上再施 0.3 米厚青膏泥与 2.5 米厚夯土，土上铺石板一层，再夯积封土。

经人骨鉴定，墓主为 40 余岁男子。而墓中殉葬者共计 21 人，均为女性，且多数在 20 岁左右。其棺木分置于东、西二室中，于东室者显系与墓主关系较接近者。

此墓之建造时期约在公元前 433 年（楚惠王五十六年）或稍后。

（9）湖北江陵市天星观 1 号楚墓[48]

墓在湖北沙市东北之长湖南岸，西距楚古都纪南城约 30 公里，以清代曾于此墓封土上建天星道观而得名。附近有大土丘五座，自东向西作弧形排列，1 号墓位于东侧，亦土丘之最大者。1978 年对此墓进行了发掘。

封土呈平顶圆锥形，东西宽 20 米，南北长 25 米，高 7.1 米，未经夯筑。墓圹平面呈矩形，南北长 41.2 米，东西宽 37.2 米，方向北偏东 5°。圹壁掘作规整之阶台十五层，每层宽 0.3～0.6 米，高 0.5～0.6 米，底部为四壁陡直之墓室，平面东西宽 10.6 米，南北长 13.1 米。由圹口至墓底，深度为 12.2 米。墓道一条，置于南侧，长 32.8 米，宽 4～5 米，坡度 10°。

椁室总长 8.2 米，宽 7.5 米，深 3.15 米。其侧墙、隔墙、顶板、底板皆由方形断面（0.32 米×0.42 米）之楠木垒砌而成，总用量在 150 立方米以上。内部共分为七室：

南室　东西宽 4.32 米，南北长 2.04 米。主要放置青铜器、漆木器、兵器等。与中、西室对应之壁上绘有彩画。

东南室　东西 1.46 米，南北 2.04 米。遗物最少，仅见少量木器与铜器。

东室　东西 1.46 米，南北 3.90 米。放置乐器（笙、瑟、编钟、编磬、鼓……）及木制神物及器架（虎、鸟……）。

东北室　东西 1.46 米，南北 0.68 米。内有少量乐器及悬挂编钟、编磬之木架。

北室　东西 2.64 米，南北 0.68 米。放置铜器、木器、陶器及封泥等。

西室　东西 1.36 米，南北 4.86 米。物品有马具、兵器及若干木、竹器。

中室　东西 2.64 米，南北 4.86 米，居于椁中部，面积最大。内置套棺三重及玉器（璧、俑……），因已被盗，墓主尸骨无存，葬制及棺内器物亦无从知晓。

此墓仅北室未被盗墓者染指。即使如此，仍清理出铜、木、漆、陶、金、玉、革等物品 2440 余件。其中精品甚多，尤以漆器最为突出，如悬鼓之凤鸟架、双龙与四龙坐屏、卷云纹漆案、"S"纹漆几、虎座飞鸟、鹿角镇墓兽等，造型及色彩俱十分优美。其技艺水平之高，在已出土之诸楚墓中均堪称上乘。

此墓之建造约在战国中期之楚宣王或威王时，即公元前 340 年左右。墓主番（即潘）生前的爵位，依所用之三重棺推测，应属上卿之列。

在建筑技术方面，此墓的木椁榫接方式，有浅槽套榫、凹凸榫、子母榫、半肩透榫等多种。为了进一步加固，还使用了灌注熔化铅液的铅攀钉和铜抓钉等金属件，这些都充分说明了当时建筑的构造技术已达到了一个相当高的水平。

（10）四川新都县战国墓[49]

墓在新都县马家村。为一有西向斜坡墓道之土坑木椁墓（图 3-107），方位 90°。墓圹平面长方形，东西宽 10.45 米，南北长 9.2 米，墓坑壁基本垂直，墓底距今地面 3.63 米。墓道在坑西壁，平面略呈梯形，上口宽 4.9 米，下口宽 5.5 米，长 8.82 米，坡度 24°。

木椁东西 8.3 米，南北 6.76 米。与墓圹间有 0.8～1 米空隙，近椁处填厚 0.3 米青色膏泥，以

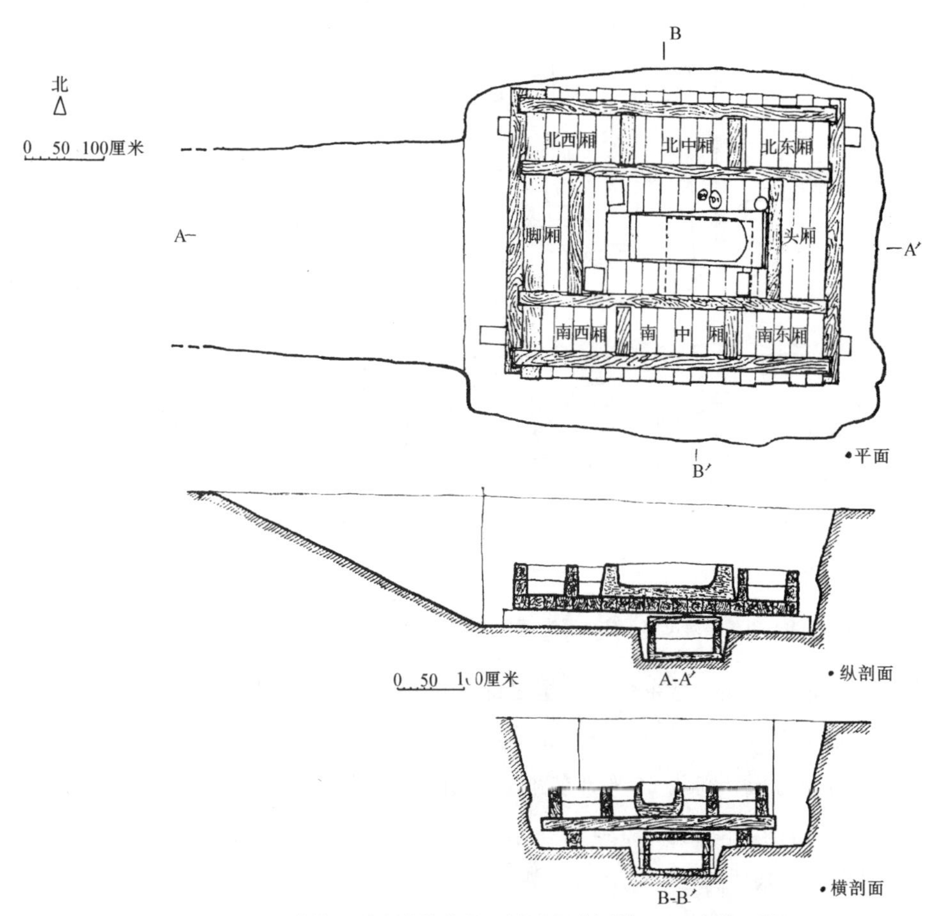

图 3-107　四川新都县战国木椁墓平、剖面图(《文物》1981 年第 6 期)

外夯填夹沙黄土。木椁全用楠木构成，共用长枋34根，短枋12根。下部之底枋二根，长9.41～9.68米，宽0.46米，厚0.44米。其上依南北方向铺长7.20～7.28米，宽0.36～0.50米，厚0.40米之木枋20根为椁底。又以木枋八根两两相叠作为高0.88米之椁室四壁。椁内再以较短木枋划分为中央之棺室及四周之八个厢室。内中器物已大部被盗，仅余若干铜箭镞、弩机件及陶、漆器之残片。棺室东西长4.76米，南北2.88米，内置独木棺一具。此棺用直径约1.41米之原木挖成，长4.14米，高0.98米。木椁室下掘有长方形腰坑，东西长1.81米，南北宽1.50米，深0.98米。内构长2.2～2.3米，宽0.42～0.73米，厚0.14米之楠木板底箱，中皮藏铜器188件（罍、编钟、三足盘、豆、缶等器皿及武器、工具……）和木棒四节。其中铜器以五或二件为一组，应有其特殊之意义。

其椁室由整齐枋木构成，并划分为中央之棺室及头厢、脚厢与左右各三处边厢，完全是采纳中原地区诸侯王一级之墓葬椁室形式。再据多量出土文物判断，此墓之墓主可能是古蜀国国王。

（11）山东淄博市郎家庄一号东周墓[50]（图3-108）

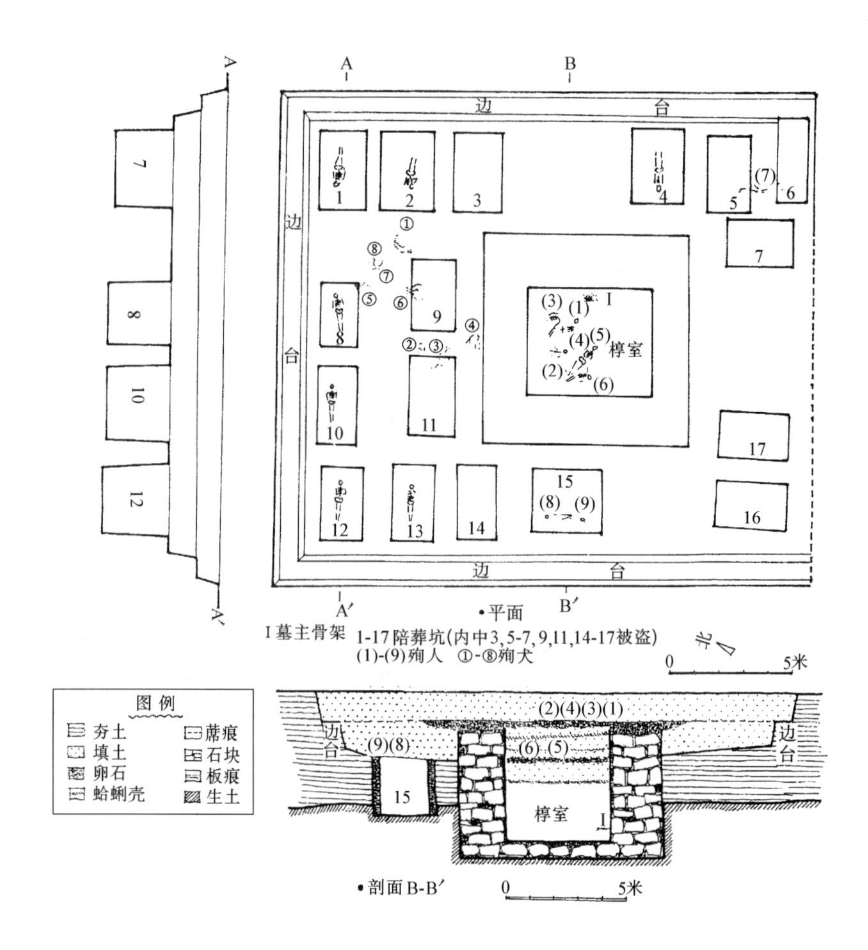

图3-108 山东淄博市郎家庄一号东周殉人墓平、剖面图(《考古学报》1977年第1期)

该墓位于淄博市旧临淄县城东南1公里之郎家庄侧，北距齐都临淄古城南墙半公里。原有积土高十余米，现已平毁。

墓之平面大体呈方形，南北21米，东西19.5米，深约6米，南部已破坏，故有无墓道不明。椁室位于墓穴中部偏南，南北长8.30米，东西宽8.50米，周以石砌椁壁。内中之木椁南北长5.05米，东西宽4.35米，高2.5米。

主室周围有陪葬坑17个，排列整齐，且各有葬具及随葬物。葬坑周围砌以卵石。因一部被盗，尚有 9 人可以辨认，另有殉犬八只。

椁上夯土中又有殉葬人若干，现随崩土落入椁室者有人骨六具。

此墓之构造较为特殊，其椁室穴底仅距原来地表深 2.2 米，而陪葬墓穴仅下掘 0.5 米。然后层层填筑以夯土，与通常所见周代贵族墓葬之深掘墓圹不同。另墓壁采用石砌，亦颇具特点。

此墓共有陪葬 17 人，殉葬 9 人，殉犬 8 头。出土各种金、铜、铁、玉、石、骨、牙、水晶、漆、陶器一千余件。葬入时间约在春秋战国之际。

（12）山东莒南县大店镇春秋莒国墓（M1）[51]（图 3-109）

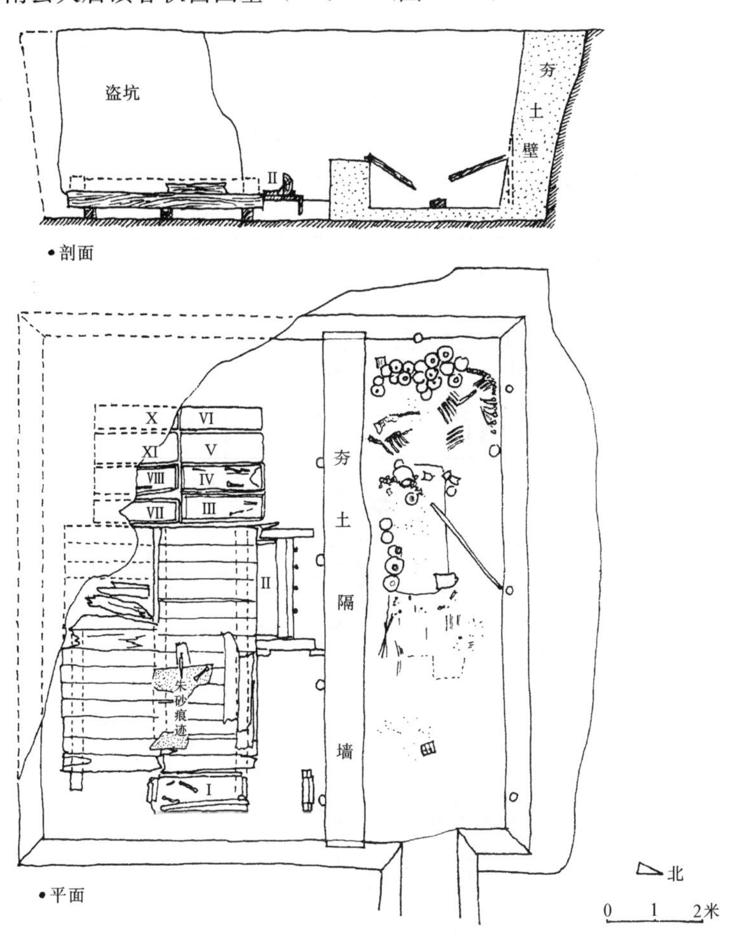

图 3-109　山东莒南县大店镇春秋时期莒国殉人墓（M1）
（《考古学报》1978 年第 3 期）

该墓葬位于莒南县城北 19 公里大店镇东 2 公里崖山北麓台地上，北距浔河 1.5 公里。发掘时地面已无封土，但地下仍有厚 20 厘米之灰黄花土夯土层。墓室近方形，方位 80°。墓道一条，置于墓圹东壁北端，呈 35°之斜坡形式，因未全部清理，故其长度不明，近墓圹处之上口宽 1.92 米，底宽 1.12 米，深度与墓圹相同。

墓中东西 11～11.30 米，南北 10.40 米，距现地面深 0.40 米。墓底东西 10.05～10.35 米，南北 9.40 米，深 4.20 米。距墓圹底部北缘 2.66 米处，有一宽 0.80 米，高 1.22 米由黄褐色五花土夯筑之隔墙，将墓圹划为南、北二部。北部为器物坑，南部为墓主椁室所在。

椁室南北 5.94 米。下垫厚 1.22 米青灰色膏泥，上施浅黄褐色花土，经夯实甚为坚硬。北端依隔墙立圆木柱四根，间距 1.83～2.40 米，直径约 0.20 米。墓主椁室木构，位于墓室中部偏东，东西长 5 米，南北宽 3.90 米。底板及壁板均用厚 0.30～0.38 米方木铺砌。棺已朽，位于椁室中稍偏东西，涂有朱漆。由遗骨及器物（铜剑）知墓主为男性。

殉葬棺十具，列于椁外。其东、北侧各一，西侧八，均为成年人。

棺椁中器物大多被盗，仅出铜剑一把。

器物坑　北侧有圆形柱洞三处，间距 4 米。西侧一个，直径 17～20 厘米。似原有木屋架覆盖其上。坑内西部置陶鼎、敦、壶、罐、甗；南部为铜鼎、敦、壶和部分车马器；中部放铜盘、舟、钮钟、镈及若干车器；东部有竹席等。共出陶器 37 件，铜器 107 件，车马器及其他器物 80 件。西部又发现无头之马骨四具，显系杀殉所为。

此种将墓室以夯土矮墙隔为椁室及器物坑，以及陪葬棺环列于主棺周围，墓道不置于中央而偏对器物坑的种种方式，亦见于其东 5 公里蝎子山台地之莒国殉人二号墓（M2）。该墓器物坑中陶、铜器的器形、数量及放置位置，以及殉马匹数……，均与 M1 相似。

（13）河南光山县宝相寺春秋黄君孟夫妇墓[52]（图 3-110）

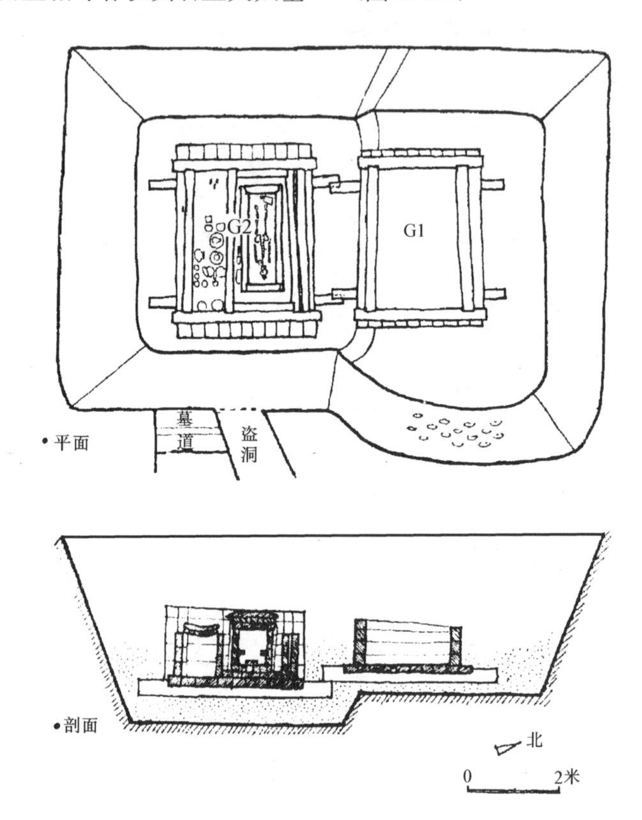

图 3-110　河南光山县宝相寺春秋早期黄君孟夫妇墓平、剖面图(《考古》1984 年第 4 期)

为长方形土坑竖穴墓，方向 109°。圹口南北长 12.2 米，东西宽 7.9～9.1 米，深 4.2 米。墓底略小，南北 9 米，东西 5.1～6.4 米。墓道在东侧偏南，部分已被破坏。

墓室划分为南、北二区。北区高于南区约 0.7 米，原有木椁 G1 已大部被毁，其东西约长 3.08 米，南北宽 1.1 米，残高 1.06 米。南区木椁 G2 保存较好，外椁南北宽 2.51 米，东西长 3.33 米，残高 1.56 米。置内椁、内棺各一及殉葬之器物。棺内死者女性，头东足西。棺外南侧与内椁南壁间置铜盒、铜小刀各二。

G1 主要殉葬物品置于外椁南部，有铜器十四件（鼎二、豆二、壶二、鐳二、盘一、匜一、戈一、镞二，另有玉器 54 件及石圭、竹弓等）。墓主显系男性。

G2 主要殉葬物有铜器 22 件（鼎二、豆二、鐳二、壶二、盉二、鬲二、盘一、匜一及铜罐、方座、盒、刀……)，玉器131件，及竹器（排箫、席……）、木漆器（木笄、漆豆、漆盖……）、纺织品等多件。

由铜器上铭文可知G1之死者为黄君孟，G2为其夫人孟姬。均建于春秋早期。

(14) 山东沂水县刘家店子春秋墓（M1）[53]

墓位于沂水县西南20公里刘家店子村西高地上，方位109°（图3-111）。

墓圹为长方形竖穴式，上部因取土已削去2米多，现墓口南北长12.8米，东西宽8米。墓底南北8.5米，东西5.8米，深度距现墓口3.6米。未见墓道。斜坡状墓壁似经整修。

墓内中部置椁室，其南、北各置一器物库。均外抹8～40厘米厚青灰色胶泥。坑内填褐色五花土，夯层厚20厘米，夯窝直径4～6厘米。夯层间铺垫草或苇、竹席。

木椁下置长3.04米，宽0.26米，高0.3米枕木二根，上铺长3.8米，宽0.29米，厚0.28米木板九块。椁室分外、内二层。外椁长2.92米，宽2.24米，高2.4米，内椁长2.56米，宽1.84米，高2.1米。内置木棺，但已朽，尺度与结构不明。

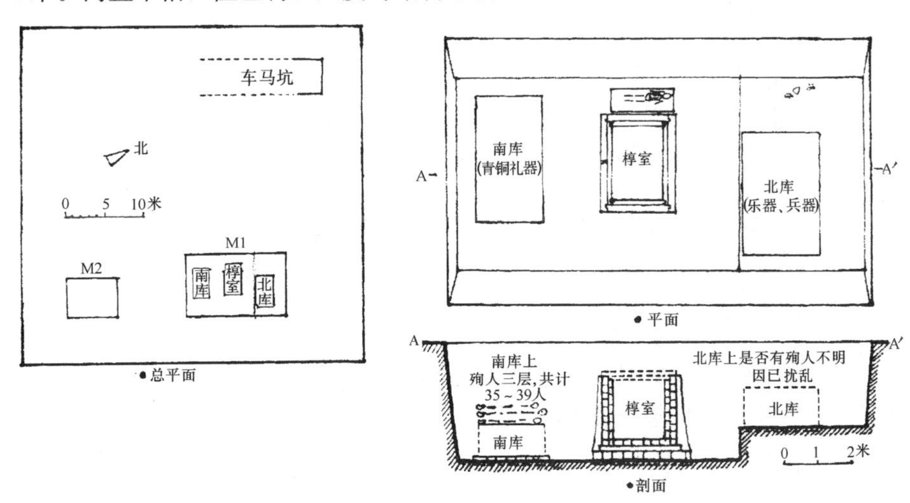

图3-111 山东沂水县刘家店子春秋墓葬分布及M1平、剖面图(《文物》1984年第9期)

南器物库南距椁室1.72米，下置枕木二，上铺木板（长3.8米，宽0.228米，厚0.14米），其壁板、盖板均朽，推测南库长3.8米，宽2米，高1.12米。主要放青铜礼器，有鼎、簋、鬲、盆、盉、壶、罍、瓿等，又有陶罐、嵌金漆勺……。铜鼎内盛牛、猪骨骼，陶罐内贮稻、粟。

北库位于椁室北2米之生土台上，台南北3.8米，高1米。库结构之木板已朽，推测库长3.7米，宽2.7米，高1.2米。库内主要放乐器（铜甬钟、铃钟、镈、錞于、钲和石磬），亦有若干礼器（铜盂、甗、壶、罐、盘、匜、舟……）、兵器（铜戈、剑、镞……）、杂器（铜削、盖斗、斧、斤和构件等）及玉器（玉佩……）。

椁室北部有殉人一，置薄木棺中。

南器物库上填土中埋有殉人3层，皆无棺，依东西方向排放，骨架均朽，估计总人数在35～39人左右。

车马坑　位于M1西侧20米，大部已被破坏，仅残存北端一段。残坑南北长23米，东西宽4.5米，深2米，尚有殉马四匹。已出土车轴头八对，依3米一车与一车二马推算，该坑至少应长20米，殉马12匹。

(15) 山东淄博市齐故城五号东周大墓[54]（图3-112）

在齐临淄故城内之东北隅，发现齐国贵族大、中型墓共二十余处。1964—1976年，在该墓区

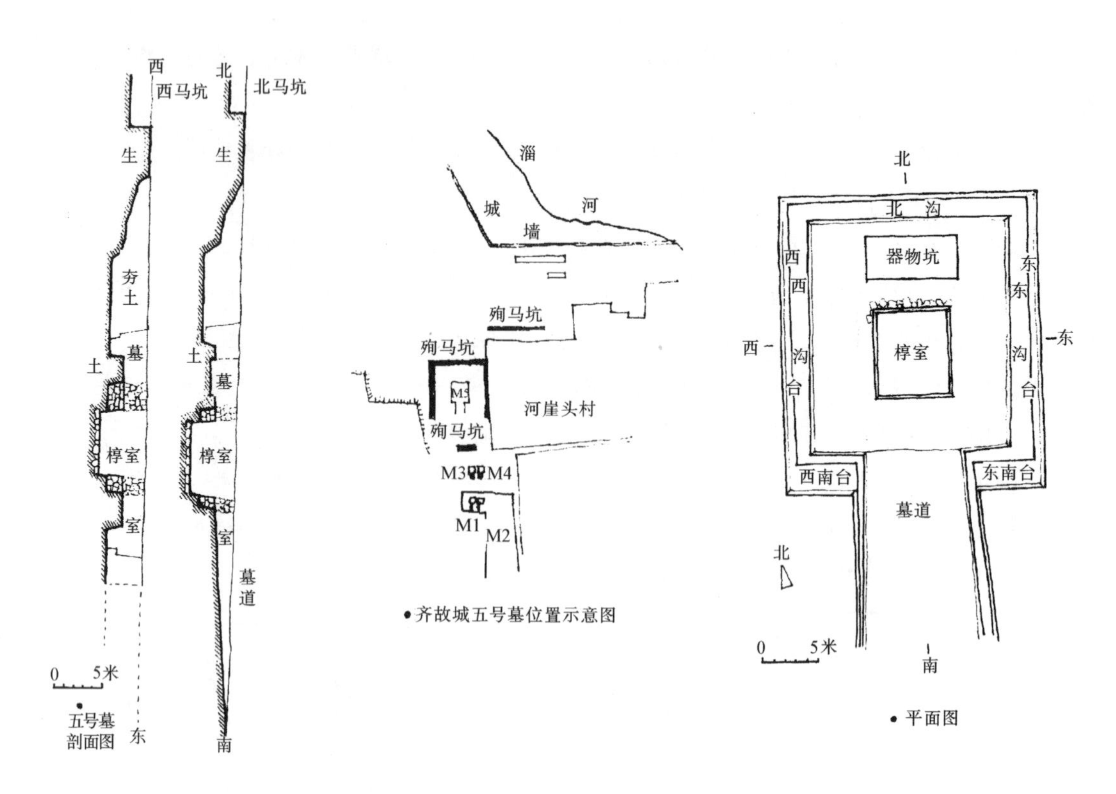

图 3-112 山东淄博市齐故城五号东周大墓(《文物》1984 年第 9 期)

之西部发掘了大墓五座，其中第五号墓附有超大型殉马坑，现略述于下。

五号墓之东北有齐故城城垣及淄河，东南邻河崖头村。墓之方向为北偏西 10°。此墓为“甲”字形平面之木圹木椁制式，现存墓口南北长 26.3 米，东西宽 23.35 米，残深 3.6 米。墓道一条在南，上口水平残长 14.7 米，坡道残长 18 米。下口宽 11.2 米，上口宽 12.7 米。

椁室在土圹中部稍偏南，南北长 7.9 米，东西宽 6.85 米，残高 2.8 米（原深度约 5 米）。椁壁以大石砌成，厚约 1.5～2.5 米，内部因被盗已无从了解其原来情况。椁外有宽 2.5～3.5 米夯土台，台外四周掘有环沟，宽 0.6～1.8 米，深 1.2～1.5 米。在北沟外沿发现柱洞三处，直径 0.2 米，深 0.4 米，用途不明。

夯土层厚 10～15 厘米，夯窝直径 3～5 厘米。

椁室北 2.5 米有器物库，平面矩形，东西宽 8.2 米，南北长 3.8 米，残深 0.6 米。存物完全被盗。仅余若干铜锈、漆片及朱砂遍布于库底。

椁底以上 3 米填土中，有殉犬 30 头、猪二头，其他家畜家禽六头。

殉马坑（图 3-113） 平面呈“冂”字形，环绕于五号墓之东、北、西三面。西面长 70 米，北面残长 54 米，东面已破坏，经恢复约长 75 米。马坑全长约 215 米，宽 4.8 米，深浅不等（由目前地表面至地下 2.2 米之间）。北部 54 米共清理出殉马 145 匹。西面南部 30 米一段清理出殉马 83 匹。皆排为侧卧之二列，马首朝坑外侧（即西坑之马首向西，北坑马首向北）。平均每米长度内殉马 2.7～2.8 匹，由此推算全部殉马在 600 匹以上，可曳兵车 150 辆。如此庞大的殉马坑在我国尚属首见，当时仅国力极为强盛的诸侯国君才能如此。因而此墓之墓主很可能就是在公元前 547 年—前 490 年执政达 58 年之久的齐景公。

（16）陕西凤翔县高庄战国秦墓（M2）[55]（图 3-114）

为竖井横穴式墓葬。其竖井平面呈矩形，上口长 5 米，宽 3.9 米。坑底长 3.7 米，宽 2.4～2.6 米。侧壁上有足窝六个。

横穴棺室辟于坑底侧壁，深3.5米，宽1.3～1.4米，高1.65～1.85米。入口处地面及二侧均有沟槽，用以放置封门之木板。棺室内壁各有一小龛。此项竖井横穴式土圹墓于战国晚期在关中一带颇为流行。

2. 空心砖墓

空心砖约出现于东周战国时期，使用于墓葬可能较晚，且目前发现之实例甚少。现择一介绍于下：

河南郑州市二里岗战国十六号空心砖墓[56]（图3-115）。

该墓为矩形土圹墓穴，方向北偏东约15°。穴深1.96米，南北长2.70米，东西宽1.44米。土圹内用长1.20米，宽0.40米，厚0.17米空心砖砌为陶棺，底部平铺六块，两侧面各横向立砌四块，两端各横向立砌两块，共十八块。棺上面未用空心砖，原盖以木板，已朽。棺内入骨架保存颇好，头北足南，直肢仰卧。

空心砖与墓壁间填以沙土。另在北端壁上开一小龛（高0.40米，宽0.34米），内置陶罐一（图3-115）。

3. 土墩墓

这类墓发现在江南的江苏和安徽的南部，以及浙江的新安江流域一带。它们和一般墓葬的最大区别，在于不掘地为穴，而是在地面平铺天然石料等作为墓床，然后在其上堆垒未经夯筑之封土。但后期的则建有堆砌之石墓室，情况已有所不同。总的来说，土墩墓可分为一墩一墓（西周早期）与一墩多墓（西周中期及以后）二种。墓中墓床的做法亦有数种：①用天然块石或河卵石铺砌“石床”（西周早期至春秋早期均有）；②铺垫木炭（西周早期至中期）；③火烤墓底并培土成浅壁，或称为“烧坑”式（东周春秋）。有的墓中有少量骨殖，有的则葬具与骨架均无。随葬器物有青铜器、原始青瓷、陶器、石器等。

（1）江苏丹徒县大港镇土墩墓[57]

墓在镇东北3公里之烟墩山，有土墩四座，故又名四墩山。其中一座即为1984年发掘之2号墓，其封土残高2.4米，未径夯筑，墓内“石床”平面作规整矩形，东西3.6米，南北2.4米。中部用板石依缝平砌，南、北两侧以块石或板石砌出高于底面25～40厘米之边框。东端亦以片石砌出高于底面50厘米之“床栏”。共用青石板及玄武岩块石238块，石料来源在墓地5公里外之圌山或北山。随葬物排列有序，大件原始青瓷器置于东南，其余之炊具、食具则列于南侧。墓内仅发现少量碎骨片，估计墓主头部朝东。

此墓之特点为其石墓床面积大且砌造考究，但随葬品中仅有陶器，其等级应低于有铜器者。墓葬时期为西周之早期。

（2）安徽黄山市屯溪奕棋村一号土墩墓[58]（图3-116）

奕棋村在屯溪西郊5公里，该墓亦为此类墓葬中重要实例之

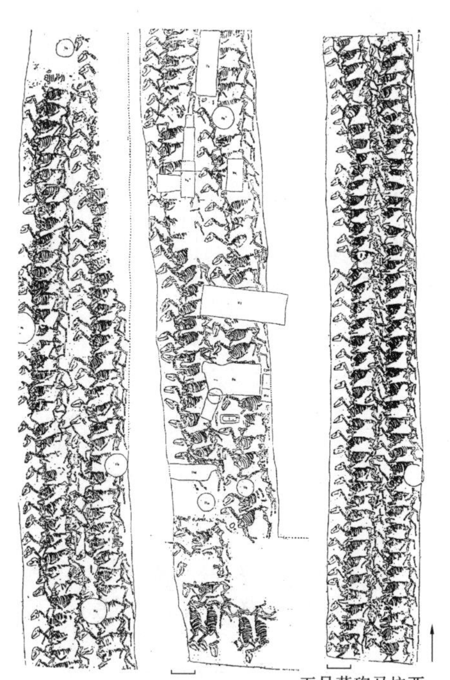

图3-113　山东淄博市齐故城五号东周大墓殉马坑(《文物》1984年第9期)

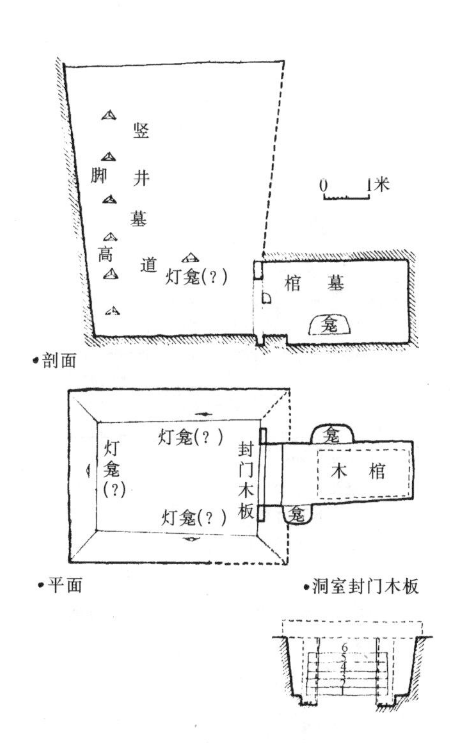

图3-114　陕西凤翔县高庄战国秦竖井横室墓（M2）平、剖面图(《文物》1980年第9期)

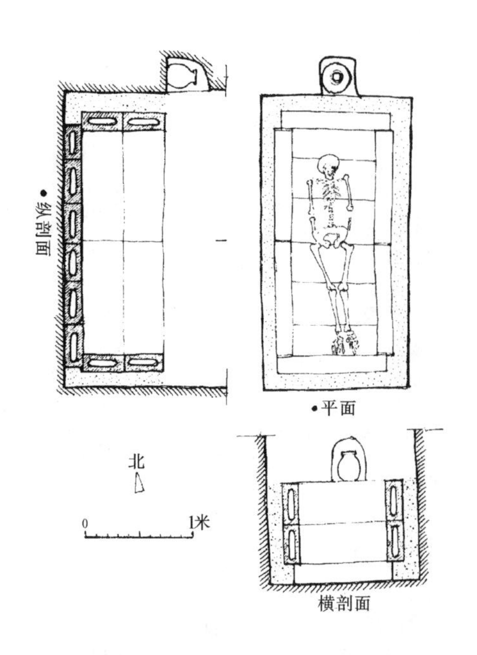

图 3-115 河南郑州市二里岗战国十六号空心砖墓(《郑州二里岗》1959 年)

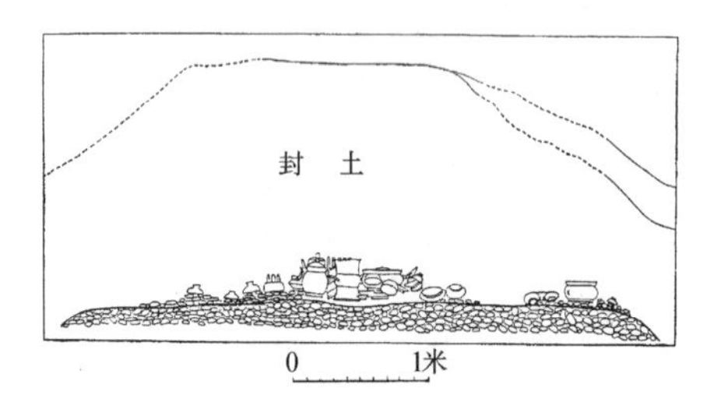

图 3-116 安徽黄山市屯溪西周一号土墩墓剖面图(《考古学报》1959 年第 4 期)

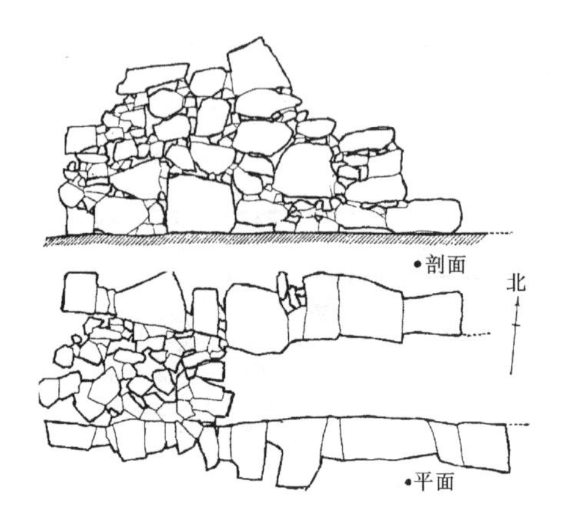

图 3-117 江苏无锡市璨山土墩墓(《考古》1981 年第 2 期)

一。其封土现存残高为 1.75 米，直径约 33 米。墓床全由河卵石铺成，其范围为东西长 8.8 米，南北宽 4.4 米，厚 0.25 米。未见葬具及人骨残留。随葬物品有铜器十六件，基本成对，其中五柱形器为前所未见，又出土釉陶器三十余件。

(3) 江苏无锡市璨山土墩墓[59]

此墓在无锡市西郊 3 公里，形制又与前述诸例有所不同。其土墩直径约 15 米，高约 4 米，墓内已建有墓室而非简易之墓床。墓室平面呈矩形（图 3-117），残长 5.6 米，高约 2 米，由天然大小石块叠垒而成，外壁向上斜收，是以墓顶窄于墓底。石之砌叠以较平一面向内，大小相嵌，并无一定章法，顶部再用长方形大石覆盖。石墓室内部宽 1 米，残长 3.5 米，未发现人骨遗存。随葬物 13 件，均系硬陶、釉陶及原始瓷器，从质量、数量上看，墓主应属一般平民。年代相当于春秋早期。

4. 石棺墓

在山区盛产石料之处，也常利用石料构为葬具，此式多见于我国东北及西南较边远地区。早期的石料加工甚为粗糙，墓穴土圹亦很简单。现举例如下：

(1) 四川茂汶羌族自治县营盘山石棺墓[60]

一般先挖掘口稍大于底的竖穴土坑，深约 1 米。然后以石板竖砌于墓中以为石棺（图 3-118）。石板的长宽不一，由头向足依次叠砌侧板，两端则各用石板一块。石棺长 1.80～2.6 米，宽 0.4～0.6 米，高 0.4～0.78 米。棺下无石板，死者即直接置于泥土地上。棺上纵盖或横盖石板，一般用一层，个别的用三层。社会地位较高的墓主，于棺端置内、外头箱以放随葬物。

根据遗物得知，此类石棺葬属于早年居此的古氐羌人，时代为战国中期至晚期。

(2) 辽宁宁城县南山根石棺椁墓[61]（图 3-119）

均属于夏家店上层文化。

1) 石椁葬

以 M4 为例，先掘出矩形平面之土圹，南北长 3 米，东西宽 1.75 米，深 0.85 米。底部铺以石板，四周砌以块石，于中部形成一口大底小之棺穴（上口长 2.60 米，宽 1.3 米；底长 2.30 米，宽 0.70 米）然后放入木棺。

2) 石棺葬

以 M10 为例，土圹亦为矩形平面，南北长 2.15 米，东西宽 0.80～0.60 米，深 1.10 米。在圹内以石板砌出石棺之侧板及端板，放入死者后不再以较平石板封盖。其上填土一层又盖石块一层，直至圹口为止。

(3) 吉林省吉林市骚达沟平顶东山石棺墓[62]（图 3-120）

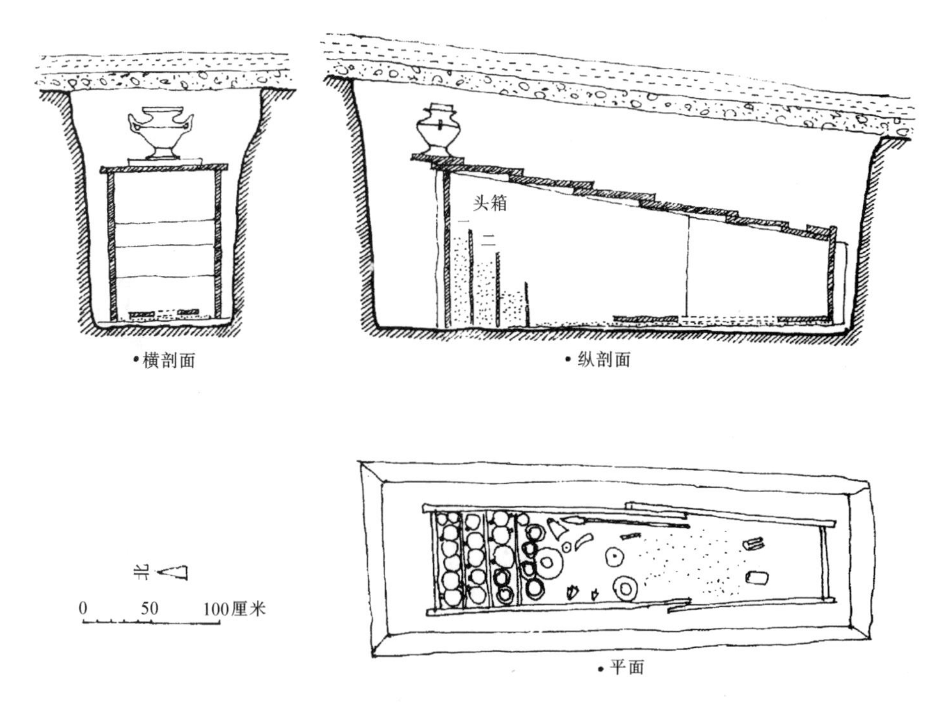

图 3-118 四川茂汶羌族自治县营盘山一号石棺墓平、剖面图(《文物》1994 年第 3 期)

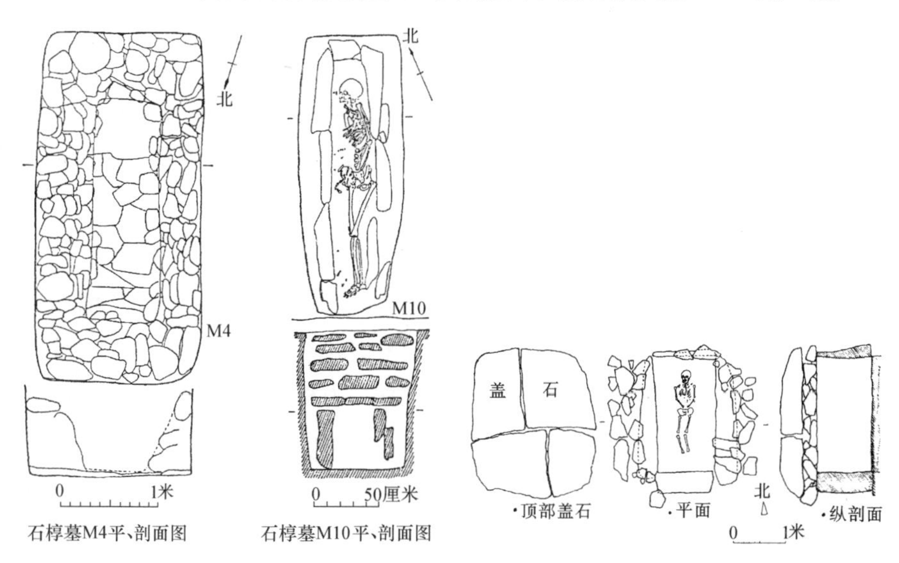

图 3-119 辽宁宁城县南山根夏家店上层文化石椁墓和石棺墓(《商周考古》1976 年)

图3-120 吉林省吉林市骚达沟平顶东山石棺墓(《考古》1985年第10期)

于地下挖出墓圹，南北长 2.8 米，东西宽 1.9～1.6 米，深 1.05 米。然后以石块围砌石棺。填土至墓圹口为止，上再铺较小石块一层，厚约 0.25 米。墓顶铺放大石（现已裂为四块），形成南北长 2.8 米，东西宽 2.4 米之石盖。

5. 支石墓

又称为“石棚”。过去在我国辽东半岛已有发现，形状为以三、四块石板支承巨大的顶石。此种式样又见于朝鲜半岛的汉江以北，均被称为北方式样。另一种为在巨大盖石下承以若干矮小石块，被称为南方式样。见于我国浙江省瑞安、东阳等县，及朝鲜汉江以南、日本九州北部等地。其共同特点是都暴露在地面以上，且无封土痕迹，与埋入地下的各式石墓有根本不同。

（1）浙江瑞安县棋盘山东山头支石墓（M1）[63]（图 3-121）

该墓位于山冈顶部中央，保存完好。盖石作不甚规则的菱形，长 4 米，宽 3 米，厚 0.5 米，方

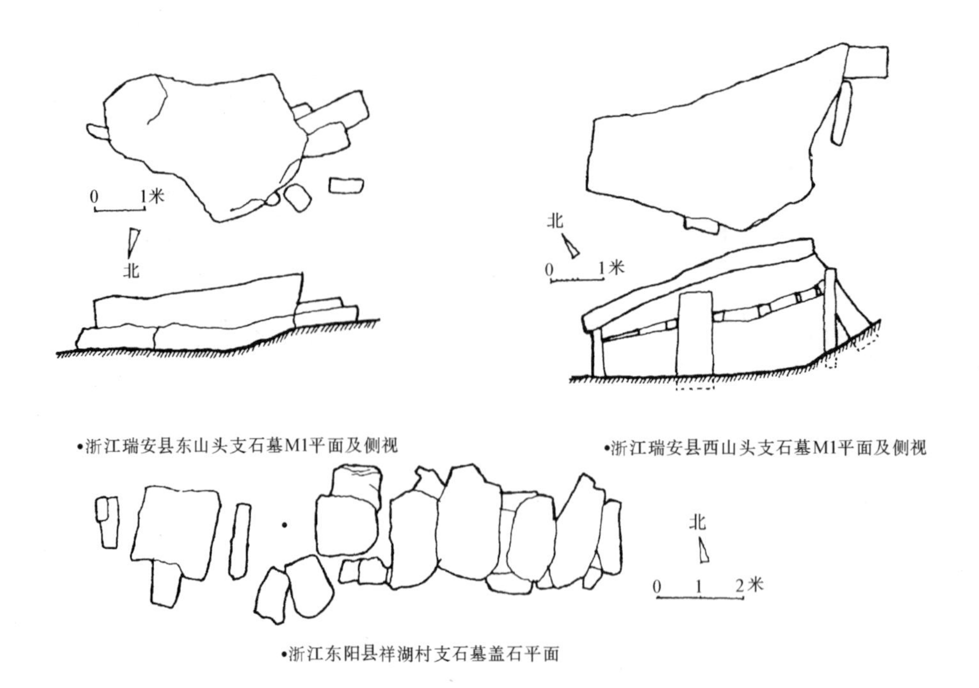

•浙江瑞安县东山头支石墓M1平面及侧视

•浙江瑞安县西山头支石墓M1平面及侧视

•浙江东阳县祥湖村支石墓盖石平面

图 3-121 浙江瑞安县、东阳县支石墓(《考古》1995 年第 7 期)

向 280°。支承石块现已倒塌。据过去调查记录，墓石下原有长 2 米，宽 1 米，高 1.2 米之空间。

(2) 浙江瑞安县棋盘山西山头支石墓 (M1)[63] (图 3-121)

墓亦位于山冈顶部中央，盖石平面呈不规则梯形，长 4.5 米，宽 3 米，厚 0.6～0.7 米，方向 295°，并略呈东高西低之倾斜状。内部空间高一米余。东端除支石外，尚有二石紧靠盖石，可能为墓门之挡板。依出土之印纹硬陶及原始瓷片，其年代约相当于西周。

(3) 浙江东阳县祥湖村支石墓[63] (图 3-121)

墓在村东高约 20 米之小丘上，由巨石构成条状平面，长 12.5 米，宽 2.8 米，高 1～1.3 米，东西向，方位 290°，南、北侧用整石或叠石为支承，上部盖石共 8 块，东、西端则竖立巨石为挡板。此墓之构造方式与江苏、浙江出现的土墩墓中墓室甚为相像，很可能是支石墓向土墩墓的一种过渡形式。从时间上，较前述瑞安县二例为晚。

6. 悬棺葬及崖墓[64]

悬棺葬又称高架崖洞墓。此种葬制原出于我国东南地区古代越人之习俗，后来逐渐传播向我国之中南与西南之山地民族。从时间上来说，远者可上溯商、周、近者可及于明代。其地域分布，则见于福建、江西、湖南、广西、贵州、四川诸省。形式上可分为崖洞式、崖墩式、横穴式、竖穴式和崖桩式多种。目前所知此种葬制之最早实例，系在福建崇安县、江西贵溪县一带，即武夷山之南、北两麓。它们都属于崖洞型，即在距地面或水面以上 30～50 米或更高的悬崖峭壁间，利用天然洞穴稍加整治以为墓室。或迳于裂崖石缝间架构梁木，以承棺柩。如崇安县白崖悬棺墓葬即是。

棺具利用圆木一分为二，剜去中间，形状如独木舟，上下相合，即成木棺，例见四川昭化县巴蜀时期之船棺葬 (图 3-122)。因此有人又称之为“船棺葬”。早期木棺置于悬崖洞穴中，或崖缝间架空之木梁上而别无遮盖。但后来于洞口置木门，或更进一步用木板构外椁，如江西贵溪县之例 (图 3-123)，则已与原来悬棺葬之意有别。而当地发现之木棺，形状亦有多种，横断面大体有圆、方、五边形、扁圆等。

福建崇安县白崖墓葬时间据碳 14 测定，约在公元前 17 世纪，即夏、商之际。然依死者衣着分析，则不应早于西周以前。江西贵溪县崖墓时间稍晚，约在春秋、战国。其他地区除四川巫峡盔

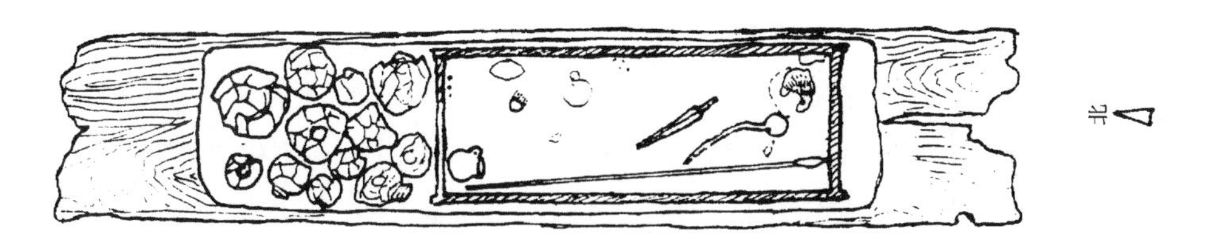

图 3-122　四川昭化县宝轮院巴蜀时期（战国）船棺葬（《四川船棺葬发掘报告》1960 年）

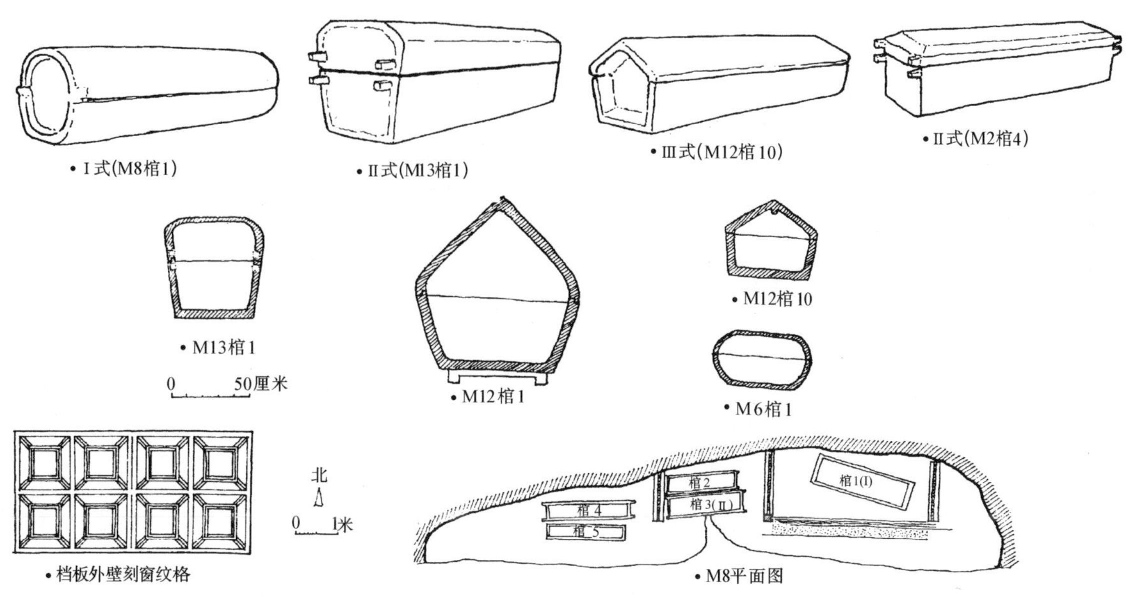

图 3-123　江西贵溪县东周中期崖墓及各式木棺（《文物》1980 年第 1 期）

甲洞之例定为战国以外，最早均不超过秦、汉。从事物推理而言，颇不合乎逻辑，在古代文化习俗传播缓慢的情况下，似不应在远离东南的三峡地区，凭空出现这种葬制。因此，不是该墓的年代有误，就是县中传播联系的链条尚未找到，二者当居其一。

悬棺葬除崖洞式以外，尚有其他形式，现亦简介如下：

①崖墩式：在悬崖间择一较平整之露天岩石，表面稍加清理，即将棺木运置于此，以后听其风雨剥蚀。

②横穴式：在悬崖上寻一天然石穴，用以横置棺木，故以为名。

③竖穴式：寻得之崖穴与崖面垂直，放入棺木后，仅显露其端面。这在现述各种形式中最为安妥，因棺木受风雨之侵袭面最小，且不易散落亡失。

④崖桩式：在崖面横向凿洞置桩（即横梁），桩上铺板或迳架棺木，亦属悬露在外类型。

这几种葬式依现存遗物所见，都较崖洞式为晚，故未择例介绍。

四、 居住建筑

（一）周代居住建筑的一般情况

两周时期的居住建筑，虽然量大和分布面广，但是由于本身材料与结构都很简陋，所以得以保存下来的遗迹极少。

文献《仪礼》中，曾载有关宫室起居礼节，其中有关东周春秋时期上大夫的住宅布局，经宋以来各代学者研究，其内容已大体判明（见图 3-124）。

其平面为呈南北稍长之矩形。门屋置于南墙正中，面阔三间，中央为门道，左右各有堂、室（即“塾”），沿踏阶可登。由此可见两“塾”地面高于门道，即此门为可通行车马之“断砌造”。入门后有广

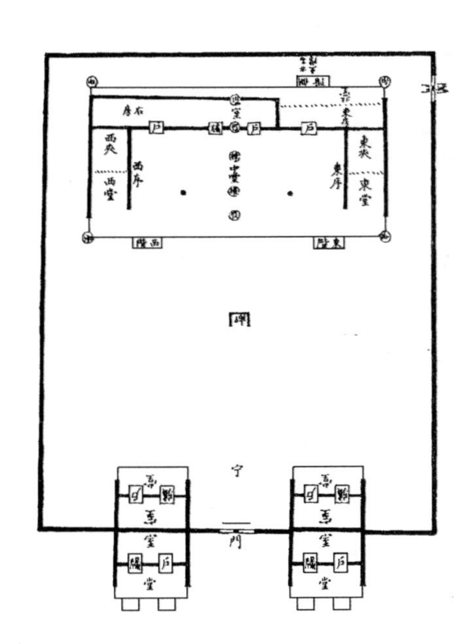

图 3-124 清·张惠言《仪礼图》中的士大夫住宅图
门，宁，堂，室，户，牖，碑，西阶、西夹、西堂、西序、中堂、庋、楣、栋、东阶、东序、东堂、东夹、户、牖、右房、室、东房、北堂、侧阶、闱门

庭，据图庭中有碑，可能是“屏”之误。依周制士大夫不得设屏，故存疑待考。厅堂设于庭北与北垣相近，下有台基，设踏跺二处。东侧称“东阶”，又名“阼阶”，供主人用。西侧称“西阶”，又名“宾阶”，供宾客用。台基上建筑似为面阔五间，进深三间者。中三间为堂，是主人生活起居和接待宾客，以及举行各种典礼仪式之处。堂两侧有南北向内墙，名“东序”及“西序”。以外则有侧室“东堂”、“东夹”及“西堂”、“西夹”。堂后有后室及东、西房，是主人寝居所在。东房之后有北室，另设踏阶供上下。东墙北端辟一小门，称“闱门”。

图中未绘出附属用房，且后寝面积似亦偏小。估计当时实物与此图所示者有所出入。

（二）周代之居住建筑实例

1. 陕西西安市沣西西周早期民居遗址[65]

根据调查，原始社会至商代常见于一般民居的半穴居式样，在周代仍然沿用，如陕西西安市沣西张家坡西周早期民居。其平面有圆形、方形和矩形，位于地面以下的部分，也有深浅之分。

（1）方形房屋（H98）（图 3-125）

为浅穴式半穴居，坑口较坑底略小，由内、外二室及过道组成，平面似“吕”字形。

内室方形平面，上口东西 3.05 米，南北 2.7 米；底面东西 3.17 米，南北 2.92 米。近北壁有一柱洞，室中央有烧土面。

外室大体为矩形平面，上口东西 5.29 米，南北 1.85 米；底面东西 5.35 米，南北 2 米。近北壁有一柱洞，室北有烧土面。

过道东西 0.7 米，南北 0.62 米。

坑口距室内地面深 2 米，四壁最高处 1.65 米。上层居住面距地表 3.54 米。

外室北壁中央有一“壁炉”，附近有小灶五处。西端有一袋状窖穴，为贮藏之所。南壁偏西构一斜坡道，即室内外交通之门道。

（2）陕西西安市客省庄周代房屋（H108）（图 3-126）

亦为浅穴半穴居，由内、外室及方形窖穴组成。坑口距地面约深 1.9 米。

北端之内室平面圆形，直径约 2.5 米。中央有一小灶坑。南面有长、宽各约 0.4 米之过道与前室沟通。中部之外室平面矩形，东西 2.5 米，南北 3 米。室北有“壁炉”。对外交通坡道位于南壁。平面方形之窖穴东西 1.9 米，南北 1.8 米，位于最南端，与外室相通。

2. 河北磁县下潘汪遗址西周房屋遗址[66]（图 3-127）

（1）房址 F2

位于发掘区 T40 内，平面大体呈带圆角之矩形，东西宽 3.4 米，南北长 2.13 米，深 0.84 米。方位东偏南。门置于东侧，宽约 1.3 米，设有土阶三级，各宽 0.20 米，高0.14～0.35 米不等。室内

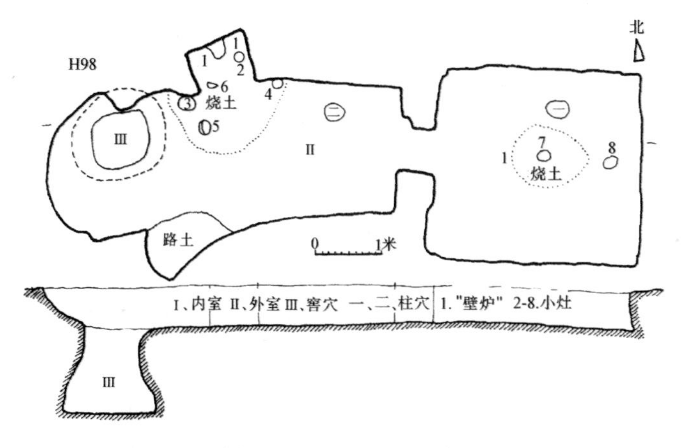

图 3-125　陕西西安市客省庄 H98 方形房屋平、剖面图（《沣西发掘报告》1963 年）

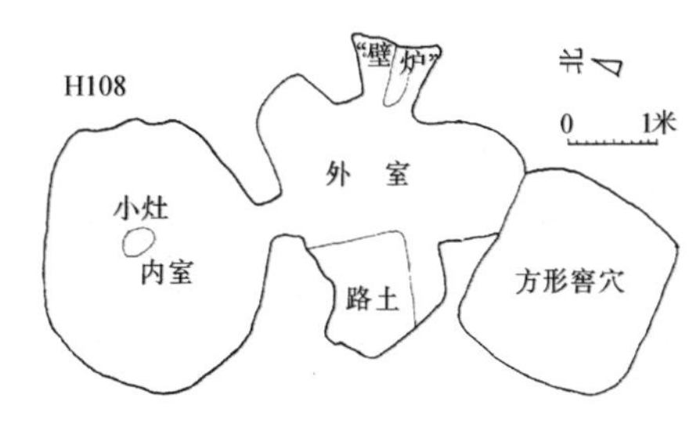

图 3-126　陕西西安市客省庄 H108 房屋平面图（《沣西发掘报告》1963 年）

地面有柱洞三处，以中央者为最大，直径 0.18 米，深 0.14 米，当为主要承重之中心柱所在。室内西南及西北各有小柱洞一处，直径为 0.10 米及 0.08 米，此二柱洞均相向内斜约 45°，可能原来组成一人字形屋架。室之南、北土壁紧贴地面处，各有小柱洞三处，相互对称且内斜（斜度与室壁斜度略同），推测是两壁之架椽柱，故此建筑屋顶大致为两坡式样。

（2）房址 F3

位于 T39 内，为一圆形竖穴式建筑，局部为二灰坑打破。该建筑口径 2.4 米，底径 2.5 米，深 1.53 米。室壁略向下外斜而室底亦呈稍中凹环状。室中有一圆柱洞，直径 0.16 米，深 0.08 米。西北壁上距底面 0.1 米～0.3 米处，有大、小横向柱洞五处，平面为圆形或椭圆形，一般直径 0.08 米，最大 0.32 米，作用不明。室门置于东北侧，现仅余土阶一步，高 0.44 米，室底有坚硬黄褐土，厚约 0.10 米。

（3）房址 F4

位于 T37、T38 之间。平面长方形，东西宽 3.98 米，南北长 2.47 米，残深 0.22 米。室内地面及墙外共有柱洞 16 处，平面以圆形为多，个别为椭圆形，直径 0.06～0.22 米不等。室中央有大柱洞一处，圆形直径 0.22 米，深 0.38 米。洞中有朽木遗存，并用陶片填塞。屋四角各有一小柱，直径 0.07～0.19 米，另有

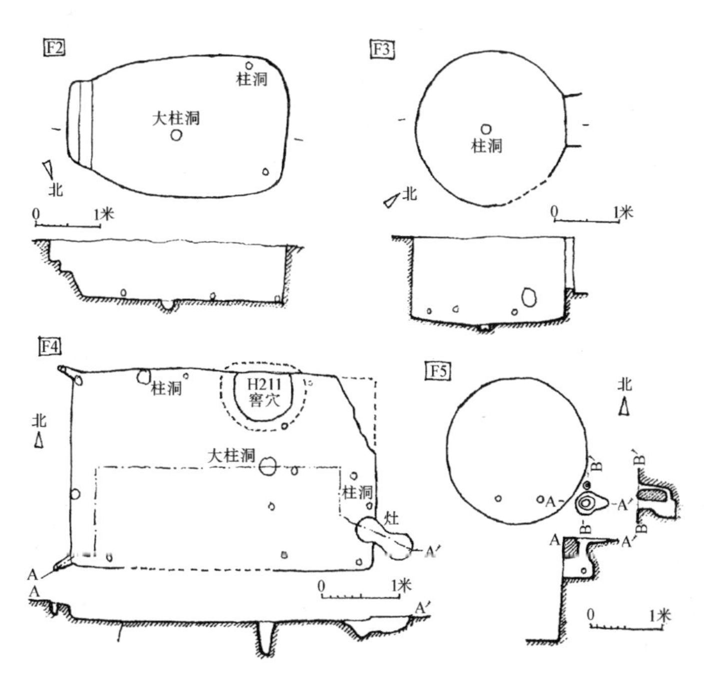

图 3-127　河北磁县下潘汪遗址西周房屋遗址平、剖面（《考古学报》1975 年第 1 期）

若干柱洞沿墙或位于屋内，似无一定规律。北壁下有一袋状灰坑（H211），口小底大，口径0.62～0.8米，底径0.9～1.12米，深0.62米，壁面及底部均经火烧而呈红色。坑内填黄褐土、灰土及红烧土三层，出土有陶器、蚌刀、蚌锯、骨削、纺轮、贝币和若干兽骨，表明为室内供储藏之窖穴。门位置不详。

灶设于室东南隅，小半在室内，大半在室外，大体呈“8”字形，短径约0.40米，残深0.08米。

由平面及柱穴等判断，此建筑为一四坡顶之浅穴居建筑。

（4）房址F5

位于T9、T10内。为一直径2米，深1.44米之圆形竖穴。南侧有小柱洞二个，东西并列，相距0.5米，直径分别为0.10及0.08米。灶在室外东南，平面呈瓢形，长0.96米，宽0.30米；火眼在灶面中部偏西处，直径0.13米；火门距穴底0.90米，圆拱形，底宽0.31米，高0.34米；火膛深0.54米，环底，遗有多量灰烬，其北壁开圆形烟道，直径0.11米，直通灶面。灶膛抹草拌泥一层，已烧烤成红色。

出土有陶鬲等碎片。

另一种居住建筑采用土窑形式，其法是先在地面掘一直径5～9米，深约5米，平面呈椭圆形之深坑。再自坑壁掘窖洞以供居住，上下交通则通过斜坡道。

3. 山西侯马市牛村古城南郊东周居住遗址[61]（图3-128）

为一平面矩形之土圹式穴居。穴口东西长4.1米，南北宽2米，深2.6米。方位95°。穴底略大于穴口，东西4.2米，南北2.3米。与室外交通之阶道辟于西壁偏南，宽0.9米。室内地面及壁面平整，未发现柱穴、灶坑及窖穴、壁龛等设施。

坑口南、北二壁边缘，各有柱穴二处，直径约0.2米，间距1.2米，应为支承原有屋盖之结构柱所在。

4. 湖北蕲春县毛家嘴西周居住遗址[67]

湖北蕲春县毛家嘴西周建筑遗址中的居住房屋，采用的是木结构的地面房屋形式，这是和上述地穴不大相同的。1957—1958年对它进行发掘后，判断为西周早期建筑遗址。

遗址位于三个水塘的底部，总面积约20000～30000平方米，其中木构建筑遗迹范围在5000平方米以上，已经发掘的建筑遗址有两处，相距约700米。一处揭露的面积达1600平方米（图3-129）。根据发现的木柱109根（直径均在20厘米左右）及其附近排列整齐的木板墙（板宽20～

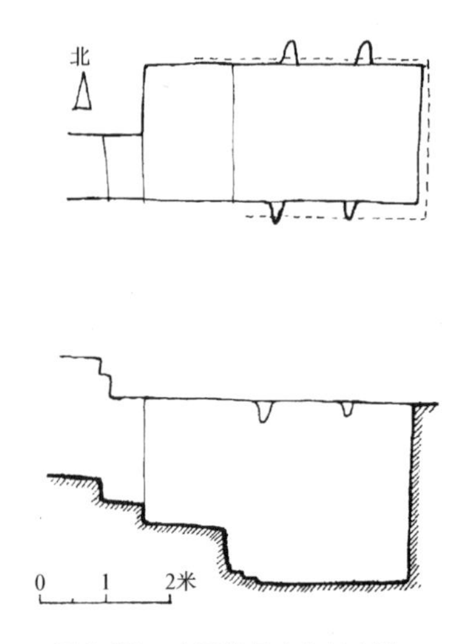

图3-128　山西侯马市牛村古城南郊东周居住遗址平、剖面图（《商周考古》1976年）

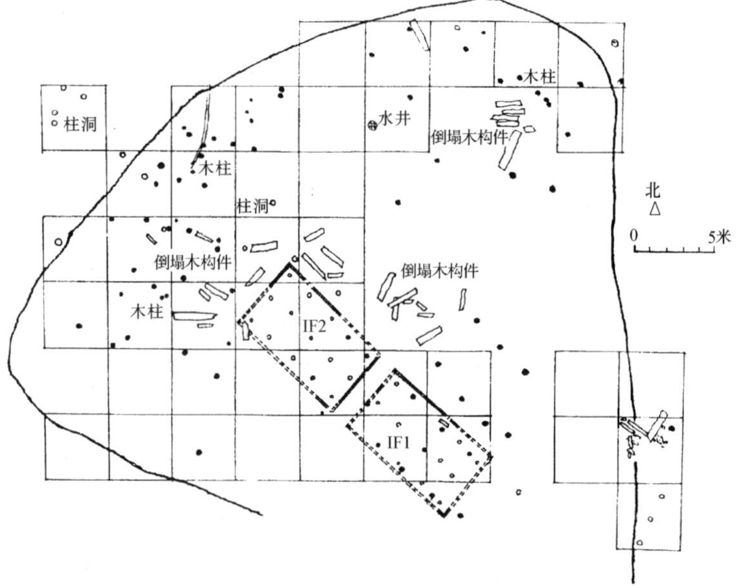

图3-129　湖北蕲春县毛家嘴西周木构建筑遗址Ⅰ平面图(《考古》1962年第1期)

30厘米，厚2～3厘米），可辨别出呈曲尺形分布的三座建筑，朝向为西南或东北。1号房址面阔8.3米，进深4.7米，有木柱18根依纵向三列，横向六列作有序排列，形成一面阔五间，进深二间的木架建筑平面。柱间面阔2～3米，进深2米。2号房址与1号房址并列但在其西北，面阔8米，进深4.7米。有柱15根，排列为横五纵三的柱网，形成面阔四间，进深二间的建筑。3号房址在1号房址以北，仅存木柱7根，因缺毁甚多，未能复原。在房址西北，另有较多的建筑残迹（图3-130），包括大小柱45根，及一段长4米的木板墙，并且有木梯痕迹。此外，还发现大块平铺木板，估计是干阑建筑平台的遗物。另一处保存较差，但还可分辨出二座房屋，此区发现木柱171根，还有平行排列的木板和板墙。

类似这样的建筑，在距此遗址西北4公里处，以及荆门县东桥附近，都曾有所发现。

5. 陕西扶风县召陈村西周居住建筑遗址[68]

1979年在陕西扶风县召陈村，发现了西周早、中期的一批木结构地面居住建筑共十五座（图3-131），内中属早期的有F7、F9二座。F7面东，积压在中期建筑F4、F14之下。F9在其西南，面南，积压在F8房基之下。二者之间有一水沟。

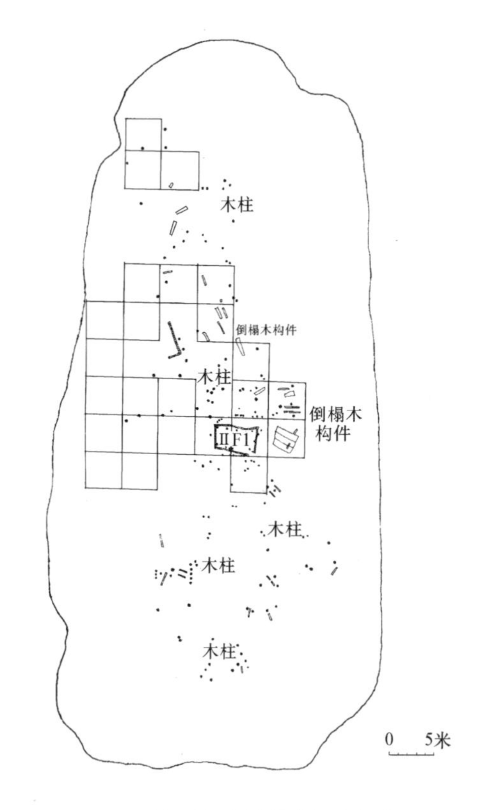

图3-130 湖北蕲春县毛家嘴西周木构建筑遗址Ⅱ平面图（《考古》1962年第1期）

F7存有东西向柱础五列，间距4～4.5米；南北柱础五列，间距3.7～4米，均为石础。室内地面被火灾，已呈青灰色。遗存有灶、烟道，原建筑形状不明。F9存有南北向柱础四列，础夯土筑，直径0.65～0.8米，自南向北距离为3.3米，1.5米，3.3米。东西柱础四列，间距2.5米，推测原有东西面阔至少七排柱础，总宽超过15米。目前发现建筑基址大部为位于上层之西周中期遗址，其中部分建筑遗址（F3、F5、F8……）面积较大，建筑等级也高。就总体而言，所发现的建筑遗址仅是当时建筑群体的一部分，从建筑平面布局来看，遗址至少在南、东两侧还应有其他建筑存在。

就现有发掘资料，大型建筑F3、F5、F8分布的遗址的东、南和中部；中型建筑F1、F2位于西端；小型建筑除F11在中部以外，其余如F6、F10、F12、F13则联立在北侧；再北又有F4、F14房址的残迹，但其外形不明。各建筑间未形成明显的南北中轴线与对称关系，这与周代宫室或坛庙建筑的平面组合，有较大的差别，但又远胜于一般平民的居住房舍。

已知各建筑的轴线方向为北偏东10°，平面俱呈矩形（图3-132）。

F3房址位于遗址东侧，台基东西宽24米，南北长15米，现存夯土台基残高0.73米。自东往西排有柱础七列，边柱中至边柱中21.6米。自南往北有柱础六列，边柱中至边柱中13米。形成一面宽六间、进深五间之柱网平面。其正面中部二间宽度为5.5米，其

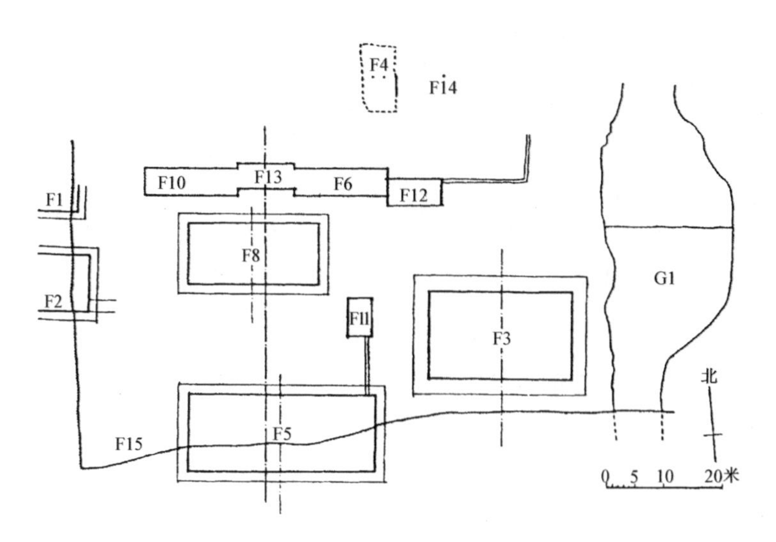

图 3-131 陕西扶风县召陈村西周中期建筑遗址总平面图
(《建筑考古学论文集》1987年)

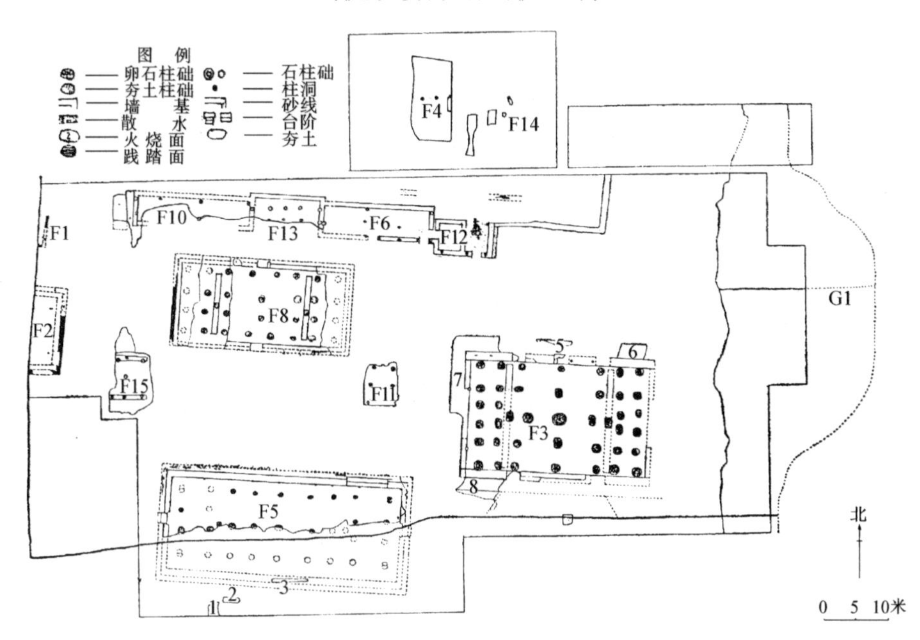

图 3-132 陕西扶风县召陈村西周中期建筑遗址实测平面图(《文物》1981年第3期)

余四间皆宽 3 米。进深方向之最南与最北二间较宽，约 3.0 米；中间三间大致相等。进深均 2.5 米。屋基四周施用经烧烤硬化之土质散水。

此建筑之平面尚有若干变化：(1) 取消左、右二当心间缝上的中央二柱，但另立一柱于建筑之纵轴线上并向南北中轴线方向移动 1 米，颇类同于后世之“移柱造”形式。(2) 左、右次间内，均有南北向之夯土墙一道，厚 0.8 米。墙中央近内侧各立一柱。(3) 中央一柱特大，似保存古制。

原有木柱均已不存，仅余柱洞残余及其下之“磉墩”，即由素夯土与大砾石组成之柱下基础。一般直径为 100～120 厘米，深 180 厘米；中央最大之柱下基础，直径达 190 厘米，深 240 厘米。其具体做法是先掘基坑，坑底垫土予以夯实后，即填入大块砾石并层层夯实，最后面上置大块础石，石上立柱。由于柱下基础已很坚固，木柱虽然仍埋在室内地面以下，但埋入深度已大大减小(见图 3-133)，是后来立柱于室内地面以上的过渡形式，较之商代建筑的“深埋式”方式大为进步。

这座建筑是本建筑群中最大的，面积达360平方米。其柱网配置，特别是左、右、当心间缝上中柱的内移，适位于四隅角柱向内引伸45°线之交点上，因此推测其屋顶形式为四阿顶或九脊殿式样。

东、西二次间之夯土墙，将室内分割为东、中、西三部。依《尔雅》："东、西墙谓之'序'"。则此平面颇符合古代建筑之中堂与东、西序的布局。此墙厚0.8米，除起分隔作用外，可能还起一定的结构功能。特别是二根埋于墙内的中柱，恰在脊槫中心线上，多半与承载屋顶有关。因此笔者认为此夯土墙在结构上的重要作用，是为了固定用以支承正脊悬出部分的两根由地及顶的中柱。其功能与后代的采步金梁加侏儒柱有类似之处，可能是我国古代木结构尚未成熟前的一种过渡方式。因此，笔者认为此建筑的屋顶形式，很有可能采用了类似九脊殿的形式，否则就难以解释这二根埋入墙内大柱的放置理由。

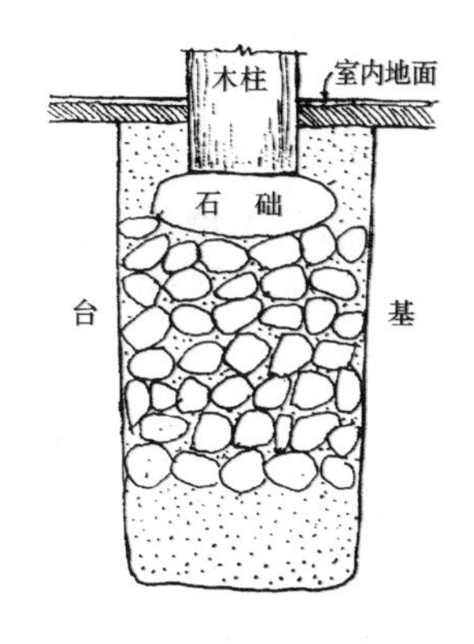

图3-133 陕西扶风县召陈村西周中期建筑遗址F3柱下构造图（《建筑考古学论文集》1987年）

F8房址位于F3房址之西北，面积较之略小。平面亦呈矩形，东西22.5米，南北10.4米，占地面积共234平方米。自东向西有柱础八列，间距均约为3米；由南往北柱础四行，形成一面阔七间、进深三间之建筑平面。但内中未见当心间左右之四根内柱。而左、右梢间也都筑有南北走向之夯土墙一道，其与二面山墙之距离，以及墙中央埋置大柱一根之情况，均与F3房址相同。根据由角柱向内引延之45°线，正好通过梢间缝内柱，并交汇在墙中央之柱上。因此，此建筑屋顶之式样，以四阿顶最为可能。各柱下的砾石基础坑，直径为90～100厘米。

此建筑台基下四周均构有散水，由河卵石砌成，宽度0.5～0.55米。

F5房址在F8以南约18米，F3以西约5米。发掘时仅存其遗址北部之一半，经研究知其矩形平面，台基之尺寸为东西32米，南北12米，上建面阔八间（28米），进深三间（9米）之建筑。其柱网排列是：除东、西二梢间缝与尽间缝之柱三列外，其余均改二内柱为一中柱，故平面部分已呈"移柱造"做法。现夯土台基残高尚有40厘米，其外周以宽70厘米之河卵石铺砌散水。

台基之上已发现室内柱础20个，擎檐柱穴12个。其布置情况为：于房屋周围之最外侧构宽1.5米之回廊一圈。本体建筑之尽间面阔为4.2米，其余各间都在3.2～4米之间。进深以南、北二间稍大，约3.2米。中部五间之中柱，并未排列于建筑的东西纵向对称轴线上，而是偏于轴线以南约40厘米，估计是施工中的误差。

西侧F1、F2二遗址破坏较大，仅余东侧一部，无法窥其全貌。二者南北相距2米，距F8约20米。均遗有部分散水、台基及柱基础。

北侧之F6距F8约6米，此建筑平面扁而长，东西约13米，划为三间，每间4.55～4.7米不等，南北进深4.5米。已发现有厚54厘米之夯土墙及壁柱五处及其下之柱基础。近东山墙处之室外，尚有南北向之铺石路面一段。

F6东侧联F12，西侧接F13及F10，形成一曲折平面。此等附属性房屋之用途，目前尚不明了。

由于发掘的遗址仅是整个建筑群的一部分，因此无法对其整体布局进行讨论。就F3、F8单体平面而言，与前述《仪礼》所载古代士大夫住宅甚为相似，由此也可反证该文献记录确有一定的依据。F3面阔六间，F5面阔八间，都呈双数，这和商代河南偃师二里头宫室遗址十分类似。F8虽然面阔七间，但内部却改为六间，似乎还在接受偶数分间制式的影响。此外，各承重柱因下部基础坚实而变埋柱脚为浅埋，以及大量用瓦的现象，都表明此时的建筑较周初已大有进步。

五、 其他建筑与构筑物

（一）长城

长城在一般人的概念中，是建造在我国的北疆，作为防御匈奴、东胡等外来民族入侵的屏障。其实，这仅是它功能的一部分。建造它最早的目的，还是出于诸侯国间战争防御的需要。也就是说，在各国的边界要冲之处，也有长城这样的防御工事存在。

1. 周代各国修建长城之概况（图3-134）

据文献记载，春秋时楚国即已修筑长城。其东端之起点约在今河南遂平县以西，西北行经舞阳、叶县，然后折西不远即停顿，全长约110公里。建造目的是为防御郑国的进攻。至战国时又续建，西延至今栾川县，再转向东南，最后终于今邓县北境，新建长度约160公里。此时楚长城系沿魏、韩、秦三国之边境，因所围合之地域略呈“冂”形，故又称“方城”。

战国时各国间战争频繁，于是齐、魏、秦、燕、赵国竞建长城以自保。

齐长城位于本国之南境，东起胶州湾南之琅琊，西行经泰山北，止于济水东岸之平阴，全长约400公里。其针对者原为南方之宋、鲁与九夷，后来则是防楚与吴。

魏长城东段之长度仅80公里。北起黄河南岸，东行经安城，由阳武之西折向西南，止于中阳县附近，其御敌方向为西侧之韩国。西段位于邻秦之边界，北起洛水中游雕阴以西，东南越洛水，经今陕西之洛川、澄城附近，南下抵华山西麓而止，全长约230公里。

赵国南、北疆均筑有长城。南疆长城甚短，东起今河北肥乡县南之漳水西岸，沿河南至磁县附近，又折向西北，终止于武安以西约20公里处。全部走向呈“V”字形，总长约90公里。北疆长城又分南、北二线。南线东面起点称“无穷之门”，地在今河北张家口市西北约30公里，长城由此逶迤向西，经今内蒙古集宁市南及呼和浩特市与包头市以北，终于乌拉特前旗之东，全程共约530公里。北线在南线西段以北约50公里，经阴山南麓与河套以北，西南止于乌兰市和沙漠以北，总长约400公里。

燕国长城之北段甚长，西起今河北张家口市西，东北行经河北省北部之围场县，沿内蒙古东南之赤峰市、敖汉旗、奈曼旗、库伦旗，至辽宁省之阜新、彰武、法库、开原一带，再跨越辽河并折向东南，经新宾、宽甸县而东，止于今朝鲜半岛之清川江口，全长约1300公里（图3-135），为各诸侯国长城最长者之一。南段在今河北省中部，东始于大城县东北之子牙河西岸，西北延至寇水然后折西，再沿南易水北岸西行，顿于燕下都西，全长约150公里。

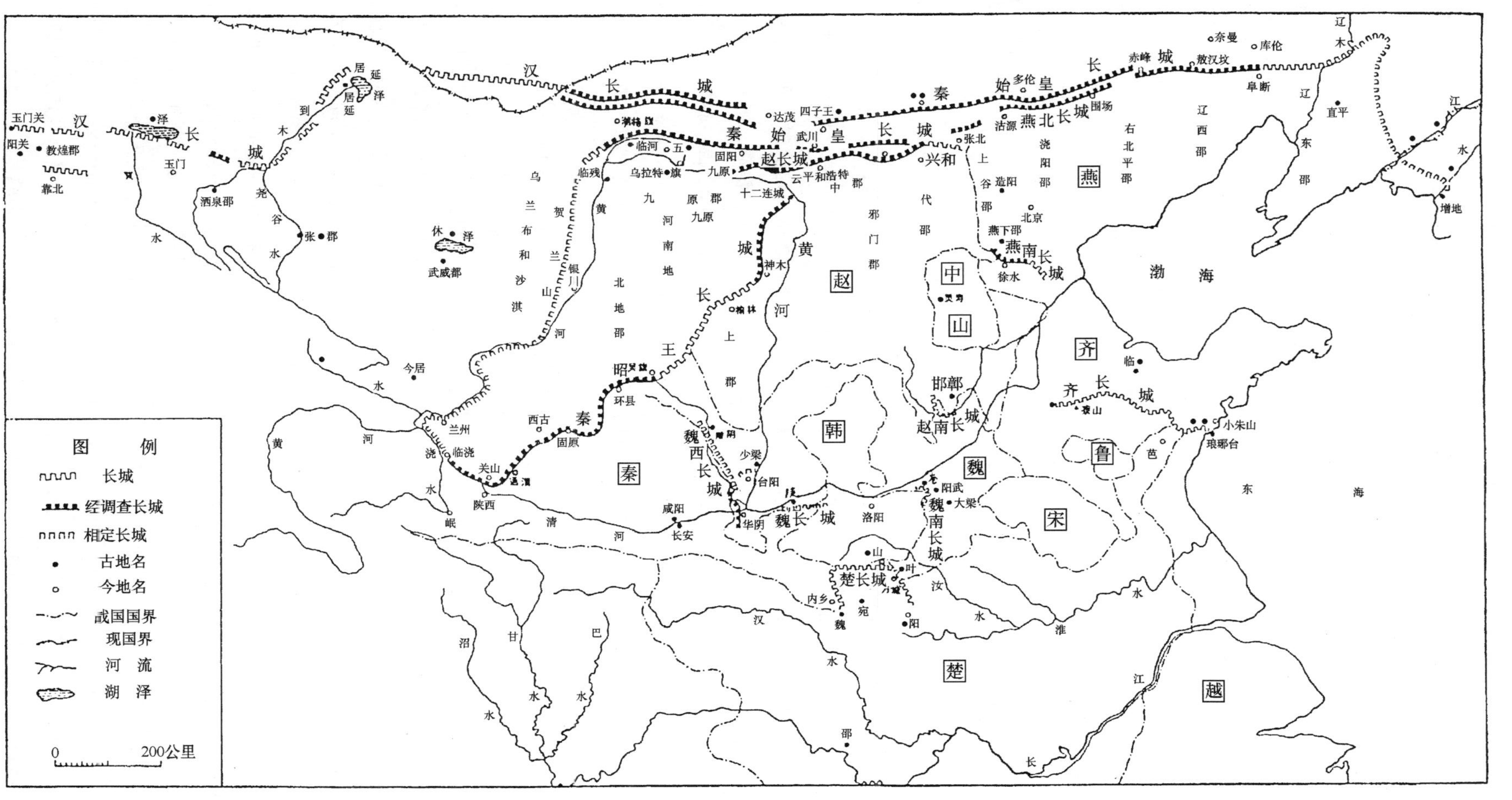

图 3-134 春秋、战国、秦、汉长城位置图(《文物》1987年第7期)

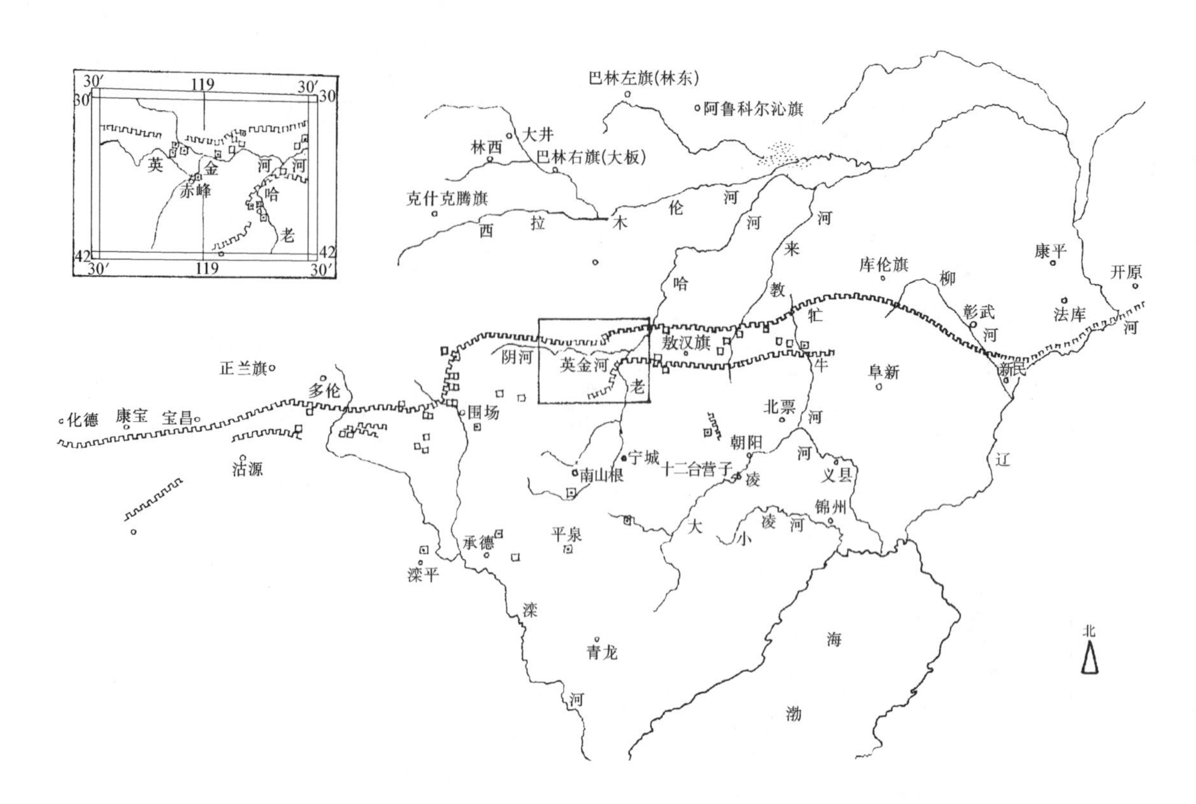

图 3-135 燕国北部长城及沿线城址示意图(《考古学报》1987 年第 2 期)

秦长城东北始于内蒙古准格尔旗东北之十二连城，西南行经陕西省北部之神木、榆林、横山、靖边、吴旗等县，然后入甘肃经环县，再过宁夏固原，复沿甘肃之渭原，折向南面之临洮，最后止于岷县，全程亦约 1300 公里，与燕国北长城大致相当。东面为与魏相抗衡，则利用洛水河岸之陡壁修建防御工事，这就是秦简公时沿河兴修之“洛堑”，其情况将于后文再予介绍。西段由环县至岷县之走向，诸图籍互有出入，现暂列二图以供参讨（图 3-136）。

位于齐、赵、燕之间的中山国，史载亦曾筑有长城，事见《史记·赵世家》成侯六年（公元前 369 年）所记，惟此城在何处，所述未详。

关于各国筑长城之史料，现知者极为有限，如《史记》卷一一〇·匈奴传：“……秦昭王时……有陇西、北地、上郡，筑长城以拒胡。而赵武灵王亦……北破林胡、楼烦，筑长城，自代并阴山，下至高阙为塞……燕亦筑长城，自造阳至襄平，置上谷、渔阳、右北平、辽西、辽东郡以拒胡。其后赵将李牧时，匈奴不敢入赵边。”《史记》卷八十一又载：“李牧者，赵之北边良将也，常居代、雁门，备匈奴……”由此可见雁门关在战国时已是长城上的重镇。赵国长城建于何时，文献所录不一。《图书记》称：“赵简子筑长城以备狄”。则在西周之末与东周伊始的六十年间（即公元前 501—前 458 年）。依《史记》载：“赵肃侯七年（公元前 343 年），筑长城”。因此在赵武灵王（公元前 325—前 299 年）以前，赵已构筑北疆之长城。武灵王时或于旧城之西北，另筑阴山下之外城，即如杜氏《通典》所云：“赵武灵王筑长城，自代傍阴山，下至高阙为塞”者，颇合符契。此与《括地志》中：“赵武灵王长城在朔州善阳县（今山西朔县）”之记载相去甚远。

据史籍，魏国之筑长城，乃始于惠王之时。《竹书纪年》中有：“梁惠成王十二年（公元前 395 年），龙贾帅师筑长城于西边”。《史记·魏世家》亦称：“惠王……十九年……筑长城，塞固阳”。《史记正义》对此有按语：“魏筑长城，自郑滨洛北，达银州，至胜州固阳县（今内蒙古乌拉特旗）为塞也”。据现在之《中国历史地图集》中魏长城位置，似有误差，不悉孰是。

燕长城始筑于何时不明，杜氏《通典》载：“燕将秦开袭破东胡……亦筑长城以自固”。事在

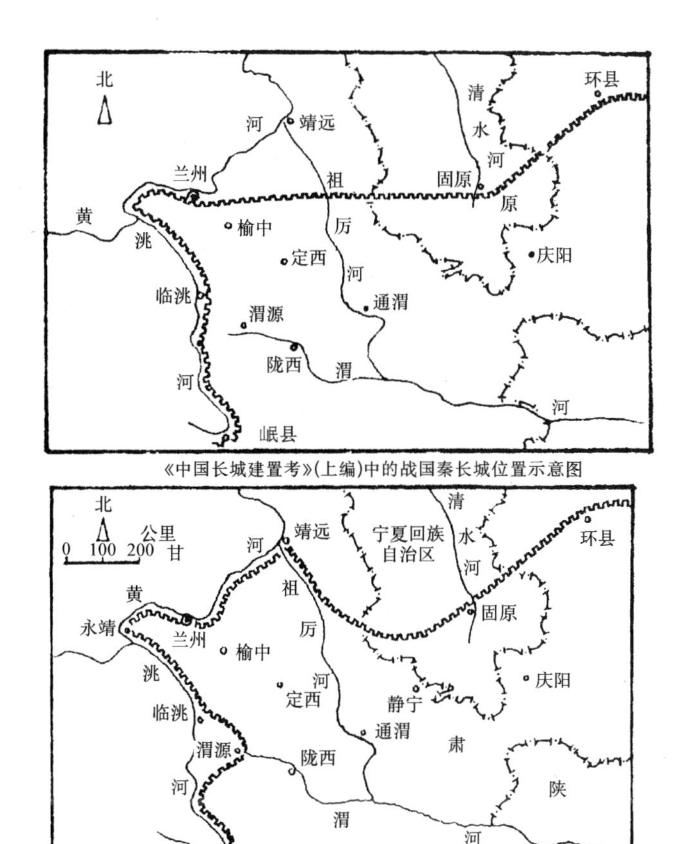

《中国长城建置考》(上编)中的战国秦长城位置示意图

《中国历史地图集》(第二册)中的战国秦长城走向图

图 3-136 文献记载中战国秦长城位置与走向示意图

赵武灵王之后。

齐长城之初建，或称始于春秋。《竹书纪年》载："梁惠王二十年，齐闵王筑防以为长城"。而《史记》卷四十·楚世家引《齐纪》曰："齐宣王乘王岭之上，筑长城。东至海，西至济州，千余里以备楚"。按齐宣王在位时为公元前 342—前 324 年间，即周显王中晚期，属战国中季。经日前调查，其路线自东而西，由胶南经诸城、五连、莒县、沂水，折向西北之沂源、博山、章丘、历城、泰安诸县市境内，最后止于长清西南之广里村南黄河畔。其终点名防门，曾见载于《左传》襄公十八年。时晋侯联合多国伐齐，齐灵公"御诸平阴，堑防门而守之……"而鲁襄公十八年为公元前 555 年，时在春秋。有关齐春秋建长城之记载，亦见于《管子·轻重丁》。

2. 现存周代长城遗址情况

目前齐长城暴露于地面的还有不少，建于山地的，多构以石，平原地带则用夯土，墙宽在 5～10 米之间。沿线之烽燧墩台保存不多，现山东五莲县长城岭村外东、西两山冈上，各有烽火台遗迹一处，残高约 5 米，直径 20 米。

魏长城遗址可以陕西省韩城县南之马凌庄外之城垣为代表。现有土墙二道，相距 160 米。北墙下宽 5 米，上宽 3.5 米，残高 4 米；南墙下宽 7 米，上宽 4 米，残高亦约 4 米。墙南 270 米处有烽火台一座，平面方形，每边长约 7 米，台高 10 米，台外壁收分很大。

赵长城西起包头，沿大青山南麓至内蒙古呼和浩特市东，除小段构以石外，大多都是土筑。并在长城沿线及以南十余里范围内，建有烽火台及小城堡数十处。目前附近尚发现不少战国陶器等遗物。

燕长城自内蒙古南部敖江旗至辽宁阜新之一段，保存尚称良好，全由夯土筑成。现探明墙垣基宽为 6～8 米，地面残高 1～2 米。通过现场考察，修正了古文献中对燕长城位置记载的误差，其实际位置较之文献所载者，应北移约 120 公里。

中原一带之战国长城，于秦统一天下后被次第平毁。其遗迹在平原地带已难寻觅，仅偏辟山区，尚有片断存在。近年在湖北襄樊一带，曾发现楚国长城遗址数处。燕、赵长城之居北疆者，在秦始皇时被联为一体。后汉代又予沿用，并增筑烽火台坞堡甚多。因此，目前对周代各国长城的构筑情况与防卫体系尚不十分清楚。例如内蒙古南部奈曼旗的沙巴营子古城，平面作方形，每边约长 450 米，方向为 45°。城内堆积大多为秦、汉时物，经深入发掘，方知此城乃建于燕国，但原有形制及始建的时间仍未能查明。

除了沿边境筑城，又有利用国界附近陡峭的河谷岸壁，再加人工整理，以构成边防工事的。建于公元前 5 世纪末的秦国“洛堑”，就是其中最典型的实例[69]。依《史记》卷五·秦纪：秦简公六年（公元前 409 年）“令吏初带剑，堑洛，城重泉”。目前此项工程遗迹保存最多者，皆位于陕西省蒲城（图 3-137）、白水（图 3-138）二县境内，现将其情况综述如下。

该防御体系包括堑墙、烽燧、戍所、边城、道路等多种建、构筑物。

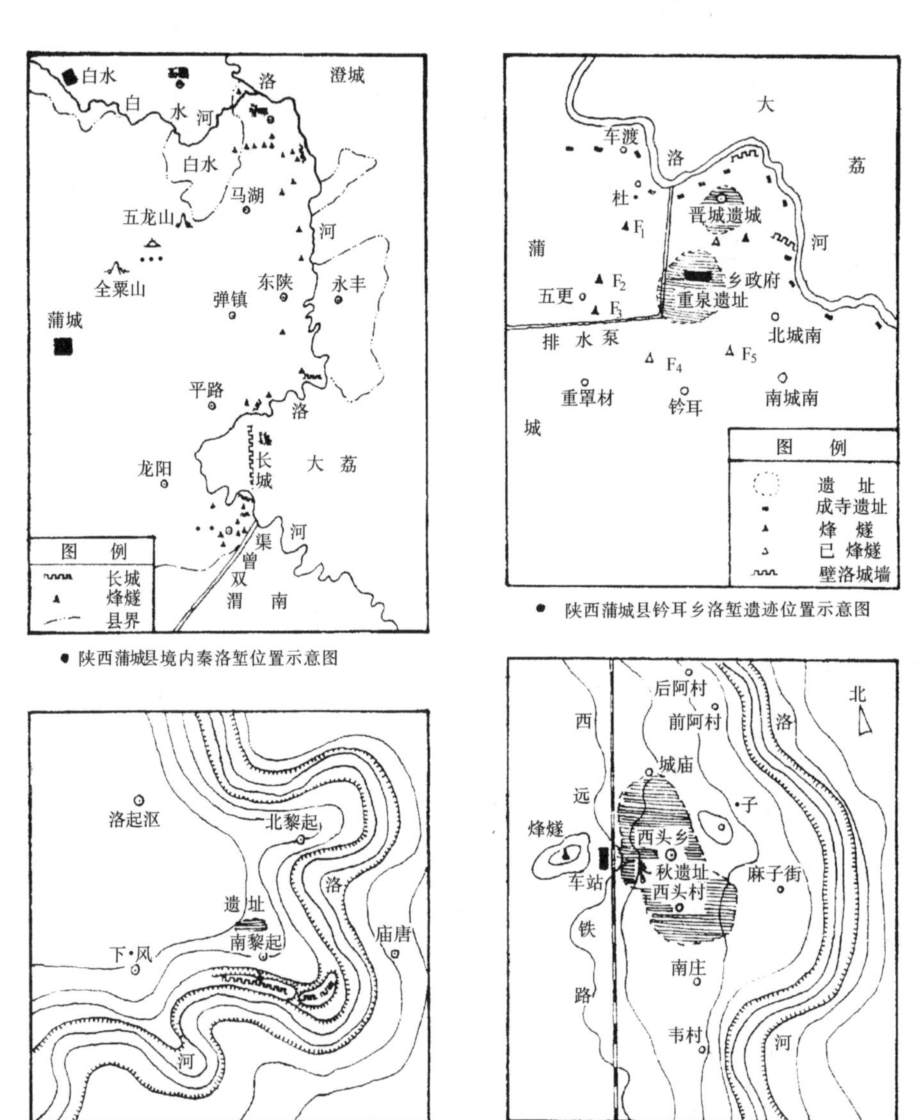

● 陕西蒲城县境内秦洛堑位置示意图

● 陕西蒲城县铃耳乡洛堑遗迹位置示意图

● 陕西蒲城县平路乡南黎起村洛堑长城位置示意图

● 陕西蒲城县西头乡春秋遗址范围示意图

图 3-137　陕西蒲城县秦洛堑遗迹位置分布图(《文物》1996 年第 4 期)

主体防御工事，多为利用天然陡堑上加筑城墙之形式。如陕西蒲城县晋城村东北之洛河右岸堑墙，其外侧之深沟陡壁高达二十余米，内侧现高1米余；基部乃利用自然地形，宽3.5～15米。现存陡堑为东西向，长400米。又如南黎起村以南，有战国长城长1000米，其中700米为上夯下堑，个别为全削堑壁。人工修筑部分之残高1～2米，基宽4～10米，顶宽3～4米，夯层厚8～12厘米。

部分墙垣砌之以石，如陕西白水县方山寨及耀家河遗迹，均依山建石城墙，残高1～2米，长度550～2000米不等。方山寨自山脚至顶，共建石墙六道，其间皆有斜道相通。砌城石块可重达200～300公斤。

烽燧已发现数十处，平面为方形或圆形。筑以夯土或砌以石块，残存者最大高度尚达六米余，夯层10～40厘米不等。其圆形平面者底径约20米。除单体烽燧外，又有“三联烽燧”形式。如蒲城县五更村东北之2号烽燧，原长约100米，基宽25米，走向南北。烽燧大多位于视界良好之制

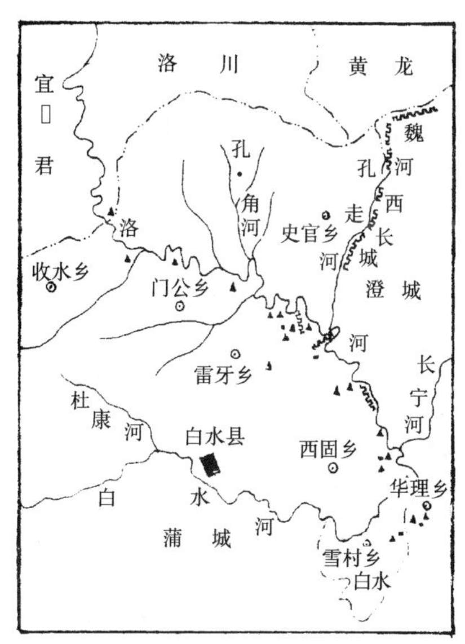

● 陕西白水县秦洛堑遗迹位置示意图

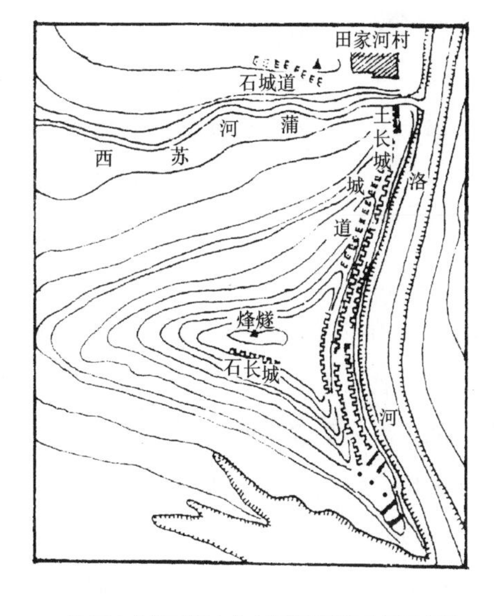

● 陕西白水县西固乡方山寨长城遗迹位置示意图

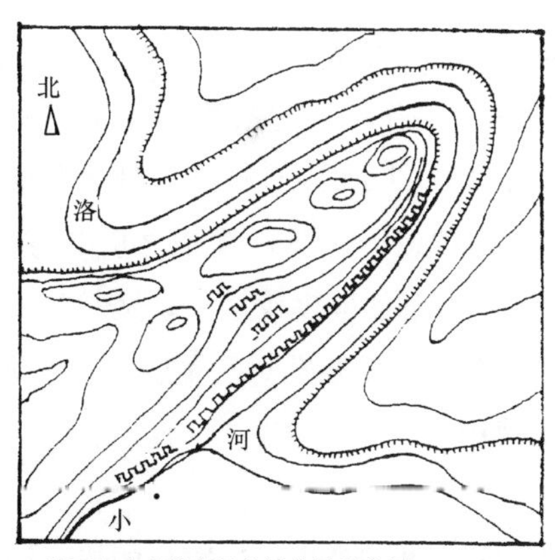

● 陕西白水县耀家河长城位置示意图

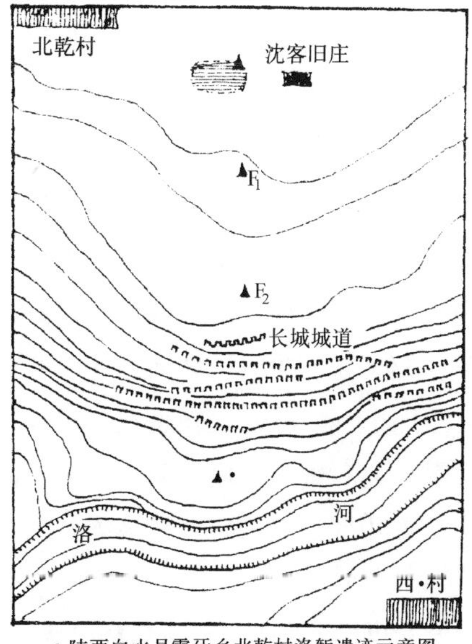

● 陕西白水县雷牙乡北乾村洛堑遗迹示意图

图3-138 陕西白水县秦洛堑遗迹位置分布图(《文物》1996年第4期)

高处，其间距离在1公里左右。

烽燧附近及沿河堑一线，分布戍守遗址多处，有的地下堆积厚1米以上，出土有陶器、陶瓦……之大量碎片。年代亦多为战国。此外，又有相当数量的同期墓葬，亦可作为佐证。此类戍守遗迹，均未建夯土围垣，与秦昭王长城相同。较大之边城遗址，在蒲城县境有重泉遗址及晋城遗址二处。前者面积约2平方公里，出土大量战国、秦、汉陶片，但未见城墙。后者平面呈方形，边长约500米，现尚存40米长之南墙一段，残高2.6米，顶宽3.5～4.6米，夯层10～12厘米。又曾出土带铭文铜器。

由《春秋》、《史记》等文献，知春秋—战国时，秦晋、秦魏间战争多次均发生在这一带，是以"洛堑"之构筑，于当时确属必要。至后世秦昭王建北境长城，其中长400公里之一段，亦采用此种方式。

（二）水利工程

我国自古以来，社会生产概以农业为本，因此引水灌溉与防洪排涝，一直是有关国计民生的大事。此外，河渠有利漕运，也是建城设邑的重要依据之一。

1. 安丰塘

周代的水利工程，如今日安徽寿县境内的安丰塘，相传建于春秋时楚国之孙叔敖，时名芍坡。《淮南子》载："孙叔敖决期、思之水，而灌雩、娄之野，庄王知其可以为令尹也"。《皇览》则云："楚大夫子思造芍坡"。《水利通考》中曰："楚孙叔敖起芍坡，而楚受其利"。《一统志》又刊："孙叔敖为楚相，截汝、汶之水，作塘以溉田，民获其利"。这是一座上引淠河之水停蓄于白芍亭为湖，下可灌溉农田一万三千平方公里之调节性水库，其于农田之利可以想象。目前还存陂堤约24公里，尚可灌溉农田十五万亩以上。按庄王在位于公元前614—前591年，约当春秋中期。楚国另一项巨大水利工程，为春申君所开之无锡河。《绝越书》称："无锡河者，春申君治以为陂，凿语昭渎以东至大田，田名胥卑。凿胥卑下，以南注大湖，以泻西野，去县三十五里"。

2. 邺城灌溉渠

魏国邺城有灌溉渠十二。《史记》载文侯时（公元前424—387年）为邺令西门豹所开。而《汉书·沟洫志》则称建者为襄王时（公元前334—前319年）邺令史起。但引漳水溉田，以富魏之河内，则是确定不移的史实。又文侯时，有白圭者亦善治水，见宋苏轼所著《杂策》。另《竹书纪年》有梁惠成王（公元前370—前337年）引黄河水于甫田，又凿大沟于北郛以导甫水的记载。

3. 黄河堤防

春秋、战国之时，诸侯各自为政，如兴筑黄河堤防与疏导洪水，均不考虑他人利益。《前汉书》卷二十九·沟洫志引贾谦《治河三策》中谓："堤防之作，近起战国。雍防百川。各以自利。齐与赵、魏以河为境。赵、魏濒山，齐地卑下，作堤，去河二十五里。河水东抵齐堤，则西泛赵、魏。赵、魏亦为堤，去河二十五里……"。可谓"以子之矛，攻子之盾"。这种"以邻国为壑"（孟子语）的作法，必然引起黄河的溃堤与汜滥。而各国攻伐之中，又常引河灌城。如晋懿公时，韩、赵、魏联合攻晋阳，"引汾水灌城，城不浸者三版"（见《史记·赵世家》）。又秦攻魏大梁，亦用此法。尔后黄河多灾，祸源实始于战国。

（三）矿井

由于生产和生活上的需要，在周代已大量使用铜、铁金属，以及相当数量的铅、锡和贵重金属如金、银等等。对这些矿石的开采和冶炼，都是当时社会生产中一个重要的方面。就目前的考古发掘，周代较大型的矿井遗址约有十余处之多，现择其部分介绍如下：

1. 江西瑞昌县铜岭古铜矿遗址

该遗址位于县境西北铜岭村之合连山与铜岭头交界处，面积约1.5平方公里。经初步探掘，在仅300平方米面积内，即发现采矿之竖井24口，平巷2条与露天采矿坑及槽坑各一处。另有供选矿用的溜槽及尾砂池。其开采时间约在中商至周，是目前我国发现最早的铜矿矿井。

2. 湖北阳新县港下古铜矿遗址

该古铜矿遗址建于西周末至东周春秋之际，位于县城。

出土器物有各式采掘、运输、排水、照明工具及生活用具。其中春秋时期的木辘轳，是我国现存最早的木制机械，矿井内全部采用木支架，这也是国内已知最古老的采矿结构。

3. 湖北大冶市铜绿山古铜矿及冶炼遗址[70]（图3-139、3-140）

该遗址位于大冶市西3公里，南北长2公里，东西宽1公里，包括铜矿之采矿矿井及冶炼场所，年代为春秋至东汉。

该矿采矿面在地面以下40～50米，为了保证通行和运输安全，在竖井及平、斜巷中都采用了方形木框架作为结构支撑。此类框架在竖井中都依上下方向平行排列，有的还在其间系以竹索以资联络。平、斜巷中木框架则沿进深作横向排列。框架外侧用木板、竹篾等作背板，以防井巷墙壁土石崩落。早期（春秋）木框采用榫卯结合；晚期（战国至汉）木框用于竖井者，将框木端部作成搭口榫相互搭接形成一矩形木框，然后将木框依次叠压即成。其用料直径达110～130厘米，也较前期为大。平巷中之框架做法，是先在地上置两端砍成台阶状搭口的地栿，然后立柱其上。柱上端带支杈以托横梁。为防止柱向内倾斜，于梁下紧贴一水平撑木。

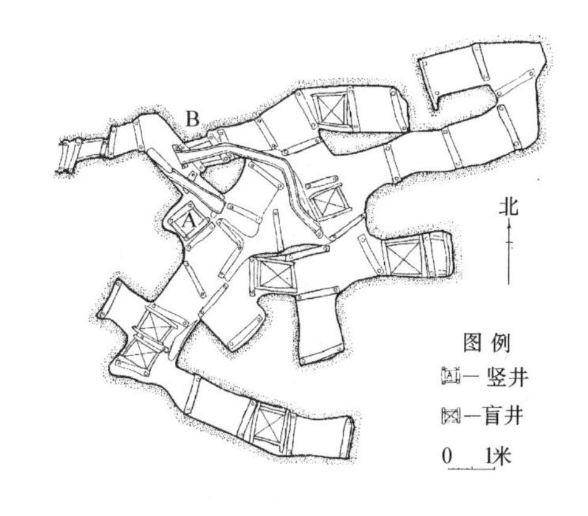

图3-139 湖北大冶市铜绿山东周矿井遗迹平面(《考古》1981年第1期)

图3-139显示矿区中一组完整的矿井和坑道平面，排列甚为密集，由此可证明至少在东周时，已经基本解决了地下矿井的通风、排水和提升运输等问题。排水是利用木制水槽将积水排至积水井内，然后再经过竖井提升至地面。由于矿井中发现有长达2.5米之木辘轳轴，表明矿石和地下积水的运出和某些矿内工具与必需品的运入，都是通过人力转动辘轳分段予以运送的。矿内通风则利用井口高低不同，从而产生不同气压形成气流，并辅以堵塞已废巷道的方式，控制气流流向需要通风的场所。

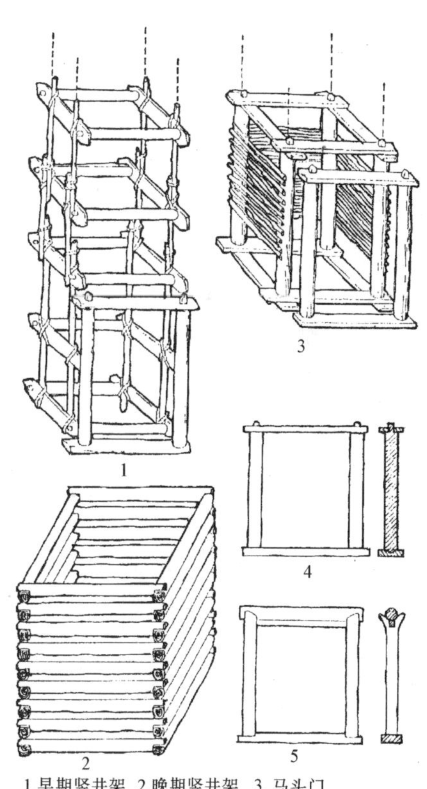

图3-140 湖北大冶市铜绿山东周矿井遗迹井内支架做法(《考古学报》1981年第1期)

在矿井中出土春秋与战国之铜、铁、木工具多种。地面上则发现春秋时冶炼铜矿所使用之竖炉数座，此项炼铜炉有加料口、出铜口及鼓风口。通过现在的具体模拟冶炼实验，知此炉可在生产中连续加料、排渣及出铜，具有较高的生产功能和效率。对遗留炉渣的检验，也证明当时的生产过程合理，炼铜技术已达到相当高的水平（图3-141）。

此外，还在全国其他地区发现冶矿遗迹。如内蒙古林西县大古

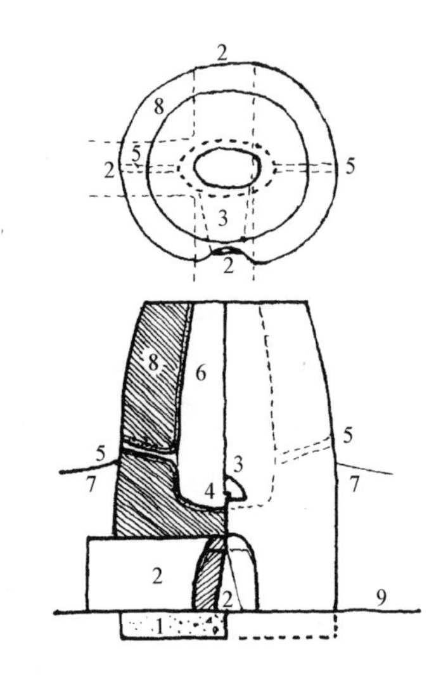

图 3-141　湖北大冶市铜绿山春秋时期炼铜竖炉复原(《文物》1981 年第 8 期)
1. 基础　2. 风沟　3. 金门　4. 排放孔　5. 风口　6. 炉内壁　7. 工作台　8. 炉壁　9. 原始地面

井，发现开采铜矿之巷道四十余条及炼炉遗迹。湖南麻阳县九曲湾发现采铜矿井五处及若干开矿工具。安徽南陵县发现西周晚期铜矿矿井等，都是很有价值的实例。

至于铅、锡、金、银等矿石的开采，当时数量不多，规模也较小，目前留下遗迹甚少。1984 年在河北兴隆县车河岷村西沟庄东南，发现二处露天开采金矿的遗迹。一处东西长约 20 米，南北宽 0.5～1 米，深 0.5～3 米。另一处长约 30 米，宽 0.3～0.5 米，深 2～3米。矿坑内出土有采矿工具，如铁锄、铁斧、苇席、木条簸箕等。其铁器形制与兴隆县战国时期铁范铸造者一致，而上述铁范之出土地点距此处仅 10 公里。由此判断金矿之开掘时期亦在战国。此类早于秦、汉之贵重金属矿址的发现，在我国尚为首例。

（四）作坊

手工业作坊也是周代建筑中重要的组成之一，就其量大面广而言，仅次于民居。依其加工材料划分、有冶铜、炼铁、烧陶、磨骨、雕木、刻石、琢玉、嵌贝、纺织、编竹、髹漆、印染、镶珠宝、错金银等。依其器物种类，则可分为礼器和生活用具二大类。细分则有炊器、食器、酒器、乐器、兵器、车马器、装饰器、工具、葬具、家具……工作场所或在室内或在室外，或二者兼而有之。一般来说，大量而加工较粗糙的多置于室外，加工细致的则位于室内。

由于当时的手工业规模不太大，且使用工具相当落后，对作坊的建筑要求不高，因此没有十分突出的建筑特征。一般都是通过遗址中发现的原材料、工具、半成品或成品的残余，加工中抛弃的废物，来判断作坊或加工场的属性的。但一般极少发现留有建筑遗址。

1. 河南洛阳市北窑村西周冶铜作坊及冶铜炉具遗址[71]

在该地区之考古发掘，发现西周时期之冶铜作坊二座及冶炼青铜之炉具多种，现分别介绍如下：

（1）冶铜作坊遗址

1）F3　位于遗址东部探方 T10 内，是本遗址中已发现的最早建筑，其周边为中期前段的墓葬打破。

为深地穴式建筑。平面长方形，南北长 6.5 米，东西宽 8.6 米，斜坡式门道置于南面。居住面分为三层，甚为平整。墙壁亦竖直光平，似经修整，残高 1.6 米。自居住面至目前地表 3.5 米。室内中部有大卵石四枚，均置于居住面下之夯土柱基上，显系柱础石。居住面下为生红土层。

室内遗有大量残范（陶范以礼器为多）及其他铸铜物件，故原来用途应与铸铜有关。

据地层关系及出土遗物，此建筑属西周之早期。

2）F2　位置叠压在F3之上，时间属西周中期前段。

房址为浅地穴式。平面长方形，南北长7.2米，东西宽11.2米，东、南二面有斜道向上。室内地面距现地表约2米，坑壁残高约1米。居住面上铺厚约0.4米细黄土，其东北隅有一烧结面，上堆粘结之红烧土。居住面下有夯土柱基及奠基坑。夯土柱基在室内之东南及西南角各有一处，深约0.4米。西北隅有一内填陶范之柱洞，深约0.3米。奠基坑共十二处，大体沿建筑周边作环形排列，但在东、南出口处留有较大空隙。除东侧1号奠基坑填以陶范外，其余均以纯净细黄土分层夯实。坑中埋一人、或一马、或一犬，共清理出人架七具，马骨架三，犬三。其于出入口两侧，各埋一人一犬。所埋入之人、兽均有挣扎状，当系奠基之牺牲。

（2）冶铜炉具（图3-142）

1）坩埚式冶铜炉　出土于T1H2。其制作方式为：将一腹径和深度均约40厘米环底瓮之口部打掉，内外各涂细泥一层，使总厚达3厘米左右，同时以草拌泥将上部做成侈口式样。

2）小型竖炉　出土于T10F2。以草拌泥制作锅状炉底及其上之炉圈，并将后者叠垒成直筒式冶炉，然后在内表面抹以细泥。

3）大型竖炉　出土于M14填土中。制作方法同小型竖炉，但尺度较大，并用若干块状之土坯叠砌。现例之炉底直径约80厘米，厚35厘米，炉圈内径160厘米，厚30厘米，高35厘米，炉外壁抹草拌泥，内壁涂细泥。鼓风眼置于炉身下部二炉圈相接处，直径2～3.5厘米。在块状土坯中置有排列整齐粗细如芦苇秆之孔道，乃为防止热胀冷缩使炉身崩坏的安全措施。由炉底烧结情况，判断其温度可达1300℃。

鼓风嘴为陶质，一件残长2.5厘米，外径1.8厘米，内径0.6厘米，二端直径略有不同。

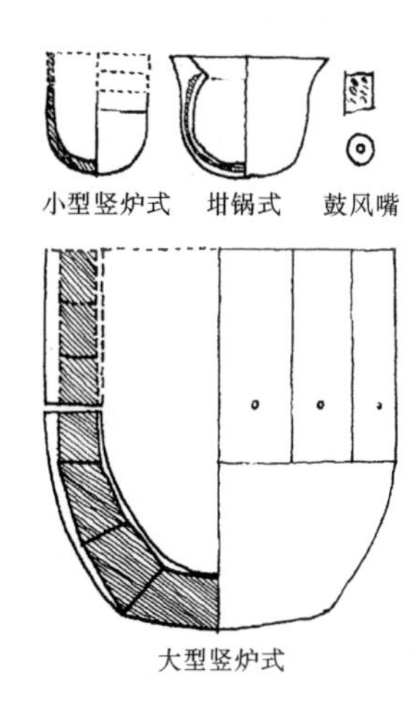

图3-142　河南洛阳市北窑西周冶铜作坊熔炼炉具(《文物》1981年第7期)

2. 山西侯马市晋都新田石圭作坊遗址[72]（图3-143）

遗址于1962年发现于侯马市西北之牛村古城南约150米处，其平面东西与南北各70米。北部有道路一条，长61米，宽3米。路面为坚硬之土面，中间高而两侧略低。其下为挖槽后填土夯实之路基，厚50～80厘米。

房屋基址共发现11处，其中9座之平面为矩形，2座为圆形。均为单室半穴居式样，可划分为前、后二期。前期者面积较小，四壁较低。后期者面积较大，四壁较高，有的还有壁龛及过洞式门道。各遗址除一处以外，均设置斜坡式或阶梯式门道，室内地面都有3～10厘米厚的硬土层，显经人为加工。地面散布一层薄石料、石圭残片及石粉等，室内窑洞中又堆放了石料和石圭的成品或半成品，这些都是足以表明该遗址是旧日石圭的生产作坊。

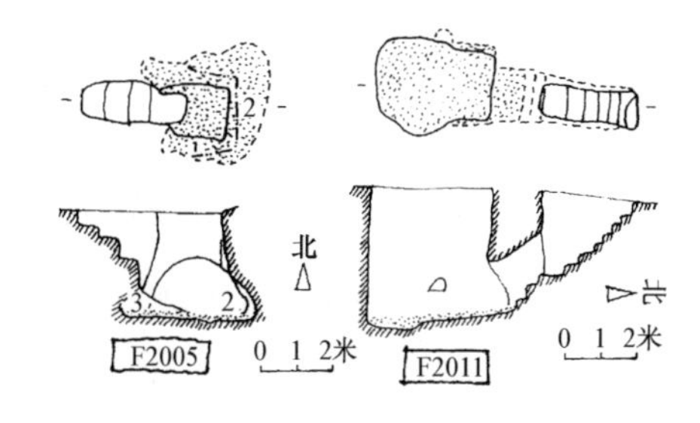

图3-143　山西侯马市牛村古城南郊石圭作坊遗址平、剖面(《文物》1987年第6期)

房屋F2002　属前期建筑，平面略呈圆形，直径约2.2米，室南设一斜坡式门道，宽1.6米，长2.1米，室内有厚达3厘米之硬土面。

F2005　属后期建筑，位于前述道路南侧，平面作矩形，但底大于口，二者尺度为：底长3米，宽2.6米；口长1.8米，宽1.15米。洞底至洞口残高2～2.4米。门道在房屋西侧，有踏步四级下至距洞底尚有1.3米处即中止。洞底之北、东、南三面均有相通之洞穴，高0.55～1.3米，深0.4～1.5米不等。洞内堆有大量石料及石圭残片。

F2011　亦系后期建筑，位于整个遗址之中部，保存较好。平面大体呈矩形，门道置于室北，经踏步十级并穿越过洞式门道即进入室内。室南北长3.2米，东西宽2.1～2.4米，高3.3米。西壁上有小龛一处，内藏石刀十余件（仅四件完好）。

房屋周围发现大小灰坑270个，平面有矩形、圆形（或近椭圆形）与不规则形三种，数量以第三种最多，坑内未发现遗物，但当时用作贮藏则是无疑的。

遗址中出土有关石圭制造之遗物有青灰色砂岩石料（作石圭用）、绛紫色石料（作石刀用）、石刀、磨石（有扁圆及多边形二种）、石圭残片等。石圭原作为礼器以随葬用，始于商而盛于东周之春秋战国。春秋起各国间盟誓活动渐多，于是才有这种专门从事生产可供盟誓用石圭的作坊。估计此遗址之使用约始于春秋之末，而终止于赵、魏、韩三国分晋以后。

在此遗址的下层积土内，又发现铸铜生产之遗物甚多，其中以各式物体（钟鼎、车马具、壶、刀、箭镞……）之陶范为主，共百余件。另有少量坩埚及炉圈碎片，表明该处曾为铸铜作坊，时间早于石圭之制作。

（五）粮仓

关于粮仓之文献记载，史书屡见不鲜，如《考工记》中即有“囷窌仓城”之语。《越绝书》亦载：“吴两仓，春申君所造。西仓名‘均输’。东仓周一里八步”。又《汲群郡古文》：“梁惠王发逢忌之薮以赐民”。另《说苑》中称魏文侯有御廪等。

1970—1976年在洛阳周王城古址南部中央，发现建于战国时期的大批粮仓[73]。在已发掘的东西300米，南北400米范围内，即已探明此类建筑共有74处之多（图3-144）。

以62号粮仓为例，这是在地面下挖掘口大底小的圆形平面竖穴（图3-145），深度10米。为了长期存放粮食，实施了下列防潮措施：

（1）在仓底生土上，涂铁锈状隔水层一道，厚0.1～0.3厘米，其成分尚不清楚。

（2）隔水层上涂青膏泥3～5厘米厚，亦起隔水作用（此种材料曾大量施用于墓葬中）。

（3）垫木板二层，板长1.1～2米，宽0.3～0.4米，厚0.02米，垫时上下纵横交错排列。

（4）板上置糠灰一层，厚约40厘米。

未发现供上下交通之踏跺，估计原系使用可移动之木梯。仓廪上部之结构不存，或可从后述出土之周代仓囷明器中获得其大致形象。

一般民间之仓廪，其见于北方者，亦多采用挖掘地穴之形式，例如在诸多居住遗址中发现之灰坑，口小底大，且直径与深度均不超过2米。南方尚未发现实物，以当地雨量多与地下水位高，估计都采用地面建筑或底部空透之干阑式样。

至于墓葬中所出之陶质粮仓明器，多为圆形平面之囷仓，其下部建有实体或架空之基座，仓之主体部分周以围垣，并于适当部位开辟仓门。顶部则覆以茅草或陶瓦之圆攒尖顶。外观有的呈圆筒状，如山西闻喜县战国墓所见；亦有上凸下收者，例见陕西凤翔县、西安市出土之明器（图3-146）。方形或矩形平面之粮仓尚未得见。从理论上讲，这种平面形成的仓库，应已广泛使用于贮存包括粮食在内的一切物资。

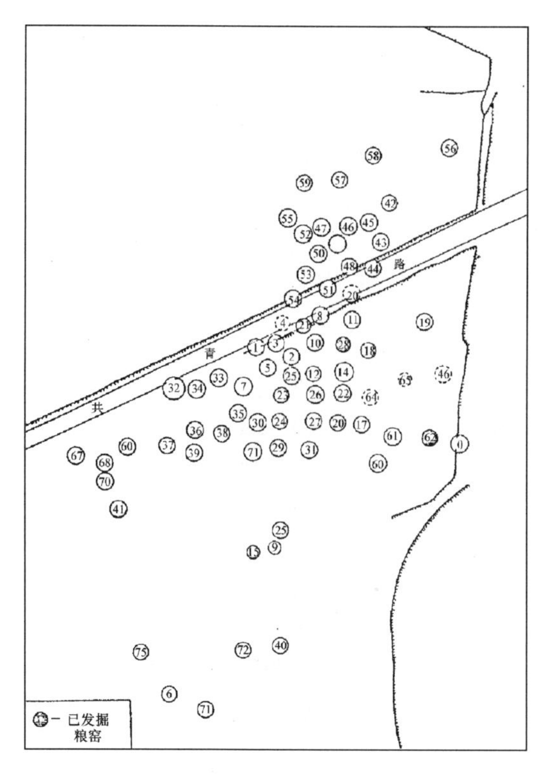

图 3-144　河南洛阳市东周都城内战国粮窖分布图（《文物》1981 年第 11 期）

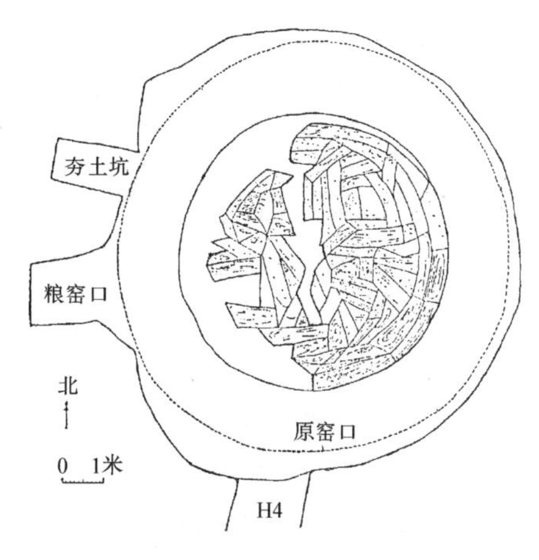

图 3-145　河南洛阳市战国粮仓 62 号粮窖平面图（《文物》1981 年第 11 期）

（六）陶窑

周代陶窑遗址在陕西、河南、湖北、河北、浙江、广东……各地都有发现。不但数量多，在种类方面，既保有了自原始社会以来沿用的竖窑和卧窑，也发展了夏、商时期的直焰式馒头窑，使成为具有烟囱的横焰窑（或称为半倒焰式馒头窑），这是我国陶窑发展中的一大进步，并为后世倒焰式窑开辟了道路。另一要提及的是又继续发展了在商代已出现的平焰式龙窑，并在其长度和坡度上都有所改进。现将周代各式陶窑实例分述于下：

1. 陕西长安县沣东西周陶窑遗址（Y1、Y2）[74]（图 3-147）

二窑及共用之外部工作面 H6 均由地下掘出。部分窑壁及窑箅已毁。Y1 火膛为圆形平面，直径 1.5 米，高 0.7 米。其上窑室平面亦圆形，直径 1.5 米，残高 0.7 米。沿周边尚存狭长形箅孔 4 个，依形制原有周边尚有二个，中央一个。Y2 与 Y1 形制相仿，仅尺度略小。圆形火膛直径 0.9 米，高 0.5 米。窑室平面圆形，直径 1.15 米，残高 0.5 米。尚存周边窑箅孔 3 个，中央一个，估计周边应还有两个。

二窑仍保留夏商以来之传统竖窑制式，对西周早期来说，其存在是合乎逻辑的。

同样形制的陶窑，亦发现于广东平远县石正村（西周 Y2），可见此式在南方亦相当流行。

2. 陕西长安县沣东白家庄西周陶窑遗址（Y1）[75]（图 3-148）

Y1 之火膛置于窑室正下方，平面大体呈圆形，直径 1.8～2 米，深约 0.85 米。火膛中央有一直径 0.6 米之窑柱，沿边等距离布置箅孔五个，近窑柱处二个，仍保存了较古老的竖窑形式。

3. 陕西扶风县北吕村西周一号陶窑遗址[76]（图 3-149）

该窑亦为竖窑，即火膛仍位于窑室之正下方。特点是火膛平面已非圆形，而呈较长之扇形。南北长 2.5 米，东西最宽处 2.2 米，深约 1 米。其上窑室平面圆形，底部直径 1.2 米，沿周边等距开箅孔四个，中央一个。

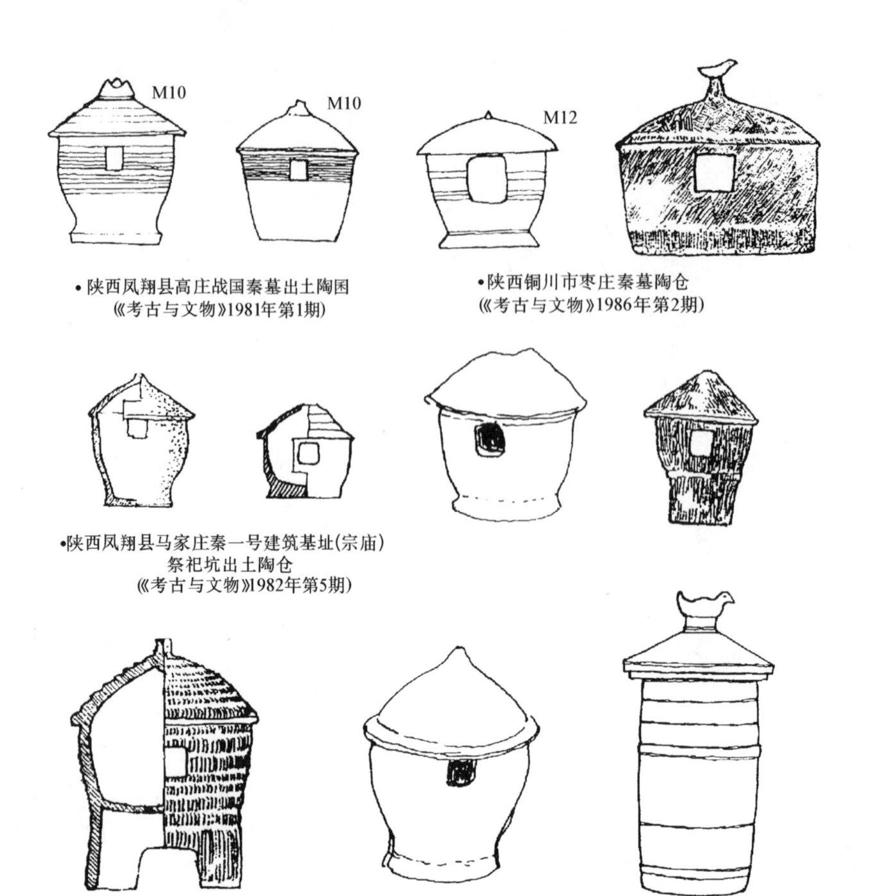

图 3-146　周代之陶质仓囷明器

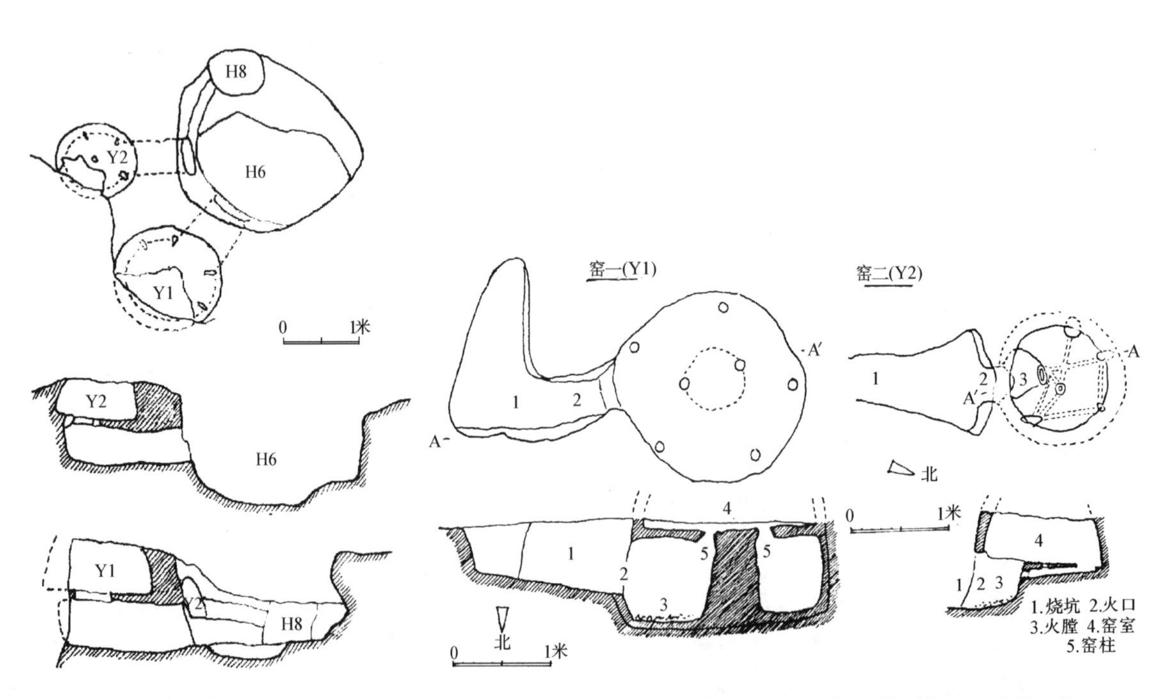

图 3-147　陕西长安县沣东西周陶窑遗址 Y1，Y2 平、剖面图(《考古与文物》1986 年第 2 期)

图 3-148　陕西长安县沣东白家庄西周窑址(《考古》1986 年第 3 期)

4. 陕西西安市客省庄周代陶窑遗址[65]（图 3-150）

虽仍自地下掘成，但窑室平面已由圆形改为椭圆形，长径 1.26 米，短径 1 米。火膛位于窑室前下方 0.8 米，呈口小（长径 0.6 米之椭圆形）底大（直径 0.75 米之圆形）之袋状竖穴，与窑室间通以斜上之主火道二条（宽 0.15～0.22 米，高 0.38 米）。各主火道又向外侧再分出支火道二条。火膛内尚存很厚之草木灰，木炭少且小，故知当时烧窑燃料以草料为主。

据《沣西发掘报告》称，此窑位于一座圆形房层 H172 之外室墙角处，窑室底面与外室地面平齐。由于房屋为浅穴居，因此该外室很可能就是此窑的外部操作间。

5. 河南洛阳市王湾西周晚期陶窑遗址[77]（图 3-151）

位于地面以下，整个平面如瓢状。火膛与窑室相连而合于一体，仅前者位于前部稍低处（长 1 米，宽 0.4 米），故无火道及窑箅之设置。窑室呈平坦之台状，故又称窑床，长 1.35 米，宽 1.25 米。后壁下部设一长方形出烟口，通向壁内之烟囱。

这是目前发现窑内建有烟囱的最早实例之一。烟囱的出现，使得火膛中燃烧的烟火进入窑室后，部分由顶部之出烟口排出，部分经窑顶折射或横向流动，再经后部烟囱排出。这就形成了横焰式窑。烟火在室内停留时间增长，增加了与陶胚之间的热交换，从而提高了窑内温度。这种半倒焰式馒头窑的出现，是西周陶窑在构造上和工艺上的一大进步。

上述制度，到战国时已逐渐定型，即成为：窑底逐渐接近地面，全窑之平面呈进深较长之瓢形或椭圆形；火膛底与窑床底距离缩小，接近同一平面，但前者位于后者之前并位置稍低；已不再有窑柱、窑箅、火道等内容，但出现了位于后壁之出烟口及烟囱。例见湖北江陵市楚郢都新桥战国窑址 Y1 及 Y4（图 3-152）[78]。

窑形的这一变化，带来了窑体构造简易、容量大、窑温高、节约燃料等优点。它们的进一步发展，为已在商代出现的更先进龙窑，提出更多更好的改进经验。

6. 浙江绍兴市富盛长竹园东周战国龙窑[79]（图 3-153）

该窑现存残长 3 米（原窑长约 4～6 米），宽 2.42 米，窑身倾斜 16°，窑壁由窑底起即呈内收之弧形。

窑底及窑顶均由黏土构成，窑墙残高 20 厘米，厚 12～15 厘米，内壁因烧结呈青黑色硬面。窑底厚 12 厘米，亦烧结坚硬。窑床后有挡火墙一道，墙后置横向长方形出烟坑。窑内尚遗有原始青瓷及几何纹硬陶器物碎片。

该窑窑室较短，不能充分利用热量，即未能很好发挥龙窑特点。其窑顶筑以黏土，强度较差，且跨度大，易于崩毁。对于窑内温度较低部位（如窑底）之胚件处理不当，不知用垫具将它们升高

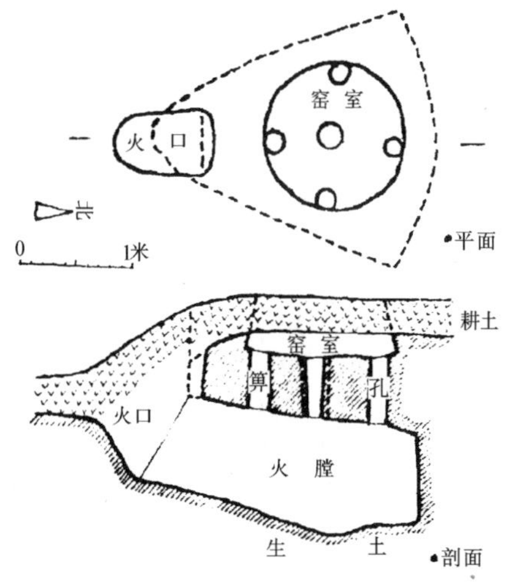

图 3-149　陕西扶风县北吕村西周一号窑址平、剖面图(《文物》1984 年第 7 期)

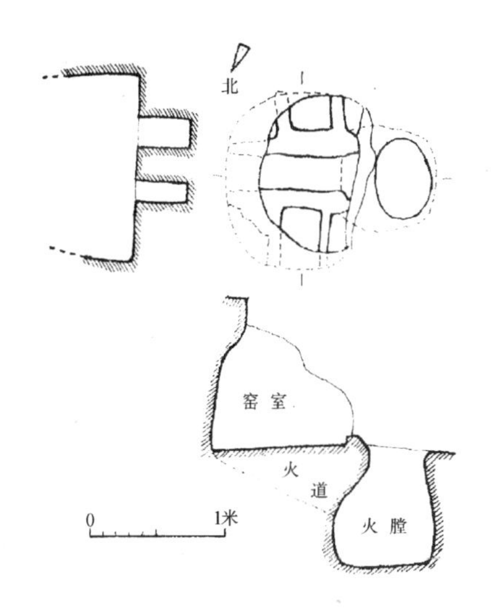

图 3-150　陕西西安市客省庄 H172 圆形房屋内陶窑平、剖面图(《沣西发掘报告》1962 年)

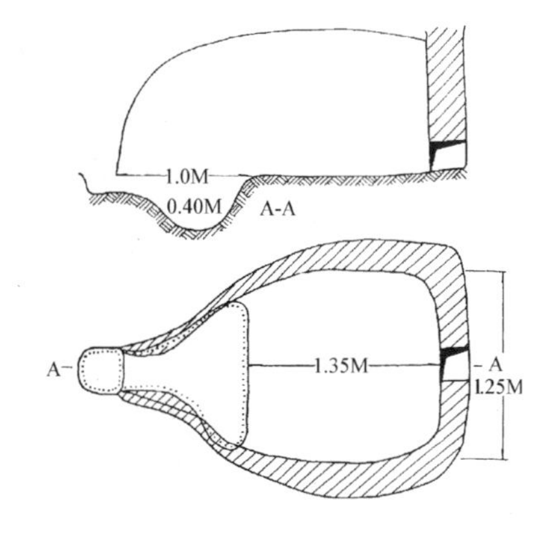

图 3-151　河南洛阳市王湾西周晚期陶窑遗址(《中国古陶瓷论文集》1982 年)

到最佳位置，以致产生废品甚多。

7. 广东增城县西瓜岭战国龙窑[80]（图 3-154）

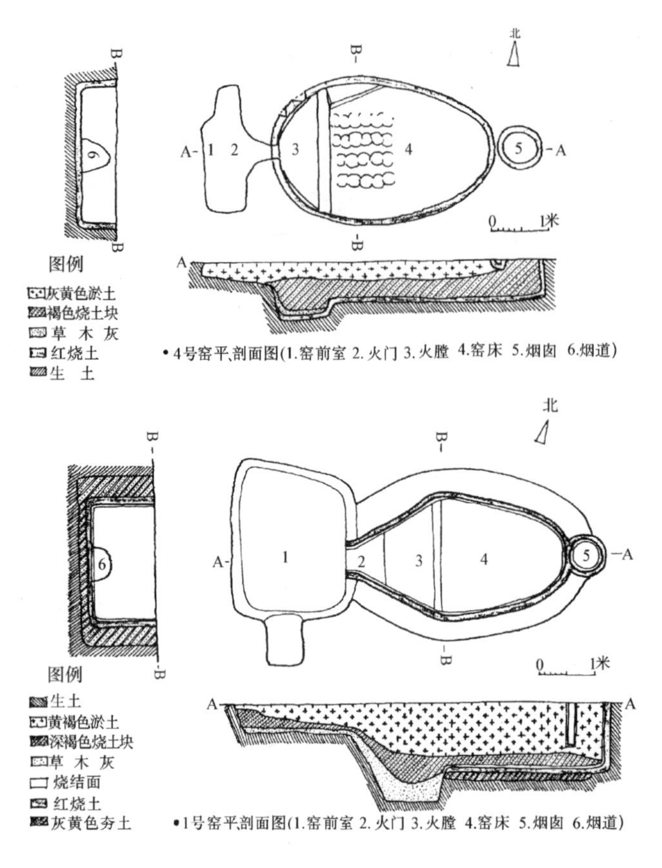

图 3-152　湖北江陵市楚郢都新桥战国窑址(《考古学报》1995 年第 4 期)

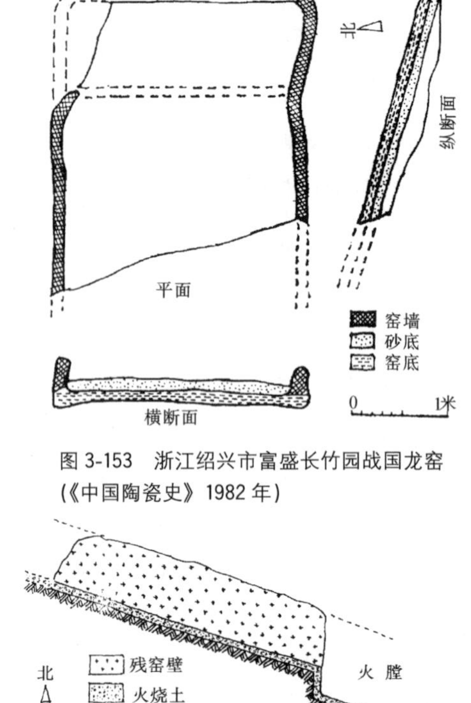

图 3-153　浙江绍兴市富盛长竹园战国龙窑(《中国陶瓷史》1982 年)

图 3-154　广东增城县西瓜岭战国龙窑平、剖面图(《中国考古学会第二次年会论文集》1980 年)

该窑平面长方形，宽 1.4 米，残长 9.8 米，残高 1.54 米，为斜坡式窑室（倾斜为 15.5°），窑门东向。窑门、窑顶部分已坍。

窑壁用耐火土版筑分层夯成。该窑系沿斜坡而建，是为平焰式龙窑。容积大，又易掌握火候，以提高质量，较升焰式穴窑前进一大步。

上述之龙窑又称蜈蚣窑、蛇窑。此种陶窑至迟在商代已经使用，后来在南方的江苏、浙江、福建、广东、广西、湖南一带得到发展，遂逐渐成为我国南方陶窑的主流。

其平面呈倾斜之带状，窑头低而窑尾高，内部容量大，利用燃料热效应系数也较圆窑为高。它进一步发展的特点为：坡度加大，距离增长，使用寿命长。

它多建于丘陵或山地，优点：①地势高不易受地下水影响，能保持干燥。②因窑身需要一定坡度（一般 8°～10°，汉代有达 30°的），可利用山地自然地形，建造时省工省料。③旧时以木柴为烧窑燃料，山区取木方便，既便宜又省运输费用及时间。④在山多平原少地区可节约耕地，合理使用土地。⑤处理废品较易。

窑体可分为三部：①窑头：平面作半圆形，前壁正中下方建狭长火门，火门下紧贴窑底处开一道风口。②窑室：断面多作成拱形，室长度早期甚短，晚期加长。窑内地面呈前低后高之缓平坡度。③窑尾：建一挡火墙，以降低窑内火焰流动速度，并增加火焰与胚件接触面积及提高窑内温度。墙后设排烟道。

(七) 水井(图 3-155)

已知供生产及生活所用之周代水井，各地均有发现，但以湖北江陵楚郢都(纪南城)中为数最多，共达四百余处。尤以位于城中部之龙桥河西段最为集中[13]，已发现的有256座*，且甚具有代表性。依构造可分为土井(71座)、陶圈井(176座)、木圈井(3座)数种，现介绍如下:

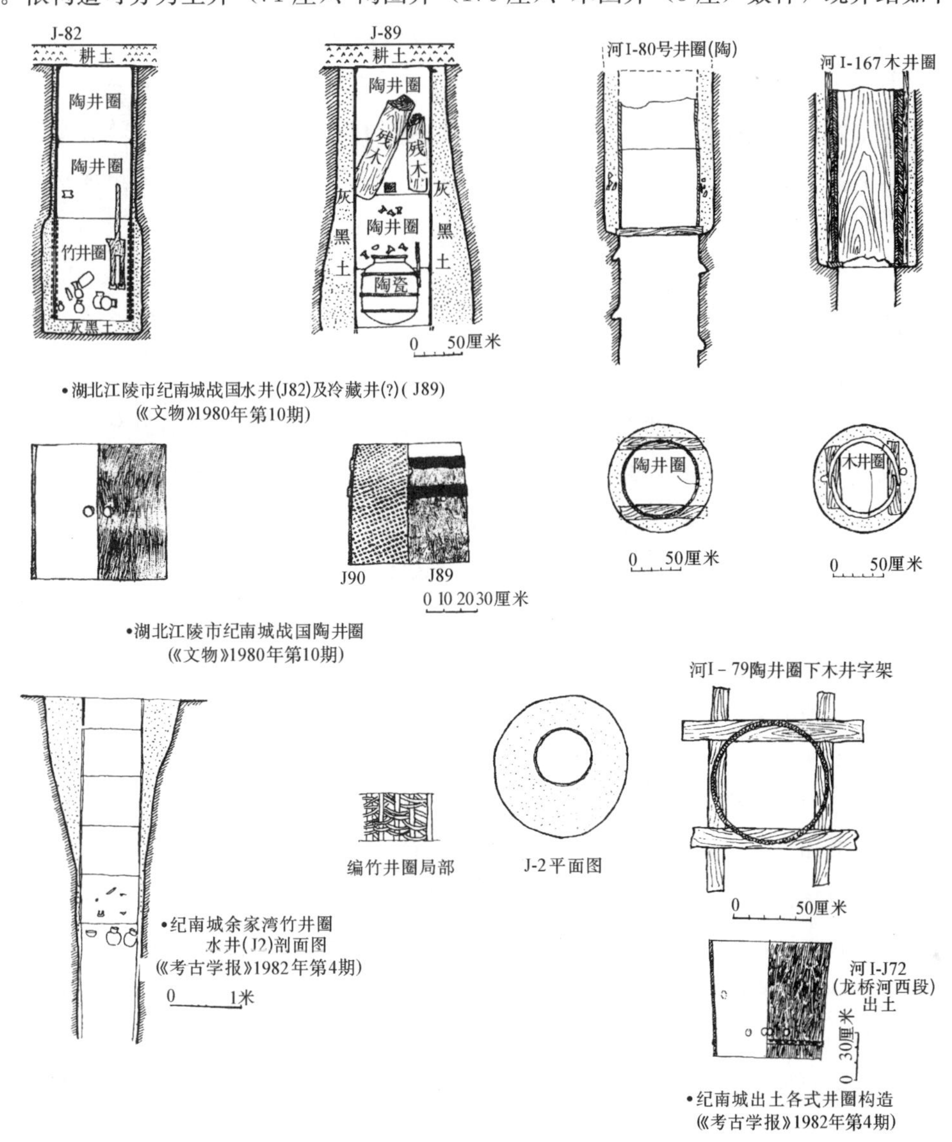

图 3-155　周代水井之各种构造形式

(1) 土井　为圆形竖穴式样。因长期使用，井口一般较下部为大。如河Ⅰ—111号井，上部直径3米，下部直径1.7米。井中出黑色淤泥，中夹草木灰、红烧土块、兽骨及东周日用陶器(汲水罐、鬲、瓮、豆、盆……)及筒瓦、板瓦等，估计井上原建有覆陶瓦之井亭。因目前地下水位甚高，故不能测得其实际深度。此种井应属水井的最早形式，虽井壁不牢，但因施工简易，故仍有相当数量在继续使用。

(2) 陶圈井　使用陶质井圈，是为了保护井壁不致崩落，一般仅在井内的上部置有层层套叠的陶井圈2～5个，最下之陶井圈底部，则以木架承托。井圈为圆筒形，高约80厘米，直径68～80厘米，壁厚1.4～1.5厘米，口厚2～3厘米，筒壁上开2～6个圆形孔，孔径5.5厘米。

* 作者注：此数字与后述之分列数总和稍有出入，但原资料如此。

井中亦出多量生活陶器或其碎片。陶井圈因刚度及耐久性较好，取材亦不甚难，故成为战国时期水井主流，以后至汉代仍多沿用。

（3）木圈井 使用由大树凿成的木井圈。平面常呈椭圆形（如河Ⅰ—167号井），架立于位于圈底中部的二根平行托木上。井圈直径70～82厘米，厚2～6厘米，残高180厘米。因取木材不易，且加工不便，而其耐久性亦不如陶井圈，故它的应用为数最少。

（4）竹圈井 以竹和柳条等合编为直筒形，紧附于井壁表面。在井壁挖好后，以较硬的竹或柳枝，立于井壁处作为垂直支撑，再以较软的竹条与柳条作横向编织。其竖向竹有十二股，每股由竹、柳条六七根柠成。直径85厘米，厚3～6厘米，残高70厘米。此种井圈虽取材及加工都较方便，但其耐久性及刚度不够理想，所以使用仍然不多。

六、 周代的建筑技术与建筑艺术

（一）周代的建筑技术

由于生产工具的改进，落后的石、木、骨、蚌工具在长期使用后，逐渐被金属工具（特别是铁工具）所取代，使得社会生产效率和生产量得到大幅度的提高。社会制度从奴隶制走向封建制，也在许多方面解放了生产力。而封建统治阶级的社会需求，又大大超过了奴隶主时期，这就提出了对社会生产更高的要求，同时也迫使人们进行更多和更复杂的社会生产实践。建筑是整个社会生产和社会生活的一部分，又与社会文化艺术紧密相关，在上述种种条件的影响下，必然也会随着社会的变化而产生变化。应当肯定，周代建筑技术与艺术的水平，是在夏、商等前人的基础上，又向前迈进了巨大和重要的一步。现就以下几个方面，进行综述与研讨：

1. 木架构及榫卯

在建筑结构方面，虽然我国并不缺乏石料，但由于古代木材产量的丰富和易于采伐与运输，并通过长期的实践和比较，木建筑的优点越来越被人们所认识，于是被进一步肯定并更广泛地予以应用。虽然当时它在结构和构造上还存在着不少问题，例如在多层建筑和复杂屋顶等方面。但从周代的建筑实践来看，其结构和构造问题正在被努力探索和逐步解决。

建筑柱下基础的承重问题，直到商末周初，还是采用深埋柱于基台内，并在柱底垫一块卵石或砾石的“暗柱础”方式。在建筑愈来愈高大与柱所承受的荷载愈来愈大时，仅依靠础石下夯土的承载是不够的，而各柱的不均匀下沉，势必引起建筑倾斜或断裂。此外，柱的深埋目的，原是希图依靠基台的夯土固定柱的下端，但却带来了因空气不流通和毛细管作用导致土壤中水分进入木材，从而使其湿潮发霉腐烂的恶果。一旦出现这类情况，由于柱脚的深埋，事先还不易发现并及时进行处理。商殷王宫柱下虽采取垫置铜片——“锧”的办法，但也无法从根本上解决这个问题。

陕西岐山县召陈村西周中期建筑遗址中的柱础，除了将基坑底部土壤夯实外，还填入夹有土的大块河卵石多层，并逐层夯筑，最上再放大块的柱础石以承木柱。由于基础深度在冰冻线以下，以及卵石受压应力远远超过夯土，这样的柱基础较前述者自然大为进步。此时柱脚的埋置，也由深变浅，缓解了木材的糟朽过程，从而对结构也是有利的。

当木构架本身的结构体系尚未完全成熟时，如何保持它的稳定也是重要课题之一。构架的稳定首先在于柱的稳定，前述深埋柱脚是最早的方式。在陕西岐山县凤雏村的早周宗庙建筑遗址和召陈村的中周居住建筑遗址中，可看到木柱置于夯土墙中的实例。用这样的方法来固定各柱的结构位置，可达到房屋木架更为稳定的目的，在当时的生产技术水平下，无疑是最好的选择。而这种土墙与木柱的结合方式，对前述柱脚改为浅埋，也起着积极的影响。

从表现周代建筑形象有限的几件铜器（如战国铜壶、铜鉴等）中，可以看到当时建筑的柱间联系甚少，例如阑额并未位于柱头之间，而是置于柱头之上。这种方式在汉代以至南北朝都在沿用，实例可见汉画像石、崖墓和北朝的石窟。类似的做法，甚至在不久前的20世纪70年代安徽农村民居中还可见到。

在平面上，建筑的内柱往往沿面阔方向排列成行，而沿进深方向则否，这表明当时尚未使用像后代的那种正规的抬梁式梁架，而是使用了以桁架为主的梁架。也就是桁（即檩）或直接承于柱顶，或置于大斜梁上。这斜梁上端由中柱或门架式内梁柱支承，下端则搁在屋柱上或屋柱间的阑额上，当屋面荷载不太重时，上述的结构形式是能够满足需要的。

周代木建筑的柱距最大已达5.6米，一般也在3米左右。但内柱的排列常不十分规则，以致出现了召陈遗址中类似后世"减柱造"和"移柱造"的情形。平面中央的内柱，常较其他柱为粗大，亦即汉文献中所称的"都柱"，很可能是原始社会圆形房屋演绎的遗风。

建筑结构技术的进步，使建筑的面积日益扩大与高度的逐渐增高，成为得以实现的事实。以陕西岐山县召陈遗址中的厅堂建筑F3为例，面积已达360平方米；F5则为384平方米，均已超过商代二里头1号宫室面积的350平方米。就前者主人的经济与政治地位来说，显然与商王相距甚远，之所以出现这种情况，原因只能从建筑本身原因来寻找。以河北平山县战国中山王陵上之享堂为例，其最上层建筑面积约680平方米，然而这肯定不是周代建筑中面积最大的。据《吕氏春秋》："齐宣王为大堂，盖百亩，堂上三百户，三年而未成，群臣莫敢谏"。《老子注解》亦称："齐有百亩之室"。此室虽未建成，但亦可见齐王对宏大宫室的奢求了。尔后秦始皇咸阳阿房宫前殿的建造，更将建筑的尺度与建造的规模推到了顶峰。

在解决屋檐等出挑问题上，除了沿用始见于原始社会又盛行于商代的擎檐柱以外，还采用了在柱上施用斗栱这一形式。除前述西周初年铸造的铜器令毁足部所置的栌斗，是它最早的实体形象以外，战国漆器上描绘的宫室建筑，也已使用了这类构件（图3-156）。河北平山县中山国王墓中出土的龙凤座铜方形案显示的45°斜置一斗二升斗栱，将栌斗、小斗、令栱和斗下短柱等各种建筑构件的形象，体现得更加细致与完善（图3-157）（见表3-2）。另中山国都灵寿城发现之陶斗栱，其形制有平盘斗和三面或十字开槽口之多种类型（图3-66、3-170）。而前述战国铜器上的纹饰，亦表现有斗栱数种，其外形均作阶梯状，与后世汉墓画像石多次表现的形状十分相似（图3-63、3-67）。总的来说，此时的斗栱还处于发展的初级阶段，对较长出跳和角部45°出栱等问题尚未得到解决。

河北平山县中山国王墓出土龙凤座铜方形案斗栱尺寸（内中斗体后部宽度未铸出） **表3-2**

（单位：厘米）

名　称	斗　体	斗　耳	斗　平	斗　欹	横　栱	蜀　柱	皿　板
一字槽口栌斗	长4.1 宽2.2（不全） 高2.2	长4.1 宽0.15 高1.2	高0.2	高0.8	长21.3 宽2.1 高2	圆柱形 φ=1.5	厚0.3
一字槽口散斗	长3.8 宽3.2（不全） 高2.2	长3.2 宽0.15 高1.2	高0.2	高0.8		圆柱形 φ=1.5	厚0.3

周代木建筑构件的榫卯构造，因目前尚无建筑实物例证，故难以确定。但从墓室中木棺椁的构造，亦可得知其部分情况。这方面的资料尤以战国楚墓中出土的最为细致精确，可作为当时木

构的推衍。

现以湖北当阳县曹家岗五号楚墓之主外棺为例（图 3-158）。该棺长 2.84 米，宽 1.34 米，高 1.04 米。共由大小不等之二十块木板组成，采用了“嵌扣楔”、“落梢榫”、“对偶式燕尾榫”、“半肩榫”、“合槽榫”及“环扣”等多种结合方法。此外，湖南长沙市楚墓的木棺椁中，又有“搭边榫”、“燕尾式半肩榫”、“割肩透榫”等榫卯形式（图 3-159）。

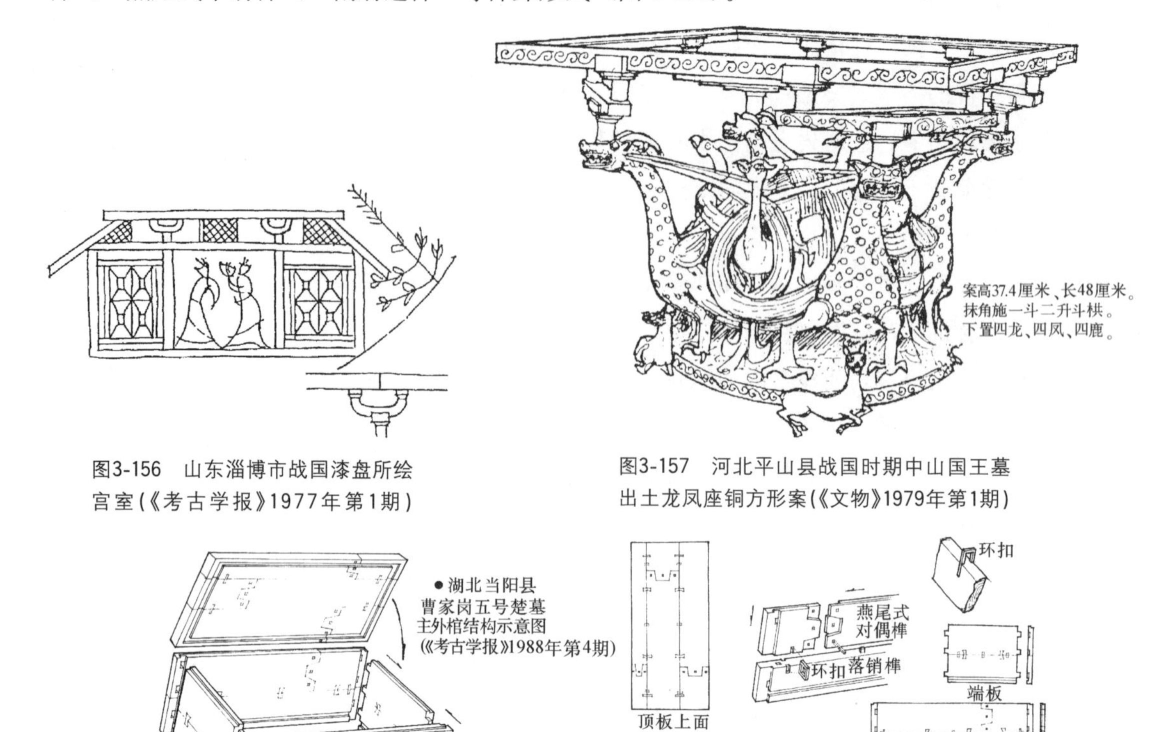

图3-156　山东淄博市战国漆盘所绘宫室（《考古学报》1977年第1期）

图3-157　河北平山县战国时期中山国王墓出土龙凤座铜方形案（《文物》1979年第1期）

图 3-158　周代木构件榫卯（一）

①嵌扣楔　又称细腰嵌榫。为周代墓葬中最常见与最大量使用的一种榫楔，多施于并列木板的拼合。其做法是在二板接缝处的内、外侧、凿出与缝垂直方向的“K”形折腰浅穴，约长 15 厘米，宽4～7.5厘米，深 1.2 厘米，然后嵌入同形的木楔，其外观适如“银锭楔”之半。

②落梢榫　在二板合缝处凿出对称的长方形（或方形）榫眼，约长 4 厘米，宽 1.2 厘米，再在一面打入与榫眼同粗的木销并露出半截，使能与另一面之榫眼契合。

③燕尾式对偶榫　为加长木板之拼合方式。在二木板之两端，锯出相互错位但可拼合的双层式燕尾榫，拼合后再以插销榫予以固定。

④环扣　在要拼合的二板接缝垂距 7.5 厘米处，凿成对称的方形孔，并在二板内、外侧之两孔间，再凿与孔同径的长形凹槽以连接二孔，且与板缝相交成“十”字形。然后以熔化之铅锡注入孔槽内，凝固后，即形成长 15 厘米，宽 8 厘米之长方形套环。

⑤半肩榫　用于端板（或称“挡板”）与侧壁板之接合。施于端板二侧（每边三个），以插入侧板二端之榫眼。

⑥合槽榫　为条状之槽沟，刻于侧板下端内侧，用以嵌入底板。其刻于顶板下面者，则呈回环之矩形（约宽 5 厘米，深 3 厘米），用以扣入端板及侧板上端之周口（宽 4 厘米，高 1.5 厘米）。

⑦搭边榫　将拼合构件沿边开凹槽及凸棱，然后相互搭合。见于长沙市楚墓木椁。

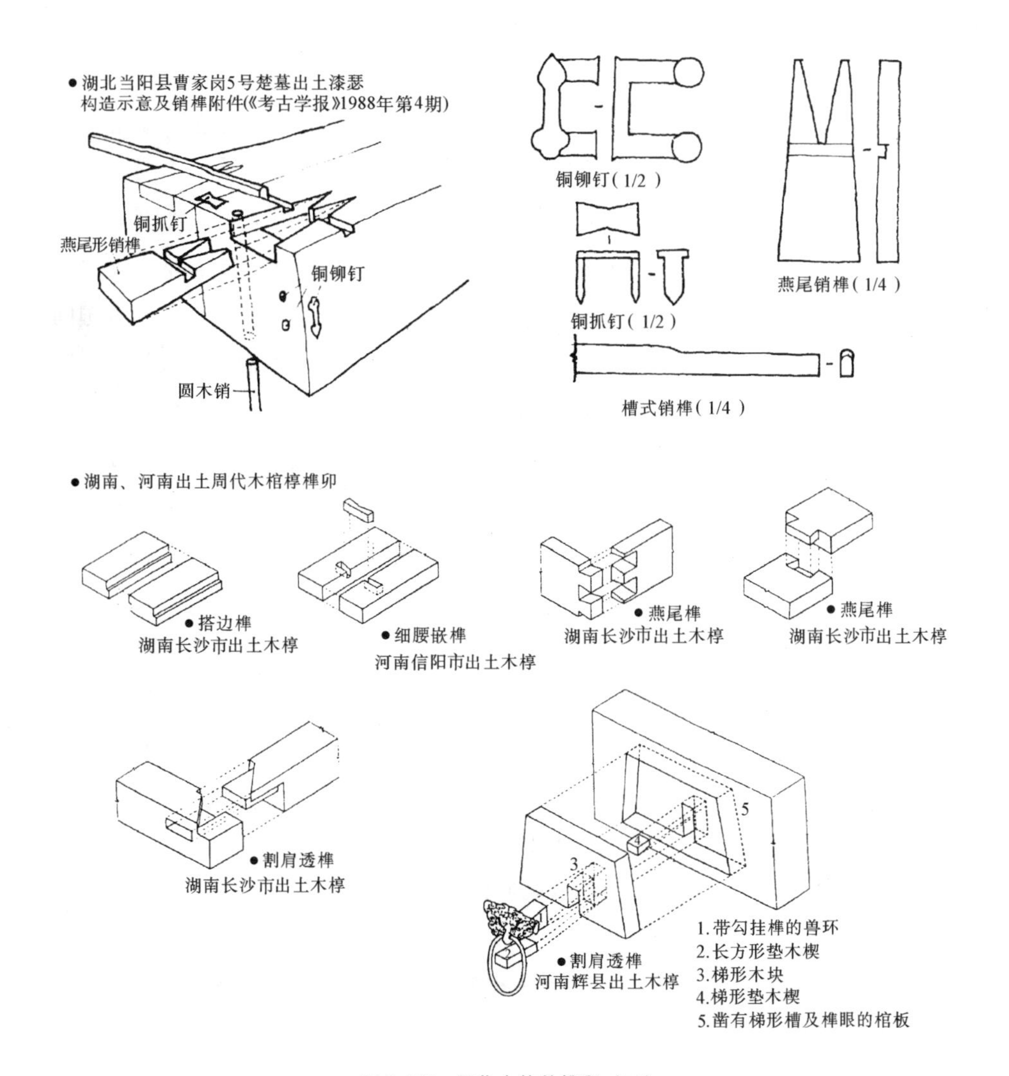

图 3-159 周代木构件榫卯（二）

⑧燕尾式半肩榫 为使接榫处不为水平拉力所影响，又有将半肩榫作成外宽内窄之梯形，即燕尾形式样。例见湖南长沙市楚墓木椁。

⑨割肩透榫 用于角部之连接。将构件上部锯成45°，使于角部之结合密切。构件中部则作成凸榫与凹榫，例亦见湖南长沙市楚墓。

此外，在诸如乐器的制作和整修中，也使用了一些类似的方法。例如上述湖北当阳县曹家岗五号楚墓中出土的漆瑟，在其端部就使用了下列几种形式。

①铜抓钉 平面为银锭形，正面为“冂”形，侧面为“T”形。

②插销榫 外形呈圆柱形，木质。在二构件间钻圆孔，然后将此榫插入。

③曲形铜铆钉 用于角部二木件之固定。亦即“L”形之环扣，一面为双柱形，一面为叶形。

④双燕尾插销榫 整体呈楔形，小端开双燕尾。

⑤嵌槽榫 与瑟面板及双燕尾榫垂直。嵌槽长38厘米，宽1厘米，深0.5厘米，内贯以凸出面板约1厘米之长木条——岳山（长38厘米，高2厘米，宽1厘米）予以固定。

2. 夯土

夯土技术是我国古代建筑技术中另一重要方面，从原始社会经夏、商以来，已经有相当的基础。周代分封诸侯，各国筑城、建宫室、修陵墓……皆不能缺少此项技术。此外，盛行于战国的高台建筑，也为夯土技术创造了许多实践的机会。文献中载晋灵公、齐威王、楚灵王皆有“九重之台”，又《楚书右篇》载：“楚庄王筑层台，延石千里，延壤百里，国人劳苦疲敝，士有反三月之粮者”。由此可见当时筑台之考究：取土百里之外，取石千里以远。而且还可能在土台外表包砌以石。

最大规模的夯土工程应首推筑城。除新建城外，西周各国之旧有城邑多在春秋、战国时予以扩展或培高增厚，故“城城”之记载，屡见于史籍，尤以《左传》更为详尽。此外，各国间为阻敌而设的边城与燕、赵、秦之北疆防御匈奴而筑的长城，工程量均极为浩大，除部分利用天然地形及石料外，大多均由夯土构筑。

在夯土技术方面，已广泛采用版筑方式。就已知周代城垣遗址中，夯土时使用之工具如夹板、夹棍等痕迹，皆多有所见。夯土质量亦有改善，除能抗御攻城器械之冲击，又可久耐引水灌城时之浸泡。此等情况，史书中已屡有载录。

此外，周人对土壤性能的认识，亦有很大提高。表现在对于不同的用途，采用不同的土壤和不同的构筑方式。例如，为了防止水和空气的渗入，在墓葬中使用夯实的青色或灰色胶泥。为了使柱下的承载力提高，采用了夯实的土石混合基础。对此，在前面的若干实例中，都已有所介绍。

3. 石料及陶质建材

使用之建筑材料，除土壤与木材是最主要和最大量的以外，石料也用得不少。从天然的河卵石或砾石堆砌的柱础、明沟、下水道和散水，到用整齐石块砌造水道、道路等。西周早期建筑如陕西岐山县凤雏村宗庙遗址中出土的陶瓦，说明了自古以来习用的“茅茨”屋顶的防水性能已经得到改善。初期的陶瓦尺度都很大，一般长 55～58 厘米，大头宽 36～41 厘米，矢高 19～21 厘米；小头宽 27～28.5 厘米，矢高 14～15 厘米；厚度都在 1.5～1.8 厘米左右。使用地点大概在屋面交合之处，例如屋脊、天沟等。为了使陶瓦便于固定在草屋顶上，在瓦背或瓦底多置有瓦钉或瓦环（图 3-160）。后来将陶瓦进一步铺设在檐口，这也是从实际出发，因为该处水流量最多，草顶最易损坏。将陶瓦满铺屋面的方式大约始于西周中期，陕西扶风县召陈遗址为此提供了确切的证据。此时的筒、板瓦尺度都已减小，如小型筒瓦长约 23 厘米，其大头宽 13 厘米，小头宽 11.5 厘米，高 6.5 厘米，瓦厚 0.8 厘米。中型筒瓦长 40～44 厘米，大头宽 19～20 厘米，高 9.5 厘米；小头宽 16.7～17.6 厘米，高 8.5 厘米。近檐口之筒瓦已附半圆形之瓦当，表面有素平和刻简单弧线的。在宽瓦方面，也由于在满铺淘瓦之下使用了泥质苫背，使与屋面的结合更为实贴。原有的瓦钉、瓦环，则因其功能丧失而被取消。陶瓦除断面呈圆弧形外，又有制为槽形的。在盖瓦的外表面，常模印三角纹、蝉纹、雷纹等，其中尤以燕下都出土者最为华丽（图 3-161）。

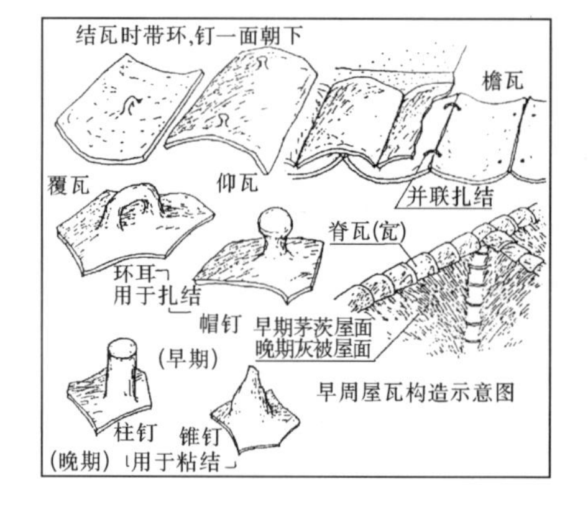

图 3-160 陕西岐山县凤雏村早周屋瓦构造示意图(《建筑考古学论文集》1987年)

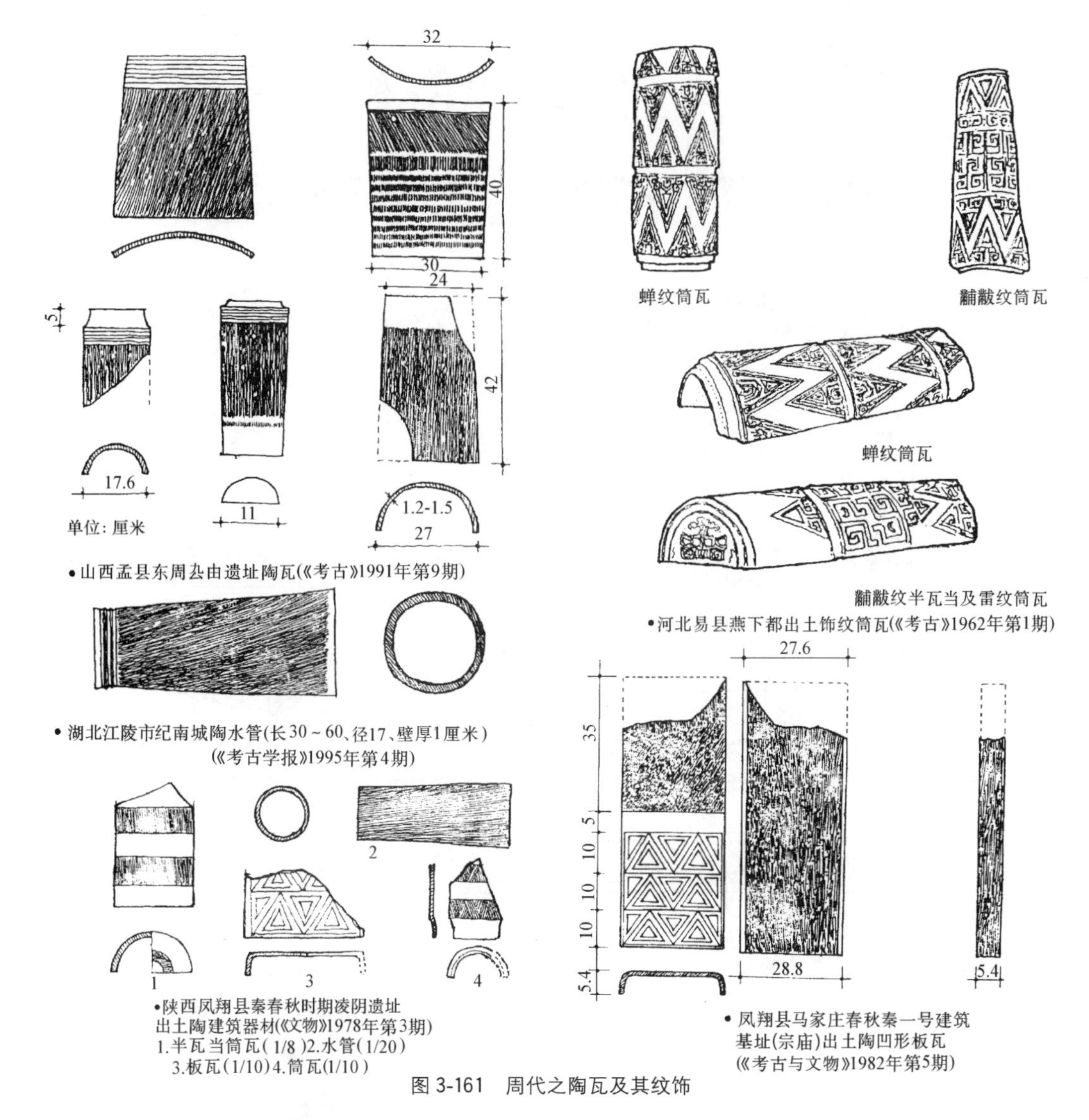

图 3-161　周代之陶瓦及其纹饰

上述陶瓦的制式一直沿用到战国之末，惟一产生变化较大的是半瓦当上的纹样日益丰富，有饕餮纹、雷纹、卷云纹、动物纹等（图 3-162）。但素面的也仍然使用到秦。目前所见的周代圆瓦当饰面亦以兽纹为多（图 3-163）。

砖之使用稍迟于瓦。在陕西岐山县凤雏村早周遗址中曾发现土坯砖若干，砌叠于厅堂北面台基处。正规之陶砖多作大块正方形，尺寸为 38 厘米×38 厘米，厚 3 厘米。也有呈矩形者，尺寸为 34 厘米×27 厘米，厚 3 厘米；或 42.5 厘米×31.3 厘米，厚 4 厘米。纹样则有由斜方格或由圆分割之弧形，以及菱形、卷云、S 纹、回纹等多种，它们多用于室内铺地（图 3-164、3-165）。

战国晚期又出现大块空心砖。一般长度约 130 厘米，宽约 40 厘米，厚约 15 厘米。其正、背面多模印几何纹样，用于铺砌墓室之底、顶及四壁，或作台阶之踏跺。

小砖在周代发现甚少，仅知之西周晚期陶砖出土于一制骨作坊附近，长 36 厘米，宽 25 厘米，厚 2.5 厘米，四角带有砖钉，可能用于护墙。另例见于河南新郑县，用于冶铁场之通气井壁。其长度为 25～28 厘米，宽 14 厘米，厚 10 厘米。砌法为单砖错缝。时代属战国。

陶制之其他建筑材料，如水管，已见于陕西岐山县凤雏村及扶风县召陈出土者，每节长度为 82.5 厘米，粗头直径 21.5 厘米，并附有菱形孔洞之格箅。燕下都则出土战国时期之虎头形陶制水管、山字形及附饕餮纹之勾阑砖等，造型都极美观（图 3-166）。此外，直径超过 80 厘米的陶井圈，亦已被广泛使用，尤以楚郢都所见者为典型。

图 3-162 周代之半瓦当

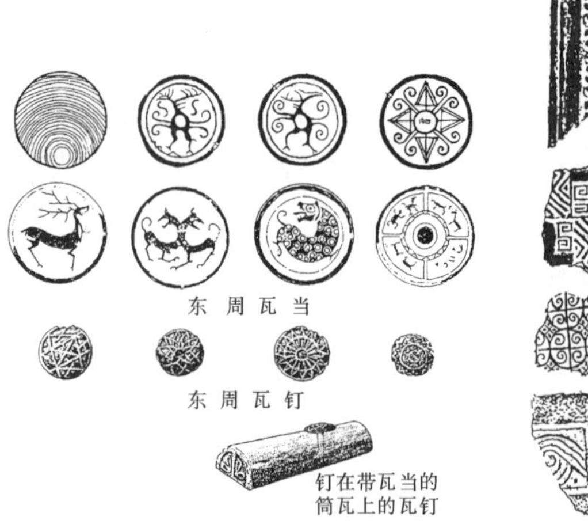

图 3-163 周代之圆瓦当及瓦钉

图 3-164 山东淄博市齐古城内采集之花纹砖(1/4)(《考古》1961年第6期)

4. 金属建筑构件

金属之运用于周代建筑，较上述各种材料为少。已知有门户上之铺首、柱梁之“金釭”、车舆之饰件、木棺及家具之支架、灯具等。1973 年在陕西凤翔县秦都雍城中部偏西之姚家岗，于春秋时期秦代宫室遗址中，先后掘出藏有铜质建筑构件之地窖三处，共计 64 件。依形制可分为五种类型：即内转角、外转角、中段（双向齿饰）、尽端（单向齿饰）和梯形截面构件。前四种大多为由铜条或铜板构成之中空框架，截面大多呈方形或矩形，仅少数呈梯形。截面一般为 16 厘米见方，

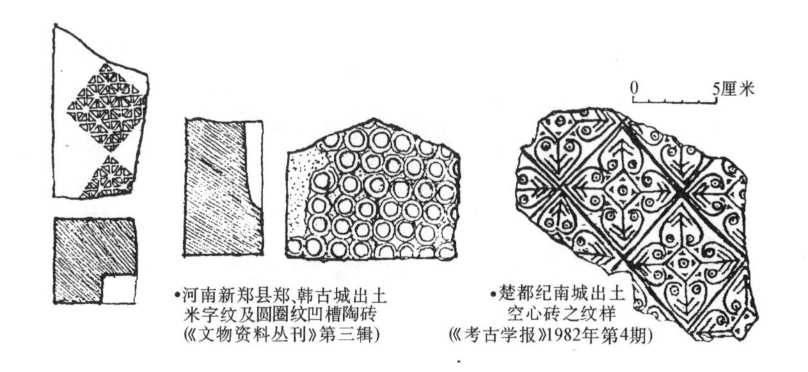

图3-165 周代郑、韩、楚国陶砖纹样

图3-166 河北易县燕下都出土陶下水管道及各式阑干砖

小于柱、梁等主要木构件截面，故推断为用于构造之壁柱或壁枋上，即《汉书》中所称之“金釭”。其类型外观及安装构造与部位，可参见图3-167，3-168。

“金釭”形象源于古代车辆之说较为普遍，而《广雅·释器》则称：“凡铁之中空而受枘者，

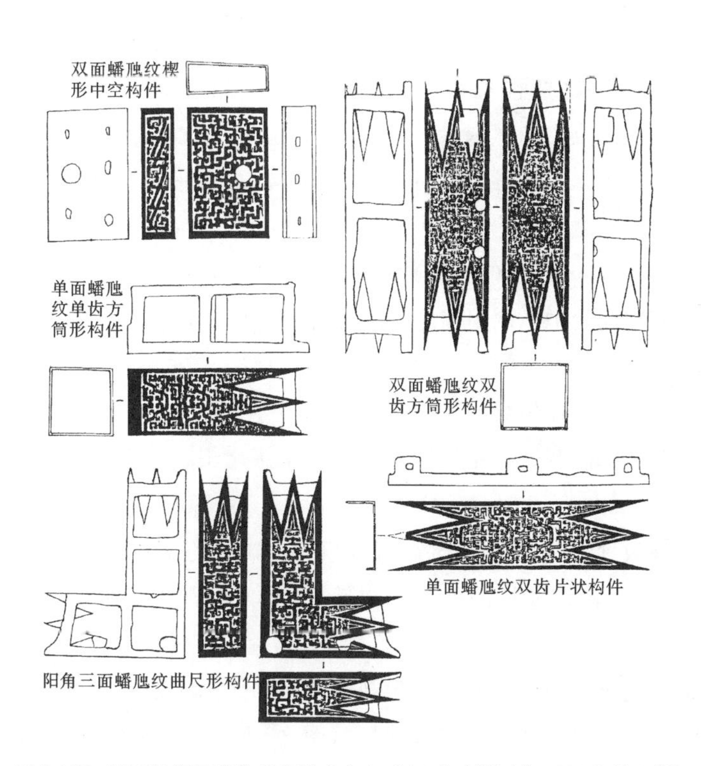

图3-167 陕西凤翔县秦故都雍城出土之“金釭”(《考古》1976年第2期)

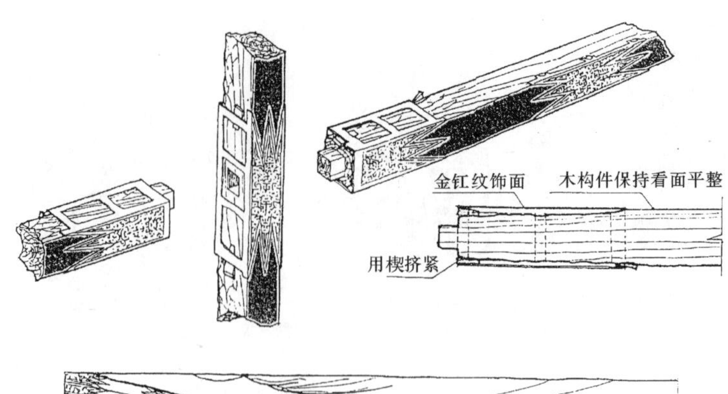

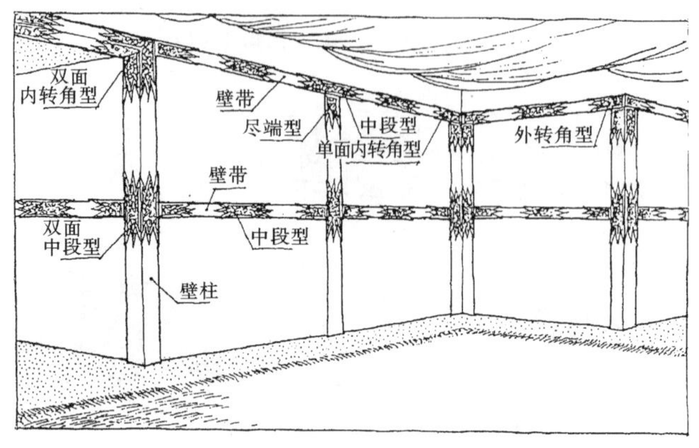

图 3-168 “金釭”在建筑中的安装部位及与木构件结合设想图(《建筑考古学论文集》1987 年)

谓之‘釭’”，似较为可信。它的作用，不仅在于装饰室内，而且还对室内非主要结构的木梁、柱、枋等节点起着加固作用。过去在燕下都及秦咸阳等地曾出土过类似的铜构件，由于残毁及其他原因，未能予以辨认。雍城发现之“金釭”构件在数量、种类和保存完好方面都是前所未有的，对了解东周时期宫室内部构造与装饰，有着很重要的意义。由于这批构件的装饰性已很突出，则其作为节点加固主要功能的出现时期，估计应在西周。

至于金属之用于其他部位，如《国策》中载赵晋阳宫中已大量使用铜质柱础，又《列异传》中述及楚王宫内置有铁柱等，皆属稀见之特例，但于各地之运用并不普遍。而文中亦未详言其制式与形象究竟如何。另中空之拱形构件亦见于湖北及湖南，均饰花纹并具钉孔。而出于山东战国墓之铜帐具，形状亦有多种。其他如铰链合页、器物插座等，均多有出土者（图 3-169）。由此可见当时在房屋建筑及其附属物中，使用铜件已是极为普遍的现象。

5. 屋面与墙体

早期建筑屋顶的构造，是在斜梁（或称“大叉手”）屋架间顺屋面坡度放置绑扎成束的芦苇，其上抹泥，表面再抹薄层掺砂灰浆，干后即可铺瓦。苇束之下，亦于室内之一面涂泥，表面再予刷白。

墙壁的做法有下列数种：(1) 素夯土墙：常用于院墙等外垣。(2) 埋置木骨或木柱的夯土墙：见于陕西岐山县凤雏 1 号建筑遗址的外墙与内墙。 (3) 草泥墙：用于室内隔墙，多不作为承重结构。

至于建筑屋面以下之局部构件，亦有用陶制作者。如战国时期中山国都灵寿遗址中出土之建筑陶斗[81]，即有栌斗、交互斗、平盘斗多种式样（图 3-170）。其各斗之具体尺寸及构造与纹饰情况，可参阅表 3-3。

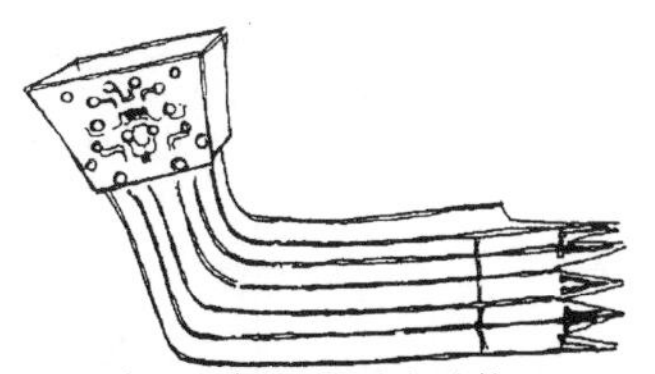

●湖南出土春秋时期青铜饰件
(《文物》1995年第5期)
锯齿至外弯处长30厘米,外弯至方头长20厘米,銎内径约7.4厘米×(6.3~6.5)厘米

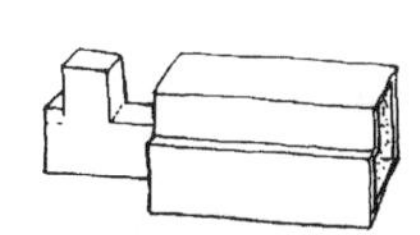

转角柱头构件

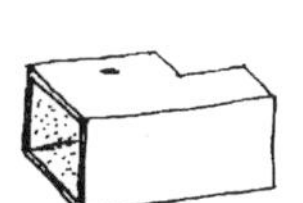

檐柱插座构件

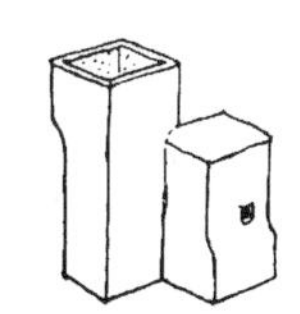

转角角柱插座构件

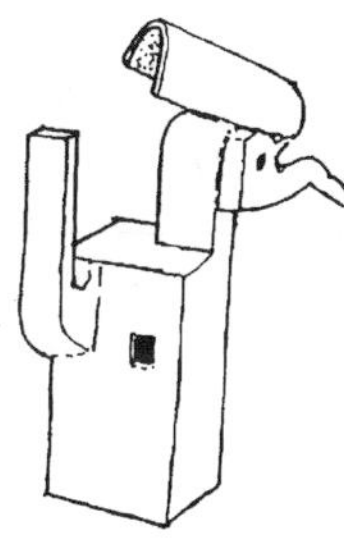

转角柱头上部构件

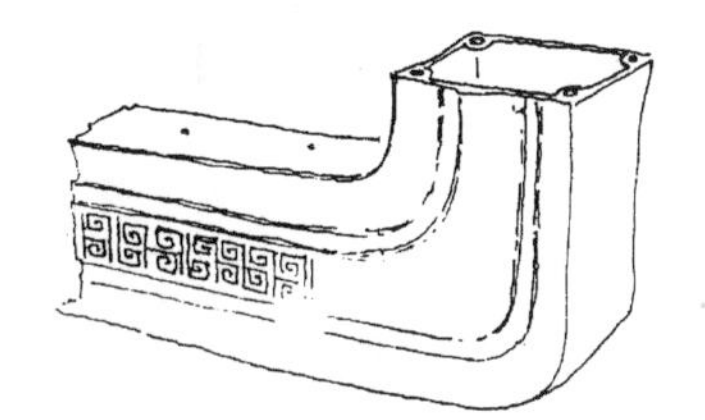

●湖北当阳县季家湖楚城出土青铜建筑构件
《文物》1980年第10期)

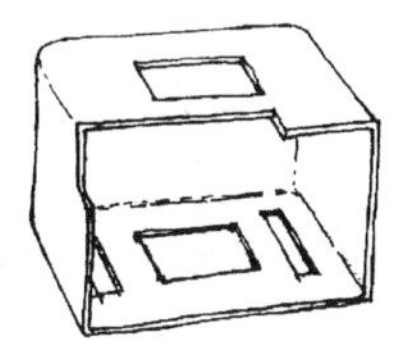

转角支座构件

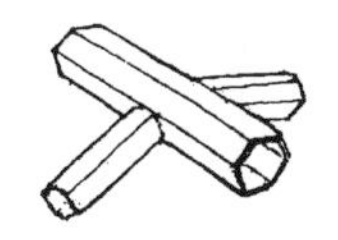

正脊中部节点构件

正脊二端节点构件

●山东长清县岗辛战国墓出土铜帐架各节点构件
(《考古》1980年第4期)

•江苏淮阴市高庄战国墓出土铜插座
(《考古学报》1988年第2期)

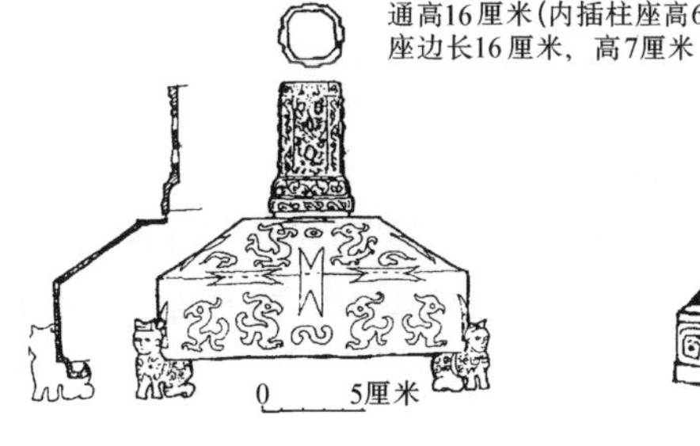

通高16厘米(内插柱座高6.5厘米),方座边长16厘米,高7厘米

•浙江绍兴市306号战国墓出土铜插座
(《文物》1984年第3期)

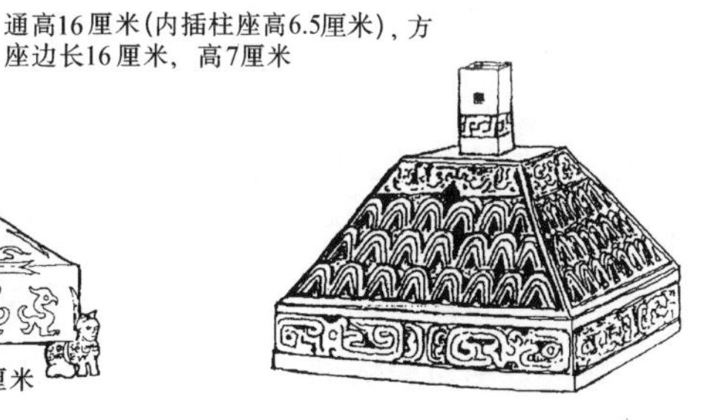

•河南光山县春秋早期黄君孟夫妇墓出土铜座
(《考古》1984年第4期)

图3-169 周代建筑中使用的其他铜构件

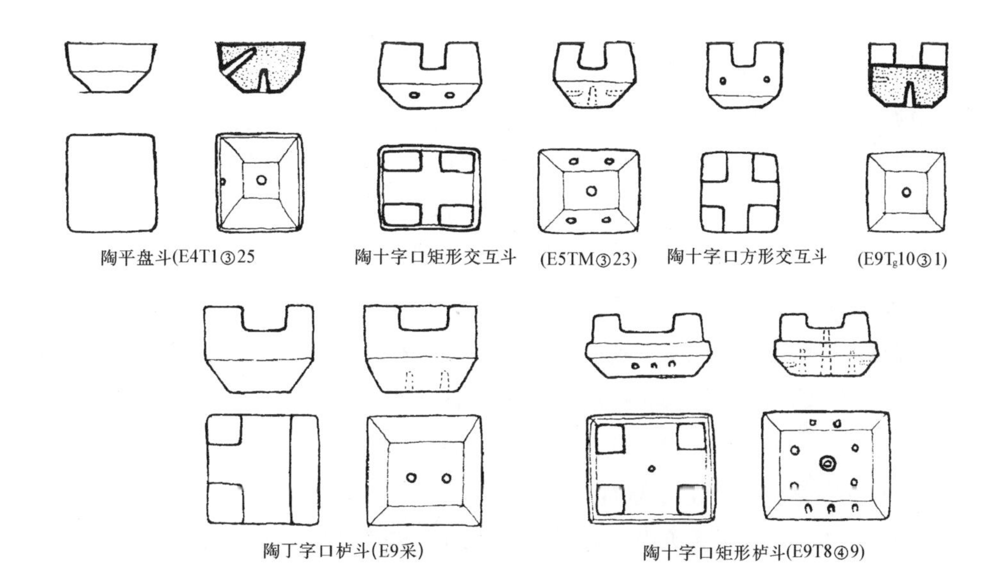

图 3-170 河北平山县东周中山国灵寿城内出土建筑陶斗(《文物》1989 年第 11 期)

河北平山县中山国都灵寿城址出土陶斗尺寸（单位：厘米） 表 3-3

陶斗名称	式样	标本号	斗体	斗耳	斗平	斗欹	斗口宽	斗栓	纹饰
平盘斗	方	E4T1③25	长 14.4 宽 13.7 高 7.2		高 4	高 3.2		1孔，φ1.4	下部饰细绳纹
交互斗	长方形，十字口	E5T11③23	长 15.6 宽 12.2 高 9.6	长 5.8 宽 3 高 4	高 4 高 2	高 3.6	4.8—3.4	1孔，φ1.6	素面，斗耳稍有内收
交互斗	方形，十字口	E9Tg10③1	长 12.2 宽 11.6 高 9.4	长 4.4 宽 3.6 高 3.4	高 4.2	高 1.8	4.2—3.4	1孔，φ1.4	素面
栌斗	长方形，十字口	E9T8③9	长 19.5 宽 16 高 9	长 4.4 宽 4 高 2.7	高 3.2	高 3.1	8—5.4	1孔，φ1.2	素面，斗耳下四周出平台面
栌斗	方形，丁字口	E9 采集	长 17 宽 16.2 高 12.8	长 6 宽 5.4 高 3.6	高 4.2	高 5	7.3—6	2孔，φ1.4	欹面饰细绳纹，斗底四边饰凹齿纹

6. 散水及道路

散水常以卵石铺砌，陕西扶风县召陈遗址中的西周早、中期建筑已用。砌时将卵石立置，依散水之内、外边缘作直线排列。但同一遗址内之大型建筑 F3，其屋基四周则使用经烧烤硬化之土质散水。散水宽度与建筑大小有关，如陕西扶风县召陈遗址大建筑（F5、F8）之散水宽度在 0.7 米左右，小建筑则宽约 0.4 米。凤翔县姚家岗春秋秦雍城宫殿遗址周围，亦有此项设施发现。在其散水以外，另以较大卵石加铺散水面一道。

道路之铺设，除大多采用硬土路面外，也有铺砌石者。例如陕西临潼县秦东陵第一号墓区中，建于 M1 与 M2 西侧铺以卵石的大道——“王路”，原来各宽 1.5 米，长 315 米，规模甚为巨大。且所用卵石，直径都在 10～30 厘米者，显然经过事前仔细挑选。因此“王路”的设计与施工，事先已经过缜密规划，乃是毋庸再言之事实。

7. 供水工程[82]

1977—1978 年间，在河南登封县阳城遗址北部的战国时期官署所在地区，发现多条地下输水道及水池等设施，现综述于下。

该处为北高南低的斜坡地形，水土流失甚为严重，旧有建筑基址已被冲毁，暴露出原埋于地下的供水设施。已发现有地下输水管道四条，水池二处，水瓮池一处，水井二口，三通管五个，灰坑二十六处及大量筒、板瓦片、陶片。若干陶片上还印有“阳城”字样之戳记。

（1）管道大体呈南北走向，但有的略偏东或偏西。

1）一号管道南端已毁。北端接 1 号水池，在连接处有一阀门坑，坑底低于陶水管，似起沉淀作用。由种种迹象看来，此管道为向一号水池以东地区输水者。

2）二号管道位于一号水池之西北侧，为向该池供水之管道。其走向自北向南，虽南段已毁，仍可看出向水池弯曲的迹象。北段目前尚未发掘。

3）三号管道位于二号管道之西北，走向南北。南段残毁。北段延向西北，已发掘长 120 米，仍未至尽尖，是自水源通向二号管道及一号、二号水池之供水管道。

4）四号管道位于一号水池西南，并向西南方向延伸，大部已毁，仅存很短之一段。

（2）水池

1）一号水池（大水池）长 14.66 米，宽 4.2～4.84 米，深 1.3～2 米。底面铺以成排大河卵石，似有过滤作用。通过东侧之涵洞、阀门坑，由一号管道将水输向东南地区。其供水则由三号管道及二号管道自西北方向之水源输来。

2）二号水池（小水池）长 3.51 米，宽 1.94 米，深 2.06 米。池西有输水管道，与三号管道直角相建。池东壁有供人上下的阶梯道。池内尚遗有残破汲水罐二。

（3）贮水瓮

为二号水池废弃后，在三号管道附近新建的一处地下贮水设施。瓮为子母口，其上可能再接以陶圈，以增加所贮水量。

向贮水瓮供水的支管，乃利用残破之四通管。与三号管道相接之直管中央，又以直角设置二管，其一方向朝上，起排气作用。另一与槽底平行，其管根部特制一闸门缝，可插入闸板以控制水流。这是很巧妙的控水设施，表明在战国时期对供水问题已有相当周详的考虑并作出了有效的措施。

（4）三通管

三具三通管间距离为 18 米左右。各三通管均以其丁头管朝上，有的盖以石块，有的罩一带孔陶器，均采用有盖但不密封的形式，以利透气。这种方式与今日输水干管特设的三通透气管同一原理。

8. 家具

周代室内家具实物过去传世者稀有所闻，但在解放以来的墓葬发掘中，却出土了一批十分精美的随葬品，其中有的还是墓主生前的生活用具，因此格外引人注目。目前出土之家具大都为木质的，种类有几、案、俎、屏、床、架等（图 3-171，3-172）。少数也有铜制或铜木合制的，如广

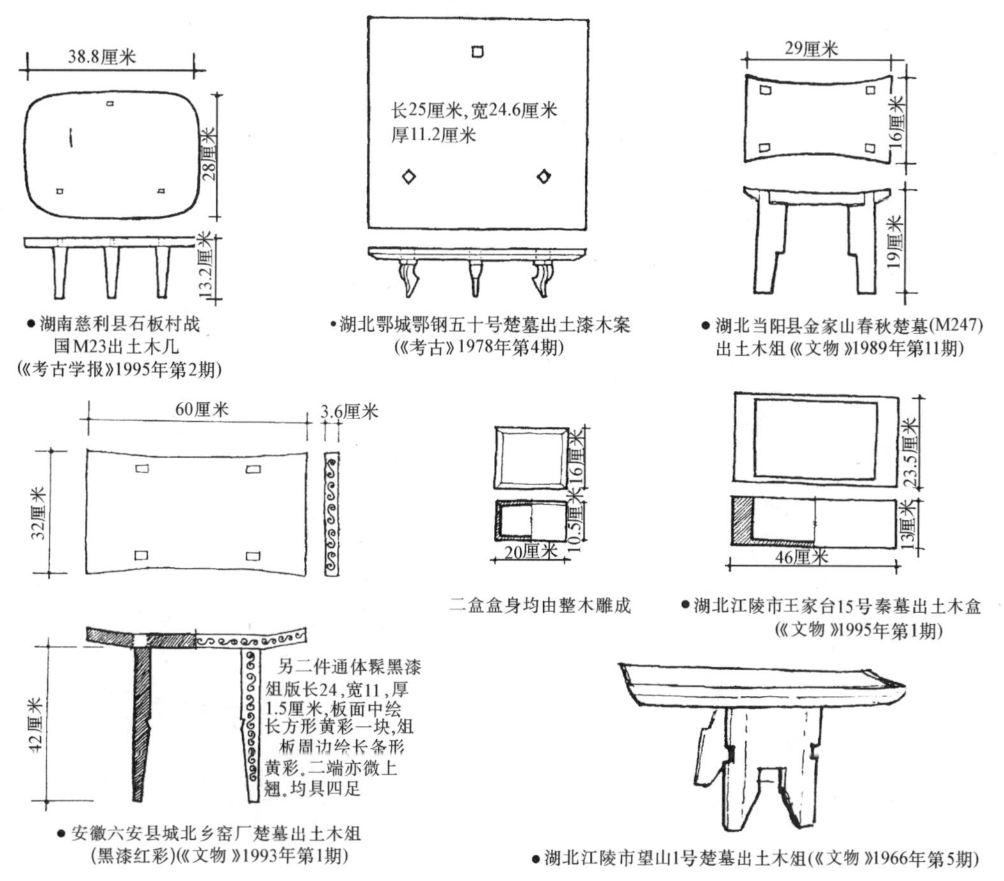

图3-171 周代之木家具(一)

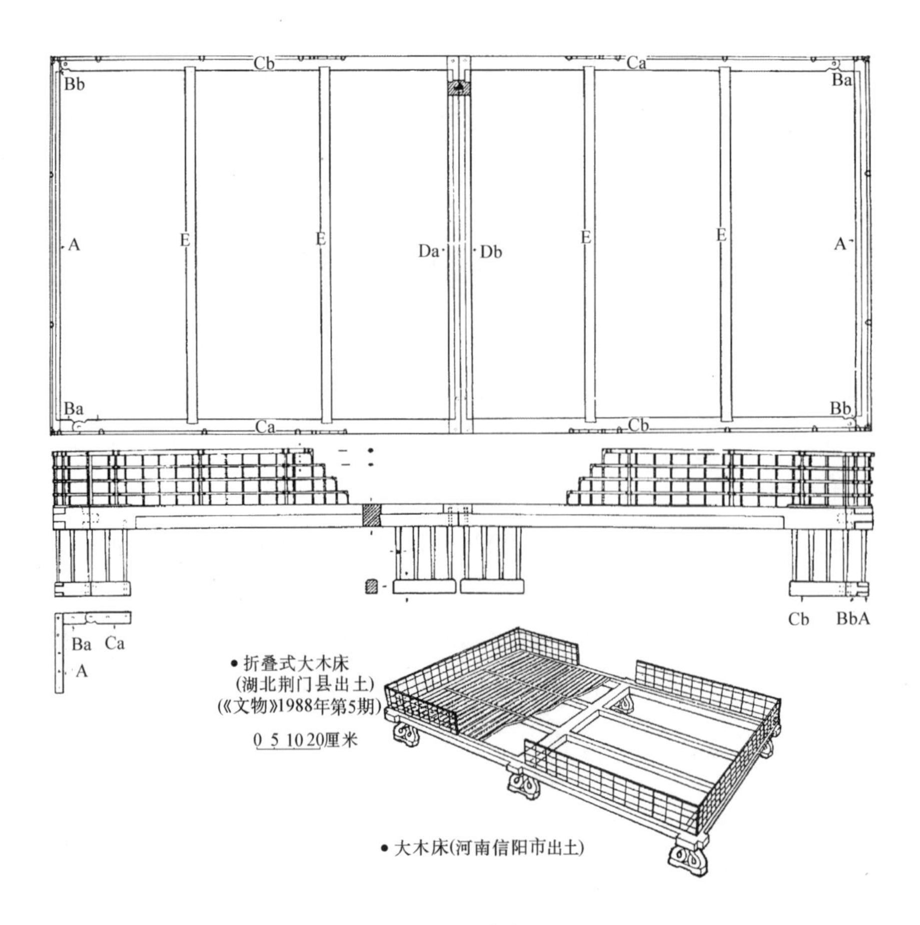

图3-172　周代之木家具(二)

州出土的战国三足圆形铜案等（图 3-173）。髹漆木家具多出土于楚墓，其他如吴国、曾国墓葬中亦有。著名的实物如湖南长沙市楚墓中的漆凭几，造型异常轻灵秀美，可称别具一格。河南信阳市出土的雕花木几，琢刻精细，图案生动。湖北当阳县与河南信阳市发现的二件漆木俎，外形与构造都各具特色，表面纹饰或绘动物形象，或施几何图案，均甚生动美观（图 3-174，3-175）。湖北荆门市包山楚国大墓所出可拆卸与装配之木床，系墓主生前用具，不但外形美观大方，而且各

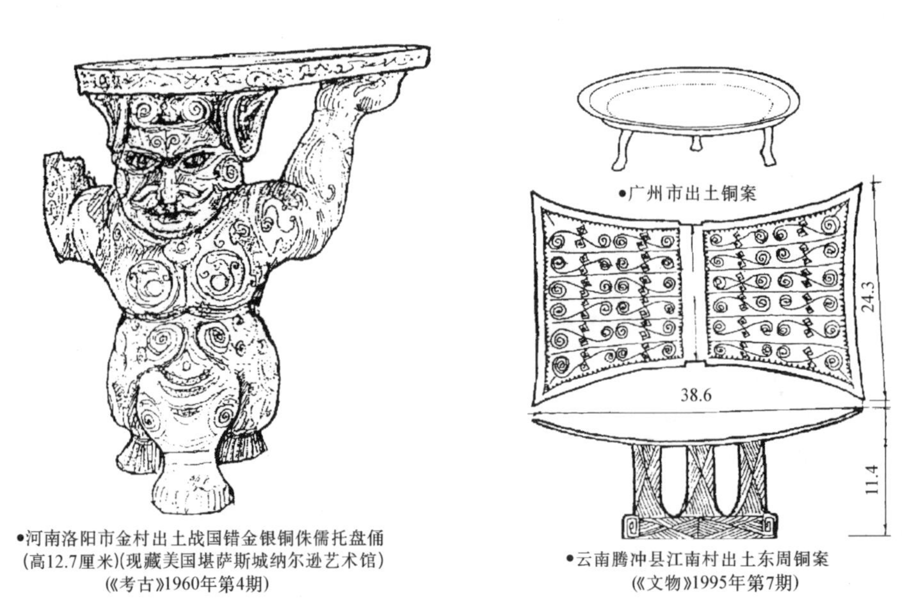

图3-173　周代之铜家具

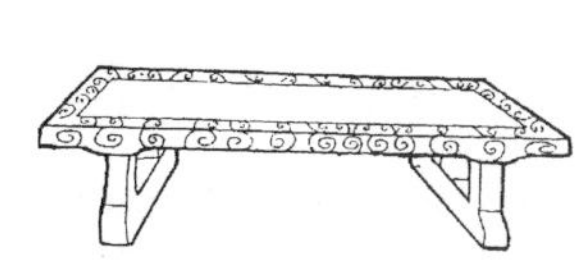
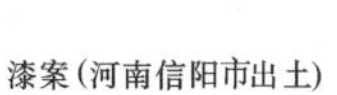

漆案(河南信阳市出土)

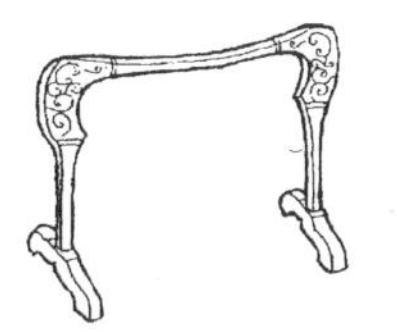

漆几(湖南长沙市出土)

木雕花几(河南信阳市出土)

漆俎(河南信阳市出土)

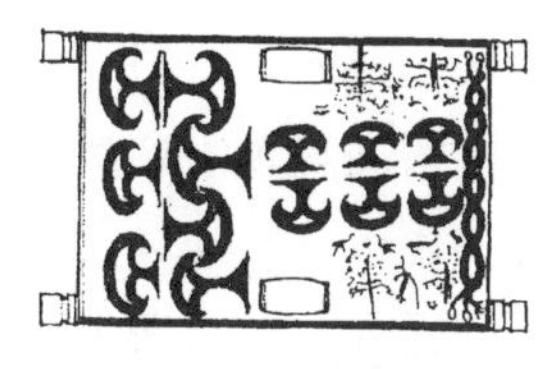
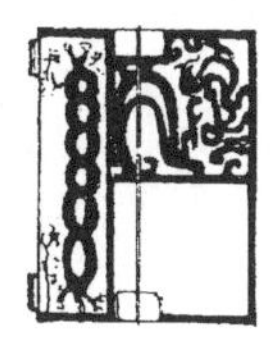

0 10 20厘米

●湖北随县擂鼓墩曾侯乙墓出土木衣箱(E61)(《考古》1992年第10期)

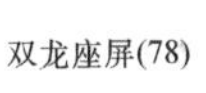

双龙座屏(78)

四龙座屏(124)

●湖北江陵市天星观一号楚墓出土漆座屏(1/5)(《考古学报》1982年第1期)

图3-174　周代之漆木家具(一)

楚墓出土漆座屏

●湖北当阳县赵巷四号春秋墓出土漆俎纹饰图案(M40)
(《文物》1990年第10期)

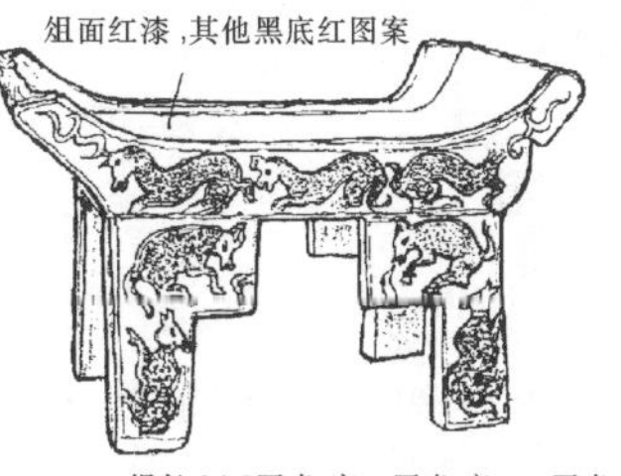

俎长24.5厘米，宽19厘米，高14.5厘米

图3-175　周代之漆木家具(二)

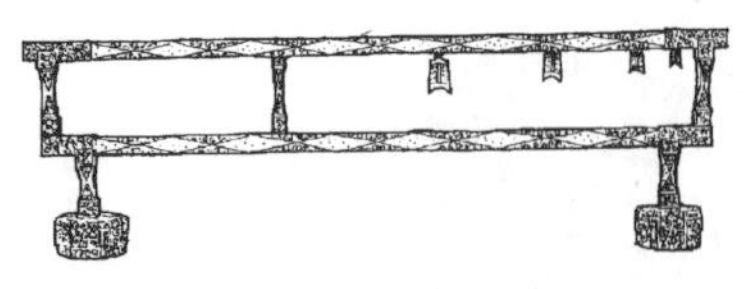

● 湖北江陵市天星观1号楚墓出土木编钟架《考古学报》1982年第1期)

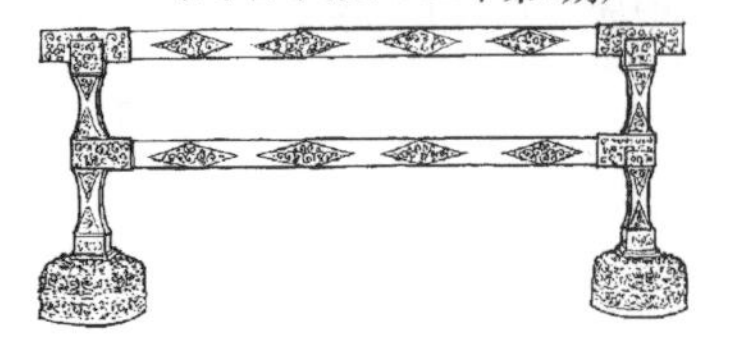

● 湖北江陵市天星观1号楚墓出土漆木编磬架(《考古学报》1982年第1期)

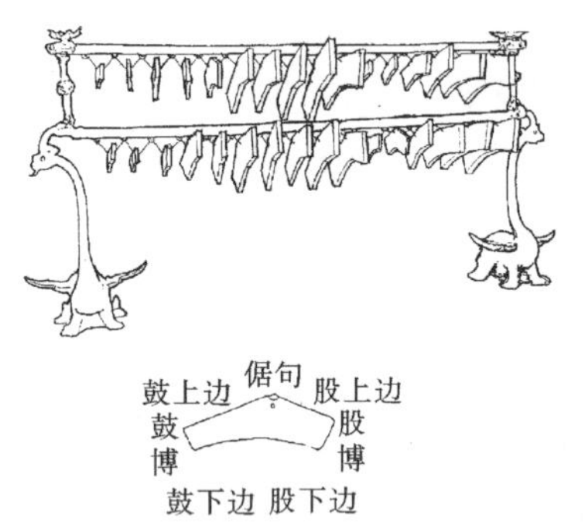

● 石磬各部位名称示意《考古》1972年第3期)
● 湖北随县曾侯乙墓出土编磬及木架复原图(《文物》1984年第5期)

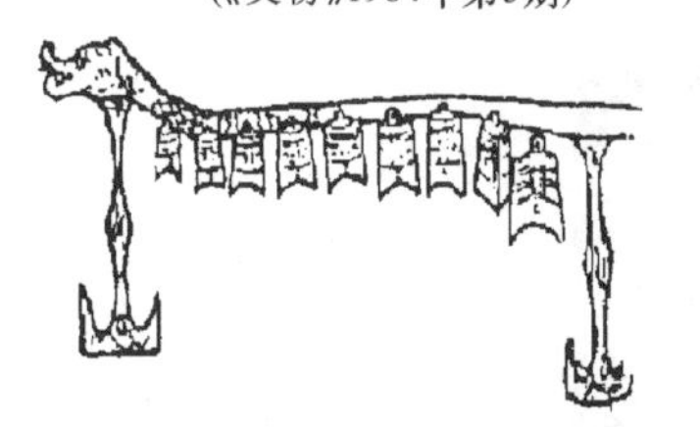

● 双立柱高约75厘米悬钟木梁长180厘米,宽5厘米,上髹红漆,绘黑色鳞状纹
● 山东蓬莱县柳格庄春秋墓(M6)出土编钟及木架(《考古》1990年第9期)

图3-176　周代之钟磬木架

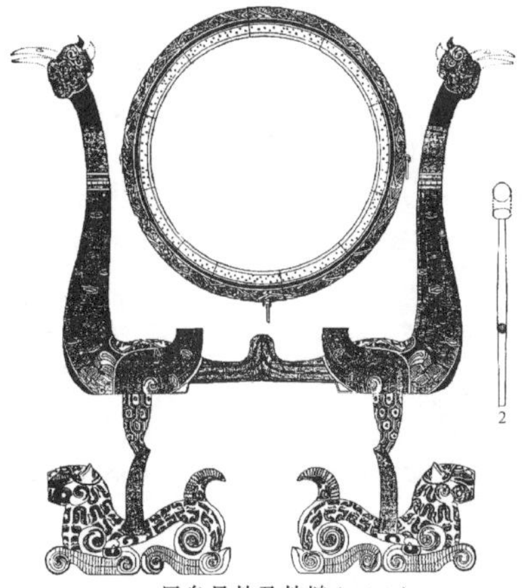

凤鸟悬鼓及鼓槌(1/10)
(图中黑色原为红色,大圆点为金色,小圆点为黄色)

图3-177　湖北江陵市天星观一号楚墓出土卧虎立凤鼓架(《考古学报》1982年第1期)

构件制作精确，结构与构造合理，贮放轻便，装拆自如，是一件别具匠心的佳作。此外，如湖北随县曾侯乙墓中悬挂编钟的3层钟架，全长10米以上，通高2.73米，结构为铜木混合，其上悬有重达3500公斤的65个编钟，由六个佩剑的青铜武士和八根圆柱支撑，外观雄浑，造型新颖（图3-106）。其编磬架则为由双凤鸟支承之二层木架（图3-176）。均为他处钟磬支架所未见。又如湖北江陵市天星观1号楚墓出土之卧虎立凤鼓架，通高139.5厘米，除设计构思甚为特殊以外，动物形象与装饰纹样的高度概括和表现，都达到了十分精湛的水平（图3-177）。此外，河南固始县侯固堆的战国大墓中，随葬有女墓主生前所乘的肩舆，构造极为精致，也是前所未见的珍贵文物。以上各例，都从不同方面反映了我国周代（特别是春秋至战国期间）建筑小木作和髹漆作在技术上和艺术上的突出进步和成就，反映了两千多年前先辈匠师的巨大才能和智慧。

作为日常生活中必不可少的照明灯具，在周代墓葬中亦有若干发现，质地主要有陶、铜二种，造型亦复多样（图3-178）。除最常见的豆式灯以外，又有以人物或动物（骆驼、蟒蛇、鸟……）作灯座或装饰的。这时又出现了双座灯及多枝灯。在某些考究的铜灯上，还错镶以银饰，灯的各部亦可拆卸。虽然周代的灯具目前发现不多，未能一窥全貌，但从上面各例，已可知当时所达到高湛水平。并为日后汉代灯具更为众多的品类和更加美奂的造型开辟了道路。

（二）周代的建筑艺术

1. 建筑外观

周代建筑之外观总貌至今尚不甚了解，这是因为实物匮乏与文史无载。目前只能自表现当时建筑的间接资料及若干建筑遗址，推测其大体之形象。周代王室、诸侯之宫室、宗庙与贵族之宅邸，可由陕西岐山县凤雏村、扶风县召陈村及凤翔县秦故都雍城等处之遗址，推断大多为一层之建筑。而浙江绍兴市出土上附图腾柱之铜屋，则更具体地表现了其中之一的形象。各地博物馆所藏若干战国时期的铜壶、铜鉴、铜栖等器物或残片上的线刻图形，多显示有临水之干阑建筑及二层之殿堂。三层及以上之建筑亦见于文献及考古发掘，例如帝王与诸侯之台榭建筑与建于墓上之享堂，大多先累土为台，然后在台周及台顶建造廊庑堂殿。

至少在西周之早、中期，还按照商代旧法，宫室、宗庙之殿堂面阔仍使用偶数开间，实例见于凤雏1号宫室遗址及召陈F3、F5房址。其含义目前尚不了解，恐系为当时祭祀等礼制建筑所特有。此种制式，至东汉之石墓（如山东沂南县画像石墓）及随葬陶质祭堂建筑明器中尤为屡见，相信其间必有因果继承之关系。

•河北平山县战国时期中山国王墓出土铜灯
《文物》1979年第1期

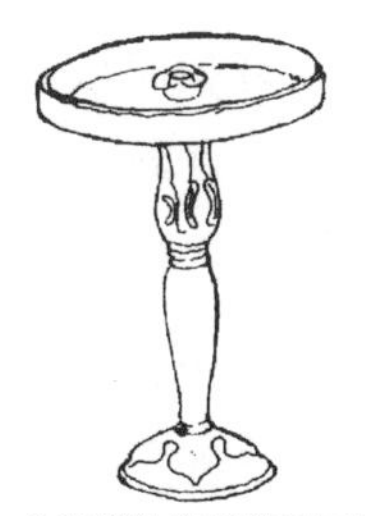

•故宫博物院藏战国玉灯
《文物》1986年第12期

•湖北荆门市仓山二号楚墓
出土铜人擎灯《文物》1988年第5期

•战国青铜错银菱纹灯(故宫藏)
(高32.6厘米，宽21.9厘米)
《文物》1966年第5期
通高13.2厘米盘径16.6厘米，足径11.8厘米

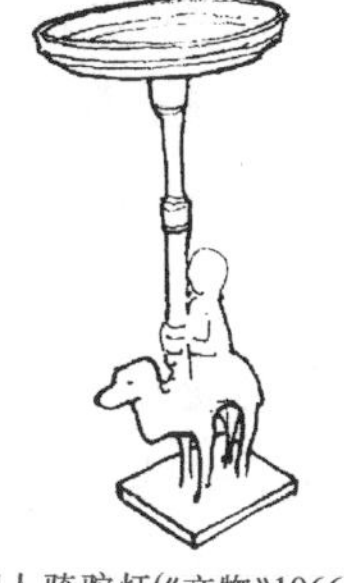
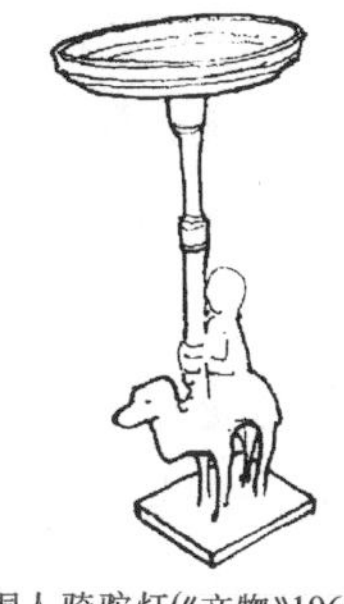

•铜人骑驼灯(《文物》1966年第5期)
湖北江陵市望山2号楚墓出土

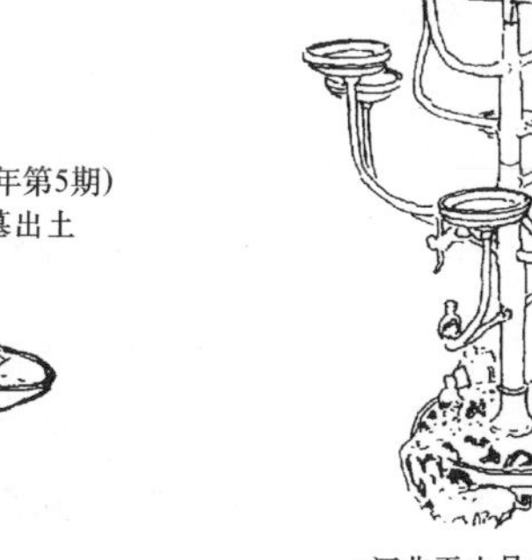

•河北平山县中山国王墓
出土铜十五盏灯
《文物》1979年第1期

•山东淄博市王村一号战国墓出土鹤啣盘铜灯(M1)
《文物》1997年第6期

•安徽舒城凤凰嘴战国墓双枝陶灯
《考古》1987年第8期

图3-178 周代之灯具

周代宫室建筑之屋顶，见于上述铜器刻绘纹样者，皆为四坡式样，或如上述浙江战国铜屋之方形攒尖顶。据各地宫室遗址，其上已满铺陶瓦，惟早周之际，尚为茅茨与陶瓦相结合。建筑下部之台基，西周时高度仍低，经春秋至战国，始发展为高台建筑，并成为东周中、晚期统治阶级宫室的特点之一。干阑建筑及二层宫室殿室均附勾阑，台榭建筑则更不待言。勾阑阑版棂格有十字格（早周铜器兽足方鬲）及燕下都出土陶制山字形与附饕餮纹阑版等。檐下斗栱有实拍拱、单栌斗和一斗二升等式样，均见于各种铜器。门已使用版门，如兽足方鬲所示。窗之形式有十字棂格、多层错置之矩形小洞窗（战国铜屋两面山墙处）及四角附斜出线之矩形窗（单独或四联、见于铜器及墓中椁壁）等。台基前之踏跺两侧，尚未施垂带石（即宋《营造法式》所称之“付子”）。门屋之台基，已有作成“断砌造”形式以通车马，例见陕西岐山县凤雏一号遗址。宫门外则建称为“屏”或“树”的屏风墙，但早周与战国时之非王室建筑，也僭有用此王制者（如凤雏及雍城遗址）。

2. 建筑装饰色彩及纹样

在装饰方面，墙面内、外都加粉刷。如凤雏与召陈遗址中，都曾发现残留墙皮上有白灰面层，表示墙面确曾予以粉饰。又据《礼记》，知周代对建筑的色彩，曾依不同级别作不同规定，如：“楹，天子丹；诸侯黝；大夫苍；士黈”。这是自柱上色彩所表现的建筑等级制度。其外墙粉饰之等级，是否也采用相同的色彩？由《左传》庄公二十三年（公元前671年）：“秋，丹桓公之楹”的记载，知鲁庄公将其父桓公宗庙的柱漆为红色，是不合礼制的事，后来受到非难。由此可知当时周天子的宫垣，可能即是红色。以后的汉代许多制度都依周、秦，而汉宫室在赋文中的描述，就有诸多“丹楹”、“朱阙”、“丹墀”、“朱榱”等辞语，表明了当时汉宫主要色调也是红色。《尔雅》中又有：“……地谓之黝，墙谓之垩”，亦说明周代除有墙面刷白，还有地面涂黑的做法。周中期以后，并使用模印各式纹样之地砖。

室内除墙、地面涂色与木构髹漆以外，宫室中还在部分木构转角或中部套以铜质的“金釭”，其形制功能与尺度均见前述。而由各种织物所制成的幕、帷、纬、帐等，也是室内日用和装饰的重要组成。其他材料，如蚌壳、珠、玉等，也曾用于强化装饰。如《述异记》中称：“吴王（夫差）于（春宵）宫中作海灵馆、馆娃阁，铜构玉槛，宫之楹槛，珠玉饰之”。内中的“铜构”大概就是上述的“金釭”、而“玉槛”则指白石勾阑或门槛。

于木上髹漆的方式，仍然沿袭着商代传统。即器物大多以黑漆为底，然后再用红、黄、金色描绘花纹图案。木棺则一般内面涂朱漆，外部刷黑漆。等级高的再在棺外绘以彩画（图3-179）。如湖北荆门市包山2号楚墓内之第四重棺外表，满绘龙凤。其中龙为双首，通体黑色，唯头部、四足及鳞片涂以金。凤鸟黄体黑羽，色彩与龙相互对应。龙凤之间则填为红色，用作陪衬。整个构图十分美观醒目。随县曾侯乙墓之外棺，外表亦遍施彩绘，内容有执戈神人、神鸟、相套与变形之夔龙纹饰与两种不同棂格之窗户，外观既华丽，又有隆重之感，可称是周代诸漆棺中水平最高的一例。上述的许多纹样，以及髹漆的基本色彩格调，亦见于家具及生活用具，应是当时通行的形式与风貌。依此类推，在房屋建筑的施漆时的色彩与装饰题材，亦很可能与之相仿佛。

周代装饰纹样，见于铜器的有饕餮纹、雷纹、回纹、窃曲纹、三角纹、龙凤纹、云纹等（图3-180）。它们亦常施用于建筑，如前述之棺椁、家具、室内装饰等处。瓦当纹饰，除素面者外，有同心圆纹、卷云纹、山字纹、饕餮纹、鸟纹、双兽纹、鹿纹等等。地砖有菱形纹，S纹、圆圈纹……。使用方式有木材之雕刻，陶砖瓦之模印，金属之铸造，漆面之描绘，另外还有利用贝、金银、珠宝之镶嵌，石料之拼砌等多种。但就装饰的内容而言，它们常常是互为相通的，只是根据各种物件的具体情况不同而稍加变化，参阅后附战国装饰的各种纹样（图3-181），即可得其大概。

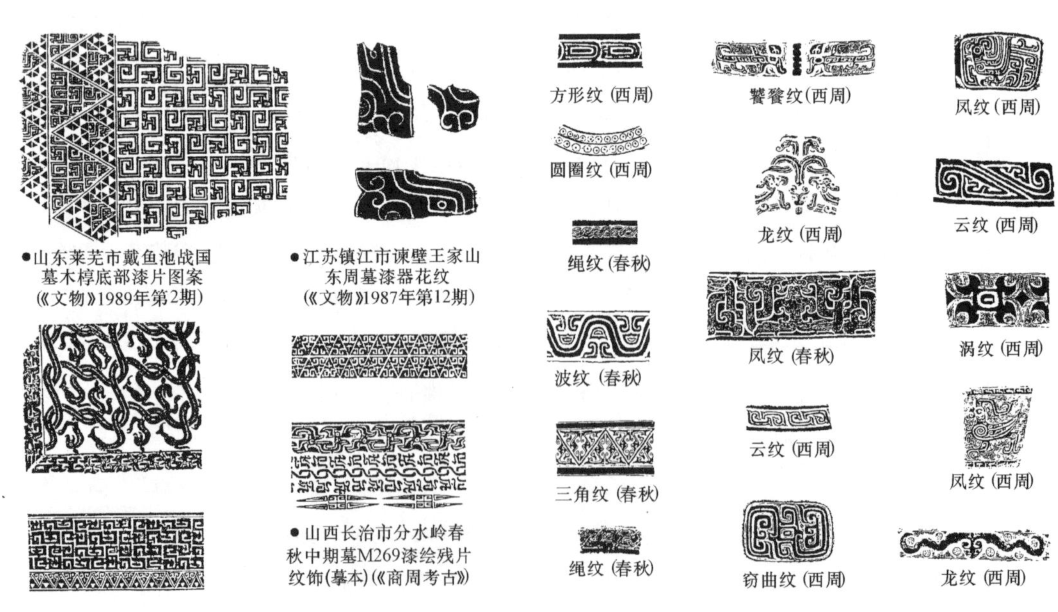

图3-179 周代之漆绘装饰纹样　　图3-180 西周、春秋青铜器纹样(《中国古代建筑史》1979年)

● 河南洛阳市出土彩陶豆纹饰

● 河南辉县出土金银错车马饰

● 河南辉县出土镂花银片

● 河南辉县出土铜质车马饰

● 湖南长沙市木椁墓出土彩绘漆盾牌

● 河南辉县出土木棺纹饰

● 河南信阳市木椁墓出土透花玉佩

● 河南信阳市木椁墓出土大鼓彩绘鼓环纹饰

● 河南信阳市木椁墓出土彩绘方盒纹饰

● 河南信阳市木椁墓出土铜质镂孔形器(展开1/3)

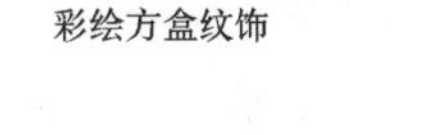

● 河南信阳市木椁墓出土彩绘木豆纹饰

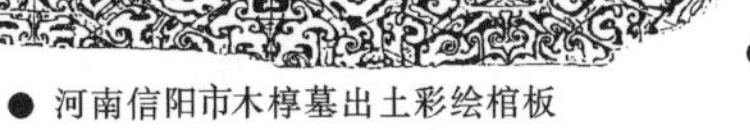
● 河南信阳市木椁墓出土彩绘棺板

图3-181 战国时期之各种纹饰(《中国古代建筑史》1979年)

第三节 周代建筑的成就及其影响

由周王朝建立到战国之末嬴秦统一天下的八百年间，是中国古代历史中一个波澜迭起和产生巨变的时代。我国社会在西周时期，完成了由奴隶制到封建制过渡。社会各方面的深刻变革，自然也会反映到这一时期的建筑上。以现在的标准衡量，也许有人会认为周代建筑的发展，似乎并不很快。对这个问题，我们必须用历史和辩证的眼光来看待。虽然当时社会制度的转变，改善了部分生产关系；虽然金属工具的使用，提高了农、牧、渔、矿和手工业的生产，但整个社会的生产水平还不是很高。同时，还应看到周王朝始终未形成一个强大的政治统治力量，特别是在东周以后，已沦落到普通中、小诸侯的地位，并多次乞助于诸侯大国。因此，它不可能像后来中央集权的秦、汉王朝那样，倾天下之人力物力于规模宏巨与旷时日久的土木建设。当时各地诸侯虽然称霸一方，但究竟只是局部的地方势力，营建的规模和范围都受到限制。在另一方面，几百年来连续不断与愈演愈烈的兼并战争，吸引了当时社会的主要注意力，消耗了无数人力和物力。它除了对已建成的诸多建设进行一再的巨大破坏，而且还将许多有可能发展的建筑技术和能工巧匠，扼杀在启蒙阶段。在这样严酷的社会经济和政治条件下，周代建筑能够取得如前文所述的那些进展，应当说已是非常难能可贵的了。

周代建筑当时的成就和对后世的影响，大致可表现在下列几个方面。

一、 奠定了我国封建社会建筑体系的主要格局

虽然夏、商时期已经有了城市、宫室、宗庙、陵墓、住宅等各类建筑，但是尚未形成一个完整的建筑体系。或者说还没有为不同类型的建筑，各自整理出一套比较完备和通用的制式来。然而周代却不然，由于封建社会的需要，各类建筑都须按照严格的等级制（虽然后来有所僭越和变更）予以划分，以显示其上下、内外、亲疏、嫡庶等方面的区别。例如城市，就分为天子王城，

大、小诸侯都、邑以及地方城市等几类主要级别。城市本身又分为内城与外郭，并在城外掘濠（称“池”或“湟”），周以城垣，城隅建角台与角楼，城门建门台及门楼等，皆厘为定制，差别仅在于其规模和尺度。又在宫室外围以宫墙，内部大体划分为朝廷和寝宫两大区域，并依次作前后排列。祖庙置于宫室左边，内部以始祖居中，其余按昭、穆分列左右。士大夫住宅的布局是前建门屋（包括门及“塾”），中辟庭院，后置厅堂（堂两侧有“序”，后有堂）……。此外，这些建筑的群体和单体，都强调中轴线，并按照对称方式进行有序布置。

中国古代帝王和世界上其他地区的统治者一样，一贯把自己视作天神上帝之子，是被上苍派遣到世间来统治庶民百姓的，因此称为“天子”。在“普天之下，莫非王土”和“居天下中，以抚四夷”的思想下，选择都城，要择位于国土中央。王宫也要建在国都中心（至少也要在城市的中轴线上）。宫中主要殿堂的形制和体量都最高大，并由其他次要门、殿所围绕与烘托，以显示它的中心主导地位。此外，王城与王宫的面积也都较诸侯的为大，城垣、角楼和宫门亦较诸侯者为高。这一切都是为了突出王权，以达到“尊王”的最终目的。这种贯穿于各类建筑中的核心思想所形成的建筑组合内容和布置原则，是在相当长的一段时期内逐步形成的。由于种种原因，它们并未完全在周代建筑中体现出来，但十分切合所有封建统治者的需要。因此在后世的帝都、宫室、坛庙、衙署等官式建筑的兴造中，一贯被认为是至高无上的指导性法则。

在墓葬方面，周代统治阶级继承与确立了以土圹木椁墓为其主要形式。又将墓垣（或墓湟）、封土、祭堂等增添为不可缺少的主要内容，形成了以墓葬为中心的一区陵园建筑。这些都对后世的帝室陵园，带来了极为深刻和长期的影响。

至于其他类型的墓葬，如石墓、空心砖墓、崖墓等，在周代虽使用不多，但它们的启蒙，却为后代这些墓葬的发展，创造了早期的实例与经验。

二、 建筑中表现的封建等级制度十分显著明确

周代建筑中的封建等级制度已经不是一般的概念，而是表现为十分具体并付诸实现（在尺度、数字、色彩等方面）的规定与法则。例如城市、宫室的面积和高度，道路（包括城门）的宽窄……都是依九、七、五、三、一的等差二级数排列与区分的。另外，宫室的门阙制度及数量、陵墓墓圹的大小、墓道的多少、墓上封土的形状、棺椁的层数等，也表现了在等级上的差异。又如宫室房舍柱的颜色，也依天子、诸侯……的封建等级而作出不同规定，具体内容已见前面各节所述。它们是各类封建建筑原则付诸实现时，必要的和具体的补充与条款。这些对后世同样也产生重要影响，不但予以遵行，而且还在此基础上有所发展或加以变化。例如屋顶，清代之官式规定为：重檐的等级高于单檐；而单檐仍以商、周以来的四坡顶居各式之冠，以下则为歇山、悬山、硬山……后世多层佛塔之塔檐，无论密檐塔或楼阁塔，除少数例外，大多均以单数之九级为极限。建筑之面阔间数，亦依上述级数布置，即一般以面阔九间为最高（十一间的极少）。他如建筑屋面及墙面色彩，都依封建社会的等级而各有不同。有些内容虽然在周代建筑中尚未出现或尚未形成制式（如台基的层数、建筑的开间、屋架的檩数、斗栱的出跳等），但它们后来的规定，都是源自周代封建制度的等级差别，则是没有疑问的。

三、 木架建筑得到进一步发展

木梁架建筑在周代得到更广泛的运用，并愈来愈在使用的范围和数量上超过井干式和干阑式木构，也是众所周知的事实。从周代建筑遗迹中得知，西周中期的建筑在柱下基础方面的进步，

与置柱于夯土墙中的做法，都大大增加了木柱的稳定性并延长其使用年限。而战国时期将木柱半置于墙内的"倚柱造"方式，更对木材防潮免腐大有裨益。至于上部屋面所用木架，虽然仍是"大叉手"，但已逐渐向抬梁式过渡，只是其转化过程还不清楚。

利用多层夯土台（或局部改造天然地形）以弥补木架构尚未解决的高层建筑问题，在东周甚为盛行。尔后秦、汉仍沿其制，例如秦咸阳1号离宫及西汉长安南部之礼制建筑等皆是。

在建筑局部方面，斗栱的扩大应用，也是本时期的特点之一。从西周初期铜器令毁所表现的栌斗成熟形象，表明在以前的商代应已使用这类构件，只是目前尚无实物证明。从有限的几件文物中，看到当时斗栱的主要组合形象，乃是见于战国时的一斗二升（表现在铜器和木器中），而这种制式，直到东汉还是在使用中最常见的形式。其他如屋角处仍未出45°角栱的做法，也在后世沿施甚久，大概到南北朝以后才得到解决。

自原始社会以降屡见于建筑的擎檐柱，其置设仅见于周代早期，在以后的遗址及铜器图像中均已消失。估计是因为斗栱已经使用，从而取代了该柱的功能。

四、 陶质建材的推广使用， 大大促进了建筑的发展

陶质砖、瓦及其他制品使用于建筑，是我国建筑技术发展中的一件大事。它不仅在建筑结构和构造上产生重要的变革，同时也对建筑的外观和用途，带来诸多的影响。

陶瓦的应用早于陶砖，虽然古代文献载有虞舜时已经造瓦的传说，但最早的实物仅见于西周早期，陕西岐山凤雏早周遗址中出土的陶瓦，即是例证。此时的瓦已很正规，且附有瓦环和瓦钉，显然是用于固定在当时还大量与普遍应用的"茅茨"屋顶上的。从瓦上带有附件来看，这种瓦显然不是它的最初形式。依此推论，我国建筑正式使用陶瓦，至迟在商末已经开始。

周初的筒、板瓦最初仅用于屋面合缝处（如屋脊、天沟）与檐口部分，到西周中期已变为屋面满铺。陶瓦的使用，不仅是改善了屋面的防水性能，也改善了居住者的生活条件。它同时为建筑屋面的扩大以及屋面坡度的降低提供了先决条件，而建筑形体的变化又带来建筑外观的变更。此外，屋面铺材由茅草改为陶瓦，除了改变了屋面的构造方式，还推进了屋架的结构发展。这是因为陶瓦及其垫层较原有的茅草为重，使屋面荷载增加，这就对沿袭已久的斜梁式屋架带来了新的问题，并促使它更趋于完善——向正规的抬梁式木屋架演化。

由于陶瓦大量铺设的部位是整个屋面，而不仅限于屋脊与天沟，因此瓦的形状与尺度也必须相应调整。这样使得陶瓦尺度由大逐渐变小，并取消了瓦钉与瓦环等瓦上的附件。随后，又出现了瓦当。早期瓦当都是素面半圆形，其使用是为了保护檐口木椽端部的构件强度，后来才在其表面施以各种装饰纹样。半圆形瓦当（又称半瓦当）一直是周代瓦当的主要形式，只是到战国末期，才出现圆形瓦当。由于它能很好地保护椽头及便于装饰各种纹样，于是就成为流传后世二千余年不易的范式。

陶砖的应用约始于西周晚期，见于铺地与包砌壁体。前者的应用首先是为了隔绝潮湿，其次是要增强地面的耐磨程度。它取代了自原始社会以来最常见的烧烤地面的作法。式样多为表面模印各种几何花纹的方砖，体形较大，但也偶有使用矩形小砖者。后者仅见于矩形小砖，其表面平素，使用范围较小，实例所见亦不多（如秦始皇陵兵马俑坑之部分壁面）。除空心砖外，建筑之墙壁尚未有全部以陶砖砌者。

宫室坛庙等高级建筑地面使用模印花砖（一般都是方形平面）的传统，后来一直沿袭到唐代。小砖则在汉代砖券墓中大量出现，但施于地面房屋甚迟。空心砖用作墓室的时间不长，从战国到

西汉，以后遂成绝响。从以上情况可以看到，在周代应用不广的小砖，对汉代之影响反大，这主要是出于墓室拱券结构的需要。与上述的半瓦当为圆瓦当所取代，同是出于构造与装饰的需求，其根本出发都是一致的。

陶质水管在周代以前及以后都曾使用，既有直管，亦有三通式样。由于埋置地下，且功能仅为供、排水，故其式样似乎已经基本定型。但如燕下都出土的虎头形管头，他处尚未有类似发现，可说是功能与艺术结合得相当完美的范例。而同地出土的山字形与带饕餮纹装饰的陶制勾阑，也仅此时此地所独有。

井圈改用陶套管，取代以往之木质井干式结构，应是一个进步的表现。它的缺点是易碎和直径不能太大，所以后代改用砖石叠砌的方式，则较周代之陶井圈更为坚固适用。但应看到，周代陶井管虽然有其不足，仍不失为井圈由木构走向砖石叠砌的重要过渡。

五、 我国最早建筑文献的出现

周代出现了我国现知最早述及建筑的专门文献——《周礼·考工记》，其中特别对周王朝的政治统治中心王城作出了较多的叙述，包括城的形状、面积、城门数量、道路宽度、王宫与宗庙、社稷的位置与关系、朝廷与市的关系等重要的布局原则，作了概略的说明。此外，又对王宫宫门、宫垣和角楼的高度，以及它们和诸侯门、垣、角楼的对应关系等方面，从尺度上作出了较具体的规定。使我们能够从大体上，了解一些当时（估计是战国）人对上述建筑的若干认识。诸多文献所提到的“内城外郭”、“前朝后寝”、“三朝五门”等建筑规划与设计的原则，大多都被后世沿用。这些建筑原则，应是人们在长期建筑实践后，通过多次失败的教训和成功的经验，最后总结出来的要素与精髓。它们的表达形式简明扼要，但所包含的内容却极为丰富，显示了我们祖先对建筑高度概括的能力和水平。

这时见于金文与史籍中的建筑称谓也很多，如有关城市方面的，就有：国、王城、大邑、城、都、邑、县、寨、郭、市、里、坊、巷、池、城台、城垣、城隅……。有关宫室、坛庙的有：大庙、庙、大室、社、昭、穆、宫、朝、寝、观、树（即屏）、堂、台、囿、庭……。居室建筑有：塾、宁、陈、阶、序、分、室、奥、房、夹、屋漏、宦、窔……。墓葬有：陵、墓、丘、隍、隧、椁、棺、笭床、碑、闵……。其他局部且具体的，如路、涂（经、纬、环、野）、户、门（皋、应、库、雉、路、南、毕、闱、庙、寝……）、扉、牖、梁、栋、柱、楹、棁、杠、节、阒、阈、扁、梱、枨等等。这些建筑专门术语的出现，表明建筑在社会生活中地位的日趋重要，同时也显示了建筑本身的发展与封建礼制在建筑中的深入。它们当中相当大的一部分为后代继续沿用，有些甚至延续到今日。

六、 建筑模数尺度的规定与应用

周代对各种建筑的尺度，都曾作过专门规定。如《考工记》载：“周人明堂，度九尺之筵，东西九筵，南北七筵，堂崇一筵。五室，凡室二筵。室中度以几，堂上度以筵，宫中度以寻，野度以步，涂度以轨。庙门容大扃七个，闱门容小扃三个。路门不容乘车之五个，应门二辙三个。……王宫门阿之制五雉，宫隅之制七雉，城隅之制九雉。经涂九轨，环涂七轨，野涂五轨。门阿之制以为都城之制，宫隅之制以为诸侯之城制，环涂以为诸侯经涂，野涂以为都经涂。”由此可见不同建筑用不同的单位衡量，如堂以“筵”，涂以“轨”。而同类型的又依封建等级的高低而定，如规定城隅的不同高度。这些尺度的规定大多从实用出发，如厅堂面积度以铺席的多少，道路宽度定以并行车辆的多寡，都是相当科学的。这种利用某一标准尺度来衡量建筑宽窄，高低与面积的方法，对后来的建筑采用模数制（如宋代的“材”、栔”，清代的“斗口”），是很有启发意义的。

周代还设有专司丈量各种建筑尺度的宫吏——“量人”。见于《周礼·夏官·司马》：“量人掌建国之灋，以分国为九州。营国城郭，营后宫，量市、朝、道、巷、门、渠、造都邑亦如是。营军之垒舍，量其市朝、州涂、军舍之所里，邦国之地与天下之涂数，皆书而藏之。……”其中部分内容，如天子与诸侯之国、都、宫、朝、道、门等，已见于《考工记》等文献。其余如巷、军营、渠……则未见其他史录。然而可以想象，当时这些建筑的尺度也必有相当严格的规定，而且它们都已定为国家制度，并由专职宫吏管理与掌握。

河北平山县战国晚期中山国王墓中的铜版《兆域图》，经研究知其图形乃依比例缩尺制成，是我国迄今所知的最早建筑缩尺平面图，表明至少在战国已经使用了这种方法。而前述的《周礼·春官·冢人》中载的“（冢人）掌公墓之地，辨其兆域而为之图”，又一次表明当时已对重要墓葬予以事先规划，反映了周人在建筑设计方法及建筑尺度运用中的进步。

注释

[1] 杜氏《通典》。

[2]《吕氏春秋》：“周之所封四百余国，服国八百余。”或谓周初有国千八百余。

[3] (1)《礼记》王制篇：“王者之制爵禄，公、侯、伯、子、男，凡五等。”

(2)《孟子》万章篇：“孟子答北宫锜之问曰：‘天子一位，公一位，侯一位，伯一位，子男同一位，凡五等也。……天子之地方千里，公、侯之地方百里，伯七十里，子、男五十里，凡四等。不及五十里，不达于天子，附于诸侯曰‘附庸’”。

[4]《陕西长安沣西客省庄西周夯土基址发掘简报》(《考古》1987 年第 8 期　中国社会科学院考古研究所沣西发掘队)

[5] (1)《洛阳涧滨东周城址发掘报告》(《考古学报》1959 年第 2 期　考古研究所洛阳发掘队)

(2)《洛阳中州路》(中国科学院考古研究所　科学出版社　1959 年)

(3)《汉魏洛阳故城城垣试掘》　(《考古学报》1989 年第 3 期　中国社会科学院考古研究所洛阳汉魏城队)

[6] (1)《曲阜鲁城勘探》(《文物》1982 年第 12 期　田岸)

(2)《曲阜鲁国故城》(齐鲁书社　1982 年)

[7] (1)《山东临淄齐故城试掘简报》(《考古》1961 年第 6 期　山东省文物管理处)

(2)《临淄齐国故城勘探纪要》(《文物》1972 年第 5 期　群力)

(3)《临淄齐国故城的排水系统》(《考古》1988 年第 9 期　临淄区齐国故城博物馆)

[8] (1)《琉璃河燕国古城发掘的初步收获》(《北京文博》1995 年第 1 期　中国社会科学研究院考古研究所　北京文物研究所)

(2)《燕下都城址调查报告》(《考古》1962 年第 1 期　中国历史博物馆考古组)

(3)《河北易县燕下都故城勘察和试掘》(《考古学报》1965 年第 1 期　河北省文化局文物工作队)

[9] (1)《文物考古工作三十年》(文物出版社　1979 年)

(2)《中国大百科全书》(考古学卷　中国大百科全书出版社　1986 年)

(3)《山西侯马呈王古城》(《文物》1988 年第 3 期　山西考古研究所侯马工作站)

[10]《河北邯郸市区古遗址调查简报》(《考古》1980 年第 2 期　邯郸市文物保管所)

[11] (1)《古魏城和禹王城调查简报》(《文物》1962 年第 4 期、第 5 期　陶正刚　魏学明)

(2)《山西夏县禹王城调查》(《考古》1963 年第 9 期　中国科学院考古研究所山西工作队)

[12] (1)《郑韩故城》(马世之　中州书画社　1981 年)

(2)《河南新郑县郑、韩故城的钻探和试掘简报》(《文物资料丛刊》　第 3 期　1980 年　河南省博物馆新郑工作站　新郑县文化馆)

[13]（1）《楚都纪南城的勘查与发掘》（《考古学报》1982 年第 3 期、第 4 期　湖北省博物馆）
（2）《楚纪南故城》（《文物》1980 年第 10 期　湖北省博物馆　江陵纪南城考古工作站）
[14]（1）《秦都雍城钻探试掘报告》（《考古与文物》1985 年第 2 期　陕西省雍城考古队）
（2）《秦都雍城遗址勘查》（《考古》1963 年第 8 期　陕西省社会科学院考古所凤翔队）
[15]（1）《河北省平山县战国时期中山国墓葬发掘简报》（《文物》1979 年第 1 期　河北省文物管理处）
（2）《河北平山三汲古城调查与墓葬发掘》（《考古学集刊》第 5 期　河北省文物研究所）
[16]《湖北宜城楚皇城勘查简报》（《考古》1980 年第 2 期　楚皇城考古发掘队）
[17]《湖北孝感地区两处古城遗址调查简报》（《考古》1991 年第 1 期　孝感地区博物馆）
[18]《山东邹县、滕县古城址调查》（《考古》1965 年第 12 期　中国科学院考古研究所山东工作队）
[19]《蔡国故城调查记》（《河南文博通讯》1980 年第 2 期　尚景熙）
[20]（1）《淹城出土的铜器》（《文物》1959 年第 4 期　倪振逵）
（2）《中国城市建设史》（同济大学城市规划研究室　中国建筑工业出版社　1982 年）
[21]《清江筑卫城遗址发掘简报》（《考古》1976 年第 6 期　江西省博物馆　北京大学历史系考古专业清江县博物馆）
[22]《山西闻喜的“大马”古城》（《考古》1963 年第 5 期　陶正刚）
[23]《山西襄汾赵康附近古城址调查》（《考古》1963 年第 10 期　山西省文物管理委员会侯马工作站）
[24]《河南鄢陵县古城址的调查》（《考古》1963 年第 4 期　河南省文化局文物工作队刘东亚）
[25]《河南商水县战国城址调查记》（《考古》1983 年第 9 期　商水县文物管理委员会）
[26]《辽宁凌源“安杖子”古城址发掘报告》（《考古学报》1996 年第 2 期　辽宁省考古文物研究所）
[27]《山西洪洞古城的调查》（《考古》1963 年第 10 期　张德光）
[28]《商鞅封邑考古取得重要成果》（《中国文物报》1997 年 8 月 10 日　杨亚长　王昌富）
[29]《甘肃永昌三角城沙井文化遗址调查》（《考古》1984 年第 7 期　甘肃省博物馆文物工作队　武威地区展览馆）
[30]《绍兴 306 号战国墓发掘简报》（《考古》1984 年第 1 期　浙江省文物管理委员会　浙江省文物考古研究所　绍兴地区文化局　绍兴市文物管理委员会）
[31]《陕西凤翔春秋秦国凌阴遗址发掘简报》（《文物》1978 年第 3 期　陕西省雍城考古队）
[32]《略论韩都新郑的地下建筑及冷藏井》（《考古与文物》1983 年第 1 期　马世之）
[33]（1）《陕西岐山凤雏村西周建筑基址发掘简报》（《文物》1979 年第 10 期　陕西周原考古队）
（2）《岐山凤雏村西周建筑群基址的有关问题》（《文物》1980 年第 1 期　王恩田）
[34]（1）《凤翔马家庄春秋秦一号建筑遗址第一次发掘报告》（《考古与文物》1982 年第 5 期　陕西省雍城考古队）
（2）《凤翔马家庄一号建筑群遗址掘简报》（《文物》1985 年第 2 期　陕西省雍城考古队）
（3）《马家庄秦宗庙建筑制度研究》（《文物》1985 年第 2 期　韩伟）
（4）《秦公朝寝钻探图考释》（《考古与文物》1985 年第 2 期　韩伟）
[35]《山西侯马牛村古城晋国祭祀建筑遗址》（《考古》1988 年第 10 期　山西省考古研究所侯马工作站）
[36]《成都羊子山土台遗址清理报告》（《考古学报》1957 年第 4 期　四川省文物管理委员会）
[37]《陕西凤翔县大辛村遗址发掘简报》（《考古与文物》1985 年第 1 期　雍城考古队）
[38]《侯马东周盟誓遗址》（《文物》1972 年第 4 期　陶正刚　王克林）
[39]《河南温县东周盟誓遗址一号坎发掘简报》（《文物》1983 年第 3 期　河南省文物研究所）
[40]（1）《天马——曲村遗址北赵晋侯墓地第二次发掘》（《文物》1994 年第 1 期　山西省考古研究所　北京大学考古学系）
（2）《天马——曲村遗址北赵晋侯墓地第三次发掘》（《文物》1994 年第 8 期　山西省考古研究所　北京大学考古学系）
（3）《天马——曲村遗址北赵晋侯墓地第四次发掘》（《文物》1994 年第 8 期　山西省考古研究所　北京大学考古学系）
（4）《天马——曲村遗址北赵晋侯墓地第五次发掘》（《文物》1995 年第 7 期　山西省考古研究所　北京大学考古学系）

[41]（1）《陕西凤翔秦公陵园钻探与试掘简报》（《文物》1983年第7期 陕西省雍城考古队 韩伟）
（2）《凤翔秦公陵园第二次钻探简报》（《文物》1987年第5期 陕西省雍城考古队 韩伟）
[42]（1）《秦东陵探查初议》（《考古与文物》1987年第4期 骊山学会）
（2）《秦东陵第一号陵园勘查记》（《考古与文物》1987年第4期 陕西省考古研究所 临潼县文管会）
（3）《秦东陵第二号陵园调查钻探简报》（《考古与文物》1990年第4期 陕西省考古研究所 临潼县文物管理委员会）
[43]《辉县发掘报告》（科学出版社 1956年）
[44]（1）《河北省平山县战国时期中山国墓葬发掘简报》（《文物》1979年第1期 河北省文物管理处）
（2）《战国中山国王陵及"兆域图"研究》（《考古学报》1980年第1期 杨鸿勋）
（3）《战国中山国王嚳墓出土的"兆域图"及其陵园规制的研究》（《考古学报》1980年第1期 傅熹年）
[45]《北京琉璃河1193号大墓发掘简报》（《考古》1990年第1期 中国社会科学院考古研究所 北京市文物研究所琉璃河考古队）
[46]《陕西省宝鸡市茹家庄西周墓发掘简报》（《文物》1976年第4期 宝鸡茹家庄西周墓发掘队）
[47]《湖北随县曾侯乙墓发掘简报》（《文物》1979年第7期 随县擂鼓墩一号墓考古发掘队）
[48]（1）《江陵天星观一号楚墓》（《考古学报》1982年第1期 湖北省荆州地区博物馆）
（2）《江陵楚墓综述》（《考古学报》1982年第2期 郭德维）
[49]《四川新都战国木椁墓》（《文物》1981年第6期 四川省博物馆新都县文物管理所）
[50]《临潼郎家庄东周一号殉人墓》（《考古学报》1977年第1期 山东省博物馆）
[51]《莒南大店春秋时期莒国殉人墓》（《考古学报》1978年第3期 山东省博物馆临沂地区文化组莒南县文化馆）
[52]《春秋早期黄君孟夫妇墓发掘报告》（《考古》1984年第4期 河南信阳地区文管会光山县文管会）
[53]《山东沂水刘家店子春秋墓发掘简报》（《文物》1984年第9期 山东省文物考古研究所 沂水县文物管理站）
[54]《山东临淄齐故城五号东周大墓及大型殉马坑的发掘》（《文物》1984年第9期 山东省文物考古研究所）
[55]《凤翔县高庄战国秦墓发掘简报》（《文物》 1980年9期 雍城考古工作队）
[56]《郑州二里岗》（河南省文化局文物局文物工作队 科学出版社出版1959年）
[57]《江苏丹徒大港土墩墓发掘报告》（《文物》1987年第5期 江苏省丹徒考古队）
[58]《安徽屯溪西周墓葬发掘报告》（《考古学报》1959年第4期 安徽省文化局文物工作队）
[59]《无锡璨山土墩墓》（《考古》1981年第2期 无锡市博物馆）
[60]《四川茂汶营盘山的石棺葬》（《考古》1981年第5期 茂汶羌族自治县文化馆）
[61]《商周考古》（北京大学历史系考古教研室商周组 文物出版社 1979年）
[62]《吉林市骚达沟山顶大棺整理报告》（《考古》1985年第10期 吉林省博物馆吉林大学考古专业）
[63]《浙江瑞安、东阳支石墓的调查》（《考古》1995年第7期 安志敏）
[64]（1）《福建崇安武夷山白岩崖洞墓清理简报》（《文物》1980年第6期 福建省博物馆崇安县文化馆）
（2）《江西贵溪崖墓发掘简报》（《文物》1980年第11期 江西省历史博物馆贵溪县文化馆）
[65]《沣西发掘报告》（中国科学院考古研究所 文物出版社 1962年）
[66]《磁县下潘汪遗址发掘报告》（《考古学报》1975年第1期 河北省文物管理处）
[67]《湖北圻春毛家嘴西周木构建筑》（《考古》1962年第1期 中国科学院考古研究所湖北发掘队）
[68]《扶风召陈西周建筑群基址发掘简报》（《文物》1981年第3期 陕西周原考古队）
[69]《秦简公"洛堑"遗迹考察简报》（《文物》1996年第4期 彭曦）
[70]（1）《湖北铜绿山春秋、战国古矿井遗址发掘简报》（《文物》1975年第2期 铜绿山考古发掘队）
（2）《湖北铜绿山古铜矿》（《考古学报》1982年第1期 夏鼐 殷玮璋）
[71]《河南洛阳北窑村西周遗址1974年度发掘简报》（《文物》1981年第7期 洛阳博物馆）
[72]《晋国石圭作坊遗址的发掘简报》（《文物》1987年第6期 山西省考古研究所侯马工作站）
[73]《洛阳战国粮仓试掘纪略》（《文物》1981年第11期 洛阳博物馆）
[74]《长安沣东西周遗存的考古调查》（《考古与文物》1986年第2期 郑洪春 蒋祖棣）

[75]《1979～1981年长安沣西、沣东发掘简报》(《考古》1986年第3期　中国社会科学院考古研究所沣西发掘队)
[76]《扶风白吕周人墓地发掘简报》(《文物》1984年第7期　扶风县博物馆)
[77]《中国古陶瓷论文集》(文物出版社　1982年)
[78]《纪南城新桥遗址》(《考古学报》1995年第4期　湖北省文物考古研究所)
[79]《广东古陶瓷窑炉及有关问题初探》(曾广忆《中国陶瓷史》　文物出版社　1982年)
[80]《中国考古学会第二次会议论文集》(文物出版社　1980年)
[81]《战国中山国建筑用陶斗栱浅析》(《文物》1989年第11期　陈应琪　李士莲)
[82]《东周阳城地下输水管道和贮水池的初步发掘》(《河南文博通讯》1980年第1期河南省博物馆登封工作站)

第四章　秦　代　建　筑

（公元前221—前206年）

第一节　秦代的历史与社会概况

一、秦人的起源、以变法图强取得天下

秦人始祖原为我国远处边陲之西戎。《史记》卷五·秦记载："秦之先帝，颛顼之裔"。同书卷六十八·商君传又云："始秦戎翟之教，父子无别，同室而居"。这种上古的原始习俗，直到战国时期，还保留了不少。而秦人对自己历史的正式记载，是自文公十三年（公元前753年）才出现的，以前史料均出于追记。相传族中女子因吞食玄鸟卵，乃生远祖大业。大业子大费，曾协助禹戡平天下水土，又"佐舜调驯鸟兽，……舜赐姓嬴氏"。西周之末，犬戎入镐京杀幽王，秦襄公率兵救周，力战有功。又以兵护送周平王迁赴洛邑。平王遂册封襄公为诸侯，并"赐之岐以西之地。……于是始国"。时在秦襄公七年，即周幽王十一年（公元前771年），事见《史记》卷十四·十二诸侯年表。秦文公四年（公元前762年）营都邑于汧（今陕西扶风，郿县一带）。宁公二年（公元前714年）徙都平阳（今陕西岐山县境）。德公元年（公元前677年）迁居雍城（今陕西凤翔县内）。献公二年（公元前383年）城栎阳（今陕西临潼县北）。孝公十二年（公元前350年）建咸阳并迁都于此城。由上可知，秦国诸侯于三百余年间，共迁都五次，位置由西渐东，说明秦国的最高领导阶层，已将其政治注意力由西方转移到关中与中原了。

秦国地瘠人稀，物产匮乏，境内既少舟楫车马交通之便，又无渔盐铜铁之利。然而却能在不长的时间里，由一个方外蛮夷小邦，一跃而成春秋战国举足轻重的诸侯的大国，最后竟致扫灭群雄而统一天下。推其原因，是推行了奖励农耕、惠振孤寡、悬进功赏、严明法治等有力政策与措施。特别是在孝公用公孙鞅变法以后，"行之十年，秦民大悦。道不拾遗，山无盗贼，家给人足，民勇于公战，怯于私斗，乡邑大治"（见《史记》商君传）。这就使得秦国邦富兵强，为实现诸侯王梦寐以求的千年霸业，奠定了坚实的基础。经孝公、惠文王以下百余年的征讨攻伐，终于在战国时期的最后十年内，先后翦除六国诸侯，取得了统一中国的空前胜利。这就是秦王嬴政十八年（公元前230年）灭韩，二十二年（公元前225年）灭魏，二十五年（公元前223年）灭赵、楚，二十六年（公元前222年）灭燕，二十七年（公元前221年）灭齐。这个胜利结束了自春秋以来列国相争的分裂与混乱局面，建立了一个前所未有的中央集权的封建帝国，并对后来我国的历史进程，产生了十分重要的影响。

此时秦帝国的版图，较之商、周又有所扩大（图4-1）。依《史记》卷六·秦始皇纪："地东至海暨朝鲜，西至临洮、羌中，南至北响户，北据河为塞，并阴山至辽东"。

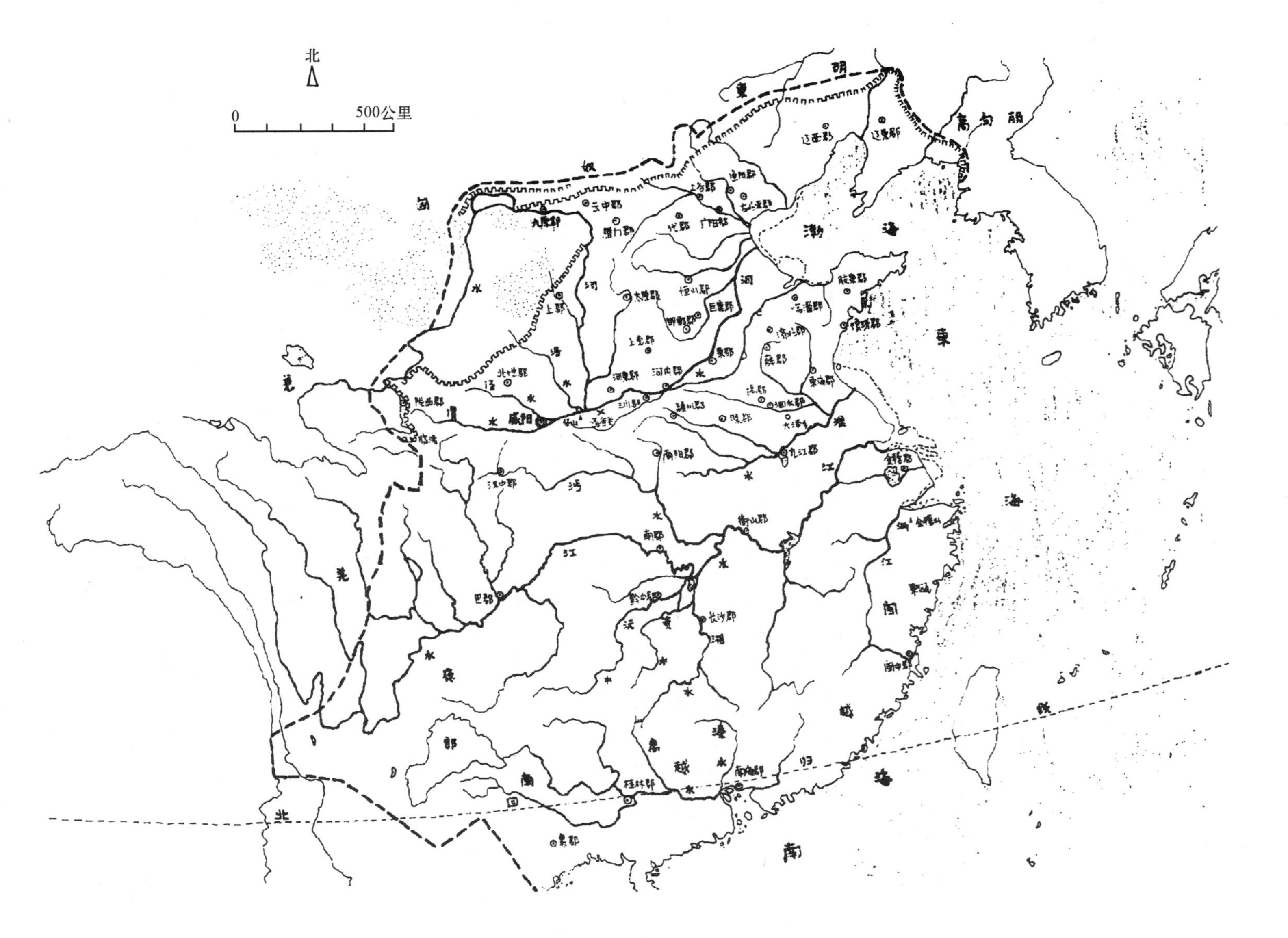

图 4-1 秦代之版图与疆域（《中国历史地图集》第二册）

在政治制度方面，鉴于西周以来的分封诸侯，导致尾大不掉，王权旁落。于是将政令大权集于最高统治者一人之身，实行中央高度集权的封建统治。秦王嬴政废除古来帝王的谥号，自称始皇帝，以期后世统治延绵于无穷。其为制曰："朕闻太古有号毋谥；中古有号，死而以行为谥。如此则子议父，臣议君也，其无谓，朕弗取焉。自今以来除谥法，朕为始皇帝，后世以计数，二世、三世至千万世，传之无穷"。又笃信五行之说，以秦代周而有天下，周为火德，故秦为水德，"衣服、旄旌、节旗皆尚黑"。而水为数居六，所以秦时又以"六"为计量器物与制式的模数，如符节、冠冕依六寸，车轨宽六尺，一步合六尺，御车用六马等等。皇帝以下，置丞相、卿、大夫百官，而各司其职。如丞相主政，太尉主兵，御史监督，三者互相维系，最后集权于皇帝。皇帝子弟与功臣封王侯者，皆不裂土封茅，更无兵权，以杜绝西周以来列国纷争之患。为了有效统治地方，划分海内疆域为三十六郡。郡设郡守，掌管郡中政务；郡尉典司兵马；监御史监督全郡。所谓三十六郡者，依《史记》秦始皇纪中引裴骃《史记集解》，有三川、河东、南阳、南郡、九江、鄣郡、会稽、颍川、砀郡、泗水、薛郡、东郡、琅琊、齐郡、上谷、渔阳、右北平、辽东、辽西、代郡、钜鹿、邯郸、上党、太原、云中、九原、雁门、上郡、陇西、北地、汉中、巴郡、蜀郡、黔中、长沙凡三十五郡，与内史合为三十六。郡下设县，如《史记》商君传所述；"秦集小都、乡、邑、聚为县，置令、丞"。全国县治之总数，史书未载。惟同书秦始皇纪谓："西北斥逐匈奴，自榆中并河以东，属之阴山，以为三十四县城"，边城一隅尚且如此，以全国之广，其数自然可观。又依《汉书》卷二十八・地理志，知西汉平帝时已有县邑 1314 个，此数与汉初因袭秦制时已有所添增，但可估计秦时县治亦当在千数以上。上述秦代所定之官职制度与郡县制度，不但为西汉沿用，而且还被后世众多朝代所因袭，其作用与影响是十分深远的。

二、秦代的社会生产状况

秦统一全国后的社会生产状况，至今仍不甚了解，因史书乏载，而目前所获之实物例证亦极稀少。由于此庞大封建帝国系建于各国诸侯长期战乱之后，且仅 16 年即归于崩溃，在当时以农业和手工业为主的生产条件下，在如此短暂的时期内，社会生产不可能出现重大的飞跃与发展。因此有理由认为，秦统一天下后至覆灭期间的各项生产技术与生产工具，基本上仍停留在战国末期所具有的水平上。到目前为止，由秦代遗址及一般墓葬中出土之工具及器物，多属日常生产与生活中最普遍使用者。例如石工具，已出土者有磨石、碾、磨等。陶工具有模拍、压锤、纺轮及火眼等（图 4-2）。陶生活用具有瓮、甑、釜、鬲、罐、钵、盆、盘、瓶、豆、盒、灯等。其外表面多饰以竖、横、斜线纹、条形纹、网格纹……或突起凸楞、镂孔器则常开三角形孔洞（图4-3）。

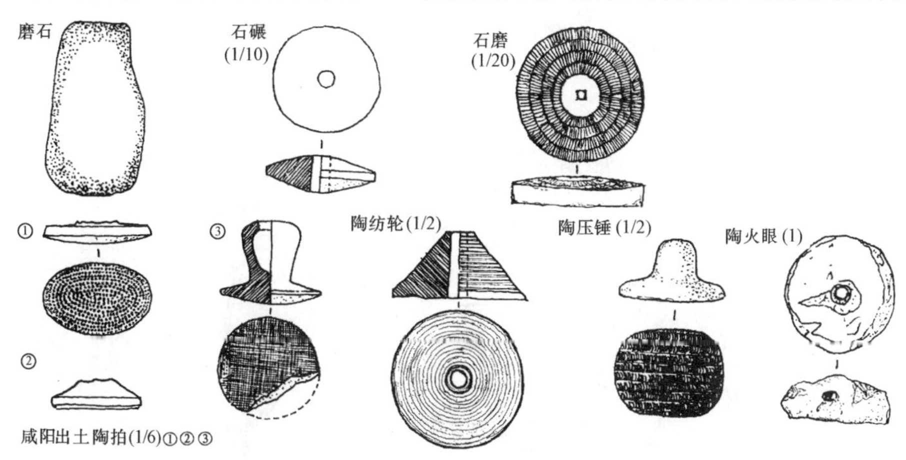

图 4-2　秦代之石、陶工具(《考古与文物》1985 年第 3 期)

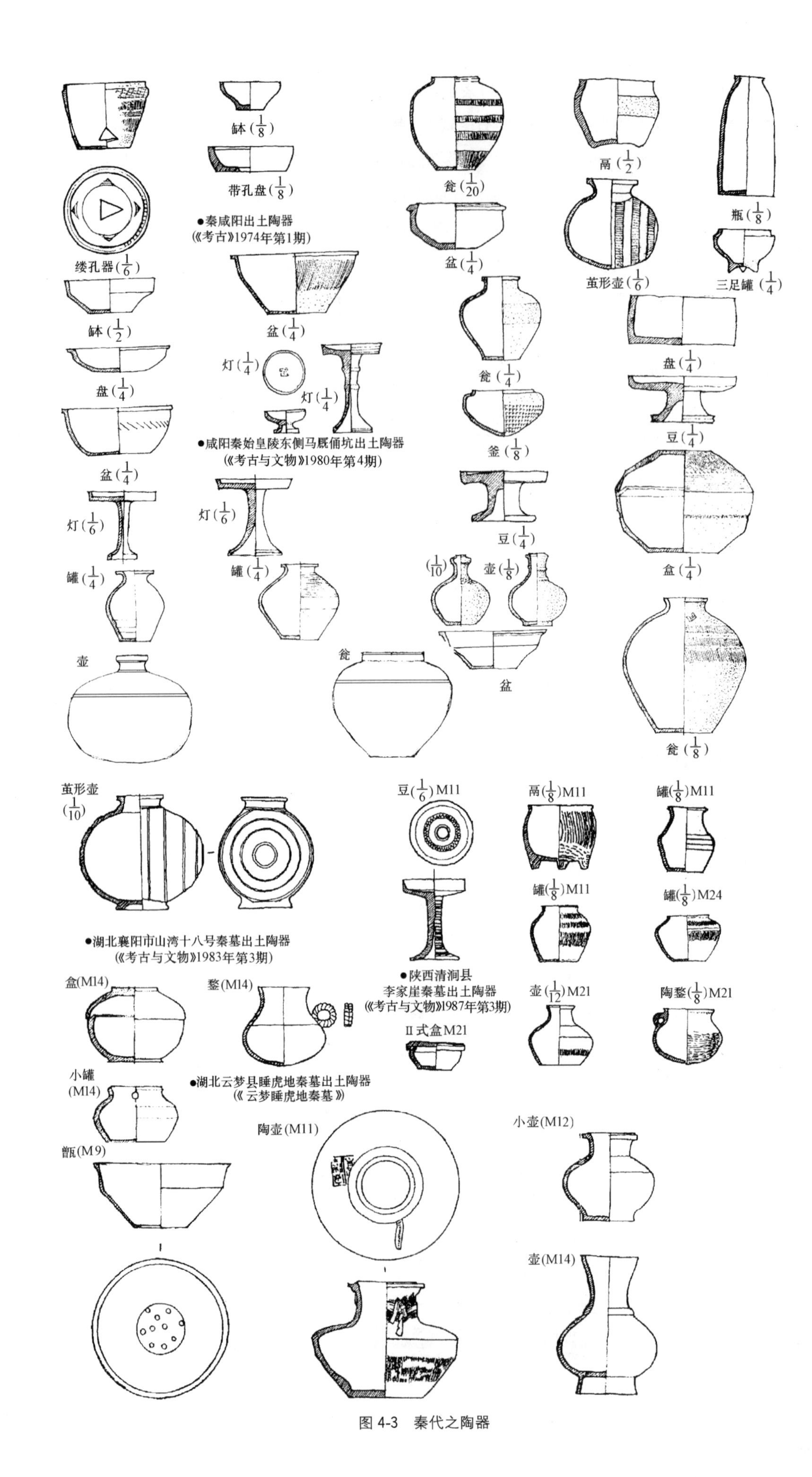

缕孔器($\frac{1}{6}$)
钵($\frac{1}{2}$)
盘($\frac{1}{4}$)
盆($\frac{1}{4}$)
灯($\frac{1}{6}$)
罐($\frac{1}{4}$)
壶
钵($\frac{1}{8}$)
带孔盘($\frac{1}{8}$)
●秦咸阳出土陶器
《考古》1974年第1期
盆($\frac{1}{4}$)
灯($\frac{1}{4}$)
灯($\frac{1}{4}$)
●咸阳秦始皇陵东侧马厩俑坑出土陶器
《考古与文物》1980年第4期
灯($\frac{1}{6}$)
罐($\frac{1}{4}$)
瓮
瓮($\frac{1}{20}$)
盆($\frac{1}{4}$)
瓮($\frac{1}{4}$)
釜($\frac{1}{8}$)
豆($\frac{1}{4}$)
($\frac{1}{10}$)
壶($\frac{1}{8}$)
盆
鬲($\frac{1}{2}$)
茧形壶($\frac{1}{6}$)
瓶($\frac{1}{8}$)
三足罐($\frac{1}{4}$)
盘($\frac{1}{4}$)
豆($\frac{1}{4}$)
盒($\frac{1}{4}$)
瓮($\frac{1}{8}$)
茧形壶
($\frac{1}{10}$)
●湖北襄阳市山湾十八号秦墓出土陶器
《考古与文物》1983年第3期
豆($\frac{1}{6}$)M11
鬲($\frac{1}{8}$)M11
罐($\frac{1}{8}$)M11
罐($\frac{1}{8}$)M11
罐($\frac{1}{8}$)M24
●陕西清涧县
李家崖秦墓出土陶器
《考古与文物》1987年第3期
Ⅱ式盒M21
壶($\frac{1}{12}$)M21
陶鍪($\frac{1}{8}$)M21
盒(M14)
鍪(M14)
小罐
(M14)
●湖北云梦县睡虎地秦墓出土陶器
《云梦睡虎地秦墓》
甑(M9)
陶壶(M11)
小壶(M12)
壶(M14)

图 4-3 秦代之陶器

铁工具及铁器则有凿、锛、錾、统、臿、锄、铧、铲、环首刀、钩、钉、灯、桎等。除灯具之柄部及底座有凸凹及线脚外，均平朴无任何装饰（图 4-4）。出土之铜器数量与种类，较铁器为多，已知有鼎、卮、鍪、釜、盉、钫、罐、方策、壶、蒜头壶、镜、带钩、印章等。其中之鼎、卮仍用战国以来之蹄足，施方耳、环耳及铺首啣环，表面多平素。壶则有用三角纹及水平横线为饰者。圆镜背面或铸以连弧纹、猎兽纹等。带钩则有水禽、走兽、人物等多种形象（图 4-5）。漆器可以湖北云梦县睡虎地秦墓中出土者为代表，种类有盂、樽、卮、奁、盒、笥、耳杯、杖等，均为木胎（图 4-6）。其中之容器大多内髹红漆，外施黑漆，也有内外均用黑漆者。器皿之纹饰，乃采用在黑漆面上以红、褐色漆描绘出凤鸟、鸟首、鸟云、鱼、卷云、柿蒂及几何纹样，种类已有二十余种之多。其构思之巧妙与线条之流畅，为出土诸类器物中造型与装饰最优美者，在风格上显然受到楚国传统文化之影响。多数漆器在其底部均有针刺或烙印之文字与符号。日常生活使用之竹、木器出土于秦墓者，因保存不易，仅有木质之六博棋盘及筹码、盒，及竹制之毛笔与笔套、发笄、圆筒等（图 4-7）。已发现之装饰物亦不多，有外观呈鼓形、凹凸曲线形及下部作三足鬲形之穿孔骨饰，表面具不规则形突起或凸凹圆槽之陶珠，表面平素或刻云纹、网纹……之璧、璜、玦等玉器（图 4-8）。乐器出土者亦以单件为多，尤以铜铃为最，其外表或平素，或饰以网纹、圆圈纹、点纹等。较大之乐器有铜錞于及甬钟，造型及装饰皆堪称上乘。如前者出土于咸阳，顶部有弯曲如“S”形之龙纽，表面饰三角纹及横线纹。后者出骊山陵兵马俑坑，具长柄，钟面铸以流云纹（图 4-9）。秦代之武器仍以铜制者为主流，已发现有供实战之镞、戈、戟、矛、刀、剑、吴钩、弩机等器械（图 4-10）。另有始皇陵兵马俑坑中陶俑所着之甲衣多种，虽非实物，但亦可得知其式样与构成之大致形象。总的来说，上述出土各类器物之品种、数量与精美程度，皆远不逮前代之商、周及尔后之两汉。根据历来考古发掘经验，举凡古

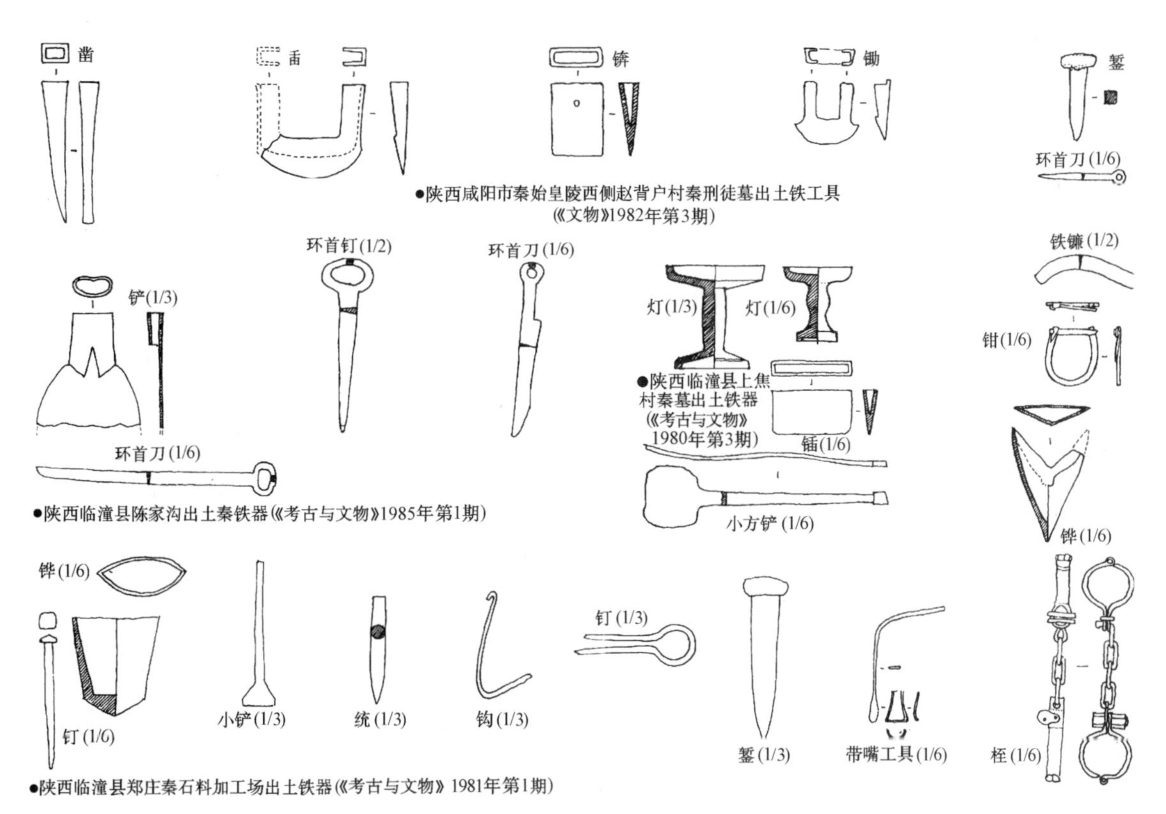

图 4-4　秦代之铁工具及铁器

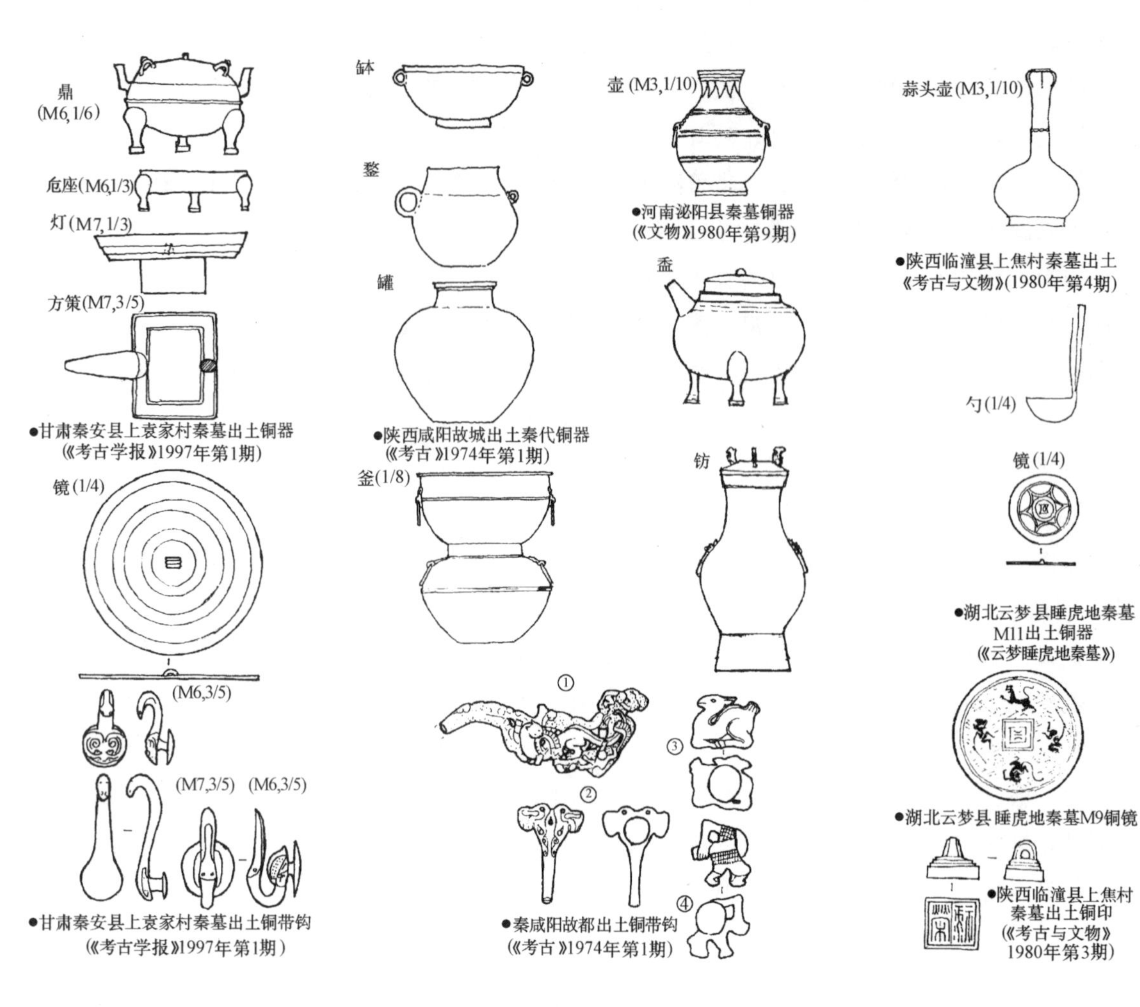

图 4-5 秦代之铜器

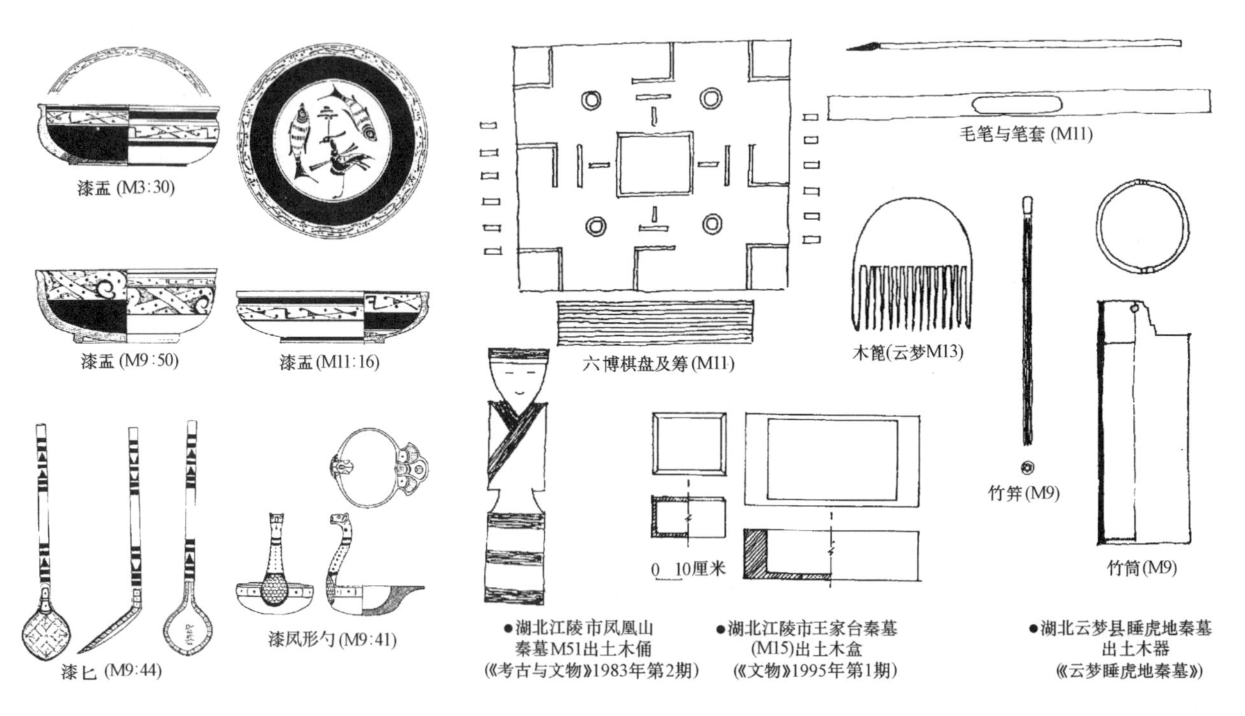

图 4-6 秦代之漆器

图 4-7 秦代之竹、木器

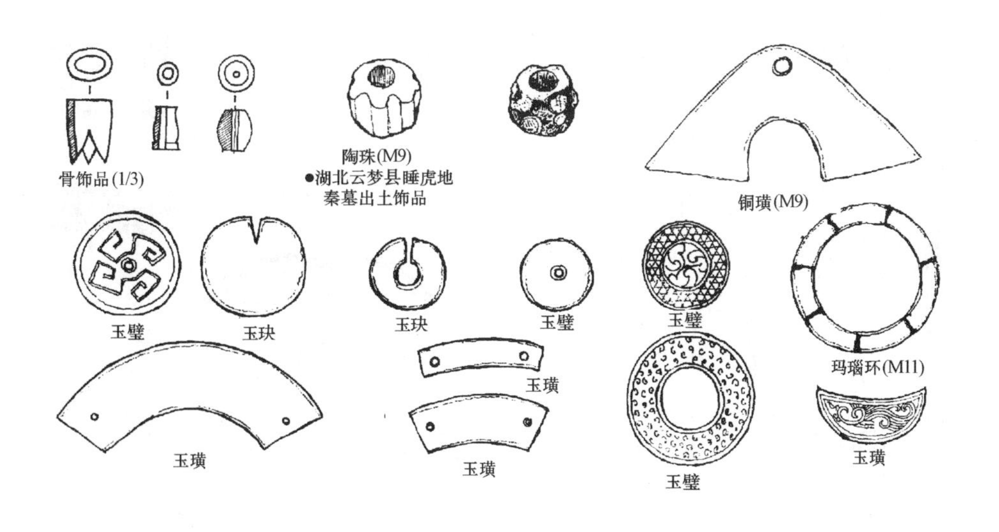

图 4-8　秦代之装饰物

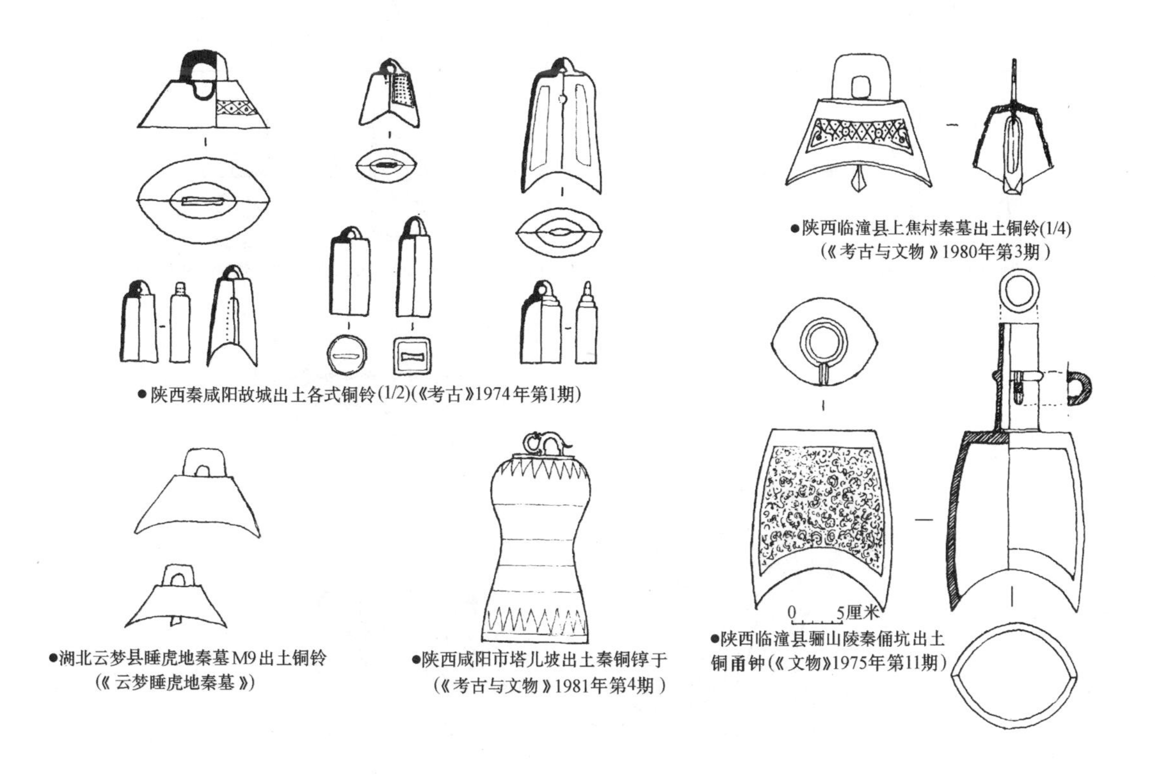

图 4-9　秦代之乐器

代文化之各类精品，大多出于贵胄墓葬。因此上述器物未能反映秦代之最高水平，纯属合理与必然。1980 年在陕西临潼县秦始皇陵封土西侧与内垣间出土之铜车马二乘（图 4-11），虽尺度仅为实物之半，但其各部构件及纹饰制作均十分精美（图 4-12），极为准确地表现了秦代御用车马的形象与构造，是迄今为止我国古代车辆最完整与精丽的典型代表，其工艺与艺术水平之高湛，可称当代劳动之杰作。由此看来，我们对秦代最高水平器物的完整认识，将不得不寄托在日后对秦始皇陵的全面发掘上了。

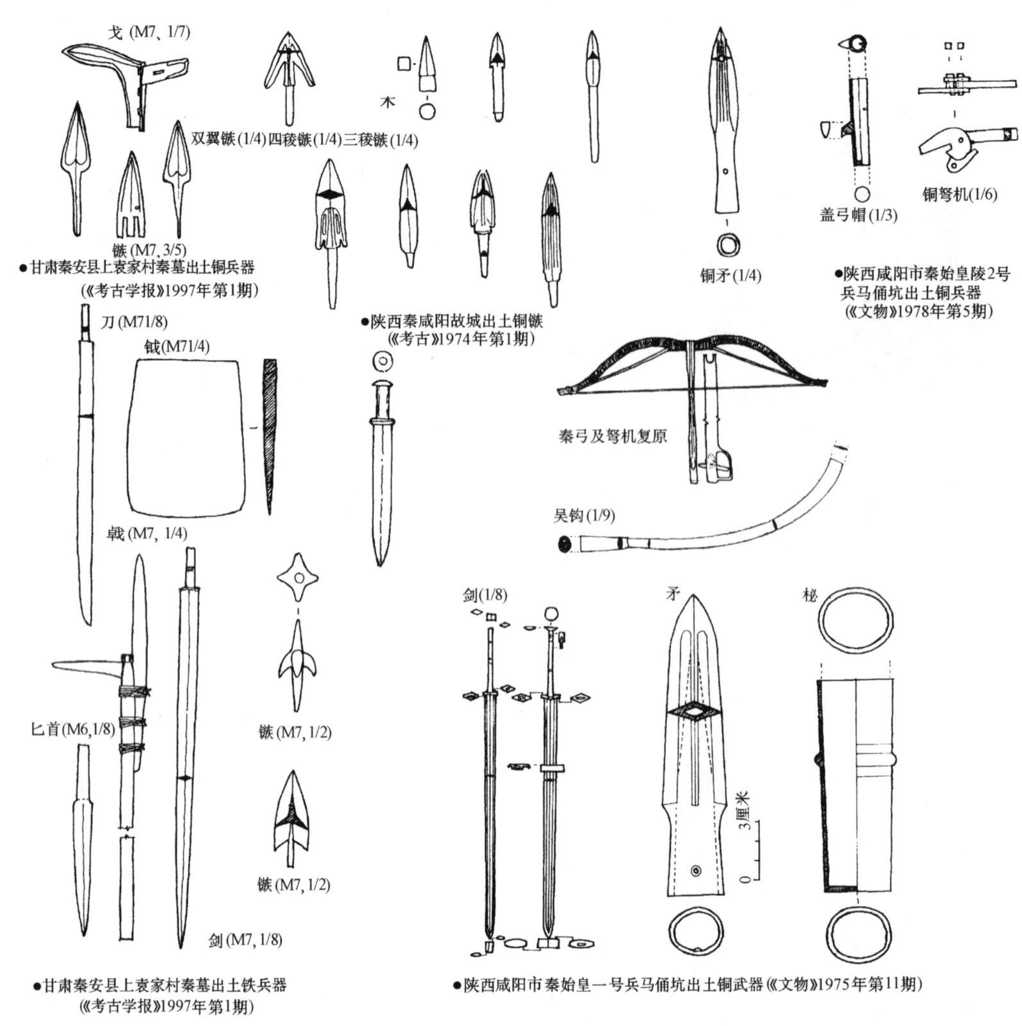

图 4-10 秦代之武器

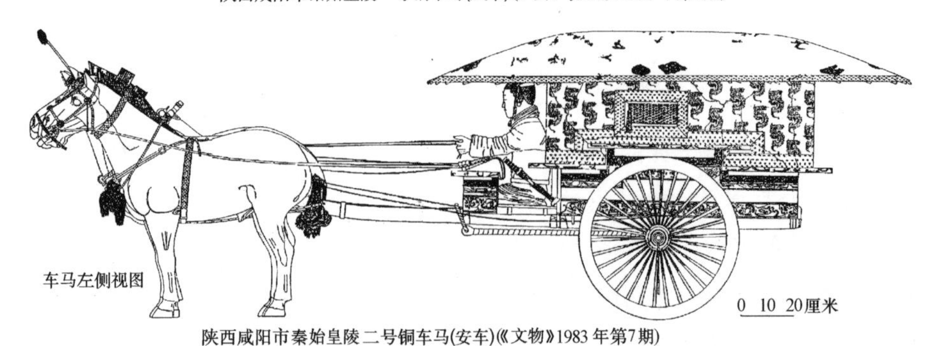

图 4-11 秦代之车舆

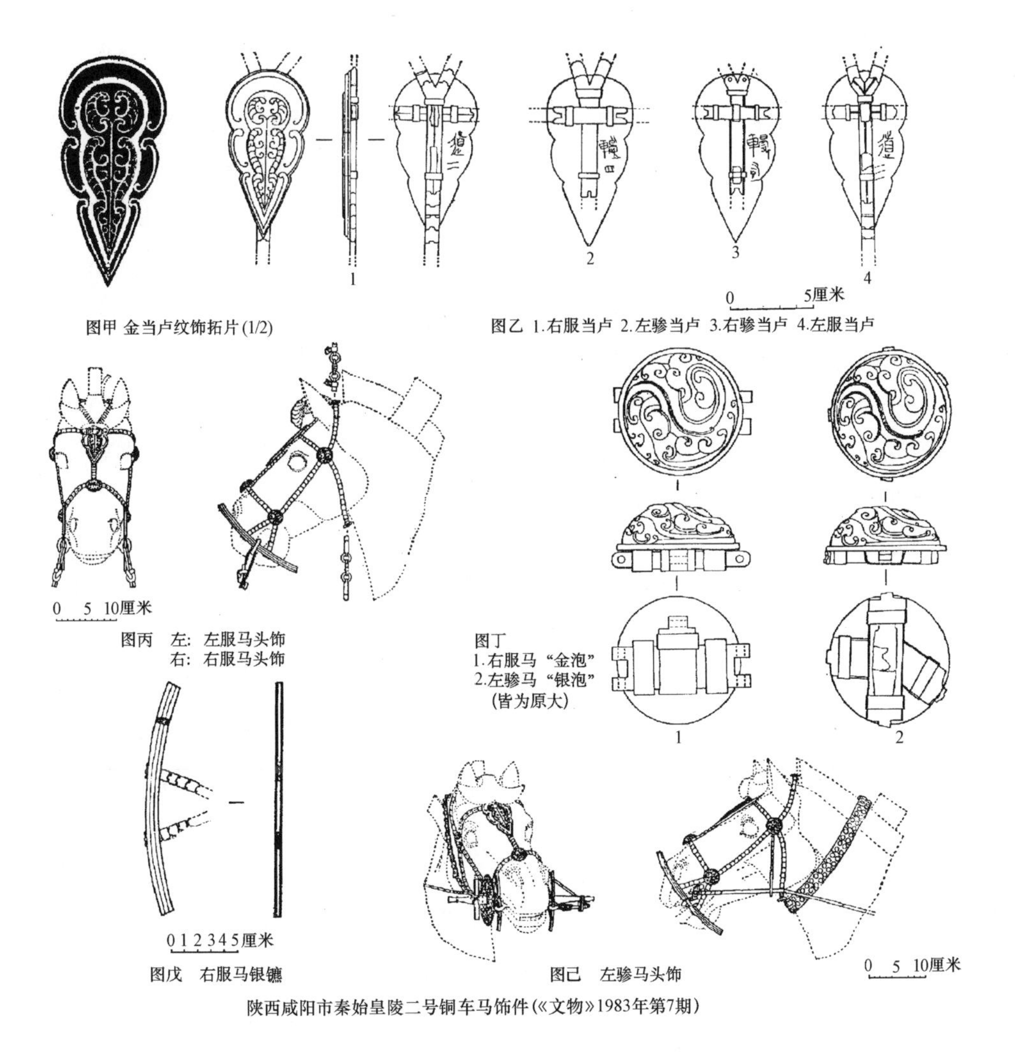

陕西咸阳市秦始皇陵二号铜车马饰件(《文物》1983年第7期)

陕西咸阳市秦始皇陵二号铜车马器(《文物》1983 年第 7 期)

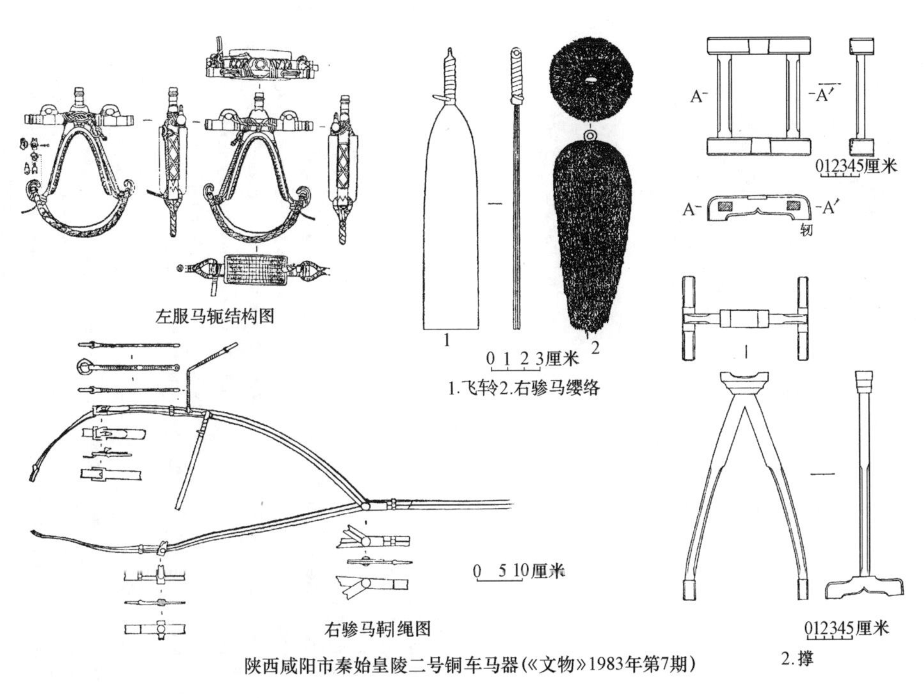

陕西咸阳市秦始皇陵二号铜车马器(《文物》1983年第7期)

图 4-12　秦代之车马器

三、全国法令、制度……的统一

秦始皇初并天下后，即对春秋、战国以来，在全国各地所施行的多种度量衡、货币、车制、武器、文字、法令、制度……等，作了标准统一的规定。于始皇二十六年（公元前221年）正式颁布诏书，甚至还在器物上铭刻此诏书以及秦二世元年（公元前209年）所颁袭用旧制的诏书。

关于度、量、衡的标准化，早在秦孝公变法之际就已逐步推行。至秦一统天下后，再予以进一步确立。以量器为例，现发现之商鞅方升，虽制定于孝公十八年（公元前344年），但其底又加刻始皇二十六年统一标准的诏令，可见其为沿用。秦代量制之标准为：1斛＝10斗＝100升＝1000合＝2000龠。基本都是十进位的。量具有陶、铜、木质多种。已知实物中，陶质为圆桶形，铜质有长方和椭圆形的。秦升每升容194～216毫升不等，大多都在200毫升左右（商鞅方升容积为201毫升）。而依湖北云梦县秦墓中出土的《秦律·效律》，规定容器误差为5%，看来是可信的。

秦代衡制的标准是：1石＝4钧＝120斤，1斤＝16两，1两＝4锱＝24铢。显然其间的公倍数是4。现有秦权大多为铜质，少数铁质，陶质仅偶见。大者用以称粮食、柴草，小者用以称金珠货币。据上述《秦律·效律》载，一石权的重量误差为0.4%，而半石权及以下为0.8%，权上亦刻有上述诏令，实物见西安秦阿房宫遗址出土之高奴铜权。经实测推算，秦时每斤约重250克。

秦尺至今未有实物出土，然商鞅方升尺可作为其标准之代表。是以秦1尺＝23.1厘米，与周尺近似，而远较商尺为大。秦代度制标准是：1丈＝10尺＝100寸＝1000分，1步＝6尺，1里＝300步……。

战国时期各国币制不一，如楚有铜蚁鼻钱及金郢爰，周、赵、魏、韩、燕通用布币，齐用刀币，圆钱首用于周及三晋，后来也行于齐、燕、秦。秦统一全国后，以圆形方孔之半两钱作为法定流通货币，此钱重十二铢，表面有铸文“半两”字样。各地原有刀、布币……等均予废除。此外，又以黄金为上币，以“镒”为名，一镒等于二十四两。

在文字方面，秦代以小篆与隶书多见。前者见于碑刻、铭文等较正规的场合，如泰山刻石、琅琊刻石、始皇诏方升、始皇诏铜权等（图4-13）。后者书于简牍，如湖北云梦县睡虎地11号秦墓出土竹简（图4-14），系以墨写在篾黄上，作为一般的书籍或记事。

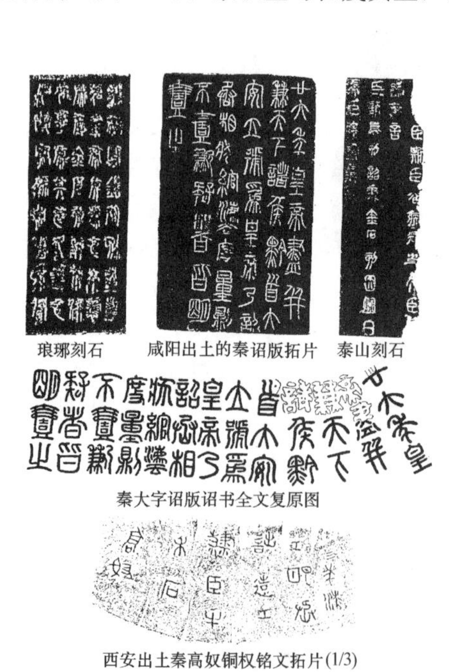

图4-13　秦代之金文及刻石

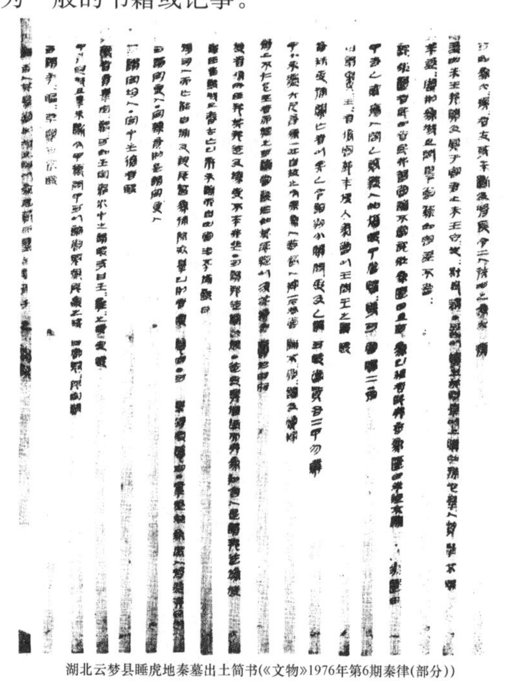

图4-14　秦代之简牍

四、苛政厉法导致帝国崩溃

后代文史载及秦时法令条律，咸以为失之苛刻严厉。从秦国统治者的立场出发，为了使原来不富强和相当落后的状况得到根本改变，或者为了巩固庞大帝国中央集权的绝对统治，不能不依靠这种非同一般的强制手段。其始作俑者是孝王时封为商君的公孙鞅，所行变法内容，见于《史记》卷六十八·商君传，有："令民为什伍，而相收司连坐。不告奸者，腰斩。告奸者，与斩敌首同赏。匿奸者，与降敌同罚。民有二男以上不分异者，倍其赋。有军功者，各以率受上爵。为私斗者，各以轻重被刑大小。僇力本业，耕织致粟帛多者，复其身。事末利及怠而贫者，举以为收孥。宗室非有军功论，不得为属籍。明尊卑、爵秩等级，各以差次。名田宅、臣妾、衣服以家次。有功者显荣，无功者虽富，无所芬华"。法令既苛，执行也严。时秦太子犯法，"商鞅曰：法之不行，自上犯之。将法太子，太子君嗣也，不可施刑，刑其傅。公子虔（犯法），黥其师公孙贾。……公子虔复犯约，劓之"。后商鞅亦因犯法，为秦惠王车裂并灭家，可谓作茧自缚。其他之例，如始皇三十四年下焚书之令，"有敢偶语诗书，弃市。以古非今者，族。吏见知不举者，与同罪。令下三十日不烧，黥为城旦"。而尔后陈胜、吴广之起义，也因戍赴渔阳途中，"天大雨，道不通，度已失期，失期法皆斩"，而不得不采取的"铤而走险"。前述云梦县秦墓中出土简书，亦有述及秦代法律制度者。如《秦律十八种》、《效律》、《秦律杂抄》、《法律问答》和《封诊式》等。内容包括刑法、诉讼法、民法、行政法、经济法、军法等。对于农田水利、牛马饲养、粮食存藏、徭役征用、刑徒服役、工商管理、官吏任免、军爵封赐、物资账目、军官职责、队伍训练、战场纪律、后勤供应、战后奖惩等，均有十分具体的规定。反映了孝公至始皇时期秦法和社会状况的许多情况，其中大多都为正史所未载。

秦破灭六国后，为消弭与压制各地钜族豪强及诸侯残余势力，乃"徙天下豪富于咸阳十二万户"。如此记载属实，则迁来人口当在百万以上。然集中于咸阳一地似不可能，估计系分散安置在京畿周围或关中境内。为防止人民造反，又收天下兵器，"聚之咸阳，销以为钟鐻，金人十二，各重千石，置廷宫中"。另据文献，修建阿房宫时，其殿门制自磁石，用以查验私带兵刃者。其于宫内则限制更严，《史记》卷八十六·刺客列传中载："秦法，群臣侍殿上者，不得持尺寸之兵。诸郎中执兵皆陈殿下，非有诏不得上"。是以荆轲因此乘机得刺秦王。后始皇出巡，于阳武博浪沙及兰池皆"逢盗"，于是"令天下大索十日"，"关中大索二十日"（皆见《史记》卷六·秦始皇纪）。凡此种种严令峻法的制定与实施，不可不谓处心积虑，然而仍未能遏止百姓黔首的揭竿起义，这大概是秦始皇和他的追随者们之始料所不及的。

自春秋以来的百家思想争鸣，于秦时仅偏重法家一派。它表现在当时的社会特点是：倡法治而抑德育，励耕战而贬书史，重抗争而轻教化。虽然在较短的时间内以种种断然手段取得重大成就，但由于定谋举事皆为逐利而非逐义，平天下与治天下皆倚于力而非倚于德，因此社会思想基础甚为薄弱，一旦作为依靠的暴力机制失灵，整个王朝立即土崩瓦解。对于当时在思想上的禁锢，可自李斯奏言中得窥一斑："异时诸侯并争，厚招游学，今天下已定，法令出一，百姓当家则力农工，士则学习法令辟禁。今诸生不师今而学古，惑乱黔首。……臣请史官，非秦纪皆烧之。非博士官所职，天下敢有藏诗书百家语者，悉诣守尉杂烧之。……所不去者，医药、卜筮、种树之书。若欲有学法令，以吏为师"。以后，又以"妖言惑众"等罪，将"犯禁者四百六十余人，皆坑之咸阳"。以上就是为后世屡加针砭的"焚书坑儒"，但都未达到统治者所预期的目的。

秦始皇笃信神仙方士之说，先令齐人徐市率童男女数千人，入海求仙人所居之蓬莱、方丈、瀛洲三神岛，然“费以巨万计，终不得药”，人众亦一去无所踪迹。后又遣燕人卢生求仙人羡门、高誓。使韩终、侯公、石生等求“仙人不死之药”。这些本是荒诞不经的骗人鬼话，但都能迎合封建帝王的变态心理，因此得以屡售其奸，并且还对后世继续产生着很大影响。

在土木建筑工程方面，秦代也曾大肆营建而不遗余力，例如扩建首都咸阳，起阿房宫及大批离宫别馆，筑长城、修驰道、修治陵墓、开凿水利等等，其规模均十分浩大，所耗费之人力物力亦无从计算。这些方面涉及之内容，将在后文另予介绍。

第二节　秦代的建筑

一、城市

秦代城市之确切资料，目前史学界掌握得还不多。原因之一，是因为秦始皇统一天下后，仅历时16年即覆灭于农民起义，建国时期甚为短暂，全部新建之城市为数极少，且情况不明。第二，是秦代大多数城市均因袭于两周，而以后又继续沿用于后世，因此各时期文化层次颇多，且常被大面积扰乱与打破，以致很难清理出一个较完整的秦代城市面貌来。第三，有些城市已被自然或人为因素所毁坏，已无从恢复旧时形制。最后，是古代社会对城市规划与建筑工程等活动不够重视，历史文献中很少予以载述，即使偶有涉及，大多也甚为简略和很不具体，其中相当多的是笼统的文学描写，缺少科学的定量与定性内容。因此，目前我们对秦代城市的了解，远不若周、汉时期为多。

（一）咸阳[1]

咸阳是秦帝国的首都（图4-15），也是秦作为诸侯时的最后一个王都。始建于秦孝公时，《史记》卷五·秦纪：“孝公十二年（公元前350年）作为咸阳，筑冀阙，秦徙都之。”《汉书》卷二十七·下·五行志：“先是惠文王初都咸阳，广大宫室，南临渭，北临泾。”至始皇就位后，又陆续予以扩大。如于咸阳北坂上仿建所破六国之宫室，又建信宫、朝宫于渭水南。传此城之布局原则，乃模拟天象，若《三辅黄图》所言：“咸阳故城，自秦孝公至始皇帝、胡亥并都此城。始皇兼天

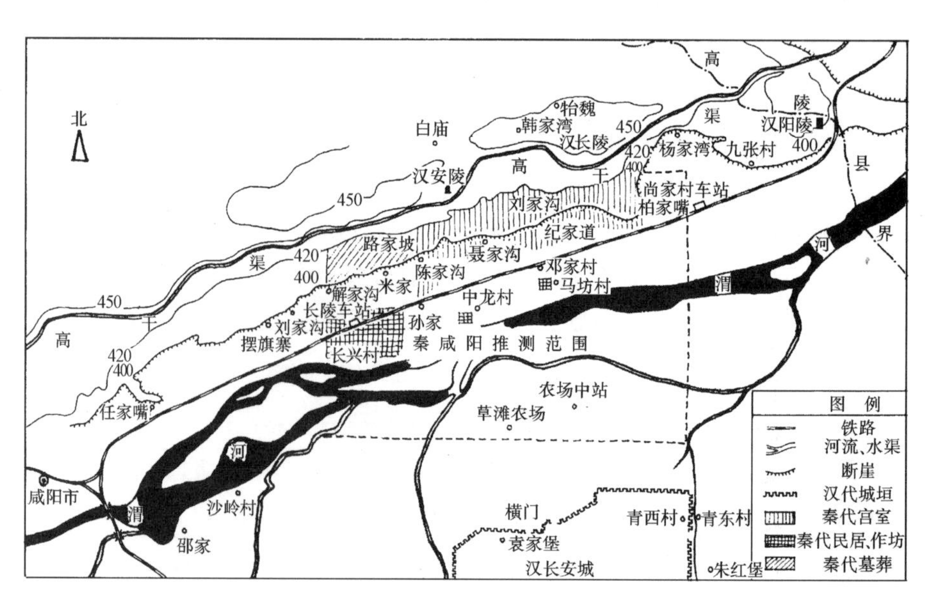

图4-15　秦都咸阳位置示意图

下，都咸阳，因北陵营殿，端门四达，以则紫宫，象帝居。渭水贯都，以象天汉。横桥南渡，以法牵牛”。按孝公所建之咸阳，原均位于渭水北岸，至始皇时，因旧城制式已成与面积所限，无法再予扩张，而“诸庙及章台、上林皆在渭南”，（《史记》秦始皇记），于是另建新宫阿房于渭南，与旧城间则通过跨渭水大桥以资联系，因此才有“渭水贯都”之说。

至于咸阳之城垣，古来文献未有记载，考古发掘亦无所获。可能此城与晚商之殷都一样，均未建有此类防御性土工设施。就始皇扫平诸侯之际，天下已无敌手，同时又掌握强大政权和军事力量，王朝安全可谓绝无问题，因此不筑都垣，完全是可能的和有理由的。由于史文阙录与城市久毁，秦咸阳城的地域范围与具体设施，一直成为古来未解之谜。正史如《史记》秦始皇本纪中所述，亦仅“表南山之巅以为阙”这样极不具体的寥寥数语。然而同书卷七十三·白起传及《水经注》卷十九·渭水（下），都有秦武安君白起自刎于咸阳西郊杜邮亭的记载。只是关于杜邮亭至咸阳西门的距离不同，前者称10里，后者为17里。经考古学家考证，秦时杜邮亭位置，当在今咸阳市石桥公社的摆旗寨。因此，自摆旗寨向东4175米（合秦制10里）的窑店公社毛王沟、陈家沟或7000米（合秦制17里）处的一带，应是秦咸阳城的西界所在。由于已探测到的秦代宫室遗址区与墓葬区的划分处，适在毛王沟南北一线，因此《史记》中所载的距离，比较可靠。位于秦咸阳城北的宫殿遗址，其东端止于今日之后排村及柏家嘴附近，从而我们假定这里是秦都的东面临界，也是有一定根据的。至于咸阳的北界，应当位于上述建有大量宫室的北坂以北。在《水经注》卷十九·渭水（下）中，载有所谓“故渠”者，该渠自西向东逶迤而行，历经西汉渭北诸帝陵及陵邑之南，又绕渭城之北而入渭。依《前汉书》卷二十八（上）·地理志：“渭城，故咸阳，高帝元年更名新城。七年罢，属长安。武帝元鼎三年更名渭城”。考“故渠”之位置大体即今日之高干渠所在，而咸阳城北的范围，大概也就尽乎于此。秦咸阳“南抵渭”，已有明文记载，但当时的渭水尚未北移，因此当时河流北岸的位置，尚待考定。据史文所记，秦时所建跨水交通南北的渭桥，在汉代仍旧使用。由于此桥位于汉长安横门以外3里（依《三辅黄图》），故又称横桥。按照今日之地望，汉长安横门之旧址，应在西安市西北六村堡公社之袁家堡与曹家堡间，南距今渭河南岸约5.5公里，这就是说，自秦代到目前，渭水河道已经北移约4公里，而这段距离，亦大体是秦咸阳南部被河水冲毁范围。

综上所述，秦咸阳城大致范围，是东起柏家嘴，西迄毛王沟，南至草滩农场，北抵高干渠，东西宽约6公里，南北长约7.5公里，面积达45平方公里。这里要指明的是，上述范围仅表明了渭水以北的都城地域。秦始皇在渭南大兴土木所建的宫室，坛庙及其相应的附属建筑物与构筑物，如官署、道路等，均未包括在内。而这些都应当是秦咸阳的一部分，甚至是很重要的一部分，由于资料缺阙，只能留待后日研究。

经过解放后对秦咸阳的30余年探究，对该城内部的部署情况已有若干了解。总的说来，其宫室分布在渭北北坂及渭南一带，内中又分为正规之咸阳宫、阿房宫，以及为数众多的离宫别馆，包括秦始皇灭六国迁建诸侯之宫室。手工业作坊如铸铁，冶铜、制陶等，有的分布在宫殿区附近，当属为宫廷服务的官营作坊。在城西郊的店上村至长兴村一带，亦发现大量窑址。此外，城内还发现大小建筑夯土基址约30处及大批水井等。

首先发现的宫城北垣，延迤于渭水北岸约2公里处之牛羊村至西姬家道一带，走向东西，全长843米，由夯土筑构，现有墙基距地表面1.40～2.20米，厚度约4.60米，宽5.50～7.60米。西垣长576米，南垣长902米，东垣尚未发现，平面大体呈矩形。文献《七国考》卷十三：“昭襄王二十七年（公元前280年），地震坏城”及《史记》卷一百二十六·滑稽列传·优旃：“二世立，又欲漆其城”，大概都是指的上述宫墙。估计此宫即秦王正式宫殿咸阳宫所在。宫城内已发现建筑基址八处，其中三处仍高出目前地面1.5～6米，当属宫廷中之高台建筑，其中规模最大的一号建筑基址，为一两层建筑，保存相当完好，具体情况将在宫殿一节中加以介绍。

手工业作坊已发现六处，除一处在宫区以东，其余均在宫区西侧，内中不少属于官署管理并邻近宫殿，显然是为宫廷服务的，如冶铜、炼铁及制砖瓦等。民间作坊如制陶器者，位于宫区以西约四公里处。自陶器上所盖印戳文字看，在咸阳以外地区的墓葬中多有发现，表明此类产品曾行销外地。此区又发现水井百余口，占目前已知秦咸阳水井的绝大多数，这也表明当时该地制陶业规模的巨大。水井多半用直径约0.70米，高0.35米之陶井圈叠置而成，也有用砖、瓦或上部用瓦下部用陶圈围建的，但为数很少。

城内排水，多埋置陶质圆筒形水管，已发现排水管道29处，其布置方式和数量多不相同，有单管、双管和四管并联等形式，估计是依原有建筑的具体排水量，而分别作出的不同安排。陶管每节长0.53～0.68米，直径0.19～0.59米，均有子母口。此外也有用筒瓦扣合形成的暗管，和用板瓦依次排列的明沟，但二者均施于手工业作坊区。

已发现之墓葬区在西侧，即东起毛王村，西迄摆旗寨间四公里地域，均为中、小型墓葬。

此外，在宫城北与东面，分别发现望夷宫与兰池宫遗址。

秦二世三年（公元前207年），丞相赵高杀胡亥于望夷宫，立子婴为秦王。后项羽入关至咸阳，“杀子婴及秦诸公子宗族，遂屠咸阳，烧其宫室，虏其子女，收其珍宝货财，诸侯共分之”，事见《史记·秦始皇纪》，咸阳城遂因此残破。及刘邦平定天下，复立都关中，以咸阳不可再用，乃建新都长安于渭水之南，又改秦咸阳为新城县。高祖七年（公元前200年）罢县而属之长安。武帝元鼎三年（公元前114年）又改为渭城县。而王莽时则曰：“京城”。以上变革具载《前汉书》卷二十八·上·地理志。后渭水北移，秦咸阳余址大部为河水淹没，是以《后汉书》郡国志中，无复有咸阳或渭城之记载，故认为该城之最后毁弃，约在东汉中季。

（二）栎阳[2]

栎阳为秦孝公迁咸阳前之王都，建于献公二年（公元前383年）。在献公与孝公在此经营的三十四年间，开展了秦国社会具有历史性意义的巨大变革，又将领地扩到河西，这些都对日后秦国得以称霸天下，创造了有利的条件。公元前350年移都咸阳以后，栎阳仍然占有重要地位，一直是秦王朝东面的经济、交通和军事重镇。秦末楚汉相争之际，项羽曾封“司马欣为塞王，王咸阳以东至河，都栎阳”。汉高祖刘邦二年（公元前205年）破楚军，自荥阳“还栎阳，……令诸侯子在关中者，皆集栎阳为卫”。平楚以后，以长安宫室未成，刘邦又一度居此。至“高祖七年（公元前200年），长乐宫成，自栎阳徙长安”，但太上皇仍留驻该地。后三年，太上皇死，即葬于栎阳城北，因陵名万年陵，故分栎阳地一部建万年县。东汉光武帝建武二年（公元26年），将栎阳县并入万年县。

据考古发掘，秦、汉栎阳故城在今陕西咸阳市东北约60公里处（图4-16），南距临潼30公里。已探出西墙与南墙各一段，西墙走向为西北→东南，与子午线夹角为21°，残长1420米。墙身南端较宽，约16米；北端较窄，约8米。距地表深1～2.4米不等。墙下无基槽，夯土直接构筑于扰土之上，内中杂有碎瓦，依瓦纹及质地，应筑于秦代，其下限则应在西汉初。南墙走向与正东西夹角16°，残长1640米。墙身宽6米，距地表深1～2米，夯土情况同西墙一致。将现存西墙向南延伸200米，南墙向西延伸50米之交会处，应是栎阳城垣之西南隅所在。

已探出西墙城门二处、南墙城门一处。

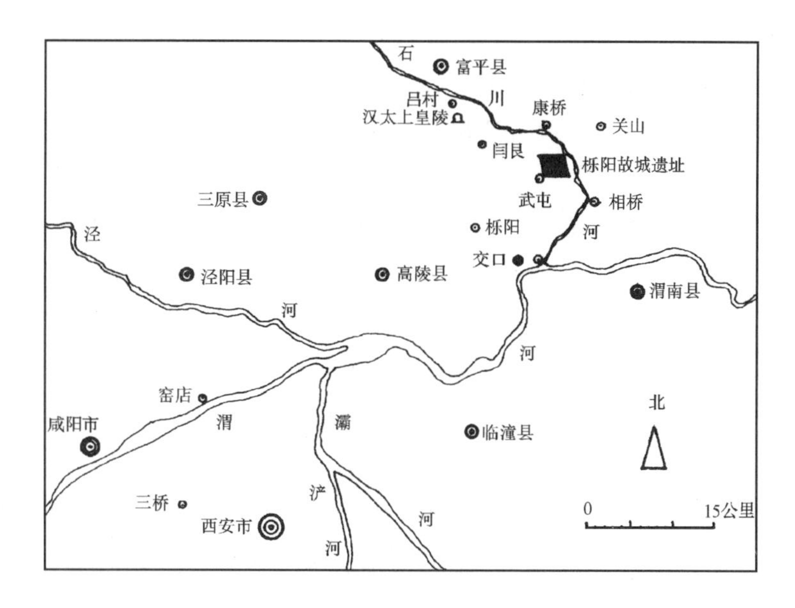

图 4-16① 秦代栎阳故城遗址位置示意图(《考古学报》1985 年第 3 期)

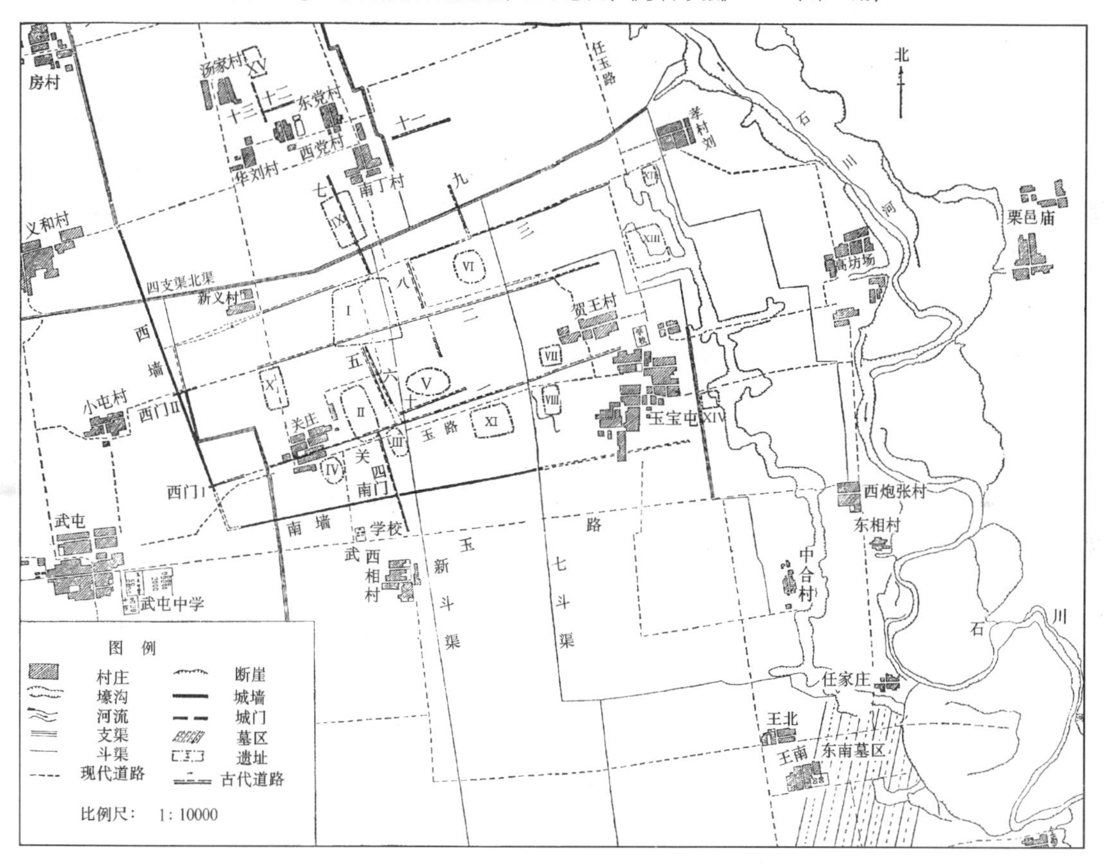

图 4-16② 秦代栎阳故城位置及实测平面图(《考古学报》1985 年第 3 期)

(1) 西墙 1 号门址距上述测定之西南城隅以北约 300 米。门道仅一条，东西长 13 米，南北宽 6.7 米。门道为土路面，厚 0.2～0.3 米，距地表 0.8～1 米。门道附近砖瓦残片及红绕土块甚多。

(2) 西墙 2 号门址距 1 号门址北 680 米，门道亦一条，东西长 11 米，南北宽 7.3 米。门道土路面厚 0.3 米，距地表 1.7 米。门道附近堆积同 1 号门址，但门址以外有较多砖瓦堆积，似原有建筑存在。

(3) 南墙门址大体位于现存南垣正中，西距城西南隅约 900 米。有门道一条，南北长 13 米，东西宽5.5米。门道西侧有一南北13米，东西4米之夯土台，现存残高约0.35米，应系此城门西侧之城台。推测门东侧原来也应有相同的城台存在。门道路土厚0.3～0.4米，下为黄沙土。路面距目前地表2.2～2.9米。依门址土中碎砖瓦、钱币等遗物，知门道构筑之下限为西汉初，其废弃时间则为东汉。

已探出城内道路共13条，其中东西向6条（编号为1号、2号、3号、10号、11号、12号）、南北向七条（编号为4号、5号、6号、7号、8号、9号、13号）。已知道路长度，自2300米至210米不等，宽度最广达18米，最窄亦有5米。内中1号、2号、3号道路为贯穿全城的东西干道。4号、5号、6号、7号、9号为内城主要的南北通途。根据道路的地层堆积和出土遗物，1号、2号、3号、4号、7号、9号道路建造较早，约在战国至西汉初季。其余7条则属汉代。

城内遗址先后发掘共达15处。内中属于秦、汉时期的，有Ⅱ、Ⅲ、Ⅳ、Ⅶ、ⅩⅣ7处；完全属于汉代的，有Ⅸ、Ⅹ、ⅩⅤ号3处；属秦、汉居住和手工业作坊遗址并存的，仅Ⅷ号一处；属汉代居住和手工业作坊并存的，亦Ⅴ号一处；全属秦，汉手工业作坊的，有Ⅵ、Ⅺ号二处遗址。其面积大者，已超过12万平方米；最小的面积也有8千平方米。遗址中发现有夯土台基、下水管道、陶砖瓦、陶器、铜料、铁渣、硫渣等。现以面积最大的Ⅰ号遗址为例，其形状呈正方形，东西与南北各长350米，其南有2号、5号、6号道路，东有8号北有7号道路。遗址西部有东西宽56米，南北长20米，高0.9米之夯土台基；东北部有东西26米，南北53米，高1.7米夯土台基；南部亦有夯基，惜已被破坏。各夯土基上均有多量汉代砖瓦及红烧土块，表明旧时此地建有重要建筑。其年代为上至秦，下至王莽。

出土的建筑材料，有各种铺地砖、空心砖、条砖、拱形砖、折尺形砖、镶边砖；瓦有版瓦、筒瓦、瓦当；陶质水管亦有四种之多。

据文献《长安志》记载，栎阳故城的尺度是“东西五里，南北三里”。而目前由实测得之南墙与西墙长度，与之相差无几，即栎阳故城之范围，约为东西2500米，南北1600米。又依道路及城门情况，考古学家认为此城东、西两面应各有三门，南、北二面各有二门。至于东、北二面之城垣，宋人记载中已无，疑为水患所破坏。至于城内建筑之分布，虽未进行全面发掘，但已揭露之15处遗址来看，其重要建筑所在之Ⅰ号遗址，位于城内中部稍偏西。早期之手工业作坊，大约分布于城中（如Ⅵ号遗址之冶铜与制砖瓦）及城南（Ⅺ号遗址之铁渣、硫渣与炭灰等）。居住区仅发掘城东南一处（Ⅷ号遗址），不足以作为全城分布的依据。

（三）夏阳[3]

故城遗址在今陕西省韩城市南10公里，坐落于嵬山以南、尸乡沟以东之台地上，又有涺水南北流经其东，沇水西来绕行于南，总的地势为西、北高而东、南低。由于依山带水，易于战守。是以自春秋起，秦、晋、魏先后皆领有其地，并置少梁邑于此。至战国魏宣惠王五年（公元前330年），“与秦河西地少梁”。后三年，即秦惠文王十一年（公元前327年），更其名为夏阳。以后经西汉沿用，至东汉时始迁治它处，俱见《史记》、《后汉书》所载。今日该古城之地势，其情况与北魏郦道元《水经注》中所载者亦多有契合。例如该书卷四·河水四·陶渠水条：“河（误，应为“陶”）水又南迳高门南……又东南迳华池南，池方三百六十步，在夏阳城西北四里许……今高门东去华池三里。溪水又东南迳夏阳县故城南……”文中陶渠水（即陶水）亦今日之流经故城东南之芝水，而高门、华池二村之名目前尚存，其与故城之距离亦颇相合。因此，可以判断上述古城即秦、汉时之夏阳故址。

1986年考古工作者对该遗址进行了两次调查与发掘，现将其情况介绍于下：

该城就所在台地修建，平面大体呈东西略长之矩形，其尺度为东西宽约1750米，南北长约1500米。目前东、南、西三面城垣尚有断续存留，北墙于地面已无痕迹可寻。经探测知城垣下未构城基，仅将地面稍加整理后即行筑墙。城垣下部现宽4～16米不等，顶部残宽1～5米，残高0.5～2.2米。墙体均由纯黄土筑成，夯层清晰可见，每层厚7～9厘米（以8厘米为多）；夯窝圆形，直径4厘米，深1～1.5厘米。

至于城门之位置及数量，仅有东垣北侧之缺口二处较为明显。其南面缺口南北长25米；北面缺口南北长28米，东西残宽4.5米，残高2.4米。门道有路土面，附近并发现大量质地坚硬之青灰色筒、板瓦砾，表明该处过去曾构有建筑，估计应是旧日城门之所在。

城内之夯土建筑基址已发现10处，主要集中于城内北部中央至东北部一带。

第一号建筑基址位于故城北垣内之中部稍东，在今日地表下约0.15米。基址东西宽18.4米，东、西二端各有夯土墙，基宽2.4～2.6米，残高2.2米，夯层与夯窝情况同城墙，其构筑年代亦约为同期。二墙间有距今地表1.3米处之室内地面，平整而坚实，上覆有房屋倒塌之堆积。看来此建筑为一半地穴式房屋。

第二号建筑基址在一号基址以东约40米，东西宽3米，残高2.2米，距目前地表约0.3米。

第三号建筑基址在城内东北，基址距今地表0.4米，东西宽29米，由四道各宽2.4米、残高1.7米之夯土墙划分为三间，每间面阔9.8米。

第四号建筑基址在三号基址以东，现仅余南北残长1.8米，残高1.5米。

第五号建筑基址在三、四号基址以北约120米，南北长7.5米，残高1.7米。

第六号建筑基址在五号基址以东约60米，距今地表0.5米。东西宽12.6米，夯土墙宽2.2米，残高1.8米。室内地面宽8.6米，亦平整坚实，其上及周旁有建筑破坏之堆积。

第七号建筑基址在六号基址东约40米，现地表以下0.4米。基址东西宽3.2米，残高2.3米。

第八号建筑基址在七号基址东约50米，东西残宽29米，南北长6.7米，残高1.7米，上亦有建筑倒塌堆积。

第九号建筑基址在八号基址南，东西宽33.3米，内中有三道各宽1.7米之夯土墙划分各宽3.8米之房屋两间。其地面亦有房屋破坏后之堆积物。

第十号建筑基址在九号基址东约30米，东西宽2.3米，残高2.4米。

由上可知第一、三、六、八、九号基址之面积较大，而单间建筑之宽度则以第一号基址及第二号基址者为最，当系旧日重点建筑。但各建筑基址之用途及组合关系，目前尚未能知晓。

城外之夯土建筑基址，目前仅发现一处，位于东垣外之东南，即今司马迁祠东侧。已知有土路一条及夯土建筑基址，又出土柱础石、生活用陶器（盆、罐……）及大量表面具绳纹之筒、板瓦。

冶铁遗址发现于城外西北之芝西村北，东西宽194米，南北长219米，面积约42500平方米。遗有大量炉渣及陶范（多为生产工具者，如镬、铲、凿、镰等），又有砖、瓦当、筒瓦、板瓦等建材及陶质生活用具。

北垣外偏西之堡家村出土残毁陶窑一座，东西宽3.15米，窑室残高2米，其后壁建有烟道。窑内尚有秦、汉之筒瓦、板瓦碎片。

墓葬区位于故城外之东南，墓中出土有铜器（钫、蒜头壶、半两钱币……）、陶器（早期彩绘茧形壶、罐、釜……）等。

此城虽始建于周代，后经秦、汉沿用，但依墙垣之夯层与夯窝情况，及诸夯土建筑基址上覆压之瓦砾，均有较明显之秦代特征，因此将该遗址定位于秦。

二、宫室

（一）文献记载中之秦代宫室：咸阳宫、阿房宫

秦代宫室之鼎盛，为我国古代社会所罕见，自夏、商以下迄于春秋、战国，皆未有能与之相比拟者。其大朝宫殿之宏巨壮丽，与离宫别馆之数量众多，已屡为文史所津津乐道。然而岁月悠悠，沧海桑田，昔日之辉煌门阙殿阁与堂榭楼台，早已化为飞灰荒草。遗留之文献记录，大多都极为简略，偶及之而不详焉。现仅就目前所收，综述于后。

始皇即位之初，仍居于渭北之咸阳宫。此宫乃孝公迁都时肇建于卫鞅者，后经历代增修，是为当时秦王朝主要宫室之所在。举凡施政、颁令、朝会、谒见、宴乐及帝后起居等皇室活动，多在此进行。其见于《史记》秦始皇纪之载述，即有下列数端：

始皇九年（公元前 238 年），长信侯嫪毐作乱被镇压后，始皇乃迎娶太后于雍，“迁之咸阳宫”。

始皇二十年（公元前 227 年），燕太子丹命荆轲假献图以刺秦王，轲以燕使见王于咸阳宫。

始皇三十四年（公元前 213 年），“始皇置酒咸阳宫，博士七十人前为寿，……”。

始皇之时，在都城渭水南岸，已建有甘泉宫、章台宫、信宫等宫殿多座，但均非正规大朝之所在。于是始皇于三十五年（公元前 212 年），“以为咸阳人多，先王之宫廷小。吾闻周文王都丰，武王都镐，丰、镐之间，帝王都也”，乃营作朝宫渭南上林苑中。先作前殿阿房，“东西五百步，南北五十丈，上可以坐万人，下可以建五丈旗。周驰为阁道，自殿下直抵南山，表南山之巅以为阙。为复道自阿房渡渭，属之咸阳，以象天极，阁道绝汉抵营室也”。以上文记，载见《史记》秦始皇纪。另《三辅黄图》称：“阿房宫亦曰：‘阿城’，惠文王造，宫未成而亡。始皇广其宫，规恢三百余里，离宫别馆，弥山跨谷，辇道相属，阁道通骊山八十余里，表南山之巅以为阙，络樊川以为池。作阿房前殿，东西五十步，南北五十丈，上可坐万人，下建五丈旗。以木兰为梁，以磁石为门，怀刃者止之，……”。《三辅旧事》则谓：“阿房宫东西三里，南北九里，庭中可受十万人，车行酒，骑行炙，千人唱，万人和。其外有城名‘阿城’，东、西、北三面有墙，南无墙”。又《关中记》云：“阿房殿在长安西南二十里，殿东西千步，南北三百步，庭中受万人”。另《史记》卷五十一·贾山传中记有：“又为阿房之殿，殿高数十仞。东西五里，南北千步，从车罗骑，四马骛驰，旌旗不桡”。以上各书记载颇不一致，如宫殿之始创、占地面积、前殿尺度、容纳人数等，其间数据大有外出入，现暂以正史为凭，其余文记亦并罗列，以供识者参佐。

就文献所载，阿房宫之范围相当广大，但确切情况已难考证，其大致范围可见图 4-17。作为始皇新建大朝所在的主要宫殿，本身应有宏阔的范围和尺度。但《三辅黄图》所谓的“规恢三百余里，离宫别馆，弥山跨谷”的情况，似应属于上林苑之类的苑囿。而《三辅旧事》中的“东西三里，南北九里”（约合 1200 米×2000 米），与《史记》贾山传的“东西五里，南北千步”（约合 2000 米×1400 米），尺度范围亦大，应是对整体宫殿的叙述。

至于该宫之前殿，现根据上述文献记载，再依 1 秦尺＝0.232 米，1 步＝6 尺，1 里＝300 步予以折算，则《史记》秦始皇纪所载之前殿平面，就为东西 700 米，南北 116 米之狭长矩形（长短边之比为6∶1）。《三辅黄图》为东西 70 米，南北 116 米之 3∶5 矩形。《关中记》为东西约 1400 米、南北约 420 米之 10∶3 矩形，由上列尺度所表现之图形来看，《三辅黄图》所述者

面积过于狭小，与秦宫正朝所要求的宏伟壮丽不相符契。颇疑系其引用古人文献时，数字抄录有误之故。而《史记》秦始皇纪中所描述者，其面积于东西又过于狭长，似不合实用。现据考古探测，知阿房宫前殿尚有高大夯土台基遗存，其尺度为东西 1200 米，南北 450 米，此数字与《关中记》所载甚为相近。又土台之北部稍高于南部，其最高处约 7～8 米。而文献中称“下可建五丈旗”，表明台高至少五丈，合今制 11.6 米。按春秋、战国以来，帝王诸侯宫室多建于高台之上，而此遗址亦为实例之一。又现遗址之东西宽度，与《三辅旧事》所云之阿房宫址宽度几乎相等，看来不是偶然的巧合。但殿址位置在宫址的何端，以及主要门阙置于何侧等问题，现尚无从获得答案。

阿房宫虽于始皇时大兴土木，命“隐宫、徒刑者七十余万人，乃分作阿房宫或作骊山（陵），发北山石……”但未建成。二世元年（公元前 209 年）下诏复作，终未竟而秦亡。

据今日之考古发掘，阿房宫前殿遗址之夯土台基东西长 1270 米，南北宽 426 米，现存最大高度 12 米，夯层厚 5～15 厘米，夯窝直径 5～8 厘米。

台基收分自北向南划出三个台面。

出土有秦代之筒、板瓦及铜镞。

未发现前殿建筑为大火焚毁痕迹。

（二）考古发掘所见之秦代宫室

按咸阳之地形，其北为阶台状之丘陵，其南则为东西流向之渭河，二者间形成一北高南低之地貌。秦时在所谓“北陵”或“北坂”的北部丘陵一带，建造了大量宫室，范围东西约 6 公里，南北约 2 公里，前述之咸阳宫即为其中之一（图 4-18）。目前该地区尚残留不少高大夯土基址，且其间多有狭长的夯土基台相连，估计就是当时流行的高台宫观遗址所在。

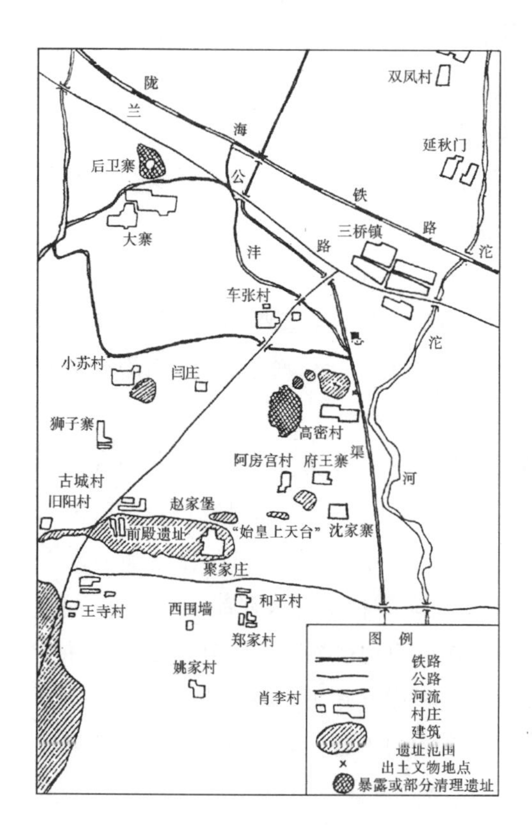

图 4-17　秦咸阳阿房宫遗址示意图
（《考古与文物》1984 年第 3 期）

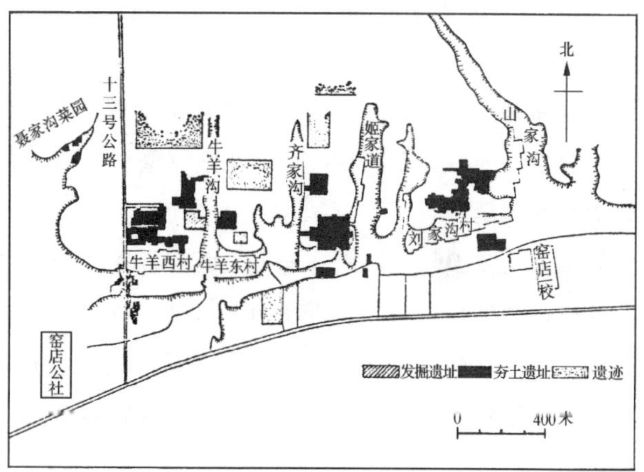

图 4-18　秦咸阳宫遗址勘测示意图(《文物》1976 年第 11 期)

1. 秦咸阳宫一号宫殿建筑遗址[4]

1974～1979年间，在距今咸阳市东15公里处之窑店公社窑店大队牛羊村北，发现了一组秦代高台宫室建筑遗址，分布在谷沟东、西两侧。现将西侧遗址编为一号宫殿，东侧编为三号宫殿，其中以西侧的一号宫殿保存较为完好。

一号宫殿遗址东西宽60米，南北长45米，平面作曲尺形，经发掘知此建筑大体分为二层，上层之夯土台面距地面约5米。各层之建筑均傍依夯土台兴建，排列整齐，主次分明，建筑结构为大木架构与夯土相结合。

上层台基之中部为主体殿堂所在，现编为一号室，其平面大体呈方形，东西宽13.4米，南北长12米，四周皆由厚实夯土墙围绕，东垣厚2.10米，中央开一门，宽3.23米，门洞之东端有木门槛遗迹，槛槽宽0.23米，深0.18米。北垣开二门，其西端一门保存较好，形制同东垣门。现南垣已毁，估计亦置有如北垣之对称门户二处。西垣未辟门。室之中央，原有直径为0.64米之圆形“都柱”一根，现仅存遗有木炭灰烬之柱洞，洞深0.18米，底部置有础石。此室墙壁下层为夯土，上部为土坯垒砌，墙面均抹草泥涂白灰，地面亦经处理，表面刷成红色。墙面嵌有壁柱，现柱洞中灰烬与木炭尚存，表明原有木构。墙内另置暗柱若干，似为构造加固之用。由于残物中有竹笆及荆笆印痕之泥块，以及仅用于窗之小型铜铰页，因此某些考古学者推测此殿堂为具木楼阁结构之二层建筑。但作为此区宫室之主要殿堂，其功能可能相当于正规宫殿之前殿。由秦人尊西之习俗，则秦王之王座应置于西壁之下，其入殿之主门在东。而遗址之发掘情况正与之相符合。为此笔者认为此殿堂为一具有高大空间之单层建筑，至多于上部建有环通北、东、南三面之内、外走廊。

此殿堂之东侧为东西宽二间、南北进深四间之第二室。除西、南二侧为夯土墙外，另二面未见墙壁之显著遗迹。

第三室在二室以南，面阔三间，进深二间，南侧有外廊与回廊相隔。此建筑之西北隅置壁炉一具。按其位置与朝向，很可能是秦王寝居之所。

第四、五、六室在西端，坐东朝西，亦有走廊与回廊相隔，其中第四、五二室各面阔三间，第十三室面阔一间。第五室中有壁炉及浴池，似为宫人沐浴之地，第十三室中另有藏物之窖藏一处。

北侧为面阔十间，进深三间之大面积建筑，编号为第十四室，用途不明。

南侧有广大平台，东端有踏道下至底层，西端则建露天踏道。第一室之西侧，亦有一坡度为17°之坡道，其宽度为3.35米。另在东端踏跺之上部平台处，似建有一与东侧之第三号宫殿相交通之栈桥。

底层建有周匝绕行之回廊，建筑分布于西南及北侧。南侧建筑一列五间，自东往西编号为第八、九、十、十一、十二室，除第八室有壁炉、浴池外，余皆为嫔妃或宫女之寝室，因室内出土纺轮等妇女用具。

北端之二室编号为第六、七室，面积皆甚宽大，均置外廊，似为侍卫役从所居。

此建筑之破坏，乃为火所焚毁。以致梁柱化为灰烬，墙体屋面均已塌落，完整之建筑构件了无遗存。估计其被毁时间，当在项羽入咸阳之际。现国内学人根据此遗址，将其平、立、剖面及外观透视作了复原研究（图中平、剖面尺度略有出入），其形象附列于后（图4-19～4-22），并供识者参考。

至于三号宫殿之形制，专家意见亦有与一号宫殿对称或非对称之两种布局。现依对称式作下述之复原图。

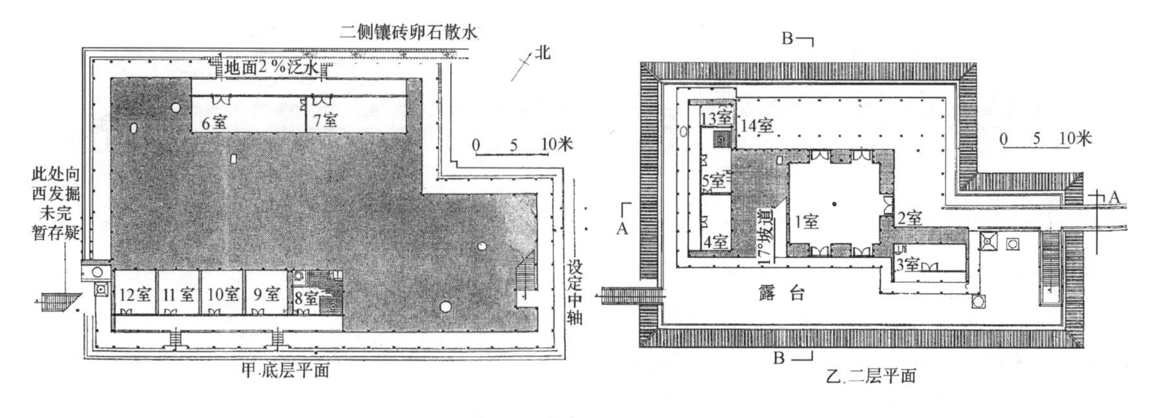

图 4-19 秦咸阳宫一号宫殿遗址平面复原图(《建筑考古学论文集》杨鸿勋)

图 4-20 秦咸阳宫一号宫殿遗址立面复原图(《建筑考古学论文集》杨鸿勋)

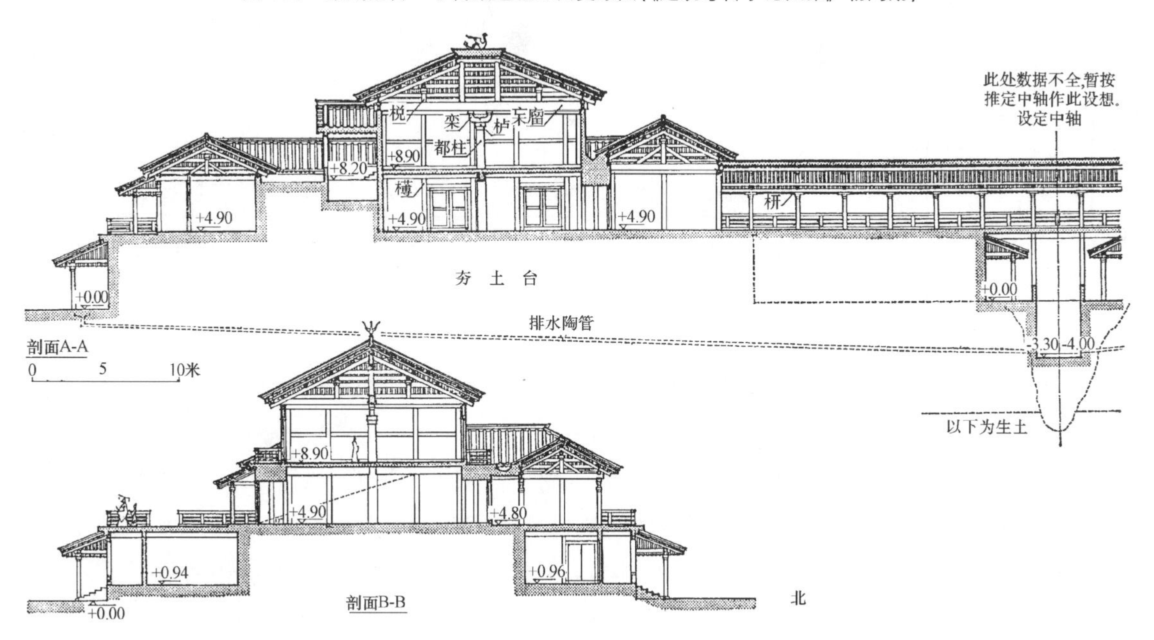

图 4-21 秦咸阳宫一号宫殿纵、横剖面复原图(《建筑考古学论文集》杨鸿勋)

2. 秦咸阳宫二号宫殿建筑遗址[5]

1980 年 10 月至 1982 年 9 月，考古工作者在秦咸阳宫一号宫殿和二号宫殿遗址西北，发掘出一处更大的宫殿遗址，命名为咸阳宫第二号建筑遗址（图 4-23）。

该组宫室之基址东高而西低，已揭露部分之建筑平面作宽度不等之多折形，东西宽 127 米，南北长 32.8～45.5 米。据已发掘的 5540 平方米基址情况得悉，该夯土台基之东、西两端仍未终

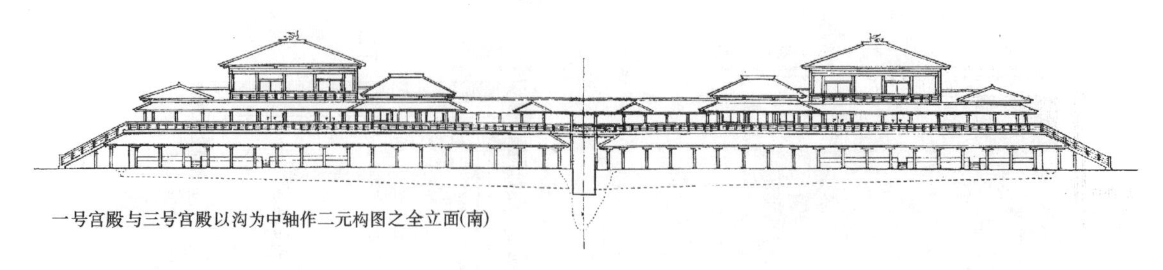

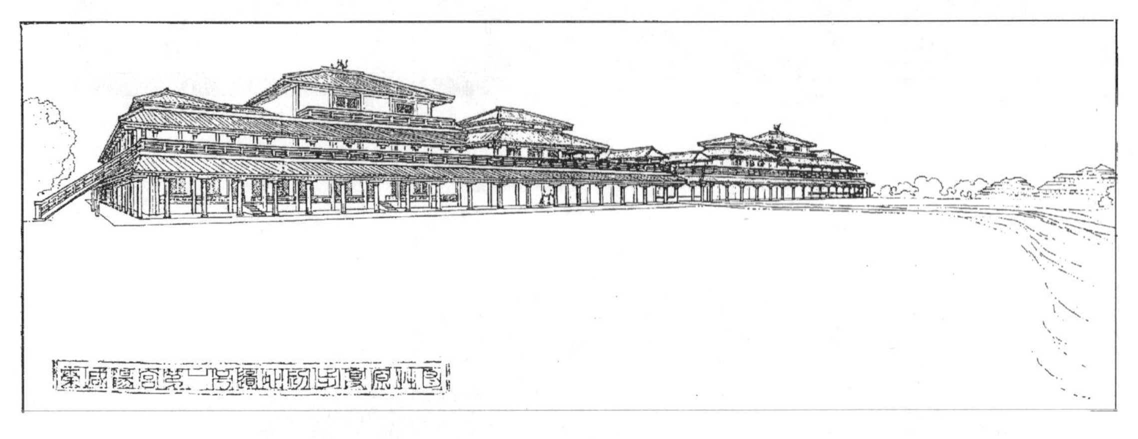

图 4-22 秦咸阳宫一号宫殿与三号宫殿遗址复原透视图(《建筑考古学论文集》杨鸿勋)

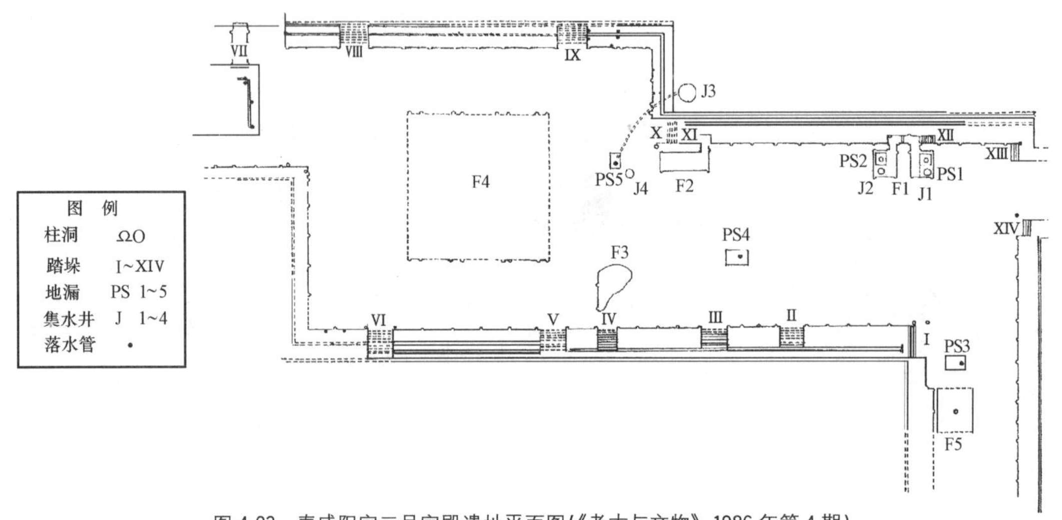

图 4-23 秦咸阳宫二号宫殿遗址平面图(《考古与文物》1986 年第 4 期)

止，且其东南部又与第一号和第三号宫址的回廊相接。

此遗址之夯土高台，在 20 世纪 50 年代发展农耕时已被夷为平地（当时西部台高尚达三米左右），现仅保存台上若干地面、柱洞与排水池残余，另有依夯土台壁修建的一周回廊及廊下之地下室。由此可知此组宫室系傍土台而建的二层建筑，其配置原则与结构方式与前述之第一号宫殿遗址大致相仿。

二号宫殿殿基均用纯净之黄褐色土夯成，夯层清晰可辨，最薄 3 厘米，最厚 6 厘米，一般为 4 厘米。基址西半部为主体建筑所在，基厚达 7.53 米。基础厚度至外缘处渐薄，由 4 米～3.7 米～1.17 米不等。现将其建筑情况分别叙述于下：

（1）底层现存建筑遗址有回廊及地下室二处（编号为 F1 及 F2）。回廊以南廊、东廊及北廊保存较好，西廊之破毁较多，现将各部建筑分述于下：

1）南廊　为东西向直廊，全长 86.50 米、宽 3.90 米。廊内地面标高不等，东高（标高＋0.75 米）西低（标高＋0.06 米），表面凸凹不平，已经多次修补。廊内自北向南形成 4°～6°之坡度，似从排水角度出发。其北侧之廊墙（即夯土台基一面）现有长度72.9米，最高残高0.68米，墙面抹泥及谷糠泥后刷白。墙内有壁柱22处，暗柱6处。壁柱断面为矩形（0.14米×0.22米），埋入地下0.33～0.39米，最多达0.46米。仅五柱下置础石，壁柱间距为2.53～3.60米。个别柱洞两侧墙面绘有菱形几何纹边饰。廊内共有踏垛六处，除最东一处为东西向外，其余五处均为南北向，分布之位置不很规则。

2）东廊　南端与第三号宫室之北回廊相接，全长93.22米，宽3.28米。廊柱原有31处，现存18处，间距2.23～2.70米。柱洞平面均作长方形（0.16米×0.28米），仅七洞尚留有础石。

3）北廊　平面呈“ㄣ”形，全长116.35米，宽度2.70～3.50米。廊墙残存最高处为0.92米，共有壁柱30处，暗柱1处。大部柱间距为3.70米，仅中部（南北向仅4米长）为0.90～4.00米。柱洞亦为长方形，以0.30米×0.40米为最多，亦有小至0.16米×0.20米及大至1.10米×0.50米者。柱洞中仅8处存有础石。廊内地面标高东高（标高+0.23米）西低（标高+0.13米），并由南向北作4°之倾斜。廊内偏北平铺方砖一列，其外有立砖镶边之卵石散水。

4）西廊　在台基西南隅，平面呈折尺形，南北长22.25米，东西已清理13.80米。廊墙遭受严重破坏，现最高残垣仅0.68米。墙柱共11处（南北墙6处，东西墙5处）。柱洞近方形（0.30米×0.35米），间距3.60米。仅一洞中有础石。

5）F1室　在台基北廊东端，为地面标高以下1.87米之地下室，其东端有踏跺六级自北廊引下。地下室又划分为走道及隔以1.90米厚夯土墙之东、西二小室（其面积分别为3.18米×5.70米及3.38米×5.49米）。二室中均构有平面为方形之排水池及窖口为椭圆形之蓄水窖各一。东室门宽1.14米，西室门宽0.87米，皆通向北侧之走道。走道东西长4.38米，南北宽1.20米。

6）F2室　在台基北廊中部，亦即F1室西侧22.82米处，位于地面标高以下1.52米。平面呈矩形，东西6.88米，南北2.38米。踏跺六级亦建于北廊中，方向与F2室平行，自西而东下至与F2室垂直方向之过道。过道宽1.10米，长2.23米。F2室门位于其东北隅，宽1.11米。

（2）台上建筑共有三处，编号为F3、F4、F5。

1）F3室　较地面标高高出0.82米，因损毁严重，仅余长5.4米残高之西墙一段及柱洞二处，柱洞平面为30厘米×30厘米及36厘米×31厘米，间距2.9米。洞底均有础石。

2）F4室　位于土台西部中央，较地面标高高出0.92米。平面方形，东西19.80米，南北19.50米。现南、北壁各存柱洞一列，二洞为一组，每列四组。柱距1米，组距3.58～4.15米，洞平面方形（38厘米×40厘米），深0.96～1.15米。柱下均无础石。此建筑面积最大，应为主要殿堂。

3）F5室　在夯土台东南，残存地面仅东西5.85米，南北3.35米一段，较地面标高高出0.15米，为一矩形平面浅穴建筑，用途不明。墙残高0.25米，存火烧痕迹。地面经践踏十分坚硬，上堆积有土灰、残瓦及烧土块。

除建筑外，又有排水池（地漏）5处。除2处在F1内之东、西2室外（PS1、PS2），其余3处分别位于F2与F4之间（PS5），F2东南（PS4）及F5之北（PS3）。

另有渗水井2处（编号为J3、J4）。J3位于北廊外，有管道通至廊内之PS5，显为其排水井。J4在PS5东南，窖口置有东低西高之半筒状带流瓦槽。

回廊及庭院中分布陶质竖管18处，计南廊3处，西廊1处，北廊12处，庭院中2处。陶管长67～69厘米，直径17～19厘米。其中第十三号竖管内发现经烧焦之圆柱形（直径13厘米）木炭一根，估计此类竖管为插放旗杆之用。

二号宫址出土的建筑构件，尚有刻单龙绕壁和双龙缠尾的空心砖，具菱格、圆璧、云纹之地砖，施云纹、葵纹的瓦当，以及铁环首钉、铁铰页等。

3. 秦咸阳宫三号宫殿建筑遗址[6]

三号宫殿遗址（图 4-24）位于一号宫址之西南，相距约百余米，该遗址之基址亦由夯土筑就，南部被严重破坏，北部亦仅余走廊一段及殿堂残址二处。

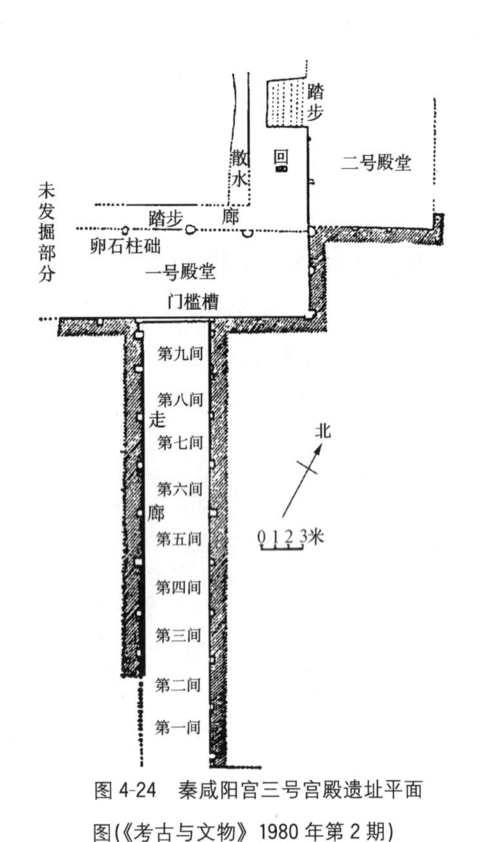

图 4-24　秦咸阳宫三号宫殿遗址平面图(《考古与文物》1980 年第 2 期)

走廊为南北向，方位北偏西 10°30′。南北长九间，共 32.4 米，宽 5 米。走廊东、西两侧有自夯土基中掘出之坎墙，墙残高 0.2～1.63 米，内中以东墙保存较好，墙面有柱洞 12 处，其中有石础者 2 处，西墙有柱洞九，有石础者 1 处。柱洞平面近似方形，有 32 厘米×30 厘米、55 厘米×60 厘米 2 种，埋入深度 12～37 厘米，两壁壁柱均作对称式布置，其转角处施双柱，廊北有门柱及门槛槽遗迹，槽深 0.13～0.21 米，长 4.72 米，宽 0.31 米，槽内有大量木炭及炭灰。廊内地面亦经处理，原先在夯土基台上铺沙土，再以粗草拦泥打底，最后抹厚 1 厘米之青灰细泥，表面平整、光滑且坚硬。

廊北有面阔五间，进深二间之殿堂，坐南朝北，西端已毁，现编为一号殿。尚存东西宽 18.6 米，南北长 6.5 米，其东、南二侧墙壁亦由夯土基址中挖成，东墙长 6.02 米，残高 0.24～0.52 米。南墙被走廊分为东、西二段，东段长 7 米，残高 0.45～0.66 米；西段残长 6.5 米，残高 0.72～0.88 米。此二墙共有壁柱洞五处(走廊门洞二侧不计在内)，即东墙二处，东南转角处一洞（双柱），南墙东、西段各一洞。殿北之墙已塌落，经鉴定为草泥夹竹墙，墙下尚余大石础三块。

一号殿堂之东北又有一建筑遗址，编号为二号殿堂。该建筑坐东朝西，现仅余其南侧山墙较完整。南墙长 7.68 米，残高 0.31 米，有柱洞二处，下均有础石。东墙仅存残长 1 米，残高 0.26 米。西侧为阶沿，由所遗二处柱洞看，亦似为面阔五间之建筑，约在其明间处有一具七级之踏步，踏步东西长 2.76 米，南北宽 3.40 米，残高 0.76～0.86 米。

在此二殿堂间，联以一曲尺形之回廊，其位于一号殿堂北侧之部分，东西残高 13.40 米，南北长 1.50 米。其地面东端为青灰地面，西端则铺以地砖，全廊由东向西倾斜，坡度为 6°30′。廊南于一号殿堂之明间处，遗有踏步残余，但仅有一阶未遭破坏。位于二号殿堂西侧之回廊，南北残长 11.30 米，东西宽 4.35 米。全廊自南向北作 2°之倾斜，此廊外另有由河卵石铺砌之散水，残宽约 1 米。

南侧走廊之东、西二面坎墙上，发现残存有壁面多处。内容有作壁画底边边框之几何形图案、四马曳引之马车、仪仗随从、楼阁建筑、人头像、草木植物等。使用色彩有红、黑、蓝、白、黄、褐、绿等多种。

出土建筑材料有龙、凤、几何纹（菱纹、回纹）空心砖。具素面、交错绳纹、圆弧纹与“S”纹、菱纹与回纹、菱形素面与斜格纹、锯齿形水平线纹、小方格纹之地砖，形状均作矩形。板瓦及饰以植物纹或云纹之圆瓦当（直径14.5～19厘米）。另有铁制圆环、连板及环首钉等。

据上述遗物分析，此区建筑之建造年代，应较一号宫殿为晚。

（三）文献所载之秦代离宫

据《史记》秦始皇记载，昔始皇在位时，曾在先代基础上大建离宫别苑，“关中计宫三百，关外四百余”。“南临渭，自雍门以东至泾、渭，殿屋、复道、周阁相属，所得诸侯美人、钟鼓以充入之”。“咸阳之旁二百里内，宫观二百七十，复道、甬道相连。”《史记正义》引《庙记》云：“北至九嵕、甘泉，南至长杨、五柞，东至河，西至汧、渭之交，东西八百里，离宫别馆相属望也。木衣绨绣，土被朱紫，宫人不徙。穷年忘归，不能遍也。”《三辅旧事》则曰：“始皇表河以为秦东门，表汧以为秦西门，中外殿观百四十五，后宫列女万余人。”其建于咸阳北坂之上的宫室，除前述咸阳宫外，尚有“每破诸侯”以后，自各地写仿而来的不同风格建筑。例如在城北台地之两端，就曾出土楚国形制的瓦当，台地东端则发现有燕国形制的瓦当，都可作为文献记载的证明。建于咸阳渭水南岸的，则有兴乐宫、信宫、章台宫、上林苑等。其他见于史文的各地宫室，尚有林光宫、甘泉宫、兰池宫、望夷宫、长杨宫、梁山宫、蕲年宫、虢宫、碣石宫等。

（四）辽宁绥中县“姜女石”宫室建筑群遗址[7]

1982年考古工作者在辽宁省绥中县万家镇南之“姜女石”（或称“姜女坟”）沿海一带，发现了黑山头、石碑地、止锚湾、瓦子地、周家南山、大金丝屯等秦、汉时期建筑遗址六处，分布范围达9平方公里（图4-25）。经1984—1995年多次调查、勘探与发掘，得知其为秦、汉时之离宫及附属建筑，有的规模相当庞大。临海的黑山头、石碑地与止锚湾三处，则是整个遗址的主体部分。

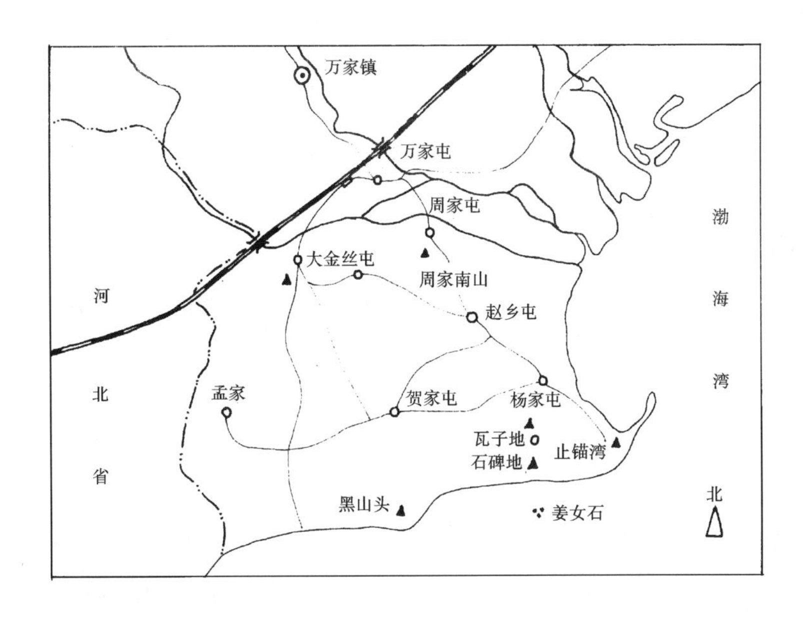

图4-25 辽宁绥中县“姜女石”秦代建筑遗址位置图(《考古》1997年第10期)

位于最西端之黑山头遗址建于一临海岸之台地上，总体平面呈方形，但部分已被扰乱。其主体建筑面迎海中之龙门礁，当为此建筑群中主要殿堂之所在，它的布置方式，一若石碑地遗址所见。且中部一组建筑内掘有陶圈井及窖穴，与战国时期燕下都武阳台东北8号建筑基址（“小平台”）情况甚为类似。位于其东侧之石碑地遗址保存较好，面积也最大，其情况将在后面再予详细介绍。止锚湾遗址位置最东，地形与黑山头遗址相似，亦伸向海中。二者规模均较中央之石碑地遗址为小，而位置则犹若其左右伸展之两翼。目前该遗址已为若干现代建筑所覆压，故全部情况尚难以明了。

居于此三遗址以北的其他三组建筑规模均较小，在使用功能方面也大有所不逮。如周家南山遗址仅为一规模甚小的单体建筑，很可能是一处供守卫或管理用建筑。而瓦子地遗址则发现遗有大量建筑构件，并有秦代窑址，可能是当时的建材生产和堆放处。位于最西北之大金丝屯遗址则极有可能是为上述宫室生产陶质建材的主要窑区所在。

1. 石碑地宫室建筑遗址

其总平面呈南北较长之曲尺形，东西宽170～256米，南北长496米。方位北偏东7°。建筑依地形建于高差为三阶之台面上，平面大体可划分为十区。主要建筑均集中于南部及中部，即图4-26中的Ⅰ、Ⅱ、Ⅲ、Ⅶ区。而尤以位于最南端构有面海大平台之Ⅰ区，及位于其北端并聚集有众多较大建筑之Ⅱ区最为显著。根据发掘资料，本遗址大多数建筑均建于秦代，经汉代改建或扩建的甚少，且沿用时期亦不长。

（1）城垣及城门

全部墙基除东墙南段及南墙东段为水冲毁外，均保存完好。其外墙、内墙及建筑墙基之宽度，都为2.6～2.8米。外墙位于地面以上者残高甚低，但未见施有收分。内墙及建筑之墙大多在墙基上加筑宽0.8～1.2米之窄墙，其上再砌以预制之土坯。

已确定之城门共四处，南墙二处，西墙一处，北墙一处。其中之南墙西门与北门相对（分别位于Ⅳ区之南外垣及北内墙）。南墙之东门已半毁。城门两侧各筑墩台（长9米，宽4米），表明曾构有门台，台上可能建门楼等建筑。城门道宽2.45米。此外，城垣尚辟有角门及内门多处。

墙垣在多数情况下仅施一道。但Ⅱ区之南、北，Ⅲ区之东、西，Ⅶ区之北侧均施二道。而Ⅱ区之东侧则建墙垣三重，看来都是从安全防卫出发而采取的非常措施。

（2）城内地面

依原有地表北高南低与东高西低的状况，建造时将城内地基夯垫为三层高度不一的台面：

①第三台面位置最高，即Ⅰ区北部之大夯土台。

②第二台面为沿大夯台周边南北长约90米，东西宽约180米之范围内。

③第一台面自第二台座周边向东、北、西三面延展，至各面墙垣之下。其绝对高度仍高于城外地表。

铺垫方式为先夯垫以沙土，表面再铺以0.2～0.5米厚之黏土。

城外则依地势建倾斜之护坡，其为平坦地面者另增筑排水系统。

（3）建筑分布

遗址中地面建筑已多无痕迹，仅就其地下基础走向，得知原有建筑之大致分布状况（图4-26）。目前已对局部建筑进行了较详细发掘（图4-27）。现按各区顺序，将其建筑情况介绍于下：

1）第Ⅰ区（SSI）（图4-28）

平面为狭长方形，东西宽约170米，南北深约70米，总面积约12500平方米。

四周皆周以夯土墙，但南墙东段约30米及东墙南段约20米已被水冲毁。本区内建筑甚少，仅

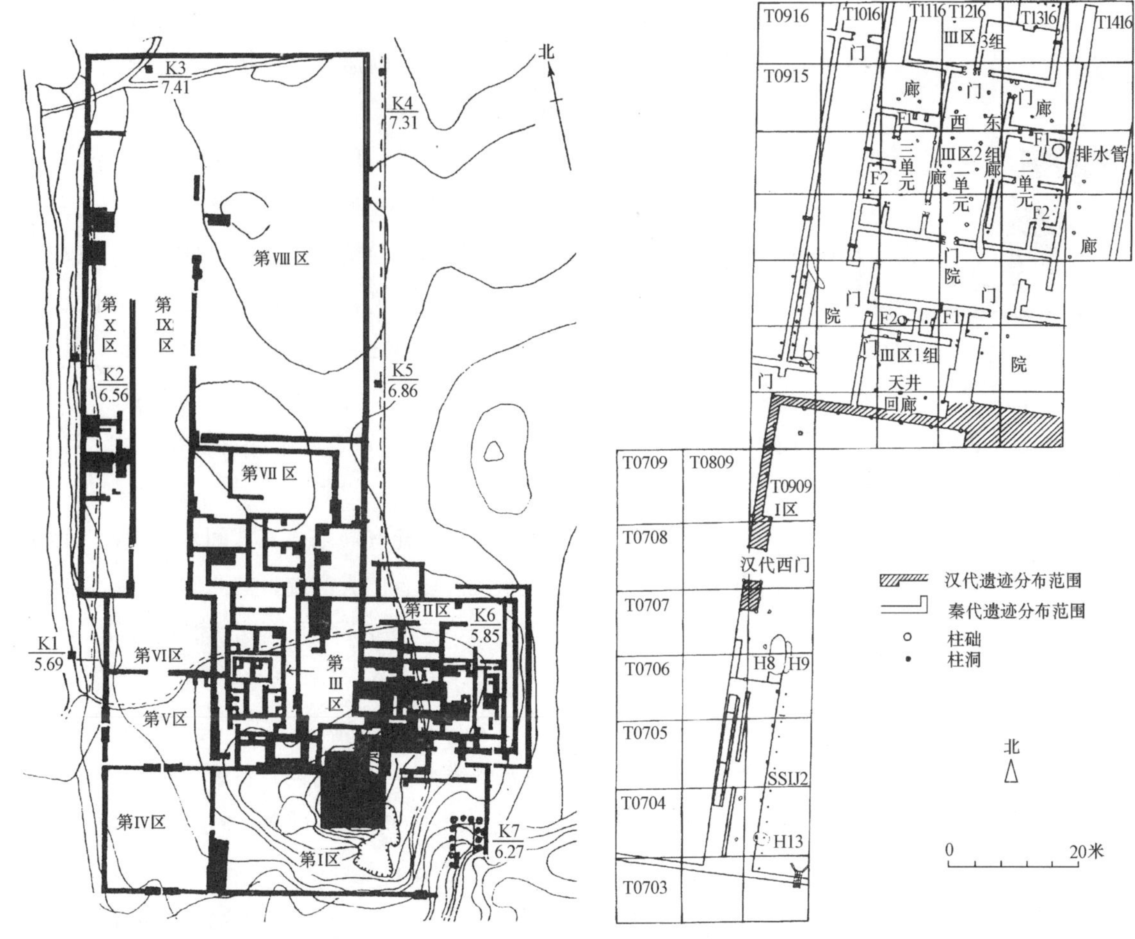

图 4-26 辽宁绥中县石碑地秦代离宫遗址建筑基址分布及区域划分图(《考古》1997 年第 10 期)

图 4-27 辽宁绥中县石碑地秦代离宫遗址局部基址详测图(《考古》1997 年第 10 期)

有三处。

(A) Ⅰ区一号建筑基址（SSI-J1）

为倚于北垣中段之方形台址，每边长约 40 米。台下夯土厚 8 米，夯层厚 10～15 厘米，土质为黄色黏土。其北侧及东、西侧均有与之相连之建筑台基或墙基。现台基顶面海拔高度为 12.2 米。台上弃毁建筑略呈三阶之台状，每层高差约 0.5 米。原建筑似经大火烧毁，遗有多量烧土及碎瓦。此台面对海中巨大礁石“姜女石”，视界开阔，应是离宫中之主体建筑。“姜女石”为由三块岩石组合之巨礁，其中最大一块高出海面约 24 米，南北长 11 米，东西宽 8 米，方位南偏西 25°，由白色石英岩构成。该岩礁原来名称不详，因民间有“孟姜女哭长城”传说，故以为名。宫殿主景选择面对该石，可能与我国古代传说中东海有“三神山”有关。

(B) Ⅰ区二号建筑基址（SSI-J2）(图 4-29)

位于本区西垣南部，台址东西宽 8 米，南北长 29.25 米。面积约 240 平方米。现存夯土厚约 1.5 米。

台上有倒塌建筑堆积，经详细清理，发现秦代建筑遗迹如下：

(*a*) 柱洞有方、圆二种。

- 方形大柱洞已发现 4 个，分布于台面东侧边缘。洞边长约 40 厘米，现存深度 25 厘米，间距约 5.3 米。依上述尺度，当为承载屋架之结构柱洞。

● 圆形小柱洞现存9个，分布于台东之二层台边缘，依形制原有12个，柱洞直径30～50厘米，填以黄褐色土，中央又有直径15厘米之小洞，内遗炭灰及烧土块。依其尺寸及部位，当系台上之檐柱。

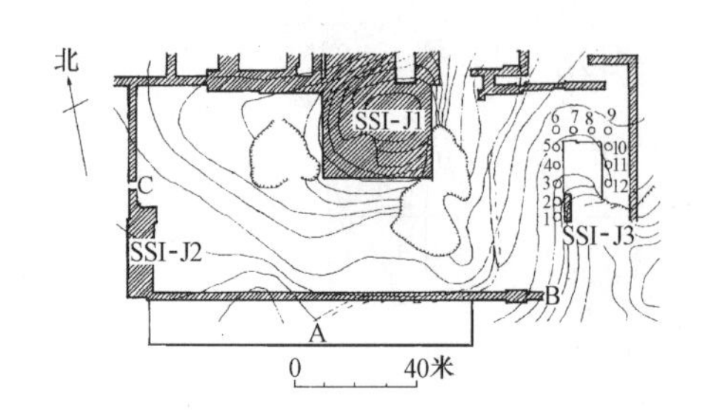

图4-28 辽宁绥中县石碑地秦代离宫遗址第Ⅰ区(SSI)平面图(《考古》1997年第10期)

(*b*) 地槽共有二段，走向南北，位于台中部偏西处。每槽长11米，宽0.5米，残深0.35米。槽内遗有炭灰、烧土块、土坯及筒瓦、板瓦残片，漕底及边缘均被火烧烤呈红色。由此判断，它应为一项木结构之基槽，很可能是木质架构与土坯组合之非承重隔墙。

(*c*) 阶梯状后廊位于地槽以西之台座边缘，现存南北二段。北段之廊地面较现存室内地面低约0.2米，长19米，宽2米。近西墙处有炭灰痕迹五处，每处长1.5～2米，宽0.25米，厚0.05米。与地槽间形成宽约1米之内廊。

由上可知二号建筑基址上原建有面东之五开间木建筑，其西侧附有阶梯状后廊。建筑东、西均有广大庭院，其北侧又有一通向Ⅳ区并可出宫之门户（即Ⅰ区之西门）。因此，其功能很可能是防卫性的。

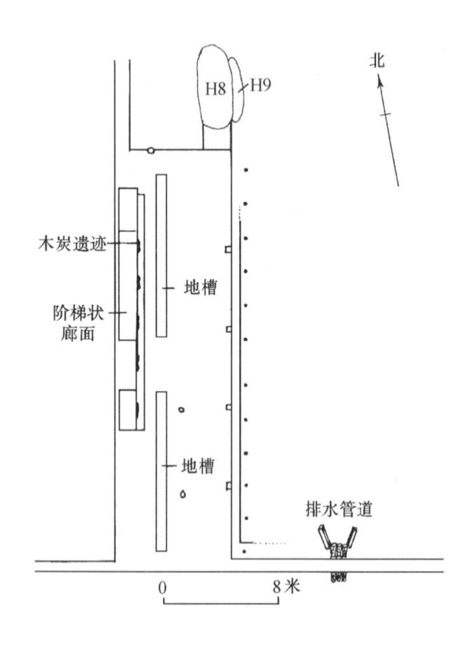

图4-29 辽宁绥中县石碑地秦代离宫遗址第Ⅰ区第二号建筑基址(SSI-J2)平面图(《考古》1997年第10期)

东院南墙下有由三排水管组成之排水设施。每排接水管四节，水管直径约0.3米。在水管进水一面之两侧，各置一空心砖，并呈“八”字形布置，以构成扇面形之迎水区（图4-29）。

(C) Ⅰ区三号建筑遗址（SSⅠ-J3）（图4-28）

位于本区东垣内侧中部，主体为一长方形土坑，现存东西宽13米，南北长25米，深1.3米。坑之西壁南段，有宽2.8米，长10米残夯土墙。坑四周等距离分布直径约2米之圆坑，现存13坑，间距3米，以上各遗迹均已打破基岩。

1994年曾对位于土坑西侧北端之5号圆坑（K5）进行试掘，该坑平面圆形，直壁、平底。其东、南侧各有一浅槽坑相通，平面呈曲尺状（图4-30）。坑中填土为灰褐色黏土，上部另有一填黄褐色土之小坑。填土中有瓦当残片。

(D) 门道

除南垣东段之半毁大门外，另有内门道三处，即在SSI-J1之东侧与其东侧墙之尽端，以及SSI-J2之北端。后者经初步发掘，知有朝东之门屋三间。其北端接以回廊，廊宽2.8米，地面铺以红色沙土。

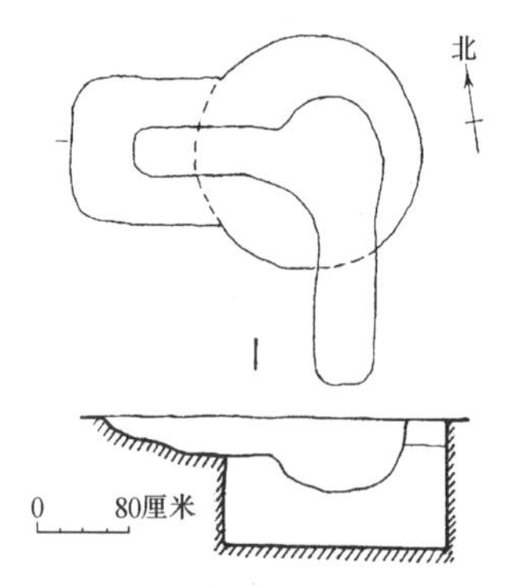

图4-30 辽宁绥中县石碑地秦代离宫遗址第Ⅰ区第三号建筑遗址(SSI-J3)平、剖面图(《考古》1997年第10期)

2) 第Ⅱ区（SSⅡ）（图4-31）

位于第Ⅰ区之北端，东西宽约150米，南北进深约110～130米，总面积19800平方米。内部建筑疏密不匀，大体可分为二部：

(A) Ⅱ区一号建筑群址（SSⅡ-J1）

位于本区之东部及中部，即东西宽143米，南北进深110米范围内，建筑基址及墙基密集，内中又可分为A～I九个建筑组体。

各组中又有建筑多座。

（B）Ⅱ区二号建筑基址（SSⅡ-J2）

位于本区西部，平面长方形，东西宽约 13 米，南北长约 20 米。其南端又伸出一“L”形平面夯土墙基。

（C）门道

见于垣墙基址之缺口，内外多达十余处，宽度自一米余至近 20 米不等，是否均为门道，尚待今后进一步确定。

3）第Ⅲ区（SSⅢ）（图 4-32）

位于Ⅰ区西北，Ⅱ区以西。总体平面呈长方形，东西宽约 50 米，南北长约 105 米，总面积 5250 平方米。内部建筑自南往北又分为五组，大体呈对称平面布置。本区建筑墙基之上建有仅宽 1～1.2 米之窄墙，又未见有较大面积之夯土台基，估计建筑乃属于等级不高之服务性质。

（A）Ⅲ区第 1 组建筑（图 4-33）

位于本区南部，由东、北二面之建筑及西、南二侧之回廊围合一庭院组成。其主体建筑为位于东侧夯土台座上之条形房屋，已被破坏。大门辟于西垣偏北处。院北尚存房屋两间，分别编号为Ⅲ区 1 组 F1 及Ⅲ区 1 组 F2。

F1 位于东侧，室门在其南垣东端。室内东西 6.8 米，南北 4 米。面积约 27 平方米。室西有一以地砖铺砌成“漏斗状”之排水设施，其四周较平，中部逐渐向下倾斜，并以一陶质弯头将排水管道往隔壁 F2 之渗水井中。北墙近底部又有一排水管道。此室很可能是供沐浴用之浴室。

F2 位于 F1 之西侧，面积亦相仿佛。门辟于西垣北端。南墙及西墙各有一排水管穿入。并接于位于室内东端之渗水井中。此井深约 1.6 米，由两个半圆形之陶井圈五节构成，井圈直径 1.4 米，高 0.28～0.3 米。据管道设施情况，该处可能是处理污水的所在。

（B）Ⅲ区第 2 组建筑（图 4-34）

位于上述第 1 组建筑之北，由三个单元建筑组合而成，其平面大体采用有中轴线之对称布置。主体建筑置于东、西二侧。入南垣中央之门后，即进入此组之第一单元，即中央单元。该单元东、西二侧各建七间侧廊一道，中央部分为一廊院，院内地面约低于两廊地面 15 厘米。东廊之南、北尽端各辟一门通往东面之第二单元。西廊仅南端一门通向西面之第三单元。廊北面中央并列二门，通往第三组建筑。东廊较宽，约 3 米。西廊仅宽约 2 米。但二廊之柱距均约 4 米，基本一致。

第二单元及第三单元之平面大体相同，均由大小不等之房屋四间组成。以二单元为例，其主体建筑位于北部（编号二单元 F1），为建于一夯土台基上之三间建筑，其东端一间有一圆形平面之井窖。主室以北有廊及小院，以南建堂，二者之柱础石均保存完好。

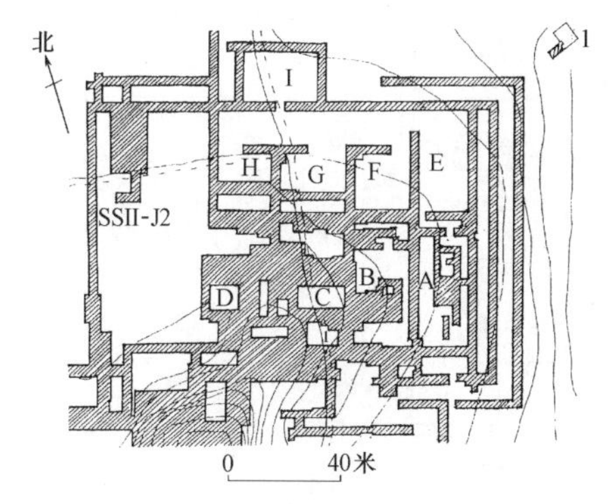

图 4-31　辽宁绥中县石碑地秦代离宫遗址第Ⅱ区（SSⅡ）平面图（《考古》1997 年第 10 期）
1. 散水、A-I 为Ⅱ区内相对独立的九组建筑。各单元间有夯土墙基为界、相对独立、各组中有的可再分为若干小单元

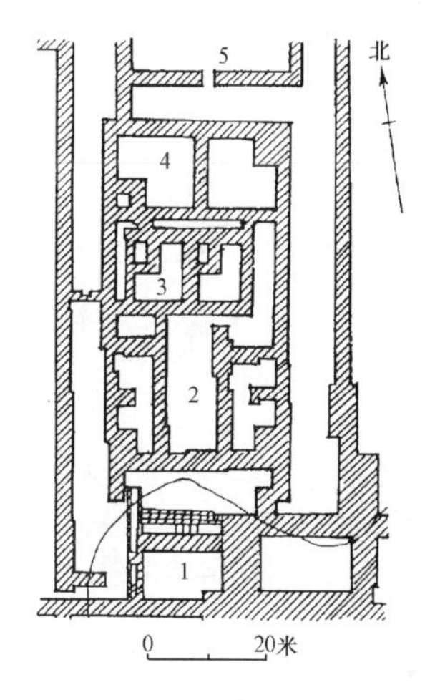

图 4-32　辽宁绥中县石碑地秦代离宫遗址第Ⅲ区（SSⅢ）平面图（《考古》1997 年第 10 期）
1. 第一组建筑　2. 第二组建筑
3. 第三组建筑　4. 第四组建筑
5. 第五组建筑

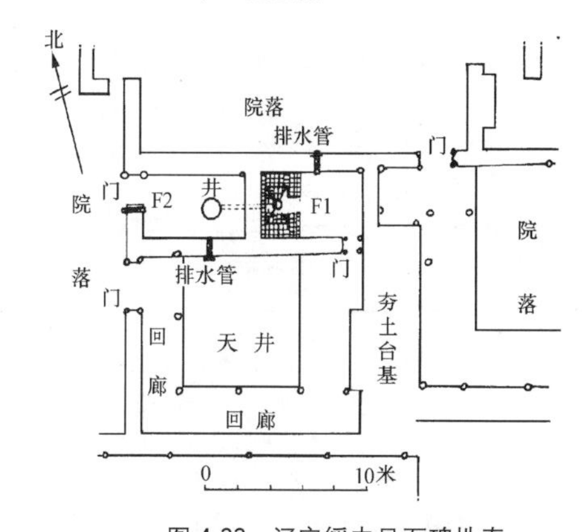

图 4-33　辽宁绥中县石碑地秦代离宫遗址第Ⅲ区第 1 组建筑平面图（《考古》1997 年第 10 期）

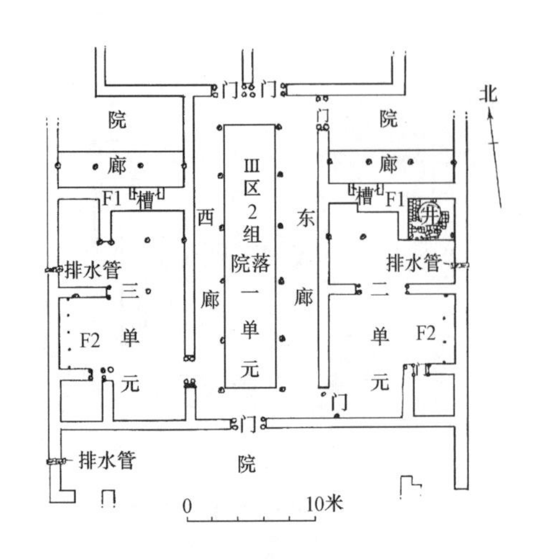

图4-34 辽宁绥中县石碑地秦代离宫遗址第Ⅲ区第2组建筑平面图(《考古》1997年第10期)

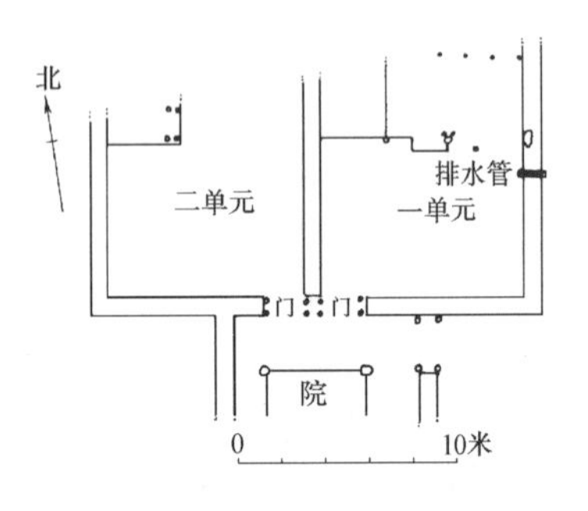

图4-35 辽宁绥中县石碑地秦代离宫遗址第Ⅲ区第3组建筑平面图(《考古》1997年第10期)

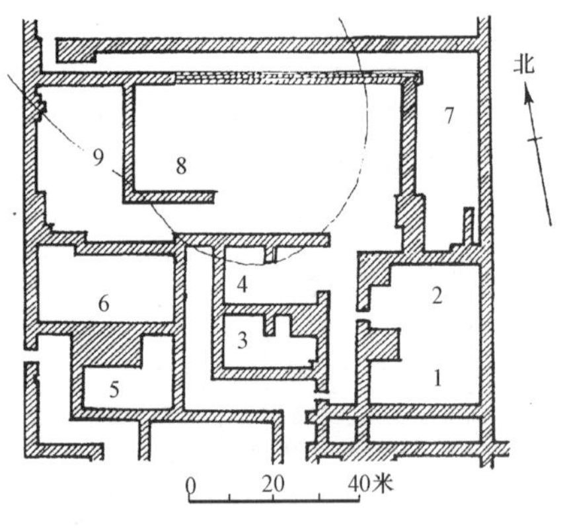

图4-36 辽宁绥中县石碑地秦代离宫遗址第Ⅶ区(SSⅦ)建筑平面图(《考古》1997年第10期)
1～6为南部6个相对独立的建筑单元；7～9为北部3个相对独立的建筑单元

附属建筑位于单元之东南（编号二单元F2），后面（东侧）有小柱洞4个，划室内为三间。室南有一方形小室，面积约3.5米见方，室门辟于其西北隅。

（C）Ⅲ区第3组建筑（图4-35）

位于第2组建筑以北，由东、西两个平面基本相似的单元组成，东部编号为Ⅲ区3组一单元，西部为Ⅲ区3组二单元。

以一单元为例，其面阔三间之主体建筑在北面，位于一夯土台上，门南向。台上有直径13厘米之柱洞4个。庭院在南面，其东墙有穿墙之排水管，可排除院中积水。

4）第Ⅳ区（SSⅣ）

位于Ⅰ区西侧，东西宽65米，南北进深约70米，面积4500平方米。平面大体呈方形，内中少见有建筑遗址。仅南门附近有建筑之倒塌痕迹。门道计有三处，除南、北垣具门台之大门外，尚有东面通向Ⅰ区之内门一道。

5）第Ⅴ区（SSⅤ）

位于Ⅳ区北，东西宽约65米，南北进深约60米，面积3900平方米。除东北角有两处短小墙基外，内部未见房屋遗迹。

门道除南垣及西垣中部各有一大门遗址外，其北垣中部有广十余米之缺口，又东垣及西垣之南尽端，均辟一相对应之内门。其西侧者于1992年已予试掘，发现有自城内向城外排水管道和其上的建筑遗迹。排水管道自东北走向西南，由每节长0.5米、纵剖面呈梯形之陶水管25节组成。首尾相套，尾端以红黏土围成一深约0.3米之扇形出水口，底面铺以河卵石。排水系统总长约17米（内中管道长13米，散水区长4米）。

6）第Ⅵ区（SSⅥ）

位于Ⅴ区以北，Ⅲ区之西北。平面呈扁长方形，东西宽65米，南北深约50米，面积3250平方米。内部建筑遗迹亦少，北垣有一宽约30米之缺口，通向第Ⅳ区。

7）第Ⅶ区（SSⅦ）（图4-36）

位于Ⅲ区以北，西邻Ⅸ区。东西宽110米，南北长100米，面积约11000平方米。内部建筑大致可分为南、北二部，南部之内又可划为六个建筑小区，北部则可分为三个小区。

8）第Ⅷ区（SSⅧ）

位于Ⅶ区之北，东西宽110～170米，南北长220米，面积28600平方米。中部偏东有一夯土台基，平面长方形，东西宽7.5米，南北长11米，用途不明。

9）第Ⅸ区（SSⅨ）

位于Ⅵ以北，Ⅶ、Ⅷ区以西，又西邻Ⅹ区，平面为狭长条形，未见建筑遗迹。

10）第Ⅹ区（SSⅩ）

位于Ⅸ区以西，平面亦为狭条形，面积约19200平方米，中部有夯土建筑基址一组，南北长约60米，东西宽约35米。北端又有由二座夯土基址组成之建筑群，南北长约35米，东西宽25米，用途不明。

至于本遗址中汉代建筑之遗构，为数不多，且限于Ⅰ区。其情况将于下章另行介绍。

石碑地遗址中出土多量秦代陶质砖、瓦、圆瓦当、半瓦当、陶井圈、陶下水管道等建筑构件，其形制与特点将于后文中与其他有关内容一并阐述。

2. 黑山头宫室建筑遗址

该遗址位于石碑地遗址以西约2公里海岸处之条状岩岬上，因山石颜色近黑，故有是名。岩岬顶部平坦，东西宽60余米，南北长100米，临海之南端较高，海拔约19米。在岸南百余米海中，有东西对峙相距约40米称为"龙门石"之大礁石二座，为此区观海之主要对景。其东侧2公里外，又有前述之"姜女石"耸立海中，故自然景物甚为佳丽。

依遗存建筑残迹，知此组宫室之主体建筑位于山头之南侧，方位南偏西10°。其下为一长方形夯土台基，南部于早年已遭自然破坏，近年又因当地施工再被破坏一部，以致经移位之柱础石多达六十余块。目前遗址尚存东西宽45米，南北深25米，夯土台基残高一米余。台基由黄黑色黏土夯筑而成，至今仍旧十分坚实。除地下墙基外，暴露于遗址表面的，尚有成行之础石，以及空心砖、排水沟道、陶井窖与大量烧土块、碎砖瓦等。经初步清理，依墙基、础石之位置及表面土色的不同，此主体建筑大致可划分为三组共十个单元（图4-37）。

（1）第一组建筑

位于主体建筑遗址北部东侧，包括第一至第四单元建筑。

1）第一单元：位于本组建筑之东侧，平面呈曲尺形，东西宽4.5米，南北长15米。其西、南二面尚存部分墙基，东、北二面则未见。北端有一宽1.1米之夯土带，中部埋走向南北之陶水管三节（S1），长1.5米，水流向北。西墙北端亦有类似排水道（S2），水流向西。

2）第二单元：位于第一单元西墙北端以西，其南侧并列本组建筑之第三、第四单元。平面扁

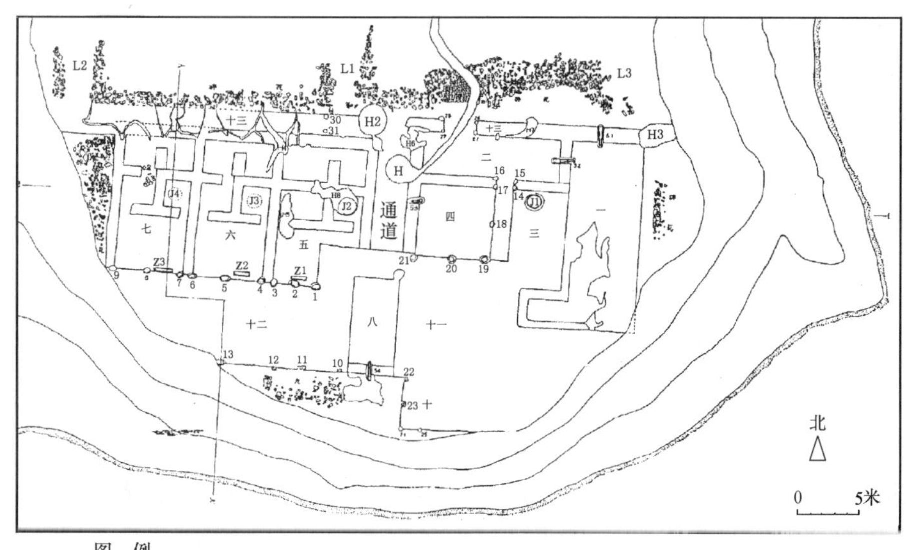

图　例

一~十三.建筑单元

1~31础石.　Z1~3.空心砖　L1~3土路.

J12.井窖.　S1~4.水管沟　H1~7.近代拓扰坑或沟

图4-37　辽宁绥中县黑山头秦代离宫遗址平面图(《文物》1986年第8期)

长方形，东西宽11米，南北深3.5米。其东、南、西三面构有墙基，并于南墙基中部开一宽1.5米缺口，其四角各置础石一块（编号为：14、15、16、17），似为门户所在。北面之夯土带偏西处另有一宽2.7米之缺口，四角亦各有础石一块（编号为：26、27、28、29）。本单元地面积有烧土块及瓦砾。

3）第三单元：位于第一单元西墙中部以西，第二单元以南，西邻第四单元。平面呈纵长方形，东西宽4.3米，南北长8米。西面及南面一部未见墙基。室内北端有一圆形井窖（J1），直径1.1米，深1.6米，底部建于基岩之上。内施陶井圈五节，每节高30厘米，厚3厘米。

4）第四单元：位于第二单元以南及第三单元以西，平面方形，每边长6米。其西、北二面筑有墙基，南面有柱础石三枚（编号为：19、20、21），东侧中央亦有一枚（编号18），形成面阔与进深均为二间之布局。西墙偏北处有一下水道（S3），形制与前述者相同，水流东向。东侧与第三单元间有一由黄花土构筑之夯土带，宽1.4米，北接第二单元南墙之门道，似为一南北交通之走廊。

（2）第二组建筑

位于主体建筑遗址北部西侧，由第五至第七单元组成。

此区平面呈长方形（仅东南部因破坏而缺一角）。东西宽20米，南北进深12米。除最北端为一宽1.5米之夯土带外，建筑划分为平面及构造基本相同的三个单元，内中以第五单元稍大，而第六与第七单元完全相等。

各单元均由大小不等之五室组成。其南面皆无墙基，分别置有石础三枚及空心砖一块（第五单元础石编号为1、2、3，空心砖编号Z1；第六单元为4、5、6及Z2，第七单元为7、8、9及Z3）。而各单元中部偏东之小室内，又各设圆形井窖一处（编号分别为：J2、J3、J4）。地面堆积多量碎瓦及其固定物黄黏土。

在第一、二组建筑之间，亦有由黄花土构成宽1.5米之夯土带，当系用作通道。

（3）第三组建筑

位于主体建筑遗址之南部，可划分为第八至第十单元。

1）第八单元：位于本组建筑中部，与北面位于第一、第二组建筑之间的南北向通道大体相对。平面长方形，东西宽3.7米，南北长6.7米。仅南侧有墙基，墙基中部亦有一南北向排水道（S4），结构形制同S1，水流南向。其余三面无墙基，但边线明显，内为黄色黏土，外围为台基夯土，其东北角作直径约1米之圆形向外凸出，作用不明。

2）第九单元：位于第八单元之南及迤西，被破坏甚为严重，残存平面大体呈东西宽15米，南北深5米之三角形，除地表面有多量烧土块及瓦砾外，北面尚存柱础石4块（编号为：10、11、12、13），均位于现地表以下约0.4米处，其间距为2～3米。

3）第十单元：位于第九单元以东，第八单元之东南。因破坏而无从了解其原有面貌。现仅存西面柱础石三枚（编号为：22、23、24），亦埋置地下0.4米，间距为1.5米。地表面堆积红烧土甚多。

（4）其他

1）在第八单元之东侧（第十一号区）及西侧（第十二号区）之地面，皆施厚达0.5米之黑色夯土，与上述诸室内地面显然不同，可能属于室外之庭院。

2）位于整个建筑遗址最北端，有一南北宽1.1～1.5米，东西长45米之夯土带（编号为第十三区），除在第一组建筑第二单元北发现础石四枚已见前述外，在第二组建筑第五单元北墙基外亦有柱础石二枚（编号30、31）。推测此夯土带为北端走廊遗迹。

3）此夯土带以北，有多量碎砖瓦散布，其间发现斜坡土路三条，以中路（L1）和西路（L2）为明显。均由黄花土夯筑成，宽3～4米，长7米，路二侧瓦片堆积，应为阶道。东路（L3）早年已遭破坏，现仅余断续痕迹。

4）在台基北10米处有大面积瓦砾堆积，平面呈长方形，长6米，宽4米。又台基东北70米处近高地之边缘，另有碎瓦堆积。以上二处可能都是当时建筑遗迹。

3. 止锚湾宫室建筑遗址

位于石碑地遗址以东1公里海岸之高地上，面积约1万平方米，地势高阔，东、南二面临海。岸南约200米海中有一大礁石岛，俗称“红砬子”，为此区之良好对景。该处海湾在明代因众多舟船在此停泊避风，故称“止锚湾”。秦代宫室遗址现为水产招待所建筑及庭院所积压，未能进行全面探掘。为了解情况，仅开探沟三条（各长5米、宽0.5米），发现原有建筑地面、红烧土、础石、空心砖及陶砖瓦残片，及完整之卷云纹含贝饰圆瓦当等，是为秦代建筑遗址无疑。有的瓦上带有“乐”、“市”等字样之戳记。

4. 瓦子地建筑遗址

该遗址位于石碑地遗址北1公里之杨家屯西侧，因散布碎瓦极多，遂有此名。遗址主要分布于中部高地上（现为果园），范围约10万余平方米（长、宽均在300米以上）。在已开掘5米×5米之探方内，于20厘厚耕土下即有大量碎瓦及红烧土、础石等。附近采集瓦片上有“登”、“乐”、“同”等戳记。果园西北隅又曾出土陶井圈。

5. 周家南山建筑遗址

在瓦子地遗址西北2公里之周家屯南山上，南北长250米，面积约2万平方米。中部有一小山丘，俗称“古庙台”，附近瓦砾密集，已采集云纹瓦当一件，形制与黑山头遗址出土者相同。但其他地点出土瓦片甚少，可知当时该处为主要建筑所在。

6. 大金丝屯建筑遗址

在周家南山遗址西偏南约2公里，黑山头遗址西北4公里处。又西南距山海关约8公里。有金丝河流经村北，再折东南流。遗址即位于村东之东山一带，东西长400米，面积约10万平方米。东南之土丘有瓦砾甚众，已出土有云纹圆瓦当（直径17厘米）及“登”字戳记瓦片。年代与石碑地、黑山头遗址出土者大致相同。

7. “姜女石”宫室建筑群的特点

“姜女石”宫室建筑遗址的发现，是我国古代建筑史研究中的一项重大收获。特别是石碑地遗址保存得比较完整，不但使我们对它本身布置的格局有比较清晰的认识，而且还对它在整个宫室群体中的突出地位有了更进一步的了解。虽然当时的地面建筑均已无存，但从现有的遗址，还可以看出古代工师们在策划和设计中的匠心与睿智。

首先表现在地点选择上。众所周知，离宫的使用功能与位于帝都的皇宫有着很大区别。前者是为了供帝王出巡、消暑、避寒、狩猎、观景……而临时驻住的行宫。后者则是帝王朝廷施政、颁令以及供皇室日常起居的正规宫殿。坐落在北国东海之滨的“姜女石”离宫建筑群，其主要功能出于消暑和观景是显而易见的。此外，也许还出于迎合帝王企望长寿永生的求仙心理。为了适应上述要求，将离宫建造在近海的台地与岩岬上，乃是最佳选择。二处临海行宫分别面对海中巨礁，特别是将主体行宫面对本区海域中最大最壮观的“姜女石”，绝非出自偶然，而是经过反复考察与深思熟虑的结果。现在完全有理由认为：选择这三块巨大岩礁作为主要对景的缘由，很可能是出自对神话及方士所描述的“东海三仙山”的憧憬。

在总体布局方面，将主要离宫石碑地宫殿置于海岸观景线的中央，以其位置的居中与占地面积广大及建筑的众多，而与位于其东、西两侧的止锚湾、黑山头宫室有所区别。其他三组附属建筑，即位于瓦子地、周家南山及大金丝屯等地者，则散置于上述三座宫室建筑之后侧。既突出了石碑地离宫的重点中心位置，又在布局和功能上起着众星拱月的效果。完全符合我国传统建筑的布置原则和手法。

至于离宫建筑本身，可以平面保存较为完整的石碑地遗址为例。由于很好地考虑了原有地势的起伏，将整个离宫的地面，平整为三个台面，是一种因地制宜的便捷手法，然后将全部建筑依功能及等级，分别布置于三台之上，使其主次分明、错落有致。其中特别突出了Ⅰ区的一号建筑大平台，以其位置最高、面积最大与视界最辽阔而居全宫之首。位于其东北的第Ⅱ区建筑，因建有密集的夯土台基及多座庭院，且单体建筑面积也较除大平台以外的它处为大，故应是离宫中供帝王皇室起居的重要所在。其西侧之第Ⅲ区，不但面积较小，而且夯土基址亦多呈条状，其建筑恐多为廊屋，等级较前者又低，估计是后宫服务人员所在。其他有建筑基址者尚有第Ⅶ区及第Ⅹ区，大概是为管理官吏及卫戍人员所使用。而未见建筑遗迹的第Ⅳ、第Ⅴ、第Ⅵ、第Ⅷ及第Ⅸ区，当系宫中广庭、园林及贮放车辆、粮草及畜养马匹之地。至于第Ⅰ区东端周以圆穴之土坑，其功能尚不了解，但它能列于大平台之前侧，其所具之重要性自非一般。

就总体而言，此离宫之布局乃根据地形及实际需要随宜布置，并未采用传统皇家建筑的中轴对称形式。四面皆周以垣墙，在需要加强守卫之处，则增筑二道至三道，例如位于东侧之第Ⅱ区即是如此。其特点是三道东垣各相距仅4～5米，而并非在其间置以广庭若后世宫室之所为者。

由于台面以上建筑全毁，此建筑群之迂回综错组合及华焕雄丽外观已不可复睹。然以秦王朝建国时间过于短暂，昔日咸阳巍峨宫观已尽毁于战火，其他关内建筑亦复无存。因此，“石碑地”秦代离宫建筑的发现，对我们了解秦代宫室以及其他建筑，有了较过去为多的实物例证，这无疑是十分重要和可贵的。

（五）其他离宫遗址

在今日陕西渭水流域地区的考古调查中，常有秦、汉时期大型建筑遗址发现，据信当为昔日关中众多离宫之残迹，其中大多已遭严重破坏。

淳化县西之英烈山南侧，即北起庙圪垯村，南至北程家堡，西抵梁武帝村，东达武家山、红崖村之范围内，已发现秦、汉时期建筑遗迹多处，推测秦代著名离宫林光宫当即建于此，内中尤以海拔1350米之梁武帝村遗迹最为集中与明显（图4-38）。

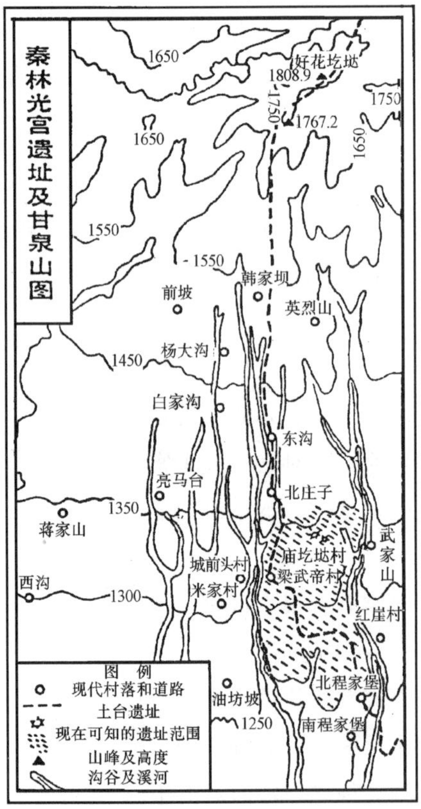

图4-38　陕西淳化县秦林光宫遗址及甘泉山示意图（《文物》1975年第10期）

淳化县北30公里之甘泉山，已屡见诸文史记载。今名好花圪垯，海拔1809米，为该区诸山之最高处。其顶部呈台状，南北30米，东西70米。中部有一圆形土堆，高4米，周长30米。其西、北二面为45°～60°陡坡，东、南二面较平缓。现在南坡发现呈阶梯状平台三处，第一平台低于山顶25米，南北宽30米，东西长100米。第二平台南北宽40米，东西长150米，较第一平台低10米。第三平台南北宽80米，东西长200米，较第二平台低6米。东坡平台南北90米，东西60米，低于山顶20米。各处建筑遗址面积共占地超过35000平方米，其中瓦砾积压最多处深达4米以上。南坡第三平台中部地表以下3米处，发现有排列整齐之叠压筒瓦及大量板瓦残片。出土建筑构件有铺地砖（素面、素面涂红及饰回文、菱纹、乳钉纹等）、空心砖（饰条纹、回纹、菱形纹）、板瓦、筒瓦、圆瓦当（卷云纹、连云纹、文字……）、阶石等。上述种种迹象，表明秦代之甘泉宫可能就建在这一带。在主峰以西约1公里之孟家湾北峰（海拔1691米），西南约0.6公里之鬼门口南峰（海拔1767米），南侧之十七号电杆（海拔1648米）及东北之箭杆梁（海拔1703米）等处，均有建筑破坏后之瓦砾堆积，面积100～300平方米不等，可能亦是与该离宫有关之附属建筑所在。

三、墓葬

（一）帝陵——陕西临潼县骊山秦始皇陵

秦王朝帝陵的典型范例，自非骊山秦始皇陵莫属。此陵不但规模空前宏巨，而且还创造了我国古代帝王陵墓的新格局和新形制，并为后世长期奉为皋臬，影响深远。因此，虽然该陵尚未予以系统发掘，但已被国家列为全国重点文物保护单位，并为联合国教科文组织选入《世界文化遗产名录》。现将其有关历史文献、建筑布局、附属建筑、地宫、陪葬墓、兵马俑坑等分述于后：

1. 历史记载

始皇陵墓位于今陕西省临潼县东5公里之骊山。依《史记》卷六·秦始皇纪："始皇初即位，穿治骊山。及并天下，天下徒送诣七十余万人。穿三泉，下铜致椁，宫观、百官、奇器、珍怪徒藏满之"。《三辅旧事》则云："秦始皇葬骊山，起陵高五十丈。下涸三泉，周回七百步。以明珠为日月，人鱼膏为脂烛，金银为凫雁，金蚕三十箔，四门施□，奢侈太过"。另《史记》卷五十一·贾山传称："（始皇）死，葬乎骊山，吏徒数十万人，旷日十年，下澈三泉，合采金石，治铜锢其内，漆涂其外。被以珠玉，饰以翡翠，中成观游，上成山木。为葬薶之侈至于此"。此类记述，不一而足，于后世所传者尤众。但此陵建设规模之宏大，耗费人力、物力之钜多，亦可由此得窥一斑。但有关陵墓内外上下之各部具体尺度及详细内容，古代文献皆未曾涉及。

2. 陵园布局[8]

据1962年以来之多次地面与空中探测，已确定该陵平面为具南北长轴之矩形，周以内、外围垣二重，四隅建有角楼，陵门各置门阙。该陵墓之主轴线为东西向，主要陵门位于东侧。内垣中建有寝殿、便殿等建筑，陵园官衙吏舍则置于内垣北部及西侧内、外垣之间。外垣以外，另有王室陪葬墓、兵马俑坑、马坑、珍禽异兽坑、跽座俑坑，以及窑址、建材加工与储放场、刑徒墓地等（图4-39）。

陵园之南北纵轴基本与子午线相重合。陵垣大部已毁坏不存，现地面上犹可辨识者，仅南侧之内、外垣各若干残余，高度2～3米不等。经实测，得外垣南北长2165米，约合秦制五里五十步；东西宽940米，约合670米，或二里七十步；周长十四里二百四十步，占地面积1035100平方米。内垣南北长1355米，约合秦制三里七十步；东西宽580米，约合一里一百十五步；周长九里七十步，占地面积达785900平方米。内垣之东垣中部另筑东西向隔墙一道，长330米，与北垣中部南北向之隔墙相交，从而在内垣东北部另形成一区，此二隔墙之宽度皆为8米。

墓丘封土位于内垣南部中央，平面近方形，现每边长度约350米（合秦制250步），残高76米（以封土西北角之内垣基部为测定标准点），约合54步。目前该丘尺度与文记颇有出入，而现有之封土显然已经长期风化流失，故其确切形制，尚有待进一步考证。

陵垣由夯土构筑而成，基宽约8米（合秦制六步）。外垣每面各辟一门，南、北二门位于陵墓纵向中轴线上。内垣五门，其东、南、西三面各一门，并与外垣相对应之门在同一轴线上，北面开二门。内垣之内，于中部之东西向隔墙上辟有一门。内、外陵垣旧时所建门阙及位于内垣四隅处之角楼，除外垣东阙基址已被严重破坏外，其余均可辨识。内中尤以内垣南门阙保存较为良好，残高尚达3米。此外，外垣西门之台基仍然存在，其上覆有厚达1～1.5米之瓦砾及红烧土堆积层。内垣之西门，亦曾出土刻有“甲百”二字之门槛石一条。

3. 陵园内大型建筑遗址

在内垣南区封土之北侧偏西，发现大型建筑基址，平面南北长62米，东西宽57米，面积达3524平方米，南距现有封土53米。基址中部稍高，四周绕以回廊。东廊南端有突出约1米，长15米之夯基，估计是门殿所在，由于基址上尚残留墙壁片断及大量碎砖瓦、草拌泥块等建筑材料，以及此建筑之位置与规模，它可能是始皇陵园中的寝殿所在。

内垣北区西部（东西宽250米，南北长670米），有南北排列之建筑基址多组，其间联以青石板或卵石铺砌之道路，已清理出南侧之一组。该组建筑由基址四座组成[9]，由东向西顺序排列，一号基址因毁坏过甚未予清理，其东5米处为二号基址。在四座基址中，以该基址保存较为完整，其主体为一半地下建筑，坐东面西。南北长19米，东西宽3.4米，面积64.6平方米。残留墙壁高0.26～0.40米，夯筑地面坚实平滑，北侧置一长25米，宽0.5米铺砌片石之甬道通往室外。室西有一长5.3米，宽1.6米之廊屋式门道，门道二侧施壁柱并镶贴青石板。三号基址面积最大，东西宽9.70米，南北残长3.80米，室内地面距地表0.70米。但损坏严重，仅余若干残壁高0.30～0.40米。室内地面砌以石板及方砖。东、西壁下各有一条以片石铺砌宽0.89米之曲尺形道路，路面向内倾斜，高宽约0.10米。依此组建筑之面积及形制，应是陵园之便殿所在。四号基址东西宽4.30米，南北残长2.60米，墙壁已全毁。室内地面距地表0.56米。东、西壁亦各有宽0.85米石路一条，东壁者铺片石、西壁者铺河卵石。依本组建筑之规模及相当考究之建材（门道用雕刻精美之菱形纹铺地石、石上且有编号……）来看，可能属于寝殿建筑群的一部分。

在内、外垣之西门以北，至内北垣附近的范围内（东西180米，南北约1000米），列有建筑基址三组。虽大部已遭平毁，但仍发掘出遗基五座，内中之最东侧者保存较好，这是一座坐东面西建筑，面阔残宽25米，分为五间；进深4.5米，西侧有一宽1.6米之长廊。另一座房基之面阔为东西37米，南北进深14米。此房基中部有东西宽28米，南北长5米，深度为0.4米之凹槽，槽内铺石块。其上于南、北及中部各有一道东西向之木质炭痕，当系旧时地栿所在，栿上再铺方向与之垂直之木地板。沿凹槽南北，置有间距为4米之对称石础各一列。西北隅则埋有渗井一口。其余三处基址仅略余残迹，情况不甚明了。在此区范围内，出土文物有大量筒瓦、板瓦、云纹瓦当、方砖、条砖、石础、陶水管及井圈、两诏铜版、错金银编钟与铜雁足灯残片、铜镞、铁剑等，表明其建筑用途非同一般。尤其是在陶器（壶盖……）上，刻有“丽山园”、“丽山饤（同食）宫”、“丽邑五升”、“丽邑二斗半、八厨”等文字，明确地证明了这里是掌管祭奉陵寝膳食的“食官”衙署与住处。而始皇陵墓的原名，亦得之为“丽山园”。

4. 陵园地宫

经探测知始皇陵之地表下2.7～4米处，砌有东西宽392米，南北长460米之地宫墙垣一道，墙体均由土坯砖构成，高、厚皆为4米。墙垣四面辟门，已发现东侧有门道五条，西、北、南各一条。此墙内所包围之面积，已达180320平方米。而其中部之12000平方米处，据测定呈强烈的汞异常反映，即汞含量为70～1500ppb（图4-40）[10]。由此可以认为，《史记》卷六·秦始皇本纪中"以水银为百川、江河、大海"的记载，是有其事实根据的。另据航空测量，知墓室为矩形平面，其南、北二面各建附藏室一座。至于墓内的具体结构与布置，除前文述及之铜椁外，其余结构恐仍以木构为主。因土圹木椁之营构形式，乃商、周至两汉统治阶级大墓的一贯传统。在秦代当时的材料与技术条件下，即使是规模宏巨、穷极奢华的始皇陵，亦不会有质的突破。此外，据后人文记，载有牧羊人为寻亡羊，遗火墓中，竟导致烧燎多日不灭，表明墓中确有大量可燃物存在，而它们的最大可能就是结构所使用的木材。就目前所知，迄至战国之际，我国尚未使用拱券、穹隆等大跨度砖石结构，因此，当时解决始皇陵宏巨地宫的结构问题，除了使用金属（如铜）梁柱外，恐非木材而莫属。但是，也不排除地宫之墙垣及柱采用石料的可能。

5. 陵园陪葬墓[11]

陵园内北区之东侧，有陪葬墓二十余座，因未予发掘，故墓主及葬制皆不明了。估计均系身份较高之贵胄或近臣，否则不应占据如此显著之地位。另在封土之西北隅，探出一"甲"字形平面之墓葬，目前亦未予发掘。据《史记》卷八十七·李斯传："（二世）杀大臣蒙毅等，公子十二人僇死咸阳市，十公主矺死于杜。财物入于县官，相连坐者，不可胜数。公子高欲奔，恐收族，乃上书曰：'先帝无恙时，臣入则赐食；出则乘舆。御府之衣，臣得赐之；中厩之宝马，臣得赐之；臣当从死。而不能为人子不孝，为人臣不忠。不忠者无名以立于世，臣请从死。愿葬郦山之足，惟上幸哀怜之'。……胡亥可其书，赐钱十万以葬"。故此墓极可能为公子高之葬所。

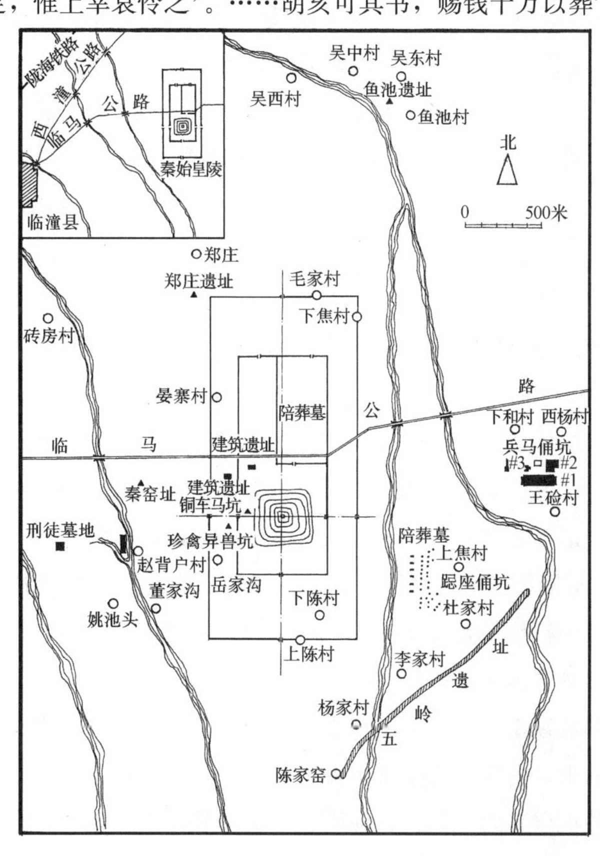

图4-39 陕西临潼县秦始皇陵总平面图

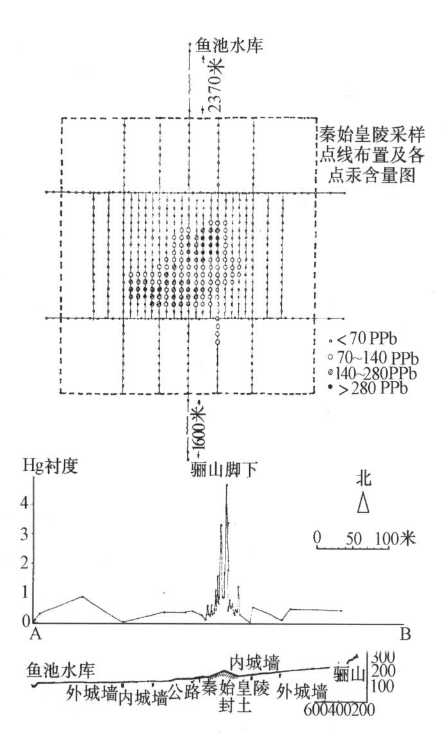

图4-40 陕西临潼县秦始皇陵土壤含汞量变化图（《考古》1983年第7期）

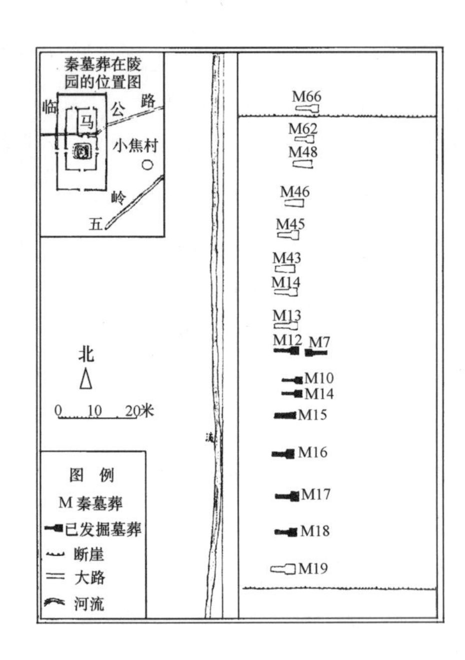

图 4-41　陕西临潼县上焦村秦始皇陵陪葬墓发掘位置图(《考古与文物》1980 年第 2 期)

骊山陵东垣外偏南处，即上述兵马俑坑西南约一公里之上焦村西侧，另发现陪葬墓十七座（图 4-41）。诸墓皆东西方向，作南北一线排列，间距 2～15 米。已发掘其中八座，知墓分为竖穴土圹与竖穴土圹洞室二种（图 4-42），都是秦墓常见制式。各墓均置斜坡墓道及壁龛，个别的建有耳室。葬具皆一棺一椁，现将其第十八号墓平、剖面附列（图 4-43）。七座墓内发现之遗骨，共五男二女，生前被人支解，年龄均在 20～30 岁间。随葬物品较丰富，有金、银、玉、贝、骨、漆、铜、铁、陶器及丝绸等。个别饰件上尚刻有“少府”字样，表明墓主身份非同一般。由于上述种种情况，以及死者埋葬均在同一较冷时间，他（她）们很可能就是被秦二世胡亥诛杀的诸公子、公主及某些大臣与权贵。

另依《史记》秦始皇纪，始皇入葬时，“二世曰：‘先帝后宫，非有子者，出焉不宜’。皆令从死，死者甚众。葬既已下，或言工匠为机藏皆知之，藏重即泄。大事毕已藏，闭中羡，下外羡门，尽闭工匠藏者，无复出者”。如此则墓中殉藏之人数，必定相当可观。

6. 陵园铜车马坑（图 4-44）[12]

古代帝王诸侯之墓圹虽大，但亦不能容纳所有之随葬物品，因此常在墓穴以外，另置从葬坑若干以解决此问题。例如在始皇陵园内垣封土西侧 20 米处地下，有平面呈“巾”字形之陪葬坑，南北最大长度为 58 米，东西最大宽度为 54 米。在已发掘之南过洞北端，出土施彩绘之铜车二乘，每车有铜马四匹曳引，由铜御车官驾驭。1 号车上立铜伞，并有铜弩、铜矢及铜盾，是为戎车（又名立车或高车）。2 号车为有项盖及侧板之安车，两侧及前端开小窗，车后辟双扇门。都属秦王之车马仪仗。车马之比例，均为实物之半，形象逼真，制作精巧，装饰华丽，反映出了秦王朝御用骖乘的形制和风貌。

7. 陵园随葬坑[13][14]

内、外垣二西门间以南，有随葬坑 31 处（图 4-45）。其分布面积为南北 80 米与东西 25 米间。分为南北向之三行排列。东行 6 坑，中行 17 坑，西行 8 坑。其行间距离为 4.2～6.9 米，坑间距离为 3～10 米，已发掘 4 处，计东、西行各一，中行二处。以上各行之坑，多为矩形平面之竖穴，南北长 0.8～2 米，东西宽 1.3～2.1 米，深 1.4～3.3 米。东、西行之坑内，各有面东跽坐、前列陶器的陶俑一具。中行坑内置瓦棺一，内藏殉葬之异兽珍禽，并有饲养用之陶钵与套禽之铜环各一。

上述随葬坑以南，又有大型马厩坑一座，其平面作曲尺形，长百余米，宽 9 米，内埋马骨架甚为密集，并有大型陶俑若干。

在此区葬坑以东之上焦村，即距始皇陵东外垣 350 米处，又探得随葬坑 90 余座，其中 37 座已被发掘（图 4-46、4-47）。该葬坑群

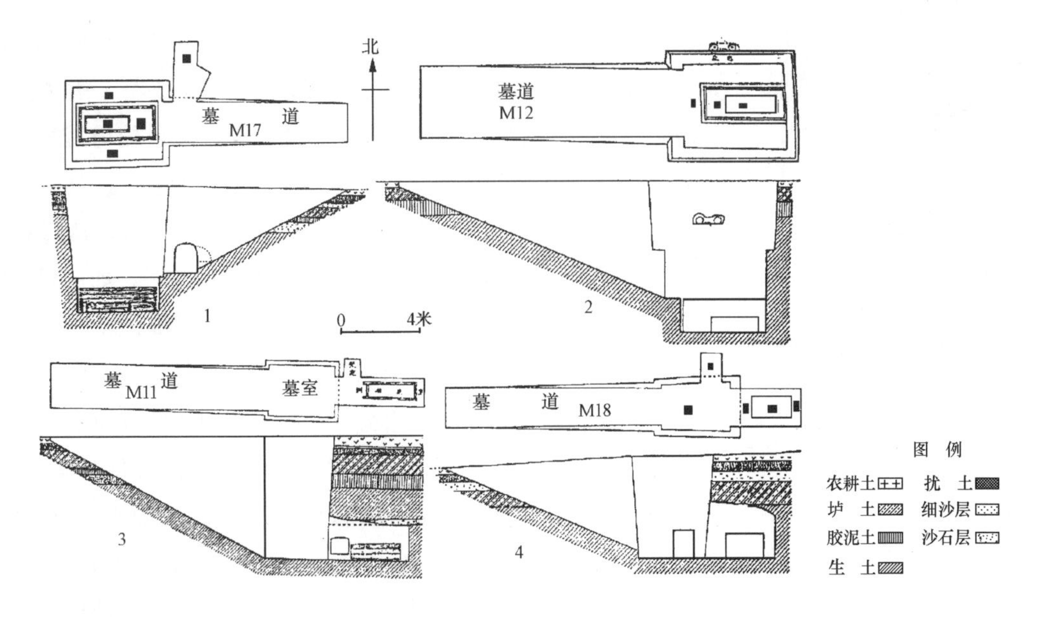

图 4-42 陕西临潼县上焦村秦始皇陵陪葬墓平、剖面图(《考古与文物》1980 年第 2 期)

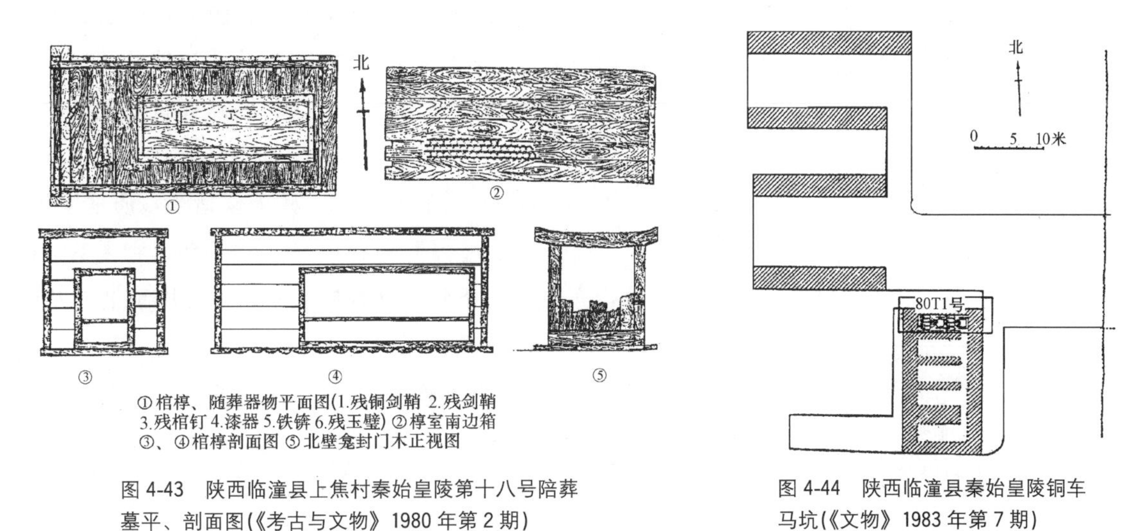

①棺椁、随葬器物平面图(1.残铜剑鞘 2.残剑鞘 3.残棺钉 4.漆器 5.铁锛 6.残玉璧) ②椁室南边箱 ③、④棺椁剖面图 ⑤北壁龛封门木正视图

图 4-43 陕西临潼县上焦村秦始皇陵第十八号陪葬墓平、剖面图(《考古与文物》1980 年第 2 期)

图 4-44 陕西临潼县秦始皇陵铜车马坑(《文物》1983 年第 7 期)

大体作南北向的三行排列。坑中或埋殉马，或置陶俑，或马、俑同葬。其中之马坑，为平面长方形之土圹竖穴，东西长 2.4～3.5 米，南北宽 1.2～2.8 米，深 1.6～3.2 米。方位为东西向。每坑一马，马头朝西，即面对陵园，根据墓中情况，显系活殉。俑坑则为平面方形之土圹竖穴，东西长 1.6～1.7 米，南北宽 1.8～2.3 米，深 1.8～2 米。内构木椁箱，陶俑高 0.66～0.72 米，面东跽坐。随葬品有陶质之灯、罐等生活用器及铁质的锸、镰等生产工具，可能是驯马或饲马的“圉人”。俑马同坑的形制，为掘有壁龛之长方形竖穴土圹，尺度与前述马坑大体相若。竖穴内埋马一匹，壁龛内则置俑一躯，壁龛位置不固定，可在坑之西、北、南壁。

上面各区的布置，均以埋置棺椁的地宫为中心。其西北建寝殿、便殿，为陵中祭祀所在。西面为御苑与车马厩，以及后宫所属的官寺衙舍。东、南二侧目前发现的遗物较少，原因之一，是由于早年受山洪冲刷等自然界之破坏。

8. 陵园兵马俑坑

在陵园垣以东约 1 公里，即通向东陵门之大道北侧，先后发现陪葬之兵马俑坑四处（图 4-48），总面积达 25380 平方米。

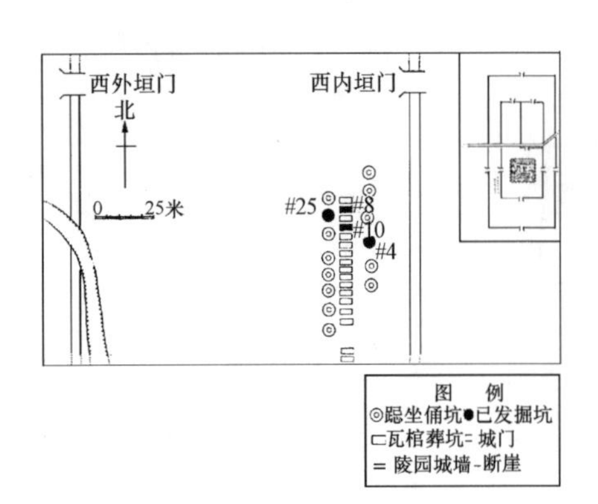

图 4-45 陕西临潼县秦始皇陵西侧陪葬坑分布图(《考古与文物》1982 年第 1 期)

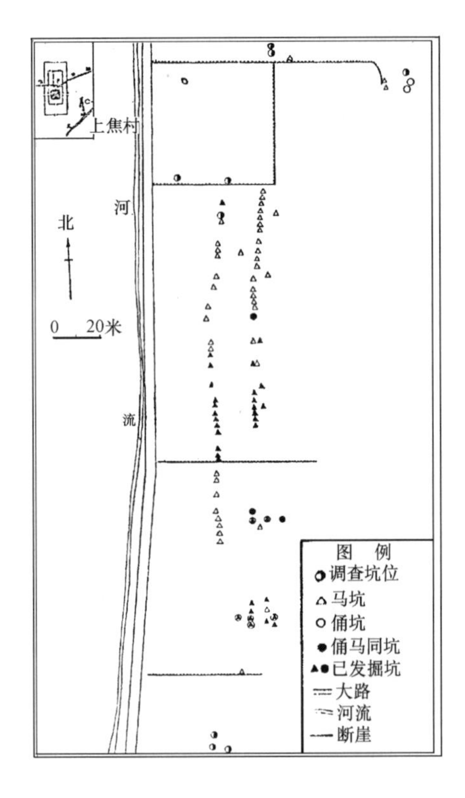

图 4-46 陕西临潼县上焦村秦始皇陵东侧马厩坑、俑坑位置示意图(《考古与文物》1980 年第 4 期)

(1) 一号坑[15] 在南侧，平面矩形，东西宽 230 米，约合秦制 165 步；南北 62 米，约合 44 步。面积 14260 平方米（图 4-49)。距现地表面深 4.5～6.5 米。坑壁四面各设斜道五条，其东、西方向者较长较宽，显系主要之出入口。而南、北二面之坡道较为短窄，当属次要之门户。坡道尽端为一四面周匝之回廊，廊宽 1.75～3.45 米，再内建并列之过洞九道，每洞之净跨 2.75～3.25 米，其间隔以厚 2.5 米之夯土墙，过洞长度达 184 米，总的平面布置，如一建回廊之九开间殿堂。坑中共容纳排列为 38 路纵队之陶质步兵武士俑 6400 人（俑高 1.75～1.86 米)，另有由四马（尺度与真马相仿）曳驾之战车 76 辆。依残留轨迹，知战车轮宽 4 厘米，二轮间距 90 厘米。

此坑之结构采用土木混合式样，沿坑壁周边以夯土筑二层台，边洞间隔墙亦采用同样方式。又依坑壁及隔墙的两侧，每隔 1.1～1.5 米立对称之木柱，柱断面有方、圆、八角三种，以方形者为多，柱径自 20～35 厘米不等。柱上承枋木，其上再密排棚木（或称小梁)，直径与柱基本一致。棚木上铺席，席上置胶泥，再以黄土夯实，覆土厚度约高出当时地面 2 米。坑底地面之中央略凸并向两侧倾斜，坑底至顶高度为 3.2～3.8 米。坑底均墁铺青砖，规格如下（厘米)：24×14×7、38×19×9.5、42×14×9.5、42.5×19.1×9.7 等四种，内中以第一种砖数量为多。砖火候适当，质地坚硬，表面有细绳纹。此外，在一号门道以南，有一段不错缝和无粘结材料之砖砌边墙，亦由上述条砖平铺叠构而成。条砖用于铺地及砌墙，目前尚以此例为最早。

建陵时将兵马俑运入并安置完毕后，即以并列之立木封堵各门道口，再填上夯实。

(2) 二号坑[16] 在一号坑东北约 20 米，平面呈具南北长轴之曲尺形。此坑东西最宽处达 124 米，南北最长处 98 米，总面积约 6000 平方米（图 4-50)。坑底距目前地表约 5 米。坑之东、西壁各辟斜坡走道三条，但均不在对称位置上，宽度亦以东侧的为广。沿坑壁设周回走道，宽度 2.2～6.2 米不等。坑内构有过洞多条，大体可划为四区：第一区位于坑之东北部，内并列由宽 3.2 米夯土墙分隔之门洞六条，各门洞长度均为 21 米。所置陶俑皆为步军之弩手。第二区在坑最南端，列有如上述构造之门洞八道，各宽 3.5 米，长 40 米，其间夹墙厚 2.3 米。坑中共配置四马战车 64 辆及步军甲士 192 人。第三区在第二区之北端，门道及夹墙宽度同上，但长度居各区之冠，达 61 米。三条门道之内，置有战车、骑兵与步卒之混合编队。第四区在第三区以北与第一区之西，建有长 50 米之门洞三道，总宽度约 20 米。此区之部伍配置以骑兵为主，另附四马战车若干。以上各门道均为东西向，其结构与构造皆同一号坑，坑深 3.2 米。

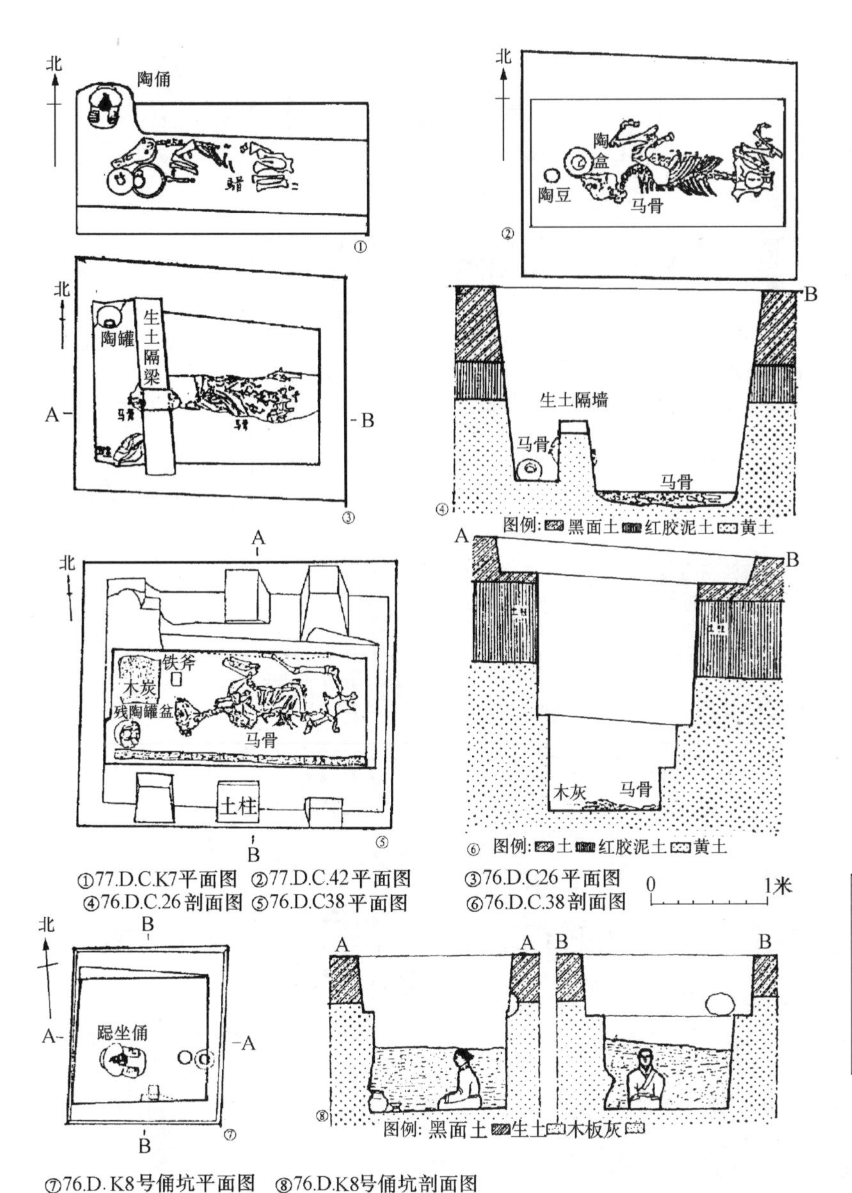

图 4-47 陕西临潼县上焦村秦始皇陵东侧马厩坑及陶俑坑平、剖面图（《考古与文物》1980 年第 4 期）

图 4-48 陕西临潼县秦始皇陵东侧兵马俑坑总平面图(《文物》1979 年第 12 期)
四扬村 1、2、3. 兵马俑坑 4. 废坑 5. 古墓葬

（3）第三号坑[17] 在一号坑西北，相距 25 米，平面作“凹”字形。东西宽 17.6 米，南北长 21.4 米，面积 524 平方米（图 4-51）。坑底距目前地表面 5.2～5.4 米。斜坡状门道仅坑东有一处，其他三面均未开辟。该坑平面由三座厅室相连而成，门道通向停有一辆四马战车之中室，自此经南侧门道可至南室。南室平面呈“土”字形，中有步兵铠甲俑 42 具。越中室北门道至平面为矩形之北室，室内亦列步卒 22 人。由于发现与“祷战”有关的祭祀用具，可能北室之用途即在于此。在武士俑中列有职位较高之军官及将军俑，而兵俑又不列前述诸坑之战斗队形，因此该坑大概是以上诸坑兵马俑指挥机构的所在。坑内高度为 3.6 米，而结构与构造方式，悉与一号坑相似。

（4）第四号坑 在一号坑以北，二号与三号坑之间，根据发掘，知其尚未建成，或施工后又予废弃。现有平面呈矩形，东西宽 48 米，南北长 96 米，面积 4608 平方米。坑底距今日地表面之深度为 4.8 米。坑内未发现木构或砖构遗存，亦无陶俑置放之痕迹。

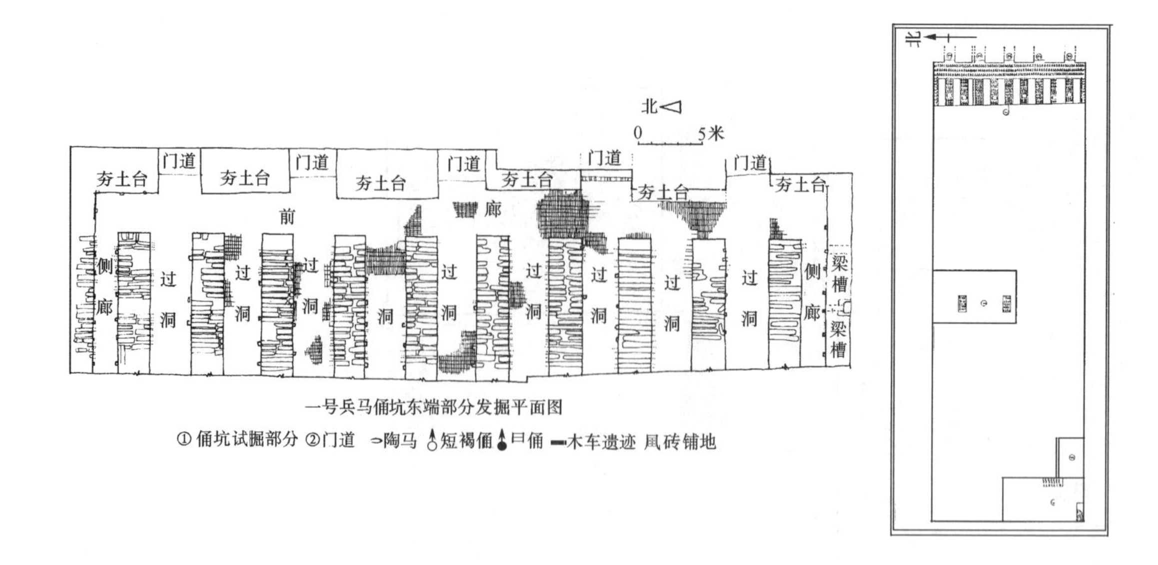

图 4-49 陕西临潼县秦始皇陵一号兵马俑坑平面及局部发掘平面图(《文物》1975 年第 11 期)

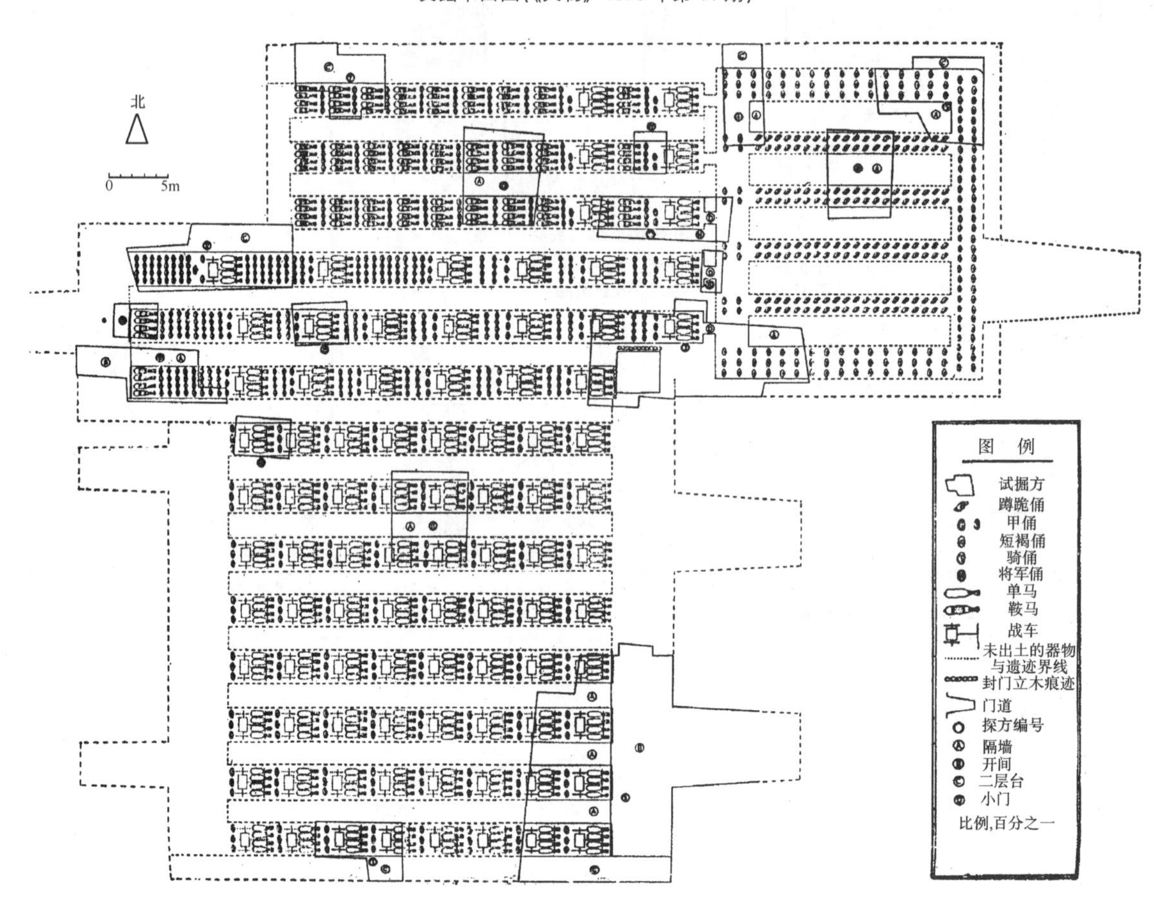

图 4-50 陕西临潼县秦始皇陵二号兵马俑坑平面图(《文物》1978 年第 5 期)

我国古代重要之皇家建筑多采用对称布置方式，以示其隆重庄严。秦始皇陵前之兵马俑坑，目前虽仅得之于陵东道北一区，是否即尽于此？恐怕答案应是否定的，作为帝王陵制中不可缺少的仪卫，在其他相应的门阙与神道之处，也应有所体现。

9. 刑徒墓葬

位于陵园西之赵背户村一带，距西外垣约 15 公里，已发现有墓葬区二处。其一保存较好，探

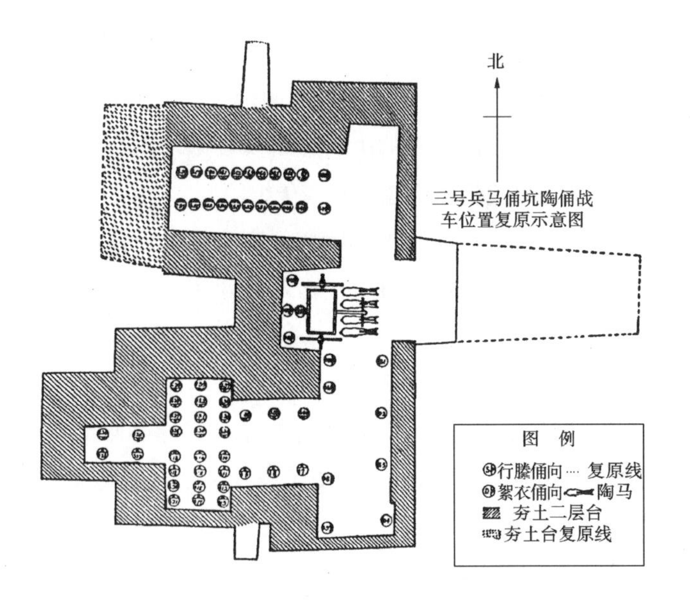

图 4-51 陕西临潼县秦始皇陵三号兵马俑坑平面图
(《文物》1979 年第 12 期)

出墓葬百余座，其中 32 座已予发掘。在此东西 180 米，南北 45 米之狭长地带内，墓葬均为土圹竖穴式，规模大小不一。每墓葬 1 人至 14 人不等，以 2～3 人为多。墓中皆无葬具及随葬物品，仅少数例于遗体上覆盖刻有死者姓名、爵位、劳役性质及地点等简单记录之陶片，以示身份与一般罪犯有所区别。

10. 石料加工厂

陵园之西北，有打制石材之加工场所，其范围为南北长 500 米，东西宽 1500 米。出土遗物有已开采之石料、半成品石材及石工用工具多种。遗址西部有走向南北之倒塌房屋两排，其间距为 19 米，现残留碎砖瓦堆积南北长 30 米，东西宽 2.5 米。类似这塌屋三列，亦在遗址南侧发现。根据生活遗物推断，石工大多属刑徒。

在始皇陵的周围，如今日之陈家沟、郑庄、赵背户村、上焦村、西黄村、下和村、鱼池村等地，都发现秦代窑址，其中尤以陵西一带最为密集。据调查，自郑庄南下至赵背户村的南北 2 公里、东西 1 公里的范围内，早年曾有大量窑址遗存，后来次第毁于历年的平整土地。就目前所知，始皇陵园中用于铺地之条砖为数并不太多，估计众多陶窑的存在，是与陵园对各种陶瓦及陶俑的大量需求分不开的。

11. 防洪大堤

由于始皇陵建于骊山北麓下，为防止山洪冲击，就在陵园外东南约 1 公里处，修建了一道防洪大堤。此堤自西南延向东北，原来长度约 3500 米，现尚存 1500 米，宽 40～60 米，残高 2～8 米。它使山洪东流再北下，最后注入渭水，有效地保证了陵园及其附近各项设施的安全。

12. 鱼池

在陵园北约 2.5 公里处，建陵时曾在该地大量取土，后水积成池，称为鱼池。此池在北魏·郦道元《水经注》中已有记载，估计形成当在西汉之季。鱼池之东北，发现大型建筑基址，其面积甚广，东西宽约 2000 米，南北长亦 500 米，出土有夯土屋基及墙垣、井、下水道、灰坑多处，又有大量陶砖瓦，生活用具及铜器、铁器等遗物。很有可能是秦代步寿宫旧址所在。

由上述情况可知，秦始皇之骊山陵范围，并不仅限于陵垣以内。它北抵零塬北端，东至石滩张村，南及陈家窑村，西达赵背户村一带，大抵包括东西与南北各长7.5公里之地域，占地面积在56平方公里以上。它的总体布局，则采用了东西向的轴线，将主要入口置于东侧，因此陵内大部分建筑，都是坐西朝东。而作为“后宫”的附属建筑及设施，则基本集中于西部，亦即地宫与封土之后，这种排列顺序，是符合我国宫室建筑布局传统的。

骊山陵的规模巨大与气势雄伟，在我国古代陵墓中可称独步，是一项“前无古人”的工程壮举。在另一方面，是它的构思与布局原则，对后代之两汉和唐、宋的帝王陵寝，产生了极为深刻的影响。这些内容，都将在另节再予以讨论。

秦二世胡亥于即位后之第三年（公元前207年）见逼于丞相赵高，自杀于望夷宫。后“以黔首葬二世于杜南宜春苑中”，事见《史记》卷六·秦始皇纪。其葬必然十分简单潦草，与上述始皇陵自然无法比拟，而所瘗之确切地点亦不明了。《史记正义》引《括地志》，称“胡亥陵在雍州万年县南三十四里”，是否如此尚待考证。

（二）其他墓葬

1. 概况

秦灭六国至秦亡这一时期的一般墓葬，已发现与经发掘者为数不多，规模也不很大。采用的形制，大多仍是矩形竖穴土坑。但在若干方面，关中秦墓与外地墓葬并不完全一致，总的说来，是后者受到各处的地方传统影响。一般的情况是：离关中愈近，时间愈早，则保存的秦固有形式就多，否则就正好相反。例如在关中的秦墓，除上述竖穴土坑外，还出现了土洞墓，亦即在竖坑侧壁上开横穴以作棺室。然而在湖北云梦县睡虎地与河南泌阳县官庄的秦墓，除使用无墓道的竖穴土坑以外，又接受了当地楚文化葬制的椁内置有头箱、边箱以及墓中填青膏泥或白膏泥与木炭的传统，但在夯土方面，越近棺椁之处，夯层就愈薄，夯窝也愈密，较之楚墓是个进步。此外，在湖北江陵市凤凰山秦墓填土中，还出现了竹筒、遣策、陶器等物件，这种在将下葬时举行祭祀的器物埋入墓中的方式，是秦人特有的埋葬习俗，后来并影响到汉墓中也采用了这种制式。

在尺度上，单人墓葬之土圹长度一般不超过4米，宽度不大于3米，墓底深度大多在3～4米之间。墓的方位也不固定，各个朝向都有，似乎对此并无严格规定。棺具均为长方形盒状，不用盖板与壁板皆呈弧面之弧棺。葬式也改为仰身直肢，流行于关中秦墓中的侧身屈肢葬传统形式，亦已极少出现。棺椁均用矩形断面之木料拼成，棺板间多用搭边榫，椁板间则施凹凸榫。在云梦出土的某些秦墓中，其椁室内已置有双扇板门，进一步突出了棺椁的木建筑形象。墓中随葬物的品类往往亦与当地物产有关。如湖北云梦县秦墓中随葬品以漆器最多，约占总数三分之二。漆器内部髹褐色或红漆、外髹黑漆为底，上绘金黄、红、棕色蟠龙凤、雷纹、菱形、曲线、云气、点状……纹饰，形象流畅明快，具有很高的艺术水平。此外，尚有铜质礼器与陶质生活用器，以及包括墨、毛笔、石砚等书写工具及竹、木简。上述小墓之墓主，均为低级官吏和一般小地主及庶民。

始皇时期秦代中级官吏以上之墓葬，除骊山陵中若干杀殉陪葬墓外，均未曾发现。但联系战国晚期与西汉初期之贵族木椁土圹墓，则不难想象其状况之大概。因目前无确切之实物，故对此类墓葬之了解，尚待今后考古资料之补充。

2. 实例

（1）湖北云梦县睡虎地十一号秦墓（图4-52）[18]

此墓位于云梦县之西北郊，紧邻汉丹铁路西侧，为修建排水渠时所发现十二座秦墓之最南者。

墓圹为口大于底之竖井状长方形土坑，上口东西长4.20米、南北宽3.05米，下底东西3.85米，南北2.70米。由目前地表至墓底通深6.40米，自上而下之各土层厚度分别为：耕土0.30米，五花土1.10米，青灰泥2.00米，青膏泥2.00米。棺椁即掩埋于最下之青膏泥内。圹壁上每面二端各开有纵向之三角形脚坑一列，每列三坑，其上下间距约0.70米。

棺椁保存完整，均由矩形断面之枋木构成。木椁主体部分东西长3.52米，南北宽1.38米，高1.43米。椁顶板上铺稻草一层，其上又以长1.72米、底部削平之半圆形断面木材十根自西向东依次排列，最上再铺树皮一层。椁顶板由木板九块组成（四块构为边框，五块拼为框心），板长1.25米，宽0.26～0.58米，厚0.14米。椁壁板由三块厚木板上下相叠而成。椁底板则用东西并列之木板五块拼合。椁室内部长2.90米，宽1.00米，高1.16米，由薄木板隔为棺室与头箱。棺室在东侧，长2.26米，宽1.0米。室内偏南置有长方形盒状木棺一具。棺长2.00米，宽0.76米，高0.72米。头箱位于西端，东西0.56米，南北1.0米。内部又以横向木板隔为上、下二层。位于棺室与头箱间之隔板上，辟有双扇之版门。

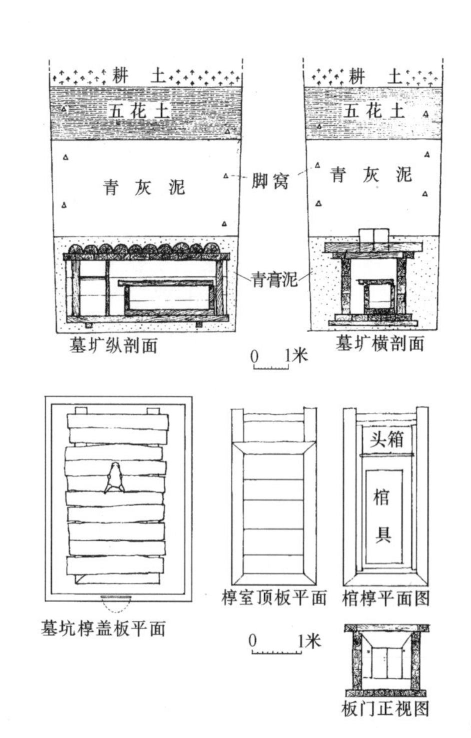

图4-52 湖北云梦县睡虎地十一号秦墓平、剖面图(《云梦睡虎地秦墓》)

墓圹东壁设小壁龛，出有带伞盖之木轺车一辆，并有輓车之木足泥马二匹及泥俑二躯，均施以彩绘。在前述半圆形断面椁盖木上，放置完整之牛头骨一具。而墓圹四隅，又发现各有灰烬一堆，估计均与入葬之仪礼有关。

椁内头箱底板上放漆器、木器与竹器等。横隔板上则置有铜器及陶器。棺内除出毛笔、玉器、漆器以外，于人骨架（男性，约45岁）四周放置竹简一千一百五十余枚。名目有《编年史》、《语书》、《效律》、《秦律杂抄》、《法律问答》、《秦律十八种》、《封诊式》、《为吏之道》、《日书》等多种。其中《编年史》记载自秦昭王元年（公元前306年）至秦始皇三十年（公元前217年）秦统一全国征服诸侯历次战争大事，及名为“喜”的个人生平及有关事迹，为此时期历史补阙及确定墓主身份，提供了许多重要的材料。《语书》主要收录了当时南郡郡守腾颁布给下属县、道官吏的文告，以及调查与执法的情况。《秦律十八种》则反映了秦代在农业、粮仓、手工业生产、徭役、贸易、货币、置吏和军爵等多方面的制度与规定。《封诊式》是对治狱原则及案情说明与爰例多达25种的示范。《日书》为供选择吉凶时日之历书。……这些简书内容虽有若干成于始皇以前，但总的说来，其内容十分丰富，对研究秦史具有很高的历史价值。

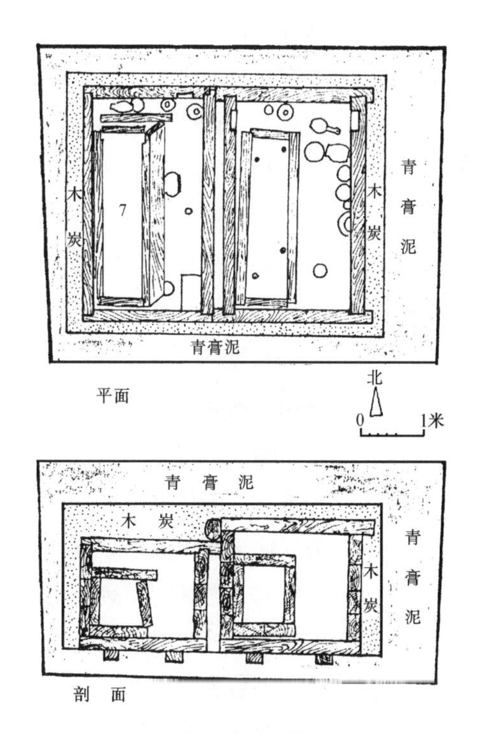

图4-53 河南泌阳县官庄三号秦墓平、剖面图(《文物》1980年第9期)

由墓葬之规模、制式及出土器物判断，墓主应是《编年史》中的“喜”，其社会职位为与刑法有关的令史一级下级官吏。

(2) 河南泌阳县官庄三号秦墓(图 4-53)[19]

该墓于 1978 年发现于泌阳县东北 1.5 公里之官庄北岗，为未置墓道之矩形平面竖穴土圹墓，方位北偏西 10°。墓土封土及墓圹上口已平毁，墓壁略呈斜坡形，现有上口之南北尺度为 5.10 米，东西约 4.30 米；墓底东西 4.90 米，南北约 4.10 米。墓圹深 2.92 米，其自上而下之构筑情况为：回填黄土厚 0.32 米，青膏泥厚 0.50 米，木炭及椁室厚 1.85 米，垫底青膏泥厚 0.30 米。

墓内置东、西并列之二椁室，其间相距 0.15 米。东椁室高 1.62 米，南北长 2.80 米，东西宽 1.80 米。椁内高 1.30 米，长 2.50 米，宽 1.45 米。木棺一具位于椁室西侧，高 1.00 米，长 2.10 米，宽 0.70 米。椁室用盖板七块，底板八块，均为横向铺设。壁板用 0.14 米×0.30 米枋木三至四根叠垒。棺板厚 0.10～0.13 米，以榫结合，未用铁钉。所有木材均为栗木。棺盖上有竹席残片及经加工之竹片数十根。西椁室高 1.32 米，南北长 2.80 米，东西宽 1.60 米。椁内高 1.24 米，长 2.60 米，宽 1.40 米。棺高 0.80 米，长 2.10 米，宽 0.70 米。

二棺中人骨均朽，出土器物有铜器（鼎、壶、蒜头壶、鍪、盘、匜、勺……）漆器（耳环圆盒、樽、方奁盖……）、玉器（璧、带钩……）等。据西椁室尺度较小及内中出土圆漆盒及烙印文字“冫|小妃”等情况分析，该处所葬应为一妇女。而东椁室较大，葬者似为一男子。因此推测三号墓很可能为一夫妇合葬墓，此种制式在秦墓中尚不多见。

四、长城[20][21]

(一) 秦代北境长城路线

战国时期秦、赵、燕、魏、楚、齐……诸国皆先后筑有长城，用以防御诸侯间兼并战争或北境匈奴、东胡等境外民族入侵。秦统一中国后，对建于七国诸侯间旧有长城，一律予以平毁。但对北境边城，则视其需要分别进行整修、连接与扩建。它包括了燕、赵、秦原建于北境长城的大部分。据《史记》卷六・秦始皇纪：“三十三年（公元前 214 年）……西北斥逐匈奴，自榆中并河以东，属之阴山，以为三十四县，城河上为塞。又使蒙恬渡河取高阙、陶山、北假中，筑亭障以逐戎人，徙谪实之初县”。同书卷一百十・匈奴传载：“后秦灭六国，而始皇帝使蒙恬将十万之众北击胡，悉收河南地。因河为塞，筑四十四县城临河，徙谪戍以充之。而通直道，自九原至云阳，因边山险堑溪谷可缮者治之，起临洮至辽东万余里。又渡河据阳山北假中”。此乃秦帝国时期，修缮边城亭障规模最大的一次。

秦时之长城，大致可分为东、西二段，其走向及位置可参阅图 4-1。

东段自今日辽宁省阜新县以北至东经 122°之间开始，向西经内蒙古之库伦旗、奈曼旗、敖汉旗南及赤峰市，再过河北省围场县、丰宁县北，以及内蒙古多伦县南及太仆寺旗，又由河北省康保县南境，终于内蒙古化德县与商都县之间，即东经之 113°30′处。此乃战国时期燕长城所在，亦为秦、汉两代所沿用者。据考古调查，在围场县之大兴永与小锥山、赤峰县之三眼井与蜘蛛山、敖汉旗老虎山及奈曼旗沙巴营子等地，均出土镌有始皇诏书之权具与量具，以及富有秦文化特征之陶器与砖瓦等，表明秦代仍在使用燕国之长城。但阜新以东至碣石之长城，则未见有秦、汉时遗物，估计当时已弃废未用。

西段长城秦代曾使用者有二道。其南侧一道，东起内蒙古伊金霍洛旗黄河南岸之十二连城，西南经准格尔旗北，南下至陕北神木县，再西南行过榆林县、靖边县，由宁夏固原县北，抵甘肃渭源县，最后南下终止于四川北部之岷县（图 3-136、4-54）。这原是战国时之秦长城，始皇时蒙恬用作秦边城之西段。北侧之另一道，始于内蒙古集宁市东南，东行经呼和浩特市北与固阳县南，

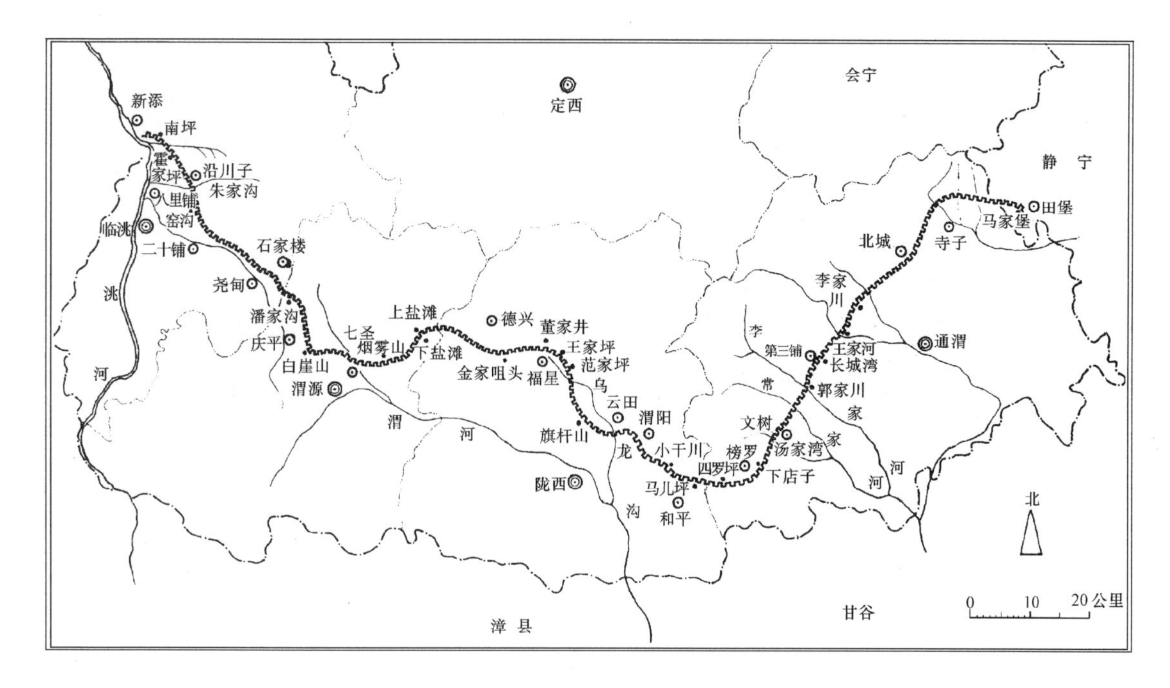

图 4-54 甘肃定西地区秦长城分布图(《文物》1987 年第 7 期)

北抵阴山，南纳河套，是蒙恬北击匈奴筑塞时所利用的战国赵长城旧址。

（二）秦代北境长城之构筑情况（图 4-55）

因长城沿线之自然地形地貌的不同，以及地质情况的差异，使得城墙所在地点的选择与建造材料之运用，都存在着若干区别。例如东段建于围场、赤峰一带的长城，因所经皆为山地，因此城墙多建在山岭之上，建材亦大部取自当地之石料。而敖汉旗以东为黄土丘陵地带，故该段长城改用黄土夯筑。在穿越河谷地带时，或采用以沟堑代墙，或沿河谷一侧增筑平行之墙一段，如赤峰老哈河西岸，即采用此种方式。西段长城亦作同样之处理，如南端第一道多用夯土，北侧之第二道则大多用块石砌筑，少数亦用夯土。

以石块砌筑之长城，大多保存较好。砌时先用较大石块砌出两面墙身，然后在其间填以碎石。石块均系干垒，其间不灌泥浆。例如陕西神木县窟野河上游之秦长城即是。此种做法，今日当地居民建房砌墙时仍用。墙壁面有垂直的也有收分的，其高、宽均在 4～5 米左右。亦有利用天然峭壁或斜坡之一部作为长城城体的。以夯土构筑之长城，墙身大多毁而不存，有的仅看到宽度为 4～6 米的墙基残迹，其夯层每层厚度为 10～12 厘米。此外，以土石混合砌造的例子亦不在少数，大多位于两山之间的山口，如大青山一带即是。

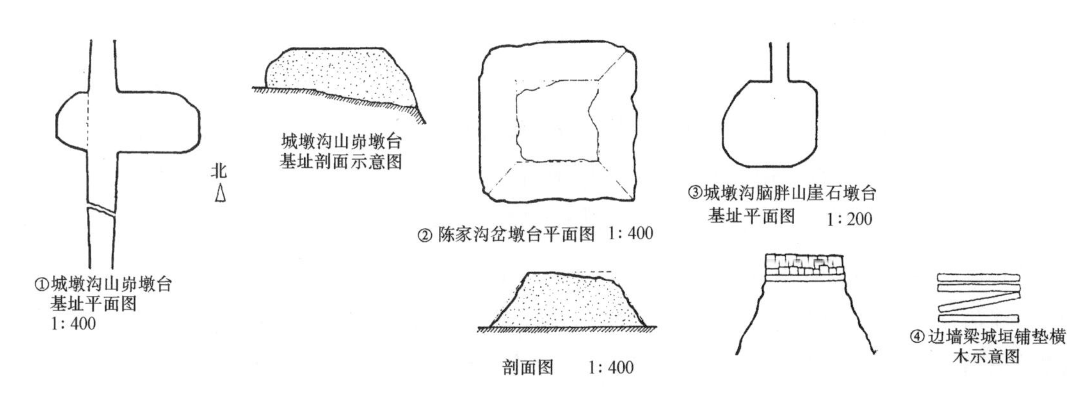

图 4-55 秦代长城之垣及墩台基址平、剖面图(《考古与文物》1988 年第 2 期)

长城沿线建有大小城堡甚多，属于戍屯性质的占多数，其面积一般小于内地县治，内中建有官署、仓库、兵营、民居、街道、市肆等等。外面周以城郭、护濠。属于纯军事守卫或瞭望的，规模更小，构筑也较简单。因经常时用时废，或因战争时得时失，它们一般多附有烽火台。自解放以来，长城内侧沿线已发现的边城有百余座之多，其沿用时代为上溯战国，下迄两汉，具有明显秦代特征的不多。现已知建于西汉以前的，有准格尔旗瓦尔吐沟城址、托克托古城村城址、宁城县黑城子城址、奈曼旗沙巴营子城址等。现以沙巴营子古城址作为代表，介绍于下：

沙巴营子古城在内蒙古东部奈曼旗南境，于1973—1974年进行大规模勘探发掘。据出土遗物，知此城始建于燕，在秦及西汉时继续使用，废弃于东汉。城址平面呈正方形，每边长度约450米，朝向北偏东45°，城墙由夯土版筑而成，质地细密坚实，现仅存东、北、西三面城垣，南垣已被牤牛河冲毁。东垣偏南处有一宽3.5米之豁口，附近路土厚0.4米，当系东城门所在。西垣及北垣未见门址，南垣因已毁，原来有无城门不明。城中部偏北有夯土台基，出土刻有秦始皇二十六年（公元前221年）统一全国度量衡制诏书之陶量，估计是当时官署遗址。其西有手工业作坊及居民区。北垣上建望楼二处，一处已经发掘，知其为二层之木构建筑，上层供瞭望，下层用作粮食贮藏。

边城城垣一般均用夯土构筑，通常在南垣正中辟一城门。除因地形复杂等原因外，多数城址都呈规则之方形或矩形平面。

五、其他建筑与构筑

（一）驰道

驰道是秦王朝另一巨大建筑工程。秦始皇二十六年兼并天下后，次年即诏令全国“治驰道”。这是自国都咸阳通向全国各地的国道，《汉书》卷五十一·贾山传载：“为驰道于天下，东穷燕齐，南极吴楚，江湖之上，濒海之观毕至。道广五十步，三丈而树，厚筑其外，隐以金锥”。至于它的作用，《史记集解》认为：“驰道，天子道也。道若今之中道”。始皇在位时，曾多次循驰道出巡，史书早有明载。但这些构筑坚实，宽度约合今制70米的国家级干道，除了供皇帝巡游驰驱以外，它在军事上和交通上的重要性，亦不可低估。而这些对秦王朝的稳定和繁荣，都是至关重要的。

驰道所通行和达到的地域，包括国内各地的中心城市（如前诸侯列国旧都）与经济、交通、军事上的重镇，风景优胜的名山大川，帝王专用的离宫别馆和苑囿，以及到达上述地点途中所经的地方郡县。据《汉书》等史文所录，其范围至少已北抵辽东碣石，南达钱塘会稽，东至东海芝罘，以上仅是秦始皇部分足迹所到之处，而驰道实际上所形成的规模，自然远胜于此。

（二）直道[22]（图4-56、4-57）

直道始建于秦始皇遣蒙恬取黄河以北之地并筑城徒戍之际。《史记》卷六·秦始皇纪称：“三十五年（公元前212年）除道道九原，抵云阳，堑山堙谷直通之”。同书卷十五·六国表则载：“为直道，道九原通甘泉”。卷一百十·匈奴传引《史记正义》：“秦故道在庆州华池县西四十五里子午山上，自九原至云阳，千八百里”。直道之修筑，主要是从防备匈奴入侵的军事角度出发，目的十分明确，路线也较直接。经70年代考古工作者实地调查踏勘，认为直道之南端，起于秦云阳县东北之林光宫。北上登子午岭，沿岭脊西行，其间的古道时断时续，但大部均可辨识，路宽度都在4.5米左右。下岭后，再由长城之营盘山出塞，北行至陕北之定边县东，即折向东北，至鄂尔多斯草原南之乌审旗。再北穿草原，过红庆河、海子湾，终于包头市以西之秦九原郡治。在鄂尔多斯市东胜县西南45公里之海子湾，发现残长约百米之直道一段，路面之残宽约22米，路基由当地之红砂岩筑成，厚度1～1.5米。

近年对直道的探索，又有了新的材料。其南段，即云阳登子午岭至长城，已可确定无疑。但出子

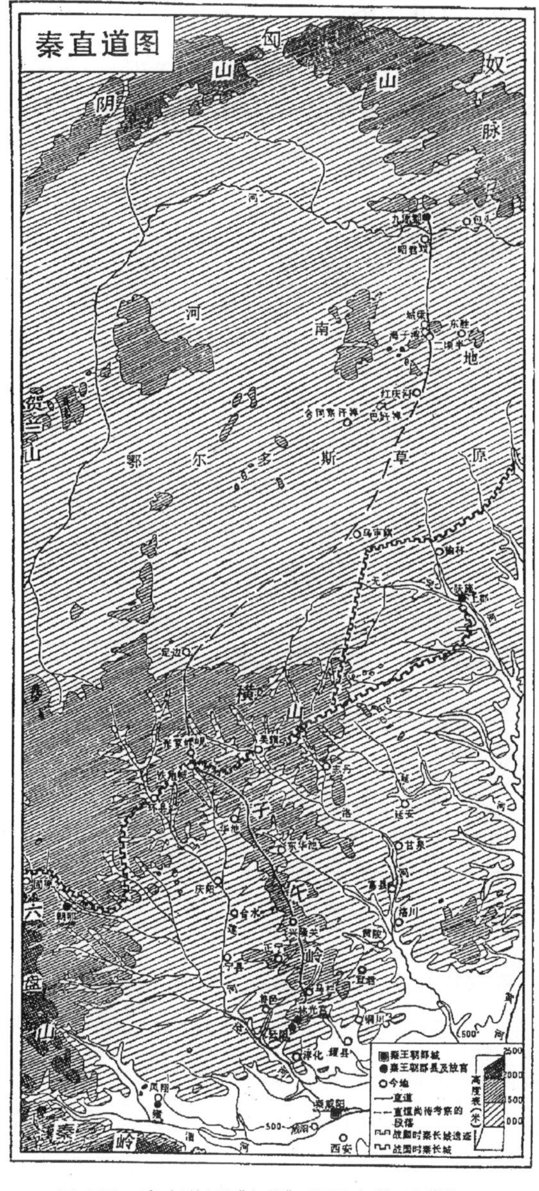

图 4-56　秦直道图(《文物》1975 年第 10 期)

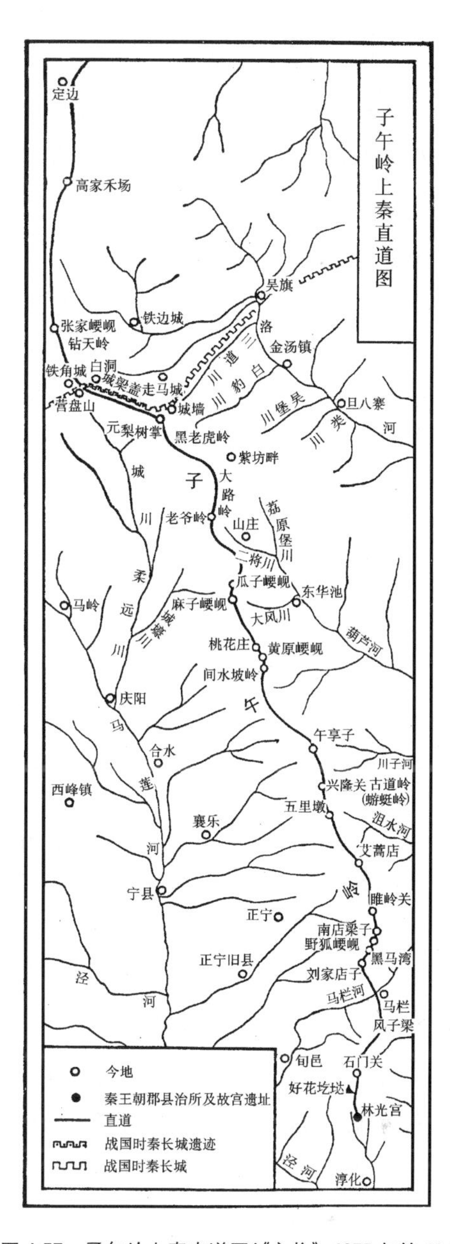

图 4-57　子午岭上秦直道图(《文物》1975 年第 10 期)

午岭后之路线转向东北，沿长城南侧至陕北横山县白界，过无定河，经古榆关、红石峡至走马梁，西出万里长城，进入毛乌素沙漠，再沿榆河一侧平行北上，至神木县昌兔附近消失，全长约 120 公里。

由此看来，直道的路线也许不止一条，目前已有西线和东线之别。从地形地貌上，西线路途虽近，但要多次穿越沙漠，所经之地皆缺水而人迹罕至，条件甚为艰苦。东线路途较远，但都在长城附近，军事上易受保护与支援。过神木县往北之一段虽目前尚未探明，然可推测当沿窟野河上游河谷北上，不但避开沙漠，而且还有相当水源，这对大批人马的长途跋涉是有利的。

依《史记》秦始皇纪，知始皇东巡死于沙丘平台后，“丞相斯为上崩在外，恐诸公子及天下有变，乃秘之，不发丧，棺载辒辌车中。……遂从井陉抵九原，……行从直道至咸阳”。按沙丘在今河北省南部之平乡县东北，商纣王及赵武灵王均有行宫于此，始皇时恐亦不例外。载棺之辒辌车由此西经井陉，再北上至九原，所行必为驰道，而九原至咸阳则经由直道。如此则知直道兼有驰道之功能，但由于地形限制，其宽度则有所减削，甚至各段都不具相等宽度。而“三丈而树”与“隐以金椎”的构筑制式，可能也仅限于驰道。推测其原因，是由于直道建设的根本目的为从军事出发，与驰道不同；加以北境地形险阻，虽然殚尽人力以“堑山堙谷”，仍然不可能在其规模与质量上达到与驰道相等的水平。此外，这条长度为一千八百里（合今日七百余公里）的要道施工期并不长，依史籍仅两年左右，及至始皇于三十七年冬季出巡时，尚未全部竣工，具见《史记》卷八十八·蒙恬传。然而当年七月载有始皇棺柩之丧车，仍能经此道赶回咸阳，表明该项工程已基本完成并可投入使用，而这种使用还非仅供一般的军事运输。二世即位后不久，天下义军纷起，秦王朝所进行的各项重大工程不得不先后中顿，而文史中有关直道之情况亦再无载录。至于目前所了解之直道规制，是否即蒙恬初筑时所擘画者，抑或仍属未完之工程，一时尚难予以判断。

据实地调查，直道在长城以内沿子午岭上之一段，曾为后世长期使用。而长城以外之“西线”沿途，还留有大量汉代边城文化遗迹，这表明它在汉代仍是关中通往塞外的重要通途，在军事上和交通上，继续发挥着巨大的作用和影响。

（三）水利工程

1. 郑国渠[23]（图 4-58）

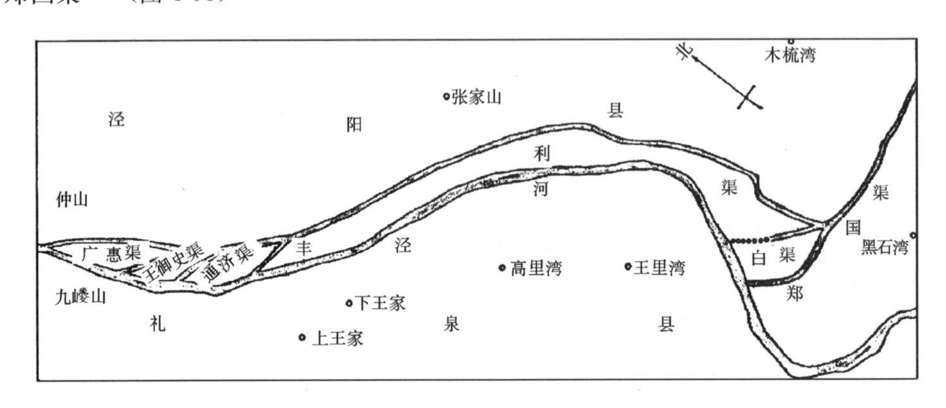

图 4-58 秦郑国渠谷口附近渠道位置示意图(《文物》1974 年第 7 期)

秦始皇时兴建之水利工程，其规模最大者，莫过郑国渠。据《史记》卷十五·六国表，此渠始作于始皇元年（公元前 246 年），建渠之经过原委，《史记》卷二十九·河渠书及《汉书》卷二十九·沟洫志均有所载，而以后者较为详尽。志中称：“韩闻秦之好兴事，欲罢之无令东伐。乃使水工郑国间说秦，令凿泾水，自中山西邸瓠口为渠，并北山东注洛三百余里，欲以溉田。中作而觉，秦欲杀郑国。郑国曰：‘始臣为间，然渠成亦秦之利也。臣为韩延数岁之命，而为秦建万世之功’。秦以为然，卒使就渠。渠成，而用溉注填于之水，溉舄卤之地四万余顷，收皆亩一锺。于是关中为沃野，无凶年。秦以富强，卒并诸侯。因名曰：郑国渠”。此渠之具体施工情况，宽、深尺度以及竣工时间，史文中皆无所录。由上文推测，其完成至迟应在秦“卒并诸侯”的始皇二十六年（公元前 222 年）或以前。韩王命郑国说秦开渠，是为了“罢之无令东伐”，但事与愿违。始皇三年蒙骜率军攻韩，“取十三城”，看来是对郑国间秦被发觉后的一次惩罚。以后秦军又拔魏二十余城，并败韩、魏、赵、卫、楚五国联军。大规模的军事行动与水利工程同时进行，秦国人民为此付出的重大代价是可想而知的。

目前经过对郑国渠遗址的调查，知今日陕西省泾阳县西北之谷口，乃该渠由泾河东岸引出之渠道所在。经此自西向东，逶迤流入洛河，全程 126.03 公里。以一秦里合 414 米折算，合秦制 304.5 里。此渠干道现宽 24.5 米，约合秦制十八步；渠堤高 3 米，深约 10 米，据 1973 年 6 月之测定，渠底已高出泾河水面 14 米。

谷口即志文中之瓠口，泾河河床在此呈“∽”形，并有高低差，河水之流速最大，因此流入渠内之水量也最多。此外，在枯水期之河水主流，亦靠近渠道之入口，由此可知，郑国渠渠道位置之选定，是经过科学与合理考虑的。渠道所经过的路线，为沿北山南麓而东行，适位于整个灌溉区的地势最高处，这样就能够利用干渠与耕地之间的地形高差，实现全部范围内的自流灌溉，大大地节约了日常所需的人力和物力。从这项巧妙的安排，也可看到当时韩国水工郑国在水利工程方面丰富的知识和经验。

这渠自汉以后，历代依然沿用。但由于泾河河床日低，原渠首已不能起引水作用，因此汉、宋、元、明都曾新辟入口。例如始建于西汉武帝太始二年（公元前95年）的白渠（其穿越丘岗处采用了竖井与暗渠的形式）。北宋徽宗大观间（公元1107—1110年）之丰利渠，元代之新渠，明代之广惠渠、通济渠等。就总体而言，郑国渠仍然保持了秦代的形制，以及它在水利灌溉上的重要功能。

2. 灵渠[24]（图4-59～4-61）

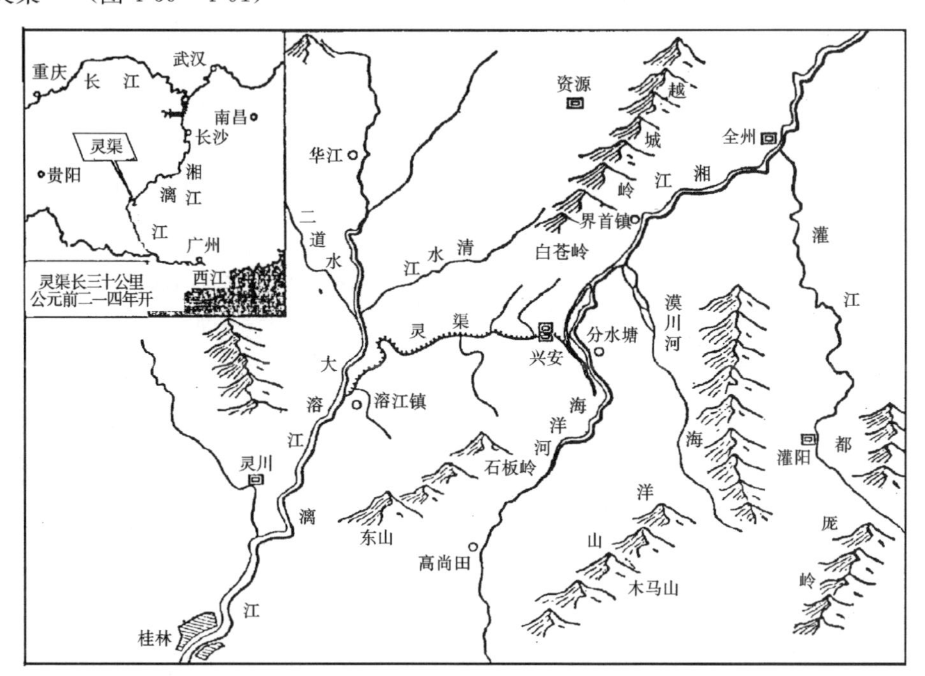

图4-59　湘、漓两水与灵渠位置略图(《文物》1974年第10期)

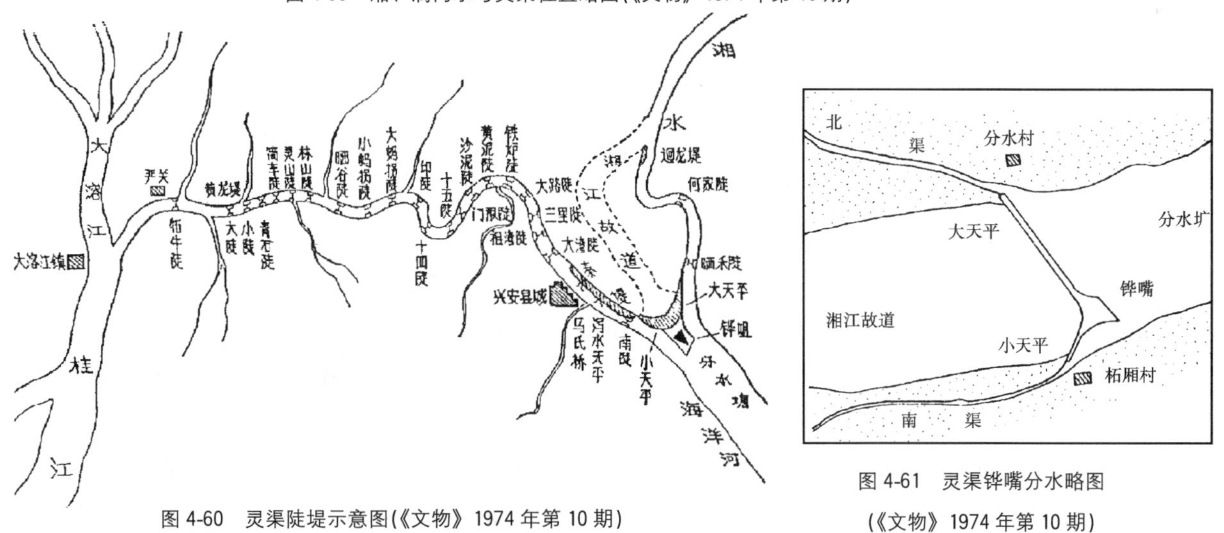

图4-60　灵渠陡堤示意图(《文物》1974年第10期)

图4-61　灵渠铧嘴分水略图(《文物》1974年第10期)

秦帝国时另一著名水利工程建设，当推灵渠之开凿。此渠位于今广西壮族自治区兴安县境内，又名兴安运河，其走向东西，为我国最古的运河之一。它始建于秦始皇三十年（公元前216年）前后，据《史记》卷一百十二·主父偃传："（始皇）乃使蒙恬将兵以北攻胡……又使尉（赵）佗、屠睢将楼船之士，南攻南越。使监（御史）禄凿渠运粮……"这就说明开凿该渠的目的，主要是为了便利秦军南征的军事需要。

灵渠的位置，选择在湘江上游海洋河与漓江上游大溶江间最近处，利用海洋河分洪后的部分水量，流入灵渠以行漕运。分洪是通过称为铧堤（又称铧嘴）的分水石和名为大天平和小天平的两段堤坝进行的。三者组合成一“人”字形平面，自北向南将海洋河腰截断，又在其南、北两端各开引水渠一道，因此它在工程中同时起着截江、分水和导流的作用。

铧堤位置较近南岸，以其形状似铧犁而得名。它位于人字形石堤前端，高于水面 2.5 米，长 52.6 米，上窄而下宽，最宽处达 22.8 米。其迎江面与海洋河水流约呈 120°夹角，因此可将大部水量（约 70%）导向北渠，并流入湘江；少部水量则经铧堤下端之分水尖，导流引入南渠（即灵渠）。与铧堤相连的大天平与小天平是二道石堤。大天平堤在北，走向与铧堤迎水面一致，有内、外二堤。外堤用条石砌，内高外低，形成一斜坡状堤坝，宽度约 8 米；内堤宽约 4 米；二堤均长 360 米。小天平堤在铧堤南，走向西南，与海洋河水流夹角亦约 120°，堤长 126 米，亦建有内、外堤。外堤宽约 3 米，内堤宽约 1.5 米。大、小天平堤顶低于两岸高度，使洪水期间的多余水量，得以越过堤顶流入湘江故道，以保证灵渠水道的安全。因此，这组水工构筑物，兼具有拦河、分水、导流和溢洪的功能。

北渠道呈“S”形，长度约 4 公里，其水流流向湘江。南渠道即为通向漓江之灵渠，全长约 30 公里，乃此区水利工程之重点所在，中途有数处开山凿石，工程甚为艰巨。两渠宽度一般 5～7 米，最窄处 3～4 米，水深为 1～2 米。

为了调节渠中水位，以利往来舟楫行驶，又在渠中设陡门（即闸）若干处，其作用如近代水利工程中之船闸，可分段提高或降低渠中之水位。此种设置，尤以灵渠中为多。据文史记载，宋、明之际，有南渠 12 处，北渠 2 处；另残缺的 7 处已毁，但可依文史等知其所在者 4 处。

此项变换舟楫水位之陡门（或称斗门）工程是否亦建于秦代，诸史文所载有异。《宋史》卷九十七·河渠志（七）：“广西水灵渠源即漓水，在桂州兴安县之北，经县郭而南。其初，乃秦史禄所凿，以下兵于南越者。至汉，归义侯严出零陵漓水，即此渠也。马伏波南征之师，粮道亦出于此。唐宝历初（公元 825 年），观察使李渤立斗门以通漕舟。北宋初，计使边诩始修之。仁宗嘉祐四年（公元 1059 年），提刑李师中领河渠事，重辟。发近县夫千四百人，作三十四日，乃成”。而《广西通志》则谓：“史禄，秦始皇时以史监郡。始皇伐百粤，史禄转饷，凿渠通粮道。自海阳山导水源，以湘江水北入于楚灕江，为牂牁下流南入于海。远不相谋，为矶激水于沙磕中，垒石作铧，派相之流而注之灕，激行六十里。置陡门三十六，使水积渐进，故能循崖而上，建瓴而下。既通舟楫，又利灌溉，号为灵渠”。

虽《宋史》载灵渠之斗门建于唐宝历，但以秦、汉两代征越之兵马粮草皆经由此渠，为了“能循崖而上”，就不得不采用“水积渐进”的陡门设施。而在六十里这一不长的距离中设置陡门三十余座，也说明了上下河床高低差已很悬殊。因此，秦代已建有陡门的说法是很有根据的。而汉、唐、宋、明历代只是作了修建或局部调整而已。

为了防止特大洪水对灵渠的破坏，在灵渠的东入口南陡门以下的渠道北岸，建有称为“秦堤”的石堤一道，长度约 2 公里。它始建于秦代，堤高约 5 米。在其西端 0.5 公里处，建形制如大、小天平之泄洪工程，称为“泄水天平”。其长 42 米，外堤宽 11.5 米，内堤宽 6.3 米，洪水可经其上流入湘江故道，类似这样的设施，沿灵渠尚另有数处。

灵渠之始建虽然出于军事目的，然而它更重要的意义，在于由此实现了对我国南疆的开拓。自秦末起，历经汉、唐以至近年，它一直成为我国南方水运的交通要道之一。因此，始建时对这条人工运河位置的选择、水源的利用等问题的决断，是十分正确和恰当的。此外，对分流、溢洪和水位调节等具体问题的处理，也都非常合理与巧妙。这些都说明秦代水工建筑的设计与施工，已经达到了一个很高的水平。

（四）陶窑[25][26]

随着陶质建筑构件的日益广泛使用，制陶的对象已不再以生活用器为单一的重点了。特别是如骊山陵要求制作大量多种规格的大型陶俑，对当时的制陶手工业提出了更多的任务和更高的要求。因此，在始皇陵周围发现众多的窑址，也就毫不奇怪了。

目前发现的骊山秦代陶窑，均由前室（包括供交通与运输的斜坡道、燃料堆放地）和后室（包括火门、火膛、窑床、烟道……）两大部分组成，从形制变化上可分为两种形式。其构造全依土壁挖掘成，部分由土坯砖砌造，内表面抹以陶土或草泥。

第一种类型系在窑门（即火门）前设置一至二条斜道或踏跺，其位置与形状多不规整，有的还在门前左侧辟一存放燃料场所。窑门外观为类似券顶之半圆弧形状，下尚存土坯或石块砌之残高约 40 厘米之封火墙。后室之平面似梨形或敞口瓶形，最外为火膛，一般低于前室地面及窑床。窑床为放置陶器胚具之处，所占面积也最大，平面常呈矩形或梯形，面积约为内室之 3/5。其后以土坯等砌为窑壁，壁后即为排烟之烟道。为了使火膛中烟火有效发挥其热量，内部之窑顶常开凿成向上之斜面或半球形。从烟道的数量及构造，又可分为Ⅰ、Ⅱ、Ⅲ三型，其中Ⅰ型窑发现于西黄村，Ⅱ型于上焦村，Ⅲ型于下和村（图 4-62）。

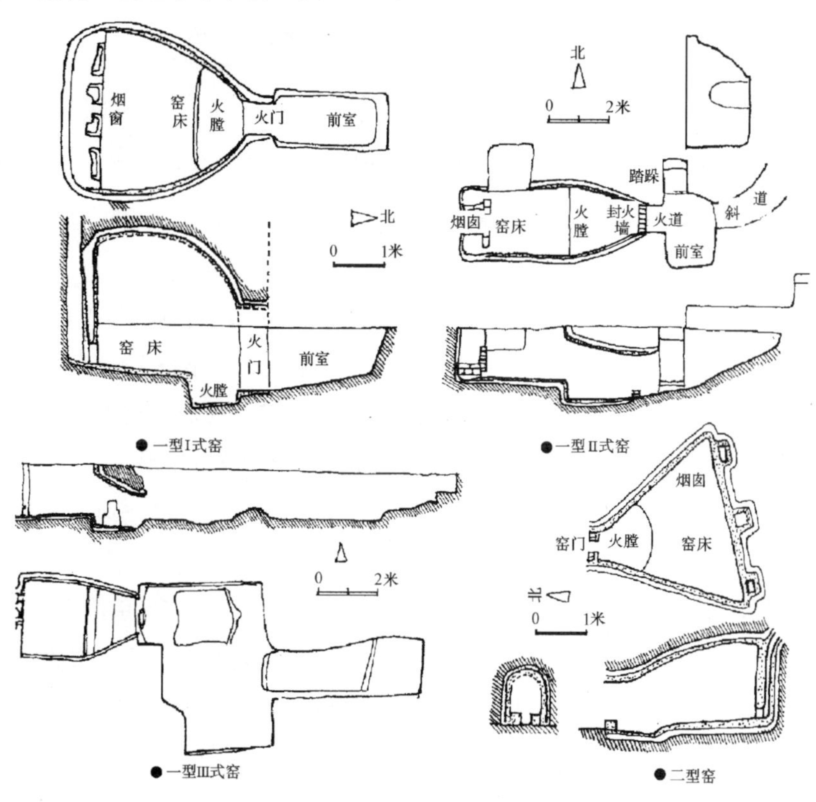

图 4-62　陕西临潼县始皇陵秦代窑址（《考古与文物》1985 年第 5 期）

第二种类型的窑址前室部分全毁，故情况不明。后室平面大体呈等边三角形，火膛较浅，但窑床作成自前向后渐高之斜面。窑内顶部亦作前低后高之弧面。火膛平面呈扇形，烟道置于后壁外，共三道（中央与两侧各一）。窑内先于黄土壁上抹一层红烧土，表面再涂厚约 20 厘米之陶土层。此式窑发现于陵园西南边赵背户村。类似的陶窑亦见于辽宁绥中县秦代离宫遗址区中之瓦子地一号窑址（图 4-63）。但在窑床面上以土坯间隔成回火墙，墙厚及间隔均约 6～20 厘米。上部窑顶虽已塌落，但可知由土坯抹泥砌成，厚约 10 厘米。窑床后端砌有平面为三角形之烟道。

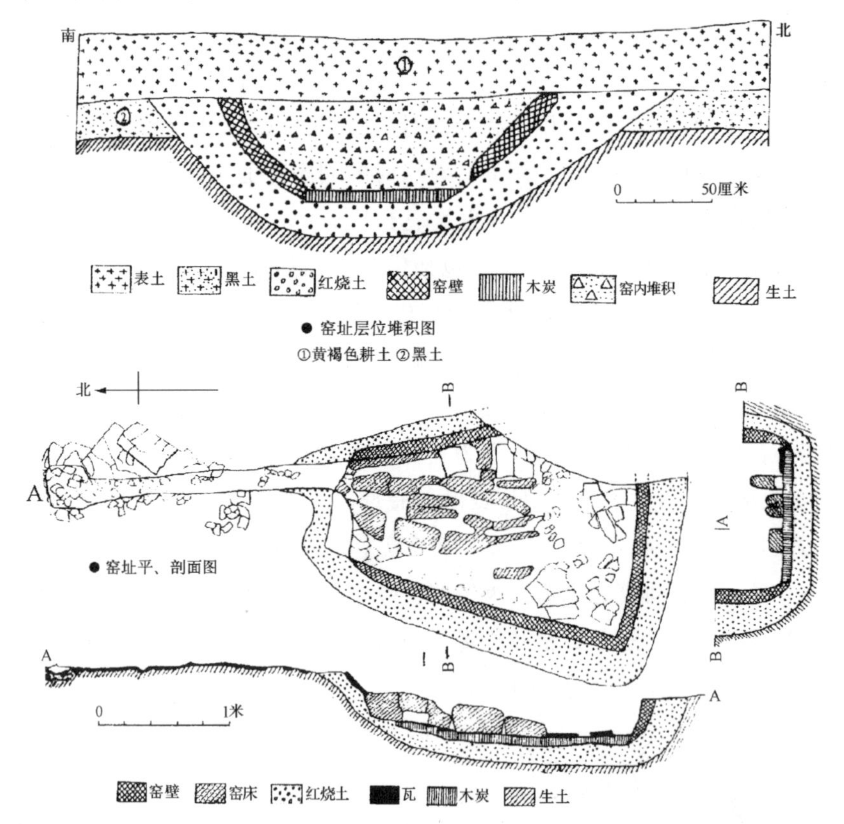

图 4-63　辽宁绥中县瓦子地秦代一号窑址(《考古》1997 年第 10 期)

上述诸窑之窑床面积都不大，约在 5 平方米左右。火门亦多狭小，恐均属小型窑址，估计烧制众多大型陶件之窑址，尚在陵园之别处。

渭北咸阳城外发现之窑址，亦为小型。如店上村之秦窑，平面为圆形，直径仅 1.32 米，火膛呈不规则矩形，窑内壁面未经任何加工。发现于长陵车站附近之陶窑，大部已被破坏，仅余火门、火膛及窑床一部。就遗址知其后室前部呈抛物线形平面，膛壁及底部均砌以平铺之砖坯。火膛低于前室地表 35 厘米，低于窑床 55 厘米。火门外之前室通道外壁作八字形。

（五）水井[27]（图 4-64）

1. 取水井

秦咸阳遗址中发现水井甚多，已清理者约近百口，其中多数分布在城市西郊。

水井平面绝大部分为圆形平面，个别的有椭圆形或井口呈方形的，依其构成材料，可分为陶圈井、板瓦井及陶圈与瓦混合井三类。井之直径大多在 0.70～1.00 米之间，深度 1.20～2.50 米，最深达 3.70 米。

陶圈井之井体，系用特制之陶质井圈上下套叠而成。其中又分全部用单层陶圈及上部用单圈下部施双层圈二种。施工时先挖出井身竖坑，然后依次放叠陶圈，最后在井圈外壁与生土间填以泥土。井圈可多至九节，每节高 35～65 厘米，厚 1.5～4 厘米不等。井口用小砖（残长 19 厘米，宽 14.5 厘米，厚 6 厘米）砌成方形，用碎瓦或陶片者砌为圆形。

板瓦井为数不多，全用碎板瓦或陶片砌造。

以筒瓦或板瓦与陶圈混合砌成的水井，大多陶圈在下，陶瓦在上。有的在陶圈处部分施用双

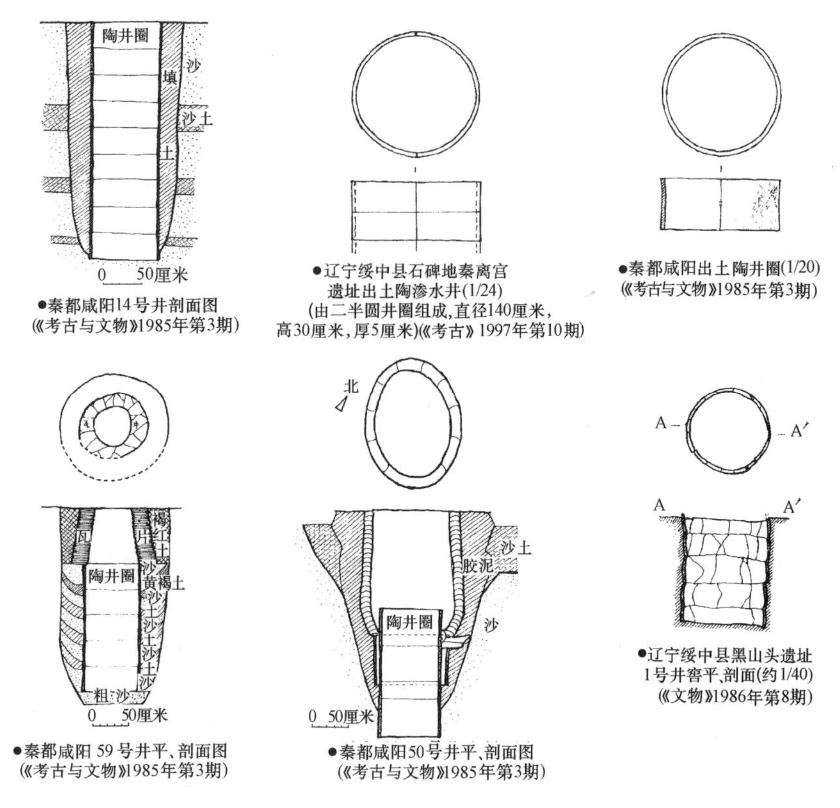

图 4-64 秦代之井、窖

圈的，而上部则以筒瓦砌作椭圆形平面。

2. 渗水井

辽宁绥中县秦离宫中之石碑地遗址Ⅲ区第一组建筑之 F2 室内，曾发现由五节陶井围构成深 1.6 米之渗水井。除有自东邻之 F1 室引来陶水管外，其井圈为由二半圆形拼合而成，故该井之功能显然不是为了蓄水，否则不应留有此项缝隙。由此可知，古人对蓄水与渗水井的构造，是有很大区别的。

（六）仓困

秦代文献中述及仓囷之记载很少，实际遗址亦如凤毛麟角。前者如敖仓，位于荥阳西十五里，北临汴水，南依三皇山，秦时建仓于此。楚汉相争时，汉军筑甬道依河以取积粟，事见《史记》卷七·项羽纪。后者见始皇陵内西侧之丽山食官官舍遗址，其中有贮粮及祭祀用品之库房。估计敖仓贮粮乃采用地面或半地下之方形或圆形仓囷，一如战国及两汉所用者。丽山食官遗址有条形建筑基址而未见其他形式者，因此其库房应采取较正规之房屋建筑式样。

至于墓葬中所出之仓囷明器，均为圆形平面之筒状建筑，与汉代此类明器大同小异。例见图 4-65 所示。

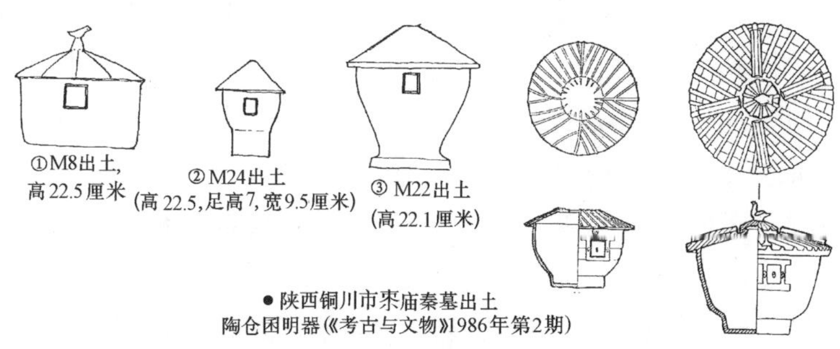

图 4-65 秦代之仓囷明器

六、秦代的建筑技术及建筑艺术

(一) 秦代的建筑技术及建筑材料

秦代的建筑技术也和建筑其他方面的情况一样，有着很高的水平并进一步得到发展，这是因为它不断运用和综合了各地的建筑经验，同时本身的大规模与快速的土木工程建设，也为建筑实践提供了最好的实践机会和条件，然而我们目前所知的内容还是甚为有限，下面介绍的恐远不及其实际状况的百中之一。

1. 夯土

夯土工程在秦代建筑中仍占据重要地位，例如长城、墙垣、建筑台基、陵墓、道路、堤坝等，大多都由夯土筑构而成。其特点是夯筑层较薄、质地坚密、层次精晰。尤其在重要建筑中更是如此，例如城墙、宫殿台基、墓坑填土等等。据实物调查，秦始皇陵外垣夯土层厚6～7厘米，而内垣夯土层厚为5厘米。秦咸阳渭北宫殿区中之宫城北垣，夯土层厚变化较大，自3～10.5厘米不等，夯窝直径9厘米，深0.2～1厘米。该区之一号宫殿建筑遗址夯基，夯层为6～9厘米，夯窝呈半球状，直径7～8厘米。二号宫殿殿基夯层为3～9厘米。由上可知，一般夯层厚度为6厘米，最薄达到3厘米，而较咸阳稍早的雍城城垣，其夯层厚均为8～12厘米。这说明了在秦王朝的晚期，对夯土的技术与质量的要求都已提高了，而与皇室有关的建筑，这方面就显得更加突出。

至于秦代长城及烽燧所施用的夯土构筑，由于就地取材及边地施工条件艰苦，使用要求不同等原因，其夯层一般较厚，夯窝较大。据甘肃、陕西一带秦长城的不完全统计，夯层最薄5厘米，最厚达20厘米，一般8～12厘米。其中为了加固墙体，往往在二层土之间夹以石块或其他建筑材料。

2. 木架构

在木架构方面，由于秦代未遗有任何完整的建筑遗构，因此只能从考古发掘所获的地下残迹，进行一些初步的概括与探讨。重点偏于能反映当时最高技术水平的皇家建筑，例如秦咸阳发现的一号宫殿与二号宫殿遗址，以及骊山秦始皇陵北二、三、四号建筑遗址及兵马俑坑、铜车马坑等等，它们都为我们提供了十分重要的第一手信息。

当时木建筑的层叠结构问题尚未得到妥善解决，因此秦代在建设多层建筑时，仍不得不将木构依附于夯土基台。上述的咸阳一号宫殿虽然仅高两层，但其布局与结构方式，依然没有得到新的突破。这就是说，多层建筑的木架构问题，在秦时仍然未得到解决。

在单体木构建筑中，如咸阳宫第二号建筑遗址的F4，其室内最大跨度已达到近20米，由于室内地面未发现有设置内柱的痕迹，这一长度对仅用木材简支梁是不可想象的，根据室内南、北壁均采用两两相对的壁柱（二柱间距1米，柱组间距3.58～4.15米，柱截面38厘米×40厘米)，很可能当时采用了由两榀梁架组合的复合梁架，来解决这一大跨度问题。其次如一号宫殿中的独柱厅，厅内东西距离为13.40米，由于中央设柱，梁的长度可不超过7米；即使采用45°方向且举高为1/4的斜梁，其长度约为10米，这在当时的材料和技术方面都应不成问题。至于一般建筑与陵墓中的随葬坑，其跨度多半在3～5米之间，使用简单屋架或简支梁即可。以始皇骊山陵一号兵马俑坑为例，其过洞之顶部结构系采用简支梁方式：即先在过洞两壁立位置对应之壁柱，柱上顺过洞方向置木枋，枋上再密排与之方向垂直的棚木，木上铺席，覆以胶泥，最后封土夯实（图4-66）。

据目前已知资料，秦代建筑中使用木柱的断面有矩形、方形、八角形及圆形数种。依所在位置，则有都柱、立柱、倚柱和暗柱之分。大抵完全暴露在外的柱（如内中柱、廊柱……）或部分暴露的柱（如壁柱、倚柱……），都采用方形与矩形断面，尺度范围在30～40厘米之间。惟一例外的是前述咸阳一号宫殿上层大厅内之独柱，其断面呈圆形，直径达64厘米。埋入墙体内的暗柱，断面呈圆形或椭圆形，直径较小，约为20～25厘米。木柱柱脚均埋入地面以下，深度自14厘米至115厘米不等。除暗柱下不施础石外，其他柱或施或不施，础石俱为天然砾石，以其较平整之一面迎置柱脚。柱脚及础石均埋置于地面之下，如秦咸阳一号宫殿7室之壁柱槽造所示（图4-67）。此种方式，似与晚商殷墟宫室建筑之柱础做法大同小异，表明秦代建筑在这方面的进步还很缓慢。

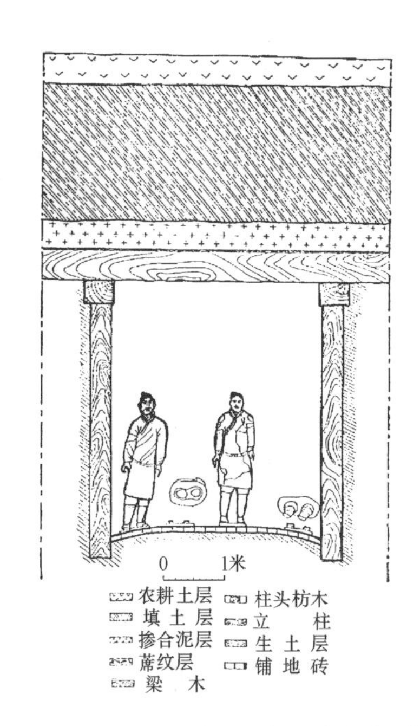

图4-66　秦始皇陵兵马俑坑建筑构造示意图(《文物》1975年第11期)

柱之布置已按规则的柱网排列。柱与柱间距离依建筑之大小而有所变化，一般为2.50～3.00米，个别的大于4.0米或小至0.9米。建筑转角处常置相邻二柱，表明木构在角部的结构与构造问题尚未解决，这个现象一直延续到汉代，例如长安辟雍即是。此外，前述咸阳宫第二号建筑遗址F4六壁柱皆采用的双柱并联形式，在秦及以往建筑中尚属首见；而该建筑东北及西侧回廊内，亦有局部应用此种组合柱式。

目前除对骊山陵兵马俑坑的木架构有所了解外，其余各处秦代遗址中的木构早已毁坏，因此对柱以上之梁架布置与构造、斗栱及其他构件之形制等，均无从予以说明。以斗栱为例，它在秦以前的战国铜器中已屡有表现，在以后的两汉又处于百花齐放的繁荣高潮，二者之间不可能是一片空白。虽然目前尚未发现秦代斗栱，并不意味着它们的不存在，以秦代宫室的壮丽豪华，不使用这类构件似乎令人难以想象。

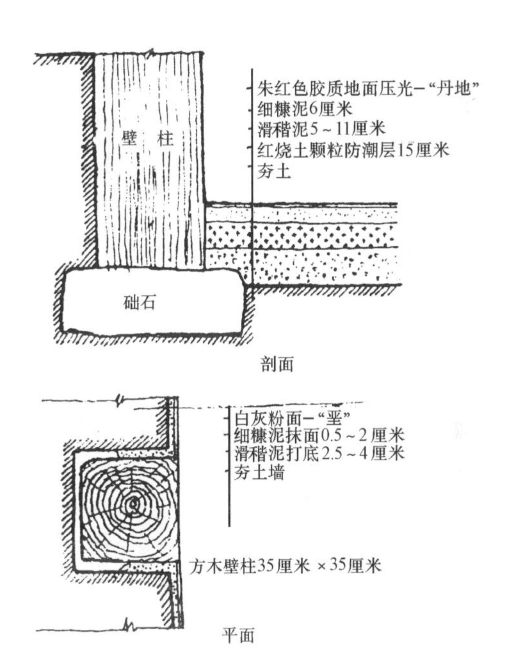

图4-67　秦咸阳一号宫殿遗址7室壁柱、柱础及地面做法(《文物》1976年第11期)

3. 陶质建材（图4-68、4-69）

陶质建筑材料的进一步使用，推动了秦代建筑的发展。制陶窑场经常设置在皇家建筑（宫殿、陵寝……）附近，并且还通过官署进行管理，表明对此项建筑材料日益增长的需求和重视。秦代常用的陶质建材，有砖、瓦、水管、井圈……等数种。内中尤以陶瓦最为量大面广。陶砖仍以特制之铺地砖为主；小砖虽已开始使用，但为数不多，仅见于骊山陵兵马俑坑之铺地及少量墙体。空心砖则多施用于建筑之踏跺，如咸阳一号宫殿及绥中石碑地离宫遗址。但亦有用于砌作浴池池壁者，例见咸阳一号宫殿一层之第八室。可以这样说，陶砖在秦代尚未正式登上建筑这个大舞台。

目前发现的秦瓦，总的分为板瓦和筒瓦两大类。制作时有手制与轮制之别，表面饰以细绳纹，内面平素布纹。板瓦都较长大，如出土于咸阳一号宫殿遗址的，长56厘米，宽42厘米（小头宽39厘米），厚1.4厘米，正面中部有数道抹去绳纹所形成的带状纹，两端又各有宽约10厘米的上述带纹。类似此种的板瓦，亦见于二号宫殿遗址。筒瓦一般长58.5～62厘米，直径14～18厘米，壁厚

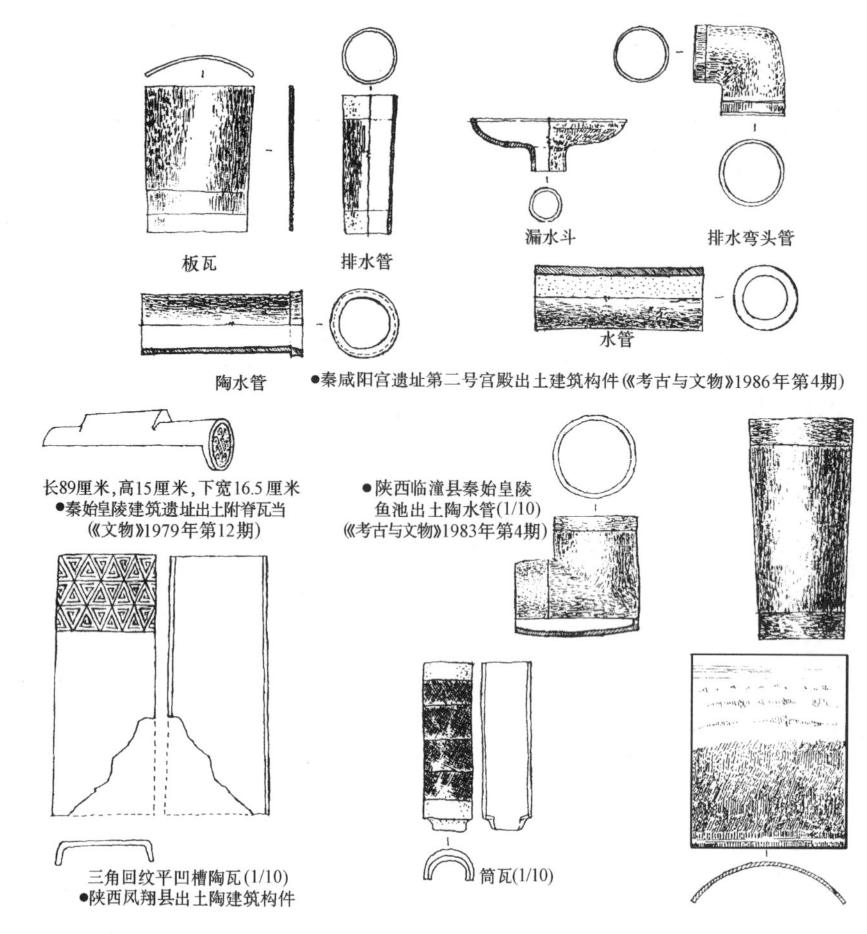

图 4-68 秦代之陶质建筑构件

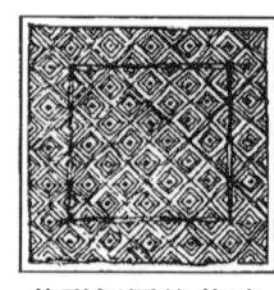

菱形间回纹花砖
(36×36×3.2)厘米

卷云间菱形纹花砖
(34×27×3)厘米

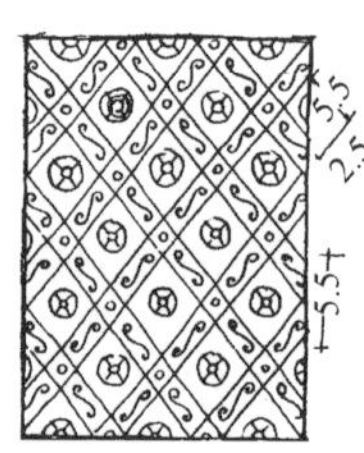

菱形套饰卷云纹圆与S
形纹花砖(42.5×31.3×4)厘米

1/4圆形间菱形，卷
云纹花砖(38×38×3)厘米

花纹地砖(38×38×3)厘米
圆、半圆、1/4圆间菱形、卷云纹

●陕西临潼县鱼池遗址出土花纹砖(《考古与文物》1983年第4期)

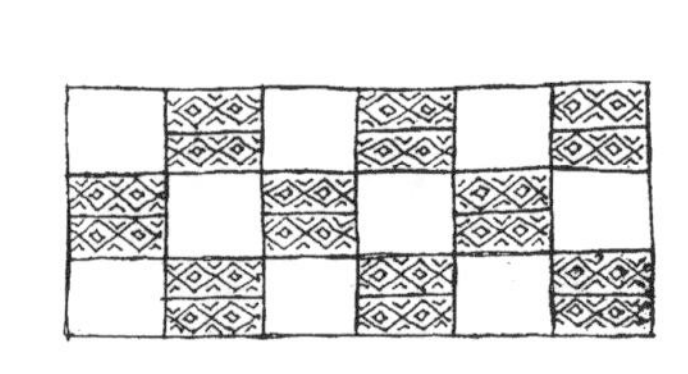

●陕西咸阳市出土秦花纹砖(《考古》1962年第6期)

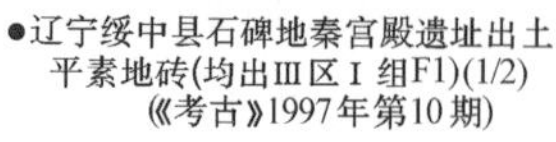

●辽宁绥中县石碑地秦宫殿遗址出土
平素地砖(均出Ⅲ区Ⅰ组F1)(1/2)
(《考古》1997年第10期)

图 4-69 秦代之地砖及纹饰

0.85～1.5 厘米。端具瓦唇，有的还在瓦上穿一直径约 1 厘米之瓦钉孔。瓦当形式有半瓦当、圆瓦当和马蹄形大瓦当三种。圆瓦当直径即筒瓦直径。马蹄形大瓦当用以遮护椽头，骊山陵及辽宁绥中县石碑地秦离宫遗址均有发现。此类完整之瓦通长 68 厘米，瓦当正面最大直径 52～61 厘米，高 37～48 厘米，厚约 2.5 厘米。

已见秦代所使用的陶砖，有空心砖、方砖、条砖和供特定用途的异型砖多种。其中空心砖尺度最大，一般长为 100～136 厘米，宽 33～38 厘米，高 16.5～39 厘米，均用作建筑之踏跺，其表面则模印各种几何图案，或施以龙、凤、云纹。方砖及近似方形之矩形砖，其边长 38～53 厘米，厚 3～4 厘米，亦模印菱形、S 纹、圆纹等纹样，多用以铺砌地面。条砖平面作矩形，因尺度较小，故又称小砖。其大小变化较多，见于始皇陵内外的，即有九种之多，长度 27～42.5 厘米，宽 13.5～19.1 厘米，厚 6～9.7 厘米。秦时亦主要用于铺地，间有砌在土壁之外者，惟不施灰浆，上下亦不错缝，表明砌法尚属原始阶段。异型砖有曲尺形、五棱形等数种。前者通长 42 厘米，宽 28 厘米，厚 9 厘米，其中转角处长 23.2 厘米，宽 19 厘米。后者残长 31 厘米，宽 16 厘米，高 9 厘米，边高 6.5 厘米，可能用于屋脊处。

陶质水管自西周初即被应用于建筑之地下排水，它在秦代也被广泛使用。大多数水管都采用圆形孔口，管道则呈一头大一头小的圆筒形状，以利连续套接。以咸阳一号宫殿为例，每节管道长 58～59 厘米，大端口径 28 厘米，小端口径 25 厘米，管壁厚 1 厘米。出土于二号宫殿之陶管，每节长 59.7 厘米，大径 20.3 厘米，小径 19.2 厘米，壁厚 1.3 厘米。管道转弯处又有特制之弯头，折角呈 90°；一端长 34.9 厘米，口径 24.6 厘米；另端长 38 厘米，口径 20.8 厘米。

除此以外，又制有专供集水及排水之陶漏斗。漏斗大多上部之平面为圆形，直径 60～75 厘米。斗壁平直，深 13.5～23 厘米；下为圆底，中央有圆孔置流，流长 10～14 厘米，流径约 13.5 厘米。此种圆形陶漏斗，在咸阳一号及二号宫殿遗址中均有发现。另一种为筒状陶漏斗，出土于二号宫址，长 110 厘米，径 45 厘米，现存槽深 82 厘米，瓦槽一端封口，但置口径为 11 厘米之流，其残长尚存约 9 厘米。

在贮物的窖穴底部，往往置有陶质之窖底盆，盆口及盆底均呈椭圆形。以出土于一号宫殿之实物为例；长径为 96.8～102 厘米，短径 63.3～66.5 厘米，高 59～65 厘米；底长径为 54～67 厘米，短径 35～37 厘米，壁厚 2.8 厘米。

4. 石质建材（图 4-70）

石材在秦代建筑遗址中发现不多，仅见于房屋的柱础、散水与若干部件，以及桥梁的桥墩，文献及实物均未发现全由石构之建筑。在铜、铁工具已经相当发展的情况下，国内各地也不是处处匮乏适用的石材，为何石建筑不能得到较大的发展？是一个令人思考的问题。

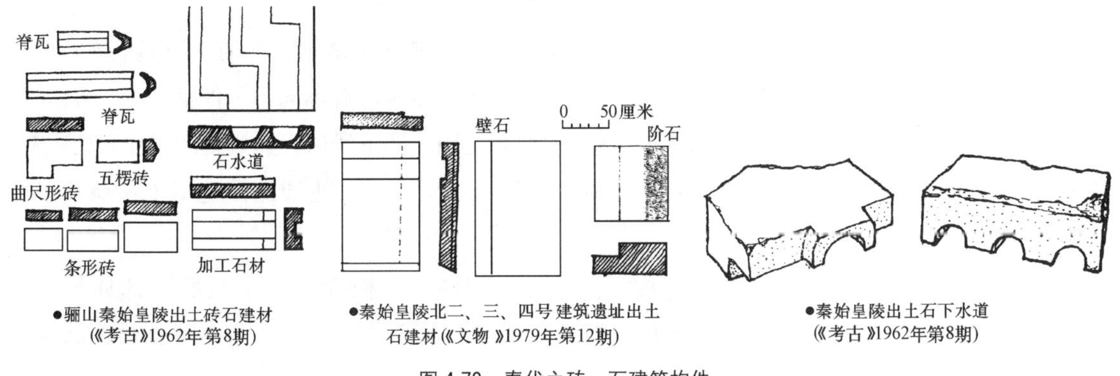

图 4-70 秦代之砖、石建筑构件

虽然在秦代宫室遗址中，目前所发现的石材甚少，而且大多是未经加工或仅予粗加工的天然石料，如置于柱下作柱础之砾石，以及铺在室外的卵石排水沟及泛水等。但由秦始皇陵西郑庄的大规模石料加工场遗址来看，在东西宽1500米，南北长500米范围内所堆积的石料、半成品、废品、石碴以及建筑遗址和生产工具的甚多，绝非一般加工场所能有。由其规模之庞大，可推测其产品必然众多，但对于它的产品种类、规格、数量和使用地点，现在都还不清楚，也许在对秦始皇陵的地宫发掘以后，这些问题才可能大白于天下。依作者估计，这大量经加工的石材，多半应施用于陵内地基的加固、柱础的埋置与垣墙的构筑，以及地面的铺砌与下水道、石门扉……的建造等等。

已经征集到的石质建筑构件，有石水道、凹槽石条等。石水道由两块各刻有半圆形水槽二条的石板叠合而成，每块石板宽94厘米，长79厘米，厚13.5厘米。水槽直径22厘米，拼合后成一圆孔，二孔间距离10厘米。此外，还有单孔和三孔水道，宽度55～112厘米，长37～125厘米，厚27～40厘米。若干水道前端还凿出长7厘米的唇状滴水。带凹槽的石条残长65厘米，宽30厘米，厚15厘米。其上刻矩形槽口，宽12厘米，深6厘米，一端刻有凹下约2厘米之高低榫（凹面9厘米×10厘米）。

在石材的其他应用方面，除以砾石较平的一面作柱础石承柱以外，又有用板石铺砌阶石及其附近地面，或用石片垫铺室外道路的。实例均见始皇陵北第二号建筑遗址。天然河卵石常用以铺路或室外散水，前者见于上述秦始皇陵四号建筑西侧道路，其卵石为竖向放置。后者见于咸阳一号宫殿遗址，其北廊外有宽90厘米之散水。做法是两边平行铺放方砖各一列，中间再铺以卵石。也有仅于内侧铺砖，外侧施卵石散水的。

此外，在工程中大量使用石料的，还有筑长城、修直道、驰道及水利设施。其构筑方式和特点，都在各有关章节中予以阐述，这里就不另作介绍了。

5. 金属建筑构件（图4-71）

秦代建筑遗址中出土的金属构件，从质地上可分为铜、铁两类。但总的说来，它们的器型并不很多。现依次分述于后。

（1）铜质建筑构件已知者在其体积与重量方面相差甚为悬殊，其中较大者皆出土于陕西长安县小苏村[28]，该地距东南方向之阿房宫遗址仅约1.5公里，由于附近一带夯土遗址连绵不断，所以认为此出土地点亦应在秦代宫室范围以内。较小的铜质构件则出土于咸阳第一号及第二号宫殿遗址。

1）方形圆孔构件　出土于小苏村，仅一件。其长、宽俱21.2厘米，高11.6厘米，重19.25公斤。中央有直径17.5厘米之圆孔自顶至踵，两侧中央又各有长方形小孔一个，孔宽1.2厘米，高0.8厘米，似用以销穿固定圆孔中构件（如柱）之用。

2）方形浅圆窝构件　出土于小苏村，共二件，形状亦大体呈方墩形，两侧于端部上方各伸出一方块状之“耳”。构件长14厘米，宽19厘米，高7厘米，重量略有不同，一件重7.75公斤，另一重7.25公斤。上端中部有直径9.4厘米，深3.6厘米之圆形凹下浅窝，其口则作斜棱状之突起，约高2厘米。器上刻有“川”、“十”二字，似作为施工中之编号。估计此件是用于贴墙柱下之柱础。

3）圆筒形构件　出土于小苏村，共三件，形制相同，此构件作中空到底之圆筒形，高9.4厘米，直径11.4厘米，重2.75公斤，筒外中部有凸起之圆楞一道，筒内则有对称凸起之楞条二道。

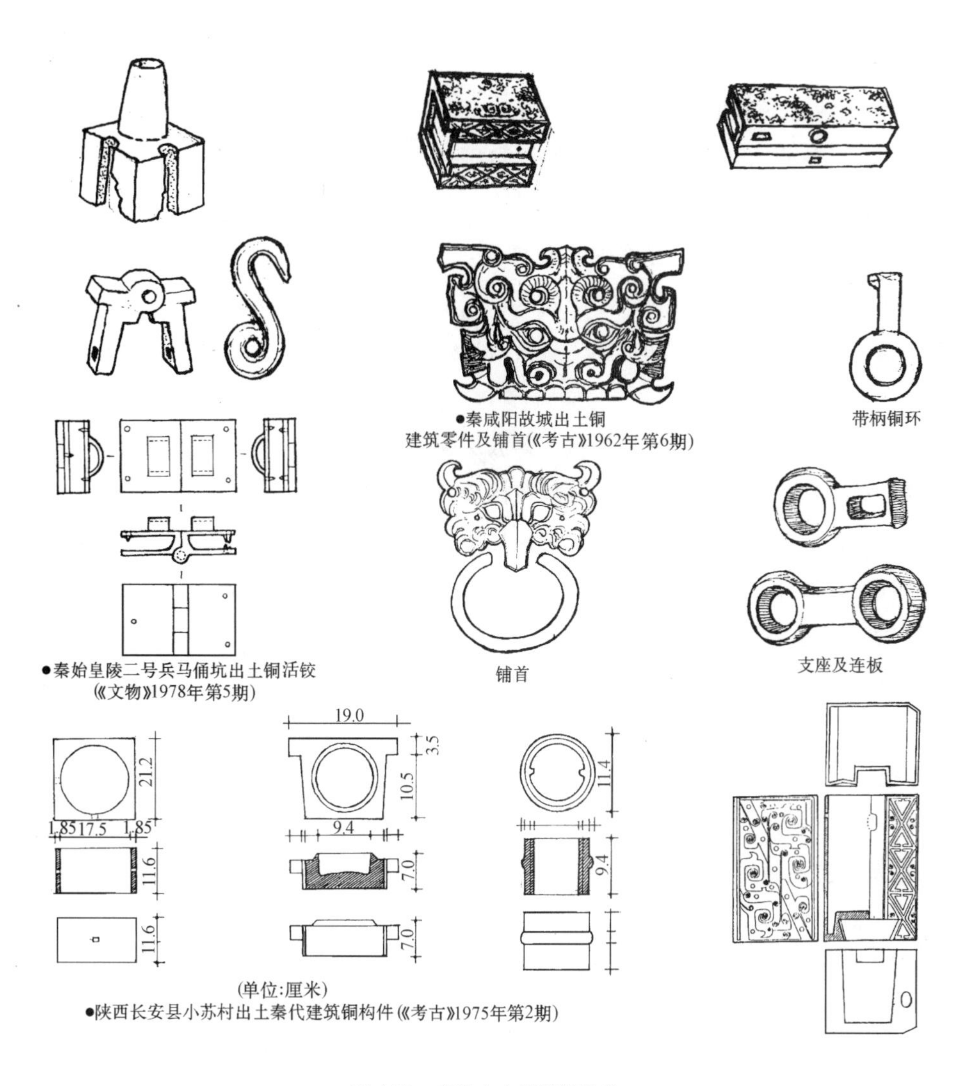

图 4-71 秦代之金属建筑构件

4）合页 由一端卷成筒状之薄铜版（厚 0.2 厘米）二片与插轴组成。铜片弯折成“门”形，长 5.4 厘米，宽 5.3 厘米，中间空距 1.5 厘米。铜片上各有钉孔四个，均位于角隅，孔径为 0.1 厘米×0.1 厘米及 0.3 厘米×0.4 厘米二种。出土于咸阳一号宫址。

5）支座 为一端开方孔，另端作圆环之构件。长 6.4 厘米，宽 2.5 厘米，厚 1.3 厘米，节径 1.5 厘米。出土于咸阳一号宫址。

6）连板 为二端呈圆环，中部为矩形之构件。长 8.5 厘米，宽 3.2 厘米，厚 1.3 厘米，节径 1.6 厘米。出土于咸阳一号宫址。

7）铺首 全长 16 厘米，宽 15 厘米，厚 0.4 厘米，所附铜环节径 11 厘米，环径 1.5 厘米，造型甚为典雅生动，亦出土于咸阳一号宫址。

（2）铁质建筑构件其种类与数量经发现者，较铜质构件尤少。

1）三向活动铰页 由一轴及三铰页组成。轴长为 6.5 厘米，铰合外径 2.2 厘米，铰页长 11 厘米，宽 1.9 厘米，厚 0.4 厘米，铰页上凿有孔洞以供固定于他物者。此项铁器共出土二件，均得之于咸阳二号宫室遗址。

2）铁钉 一端弯曲成环状，环孔径 1.8 厘米，钉通长 9.5 厘米。钉身作扁长之梯锥形，一侧较另侧稍厚，共出土 18 枚，亦得于上述二号宫址。在建筑中发现铁钉，尚属首见之例。

6. 几种建筑构造形式

(1) 墙壁做法

墙壁的做法大致有下列几种：

1) 夯土墙　是各处遗址中最常见的做法，特别是地下建筑，如骊山陵各兵俑坑中过洞之间的隔墙，都是用这种构筑形式。

2) 夯土土坯墙　见于咸阳一号宫殿之独柱厅，其西壁下部一段高 1.48 米用夯土构筑，以上则用土坯垒砌。二号宫殿发现之土坯长 31 厘米，宽 16 厘米，厚 11 厘米。

3) 土坯墙　全由土坯垒砌，如上述一号宫殿独柱厅之南壁，以及底层第六室与北侧过道间之隔墙。

4) 夹竹抹泥墙　亦见于咸阳一号宫殿，其底层朝北之第六、第七室间隔墙即用此式。墙身二面抹光，厚度 20 厘米，因被火所焚毁，其具体构造尚不清楚。

5) 砖墙　墙体全部用陶砖砌垒者，实例仅见于临潼秦始皇陵一号兵马俑坑，其中之一号门道南侧有砖砌边墙一段，长约 0.8 米，宽约 0.5 米，所用之砖皆平列顺摆，上下层亦无错缝，亦未使用粘合材料，表明砌法甚为原始。其墙面且凹凸不平，表面抹有一层厚约一厘米之草拌泥。推测是当时此部土壁倒塌，临时以铺地砖加以修补所致。因此从墙的实际功能来看，这一段砖砌体还不能算真正的砖墙。

6) 完全以石砌之墙垣，除边城沿线有若干实例以外，在已发现的宫殿、陵墓中尚未得见（很可能在始皇陵的地宫中已应用）。但以石板或立砖包砌和墙垣下部表面者，则有如骊山始皇陵内城西北之二号建筑门道两侧所示。

(2) 墙面处理

一般均在夯土墙面上抹草泥，再涂以白灰，具体做法如下：先以粗麦秸拌泥为基层，厚度3～4厘米；然后用麦糠和以细泥作面层，厚 1～2 厘米；最后刷涂白粉。此种做法，皆见于咸阳第一、第二号宫殿及始皇陵内垣北侧第二、三、四号建筑遗址（图 4-67）。

在始皇陵二号建筑之门道遗址中，其北壁至北壁西壁柱一段，使用了长 146 厘米，厚 16 厘米的砾石板护砌，发掘时尚余残高约 60 厘米。

(3) 地面做法

在咸阳一号宫殿上层独柱厅发现之红色地面，应是属于等级较高的一类。这种将地面涂以颜色的"规地"之法，屡见于汉代有关述及宫室之文献，于秦代则尚属首例。其做法是在夯土台基上铺厚度 10～15 厘米之砂土，上覆厚 10 厘米之粗草拌泥，再抹一层厚 1～2 厘米之碎草末拌泥，最后再仔细夯打、找平与打磨。类似做法亦见于该遗址下层 7 室之地面，先在夯土面上铺厚 15 厘米之红烧土颗粒防潮层，上抹 5～11 厘米厚滑秸泥，再抹 6 厘米厚细糠泥，最后以朱红色胶质涂地压光（图 4-67）。而位于厅西之斜道，其构造为夯土台基上垫厚 33 厘米之黄土，上抹粗草泥 9 厘米，细泥 3 厘米及细砂泥 3 厘米，最后涂朱。

该遗址底层中央之浴室（编号为第八室）地面做法，是在夯土台基上垫厚 32 厘米砂土，土上平铺素面方砖，其排列为东西向十三行，每行现存陶砖 3～11 块不等。

地面用方形或矩形石板铺砌的，则见于秦始皇陵北之三号建筑。

最简单的做法是在夯土基上抹草泥一层，然后夯平抹光，例见上述遗址之回廊地面。

(4) 楼面做法

亦见于咸阳一号宫殿之 6 室、7 室。其大体构造为于壁柱上平置枋梁，再依室内跨度架设楼层大梁（35 厘米宽，65 厘米高）。梁上密排方形断面之肋木，覆涂滑秸泥厚 10 厘米，表面抹光，最后再粉以 1～2 厘米厚细砂泥面层（图 4-72）。此项密肋梁楼面做法，今日于我国华北农村乃至西藏仍广为应用，由此可知其渊源至少可上溯至秦代。

（5）排水处理

秦代宫室屋面已满铺陶瓦，由残留遗物得知，屋面之构造系于椽上布席，席上涂泥宼瓦。但屋脊与天沟之构造，尚无资料说明。仅秦始皇陵北之宫室遗址中，出土有于瓦背附梯形台座之筒瓦，其前端并置云纹瓦当，瓦长 89 厘米，高 15 厘米，下宽 16.5 厘米，推测是施于脊端的构件。

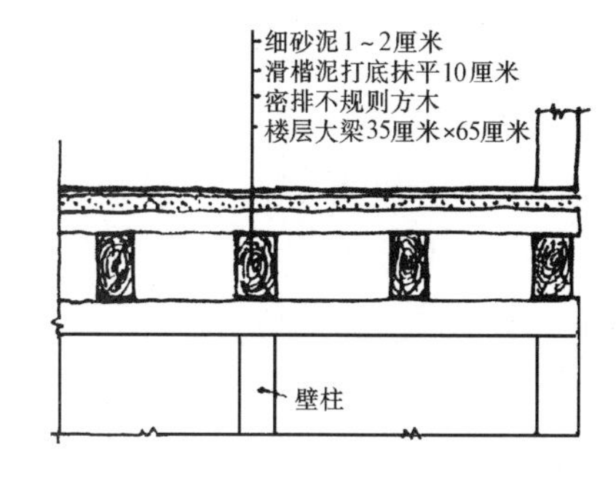

图4-72　秦都咸阳一号宫殿遗址6室、7室楼面做法（《文物》1976年第11期）

咸阳一号宫殿建筑中的回廊，其地面处理已见前述，又考虑到廊内排水，据测定其地面坡度为 4°～6°。室外排水除采用砖与河卵石铺砌的泛水以外，又有用板瓦依次叠放形成的明沟。多层建筑之上下排水及往地下之宣泄，则多使用陶质暗管或石暗道。下水常通过地漏收集，此项设施在一号宫殿发现四处，二号宫殿五处。另辽宁绥中县石碑地秦离宫遗址Ⅲ区第 1 组建筑中，亦有地漏及渗水井发现。地漏水池平面呈矩形，内壁作覆斗状。上口长 1.95～3.20 米，宽 1.78～2.70 米，深 0.40～0.70 米。池内覆以板瓦，下接陶漏斗及圆形陶管，水管末端承以渗水井。

一号宫殿之排水地漏分别位于遗址之西北、东、南及西南。其地下排水方向则分别为西、东北、南与北。内中第四排水地漏将落水口以下的三节水管安装成弓形，并将其最高点置于漏斗排水口以上，因此产生了虹吸作用，不但加快了排水的流速，而且还防止了将沉淀物带入管中。这种技术上的巧妙措施，充分反映了两千多年前劳动人民的智慧和创造。

（6）采暖措施（图 4-19、4-73）

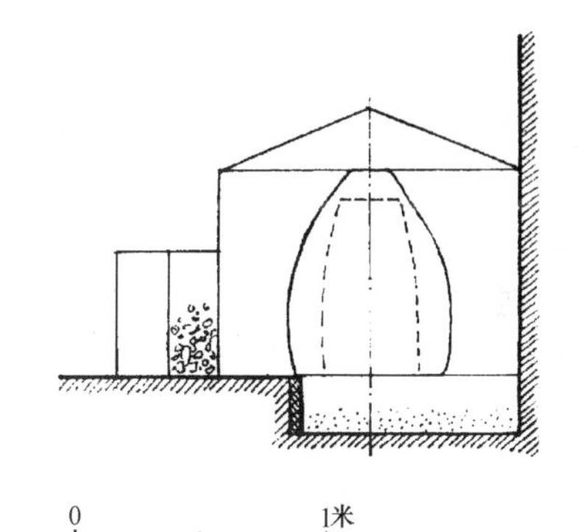

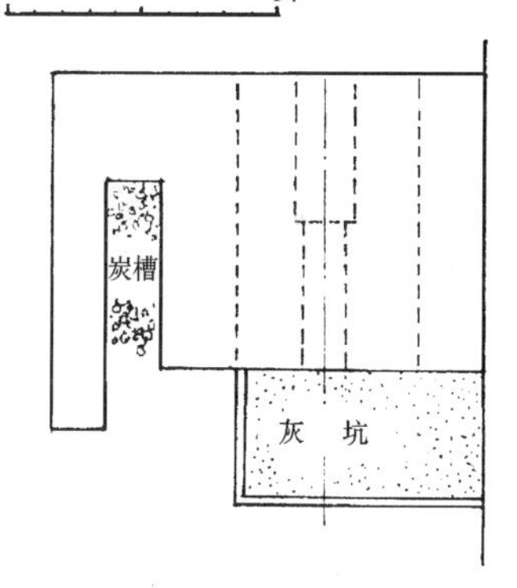

图 4-73　秦都咸阳一号宫殿遗址 8 室壁炉做法（《考古与文物》1982 年第 5 期）

在一号宫室遗址内发现供采暖用之壁炉三处，即底层南侧之第八号室、上层西侧第五号室与南侧第三号室各一座[29]。其中第八室及第五室中，都发现有浴池遗迹，可见是主要供沐浴之用。第三室可能是秦王或后妃的居室，其功能主要为采暖。现以八室之壁炉为例：

该壁炉宽 1.2 米，进深 1.10 米，高 1.02 米，炉膛剖面呈覆盎形，有利于炉烟的迅速排除。炉上部烟道已毁，炉左有一贮木炭之槽坑，东西宽 20 厘米，南北长 70 厘米。炉身用土坯砌造，表面抹以草泥，再涂为红色。南向之炉门前有一出灰坑，内表面镶砌立砖，坑宽 40 厘米，深 26 厘米。由于炉上烟道之位置及构造不明，因此是否已考虑烟气余热之利用，尚待它例证实。

（二）秦代的建筑艺术

艺术是社会经济和上层建筑在意识形态上的反映，同时它又是为二者服务的，建筑艺术自然也服从于这个规律，只是因为建筑本身还有其实用上的功能与要求，所以在艺术性的表现方面，有自己的若干特点。在另一方面，建筑及其所表现的形象，又受到传统性和地方性的影响。在古代技术水平发展缓慢和交通不便条件下，由此而产生的停滞现象就格外显著。

1. 秦代建筑之整体风貌与造型表现

由于上至城市宫室、下及乡里民居的建筑实物皆已无存，难以对秦代建筑作出全面描述。但就皇家建筑而言，例如阿房宫前殿及骊山陵，所采用的宏巨规模与庞大尺度，而产生的雄伟气势和慑人效果，都是当时前所未有，而这也正是秦帝国统治者所期望和力图达到的。就此而言，它们在建筑造型上的表达是成功的。当时由于结构上带来的局限性，即使是自周代以来盛行于宫室的“台榭建筑”，仍未脱离单层建筑的基本结构体系。加以列柱的间距仍依循“跨不逾高”的原则。斗栱的不成熟，使出挑长度受到限制。建筑角隅依旧采用双柱……因此，包括宫室在内的一切建筑，大多仍为单层式样，这就形成了占地面积较广，尺度不高的建筑总体形象。外观上具体表现为突出建筑之柱、枋……轮廓，屋顶低平，出檐不大。用材上其主要结构及构造均使用木材，重要建筑之屋面及地面才施陶质建材（瓦、地砖……）。装饰上为保护木构件及美化，木构件外表面常髹漆或套以金属构件……由上可知其总的建筑风格，表现为雄浑稳重与简洁明快。

2. 秦代建筑之色彩

史称秦尚水德故崇黑，其旌旗、车骑、仪仗皆以此色为主。但是否也应用于建筑？由目前所知的建筑遗物与文献记载，这方面的明显证据还不很多。依咸阳宫及秦始皇陵建筑，如室内墙面已涂白粉及地面髹以丹朱的做法。由于上述建筑原有之大木架构梁柱早经焚毁，外墙面及屋面、门窗均已破坏殆尽，故建筑内、外部之色彩及纹饰无从知晓。但还是可以断言，秦宫建筑旧时装饰之华丽美焕，绝不仅限于上述之零星内容。由其早期都城雍城（今陕西凤翔县）所发现之铜质建筑饰件——金釭，以及战国至两汉宫室中梁、柱裹以锦绣或涂色的形式，想必在咸阳秦宫中亦有所应用。加以室内又常饰以几何纹样及各种壁画，因此可以认为，至少在为皇室服务的建筑中，其色彩的使用仍是相当丰富的。

3. 秦代建筑之壁画

秦宫中的壁画，虽然未留下完整的实物，但还是可看出若干端倪。它们采用的图案有几何纹样，也有人物、动物等（图 4-74）。所施的颜色五彩缤纷，十分丰富。以咸阳一号宫址上层独柱厅

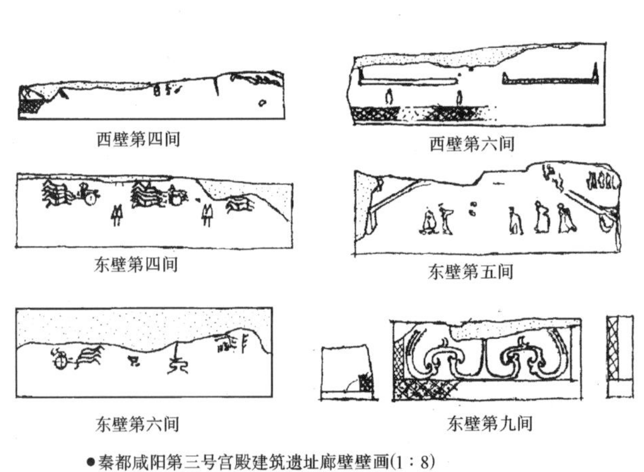

●秦都咸阳第三号宫殿建筑遗址廊壁壁画(1∶8)
《考古与文物》1980年第2期)

●秦咸阳宫壁画纹样摹本
(《文物》1976年第11期)

图 4-74 秦代之壁画

内发现的一块壁画残片为例，其长仅37厘米，宽25厘米，是由矩形、菱形、三角、环形、圆、涡形及S形曲线等多种图形组成，排列规整而有变化。色彩有黑、黄、赭、朱、青、绿等多种，其中以黑色占比例最大，黄、赭次之。因为使用了钛铁矿、赤铁矿、朱砂、石青、石绿等非有机颜料，所以能保持经久。另秦都咸阳三号宫殿之走廊二侧，亦发现当时之壁画残片多处，内容有四马曳车之出行图、人物、树木、麦穗等，其色彩之运用，基本与上述一号宫址者相似。虽然目前还未发现商、周及汉代宫室中有施用壁画之实例，但汉代墓葬中已出之壁画及画像砖石，绘刻有出行图、车马、人物者比比皆是。是以其间之依承关系，可谓不言而喻。至于秦代得以出现此类高水平壁画，自非偶然，其源本于周，亦是出于常理。

4. 秦代建筑之装饰纹样

今日所见秦代建筑装饰纹样，以印刻于陶质砖瓦上者为最多，现就其类别分述于下：

显示在空心砖上的纹样，大抵有龙、凤、几何图案，狩猎，宴乐、门仪、玉璧等（图4-75，4-76）。以龙纹为主题的画像砖，又可分为单龙与双龙二种。前者龙之首尾两端卷曲，中部绕屈于一圆形大璧之下。龙体鳞甲作人字形，背、腹均有羽鳍多处。此种纹样见于咸阳一号及二号宫址，但图形稍有差别。双龙作两尾缠绕状，除无玉璧外，其他形象与单龙者相仿，此图案出土于二号宫址。凤纹砖有立凤、卷凤和含珠凤三种形式，均出于一号宫址。其中含珠凤背上有人面兽身，两耳贯蛇，下执玉璧的神人骑坐。据《山海经》大东荒经载，此神人名“奢比尸”，可呼风唤雨。凤鸟口中衔的是火珠，表示对火的制约。刻有这种图案的画像砖发现在一号宫址的浴室（即底层第八室）壁炉前，这无疑是有其特殊用意的，至少是表现了不愿发生火灾的愿望。表现官僚生活的门仪、狩猎、宴乐等内容的画像砖在秦代甚为少见，此砖出土于临潼，现保存于陕西省博物馆。据此可将盛行于东汉的画像砖时空上限，至少提前到秦代。几何纹样的图案，以模印的菱形纹、四叶纹和动物纹为多，例见咸阳一号与二号宫址及辽宁绥中县石碑地秦离宫（可能是文记中之碣石宫）遗址出土实物。

铺地方砖及矩形砖之表面，多施截面呈锯凿状平行直线纹、细方格纹、菱格附圆壁纹及S纹、菱形格素面与米格纹、环纹、云纹及卷纹等（图4-77），出土地点亦在上述诸宫遗址。至于陶瓦之纹饰，则以竖向、斜向或横向之条纹，方格纹、网纹、布纹等为多见（图4-78）。

已发现之秦代半瓦当不多，晚期尤其如此，其纹样常为对称之变形夔纹。

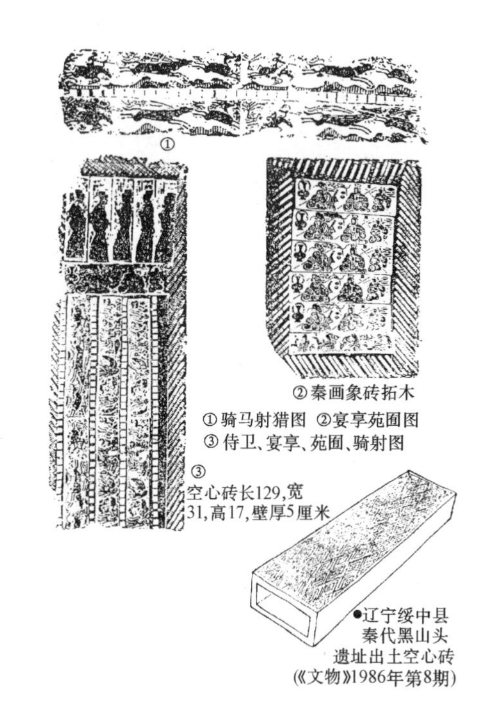

图4-75 秦代空心砖及纹饰（一）

图4-76 秦代空心砖及纹饰（二）

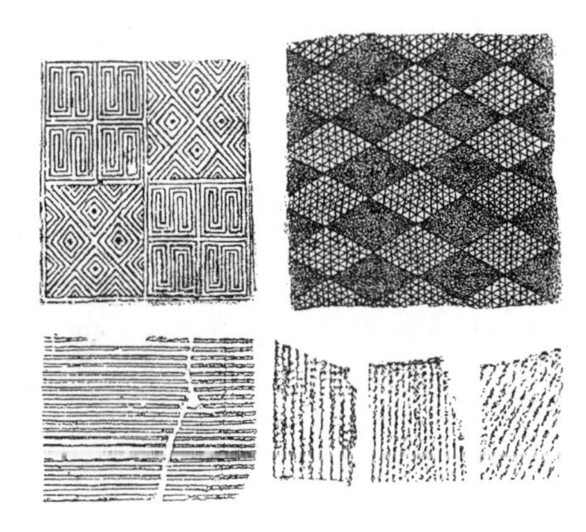

图4-77 秦代各式地砖饰面及瓦纹

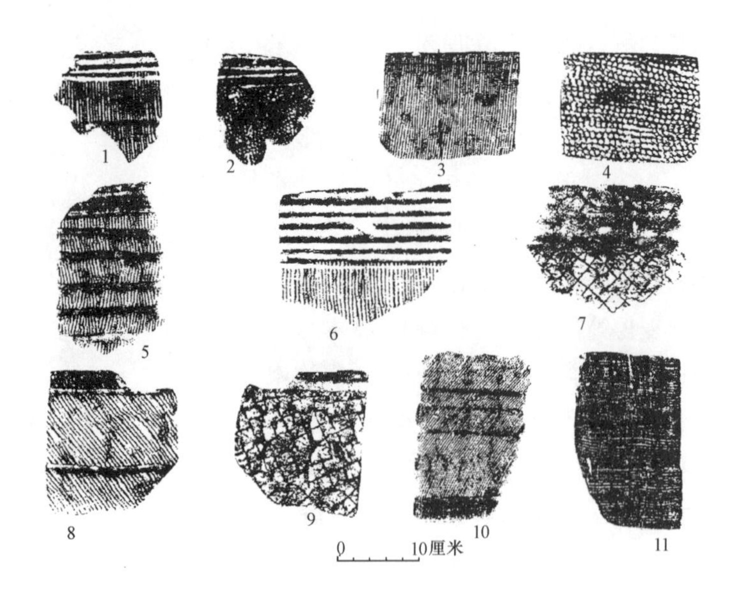

图 4-78 秦代瓦件纹饰
辽宁绥中县石碑地遗址出土(《考古》1997 年第 10 期)

圆形瓦当为秦代瓦当之主流，其纹饰在晚期以卷云纹及其各种变体为最多（图 4-79），葵纹亦有一定数量（图 4-80、4-81）。而早、中期常见的鹿、獾、雁及树纹则不多见。晚期瓦当的重要特征之一，是瓦当中央大多置一圆圈，而瓦当的主要构图则置于此圈之外。在阿房宫范围内出土的鱼形图案瓦当，与咸阳一号宫址觅得的马、雁、龟纹瓦当，都属这一构图范围。

图 4-79 秦代之瓦当（一）

特大的马蹄形瓦当出土数量很少，瓦当面饰高浮雕之变形夔纹，形状比较复杂，但仍作对称式布置。出土地点为骊山陵及辽宁绥中石碑地离宫遗址（图4-79、4-80），估计应用于角脊或角梁端部。

5. 秦代建筑与造型艺术之结合

总的说来，结合于建筑的某些绘画、雕塑……造型艺术，在建筑本身所形成的空间与结构体系中，并不占有举足轻重的地位。但它们对人精神上与心理上产生的影响，以及在艺术上形成的感染力，却起着巨大和不可估量的作用。秦代以前的商、周实例较少，但以后的两汉却有许多例证足以说明这一现象。由于秦王朝的统治为期十分短暂，留下的遗物不多。即使如此，当时的一些造型艺术在与建筑相辅相成的配合中，依然发出了光耀夺目的异彩。

在绘画艺术方面，前已介绍出土于咸阳秦代二号与三号宫室的壁画，就是一个以艺术烘托建筑很好的说明。这种方式在古文献中虽有所述及，但见于地面建筑实物（残片）者，仍以上述二例为最早。由于所绘内容已相当广泛，技巧亦相当纯熟，因此其使用之上限必不在秦，这就以实物补证了文献的记载。在色彩方面，画面皆以黑色为主，辅以红、黄、褐、绿、蓝、白诸色，这也符合秦尚水德，而水主黑的史录。

至于已在周代出现，又流行于西汉的彩绘帛画，推测秦代亦应存在，至少是在原楚国所辖的重点地区（今湘、鄂一带），否则就不可能在不长的时期以后，出现如长沙马王堆西汉墓中所见的帛画杰作。但此类帛画，是否仅限用于墓葬，而未及于日常生活之建筑，则是一个尚待解决的问题。

秦代的砖、石浮刻目前尚甚为少见。但线刻已屡见于咸阳及绥中秦代宫室出土之空心砖，其表面龙、凤纹刻构图均颇出心裁，并有神人、玉璧等内容。不足之处是其刻画略欠细致，即如皇室所用者亦未可避免，表明此类艺术当时尚未完全成熟。秦代之瓦当、地砖及若干空心砖纹样，乃使用模具压印而成，此类模具之制作，大抵以木为之。其所形成之效果，则类似汉画像石之浅浮雕，特别是空心砖上之出行、射猎、宴乐及几何纹样（菱形纹）等内容，至汉代犹继续予以沿袭。

秦代之立体雕塑及铸造艺术，亦多有其自身特点。依文献记载，秦始皇统一天下后，将收缴各国诸侯及民间兵器，熔铸为铜人巨像十二尊，各重二十四万斤，并列咸阳宫前。又刻石为力士孟贲像，置于渭水桥畔。铸铜、刻石为神人、兽鸟之形，殷商与西周俱已早开先河，今日留存之铜、玉、石质遗物，颇为不少，但形体特大的未见。尔后号称盛世之唐代，亦无此类实物及记载。是以上述秦代金人之制作，于我国古代社会可谓空前绝后之举。另始皇每破诸侯，辄输各国能工巧匠于畿内，天下技艺精华毕聚，其制作器物之佳妙自不同凡响。如骊山陵内出土之御用铜车马二乘，即为当时铸铜及造型技艺之杰作。此依比例缩小一半的驷马、驭马官及车舆，无论自其整体与细部、造型与装饰、模拟与加工……各方面，皆十分生动逼真，参之实物几无二致。特别是供坐乘的二号车（安车），后部车厢置有推窗与双扉门十分华丽精巧。全车系由青铜及金、银构件3462件组成。其前的一号立车，车形较二号车高大，驭官侧又置有弓、弩、矢、盾等防卫兵器，也由青铜构件1000余件组成。它若驭马曳车之辔靷镳轭，佩带之当卢璎珞，亦无不惟妙惟肖（图4-82～4-84）。纵观上述车舆，其制作之精细与组装之密合，即令今人亦叹为观止。由于过去尚未见有先例，因此它们的出土，不但使我们获得了无价的历史文化瑰宝，还使我们从中得知有关古代帝王御用乘舆外形与构造久已失传的翔实资料。另在咸阳秦故都遗址中，曾出土铜人头像一具（图4-87），虽部分有所损毁，但其冠带、发式及面貌保存基本完好，由其装束及面目推测，应属当时之贵胄或地位较高之官吏。至于一般墓葬中出土之木、陶、石质明器，目前发现还不太多，其质量与水平亦属一般（图 4-88），种类也不若以后的汉代之丰富。

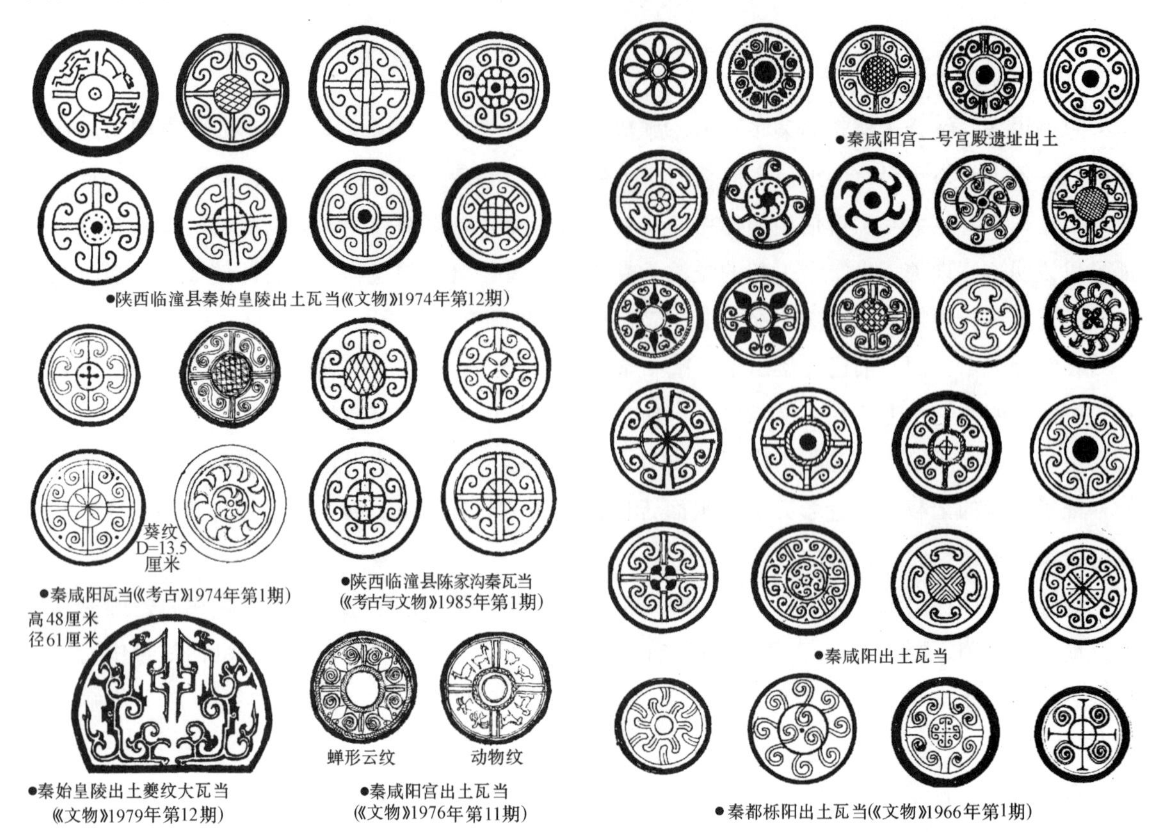

图 4-80　秦代之瓦当（二）

图 4-81　秦代之瓦当（三）

●秦始皇陵兵马俑坑陶俑服装上彩色纹样

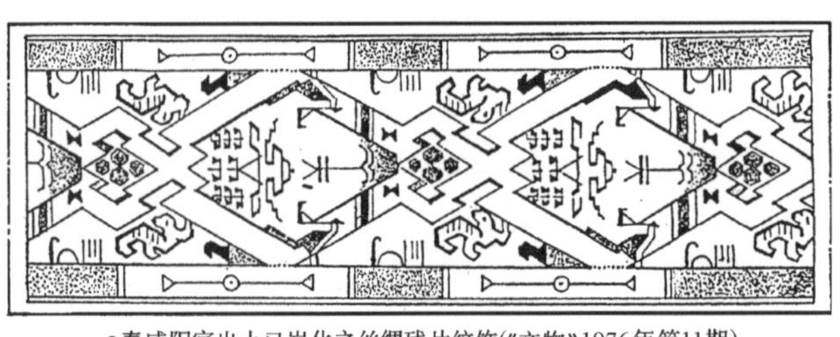

●秦咸阳宫出土已炭化之丝绸残片纹饰(《文物》1976年第11期)

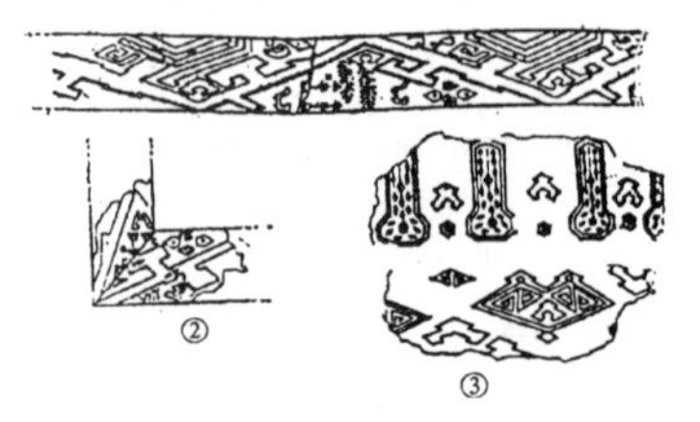

图 4-82　秦代之服饰纹样

引起世人瞩目之始皇陵陶质兵马俑出土，亦可称为秦代造型艺术另一重大成就。所塑之兵俑与马俑，尺度均与实物等同。在形象方面，以俑人为例，有将军俑、射手俑、步兵俑等。除身着之袍甲形制及色彩不同外，各人的姿态、发束及面貌也多有差异（图 4-85），表明它们绝非由单一模具仓促制成。另所塑造战马之形体神态，与前述驾曳御车之铜马相比较，前者显属奔驰捷迅型，后者乃系牵驭多力者。两类不同用途之骏马，观者一见即可分辨其特点，这使我们对两千年前秦代工匠的高明制作技巧与深厚艺术修养深表赞佩。此外，在该陵园内外之多处随葬坑中，亦出土跽坐俑多种（图 4-86）。其造型虽属一般，但对研究秦人之衣着与发式，亦有相当之参考价值。骊山陵目前出土之陶俑已达一万余躯，由于尚未清理完毕，其总数还难以确定。在制作方面，各类陶俑皆由首、身、足……多部拼合而成，也就是说，采取了先进的大量生产和组件装配的方式。

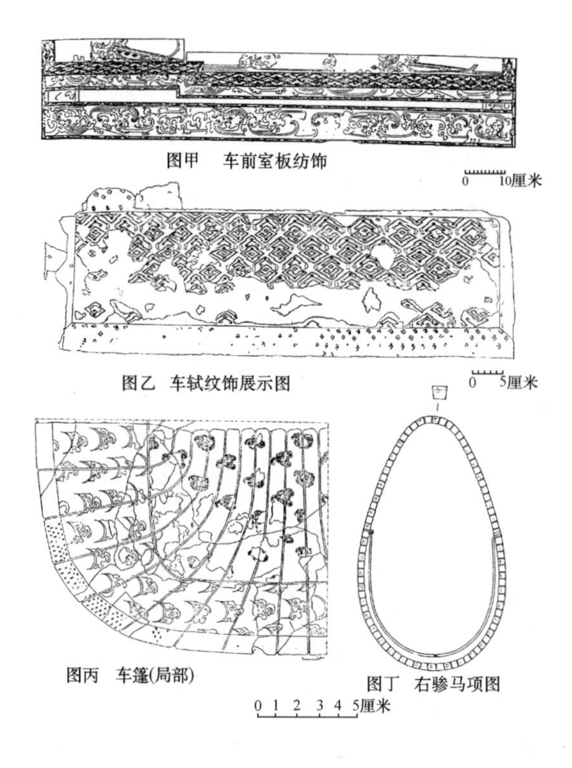

图 4-83 秦代之车舆纹样（一）秦始皇陵二号铜车马(《文物》1983 年第 7 期)

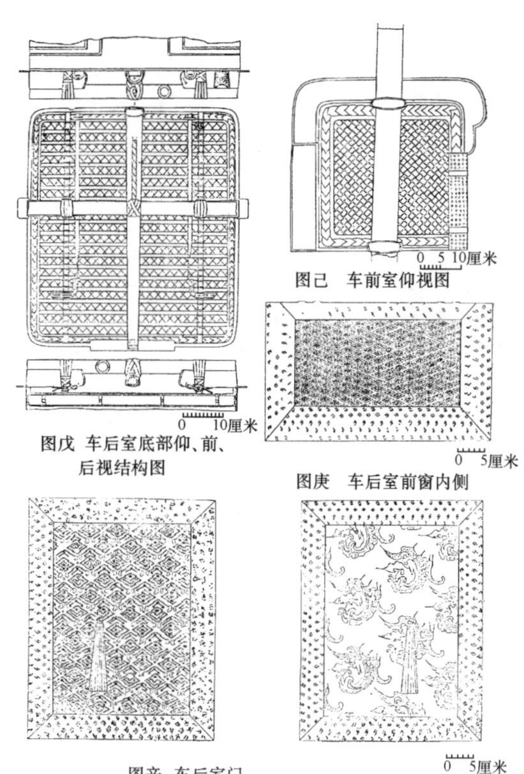

图 4-84 秦代之车舆纹样（二）秦始皇陵二号铜车马(《文物》1983 年第 7 期)

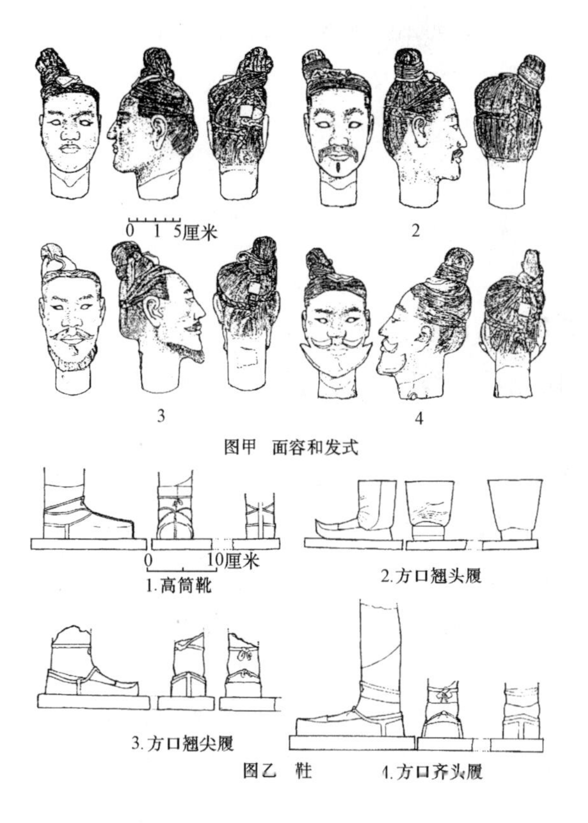

秦始皇陵一号兵马俑坑(《文物》1975 年第 11 期)

图 4-85 秦代之陶塑造像（一）

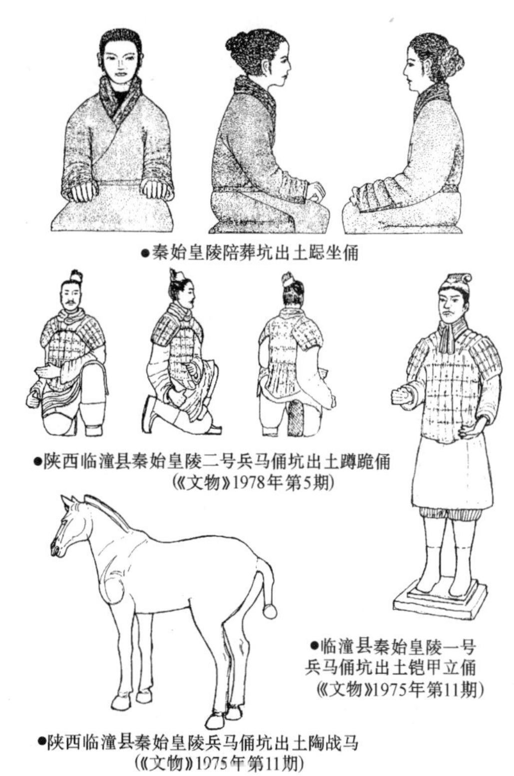

图 4-86 秦代之陶塑造像（二）

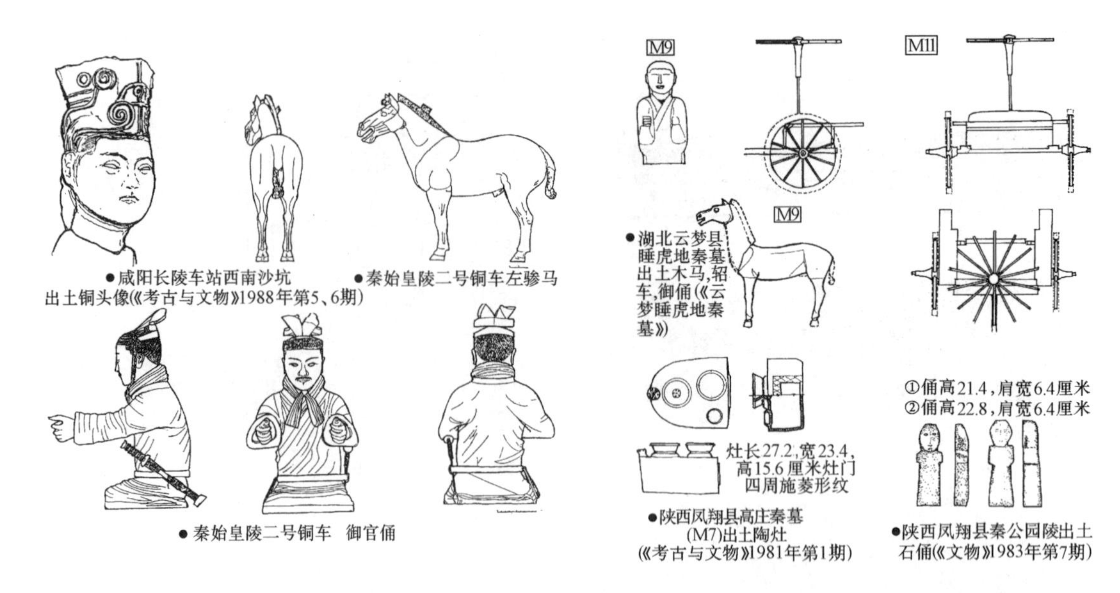

图 4-87 秦代之铜铸造像

图 4-88 秦代之木、陶、石明器

这是一个相当庞大而且复杂的生产过程，从窑场的建造，诸多原料、工具、燃料的取聚与运输，各局部组件的制作、焙烧、转运、着色、安装……从策划组织到具体实施，不知耗费了多少时间与人力物力。这些由无数秦代工匠和刑徒通过艰辛劳动塑造的突出形象，不但为当时的秦始皇陵增添了万马千军的显赫仪仗，还在中国文化史中为子孙后代与世界留下了一座不朽的艺术丰碑。人们不难想象，如果在那些巨大的土圹中，没有如此宏伟严整的军阵队形，没有这样数量众多且形象逼真的甲士与战车战马，那为世人所共同称颂的“世界第八大奇迹”就将不复存在。就此而言，秦人在将造型艺术与建筑内涵相结合的实践中，所作出的“超水平”创造与发挥，纵观古今中外，尚未有相与类似和得以媲美的先例，这也是我们中华民族直到今日还引为自豪的。

第三节 秦代建筑的成就与影响

一、建成多项举世闻名巨构，使华夏建筑登上新高峰

嬴秦自周平王封襄公为诸侯，至始皇统一中国，前后共 551 年（公元前 771—前 221 年）。但统一后建立起来的中央集权大帝国，仅仅维持了 16 个春秋。在这一短暂的时间里，以古代生产力的不发达，很难在建筑工程方面作出重大成就。然而事实并非如此，秦代建筑活动反而十分活跃，特别是为皇室服务的宫室、陵墓和若干公共工程。例如众所周知的万里长城、咸阳宫殿、骊山始皇陵和通行全国的驰道等，无论就其规模之宏伟巨大，形象之壮丽辉煌，使用人力、物力的众多，以及对后世的深远影响，即使用今天的标准来衡量，都是极为突出的。它们的建造，固然在主观上是出自秦始皇为了满足其个人好大喜功的欲望以及炫耀其帝国无比强大的威力，但在客观上却创造了我国亘古未有的建筑奇迹，从而将华夏建筑推进到一个新的高峰。这些宏巨辉煌的巨构，虽然大部已不复存在，但能在如此短促时间内创造如此伟绩的史实，直到目前还为亿万世人所赞叹与怀忆。

二、骊山始皇陵开辟了我国帝陵建设新篇章

在上述的几项巨大工程中，尤以骊山陵建造时间为最长。它始筑于始皇即位之时（见《史记》

卷六·秦始皇纪)，但何时竣工史文未录。笔者以为此陵在始皇三十七年（公元前210年）崩于沙丘时，应已基本竣工，但若干局部尚未尽善。因此，虽然当时始皇尸体已经腐烂，还是不得不推迟近两个月以后才得以下葬。即如上书所称："七月丙寅，始皇崩于沙丘平台，……九月葬始皇骊山"。该陵役刑徒军匠七十余万人，前后建造三十七年以上，工程的庞巨浩繁，自是非同小可。即使就已发掘的兵马俑坑和铜车马坑的宏巨规模与精巧程度而言，在已知我国古代历朝帝王陵寝中，尚未有出其右者。至于该陵对墓圹椁室的建造，机巧埋伏的设置，以及内外皮藏器物珍宝的丰富，想必也是空前绝后的。然而它的最大特点，乃是在形制上的变革。例如其陵区总体平面虽然使用矩形，但主要部分则采取正方形，并与方形覆斗状的坟丘，同位于南北向与东西向相互正交的两根轴线上。这是商、周以来未曾出现的新型陵制，对以后的汉、唐、宋诸代皇陵影响至大。此外，还采用了战国某些王陵周以围垣的方式，而摈弃了秦公陵墓传统的以"湟"定界的形式。陵园中的享殿等重要建筑均置于西侧，主要入口在东，体现了古人"以西为尊"的观念。而将若干附属建筑置于北侧，则与河北平山县战国时期中山国王陵出土的《兆域图》颇为近似。我国古代帝王陵寝虽多，但形成一个十分完整形体并具有显著特色的，应自始皇陵肇始。因此，将它列为我国古代帝陵发展过程中的一个重要里程碑或转折点，是完全有理由的。

三、确立边城防卫体系，为日后消弭外患、沟通东西文化与经济交流奠定基础

举世闻名的万里长城虽始建于战国，但将燕、赵、秦长城联为一体并加以扩建的，却是在秦始皇削平六国之后。据《史记》载，始皇三十二年使蒙恬取黄河迤北之地，并筑亭障城塞以御匈奴。自此时至秦亡，为期不过十年，该工程的质量要求虽不若皇家宫室、坛庙、陵墓之精丽与严格，但工程总量的巨大，当地气候之恶劣与施工条件之艰苦，则远非常人所想象。它的建造成功，不但有效地防御了外来的侵略，而且还为西汉长城的兴建和扩展，奠定了不可缺少和具有决定性意义的基础。此外，秦代就战国以来的边城建设，整理出一整套从建筑城障烽台到屯田驻守、战备仓贮等方面的规制与律令，这对汉代及以后有效地治理边域，也是大有裨益的。至少在战国时，东胡、匈奴已屡为边患。秦统一后虽国势强盛，但未及彻底解决。直至西汉武帝屡加征讨，才将匈奴逐出大漠。思源追远，秦代之边城建置功不可没。以后又开辟丝绸之路，沟通中西方文化经济交流，其成功亦复源由于此。

四、广建皇家宫室苑囿，推动建筑技术与建筑艺术的进一步发展

秦代对宫室的大规模建设，也是当时建筑之重要内容与特点之一。秦建离宫为数近千，其中不少至西汉时依旧沿用。对于皇都所在之咸阳宫室，经营更为不遗余力，内中尤以建于渭南的阿房宫最为有名。宫之前殿始作于始皇三十五年（公元前212年），据记载该建筑本身之宏伟华焕，以及殿上庭间容纳人众之钜多，均创我国古来之未有。后世宫殿建筑之庞巨者，当以唐长安大明宫之含元殿与麟德殿为最有名。以含元殿为例，此殿自唐太宗以降，即为宫中大朝所在。其主殿之夯土基台，目前尚有残高10米余，东西76米，南北42.3米，占地面积3215平方米。已探明该建筑面阔11间，总宽59.2米；进深3间，全长16米，面积1250平方米。若扣除墙、柱等结构面积，其所能容纳之人众，显然距"万人"相去甚远。而该殿面积为已知同类遗物之最大者，由此可推知阿房前殿之庞巨程度。然而单一建筑的体量，因受当时建筑材料、结构与技术的限制，终归不可能太大。为了满足功能需要，就必须采用并联组合的方式。唐大明宫中位于后宫西侧的麟德殿，就是由三殿南北并联的巨大建筑，南北通进深十六间共85米，东西面阔11间计65米，总

面积5525平方米。估计阿房宫前殿亦当采取组合的平面布局，才能解决“可坐万人”的实用需要。如果要达到这样的需求，除了解决殿堂建筑与结构的问题以外，屋面与天沟的构造与集中排水，也是必须面对的重要课题。

早在始皇次第平定六国时，即将各国宫室分别仿建于咸阳。这是首次将各地具有最高水平与地方特点的建筑予以集中和融合（不但是建筑艺术，同样也在其建筑技术方面），它无疑大大提高了当时的建筑水平。可以推想，当时在咸阳所进行的宫室与帝陵的大规模建设，必然集中了全国各地的能工巧匠和最优良的建筑材料。因此，这些工程的进行，实际上也是对以前的建筑技术与建筑艺术的空前总结，其意义是十分重大的。对于以后西汉王朝的种种大规模建设，也将由此获得许多可贵的经验与教益。

五、取得组织与施行特大工程的实施经验

秦王朝统一天下法令制度，对建筑恐亦不例外。现在虽然没有确切的证据，但自秦代对边城的建制已十分完备与严谨来看，其组织、实施巨大建筑工程也应有一整套严密的制度和措施。例如在建造阿房宫及骊山陵等特大工程时，共征集国内军工、匠师、人佚、刑徒七十余万，又调运各地建筑材料聚会咸阳，车输舟载，络绎不绝，全国动员，上下骚扰。面临如此范围广泛、头绪繁多的局势，必然在人员的调度、运输的安排、施工的组织，以及建筑材料与构件的预制加工、装配，甚至在建筑各部尺度的模数制（周代已有若干先例）方面，都应具有目前尚未为世人所知的种种手段，否则就很难想象上述多项浩大工程如何得以顺利进行。由于这些规模巨大与内容复杂的建设，都是前所未曾有过的，而秦代通过当时的实践能够予以一一解决，对于我国古代建筑工程来说，应是一项重大突破。

六、对两汉及后代建筑产生直接和巨大的影响

秦帝国对中国的一统，不仅表现在其疆域、政权上，也表现在包括建筑在内的一切制度与规定上。应当看到，这是对我国先秦古代社会各方面的一次全盘整顿与总结，秦代的上述各项辉煌成就，就是在此基础上才得以实现的。这种从政体到建筑技术和艺术……出现的种种变化，必然对后世带来深远影响。特别是踵接其后的汉王朝，就是上述规制最早的“坐享其成”者。古文献中多有“汉承秦制”的记载，应是十分中肯的论断。例如肇行于秦代的若干建筑制式以及表现在建筑中的传统习俗与风尚，就多为汉代沿用。前者如宫殿的前殿制与帝陵平面的十字轴线以及覆斗形“方上”，即为两汉所完全承袭。后者如“以西为尊”和求仙思想，在汉代建筑中的反映也很突出。类似这样的情况还有不少，虽然它们并不都由秦代一时所创造，但无可否认的，是已被它所强化与发展了。

秦王朝存在时期虽然十分短暂，但它所创下的宏伟建筑业绩，却是无人可以否认的。然而这一强盛帝国给中国古代建筑所带来的巨大脉冲，其全部影响恐怕还要在许多年后，才能逐渐被人们所深入知晓与体会。

注释

[1] (1)《秦都咸阳故城遗址的调查和发掘》(《考古》1962年第6期　陕西省社会科学院考古研究所渭水队)

(2)《秦都咸阳几个问题的初探》(《文物》1976年第11期　秦都咸阳考古工作站　刘庆柱)

[2] (1)《秦都栎阳初步勘察记》(《文物》1966年第1期　陕西省文物管理委员会)

(2)《秦、汉栎阳城遗址的勘探和试掘》(《考古学报》1985年第3期 中国社会科学院考古研究所栎阳发掘队)
[3]《陕西韩城秦、汉夏阳故城遗址勘查记》(《考古与文物》1987年第6期 呼林贵)
[4] (1)《秦都咸阳第一号宫殿建筑遗址简报》(《文物》1976年第11期 秦都咸阳考古工作站)
(2)《秦咸阳宫一号遗址复原问题的初步探讨》(《文物》1976年第11期 陶复)
[5]《秦咸阳宫第二号建筑遗址》(《考古与文物》1986年第4期 秦都咸阳考古工作站)
[6]《秦都咸阳第三号宫殿建筑遗址发掘简报》(《考古与文物》1980年第2期 咸阳市文管会 咸阳市博物馆 咸阳地区文管会)
[7] (1)《辽宁绥中县"姜女坟"秦、汉建筑遗址发掘简报》(《文物》1986年第8期 辽宁省文物考古研究所)
(2)《辽宁绥中县"姜女石"秦、汉建筑群址石碑地遗址的勘探与试掘》(《考古》1997年第10期 辽宁省文物考古研究所姜女石工作站)
(3)《辽宁绥中县石碑地秦、汉宫城遗址1993—1995年发掘简报》(《考古》1997年第10期 辽宁省文物考古研究所姜女石工作队)
[8]《秦始皇陵调查简报》(《考古》1962年第8期 陕西省文物管理委员会)
[9]《秦始皇陵北二、三、四号建筑遗址》(《文物》1979年第12期 临潼文化馆 赵康民)
[10]《秦始皇陵中埋藏汞的初步研究》(《考古》1983年第7期 常勇 李同)
[11]《临潼上焦村秦墓清理简报》(《考古与文物》1980年第2期 秦俑考古队)
[12] (1)《秦始皇陵一号铜车马》(《考古与文物》1990年第5期 程学华)
(2)《秦始皇陵二号铜车马清理简报》(《文物》1983年第7期 秦俑考古队)
[13]《秦始皇东侧马厩坑钻探清理简报》(《考古与文物》1980年第4期 秦俑坑考古队)
[14]《秦始皇陵园陪葬坑钻探清理简报》(《考古与文物》1982年第1期 秦俑坑考古队)
[15]《临潼县秦俑坑试掘第一号简报》(《文物》1975年第11期 始皇陵秦俑坑考古发掘队)
[16]《秦始皇陵东侧第二号兵马俑坑钻探试掘简报》(《文物》1978年第5期 始皇陵秦俑坑考古发掘队)
[17]《秦始皇陵东侧第三号兵马俑坑清理简报》(《文物》1979年第12期 始皇陵秦俑坑考古发掘队)
[18]《湖北云梦睡虎地十一座秦墓发掘简报》(《文物》1976年第9期 湖北孝感地区第二期亦工亦农文物考古训练班)
《云梦睡虎地秦墓》(《云梦睡虎地秦墓》编写组 文物出版社 1981)
[19]《河南泌阳秦墓》(《文物》1980年第9期 驻马店地区文管会 泌阳县文教局)
[20] (1)《内蒙古境内战国、秦、汉长城遗迹》(《中国考古学会第一次年会论文集》1979年 盖山林 陆思贤)
(2)《中国北部长城沿革考》(上)(《社会科学辑刊》1979年第1期)
(3)《中国长城建置考》(上)(张维华 中华书局 1979年)
(4)《中国历史地图集》第二册(秦、西汉、东汉)(中华地图学社 1974年)
[21]《新中国的考古发现和研究》(文物出版社 1984年)
[22] (1)《秦始皇直道遗址的探索》(《文物》1975年第10期 史念海)
(2)《延安境内秦直道调查报告之一》(《考古与文物》1989年第1期 延安地区文物普查队)
(3)《延安境内秦直道调查报告之二》(《考古与文物》1991年第5期 延安地区文物普查队)
(4)《甘肃庆阳地区秦直道调查记》(《考古与文物》1991年第5期 李仲立 刘得祯)
[23]《秦郑国渠渠首遗址调查记》(《文物》1974年第7期 秦中行)
[24]《从灵渠的开凿看秦始皇的历史功绩》(《文物》1974年第10期 洪声)
[25]《秦代陶窑遗址调查清理简报》(《考古与文物》1985年第5期 秦俑考古队)
[26]《辽宁绥中县"姜女石"秦、汉建筑群址瓦子地遗址一号窑址》(《考古》1997年第10期 辽宁省文物考古研究所姜女石工作站)
[27]《咸阳长陵车站一带考古调查》(《考古与文物》1985年第3期 咸阳秦都考古工作队 陈国英)
[28]《陕西长安县小苏村出土的铜建筑构件》(《考古》1975年第2期 朱捷元等)
[29]《秦都咸阳一号建筑基址看秦代的卫生设施》(《考古与文物》1982年第5期 陕西中医学院 张厚镛)

第五章 汉 代 建 筑

（公元前 206—公元 220 年）

第一节 汉代的历史及社会概况

一、汉王朝的建立与国势之强盛

秦王朝以武力统一全国后，所施行的苛严法令与残酷镇压，非但没有将社会中存在的种种矛盾予以缓和或解决，反而使它们日益变得尖锐和激化，以致达到了不可收拾的地步。始皇帝死后，情况即直转急下。陈胜、吴广的“揭竿而起”，点燃了全国各地反秦武装起义的烈火，一时势成燎原。在不到四年的时间内，这个过去被视为坚不可摧的庞大秦嬴帝国，很快就归于土崩瓦解。原来幻想的千秋万世伟业，仅仅存在了十六个春秋。

秦末各路起义军中，实力最强大的要推由原楚国贵族子弟项羽率领的楚军，其次就是由沛县小吏刘邦统帅的汉军。在他们先后入咸阳灭秦后不久，彼此就展开了为期四年争夺天下的殊死斗争。公元前 202 年，汉军在屡败之余，终于合围楚军于垓下（今安徽灵璧县东南），尽歼其军。项羽突围至乌江，未渡而自刎死。刘邦遂以胜者而王天下，建国号曰：汉。自高祖刘邦开国，迄于孺子婴为王莽所取代，先后凡 13 世，共 214 年（公元前 206—8 年），史称西汉或前汉。

王莽代汉建立“新朝”，为期亦仅 15 年，即为农民起义推翻。汉宗室刘秀翦平群雄，再度恢复汉统。自光武帝刘秀中兴，至献帝刘协禅位于曹魏，亦传 13 代，计 196 年（公元 25—220 年），史称东汉或后汉。

汉代是继秦以后，在我国建立的第二个强大封建王朝，统治时期长达四百余年之久。其版图除东、南二面濒临于渤海、黄海、东海及南海，东北则展延至辽东与朝鲜半岛北部，北界直达阴山之下，西北远抵酒泉、敦煌一带，西南则遥及于交趾（今越南），范围较秦时又大为扩张（图 5-1）。其中大部新辟之地域疆土，乃开拓于西汉武帝时期。东汉时，仍保持西汉之版图未有大变。

至于国内各地之行政建置，除诸侯王之封国以外，它如郡、县之制度，大体仍沿用秦代旧规，但在其基础上另作若干增添。是以《汉书》卷二十八（下）·地理志中载：“（秦）分天下作三十六郡。汉兴，以其郡太大，稍复开置，又立诸侯王国。武帝开广三边，故自高祖增二十六，文、景各六，武帝二十八，昭帝一。讫于孝平，凡郡国一百三，县邑千三百一十四，道三十二，侯国二百四十一。地东西九千三百二里，南北万三千三百六十八里”。

高祖刘邦践位后，为了巩固政权及论功行赏，乃大封皇亲国戚及开国勋臣。《前汉书》卷十四·诸侯王表中称：“汉兴之初，海内新定，同姓寡少。惩戒亡秦孤立之败，于是剖裂疆土，立二等之爵。功臣侯者百有余邑，尊王子弟，大启九国。自雁门以东尽辽阳，为燕、代。常山以南，太行左转，渡河济漸于海，为齐、赵。谷、泗以往，奄有龟蒙，为梁、楚。东带江湖，薄会稽，为荆、吴。北界淮，濒略卢衡，为淮南。波汉之阳，亘九嶷，为长沙。诸侯比境周匝三垂，外接胡越。天子自有三河、东郡、颍川、南阳。自江陵以西至巴蜀，北自云中至陇西，与京师内史凡十五郡，公主、列侯颇邑其中。而藩国大者，跨州兼郡，连城数十。宫室、百官同制京师”。由上可知，刘姓宗族封王所占之地域最为广富。如齐王有城七十二，吴王城五十三，楚王城四十。又多有“即山铸钱，煮海为盐”之利，以及管辖强大的军队与众多的人口。这种尾大不掉的局面，至文帝时才逐渐采用晁错的“推恩法”，即化整为零的方式，将齐分为七，赵分为六，梁分为五，淮南分为三。“皇子始立者，大国不过十余城”。这种削弱诸侯的政策，必然带来后者的不安。于是在景帝前元三年（公元前154年），吴王濞、胶西王卬、楚王戊、赵王遂、济南王辟光、菑川王贤、胶东王雄渠举兵同反，这就是著名的“七王之乱”。虽然不久即被平息，但也说明了刘邦当初大封藩国的失当。因此，继续抑制地方势力和不断加强中央统治，就成为以后西汉各代帝君的一贯政策。

东汉时期政治上的主要危机，乃来自外戚与宦官的争权倾轧，他们往往左右朝政，挟天子以令海内。这种情况，到东汉末期更为突出。如献帝时的董卓、何进、曹操等。由于这类斗争的激化往往发展成为经年不息的战乱，使得社会经济和文化遭受重大破坏。例如《后汉书》卷一百二·董卓传载董卓迫献帝自洛阳迁长安，“悉烧（洛阳）宫庙官府居家，二百里内无复孑遗。又使吕布发诸帝陵及公卿以下冢墓，收其珍宝”。以后校尉李傕、郭汜相攻，“放火烧（长安）宫殿官府，居人悉尽”。“长安城空四十余日，强者四散，羸者相食，二三年间，关中无复人迹”。由西汉以来所经营的壮丽城市、宫室、坛庙、陵墓……大多都在这样的浩劫中化为乌有。

二、社会生产及社会状况

由于汉代铁工具的更广泛使用，提高了农业、手工业等各方面的生产效益，使由秦末以来的战乱所破坏的社会经济得到了迅速的恢复和提高。而西汉初文、景时期的生息休养政策，也使庶民万众得到了喘息机会。这些都对汉朝整体国力的增强与人民生活的改善，起了决定性的影响。

在人口方面，西汉之初，由于多年战争而导致人口大减。当时的情况是：“方之六国，五损其二”（见《后汉书》郡国志引《帝王世纪》），估计已降至两千万人左右。通过文帝、景帝之治，人口已大有上升。然而经武帝开边，讨伐匈奴及戍筑长城诸役，死于战争及徭役者甚众，人口又有所下降。以后因天下太平，民户遂有增无减。至西汉末季平帝元始二年（公元2年）之统计，全国已有户籍12233062户，人口59594978人（见《前汉书》卷二十八（下）·地理志）。这个数据不但是西汉时期的最高纪录，就是后来的东汉近二百年间，也未曾超越（人口基本保持在五千万左右）。

就目前所知的汉代生产工具（包括文献记载、画像砖石及壁画所绘、出土文物等），以铁质工具最为常见。其用于农业的，有犁、锄、臿、镢、钯镰……，用于各种手工业的，有斧、凿、锛、铲、锯、钎、钻、铇、刀、剪、钩、环、钉、齿轮等等（图5-2）。由其他材料所制之工具，已相对大大减少。例如陶质的，仅见于供冶炼鼓风之管道、铸注或成型器物之模具、打印陶器表面纹样之模拍、供纺织使用之纺轮（有的带附铁轴）等（图5-3）。木质的大多用作金属工具的附件，如臿、铲、锤、斧、凿、锯……之木柄。石质的仅有磨、碓、臼、槽、权等（图5-3）。至于自原始社会以来曾大量使用的骨、蚌、角工具，在汉代的生产较发达地区均未曾发现。

至于使用之器皿方面，日常生活器皿仍以陶器居首位，如釜、甑、瓮、坛、罐、钵、盆、盘、杯、碗、勺等，表面多为平素。另有鼎、尊、壶、敦、簋、樽等，表面常施纹饰，有实用器亦有制为明器者（图5-4）。降至东汉，在陶胚表面涂釉烧制的青瓷器渐多，器形有壶、钵、杯、豆、灯等（图5-5），就

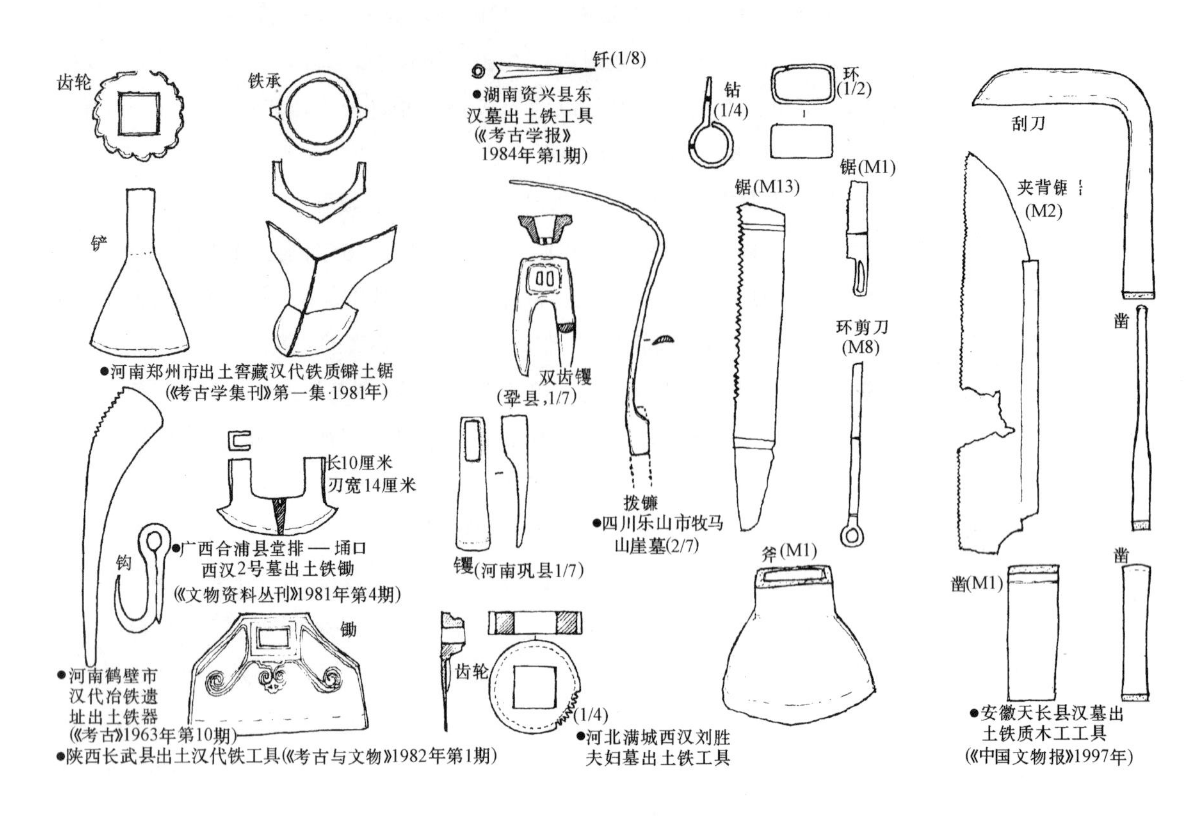

图 5-2 汉代之铁工具

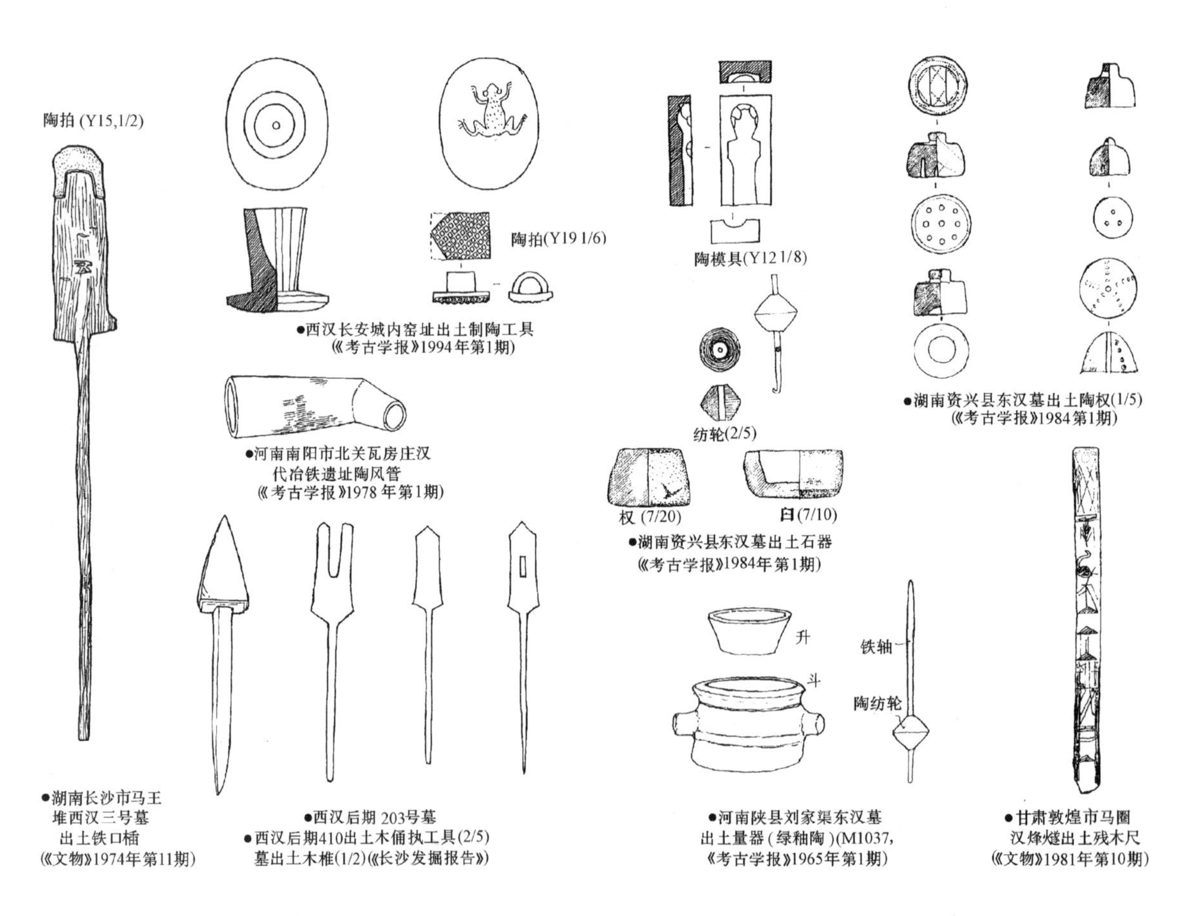

图 5-3 汉代之陶、石、木工具

陶罐(M14)
长44、宽18、高20 厘米
陶盒(M14)
陶敦(M14)
陶罐(M14)
粉绘陶壶(M14)
釉陶壶(M14)
陶鼎(M14)
●河南洛阳市烧沟西14号汉墓出土陶器
《文物》1983年第4期
●河南洛阳市金谷园车站1号汉墓陶器
《文物》1983年第4期
陶瓮(M11)
釉陶鼎(M11)
陶盆(M11)
●广州西村汉墓出土陶匏壶
《考古》1960年第1期
●河北满城五管瓶(M52)
西汉刘胜墓出
土方形陶缸
●浙江上饶市嵩坝东汉
永汉三年墓出土
《文物》1983年第6期

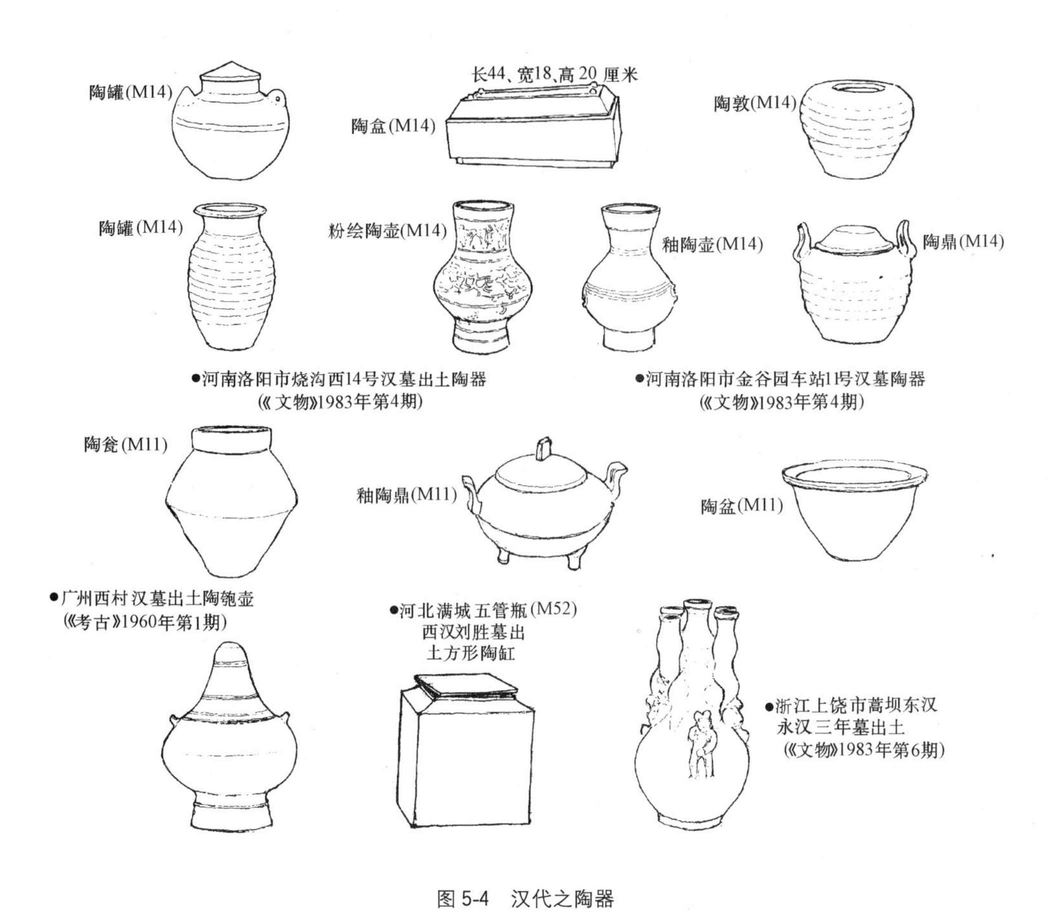

图 5-4 汉代之陶器

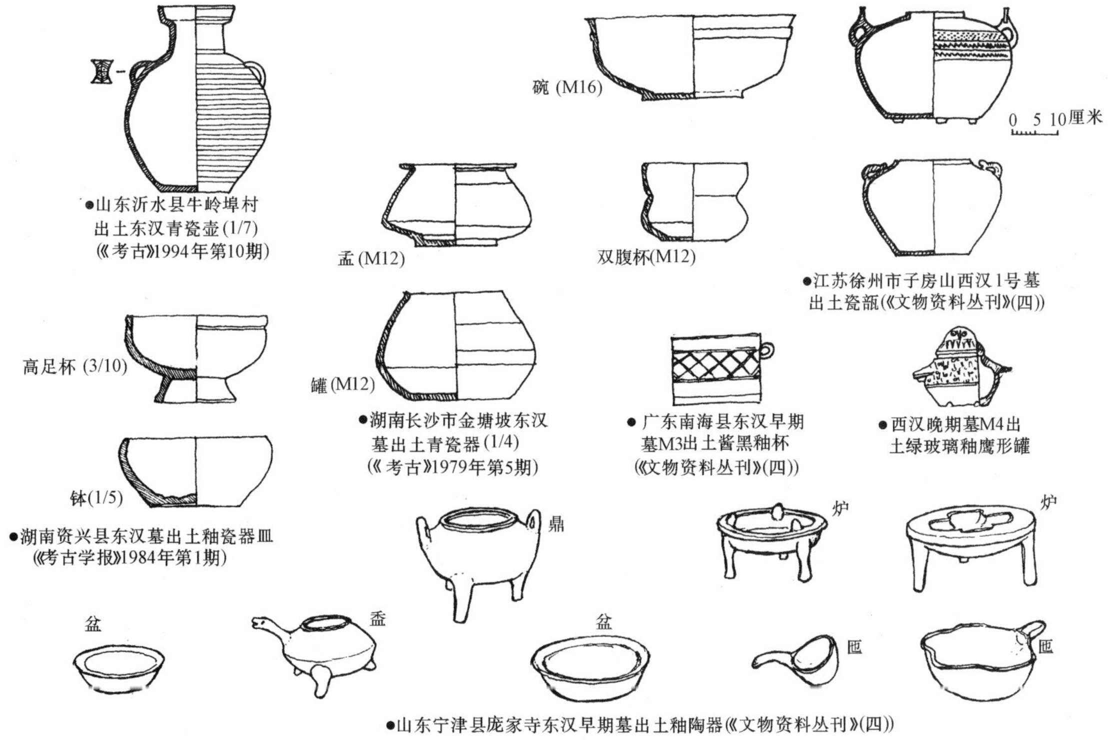

●山东沂水县牛岭埠村
出土东汉青瓷壶(1/7)
《考古》1994年第10期
碗(M16)
0 5 10厘米
盂(M12)
双腹杯(M12)
●江苏徐州市子房山西汉1号墓
出土瓷瓿(《文物资料丛刊》(四))
高足杯(3/10)
罐(M12)
●湖南长沙市金塘坡东汉
墓出土青瓷器(1/4)
《考古》1979年第5期
● 广东南海县东汉早期
墓M3出土酱黑釉杯
《文物资料丛刊》(四))
● 西汉晚期墓M4出
土绿玻璃釉鹰形罐
钵(1/5)
●湖南资兴县东汉墓出土釉瓷器皿
《考古学报》1984年第1期
鼎
炉
炉
盆
盉
盆
匜
匜
●山东宁津县庞家寺东汉早期墓出土釉陶器《文物资料丛刊》(四))

图 5-5 汉代之釉陶器

其质地而言，仍属釉陶范畴。汉时对铜器的制作与使用，仍有相当之数量。由于铜为可制货币之贵重金属，是以铜质器之使用范围，大多囿于帝室王侯及权贵富豪之家，因而其形制及加工皆趋于华丽与精致，且内中不乏艺术之精品。已知的种类有鼎、尊、壶、敦、簋、洗、盆、盘、炉、灯、镜、带钩、印玺、镇等多种（图5-6）。除作礼器及用于日常生活，也有作为随葬器物的。某些铜

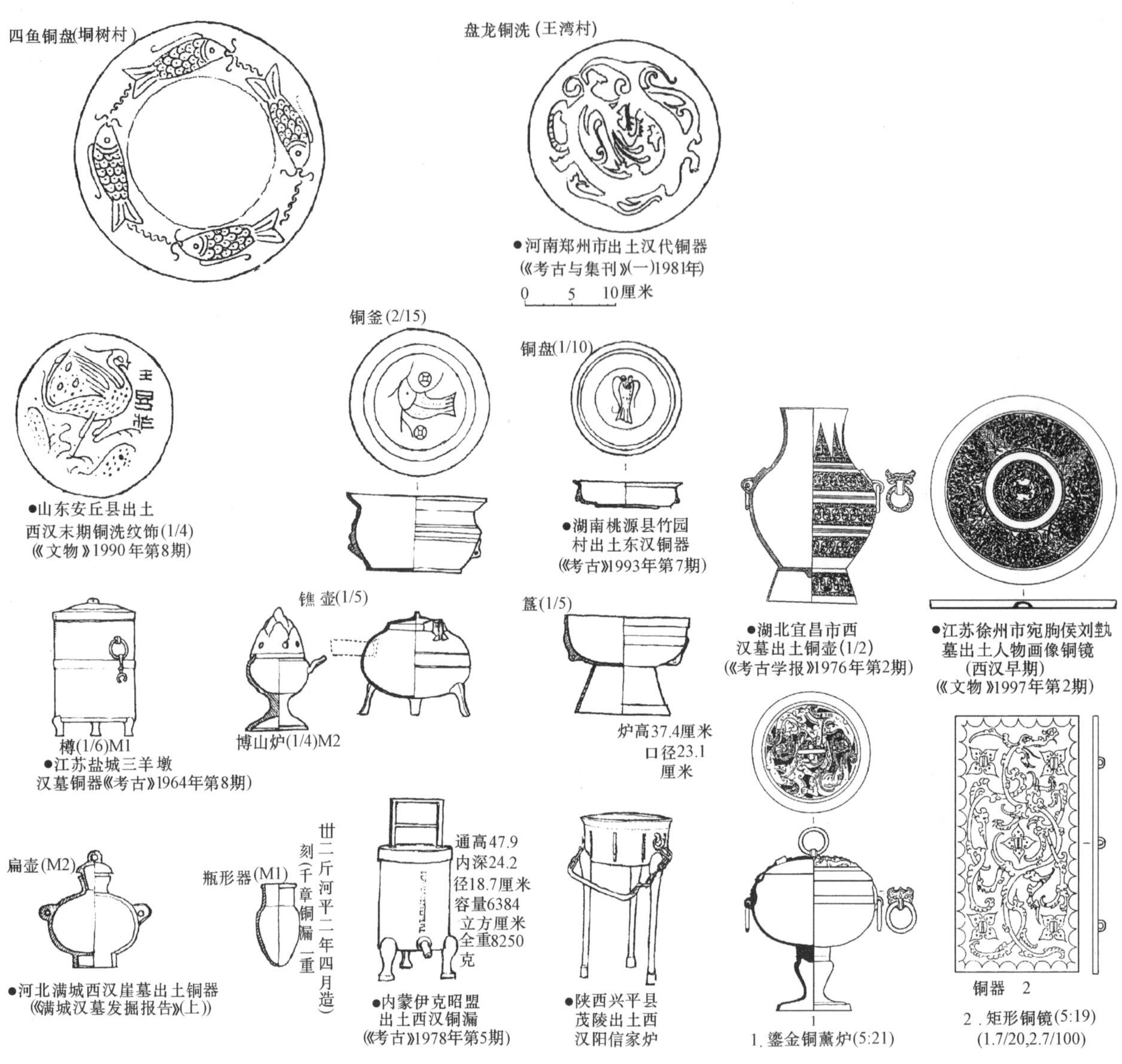

图5-6 汉代之铜器

质明器，常为实物尺度缩小之模型，如案、灶、井、车、马、俑人……。由于制铁业的发展，铁质器皿的使用已日趋普遍，并深入寻常百姓之家。依出土实物，已有釜、盆、盘、炉、灯、锁……（图5-7），表明它已在很大程度上取代了铜器的使用。石器在遗址及墓葬中发现的种类与数量都不多，除有石制的磨、槽、案与棋盘外，还有由滑石制作的鼎、壶、盘、盒……（图5-8），大半都属于非实用的明器范畴。木器多用于制作各类家具，如案、几、俎、床、桌、屏、架、座、棋盘等（其情况将在家具中另予介绍）。此外，还有供日常生活使用之枕、杖、梳、篦、书简……及明器中之俑、马、牛、车、船等形象。竹器亦多用于生活用具，如席、笥、筐、竺、杖等。骨制之饰物有环、管、笄等，日常用具则有骨尺（图5-9）。以木或纻为底胎之漆器应用亦广，大多见于生活器皿（盘、耳杯、奁、盒……）及家具（案、几……），其造型优美，装饰图案亦甚丰富（图5-10）。

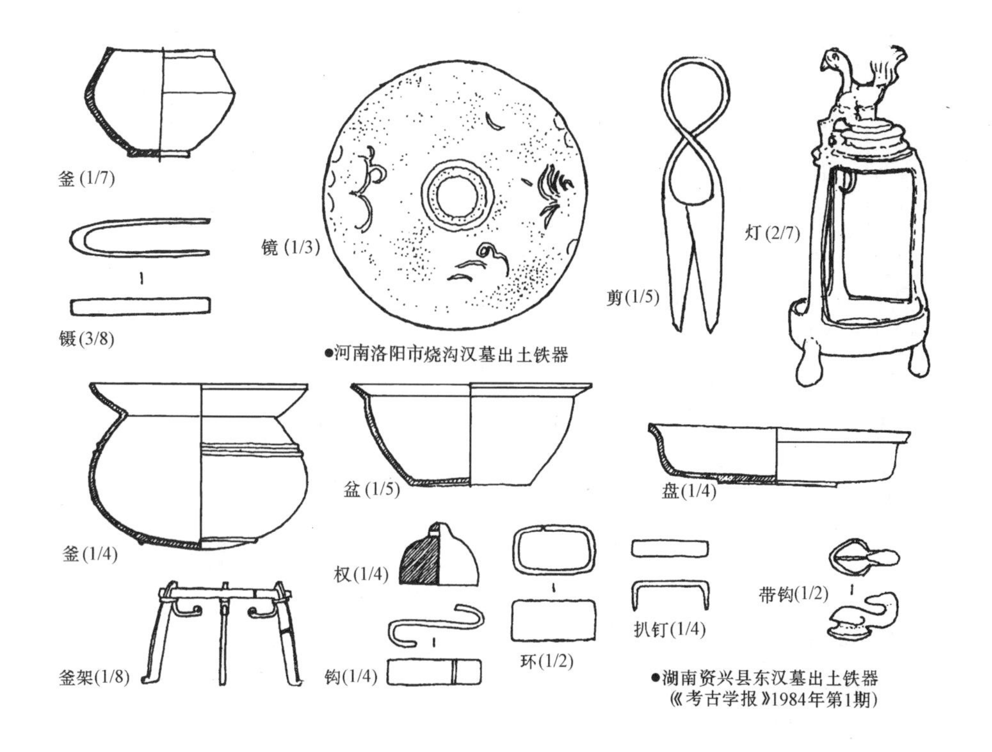

图 5-7 汉代之铁器

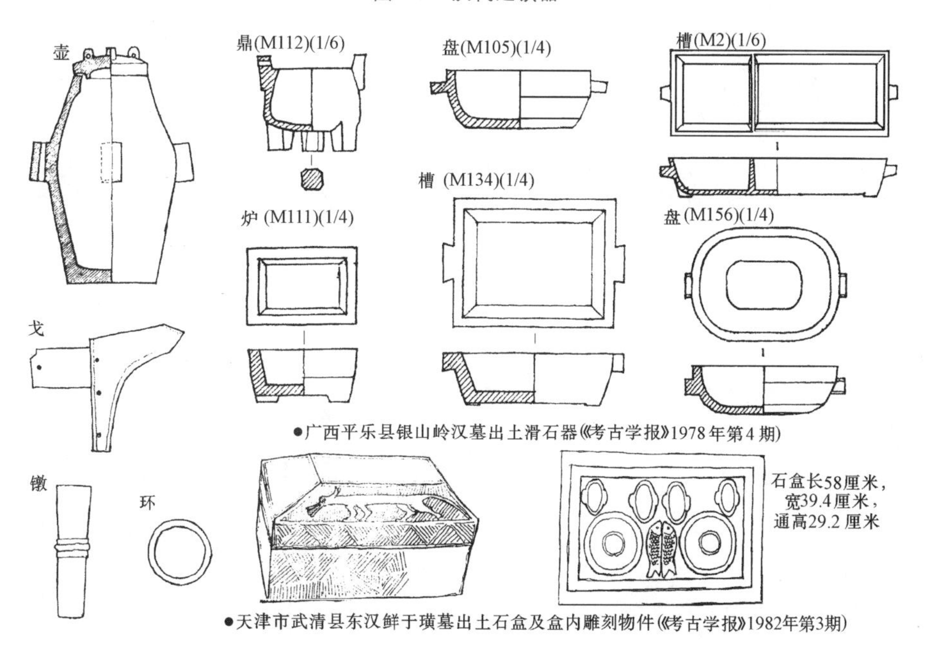

图 5-8 汉代之石器

装饰品除为数不多的金、银制品外（图 5-11），各种玉饰及玉质礼器亦有多量出土，如璧、璜、玦、佩、环、珠……又刻出各种人物及龙、凤、虎、兔、鱼、蝉等动物形象。此外，另有刻作铺首及卧枕的，制作更为精美华奂（图 5-12）。

汉代之乐器，基本仍继承先秦以来之种类与形式。自出土之实物、明器与画像砖石、陶俑以及文献记载等得知，当时乐器有鼓、钟、錞于、铃、磬、琴、瑟、笙、笛、箫……（图 5-13）。但成组出现的大型乐器（编钟，编磬……）则未得见，以致我们对西汉乐器之了解，尚不及周代为多。

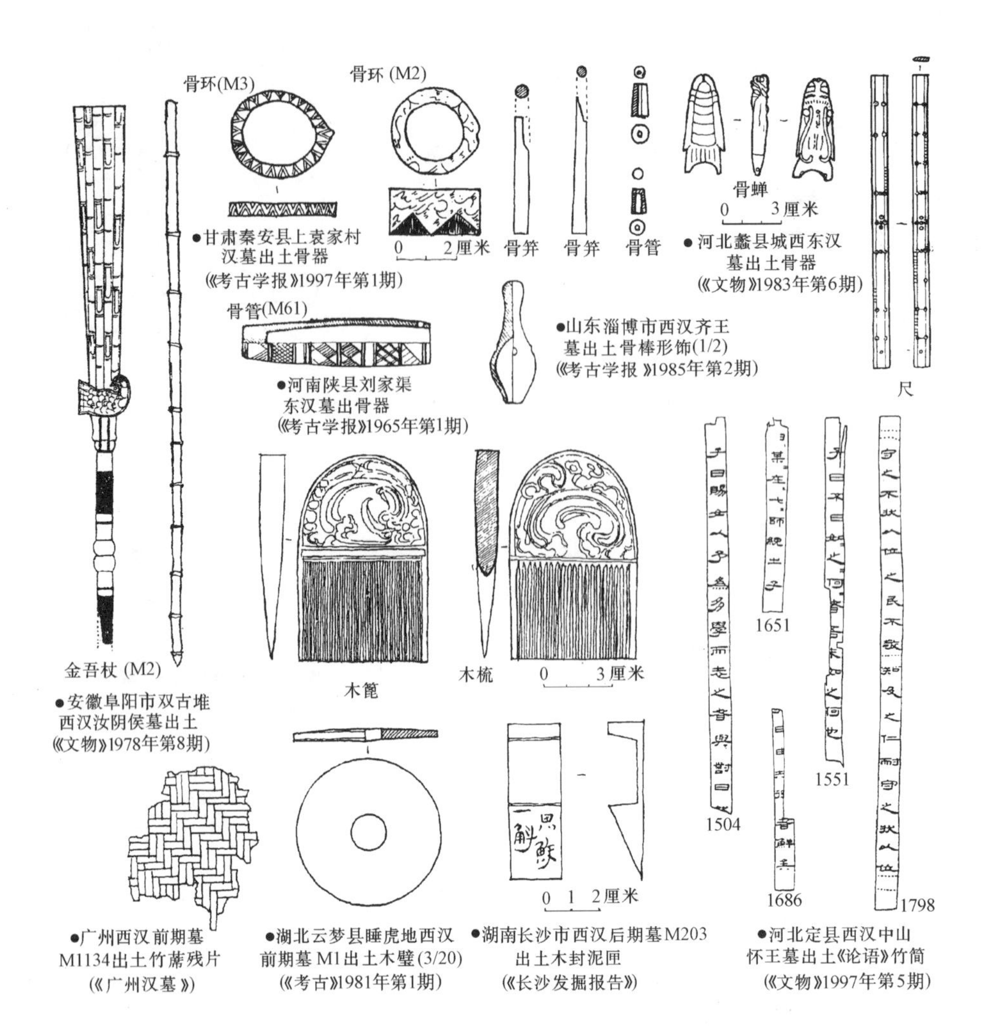

图 5-9 汉代之骨、木、竹器

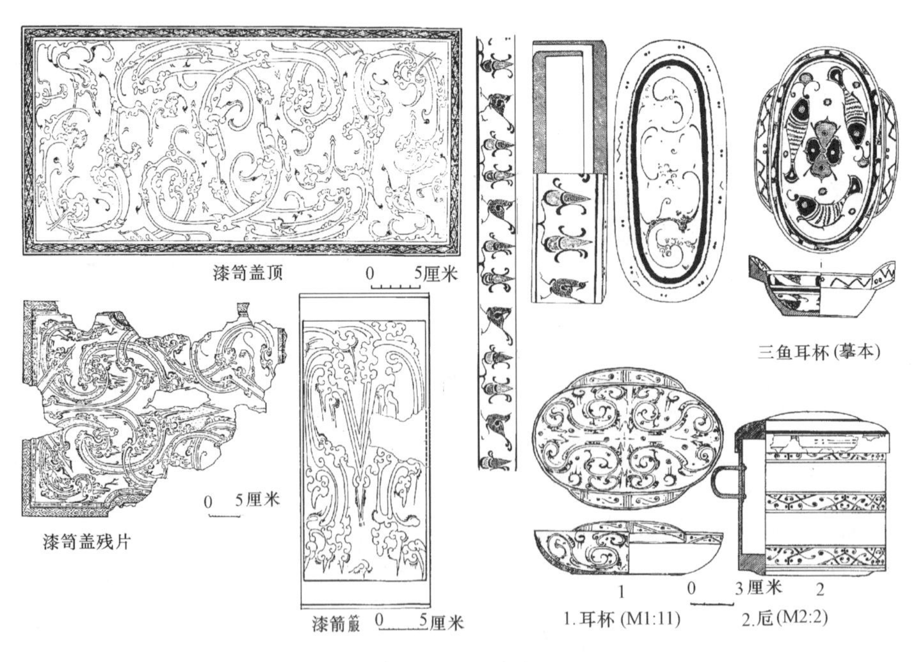

图 5-10 汉代之漆器

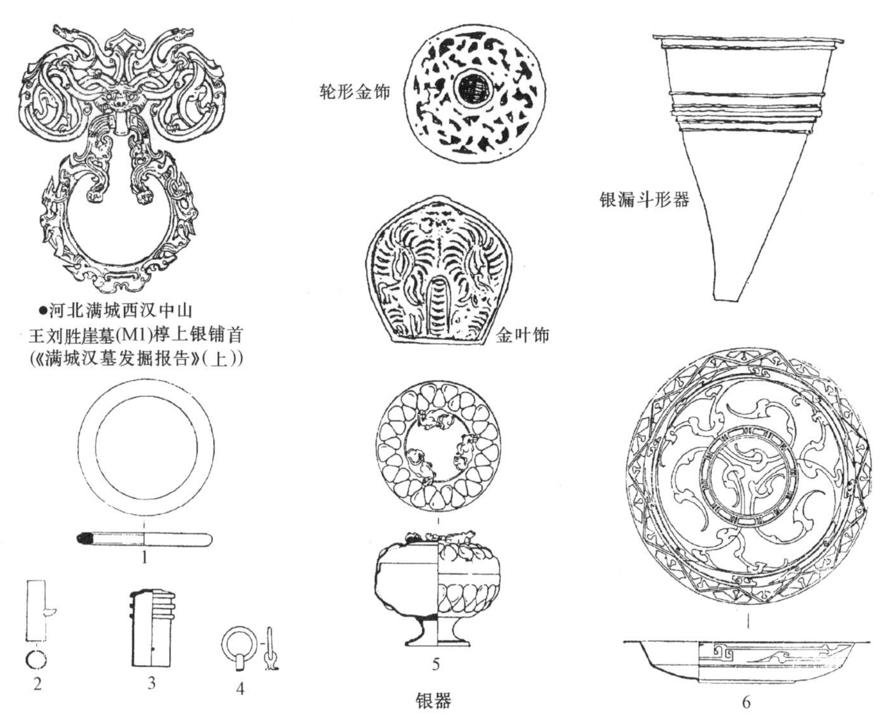

1. 环（4：24） 2. 盖弓冒（4：15） 3. 舆冒饰（4：9）4. 环钮（1：120－2）
5. 盒（1：72） 6. Ⅱ式盘（1：71－1）（1、4. 1/2，余 1/4）

图 5-11 汉代之金、银器

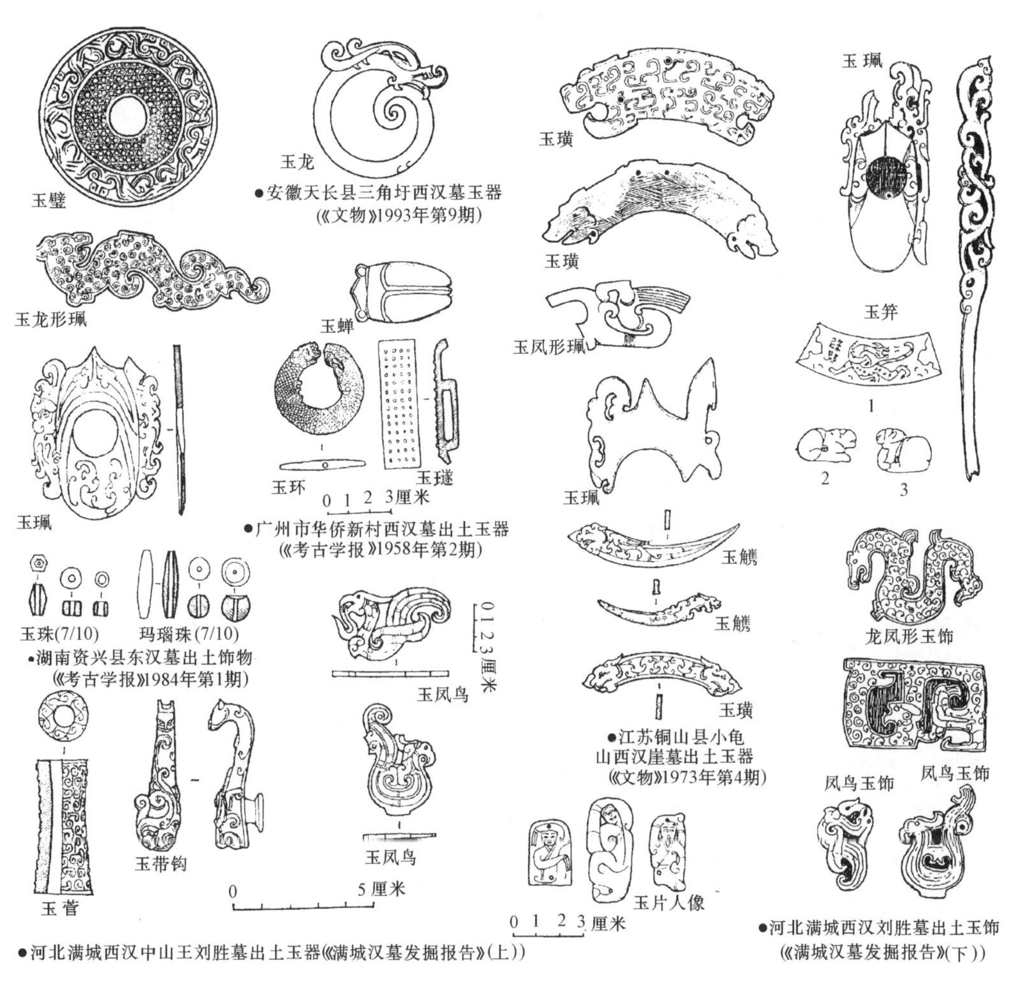

图 5-12 汉代之玉器

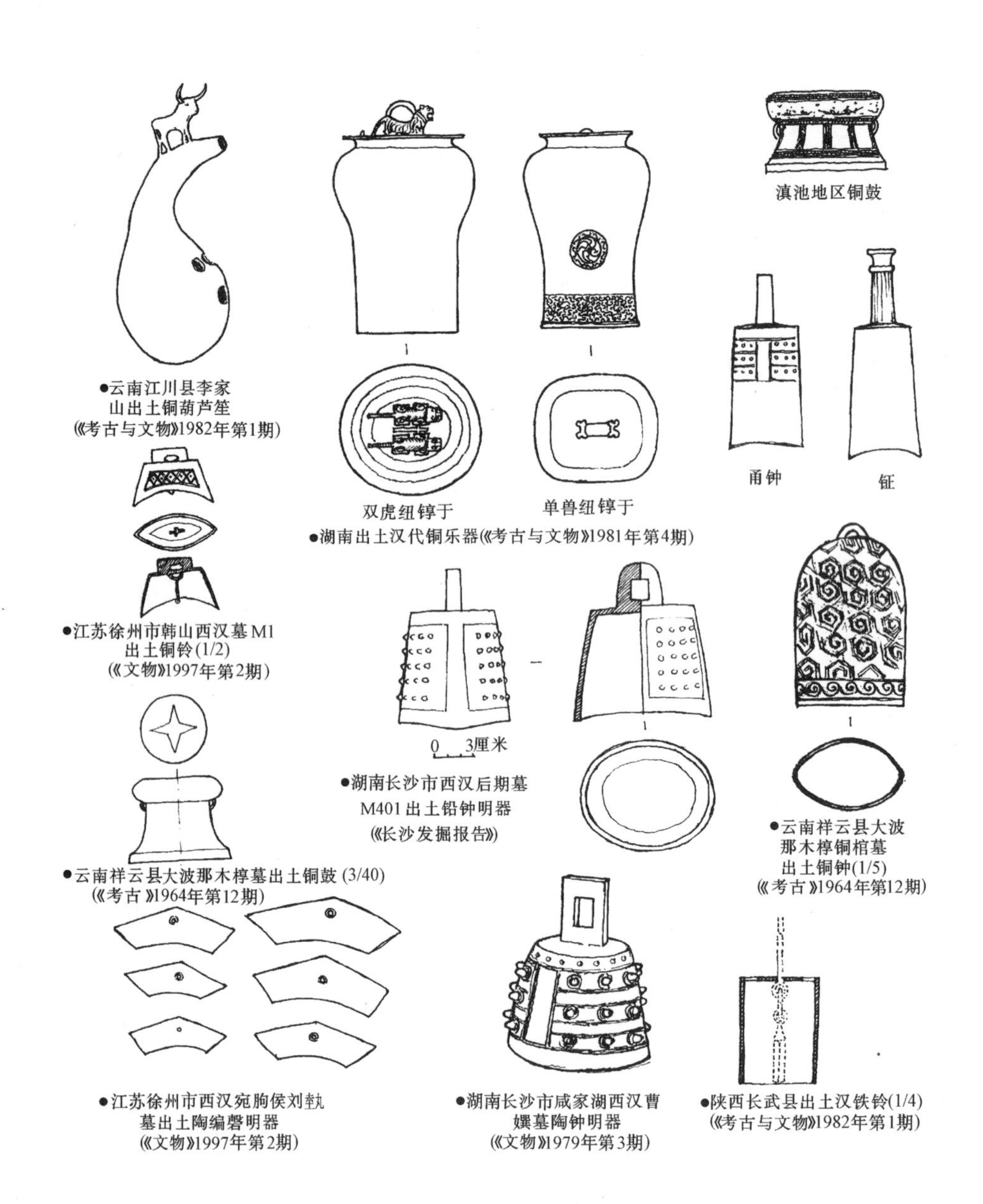

图 5-13 汉代之乐器

汉代之兵器，铜、铁质的均有出土，所见有戈、戟、矛、刀、剑、匕首、弩机、镞、镦、蒺藜等等（图 5-14）。因质地坚硬与造价较低，铁兵器逐渐占据领先地位，至东汉时更为突出。

马车在汉代仍为重要之交通工具，特别是官宦贵族以至于帝王。已知当时之类型有供坐乘之金根车、安车、轺车、軿车、辎车、轩车……，仪仗用之斧车、鼓车……，载物之篷车（大车）、畚车、槛车……，兵行之戎车、轻车等，除文献外，其形象多见于画像砖石，墓葬中亦屡有木、铜质之模型及实物出土。除马车外，牛车仅偶有一见。汉代之舟船形象亦多来自画像石及明器，如长沙及广州汉墓出土之木船模型，制式与画像砖石中颇不一致。而最为突出之例证乃广州汉墓出土之陶器，无论就其比例、造型、整体与局部而论，都甚为写实与逼真（图 5-15）。

施于构造或装饰之各式车马器，仍以铜质为多数，如当卢、镳、釭、辖、冒、衔……。讲究的再错嵌以多种金银纹饰。一般的车马器，也有以铁代铜的。就形制而言，仍大体沿袭周、秦以来之式样（图 5-16）。

总的说来，汉代铜器及各类饰物之制度及造型，均堪称上乘。但由于遗物的缺阙，故目前所出土者尚不能代表它们在汉代所达到的最高艺术与加工水平。

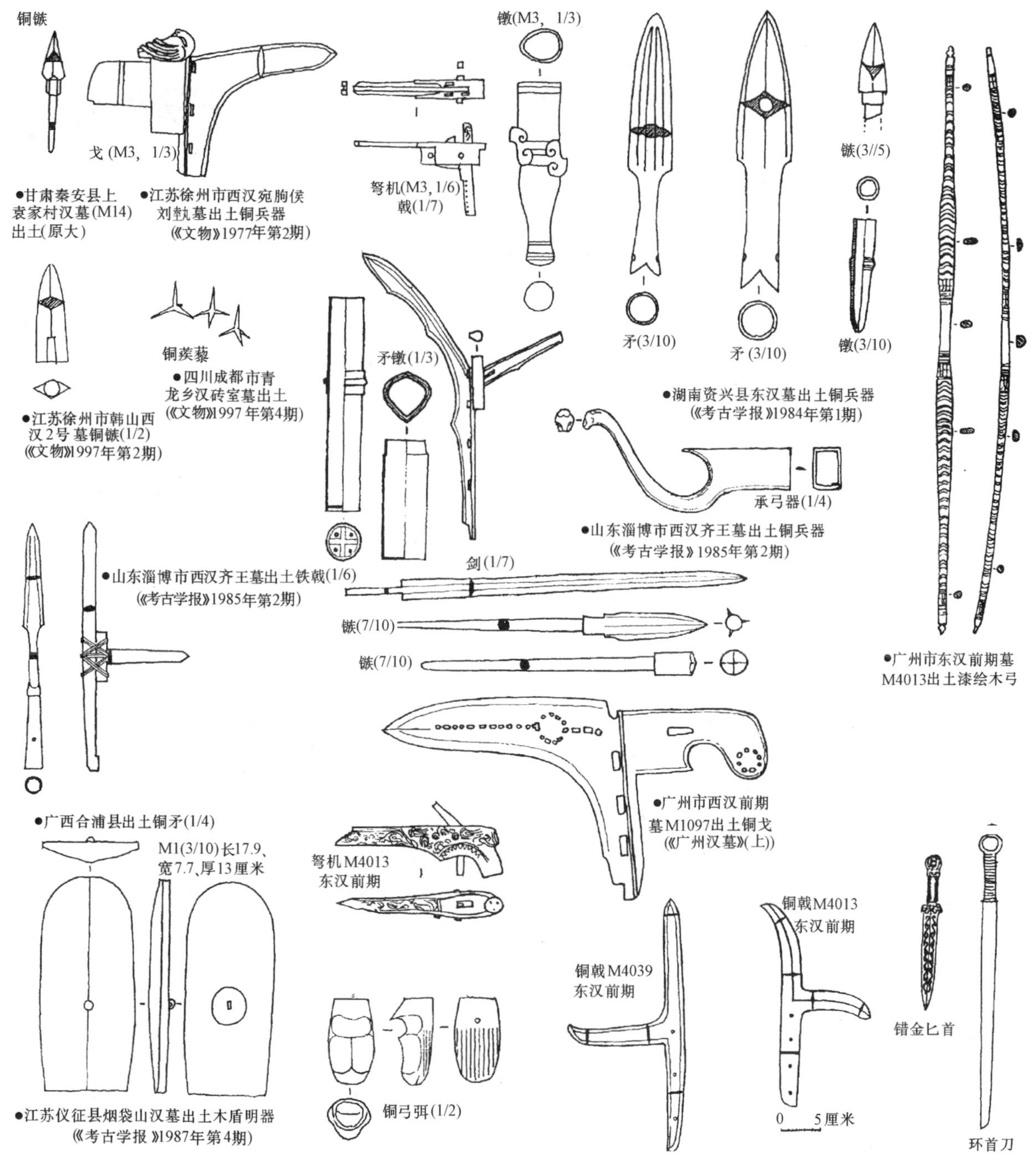

图5-14 汉代之武器

三、东西交通之开拓

两汉的对外关系方面，最值得注意的是击溃匈奴与沟通西域两件大事，而前者又是后者得以实现的先决条件。在中国历史中，匈奴是漠北最强悍善战的游牧民族，自周、秦以降，历来是中国北方边境的大患。为此东周时之燕、赵、秦各国竞筑北境长城以为防御。西汉高祖刘邦七年（公元前200年）平城白登之役，以屡破项羽的诸多猛将死士，亦未能突破匈奴三十余万骑兵七日之围困，后者实力可想而知。当时因形势所逼，汉王朝表面只能采取馈物与和亲等忍让手段，但暗中则以种种形式积极备战。至武帝时经过四十余年之久的数十次惨烈战争，匈奴才基本被逐出漠北。虽东汉初又一度扰边，但已成强弩之末。而中国经大陆通向西方的坦途也由此开拓。随之而来的东西方经济与文化各方面的交流与互惠，对中国文化和世界文明的发展，都带来了重大影

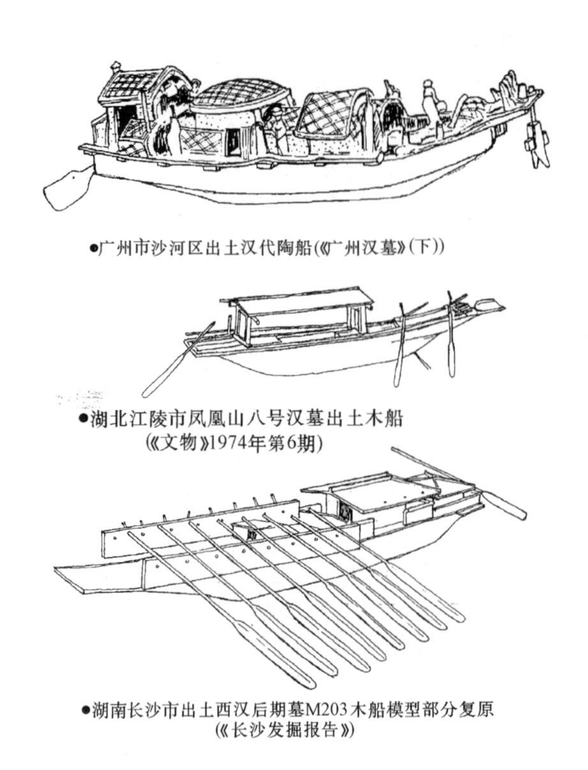

●广州市沙河区出土汉代陶船(《广州汉墓》(下))

●湖北江陵市凤凰山八号汉墓出土木船(《文物》1974年第6期)

●湖南长沙市出土西汉后期墓M203木船模型部分复原(《长沙发掘报告》)

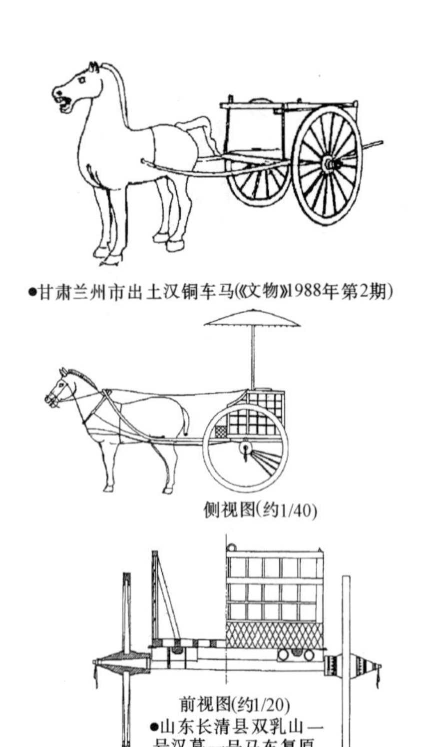

●甘肃兰州市出土汉铜车马(《文物》1988年第2期)

侧视图(约1/40)

前视图(约1/20)

●山东长清县双乳山一号汉墓一号马车复原(《考古》1997年第3期)

图 5-15　汉代之舟、车

响。西汉的张骞与东汉的班超多次出使西域，也为这一事业的具体实现，作出了极大贡献。

四、儒家思想确立与佛教传入

秦始皇为控制人民思想而实行的高压手段（其中包括著名的文字狱、焚书坑儒……），是对中国古代文化的一次大摧残。虽然汉兴即解除了这一禁锢，使诸子百家之学又得流传于世，但当时景况已大不如昔。原因之一，是许多旧有典籍已被销毁或散失，存者之数量及内容，与过去相较去之甚远。然而更重要的是政治时代已经不同，昔日成为推动各家学说动力之一的游说于诸侯，已失去其现实意义。

刘邦于初起兵时，对儒学与儒生一概予以蔑视。依《史记》卷九十七·郦生传："诸客冠儒冠来者，沛公辄解其冠，溲溺其中。与人言常大骂……"后来为了破秦灭楚，不得不垂听包括儒生在内的谋士筹划献策。及至取得天下，又恐麾下将士居功傲慢，于是令叔孙通策定礼法制规，并使群臣行礼如仪。为此儒学日受朝廷重视，但它真正成为汉王朝在思想领域中的主要统治工具，还是肇定于武帝时期。史载武帝曾下诏倡五经，立儒学，尊孔孟之道。

自古流传下来的巫祝与神仙方士的思想与活动，在汉代依然相当盛行。一般来说，是通过前者卜问吉凶，禳除灾病。而通过后者迎奉仙人，寻求长生之术。有关这方面的载述，可见于正史《前汉书》，尤以武帝时为多。例如戾太子被诬蛊咒案，以及方士李少君、齐少翁、栾大之诳言与妄行等等。此外武帝还为迎神求仙兴建竹宫、通天台、承露盘……皆是上述思想流行于当时的明证。它们后来与黄老之学相结合，到东汉末年，就形成中国道教的前身——五斗米教。除教义外，其做法、驱鬼等仪式，大多仍出于前述之旧日传统。

佛教是在汉代出现的另一宗教，它于东汉明帝时由西域传来，但当时信奉者很少，仅限于统治阶级的若干上层分子。到东汉之末，才逐渐扩展到民间。由于是外来文化，不合中国传统文化习俗，因此当时所传播的范围与产生的影响，都远远不及道教的普遍。但它对日后中国社会之影响，则远出于当时人们意料之外。

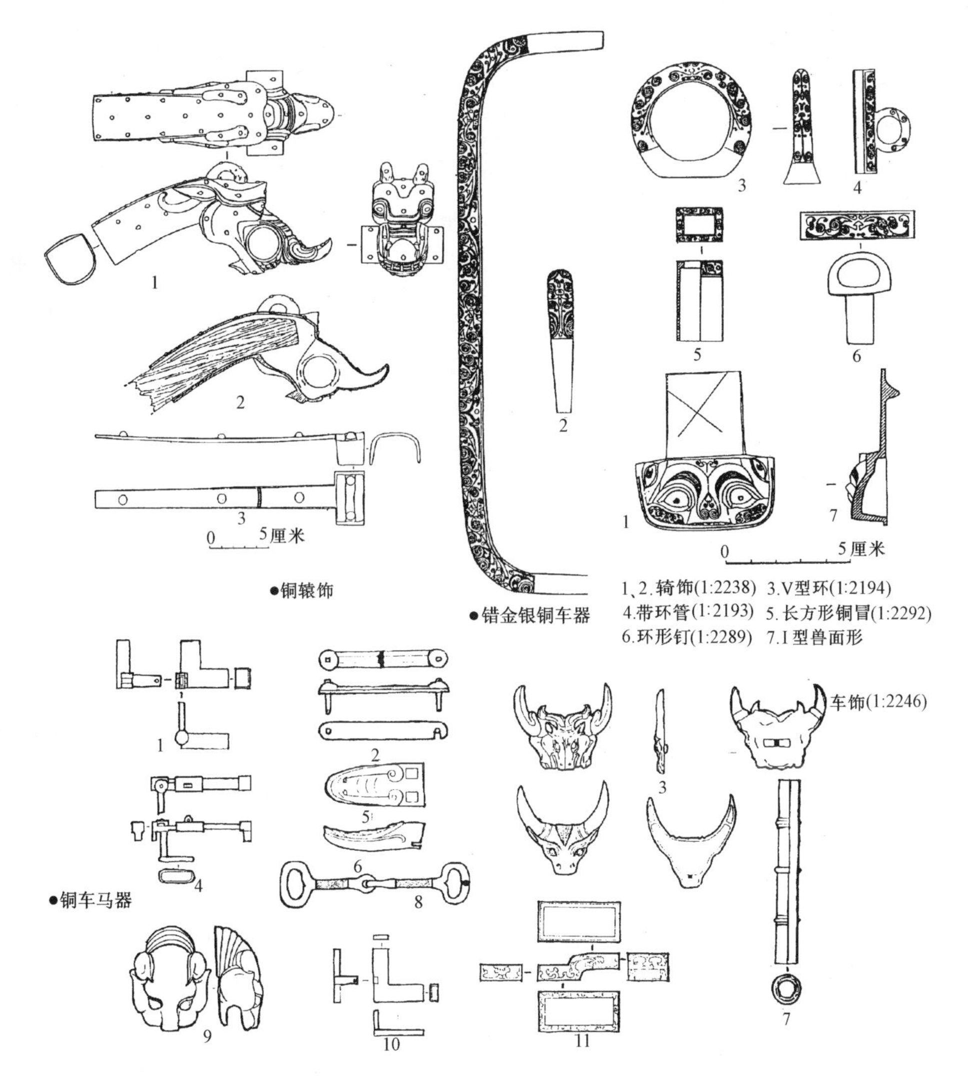

图 5-16 汉代之车马器

此外，由古代《易经》及“河图”、“洛书”等演绎而来的五行、阴阳、图谶学说，汉代亦广为流传。举凡城郭、宫室、坛庙、宅邸、墓葬等建构筑物，其择地、朝向、位置、布局……，均须符合上述风水学说与阴阳五行要求。而有关易经、道家、阴阳、五行、蓍龟、杂占与形法等内容之籍典，见录于《前汉书》卷三十·艺文志中者，已有一百五十七家，三千三百九十三卷之多。虽然它们大多还是周代及以前的著作，但仍然有如此众多的种类与数量流通世间并载录于正史，可见当时人们对它们重视之一斑。

汉代科学文化之发达，也是反映当时社会进步的一个侧面。例如著名科学家张衡创造的浑天仪与地动仪，是测量天体与地震的重要仪器，在当时可称世界独步。蔡伦的造纸，被后人列为世界古代四大发明之一，其影响及意义已及于全球。汉末神医华佗施麻醉术于外科手术中，也是人类历史中所首见。在文史方面，司马迁的《史记》、班固的《前汉书》、范晔的《后汉书》，都是伟大的中国史学巨著。特别是《史记》，作为第一部有较详内容的系统史料，在承上启下、体裁形式、史论结合……诸方面，都为后人的编史树立了良好的范例。在两汉的文学领域中，亦是人才辈出。从遗留的资料来看，其赋、表、文、诗等，都已达到很高水平。著名的作品如班固《西都赋》、杨雄《西京赋》、司马相如《美人赋》、左思《三都赋》、王延寿《鲁灵光殿赋》、李陵《答苏武书》、诸葛亮《前、后出师表》、曹操、曹植之诗……，俱为流传后世之名作。其中且不乏对当时建筑之壮丽与宏伟的歌颂与描绘。在如此强大的国势、繁荣的经济与丰富多彩的科学与文化成就的优越条件下，使汉代的建筑活动，有着良好的物质与精神依托基础。因此，有汉一代所兴造各项建筑，其规模之宏大与数量之众多，实为我国古来历代皇朝所鲜有。著名之实例，城市如长安、洛阳，宫室如长乐宫、未央宫、建章宫、南宫、北宫，园苑如上林苑、兔园、袁广汉园，陵墓如两汉诸帝王陵墓，以及多种类型之民间墓葬，坛庙如辟雍、明堂、祠庙，边城如长城、坞堡、烽燧，以及丰富多彩的各地民居等等。这些直接与间接的资料，表明它们在建筑设计、技术与艺术造诣方面，都显示了十分高湛的技艺和水平，其中不少还被后世奉为典范和圭臬。有关这些内容的介绍与评析，将在本书以后的章节内分别予以阐述。

第二节　两汉之建筑

两汉是我国历史上最强盛的王朝之一，其统治期前后达410年，也是我国封建社会中为时最长久的。在这样的历史条件下，它在建筑方面的建树，无论是城市、宫殿、坛庙、陵墓、寺观、民居、园林，都曾有过长期与大量的实践，且成就都达到了很高的技术水平与艺术水平。虽然目前遗留的建筑实例很少，但通过许多间接资料（如画像砖石、壁画、建筑明器、文字记载……），能够看出当时的建筑活动十分活跃，其类型既多，形式上也极富于变化，令人眼花缭乱并叹为观止。这一时期的建筑，兼有百花齐放和继往开来的双重特点，可以认为中国古代建筑自此走上了定型和成熟。以后经两晋、南北朝隋、唐、宋、辽、金、元乃至明、清，我国大多数的传统建筑形式，都未能脱离两汉制式的窠臼。

一、城市

汉代城市可分为天子帝都（如长安、洛阳）、封王国都（如齐王都临淄、淮南王都寿春、燕王都蓟、梁王都淮阳、代王都马邑……）、州、郡、县治以及边防关堡等多种。虽然它们现在绝大多数已经湮没，然而从文献记载与考古发掘中，尚能略知其中之部分梗概。

（一）汉代之帝都

1. 长安

秦末群雄起义，很快就歼灭了秦军主力，项羽率部入关，“引兵西屠咸阳，杀秦降王子婴，烧秦宫室，火三月不灭”，事见《史记》项羽本纪。秦朝多年经营之帝都因此彻底破毁，人户屠窜，房舍荡然，焦土一片，已难予以恢复。是以刘邦建国以后，原打算定都洛阳，由于“齐人刘敬说及留侯劝上入都关中”。于是回到咸阳，先就渭水南岸台地上的秦代离宫兴乐宫予以扩建，并改名长乐宫，作为朝廷临时施政及王室居留之所。未久，又在其西建新宫未央宫，是为西汉时期正式朝廷所在。由此可见，汉代帝都长安的建设，是先从建造宫殿开始的。其他如城垣、道路、肆市、坊里等，都是后来逐步兴造起来的，看来并没有一个事先经过全盘考虑周详的规划。但就建设过程而言，大体可分为高祖、惠帝、武帝和王莽四个阶段。

长安城垣的构筑，有关文献记载不一。依《史记》卷九·吕后本纪：“（孝惠帝）三年（公元前192年）方筑长安城，四年就半，五年、六年城就”。而《前汉书》卷二·惠帝纪中则载：“（孝惠皇帝）元年（公元前194年）……正月城长安”。“三年春，发长安六百里内男女十四万六千人，城长安，三十日罢。……六月，发诸侯王、列侯徒隶二万人，城长安”。“五年（公元前190年）……正月，复发长安六百里内男女十四万五千人，城长安，三十日罢。……九月，长安城成。赐民爵户一级”。依上述记载，《史记》中的筑城时间，据卷二十二《汉兴以来将相名臣年表》，谓惠帝元年“始作长安城西、北方”。三年“初作长安城”。而卷九·吕后纪，则是惠帝三年至六年（公元前192—前189年），且内容甚为简略。《前汉书》所记则为惠帝元年至五年（公元前194—前190年），其时间与人数都很具体，似较确切。至于施工情况，《史记》之索隐又引《汉宫阙疏》：“（孝惠帝）四年筑（长安城）东面，五年筑北面”，与上述《史记》所载有所出入。《前汉书》卷二对惠帝三年春筑城事，并有附注：“郑氏曰：城一面，故速罢”。这些都表明当时之筑城工程并未全面铺开，而是有步骤地每面依次分筑。这无疑是一个很科学的安排，在集中使用人力、缩短运输路线，便于管理监督工程与早见成效等方面，都产生了积极的效果。根据当时已建成的长乐、未央二宫都位于城南来看，南城垣的施工可能是最早的，即约在惠帝三年或更早。

由考古学家对汉长安城遗址的发掘[1]，现在已知此城的平面呈一不甚规整的矩形（图5-17），除东面平直外，其余三面皆各有进退互不相若。《三辅黄图》中称此城形状：“城南为南斗形，北为北斗形。至今人呼汉京城为斗城是也”。据现有测绘资料，知长安东城垣长5940米，南垣长6250米，西垣长4550米，北垣长5950米，合计全城周长为22690米。《史记》卷九·吕后本纪中引注《汉旧仪》载：“（长安）城方六十三里，经纬各十二里”。而《三辅黄图》则称：“周回六十五里”。以一里合1800尺，一汉尺等于0.23米折算，则上述二记载与今日实测数据略有出入。

城垣均筑以夯土，依发掘知其夯层厚度为8～10厘米，全施黄土，现存高度12米左右，墙基宽12～16米。与《三辅黄图》载：“高三丈五尺，下阔一丈五尺，上阔九尺，雉高三版……”大体相侔。城外有护城河，经发掘知宽度约8米，深约3米，略小于《汉旧仪》之“城下有池周绕，广三丈，深二丈，石桥六丈，与街相直”记录。

全城辟门十二处，每面各设三门。北垣西门名横门，南下直抵未央宫之北阙，往北经大桥渡渭水，是前往北地的交通要道。其外郭又有都门、棘门。北垣中门称厨城门，因长安官厨在门内东侧而得名。其东为洛城门，又名高门、杜门或雀台门。东墙北门曰：宣平门，俗称东城门，由长安赴东都洛阳之人众车马，皆经由此东出。其外郭门名东都门。东墙中门为清明门，又名籍田

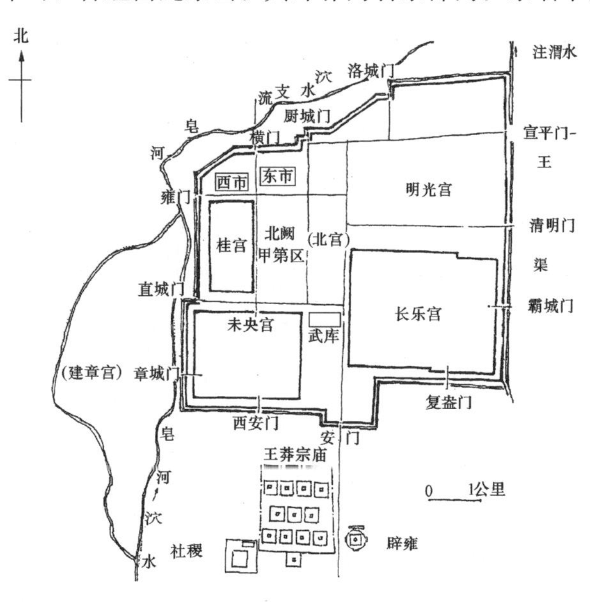

图5-17　西汉长安城平面图

门，因门内建有籍田仓故也。此门还称凯门或城东门。东墙南门为霸城门，因门色青，民间又称青门、青城门或青绮门，与长乐宫之东阙相对。南都垣之东门名覆盎门，并名下杜门或端门，近长乐宫南墙。据发掘，前有直道通往宫内，估计此门亦应正对该宫之南阙。南垣中门为安门，又名鼎路门。在长乐宫与未央宫之间辟大道直贯城北，南延则通住南郊之礼制建筑群，是为汉帝每岁郊祀和庙祭的必经之路。西安门在南垣西部，又名平门，近未央宫之南垣。西城南门曰："章城门，或称光华门及便门"，载见《三辅旧事》。此门面对未央宫西南，附近尚未发现宫阙遗址。西城中央之城门为直城门，原名直门。有的文献称之为龙楼门，考之《汉书》成帝纪，实误。此门有东西向大道过未央宫及武库北。西城北端辟有雍门，或称西城门、光门、突门，民间则曰：函里门。门内大道东西向，与横门大街及安门大街交汇。

由文献记载及1957年对直城门、宣平门、霸城门和西安门进行的考古发掘[2]，知各城门均辟有并列之门道三条，每门道宽8米，即如《三辅决录》所云："长安城，面三门，四面十二门。……三涂洞辟，隐以金椎，周以林木"及班固《西都赋》："披三条之广路，立十二之通门"者相符合。由发掘知直城门、宣平门各门道之间，隔以宽4米之夯土隔墙，而霸城门及西安门间则为14米（图5-18）。门道长度亦较之两侧城墙为厚，可知当时确如文献所述建有门台。减去门道两侧壁下尚余列柱残烬及石础各约1米之宽度，中央之土质路面尚宽6米。而霸城门门道中，宽1.5米之车辙犹依稀可辨，这就证明了文献中所称每门可并行四车的记载是十分正确的。又据记载，门台上均建有城楼。城垣之外，周以护河（目前《汉旧仪》所载）。现城濠多已平毁，城门外石桥亦无痕迹可寻。据对直城门及西安门之发掘，其下有高1.4米，宽1.2米与1.6米之巨大排水涵洞，顶部用二层砖券，下用石块砌造。

西汉长安城之面积及城内设施，《汉旧仪》中亦有所述："长安城中经纬各长三十二里十八步，地九百七十二顷。八街、九陌、三宫、九府、三庙、十三门、九市、十六桥"。其中所称之"街"，依字义为南北方向之大路；"陌"则为东西向者。但史文中一律均称街，如章台上下街、城门街、太常街、尚冠前后街、夕阴街、前街、炽盛街、香室街、蒿街、华阳街等。另有沿城墙内侧环行城内之环涂。当时城内最繁华街道是安门、横门与宣平门大街。经近年考古发掘，知安门大街为城内最长街道，南北共长5500米，几贯穿长安全城。其宽达50米，中央供帝王使用之驰道宽20米，道两侧各有宽2米之水沟，沟外再有供一般车马行人之大路，宽13米（图5-18）。其他道路，如宣平门大街长3800米，一般也都在3000米左右，最短的是洛城门大街，亦有850米。各街宽度及道路配置，基本都同安门大街方式。至于缘城的环涂，因系次要道路，其宽度仅为7～8米。沿街种植行道树，种类有槐、榆、松、柏等多种。

城中宫殿，有长乐宫、未央宫、桂宫、北宫、明光宫等五区。另西墙外尚有建章宫，故绝不止《汉旧仪》中所言之"三宫"。关于宫殿情况，将在后文另加介绍。

长安之肆市，主要集中于城内西北隅，即雍门大街以北至横门一带。西市有六，始建于惠帝六年（公元前189年），《前汉书》卷二有载。东市有三，在横门大街以东，与西市隔街相对，故名。据文献，市各方二百六十六步，凡四里为一市。市中有市楼，皆为重屋。据考古资料，东市位于横门大街以东。东西宽780米，南北长650～700米。面积约0.53平方公里，其东垣距厨城门大街120米，南垣距雍门大街40米，西垣距横门大街90米，北垣距北城垣170～210米。西市在横门大街以西，东西宽550米，南北长420～480米，面积约0.25平方公里。其东垣至横门大街120米，南垣距雍门大街80米，西垣至西都垣400米，北垣至北都垣20～310米。东西市周围均构有市墙，宽度5～6米，市内各有东西向与南北向道路二条，形成"井"字布局。除此以外，见于文史者尚有柳市（在昆明池南）、直市（在渭水桥北）、高市、交门市、孝里市等。市除供交易外，又为刑人示众之所。如《史记》卷一百三·晁错传：“（文帝）令晁错朝衣，斩东市”。又《前汉书》卷六十六·刘屈厘传：“有诏载屈厘车以徇，腰斩东市”。《前汉书》卷九十二·游侠传·原涉：“……遂斩涉，悬之长安市”。

目前有关汉代市肆较为具体之资料，多见于出土于四川各地之画像砖，如20世纪50年代在成都出土的一方东汉画像砖，生动地表现了当时一般市肆的组成与内涵（图5-19）。这市的平面呈正方形，周以围垣，每面于中央辟门。依门于市内开十字形道路，并在其中央建二层之市楼，楼上悬鼓，用司市之启闭。上述道路将市内空间划为等面积之四区，各区建有排列齐整房屋数列，当为各行业交易所在。另在西南之市隅置小屋数间，可能为管理人员住所与公用之房舍（仓库、厕所等）。而广汉、彭县之画像砖，则表现了市肆之市门，市楼及商贾贸易等更为生动与细致之形象（图5-20）。前述西汉长安诸市的具体情况，虽然我们目前尚无法获悉，但它们的形制与这些画像砖所表现的可能大同小异。从这方面来说，其意义又是十分重要的。

有关长安桥梁的记载极少，散见于《史记》、《前汉书》及若干后世文记。《初学记》称：“秦都咸阳，渭水贯都，造渭桥及横桥，南渡长乐宫（按：应为兴乐宫）。汉作便桥以趋茂陵，并跨渭，以木为梁。汉又作霸桥，以石为梁。长安又有饮马桥”。关于渭桥，《史记》卷一百三·张释之传中注引《史记索隐》载：“今渭桥有三所，一所在城西北咸阳路，曰：西渭桥。一所在东北高陵路，曰：东渭桥。其中渭桥，在故城之北也”。《三辅旧事》则云：“秦于渭南有舆宫，渭北有咸阳宫，秦昭王欲通二宫之间，造横长桥三百八十步”。《三辅黄图》之记为：“渭水贯都，以象天汉；横桥南渡，以法牵牛。桥广六尺，南北三百八十步，六十八间，七百五十柱，百二十二梁”。又渭：“（长安）北出西头第一门，曰：横门。其外郭有都门，有棘门。门外有横桥。莽更名朔都门左幽亭”。综上所述，汉代北渡渭水的主要桥梁，应是横门外的横桥，即西渭桥。而在《史记》与《汉书》中都称之为渭桥。此桥北距长安三里，始建于秦，汉代加以修补。如《史记》卷十一·孝景帝本纪所称：“五年（公元前152年）三月，作阳陵、渭桥”。另一座是上述《史记》卷一百三中仅提到一次的中渭桥，其所在位置似应在厨城门以外。便桥在西安门外，建于武帝建元三年（公元前138年），目的是去茂陵“其道易直”。霸桥作于汉代何时不明，依《三辅黄图》，桥在长安以东。王莽时曾不戒于火，“数千人以水沃不灭”。看来该桥石梁以上部分仍用木构。至于长安城下及城内之桥梁，其规模及跨度自然比上述诸桥要小得多。由于垣外绕以城濠，因此出入各城门均

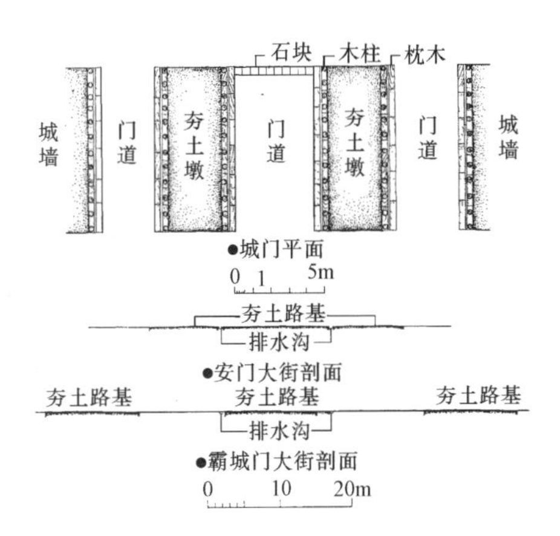

图5-18 西汉长安城门及街道构造示意图（《中国古代建筑史》）

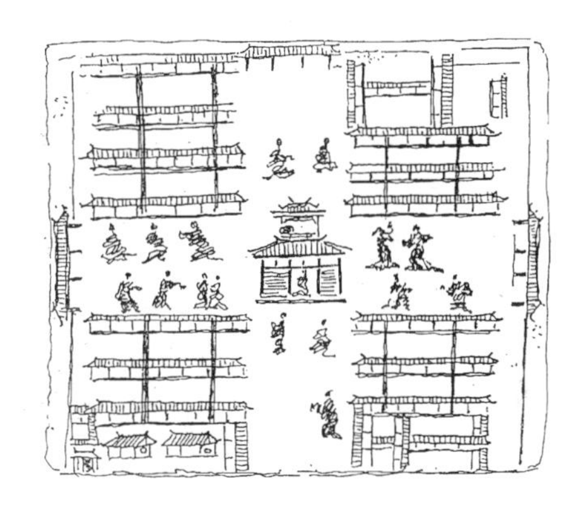

图5-19 四川成都市出土东汉画像砖表现之市肆（摹写）

●四川广汉出土市井图砖

●四川彭县出土市井图砖《文物》1977年3期）

图5-20 汉代市肆之形象

须经由桥梁济渡。《汉旧仪》提及的“石桥六丈，与街相直”，大概就是指的这类门桥。它们是否属于前述的“十六桥”，目前尚难判断。其他桥梁仅知有饮马桥一处，据《三辅黄图》称在宣明门外。

文献记载，长安居民分居于一百六十闾里中，闾里各有名谓，但仅有少数散见诸文史。已知者有尚冠里、修成里、黄棘里、宣阳里、建阳里、昌阴里、北焕里、南平里、大昌里、戚里、直里、当利里、棘里、南里、嚣陵里、假阳里、掇槐里等。据《前汉书》地理志，平帝元始二年（公元2年）全城有户八万另八百，口二十四万六千二百。如全部居于闾里中，则平均每里容纳505户，1540人。加上各权贵、官寺及卫戍兵丁等，总人口当在30万人以上。而城内面积又大部分为宫殿、官署、仓廪及市肆所占据，剩余空间十分有限。另依今日之考古发掘资料，在长安横门外至宣平门外一带，汉代居住遗址堆积多处可见。因此，可推测当时长安大部分居民，系生活于都墙之外。虽然元始二年“又起五里于长安城中，宅二百区以居贫民”，则每里平均不过宅四十区，即此等坊里之面积不大。同时，也可由此看到，城内能用于庶民居住的土地实在很少。我国古来就有“城以卫君，郭以守民”的说法，长安作为西汉帝都，又有城内无法安排大量居民的具体现实，因此建有外郭是完全合乎情理的。但这方面的资料正史少载，除《前汉书》卷六十三·昌邑哀王传：“……旦至广明东都门，遂曰：礼奔丧，望见国都哭，此长安东郭门也。……”仅《三辅黄图》有如下载述：“长安城东面北头门号曰：宣平城门，其外郭曰：东都门”，以作为对《前汉书》卷九·元帝纪中：“建昭元年（公元前38年）……八月，有白蛾群飞蔽日，从东都门至枳道”的注释。此外，前述横门之外郭有都门与棘门的史料，也提供了这方面的证据。只是确切的范围及其内涵，例如是否有正规的郭墙？郭门的数量及位置，坊里的分布情况等，一时均无从获悉其详。

西汉朝廷的若干官署及重要权贵府第，多位于未央宫北阙外及其附近一带。前者如公车、司马等府寺，后者如夏侯婴、董贤等宅邸。京兆府在尚冠前街，左冯翊府在太上皇庙西，右扶风府在夕阴街北，均见载于《三辅黄图》及《史记》等籍志。高祖时萧何起长安武库，据文献及发掘资料，系位于长乐宫与未央宫之间，平面作矩形，南北长880米，东西宽320米，周以墙垣。中列仓库七座，最大的长230米，宽46米，面积超过一万平方米。其有关之具体情况将于后文之仓廪一节中另行介绍。至于存放粮粟等物资的仓库，如位于长安城外东南，建于高祖七年之太仓（《前汉书》中作“敖仓”），城西有细柳仓，城东有嘉禾仓，东垣清明门有籍田仓等等。

城内之宗庙有三。依《前汉书》卷一·高祖纪及《三辅黄图》所载，知高祖十年（公元前197年）秋太上皇崩后，“八月，令诸侯王皆立太上皇庙于国都”。而长安城中之太上皇庙，则在“香室街南冯翊府北”。汉高祖庙在“长安城中，西安门内东太常街南，有钟十枚，可受十石，撞之声闻百里。”惠帝庙则在高祖庙后。

接待外国使节之蛮夷邸，“在长安城内藁街”。

据《太平寰宇记》：“长安城中有狱二十四所”。

存放帝王出行所需车辆马匹之所，在长安城内共有九处。即未央大厩，又称路軨厩，在未央宫金华殿附近；另有翠华厩、大辂厩、果马厩、骑马厩、大宛厩、轭梁厩、胡河厩、騊駼厩。城外者二处：霸昌厩、马厩。此外，还有专供天子车马的“都厩”，和专供皇后车马的“中厩”，估计都应在未央宫内或距其非远。

长安城的兴建策划，传说是出自相国萧何之手。但初期担任具体施工的，则是梧齐侯阳成延。据《前汉书》卷十六·高、惠、高后、文功臣表，他是“以军匠从起郏，入汉后为少府，作长乐、未央宫，筑长安城，先就侯五百户”。然而长安的全部建成，还是在武帝时期，如建造城内之桂宫、北宫与明光宫，西垣外之建章宫及昆明池，西南之便门桥等。此外，还自昆明池引水入城，经未央宫及长乐宫，再东南注漕渠，一举解决了生活用水、排水、漕运和美化环境等诸般问题。

公元九年，王莽夺汉位，建国号“新”，改制甚多。如易长安十二城门名称，将宣平门改为春王门，清明门为宣德门，霸城门为仁寿门，复盎门为永清门，安门为光礼门，西安门为信平门，章城门为千秋门，直城门为直道门，雍门为章义门，横门为朔都门（《水经注》卷十九作霸都门），厨城门作建子门，洛城门为进和门。又改长乐宫为常乐室，未央宫为寿成室，前殿为王路堂，长安为常安……，具见《前汉书》王莽传。此外，为了在长安南郊建造宗庙，曾将建章宫中殿堂拆毁十余座，以利用其建筑材料。此类宗庙建筑，目前尚有遗迹十一处存留。

新朝仅维持了十五年，即被农民起义所推翻。在战乱期间，长安城受到很大破坏。刘秀建立东汉王朝后，即迁都洛阳。虽然也数次对长安城垣、宫室、坛庙大加修理，但终不能使它恢复旧日风貌。长安在东汉时期一直作为次要的陪都，时称西京。到汉末时又彻底毁于兵火。

至于西汉诸帝陵园、陵邑与辟雍等礼制建筑，因另有专节叙述，故本处不予介绍。

2. 洛阳（洛原作雒）

洛阳地区自古以来即为中国之重要政治中心，自商、夏经汉、魏迄于隋、唐，均定都于此（图 5-21）。汉洛阳即周代成周之地，与周初周公所建洛邑（亦春秋之王城）相距 40 里，即今河南洛阳市东约 15 公里处。此城北依邙山，南濒洛水，地处中原，居水陆交通要道，周代时已为重要城市。据《帝王世纪》：“城东西六里十一步，南北九里一百步”。而晋《元康地道记》则云：“城内南北九里七十步，东西六里十步，为地三百顷一十二亩有三十六步”。城在西汉时，几乎未见录述，仅高祖初定天下时，于洛阳南宫置酒会列侯诸将，事见《史记》及《前汉书》高祖本纪。王莽、赤眉之乱，“烧长安宫室市里，……民饥饿相食，死者数十万，长安为墟。城中无人行，宗庙、园陵皆发掘，惟霸陵、杜陵完”（《前汉书》卷九十九・王莽传）。后刘秀登帝位，遂定都洛阳，以后历代东汉诸帝皆居此。

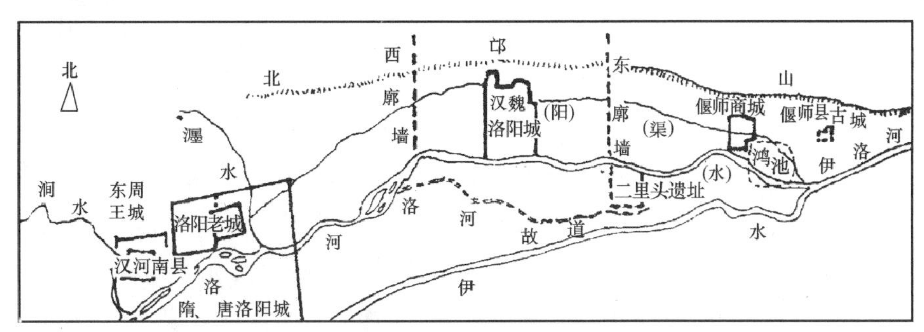

图 5-21 洛阳地区古代都城遗址位置示意图（《考古》1996 年第 5 期）

洛阳城据文献载有城门十二，计东墙三门，自北往南为上东门、中东门、秏门（又称旄门）；南墙四门，自东往西为开阳门、平城门、小苑门、津门（因对洛阳浮桥，故有是名。又称津阳门）；西墙三门，自南往北为广阳门、雍门、上西门；北墙二门，自西往东为夏门，谷门。依考古发掘资料，知东墙长约 4200 米，南墙约 2460 米，西墙约 3700 米，北墙约 2700 米，总长度约 13060 米，约合汉制二十 里，与上述文献记载大体吻合（图 5 22）。日前除南垣因洛水改道被破坏，（据《后汉书・光武帝纪》及《汉官仪》及《文选・闲居赋》引《洛阳记》载，南墙位置约在今洛水之中央），其余三面之墙址遗迹尚存。墙身厚约 14～25 米，残高有的尚达七米多，全由夯土筑成。已发掘之夏门有门道三条，亦合古制。

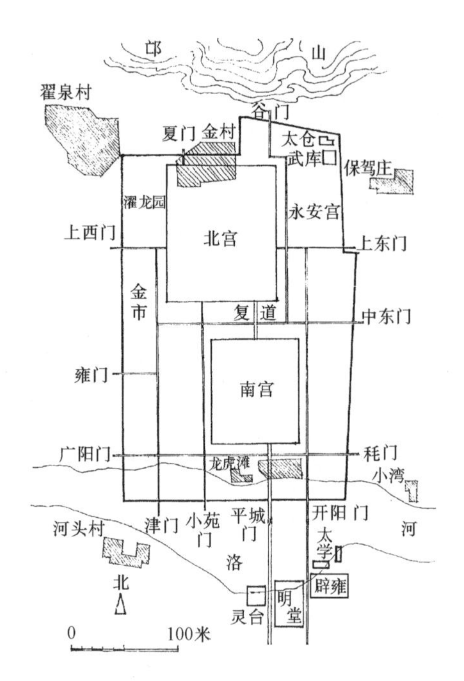

图 5-22　东汉洛阳城平面示意图（《汉代考古学概说》）

城内建筑主要有南、北二宫，其间联以复道。另于城东北隅建永安宫，西北隅置濯龙园御苑。太仓及武库在永安宫北，近东北城垣。主要官署如太尉府、司徒府、司空府位于城东南，即南宫以东及秏门大街以北一带。明堂、辟雍、灵台等礼制建筑及太学则建于南郊，据记载距南墙 2～3 里。商贾集中处有三，陆机《洛阳记》中载："洛阳旧有三市。一曰：金市，在（北）宫西大城内；二曰：马市，在城东（郊）；三曰：羊市，在城南（郊）"。城内道路皆纵横交错，文献中就有"洛阳二十四街"的记载。据发掘，已知城内南北向大街有六条。最东面的是开阳门大街，经开阳门北上，止于上东门大街，全长 2800 米。往南则通过太学、辟雍与明堂之间，长度也应在 1000 米之上。第二条是经过平城门的大道，北上直抵南宫之南门，长 700 米。往南出城，迳达灵台与明堂之间，长亦超过 1000 米。第三条可称小苑门大街，由小苑门北经南宫西侧，终于北宫南墙之西端，全长 2000 米。第四条为津门大街，由津门向北，过金市，与上西门大街交汇，全长亦达 2800 米。第五条由北垣谷门向南，于北宫之东北隅折东再南下，穿于北宫与永安宫间，最后正交于中东门大街，全长 2400 米。第六条系经夏门向南，通向北宫者，长度约 100 米。至于南、北宫间之复道，长度为 1 里，约合 420 米，因系王室专用故不列入上述路道。城内东西向大街共有五条，第一条自秏门通向广阳门，并经过南宫南垣，全长 2460 米。第二条为雍门大街，自雍门向东，终于津门大街，长 500 米。第三条自中东门向西，穿行于南、北宫之间，止于津门大街之金市，全长 2200 米。第四条始于上东门，终于北宫东阙，长 700 米。第五条由上西门向东，止于北宫西阙，长 600 米。现计算各交义路口之间的诸段街道总数，大致与前述之"二十四街"数字相符。大街宽 20～40 米，分为三道，大体如长安之制。街名已知者，有长寿街、万岁街、士马街等。民居仍以坊里划分，已知者有步广里、永和里（均为贵胄所居）、延熹里、商里（或称上商里，陆机《洛阳记》称："里在洛阳东北，本殷硕人所居"）……。里设里魁，掌一里百家；下设十主，五主，管十家或五家，"以相检察民，有善事恶事以告监官"。因城内面积大多为宫室、官署……所占据，故一般居民多住城外及城门处。此种情况与长安相类似。东汉献帝初平元年（公元 190 年），董卓胁迫帝室西迁长安，又纵兵焚劫，洛阳因此彻底破坏，宫庙民居，尽为废墟。

城北之邙山，为墓葬之地，上至王侯贵胄，下至庶民走卒，大多瘗埋于此。惟东汉诸帝之陵园，则大体分布于洛阳西北及东南，规制较西汉为小，且无附建陵邑之制。

3. 中都

中都之地，依《括地志》云："故城在汾州平遥县西南十二里"。

《前汉书》卷二十八（上）·地理志中，于太原郡条中有中都之名，然其下无只字注文，不悉何以如此。同书卷六·武帝纪（中）颜师古注称："中都在太原"。高祖十一年（公元前 197 年），立皇子刘盈为代王，即都于此。后刘盈即帝位，是为惠帝，故以其始封地为中都。武帝元封四年（公元前 103 年）春，车驾祀后土时亦曾临此，且因"宫殿上见光"，而"赦汾阴、夏阳、中都死罪以下，赐三县及杨氏皆无出今年租赋"。东汉光武帝"建武七年（公元 31 年）春正月丙申，诏中都官三辅郡国出系囚，……"（《后汉书》卷一·光武帝纪）。以后文献则未再有提及，而《后汉书》卷二十九·郡国志中，亦无载中都之名谓。故其规模形制及衰废经过均无从得悉。因孝文及以后诸帝均未予以大规模修建，推测仍属于封国王都一级之水平。

（二）汉诸侯王封国都邑

1. 各诸侯王之封邑

虽史书中对其都城名称有所载录，但对于各城之情况绝少述及，仅《前汉书》卷二十七（下）·五行志中有数条：

"文帝二年（公元前 178 年）六月，淮南王都寿春，大风，毁民屋杀人"。

"文帝五年（公元前 175 年），吴暴风雨，坏城官府民室"。

"五年十月，楚王都彭城大风从东南来，毁市门杀人"。

"昭帝元风元年（公元前 80 年），燕王都蓟大风，拔宫中树七围以上十六枚，坏城楼"。

又《前汉书》卷三十八·高五王传·齐悼惠王条："…因言：齐临淄十万户，市租千金，人众殷富，钜于长安，非天子亲弟爱子，不得王此"。

由上可知王都有城，城门有楼，城内有王宫及市、民居等。

2. 边远地区之封国都城

福建崇安县城村汉城[3]坐落在闽北山区之崇溪西岸，南距崇安县城 35 公里，依当地丘陵而建。平面呈不规则之矩形，南北长约 860 米，东西宽约 550 米，面积约 48 万平方米，方向北偏西 25°（图 5-23）。

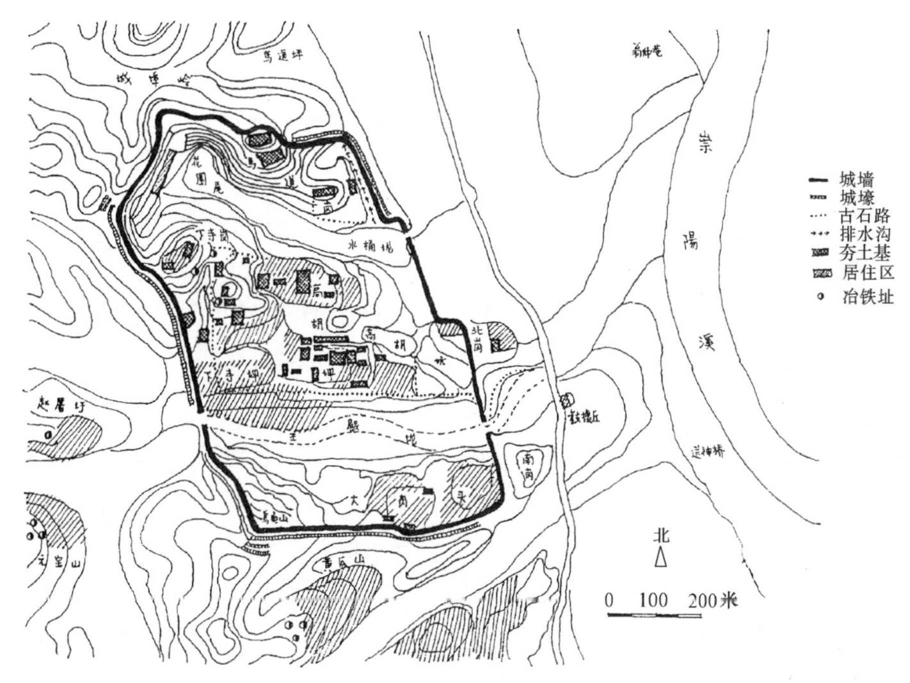

图 5-23 福建崇安县城村西汉闽越国都东冶城平面（《文物》1985 年第 11 期）

城垣由夯土筑成，依山形地势而起伏，残垣至今大体可辨，周长计 2896 米，墙身宽 4～8 米，基宽 15～21 米、残高 4～8 米。夯层厚 5～10 厘米，圆形夯窝，直径 3～5 厘米。垣外除西北与东南侧外，俱遗有宽度 6～10 米，深度 5 米左右之城濠。在城垣西北角及西南角（现名乌龟山），皆建有高大夯土台，其用途为瞭望及施燃烽火之用。城门仅有二处，均位于东墙与西墙之南段，门道现宽度皆约 22 米，进深 18～20 米，门道内路面铺以河卵石，并与城内主干道相通。东城门外南、北各有一夯土高台，南台破坏严重，北台上则遗有大量汉代残瓦及石础，应是昔日门阙所在。城内未建子城。

已发现有街道五条，路面通铺以河卵石。主干道为东西向，穿越东、西二城门之间，路宽 10～12 米。其余之道路，有东西向及南北向各二条，其长度较短并残缺不全。

城内地形东低而西高，城北之马道岗亦为较陡之高地。地下汉代堆积物甚多，但厚度仅 20～60 厘米。大型建筑群基地共有四处，即北部马道岗、西部下寺岗及中部之高胡南坪与北坪。居住遗址有下寺岗、高胡坪东坡、高胡下坑及南部之大岗头等八区。制铁作坊一处在下寺岗。

城外之居住遗址有东北的翁仲巷、门前园及城村北三处；东南之送神桥；南面的福林岗、黄瓜山；西南的元宝山、赵厝圩等多区。而南面及西南的西区内，还发现冶铁遗址。制陶作坊仅有后山一处（在城北）。

已知墓葬区有城南的福林岗和溪东的渡头村二处。

在大型建筑群基址的发掘中，以高胡南坪的规模为最大。其建筑基址分为甲、乙二组，总面积超过二万平方米。其中的甲组基址，是一组由四合院式平面组合的大型宫殿建筑，具体情况将在下面另予介绍。高胡北坪之建筑基址面积约一万平方米，有依中轴线排列之大型建筑五座。

考古学家推断，此城为建于西汉前期之闽越国王城“东冶”，后来成为西汉冶县县治“冶城”之所在。

（三）汉代之一般城市

1. 云阳县城（?）

据考古工作者 1978～1979 年的勘查，在陕西淳化县北约 25 公里处之城前头村至梁武帝村一带，测得秦、汉一处城址遗迹[4]，其平面作西北缺一块之横长矩形。夯土墙体暴露于地面以上者，断续之残高尚达 1～5 米，西墙且发现城门洞一处。整个平面除中部偏西为南北向之城前头沟破坏一部外，大体尚属完好。

北垣之西段（即城前头沟以西）长 600 米，残高 2～5 米，全部露在地面以上，夯层每层厚 7～12厘米，甚为坚实，夯窝直径 7 厘米左右。以东为宽约 250 米之城前头沟，北垣于何处转折，情况不明。北垣之东段位于西段以北 280 米，其起于沟东至梁武帝村北之残垣尚可分辨，约长 500 米。再往东约 600 米之一段因被残砖瓦掩盖，无法探明，只能依东北隅之东墙推定其位置。现北垣之全长约为：600＋（250＋280）＋1100＝2230（米）。

东垣之东北隅被武家山沟西北之小沟所破坏，但小沟之南、北均发现城垣遗址，故得以确定城垣之东北隅及东垣之部位。东垣之 3/4 已被破坏（约长 600 米），其露于地面者除上述外，尚有南端一小段约 100 米。墙体夯层厚度 6～10 厘米。统计东垣之全长约为 60（包括小沟宽度及以北墙长）＋120＋600＋100＝880（米）。

南垣除城前头沟一段 300 米被破坏外，大部均可判明。东段除西端约 234 米不甚清晰以外，其中部之 816 米皆断续可见，残高多达 1.5 米，墙基宽约 8 米。沟西长 598 米，全露于地面。墙体夯层厚 4～10 厘米，夯窝直径亦 7 厘米。南墙总长约为 234＋816＋300＋598＝1948（米）。

西垣保存较好，全长610米，全部见于地面，残高1～4.5米，城基宽约7米，夯层及夯窝情况一如北墙。在距西南城隅以北260米处，发现突出于墙外之夯土基二处，平面俱作矩形，东西36米，南北18米，残高约1米。二者间有宽9.5米之东西向路面直达于城内，估计这是西墙城门及门台所在。

在城址的西北与西南隅，各发现有圆形夯土台基一处，残高为4米及2米，估计是角台位置。

由上述探测资料，知此城垣之周长为5868米，约合汉制十四里十一步。

关于此城址，考古学者意见不一，有人认为是秦汉云阳县城（汉属左冯翊，昭帝时置）。有人则认为是汉甘泉宫址所在。

2. 河南县城[5]（图5-24）

考古学者于50年代探测河南洛阳市周王城时，在该城中部发现了汉代一座较小的故城遗址。结合文献及地望考证，确定它是西汉中期在业已荒弃的东周王城废墟上新建的河南郡河南县城。经多次发掘，知其方位为北偏西7°，平面近于方形（因西垣临涧河，故西北角向内收进），每面长度约1400米，城垣总长度5400米，垣基宽6米以上，埋于地下之残墙高度尚存0.4～2.40米不等，全由夯土筑成。依地层状况及出土文物判断，此城确筑于西汉。

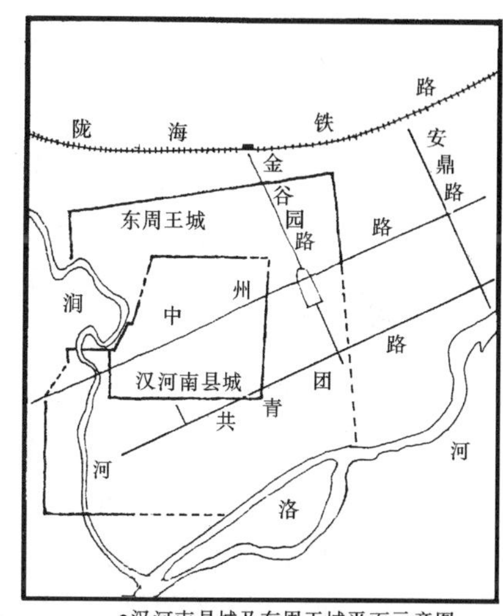

●汉河南县城及东周王城平面示意图
《考古学报》1959年第2期）

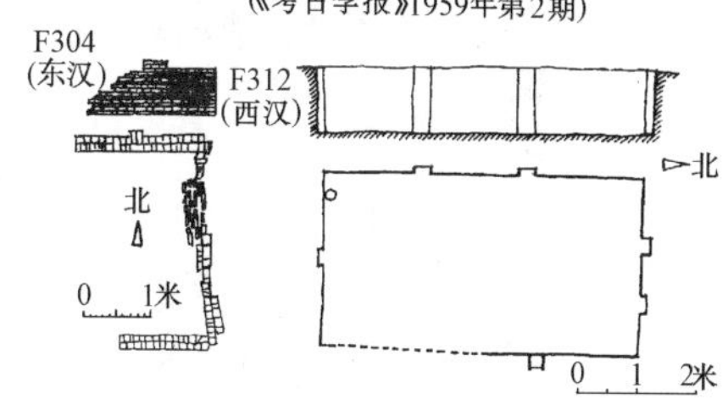

●洛阳汉河南县城东区居住建筑实测图
（《考古学报》1956年第4期）

图5-24 西汉河南县城及房屋遗址平面图

在城址中部发现建于西汉时期之半地穴式房屋二处，其位于地面以下部分保存良好。建筑平面皆呈方形，每面长约10米，夯土墙厚约1.4米。例如105号房基，其右下端辟一门及上至地面之踏跺，门外有一圆仓。因二建筑相类似且南北毗邻，又出土“河南太守章”及“洛阳丞印”等封泥，推测应属于当时之行政建筑。在城中部偏东处，又先后发现西汉房基及圆仓各一处；东汉房基3处，方仓1处，圆仓8处，水井1座，另有石子路，水道及战国时期采石场一处。总的说来，上述西汉建筑遗址均为半地穴式，而东汉则有半地穴与地面建筑两种，但后者仍为数不多，仅有315号、317号房基二处。此外，东汉建筑多使用陶砖于围护结构，如房屋之外垣及承重柱、仓囷及水井之内壁包砌。或用以铺砌室内地面、井台、水道及石子路面外侧之镶边。西汉则仅见于垫置半穴居住室（312号）之壁柱下，以代替石质柱础之一例。这些都表明东汉时期陶砖生产与应用，已远较西汉为普及。

遗址内出土建材多种，有条砖（已收集九种，内中以26厘米×13厘米×6厘米及25厘米×12.5厘米×5厘米一种为多，其长、宽、厚比例大体为4∶2∶1）、大方砖、子母砖、空心砖、马蹄砖、板瓦、筒瓦、半瓦当、瓦当、瓦钉、板石、门墩石、河卵石、铁铺首、石灰等。

关于住房、仓囷、水井等具体情况，将在以后的相应章节中，另作综合介绍。

二、宫室、官衙、苑囿、园林

（一）两汉帝室的宫殿建筑

宫室建筑向来是表现统治阶级的权威和财富的象征之一，又是他们发布政令的统治中心和豪华生活与奢侈享受的所在，因此力求宏大壮丽，而不惜殚竭天下之人力物力。汉侔秦制，在宫室建筑方面也很重视，甚至有过之而无不及，特别是西汉武帝时期更是如此。以下就汉代宫室情况，分别予以介绍。

1. 长安宫殿

（1）长乐宫

长乐宫为汉王朝建造的第一座正式宫殿，是由秦代离宫兴乐宫加以改扩而成。此工程大约开始于高祖五年（公元前202年）夏，即采纳齐人刘敬说及留侯张良之劝入都关中之后，而竣工于七年二月。按《史记》卷八·高祖纪所云："七年……二月，高祖自平城，过赵雒阳至长安。长乐宫成。丞相以下徙治长安"。又《史记》卷二十二·汉兴以来将相各臣年表第十："（高皇帝）七年，长乐宫成，自栎阳徙长安。"兴乐宫在秦虽属离宫，据《三辅旧事》载："秦于渭南有兴乐宫，渭北有咸阳宫，秦昭王欲通二宫之间，造长横桥三百八十步"。以及尔后汉王朝选择此处，并于较短时间内建成必要的门垣堂殿，都表明这座离宫原有的地位和规模非同一般。根据实测，其平面大体呈矩形，东西2900米，南北2400米，面积约7平方公里，约占长安全城面积1/6。依《三辅黄图》，此宫周回二十余里，有"鸿台，秦始皇二十七年筑，高四十丈，上起观宇。帝尝射鸿于台上，故号鸿台"。又有"鱼池台、酒池台，始皇造"。汉初经修建后，其主要建筑为前殿，"东西四十九丈七尺，两杼中二十五丈（《三辅旧事》作"三十五丈"），深十二丈"。殿后有武帝时所起之临华殿。以及西端之长信、长秋、永寿、永宁四殿，皆用以居后妃。依前书称："后宫在西，秋之象也。秋主信，故以长信、长秋为名"。按后世宫闱中称后妃居地为西宫，或本于此。另外，宫中又有神仙殿、建始殿、广阳殿、中室殿、月室殿、温室殿（张衡《西京赋》中作"温调"）、大夏殿等殿堂，以及著室台、斗鸡走狗台、坛台、射台、钟室（即吕后斩韩信处）等附属建筑。

据载长乐宫之四面各建有司马门一座，但仅东、西二门之外立阙，谓之东阙与西阙。依今日考古发掘资料，此宫之东垣正对霸城门处，有宽阔道路遗迹留存，当为《前汉书》卷八·宣帝纪中所云东阙内道路。西阙及西司马门位置正对未央宫之东阙，为二宫间交通要道。其重要性可想而知。宫南正对覆盎门处，有较窄道路遗存，当为南司马门所在。

《三辅旧事》中引《文选》注称："秦始皇聚天下兵器，铸铜人十二，各重二十四万斤。汉世在长乐宫门。"又《太平御览》："秦始皇造铜人十枚，在大夏殿前"。《玉海》亦曰："汉徒秦金狄，置长乐宫大夏殿前"。由此可见金人系置于近宫门之大夏殿前，但宫门与殿之方位均无从明确。

高祖九年（公元前198年）朝廷由此宫迁往未央宫，从此长乐宫就作为太后之居所。为便于内廷交通，二宫之间又建以复道。虽然宫廷的重点已经转移，但由高祖刘邦最后仍崩于长乐宫一事（见《前汉书》高祖纪），可知此宫在使用上仍具有相当大的重要性。

（2）未央宫

在刘邦迁来长安的当年，萧何即为他在长乐宫以西建设一座规模更为宏伟华丽的新宫——未央宫。并以："天子以四海为家，非令壮丽无以重威，且无令后世有以加也"等语，使得刘邦十分高兴。当时主要建造了前殿、东阙、北阙，以及宫外的武库、太仓等。依《三辅黄图》："未央宫周回二十八里。前殿东西五十丈，深五十丈（按：恐为“十五丈”之误），高三十五丈，……因龙首山以制前殿”。而《西京杂记》则称：“未央宫周回二十二里九十五步五尺。街道周回七十里”。按目前测定尺度，此宫平面作矩形，东西约 2250 米，南北约 2150 米，周回 8800 米，折合汉制为 21 里。占地面积 5 平方公里，约相当长安全城面积七分之一。

未央宫始建于高祖七年（公元前 200 年）二月，主体建筑在九年已经竣工，于是刘邦将朝廷由长乐宫迁往未央宫。当年十月，已在前殿置酒朝会淮南、梁、赵诸王，从此未央宫便成为西汉政治统治中心和帝王宫闱所在。后来惠帝、高后、文帝、景帝、昭帝、宣帝、元帝、成帝、哀帝、平帝皆崩于此。这宫在高祖时仅粗具规模，其后历代又陆续添造，大约在武帝时才全部落成。依《西京杂记》：“未央宫……台殿四十三，其三十二在外，其十一在后宫。池十三，山六。池一山一亦在后宫。门闼凡九十五”。就《史记》、《汉书》、《三辅黄图》、《三辅旧事》、《玉海》等典籍，知宫内殿堂，除上述前殿外，尚有承明、武台、寿安、寿成、万岁、飞羽（又作飞雨）、广明、永延、平就、宣德、宣明、曲台、白虎、高门、大玉堂、小玉堂、麒麟、清凉、温室、含章、东明、昆德、金华、宣室、回车、延年、通光、神仙、长年、玉台、朱雀、龙兴等殿。其中宣室殿为未央宫前殿之正室，“布政教之室也”，因以为名。按《三辅黄图》所记，宣室殿、温室殿、清凉殿皆位于未央宫北区；宣明殿、广明殿在宫东区；昆德殿、玉堂殿则建于宫之西部。承明殿为著述之所，见班固《西都赋》：“内有承明，著作之庭”。温室殿建于武帝时，爇火温暖以度严冬。《西京杂记》载：“温室以椒涂壁，被之文绣，香桂为柱，设火齐屏风，鸿羽帐规，地以罽宾氍毹”。清凉殿又名延清室，中以“玉晶为盘，贮冰同色”，居之清凉以避炎夏。

后宫之椒房殿，“以椒和泥涂，取其温而芬芳也”，为皇后所居。武帝时又分嫔妃所在为八舍，命名为昭阳、飞翔、增成、合欢、兰林、披香、凤凰、鸳鸯。成帝赵皇后飞燕为昭仪时，即居昭阳舍。《前汉书》卷九十七·外戚传中云：“其中庭彤朱而殿上髹漆，切皆铜沓冒黄金涂，白玉阶，壁带往往为黄金釭，函蓝田璧，明珠翠羽饰之，自后宫未尝有焉”。可知其装饰华丽，居后宫之冠。成帝另一嫔妃班婕妤，则居增成舍。其余后宫殿堂，尚有安处、常宁、茝若、椒风、发越、蕙草等。哀帝时董贤女弟为昭仪，乃就椒风舍。由今日考古发掘所得之未央宫 2 号遗址，据信即为椒房殿所在，其情况将在以后予以介绍。

未央宫中之阁，有石渠、天禄、麒麟、宣室、玉堂、增盘、白虎、属车、尧阁等。内中石渠阁为萧何所造，“其下砻石为渠以导水”，因以为阁名。阁中庋藏自秦咸阳宫所得之图籍。天禄阁亦用以储藏典籍。麒麟阁为杨雄校书处。宣帝时又于此阁内置功臣霍光等十二人图像。

宫中之池台，据《前汉书》、《三辅黄图》等文献，苍池在宫西白虎门外，以池水色苍得名。池中有渐台，王莽地皇四年（公元前 23 年）十月，以兵败见杀于此。影娥池为武帝所凿，用以眺月影云天于水，池旁筑望鹄台（又名眺蟾台）。琳池起于昭帝始元元年（公元前 86 年），“广千步，池南起桂台，亦望远，引太液之水，池中植分枝荷……”其他台榭，有果台、东山台、西山台、钓弋台、通灵台、商台、避风台等。

附属之宫廷建筑，有茧馆、蚕室、东西织室、暴室、作室、饰室、凌室、画堂、永巷、弄田、兽圈……，以及分掌宫廷各部职司之府署。其中之茧馆，为养蚕结茧取丝之所。蚕室供孵化及育蚕，室内常年保持温暖，因此该处又被用以施腐刑（或称宫刑），司马迁即其一例。织室系宫中纺织缯帛之作坊，专供宫廷之用。此外，依《前汉书》卷二十七·五行志，它又有“奉宗庙衣服”的职能。西汉初置东、西二织室。至桓帝和平元年（公元 150 年），“省东织，更名西织为织室”，载见《前汉书》卷十九·百官公卿表。暴室，在前书宣帝纪中有两种注解，一种是“宫人狱也”。

另一种是："掖庭主织作染练之署，……取暴晒为名"。作室之义，依《三辅黄图》为："上方工巧之所"。按上方即尚方，掌御用刀剑及玩好物器之制作。作室即其作坊。凌室用以藏冰，冷藏"供养饮食"。永巷为宫中长巷，一般以幽禁有罪宫人。但亦有例外，如《前汉书》卷三·高后记载："四年（公元前184年）夏，少帝自知非皇后子，出怨言，太后幽之永巷"。

未央宫亦于四垣各建一司马门，作为对外交通门户。萧何建此宫时，仅在北、东二门外建阙，称北阙（又称玄武阙）及东阙（又名苍龙阙）。依《汉书》等文献，北阙为皇宫正门，门外有横门大街与直城门大街，"上书、奏事、谒见之徒"，皆经此门。而东阙与长乐宫西阙相对，为二宫往来必由之道，在其间未建复道时，更是如此。另外，凡诸侯王来长安朝谒，均由此门入未央宫。就中国古代传统而言，凡帝王都城、宫殿之正门，均系南向。而未央宫以北阙为主要门户，应当说是囿于当时的客观现实，而不得不采取的一种权宜手法。由于这一情况的特殊，使得未央宫内建筑的布局，以及前殿的位置和朝向、道路的分布等，都受到许多影响。就可能有下面多种不同的配置形式：

1）前殿朝北，面临北阙。可使由北阙至大朝诸门殿层次分明，重点突出，且雄丽壮观。在交通上也最直接与捷便。缺点是前殿朝向与我国传统相违，有乖礼制。对于朝廷的主要殿堂的使用，也有诸多不便。

2）前殿朝南，背向北阙。大朝在礼制及朝向上，都已不存在问题。但入阙登殿必须先南下，然后折西再北上，既绕道又得穿越宫廷，在交通及使用上不够理想，但却是较正规和传统的解决方式。

3）前殿坐西朝东，侧对北阙。入阙门后由北向南行，然后折西转向前殿。以西位为尊，是我国古来传统礼俗，汉代依然沿袭，其事例见于《史记》、《汉书》者为数亦多。而张衡《西京赋》中，有"朝堂承东，温调延北，西有玉台，联以昆德……"之语。前殿位置是否即依此尊西之礼俗，还待考证。

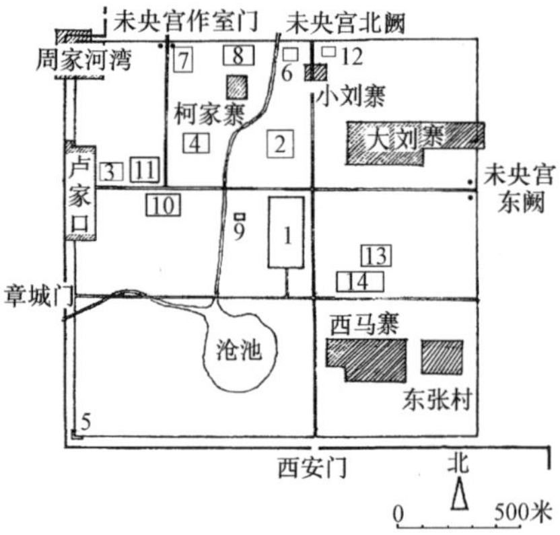

据考古资料，未央宫前殿遗址（即未央宫第一号建筑遗址）位于宫之中央，为一矩形平面，南北长约350米，东西宽约200米，其北端位于龙首山丘陵，位置较高（约高15米）。依以上《三辅黄图》之叙述，则前殿似仍为南北向。由于中国宫殿主要建筑常置于基址的最高处，因此未央宫前殿很可能位于上述遗址之北部。而遗址之中部及南部，则建以广庭及其他殿堂。

图5-25　西汉长安未央宫已发掘遗址位置图（《考古》1996年第3期）
1. 前殿 2. 椒房宫 3. 中央官署
4. 少府（或所辖官署）5. 宫城西南角楼
6. 天禄阁 7. 石渠阁 8-14. 其他建筑

近年来在未央宫遗址中，又发现大型建筑若干组（图5-25），其中已经发表的，有下列数处：

1）未央宫第二号建筑遗址[6]

此遗址位于前殿遗址以北330米，亦即天禄阁遗址南275米处，1981—1983年对该处进行发掘，共揭露遗址面积12392平方米，得知此组建筑之平面大体呈南北纵长之矩形（图5-26），其中包括正殿、配殿、门阙、踏道、地下巷道、地下室、庭院、附属建筑、排水道、水井等，现分别介绍于下：

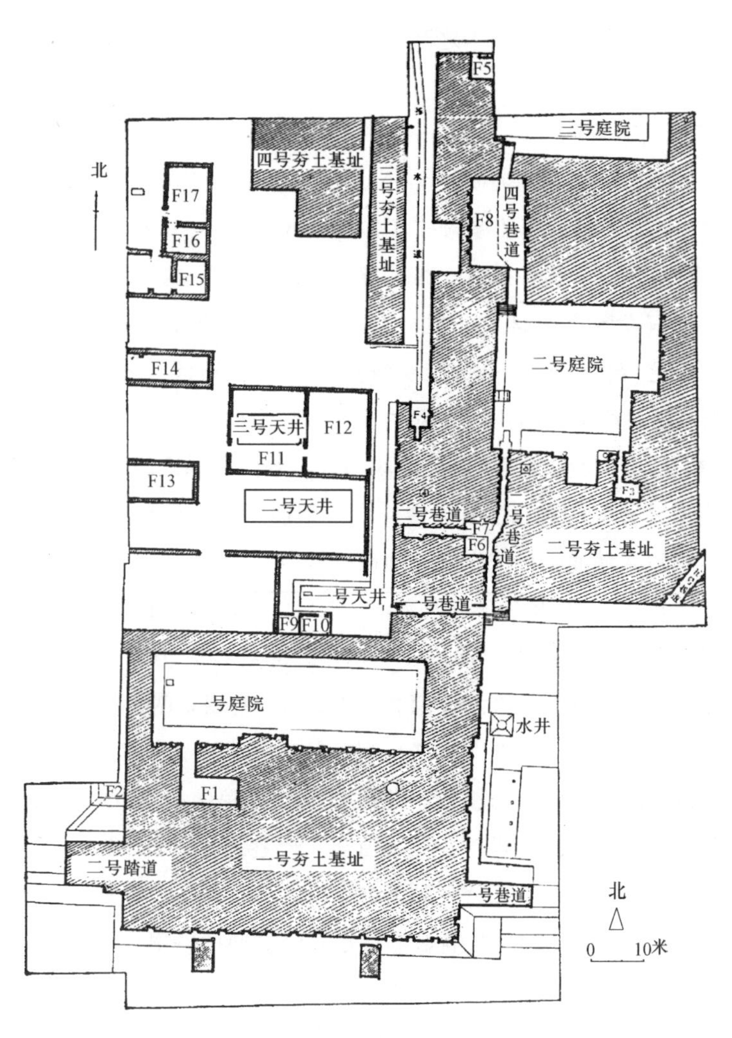

图5-26　西汉长安未央宫第二号建筑遗址平面图（《考古》1992年第8期）

（A）一号夯土基址（正殿）

它位于整个遗址南部但略偏西之大夯土台上。台东西宽54.7米，南北进深27.8～31.2米。现残高0.2～1米，约高出当时地面3.2米，以下又2米为其基深。因台面已毁，故未见有础石或内外墙之遗存。台基南壁面留有长方形平面之柱洞11处，东壁6处，北壁12处，其下多无础石。北壁近西处有一宽2米之通道，南行5米即达一矩形平面小室F1。室东西8.7米，南北3.6米，为自夯土台中挖掘而成的暗室。

殿北辟一狭长庭院（1号庭院），东西宽43.7米，南北进深12.2～13.6米。院北及西面构筑4米厚之夯土墙，而东壁厚达9米。院中原以方砖铺地，现尚有少数地砖留存。四周则建回廊，其中东廊及北廊约宽1.2米，西廊约宽1.6米，南廊宽0.8～2.3米。廊外并铺卵石散水。殿之东、西外侧近南端，各建东西向之踏道一条。东侧之1号踏道宽4米，其北并列附廊，长8.5米，至正殿东壁折北23米而止。尽端东北1米处有圆形平面水井一口。西侧之2号踏道宽7.1～8.3米，北侧亦附廊。廊外5米处有东西宽4.3米，南北长22.5米之狭长建筑F2。此建筑紧贴于正殿之西壁外，部分尚未予以发掘。以上二条踏道之南亦建行廊，并与正殿南壁外之回廊相接，而止于双阙旁侧。

建于正殿南壁外之二座土墩，平面均为长方形且尺度一律，皆南北长5米，东西宽3.6米，二者相距23.6米，依部位及形制，当属殿前之门阙。

正殿夯土台土东北隅，有直径约2米之圆形窖穴一处。另1号庭院之西北角，亦有矩形平面之排水井一处。

(B) 二号夯土基址（配殿）

居整个遗址北部之东侧，其西南有宽达13米之夯土基址与正殿之东北相接。全部基址东西宽48～42米，南北长79～91.5米，表面亦被破坏，仅余残高0.4～0.6米。中部有一矩形（缺东南一角）庭院（2号庭院）。院东西宽22.3～26.8米，南北22.5～28米。夯土基北另有3号庭院，东西宽27.55米，南北仅发掘6～7米之一段。二庭院中皆铺有地砖。

二号夯土基址平面之变化较多，其最突出之特点，为掘有通行于基址中之六条巷道及暗室。

1号巷道在夯土基之最西南，距正殿北壁约4米。其走向为东西，长13米，宽1.6米，现余残高1.45米。东端接于3号巷道之南出口处，西端置空心砖踏垛四级，通过1米之窄门道抵西区之1号天井。巷道内南壁有壁柱穴二，下均置础石。壁面于夯土外包以土坯，再抹草泥面层，最后涂刷白灰，是秦、汉以来墙面的标准做法。地面则铺以条砖。

2号巷道在1号巷道以北11米，亦东西走向，长13.5～14.4米，宽0.7～1.4米，残高1.2米。入口在东，亦即3号巷道中部之西壁。夹巷口南、北各辟一小室。南室（F6）东西宽3米，南北长2.8米；北室（F7）东西宽4.2米，南北仅1.2米。巷道之南、北壁各开柱穴四处。巷道西端稍予拓广，形成一东西3.5米，南北2米之小室，但未通于西壁之外。

3号巷道大体为南北向，又可分为二段。北段自2号庭院西南之入口开始，南行止于2号巷道，长度13.5米，宽1～1.3米。南段自2号巷道至1号巷道口，长12米，宽约1米。北段东壁列柱穴十处，西壁八处。南段之东、西壁各列五处。

4号巷道在基址西北，亦南北向。北端始于三号庭院之西南，南行经暗室F8之下，出口则在二号庭院之西北。全长27.4米，宽0.9～1.5米。

5号巷道在基址东南隅，斜向东北（40°），仅掘得长约10米之一段，其宽为1.8米。西壁有四础石，间距2.2～3米。

6号巷道在二号庭院东南，走向南北。长4.0米，宽0.9米，东，西壁各有柱穴二处。此巷通往暗室F3，室面积东西宽4米，南北2.4米，北壁柱穴三处，南壁四处。

其他之暗室如F4、F5、皆在土台西侧，且面积不大。惟位于4号巷道之上的F8室面积居各室之首。其南北长13.7米，东西宽8米。室内东、西壁各列柱洞六处。

二号庭院之四周，均构有行廊，宽度2～4米不等。另北壁辟柱穴二、东壁五、南壁一处。三号庭院现知有东廊及南廊，宽3～4米。

(C) 三号夯土基址

平面呈条状，位于2号基址之西，并与之夹排水沟相望。此基址东西宽6米，南北已掘得35米。

(D) 四号夯土基址

平面作曲尺形，紧邻于3号基址之西侧，现测得其东西宽17.8～10.8米，南北长度仅发掘其南端之18.5米。

（E）附属建筑

位于遗址西部，由若干小建筑及天井组成。现已掘出建筑遗址 9 处（编号 F9～F17），天井 3 处（编号 1 号～3 号）。面积均不甚大，其中最大的 F12 亦约 120 平方米。墙垣多用夯土或土坯，甚少使用壁柱。房屋跨度一般 5～7 米，仅 F11 宽达 9.8 米。应是本宫区辅助性或服务性建筑之所在。

出土建筑材料有：

①方砖一般边长 30.5～35.6 厘米，厚 4.2～5 厘米，面纹有素面、方格纹、几何纹等，用于铺地及镶砌廊道边沿。

②条砖长 30.4～38 厘米，宽 14.5～19.2 厘米，厚 7.5～10 厘米，表面平素。用于巷道铺地及构砌排水沟壁。

③扇形砖前弧长 25.4～49.7 厘米，后弧长 21.7～39 厘米，宽 9.8～18 厘米，厚 4～9.4 厘米。用于筑水井壁。

④空心砖皆残，纹样有乳丁纹加几何纹、菱形纹加回纹二种组合形式，皆用于踏垛。

⑤筒瓦长 49.8～57.8 厘米，径宽 15.3～24.5 厘米，厚 1.4～2.1 厘米。表面饰绳纹，内面为布纹或麻点纹。表面又有戳记如"居"、"大五十一"等。

⑥板瓦皆残，表里纹饰同上。色灰或深灰。亦有戳记如"宫右"，"大廿九"……

⑦瓦当均为圆形，纹样有云纹、葵纹、素面和文字瓦当（"长乐未央"、"长生无极"、"千秋万岁"等）四种，直径一般 19.6～20.6 厘米。

根据建筑遗址之位置适在未央宫前殿之后，而本身建筑又包括门阙、殿堂、配殿及大量附属房屋、走廊、水井等，表明是一处供后宫居住之建筑。推测是供皇后居住的椒房殿所在。

2）未央宫第三号建筑遗址[7]

1986—1987 年在未央宫前殿遗址西北 880 米，西距未央宫西宫垣 105 米处，发现了一组大型宫室建筑遗址，定名为未央宫第三号建筑遗址（图 5-27）。它位于一条横贯宫内东西的汉代大道以北 6.3 米，平面为规整之矩形，东西宽 134.7 米，南北长 65.5 米，周以夯土围墙。据发掘知其南垣厚 2.7 米，另三面墙厚 1.5～1.7 米。现埋于地下之残高，尚达 6～60 厘米。墙基深 1.25～1.7 米，夯层厚 5～8 厘米，夯窝直径 4～6 厘米。除南垣外，其余内墙面均有壁柱穴，平面绝大多数为矩形，并作对称式排列。除东墙无廊、西、北、南三面墙外俱有，其宽度分别为 0.9 米，1.3 米及

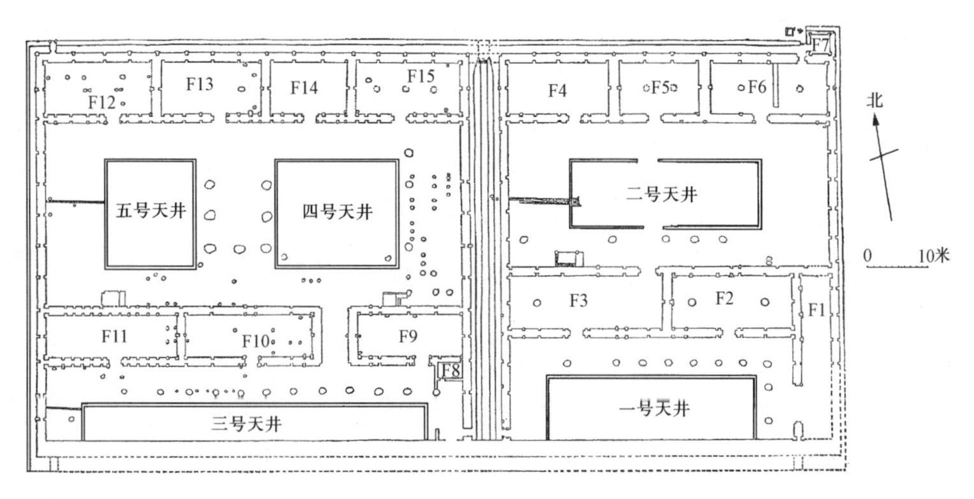

图 5-27　西汉长安未央宫第三号建筑遗址平面图（《考古》1989 年第 1 期）

2.3米。另东、北、西墙外皆铺有散水。遗址中部建有南北向之水渠一条，将本组建筑划为东、西二区，其中西区面积大于东区。

东区建筑东西总宽57米，南北通长65.5米。其北、东、南垣即上述之宫墙。西墙厚1.25～1.5米，残高0.16～0.28米，墙外（西侧）并建宽0.9米之长廊。本区内共有对外交通之门户二道，天井与回廊各两处，房屋七间。门户一辟于北墙之极东处，门宽1.1米，进深1.6米。另一在西墙之最南端，宽1.15米，进深1.25米。一号天井在本区之最南端，南面临墙，其余三面周以回廊。廊侧尚有若干檐柱础石存留，计东廊两块，北廊八块，间距约3.4米。础石之大小及形状都不规则，大者长0.83米，宽0.65米，厚0.3米，小者长0.65米，宽0.62米，厚0.2米。二号天井在本区中部偏北，面积较一号天井为大，平面亦作东西长之矩形。西周绕以回廊。南廊中亦遗有檐柱础石四块，其间距约4米。础石为不规则之矩形，一般长0.65、宽0.6、厚0.25米。天井西端构有地漏一处，面积呈矩形，东西宽0.66米，南北长0.8米，深0.56米。其下埋五边形断面水管二列，并行向西导至垣外之排水渠中，全长13.8米。

房屋之编号为F1至F7。F1位于一号天井之东端，平面作南北长之条形，其西墙南端正对天井处，辟有一宽6米之门道。F2在F1之西，一号天井之北偏东，平面为东西长之矩形，其南垣中部置一门，宽2.45米。F3在F2以西，除于南垣中部开一宽2.3米之门外，另于北垣东尽端辟一门，宽2.93米。在F2之东西轴线上，列有石柱础二枚，其间距为12.4米，距东、西壁各4.1米。F3室内亦有类似现象，但仅距西垣4.32米处有础石一枚。此外，F3北垣外之中段，依墙筑有矩形之夯土台，台东西宽3.5米，南北长2.5米，残高0.45米。其西、南二侧砌以40厘米×20厘米×9厘米之土坯砖。另于台之东北及西北隅，各有附础石之壁柱一根。此台之用途尚不明了，可能是作为楼梯的基座。F4、F5、F6三室依由西往东之顺序，并列于二号天井之北。各室均在南垣辟一门，宽度分别为2.3米，2.37米，2.45米。另F6北垣亦开一门，即前述本区建筑之北门。F6内有沟槽一条，走向南北，长7.3米，宽0.5米，深0.35米。由槽中遗有多量炭灰，此处原来可能构有木质隔墙。槽南有一门道，宽1.1米。又F5、F6室内东西轴线上，亦各有石础二处。F7为一小室，位于本区之东北角，平面大体呈方形，室内四隅均构壁柱。室西辟门一，宽0.9米，显系供门卫等用途之附属房屋。室外西侧2.7米处，有直径0.87米之水井一口，井周以扇面砖砌井台，东西宽1.1米，南北长1.15米。有关天井、回廊及各房屋之尺度，请另见附表。

西区建筑东西总宽72.7米，南北总长65.5米，四面亦周以夯土围墙，尺度与东区者相对应。本区共有对外门户二座，天井三处，回廊二道及房屋八间。其一对外之门设于东垣南端，与东区西垣南门相对，另一辟于南墙东尽头，宽1.1米。三号天井位置与东区一号天井大体相仿，但形状更为狭长，亦一面对墙三面建廊。东廊因辟有对外之二门，故以隔墙分断，形成入口之门廊及甚窄之檐廊。北廊南沿有柱础石一列十二枚，间距4米。西廊亦存一处。础石长，宽各约60厘米，厚20厘米。天井西侧亦有排水管道一条导向西垣之外，长度约12米。四号及五号天井并列，与其间之回廊组成一“日”字形平面。其中东廊有较大础石六枚，中廊七枚。西廊下亦构有导向西垣外之下水道一条，长度与前者相若。

F8为正对南大门之小室，位于三号天井东廊之北端，其南垣西端辟小门一扇。F9、F10、F11均位于三号天井北侧，平面均呈矩形，并各于其南墙中部开门一，宽度依次为2.5米，2.3米，2.1米。室内各有小石础若干，当系自壁柱下移动易位者。在F9与F10间，有一条自三号天井北廊通向四号天井南廊之南北向通道，宽4.3米。另在F9及F11之北墙外，各有依墙而建之夯土台一处。

F12、F13、F14、F15均为矩形平面房屋，自西往东依次并列于四号、五号天井北廊之北。各室均于中部辟门一，宽度为2.2米，2.2米，2.1米，2.1米。F13在其东西轴线之东侧有础石一块，F15则有三块。

壁柱之排列，疏密不一。密者如F11之北垣内壁，竟达十一处之多，最小距离在1.5米左右。间距大者如F10及F2，各有一处达6米，一般多为4～5米。室内则以壁柱划为三至五间，并于四内隅及门户二侧之四墙角处各立木柱。

天井已考虑自然排水坡度。如一号、三号天井之东、西、北三边均向中央构成21°之缓坡（坡长36厘米，水平长度34厘米）。二号天井则四边起坡，坡长与斜度均同一号天井。

内部建筑排列整齐有序，但不类一般居住建筑。由出土的大量铁质武器、车马器以及数以万计的刻字骨签判断，本组建筑应属宫中之工官官署。

未央宫第三号建筑遗址各建筑尺度如下表（米）：

建筑名称	尺度（东西×南北）	建筑名称	尺度（东西×南北）
一号天井	35.00×10.60	F1	5.10×26.80
东　廊	6.20×16.75	F2	20.50×8.40
北　廊	47.20×6.20	F3	25.60×8.40
西　廊	6.20×16.75	F4	17.00×8.40
二号天井	32.00×11.20	F5	13.20×8.30
东　廊	11.30×23.20	F6	19.00×8.30
北　廊	53.60×6.10	F7	3.70×3.05
西　廊	10.30×23.20		
南　廊	53.60×6.10		
三号天井	57.20×6.10	F8	
东　廊	1.40×12.10	F9	
北　廊	64.70×6.20	F10	
西　廊	6.10×12.10	F11	
四号天井		F12	
五号天井		F13	
东　廊		F14	
中　廊		F15	
西　廊			
北　廊			
南　廊			

3）未央宫第四号建筑遗址[8]（图5-28）

该遗址坐落在未央宫一号建筑遗址（前殿）西北400米及第二号建筑遗址（椒房宫）以西350米处，发掘于1997年10月至1998年5月。由于其东、西二侧已为现代水渠所破坏，故所进行之发掘仅限于东西109.9米及南北59米之范围内，揭露面积约5575平方米。经探明之建、构筑物，有南北排列之殿堂，与其东、西两侧之附属建筑，以及通道、行廊、院落、水池、水井等。现分述其情况如下：

（A）殿堂

a）南殿堂（F23）为面阔七间，进深二间之坐北面南建筑，东西宽46.1米，南北长17.5米，面积达707平方米，居本遗址中已发掘诸建筑之冠。其东、北、西三面有夯土墙基（西面因压有

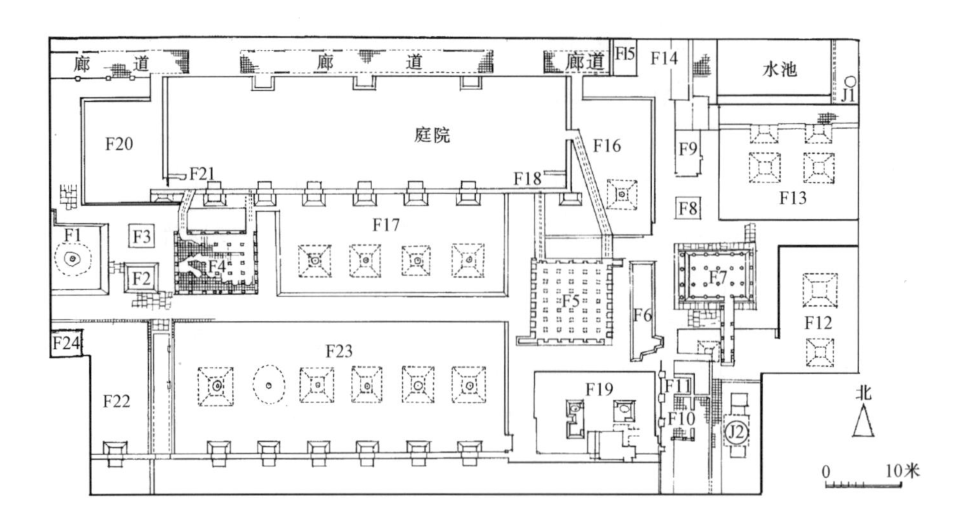

图5-28 西汉长安未央宫第四号建筑遗址平面图（《考古》1993年第11期）

现代墓葬，未全部发掘），基高0.6米，底宽顶窄，现测得东墙基顶部宽3.5米，西、北墙基顶部宽3米。北墙基西侧表面尚存原贴砌之石板十三块，共长5.3米。每石板长0.53米，宽0.27～0.47米，厚0.05米，石质为细砂岩。北墙基南侧有东西向排列之石础七块，大部已被移动，现间距为6.3～10.1米。殿南侧构有东西排列之础墩六个，其间距为7米，但两端础墩距东、西墙基内缘分别为4.7米与5.8米。础墩由夯土筑成，高0.35米，底部东西宽3.1～3.3米，南北长1.65～1.7米；顶部东西宽1.4～1.8米，南北长1～1.04米。顶部原有础石已佚，底部之东、北、西三面均砌有拦边石。

室内另构有东南排列之内础墩一列六个，其中轴线距南、北墙分别为9.1米及8.2米。而各墩之南北向中线又与南墙各础墩相重合。内础墩高0.98～1.05米，平面大部为下大上小之覆斗形，底部东西宽4～4.6米，南北长4.3～5米；仅西端第二础墩之下部为椭圆形，南北长径5米，东西短径4.5米；顶部为直径2.2米之圆形。础墩上置石础，形状不一，有长方形（长2～2.2米，宽1.36～1.6米）、椭圆形（长径2.3～2.5米，短径1.7～2.1米）及圆形（直径1.6米）数种。础厚0.47～0.48米。石础上表面皆刻出高0.04～0.12米，直径0.46～1.44米之平面凸圆。其中央再凿一深0.12～0.15米，直径0.05～0.12米之石洞，估计用以插入木柱下部之柱脚榫。础墩四周表面包砌以砂石板，底部沿边亦砌拦边石。

b）北殿堂（F17）此建筑紧邻于F23北侧，为面阔五间，进深二间之坐南面北建筑。东西宽31米，南北长12.9米，面积亦达400平方米。其东、南、西三面夯土墙基尚存。北面临广庭处构础墩四座，间距为7米；两侧础墩与东、西墙距离均为5米。室内亦有东西排列之内柱础基一列共四座，距南墙4.2米。上述内、外础墩之排列方式与构造，均与F23基本雷同，仅尺度略小。

（B）附属建筑

分布于上述二殿堂东、西二侧者，又各有若干附属建筑。例如：位于东侧的有F5、F6、F7、F8、F9、F10、F11、F12、F13、F14、F15、F18、F19。位于西侧的有F1、F2、F3、F4、F20、F21、F22、F24。现择其部分予以介绍

a）F19 位于南殿堂东侧，平面矩形，东西宽16.3米，南北长10.9米，朝向亦为坐北面南。原有东、北、西三面墙基尚存。南面仅有一檐柱础石。室内发现础墩三处，分为东、西二列；其西列者为二墩相连，亦本区遗址中之孤例。此室之西墙基即F23东墙基之南段，北墙基则为F5及F6之南墙基。

室内中部偏东有一曲尺形平面土坑，坑底低于F19室内地面0.75～0.97米。坑西侧置斜度为37.5°之坡道，坡长1.7米，水平长度1.15米，当为供上下交通之通道。

b）F22　位于南殿堂西侧。因上有现代墓葬叠压，故仅得发掘其一部。现得知其朝向为坐北朝南，南北进深为17.2米，北部东西向最大宽度为9.5米。东墙基即F23之西墙基，北墙基为F1、F2之南墙基，南面檐垣仅余长度6.8米，中有础墩一处。墩底部东西3.1米，南北2米；顶部东西1.3米，南北0.89米；高0.4米。室内未发现础墩遗留。

c）F4　紧邻北殿堂西侧，平面矩形，东西宽11.35米，南北长8.25米。其东墙基即F17之西墙基，南墙基为F23北墙基之西段，西墙基为F2、F3之东墙基。

室内整齐排列东西横向及南北纵向之础石各七行，其东西间距为1.8～2米，南北间距为1～1.3米。除最外侧之础石半置于夯土墙内，其余皆置于独立之砖垛上。砖垛平面方形，每面长0.38米，高0.51米。由陶砖六层砌成，每层两块。室内地面另铺素面方砖及矩形砖，计东西向21排、南北向28排。

北墙两端各建通气道一条，通向F17北侧之大庭院。东端者为直道，南北长5.0米，宽0.8米，高0.64米。西端通气道分为二段，首段为南北向，长2.2米；次段为东北向，长5.0米。其高、宽度与东端者相若。

d）F5　位于北殿堂东侧，平面近方形，东西宽10.1米，南北长10米。室内亦有排列整齐之砖垛痕迹，计南北纵向九排，间距1.3～1.5米；东西横向七列，间距1.8米。估计其原来构造情况与F4室者一致。此室之东北及西南，各有一宽约1米，长2～3米之狭槽伸入东、西侧夯土墙基内。

内墙二端亦建有通向大庭院之通气道。西端者为南北向直道，长8.6米，宽0.8米，高0.75米。东端者可分为三段：首段南北向，长3.35米；次段西北向，长13.6米；三段东西向，长0.6米。通气道宽0.8米，高0.75～0.87米。其两壁及底面均由陶砖砌成。

e）F6　在F5东侧，平面大体呈纵条形，仅东南隅作不规则之折线状。东西宽3.4米，南北长12.1米。

f）F7　在F6以东，为一半地下式建筑，深1.4米，底部平面宽7.9米，南北长5.7米。室内有东西横向础石四排，间距1.9米；南北纵向础石七列，间距1.2～2米。

此室之壁体情况较为复杂，内中东壁与西壁，南壁与北壁构造相似。

东壁由下部之斜壁、二层台及上部之直壁与顶台构成。斜壁坡度59°，斜长0.9米，垂直高度0.72米。坡顶为宽0.46米之二层台，台上自北往南置础石四块，间距1.8米。础石长0.47～0.6米，宽0.33～0.5米，厚0.14～0.22米。台上遗有南北向之枋木木灰痕迹。台东构高0.52米夯土直壁，上置宽0.4米之顶台。台上铺石板，板上有东西向之枋木木灰。

北壁由斜壁及直壁与顶台组成。斜壁坡度45°，斜长0.9米，垂直高度0.74米。直壁高0.48米，其外缘砌土坯二排。上部之顶台宽1米，列有柱槽七道，每槽南北长0.48～0.7米，东西宽0.4～0.6米，深0.5～0.6米。槽间隔以夯土台、台上铺南北长0.5～0.7米，东西宽1.06～1.2米之石板。

南壁形制与北壁相似，惟在其距东南角3米处辟一斜坡门道，自坑底向南逐渐升高，水平长度8.1米，南尽端再置踏垛二级。坡道东沿遗础石四块，四沿础石五块。坡道宽0.94米。

室中堆积大量经火焚烧之土坯、陶砖瓦及烧土块，又有众多之王莽货币。

（C）庭院及其他构筑

a）大庭院　位于发掘遗址北部中央略偏西，平面作扁长方形，东西宽 54.5 米，南北长 14.7 米。庭院南邻 F4、F17，东接 F16，西临 F20，北为东西向之廊道。此廊道分为三段，其间各隔以长 7 米之泥土地面。东段廊道长 8.8 米，宽 2.8 米；中段长 34.7 米，宽 2.8 米；西段长 19.3 米（未完），宽 3.3 米。东廊西接 F15、F16；中廊南侧有大柱墩三处，各相距 14 米；西廊东端与 F20 相接，南侧遗柱洞三个。各廊地面均铺以素面方砖。

b）通道　计有二处：

南通道　宽 1.1 米，已发掘长度 15.5 米，地面通铺素面方砖。通道西侧有 F10、F11，东侧有水井 J2。

北通道　又分为南部之坡道及北部之平道。南坡道南北长 4.8 米，东西宽 2.1 米，坡度 15°，道面铺几何纹方砖。坡道两侧皆构夯土墙，墙南北长 3.3 米，宽 1.5 米。北端平道宽 3.2 米，已发掘南北长度 6.4 米，铺素面方砖。平道南端距坡道 3.3 米处，有存木灰槽沟，当系旧日木质木户位置。

c）水池　位于遗址东北角。其东建有宽 0.5 米，表面贴砖之夯土墙一道。南邻 F13。西依北通道。东西宽 14.5 米，已发掘之南北进深为 6～6.5 米。池底积有粗砂及细砂，内中出土多量螺壳。

池之东、西二面为直壁，高度分别为 0.75 米及 0.85 米。南面呈北低南高之 23°坡岸，坡长 1.6 米，水平长 1.4 米。

d）水井

J1　在遗址东北隅，西距水池东墙 1.2 米，南至 F13 北廊道 2.2 米。井口直径 0.9 米，深度因未发掘不详。

J2　位于遗址东南隅，亦南通道以东 2 米处。井口直径 1.2 米，周旁构有铺素面方砖之井台。井台东西宽 3.3 米，南北长 4 米。井深因井壁塌落未进一步发掘。

（D）该建筑群之特点

a）此区建筑虽仅经部分揭露，已知内中建筑有地面与半地下之分，且面积大小悬殊，平面形状及构造方式各有差异，其相互组合之关系也很复杂，因此应是宫内一组规模较大与用途多样的重要建筑。

b）遗址内出土多量各类器物，如陶器有釜、钵、弹丸、陶球、陶饼、纺轮……铁器有锛、铺、钩、钉……铜器有建筑构件、铺首、弓盖帽、箭镞……货币有半两、五铢、货布、货泉等等。表明存贮物件的品种范围甚广，而这应与该建筑群之使用职能有关。

c）除有较大之殿堂（F23、F17），其 F4、F5、F7 之平面内皆建有排列整齐之础墩。再依墩上存有木构件遗灰与建造地下通风道等迹象，可知上述建筑系采用了上有地板下可通风防湿的构造形式。而 F7 所出成串之大量货泉，更证实采用上述构造方式的必要性。

d）出土的建筑材料，有土坯砖、陶砖、空心砖及陶瓦与瓦当。其中陶瓦上戳记有“宫三”、“宫廿”、“宫右”等字样。瓦当图案除菊纹、葵纹、涡纹、云纹与连环云纹外，尚有“长乐未央”、“与天无极”等文字瓦当。这些专用于皇室建筑的构件，表明这组建筑绝非一般宫内房舍。

e）出土封泥，除有“臣充”、“臣明”、“臣隆”等外，尚有大量的“汤官饮监章”。依《汉书》卷十九·上·百官公卿表，知少府下属有汤官。颜师古注曰：“汤官主饼饵”。由此可得知此组建筑的部分功能属性。

f）此组建筑位于未央宫之西北，即宫中少府所辖各官署之集中地带（包括上方、织室、暴室等）。因此本建筑群的职司亦应与之相近。

综上所述，考古学家将该建筑遗址定为西汉时掌握皇室财务与内事的少府或其主要官署所在，应是符合情理的。

4）未央宫第五号建筑遗址[9]（图 5-29）

1988 年 10 月至 1989 年 4 月，考古工作者在西汉长安南隅发掘了未央宫西南角楼，编号为未央宫第五号建筑遗址。角楼平面为曲尺形，其中之南段东西宽 67.7 米，南北进深 11.4～13.3 米。西段南北长 31.5 米，东西宽 10.5 米。基址残高 0.3～0.6 米，其北侧内壁遗有壁柱穴五处，柱穴作凹入墙内之半圆形，外侧有一高于汉代地面 0.32 米、低于现存角楼基址 0.3 米之矩形夯土台。柱穴编号为 D_1～D_5，除 D1 下尚存石柱础外，余穴皆不存。D1 位于角楼内转角以东 16.3 米，D1 至 D5 间距依次为 11.76 米，3.3 米，3 米与 3.1 米。基址东侧内壁有相似柱穴三处，编号为 D6、D7、D8。D6 位于角楼内转角以北 2.4 米，D6 至 D8 间距依次为 3.1 米，3.4 米。在 D3、D4、D5 与 D6、D7 间之地面，均有铺地砖残留。北壁部分壁面还遗有白粉墙皮。

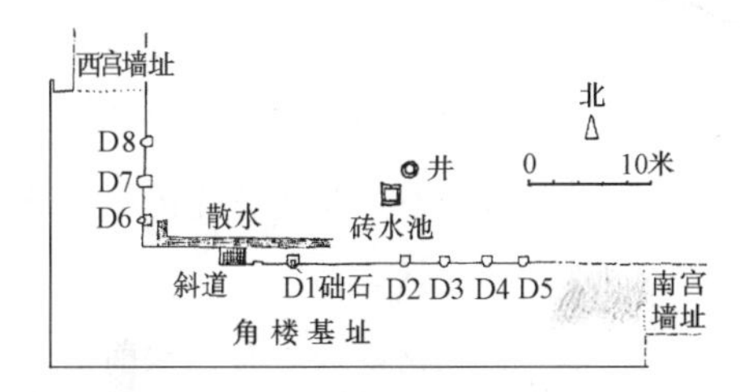

图 5-29 西汉长安未央宫第五号建筑遗址平面图（《考古》1996 年第 3 期）

北壁西端有铺方砖之斜道一条，位于角楼基址内转角以东 8.75 米处。斜道长 2.7 米，宽 1.7 米，倾斜度 10°。

其外侧又置有以陶砖竖砌拦边、中置陶瓦之散水一道。散水东西残长 19.6 米，南北残长 2.8 米，宽 0.88 米。

基址以北有砖壁水井一口，外径 1.36 米，内径 0.98 米。井与北壁距离为 9.4 米，与东壁距离 29.5 米。

北壁以北 6.2 米有砖砌方形平面砖池一座（南北长 1.82 米，东西广 1.7 米）。其与东壁及水井距离分别为 26.7 米及 2.1 米。

遗址出土有陶砖（条砖、方砖、楔形砖、空心砖）、陶瓦（筒瓦、板瓦）、瓦当（葵纹、蕉叶纹、花瓣纹、凤纹、涡纹、云纹、连环纹及“卫”、“长生无极”文字……）多种，并有铁剑、矛、镞、甲片等武器甚多。

据出土文物及地层分析，此角楼基址建于西汉。

（3）北宫

北宫位于未央宫东北，长乐宫西北，与武库隔直城门——霸城门大街相望。具体位置虽文献无载，但经考古发掘，目前已大体探明。据《三辅黄图》：“北宫在长安城中，近桂宫，俱在未央宫北，周回十里。高帝时制度草创，孝武增修之”。由《前汉书》卷九十七（上）·外戚传，知孝惠张皇后以吕氏党，曾“废处北宫”。此乃文帝后元元年（公元前 163 年）以前事，表明当时北宫已建。

综合文献所述，此宫的用途有三：安置废退或年老的先王后妃；祭奉神仙；做太子宫。前者除孝惠张后外，平帝初亦“贬皇太后赵氏为孝成皇后，退居北宫”，事见《前汉书》卷十二·平帝纪。成帝时，迁其祖母定陶傅太后居此宫（同书卷八十一·孔光传）。

在北宫中大兴土木以奉神仙，始于武帝。《史记》卷十二·孝武纪："又置寿宫（于）北宫，张羽旗，设供具，以礼神君"。《三辅黄图》则称："北宫有神仙宫寿宫，……神君来则肃然生风，帷帐皆动"。上书及《前汉书》皆称北宫内有太子宫。

北宫之门户，仅《前汉书》卷六十五·东方朔传，载有东司马门。依长安长乐、未央等宫，皆于四面宫垣各辟司马门一处，估计北宫亦当如此。至于是否建有门阙，文史俱未提及，依推测应建有。前述孔光传中，载有"北宫有紫房复道，通未央宫"的史实，这表明二宫之间的距离不会太远。

宫内殿堂有主殿前殿，《三辅黄图》称："广五十步，珠帘玉户如桂宫"。太子宫中则有甲馆、画堂和丙殿，具见《前汉书》卷九十八·元后传。又据东方朔传，武帝时曾屡引帝姑馆陶公主近幸董偃"游戏北宫"及"置酒北宫"，表明宫中尚有游宴之所，惟其殿堂山池之名谓及情形，现已不传。

（4）桂宫

桂宫在未央宫北侧西偏，即横门大街与都城西垣之间，北近西市。平面亦呈矩形，南北长约1800米，东西宽约880米，占地面积约1.6平方公里。其周长约5.4公里，与《水经注》、《三辅黄图》所述之"十余里"，大体一致。依《三辅黄图》，此宫建于武帝太初四年（公元前101年）秋，但《前汉书》中作明光宫，故前书恐误。桂宫之名，首见于《前汉书》卷九·成帝纪，中云："年三岁而宣帝崩，元帝即位，帝为太子，壮好经书，博览谨慎。初居桂宫，上尝急召太子，出龙楼门，不敢绝驰道，西至直城门，得绝乃度，还入作室门。上迟之问其故，以状对，上大悦，乃著令令太子行绝驰道云"。文中之"初"，可作多种解释，但至少在元帝末季，即公元前33年以前，桂宫已经建成，则是无可置疑的事实。以后哀帝、平帝时，均以此宫居太后，事见二帝本纪。由于未央宫之作室门位置已被发现，故桂宫之龙楼门应在此宫之南垣与未央宫作室门隔街相对。

宫内之殿堂台道，依《前汉书》卷十一·哀帝纪："建平三年（公元前4年）春正月……癸卯，帝太后所居桂宫正殿火"。同书卷二十七（上）·五行志又载此事，知该殿名鸿宁殿，为哀帝祖母傅太后所居。但是否即《三辅黄图》所云，其"朱帘玉户"而与北宫相埒的前殿，还不能予以证实。其他殿台，尚有明光殿、走狗台等。又另建有复道。张衡《西京赋》载："钩陈之外，阁道穹隆，属长乐，达明光，迳北通于桂宫"。而《初学记》则曰："复道横北渡西至神明台"。可见当时于各宫间建有复道，乃是普遍现象。

（5）明光宫

宫在长安城内，位于长乐宫以北，安门大街以东。《前汉书》卷六·武帝纪称："太初四年（公元前101年）秋，起明光宫"。建宫目的乃为求仙，是以《三辅黄图》载："武帝求仙，起明光宫。发燕、赵美女二千人充之，率取二十以下十五以上，年满三十者出嫁之。掖庭令总其籍，时有死者随出者"。平帝元始元年（公元元年）六月，罢明光宫。此宫之确切位置，范围及殿堂门阙情况，史文未见载录。仅成帝时，母舅"成都侯商尝病，欲避暑，从上借明光宫"。具见《前汉书》卷九十八·元后传。可见当时此宫较为静僻，又不为王室常用，是以至平帝时始有废罢之举。

（6）建章宫

太初元年（公元前104年），柏梁台不慎于火。武帝采纳越巫之言，大起宫室以厌胜，遂于长安西都垣外立建章宫。据记载，此宫周围二十余里。其正门在南垣，名阊阖门。依《三辅黄图》："高二十五丈，亦曰：璧门"。《汉武故事》载："建章宫……南有璧门三层，高三十余丈。中殿十二间，阶陛咸以玉为之。铸铜凤高五丈，饰以黄金，栖屋上，椽首溥以玉璧，因曰：璧玉门也"。

门内起别风阙（又称折风阙），“高二十五丈，对峙井干楼，高五十丈。连阁皆有罘罳”。北宫门外建有北阙，东宫门外建有东阙。后者以阙上立以金凤凰，故又名凤阙。其平面作圆形，甚为特殊，但立意不明。《三辅黄图》称阙高二十五丈，与《水经注》载“高七丈五尺”相去甚远，不知孰是。

宫中又划为若干小宫，其中门、阁、楼、台、殿、堂极多，故有“千门万户”之称。主要建筑为前殿，甚为高峻，可“下视未央”。另有骀荡、驭娑、枍栺、天梁、奇宝、鼓簧等宫。依《三辅黄图》：“骀荡宫，春时景物骀荡满宫中也。驭娑宫，马行迅疾，一日遍宫中，言宫之大也。枍栺宫，枍栺，木名，宫中美木茂盛也。天梁宫，梁木至于天，言宫之高也。奇宝宫，四海夷狄器服珍宝，火浣布、切玉刀、巨象、大雀、狮子、宫马充塞其中”。又《汉宫阁疏》：“鼓簧宫，周匝一百三十步，在建章宫西北”。殿堂则有“玉堂、神明、疏圃、鸣銮、奇华、铜柱、函德等二十六殿”。

池沼有唐中池，在前殿以西。《三辅黄图》称：“周回二十里，在建章宫太液池南”。《史记》卷二十九·河渠书则曰：“前殿……其西则唐中数十里”。但《前汉书》卷二十五（下）·郊祀志之记载为：“……其西则商中数十里虎圈”。其下且有颜师古注：“商，金也。于序在秋，故谓西方之庭为商庭，言广数十里。于虎亦西方之兽，故于此置其圈也”。一字之差，其释义相去何啻千里，现并录以供识者考证。太液池在宫之北，取此名者“言其津润所及之广也”。池中有瀐台（又作渐台），高二十余丈（《汉武故事》中作高三十丈）。另有“蓬莱、方丈、瀛洲、壶梁，象海中神山、龟鱼之属”，文见《史记》卷十二·孝武纪。《三辅旧事》则称：“池周回千顷”，“成帝常于秋日与赵飞燕戏于太液池。以沙棠木为舟，以云母饰于舟首，一名云舟。又刻大桐木为虬龙，雕饰如真，夹云舟而行。紫桂为柁枻……”。《三辅故事》又有：“建章宫北作清渊海”之记载。

其余著名之楼台，有井干楼。《关中记》谓：“宫北有井干台，高五十丈，积木为楼，言筑累万木，转相交架如井干”。又有神明台。据《汉宫阙疏》：“台高五十丈，上有九室，常置九天道士百人”。《史记索隐》曰：“胡巫事九天于神明台”。《庙记》则称：“神明台，武帝造，祭仙人处。上有承露盘，有铜仙人舒掌捧铜盘玉杯，以承云表之露，和玉屑服之，以求仙道”。《三辅故事》载：“建章宫承露盘高二十丈，大七围，以铜为之，上有仙人掌承露……”。又有凉风台，亦在建章宫北，录见《三辅黄图》。各楼台门阙间，并联以复道，以便交通往来。

武帝建造此宫，是出于他好大喜功的心理和追求奢侈享受的要求。他在位时正值汉朝国力隆盛之际，除屡出兵击匈奴、西羌、朝鲜和西南夷。还广兴土木，多建宫苑。这时的未央宫虽仍是大朝所在，但由于制式已成，又受到面积限制，不能作大规模的扩展。因此就在城外新建具有更多内容的新宫，作为起居游息之所。据记载，建章宫与未央宫之间，亦建有超越长安西城垣之阁道。

2. 洛阳宫殿

（1）南宫

南宫之名称，首见于《史记》卷八·高祖纪：“五年（公元前202年）……高祖置酒洛阳南宫……”《前汉书》卷一（下）·高帝纪中除有相同记述外，又载：“六年……上居南宫，从复道上见诸将往往耦语……”。可知刘邦在五年二月至七年二月迁往长安之前，均居于此宫。此宫建于何时，文献中无可考证。以当时亡秦灭楚战争方弭，国内局势尚未完全安定，刘邦兴造此宫的可能性极小，因此该宫应建于秦代或更早。而《舆地志》云洛阳于“秦时已有南、北宫”，应是有所凭依的。

西汉末，各地举义兵反王莽，共立更始将军刘玄为天子，并一度都洛阳，事先曾令刘秀为司隶校尉，"使前整修宫府"，可见当时南宫还相当完整。以后刘秀称帝，于建武元年（公元 25 年）十月"入洛阳，幸南宫却非殿，遂定都焉"，事载《后汉书》卷一·光武帝纪。

依据文献记录与考古发掘资料，知南宫位于洛阳城内中部稍偏东南，大体在中东门大街以南、秏门——广阳门大街以北，开阳门大街以西，小苑门大街以东之地域。宫平面呈矩形，南北约长 1300 米，东西约宽 1000 米。四面各有门阙，以南垣之朱雀阙为宫之主阙。北阙名玄武阙，有复道经此通北宫。东阙名苍龙，西阙名白虎。宫之南中门名乐城门，内有端门。其他门殿见于文献的，尚有承善、青琐、九龙、金商、崇贤、高阳等。

宫中主殿称前殿，建于光武帝建武十四年（公元 38 年）春正月。中元二年（公元 57 年）帝亦崩于此。另有嘉德殿、承福殿、宣德殿、乐成殿、却非殿、宣室殿、广德殿、千秋万岁殿、玉堂前、后殿、长秋殿、和欢殿、杨安殿、灵台殿等多座。其他还有藏图书、珍玩和列开国勋臣三十二人图像的云台，校书之东观，以及官署及附属建筑丙署、冰室、朔平署、承禄署、黄门寺等。

（2）北宫

据《后汉书》卷二·明帝纪："永平三年（公元 60 年）……起北宫及诸官府。……八年十月，北宫成"。其位署在洛阳城内北部近中，南有中东门大街及复道与南宫相接；北近北都垣，有门道抵夏门；东、西各有大道与上东门，上西门交通。其南北长约 1600 米，东西宽约 1400 米，面积较南宫为大。按《汉典职仪》，知联系南、北二宫间之复道为："中央作大屋，复道三道行，天子从中道，从官夹左右，十步一卫。两宫相去七里"。依遗址实测，知其间距离为一里，上文所云者误（图 5-22）。

宫亦应有四门阙，现仅知其北门名朔平门，西门名广义神虎门。其他门户有盛馔门、德阳门、金商门、左右掖门等。

大朝为德阳殿，据《洛阳宫阁传》："南北七丈，东西三十四丈四尺"。建于明帝时，约在永平三年至八年（公元 60—65 年）之间。其建筑形象可参见《东汉会要》卷六："德阳殿周旋容万人。陛高二丈，皆文石作坛，激沼水于殿下，画屋朱梁，玉阶金柱，刻镂作宫掖之好，厕以青翡翠，一柱三带，韬以赤缇。天子正旦节会，朝百官于此。自偃师，去宫四十三里，望朱雀五阙，德阳其上，郁嵂与天连"。另有章德殿、寿安殿、温明殿、白虎观、增喜观等建筑。

（3）永安宫

永安宫位于汉洛阳城内东北隅，《后汉书》卷三十七·百官志（三）中载："永安，北宫东北别小宫名，有园观"。其范围为"周回九百六十八丈"，南临上东门大街，东近都城垣，北邻武库，西隔谷门大街与北宫东墙相对。东汉末献帝时，董卓迁囚何太后于此宫，具见上书卷九·献帝纪。至于宫内楼观殿堂与山池之布置，以及各建筑之名谓，诸文献皆无所载。

综观汉代长安、洛阳两京的宫殿布局，都采用了数宫并置的方式，与我国多数王朝将皇宫集中一处的常见手法不同，这是汉代宫阙的最大特点。由于多座宫殿的位置集中与占据面积广大，使得都城的机能组合与土地使用等方面出现了不少问题，同时也对城市面貌的形成产生重大影响。这些情况，在汉长安表现得尤为突出。

多年营建的西汉长安宫室，经赤眉一役以后，已是"宫室营寺，焚灭无余"。虽光武帝即位之初，曾多次诏令整修西京陵寝宫殿，自己也屡"幸长安，祠高庙，遂有事十一陵"（见《后汉书》卷一·光武帝纪）。但终难以恢复昔日旧观。而洛阳经东汉二百年来所构宫阙，亦于献帝时毁于董卓等人之手，"悉烧宫庙官府居家，二百里内，无复孑遗"，数百年匠心巧构杰作，就此化为飞灰，徒令后人叹息。

（二）两汉帝室的离宫苑囿

离宫台馆与御苑猎田的建置，在周代已很盛行。秦一统中国后，兴筑此类专供帝王游息狩猎的设施更加不遗余力："关中计宫三百，关外四百余"。"乃令咸阳之旁二百里内，宫观二百七十，复道甬相连，帷帐钟鼓美人充之"。均载见《史记》卷六·秦始皇纪。在秦末至汉初之战乱中，秦人所起苑囿宫室多被破毁。刘邦立国后，始稍加恢复，内中最突出的，是因秦离宫兴乐宫而建的长乐宫。汉代离宫苑囿的大规模修建，乃在武帝之世。《三辅黄图》有下列载述："汉畿内千里，并京兆治之内外，宫馆一百四十五所。秦离宫二百，汉武帝往往修造之"。然而较之秦代所为，似乎又有所不逮。在武帝以后的文史记载中，新建离宫苑囿极少，而罢御苑地以资贫民与停修"诸宫馆希御幸者"之举则屡见，于是行宫别馆日渐稀疏。至赤眉军入三辅，长安宫殿陵庙毁掘殆尽，周围诸离宫之命运，自可想而知。东汉定都洛阳后，在附近亦建有若干苑囿，但其规模与数量，已远远不若西汉时期之盛。

文献述及汉代此类建筑之名称，大体有台、馆、观、宫、园、囿、苑等多种。就其建筑规模与占地面积而言，内中的台、馆、观一般不大，它们常作为一组独立的建筑存在，或迳附属于宫、园、囿、苑之中。宫的规制有大有小，其设置和它的功能、位置有关。离宫总的来说比正规宫殿要小，它既可自成一区，它又常作为囿、苑中的一部分。苑的范围也不一致，小苑常是一座离宫的别名。大苑中则包纳若干座离宫及独立的台、馆、观在内。但从建筑物在其中所占的比重来说，通常是苑、囿较少，宫较多，台、馆、观更多。宫与苑的这些区别，在西汉时甚为显著。但东汉文献中多述及苑囿而不提离宫，实际上是混淆了二者的含义。

西汉的离宫与苑囿，据诸文献载述和经考古发掘证明的，已有数十处之多，现将它们分别介绍于下。

1. 上林苑

原来是秦时旧苑，在西汉时仍然使用。如文帝曾携窦皇后及慎夫人游上林（见《前汉书》卷四十九·爰盎传），又登虎圈问上林尉禽兽事（载上书卷五十·张释之传），是为汉代有关此苑的最早记载。武帝时大加兴构，《三辅故事》引《前汉书》云："武帝建元三季（公元前138年）开上林苑。东南至蓝田、宜春（今长安县曲江池一带）、鼎湖（今蓝田县南塬）、御宿（今长安县南）、昆吾（今蓝田县东北），旁南山而西至长杨（今周至县东南）、五柞（同上），北绕黄山（今兴平县马嵬镇北），濒渭水而东，周袤三百里。离宫七十所，皆容千乘万骑"。《汉宫殿疏》则曰：苑"方三百四十里"。《后汉书》卷七十·班固传引其《两都赋》中谓："西郊则有上囿紫苑，林麓薮泽陂池连乎蜀汉，缭以周墙四百余里。离宫别馆三十六所，神池灵沼，往往而在"。其范围之大与宫室建筑之多，于西汉当居首位。

至于苑内宫观台殿的具体数量及名称，诸载不一。《三辅黄图》谓："有昆明观、茧观、平乐观、远望观、燕升观、观象观、便门观、白鹿观、三爵观、阳禄观、阴德观、鼎郊观、樛木观、椒唐观、鱼鸟观、元华观、走马观、柘观、上兰观、郎池观、当路观……。苑中有六池、市郭、宫殿、鱼台、犬台、兽圈……"又载苑中有昭台宫、储元宫、葡萄宫、扶荔宫（"元鼎六年破南越，起扶荔宫。以植所得奇草异木、菖蒲、山姜、桂、龙眼、荔枝、槟榔、橄榄、柑橘之类"。依考古资料，知扶荔宫不在上林苑内，而在冯翊夏阳县，距长安城四百余里。即今之韩城县南十公里黄河北岸处，东西宽约200米，南北长300米，有大量汉代残瓦遗存）、宣曲宫（"在昆明池西。宣帝晓音律，常于此度曲，因以名宫"）及豫章观（"武帝造，在昆明池中"），飞廉观（"武帝元封二年作。飞廉神禽，能致风气者。身似鹿，头如雀，有角而蛇尾，文如豹。武帝命以铜铸，置观上，因以为名"），涿木馆、走狗观（在犬台宫外）、白杨观（在昆明池东）等建筑。合计有宫五区，观、馆二十五所。然据《后汉书》所载，上林苑有"建章、承光等十一宫，平乐、兰观等二十五"。而《长安志》引《关中记》则谓："上林苑宫十二，观三十五。建章宫、承光宫、储元宫、包阳宫、尸阳宫、望远宫、犬台宫、宣曲宫、昭台宫、葡萄宫。茧馆、平乐观、博望观、益乐观、便门观、白鹿观、樛木观、三爵观、阳禄观、阴德观、鼎郊观、椒唐观、当路观、则阳观、走马观、虎圈观、上兰观、昆明观、豫章观、郎池观、华光观"。以上仅十宫二十一观，与文首列数有所阙缺，亦与《三辅黄图》之观名不完全一致。据上述建筑名称之含义，知大部属于供帝室憩居游乐之用，或饲养鱼鸟，或走马斗兽。如武帝时阅角抵于平乐观，元帝观斗熊于虎圈等等。此外，还作为举行仪典与祭祀鬼神之所。《前汉书》卷七·昭帝纪："始元六年（公元前81年）春正月，上耕于上林"。同书卷二十五（下）·郊祀志："成帝末年颇好鬼神，亦以无继嗣，故多上书言祭祀、方术者皆得侍。诏祠祭上林苑中，长安城旁，费用甚多"。武帝纪中亦有"求神君，舍之上林中蹏氏观"之记载。

上林苑中之水面甚多，其中面积最大与最负盛名的，当数昆明池。《前汉书》卷六·武帝纪："元狩三年（公元前120年），……发谪吏穿昆明池"。同书卷二十四（下）·食货志载："是时粤欲与汉用船战逐，乃大修昆明池，列馆环之。治楼船高十余丈，旗帜加其上，甚壮"。《三辅黄图》则云："昆明池……在长安西，周四十里，有百艘楼船，建楼橹、戈船各数十。上建戈矛，四角悉垂幡葆麾盖"。《三辅故事》中称："昆明池，地三百三十二顷"。"池中有豫章台及石鲸。刻石为鲸鱼，长三丈，每至雷雨，常鸣吼，鬣尾皆动"。"池中有灵波殿，皆以桂为殿柱，风来自香"。"池中有龙首船，常令宫女泛舟池中，张凤盖，建华旗，作櫂歌，杂以鼓乐。帝御豫章观临观焉"。《关辅古语》另载："昆明池中有二石人，立牵牛、织女于池之东西，以象天河"。

昆明池北有镐池，为旧时周都所在。此外，尚有初池、麋池、牛首池（或称牟首池，在上林苑西端）、蒯池（所产蒯草可以织席）、积草池、东陂池、西陂池、当路池、太液池等，均见录于《三辅黄图》。

因苑中地域广大，又多山林陂泽，所以又作为田猎之地。依《汉旧仪》："上林苑方三百里，苑中养百兽，天子秋冬射猎取之"。另外，苑中除繁殖当地林木外，又移栽远近四方珍奇花木充实其间，前述扶荔宫即为此而建。据刘歆《西京杂记》卷一载："初修上林苑，群臣远方各献名果异树，并制为美名，以标奇丽。

梨十：紫梨、青梨（实大）、芳梨（实小）、大谷梨、细叶梨、缥叶梨、金叶梨（出琅琊王野家，太守王唐所献）、瀚海梨（出瀚海北，耐寒，不枯）、东王梨（出海中）、紫条梨。

枣七：弱枝枣、玉门枣、棠枣、青华枣、樗枣、赤心枣、西王枣（出昆仑山）。

栗四：候栗、榛栗、瑰栗、峄阳栗（峄阳都尉曹龙所献，大如拳）。

桃十：秦桃、榹桃、缃核桃、金城桃、绮叶桃、紫文桃、霜桃（霜下可食）、胡桃（出西域）、樱桃、含桃。

李十五：紫李、绿李、朱李、黄李、青绮李、青房李、同心李、车下李、含枝李、金枝李、颜渊李（出鲁）、羌李、燕李、蛮李、候李。

柰三：白柰、紫柰（花紫色）、绿柰（花绿色）。

查三：蛮查、羌查、猴查。

椑三：青椑、赤叶椑、乌椑。

棠四：赤棠、白棠、青棠、沙棠。

梅七：朱梅、紫叶梅、紫萼梅、同心梅、丽枝梅、燕梅、猴梅。

杏二：文杏（材有文采）、蓬莱杏（东郭都尉于吉所献，一株花杂五色六出，云是仙人所食）。

桐三：椅桐、梧桐、荆桐。

林檎十株，枇杷十株，橙十株、安石榴十株，楟十株、白银树十株、黄银树十株、槐六百四十株、千年长生树十株，万年长生树十株、扶老木十株、守宫槐十株，金明树二十株，摇风树十株，鸣风树十株，琉璃树七株、池离树十株。离娄树十株，白俞、杜梅、桂、蜀漆树十株、楠四株、枞七株、栝十株、楔四株、枫四株。

就上林令虞渊得朝臣所上草木名约二千余种。”

以上是一份不完整的进贡草木清单，由此也可看到上林苑中花木品种的众多与来源的各异，同时也反映了早在西汉时期我国的园艺栽植已达到了很高水平，这对当时以及后世我国园林苑囿的发展，起了十分重要的作用和影响。

上林苑经武帝扩建后，其宫观数量已十分可观，但经常使用者不多。元帝初元元年（公元前48年）以疾疫水灾严重，除将“苑可省者”及“江海陂湖园池属少府者”振资贫民，并“令诸宫馆希御幸者，勿修治”。五年，又“罢角抵，上林宫馆希御幸者”。事见《前汉书》卷九·元帝纪。成帝更于建始元年（公元前32年）秋，诏“罢上林宫馆希御幸者二十五所”。至王莽代汉，“坏彻城西苑中建章、承光、包阳、大台、储元宫，及平乐、当路、阳禄馆凡十余所”。上述元、成二帝之罢废，估计约占原有宫室观馆之2/3。而王莽为建其九庙取材所坏彻之宫观，已几乎将苑中主要建筑除毁殆尽。但该苑的彻底破坏，大概还是在赤眉对西汉宫室陵墓的全面劫掠与焚烧之际。以后东汉建都洛阳，易长安为西京，上林苑虽得到某些恢复，如安帝、顺帝、桓帝、灵帝等，均曾“校猎上林苑”，因此部分宫观得以保存。但自章帝起，又不断将苑内可垦土地赋予贫民，从而范围日削乃是必然结果。总而言之，居西汉苑囿首位的上林苑，至东汉时已大为改观，无复当年盛况矣。

此外，从管理机制来看，武帝元鼎二年（公元前115年）设水衡都尉，掌都水及上林苑。另设步兵校尉掌上林苑门屯兵。均秩二千石。东汉仅置上林苑令一人，秩六百石。上文表明苑内已杂有居民，而苑的主要任务是畜养禽兽，并供帝王畋猎。由此可见该苑在东汉时，无论就其使用功能或所居地位，都已一落千丈。

2. 甘泉宫及甘泉苑

甘泉宫在今陕西省淳化县（西汉属京兆左冯诩云阳县）甘泉山。《后汉书》卷七十（下）·班彪传中注称：“甘泉山在云阳北，秦始皇于上置林光宫，汉又起甘泉宫……”。《关中记》称：“林光宫一曰：甘泉宫，秦所造。在今池阳县西北故甘泉山上”。《三辅黄图》则谓：“甘泉宫一曰：云阳宫。始皇二十七年（公元前219年）作宫及前殿，筑甬道自咸阳属之。汉武帝建元中增广之，周回一十九里，中有牛首山，去长安三百里，望见长安城。黄帝以来圜丘祭天处，武帝造赤阙于南，以象方色。于是甘泉宫更置前殿，始广造宫室”。依《前汉书》卷六十八·金日磾传中颜师古对“上行幸林光宫”之注，以为“秦之明光宫，胡亥所造。汉又于其旁起甘泉宫”。上述非正史之文记，将林光、云阳二宫与甘泉宫混为一谈，是错误的。实际上三者都是独立的宫室，建造之时间与地点亦各不相同。根据历史文献及考古发掘，知秦时已建甘泉宫与林光宫于甘泉山上。《史记》卷六·秦始皇纪中载始皇于九年（公元前237年）平长信侯嫪毐乱后，十年“乃迎太后于雍而入咸阳，复居甘泉宫”。由此看来，这宫大概建于始皇以前。而汉代之甘泉宫应是因循秦宫之旧，并进一步扩而广之。林光宫依《后汉书》亦建于甘泉山上，但建者有始皇与二世两种说法。其范围于《三辅黄图》，为“纵广各五里”。《前汉书》卷二十五（下）·郊祀志在多处叙述甘泉宫后，又载：“三月甲子震，电灾林光宫门”。由此可知与甘泉并非同一宫殿。同书卷九十七（下）·外戚传载元帝后宫冯昭仪以罪“废为庶人，徙云阳宫”。按此宫原为秦离宫，入汉后沿用，其位置恐在甘泉山下秦、汉云阳县城附近。

再根据目前甘泉山的地望及气候条件，证明了在晴和之日，只有从山上高处才能眺望到远处的长安城。而山上山下遗址间高差达460米，形成了差异甚大的小气候。一般说来是山上多云雾，降雨雪量大，草木丛生，夏季多风凉爽。而山下则几乎相反。与前述文献及杨雄、王褒等《甘泉赋》中描述的甚多雷同。

由于甘泉宫是风景优美的避暑胜地和祀奉天神的重要所在，西汉历代帝君大多临幸频繁。据《前汉书》郊祀志载：“高帝五来，文帝二十六来，武帝七十五来，宣帝二十五来，（元帝）初元元年以来，亦二十来”。但此宫的大予扩廓，乃在武帝之时。

至于甘泉宫的范围，具体位置，平面形状及内部宫室之组合情况，史文均未有载述，依近年考古发掘，在山上南北与东西各2000米区域内，发现较集中的秦、汉宫室建筑遗址多处（具体情况将在后面另作介绍）。据《关中记》云：“（甘泉宫）有宫十二，台十一”。《读史方舆纪要》则谓：“宫观楼阁略与建章宫比，百官皆有邸舍”。由该山之自然地形看，此宫不大可能按中轴对称原则来布置其系列殿堂。而由杨雄《甘泉赋》中“列新雉于林薄”之语，可知此宫大概也未建有总的周回宫垣。但门阙还是应当有的。由《三辅黄图》载：“汉未央、长乐、甘泉宫，四面皆有公车司马门”。而此宫仅知有赤阙，即杨雄《甘泉赋》中之熛阙。殿堂除有前殿，另置紫殿，以祀天帝，并“雕文刻镂，黼黻以玉饰之”。又有高光殿（或作宫），迎风馆、露寒馆、储胥馆、益寿馆、延年馆、通天台，竹宫等。内中益寿、延年二馆之记载，见于《前汉书》卷二十五（下）·郊祀志·颜师古注。通天台又名候神台或望仙台，作于武帝元封二年（公元前109年）四月，《汉旧仪》称：“台高五十丈，去长安二百里，望见长安”。台名取通天，“言此台高，上通于天也”。见《前汉书》卷六·武帝纪中颜师古注。作台之目的，如《史记》卷十二·孝武纪：“使卿持节设具而候神人，乃作通天台，置祠具其下，将招来神仙之属”。《三辅旧事》“则云，”通天台……去地百余丈，云雨悉在其下，望见长安城，武帝时祭太一，上通天台，舞八岁童女三百人，祠祀招仙人祭太一云。令人升通天台以候天神。天神既下祭所，若大流星，乃举烽火，就竹宫望拜。上有承露盘、仙人掌擎玉杯，以承云表之露。元凤间（按：为昭帝刘弗陵第二年号，公元前80年～公元前75年）台自毁”。《三辅黄图》亦称：有“柏梁柱，承露仙掌之属”。顾其功能与建施，似与建章宫中之神明台相仿佛。而前文所谓竹宫，即“甘泉祠宫也，以竹为宫，天子居中”，候天神降通天台时，可由此宫对之遥拜，亦建于武帝之世。另依《汉旧仪》：“竹宫去坛三里”。而《酉阳杂俎》又称：“用紫泥为坛，天神下若流火。玉饰器七千枚，舞女三百人”。可知此坛即位于通天台处，宫台相距仅三里。此外，甘泉宫中又有台室，“画天地泰一诸神，而置祭具以致天神”，为武帝笃信齐人少翁时所立，似亦在通天台处。

汉代建甘泉宫它具体时间，诸正史了无记载，据《前汉书》武帝纪，“行幸甘泉”的最早记载是元朔四年冬（公元前125年），“立泰畤于甘泉”是元鼎五年（公元前112年）冬至，以后出巡又多次临幸，其末年曾三朝诸侯王及外国宾客于此宫。及宣、元、成帝时，至甘泉祭泰畤之记录屡见，表明此宫与祭祀有密切关系，而与一般仅供驻留与游宴的离宫有所区别。

武帝时又在此宫之外另建离宫别馆多所，形成一广大皇家苑囿，故文献中又称之为甘泉苑。

《三辅黄图》云："甘泉苑，武帝置。缘山谷行至云阳三百八十里，西入右扶风，凡周匝五百四十里。苑中起宫殿台阁百余所，有仙人、石阙、封峦、鹊观"。此外，苑中又有长定宫，《前汉书》卷九十七（下）·外戚传载，孝成许皇后以罪废，先"处昭台宫……岁余，还徙长定宫"。另有林光宫，原胡亥建，《三辅黄图》称"纵广各五里"。其他如增成宫，亦在此苑垣之内。1976年淳化县固贤乡出土汉铜鼎，上有铭文："谷口宫元康二年造"。按元康二年为宣帝第三年号之次年（公元前64年），谷口宫则未见于史文，恐亦为苑中所属者。其他宫室自然包括前述之云阳宫及林光宫，但确切地点尚不明了。某些考古调查报告认为甘泉山下遗址为甘泉宫址所在，亦有人认为系秦、汉云阳县故址。

3. 宜春下苑

在长安城外东南隅，即杜县之东，《史记》称秦末赵高迫二世胡亥自杀于望夷宫后，"以黔首葬二世杜南宜春苑中"，故此苑建造当在秦代。西汉元帝初元二年（公元前47年），"诏罢黄门乘舆狗马，水衡禁囿、宜春下苑、少府饮飞外池、严御池田，假与贫民"。以后文献遂未见有关此苑之记载。

4. 思贤苑

依《三辅黄图》："孝武帝为太子立思贤苑，以招宾客。苑中有堂殿六所，客馆皆广庑高轩，屏风帏褥甚丽"。而《前汉书》中则称之为博望苑。其卷六十三·武帝五子传中云："戾太子（刘）据，元狩元年（公元前122年）立为皇太子，年七岁矣。……及冠就宫，上为立博望苑，使通宾客"。《黄图》则称："博望苑在长安城南杜门外五里，有遗址"。其下之注认为博望苑并非思贤苑，不审何以为凭。现仍似以正史为准。苑罢于成帝建始二年（公元前31年）。

5. 乐游苑

《前汉书》卷八·宣帝纪："神爵三年（公元前59年）春，起乐游苑"。据《三辅黄图》，此苑在杜陵西北。《关中记》则称在"曲池之北"。曲池亦曲江池，据称系武帝所开，其周回六里有余。《西京杂记》云："乐游苑自生玫瑰树，下多苜蓿"。

6. 中牟苑

在河南郡荥阳县。始建于何时不详，昭帝元凤三年（公元前78年）罢。

7. 安定呼池苑

始建于何时不详，平帝元始二年（公元2年）罢。

8. 黄山苑

《前汉书》卷六十八·霍光传："光兄孙中郎将云……当朝请，数称病私出，多从宾客，张围猎黄山苑中，使苍头奴上朝谒"。

9. 长安城内外之其他宫苑

长安城东南有长门园，初孝武帝姑馆陶公主（亦号窦太主）所居，后献园于帝，改名长门宫，载见《前汉书》卷六十五·东方朔传。元光五年（公元前130年），武帝陈皇后以"失序惑于巫祝，不可以承天命，其上玺绶罢退"，而迁此宫。同书卷九十七（上）·外戚传亦载有此事。

钩弋宫在长安西城外，据《史记》卷四十九·外戚世家引《汉武故事》谓："在直城门南"，似在未央宫与建章宫之间。《括地记》亦称宫在长安城内，其宫名曰：尧母门。但《三辅黄图》则云宫在城外，不知孰是。武帝时以处婕妤李夫人。太始三年（公元前94年），夫人生昭帝于是宫。

依《三辅黄图》又知有长信宫，宫在长安城北垣东门洛城门至周庙门间。京兆另有步寿宫。

楼观别馆在长安城外的，有仙人观、霸昌观、兰池观、安台观、沧沮观、龙台观。城内则有禁观、董贤观、苍龙观、当市观、旗亭楼、马伯骞楼。又有麒麟馆、朱雀馆、含章馆等。然文献皆仅具其名，内中布局及使用情况及兴废时间，均未有片言只字述及。

10. 三辅畿内及其他处宫苑

其他建于三辅畿内及他处之宫室，大多属于离宫或行宫性质。且有相当一部分始建于秦，至汉代又继续沿用，依《前汉书》、《三辅黄图》、《西汉会要》、《西京杂记》、《后汉书》等典籍，已知之宫观建筑有下列多处：

- 鼎胡宫　一作鼎湖宫，在京兆蓝田县境上林苑南，武帝时建。
- 宜春宫　在长安城东南之杜县，近下杜，武帝时建。原为秦离宫。
- 御宿宫　《三辅黄图》称："御宿苑在长安城南御宿川中，汉武帝为离宫别馆，禁御人不得入。往来游观止宿其中，故名御宿"。《前汉书》卷八十七（上）·杨雄传之《甘泉赋》中颜师古注，谓"在樊圃西"。又他注以"圃"为"川"之误。亦建于武帝。
- 昆吾宫　杨雄《甘泉赋》云在上林苑南，与上述诸宫建于同时。
- 集灵宫　在京兆华阴县之华山下，武帝所建。据《艺文类聚》卷七十八·仙赋·桓谭所载："（帝）欲以怀集仙者王乔赤仙子，故名殿为存仙。端门南向山，署曰：望仙门……"。《三辅黄图》则云："集灵宫、集仙宫、存仙殿、存神殿、望仙台、望仙观皆武帝宫观名也，在华阴县"。故知尚有集仙宫。
- 思子宫　位于京兆之湖县。据《前汉书》卷六十三·武帝戾太子传："上怜太子无辜，乃作思子宫，为归来望思之台于湖"。颜师古注："其台在今湖城县之西，闵乡之东，基址犹存"。按太子为卫皇后所出，元狩元年（公元前122年）立，后为江充证以巫蛊武帝，出逃自杀于湖县。
- 师得宫　在左冯翊栎阳县内，建于武帝。
- 棠梨宫　在甘泉苑垣外，亦起于武帝。
- 池阳宫　位于左冯翊池阳县南"上原之阪，去长安五十里。长平观在池阳宫，临泾水"。载见《三辅黄图》。《前汉书》卷五十七（上）·司马相如传中张揖注称："宫在云阳东南三十里"。
- 兰池宫　在右扶风渭城县（即故咸阳）。
- 黄山宫　在右扶风槐里县，建于惠帝二年（公元前193年）。《前汉书》卷二十八·地理志及《水经注》卷十九·渭水（下）均有载。
- 萯阳宫　在右扶风雩县，始建于秦文王，有属玉观。此宫又名倍阳宫，元帝、成帝均幸临，事见各本纪。
- 长杨宫　在右扶风周至县，秦昭王起。宫中有射熊馆。《三辅黄图》称："长阳榭在长阳宫，秋令校猎其下。命武士搏射禽兽，天子登此以观焉。"可能此榭即上述之射熊馆。元延二年（公元前11年）成帝在此校猎，事见《前汉书》卷十。
- 五柞宫　亦在周至县，武帝晚年出巡，后崩于此。《三辅黄图》载："宫中有五柞木，因以名。中有青梧观，在五柞宫之西。观亦有三梧桐树，下有石麒麟二枚，刊其胁文字，是秦始皇骊山墓上物也。头高一丈三尺，东边者前左脚折处，有赤如血……"。《西京杂记》卷三亦有类似记述。
- 高泉宫　在右扶风美阳县，据《前汉书》地理志云，系秦宣太后所起。汉沿用。
- 橐泉宫　在右扶风雍城，秦孝公起。汉沿用。
- 祈年宫　亦在雍城，秦惠公起。汉沿用。
- 棫阳宫　亦在雍城，秦昭王起。汉沿用。

● 羽阳宫　在右扶风陈苍县，秦武王建。汉沿用。

● 回中宫　在右扶风汧县。《前汉书》卷九十四（上）·匈奴传："孝文十四年（公元前166年），匈奴单于十四万骑入朝那肖关，杀北地都尉卬，虏人民畜户甚多，遂至彭阳，使骑兵入烧回中宫……"，即其地也。后武帝屡幸。

● 三良宫　与回中宫近，见《三辅黄图》所云。

● 梁山宫　在右扶风好畤之峗山，《前汉书》称宫建于秦始皇之际。汉时沿用。

● 虢　宫　在右扶风虢县，秦宣太后起。汉时仍用。

● 首山宫　在河东郡蒲坂县。依《前汉书》卷六·武帝纪，此宫作于元封六年（公元前105年）·《三辅黄图》则曰："武帝元年（公元前110年）封禅后，梦高祖坐明堂朝群臣。于是祀高祖于明堂以配天，作首山宫以为高灵馆"。

● 万岁宫　在河东郡汾阴县，起于武帝。宣帝元康四年（公元前62年）幸此宫时，有"神爵翔集"，以为嘉瑞，因改元康五年为神爵元年。事见《前汉书》卷八·宣帝纪。

● 成山宫　在东莱郡不夜县成山，因山筑宫阙，故有是名。依出土文物行灯，其灯盘壁刻有"成山宫行镫重二斤，五凤二年造，第册三。"另一为铜斗，文曰："成山宫铜渠钭，重二斤，神爵四年（公元前58年）卒史任欣、杜阳左尉司马赏、斄少内佐王宫等造。"二者柄上皆有一"扶"字。又出土铜匜，亦有刻文："第十二，陈仓成山共金匜一，容一斗八升，重五斤十两。"按陈仓在汉代属右扶风郡，故成山宫亦在此郡。但依上述出土之行灯、铜斗铭文，则成山宫在东莱郡之可能性最大。

● 泰山宫　亦在扶风郡，见出土之林华观行镫刻文。

东汉之皇家苑囿，在数量及规模方面都不逮西汉远甚，除沿用若干西汉苑囿（如上林苑……）外，新建的不多，其见于文献的有：

● 西苑　顺帝阳嘉元年（公元132年）起，又称西园。灵帝中平二年（公元185年）于苑内建万金堂，又有在园中"弄狗，著进贤冠、带绶"之记载，具见《后汉书》。据《太平广记》卷二百三十六，园中又有鸡鸣堂、裸游馆等建筑。

● 鸿德苑　《后汉书》卷七·桓帝纪："永寿元年（公元155年）六月，洛水溢坏鸿德苑。"推测此苑应在洛阳东南或南郊。又桓帝延熹元年（公元158年）三月"初置鸿德苑令"，秩六百石。

● 显阳苑　建于桓帝延熹二年（公元159年）七月初季，并置丞以治。

● 罼圭苑　始作于灵帝光和三年（公元180年）。《后汉书》卷八·灵帝纪中注称："罼圭苑有二：东罼圭苑周一千五百步，中有鱼果台。西罼圭苑周三千三百步。并在洛阳宣平门外。"按津门称宣平门，乃魏晋北魏时事，故知此二苑应在长安城外西南。

● 灵昆苑　亦作于灵帝光和三年。

● 濯龙园　依《后汉书》卷三十六，知此园近北宫，设监一人，秩四百石。由此推断此园不大。而另据同书之卷十，马皇后记载，明帝时曾与马后幸是园。园有濯龙门，并于永平时"置织室，蚕于濯龙中"。

● 直里园　《后汉书》百官志中谓，园在洛阳城西南隅，设监一人，秩二百石。

● 广成苑　此苑首见于《后汉书》卷七十一·钟离意传：光武帝"车驾数幸广成苑，意以为纵禽废政，常当车陈谏。……"。又同书卷五·安帝纪："永初元年（公元107年）二月丙午，以广成游猎地及被灾郡国公田，假与贫民"，其中注称"广成，苑名，在汝州西"。三年四月己巳又诏："上林、广成苑可垦辟者，赋与贫民"。以后顺帝、桓帝、灵帝等又均"校猎"或"巡狩"此苑。

● 南园　依《后汉书》卷三十六，园位于洛水南，设丞一人，秩二百石。当属小园。

● 平乐观　在洛阳城西。《后汉书》卷八·灵帝纪："中平五年（公元188年）十月甲子，帝自称无上将军，耀兵于平乐观"。其事又见卷九十七，何进传。同书卷四十六·邓禹传载："永初元年（公元107年），封骘（禹孙）上蔡候……车驾幸平乐观，饯送骘西屯汉阳……"。可知此观在安帝初已有，惟始建何时不详。

● 鸿池　在洛阳东二十里，置丞一人，秩二百石，见《后汉书》卷三十六·百官志。又同书卷五十七·赵典传："建和初……帝欲广开鸿池，典谏曰：鸿池泛概已且百顷，犹复增而深之……"。知此池于桓帝以前已开，且面积甚广。

● 直里园　在洛阳城西南角，亦见上书百官志。设监一人，秩四百石。

● 芳林园　出张衡《西京赋》。

● 琪园　依《前书音义》，知此园为卫苑，多竹，东汉初已存。《后汉书》卷四十六·寇恂传云："光武于是复北征燕、代，恂移书属县讲兵肄射，伐琪园之竹，为矢百余万……"。又同书卷三·章帝纪："建初七年（公元82年）九月……遂览琪园……"。

● 华林园　中有华光殿，见《后汉书》卷五十五·刘宽传中注引《洛阳宫殿簿》。

另安帝永初六年（公元112年）春，"诏越隽置长利、高望、始昌三苑；又令益州郡置万岁苑；犍为置汉平苑"。是为离宫仰或他用，所载语焉不详。

基于汉代帝王之出巡，其于沿途必建有离宫别所供其居停，然此项建筑文史中绝少记载，目前考古发掘资料亦为数极鲜。然位于辽宁绥中县石碑地等处之秦离宫中，尚留有汉代使用之遗迹。而《汉书》亦有武帝"东巡海上至碣石，自辽西历北边九原归于甘泉"之记载，其于碣石及辽西一带自应有驻留之宫室而殆无疑问矣。

（三）两汉封国王侯宫室

诸宗室王侯封国并皆建有宫室，其制度于史文中则未有所载，仅知西汉封国之王宫中有端门，正殿及园池。如《前汉书》卷五·景帝纪："（前元）三年（公元前154年）春正月，淮阳王宫正殿灾"。同书卷二十七（中）·五行志："昭帝元凤元年（公元前80年），有乌与鹊斗燕王宫池上"。卷二十七（下）·五行志又载："元凤元年九月，燕有黄鼠啣其尾，舞王宫端门中"。

1. 鲁恭王灵光殿

景帝时，王子余封于鲁，是为鲁恭王。据《前汉书》卷五十三·景十三王传载：恭王"好治宫室、苑囿、狗马。……坏孔子宅以广其宫，……于其壁中得古文经传。"此宫在鲁故都曲阜城中，其主殿即著名的灵光殿，该建筑虽经历西汉末的战乱，但在东汉时仍然保存完好，具见《后汉书》卷七十二·光武十王传。另北魏·郦道元《水经注》卷二十五·沂水条谓："（鲁城）孔庙东南五百步，有双石阙，即灵光之南阙。北百余步，即灵光殿基，东西二十四丈，南北十二丈，高丈余。东、西廊庑别舍，中间方七百余步。阙之东北有浴池，方四十余步。池中有钓台，方十步，池台悉石也，遗基尚整"。上述殿基在唐代时仍基本如此。后汉王延寿有《鲁灵光殿赋》，对该宫描绘甚多，虽然不是十分具体，但亦可从中了解若干情况。刘余所建的鲁王宫殿是一个规模庞巨的建筑群："千门相似，万户如一"，"周行数里，仰不见日"。宫殿的入口，建有涂朱双阙，以及可容两车并行的"高门"（与《周礼》："应门二辙"之规定相符）。至于宫内建筑，则是"连阁承宫，驰道周环；阳榭外望，高楼飞观；长途升降，轩槛曼延；渐台临池，层曲九成"。也就是表明这宫是由许多阙、门、殿、堂、楼、阁、观、榭、轩、槛、台等建筑以及嘉木、瑞草、水池组合而成的豪华宫殿群组。

宫室的结构，仍然采用传统的抬梁木架系统与复杂的多层叠置斗栱，即如前述赋文中所谓："万楹丛倚，磊砢相扶；浮柱岹嵽以星悬，漂峣岘而枝柱；飞梁偃蹇以虹指，揭蘧蘧而腾凑；层栌磥垝以岌峨，曲枅要绍而环句；芝栭欑罗以戢舂，枝牚杈枒而斜据"。文中之"浮柱"，亦称"棁"或"橛"（音掘，见《玉篇》），为梁上短柱。"枝柱"作小柱解，或"言无根而倚立"之柱。"虹梁"即曲梁。"曲枅"，为曲栱。"栭"或作"楶"，栌斗也。"牚"亦名"樘"，斜柱。其他见于此文中的建筑构件，还有"栋"（脊槫或脊桁）、"桷"（方椽）、"榱"（椽之总名）、"楣"（平槫或门上之横梁）、"柎"（替木）、"椽"（圆椽）、天窗、藻井等。

在上述木构件上，又绘以各种彩画，如云气、荷莲、水藻、飞禽（朱雀），走兽（龙、虎、蛇、蟠螭、鹿、兔、猿、熊）、神仙（仙人、玉女）、胡人……。或飘逸幽雅，或骧腾奋翅，或缠绕回环，或负重蹲踞，其形态各异，风范亦不一而足。

宫室内部墙面，并广施壁绘。王延寿谓为："图画天地，品类群生，杂物奇怪，山神海灵，写载其状，托之丹青，千变万化，事各缪形，随色象类，曲得其情。"内容皆出诸神话传说及历史故事，上自盘古开天辟地，伏羲、女娲、三皇、五帝，下及历代忠臣、义士、孝子、烈女，"贤愚成败，靡不载叙"。其目的是"恶以诫世，善以示后"，以为人臣之针砭与师法。

关于此宫殿诸建筑之色彩，除施于木构件之色泽斑斓与种类繁多的彩画以外，墙壁大多涂白而楹柱髹以丹，又使用各种石材、玉料及金属作建材及装饰，更增加了色调和质地的丰富与对比。

2. 中山国王宫室

西汉中山国之宫室，久已湮没无闻。然《水经注》卷十一·滱水条中，郦道元有如下之叙述："水南卢奴县之故城……，城内西北隅，有水渊而不流，南北一百步，东西百余步，水色正黑，俗名曰：黑水池。或云黑水曰：卢，不流曰：奴，故城藉水以取名矣。池水东北际水，有汉王故宫处，台殿观榭皆上国之制。简王尊贵，壮丽有加，始筑两宫，开四门，穿城北，累石窦，通涿唐水，流于城中，造鱼池钓台，戏马之观。岁久颓毁，遗基尚存"。可知此宫室遗址，于北魏时尚部分可辨。

有关东汉诸侯王宫室之记载亦甚为稀少，仅得片语只字。如后汉光武帝子京封琅琊，"京都莒，好修宫室，穷极技巧，殿馆壁带皆饰以金银"。具见《后汉书》卷七十二·光武十王传。

3. 闽越王宫室

关于福建崇安县汉城——西汉闽越王都东冶城之宫室情况[3]，依发掘资料介绍如下：

高胡南坪甲组建筑群基址

位于城市中部及城市东西干道以北。其台基系利用原有丘陵予以削平夯实，东部最高处高达 7 米，台基东西宽约 120 米，南北长 79.2 米，总面积约 8500 平方米。台基之东南部已被破坏，东部及北部尚未进行发掘，现就已获资料综述于下。该建筑群由东、西门道、西门房（西塾）、西厢房、西廊屋、西天井、西回廊、西侧殿、正殿、东廊房、东天井、东回廊、北廊及南庭院、围墙等组成。总体形成一倒置之"品"字形平面，依南北向中轴作对称排列（图 5-30）。

其东、西门道之门屋，位于建筑群的最南端中央。门屋已毁，二门道相距 27 米。东门道绝大部分已不存在，仅残余门外一段，宽 4.3 米。西门道长 6.4 米，残宽 4.1 米，南段有踏跺遗迹。门侧各有一条陶质排水道，走向南北，系作北部庭院中排除积水之用。

西门屋（F5）在西门道以西，平面作狭长矩形，东西宽 26.3 米，南北长 6.4 米。其南、西、北均周以回廊、西廊南端另开小门一扇。此建筑尚存若干土坯墙基，但地面破坏严重，故其内墙分隔及门、窗位置皆不明了。南廊廊外地面，置有瓦片之散水一道。

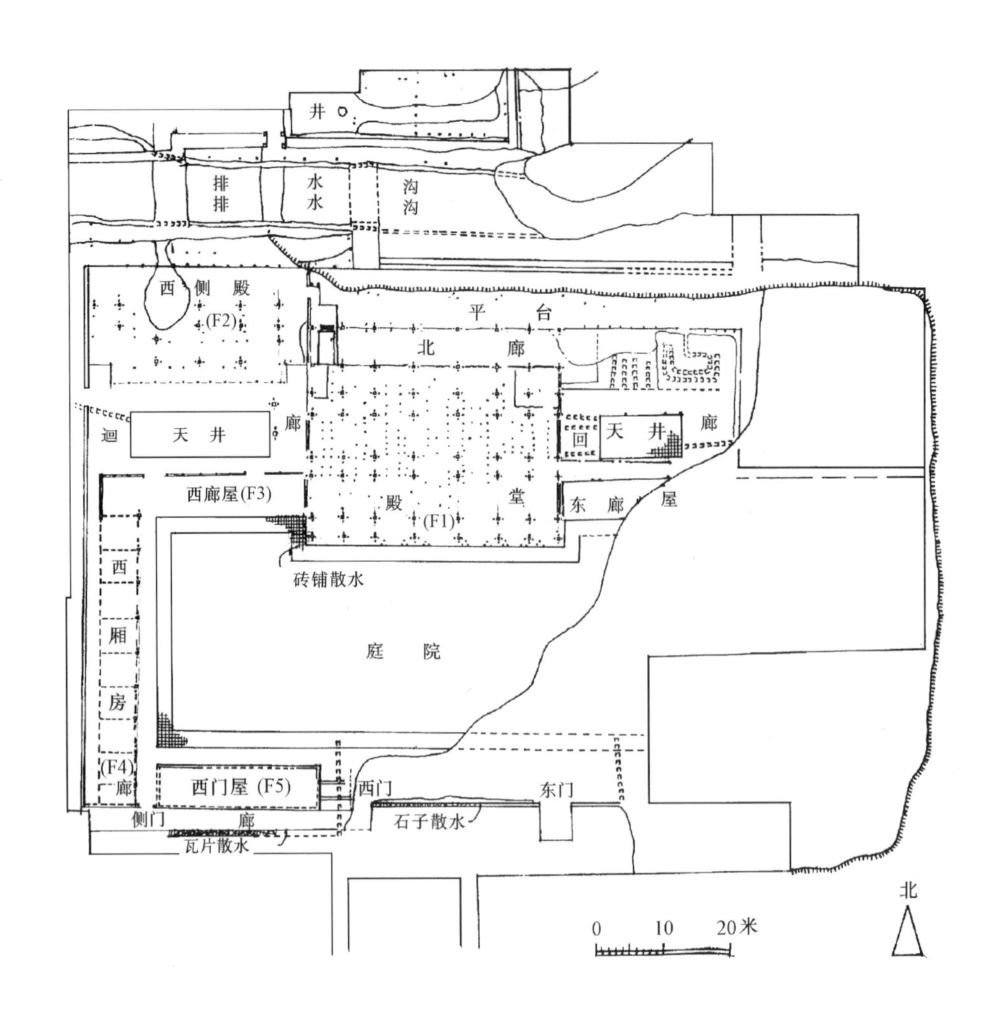

图 5-30 福建崇安县城村闽越国东冶城遗址高胡南坪甲组建筑群址平面图（《文物》1985 年第 11 期）

大门及门屋以北，为平面略呈“凹”形之庭院。其东西宽（据中线推算）约 75 米，南北长 30.5 米，地面平整，四周以菱纹方砖砌成散水，宽 1.5～2.5 米。

西厢房（F4）南北长 38.5 米，东西宽 4.4 米，共分为九间，除最南端一间较窄以外，其余八间面阔相等。依木柱残迹，知每间均置一门。厢房之东、西二面皆有走廊，廊宽 3 米。西廊以外，即夯土之围墙。

西廊屋（F3）位于庭院之西北，及西厢房与正殿之间。东西面阔 28.3 米，南北进深 6.5 米，面积 185 平方米。北面有辟门二处之土坯墙，厚 32 厘米，残高 30 厘米。内部分间及是否建有南廊皆不清楚，地面已破坏，但仍留有菱纹铺地方砖若干。

正殿（F1）位于庭院北侧中央，东西宽 37.4 米，南北长 24.7 米，面积约 930 平方米，为本组建筑中最大者。依平面之柱网排列，知面阔为七间，进深六间（后檐用十五柱，分为十四间），柱洞平面为方形抹角，宽 30～32 厘米，深 160 厘米，周围置夹柱石四块。殿之前檐墙及东、西山墙俱用土坯砖砌就，两面并抹草泥及白灰。北墙以夯土构筑，厚 42 厘米。殿下之房基又可划分为南、中、北三部。南部南北进深 3.3 米，地面呈北高南低之缓坡，并残留有厚 5～10 厘米之红烧土面。中部南北进深 4.6 米，由红土夯筑而成，地面较南、北侧高 20～42 厘米，表面亦有厚约 10 厘米之红烧土硬面。北部南北进深最大，达 16.8 米。但地面低于南部台基 40～60 厘米，地表为烧过的青褐色之硬面。在各柱间另置 3 至 5 列小础石，间距约 1 米左右，础上遗有被烧过的土坯砖所覆盖的桩柱和已炭化的横木。据推测此部之构造为架空式，即在础石上立矮柱，柱间架横木及木板，板上砌土坯砖，最后在砖上抹厚5厘米左右的草拌泥。这种做法是为了使居住面下空气流通以排除湿气，是干阑式建筑与抬梁式建筑相结合的一种发展形式。

北廊位于殿堂北端，宽4.6米，有九洞之檐柱一列。西端有踏步通向西侧殿。廊由夯土构成，但廊沿砌以土坯砖。

西天井平面亦矩形，东西宽19米，南北长6.1米，深0.34米。院中砌以菱纹方砖，西北角下埋置陶水管，通向西墙以外。院周以回廊，廊除南侧甚窄外，余三面均较宽。

西侧殿（F2）在西天井之北，平面呈“凸”字形，东西宽31.3米，南北长15.7米，面积约450平方米，依柱网知为面阔六间，进深五间。地面低于回廊42厘米，其构造形式与正殿相同。殿东有廊及踏步。

东天井东西宽13.5米，南北长6.5米，深约60厘米，周围亦建有回廊。就总体形状而言，似较西天井为小。

围墙仅西侧尚称整齐，但亦仅余墙基，现存南北长度为75.3米。原有墙身系用烧过之土坯砖（长34厘米，宽12厘米，厚10厘米）砌成，并隔一定距离夹以木柱与础石。墙内外二面均抹草拌泥及白灰，墙之北端在西天井北廊尽处辟有一门。

在本区发掘中，出土的建筑构件有陶质砖、瓦、水管、石础、焙烧土坯砖、木柱、木梁枋等。瓦当均为圆形，纹样有云纹，箭纹及文字（“乐未央”、“万岁”、“常乐万岁”）等数种。

（四）汉代之地方衙署建筑

有关两汉各级政府之官寺衙署建筑情况，于当时及后世之文史中皆无记录可寻。只有近数十年以来的考古发掘，才为我们提供了若干资料。前述西汉长安未央宫中的少府官署遗迹，即是较为突出的例证。

1972年在内蒙古和林格尔一座东汉壁画墓中，发现了几幅反映汉代官寺形象的壁画（图5-31），其中以描绘墓主任持节护乌垣校尉时活动的《宁城图》最有代表性。该壁画保存得并不十分

图5-31　内蒙古和林格尔汉墓壁画《宁城图》（局部）所描绘之官衙建筑（《文物》1974年第1期）

完好，形象也非完全写实，但仍可看到这一重要官寺的主要部分与组合构成。

图中所绘的幕府衙署位于当时之上谷郡宁县（今河北万全县）城内北部，府门为朝南之三间建筑，左右联建单出之门阙。入门有前庭，平面呈横置之矩形。庭西有独立院落，其东、北、西三面环以廊庑，南面构墙垣，院中有一厅堂。依内中所绘人物、器具、马匹……，当係庖厨、马厩之所在。庭东亦有廊屋，疑为幕府属吏理事之地。庭北正对府门有照壁（或房屋），经其东、西二侧即可至其后之广庭，庭周环立执戈戟武士及属吏。庭东建大堂，堂上坐主人及宾客，并列侍从，悬帷帐，堂北另建小屋一。堂前庭中陈伎乐歌舞及百戏，似为墓主生前接待乌垣首领时之宏丽景象。堂后之东、北二面有折尺形长庑，东尽端有门阙，有墨书“sub口门”，应为“东府门”。其向西之第二间，注有墨书“齐室”。按“齐”即斋，为官吏斋戒修省之地。其东、北又有兵营、仓库、官吏住所，分别注有“营门”、“营曹”、“司马舍”、“仓”、“库”等字样。其后于东北隅建有二层较大之建筑，可能是墓主生前所居之官邸。

至于图中所及之宁城县情况，县城垣上建有雉堞，并绘出其东、南、西三处城门门屋。其近东门处，有方形平面周以廊屋之“宁市中”，当系县中市肆的位置。又幕府衙署以东之城垣下，建施围垣之房舍一区，墨书“宁县寺门”，可知乃县治寺署所在。

壁画表现之建筑色彩，凡木构之柱、枋、门、窗、概施以朱红。墙面部分因水渍及剥落与变色，无从判断其原来颜色，估计仍是白色。屋面均盖灰陶瓦。

画中的朝南建筑，如府门、廊庑、大堂等，均作面向西南稍呈透视之偏移。而某些建筑如县南门、宁县寺门、营门等，则完全处于坐东面西之位置。可以想象，这是画师为了更好表达上述建筑之内容而作出的权宜手法。出于同一理由，因此笔者认为图中大堂之原来方位亦应为坐北朝南，如此方与中国建筑之传统布置方式以及塞外凛冽之气候相适应。而所附之小屋，也似应为联于其北面之“龟头屋”形式。按照官府重要建筑均依对称之原则，若建有挟屋，则二侧均应有之。

（五）两汉权贵园囿

两汉诸王室之苑囿，当以西汉梁孝王兔园最为有名。按孝王刘武为文帝窦后次子，七国之乱时，以拒战吴、楚，立功甚伟，赏赐尤厚。依《汉书》卷四十七・梁孝王传：“……于是孝王筑东苑，方三百余里，广睢阳城七十里。大治宫室，为复道自宫连属于平台三十余里。得赐天子旌旗，从千乘万骑，出称警，入称跸，拟于天子。……而府库金钱且百钜万，珠玉宝器多于京师。”文中之东苑，或即兔园之正式名称。睢阳为梁王都城所在。平台为孝王离宫，在睢阳城外东北。又据《西京杂记》卷二：“梁孝王好营宫室苑囿之乐，作曜华之宫，筑兔园。园中有百灵山，山有肤寸石、落猿崖、栖龙岫。又有雁池，池间有鹤洲、凫渚。其诸宫观相连，延亘数十里。奇果异树，瑰禽怪兽毕备。王日与宫人宾客弋钓其中”。同书卷四又称：“梁孝王游于忘忧之馆，集诸游士各为赋……”。由赋中知园中植种柳、槐等树，建有沙洲、兰渚，畜有鹿、鹤、鶡鸡……多种禽兽。由此可以想象尔后武帝所辟之上林苑，其建施及畜养更当若干倍于此。

东汉权贵园林之穷侈极奢者，首推顺帝时拜大将军之梁冀。事载《后汉书》卷六十四・梁统传（附玄孙冀），其情况将于住宅一节中介绍。

（六）其他园林

除皇家宫苑外，其他园林见于汉代文史者绝少。然自其片语只字中，亦可得知上至官寺衙署、权贵之家，下及贾人地主、儒士之宅，建有山池园圃者已颇不乏人，且其中有规模甚为庞巨者。

依《前汉书》卷三十九・曹参传：“……相舍后园近吏舍，吏舍日饮歌呼，从吏患之无如何，乃请参游后园，……”。由此可知宰相府后有园。

《后汉书》卷八十四・杨震传："……（樊）丰、（谢）恽等见震连切谏不从，无所顾忌，遂诈作诏书，调发司农钱谷，大匠见徙材木，各起家舍园池庐观，役费无数"。此"园池庐观"，当系上述官僚之园林别馆。

富商大贾之为园林者，如四川以冶铁致富之卓氏，以及长安茂陵首富袁广汉等。《前汉书》卷九十一・货殖传："蜀卓氏之先，赵人也，用铁致富。秦破赵，迁卓氏之蜀，……乃求远迁，致之临邛，乃大喜，即铁山鼓铸，运筹筭贾滇蜀民。富至童八百人，田池射猎之乐，拟于人君"。按卓氏首富知名于西汉者有卓王孙，其女文君事司马相如，事见《前汉书》卷五十七（下）。他若袁广汉之园池，有载于《西京杂记》卷三："茂陵富人袁广汉藏镪巨万，家童八九百人。于北邙山下筑园，东西四里，南北五里。激流水注其内。构石为山，高十余丈，连延数里。养白鹦鹉、紫鸳鸯、牦牛、青兕、奇禽怪兽，委积其间。积沙为洲屿，激水为波潮，其中育江鸥、海鹤、孕雏产彀，延漫池林，奇树异草，靡不具植。屋皆徘徊连属，重阁修廊，行之移晷，不能遍也。广汉后有罪，诛没入官，其园鸟兽草木，皆移植于上苑中矣"。这段文字是文献有关汉代私家园林最详细的叙述，不但反映了该园面积的广大，而且还引述了激水入园、构石假山，以及畜养珍禽异兽，种植奇树名花等情况。所谓"激水"，是用人工方法（如水车等）引水。而构高十余丈长数里的假山与积沙土为养畜禽鸟的洲岛，都说明了当时私家园林中已很注重人工造景，其规模虽然比不上武帝的上林苑昆明池，但也已相当可观了。

此外，《前汉书》卷五十六・董仲舒传："孝景时为博士，下帷讲诵，弟子传以久次相授业，或莫见其面。盖三年不窥园，其精如此"。《后汉书》卷六十七・桓荣传，"少……贫窭无资，常客佣以自给，精力不倦，十五年不窥家园"。而《三国志・魏志》卷八・陶谦传中，亦称琅琊名士赵星少时就学，"历年潜志，不窥园圃，亲疏希见其面"。可见汉之贫儒寒士，有的家中亦置有园圃，但内中布置如何，则诸文皆未有明载。

当时一般儒士追求什么样的生活？《后汉书》卷七十九・仲长统传中，也许给出了一些这方面的答复："常以为凡游帝王者，欲以立身扬名耳。而名不常存，人生易灭。优游偃仰，可以自娱，欲卜居清旷，以乐其志。论之曰：使居有良田广宅，背山临流，沟池环匝，竹木周布，场圃筑前，果园树后。舟车足以代步涉之难，使令足以息四体之役。养亲有兼珍之膳，妻孥无苦身之劳。良朋萃止，则陈酒肴以娱之。嘉时吉日，则烹羊豚以奉之。蹰躇畦苑，游戏平林。濯清水，追凉风，钓游鲤、弋高鸿。讽于舞雩之下，咏归高堂之上。安神闺房，思老氏之玄虚；呼吸精和，求至人之仿佛。与达者数子，论道讲书，俯仰二仪，错综人物，弹南风之雅操，发清商之妙曲。逍遥一世之上，睥睨天地之间。不受当时之责，永保性命之期，如是则可以凌霄汉，出宇宙之外矣。岂羡夫入帝王之门哉"。以上反映的是一种源于老庄之说的出世思想，但在现实中仍希图有良田广宅、珍膳佳肴、舟车代步的物质条件，以及四体不劳，悠闲逍遥的生活环境。其于园林意境上，则体现了对自然景物的崇尚与追求。而这种思潮的存在与发展，对日后所出现的南北朝士大夫自然山水园林，是起了相当影响的。

三、汉代之祠庙坛台建筑

（一）汉以前坛庙制度及对汉代之影响

两汉时期的坛庙建筑至今鲜有存留者，仅有若干文献权供参考佐证。由于"汉承秦制"，其坛庙建筑亦必受相当影响。因此在讨论汉代坛庙建筑时，先将已知的秦代坛庙情况介绍如下：

秦始皇的祭祀天地之大礼，首推泰山的封禅大典。但秦代另有一种更为古老的祭祀天帝的传统，这就是秦畤。《史记》封禅书记述秦有六畤，现将其名称、祭祀神祇、建造者及所在地分列于下：

西畤　祠白帝　秦襄公作　西县

鄜畤　祠白帝　秦文公作　汧县

密畤　祭青帝　秦宣公作　渭南

上畤　祭黄帝　秦灵公作　吴阳

下畤　祭炎帝　秦灵公作　吴阳

畦畤　祠白帝　秦献公作　栎阳

秦六畤之中，西县西畤和栎阳畦畤均不在雍地，故《封禅书》仅谓“四畤”。雍四畤——鄜畤、密畤、上畤和下畤，虽然历经春秋初年到战国中期四百多年而成，但仍然是按照五行方位来布局的，即以四方四色配祀四色帝。秦畤的形制，史无详载。“畤”，小篆从田从土从寸。从构字来分析，秦作六畤，可能指在丛林中之高地露天而祭。

春秋中期之秦国宗庙在陕西凤翔马家庄已经发现。秦始皇统一天下后，“二十七年（公元前217年）始皇……作信宫渭南，已更命信宫为极庙，象天极。自庙道通骊山，作甘泉前殿。筑甬道，自咸阳属之”（《史记》秦始皇本纪）。信宫本为始皇举行庆典、朝会群臣的大朝之处。信宫更名极庙，使其性质和用途有了新的变化，它作为始皇举行隆重祭天活动的礼制建筑，实际上是始皇生前为自己所立之庙，并用一条甬道把它和骊山陵连接起来。秦始皇驾崩后，“二世下诏，增始皇寝庙牺牲及山川百祀之礼，令群臣议尊始皇庙。群臣皆顿首言曰：古者天子七庙，诸侯五，大夫三，虽万世不轶毁。今始皇为极庙，四海之内皆献贡职、增牺牲，礼咸备，毋以加。先王庙或在西雍，或在咸阳。天子仪当独奉酌祠始皇庙。自襄公以下轶毁。所置凡七庙，群臣以礼进祠，以尊始皇庙为帝者祖庙”（《史记》秦始皇本纪）。这里所谓“始皇庙”、“帝者祖庙”乃指极庙，二世亲祀之。秦襄公为秦始封之祖，襄公以下诸庙轶毁，共留七庙，虽为周制，但只是群臣进祀。可见，传统的宗族祖庙制度——天子七庙的周礼此时已被废除。

（二）汉初的祭祀活动

《史记》卷二十八·封禅书载汉高祖二年（前205年），刘邦击楚入关，“问故秦时上帝祠何帝也，对曰：四帝，有白、青、黄、赤帝之祠。高祖曰：吾闻天有五帝，而有四，何也。莫知其说。于是高祖曰：吾知之矣，乃待我而具五也”。遂在雍地故秦上畤之北立北畤以祭黑帝，从而在秦雍四畤的基础上发展为五畤。刘邦受“五帝说”的影响而立北畤，奠定了以后两汉帝王郊祀五帝的基础。

汉初对于其他如山川、日月等神祇之祭祀，均给予非常之重视。《史记》封禅书又载：高祖二年六月曾“下诏曰：吾甚重祠而敬祭，今上帝之祭及山川诸神当祠者，各以其时礼祠之如故”。也就是保留了周、秦以来的旧有祭祠对象，内中自然也包括了有关的祭祀建筑。此外，还“令祝官立蚩尤之祠于长安”，“令郡、国、县立灵星祠”以祠后稷。

为了使各项祭祀活动依“时礼”正规举行，除了在“长安置祠祝官、女巫”，并对众多的祭祀对象，依各地的巫祝进行了分工，例如：

梁巫祠天地、天社、天水、房中、堂上之属。（按：后二者为歌颂先祖功德）。

晋巫祠五帝、东君（日）、云中（云）、司命（文昌四星）、巫社、巫族人、先炊（古炊母之神）之属。

秦巫祠社主、巫保、族纍之属（后二者为二神之名）。

荆巫祠堂下、巫先（古巫之先有灵者）、司命、施糜（主施糜粥之神）之属。

九天巫祠九天（《淮南子》谓：中央曰：钧天，东方曰：苍天，东北：旻天，北方：元天，西北：幽天，西方：皓天，西南：朱天，南方：炎天，东南：阳天。依《太元经》，则一中天，二羡天，三徒天，四罚更天，五晬天，六敦天，七咸天，八治天，九成天）。

以上，“皆以岁时祠宫中”。其祠于外地者，则有：

河巫祠河于临晋。

南山巫祠南山、莱中。

到汉文帝前元十五年春（前165年），赵国方士新垣平言长安东北有神气，成五彩，文帝遂于渭阳作五帝庙以祭祀五帝。《史记》卷二十八·封禅书载：五帝庙“同宇，帝一殿，面各五门，各如其帝色也”。渭阳五帝庙可能是受到雍五畤的启发而建，雍五畤虽然按照五个方位祭五帝，但五畤并非集中于一处。渭阳五帝庙于一宇之内而设五帝，各依方位别为一殿，而门各如其帝色，可见这是一座以五组建筑组合而成的谨严有序的大体量的建筑群，以后两汉重要礼制建筑均采用这一形制。此外，该庙外又凿池引水。“五帝庙南临渭，其北穿蒲池沟水，权火举而祠若光辉然属天焉”。按“蒲池”可理解为池中植蒲，或表池中水满之意。“权火”即篝火，以木为井干，夜间燃烧时，烟火缭绕，景观甚壮。

为五帝立坛并集中于一处祭祀者，亦始于文帝。前元十六年夏四月，“文帝出长安门，若见五人于道北，遂因其直北立五帝坛，祠以五牢具”。五帝坛同样是用来祭祀五帝的，其形制大约亦“各如其帝色”，五帝共处一坛。

汉武帝时，亳人谬忌奏祠太一，帝乃令太祝立其祠坛于长安东南郊。《三辅黄图》云：太一坛“坛八觚，神道八道，广三十步”。这是汉代第一次在长安城郊建立祭坛。到汉武帝元鼎五年（前112年），又令祠官建泰畤于甘泉，以祭太一。《史记·封禅书》载：太一祠坛“放薄忌太一坛，坛三垓。五帝坛环居其下，各如其方，黄帝西南，除八通鬼道。……”。又《前汉书》卷二十五·郊祀志（下）载：“甘泉泰畤紫坛，八觚宣通象八方。五帝坛周环其下，又有群神之坛。以《尚书》禋六宗、望山川，遍群神之义。紫坛有文章采镂黼黻之饰及玉，女乐、石坛、仙大祠……”可见，这是一座颇为复杂的郊坛，和长安东南郊太一坛一样，是用来祭祀道家和阴阳家的至上神祇——太一的，都是受了神仙方士学说的影响。

其他祀神之建筑，如上林苑中之蹏氏观，为武帝祀长陵女子神君之所。又于甘泉宫中作“台室，画天地、泰一诸鬼神，而致祭具以致天神居”。以后再建柏梁台、铜柱及仙人承露盘等；并于北宫等处置寿宫，“张羽旗，设供具，以礼神君”。又以“仙人好楼居”，于长安作蜚廉观、桂观；甘泉宫则作延年及益寿观。以上史实，皆见《封禅书》。由于武帝笃信神仙方士之说，又好巡狩封禅，“于是郡国各除道，缮治宫观、名山、神祠，所以望幸也”。由此可知当时各地神祠之建设，必然不在少数。这种大祀神祠的状况，到后来的元帝、成帝时才渐有所改变。

（三）成帝及以后对郊天制度的改革

这是因为元帝、成帝之际，儒学逐渐取得了正统地位，便开始了对西汉郊礼禅坛的一系列整顿工作。到成帝时，丞相匡衡、御史大夫张谭便提出了郊礼变革的建议：将汉武帝兴立的甘泉泰畤和汾阴后土祠徙置长安，分置于长安南、北——祭天于南郊，祭地于北郊，并废除了雍五畤。此外，还对其他神祠及建制进行了调整。如《前汉书》卷二十五（下）·郊祀志所载，成帝建始二年（公元前31年）“衡、谭复条奏：长安厨官、县官给祠郡、国侯神、方士、使者所祠凡六百八十三所，其二百八所应礼及疑无明文，可奉祠如故。其余四百七十五所不应礼或复重，请皆罢”。这意见得到成帝认可。又称“雍旧祠二百三所，唯山川、诸星十五所为应礼云。……又罢高祖所立梁、晋、秦、荆巫、九天、南山、莱中之属。及孝文渭阳，孝武薄忌、泰一、三一、黄帝、冥羊、马行泰一、皋山山君、武夷夏后、启母石、万里沙、八神、延年之属。及孝宣参山、蓬山、之罘、成山、莱山、四时、蚩尤、劳谷、五床、仙人、玉女、径路、黄帝、天神、原水之属皆罢。候神、方士、使者、副佐、本草、待诏七十余人皆归家”。这些在当时不能不说是一个很大的改变。后来匡衡以罪罢官，朝野对其作为颇有议论。于是甘泉泰畤、汾阴后土、雍五畤及陈宝祠等又次第恢复。使这一改革曾一度受到挫折，但到汉平帝时，由于大司马王莽的建议，最终确立了南郊祭天、北郊祭地的制度。

西汉末季祠神活动的复炽，一方面固然出于尊崇先王的传统，另一方面也由于帝王自身的原因，例如求嗣、祈寿等等。《前汉书》卷二十五·郊祀志载：“成帝末年，颇好鬼神，亦以无继嗣，故多上书言祭祀方术者，皆得待诏。祠祭上林苑中，长安城旁，费用甚多”。又“哀帝即位，寝疾。博徵方术士，京师、诸县皆有侍祠使者。尽复前世所常兴诸神祠宫，凡七百余所，一岁三万七千祠云”。

与此同时，王莽又对匡衡的郊礼制度进行了进一步的改革，据《前汉书》郊祀志（下）的记载：王莽的郊礼改革有：其一，天、地应有合祭之礼和分祭之礼，并有相应的祖妣配祀的制度，这套天地分祭合祭之礼，对后世郊礼坛禅的设置很有影响。其二，根据《周礼》“兆于帝于四郊”之说，分祭五帝于长安四郊，并分群神以类相从划为五部，分属五帝而祭。其三，于官社后立官稷。

新莽王朝为时仅一十五年，但王莽所建立的郊祀制度，却被后汉王朝几乎和盘接受。光武帝建元元年十月，定都于洛阳，“二年（公元 26 年）正月，初制郊兆于洛阳城南七里，依鄗。采元始中故事。为圆坛八陛，中又为重坛……其外为壝，重营皆紫，以象紫宫；有四通道以为门”（《后汉书》卷十七·祭祀（上））。这是光武帝的洛阳南郊祭坛，其形制采用重层圆坛、三重垣墙，重营皆紫，四向辟门。关于它的尺度，《三辅黄图》中称：“上帝坛圜八觚，径五丈，高九尺。茅营去坛十步，竹宫径三百步，土营径五百步，神灵坛各于其方面三丈，去茅营二十步，广三十五步，合祀神灵，以璧琮用。辟神道以通，广各三十步。竹宫内道广三丈，有阙，各九十一步。坛方三丈，拜位坛亦如是。……凡天宗上帝宫坛营径三里，周九里。营三重，通八方。……后土坛方五丈六尺，茅营去坛十步外，土营方二百步限之。……神道四通广各十步。宫内道广各二丈，有阙。……凡地宗后土宫坛营方二里，周八里。营再重，道四通”。上述采用合祭的效祀制度，即“采元始中故事”，将“皇天上帝”与“皇地后祇”合祭于一坛，这是王莽根据《周礼》的祭天地“有别有合”的天地分合祭的产物。而天地合祭于一坛，下至两晋，历经唐宋，直到明朝嘉靖年间，才告终止，仅于南郊分祭天地，清朝承袭了南北郊分祭的制度。

光武帝建武三十年（公元 54 年），又在洛阳北郊另立方坛，“北郊在洛阳城北四里，为方坛四陛。三十三年正月半辛未，郊。别祀地祇，位南面而上，高皇后配，西面北上，皆在坛上，地理群神从未食，皆在坛下，如元始中故事。……四陛及中外营门封神如南郊”（《后汉书》卷十八·祭祀·（中））。北郊坛为方坛四陛，重垣四门。

到汉明帝永平二年（公元 59 年），又“以《礼谶》及《月令》有五郊迎气服色，因采元始中故事，兆五郊于洛阳四方。中兆在未，坛皆二尺，阶无等”（《后汉书》卷十八·祭祀·中），以祭五帝，采用的是五时分祭五帝于四郊的制度，以上是两汉郊天坛禅的设置。

（四）两汉帝室的社稷、宗庙制度

两汉社稷坛的建置，史籍亦有记载。秦始皇二十六年称帝，便立社稷、宗庙，但史籍语焉不详。汉高祖元年，汉王刘邦于“二月癸未，令民除秦社稷，立汉社稷”（《前汉书》卷一·高帝纪·上），这是汉代的太社；其后又立官社，这相当于“周礼”中的王社。到平帝元始年间，采用王莽的建议，“于官社后立官稷，以夏禹配食官社，后稷配食官稷。稷种谷树。徐州牧岁贡五色土各一斗”（《前汉书》卷二十五·下·郊祀志）。

从考古发掘的西汉官社、官稷遗址来看，官社遗址在长安城南郊，位于“王莽九庙”围墙外西南，由建于大夯土台基上的主体建筑和四周廊庑建筑组成。夯土台基现存残高4.3米，东西残长240米，南北宽70米。主体建筑已遭平毁，仅存庑廊遗迹。依发掘知该建筑始建于西汉初，中期重修，废弃于西汉之末。官稷遗址在官社的西南边，其形制为两重垣，四出门的“回”字形。外墙每面长600米，内墙每面长273米，各墙中央均辟一门，形制与王莽“九庙”相似。未发现中心建筑，估计是未及修建而王莽政权已覆灭之故。官社、官稷采用的是两汉礼制建筑的统一形制。

光武帝“建武二年（公元26年），立太社稷于洛阳，在宗庙之右。方坛，无屋，有墙门而已”（《后汉书》卷十九·祭祀·下）。又同书注引《古今注》云：“建武二十一年（公元45年）二月乙酉，徙立社稷上东门内”。《汉旧仪》云：“使者监祠，南向立，不拜”。

从两汉的社稷建置中可以看出：西汉采取的是社、稷分祭的形式；东汉采取社稷合祭，皇帝不亲临，使有司使者监祭，“南向立”。这是《周礼》所谓：“社祭土而主阴气也，君向南，于北墉下，答阴之意也”之意。

汉高祖十年（公元前197年），太上皇崩，葬栎阳万年陵，并“令诸侯王皆立太上皇庙”（《史记》卷一·高祖本纪），这是汉代郡国立庙之始，郡国立庙的制度，一直到汉元帝时才废除。

汉高祖十二年（公元前195年）即惠帝元年，“五月丙寅，葬（高祖于）长陵。已下，皇太子群臣皆反至太上皇庙”（《前汉书》卷二·惠帝纪）。汉太上皇庙当立于长安城中，仍沿袭先秦宗族祖庙立于都城中的传统。同年，汉惠帝又于长安城中立高庙。《汉旧仪》·卷一载：高庙“盖地六顷三十六亩四步，祠内立九旗，堂下撞千石钟十枚，声闻百里”，其规模可见一斑。《三辅黄图》云：“高祖庙在长安城中西安门内东太常街南”，其注称“寝在桂宫北”，可见寝庙是分开设置的。汉惠帝每月将高祖衣冠自寝中运出，游历到高庙受祭，即“月一衣冠游”。但游历时经过复道，叔孙通谏子孙不应在“宗庙道上行”。惠帝乃听从叔孙通的意见，在渭北长陵旁立“原庙”（《前汉书》卷四十三·叔孙通传）。原庙乃为祭高祖而设，自原庙起，确立了西汉一代的“陵旁立庙”的制度。如汉文帝庙顾城庙，景帝庙德阳宫，武帝庙龙渊宫，昭帝庙徘徊庙，宣帝庙乐游宫，元帝庙长寿宫，成帝庙阳池宫等等，皆为帝陵陵庙。

王莽代汉，新王朝进行了一系列改革运动，在政治、经济、文化领域中大肆恢复“周礼”。在新莽王朝的宗庙建置中，“王莽九庙”是一项重要内容。《前汉书》卷九十九·下·王莽传曰：“九庙：一曰：黄帝太初祖庙，二曰：帝虞始祖昭庙，三曰：陈胡王统祖穆庙，四曰：齐敬王世祖昭庙，五曰：济北愍王王祖穆庙，凡五庙不堕云；六曰：济南伯王尊祢昭庙，七曰：元城孺王尊祢穆庙，八曰：阳平顷王戚祢昭庙，九曰：新都显王戚祢穆庙。殿皆重屋。太初祖庙东西南北各四十丈，高十七丈，余庙半之。为铜薄栌，饰以金银琱雕文，穷极百工之七巧”。

“王莽九庙”已经得到了考古工作的证实。在汉长安城南郊，考古工作者发现了一区西汉末期礼制建筑群遗址[10]（图5-32），其中一组建筑遗址位于汉长安城安门和西安门之南，由十一个规模相仿，布局相同的“回”字形建筑所组成。在这十一座建筑的四周，还环以垣墙。紧靠南边大围墙的正中，又有一座比这十一座建筑单体约大一倍，但布局相同的建筑遗址。这十二座建筑就是

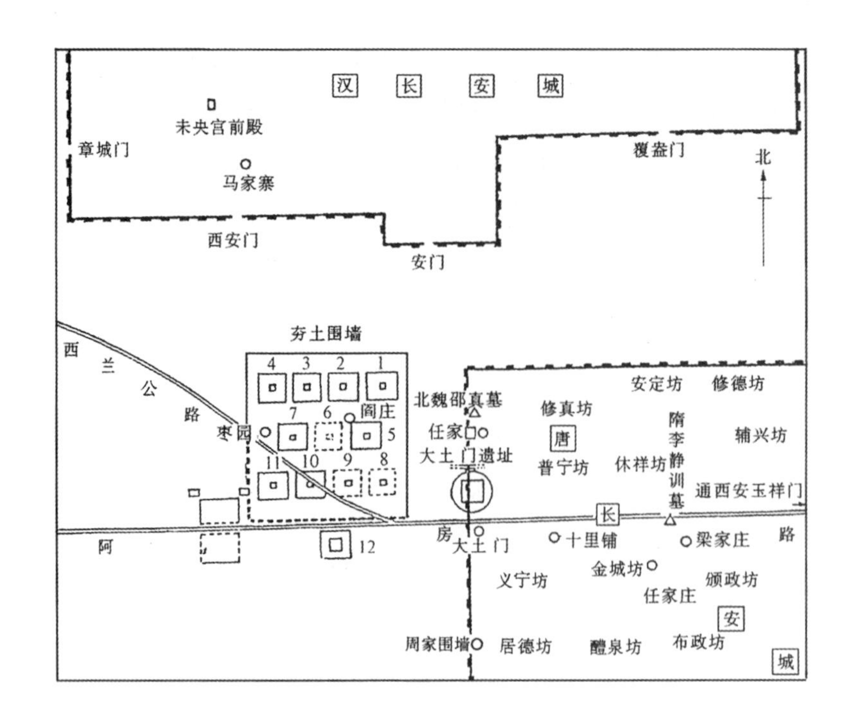

图 5-32　西汉长安南效礼制建筑遗址位置示意图（《考古》1989 年第 3 期）

地皇年间的“王莽九庙”遗址。每座遗址布局大致相同，其平面皆采用沿着纵横两条轴线的完全对称的布局方法，外面是方形围墙，每面中央辟门（图 5-33），墙内四隅为曲尺形配房。围墙以内，在庭院中央是主体建筑。现以第三号遗址为例（图 5-34），它是平面呈“亚”形的四面对称的高台建筑，每面中间为太室，太室四周各有一个厅堂，正对着四门通道。这十二座建筑即王莽为祖先所立的宗庙。《前汉书》王莽传云九庙，而遗址中有十一座建筑，其中多出的三庙可能为新庙：一庙是王莽自留，另两庙是王莽预留与子孙有功德而为祖，宗者。

《后汉书》卷十九·祭祀·下：“光武建武二年（公元 26 年）正月，立高庙于洛阳”，祀前汉十一帝神主，以表明中兴之运。因此，洛阳高庙相当于帝者祖庙，这是历史上帝王祖庙神主合祭于一庙的首次记载。但长安故高祖庙仍然受到祭祀，所以在东汉时，形成了与东、西二京相对应的两庙制度——洛阳高庙（史称“东庙”）和长安故高庙（史称“西庙”）。

光武帝崩，汉明帝为之立庙，尊曰“世祖庙”。但明帝以后诸帝皆遗言藏已主于世祖庙更衣别室（见《后汉书》诸帝纪），且在诸帝帝陵外不复立庙，皆就陵寝而祭。遂开创了后世一庙多室，每室一主的“同堂异室”的太庙形制，这种形制为唐、宋、明、清诸代所采取。

（五）汉代帝室的明堂、辟雍

汉代另一重要之礼制建筑是明堂、辟雍。所谓明堂，乃“明正教之堂”与“正四时，出教化”

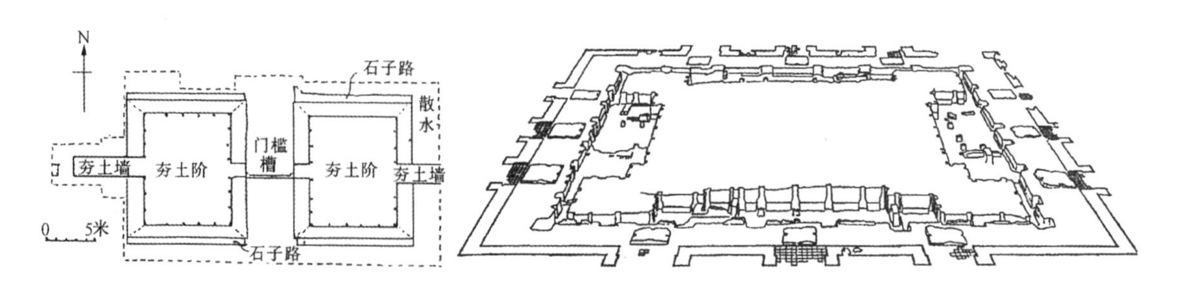

图 5-33　西汉长安南郊王莽时期宗庙遗迹门址平面（《文物参考资料》1957 年第 10 期）

图 5-34　西汉长安南郊王莽时期宗庙第三号遗址中心建筑鸟瞰图（《考古》1989 年第 3 期）

之所在。相传远古已有，《孝经》谓："黄帝曰：合宫，有虞曰：总章，殷曰：阳馆，周曰：明堂"。辟雍者，"象璧，环雍之以水，象教化流行"。但是这类建筑在汉以前未有实物留存，确切的文献也很匮乏。武帝欲起明堂。但左右不明制度，后济南人公玉带献"黄帝时明堂图，图中有一殿，四面无壁，以茅盖。通水，水环宫垣。为复道，上有楼，从西南入，名曰：昆仑，以拜礼上帝"。于是诏令依图建明堂于泰山汶水上，载见《后汉书》卷十七·祭祀志。由此可知自武帝元封二年（公元前109年）至汉初，尚未有明堂之建造。且武帝之明堂，地点不在长安。今日所知汉代之明堂辟雍实例，为位于西汉长安南郊者，而东汉光武帝建武三十二年建于洛阳之明堂，亦位于相类似之位置。

1956年在西安市玉祥门外以西之大土门村以北，发现了一区巨大的汉代礼制建筑[11]，它由外环行水道、围垣、大门、曲尺形附属建筑及中央之主体建筑组成（图5-35）。整组建筑系依十字形轴线（朝向正南北东西）作对称排列，总占地面积达11万余平方米。

外环绕水道呈圆形，直径360米。水道宽2米，深1.8米，侧壁砌以陶砖。其东、南、西、北四正面于外侧又凿长方形小环水沟（80米×30米）。

围垣为正方形，每面长235米。墙基深1.2米，基宽1.8米。墙身宽约1米，现余残高0.15～0.3米。均由夯土筑成。各垣之中央均辟大门，门由中央之门道（即"隧"）及两侧之夹屋（称"塾"）组成。门道为低于西侧台基0.22米之"断砌造"形式。而两"塾"之内，又以横向隔墙将其面积划为前、后两部。大门总宽约27米。围垣四隅，各于内侧构曲尺形建筑一座，似为辅助用房，其每边长约47米，进深5米。

垣内为空旷之广庭，庭之中央另有一核心建筑，建于一直径62米，高于庭中地面0.3米之圆形夯土台基上。基上构有平面呈"亚"字形的大型建筑（图5-36）。其中部偏东之一部，已被南北走向、宽约14.5米之唐代河道所打破。由于此建筑亦属对称布置，因此仍可得知其原来布置的大概。建筑每面总长42米，中部有面阔八开间（23米），进深一间半（3.4米）之门堂，其后建面阔四间之后室。而东南、西南、西北与东北四隅，则各置4米见方之夯土墩，及绕于墩外侧之曲尺形回廊。建筑中央为16.5米×16.5米之大土台，台上遗有大量汉代砖瓦残片，表明其上当时曾构有建筑。

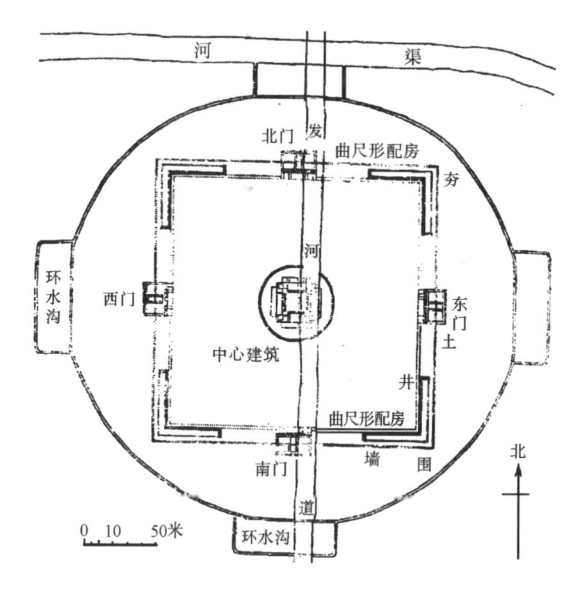

图5-35 西汉长安南郊礼制建筑辟雍遗址实测总平面图（《中国古代建筑史》）

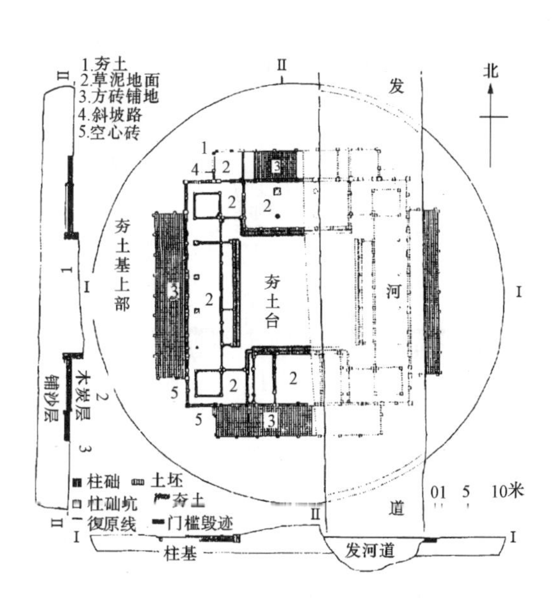

图5-36 西汉长安南郊礼制建筑辟雍遗址中心建筑实测平面图（《中国古代建筑史》）

本遗址之平面大体上由方、圆两种几何图形相互套合而成，颇符合我国古代的“天圆地方”宇宙观。它的位置又位于西汉长安城安门以南约 1.5 公里处，与王莽之九庙夹道东西相对。因此被学界认为是西汉明堂辟雍旧址之所在。一些学者根据上述考古发掘资料及历史文献，对此建筑作了种种复原的设想，现择其中之一以供读者参考（图 5-37）。

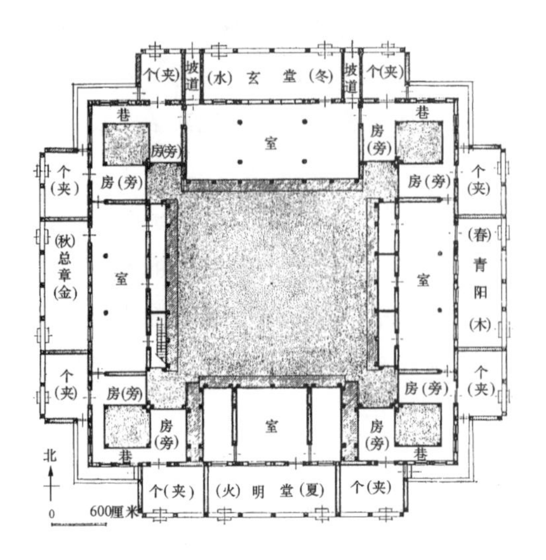

图 5-37　西汉长安南郊礼制建筑辟雍遗址中心建筑一层平面复原图（《建筑考古学论文集》）

由遗物知此建筑毁于火，时间当在王莽新朝之末。虽然主体结构已不存在，但遗留的若干构造形式，仍可为我们提供汉代建筑的有益资料。现将其附属建筑复原图（图 5-38）中心建筑复原鸟瞰（图 5-39）及总体复原鸟瞰图（图 5-40）列后并供参考。

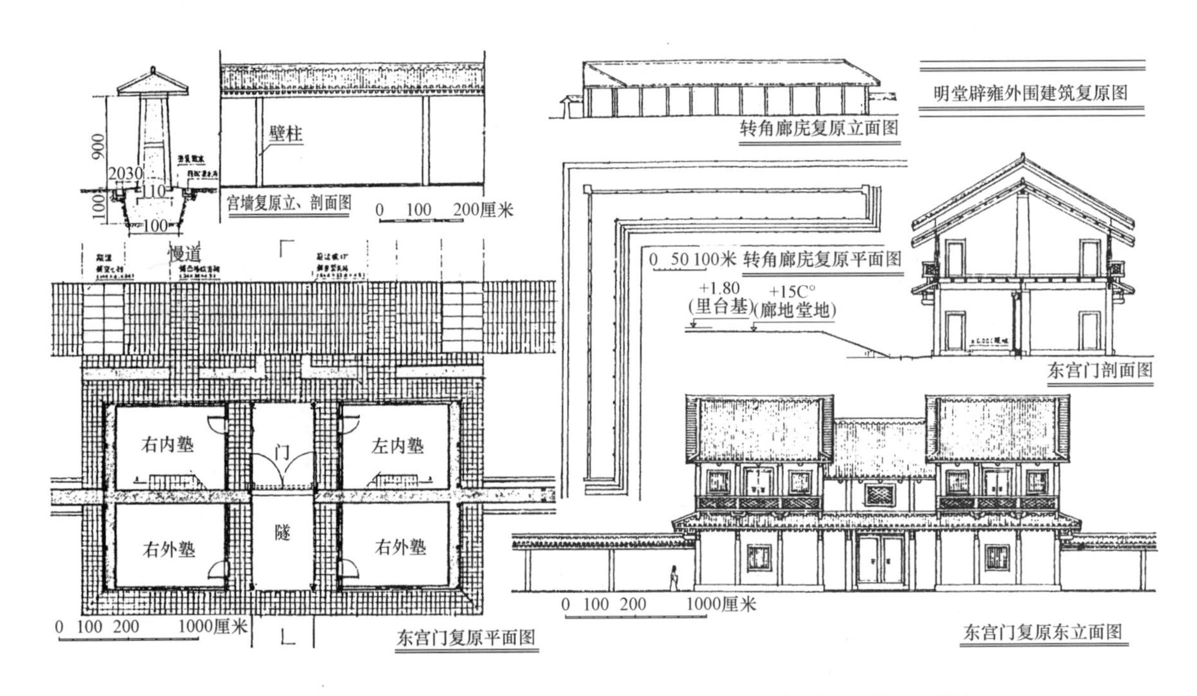

图 5-38　西汉长安南郊礼制建筑辟雍遗址外围建筑复原图（《建筑考古学论文集》）

围垣内外侧都有宽 0.4 米之夯筑散水。再外则构宽 0.2 米之砖砌滴水沟一道，表明墙顶曾经盖瓦以防水。且墙头瓦顶出檐达 0.7 米，应为施木椽的做法。门址周围都施宽 1.6 米的方砖散水，此亦为门上屋檐伸出之大致长度。

建筑的地面处理，则有下列数种：

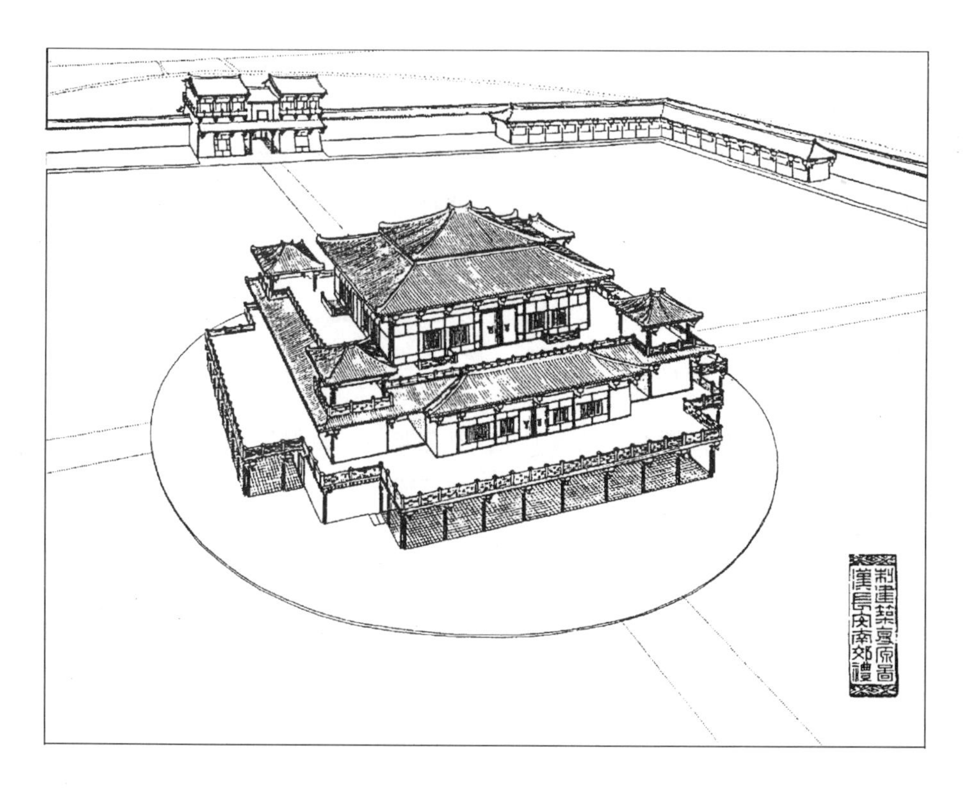

图 5-39 西汉长安南郊礼制建筑辟雍遗址中心建筑复原鸟瞰图（《中国古代建筑史》）

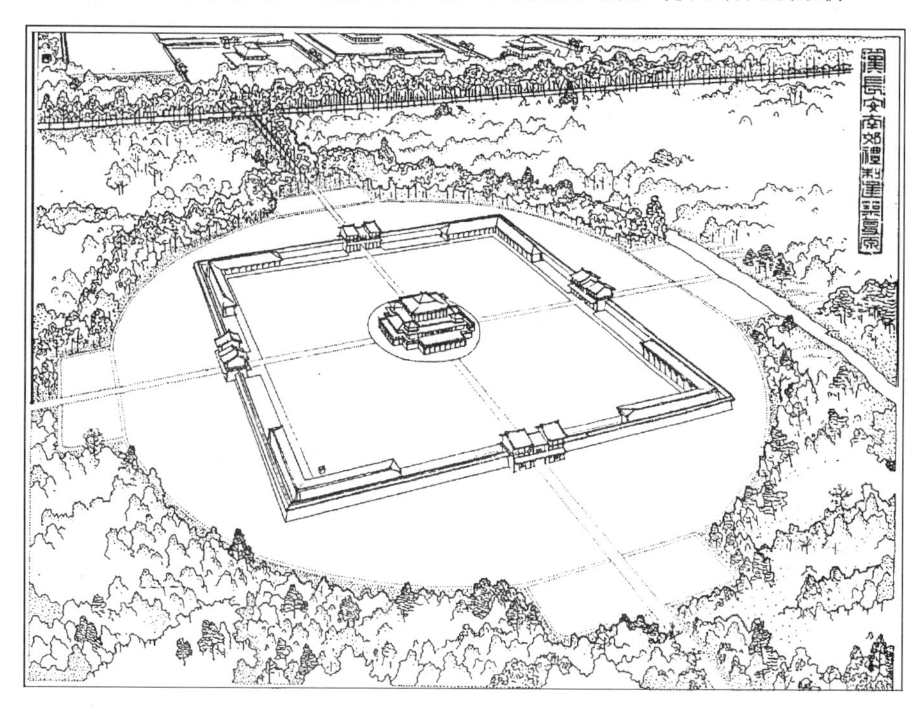

图 5-40 西汉长安南郊礼制建筑辟雍遗址总体复原鸟瞰图（《中国古代建筑史》）

（1）大门门道及曲尺形附属建筑

下为厚 0.35 米左右之夯土基层，上涂 0.03 米之堇涂，再抹 0.15 米厚谷糠泥，最后在表面涂以红色。

（2）主体建筑之堂、室

汉代室内仍采用席地而坐的方式，因此对地面之防潮十分重视，其于北侧建筑尤甚。总的做法是在厚 1.5～1.7 米之夯土基层上，垒砌土坯砖 6～8 层，最上施找平层并铺方砖。为了加强防潮效果，在夯土层上垫砂 0.35～0.6 米厚，及木炭 0.005 米，上施夹一层席之土坯砖二层，再铺木炭，垒土坯砖四层，表面找平二次，最后抹红色细泥。

建筑之木柱俱经焚毁，但位置尚可辨别。如中央核心建筑之门堂柱距约 3 米，而曲尺形附属建筑柱距则为 4.7 米。其门堂外转角处并施二柱，此种做法亦见于汉墓出土之建筑明器，表明木架构在转角处之处理尚未尽善。柱下均有石柱础，且皆为露于地表之明础，形状有长方、方及圆形数种。值得注意的是在柱础石下施素土夯实之磉墩，其面积且为础石之倍，这种做法是我国古代建筑中的首次发现。

（六）汉代之灵台

灵台是古代观测天文天象之所在，是历朝皇家社庙坛台的重要组成之一，但早期的此类遗址至今所知极少，文献亦甚匮乏。其有关西汉者，仅《三辅黄图》载称："（西）汉灵台在长安西北八里。始曰：清台，本为候者观阴阳天文之变。（后）更名曰：灵台"。近年考古工作者发现了东汉洛阳灵台遗址[12]，但对于它的建筑与设施情况，史文载录者甚为有限，现择其数端列于下：

《后汉书》卷一·光武帝纪：中元元年（公元 56 年）"是岁初起明堂、灵台、辟雍及北郊兆域"。

《后汉书》卷二·明帝纪：永平二年（公元 59 年）"春正月辛未，宗祀光武帝于明堂，……礼毕登灵台"。

《后汉书》卷三·章帝纪：建初三年（公元 78 年）"春正月己酉，宗祀明堂，礼毕，登灵台望云物"。

《后汉书》卷四·和帝纪：永元五年（公元 93 年）"春正月乙亥，宗祀五帝于明堂，遂登灵台望云物"。

《汉官仪》："明堂去（洛阳）平城门二里，所天子出，从平城门，先历明堂，后至郊祀"。

《玉海》一百六十二引《洛阳记》："平昌门南直大道，东是明堂，道西是灵台"。

《东京赋》："左制辟雍，右立灵台"。

《汉宫阁疏》："灵台高三丈，十二门。天子曰：灵台。诸侯曰：观台"。

《后汉书》卷十八·祭祀志："章帝即位，元和二年（公元 85 年）……四月还京都。庚申……又为灵台十二门作诗……"。

目前发现的东汉灵台遗址，位于河南偃师县岗上村与大郊寨之间，即汉、魏洛阳故城南郊，占地面积达四万四千平方米（南北 220 米×东西 200 米）。遗址东、西二侧尚遗夯土筑之垣墙。垣内中心建筑为一夯土高台，其地下部分是每面约 50 米之方形平面（图 5-41）。地面以上部分已被破坏，

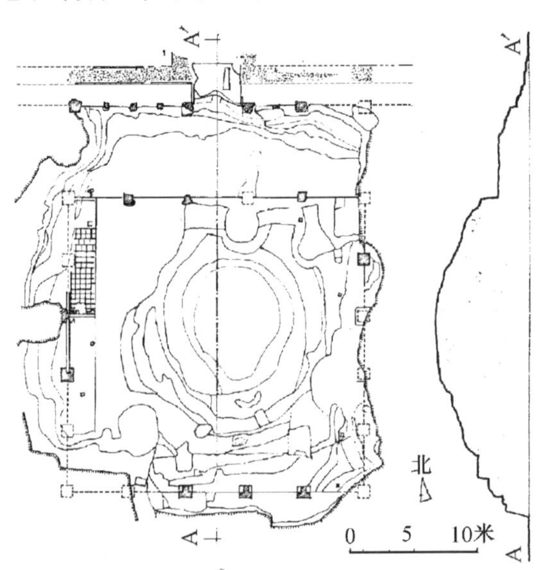

图 5-41　东汉洛阳灵台遗址平、剖面实测图（《考古》1978 年第 1 期）

现余残长南北约 41 米，东西约 31 米，残高约 8 米。台上原建有建筑，现依其残迹叙述于下：

1. 底层平台略与周旁耕地等高，原于四面皆建有回廊，现仅存部分北廊，其余俱无踪迹可寻。北廊正中有斜道（亦可能原为踏跺），可抵其上之第二层平台。斜道宽 5.7 米，两旁各建回廊五间，间面阔 2.5 米，进深 2 米。其后壁依夯土台掘槽立木柱，现柱已无存，但遗有清晰木质灰烬。柱下垫以方形石础。回廊外侧铺砌宽 1.2 米之卵石散水，其中段并沿斜道向北延伸。

2. 二层平台较底层回廊地面高出约 1.86 米，平面大体呈每边 27 米之方形。四面各建有建筑五间，每间面阔约 5.5 米，进深约 8.5 米。其后壁壁柱之做法同上。地面以条砖作人字纹铺砌。内壁面先抹草拌泥二～三层，表面再涂以颜色。依残墙皮等知北面为白色，东面为青色，南面为红色，西面为黑色。台西侧之五间建筑之内，另辟有进深 2 米之内室，二者间以土墙相隔。而内室再以土墙划为南部之三间与北部之二间，其地面悉铺以方砖。

3. 顶部已遭破坏，由于坍塌而形成一南北长 11.7 米，东西宽 8.5 米之椭圆形凸面，故原有之构筑情况已无法了解。

4. 遗址东侧有一南北向宽 23 米之古代大道，由此北行可通汉、魏洛阳之平城门。道东另有面积庞大之夯土遗迹，平面呈方形，每边约长 400 米，三面之垣墙尚有残存者。内构东西 63 米，南北 64 米之大夯土台一座，推测是汉代明堂所在。

根据考古学家对汉、魏洛阳古城的多次发掘，已推定始建于东汉初季之明堂、辟雍及灵台一组礼制建筑之位置。即依前述汉、魏洛阳平面（图 5-22）所示，于城南郊沿东西方向作一字形排列。以明堂居中，辟雍在东，灵台在西，与文献所述者一致。在建筑形制方面，其总平面亦采用方形，并沿周边建围垣。垣内中央构一具二至三级阶形夯土方台，诸殿堂廊屋均环绕夯土阶台而建，与西汉长安辟雍及王莽宗庙基本同一风貌，看来这是有汉一代此类坛台建筑的通行原则。至于灵台的高度为三丈是否准确，与其十二门之具体布置，以及门殿与其他附属建筑的配置等，都是悬而未决和需要进一步研究的问题。

此台是目前我国发现最早的天文观测台遗址，距今已有近两千年历史。史载东汉著名科学家张衡曾于安帝元初二年至永宁元年（公元 115—120 年）及顺帝永建元年至阳嘉二年（公元 126—133 年）两度任太史令，负责灵台观测天象工作，并先后设计与制造了举世闻名的浑天仪和候风地动仪（《后汉书》卷六·顺帝记有载），又撰写了《浑天仪》、《灵宪》等天文学著作。因此，上述遗址的发现，对我国建筑史与科学史的研究，具有十分重大的意义。

（七）汉代封国之祠庙坛台

目前发现较完整者仅一例，即位于福建崇安县城村汉城——闽越国都“冶城”之北岗遗址（图 5-42）。

北岗位于崇安汉城之东垣南门外，与城垣仅一沟之隔。该遗址平面大体呈北面为弧状之矩形，南北约长 120 米，东西约宽 70 米。地势东低而西高（超出附近地面约 7 米）。1984—1986 年间，曾对其进行多次发掘，于东侧探出一组建于西汉时期的大型建筑，定名为北岗一号建筑遗址[13]。1988 年秋，又对其西侧之第二号建筑遗址进行了发掘[13]，从而对二者之关系及所具有之内涵有了较为明确的认识。

1. 北岗一号建筑遗址（图 5-43）

该遗址占地面积达 1500 平方米，由三组布局大致相同的建筑组成，依南北轴线依次排列。总体平面作矩形，南北通长 66.7 米，东西通阔 23.8 米，方位 15°。四面周以围垣，其中以南、西垣保存较好，东垣仅余南端一小段，北垣已基本不存。现就三组建筑情况，分述于下：

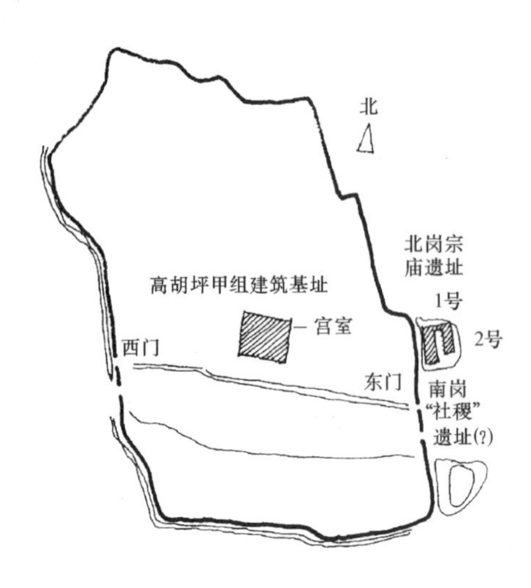

图 5-42 福建崇安县城村北岗闽越国一号、二号建筑基址位置示意图（《考古》1993 年第 12 期）

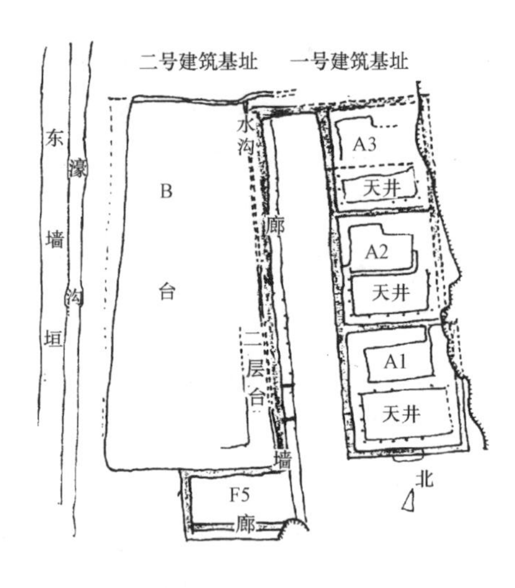

图 5-43 福建崇安县城村北岗闽越国一号、二号建筑基址平面实测图（《考古》1993 年第 12 期）

（1）第一组建筑基址（Ⅰ号基址）（图 5-44）

位于整个遗址之南端，由围垣、回廊、庭院、殿堂等组成。该基址南北长 25.5 米，东西宽 23.8 米，平面为近方形之矩形。

1）墙垣与门道：南垣长 23.8 米，墙基宽 1.4 米，地面以上之墙身已无痕迹。西垣长 25.5 米，基宽 1.5～1.9 米，地面墙身尚有残高 3～40 厘米。东垣仅余南端一段长 14.3 米，基宽 1.3～1.5 米。北垣即第二组建筑之南垣，基宽 0.9～1.2 米。

南垣中央外侧，遗有宽 5.8 米，进深 1.2 米之土阶，似为当时该遗址主要门户之所在。据阶上东、西并列之二柱穴推测，此门宽度约为 3 米。西垣有门道一处，宽 2.2 米，距南垣尽端 7.6 米。东垣及北垣因破坏甚多，故其原来是否建有门道无法知晓。

2）回廊环绕于庭院四周，除东廊之北部破坏较烈，其余均保存较好。南、北廊各长 20.8 米，东、西各长 13 米。诸廊宽度约 2 米。依回廊临天井处之柱础、柱洞情况，知南、北廊分划为六间，东、西廊为四间。柱之间距 2.4～2.7 米。北廊中央有祭殿之踏步。

3）庭院东西宽 16.7 米，南北深 9.2 米，庭院地面低于回廊地面10～12厘米。院中央有一宽约 5 米之南北走向走道——“中唐”，道面铺以花纹地砖。两侧庭院则满铺直径 2～3 厘米之河卵石。

4）殿室位于庭院以北，为本组建筑中之主要部分。围墙内之整个基台东西宽 20.8 米，南北长 10.5 米。其地面又高于回廊地面 15～30 厘米。平面可分为二部：

（A）主殿堂东西宽 13.2 米，南北长 6.9 米，依柱洞分别可划分为面阔五间及进深四间。台上有柱洞八处，以二侧者为大，洞深约 0.8～1.2 米，直径 0.4～0.5 米。

（B）附属房屋围绕于主殿堂之东、北、西三侧。大体可划分为北面五间，东、西面各三间。依残迹知各室均曾铺木地板，表面高度同主殿堂。

根据以上资料，将此区建筑平面作出复原，如图 5-45。

（2）第二组建筑基址（Ⅱ号基址）：

位于第一组建筑基址以北，平面大体呈方形，东西宽 21.3 米，南北深 21.4 米。建筑组成内容同第一组。

1）墙垣与门道西垣即整个遗址西墙之中段，北垣与第三组建筑基址之南垣相共，东垣全毁，但其位置较第一组建筑者略西移。

西垣距西南隅约 4 米处，辟有一门，门宽 1.6 米。南距第一组建筑西门约 20 米。

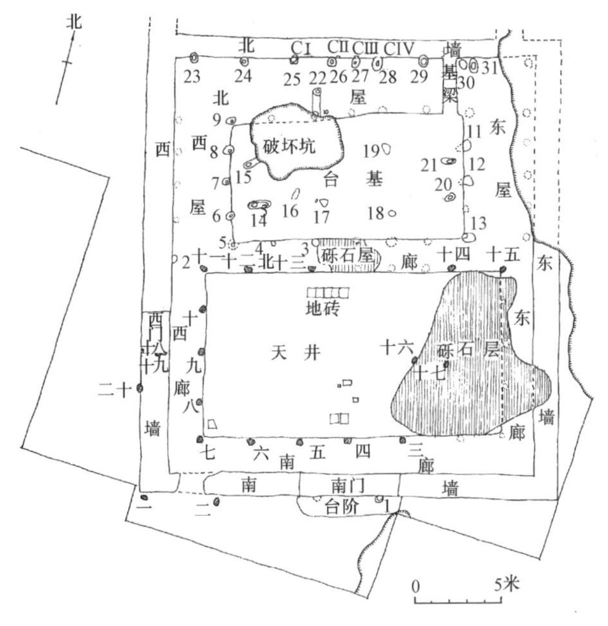

图 5-44 福建崇安县城村北岗闽越国一号基址 A1 庭院实测图（《考古》1993 年第 12 期）

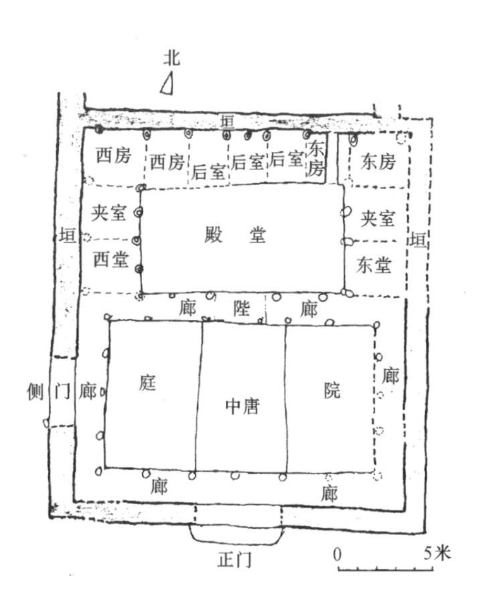

图 5-45 福建崇安县城村北岗闽越国一号基址 A1 庭院复原平面（《考古》1993 年第 12 期）

2）回廊仅有东、南、西三面。南廊长 18 米，东、西廊各长 10 米，宽度 1.6～1.8 米。依柱础知临院处之南廊划分为五间，东、西廊各划为三间。南廊正中有一南北长 1.3 米，东西宽 0.5 米，高出廊地面 0.15 米之烧烤面土台，用途不明。

3）庭院东西宽 14.6 米，南北深 7.5 米，中部有用河卵石铺砌道路残迹。院东北角建排水道一条，直通东墙之外，残长约 5 米。做法是先在地面挖槽沟，内中以筒板瓦构为水道。

4）殿堂东西宽 18 米，南北深 11.3 米。

（A）主殿堂平面为曲尺形，南边长 13 米，东边长 7.7 米，西边长 10 米。地面高于天井约 0.2 米。南侧构一台阶，宽 0.8～1 米。台上存柱础石十块，柱洞九处。

（B）附属建筑因扰乱过甚，无从了解其平面布置情况。

（3）第三组建筑（Ⅲ号基址）

平面与第二组基址基本一致。基址东西宽 21.3 米，南北长约 20 米。

1）墙垣与门道西外垣与南垣已见前述，东、北垣均破坏无漏。西垣辟门一，宽度约 4 米（应略小于门外之过道宽）。南距第二组基址西门亦约 20 米。

2）回廊亦为冂形，其中南廊长 18 米，东、西廊各长 7 米。前者于临天井处亦划分为五间。后二者各划为两间。廊宽 1.6～1.8 米。廊内柱础大多不存，仅见三处。

西侧门外之走道为东西向，宽 4 米，高于附近地面 0.2～0.4 米，表面亦铺河卵石。

3）天井东西宽 14 米，南北长 5.5 米。庭院地面尚遗少量铺砌之河卵石。

4）殿堂主殿及附属建筑基址均难以分辨，估计平面布置与第二组基址相似。台上现存础石 13 块，柱洞 15 处。

以上各基址出土之遗物，除有陶质之建材筒瓦、板瓦、铺地砖、水管、窑烧土坯砖及铺地卵石等以外，另有铁制工具及用器（臿、斧、镢、削、钩、支架……），铜铁兵器（弩机、镞、矛、剑……），生活用陶器（瓮、罐、盆、壶、釜、盂、钵、盒……）等等。

（4）该遗址在建筑组合及技术上之特点，有：

1）三组建筑依南北轴线作有序排列，应是出自功能需要。其中居于最南端之一组面积较大，并且在南垣中央辟有大门，应属此遗址中之主要建筑组群。这种配置方式，也反映了它们在建筑等级制度上的差别。

2）就南组建筑平面而言，这种由大门——回廊——庭院——殿堂的组合方式，特别是在主要殿堂以东、北、西三面环绕以若干较小的室、房等附属建筑的制式，与周代文献及实物所表现的宗庙建筑几无二致。是以考古学家将其第一组建筑基址复原，如图 5-45 所示。

3）殿堂基台及垣下墙基，皆由生土构成（即采用挖去其周旁泥土的方式），而并非使用最常见之人工夯土。另沿外垣内侧多有柱础、柱洞遗留，表明房屋承重主要仍在柱而不在墙。

4）墙体系使用木（竹）骨泥墙及部分红烧土砖构成，现遗存经焚烧之垣墙土块中，有明显竹木条痕可予以证明。

5）墙面先涂草拌泥打底，再施乳黄色抹面，亦为保留较早建筑手法的表现。

6）柱下已广泛使用柱础，但仍挖掘不同深度之柱穴。如殿堂室内主要承重柱洞可深达 1 ～ 1.2 米，其他之壁柱及檐柱洞深度约 0.8 米。而回廊之檐柱穴仅深 0.1 ～ 0.15 米。这种以室中内柱作主要承重的结构构架，尚保存着原始社会木架构的影响。柱础多用天然石块，仅以较平之一面朝上平置以承柱，技术仍较粗糙。

7）屋面已满铺筒、板瓦。筒瓦一般长 40 ～ 48.8 厘米，直径 16.8 ～ 20 厘米。板瓦一般长 55 厘米，宽 35 ～ 38.4 厘米，厚 1.2 ～ 1.4 厘米。瓦当纹样有树纹、涡纹及文字（“常乐”、“常乐万岁”、“乐未央”）等多种。其中的文字内容，多见于汉代之宫室建筑。由此亦可推断该建筑群之使用属性。

8）地面所铺菱形几何纹陶砖，（约 17.6 厘米见方，厚 5.6 厘米），仅见于部分走道及第一组建筑庭院之“中唐”。但走道及庭院之多数铺地材料仍使用天然河卵石。

半经烧制之红色土坯砖乃用于部分墙体。尺度为：长 25 ～ 28 厘米，宽 13 厘米，厚 11 厘米。与土坏砖相比较，其吸水率较低而强度增高，故推测使用于外墙或槛墙处。

2. 北岗第二号建筑遗址（图 5-43）

在第一号建筑遗址以西 9 米。本遗址占地面积约 2600 平方米，以一座平面大体呈长方形之台基为主，其东、南绕以围墙、走廊及殿堂（F5），西为崇安汉城东垣及垣外壕沟，北面已形成慢坡。

（1）台基平面近矩形，南宽 32 米，北宽 22 米，南北长 70 米。其东南形成宽 4 ～ 5 米之二层台。顶部较平坦，上铺河卵石一层。由于台之四周地形高低不一，故台面与附近之高差达 1 ～ 7 米。

台基东侧有一南北向土墙，二者之间隔宽 0.4 ～ 0.6 米，深 0.1 ～ 0.45 米之排水沟一道。台南与建筑 F5 间则隔以散水。

（2）围墙：墙基宽 1.8 ～ 2 米，残高 0.1 ～ 0.45 米。

（3）走廊：在围墙东侧，宽约 2 米，长度约 80 米，但仅中段偏南部保存较好。廊地面高出东侧地面约 0.3 米，沿东侧遗有廊檐柱础石共 13 块，一般相距宽 3 米。廊地面曾抹以浅黄色极薄沙泥面层。廊内发现东西向排水管二条，由 4 ～ 5 节陶管组成。

（4）殿堂（F5）：位于土基南侧，东西宽 21.8 米，南北长 10.4 米，台基面已严重破坏。殿南有走向东西之廊，宽 2 米，长 21.8 米，东端与前述之南北长廊相接。

殿之西、北及南廊之外均置散水，宽 1 ～ 1.6 米，用直径 7 ～ 10 厘米较大之河卵石铺砌。

此组建筑之台基亦由生土挖出或凿岩形成，与第一组建筑有共同构造特点。

大土台上部平垣，铺以河卵石，显系人为。而周旁又未发现墙基及柱穴。因此，很可能是一区供露天祭祀活动的坛台。

南侧之建筑F5及走廊，应为此坛台之附属部分。由于F5之地面为岩石，故其原有之墙、柱可能直接即置于此岩基之上。

根据上述第一号及第二号建筑遗址平面及其组成方式，并且位于出入城市主要东西向干道之北侧，它们很可能是当时闽越国的宗庙遗址，并与位于南岗之另一组建筑遗址遥相呼应。而后者则可能是该国的社稷所在。它们分布于此干道之二侧，若依古人“尊西”原则，亦符合王城之“左祖右社”制度。

（八）汉代之地方坛社（图5-46）

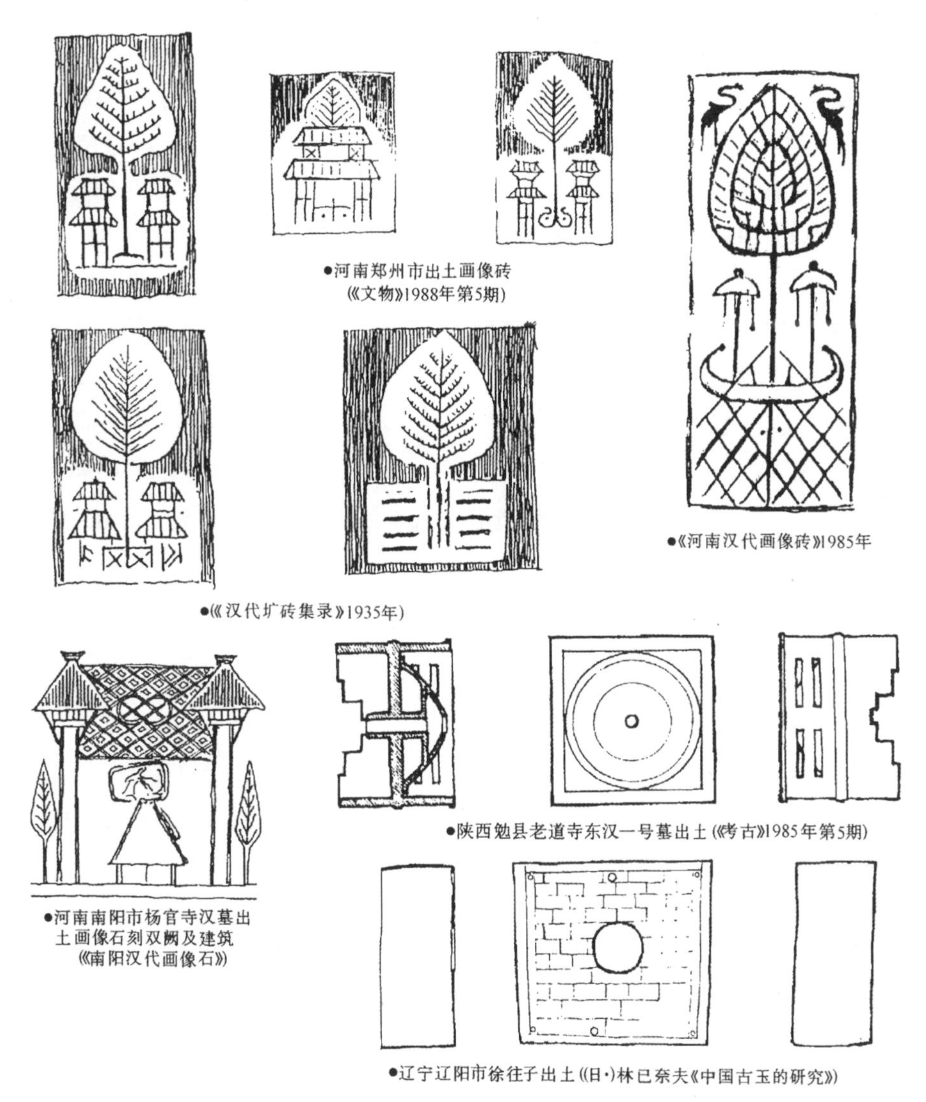

图5-46 汉代之社明器及相关之画像砖、石形象

自先秦及于两汉，除帝王、诸侯都城立有各种坛社外，下至各地郡县及乡里民间，亦有等类不一之祭祀建筑设置。惟旧日文献载述甚少，实物亦未有存留。现仅于汉代史文中之片语只字，与所遗之砖石纹刻、壁画及随葬明器中，尚得间接揣窥其部分形制。

史载刘邦起义兵前，曾以前途吉凶未卜，祷祝于沛县丰邑之枌榆里社。及后平天下，乃诏令有司予以缮治并岁时奉祀。依《史记》、《前汉书》所述，知该社为位于丰邑之东北十五里之乡里村社，但对

“枌榆”之解释并不一致。其一认为系刘邦故居所在之乡名，而社亦以为名。另议以为“枌”乃白槐之他称，该社以此树为社神，故有是说。由二书之高祖本纪，知刘邦为丰邑中阳里人。

于山东临淄市附近之考古调查，发现成于东汉末季之《梧台里石社碑》刻石。其碑首所镌刻之图像，为土丘上立一社树，树上棲二凤鸟，树下两侧各立一人。该碑所在之地点，曾见录于北魏郦道元《水经注》，其二十六卷淄水条载：“系水又北，迳临淄城西门北，而西流径梧宫南，……其地犹名梧台里。台甚层秀，东西一百余步，南北如减……，台西有石社碑，碑犹存，汉灵帝熹平五年（公元176年）立。……”。惜以该碑大部已毁裂亡佚，其所载文字内容不得其详。

出土于河南郑州市之汉代墓砖，其图案有以篱垣包围土丘之形象，丘上植一高大社树，树上双凤并棲，树下两侧各立角悬垂缨之华盖一具。其他纹刻亦有于中央立社树，二侧建有具重檐之双阙者。依汉时制度，凡建筑前得以建阙者，其地位自非一般。有的则于土丘、社树之外，周以在汉代建筑中最习见之卧棂勾阑，其形象与将述及之汉社明器甚为接近。

内蒙古和林格尔东汉壁画墓后室之棺床附近，绘有一座环以垣墙之方形平面庭院，其前墙中央敞开，左、右各立三重檐之阙楼，前垣之二角并建角台。庭院正中植枝叶繁茂之大树一株，其旁注以墨书：“立官桂□”（据考证，□应为“树”）。这与前述汉画像石中所刻绘之情状大致相同，因此也可能是一区以大树为神主的社祭建筑。

汉代陶明器表现之坛社形象，乃见于辽宁辽阳市徐往子及陕西勉县老道寺所出土者。外观均为周以卧棂勾阑之方台形状，惟前者台面平坦，中央辟一大圆孔，孔旁之台面满刻长方形纹格，犹若地面铺以条砖者。后者之台面几为一平顶圆锥体所全部占据，似为构于社垣中央之土丘形象。其上部平顶中央亦置一圆孔，疑为社树所在部位之表现。

自上述有限资料表明，两汉时期地方之坛社，除构具周围栏之方台、中央之土丘及植于丘上之社树（表社神主）外，似未营造若殿堂之类的其他建筑物（有的仅于入口处建双阙）。由此亦可见其奉祀仪式乃以露祭为主。

四、陵墓

（一）汉代墓葬概况

墓葬乃人生的最后归宿，古今中外莫不重视，对于我国封建社会中的鼎盛时期之一的汉代，更是如此。根据有关文献典籍的载述和历年所发掘汉代墓葬的统计资料，得知两汉时期墓葬形制之众多与变化之复杂，在我国古代社会中，可谓“前无古人，后无来者”。就墓葬最高等级的帝陵来说，是在三代至秦的基础上加以发展和定型的，它的出现，标志着中国古代陵墓的一个重要转折，并且还对后代产生了重大影响。在墓葬的类型方面，则有土圹墓、崖洞墓、石墓、空心砖墓、小砖拱券墓和混合结构墓多种。所使用的构筑材料，则有泥土、木材、石料、陶质建材（空心砖、小砖、楔形砖、方砖、瓦……）等等。另外，还辅以河沙、河卵石、金属、木炭、胶泥……之类的附属材料。

土圹木椁墓是我国已知自商以来古代墓葬中最流行的形式，西汉时亦复如此，为上至帝王将相，下及从官属吏以及地主、商贾所普遍采用。当然，其间的规制与大小，是存在着很大差别的。采用的原因，除了对历来传统的依循承袭以外，其主要建造材料木植的伐运较易与加工便捷，恐怕也是十分重要的决定因素。然而木材的易腐、易蛀与不耐火，使这类墓葬不能长期保存。于是自战国以来所采用的不透水胶泥、积沙、积炭和紧密夯土等防护措施，在汉代又得到进一步的发扬，并在实际运用中取得了良好效果，后述之长沙马王堆西汉1号墓即是一例。土圹木椁墓至东汉时渐走下坡，除帝室陵墓外，次第为其他形式之墓葬所取代，但在某些较边远地区，仍然沿用了很长时期。

依山崖凿洞室为墓葬的崖墓形式，在西汉时已经有若干文献记载及实例。前者如《前汉书》卷四·文帝纪，谓文帝葬霸陵，"因其山，不起坟"。而考古发掘所发现之大型崖墓，其地域以目前之山东中部、河北北部与江苏北部为中心，数量虽然不多，但规模都很庞大，平面与构造也相当复杂，墓主都属封国王侯一级之上层统治者。著名的如江苏徐州市北洞山、铜山县龟山、山东曲阜市九龙山、河北满城陵山等处之崖墓即是。时代都在西汉之早、中期。东汉之崖墓则以四川盆地最为集中，其数量颇为可观，据目前不完全统计，已达三万余座，分布范围几乎遍于四川全省，以成都平原、乐山地区及涪江中游的三台地区为主。就其规模而言，若西汉上述之大型者尚未得见，中型者为数亦少，绝大多数均属小型墓葬。依上述规模与制式，墓主似为当地之中、小地主及中级以下之官吏为多。由于崖洞的开凿费时费工，施工难度大，在建筑艺术上达到仿木建的效果也较难，因此后来未得到进一步发展，特别是在当时经济与文化最为昌盛的中原地区。

石墓是指使用经过加工的石条、石板构筑而成的墓葬，一般是以石条为柱、梁，以石板构墙垣及铺盖地面、墓顶，其结构属于柱梁系统。简单的石墓则完全施用石板，构筑方式大体与早期的盒状空心砖墓相似。最简陋的石墓仅用天然石块或经粗加工石料叠砌，其结构与构造均极粗糙。

由柱、梁、板等构成的正规石墓，在两汉均有发现，而尤以东汉时期为多。分布地域自东北迄于华南，几乎遍布全国，但仍以河北、山东、河南一带较为集中。其平面布置大多采用中轴对称的多室形式，少数也有不对称布局的。布局方式除了模拟地面住宅建筑以外，还可看到来自木椁墓与小砖墓的影响。在建筑艺术方面，石墓中对仿木构建筑的形象与程度，均较其他类型之墓葬为高。特别是在柱、斗栱和天花、藻井等方面，大多采用了模拟与写实的手法，这就使得汉代这些建筑构件的本来面目，得以大体保存下来，并得以展示在两千年后的今天。驰名中外的山东沂南县石墓中的八角都柱和柱上的龙首翼身栱，就是其中十分突出的范例。

在战国时已出现的空心砖墓，到西汉已在中原及关中一带流行，其他地域则甚为少见。此种墓制于东汉时完全绝迹。西汉早期的空心砖墓，已经在"横穴"式土洞中构造墓室，而不再沿袭过去的"竖穴"形式了，这是当时一个重要的特点。至于墓室本身的形状，汉初仍采用长方形的盒状。也就是说，用大块矩形的空心砖铺垫墓底、叠砌四壁与搭盖墓顶，砖的规格大多一样，仅前、后端壁用较小者。到西汉中期及晚期，墓顶多作成梯形，即中央一段升高但仍保持水平状态，两侧则向下倾斜，交汇于墓侧壁之上端。因此，其组合构件之尺度及形状也有所变化。为了结构坚固，有些墓还在中央的水平板下，另加支柱的。以后，墓顶又改为多边之折线形，取消了中央支柱。为了强化墓顶各折线间的结构与构造功能，又在各砖间增加了联结的榫卯。另外，还将过去封闭的墓室前壁，转变为二扇可开启之门户，这样就使得整个墓室从结构到外观，都与地面的木建筑更为接近。

就空心砖墓的规模而言，其主体部分大多为单室，内中容纳单棺或双棺。有的或于墓室前再布置耳室及甬道。依汉代墓葬规制，这种布局仅属于中、小型水平。总的说来，它的平面、构造及艺术处理都比较简单。墓主亦多属社会中、下层人士。至于它的分布范围及使用数量，虽较中原之崖墓为多，但与广泛应用的土圹木椁墓及小砖券室墓相较，则仍有很大差距。

以小块陶砖砌构拱券、穹隆而成的墓葬，通常称为小砖墓或小砖券室墓，始见于西汉末季。由于这类陶砖体积小，重量轻，便于运输与施工，使用中也很灵活，可以构成复杂多变的平面、空间与外观。它的不腐、不燃和具有相当大的强度与刚度，使它成为仅次于岩石而优于木植的理想构墓建材。因此，在东汉时它就一跃而居诸葬式之首，并将这样的优势，一直保持到我国封建社会的晚期。

小砖墓的平面有单室与多室之分，布置则有对称和不对称两种形式。多室墓通常都由墓道、耳室、甬道、墓室（即墓堂）和棺室等组成，但其数量与位置多有变化。在结构方面，大多使用筒拱。穹隆的使用甚晚，而且也不正规，常表现为在矩形平面上砌出带斜缝的“四片式”穹顶，而非正规的半球形圆顶。然而汉代拱券的砌造已很成熟，为了使券体更加密合，当时已使用特别之“斧形”或“刀形”楔形砖。在荷载较大处亦已采用多重券，有的且添加平铺于拱券上的“伏”。但未见有若西方之“券顶石”（Key Stone）者。至于砌间的粘合材料，一般仅用由普通土壤调制之泥浆或简单地予以干摆，故砌体的组合强度并不理想。但有的则在每层拱券砌毕后，再灌注以石灰灰浆的，这就使券体的承载能力大为提高。

小砖券室墓平面变化之多端，在汉代各种墓葬中当首推第一。由于墓主之间的政治与经济地位有较大的差别，因此它所表现的建筑等级与内容，也可上及王侯，下及中小地主、商贾及一般官吏。其包纳范围，大致与前述的土圹木椁墓相似。但墓中各具体单元的组合与变化，则又是土圹木椁墓所望尘莫及的。

除了上述五种单一的墓葬形式以外，还有采用混合形式的，例如空心砖与小砖，空心砖与石材，石材与小砖等。虽然采用混合方式，但其结构与建材仍依一项为主体。应当看到，这个现象的出现，乃在于某种单一材料不能完全满足它对建筑的需要，因此才不得不考虑使用其他材料予以解决。同时，这又是从结构与构造上，对墓葬建筑进行的新探索。通过长期与反复的实践，最后才找到了最切合实际的形式与方法。

影响墓葬采用不同形制的原因是多方面的，既有社会因素，亦有自然原因。也就是说，它与当时的社会生产力、生产关系、当地的自然条件和地方资源、文化传统和风俗习惯、礼制制度等，都有着密切的关系。即使在同一类型的墓葬中，也因为墓主生前经济与政治地位的不同，从而产生了若干差别。它们常具体反映在：墓葬的规模和规格、平面配置与构造方式、葬具形制、随葬物品的种类与数量、施用装饰之题材、防水防盗措施、封土情况、地面所营建之建筑物与构筑物等方面。就总体而言，在汉代中层统治阶级及以上的墓葬中，大多采用厚葬的形式，因此，对墓葬力求宏巨精丽，随葬物品也十分丰富。虽然它们都出于当时剥削阶级的淫奢要求，但对我们却是提供了一个研究汉代建筑文化的有利条件。

以下将对汉代帝后与贵族陵墓以及一般的墓葬分别予以阐述。前者着重于形制与地面以上之营构，后者则着重于地下部分结构的类型与具体之布置。

（二）汉代帝后陵寝

1. 汉代帝后陵寝制度

帝后陵寝是历代皇家建筑中的重要组成之一，在我国古来尊崇祖先和对逝者“视死如生”的传统习俗下，对墓葬营建之重视尤过于西方。它通常反映了当时社会在丧葬方面的最高礼制和建筑标准。在古代地面建筑实物几乎全部丧失殆尽的情况下，能够在这方面觅得一些资料，无疑是极可宝贵的。

汉代的这类陵墓，除皇帝与皇后外，还包括若干以帝、后礼仪安葬的皇室墓葬。以西汉为例，汉高祖刘邦之父的太上皇万年陵、文帝母薄太后（高祖薄姬）南陵、武帝李夫人英陵、昭帝母钩弋夫人（武帝赵婕妤）云陵、宣帝生父史王孙及母王夫人奉明园（因未登帝位，故不称陵）等。

（1）西汉帝陵的分布情况[14]（图 5-47）

西汉帝陵均分布在长安附近，大体可析为两区：北区位于长安及渭水北岸之丘陵地带，计有高祖刘邦与吕后合葬之长陵、惠帝刘盈安陵、景帝刘启阳陵、武帝刘彻茂陵、昭帝刘弗陵平陵、

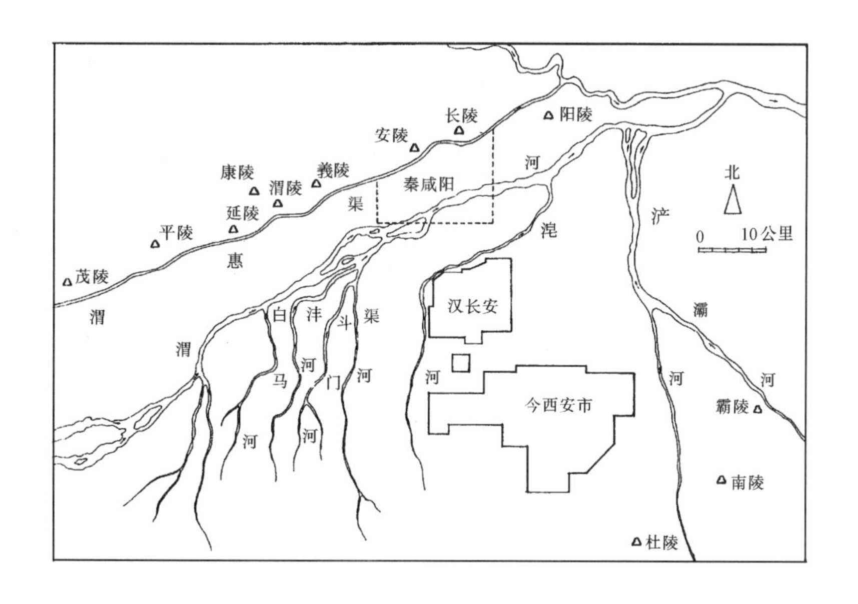

图 5-47 汉长安城及西汉诸陵位置示意图（《西汉十一陵》）

元帝刘奭渭陵、成帝刘骜延陵、哀帝刘欣义陵、平帝刘衎康陵等九处，以及诸帝之后陵，皆沿河作东西向一字形之排列。另区在长安城之东南，葬有文帝刘恒霸陵、宣帝刘询杜陵、高祖薄姬（后追尊太后）南陵，及上述二帝之后陵等。惟一未建于长安的，是位于栎阳（故城在今陕西省临潼县北 30 公里）之太上皇万年陵。以上诸陵之地望，通过文献记载及实地调查，已大部测定其遗址所在，多数陵墓之封土、围垣及门阙尚可辨析，且其中若干门、廊、殿，堂基址，亦经考古发掘探出。以上这些资料，都大大地丰富了我们对西汉帝后陵寝的了解与认识。

东汉迁都洛阳，其帝后陵墓均位于都城附近，一如西汉长安之制。因汉末战乱及后代之盗掘，使上述墓葬遭受极大之破坏，地面以上之构筑物几乎全部无存，以致使我们无法得悉其原有面貌。据《后汉书》各有关文记所载，东汉皇陵亦划分为两区：一区位于洛阳东南，范围较大，先后葬入的有明帝刘庄显节陵、章帝刘炟敬陵、和帝刘肇慎陵，殇帝刘隆康陵、冲帝刘炳怀陵、质帝刘瓒静陵、桓帝刘志宣陵等九座。另区居于洛阳西北郊，则有光武帝刘秀原陵、安帝刘祜恭陵、顺帝刘保宪陵、灵帝刘宏文陵。至于末主献帝刘协，因禅位于曹魏后封山阳公，死葬禅陵。该陵在洛阳以北一百五十五公里之浊鹿城，除远离其祖先陵区外，墓制亦不明了。依常规推测，其规模及制度，均应大逊于前述诸帝者。

现将两汉诸帝陵墓有关建置之文献及考古发掘资料简况列表于后：

西汉诸帝陵墓简况一览表

序号	帝陵名称	所在位置	陵邑及山陵尺度	内外建置	资料出处
1	高祖长陵	在渭水北，去长安城三十五里。（一说在长安北四十里）	• 长陵山东西宽一百三十丈，高十三丈。 • 吕后六年（公元前 185 年）六月，城长陵，城周七里百八十步。方位北偏西 2°30′。 • 北建陵邑，南北长 2200 米。东西宽 1245 米。北、西、南三间置门。守陵户五万余，人口十七万余人。 • 陵园北依陵邑南垣。南北长 1000 米，东西宽 900 米。至少有北、东二门	• 高祖十二年（公元前 195 年）四月甲辰，帝崩于长乐宫。五月丙寅葬。凡二十三日。 • 吕后八年（公元前 180 年）七月辛巳崩，何时合葬长陵史文无载。依俗应在当月或稍后。 • 因为陵垣，门四出，及便殿、掖庭、诸官寺，皆在其中。 • 高祖封土在西侧，现东西宽 153 米，南北长 135 米，高 32.8 米。吕后封土在东南，现东西宽 150 米，南北长 120 米。高 30.7 米。方位北偏西 2°30′。 • 陵园内北端及陵南垣外，有大夯土基多处。	

续表

序号	帝陵名称	所在位置	陵邑及山陵尺度	内外建置	资料出处
1	高祖长陵	在渭水北，去长安城三十五里。（一说在长安北四十里）		·陪葬墓在陵东垣外，连绵长7.5公里。现尚有较大封土六十余座，史载有萧何、曹参、周勃、周亚夫、王陵、田蚡等	《史记》、《前汉书》、《三辅黄图》、考古实测
2	惠帝安陵	在长安北三十五里，居长陵之西十里	·山高三十二丈，广袤百二十步，居地六十亩。方位北偏西2°30′。 ·陵北900米建陵邑，东西宽1550米，南北长445米。守陵者多楚人及关东乐户	·惠帝七年（公元前188年）八月戊寅帝崩。九月辛丑葬。凡二十四日。 ·现封土东西宽170米，南北长140米，覆斗形，高25米。 ·已知陪葬墓有鲁元公主、陈平、张敖、杨雄等。 ·张皇后墓可能在其西北270米，自成一区。现封土东西宽60米，南北长50米，高12米。方位北偏西2°30′	《史记》、《前汉书》、《皇览》、《三辅黄图》、考古实测
3	文帝霸陵	在长安西南（即白鹿原东北隅）	·因山为陵，不起坟。 ·文帝前元九年（公元前171年）建陵邑，在陵北十里处	·文帝后元七年（公元前157年）六月己亥帝崩，乙巳葬。凡七日。遗诏勿改霸陵山川。 ·陵东南有窦皇后陵。现封土东西宽137米，南北长143米，高19.5米。方位正北	《史记》、《前汉书》、考古实测
4	景帝阳陵	陵去长安四十五里，为渭北诸陵之最东者	·阳陵山方百二十步，高十四丈。方位正北。 ·陵邑在陵东二里，作于景帝前元五年（公元前152年）春，东西宽1150米，南北长1000米。守陵者达5000户，多来自关东。 ·实测陵园平面方形，每边长410米	·景帝前元四年（公元前153年）作阳陵。 ·景帝后元三年（公元前141年）正月甲子帝崩，二月癸酉葬。凡十日。 ·景帝封土做方形覆斗状，现每边长170米，高32米。 ·阳陵东北450米有王皇后陵。平面方形，每边长320米。封土亦方形覆斗。现每边长160米，高26米。方位正北。 ·阳陵东、北侧有贵族陪葬墓三十余座	《史记》、《前汉书》、考古实测
5	武帝茂陵	在长安西北八十里，居渭北诸陵之最西	·山高十四丈，方百四十步，为西汉诸陵中最巨者。 ·陵园实测东西宽430米，南北长415米。方位北偏西5°。 ·建元二年四月初立茂陵邑。三次迁民守陵，有户六万一千八十七，人口二十七万七千二百七十七人。较长安尤多。 ·陵邑实测东西宽1500米，南北长700米	·武帝后元二年（公元前87年）二月丁卯帝崩，三月甲申葬。凡十八日。 ·陵垣中央辟门阙，宽12～16米。 ·封土为方形覆斗状，现每边长230米，高47米。 ·陵南有大夯土台多处。 ·陪葬墓有二十余座，著名者有卫青、霍去病、金日磾、霍光、董仲舒等。 ·李夫人墓（称“英陵”）在茂陵西北525米。“东西五十步，南北六十步，高八丈”。实测东西宽90米，南北长120米。高24.5米。方位北偏西5°	《前汉书》、考古实测

续表

序号	帝陵名称	所在位置	陵邑及山陵尺度	内　外　建　置	资料出处
6	昭帝平陵	在长安西北七十里，茂陵东十二里	·陵邑在平陵东，东西广及南北长均为1500～2000米。陵户三万，约15万人。 ·平陵陵垣平面方形，每面长380米。方位北偏西5°。 ·宣帝本始元年春正月，募郡国吏民赀百万以上徙平陵。 ·本始二年以水衡钱为平陵徙民起第宅	·元平元年（公元前74年）四月癸未帝崩，六月壬申葬。凡四十九日。 ·陵垣四面中央辟门阙，道宽16米。 ·封土平面方形，现每面长160米，高29米。 ·陵东南有大面积夯土基台多处，可能为其寝园。 ·陪葬墓多数在陵东，已知有二十余座。 ·上官皇后陵在平陵东南约665米。陵垣平面方形，每面长400米，封土亦方形，现每面长150米，高26.2米。门阙道宽16米。方位北偏西2°30′	《前汉书》、《汉旧仪》、考古发掘
7	宣帝杜陵	在长安东南五十里	·元康元年（公元前65年）春初起杜陵。 ·陵邑在杜陵西北五里。东西宽2100米，南北长500米。 ·陵户三万。 ·陵域东西宽3000米，南北4000米。 ·陵垣平面方形，每面长430米。方位正北	·黄龙元年（公元前49年）冬十二月甲戌帝崩。元帝初元元年春正月辛丑葬。凡二十八日。 ·封土平面方形，现每面长170米，高29米。 ·已发掘东陵门，宽84.24米，长20.57米。由门道，左、右塾，左、右廊组成。 ·寝园在陵东南，东西宽174米，南北长120米。由门、寝殿、便殿、广庭及附属房屋多座组成。 ·陪葬墓现存62座，大部在陵东南。 ·杜陵东北400米有大建筑夯土台，可能为宣帝庙遗址。 ·王皇后陵居杜陵东南575米，陵园平面方形，每面长330米。封土亦呈方形，现每面150米，高24米。方位正北。寝园在其西南。 ·许皇后陵在杜陵西北6.5公里，封土平面方形，现每面长约135米，高22米	《前汉书》、《汉旧仪》、考古发掘
8	元帝渭陵	在长安北五十六里	·永光三年（公元前41年）冬十月初起渭陵，诏今后为陵勿置县邑。 ·陵园平面近方形，边长400～410米。方位北偏西5°	·竟宁元年（公元前33年）五月壬辰帝崩，七月丙戌葬，凡五十五日。 ·垣门道宽14～17米。 ·封土方形，现每边长175米，高29米。 ·陵西北375米，可能为阳陵庙——长寿宫遗址。 ·陪葬墓位于陵东北800米，排为4列，共28墓。 ·王皇后陵在渭陵西北，陵垣每面长300米。四门，门道宽15米。封土方形，现每面长90米，高17米。方位北偏西5°。（依《前汉书》王莽传，称"葬渭陵，与元帝合，而沟绝之。"其下之附注则谓："葬于司马门内，以沟绝之"。似与实测资料颇有出入。） ·傅昭仪墓（即定陶太后墓）在渭陵东北350米，现封土东西宽150米，南北长100米，残高2米	《前汉书》、考古实测

续表

序号	帝陵名称	所在位置	陵邑及山陵尺度	内　外　建　置	资料出处
9	成帝延陵	去长安六十二里	·鸿嘉元年（公元前20年），初作昌陵。 ·鸿嘉二年夏，徙郡国豪杰赀五百万以上五千户于昌陵。 ·永始元年七月，诏罢昌陵及勿徙吏民。 ·延陵何时始作，史文无载。 ·延陵陵园东西宽382米，南北长400米。方位北偏西2°	·绥和二年（公元前7年）三月丙戌帝崩，四月乙卯葬，凡五十四日。 ·延陵陵垣四面中央开门，门道宽12米。 ·延陵封土平面方形，每面现长173米，残高31米。 ·陪葬墓在陵东1500米。尚有封土七处。 ·许皇后墓园在延陵南门外约一公里。封土方形覆斗，底每面长80米，高14.3米，方位北偏西5°	《前汉书》、考古实测
10	哀帝义陵	去长安四十六里	·建平二年（公元前5年）七月初建义陵，诏勿徙郡国民。 ·义陵陵园平面方形，每面长420米，中各一门。方位北偏西2°	·元寿二年（公元前1年）六月戊午帝崩，秋九月壬寅葬，凡百五日。 ·义陵封土平面方形，现每面长175米，高30米。 ·陵外陪葬墓尚余十五处。 ·傅皇后陵在义陵东北620米，封土覆斗形，现东西宽100米，南北长85米，残高19米。方位北偏西2°	《前汉书》、考古实测
11	平帝康陵	在长安北六十里，延陵东北，渭陵西北	·陵园平面方形，每面长420米。方位北偏西2°30′	·元始五年（公元5年）冬十二月帝为王莽酖杀。 ·康陵封土现东西宽216米，南北长209米，高26.6米。 ·王皇后陵位于康陵东南570米，封土平面方形，现每面长86米，高10米。方位北偏西2°30′	《前汉书》、考古实测

东汉诸帝陵墓简况一览表

序号	帝陵名称	所在位置	山　陵　尺　度	内　外　建　置	资料出处
1	光武帝原陵	在雒阳西北，去雒阳十五里	·山方三百二十步（或作三百二十三步），高六丈（或作六丈六尺）	·建武二十六年（公元50年）初做寿陵，令所制地不过二、三顷，无为山陵陂地，载令流水而已。 ·中元二年（公元57年）二月戊戌帝崩，三月丁卯葬。 ·垣四出司马门，寝殿、钟虡皆在围垣内。 ·堤封田十二顷五十七亩八十五步。 ·皇后阴氏合葬陵内	《后汉书》、《古今注》、《帝王世纪》
2	明帝显节陵	在雒阳东南，去雒阳三十九里（一作三十七里）	·山方三百步，高八丈	·永平十四年（公元71年）初做寿陵。制令流水而已，石椁宽一丈二尺，长二丈五尺，无得起坟。永平十八年（公元75年）八月壬子帝崩，壬戌葬。遗诏无起寝庙，藏主于光烈皇帝更衣别室。 ·无周垣，为行马，四出司马门。石殿、钟虡在行马内，寝殿、园省在东，园寺、吏舍在殿北。 ·堤封田七十四顷五亩。 ·陵东北作庑，长三丈五尺。外为小厨，裁足祠祀。 ·皇后马氏合葬陵内	《后汉书》、《古今注》、《帝王世纪》

续表

序号	帝陵名称	所在位置	山陵尺度	内外建置	资料出处
3	章帝敬陵	在雒阳东南，去雒阳三十九里	·山方三百步，高六丈二尺	·章和二年（公元88年）正月壬辰帝崩，三月癸卯葬。遗诏无起寝殿，一如先帝法制。 ·无周垣，为行马，四出司马门。石殿、钟虡在行马内，寝殿、园省在东，园寺，吏舍在殿北。 ·堤封田二十五顷五十五亩。 ·皇后窦氏合葬陵内	《后汉书》、《古今注》、《帝王世纪》
4	和帝慎陵	在雒阳东南，去雒阳四十一里	·山方三百八十步，高十丈	·元兴元年（公元105年）冬十二月辛未帝崩，三月甲申葬。 ·无周垣，为行马，四出司马门。石殿、钟虡在行马内，寝殿、园省在东，园寺、吏舍在殿北。 ·堤封田三十一顷二十亩二百步。 ·皇后邓氏合葬	《后汉书》、《古今注》、《帝王世纪》
5	殇帝康陵	在慎陵中庚地（一说去雒阳四十八里）	·山周二百另八步，高五丈五尺（一说高五丈）	·延平元年（公元106年）八月辛亥帝崩，九月丙寅葬。 ·行马四出司马门。寝殿、钟虡在行马中。因寝殿为庙，园吏、寺舍在殿北。 ·堤封田十三顷十九亩二百五十步	《后汉书》、《古今注》、《帝王世纪》
6	安帝恭陵	在雒阳西北，去雒阳十五里（一说二十七里）	·山周二百六十步，高十五丈（一作十一丈）	·延光四年（公元125年）三月乙丑帝崩于道，庚午还宫，四月己酉葬。 ·无周垣，为行马，四出司马门。石殿、钟虡在行马内，寝殿、园吏舍在殿北。 ·堤封田十四顷五十六亩。 ·皇后阎氏合葬陵内	《后汉书》、《古今注》、《帝王世纪》
7	顺帝宪陵	在雒阳西北，去雒阳十五里	·山方三百步，高八丈四尺	·建康元年（公元144年）八月庚午帝崩，九月丙午葬。遗诏无起寝庙，敛以故服，珠玉玩好皆不得下。 ·无周垣，为行马，四出司马门。石殿、钟虡在行马内，寝殿、园省寺、吏舍在殿东。 ·堤封田十八顷十九亩三十步。 ·皇后梁氏合葬陵内	《后汉书》、《古今注》、《帝王世纪》
8	冲帝怀陵	在雒阳东南，去雒阳十五里	·山方百八十三步，高四丈六尺	·永嘉元年（公元145年）春正月戊戌帝崩，己未葬。 ·为寝殿、行马、四出门。园寺、吏舍在殿东。 ·堤封田五顷八十亩	《后汉书》、《古今注》、《帝王世纪》
9	质帝静陵	在雒阳东，去雒阳三十二里（一说在洛阳东南三十里）	·山方百三十六步（一作百三十八步），高五丈五尺	·本初元年（公元146年）六月甲申以酖崩，秋七月乙卯葬。 ·为行马，四出门。寝殿、钟虡在行马中，园寺、吏舍在殿北。因寝为庙。 ·堺封田十二顷五十四亩	《后汉书》、《古今注》、《帝王世纪》
10	桓帝宣陵	雒阳东南，去雒阳三十里	·山方三百步，高十二丈	·永康元年（公元167年）十二月丁丑帝崩，建宁元年二月辛酉葬。 ·皇后窦氏合葬陵内	《后汉书》、《帝王世纪》

续表

序号	帝陵名称	所在位置	山陵尺度	内外建置	资料出处
11	灵帝文陵	在雒阳西北，去雒阳二十里	·山方三百步，高十二丈	·中平六年（公元189年）四月丙辰帝崩，六月辛酉葬	《后汉书》、《帝王世纪》
12	献帝禅陵	在河内郡山阳县之浊鹿城西北十里（或作十一里），南去雒阳三百一十里	·陵周回二百步，高二丈	·建安二十五年（公元220年）冬十月乙卯，帝逊位于魏王曹丕。改封山阳公，都山阳浊鹿城。魏青龙二年（公元234年）三月薨。八月壬午，以汉天子礼葬。 ·前堂方一丈八尺，后堂方一丈五尺。 ·皇后曹氏合葬陵内	《后汉书》、《帝王世纪》

（2）“昭穆之制”在西汉帝陵中之表现

依我国古代墓葬实例，很早即有主从之分。而自《周礼》等文献，得知周代宗庙已行昭穆之制。上述西汉渭北诸陵是否也按此规定作有序之排列？这是史学界中一个为大家十分关切的问题。

位于长安北郊以远的高祖长陵，是西汉诸陵中最早建造的。据测绘知陵之南北中轴线，适与城内未央宫前殿轴线相重叠，这自然是营造前的精心安排，而非无意间的偶然巧合。我们目前还没有充分的依据来解释这一现象的内涵深意，但有一点可以肯定：就是它的定位，为渭北诸陵的排列组合，确立了一个既成事实的格局。

西汉早期的帝陵排列，用“昭穆之制”还是讲得通的。例如高祖之长陵居中，其子惠帝安陵处西侧，正当“昭”位。而三世之文帝因与惠帝为手足，故其陵墓不能置于东侧之“穆”位，只得另觅新址于长安东南之灞河西岸。四世景帝为文帝之子，故可建陵于长陵东，符合“昭穆”之要求。但五世帝茂陵营建于此陵区之极西，其位置与上述长、安、景三陵之组合似无多大联系。然而它却成为渭北陵区的第二个地理制约。以后六世昭帝平陵至十一世平帝康陵，大多均建于茂陵与长陵之间，仅七世宣帝杜陵置于长安东南郊之浐河西岸例外。而以上各陵之位置，亦均未表明如“昭穆”之规律性。就首建的长陵位置而言，由于所在地形的限制，使得以后所建之诸陵，无论按南北或东西向排列组合，都无从使“昭穆之制”得以实现。是否长陵在选址时未曾考虑这一问题，抑或选用该地之优点胜过其他之一切……，目前尚难予以解析。

（3）西汉帝后陵寝之组成

西汉帝陵与后陵之关系，最初如高祖与吕后之墓，乃共葬于一陵园之内，惟“同茔不同穴”。自惠帝以后，后陵与帝陵各具独立之陵园，但后陵形制差小，其位置大多在帝陵之东，少数则列于西侧。

西汉帝后诸园陵之规模与尺度，其间颇有差距，而所包纳之建筑内容，亦不完全一致。其形制较齐备者，大致可析为陵园、寝园及陵邑三区。各区又因使用功能的不同，在建筑的类型和分布等方面，存在着明显的差异。

内中的陵园，是帝、后陵墓中最主要的组成，它又可分为地面与地下两部分。见于地面的建构筑物，有陵垣、门阙、角楼和坟丘等。陵园之外围周以垣墙，平面大多呈方形，均由夯土筑成。帝陵陵墙每面长780米至370米不等，后陵陵墙长为400米至300米。各陵垣正中均开陵门（汉时称“司马门”）各一，宽12米至16米，门旁皆建有门阙。垣内转角处遗有曲尺形建筑基址，当系角楼及守卫之附属房舍。垣内广庭中部建有高大积土之坟丘，通常作去顶之方锥形体或多层之台状，亦由夯土构筑，汉时称为“方上”。陵园之地下部分，即后世所谓之“地宫”，由于未经系统与科学的发掘，故未得其详。在历史文献方面，无论是《史记》、《前汉书》、《后汉书》或其他文记，对于汉代皇陵之情况都鲜有介绍，少数例外的，也是甚为简略，语焉不详。如《皇览》中称：“汉家之葬，方中百步，已穿筑为方城。其中开四门，四通”。这里叙述了汉陵墓圹（即“方中”）的平面形状与长度，以及在四面中央各开一门及墓道（即“羡道”）的制式，它与已发掘的晚商王陵以及两周至西汉的诸侯贵族的土圹木椁大墓情况甚为相似，可以互为参佐。另据《汉旧仪》载：前汉“天子即位明年，将作大匠营陵地。用地七顷，方中用地一顷，深十三丈，堂坛高三丈，坟高十二丈。武帝坟高二十丈，明中高一丈七尺，四周二丈。内梓棺、柏木黄肠题凑，以次百官藏毕。其设四通羡门，容大车六马，皆藏之内。方外陟车石外方立，先闭剑户。户设夜龙、莫邪剑、伏弩，设伏火。已营陵余地，为西园后陵。余地为婕妤以下。次赐亲属、功臣”。文中所云“明中”，乃掘于“方中”二层台内之较小土圹，亦即椁室之所在。此类大型墓葬之椁室，其地面、墙垣及顶盖，恒以断面为方形或矩形之粗长木材平铺竖砌而成。又于内部再划分为数室，或建有回廊。最内为放置棺椁之“梓宫”（即棺室），以及位于其前之“便房”。后者于室内列床榻、家具、器皿、食物等，以供死者亡灵之起居、饮食。椁室之外，另用方形断面之黄心柏木垛叠围绕，即上文所称之“黄肠题凑”。凡在此范围以内者，谓为“正藏”。若殉葬器物过多，则在“黄肠题凑”之外围或前部，另建“外藏椁”以贮放。

陵园附近，多有陪附之嫔妃、皇族或勋臣之墓葬。以及埋有俑人、车马、器皿、宝货、珍禽异兽……之陪葬坑。

关于陵园之管理，西汉时已设“园令”一人主其事。据《后汉书》卷三十五·百官志（二）所载：其职责为“掌守陵园，案行扫除”，“秩六百石”。汉著名文学家司马相如，就曾任文帝霸陵园令。园令之下有“园丞”，似为其副手。又有“校长”，“主兵戎盗贼事”，即护园之治安官员。再下有“园郎”，一般由皇帝生前近臣担任，如《前汉书》卷六十八·金日磾传：“故事，近臣皆随陵为园郎”，可能属于荣誉职称。其他如守司马门的“门吏”，每陵设三十人。“候”四人。而日常守卫、洒扫、种植、供奉的军卒、宫女、杂役等，据《前汉书》所载，为数亦在数千人之众。

寝园为帝王陵寝中一组专门用以供奉先王神位、御用衣物及每日“四时上食”之祭祀性建筑。西汉之初，仍依秦制置于陵园之内，大约在景帝时才移到园外，另成一区独立建筑。就现有资料，知西汉景、昭、宣帝之寝园均在其陵园之东南，元帝在西北。东汉明、章、和、顺帝之寝园则在各陵东侧。

依发掘所得，寝园中建筑包括门殿、走廊、正殿、寝殿、吏舍及庭院等，由于大多都属易遭破坏之建筑物，是以汉陵园遗迹至今保留甚少，目前仅杜陵一处较为完整，其具体情况，将在实例中予以介绍。

寝园亦设“园令”与“园丞”管理园中事务，并置“园郎”（又称“寝中郎”或“寝郎”），体制大致与陵园相仿。

寝园平面多为方形或矩形，周以垣墙，四面辟门，形制近于陵园。内中主要之建筑为寝殿，其地位相当于宫中之前殿，故建筑等级甚高，其南、北俱设三阶，东、西各有门道。较次要之建筑如便殿、官舍等常集中置于寝殿之东侧，由诸多庭院组合而成，例见宣帝之杜陵。

除帝王外，皇后亦得设寝园。例如宣帝王皇后陵外西南即建有此项建筑。

古代帝王又有专祀之“庙”。西汉之初，高祖、惠帝之庙（史称“高庙”及“西庙”）皆在长安城内。正式于陵旁建帝庙者，为景帝前元元年（公元前156年）在霸陵为文帝所构者。以后景帝于中元四年（公元前146年）在阳陵为自己建德阳宫，即景陵庙。此举遂成西汉帝陵故事，如武帝之龙渊宫、昭帝之徘徊庙等。该制一直延续至西汉末，东汉时则予以取消。

（4）陵邑

陵邑之设置乃始于秦始皇，已见前述。西汉初仍沿此制，于皇陵近旁置邑，并自全国各地徙迁豪富之家前来守陵。如高祖之长陵邑，即紧邻于长陵之北垣。其平面作矩形，东西宽1245米，南北长2200米。惠帝安陵邑在陵北约900米处，东西宽1548米，南北长445米。文帝霸陵邑在陵东北十里之霸水东岸。景帝阳陵邑在陵东二里。武帝茂陵邑亦在陵东二里，面积东西1500米，南北700米。昭帝平陵邑在陵东，平面约为方形，每面长1500～2000米。宣帝杜陵邑居陵西北五里，东西宽2100米，南北长500米。

诸陵邑之人户，均在三万户至五万户之间。由于迁来大多是皇亲、权臣或豪富、钜族之家，不但其政治、经济地位与文化素质较高，且人口众多。如长陵邑有五万户，十八万人。而茂陵邑更达六万户，二十八万人，较当时长安城内尚多三万人。最少的如杜陵邑，人众亦有十万余人。陵邑外均构筑城墙，内辟市肆、坊里。如茂陵邑中有显武里（司马迁祖居）、成灌里（马援故宅）……。长陵邑则设有小市。又置官衙、监狱，并设邑令以治理之。

西汉帝陵陵邑之制，终于中世之景帝，以后遂成绝响。但此项陵邑之设置，并不仅限于皇帝，如太上皇之万年陵邑，即为此类城邑中之最早者。初始置于栎阳城内，以距万年陵二十二里，道远不利奉守，于是又迁人丁千户于陵侧。但这种形式似与正规陵邑制度不甚相合。另如薄太后南陵亦设有陵邑，位置在陵西南约三公里处。武帝钩弋夫人云陵邑在陵西北500米，平面东西宽370米，南北长700米，四面各辟一门。宣帝刘询父母葬奉明园，因未即皇位，故不能依帝制设置陵邑，只能在园北建奉明县，迁人户一千六百家守护，可说也是汉代陵邑制的一种变体。

2. 汉代帝后陵寝实例

（1）高祖长陵[15]

长陵是汉高祖刘邦的墓葬所在，尔后吕后亦合葬于此。此陵位于今陕西省西安市西北约27公里之三义村附近（图5-48）。据《前汉书》卷二十八（上）·地理志："长陵，高帝置"。可见乃始建于刘邦在位之时，至于由何人规划及兴造，则史书无载，很可能是筹建长安城郭与宫室的丞相萧何与梧齐侯阳城延。依《前汉书》卷一（下）·高帝纪："十二年（公元前195年）……夏四月甲辰，帝崩于长乐宫。……五月丙寅，葬长陵"。同书之注又称："自崩至葬，凡二十三日"，时间甚为短暂，亦表明该陵于高祖晏驾时，业已基本建成。然其陵垣之构筑，则在吕后六年（公元前182年）六月，载见《前汉书》卷三·高后纪。

长陵之形制，于《史记》卷八·高祖纪中，引《史记集解》注云："长陵山，东西宽百二十丈，高十三丈，在渭水北，去长安城三十五里"。而《三辅黄图》则称："高祖长陵，在渭水北，去长安城三十五里。长陵山东西宽一百二十步，高十三丈。长陵城周七里百八十步，因为殿，垣门四出，及便殿、掖庭诸宫寺皆在中"。按二文所指之"山"，即为墓上之覆土。以1汉尺＝0.23米折算，则一百二十丈合276米：一百二十步合165.6米；十三丈合29.9米；以一步等于六汉尺＝1.38米，一里＝三百步折算，七里一百八十步合3146.4米。

通过现场实测，知长陵陵园之平面为方形，每面边长780米，总周长为3120米。至少于北、东二面陵垣之中央辟有陵门。垣内有覆斗形土丘二处，一座在陵内西侧中部，平面作东西稍长之矩形。其现存尺度为东西153米，南北135米；顶部东西55米，南北35米，封土高32.8米。以上数据与《三辅黄图》所载较为接近，应即为刘邦之墓葬。此土丘之西边距陵园西垣约80米，北边距北垣300米，东边至东垣550米，南边至南垣350米。另一处位于陵内东南隅，平面亦为矩形，东西宽150米，南北长130米；顶部东西50米，南北30米，封土高30.7米，依形制知为吕后墓葬所在。

陵垣内除东北角外，均发现有夯土台基遗址。如西北角存有土墙、柱洞及散水残迹。而东南隅则发现多量之瓦当与残瓦。另在刘邦封土以北150米处及吕后封土北350米处，均有夯土台基残存，似为园内之礼制建筑。

距吕后陵南垣外30米，有东西宽250米，南北长100米之大夯土基，上存大柱础石、残砖瓦及红色墙皮等建筑遗物。其再南400米处，又有东西宽150米，南北长100米之夯土基。此处出土大量云纹瓦当，瓦片上且有“宫二”、“宫三”、“宫十四”、“宫廾”、“右校”、“右三十”等字样。以及圆形及五边形断面之排水管。由于后者有五道并列之实物出土，表明该处之排水量甚大，亦即原来建有较大面积之建筑物或构筑物。早年在陵区曾出土“长陵东当”、“长陵西当”、“长陵西神”等字样瓦当，可能是东、西司马门阙上之遗物。

长陵是西汉第一座帝陵，它与后世诸陵在形制上存在着若干区别，主要表现在：

1）刘邦与吕后合葬于同一陵园内，是汉代的惟一孤例，亦罕见于汉以前之各代王陵（已确切探明东周时期之王陵，仅有魏国及中山国二处）。

2）二者各有“明中”及“方上”，但均未置于陵区中轴线上。惟刘邦墓位于西侧之中央，加以大量陪葬墓均在陵园之东侧，而长陵邑之南垣又与长陵陵园北垣重合，故可断定主要入陵方向为东侧，与秦骊山陵相同。以上似表明该陵之设计仍遵循“以西为尊”的古来传统。又吕后陵在高祖陵之右侧，亦表现了秦汉时“右”胜于“左”的习俗。

3）二墓之封土平面均为长方形，而非秦骊山陵及后世诸汉陵之方形。按长方形覆斗状封土，即古代所谓之“坊形”者，在诸封土形制中列为首等。

4）陵垣内封土之北皆有夯土基址，似为祭殿所在。这种将祭殿置于陵垣内之布局，与秦骊山陵相仿，亦表明当时汉陵中寝园制度尚未形成自己的风格。

（2）宣帝杜陵[16]

陵在今西安市东南之三兆村南侧（图5-49），由帝陵、后陵、寝园、陵庙、陪葬墓及陵邑等组成。

1）宣帝陵园

平面呈方形，每边长430米。垣墙由夯土筑成，基宽8米。每面中央开一陵门。封土位于垣内

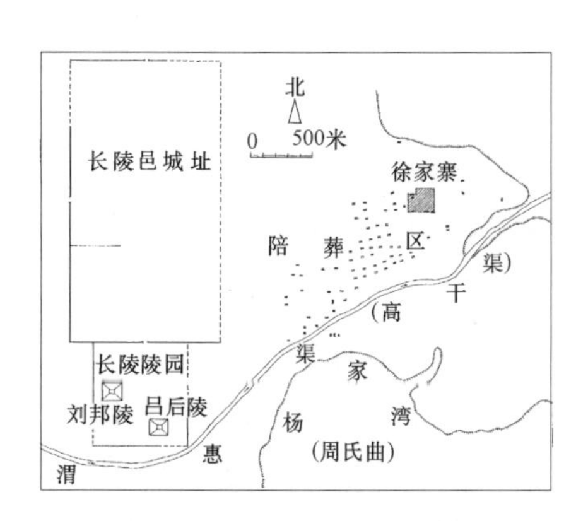

图5-48 西汉高祖长陵建制示意图（《西汉十一陵》）

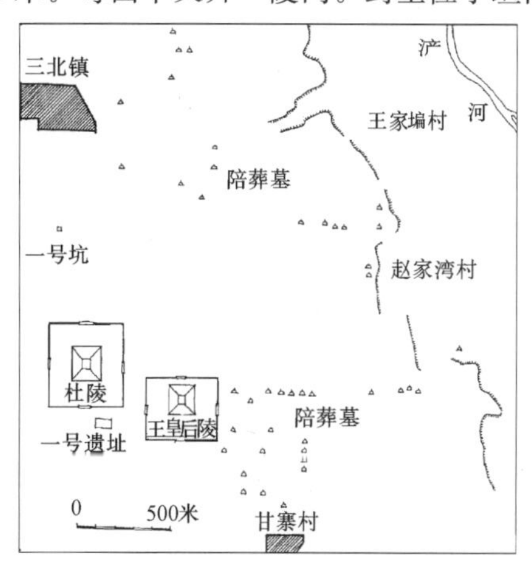

图5-49 西汉宣帝杜陵、王皇后陵及陪葬墓平面示意图（《考古》1984年第10期）

中央，外观为方形之覆斗，底边每面长 170 米，顶部每面长 50 米，现余残高 29 米。

其东侧陵门已被发掘，基址尚属完整，系由门道、左右塾及左右廊组成（图 5-50）。通面阔 84.24 米，通进深 20.57 米。现将其各部分述于下：

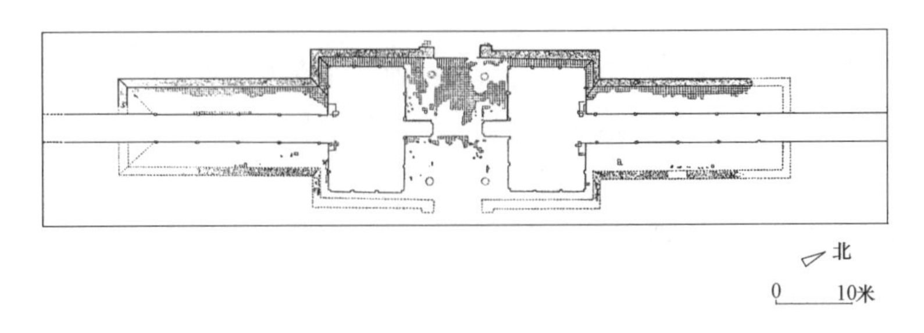

图 5-50 西汉宣帝杜陵陵园东门遗址平面图（《考古》1984 年第 10 期）

大门门宽 6 米，两侧各建一宽 3.3 米，进深 1.83 米之夯土门墩，现残存高度约 0.5 米。距大门前、后各 5.64 米处，原均有门柱一对，柱下置直径为 0.8 米之鼓形石柱础，其间距为 6.92 米。此处门道宽度为 13.20 米。门道之地面，悉铺边长 33～35 厘米，厚 4～5 厘米之素面方砖。

门塾位于大门二侧。其南北向面阔 9.75 米，并划为三间。东西向进深 15.30 米，中部以厚 1.9 米之夯土墙将塾隔为东西两部，每边长 6.70 米，各又析为二间。门塾地面较门道及廊高 0.5 米，施踏跺二级上下。

侧廊亦作对称式复廊布置。每侧之廊长 26.04 米，宽 3.28 米，其间隔以厚 3.40 米夯土墙。包绕于塾下之廊，其宽度减至 1.03 米。廊内地面铺素面方砖，其外为宽约 1 米之散水。夯土隔墙内施壁柱，木柱已朽，尚存柱穴宽 33 厘米，进深 24 厘米。柱下垫长 116 厘米，宽 81 厘米，厚 60 厘米之础石，石表面低于廊地面约 12 厘米。

2）王皇后陵园

在宣帝陵园东南 575 米。平面方形，每边约长 330 米，夯土墙基宽 3.4～3.7 米，每面中央亦开一门。

封土在陵园中央，作方形覆斗状，底边每面长 145～150 米，顶边每面长 45 米，残高 24 米。

其东陵门亦经发掘，布局与宣帝陵相同，仅尺度略小。如通面阔为 68.55 米，通进深 19.2 米。大门门屋宽 10.7 米，门宽 5.6 米，门柱础直径 0.6 米。门塾每室亦为面阔三间、进深二间之形式，尺度8.4 米×5.81 米。隔墙厚 1.97 米。廊每边长 19.5 米，宽约 3 米。墙内壁柱为方形断面（30 厘米×30 厘米），柱下未施础石。

3）宣帝寝园

寝园在宣帝陵园东南，其北墙系利用陵园南墙之东段。平面为长方形，东西宽 174 米，南北长 120 米，皆周以夯土垣墙。

寝园平面分为东、西二区（图 5-51）。西区面积较大，东西 108 米，南北 111 米。由南侧之门殿、回廊、东门殿，大庭院及寝殿、东西门道组成。东区由众多较小建筑及庭院构成，当为便殿、宫署及其他辅助建筑所在。寝园中大多数建筑皆坐北朝南。

寝殿为内中最主要之建筑（图 5-52），现有夯土台基东西宽 55.15 米，南北进深 29.6 米，残高 0.25 米。位置在广庭南北中线之偏南处，与寝园南墙西门正相对应。殿之南、北二面各辟三门。北侧三门俱宽 4.2 米，南侧三门宽 4 米。除二者之中门在中轴线上以外，其余之门南北并不对应。殿东、西墙正中各置具双门道之门户一处。每门道宽 2.9 米，其间夹以厚 0.95 米之夯土墙。门道外侧有檐廊宽 1.05 米，廊外则铺卵石散水，宽 1.70 米。

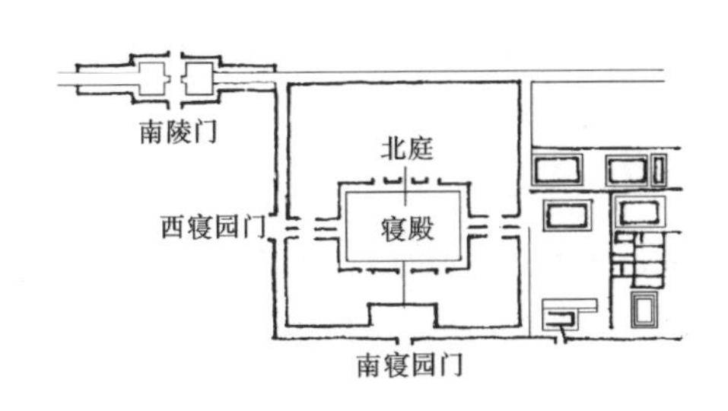

图 5-51　西汉宣帝杜陵寝园平面示意图（《西汉十一陵》）

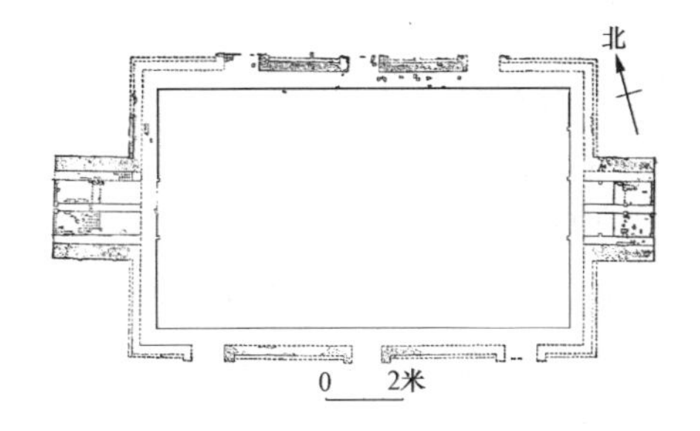

图 5-52　西汉宣帝杜陵寝园主殿建筑平面图（《考古》1984 年第 10 期）

隔墙两侧均置方形（30 厘米×30 厘米，厚 45 厘米）石柱础，檐廊则施圆形（直径 40 厘米，厚 25 厘米）石础。

寝殿面阔十三间，进深五间，四周环以宽 2.1 米之回廊。其台基四面施壁柱，柱孔方形，33 厘米×33 厘米，其下础石略高出地面。壁面抹麦糠拌泥，表面刷白涂粉红色。此建筑之特点有下列数端：

● 置于寝园西侧，符合汉代“以西为尊”的习俗。

● 殿身南、北各辟三门，即古制之中、宾、阼三阶，符合西汉宗庙施阶之制，就尺度与位置而言，其北部三阶之地位似高于南侧三阶。

● 殿北有广庭，与一般建筑相反，应是礼制上的要求。它与殿之主要出入口置于北侧也有关系。

● 沿殿西侧门道西行，出寝园之西门，即可北达陵园之南门。此种部署，亦应与祭祀有密切之联系。

寝园之东区为若干较次要建筑，已见前述。惟其中近寝殿之一区庭院，较为特殊。此院位于东区之西南隅，在广庭之北端仅置一殿堂，殿坐北朝南，东西面阔 18.9 米，南北进深 15.3 米，其西墙距西区通往寝殿之东门甚近，颇疑该殿即文献中所称之“便殿”。

其他附属建筑大体可分为有序排列之四组，联以行廊，间以庭院，内中并有供贮藏之窖穴若干。

4）王皇后寝园

位于皇后陵园之西南，亦周以围垣。惟利用后陵南墙西段以为寝园之北墙，又延长后陵西墙以作寝园之西墙。寝园平面呈矩形，东西宽 129 米，南北长 92 米。园墙墙基宽 4 米，现已探出其东、南、西墙各置一门之位置。

寝殿亦在寝园西部，台基东西宽 39.18 米，南北长 27.13 米，残高 0.5 米。殿北辟二门，南一门，均宽 2.75 米。东、西亦置双道之门道，每道宽 3.35 米，但其间不设隔墙。殿周绕以回廊，宽 2 米。其外卵石散水宽 1 米。台基周旁壁柱亦方形断面，26 厘米×26 厘米，下置砂岩础石，且不露出地面。殿北亦辟广庭，制同宣帝寝园。

王后寝园与宣帝不同之处：

● 规模及尺度皆小于帝园（从总体至单体）。

● 寝殿北置门二道（通宾阶、阼阶），南面仅有门一，表明北侧为主要交通所在。

● 寝殿东、西两侧通道间无隔墙，亦是礼制上的差别表现。

5）杜陵陪葬墓

杜陵附近之陪葬墓数量之众，仅次于长陵，现尚有封土62处可辨，大部集中于陵园东南，且规制甚大。后陵附近亦有多处覆斗形封土，其中大者底长77米，宽74米，残高20米。其他小型墓葬亦多。

（3）其他陵寝

西汉其他帝后之陵寝业经调查者尚多，因篇幅所限，未能一一介绍。现将若干陵园（包括陵邑）之平面图，如惠帝安陵（图5-53）、景帝阳陵（图5-54）及王皇后陵以南之从葬坑（图5-55）、武帝茂陵（图5-56）、昭帝平陵（图5-57）、元帝渭陵（图5-58）、武帝钩弋夫人云陵（图5-59）、文帝薄太后南陵及从葬坑（图5-60）等罗列于后，以备读者参考。

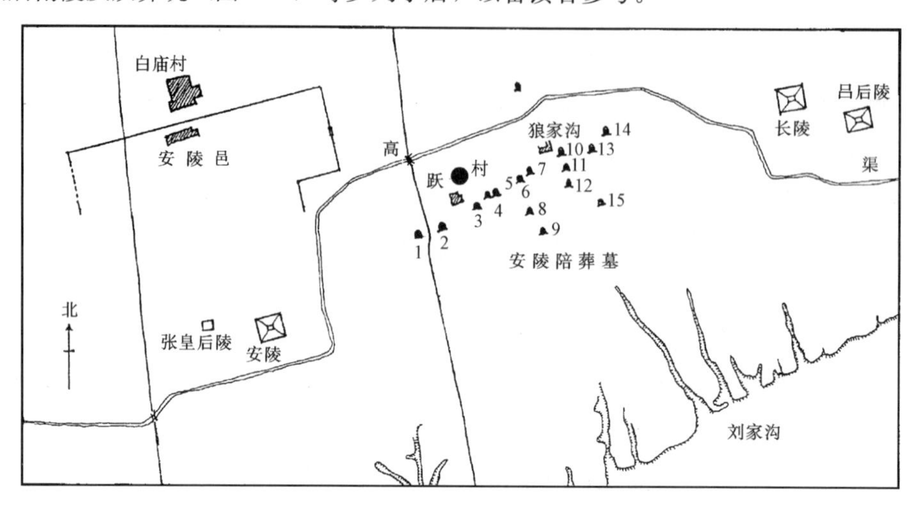

图5-53　西汉惠帝安陵及其陪葬墓平面分布图（《西汉十一陵》）

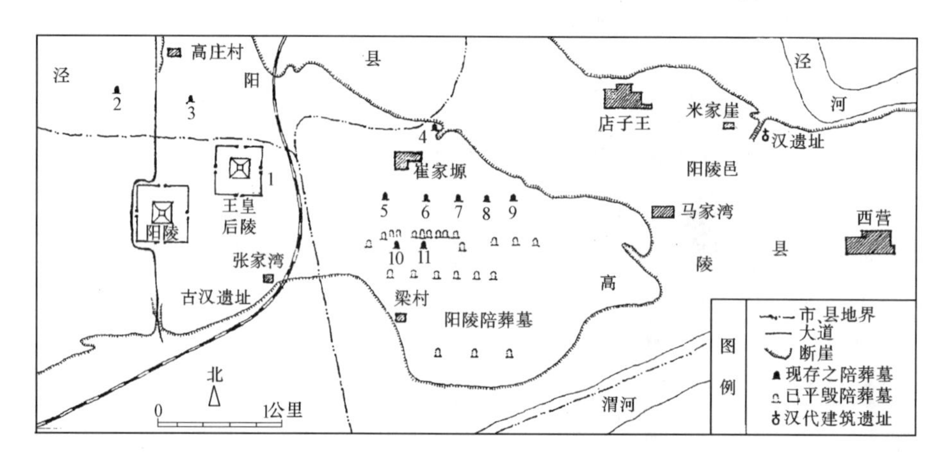

图5-54　西汉景帝阳陵及其陪葬墓平面分布图（《考古与文物》1980年第1期）

（三）汉代王侯及贵胄墓葬

1. 概况

有关这方面的规章制度，文献史料中均鲜有载及。目下仅能根据考古发掘中获得的实际材料，予以综合分析。就其墓葬类型而言，主要是土圹木椁墓、崖洞墓及砖券多室墓。前二者多见于西汉，而后者则常出现于东汉。由于墓主的社会地位与经济条件十分优越，因此这些墓的规模与形制，都非一般墓葬所可比拟。总的说来，当前已知的西汉封国王侯一级的土圹木椁墓，其地面建制虽已破毁无遗，但地下部分的平面布置与结构、构造方式，都与前述文史记载中所述的皇陵情况大致相仿，可以进行相互印证，这是极为重要的。至于发现于河北、山东至江苏一带之西汉藩王大型崖洞墓，为数虽然不多、但为我们提供了另一种类型的高级墓葬形式，使大家得以对汉代

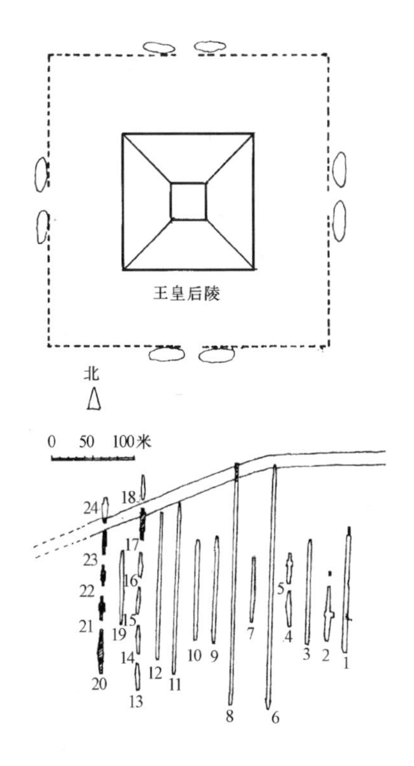

图5-55 西汉景帝阳陵王皇后陵南从葬坑平面分布图（《文物》1992年第4期）

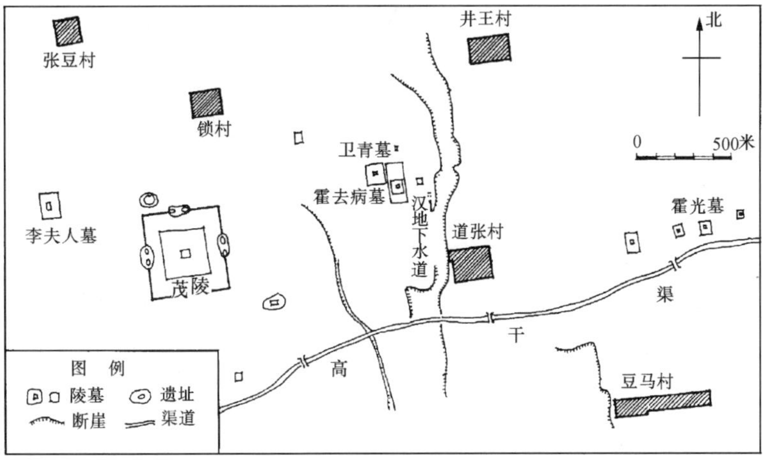

图5-56 西汉武帝茂陵及附近墓葬、遗址分布示意图（《考古与文物》1982年第4期）

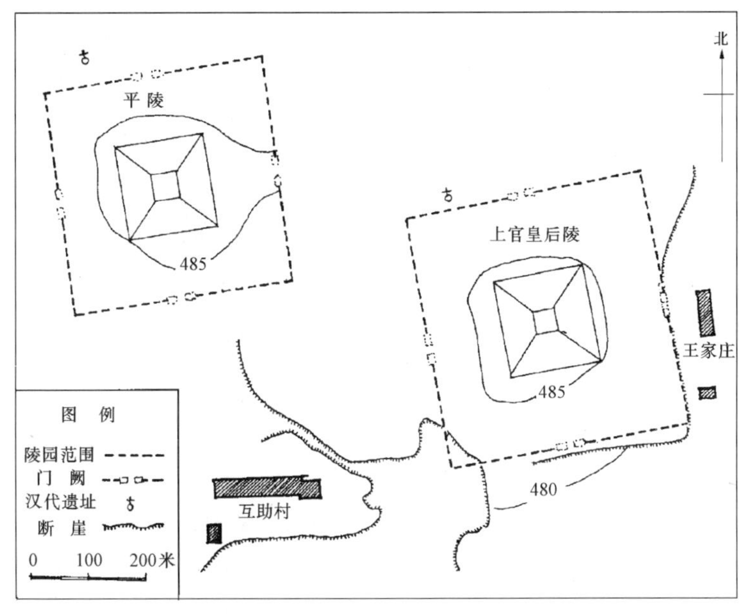

图5-57 西汉昭帝平陵及上官皇后陵遗址平面图（《考古与文物》1982年第4期）

建筑文化的发展与水平，有了更进一步的认识与提高。东汉时期大量出现于中原地区并由砖石拱券构成的多室墓，其平面变化的多端，以及大批画像砖、画像石与壁画的随伴出土，都为我们对汉代灿烂文化的研究，开拓了多方面的领域，其意义自远不限于建筑这一范围之内。

2. 实例

以下就这三类墓葬的若干有代表性的实例，分别介绍于后：

（1）土圹木椁墓

1）湖南长沙市马王堆西汉一号墓[17]

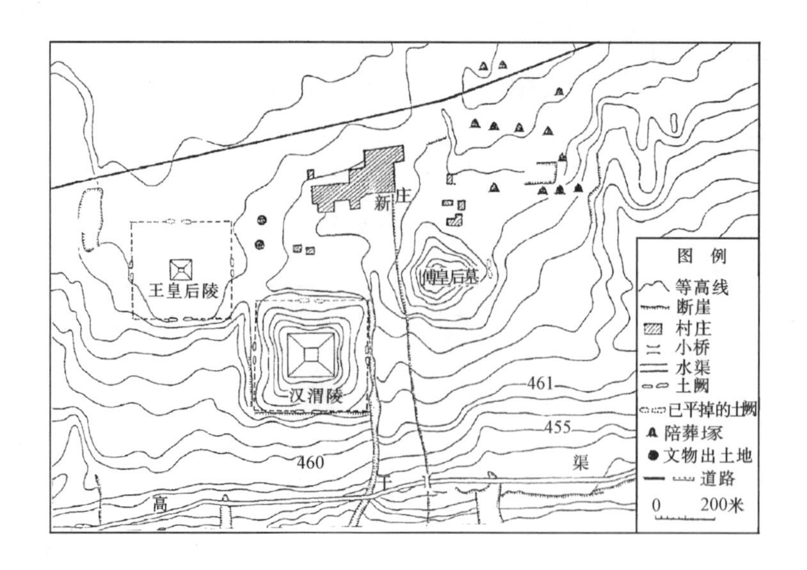

图 5-58 西汉元帝渭陵及其陪葬墓分布图（《考古与文物》1980 年第 1 期）

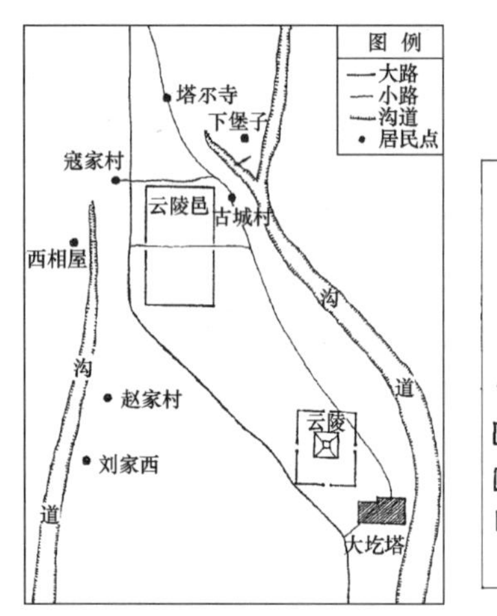

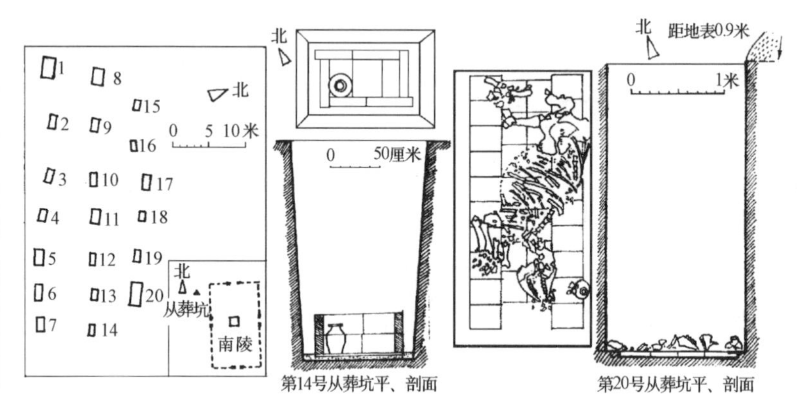

图5-59 西汉武帝钩弋夫人云陵及云陵邑位置图（《考古与文物》1982 年第 4 期）

图 5-60 西汉文帝薄太后南陵及从葬坑平、剖面图（《文物》1981 年第 11 期）

这是一座中型的土圹木椁墓。墓主是西汉初季长沙国相轪侯利仓之妻辛追（?），葬于文帝十二年（公元前 168 年）十二月。附近另有时间稍早，制式基本相同的二号墓和三号墓，葬者是轪侯利仓和可能是其子的中年男子，但二墓之保存状况与一号墓相去甚远。

发掘前墓上有高 16 米，底径 40 米上顶圆平之封土。经揭露知原有地形为高约 5 米之土丘，建墓时先自土丘向下挖掘约 8 米，形成了墓坑的下半部。然后再用版筑夯出墓坑的上半部与墓道。土圹的平面形状为近方之矩形，南北长 19.5 米，东西宽 17.8 米，深 16 米。自圹口以下 5 米掘出土台四层，每层宽约 1 米。再下 7 米即至椁穴，其尺度为长 7.6 米，宽 6.7 米。椁室全由厚长之松木大板构成，长 6.73 米，宽 4.9 米，高 2.8 米。其构造为先于墓底置横向垫木，木上铺底板二层，再竖四面椁壁板及内部之隔板，以形成位于中部的棺室与头、脚、两侧的四个“边箱”，棺室内置套棺四层，这种“一椁四棺”正符合墓主身份。

由于在墓底及椁室周围填有厚达 0.4～0.5 米的木炭，总重量超过 5 吨。其外再护以厚度为 1～1.3米之白膏泥，此物黏性强而渗透性低，使椁室得以在两千余年中保持恒温、恒湿、缺氧与无菌的全封闭状态。这就对墓中所存放的随葬器物、棺椁与墓主尸体形成了良好的保护环境，使得它们得以完整留存到今天，这不能不说是汉代墓葬防护技术的一大成就。

墓中出土了大量衣物和整卷的绢、纱、绮、罗、锦和刺绣，完整的乐器（二十五弦瑟、二十二管竽）和一套竽律，138件漆器（包括鼎、钫、壶、匜、盒、盘、耳杯、案、几等），以及其他许多竹木器与陶器，都分别载录在称为“遣策”的木简上。另有多件彩绘木俑，和覆盖在内棺上的T形帛画（内容有主人像、侍女、拜谒人、日、月、三足乌、龙、龟、人首鸟、玉璧等），都是十分珍贵的汉代文物。

2）陕西咸阳市杨家湾西汉四号、五号墓[18]

二墓南北并列，外形相仿。由于位置在汉高祖长陵与景帝阳陵之间，并稍近于前者，估计均系长陵之陪葬墓（图5-61）。而《水经注》则认为是西汉初期名将周勃及周亚夫之墓。1970—1976年间，对它们进行了系统的发掘。

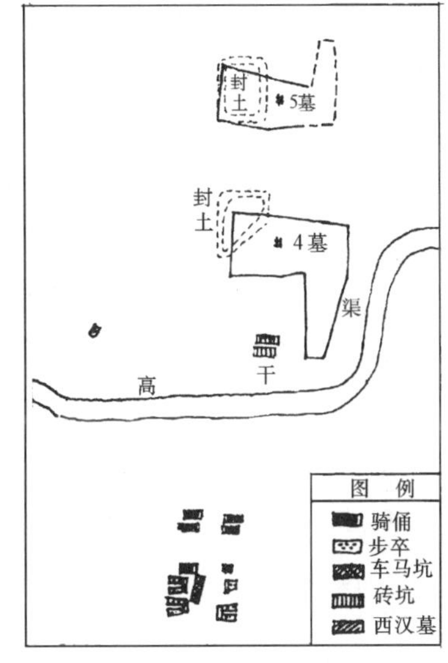

图5-61 陕西咸阳市杨家湾西汉四号、五号陪葬墓及陪葬坑位置图（《文物》1977年第10期）

四号墓位于南侧，形制较大。上部封土残高尚存4米，其平面作南北较长之矩形，但东南部因取土而被削去一角。墓之地下部分总体形状如一折尺（图5-62），全长约100米。墓圹平面近于方形，长、宽各约20米，深24.5米，位于全墓之西端。墓道则在土圹之东侧而南折，南尽端宽度6米，底部作斜坡式。

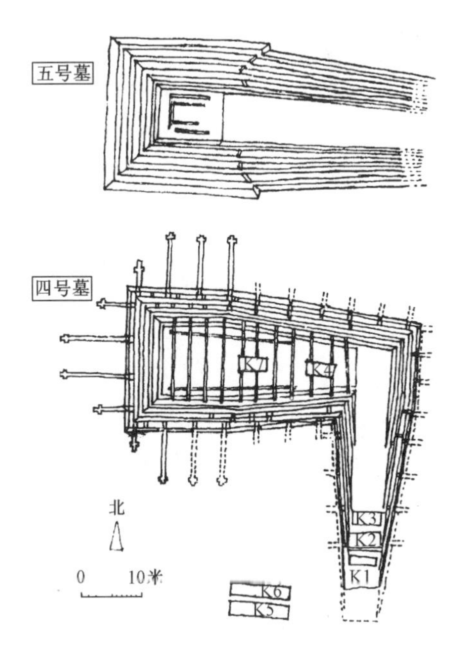

图5-62 陕西咸阳市杨家湾西汉四号、五号陪葬墓平面图（《文物》1977年第10期）

墓道两侧掘有土台四级，墓圹侧壁则掘为六级，台宽0.5～0.7米，台高3～3.5米。由圹口往下至第四层台间的土壁上，留有木质壁柱遗迹。其第二至第三层台间，则有楞木槽残留。此外，在墓道及墓圹之侧面，均掘有与之相垂直的条状沟槽（已发现31条），左右作对称排列，间距约为5米，槽深0.5～1米，宽0.5～0.7米，长9～10米，末端开作十字形平面。槽内遗有木炭、枋木。十字槽内则有支柱以及似斗栱的方形与条形木构件。

墓室在墓西侧，为附二层台之竖穴，南北长8～8.75米，东西宽10.6～11米，深2.5米。由于早年被盗且焚毁，除得知棺室位于椁室中央，两侧置有边箱外，其余之情况不明。就全墓之总体平面来看，该墓系由墓道、前室及椁室三部组成，一如住宅之门道、中庭与后堂之配置。与一般常见的大、中型土圹木椁墓不同的，是它在墓圹上架有三层的木构“楼阁”式建筑。而墓道与墓圹作曲尺形组合，也是罕见之例。附近发现陪葬坑七处，用以放置衣物、用具、粮食、车马等。其构造有两种形式：

（A）砖木坑如K3、K4、K7，其底部铺以花纹砖，四壁则叠以枋木，坑口再盖以木板，然后封土。以K3为例，其尺度为长5米，宽2.4米，深1.1米。侧壁用宽24厘米，高30厘米之枋木三根叠砌，顶部用24厘米×28厘米×18厘米枋木17根铺盖。坑内置陶方仓35座，排为4行，每行9座（其中一行缺一座），仓内放有小米、小麦、油菜子、荞麦、豆类等。

（B）砖坑如K1、K2、K5、K6，其底部及四壁均用花纹砖砌就，放入器物后，顶上盖以木板，板上再排放花砖，然后封土。现以K2为例，坑长5米，宽2.5米，深1.1米。内中放置陶器，计有方仓25座、陶囷2，以及盆、缸、鼎、豆、甑、鉴、钟等。

五号墓位于四号墓以北26米。墓上封土保存基本完好，外观作矩形平面之覆斗状。墓地下部分平面亦作折尺形，总长82米，墓道在北侧东端，适与四号墓相反，长度26米。

墓道及墓圹侧壁均作五层之台阶状，亦对称排列。墓圹上口东西宽16.50米，南北长15.20米。墓底东西9.6米，南北5米。总深度17.25米。椁室宽3.3米，长4.20米，全以枋木叠垒而成，内置一棺一椁，已知棺之两侧各有边箱一个。

此墓之形制较四号墓简单，且形制亦较小，其结构上亦未见如前述之木构“楼阁”遗存。墓于早年被盗掘，但未经焚烧，故制式比较清楚。由遗物中出有多量之玉石片（220片），表明它应属于西汉高级贵族或显贵之墓葬。但就制式而言，似应低于四号墓葬。

类似五号墓之木构“楼阁”式结构，亦见于西安东南郊新安机砖厂出土之西汉初期利成积炭墓。其墓道近墓室处之两侧土壁上，各遗有木柱痕迹六处，以及通长之枋木槽沟，表明此处在建墓时有木架构建筑存在。

3）湖南长沙市象鼻嘴西汉一号墓[19]（图5-63）

该墓位于长沙市外西郊，距湘江西岸约1公里。为西汉早期之大型土圹木椁墓。墓圹亦依原有土丘开掘，圹口南北宽18.5米，东西长20.55米，深7.9米。墓道辟于墓圹西侧稍南，为倾斜12°之直道缓坡，全长17.85米，底宽4.2米。土圹内掘有二层台，台面宽约0.5米，距墓底2.3米。墓道东端与墓底交汇处，其南、北两侧各埋有木偶人像，似为门卫之象征。外椁室近于方形，南北10.30米，东西11.10米，高3.05米，全由断面为0.30米×0.30米之粗长枋木叠砌而成。其

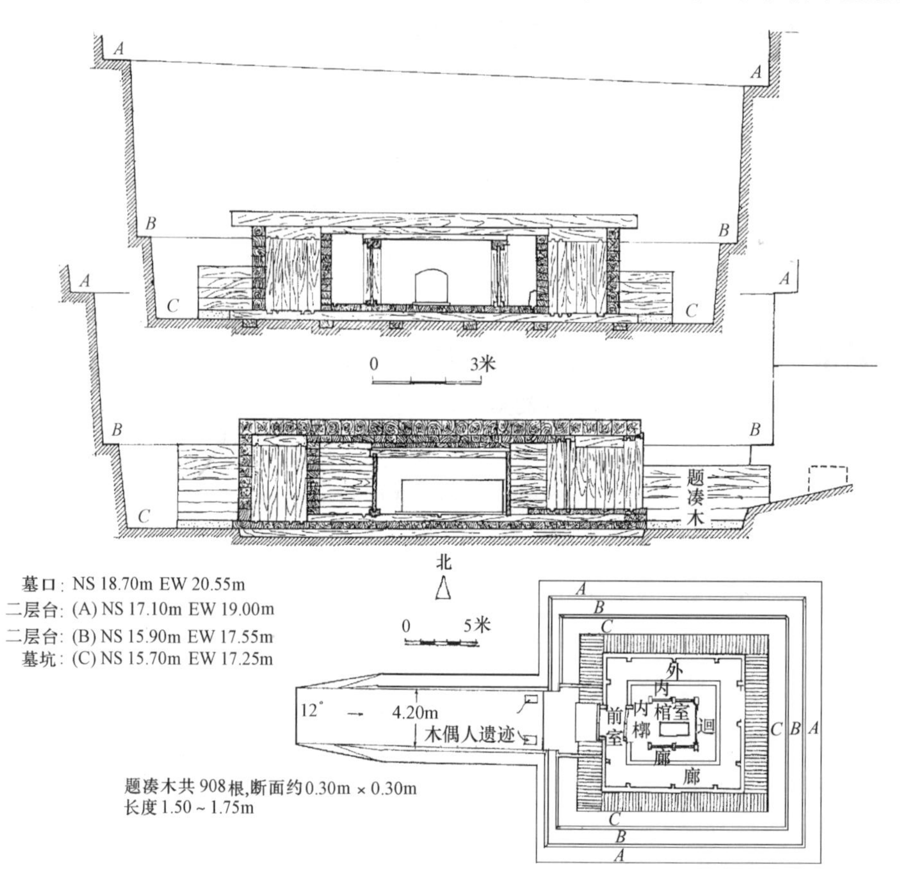

图5-63　湖南长沙市象鼻嘴一号西汉木椁墓平、剖面（《考古学报》1981年第1期）

西面中央辟一双扇木门，高1.9米，宽2.8米。每扇门由厚0.2米，宽度为0.88米与0.5米之木板两块拼合而成，是为我国现存最早与最完整的小木作版门实例。外椁室内有外廊，宽1.6米。其内即为内椁室，室南北6.25米，东西7.15米，高2.40米，亦由同椁枋木构成。西端亦置双扇木版门，宽、高与外郭室门相等，但门扇由厚0.16米，宽度为1.0米及0.4米之木版两块拼成。内椁之内为内回廊，前后稍宽而两侧较窄，宽度在1.0～1.4米之间。廊内即为棺室，其南北宽3.5米，东西长3.8米，除西端敞开外，其余三面均用木柱与木板围护。

棺室内置梓木套棺三重，棺外髹黑漆而内施红漆。其外棺与中棺之棺盖上，原来尚绘有朱色图案为饰，现已模糊难以辨析。

此墓于外椁室之外，尚整齐堆放断面为0.3米×0.3米，长度为1.50～1.75米之柏木908根，即文献中所谓之“黄肠题凑”。此制本为天子专用，但诸侯王及显贵大臣经天子特赐也得使用。由此可知此墓中葬者身份非同一般，估计为长沙靖王吴著的可能性较大。

随葬物品放置在外回廊及内回廊之两侧及后面，以陶器、漆器为多。而陶器均属明器，而非生活实用器。西汉大墓中常见的铜器则付阙如。可能已为盗墓者取出。

此墓仅底板下施少许青灰色青泥，有的仅厚5厘米，有的尚未填入。其他防湿防盗之木炭与河沙均未使用。回填则用原坑土捣碎夯筑，每层厚约15～30厘米。

由已发掘的实例可知，汉代诸侯王及大贵族的墓葬，仍以土圹木椁墓为主流。它们的规模都很宏大，有的制式几侔于帝王（如使用“黄肠题凑”、“金镂玉衣”等等）。虽然都采用了相类似的中轴对称以椁室为中心附以内、外回廊的平面布局和井干式木结构，但还是与帝陵有不少区别。例如其尺度仍小于王陵；且墓道及“羡门”只用一至二道，而非帝制的“四出”等等。诸墓之地面建筑现皆已不存，估计其墓垣不会太大，神道亦限于一条。而封土高度、体积及墓阙、墓祠建筑均受到严格的礼法限制。

值得一提的是：有些墓葬除了在墓室中使用井干式木结构外，还有在墓道及墓圹上搭置木构架建筑的，例如前述杨家湾西汉墓即是。而此种制式少见于其他墓中，是否出于礼制是或其他的原因，颇值得进一步予以研究。

（2）崖洞墓

1）江苏徐州市北洞山西汉崖墓[20]

北洞山位于江苏省徐州市北郊10公里，为海拔仅54米之石灰岩小山。此墓墓道入口辟于山之南麓。经发掘知全墓南北长达55米，东西宽32米，平面大体划分为东、西二部（图5-64）。墓门位

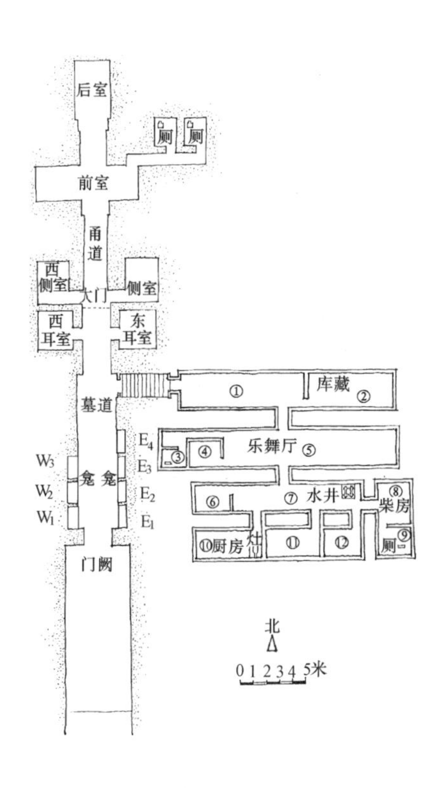

图5-64 江苏徐州市北洞山西汉楚王崖墓平面（《文物》1988年第2期）

图 5-65 江苏徐州市北洞山西汉楚王崖墓石室门户及水井（《文物》1988 年第 2 期）

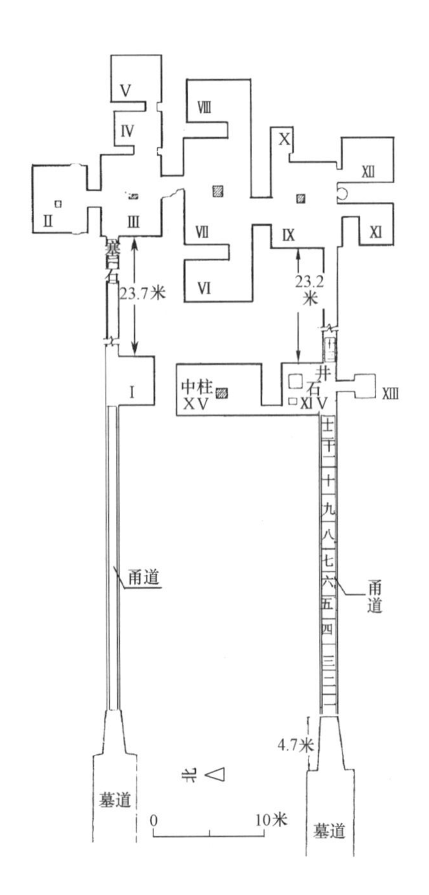

图 5-66 江苏铜山县龟山二号西汉崖墓平面（《考古》1997 年第 2 期）

于西部之最南端，门两侧各置单阙一座。入门经凿有壁龛（东四西三，平面俱为矩形）之甬道北行，越第一道内门，左、右各建独柱耳室一所。室内独柱之断面为长方形，柱表面平素未作任何琢刻装饰。上部施平顶，亦未建天花藻井。室内墙面及顶部过去均涂以黑漆，目前已大部剥落。再往北于甬道侧又凿有东、西侧室。室内无柱，顶部作成坡度甚缓的四坡式样，墙面及天花均髹以黑漆涂朱。经甬道第二道内门，即达正厅。厅平面亦为矩形，西部较宽敞，似作为墓主起居之后堂。厅北有门道通往置棺之椁室。厅东另有曲道至东北隅之厕所。正厅及椁室皆为两坡式天花，室顶及四壁均涂黑漆。以上各室及其间通道，全部由石山中凿出，但地面、四壁、独柱与室顶之琢刻，均不十分平整。是否当时另有其他内部装饰（如护壁、帷帐之类），尚不得而知。另区建筑位于墓域之东南，以东西向甬道及踏步与西侧南北甬道相通。其中包括列有武士俑之厅堂（或为庭院）及库房，置有编钟、石磬及歌舞俑之宴会厅，以及附厨房、柴炭房、厕所与水井之后院（图 5-65）。此区建筑均用粗糙石条搭砌成围垣及两坡式屋顶。根据上述室内器物及偶人之配置与建筑之结构等情况，与西侧一组建筑有很大差别，它仅相当于住宅中的对外和附属部分。

在门阙前后的墓道中，曾置以长 3 米，断面 1 米见方，重达 6 吨的塞石多块，但亦未能使此墓免于被盗的厄运。由于经过多次洗劫，墓中文物基本一扫而空，棺椁亦早不存。但在仔细清理后发现有“楚邸”、“楚御府印”、“楚武库印”、“楚宫司丞”等印章十余方，以及若干椭圆形状的玉衣残片，表明此墓应属西汉楚王。据史学家推测，墓主以第二代楚王——夷王刘郢客的可能性为最大。

此墓平面布局原则与某些住宅及墓葬甚为类似。即将建筑之主要部分置于西侧，辅助部分则在东面。对于具体建筑而言，其墓室、主厅均在西北，东北为厕所，东南置庖厨、库房。这里除了再次表明汉人突出的“尊西”意识以外，其反映出来的住宅格局，也是极有价值的。

2）江苏铜山县龟山二号西汉崖墓[21]（图 5-66）

龟山位于徐州市西北约 9 公里，为一高度仅 30～40 米之石灰岩山丘，因山形状似伏龟，遂有是名。二号墓位于龟山西麓，经发掘，知由主轴皆为东西向之大型横穴式崖洞墓二区组成，包括面西之南、北二条墓道及大小石室十五间。就平面而言，其布局并不十分规则。（图 5-66）此墓南北全长共 83.5 米，东西总宽达 33 米。

墓已于早年被盗，盗墓者系掘开北墓道口，曳出内中之“塞石”后，经由甬道进入墓内。现尚有此类“塞石”九块堆放在墓道口之外，另有三块仍遗留于墓内甬道中。此项石料每块长2.08～2.40 米，断面近方形，每面边长 0.80～1.04 米。据现场情况分析，此种“塞石”原系两块相叠堵放于墓道中者，现存南墓道中未经移动之“塞石”，即是如此。这也说明了南墓道仍保持原状而未经扰乱。

北墓道宽 1.06 米，高 1.77 米，全长 51.7 米。自墓道口往内东行 23.54 米，即为第一号墓室。该室南北 4.46 米，东西 4.3 米，高 1.8～2.2 米，顶部作微曲形，墙壁除北侧全部敞开面对墓道外，其余三面皆为封闭之石壁。其地面高出墓道约 10 厘米。由此室再往东 23.7 米，即至置有一矩形断面中心柱（又称“都柱”）之三号墓室。室内南北 5.8 米，东西 7.65 米，高 2.3～2.8 米，顶部亦呈微曲形。其北壁有门道通二号墓室。此室形制与三号室大致相同，惟面积稍小，南北 5.6 米，东西 6.2 米，高 1.9～2.2 米。室中偏西处有一方形断面之“都柱”。东、西壁近门处各一凿浅龛，又门东壁下有一井。第三墓室以东又有二室串联，编号为第四，第五墓室。第四室稍小，北壁凿有长龛。西壁与第三室相通之门甚广，宽度约 1.1 米。

南墓道位于北墓道以南 14 米，其布置原则大体一致。西侧为较宽之露天墓道，因已被填塞及积压，现仅发掘其东端至甬道口长 14.7 米之一段。以东为狭长之甬道，亦为自石崖中开凿而成，道宽 1.06 米，高 1.76 米，总长 51.7 米。中部为墓室划分为东、西二段。东段甬道已清理出塞石 26 块。其尽端辟有石室三间，现编号为第十三、十四、十五号墓室。甬道直抵第十四号墓室之西壁南端，该室平面近方形，东西宽 4.8 米，南北长 4.64 米，四周石壁垂直部分高 1.85 米，顶部上收呈四角攒尖形，最高处达 2.55 米。室内东南部置一方形水井，井口每面宽 1.3 米，井壁向内斜收，底部每面宽 0.7 米，井深 0.27 米。井西有方石一块，每面边宽 0.85 米，高 0.45 米。近室西壁处置陶俑与陶盘各一。室之北壁西端，凿有东西宽 0.9 米，南北长 1.85 米，高 1.75 米之过道，以通往北侧之第十五号墓室。此室平面为长方形，东西宽 4.4 米，南北长 7.9 米，室壁垂直高 1.85 米，以上凿为覆斗形室顶（其中央之平坦面东西宽 0.72 米，南北长 5.2 米），室高 2.4 米。室内偏南处凿出一长方形断面石柱，自地面达于室顶。柱东西宽 0.83 米，南北长 0.95 米，高 2.4 米。室内遗有陶俑一、陶马六、皆面西而立。又伴有马具及弩机等。第十三号墓室位于第十四号墓室之南，以宽 1 米，进深 1.2 米，高 1.7 米之过道相通。室内平面近方形，东西宽 2.14 米，南北长 2.2 米。室壁高 1.85 米，室顶为四角攒尖形，高 2.14 米。室内出陶俑三，陶马四，皆面北而立，另有马具及铁环等遗物。由第十四号墓室再东行，经长度为 23.2 米之第二段西甬道后，即达第九号墓室。此室南北长 5.95 米，东西宽 7.90 米，顶部开凿成两坡式天花，其中脊最高处达 3.55 米，南北壁高 2.8 米。室内中央有方形断面之“都柱”。室之东北角，有平面近方形之小室，即第十号墓室，地面遗有陶罐及陶偶残片。九号墓室南壁，并列十一及十二墓室，二室面积与形状相同，两室门之间有一置水井之壁龛。九墓室之北壁偏西处，有宽 2.3 米之门道通第七墓室。它是全墓最大的厅堂，南北 6.5 米，东西 9.9 米，亦置中央“都柱”及两坡形天花。其东、西各有一室，即第八、第六墓室，形制与面积大体相仿。第七墓室之北墙，又有门道通往第三墓室。由于其形状颇不整齐，估计是凿于墓成之后。

由于历次盗劫，墓中文物绝大部分已经丧失，门户及棺椁等亦无可寻觅。但遗有多量陶瓦，各墓室除第一室、第十室以外，均有分布。筒瓦有黑色及灰色二种，一般长 50 厘米，宽 15～18 厘米，厚 1.1 厘米。瓦当圆形，直径 16.5 厘米。当面饰以方格纹及卷涡纹等。板瓦一般长 50 厘米，宽 25 厘米，厚 1～1.5 厘米。这些都表明当时墓内另有木构瓦顶建筑存在。残存文物尚有署名为“刘注”的龟钮银印、铜兵器（矛、镞）、车马器、五铢钱、玉环残片、陶“麟趾金”、陶壁、陶俑以及大量植物果核（枣、桃、李、杏、梅）与家禽、家畜骨骼等。

此墓规模宏大，且使用两条平行墓道，因此应属夫妇合葬墓。其中北墓较小，范围包括北墓道与第一、二、三、四、五号墓室。南墓相比较大，范围包括南墓道及第六、七、八、九、十、十一、十二、十三、十四、十五号墓室。依我国旧时男尊女卑习俗，位于南区之墓主应为男性，北区墓主则为女性。实际上，根据第六室出土之“刘注”银印，以及同室及第七室发现之铜矛、箭镞等武器，更加明确地表明了南区墓主应是西汉的第六代楚王刘注。其在位期间为武帝元朔元年（公元前 128 年）至元鼎二年（公元前 115 年），则入葬时间应在元鼎二年或稍迟。至于两组墓室之建造迟早，笔者以为北区迟于南区。由三号墓室与七号墓室间的通道观察，其堵塞之石块均置于道口较宽之北侧，亦即当年建墓时之塞石方向，如此则二者之早迟已十分显然了。

由此墓的平面布局，南墓区的主体建筑估计是六、七、八号墓室，北墓区是三、四、五号墓室。而九、十、十一、十二与二号墓室，则分别为两区之次要及附属建筑所在。从平面组合及相互关系上看，它们仍属于为内宅服务者。而十三、十四、十五与一号墓室，因出有水井、陶马、陶俑及弩机等器物，故应属于卫戍、马厩等外围建筑范畴。由于在已知诸汉代多室墓葬实例中，其棺室大多置于主体建筑群的最后，且八号墓室中，又发现数枚可能是钉棺的铁钉，因此北区的第五墓室与南区的第八墓室，极有可能是放置墓主棺椁之处。

在多数墓室的地面四周与甬道地面两侧，沿墙根都凿有宽、深均约 10 厘米的排水沟，又利用各室之间的地面高低差，将积水汇集到甬道内，最后再排出墓外。

3）河北满城西汉一号、二号崖墓[22]（图 5-67-甲）

二墓皆位于满城县西郊陵山近主峰处之东坡，南北并列，是西汉中山靖王刘胜及其妻窦绾之“同坟异葬”墓，均属于横穴多室崖洞墓。

一号墓位于南侧，墓主刘胜为景帝之子，武帝庶兄，于景帝前元三年（公元前 154 年）封中山王，殁于武帝元鼎四年（公元前 113 年）。全墓由墓道、甬道、南耳室、北耳室、中室、后室和回廊组成。东西全宽 51.7 米，南北总长 37.5 米，墓中洞穴最高处 6.8 米，总体积约 2700 立方米。

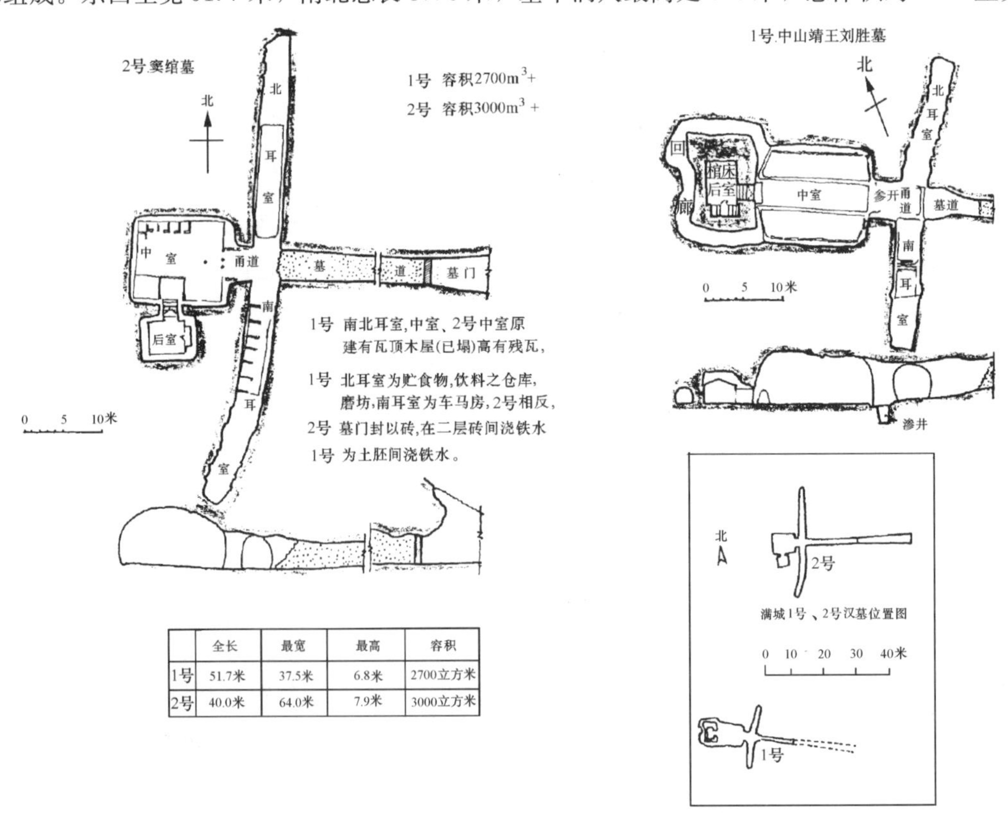

	全长	最宽	最高	容积
1号	51.7米	37.5米	6.8米	2700立方米
2号	40.0米	64.0米	7.9米	3000立方米

图 5-67-甲　河北满城西汉中山王刘胜及妻窦绾墓平、剖面图（《考古》1972 年第 1 期）

墓道口用土坯砖封砌，再浇以铁汁。墓道宽、高均约 4 米。南、北耳室俱呈狭长之巷道形状，长约 16 米，宽 3.5 米，其中北耳室贮放大量陶器，种类有缸、瓮、壶、罐、鼎、釜、盘、耳杯等贮藏器、炊具和饮食用具。另有石磨一具和多量大型箱笼，表明此处是贮放物品的仓库和加工粮食的磨房所在。南耳室和中央的甬道处，则置有安车、猎车等车六辆，马 16 匹，狗 11 头，鹿 1 头，表明是车马厩与畜圈之地。中室最为广大，南北宽达 13 米，东西深约 15 米，放置有出行仪仗，宴客的食器与酒器，以及日常生活用具，种类有陶、铜、金、银、漆器等多种。在中室中部及南偏，设置木架帷帐二座，附近又列侍俑多具，很显然这里是模拟墓主生前举行宴乐的厅堂。最后是由回廊环绕的后室，其东侧有门与中室相通。室内北侧为棺床，南侧另辟小室，似为浴室与厕所。后室中除放置华丽的生活用铜器与漆器外，还有许多武器和象征财富的金饼与五铢钱。

墓室石门采用了可自动阻门开启之顶门器。这是在门后正中地面上，开凿一矩形平面石槽，放入二端轻重不均之铜块一条。当门关闭后，铜块较轻之一端即向上翘起，从而将石门自内顶住。这是一种构思巧妙但制作简便的防盗措施（图 5-67-乙）。

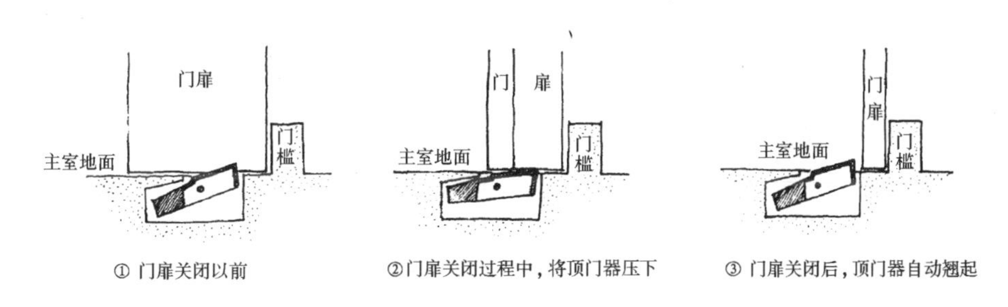

图 5-67-乙　顶门器使用示意图

在南、北耳室、甬道和中室内，发现大量陶瓦堆积，说明这些地方在建墓时，都曾构有木架瓦顶建筑。看来这种设置，是西汉时期大型崖洞墓中常见的形式。中室的帷架经整修复原，居中一座较大，平面矩形，帐顶为四阿式。南侧的一座较小，平面正方，帐顶为四角攒尖。

墓中发现的葬具仅一椁一棺，与文献中汉代诸侯王制式不同，其下棺床为汉白玉砌造。此外，刘胜身着的“金缕玉衣”由 2498 块玉片及 1100 克金丝构成，是我国首次发现保存最完整与具有确切年代及地点的最早此类实物。

二号墓为刘胜王妃窦绾（字君须）之墓葬。位于刘胜墓北，二者墓道口相距 120 米。全墓之平面格局亦大致相仿，由墓道、甬道、南耳室、北耳室、中室及后室组成。南北总宽 65 米，东西进深 49.7 米，最高处 7.9 米，总体积超过 3000 立方米。

墓道入口用砖堵塞，然后浇铁汁加固。南耳室长达 28 米，并依西壁隔为若干小间，内堆放陶质贮存器皿多种。北耳室约长 26.5 米，内仅置小马车一辆，小马二匹。中室南北宽约 11 米，东西深达 14 米。室内未见仪仗、帷帐，惟列铜质明器甚多。后室位于中室南侧，内部布置大致同刘胜墓。其葬具有棺而无椁，与礼制不符。但棺内外镶玉为饰，则是古代墓葬中前所未闻的。此棺于内壁以玉版 192 块镶嵌；而外壁则施以玉璧，计棺盖及棺左、右壁各 8 块，前、后端另各镶大玉璧 1 块。

中室内亦遗有多量陶瓦，表明也曾建有木架瓦顶建筑物。

窦绾所着“金镂玉衣”亦甚完整，大体分为头部、上衣、裤、手套、鞋五部，与刘胜之制式一致。

此外，在陵山顶部，还发现有当时祭祀建筑的遗迹，但形制已无可追索。

4）山东曲阜市九龙山西汉崖墓[23]

已发掘这座西汉崖洞墓共有四处，其编号为 2 号墓、3 号墓、4 号墓、5 号墓，均位于山东曲阜市郊九龙山南麓。四墓东西并列，各墓墓门俱稍偏西南向，制式大致相同，都属于横穴多室崖洞墓(图 5-68)。

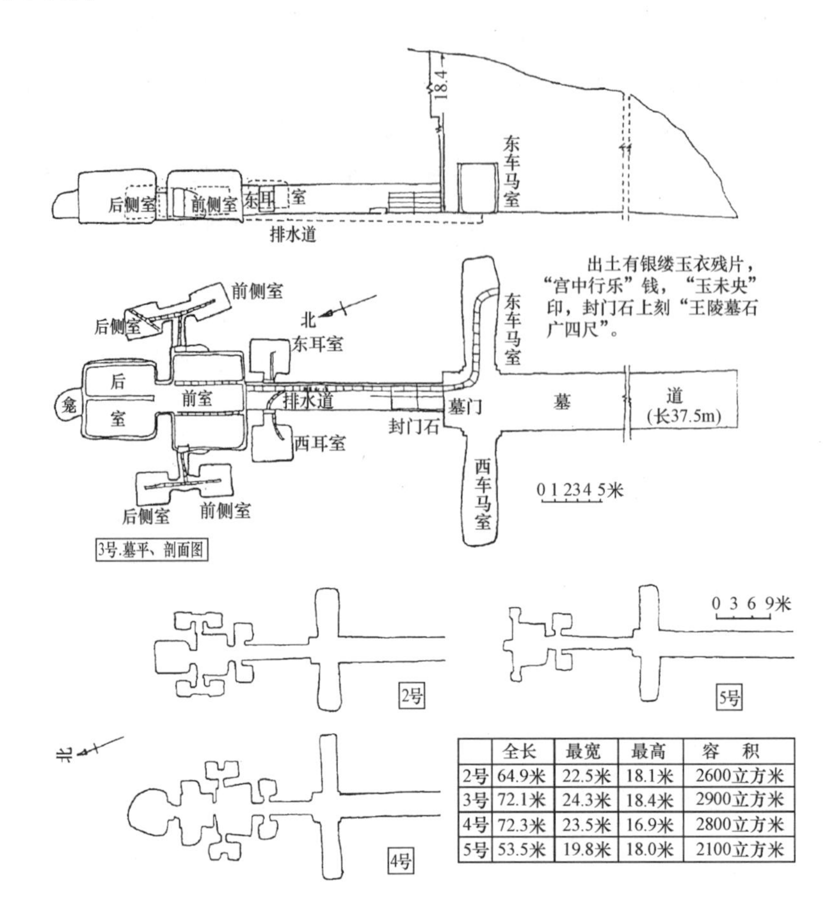

	全长	最宽	最高	容　积
2号	64.9米	22.5米	18.1米	2600立方米
3号	72.1米	24.3米	18.4米	2900立方米
4号	72.3米	23.5米	16.9米	2800立方米
5号	53.5米	19.8米	18.0米	2100立方米

图 5-68　山东曲阜市九龙山西汉崖墓（《文物》1972 年第 5 期）

现主要介绍其中规模最大的 3 号墓。此墓方位北偏东 17°。其南北通长 72.1 米，东西通宽达 24.3 米，墓圹深为 18.4 米，容积共约 2900 立方米。全墓由墓道、东、西车马室、墓门、甬道、东、西耳室、前室、东、西侧室、后室等组成。墓道宽 4.7 米，长达 37.5 米。东、西车马室亦呈巷道形状，长约 10 米，宽约 3 米，内置车马、陶器、弩机和箭镞等。墓门填以巨石 19 块，其中一石上刻"王陵塞石广四尺"，现尚有若干塞石仍遗留于门内甬道中。甬道长 22 米，高 2.5 米。其尽端之东、西耳室，平面近方形，南北 3.4 米，东西 2.8 米，均为贮放粮食、鱼、肉等食物之仓库。前室为墓中主要厅堂，南北 6.5 米，东西 8.5 米，高 4.2 米，发现之遗物有石磬、陶埙、铜器残片及半两钱、五铢钱等，当为供墓主于地下饮宴作乐场所。其两侧又有东、西侧室，每室再分为前、后室，其间联以甬道，平面一若现代之哑铃形状。室中发现铜器与漆器之碎片，以及玛瑙珠、玉石管、五铢钱等。后室为棺椁所在，东西宽 6.8 米，南北深 6.5 米，高 4.5 米。内部有木构架及瓦顶之建筑，现亦已坍毁。遗物有银镂玉衣、玉璧、玉佩、铜印、铜镜残片及五铢钱等。后室之后壁（即北壁），凿有一不规则椭圆形之龛，宽约 2 米，进深 2.3 米，用以放置随葬物品，发掘时已空无一物。

据上述铜印章有"庆忌"之字样，以及后室出土之银镂玉衣残片，推测此墓可能属于第三代鲁王刘庆忌。他即位于武帝后元元年（公元前 88 年），殁于宣帝甘露三年（公元前 51 年）。

为了排除墓中积水，在前、后室之周围及中部，以及各侧室、耳室之下部，均凿有排水之沟渠，其总排水道置于甬道之东侧，经由东车马室排至墓外。全部长度超过 120 米。

四墓皆于早年被盗，原有随葬器物大多亡失，但发掘中仍觅得遗物近 2000 件。当时诸侯王墓葬中器物之丰富，由此可见其一斑。

(3) 小砖券室墓

1) 河北定县北庄东汉早期砖券墓[24]

这是一座由砖石结构、平面形状仿帝王木椁制式的大型墓葬。墓圹呈近方之矩形，南北长 26.75 米，东西宽 20 米，自地面至墓底深 3.9 米，其上另有高 20 米之封土（平面方形，每边长 40 米）。西侧辟墓道一条。此墓之主轴线为北偏东 16°（图 5-69）。

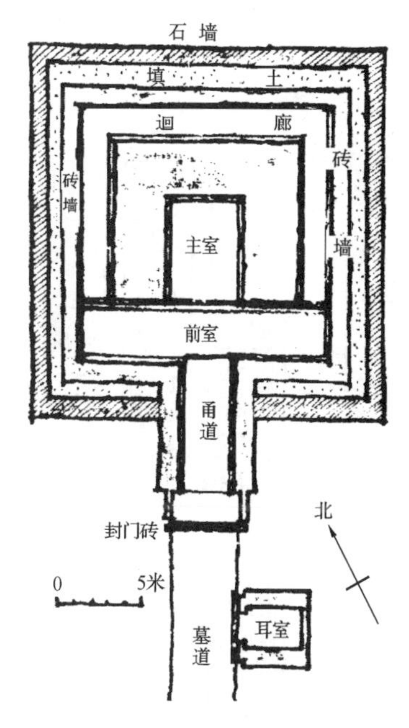

图 5-69　河北定县北庄东汉早期砖券墓（《文物》1964 年第 2 期）

墓道呈斜坡状，长 50 米。其近墓门之东侧，建有小耳室一间，南北长 3.42 米，东西宽 1.88 米，高 2.01 米。为用小砖砌成之券室，内置谶宴之陶质器皿明器。

甬道长 8.80 米，宽 2.7 米，高 3.8 米。结构为砖墙承券顶，现大部券顶已毁。门外有厚 45 厘米之封门砖墙一道。甬道内近北端，又有用方石封堵之内垣。

前室平面作横长之矩形，东西宽 14.5 米，南北进深 3.52 米，高 6.3 米。顶部由三层券组合成，但位于室中央部分之券顶已破坏。

棺室位于前室北壁正中，平面均呈方形，南北长 6.52 米，东西宽 6 米，高 6.17 米。

回廊平面呈 ⊔ 形，环绕于主室之东、北、西三侧，隔以厚达 2.4 米之砖砌厚壁。廊南端之二入口分别与前室北壁之东、西二尽端相接。此种于棺室周围置环形回廊的布局，亦见于王侯一级之土圹木椁墓及石墓中，而非一般常规墓葬所有。

墓内使用火候较高、质地坚细之“澄泥砖”，并采取“磨砖对缝”的砌造方式。砖分为条形砖与扇形砖二种。条砖长 45 厘米，宽 23 厘米，厚 11 厘米，用以砌墓壁及墓底。扇形砖长 45 厘米，上宽 38.5 厘米，下宽 30 厘米，厚 11 厘米，用以砌墓室室顶及门券。

墓底施侧立并列之条砖四层，厚度达 1 米。并于各室内（东耳室除外）沿墙基处砌侧立之条石一列。墓壁则用二顺一丁之砌法，直达券下。但二顺砖之内侧，又平置条砖两块，墙厚处（如回廊与主室间）则交替叠砌。甬道、前室及主室之室顶，皆用券三层并错缝，厚度达 1.4 米。耳室、回廊上用券二层，厚 0.9 米。砌券时于每层券上均注灌石灰浆，用以加固。若干扇面砖上有工匠姓名及尺寸之戳记或朱书。

砖砌体外 0.78～1.15 米，再砌石墙一道，其间空隙则实以夯土。石墙高 8.4 米，厚 1 米，用长、宽各 1 米，厚 0.25 米之青色砂岩叠砌。墓顶再铺此种石块三层，厚0.8米。石上有琢刻及墨书文字的，已发现174块，其内容为郡县地名、工匠姓氏及施工尺寸等，如“望都曲逆李次孙石二寸”、“望都石唐工章伯□二尺二□”。其中之地名包括了当时汉代封国及郡县25处，而尤以此墓所在之中山国属县为最多。

依墓中之形制，与出土的两套鎏金铜镂玉衣及铜弩机上纪年铭文“（光武帝）建武三十二年（即公元56年）二月造”等资料，推测此墓乃东汉中山简王刘焉（卒于和帝永元二年，即公元90年）与其王妃之合葬墓。

2）河北望都县二号东汉墓[25]

此墓建于东汉灵帝光和五年（公元182年），是一座大型多室墓。其主轴线北偏西约8°，全墓南北总长33.60米，东西最宽处14.40米。进入甬道及石墓门后，即有前后五重墓室沿中轴线作依次之排列（图5-70）。各室俱为长方形平面，除中室具东西长轴外，其余四室皆为南北长轴。自前一室至后一室四进之两侧，均置有耳室，面积基本一致，为2米×2.45米。仅最后一进之后二室于背墙另辟一1.1米×0.9米之小室。总的说来，此墓是采取了如主人生前住宅之中轴对称的与多重厅堂的布局方式。

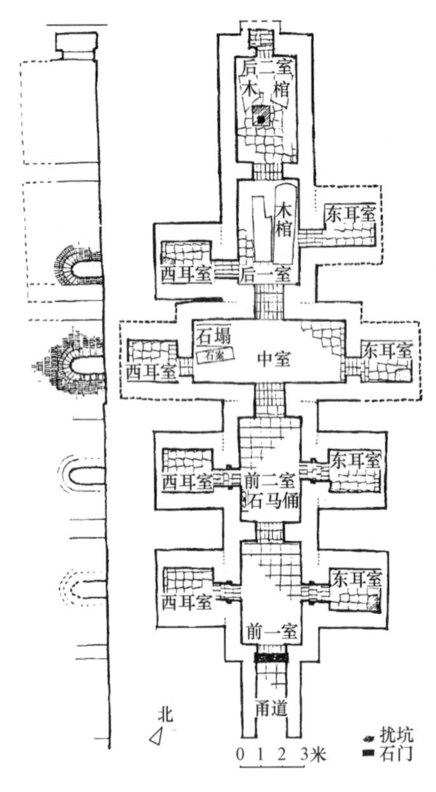

图5-70 河北望都县二号东汉墓（《望都二号汉墓》）

墓室均使用筒券结构及实砌砖墙作为外围护体。门券用扇形砖及条砖砌二至三道，室顶则用扇形砖砌二层。墙体另以条砖一竖一横交替砌造。地面铺砖亦不一致，其中于甬道、前一室及前二室之地面铺方砖；各室间之过洞及最北端之小室铺条砖；中室、后一室、后二室及耳室均铺扇面砖。除个别地点外，地砖之砖缝皆未采用错列方式。

前一室及前二室之内壁面，均施壁画。其法是先在墙面做好表面刷白之基底，然后以墨勾画出人物、车马、建筑等形象，最后再涂以朱、黄、灰等颜色。由壁画的内容，知此二室乃属模拟住宅前部之建筑庭院。而前二室西壁下所置的石骑马俑，也可作为上述情况的又一补充。

中室面积最大，东西宽7.40米，南北进深3米。其西北隅置有石榻及石案各一，表明是主人居息之所。石榻长1.60米，宽1.0米，平面作矩形。石案长1.75米，宽0.5米，置于榻前。

后一室及后二室中置有木棺，应相当于宅邸中主人及家眷之后寝。这里有一点可引为注意的，就是后一室左、右之耳室并不像前面三室那样作对称式布置，而是南北相错，这显然是有意而为的。依照汉代有关住宅（如明器陶楼屋）及墓葬（如徐州北洞山崖墓）的若干资料，知其厕所往往置于整体平面的东北隅，不审此墓后一室之东耳室，是否也有此种寓意。

墓中出土大批文物，有绿釉及绘朱陶器、玉石器、铜铁器、货币、朱书砖买地券等。

3）河南密县打虎亭东汉一号画像石墓[26]（图 5-71）

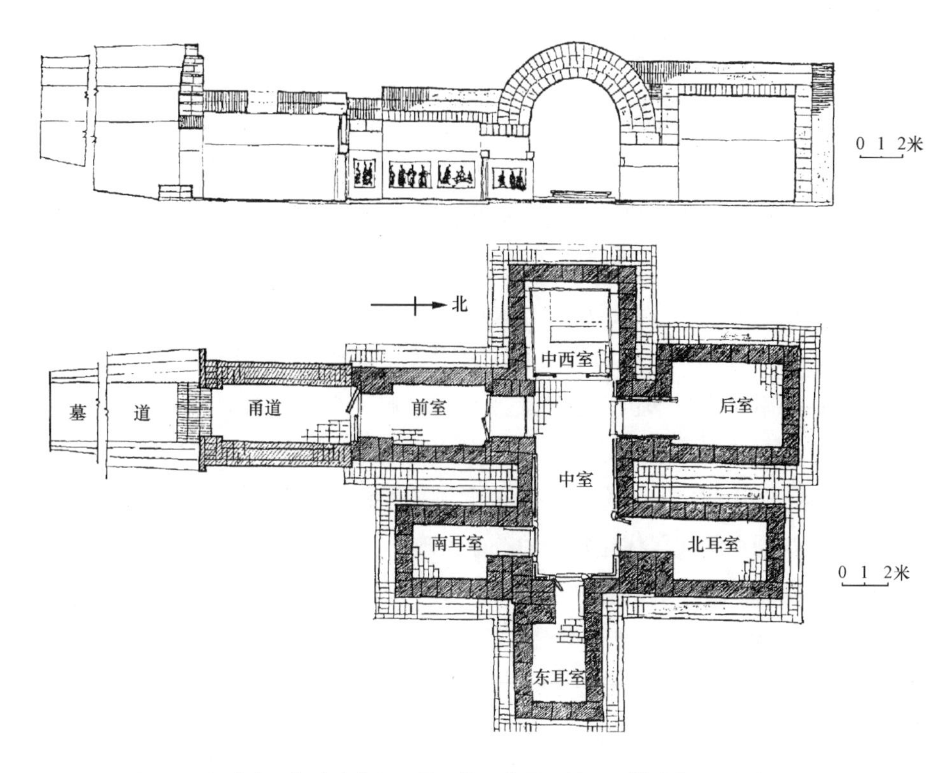

图 5-71　河南密县打虎亭东汉一号画像石墓平、剖面（《文物》1972 年第 10 期）

此墓外圹南北长 26.46 米，东西最宽 20.68 米，券顶最高处 6.32 米。全墓由墓道、甬道、前室、中室、中西室、后室、南耳室、东耳室及北耳室组成。墙体，拱券及地面由石材及大砖构筑。其中墙体内侧用石，外侧用砖；拱券则用二重或三重砖券叠砌。一般墙厚 0.9～1.56 米，拱券厚 1～1.6米。除石门用整块石材外，其余依部位及结构要求之不同，制成方、长方或楔形不同形状，加工细致，表现为棱角整齐，表面光洁。石料大者长 1.22 米，宽 0.68 米，厚 0.58 米。大砖则分为矩形与楔形二种；前者用于墙壁与地面，后者施之于拱券。砖之一般尺寸为：长 0.46 米，宽 0.24 米，厚 0.1 米。砖面亦经仔细打磨。各室地面均以条砖铺砌，分错缝与对缝两种形式。

墓内出有多幅画像石，表现墓主生前活动及家居情况。

现将墓中各部依次介绍于下：

（A）墓道尚未全部发掘，依近墓之一段，得知为坡度平缓之斜道，底宽 2.6 米，上口稍宽。

（B）甬道接于墓道北端，门口及门外以三层大砖叠砌封墙。门道东西宽 2.2 米，进深 1.1 米，其后之甬道稍宽，东西 2.6 米，南北 5.9 米。内部之东、西二壁面上有线刻人物画像石。

（C）前室前有石门，门扉高 1.86 米，宽 1.14 米，厚 0.14 米，上刻铺首衔环、四神及云纹等。门道宽及进深俱为 2 米。室内南北长 4.2 米，东西宽 2.7 米，两壁刻侍者执壶及物，周以卷云纹边框。上部藻井刻异兽神禽及卷云。

（D）中室亦有一石门，门道尺寸亦同前室。中室南北进深 4.6 米，东西宽 8.8 米，面积为全墓最大者，显系主要厅堂所在，可通至墓中各室。北壁正中有主人宴客及百戏图，主人坐帷帐中，宾客各施伞盖，另有侍者、伎乐数十人，场面甚为宏丽。

（E）中西室位于中室西端，面积 4.4 米×4.2 米，原建有帷帐并置榻、几，乃主人起居之所。

（F）后室位于中室北壁西侧，与甬道、前室在同一南北轴线上。前构有石门，门道南北深 2.5

米，东西宽 1.9 米。室内面积南北 5 米，东西 2.7 米，应为棺室所在。

(G) 南耳室在中室南壁偏东。亦建有石门，门道南北长 2.1 米，东西宽 1.3 米。室内南北长 3.4 米，东西宽 2.4 米。其南壁刻收租图，东、西壁刻侍者，车辆、牛、羊、鸡、犬家畜、及猴、鹿、飞鸟等禽兽及树木。

(H) 东耳室位于中室东侧。亦建石门，门道南北宽 1.3 米，东西长 2 米。室内面积与南耳室同。其东壁刻有庖厨图，内容包括宰牛、杀鸡及烹调情况。又有几、案、柜及罐、壶、盆、碗等用具。

(I) 北耳室居中室北壁东偏，建有石门，门扉高 1.36 米，宽 0.7 米，厚 0.1 米，门道南北深 2.4 米，东西宽 1.5 米。耳室南北 4.2 米，东西 2.7 米。西壁刻有宴饮图，人物有主人、宾客、侍从等，家具有坐榻、曲尺屏、几、悬幔……。表现主人内庭生活情况。

根据上述墓中各室位置及显示之功能内容，表明其主要建筑及置于全墓之西偏，并沿南北轴线作有序之排列。而将附属建筑（包括仓库、车房、马厩、畜圈、庖厨……）等置于东侧。但后者又有内、外之别，其中北耳室系直接为主人服务之内宅附属建筑。这些情况，与已见若干汉代画像砖（四川成都出土东汉住宅）及墓葬（徐州北洞山西汉楚王崖墓）之布置原则几无二致，同时也证明了“尊西”观念在汉代居住建筑中的普遍反映。

4) 东汉洛阳故城西郊贵胄墓园遗址[27]

1987 年 8 月—1988 年 4 月在今洛阳市白马镇西，即汉洛阳故城西垣以西约 2500 米处，发掘了一处东汉时期墓园。由于其东南及南部为公路及现代建筑所积压，未能进行全面之发掘，故仅清理其东侧之院落建筑群组，西侧之墓葬封土及北侧、东侧之围垣各一部，总面积达 13000 平方米（图 5-72）。现将其情况介绍于下：

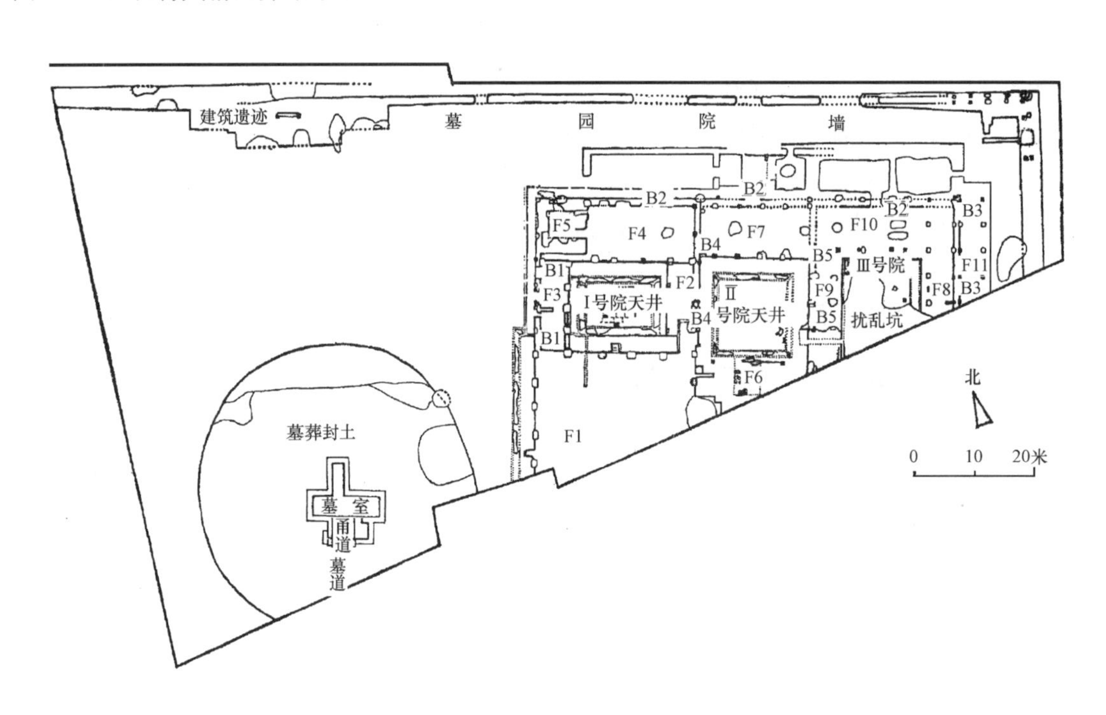

图 5-72 汉洛阳故城西东汉贵胄墓及墓园遗址发掘平面图（《考古学报》1993 年第 3 期）

(A) 墓园周垣及其附属建筑

依据探测，该墓园平面为东西长之矩形，东西宽约 190 米，南北长约 135 米。经发掘之北垣长 168 米，东垣之北段长 30.6 米。二垣于东北角大体交汇成直角。东垣之走向，其方位为北偏东 8°。

东垣及北垣之东、西二端保存均差，仅余夯土墙基。北垣中部尚存留高度为 5～20 厘米之残余墙体若干段。东垣及北垣东段墙基宽 2.5～3.5 米，北垣西段墙基较宽，为 3.4～4 米。墙体宽度为 1.2～1.3 米。所施之夯土皆甚纯净，内中掺有料礓石，故夯体之硬度较大。

附于周垣之建筑遗址计有二处：

a）东北角隅附属建筑遗址（图 5-73）围垣基址在转角处增厚至 3.7～4.5 米，且于北垣及东垣均有夹墙之础石各 4 对共 16 枚，现尚余 9 枚。础石外形大体呈长方形，尺寸约为 55 厘米×58 厘米，各对础石间之距离为 2.8～3.4 米。而每对础石本身之间距仅为 0.6～1 米，应为加强此部墙体强度之结构柱，由此判断该处墙体可能较他处为高。

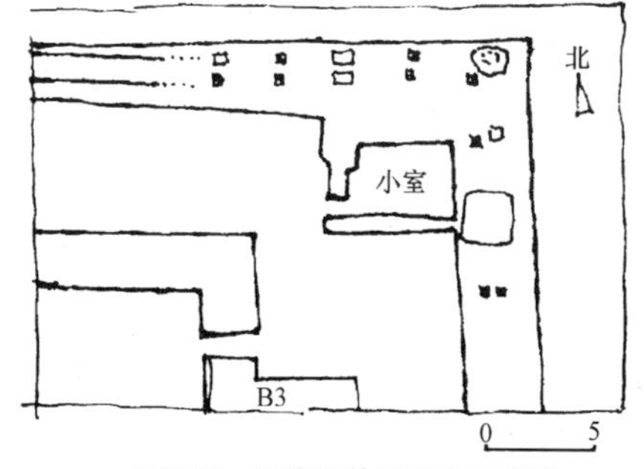

图 5-73　汉洛阳故城西东汉贵胄墓园外垣东北角建筑遗址平面图（《考古学报》1993 年第 3 期）

转角内侧建小室一间，东西宽 5 米，南北长 3.4～3.6 米。除北、东二侧为依借墓园之周垣外，又构有厚 1～1.2 米之西墙及厚 0.4～0.6 米之南墙。西墙南端有一宽 0.8 米之门道，附近并发现石质门臼。此建筑之用途应属守卫性质，估计其余三转角处也应有此建置。

b）北垣西段附属建筑遗址　　位置约在正对墓葬封土之北侧，此处垣基向南凸出一段，其北部较宽，东西宽 35 米，南北深 3～3.5 米。南部较窄，东西宽 17 米，南北深 2.2～2.5 米。附近出土绳纹板瓦及卷云纹瓦当残片。推测很可能是位于北垣的一处门址遗迹。

（B）墓园庭院建筑群遗址

位于墓园东区偏北，由三座庭院建筑东西向并列组成，东西总长 90 米，南北因公路叠压未能全部发掘，估计长度不少于 70 米。其外垣西墙（B1）长 26.4 米，北墙（B2）长 83 米，东墙（B3）长 19 米，墙宽 1 米。西墙、北墙外均有砖铺散水，分别宽 2 米及 1.6 米。

a）Ⅰ号庭院建筑群遗址（图 5-74）

已知由Ⅰ号天井及环绕之建筑基址 F1、F2、F3、F4、F5 组成。位于整个建筑群之最西端。

F1 位于本院落群址之西南端，面积也最大。东西宽 28 米，南北残长 12.5（东侧）～22 米（西侧），残高 0.6 米。

殿基侧面共清理出柱础槽十一处（内东侧二，西侧五，北侧四），间距 4.5～5.7 米。础石槽长 1.3 米，宽 1～1.2 米。础石长 1～1.1米，宽 0.7～0.95 米，厚 0.12～0.15 米。

殿基侧有夯土登道五处，（东侧二，西侧一，北侧二），分为踏道及慢道二种。前者如西侧偏南之一处，北距殿基西北角约 16 米。道东西长 1.6 米，南北宽 1 米，尚存阶石二级，每级宽 0.28～0.3 米，高 0.22 米。其南侧尚有支承阶石的侧立青石一块。后者如东侧距殿基东南角 7.6 米者，仅清理其北端一段东西长 4.8 米，南北宽 4 米余。据其他登道资料，慢道之坡度约 15°。

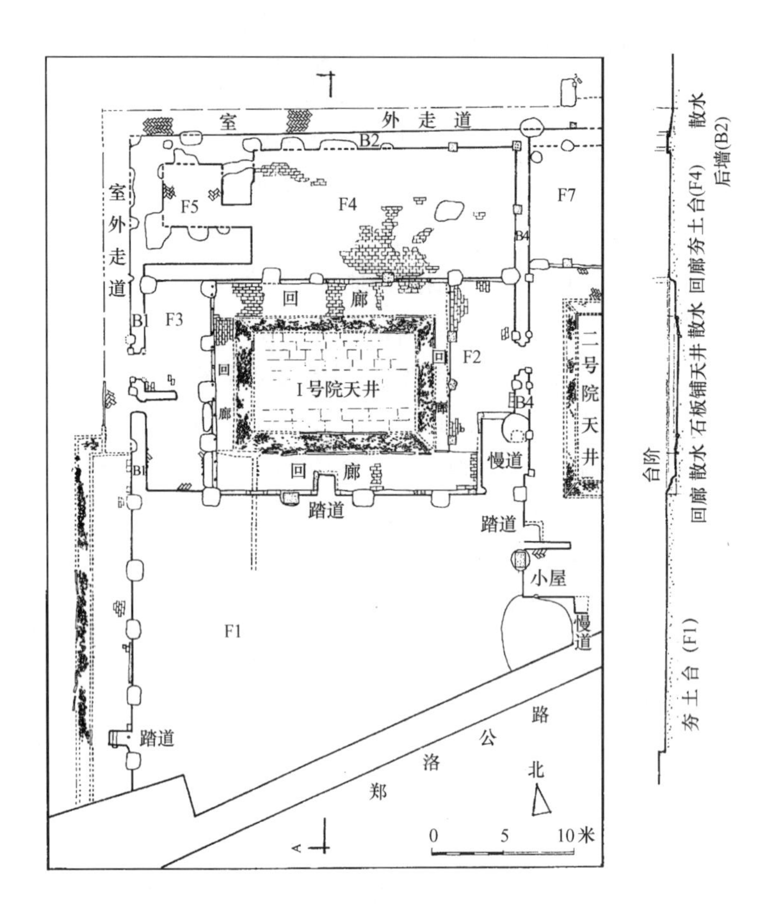

图 5-74 汉洛阳故城西东汉贵胄墓园遗址Ⅰ号庭院平、剖面图
（《考古学报》1993 年第 3 期）

殿基侧面原包砌以青石板。其做法为先沿基挖小沟，放入方形之小础后，然后在此础石上立方形小石柱。石柱二侧凿槽，以嵌入石板。最后回土填实土沟，以稳固石柱。

沿殿基外之西、北二侧铺有砖砌室外走道（各长 18.4 米及 22 米），宽 2.4 米，皆用长方形条砖错缝平铺。外侧再砌内高外低、宽 1 米之河卵石散水一条（其内、外二侧均以青砖竖砌为边栏）。

殿基东侧于二登道间建小屋一间，东西宽 3.3 米，南北深 3.2 米。

F2 位于Ⅰ号天井东侧，为面阔三间，进深一间之面西廊屋。东依与第Ⅱ号庭院建筑群遗址相隔之垣墙 B4，北接 F4，西临庭院，南有慢道上达 F1，并有短廊接 F1 之北廊。南北长 12 米，东西宽 4.8 米，高出于庭院 0.22 米。临院之柱距为 4 米，础石方形，高、宽 64～76 厘米，厚 30 厘米，石面平滑，上表面略高于廊屋地砖。临院处亦有砖铺回廊，南北长 14.5 米，东西宽 0.7 米。

东侧有门通Ⅱ号庭院建筑群遗址，门宽 1.8～1.9 米。

F3 位于Ⅰ号天井西侧，为面阔四间，进深一间之面东廊屋。南接 F1，北达 F4、F5，东对庭院，西经垣墙 B1 通至室外。F3 南北长 14.5 米，东西宽 5 米，高出于庭院 0.22 米。临院柱距亦 4 米，础石皆已不存。室中另有东西向土坯墙一道，分隔 F3 为南、北二室，并于东侧以小门相通。室内地面皆铺砖，南室为长方形小砖铺作人字纹，北室以长方形大砖错缝平铺。北室西垣（B1）南端开一门，宽 1.8 米。临院檐下亦建回廊，南北长 14.5 米，东西宽 1.2 米。其地面以长方形小砖错缝平铺。

F4 位于Ⅰ号天井北侧，为面阔四间，进深二间之面南建筑。面积东西 18.8 米，南北 9 米。南面有柱槽五处，间距 3.5～4.8 米不等，仅余柱础石一处，长 0.8 米，宽 0.6 米，高 0.45 米。东垣（B4）中间有壁柱础一，北垣（B2）东端及中部有壁柱础三，大体与南面檐柱槽相对应。沿南侧檐柱槽外缘，又有较小之柱洞一列十二个。直径 10 厘米，深 10 余厘米至 10 厘米不等，内中有木炭灰，可能是木栏杆的遗迹。再外为回廊，与天井等长，东西长 16.3 米，南北宽 2.21 米。室内及回廊地面均以长方形大砖错缝平铺。

F5 紧邻 F4 西侧，室内面积东西 4.2 米，南北 4.3 米。四面有厚 2.2～2.5 米土垣包围。通向 F4 之室门辟于其东垣南端，南北宽 1.5 米，门道东西深 2.4 米。门道内及室内南部地面以人字纹形式铺长方形小砖。室内北部则遗有大量石碴，估计是登高之楼梯所在。由于该室周围之土垣特厚，因此很可能在此建有塔楼。南垣外有南北宽约 1 米，东西长 7.8 米之走道一条。似为供 F4 与 F3 交通之用。

天井平面为矩形，东西 16.3（北部）～18.4 米（南部），南北 14.6 米。由外侧之河卵石散水带及内中之庭院组成。河卵石散水带宽1.25～1.43 米，铺法见前 F1 中所述。中心庭院东西 11.5 米，南北 7.1 米，全部铺以青石板，表面低于河卵石带约 4.5 厘米。依残石知石板依东西向顺铺，南北共十行，每行宽 0.65～0.76 米。石板大部分长 1.1～1.8 米，少数有短至 0.8 米，或长至 2 米以上者。石板侧面作成斜面，上宽下窄，故铺砌时合缝严密。

b）Ⅱ号庭院建筑群遗址（图 5-75）

已知由Ⅱ号天井及 F6、F7 建筑基址组成，其南部因破坏而情况不明。

F6 位于天井南侧，东西宽约 12.6 米，南北深约 6 米。北侧距天井中河卵石带 1 米，有东西排列之石础二处，依其他迹象判断，原应有柱础四处，其间距约为 4 米。础石长、宽均在 0.55～0.75 米之间，厚 0.10 米。惟东侧第二石为具长方基座（0.76 米×0.70 米）之覆盆形，覆盆底径 0.63 米，上部中有一直径 0.275 米之糙面，当为置柱之处。

地面均铺石板，石板宽 0.7 米，长 1.3～1.5 米，厚 0.1 米，沿东西向成行铺放，南北共八行。石板间以白灰膏合缝。

F7 位于庭院北侧。基台东西宽 20 米，南北长 9.8 米，高 0.34～0.44 米。台基南缘包砌长方形大砖。距西端 4 米处，尚留有青石板一条，残长 0.80 米，宽 0.3 米，厚 0.22 米，当为登临之石阶遗迹。

室南清理出柱基四处，室北五处，前后相对，故知此室面阔原为五间。间面阔一般为 4 米，仅最西一间为 3 米。室内未发现其他柱洞。

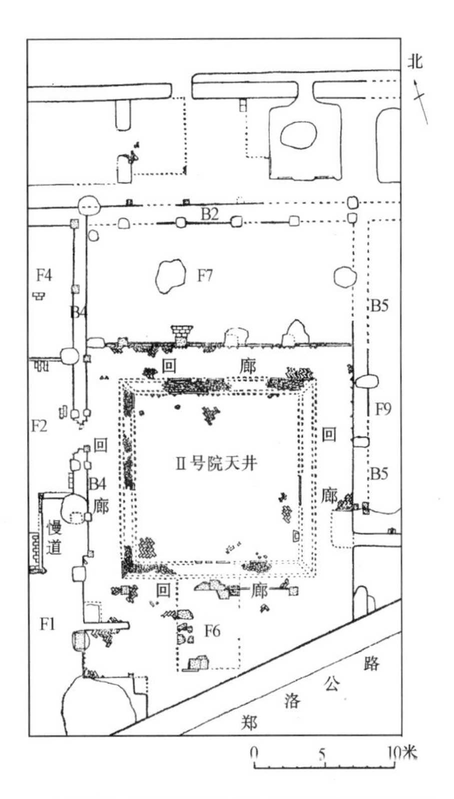

图 5-75　汉洛阳故城西东汉贵胄墓园遗址Ⅱ号庭院平、剖面图（《考古学报》1993 年第 3 期）

室之南缘外亦有小柱洞 15 处，直径 0.10 米，深 0.10～0.12 米，间距 0.6～1.6 米，可能亦为栏杆柱之遗迹。

天井东西 18.8 米，南北 16 米，组合方式与第Ⅰ号天井相同。其砖砌回廊沿天井之东、北、西、南四面设置，宽度分别为 2.6 米，2.38 米，2.23 米，及 1 米。皆以小长方砖作人字纹铺砌。而其内侧之河卵石散水带，皆长 13.8 米，宽 1.04 米。中心庭院方形，每面各长 11.7 米，铺砌方式同上述砖回廊。

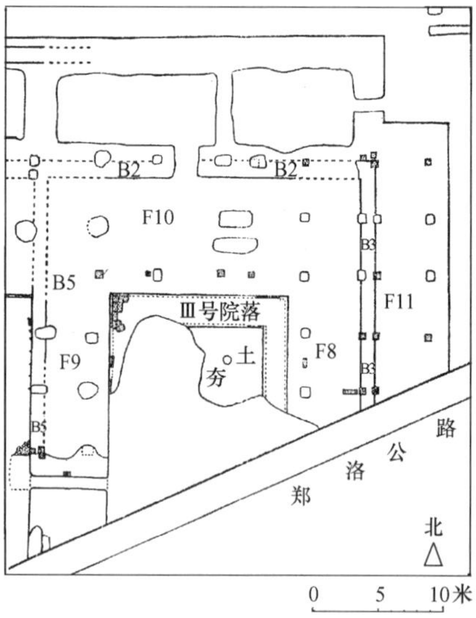

c）Ⅲ号庭院建筑遗址（图 5-76）

位于Ⅱ号庭院之东，东西宽 24.5 米，南北残长 28 米。现仅存庭院一部及其周旁之 F8、F9、F10 及东垣（B3）外之 F11 建筑遗址。

F8 位于庭院之东与东垣（B3）之间。现测得东西宽 5.6 米，南北残长 20 米。由东、西二侧残留柱础，知划分为南北排列之房屋四间半，每间面阔 4 米，进深 4.5 米。其中第四间尚余砖砌之南端隔端与西侧檐墙各一段。

F9 位于庭院西侧与西垣（B5）之间，东西宽 6 米，南北残长 20 米。依柱础等情况可能划分为南北排列之房屋五间，每间面阔 4 米，进深亦 4 米。

F10 位于庭院北侧与北垣（B2）之间，东西 15.5 米，南北 8.5 米。依柱础知南面划为三间，间距亦约 4 米。南檐柱中线距（B2）为 7 米。

F11 位于 F8 东侧，其西垣为（B3）。其台基南北残长 20 米，东西宽 5.6 米，高 0.15 米。有东侧檐柱础 4 处，西侧壁柱础 5 处，皆东西相对，面阔 4 米，进深（东西）4.2 米。地面已毁，原有构造无从了解。

d）北垣（B2）外之附属建筑

在北垣（B2）以北约 7.3 米处，有东西向长垣一道，其东、西端南折与北垣（B2）及东垣（B3）相交，全长约 80 米，宽 1 米。东、西及北端各开一缺口（门?）。内部以南北向隔墙划分为四室，其东端第二室之南面有一缺口（通过 B2）与第Ⅲ号庭院建筑群之 F10 相通。

（C）封土及墓葬

在墓园之东部稍偏西，有封土及其下之墓葬一座。

a）封土距北园垣约 43 米，距东园垣约 96 米，距 F1 约 8 米。平面大体呈圆形，直径约 48 米，其东南一部已被平毁。高度亦早经破坏，解放初期尚存残高数米，20 世纪 70 年代中期为农民取土而基本被铲平，现余高度仅 1 米。封土由黄土夯筑成，夯层厚 10～15 厘米。

b）墓葬为具前横室之多室砖券墓，由墓道、甬道、前室、耳室、后室组成（图 5-77）。

图 5-76 汉洛阳故城西东汉贵胄墓园遗址Ⅲ号庭院平、剖面图（《考古学报》1993 年第 3 期）

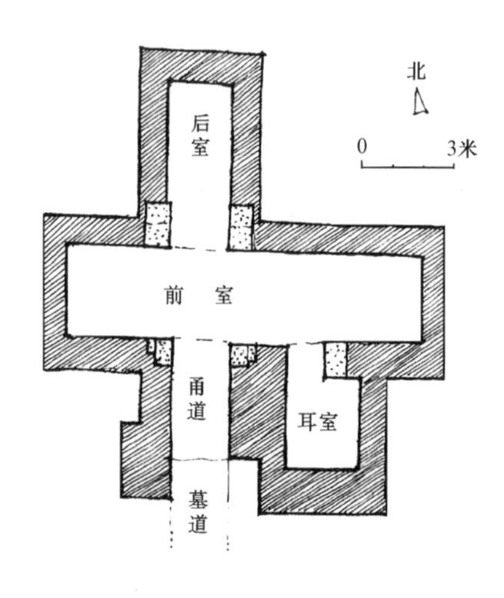

图 5-77 汉洛阳故城西东汉贵胄墓墓室平面图（《考古学报》1993 年第 3 期）

墓道位于该墓之南侧，方位北偏东 11°，为土圹斜坡式，宽 2 米，长度不明（仅发掘甬道以南之 2 米）。

甬道南北长 3.60 米，东西宽 1.92 米，壁高 1.9 米，至券下通高 3.9 米。甬道南端紧接墓道，北端通向前室。砖地面上先铺厚 3 厘米木炭，再抹厚 2.5 厘米白灰膏，最上铺席。席上又有木构件残余。

横前室东西长 11.7 米，南北深 3 米。墙壁部分已毁，券脚以下至室内地面高约 3.5 米。由于出有砖门臼及铜泡钉，故此室内可能被划分为东、西二部（以耳室门道石壁东侧为界），分别宽 3 米及 8.7 米。西部地面之做法同上述甬道。东、南、西三壁面局部存绘红边框（宽 4 厘米）之白灰墙皮。甬道口以东出土各种陶质器皿及动物碎片。

耳室位于横前室南壁偏东，与之相通之门道东西宽 0.95 米，南北深 0.85 米。室平面矩形，东西宽 2.4 米，南北长 2.9 米。室内券高 2.6 米，券脚至地面高 1.5 米，通高 4.1 米。壁面粉刷及室内堆积同上。

后室位于横前室北壁偏西，东西宽 1.91～2.04 米，南北长 5.4 米。地面做法同甬道。出土有黑色玉片及方形铜棒等。

该墓之构造情况，主要墙体、券顶及地面铺砌均用陶砖，仅于门道二侧施青石。墓壁多以长方形大砖（46 厘米×23 厘米×11 厘米）砌造，壁厚 93～94 厘米。大部以一丁二顺方式砌筑，砌构整齐，并以白灰勾缝，缝宽不到一厘米。壁以上砌券二层，总厚度 92 厘米。券顶用扇面砖，长 46 厘米，宽 33 厘米（大头）及 26 厘米（小头），厚 11 厘米。地面做法为先将土圹底面修整成中央高两侧低形状，然后夯实。土面铺白灰膏，再砌侧立丁砖三层，各层纵横交错，总厚度达 0.7 米。由于最上层地砖为墓壁所压，可知此墓为先铺地砖后砌墙券者。

(D) 出土遗物

a）建筑构件

● 陶砖

长方形砖有大、小二种。大者长 46 厘米，宽 22 厘米，厚 9 厘米，用以包砌台基、铺砌散水及室内地面。小者长 32 厘米，宽 16 厘米，厚 5.5 厘米，用以铺砌散水及较小面积房屋之地面。砖面均为平素。

印“×”纹方砖每边长 42.5 厘米，厚 4 厘米，数量很少。

扇面砖用于墓中拱券，已见前述。

● 陶瓦

板瓦具绳纹，无完整者。

筒瓦具绳纹，长 43.5 厘米，筒径 14.5 厘米，厚 1.5 厘米。

卷云纹瓦当：皆圆形，直径 14.2～17 厘米，纹样有四种。

● 石板

用于台基外侧之包砌，如 F1 所见。尺度为长 126 厘米，残宽 60 厘米，厚 14 厘米。朝外之一面磨光。

● 石勾阑残件

有蜀柱、寻杖、雕花栏板……之残件。

● 石神道柱残件

共 35 块，大多出于 F1 西、北侧。表面有一定弧度，并有凹陷槽纹，颇似南朝此类石柱表面所镌者。

● 石门臼见于墓中前横室，由青石制成。长、宽各 12.5 厘米，高 9.5 厘米，上面有直径 11 厘米凹窝。

● 金属构件

铁钉

铜铺首

b）其他器物

● 陶器　　有罐、壶、奁、甑、碗、盆、盒、耳杯等生活用具，方案、圆案等家具明器，又有犬、猪、鸡、鸭等动物模型，大多破毁少完整者。

● 铜器　　有铃、衔、泡钉、环、镳……及五铢钱等。

● 铁器　　有臿、刀、……

● 玉器　　有黑色玉片

就以上遗物，知墓葬建于东汉桓帝至献帝时（公元 147—160 年）。依出土玉片可能是玉衣之一部，结合墓葬之形制，考古学家推测，墓主可能是皇室成员之一——汉皇早殇稚女。

（4）石墓

经过整齐加工的石条、石块、石板建造的石墓，规模多不甚大。就材料而言，有全用石条、石块的，全用石板的，以及石条与石板合用的。

1）广州市象岗南越王赵眜墓[28]

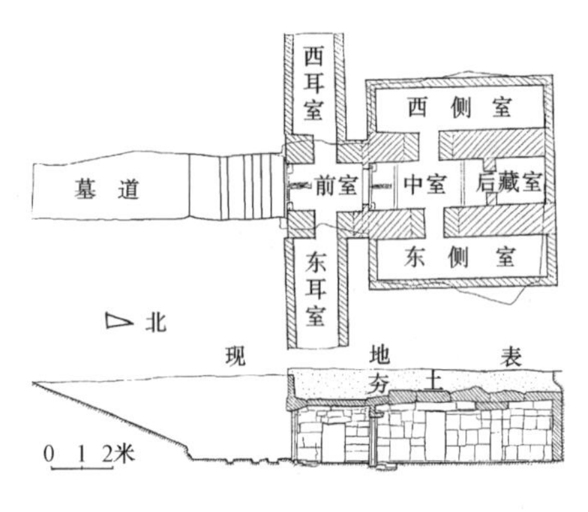

图 5-78　广州市象岗西汉南越王墓平、剖面图（《考古》1984 年第 3 期）

该墓发掘于 1983 年，规模虽属中等，但为我国南方汉代地方政权统治者石墓之突出例证。它的平面依南北轴作对称排列，由墓道、前室、东耳室、西耳室、中室、后藏室、东侧室、西侧室等组成（图5-78）。现墓南北进深 21.50 米，东西宽 12 米，最南端为宽约 2.5 米之斜坡墓道（水平长 6.2 米），折为水平再 4 米，即达具双扇石门之前室。前室南北长 3.3 米，东西宽 1.8 米，高 2.2 米。东、西耳室南北宽 1.8 米，东西残长约 4 米。二室与前室相通之甬道各宽 0.9 米，长 1 米，高 1.6 米。中室南北长 5.2 米，东西宽 1.8 米，高 2.4 米，南端亦有石门二扇。后室长 2 米，宽 1.8 米，高 2.3 米。与中室间门道宽 0.8 米，深 0.4 米，高 2 米。东、西侧室南北各长 6.8 米，东西各宽 1.6 米。通中室门道各宽 0.8 米，深 1～1.1 米。墓主棺椁置于中室，基本已朽毁无遗。

此墓之外垣厚约 0.4 米，内垣则厚达 1 米，全由石块、石条砌成，其墙体石块断面大者为 0.8 米×1 米。顶部全用厚 0.25 米～0.65 米，长约 2.5 米之石板条铺砌，门上亦施石质过梁，地面则铺以石板。

2）山东济宁县东汉石室墓

该墓位于济宁市区越河北路北侧普育小学院内，发现于 1991 年 1 月，由前室、棺室、迴廊及二耳室组成，东西深 6.18 米，南北宽 8.08 米。方位 100°。

墓道在东侧，因上有民房，未予清理。前室为横长方形，南北 5.4 米，东西 1.72 米，高 2.3 米。东壁中部并列对称二石门，门各两扇，均高 1.35 米，宽 0.66 米，厚 0.12 米。门外有南北 5.9 米，高 2.5 米之封门砖墙，使用青灰色砖（长 0.28 米，宽 0.14 米，厚 0.07 米），以二横一竖方式叠砌，粘以白灰。前室二端各有一耳室。面积 1.1 米×1.1 米，高 1.4 米，内出少量陶器。棺室居中，东西 3.2 米，南北 2.05 米，最高处 2.2 米。门宽 2.05 米，高 1.38 米。有木棺及人骨、小件玉、石、铜物件及多量铜钱遗存。迴廊三面环绕棺室，全长 11.37 米，宽 1 米，高 2.08 米。门与廊等宽，高 1.74 米。南廊上部有一盗洞，并有一盗墓者骨架，廊内出大量陶器、铜钱，及若干车马饰件等。

全墓均用石灰岩构筑，墓壁底部用宽 0.67 米、厚 0.25 米石条铺筑。上部用大石板拼合，大者长 1.4 米，宽 2.08 米，厚 0.21 米；小者长 1.05 米，宽 1.1 米，石材均打凿平整。除墓门及铺地石外，其他皆用连弧、垂幛、水波、菱形纹为饰。在棺室顶部方形藻井中刻一直径 0.82 米圆环，其东南叠砌之石上以铜钉五枚嵌入（现尚存二个，直径 3.3 厘米），似象征“五车”星相。而迴廊北壁上部亦有此式孔洞七处，似象征“北斗七星”。

由墓中出土若干长方、方及梯形四角穿孔附铜丝玉片，皆二面磨光、颜色有白、墨绿二种，尺寸大者 2.95 厘米×2 厘米，小者 2.2 厘米×1.9 厘米。据此推测，此墓墓主应为诸侯王或列侯之配偶，或嗣列侯。

（四）汉代一般墓葬

此类墓葬就其规模而言，除少数例外，大都属于中、小型，内中尤以小型者为众。墓主一般均为中、下级官吏或中、小地主及平民，因此应用量大而面广。其墓葬之类型至为丰富，可说已包纳了汉代墓葬的五种基本葬式及其混合形式。它们的平面及构造，亦有众多之变化。

1. 土圹木椁墓

此类形式除帝王贵族作为其主要墓葬以外，它在西汉其他阶层中仍然相当盛行。汉代土圹木椁墓之平面，以矩形最为普遍，也有“凸”形和“刀”形的。其中、小型墓葬大多采用不置墓道的竖井式圹穴。但从已知实例来看，有的仍辟有墓道一至二条，开掘时也不按照传统的开敞式掘进，而是在近椁室处留一段有过洞之墓道。实例可见 1983 年建设山西朔县平朔露天煤矿时经清理之汉代木椁墓群[29]（图 5-79）。

较大墓葬之土圹面积常超过 50 平方米，中型墓圹一般为 10～40 平方米，小型墓则为 3～9 平方米左右。使用墓道者，多采用斜坡形式，也间有局部使用踏跺者。西汉早期之墓道，其底部大多仅抵于椁室顶部之上缘。而晚期者则基本直达椁室之底部，这是因为椁室已对墓道辟有门户的缘故。椁室之结构与构造，基本仍沿用战国以来的传统手法，即使用经人为加工之粗大方木或圆木构成之井干式木框搭叠椁壁，椁顶及椁底另平铺上述木材或厚木板。此外，也有将圆木并列竖立于土圹周围及中部，以代替上述井干式结构者，实例可见河北原阳县三岔沟西汉晚期洞室木椁墓（M9）[30]（图 5-80）。椁室中部仍辟为棺室，另在其侧面及头、足端，隔出供放置随葬器物之边箱、头箱与足箱。其最简单者，为于椁旁加附一较小之边厢，例如山东临沂市金雀山西汉早期九号墓所示。一般小墓仅置一边厢或一头厢。稍大者置边厢及头厢各一。再大者则设头、边、足厢，又于墓道侧另构随葬坑，如广西贵县风流岭三十一号汉墓所示（图 5-81）。另外，也有将椁室与头箱、边箱分开的例了，如江苏盐城市二羊墩汉墓所示（图 5 82）。

除木椁面对墓道处辟双扇木版门外，在棺室与诸箱（或作“厢”）间之内隔墙处，也有辟象征性的双扇或单扇门扉的。或在墙上及门上另开具直棂、方格或斜方格之窗户，例见安徽天长县 6 号汉墓[31]（图 5-83）。或在椁壁及椁顶天花处，刻以附穿带之圆璧纹，都是进一步模仿地面木构建

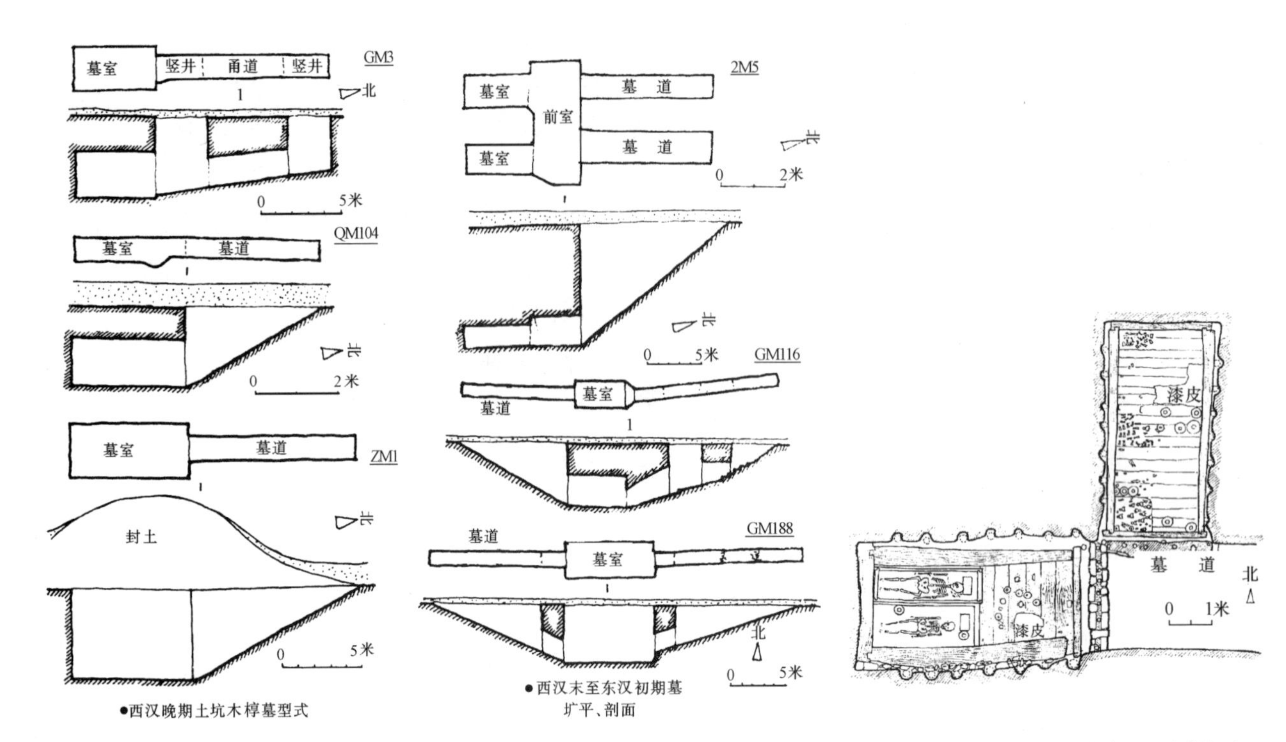

图 5-79　山西朔县西汉末至东汉初各式木椁墓葬（《文物》1987 年第 6 期）

图 5-80　河北原阳县三岔沟西汉晚期洞室木椁墓 M9 平面图（《文物》1990 年第 1 期）

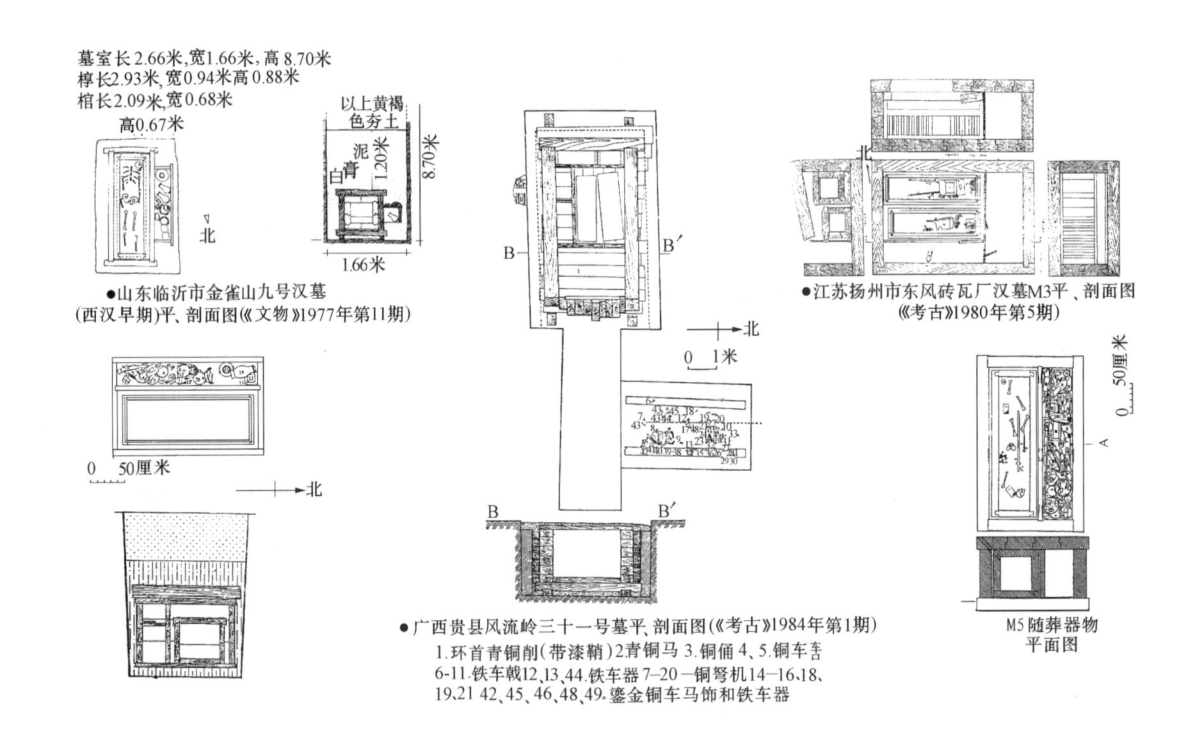

图 5-81　汉代一般木椁墓棺室空间的划分与组合

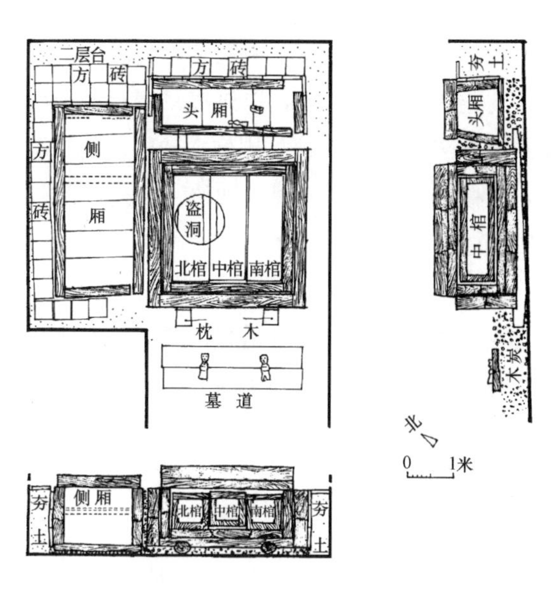

图 5-82 江苏盐城市三羊墩东汉二号墓平、剖面图（《考古》1964 年第 8 期）

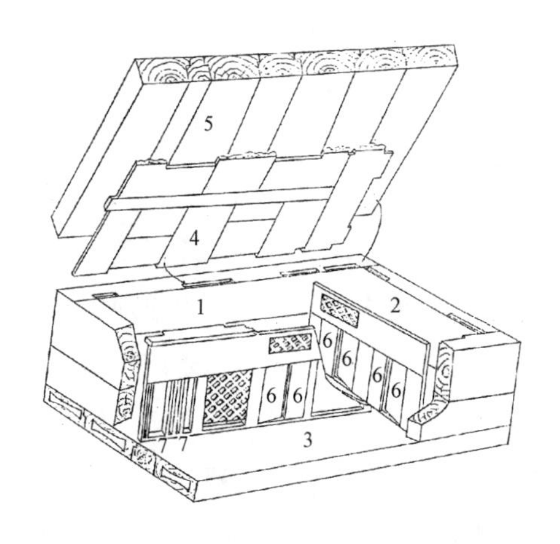

图 5-83 安徽天长县西汉六号墓木椁门窗构造图（《考古》1979 年第 4 期）
1. 棺室 2. 头厢 3. 边厢 4. 天花板（厢室盖板） 5. 椁盖板 6. 门扇 7. 隔厢柱

筑的表现。又若中南地区出土的某些汉墓，有将椁室分为上、下两层者，其上层供放置棺木，旁侧构具有通长寻杖之简单勾阑；上、下层间则置以象征性之木梯。其实例可见湖北光化县西汉 3 号墓（图 5-84）。而广州市龙生岗 43 号汉墓中，除将椁室划分为前室、左棺室、右棺室及小间外，并使其木构椁室之前部空间较后部为高，实际上是一种将后部建为棺床的做法。此外，还将棺床前端下方隔出一小空间，用以贮放随葬器物[32]（图 5-85）。这种椁室的设计构思相当巧妙，在他地木椁墓中甚为罕见。

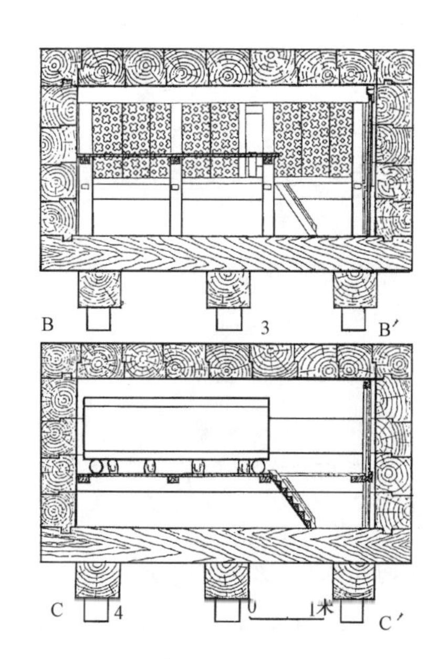

图 5-84 湖北光化县西汉三号墓木椁纵剖面构造图（《考古学报》1976 年第 2 期）

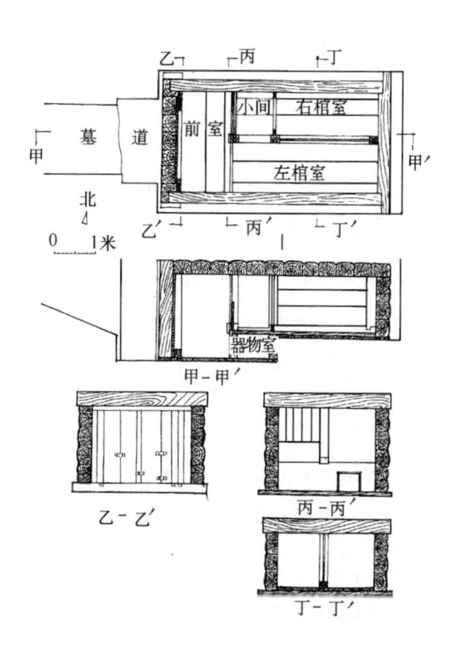

图 5-85 广州市龙生岗四十三号东汉木椁墓平、剖面复原图（《考古学报》1995 年第 1 期）

在晚期的土圹木椁墓中，常见有并用陶砖者。如上述之江苏盐城市三羊墩汉墓，其沿椁室及头箱、与边箱之外侧，均砌以竖立之方砖三块。再于砖与土圹间填土夯实，以筑成二层台。最后在二层台表面平铺方砖一层。另如前述山西朔县之GM188号汉墓，除木椁外周施立砖外，其二端墓道之尽端，均用二砖半厚之小砖墙封堵。这些做法，大概都是从节约木材、加快工程进度及坚固墓室强度出发，也正是木椁墓开始为小砖墓所逐渐取代的徵兆。

2. 崖洞墓

中、小型之崖洞墓在中原一带为数不多，但东汉时在四川盆地则有大量出现，若干情况已具见前述。就结构形式而言，中原地区已知有竖井横穴式样。而四川所见者均为横穴，其较大者常有并列之横穴二至四条，每条内又各有石室多间，平面之布局亦以不规则形者为主流。其包纳之单体建筑，有门阙、墓门、厅堂、后寝、侧室、庖厨、甬通等等。

(1) 江苏铜山县龟山西汉崖墓

1972年在铜山县龟山发现西汉中期之小型崖洞墓一座，该墓坐落在山之北麓，结构为竖井横穴式样。竖井平面作正南北向之长方形，东西3.4米，南北2.2米，井深9米多（因采石，现上部已被炸去2～5米）。墓室凿于竖井之南侧与东侧，平面呈不甚规则之曲尺形，其进深2～3米，高度1.6～1.8米。墓室与竖井交会之东、南两面，分别以三块及四块大石板相隔绝，石板宽0.65～0.8米，厚约0.2米，高与墓室顶平齐。依墓中遗物，知东墓室为置棺之处，而明器则陈放于南室。棺已全朽，仅余若干红、黑漆皮。东、南二室间，未发现有内墙痕迹。据墓中刻有“御食官”、“文后家官”、“丙长翁主壶”之铜器，及数量可观之玉器（璧、瑗、璜……），知墓主为西汉楚王国中地位较高之贵胄或官吏。建墓时间在武帝元狩五年（公元前118年）至宣帝地节元年（公元前69年）之间。

此墓开凿之岩石在120立方米以上。竖井内回填土并予夯实，每夯层厚度约20厘米，墓之地面上，未发现有封土及其他建构筑物之残余。

(2) 山东昌乐县东圈西汉崖洞墓（M1）[33]

该墓位于昌乐县朱留镇东圈村南之小山上，西距县城六公里。为一在原生岩石中凿成的竖穴洞室墓，由竖井墓道、甬道、南室、北室及四间耳室组成，方位北偏东9°，总面积约85平方米（图5-86）。

竖井墓道平面方形，每边长4米，井深11.70米，壁面开凿整齐。井内不用夯土回填，而采用方形及长方形石板逐层封堵。

甬道位于竖井底部，以长方形石板砌成南北长4米，东西宽1.6米，高2.75米甬道，其顶部再以条石侧立排放，以承井内之多层封石。

南室居甬道南端，平面近方形，南北长3.85米，东西宽3.55米，面积13.67平方米。室顶呈浅弧形，自最高处至室内地面2.45米。

北室接甬道北端，南北长4.85米，东西宽5.2米，面积25.22平方米。室内最大高度3.45米。由北室所居位置及面积，可知为墓中主室所在。

西耳室（耳室Ⅰ）位于北室西侧，平面大体呈方形，南北3.95米，东西3.8米，高3.05米。

西北耳室（耳室Ⅱ）位于北室北壁西偏，南北长2.9米，东西宽2.1米，室高2.8米。

东北耳室（耳室Ⅲ）凿于北室北壁东端，平面正方形，每面长1.65米，室高2.0米。

东耳室（耳室Ⅳ）在北室东壁，南北长1.95米，东西宽2.9米，室高2.5米。

各室原装有木门，现均朽败无存，棺椁及墓主遗骨亦未曾觅得。因历经多次盗掘，存留物品甚少且残缺不全。但出有“菑川后府”封泥及若干鎏金器物残片，及铜灯盘上铭刻之“菑川宦谒右般北宫豆元年五月造第十五”字样，故推断墓主为西汉菑川国某后。

（3）四川汉代崖墓

崖墓是四川地区在东汉时期最突出的墓葬形式，不但数量多，分布地域广，而且还极富寓当时社会和地方的特色。据半个多世纪以来的调查，已发现的两汉崖墓即达一万余处之多。其时代初始于西汉末，鼎盛于东汉晚期，渐衰于蜀汉，而消亡于西晋至南朝前期（图5-87）[34]。内中刻载明确纪年的现有36座，最早为东汉初明帝永平八年（公元65年）之新都马家山5号崖墓，最晚为东汉末献帝建安五年（公元200年）之双流牧马山1号崖墓，时间几乎贯穿了整个东汉。但从其他未纪年之东汉崖墓遗物来看，其上限应较永平八年为早。

崖墓分布的地域，东起巫山，北至广元，西抵雅安，南及叙永、高县，东西约700公里，南北约500公里。尤集中于岷江、沱江、涪江、嘉陵江中下游及长江沿岸一带（图5-88）。墓址之选择，多在沿河两岸崖壁之中、下部，倚山面水，位置高旷，因此，此类墓葬墓门的朝向并不拘泥于一格。

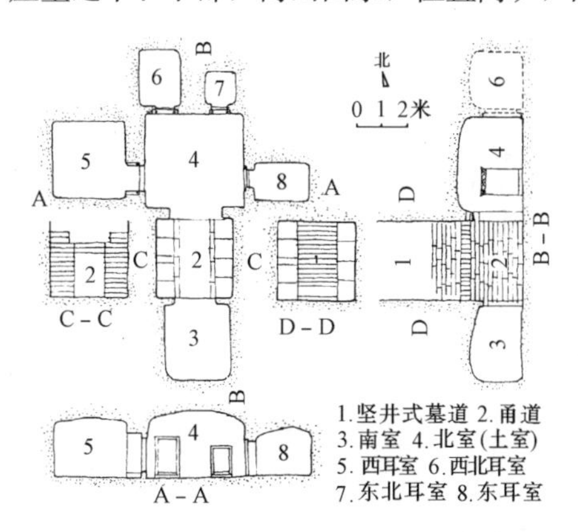

图5-86　山东昌乐县东圈西汉崖洞墓平、剖面图（《考古》1993年第6期）

图5-87　四川境内崖墓时代变化图（《考古学报》1988年第2期）

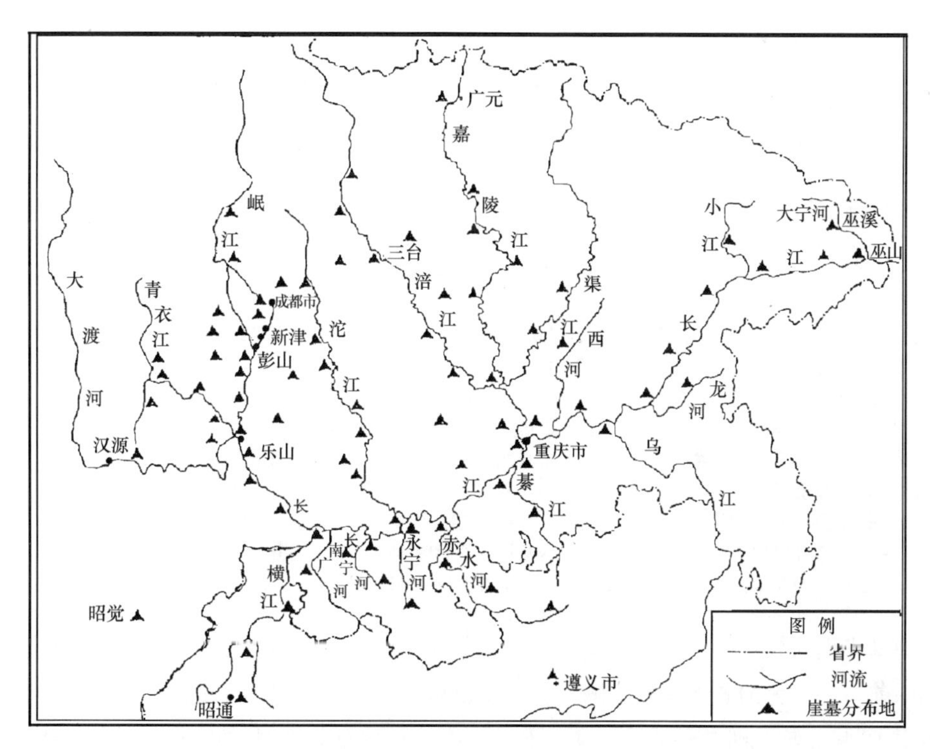

图5-88　四川境内崖墓地域分布图（《考古学报》1988年第2期）

就其规模而言，大体可依墓室的通进深及墓室之多寡，划分为大、中、小三类。小型崖墓为单室墓，其通进深一般小于5米。已见实例以岷江下游之彭山县内者最为著名，其沿江东岸绵延竟达数十里。中型崖墓具墓室二间以上，其通进深约在6～15米之间。大型崖墓常具有并列之崖洞数处，每洞内又各有墓室若干，其总长均在15米以上。大、中型崖墓最具代表性者，皆见于乐山、成都等地。

四川汉代崖墓中数量最多的为单室型崖墓。其平面、构造及装饰都较简单。平面大致呈瓶形，即墓壁在后部为平直状，至前端近门处逐渐内收为弧形，一若瓶颈形状，例见金堂县之焦山石墓（图5-89-①)。墓室进深3～5米，宽约2米，高约1.7米。墓门高约1.5米，宽约1米。墓室内地面前低而后高。有的于墓侧壁或后壁处，附有炉灶、壁龛或耳室，如彭山县江口高家沟崖墓（图5-89-②)。耳室多以置棺，其置单棺的长约2.5米，宽0.8米，高约1.5米。宽2米者，可置双棺，如青神县是蛮坟坝崖墓（图5-89-④)。耳室之布置可单侧或双侧，可对称亦可不对称。灶台通常仅辟一处。壁龛则有1～3处不等。有的墓中还在一侧之壁下凿水沟，使墓中积水得以由此排往墓外。

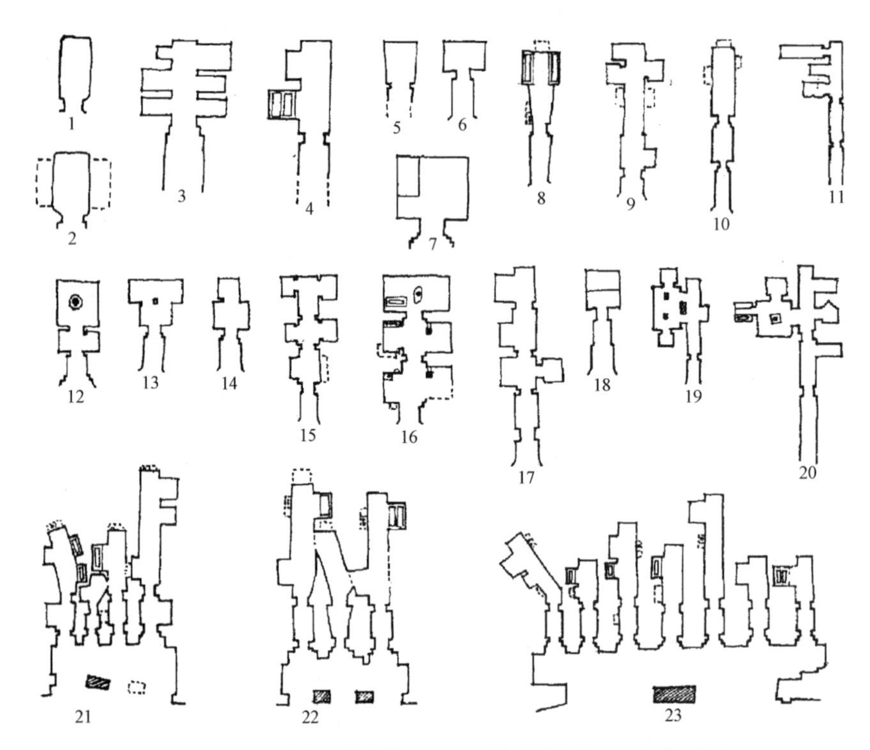

图5-89 四川境内各类崖墓平面图（《考古学报》1988年第2期）

1. 金堂县焦山石墓
2. 彭山县江口高家沟崖墓
3. 新都县马家山M5
4. 青神县蛮坟坝崖墓
5. 新都县马家山M13
6. 忠县涂井M4
7. 巴县江家岗M3
8. 宜宾市黄伞溪M29
9. 彭山县江口M300
10. 邛崃县光坝山M18
11. 成都市天迴山M1
12. 三台县栖江紫金湾崖墓
13. 忠县涂井M9
14. 忠县涂井M13
15. 三台县栖江松林嘴M1
16. 三台县栖江金钟山M4
17. 三台县栖江樊梁子崖墓
18. 忠县涂井M15
19. 双流县牧马山灌溉渠M12
20. 成都市天迴山M3
21. 乐山市麻浩阳嘉三年崖墓
22. 乐山市麻浩延熹九年崖墓
23. 乐山市肖坝赖子湾大墓

重室崖墓平面简繁不一，简单的仅在单室型前加一前室，如忠县涂井13号崖墓（图5-89-⑭)。复杂的则除前室外，另加若干耳室、侧室、厅堂及甬道，墓的通进深可达30米以上。如双流县牧马山灌溉渠12号崖墓（图5-89-⑲)、成都市天回山3号崖墓等即是（图5-89-⑳)。因其葬入时间颇有先后，一般都属一个家族（或家庭）的合葬茔墓。

规模再大的是在崖墓墓门外设有供祭祀之前堂，墓门内再辟若干厅堂、墓室。在多座崖墓依轴线作大致之平行并列时，往往共同使用一个面积甚大的前堂。堂的平面多呈矩形，面积 50～100 平方米，前端列二石柱，形成一三开间之面阔，例如乐山市白崖 45 号崖墓（图 5-90）、麻浩阳嘉三年及延熹九年崖墓等（图 5-89-㉑、㉒）。有的仅于中央施一柱，这与汉墓中常见之二开间祭堂明器颇为相似，如乐山市肖坝赖子湾大墓所示（图 5-89-㉓）。

在建筑造型方面，仍极力以木架建筑为蓝本。如前堂上部雕出有底瓦、盖瓦、瓦当之屋面及前檐、檐口下之椽及梁头、入口两侧之双阙或门柱（图 5-91）（图 5-92）。门上之门簪及门周之门框，壁间之倚柱、横枋、地栿，柱头之栌斗、泥道栱及小斗，室顶之平棋天花及覆斗藻井……。此外，石刻中还有人物（门吏……）、动物（鱼、羊……）等形象。但不及中原一般汉墓中石刻表现之丰富。

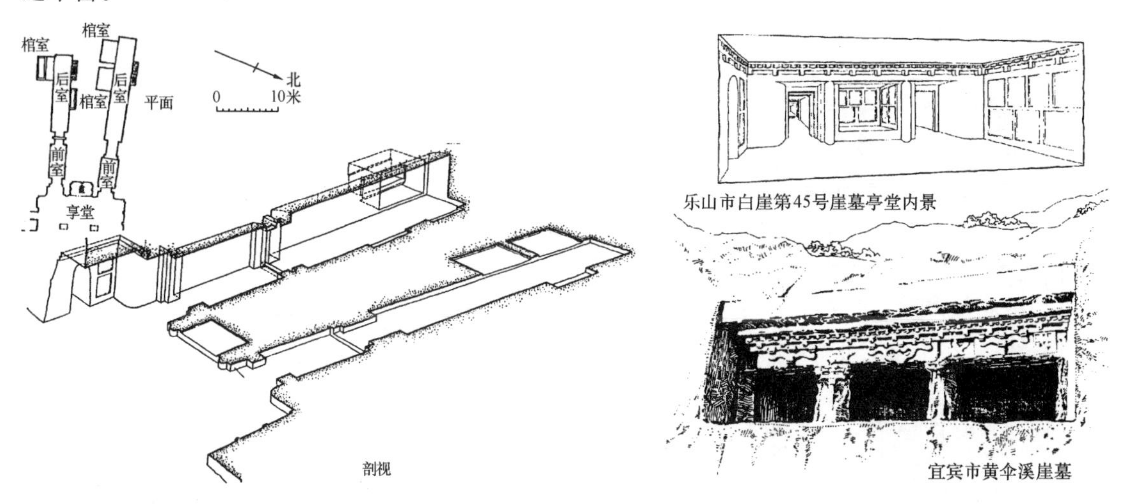

图 5-90　四川乐山市白崖第 45 号崖墓（《中国古代建筑史》）

图 5-91　四川崖墓之仿木建筑石刻（《中国古代建筑史》）

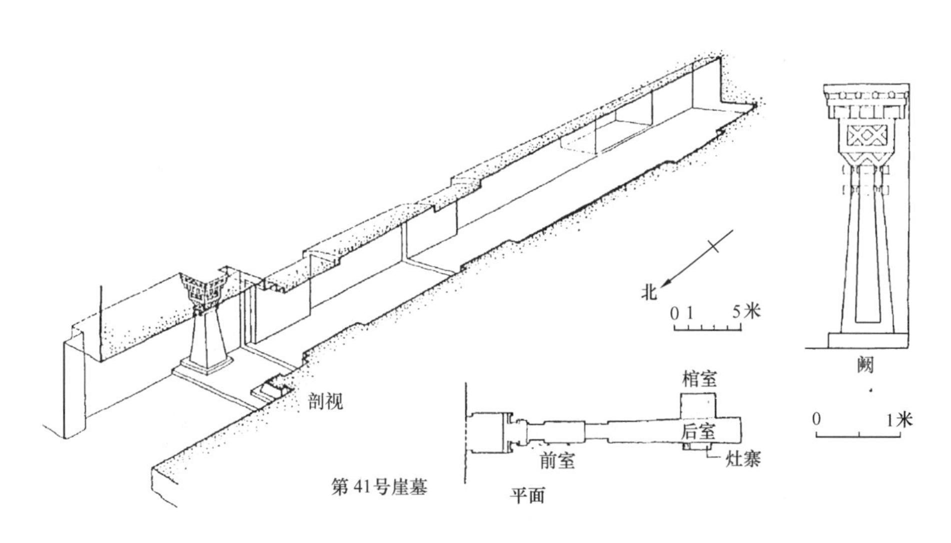

图 5-92　四川乐山市白崖第 41 号崖墓（《中国古代建筑史》）

3. 石墓

（1）河南唐河县南关外针织厂东汉石墓[35]

其平面大体呈方形（图 5-93）。墓门朝东，方位 100°，东西通进深 5.8 米，南北通面阔 5.2 米，由前室、并列之二棺室及回廊（发掘报告称之为“南、北、后侧室”）组成，其规模尺度属中等类型。

此墓设有并列之二墓门，每门宽约 1.1 米，高 1.4 米。门内为横列之前室，东西宽 1.4 米，南北长 4.7 米，高 1.8 米。室西有二门通往位于墓中央之二棺室，门宽 1 米，高 1.25 米。棺室各深 3.2 米，宽 1.15 米，高 1.6 米。其间隔墙上辟二门相通，门各宽 0.8 米，高 1.2 米。回廊环绕于棺室外之南、西、北三侧，宽 0.75～0.8 米，高 1.6 米。其南、北二端与前室相通。墓内天花均系平顶，且位于同一高度上，故其空间变化不大，仅前室较棺室及回廊略高出约 0.2 米。全墓均用石板及石条搭砌而成，厚度自 0.15～0.4 米不等。墓中壁面及柱、梁表面，均刻有画像，内容有人物、建筑、神兽、仙禽等多种。

这种前列前堂，中置棺室再绕以回廊的平面布局，在西汉大型崖洞墓（如满城西汉 1 号墓）中已有出现。它们的来源乃出自大型土圹木椁墓中的“便房”。在石墓中采取类似平面的，还有江苏邳县的东汉缪宇墓（前置墓门一，中央置一棺室）（图 5-94）及《中国营造学社汇刊》第五卷第二期中载的辽宁熊岳城汉墓（前列墓门四，中置棺室四间）（图 5-95）。

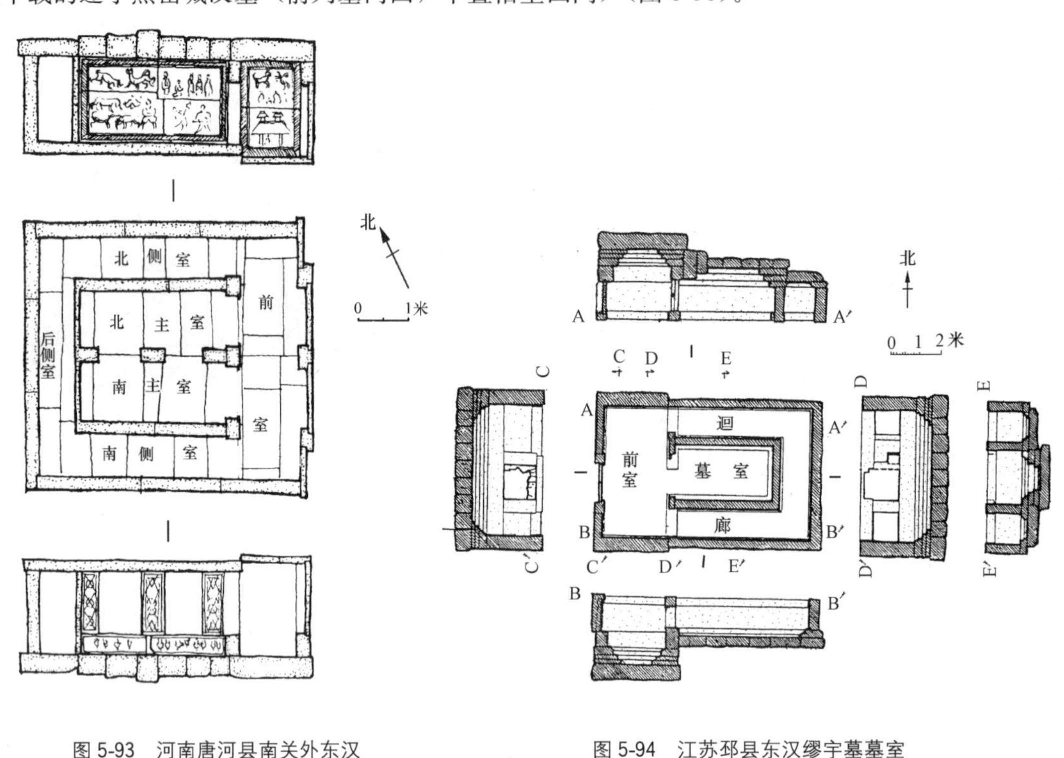

图 5-93　河南唐河县南关外东汉画像石墓（《文物》1973 年第 6 期）

图 5-94　江苏邳县东汉缪宇墓墓室平、剖面（《文物》1984 年第 8 期）

（2）山东沂南县东汉晚期画像石墓[36]

其规模亦属中等。全墓由中央之前室、中室与二后室（即棺室），以及西面之二侧室与东面之四侧室组合而成。除中央部分采用中轴对称布局外，其余诸墓室之排列则并不十分规整（图 5-96）。墓前铺地砖，两端各筑有挡土墙。墓门二樘并列，朝向为南偏西约 12°。门内为横列之前室，室东西长 2.84 米，南北宽 1.85 米。室中央立一八边形断面之“都柱”，柱下置圆形覆钵柱础，上承一斗三升折线形栱托大梁。此梁将前室天花分为二区，均以石板搭砌成“斗四”式藻井。室北辟二门通中室。东、西壁各一门，通往前东侧室（长 1.51 米，宽 1.43 米）及前西侧室（长 1.84 米，宽 1.48 米）。此二室顶亦用“斗四”式藻井。中室面积最大，东西长 3.81 米，南北宽 2.36 米，中央亦有一八边形“都柱”。柱下柱础同前室，柱上则置一斗二升之龙首翼身栱，雕刻极为生动华丽。室顶天花藻井用五层收进之叠涩构成。室北辟二门通二后室，东、西各一门通中东侧室（东西 1.55 米，南北 1.875 米）及西中侧室（东西 1.5 米，南北 2.34 米）。二室顶做法同中室，仅

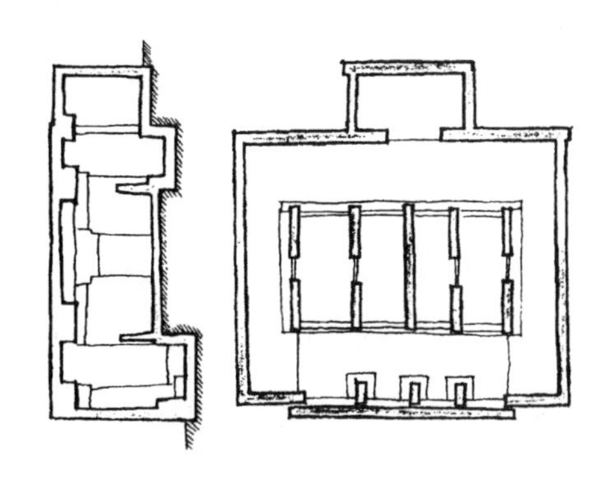

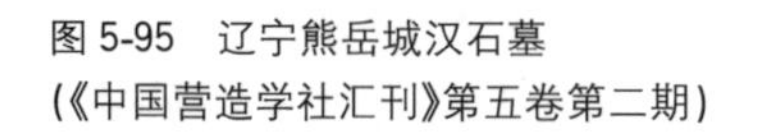

图 5-95 辽宁熊岳城汉石墓
(《中国营造学社汇刊》第五卷第二期)

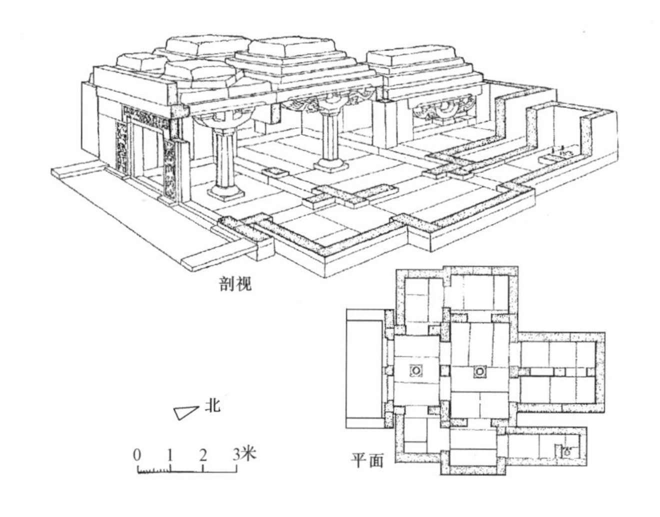

图 5-96 山东沂南县汉画像石墓(《中国古代建筑史》)

叠涩少一层。二后室均长 3.14 米，西室宽 1.025 米，东室宽 1.095 米。其间于地栿上施一斗二升龙首翼身栱承上部之石梁。室顶亦用叠涩收进形式。东后侧室接于东中侧室之北端，有门相通，室长 3.40 米，宽 0.94 米。其北端另以墙隅出一小间，似为厕所所在。

该墓于墓门立柱及门楣之外侧，浮刻神怪、异兽及人物、车马等内容之画像石，构图紧凑，刀法流畅，为东汉画像石中之佳作。而墓中之结构、构造及各部形象，例如都柱、一斗二升及一斗三升龙首翼身栱、斗四及叠涩藻井等，都为我们研究及认识汉代建筑成就提供了十分确凿与宝贵的实物资料。

其他著名之汉代石墓，如山东安丘县、章丘县，江苏东海县、徐州市，河北昌黎县等地，都有多处发现，其平面布置及局部处理均各具特点，其中尤以安丘县董家庄墓中石柱之琢刻，有高浮雕之人物群像多处，异常生动活泼(图5-97)。

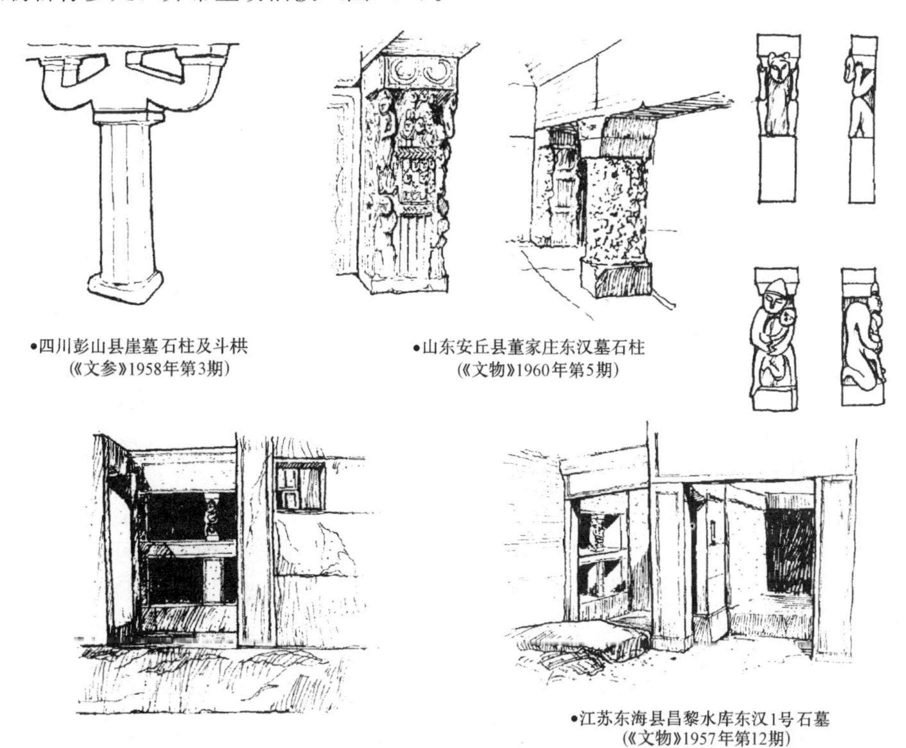

•四川彭山县崖墓石柱及斗栱
(《文参》1958年第3期)

•山东安丘县董家庄东汉墓石柱
(《文物》1960年第5期)

•江苏东海县昌黎水库东汉1号石墓
(《文物》1957年第12期)

图 5-97 汉代石墓中的琢刻装饰

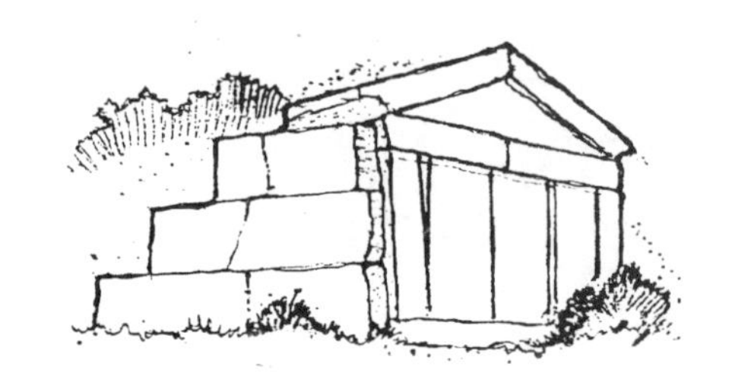

图 5-98 江苏南京市栖霞山高家山两坡顶石椁墓（M1）（《考古》1959 年第 1 期）

石墓形制之简单者，可以山东滕县柴胡店之 28 号、29 号、34 号等汉墓为例。墓葬概以石板砌为矩形石椁，有的在一端以叠砌方式升高其顶部。或如江苏南京市栖霞高家山之两坡顶式石椁，其山面除石板外，还用条石及三角形石板（图 5-98）。这些墓葬都属单室及小型者。

4. 空心砖墓

此类墓葬始见于战国晚期，流行于西汉早、中期。就其演变过程而言，它的结构从简单的板盒式逐渐过渡到柱梁式和多边拱券式。构造自一般的搭叠发展到各种榫卯的接合。材料从单一的板材空心砖演变到多类型的空心砖，后来还结合使用了石材及小砖。在墓葬的平面布置上，也从最初的单室扩展到较复杂的多室形式。由于它具有在材料上不及石料及小砖实砌体牢固，结构上稳定性较差，建筑上又难以构成较大空间等缺陷，使得它最后不得不归于淘汰而退出了建筑这一巨大的历史舞台。虽然它在地域分布（多限于中原）与使用数量上远不及其他墓葬形式，但仍以其材料与结构的与众不同而独树一帜。此外，在砖表面模印各种几何纹样与内容丰富的画像图形，以及后来还使用了涂以彩色并镂空雕刻的装饰形式，都反映了它在建筑艺术上的成就与特色。

1954 年在河南郑州市二里岗发现的 CI·M32 空心砖墓，仅有一坐西朝东之矩形墓室（图 5-99）。墓室东西长 4 米，南北宽 2.14 米，高 1.85 米。共使用二种规格之空心砖，其宽者长 1.12～1.25 米，宽 0.46～0.51 米，厚 0.15～0.16 米，砖面多模印几何图案或画像。窄者长 1.2 米，宽 0.38 米，厚 0.145 米，表面多为平素或印有绳纹，仅少数印有画像。

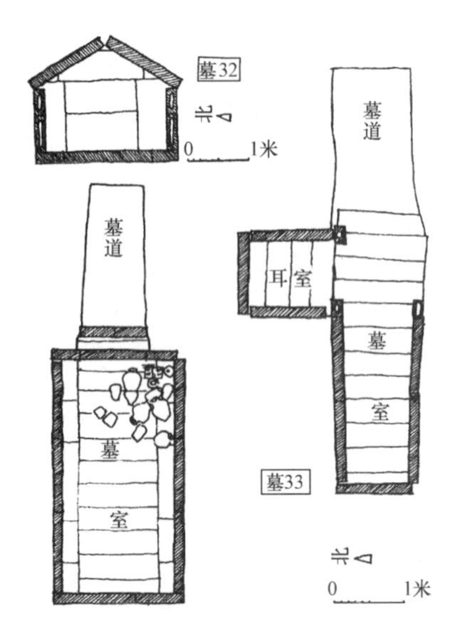

图 5-99 河南郑州市二里岗汉画像空心砖墓（《考古》1963 年第 11 期）

墓砖之砌法如下：墓室地面中央列横向放置空心砖一列，其两侧再各铺竖向空心砖一列。各砖均为窄型者。墓室两壁均用一宽一窄之空心砖两两叠砌。后壁亦如此，惟皆使用宽型空心砖。墓门中央用两块横叠空心砖，两侧再各竖立一块。顶部用并列之二块空心砖斜向交搭。山尖部分各用宽空心砖一块。上述构造形式，显然扩大了墓室的高度与体积。这也是为什么盒式平顶被这种两坡式、后来又进一步发展为多边形及弧券墓顶所取代的原因所在。

砖面之几何形纹样有方框乳钉纹、圆框乳钉纹、同心圆纹、菱形纹、五铢钱纹及树形纹等。画像则有车马出行、舞乐、射猎、刺鹿、虎逐鹿、门阙、从吏、技击等内容。

在同一地点另发现一空心砖墓 CI·M33，此墓之平面系由一墓室及一耳室组成，平面均呈矩形。全由空心砖作盒式结构构成。墓室坐西面东，东西长 3.3 米，南北宽 1.3 米，其左前方有耳室，坐北朝南，南北 1.35～1.4 米，东西 1.2 米。空心砖有板状（一般长 1.25 米，宽 0.56 米，厚 0.15 米）及柱状（断面尺度：0.25 米×0.15 米）二种。板状空心砖铺于墓底者多为素面，置于墓壁及顶部者则印有几何纹样（方框乳钉纹、菱形纹、桃形纹、圆圈纹、蝉纹、云雷纹等）或各式画像（骑射、鼓舞、山林、鹤龟、狐雀、仙人驭龙……）。

空心砖墓之结构及形状较复杂者，可以河南洛阳市烧沟之 102 号墓为例[37]。此墓坐南朝北，主轴方位偏东 5°，全墓由墓道、甬道、四耳室及主墓室组成（图 5-100），南北总长 9.03 米，东西通阔 7.55 米。墓道位于北端，为矩形平面之竖井土坑式，南北长 2.66 米，东西宽 1.08 米，深 8.66 米。甬道长 1.65 米，宽 1.1 米，地面铺以小砖。其右为前西耳室，东西长 3.3 米，南北宽 1.2 米，为掘出之土洞，未有砖构。甬道左为前东耳室，长 3.2 米，宽 1.15 米。侧壁大部构以空心砖，小部为小砖。地面亦铺小砖。甬道以南为主墓室，室内南北长 4.40 米，东西宽 2.20 米。全以大块空心砖构成，内原置有木棺二具。主墓室前端两侧有后西耳室及后东耳室，皆长 2.5 米，宽约 0.9 米，用板状及柱状空心砖构成。

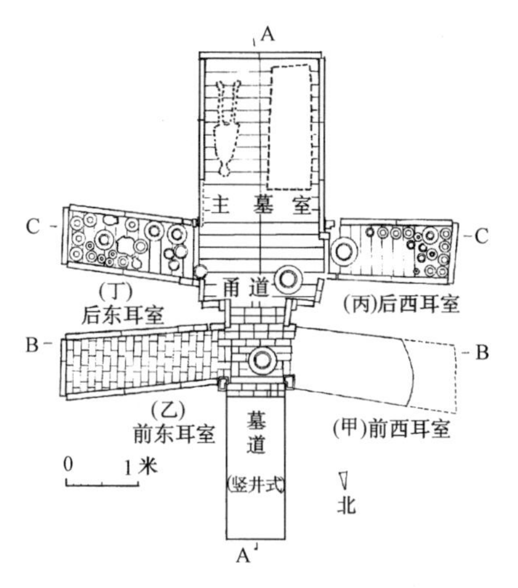

图 5-100　河南洛阳市烧沟 102 号空心砖墓平面图（《洛阳烧沟汉墓》）

主墓室高 1.75 米，顶部断面呈梯形，由三块空心砖构成。中央一块平置，两侧斜向支撑（上下俱开榫口）。门上则用一梁式之空心砖。除前西耳室外，其余三耳室室顶皆以空心砖平铺构成（图 5-101）。

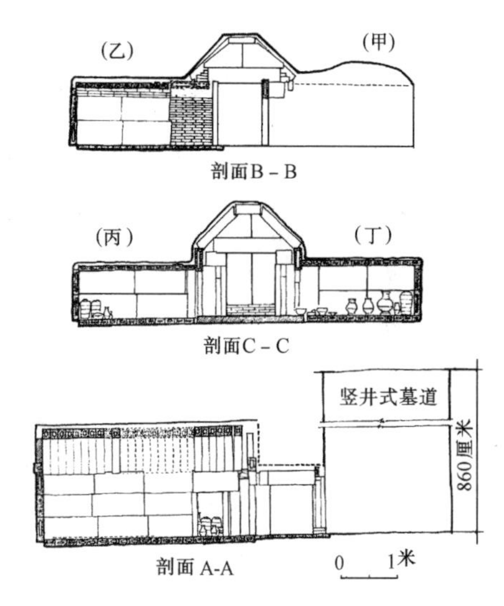

图 5-101　河南洛阳市烧沟 102 号空心砖墓剖面（《洛阳烧沟汉墓》）

5. 小砖券室墓

随着陶质建筑材料的多品种与大量生产，并通过长期与反复的建筑实践，小型陶砖（主要是矩形块状的条砖，以及其他刀形、斧形、扇形和具榫卯等多种变体砖）被证明是构筑墓室最经济与实用的材料。在结构方面，除普通使用小砖叠砌的实体承重墙外，其墓顶结构，也从筒券逐步发展到穹隆，虽然后者的形式在当时还不很完备。在构造方面，铺砌地面与墙体已采用错缝方式，砖的排列也是丁、顺、侧砌以及它们之间各式组合的多种形式。为了使拱券受力情况更为合理，采用了楔形砖多层券以及券上加“榫卯”等改进措施，有的还在券砌成后浇以石灰浆加固。总而言之，在汉代，特别是东汉时期，反映在小砖墓中的结构与构造技术，都已经达到了相当高的水平。

小砖券墓葬的平面布置可分为中轴对称与非对称两大类。前者沿轴线依次排列多重墓室及相应之侧室（又称耳室），一如住宅中之多重庭院及房舍。棺室一般位于最后，也有置于中部者，其四面（或三面）绕以回廊，这是模仿高级木椁墓的平面形式。不对称布置的墓葬平面，其墓室之大小、形状与排列都不一致，但仍有主次之分，棺室一般也置于最后。有的墓采用一墓多棺或平行二组墓室的布置方式（其间或相通或不通），它们大多属于同一家族的聚葬墓。

此类墓葬的规模大小与组合繁简，系视墓室的多寡而定。最简单的仅有一棺室，较复杂的则有墓道、甬道、耳室、墓室、回廊、棺室等诸多内容，而且每种有的还不止一处。室顶结构一般采用筒券，有时在相当于“堂”的墓室处，才施以穹顶。此外，墓内壁面多嵌有内容丰富之画像石或画像砖，有的则绘以壁画。

单墓室的小砖墓为数并不很多，其平面多呈矩形，仅少数呈方形，如见于辽宁盖县者[38]。墓顶覆以筒券，规模一般都不大。较特殊的平面作银锭形，例见江苏泰州新庄出土之4号汉墓（图5-102）[39]。其方向正南北，全长4.25米，最宽处1.05米。墓壁以一横侧两顺砖错缝平砌，墓底则铺成人字形，所用皆长26.5厘米，宽13厘米，厚4厘米条砖，表面具绳纹。墓主为头朝南之男子，遗物有铁剑、铜镜等。此种墓壁砌作弧线形状的，另见于安徽合肥市西郊乌龟墩1号汉墓（图5-103）及寿县茶庵马家古堆1号东汉墓（图5-104）等，但平面构成较复杂。

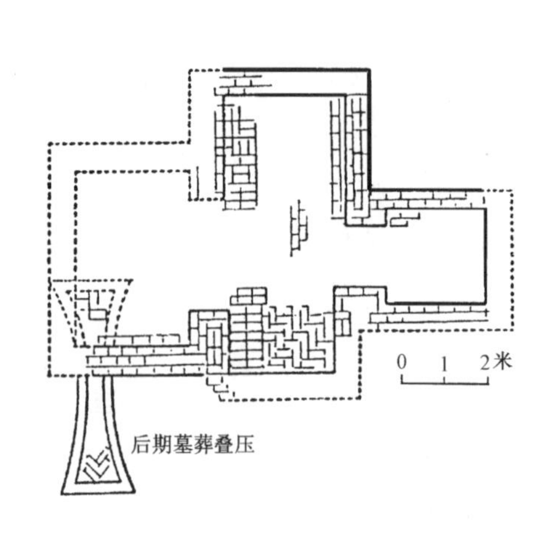

图5-102 江苏泰州新庄4号汉墓（《考古》1962年第10期）

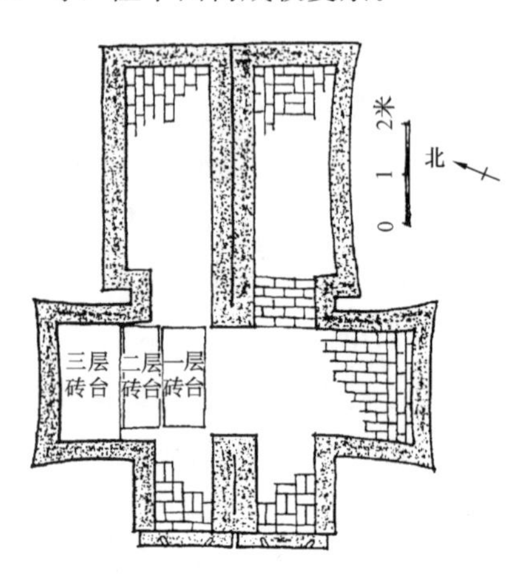

图5-103 安徽合肥市西郊乌龟墩1号汉墓（《文物参考资料》1956年第2期）

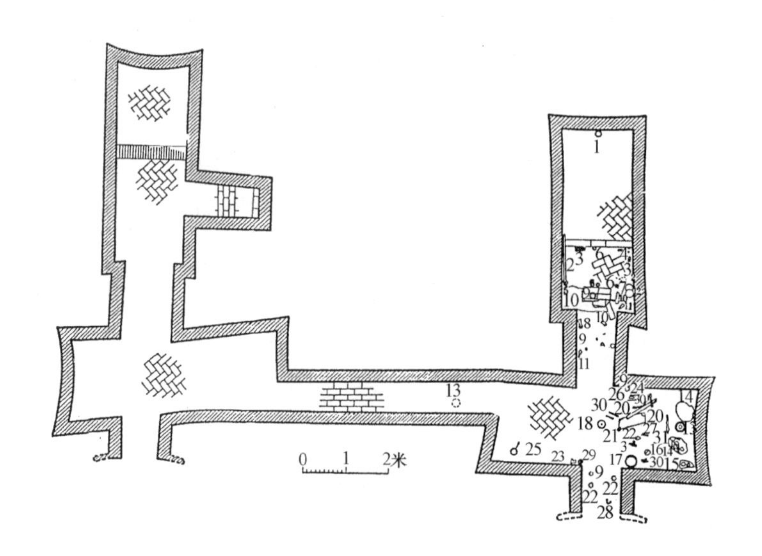

图5-104 安徽寿县茶庵马家古堆东汉1号墓（《考古》1966年第3期）

1. 陶厕　2. 铁刀　3. 五铢钱　4. 琥珀　5. 铜带钩　6. 耳杯
7. 漆案铜角　8. 陶灯　9. 漆盒　10. 漆盘残片　11. 漆勺　12、13. 漆盘
14. 陶罐　15. 陶灶　16. 陶甑　17、19. 陶盆　18、29. 铜镜　20. 漆案
21. 匕首环　22. 漆皮　23. 陶磨　24. 黑灰　25. 铜熨斗　26. 铁钉
27. 残匕首　28. 下颌骨　30. 残骨　31. 铁器残痕　32. 铜弩机

稍大之墓则于棺室前增置一墓室，或称前室。此室之平面常呈较棺室略小之方形或矩形，面积约 10 平方米。例见山西太原之东汉墓（图 5-105）。较复杂的则于前室之一侧或二侧增构贮放器物之耳室，如湖南邵东县冷水村东汉墓（图 5-106）。棺室一般为单室单棺，也有将棺室扩大以容双棺，或迳建并列之双棺室（图 5-107）。更有将并列之棺室置于中央、四面围以廊室之形式（图 5-108）。

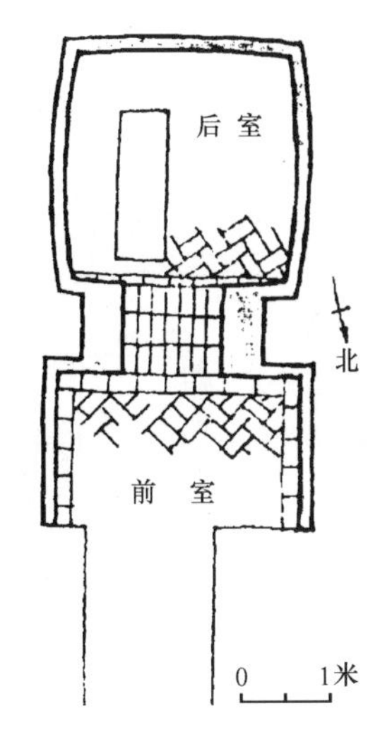

图 5-105　山西太原市东汉墓（《考古》1963 年第 5 期）

图 5-106　湖南邵东县冷水村东汉墓（《考古》1992 年第 10 期）

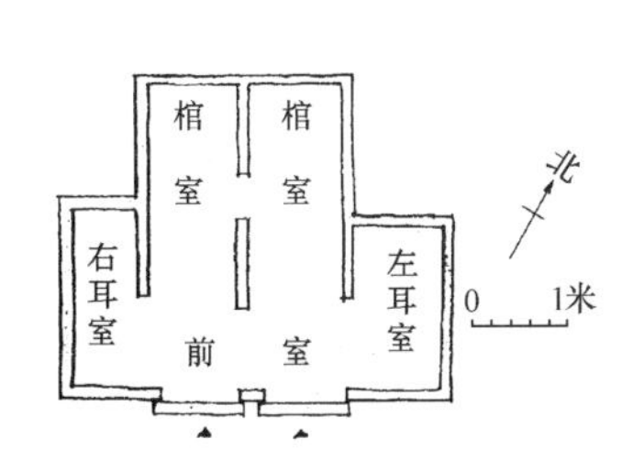

图 5-107　辽宁辽阳市三道濠东汉壁画墓（《文物参考资料》1955 年第 5 期）

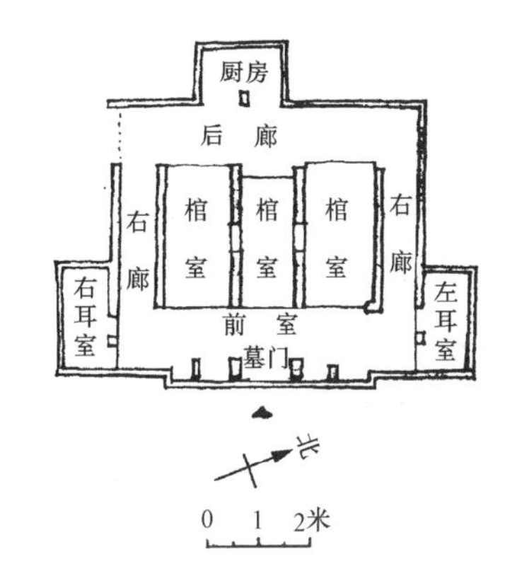

图 5-108　辽宁辽阳市棒台子东汉壁画墓（《文物参考资料》1955 年第 5 期）

在墓门与棺室之间，有置二道墓室（前、后）或三道墓室（前、中、后）的。其两旁侧构多间耳室或通联之侧室，例见甘肃嘉峪关东汉画像砖 1 号、3 号墓（图 5-109）及陕西华阴县新村东刘崎家族 M1 墓（图 5-110）。

1963 年在河南襄城茨沟发掘的一座东汉中期画像石墓[40]，其平面为不对称布置的多室形式（图 5-111）。全墓通长 23.03 米，总宽 9.32 米，朝向 273°。由墓道、甬道、前室、左前侧室、右前侧室、中室、左中侧室、右中侧室、后室（棺室）组成。在结构上，除甬道、前室、右中侧室及各室间门道处用筒券外，其余诸室皆用穹顶。室门上或用石梁，或用双层弧券。墙体及穹顶均以小砖错缝顺砌。地面于中室及后室铺以对缝方砖，他处则铺人字纹条砖。墓门及中室门楣石梁上，刻有双龙、虎、象及异兽之图像。后室穹顶中央，原置有直径 38 厘米，厚 22 厘米之圆形盖石，下面朝室内的表面刻有蟾蜍图形，推测中室亦应有刻“金鸟”（即三足鸟）之封顶石板。中室通往后室门的右侧（东壁右侧），壁面上有壁画痕迹，其形式为于白粉底上绘朱，但图像已漶漫不可复辨。

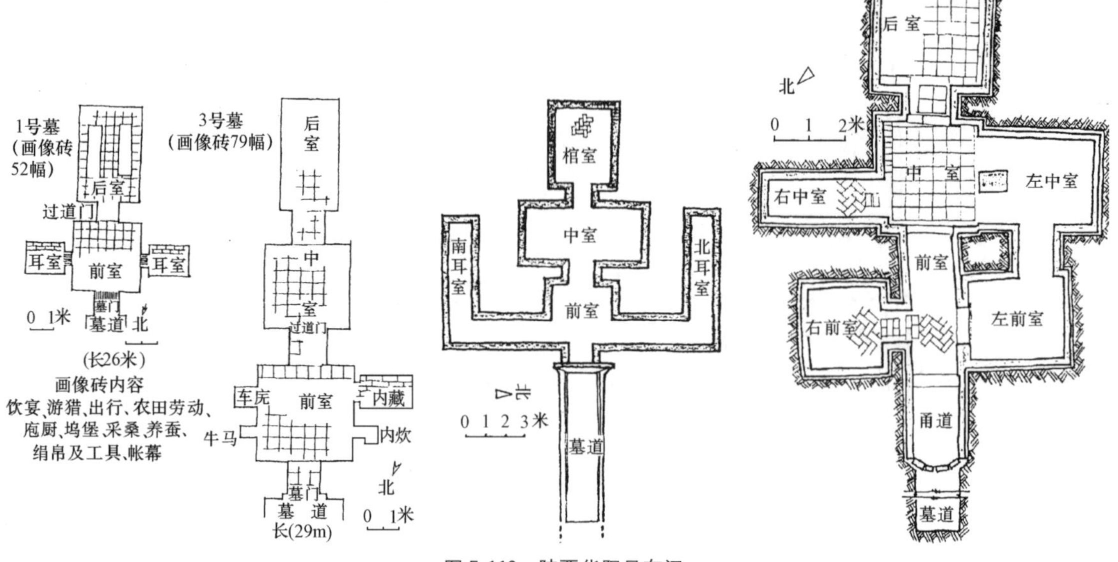

图 5-109 甘肃嘉峪关市东汉 1 号及 3 号画像砖墓（《文物》1972 年第 12 期）

图 5-110 陕西华阳县东汉刘崎家族墓(M1)（《考古与文物》1986 年第 5 期）

图 5-111 河南襄城茨沟东汉画像石墓（《考古学报》1964 年第 1 期）

墓中主要构材为矩形条砖，其长 37.5～42 厘米，宽 16.5～17 厘米，厚 7～8 厘米。墙体亦部分用子母砖，砖长 42 厘米，宽 22 厘米，厚 7 厘米，一端有榫，另端有卯。楔形砖用于砌拱券，长 29.5～42 厘米，宽 8～18 厘米，厚 5.5～7.9 厘米。方砖用于铺地，每边长 37 厘米，厚 6.5 厘米。砖端或侧面多印有几何纹样或文字。石构件用于门楣、门柱、门槛及穹顶盖石。

中室北壁有朱书：“永建七年正月十四日造砖工张伯和、厂石工诸置”，表明此墓建于东汉顺帝永建七年（公元 132 年）。

（五）汉代一般墓葬之地面设施

就目前所知汉代一般墓葬地面以上之建置，大致有墓阙、神道、神道柱、石象生、祭堂、墓碑、墓垣等内容，现分别介绍于下。

1. 墓阙

它矗立在墓园入口的神道两侧，是作为一种导引的标志，其功能与设置在城市、宫殿、祠庙、宅第、官署、关隘前的门阙基本相同，有的还在墓阙正面，刻有墓主姓名与官衔的。在形制方面，一般常见的是单出阙（或称单阙）与双出阙（或称双阙，即于主阙或母阙旁侧，再建一形体较小的附阙或子阙）。三出阙（母阙旁建二子阙）则未有实物留存，仅见于文献，为帝王陵墓所专用。由此看来，出阙数量的多寡，是与墓主生前的社会地位高低有密切关系的。在结构及材料方面，现存汉代墓阙皆为石构，即以大块石料叠砌而成。但自画像砖石、壁画及文献记载等间接资料，知当时建阙尚有使用木架构及夯土构筑者。

就现存汉代墓阙之分布，以四川境内者为最多，计有 20 处；其他如山东省 3 处，河南省 2 处，北京市 1 处。有关各阙之墓主姓名、所在地点、建造年代、原有制式、现存状况及使用材料等情况，可参阅后列之附表（见 509、510 页）。其最早建造年代为东汉光武帝建武十二年（公元 36 年）之四川梓潼李业阙，最晚则为东汉末至蜀汉时建于同县之贾公阙。

至于已知各阙之艺术造型，总的都是模仿木建筑形象，即下为基座，中为阙身，上覆四坡屋顶。但其比例与详部处理手法，则依时代之先后及地域不同而有所区别。大抵是建于早期及北方者，形象比较粗犷而简洁，如河南登封县之太室阙、少室阙（图 5-112）及山东诸阙。晚期及四川

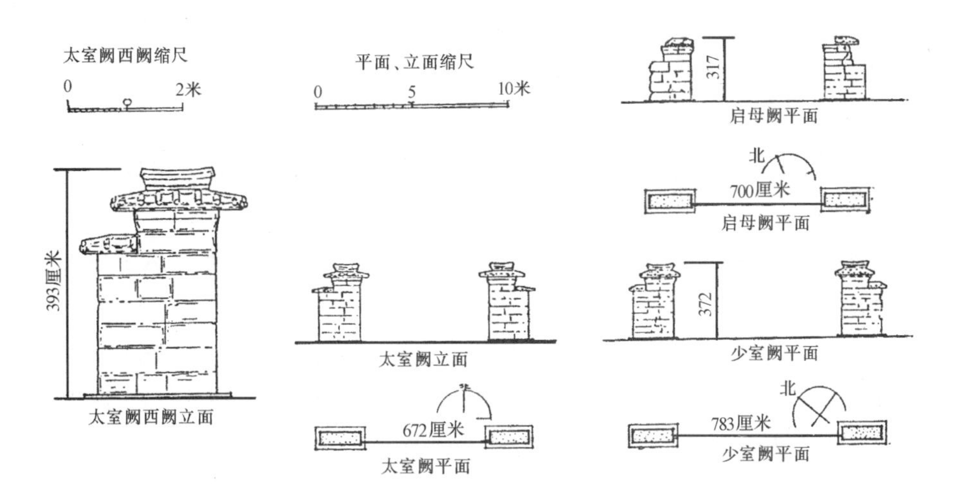

图 5-112-甲　河南登封县启母阙、太室阙、少室阙（《中国营造学社汇刊》第六卷第四期）

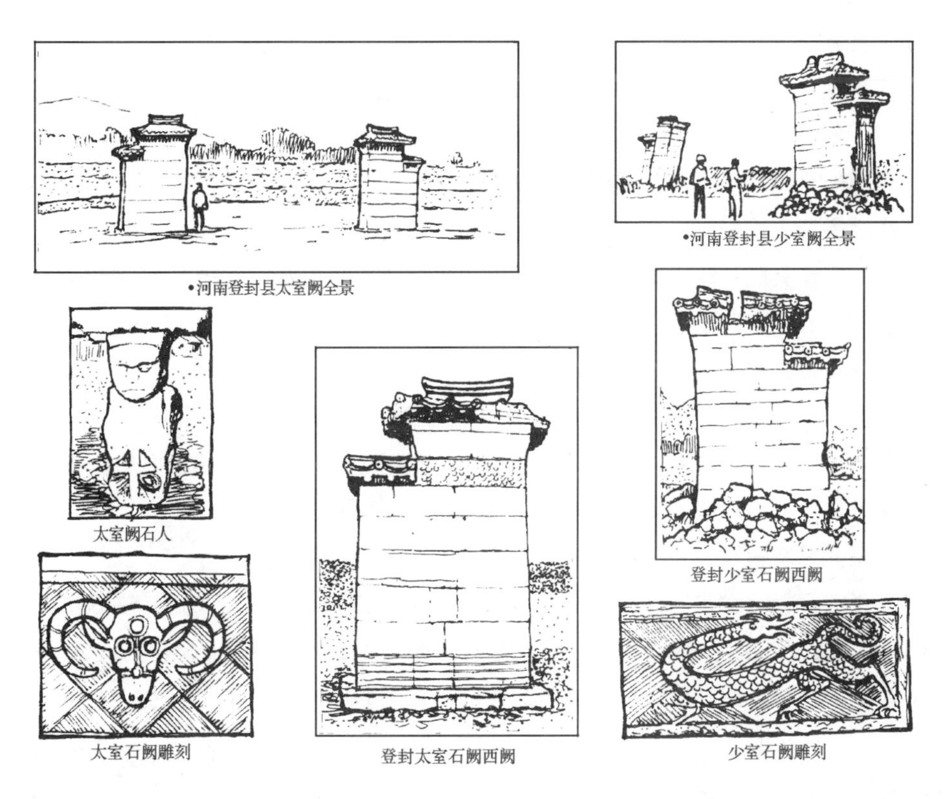

图 5-112-乙　河南登封县太室阙、少室阙（《中国营造学社汇刊》第六卷第四期）

一带者，比较细致且华丽。后者特别是表现在仿木建筑上，诸如柱、枋、斗栱、斜撑、檐椽、瓦当、屋脊等等，大多依木构之制式，形意妙肖。此外，阙身及檐下，往往另施雕刻，内容有神话传说（伏羲、女娲、青龙、白虎、朱雀、玄武及其他神人、异兽……）、历史故事（古代圣贤、帝王、忠臣、孝子等的活动和事迹，例如季札赠剑、荆轲刺秦王……）、墓主生活（车骑出行、宴饮百戏，游猎逐射……）等等。这大概与当时墓中盛行使用画像砖石有关，只是阙上面积有限，因此画面内容不及墓中之丰富。在上述石刻的雕琢手法方面，山东、河南一带的汉阙上，多采用凸出低浅平面的减地平钑形式。而四川诸阙则采用凸出较高的压地隐起和剔地起突方式。前者多施

于阙身四周，如四神、垂带系璧等；后者则见于阙身上部至檐下部，其图面形象突出，立体感强，活泼生动，是全阙装饰集中与重点所在。阙之顶部均做成四阿式之瓦屋面式样，并琢刻出屋脊、筒瓦、板瓦、瓦当、封檐板及檐椽等建筑详部形象。较晚的另加脊饰，并于檐椽刻出收分。阙顶之层数，则可分为单檐、复合式单檐及二重檐数种。但墓中出土之画像砖石上，则有施三重檐之形象。是否亦用于墓葬，尚未能予以确定。

(1) 山东平邑县皇圣卿阙、功曹阙[41]

皇圣卿阙为单出式之石构双阙（图 5-113-甲），至今保存尚相当完好。原位于平邑县之北郊，现已迁往城关文化馆内。

阙之外形及装饰均甚简洁，通高 2.23 米，最宽处（阙顶）1.34 米。阙下置低矮台座，呈一略具收分之梯台形。底宽 80 厘米，进深 64 厘米，面宽 78 厘米，进深 62 厘米。台高 4 厘米。阙身宽 72 厘米，进深 57 厘米，高 155 厘米，上下未具收分。表面以浅刻线条划出边框并横分阙体为五段。阙身顶端置下小（75 厘米×62 厘米）上大（79 厘米×66 厘米）、高 14 厘米之梯形石块。再上为于四隅各刻一斗三升斗栱承横枋之檐部（高 22 厘米，宽 95 厘米，进深 84 厘米）。最上为单檐四阿式屋顶（宽 134 厘米，进深 110 厘米，高 28 厘米），施筒板瓦、圆形瓦当及低矮屋脊。

此阙外观具有如下几个特点：

首先，除阙身有上述浅刻线道外，未见其他形式之装饰，与该地区汉墓中所见大量内容丰富之画像石颇不一致。

其次，角铺作斗栱之栌斗，斗平低而斗欹高。其上所施之曲尺形栱仍作矩形之条状，而小斗亦为收分甚小之梯形，均表示保持了此类构件的较早构造形式与外观。

再次，檐下之椽刻成具浅槽之扁梯形。屋顶未建有较高之正脊。这些都属早期做法。

由阙身正面刻有“南武阳平邑皇圣卿冢”之大门，“卿以元和三年……”等字样，可知此阙之建造年代为东汉章帝元和三年（公元 86 年）。

与此阙形制相类似的，尚有平邑之功曹阙，建于章帝章和元年（公元 87 年），惟尺度稍小。造型亦相当简练，惟檐下栌斗之斗欹更高，与斗平之比例达到 5∶1，其两侧之斜度也有显著差别。所承小斗之斗欹为垂直线形状，应是较原始的做法（图 5-113-乙）。

(2) 四川渠县冯焕阙[42]（图 5-114）

阙在渠县土溪乡赵家村东汉豫州刺史冯焕墓前，原为双出阙形制，现仅存东侧之母阙。阙通高 4.38 米，阙顶最宽处 2.13 米。阙身由一块整石琢成，高 2.7 米，断面尺度为 1 米×0.6 米，自下而上略有收分。阙身正面刻出立柱及阑额、地栿，并于下端琢一饕餮。以上置斗栱及梁、枋二层。

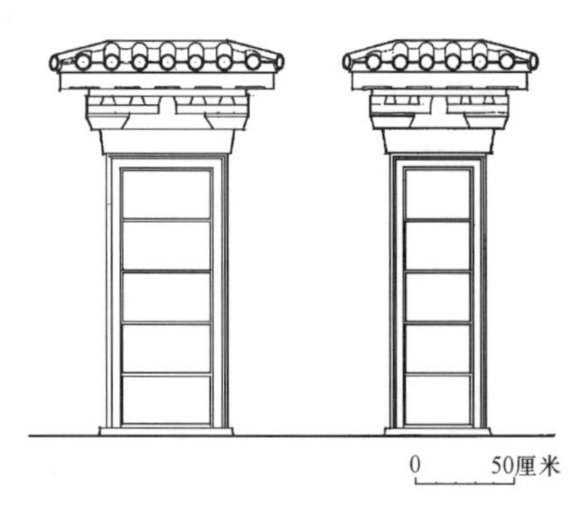

图 5-113-甲　山东平邑县皇圣卿阙（东汉）

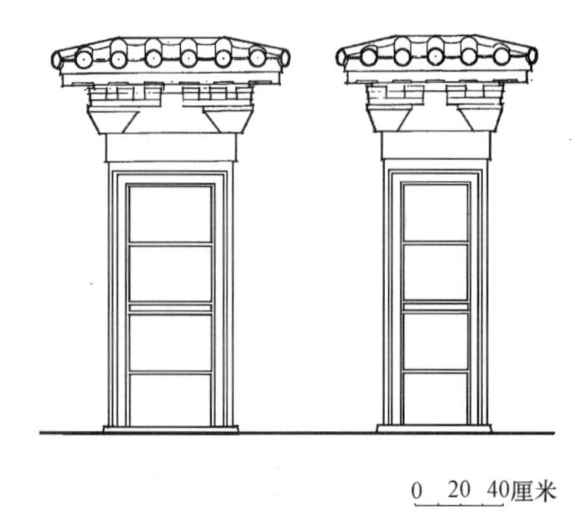

图 5-113-乙　山东平邑县功曹阙（东汉）

其下层之枋于阙身上端四隅角柱及正、背面之中柱上各置栌斗一具，斗口内纳矩形断面之横枋，其上再纵横交叠枋三层。值得注意的是第三层枋于角部已作45°之放置。上层之斗栱之配置，为正、背面各于角部施一斗二升斗栱一朵，其栱身为矩形，而栱端作一折之斜面。侧面仅于中央置斗栱一朵，其栱作曲茎形。以上各朵斗栱之栌斗下，皆承以似枋头之短木。阙顶亦为单檐四阿，但屋面已作成两层相叠之复合式样。为此角脊已变为两层之前低后高形状，但正脊甚为短促。

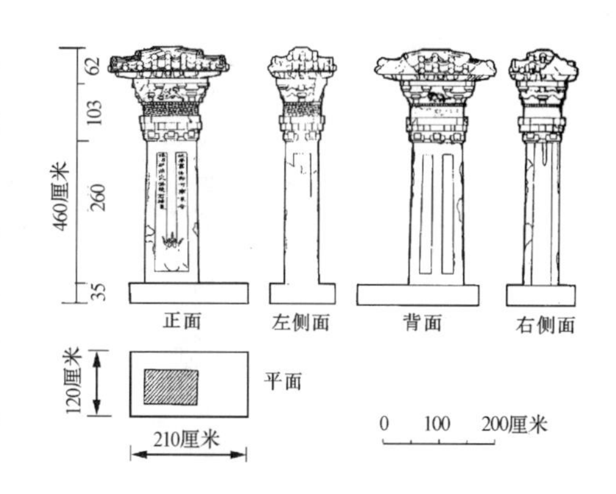

图5-114 四川渠县冯焕阙
(《文物》1961年第12期)

此阙之仿木建筑程度已相当成熟，除柱、枋、阑额、斗栱、檐椽等构件外，在上下两层斗栱间尚刻有菱形纹格，似为罘罳之表示。正面斗栱各构件之形象与比例，已与日后定型者大同小异。侧面的曲茎形栱，亦为早期实例所未见。而屋面屋脊及瓦当之雕饰，以及檐下圆椽之收杀，皆为模仿木架建筑的进一步体现。

阙身正面刻有铭文"故尚书侍郎河南京令豫州、幽州刺史冯使君神道"，依史志知为墓主冯焕之茔地，阙建于东汉安帝建光元年(公元121年)。

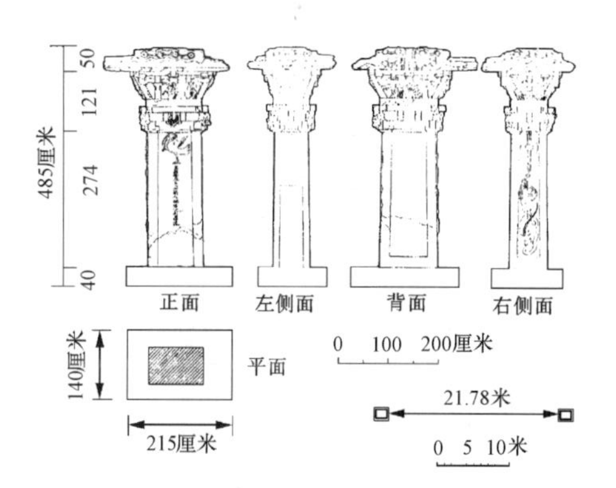

图5-115 四川渠县沈府君阙
(《文物》1961年第12期)

其他如同县之沈府君阙（建于安帝延光年间，即公元122—125年）（图5-115）及蒲家湾无名阙（建于东汉晚期），其造型、结构方式，皆大致与冯焕阙雷同。此种制式后来沿袭到西晋，例如同在渠县赵家村发现的东、西两对无名阙及王家坪无名阙皆是。

（3）四川忠县无名阙（图5-116）

该阙位于忠县城东北郊约12公里之井干沟，为重檐构造之单出阙，现仅右侧之阙尚存。阙自顶及踵通高5.66米，下建低矮石座，座上植由高2.53米整石雕成之阙身，石之上下已具明显收分。阙身四周均浅凿出边框，另于左侧面之边框内浮刻一白虎图像。阙身上端置刻有由两层井干式横枋、短柱、45°斜梁、兽头及角隅力神等组合的石质仿木构架。其四隅伸出之梁枋端部，均刻作向内收进之四级叠涩形状。以上托载四面平整无饰之倒梯形巨石及下层之阙檐。檐为四坡式，刻有如宦瓦之瓦垅、瓦当、屋脊及檐椽。此阙檐上再承如前述之枋木构架一组，形制依旧，仅兽头及力神之形状略有变化。构架之上，置矩形平面之扁石一块，其上、下边缘刻以连续排列之圆形纹为饰。扁石之上即为斗栱，其布置方式为于正、背面各施交手连隐之一斗二升斗栱两朵，侧面则于中央置一朵。最上覆以四坡式阙顶。虽由于多年风化漫涣，其保存状况似较下层之阙顶为佳。

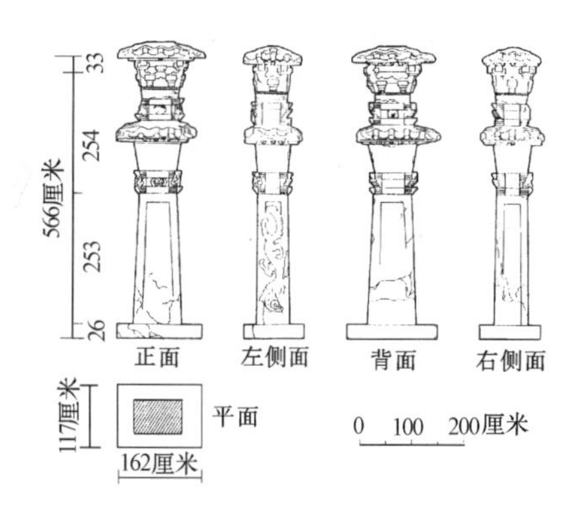

图5-116 四川忠县无铭阙
(《文物资料丛刊》(4) 1981年)

根据形制，此阙之建造应在东汉之末。

（4）四川雅安市高颐墓阙[43]（图5-117）

位于雅安市东郊七公里之姚桥村，为单檐双出阙形制。东阙仅存母阙，西阙保存良好，即本文所述之内容。两阙相距13.6米。

图 5-117（甲） 四川雅安市高颐墓阙立面（《中国古代建筑史》）

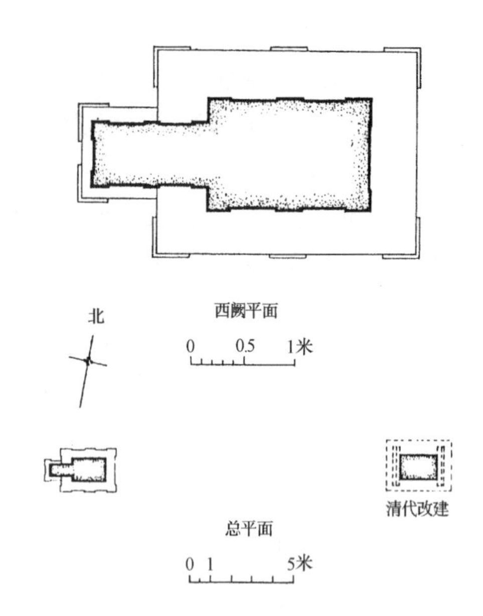

图 5-117（乙） 四川雅安市高颐墓阙平面（《中国古代建筑史》）

西阙现高 6 米，母阙阙身宽 1.6 米，厚 0.9 米，子阙高 3.39 米，宽 1.1 米，厚 0.5 米。全阙由 13 层大小不同的 32 块石料叠砌而成，大体可划分为基台、阙身、斗栱及梁枋、屋顶四部分。

基座由一整块石料凿成，四隅及中部施立柱，柱上置扁石，似为简化之栌斗。母阙及子阙均承于此基座之上。此基座东西宽 3.23 米，南北进深 1.64 米（最大），高 0.42 米。

母阙与子阙阙身之表面均隐出如倚柱之浅刻线脚。另母阙阙身上部浮刻车马出行图。其前列执棨戟之伍伯八人，后随二马曳引之轺车，有二人坐于车上。子阙阙身由整石刻成，表面除倚柱外，无其他纹饰。

母阙阙身上端列扁平栌斗三枚，上承纵横放置之枋材三层，其最上层亦做成井干式框架。四隅各有一力神承托。再上列一斗二升斗栱三朵（两侧为曲茎拱），栱身下并有皿板之表现。诸斗栱均于栱身上缘中点与所承横枋间，增加一矩形支承块，其形式与山东沂南汉画像石墓前室中央都柱上之斗栱颇为相似。它使得主要之荷载转变为轴心受力，缓解了栱臂的剪力，在结构上是一项重要的改进，并成为日后使用的一斗三升典型式样发展的基础。在斗栱以上至屋檐下，浮刻有神人、异兽及历史故事，装饰极为华丽。子阙阙身以上之斗栱及梁枋组合亦大体同于母阙，仅形制稍简，如下层栌斗中未承枋，其上之横枋亦仅二层，斗栱二朵，未用曲茎栱。……等等。

母阙屋顶为复合式单檐四坡顶，其正脊高起约 0.5 米，两端起翘，中央及脊端均有装饰。屋面坡度仍甚平缓，并琢刻出筒瓦、板瓦、瓦当、斜脊等构件。檐下施圆形断面之檐椽，自外端向内有显著之收杀。子阙屋面为简单之单檐四坡，其斜脊末端已有凸起，未施高出之正脊。

母阙阙身北面及檐下枋头上均刻有："汉故益州太守阴平都尉武阳令北府丞举孝廉高君字贯方"铭文。依《八琼室金石补正》卷七，知墓主高颐字贯方，以东汉献帝建安十四年（公元 209 年）殁于益州太守任所，故可推断此阙当建于是年或稍后。

风格与高颐相类者，尚有四川绵阳县平阳府君阙，外观亦极为雄壮华焕（图 5-118）。其稍有不同者为母阙之斜脊及子阙之正脊脊端皆有起翘。此阙建造年代，约在献帝初年。

以上之冯焕阙、沈府君阙、高颐阙、平阳府君阙皆被列为国家重点文物保护单位。

2. 墓道

为由墓园外直达墓前之大道，又称为神道。由于汉代墓葬地面设施多遭破坏，实物已难以寻觅，只能根据现有资料作一些推衍。

墓道的范畴，应分为墓园外与墓园内两部分，而又以园内者为主要，其划分当以墓阙为准。现墓阙以外的墓道，已无从探索，墓阙以内的资料亦颇稀少。仅知四川雅安市之高颐墓距墓阙为163米。

墓道宽度大致与双阙间距离相等，现知四川夹江县二杨阙间距离为11.29米，雅安市高颐阙为13.60米，渠县沈府君阙为21.62米，绵阳县平阳府君阙为26.19米。其间差距颇大，且后二者阙间距离竟大大超过汉代帝后陵阙的12～16米，与礼制相违。此类尺度之依据为何，目前尚无资料可予说明。

至于墓道本身由何种材料以何种方式构成，均有待来日之进一步研究。就常理推测，一般多筑为土路，或再于其上铺以石条、石板、陶砖、卵石等。

3. 神道柱

此项实物目前仅发现一例，即出土于北京西郊石景山之汉幽州书佐秦君神道柱[44]（图5-119）。

石柱下置矩形平面之石础，其长1.13米，宽0.83米，厚0.26米。上表面作缓平之四坡形，并刻有作追逐状之双螭。中央凿一直径与深度均为0.31米之圆形洞穴，以容纳石柱底部之管脚榫。

石柱通高2.25米，下部留有长0.25米之管脚榫。柱断面近圆形，其下端之周长为1.27米，上端周长1.10米，表明已作收分。柱身中、下部长1.45米处之外表，周刻通长之浅凹槽22道。以上之0.37米则平滑无槽，仅于两侧各刻一伏卧之螭兽。再上有一宽0.48米，高0.43米之石板，板面隶书三行："汉故幽州书佐秦君之神道"。板上原来另有顶盖或其他构筑物，现已亡佚。

依《水经注》卷九清水条载："（河南获嘉）县故城西，有汉桂阳太守赵越墓，冢北有碑。越字彦善，县人也……建宁中卒。……碑北有石柱、石牛、羊、虎，俱碎，沦毁莫记"。按赵越殁于东汉灵帝初之建宁年间（公元168—172年），据载墓前未见石阙，但石柱、石象生俱在碑前，由此亦可得知其排列之位置与顺序。

依文献知古代常于通衢处立"表木"。其制式为树一高竿，并在上端置板，用以宣张告示或标指地名及往来去向，即起标榜与导引之作用。有关之形象，亦数见有关汉代桥梁之画像石。上述秦君墓表似由此变化来者，且使用之地点亦有所改变。它虽然在已知汉墓中是罕见的孤例，但却普遍应用于以后的南朝帝王陵寝之中。

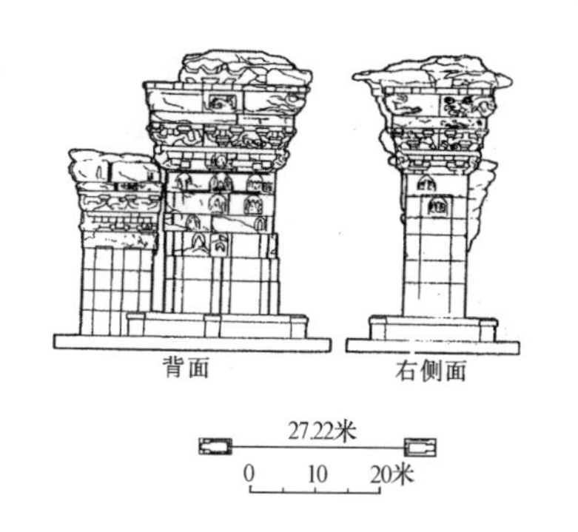

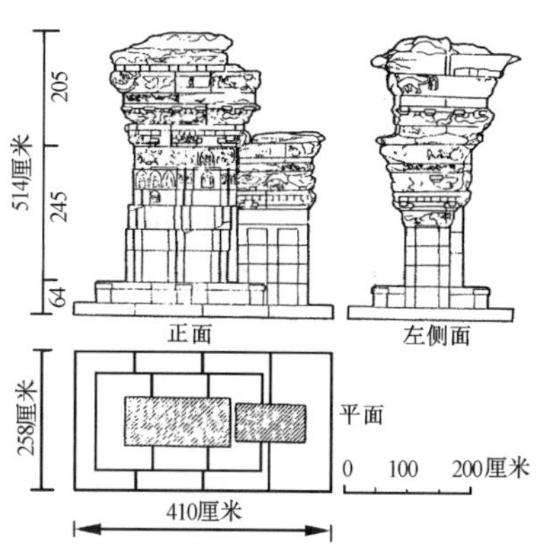

图5-118　四川绵阳县平阳府君阙（《文物》1961年第12期）

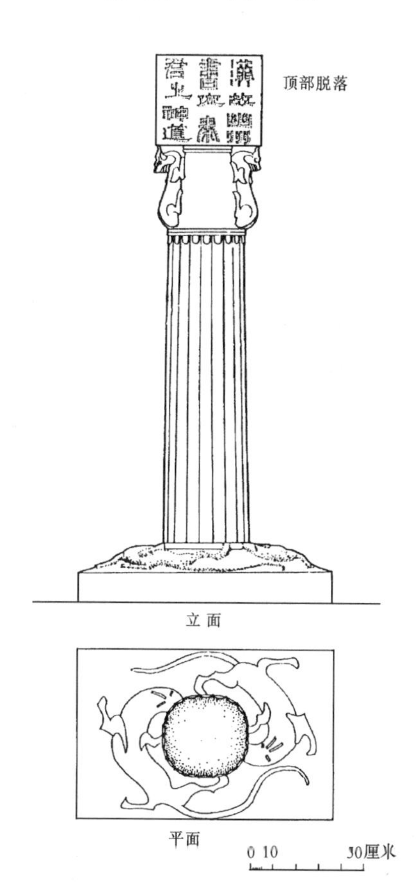

图5-119　北京市西郊石景山汉幽州书佐秦君神道柱（《中国古代建筑史》）

石柱出土地点未发现有墓阙一类之建筑，而石牌表面所书之“神道”，亦见于四川绵阳县平阳府君阙、渠县冯焕阙、沈府君阙、德阳县上庸长阙所铭刻者，二者之意义当属一致。其区别可能在于秦君之官职卑小，依品秩不能使用墓阙，从而代以神道柱的缘故。而目前所知的汉代文献及墓葬实物中，亦未见有墓阙与神道柱并存者。

4. 石象生（图 5-120）

石象生设置于墓葬之最早例，为西汉之霍去病墓。按霍去病为武帝时名将，以数出漠北逐伐匈奴，享有赫赫战功而名垂青史。后于武帝元狩六年（公元前 117 年）英年早逝，朝廷为表彰其功绩，建其冢以象祁连山，并于墓前列石象生多躯。此类石刻至今尚颇有存者，目前已收集到 16 件。其造型有伏卧之虎、象、马、牛、豕、羊、鱼、蛙、龟等单独之个体；亦有矗立之跃马、野人搏熊、异兽啖羊、马踏匈奴等多种内容之组合群像。造型都比较雄浑粗犷，反映了西汉初期石刻的特点。遗憾的是对它们原有的品类与数量，以及相互间排列的位置及顺序，目前还不清楚，推测可能系安放在墓顶及其周围。

其他施于墓葬之石象生，尚有石虎、石狮、石辟邪及石人等。例如山西省安邑县杜村之西汉石虎，山东省嘉祥县武氏墓前一对石狮（东汉桓帝建和元年，公元 147 年），曲阜市孔林博陵太守孔彪墓前一对石兽（东汉灵帝建宁四年，公元 171 年），泗水县鲍王村石兽二对，四川芦山县巴郡

图 5-120 汉墓之石象生

太守樊敏墓前一对石兽（东汉献帝建安十年，公元205年），雅安市益州太守高颐墓前一对辟邪（献帝建安十四年，公元209年），芦山县东汉杨君墓及王晖墓附近石兽各一对。此外，陕西咸阳市许沈家村、河南省洛阳市涧西及伊川县、山东省淄博市等地，都发现类似的东汉石兽。但其中之造型及艺术风格大有出入，水平较高的可以高颐墓前石辟邪最为雄健生动。以后的南朝建康诸帝王陵前的石兽，也都继承了这种风格。

墓前出土的石刻人像，例如河北省石家庄市小安舍村的西汉石人，为裸体男、女各一。其发现地点距西汉南粤王赵佗之祖先墓葬不远，可能与此有关。另山东省曲阜市南乡亦出土石人二躯，分别刻有："汉故乐安太守麃君亭长"、"府门之卒"铭记，显然亦属墓葬之物。而山东邹县东匡庄东汉匡衡墓及曲阜梁公陵，亦发现石刻之人像。

至于地下墓室中使用石俑者，如四川郫县东汉墓中出土者，为数甚少。因不属于地面之象生，故拟在建筑艺术一节中另予介绍。

5. 祭堂

已知汉代墓葬之祭堂，仅山东省肥城县孝堂山郭氏祠一处尚存[45]。此建筑为面阔二间单檐悬山建筑（图5-121），全由石构。平面长方形，东西面阔4.14米，南北进深2.50米，高2.64米。南面正中立一八边形石柱，将入口分为左、右二间。柱上承三角形石梁，以载石屋屋面。地面及其他三面墙垣皆构以石板，厚约0.2米。屋面雕刻出筒瓦、板瓦构成之瓦垅十六条、两侧之排山、两端略有起翘之正脊、圆形瓦当及檐下之檐椽。屋面石板厚达0.25米，除承于前述之三角形石梁及三面墙垣，另架于横亘于南墙上之粗大石梁上。该梁之宽度（南北向）为0.40米，高0.3米。

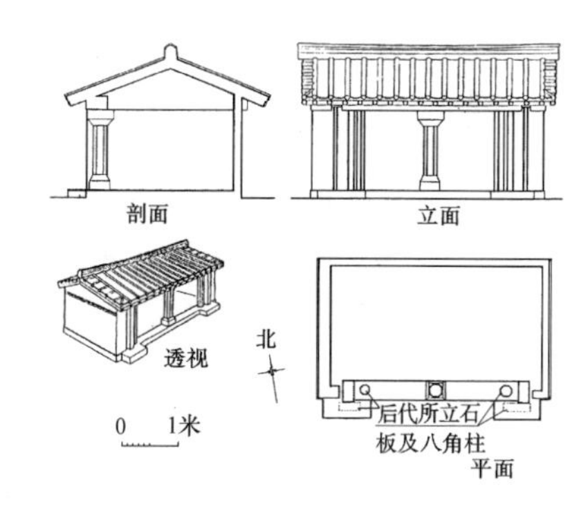

图5-121 山东肥城孝堂山郭氏石祠（东汉）（《中国古代建筑史》）

室内沿北墙构有神台，其南北进深1米，高度仅0.2米。东、北、西内壁及三角形石梁上刻有画像36组，主要表现祠主仕途及生活经历（出行、狩猎、宴乐、百戏、家居……）、神话传说（伏羲、女娲、雷公、风伯……）、历史故事（周公、成王、孔子与老子、汉胡战争）、日月星辰等内容。

此石祠外观甚为简洁，除南面八角柱上栌斗之斗平处及山墙山尖下有少量雕饰外，均利用建筑整体及各部构件本身之比例与形象，如八角柱之栌斗及柱础（亦作反栌斗形）、屋面之正脊与瓦件等等，是表现汉代建筑设计的一个很好的范例。由于它又是目前存留的惟一汉代地面建筑，其重要性就显得格外突出。该祠建造时间约在东汉中期，祠主系二千石高官，但事迹及生卒时间不详。

其他已知但遭破坏的汉代石祠，尚有山东嘉祥县武氏石祠[46]。据考证它包括武梁祠、"前石室"及"后石室"三座祠堂，现均已颓毁，仅余若干顶石、壁石及画像石。

武梁祠原为一开间单檐悬山顶建筑，全由石构。平面矩形，面阔 2.41 米，进深 1.47 米，高 2 米余。现存祠石 5 块。所祀之武梁，曾任州从事，卒于东汉桓帝元嘉元年（公元 151 年），石祠当建于是年或稍后。祠中有画像石近百幅，内容包括历史故事（古代帝王将相、忠臣孝子、节烈妇女……）、神话传说（伏羲、女娲、东王公、西王母……）、祠主生活（车骑出行、宴乐、庖厨……）等。

“前石室”原为两开间单檐悬山顶建筑，亦由石构。面阔 3.52 米，进深 2.03 米，高约 2.55 米。后壁正中下部置一小龛。祠主可能是武梁弟武开明之子武荣，官至执金吾，约卒于东汉灵帝建宁元年（公元 168 年）。现存祠石 16 块，刻有画像 53 幅，除具上述诸多内容外，尚有大幅的渡河越桥攻战图。

“后石室”形制同前石室。龛面阔 3.5 米，进深 2.12 米，高约 2.6 米。后壁亦构小龛，龛面阔 1.3 米，进深 0.74 米，高 0.71 米。现存祠石 17 块，刻石画像 40 幅。题材大体同前，但其海神出行、祠主升仙及若干历史故事，则为“前石室”所未有。

以上四处石祠，均于 1961 年被国家列为全国重点文物保护单位。

其余载于文献者，如北魏·郦道元《水经注》卷八·济水支流黄水条载：“黄水东南流，水南有汉荆州刺史李刚墓。刚字叔毅，山阳高平人，熹平元年卒，县其碑。有石阙，祠堂石室三间，椽架高丈余，镂石作椽瓦屋，施平天造，方井侧荷梁柱，四壁隐起雕刻，为君臣官属、龟蛇龙凤之文，飞禽走兽之像。作制工丽，不甚伤毁”。按熹平元年为东汉灵帝第二年号之首岁，即公元 172 年。所述石祠情况，亦与上述山东诸例甚为契合。同书卷二十三·涡水条：“（谯城）城南有曹嵩冢。冢北有碑，碑北有庙堂，余基尚存，柱础仍在。庙北有二石阙双峙，高一丈六尺，榱栌及柱，皆雕镂云烟，上罘罳已碎。阙北有圭碑，题云：‘汉故中常侍长乐太仆特进费亭侯曹君之碑。延熹三年立’。碑阴又刊石策二，碑文雷同，夹碑东西列对。两石马高八尺五寸，石作粗拙，不匹光武隧道所表象、马也”。这里最值得注意的是对东汉光武帝陵神道之使用象、马等石象生的记载，也是古文献有关汉代帝陵这方面情况的惟一披露，虽然还不够十分具体，但其意义十分重要。

附属于崖墓前之祭堂，将在崖墓一节另予叙述。另汉墓出土之建筑明器，亦有面阔仅二间之小屋，其形制与山东肥城县孝堂山石祠甚为相近。而画像石中所表现之规模则较大，如山东沂南汉墓之石刻所示（图 5-122）。该建筑平面呈“日”字形，门外树有双阙，并立有悬挂钟虡之木架。后院庭中列有案及壶等祭器，建筑之后部，建有一“龟头屋”，为已见汉代建筑之孤例。

6. 墓垣

汉代之大型墓葬如帝后陵寝，均在墓周围建置墓垣。至于王侯显贵及以下之墓葬是否也都如此，目前还不能断言。就现存已知实例，绝大多数都未发现有此项构筑遗存。

1973 年在河北省定县八角廊发掘一座西汉大型墓葬（编号为 40 号），在其直径达 90 米之圆形封土以外，另构有平面为矩形之墓墙。其尺度为南北 145 米，东西 127 米。地表现以上之墙体已经不存，但下面墙基宽达 11 米，全由夯土筑成。据出土墓室内之金镂玉衣等遗物考证，此墓很可能是当时汉宗室封中山国王刘修之墓葬。这也是目前我们所知汉代诸侯王墓于封土外惟一建有墙垣的实例。它是否即为其墓园之周垣，就尺度及当时制式而言，答案应是否定的。

类似情况亦见于 1982 年在江苏省邳县发掘的东汉彭城相吏缪宇墓[47]。其封土平面为缺东北与西北角之南北纵长矩形（图5-123-甲），东西宽16米，南北长22.7米，总面积约250平方米。墓垣全长71米，已部分被毁，但以北墙保存较为完整。经复原后，知此墓垣之墙基系用碎石夯土筑成，厚0.6～1.5米。然后在墙基上以规整之大石四层叠砌墙垣（图5-123-乙）。最下一层之石块宽0.84米，高0.30米；第二层宽0.77米，高0.36米；第三层宽0.71米，高0.47米；第四层宽0.71～0.8米，高0.14～0.2米，其顶部做成自里向外略倾之斜面，并于近檐口处雕刻出瓦垅、筒瓦及施云纹之圆瓦当。另在檐口下方刻平行线脚二道。墓室位于墓垣内北端偏西，平面作东西向之矩形。墓门向西，其内为前室及具回廊之棺室。这种布置在西汉早、中期仅见于封国王侯墓葬，至东汉时已渐用于二千石之高级官吏。由封土情况来看，当时已填满围垣内之全部空间，因此该墓垣实际上是起着封土周围的挡土墙作用。

•四川乐山市大湾嘴东汉崖墓出土陶屋（《考古》1991年第1期）

•四川双流县牧马山东汉崖墓出土建筑明器

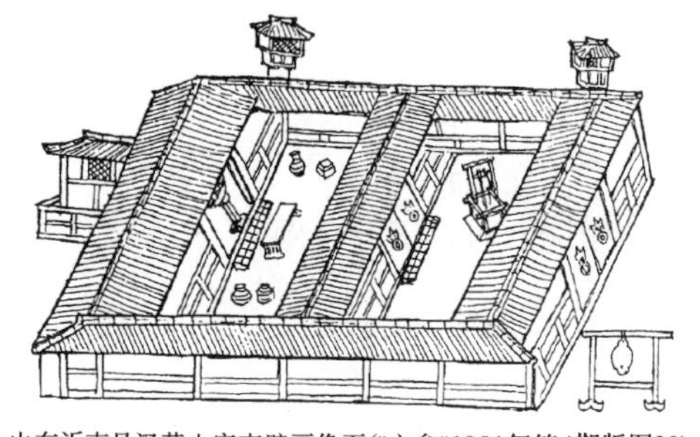
•山东沂南县汉墓中室南壁画像石（《文参》1954年第4期版图30）

图5-122 汉明器及画像石中之祭堂及祠庙形象

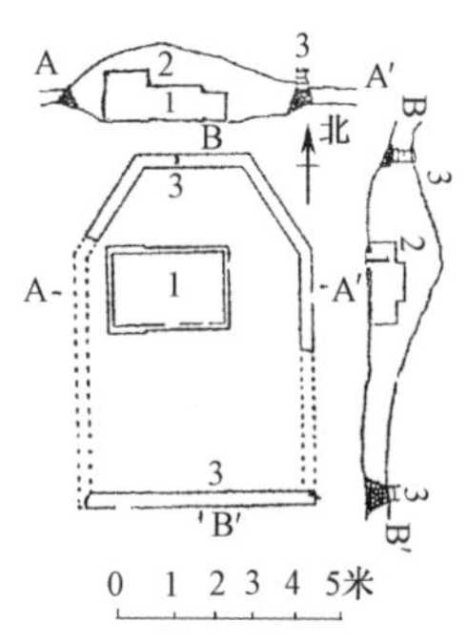

图甲 墓葬、封土及墓垣平、剖面图

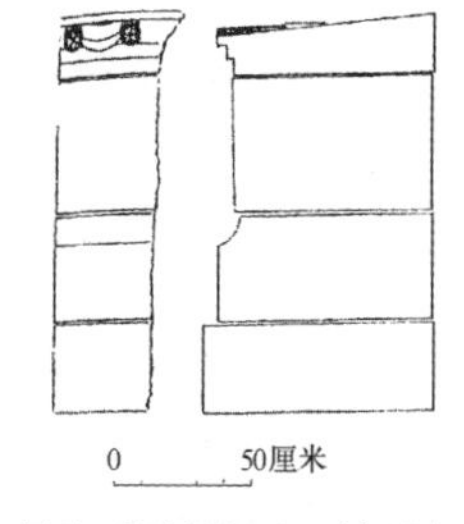

图乙 北墙局部正面、剖面图

1. 墓室 2. 封土 3. 墙垣
4. 基石 5. 方形凹槽

图5-123 江苏邳县东汉缪宇墓封土平、剖面及石垣构造（《文物》1984年第8期）

根据《水经注》卷二十二·洧水条："……（绥水）东南流，迳汉弘农太守张伯雅墓。茔四周垒石为垣，隅阿相降，列于绥水之阴。庚门表二石阙，夹对石兽于阙下。冢前有石庙，列植三碑，碑云：'德字伯雅，河内密人也。'碑侧树两石人，有数石柱及诸石兽矣。旧引绥水南入茔域，而为池沼。沼在丑地，皆蟾蜍吐水，石隍承溜。池之南，又建石楼。石庙前，又翼列诸兽。但物谢时沦，凋毁殆尽矣"。从这记载看，似乎是依墓园（即文中所称的"茔"）而不是依封土（文中之"冢"）建垣，且垣内有池沼、石楼、蟾蜍等。至于封土处是否另构围垣，文中未予提及。

7. 墓碑、墓记

碑之最早形式为上部穿孔之大柱，立于墓穴旁侧，用以系绳以使棺椁下降纳入墓中者，其例见于周代。以后于石面镌刻墓主姓名、职位及生平事迹，并列于地面以上及土冢以前者，乃始见于西汉。

汉代帝王陵寝是否立碑，因文献无载及实物未存，无法予以证明。目前所见墓碑，大多属东汉时期，墓主最高身份为二千石太守一级之水平。

墓碑一般置于封土墓丘之前，其形状为竖向直立之矩形石板。主体为具圭首或半圆首之碑身，其上部并有称为"穿"之圆形孔洞，表明尚保留最早的功能形式。碑身为扁长石板，正面刻墓主姓氏职位。下承以矩形平面之覆斗碑座。一般之碑身及碑座均无装饰，惟半圆碑首者常在顶部刻二至三条略斜之凸楞晕纹。

著名之例，如发现于1930年，现存于河南省偃师县之《袁安碑》。由篆书铭刻知袁安官至司徒，殁于东汉和帝永元四年（公元92年）。又如藏于山东省曲阜市孔庙之《汉泰山都尉孔君之碑》，为记述墓主孔宙生平事迹者，书以隶书，立碑时间为东汉桓帝延熹七年（公元164年）。较晚者如四川省雅安县高颐墓碑。此碑高2.9米，宽1.3米，厚0.9米，碑首大体呈半圆形，上刻有蟠龙，下有一圆穿。碑额偏于右，题额刻于穿上至晕间，额下则刻以碑文，共18行，每行21字。碑建于东汉献帝建安十四年（公元209年）。

另一种墓刻形式称为墓记，特点是置于墓内或石祠中。形式是矩形或圭形石块，也有直接刻在石壁上的。文字常采用四言韵文，内容为表彰墓主生前德行及后人哀悼情意。著名的墓记有河南洛阳市出土的《马姜墓记》，作于东汉殇帝延平元年（公元106年），叙述马援之女马姜生平事迹。1973年在河南南阳市汉画像石墓中发现的《许阿瞿墓记》，记于东汉灵帝建宁三年（公元170年），内中表达了亲属对年仅五岁死者的深切哀痛。1982年江苏邳县出土的《缪宇墓记》，刻于东汉垣帝元嘉元年（公元151年），记录了这位彭城相属吏一生的经历。

（六）汉代墓葬之棺具（图5-124）

汉代墓葬中仍以木棺之使用最为普遍，其形式大多为长方形之盒状，一般内外均髹以红、黑漆，与周、秦墓中所见者几无区别，但在某些墓葬中亦有使用陶、石、铜棺之例。

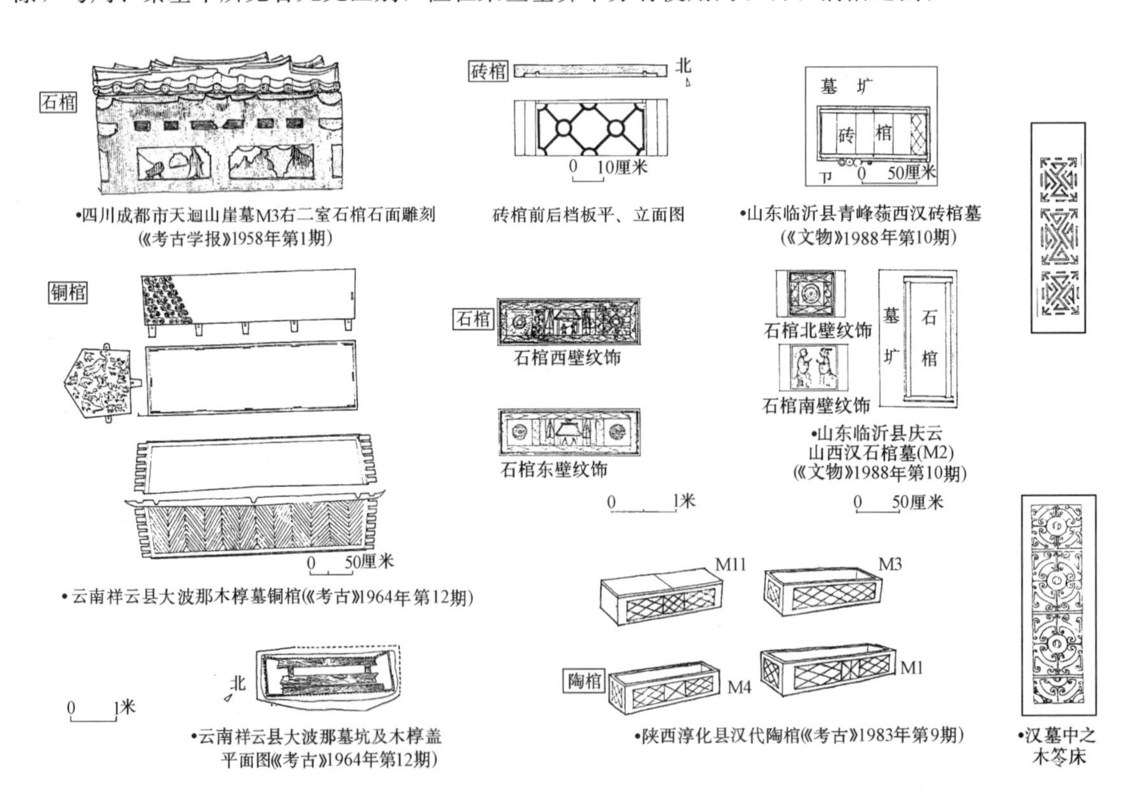

图5-124 汉代之陶、石、铜棺及木笭床

石棺如四川成都市天迴山三号崖墓中右二室所见者，其顶部刻作具缓平之四坡式，并有正脊、斜脊、瓦陇、板瓦及圆瓦当，形象甚为生动逼真。檐下中央浮刻斗栱，两侧为施斜方格及卧棂之高窗。再下为置三层叠栱之“都柱”（?），两旁刻对坐人物、垂幛及动物等图像，似反映墓主人生前之生活。总的雕刻手法较为简明与粗犷。另山东临沂县庆云山出土之西汉石棺之雕刻则更细致与生动。其棺外西壁之中部刻有树木、建筑及二人持兵相斗。两侧则镌有穿带之圆璧图案，周边另环以连续之菱形纹。东璧石刻亦大体相仿，但二人为相对危坐，其南、北端板所刻为人物及圆璧纹。

陶棺如山东临沂县出土者，其侧板刻有锁环纹。而陕西淳化县汉墓之陶棺外表，则以各式菱格纹为饰。

铜棺之例甚少，现例出于云南祥云县之大波那墓地。其侧板刻以羽状纹及斜列之连涡纹，端板呈五边形，外表刻虎、豹等野兽及多种禽鸟，其形象及雕刻均十分精丽，此棺当系汉代少数民族首领所用者。

木棺中之底部，有的垫以镂空雕刻各式几何纹样及图案之木板——笭床，多见于湖南长沙市地区西汉早期之墓葬，其形制乃显然受到当地战国楚墓之影响。

五、居住建筑

（一）汉代居住建筑概况

汉代的民居建筑目前尚未发现任何地面以上的完整实物，但从当时建筑的全面蓬勃发展来看，汉代民居必然也处于一个繁荣兴旺的上升时期。由现存的大量画像石、画像砖、壁画、陶质或金属明器以及文献等间接资料，可以看到汉代民居建筑无论在结构类型、单体或组合平面的配置、立面的处理等方面，都已达到相当成熟的地步。可以想象，当时各地民居的实际水平与成就，肯定要比这些仅仅是“写其大意”的间接物证，要超过不知多少倍。

就所表现的结构形式而言，大多都是木架构。已知有抬梁、穿斗、干阑、井干等数种。抬梁式木架之例，可见四川成都市出土的东汉住宅庄园画像砖。其后部厅堂之山面屋架，即表明了由前后檐柱承四椽栿，栿上立二童柱承平梁的这种做法。类似形式亦见于河南荥阳县汉墓出土的陶仓屋架。穿斗式结构见于广州市出土之陶质建筑明器，在其山墙上以直线划出立柱与横穿。干阑式建筑明器有陶质和铜质的，前者见于广州市汉墓，后者可以云南晋宁县石寨山出土的铜屋为代表。主体建筑下部之承载柱排列甚为整齐，有的还在其间施斗栱、托脚、斜撑等。此式建筑亦多见于汉代之画像砖石，如江苏铜山县汉墓所出者。井干结构构成之民居，亦以云南晋宁县石寨山出土之形象最为突出，清晰地表现了该建筑的墙壁系用原木叠垒而成。汉代民居采用砖石等材料的，迄今所知极少。就考古发掘及文献所载，此项建材多施于陵墓、筑城或水利工程，惟个别画像石中所绘建筑与陶楼明器，有用券洞及壁上划以砖缝者。汉代各式居住建筑之形象，可见图 5-125（一）（二）所示。

建筑的规模大小、平面组合与外观形式，受其结构类型与材料特性的制约甚大，汉代民居自不例外。一般来说，采用抬梁与穿斗结构的民居，在建筑规模和平面变化方面，较之干阑与井干式为优。由前述诸间接资料所表现的汉代民居形象，也充分地证明了这一点。

现就汉代居住建筑规制的大小及特点，分别介绍如下：

规模较小的居住建筑，平面常为矩形或曲尺形，面阔一间至三间。室门辟于建筑中央或一侧，

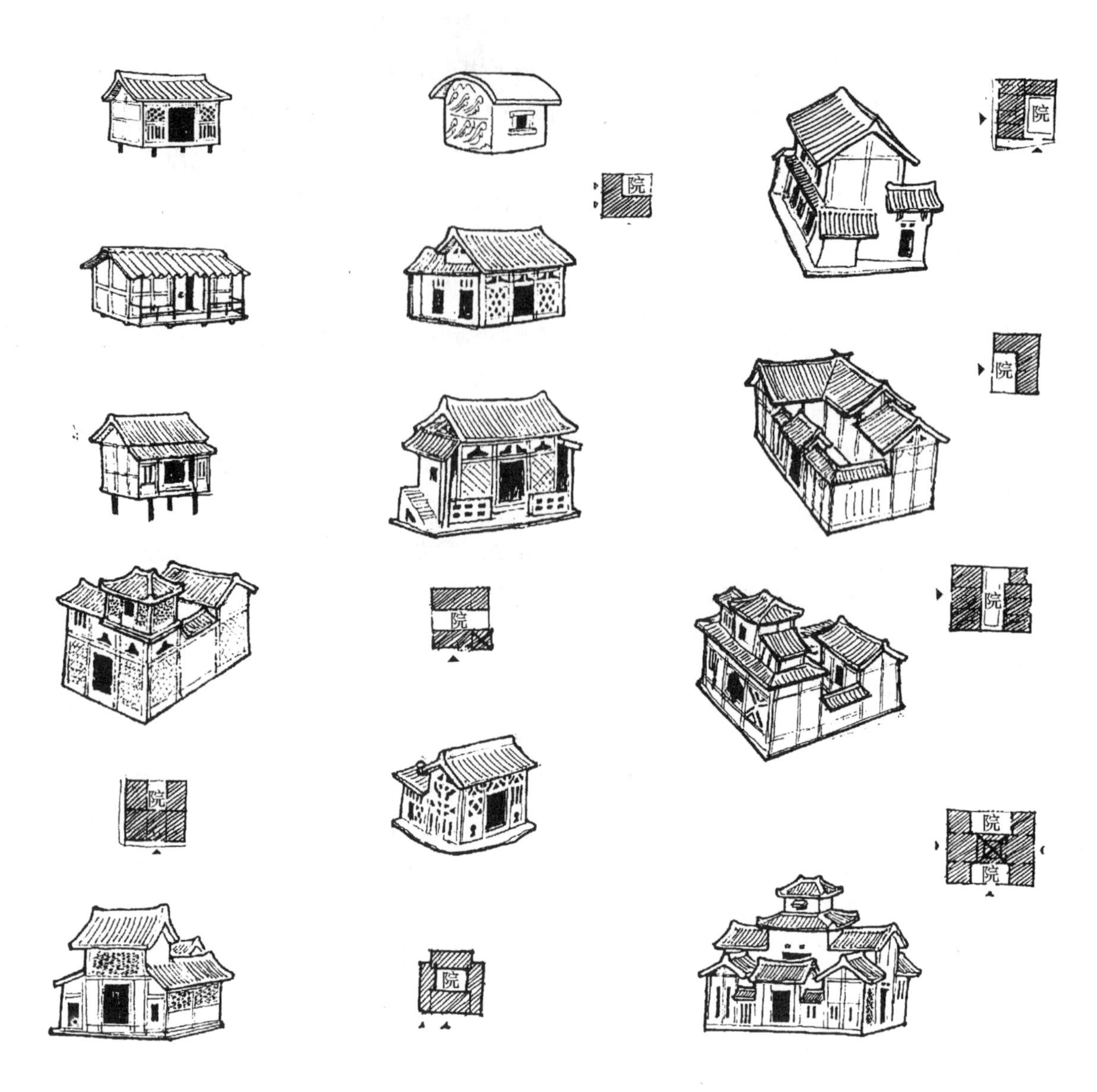

图 5-125　汉代居住建筑之形象（一）

外观一般单层，少数为 2 层，屋顶多用两坡之悬山，偶也有施囤顶的，如辽宁营城子出土之东汉陶屋。用两坡顶者，其正脊之两端常施翘起之脊饰。建筑结构采用木梁柱的为多，有的还表现出斗栱（实拍栱、直斗造、插栱等）、斜撑等辅助构件。某些住宅或于其前、后以墙垣围成院落，形成与外界隔绝的空间。

较大之住宅常有前、后二排房屋，而将院落置于其间，形成一“口”字形平面。或房屋之排列呈“U”字形，则以院墙围合成三合院式住宅。或将主体建筑置于住宅之中部，然后在其两端构筑与之正交的厢房等次要建筑，再以院墙封闭其前后，则构成“日”字形平面之住宅。以上几种形式，均见于广州出土之东汉陶屋明器。

这些住宅大多在其院垣处建有带两坡顶之独立门屋，再以倚墙之单面内廊与主体建筑相连。又常将主体建筑之中部增扩为二层之楼阁，从使用功能及立面外观上都达到重点突出的效果。住宅之侧门，则辟于山面或后墙处。或在前院与后院之院墙上，开直棂漏窗以产生通风与装饰效果，例见广东、广西、湖南、贵州等地汉墓所出土之陶屋明器。在其他地区出土的住宅明器中，除了主体建筑的楼屋以外，还建有更高的塔楼（或称望楼），如河南灵宝县张湾东汉二号墓发现的陶屋

•陕西绥德县画像石中之住宅
《中国古代建筑史》

•四川芦山县出土汉代石刻干阑建筑
《文物》1987年第10期

•江苏睢宁县双沟画像石中之楼及廊庑
《中国古代建筑史》

•四川合江县东汉砖室墓石棺雕刻建筑形象
《文物》1992年第4期

•广州市红花岗29号东汉木椁墓出土陶屋
《文物参考资料》1956年第5期

•江苏邗江县老虎墩汉墓陶塔
《文物》1991年第10期

石寨山出土铜屋

•湖南长沙市小林子冲东汉1号墓出土陶屋
《考古》1959年第11期

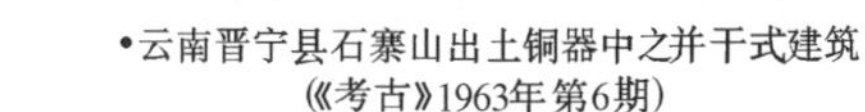

•云南晋宁县石寨山出土铜器中之井干式建筑
《考古》1963年第6期

图 5-125　汉代居住建筑之形象（二）

（图 5-126）。该塔楼位于住宅之右端（若以大门所面方向为南，则楼位于西侧），较楼屋更高一层。其下周有卧棂栏板的平座，其上置盖瓦之四阿屋顶。顶之正脊两端及中央、四条垂脊之尽端，均构有脊饰。整个建筑之比例及局部造型皆甚为优美。又如湖北云梦县癞痢墩东汉一号墓出土之住宅明器（图 5-127），其前后之建筑体量更为庞大，而内院极其狭小，显然是有意突出建筑的强调手法。此组建筑于正面（若定为南）辟并列之三门，左侧（东）有小门通内院，而塔楼位于右后侧（西北），并较正楼高出 2 层。在此组建筑之左前方（东南），有一平面方形，四壁开圆形孔洞，上覆方攒尖顶之小建筑一座。考古报告中称之为“哨棚”，恐不确。估计是供宅主游憩之用的亭榭建筑。

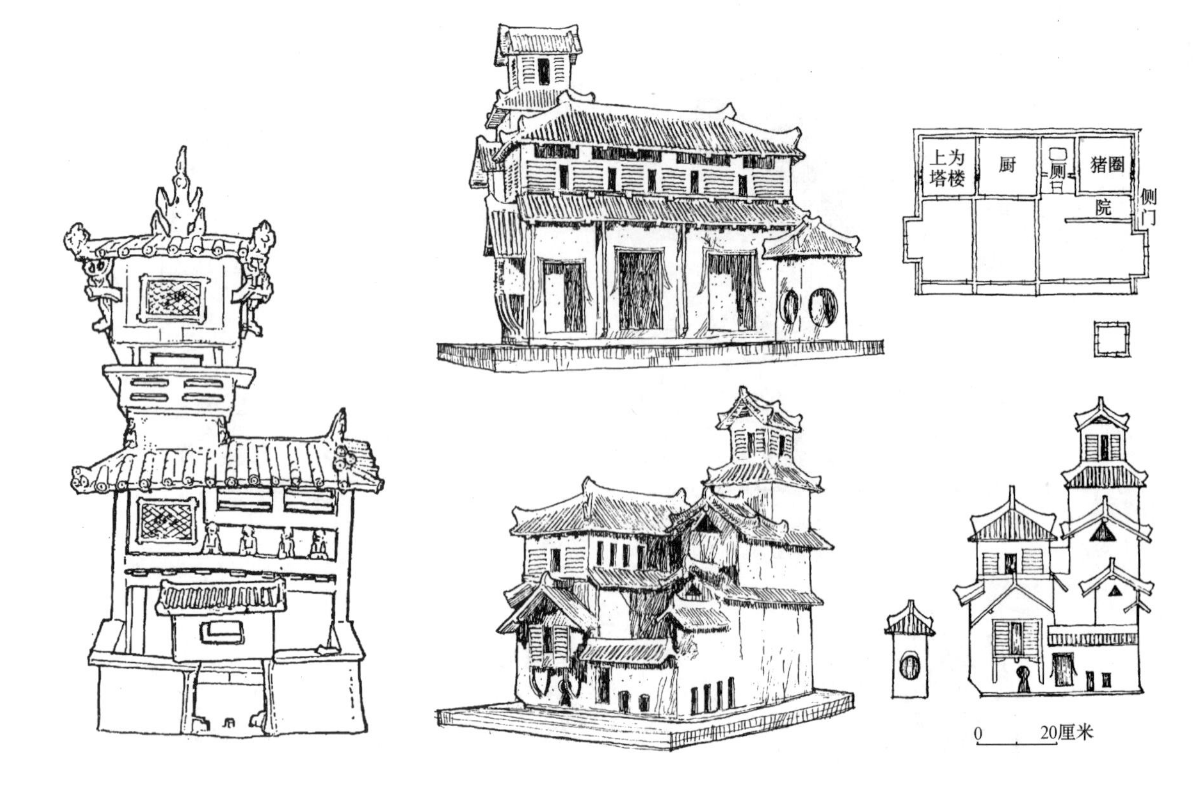

图 5-126　河南灵宝县张湾东汉二号墓出土釉陶楼（《文物》1975 年第 11 期）

图 5-127　湖北云梦县瘌痢墩一号墓出土釉陶楼屋（《考古》1984 年第 7 期）

汉代住宅之整体形象，则可参阅四川成都市出土之东汉画像砖（图 5-128）。砖上刻有住宅一区，其大门置于南垣之西端，入内有前院。院北有二门（相当于北京四合院住宅之垂花门），门内即后庭。建有三开间木抬梁结构之悬山建筑一座，室内有二人东西对坐，应是宅中之厅堂所在。前、后院均以木构之回廊环绕。而东廊适位于住宅之中部，并将宅内划为东、西二区。西区情况已见上述。东区则又分为南、北二院。北院较大，中建一座 3 层楼阁，楼为木结构，有柱、枋、梁、斗栱等。底层开一门，门内有楼梯可上达。此层与二层均不辟窗，仅第三层每面开窗一孔。根据此楼门窗设置，以及四周皆为空地而无任何建筑连接等情况判断，应属宅主及其家人平时游观与危急时避难之处，一如清代山东曲阜市孔府中砖构避难楼之功能。南院有水井及庖厨，当为附属建筑所在。

社会豪富、地位较高之官吏与贵族等的宅第，大门处常有双阙，内辟广庭及院落房舍多重。周以回廊，主要厅堂一般置于宅后，有的还附有园林。如《后汉书》卷六十四载："（大将军梁）冀乃起第舍，而（其妻孙）寿亦对街为宅，殚极土木，互相夸竞。堂寝皆有阴阳奥室，连房洞户，柱壁雕镂，加以铜漆，窗牖皆有绮疏青琐，图以云气仙灵。台阁周通，更相临望。飞梁石磴，凌跨水道。金玉珠玑，异方珍怪，克积藏室"。另外较具体之形象，可见山东曲阜市旧县村出土之画像石（图 5-129）。第宅内又多种草木花卉，或引流凿池，例见河南郑州市南关 159 号汉墓之封门空心砖（图 5-130）及山东诸城县前凉台村汉墓过道中画像石（图 5-131）。从三者不完整的总体平面来看，它们都没有明显的中轴对称布局，而是采用了较为自由灵活的方式，甚至大门和双阙都开在侧面，这和后世的大宅高第多数采用依中轴排列庭院，并将主要建筑部分按对称配置的方式，

图 5-128 四川成都市出土东汉住宅画像砖(举鸾)(《文物参考资料》1954 年第 9 期)

图 5-129 山东曲阜市旧县村汉画像石中之大型住宅形象(《考古》1988 年第 4 期)

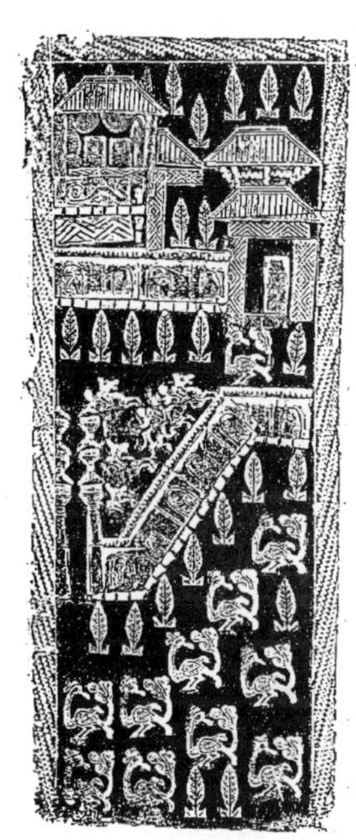

图 5-130 河南郑州市南关第 159 号汉墓封门空心砖住宅图像(《文物》1960 年第 8 期、第 9 期)

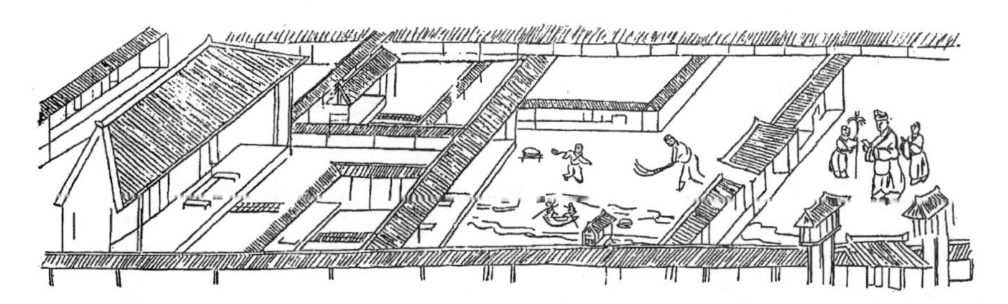

图 5-131 山东诸城县前凉台村汉墓画像石中之住宅图像(《文物》1981 年第 10 期)

有着较大的区别。这也许可以说明，即使是汉代的高级住宅，其设计手法仍然是富有生命力和多变化的。

我国社会中的宗族观念，自古以来就很突出，汉代尤其如此。其地方豪强大多聚族而居，为了自身安全，常将住处建为坞堡。堡外环以深沟，坞壁构筑高墙，大门上建门屋，四隅并设角楼，其间再联以楼橹，可谓防卫森严。堡内或构重门，或置内墙周匝。堡中主体建筑都很高大，有的则于中央建多层之塔楼。汉墓中出土的坞堡明器是当时这类实际建筑的具体而微，对我们今日研究汉代建筑有着重要意义。附图所示的广州市麻鹰岗东汉建初元年（公元76年）汉墓出土陶坞堡（图5-132）、甘肃武威市雷台东汉陶坞堡（图5-133）与河南淮阳县于庄汉陶楼堡（图5-134），分别表明了此类建筑的三种不同类型。其中淮阳县出土的陶堡明器，一侧还附有狭长的田圃，则为一般遗物所少见。

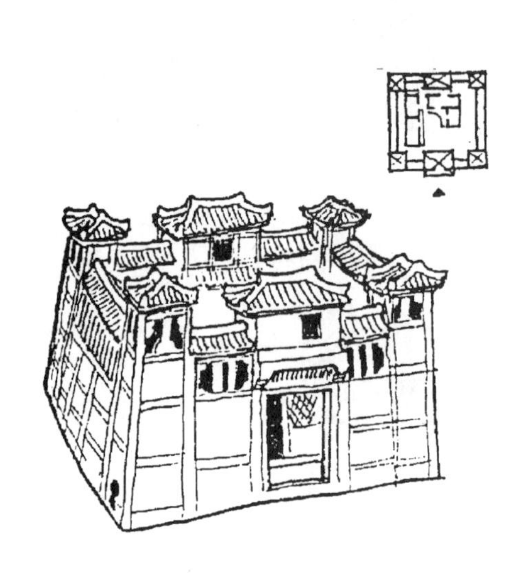

图5-132　广州市麻鹰岗东汉建初元年墓出土陶坞堡（《广州汉墓》）

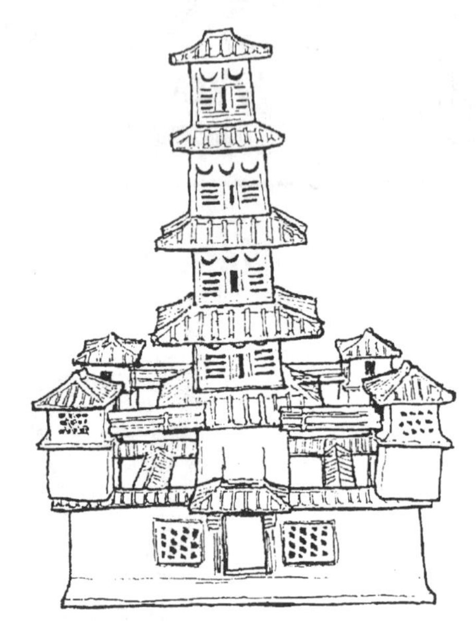

图5-133　甘肃武威市雷台东汉墓陶坞堡（《文物》1972年第2期）

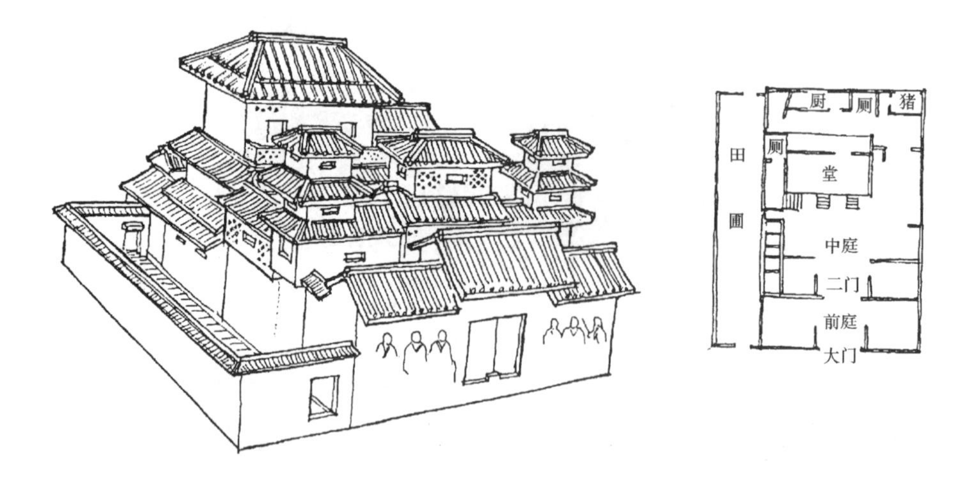

图5-134　河南淮阳县于庄东汉墓陶坞堡（《中原文物》1983年第1期）

（二）汉代居住建筑实例

在洛阳市汉河南县城遗址中，曾发现汉代半地下及地面居住建筑残迹。西汉之半地下居住建筑（312号房基）平面作矩形。东西宽3.45米，南北长6.60米。低于当时地面1.3米，地下部分未经夯筑或包砖。壁面共有柱槽六处，计西、北侧各二处，东、南各一处，平面均为矩形。其东壁柱穴底部尚存平铺之小砖一块，估计是用以承垫壁柱者。东汉之半地下居住建筑有单室（304号房基）及双室（314号房基）二种。前者已残，估计平面仍为矩形，土穴深1.1米，四边以小砖作单行错缝叠砌。墙厚一砖（26厘米）。后者分南、北二间。南间东西宽3.9米，南北长5.2米，低于当时地面1.46米。北间东西宽及南北长皆为3.55米，地面较南间高出0.35米，形成一跌落之“二层台”，砖壁砌法同上。南间之东、西二壁中部各有方柱（26厘米×26厘米）。北间南北壁亦各有一壁柱。地面厚积灰绿色土（亦见于本遗址之粮仓），故疑北间为贮粮之地。东汉之地面居住建筑如317号房基，因大部残毁，平面复原为矩形，东西宽8.2米，南北长6米。现存砖柱14处及若干片断之夯土墙。砖柱方形（26厘米×26厘米），夯土墙厚1.2～1.8米。

在洛阳市西郊发现的一处西汉早期居住建筑遗址，其平面呈正方形，朝向正南北，每面宽13.30米，四周围以厚1.15米土墙。现有二门，一在南壁之西端，一在西垣之北端，均宽2米。室内有一土炕（6米×2.5米）紧贴西墙，另中部偏南有六角形石柱础一具（图5-135）。发现于新疆民丰县尼雅遗址之汉代居室，平面呈折尺形（图5-136），内部划分为北、南二室。北室东西7.15米，南北3.15米，西墙南端辟一门对外，另一内门在此室南墙之东端，门均宽1.25米。二门之间筑一东西向土炕（3.8米×1.3米）。南室较大，东西宽5.6米，南北长6.35米，沿东、南、西墙构一“U”形土炕。室内近北侧原有直径0.4米之圆形木柱一根。此建筑之外垣由编织之芦苇与红柳抹泥构成。厚度约30厘米之地基，则用麦草、羊粪和泥铺墁，可以固沙。

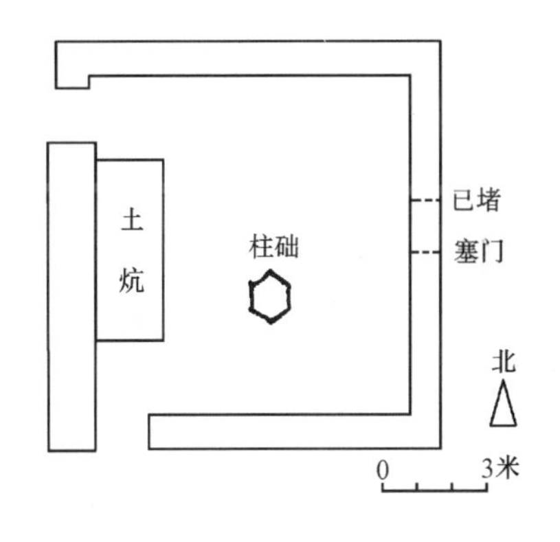

图5-135　河南洛阳市西郊西汉初期居住遗址平面（《考古通讯》1955年第5期）

汉代农村乡民之居住情况，目前资料甚少。1955年曾在辽宁辽阳市北1.5公里之三道壕村，发现西汉时期的村落遗址[48]，占地面积约4万平方米。在对其1/4以上面积进行发掘后，共清理出农民住所6处，水井11口，砖窑址7座，以及铺石道路及墓葬等（图5-137）。现就其中之第五号居住建筑遗址予以介绍。

该遗址东西宽30米，南北长18米，是一处保存较好，居住期较长和出土遗物较多的建筑遗址。现余有黄土夯筑之房屋台基一座，其上堆积有大量残破瓦片、陶片与碎石。室内东端发现较大面积之红烧土面及可能是炉灶所在的方、圆小穴各一处。房址以东，有由11根方形断面木柱围成之大畜圈，其宽度约为6米。圈后另有大土窖及深沟，估计是厕所旧址。附近又探出土窖井与陶管井各一口。

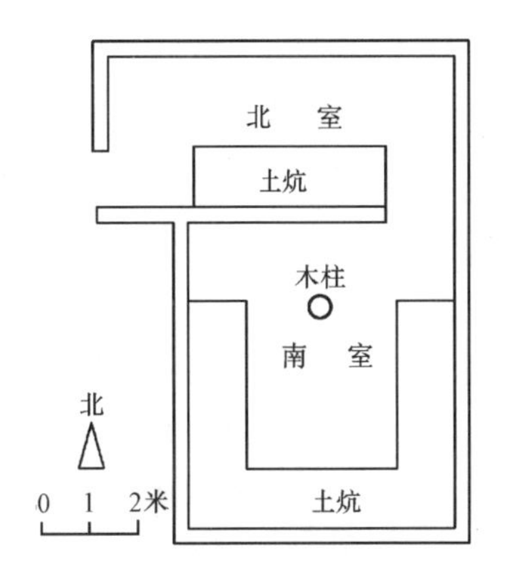

图5-136　新疆民丰县尼雅遗址汉代房屋平面（《考古》1961年第3期）

辽宁凌源县安杖子古城西汉房屋遗址（F2）

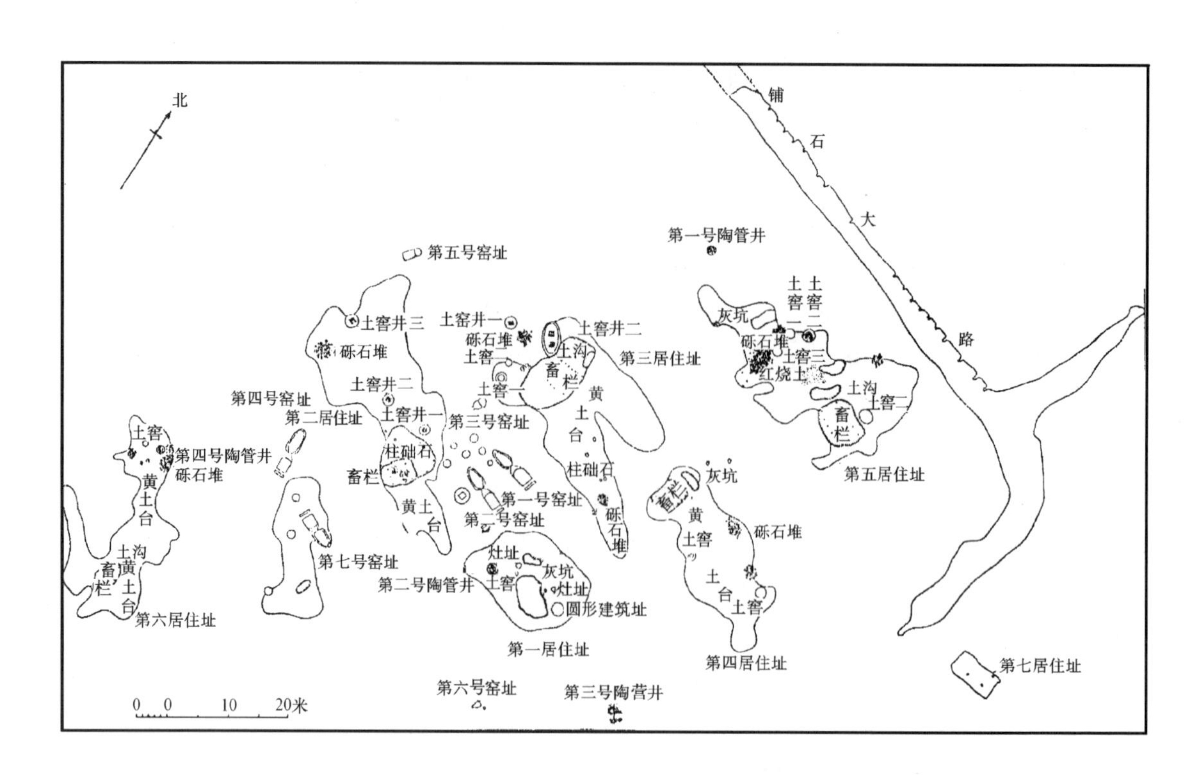

图 5-137 辽宁辽阳市三道濠西汉村落遗址（《考古学报》1957 年第 1 期）

该遗址位于大城东区，为一大型之方形平面建筑，南北长 11.9 米，东西宽 11.3 米（图 5-138）。室内地面距现地面以下 1.4 米，低于当时地表 0.5 米，为半地穴式房屋。

依调查知该建筑施工时先挖墙基，再筑夯土墙。现西、北二面之墙基尚存，墙宽 0.5 米，残高0.5～0.7 米。墙内有础石埋置，计北墙 7 块、西墙 6 块。室内有础石 35 块。其中置于地面上者，如 1 号、2 号、24 号、28 号、43 号、46 号，均为体量较大之板石。且皆以较平之一面朝上，置于平面近方形、高出地面 0.1～0.15 米之夯土台上。上述础石分为二列；西列者有 1 号、24 号、3 号，东列者有 2 号、28 号、46 号。各础石之间距为东西 6 米，南北 5 米，础石表面距地面 0.3 米。置于地下者共 29 块，体积皆较小，它们与墙内块础石排列为南北纵向八行，东西横向七列。各石直径 0.2～0.3 米，间距为南北1.9～2 米，东西 1.5～1.6 米（仅 5 号至 6 号间距为 2.5 米，可能因开设室门之故），础石埋置深度为 0.3 米。

室内地面经修治平整，并曾火烧。地面夯土层厚 0.1 米，这种先埋柱再夯筑地面的做法，常见于战国至西汉时期建筑。由于础石相当密集，该房屋可能是 2 层建筑。依室内面积达 134.47 平方米推测，它很可能是一座举行祭祀或进行仪礼活动的公共场所。

（三）汉代居住建筑的单体建筑

依文献、画像砖石、建筑明器、壁画等资料，已知有下面几种类型，现分述于下：

1. 门屋

除了直接在住宅墙上辟门户以外，一般都在院墙上建具两坡悬山顶之门檐或门屋。如前述广州市出土之东汉陶屋所示，若门辟于两阙间的墙上，则墙头之两坡顶必延至双阙之下，或二阙间联以门檐，或建有门屋，例见河南郑州市汉墓空心砖所示之大型住宅，及山东曲阜市旧县村汉墓画像石。大型住宅之门屋常为一间或三间，其大门之旁侧，或另设小门供日常一般之出入。坞堡之大门上，则多半建有楼屋。

门屋之构造，常以木柱梁上置栌斗与短柱承屋架及屋面，柱间墙内则置腰枋与间柱，均为木架结构。四川德阳县等地出土东汉画像砖中住宅之门屋（图5-139），即为此种构造。仅在墙上开门洞者，则于门两侧立柱，柱上再平置横梁。由门额上施有门簪二至三枚，表明已使用鸡栖木构造。门扇则多用实塌板门或栅栏。

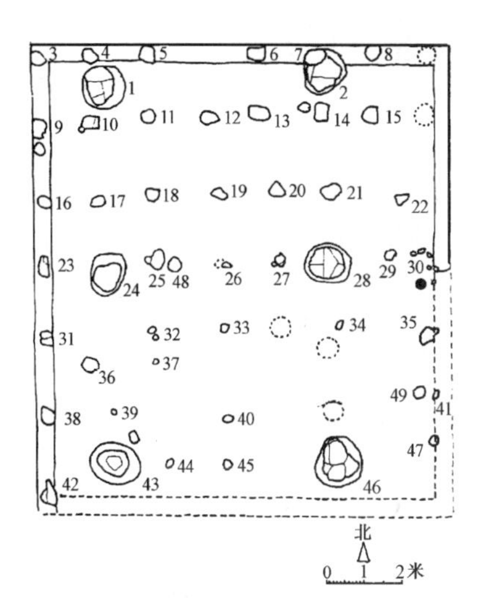

图5-138 辽宁凌源县安杖子古城西汉房址F2平面（《考古学报》1996年第2期）

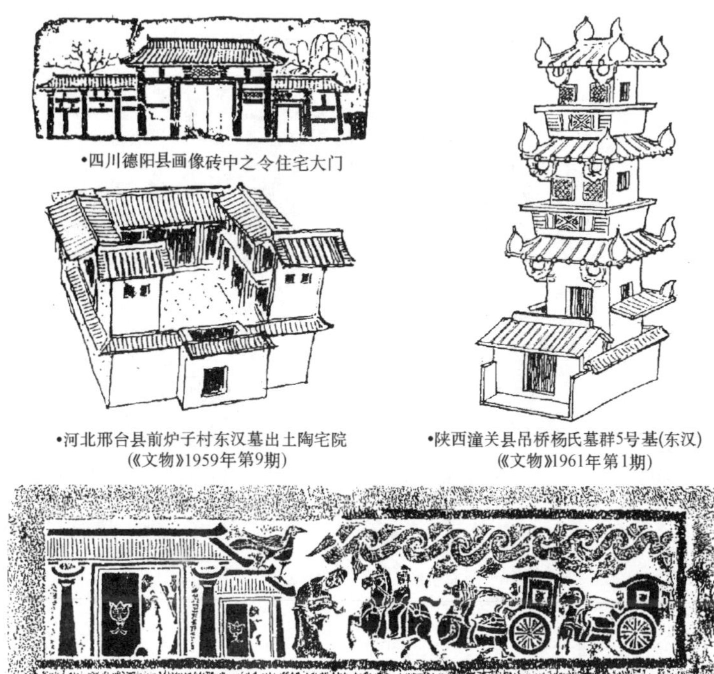

图5-139 汉代居住建筑之门屋

2. 厅堂

多数厅堂均表现为面阔三间或一间之单层建筑。前者如四川成都市出土之第宅画像砖，结构为木抬梁式样，其情况已具见前述。一间之厅堂虽然在画像砖石中出现最多，但实际上，却是一种为了更好地表达刻画内容，从而作出的夸张手法，故其比例与尺度皆不足为凭。

厅堂下建台基，有踏跺可通至堂上。现有资料中多表现为单阶，而少见如文献叙述之东、西双阶式样。柱下置或不置柱础，檐柱断面为方形或八角形，有的具很大收分。柱上置栌斗及栱、小斗。屋檐平直，屋面铺筒、板瓦。屋顶形式多为四坡，正脊与斜脊脊身及脊端，均施以纹饰及翘起之端饰。此外，也有若干例采用两坡屋顶的。

3. 楼屋

汉代住宅中之楼屋，大多为2层或3层，或迳于单层建筑上加局部之二层，建为4层及以上者绝少，具见前述诸例明器（图5-140）。在画像石中，又有将上层楼屋之中央部分进一步升高者，或将上层楼屋作梯次之排列，如江苏徐州市利国镇东汉画像石墓中所示（图5-140）。但它们仅表现了各部楼层及屋面之高低，对建筑其他内容（门、窗、勾阑等）皆略而未及。而四川合江县东汉墓出土石棺所刻绘的干阑式建筑则较为具体，其右侧已显示干阑柱上承有二层之三开间房屋。另画像石中又屡见形如“桥屋”之楼阁，其下承以柱和多层斗栱，或服务性房屋，两侧建跌落式斜廊以供上下，似为汉代楼屋中的一种特殊形式（图5-140）。

楼屋之屋顶，多采用四阿式或两坡顶。正脊两端及斜脊下端均施翘起之脊饰，其于明器中者更为显著。形状有折线和曲线形多种，其中如湖北云梦县瘌痢墩一号汉墓出土陶屋之脊饰，已与

•山东肥城东汉墓画像石之一(《文物参考资料》1958年第4期)

•四川成都市曾家包东汉画像石墓中之建筑形象(《文物》1981年第10期)

•江苏徐州市利国镇东汉墓画像石(《考古》1964年第10期)

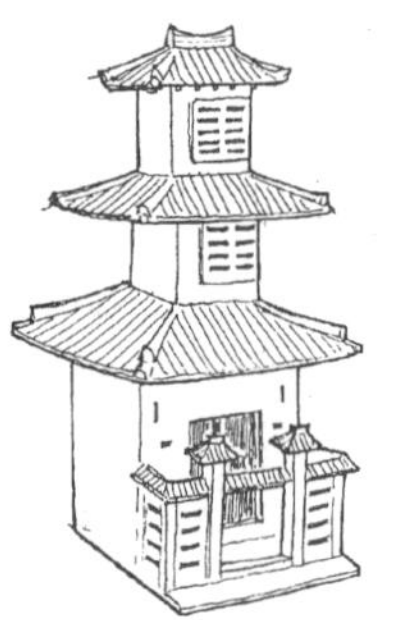

•湖南常德市出土东汉陶楼(《湖南省文物图录》)

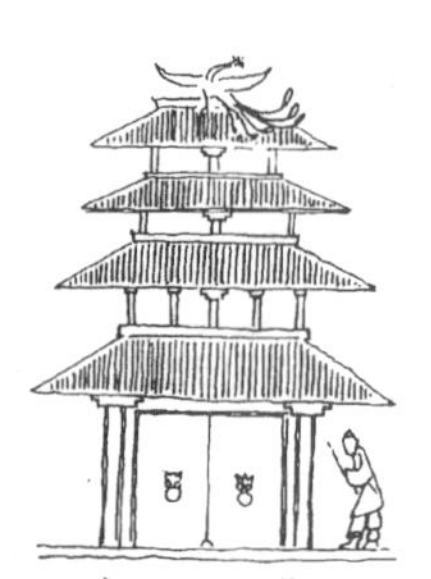

•河南南阳市杨官寺汉墓出土画像石刻四层楼阁(《南阳汉代画像石》)

•湖南常德市西郊东汉6号墓出土陶楼(《考古》1959年第11期)

•湖北宜昌市前坪东汉墓陶楼明器(《考古学报》1976年第2期)

•河南出土汉代陶楼(《文物》1990年第12期)

•河南灵宝县张湾汉墓出土陶楼(《文物》1975年第11期)

图 5-140 汉代居住建筑之楼屋

后世鸱尾（北朝、隋、唐等）形式甚为接近，仅轮廓线稍较生硬。

在建筑各部的组合方面，也比较复杂和生动，以上述云梦县一号墓之陶楼为例，不但前后建筑各部的排列参差有序和富于变化，其屋顶形式也有四阿、两坡、单坡等多种。且使用披檐对房屋背面的大块墙面予以分割，既减少了墙面因雨受湿的损害，又美化了建筑的外观。这种一举两得的措施，正说明了两千年前我国民居建筑设计的进步。

4. 塔楼

是住宅或坞堡的制高点，层数自3层到7层不等。形制上大致可分为独立式和附建式二类。

独立式塔楼在建筑形体与外观上都自成一系，与住宅中其他建筑有显著之不同。其平面多呈方形，外观颇似日后之楼阁式塔，各层自下而上逐渐递减其高度与宽度，但亦有各层宽度相等或递增之例。上下层间以屋檐及平座区分。此类明器在汉墓中或作为单体建筑存在，如河北望都县、河南灵宝县、山东高唐县、北京市顺义县等地汉墓出土之例（图5-141）。或与庭院、坞堡相结合，前者如陕西潼关县、湖南常德市、河南焦作市汉墓出土者，后者如甘肃武威市雷台汉墓中所见之陶楼。其中焦作市白庄东汉六号墓之例，为一建于庭院内之陶楼与建于院外之另一独立陶楼相组

•北京市顺义县临河村东汉墓出土陶楼（《考古》1977年第12期）

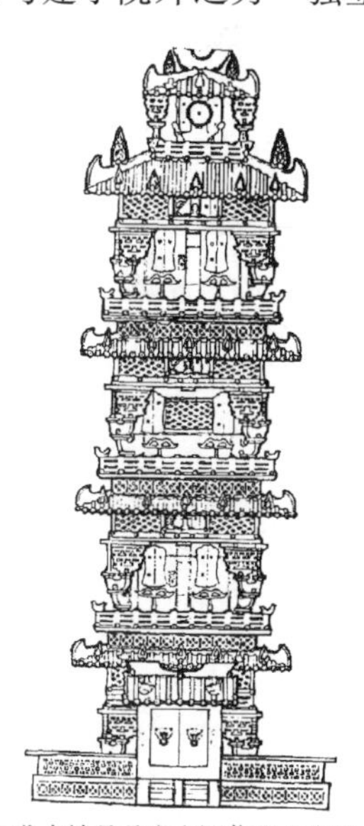

•河北阜城县桑庄东汉墓出土陶楼及院落（《文物》1990年第1期）

•河北孟村回族自治县王宅1956年出土东汉陶楼（高85厘米）（《河北省出土文物选集》）

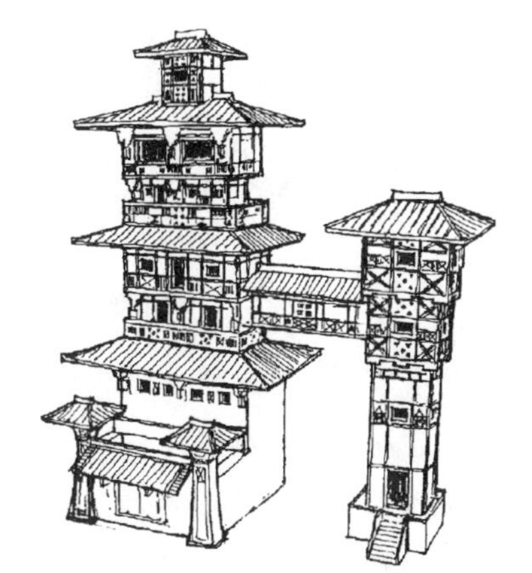

•河南焦作市白庄6号东汉墓陶楼（《考古》1995年第5期）

图5-141 汉代居住建筑之塔楼

合者，其间并联有覆顶之阁道，比例及造型俱极优美，为已知出土汉代陶楼中之罕例（图 5-141）。

此外，在某些独立式陶楼下，置以方形或圆形水池，池中有的还放有若干水鸟鱼鳖，似表示水域之深广，故在考古文献中又称此类陶楼为“水阁”。此种建于水中之楼阁，亦曾运用于皇室宫殿。如王莽地皇四年，长安起义军民攻入未央宫，王莽走避于宫西渐池（又称“沧池”）中之楼阁，即是一例。事见《前汉书》王莽传。出土于墓葬中的此类塔楼，其楼上之偶人有手执弓弩者，即表明它具有游观与防卫的多重功能。河南灵宝县张湾出土之“水阁”明器，又在池四隅各建一方形小亭，此种制式为他处所少见（图 5-142）。

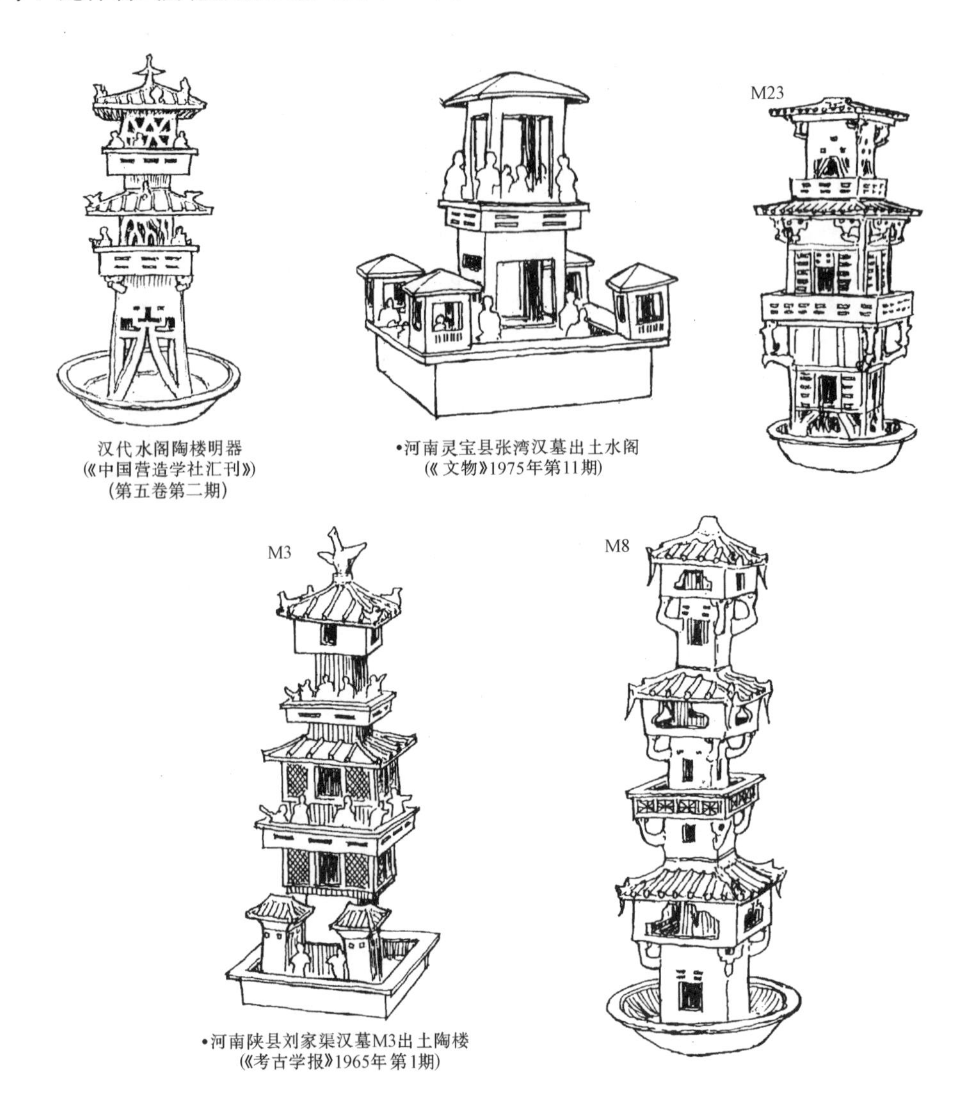

汉代水阁陶楼明器
《中国营造学社汇刊》
（第五卷第二期）

•河南灵宝县张湾汉墓出土水阁
《文物》1975年第11期

•河南陕县刘家渠汉墓M3出土陶楼
《考古学报》1965年第1期

图 5-142　汉代居住建筑之水阁

附建式塔楼多建于较小住宅之楼屋中央或一端，本身一般仅较住宅高出一层，平面亦作方形或矩形，实例见前述之河南灵宝县张湾东汉二号墓及广州市汉墓出土明器。

塔楼之结构大多以木梁柱形式表现，如柱、枋、斗栱、斜撑等等。四川成都市出土住宅画像砖中之塔楼及河南三门峡市刘家渠东汉第 73 号墓出土明器均属此种形式。个别的于下部施圆券门及刻有灰缝之砖墙，如现收藏于美国波士顿博物馆中之绿釉陶楼即是。

各层之间的屋面，均为四注形式，顶层大多用四阿顶。当平面为方形或接近正方形之矩形时，其屋顶正脊甚为短促。用完全之攒尖顶者甚为希见。在附建式塔楼明器中，其顶层屋面，亦有使

•汉代画像石中的斜廊与楼屋
(《考古学报》1993年第4期)

•四川郫县东汉砖墓石棺画像
(《考古》1999年第6期)《迎宾图》

•汉代画像石中县斜廊及由多层斗栱承载之楼屋
(《徐州汉画像石》)

•江苏睢宁县双沟出土东汉画像石
(《江苏徐州汉画像石》图79)

图 5-143　汉代居住建筑之廊庑

用两坡之悬山顶，如出土于前述湖北云梦县癞痢墩一号墓之例。

5. 廊庑

其形象见于四川成都市出土之汉住宅画像砖及山东诸城县汉画像石，结构显然均系木架构。另江苏睢宁县双沟汉墓画像石中，还刻有作梯次跌落之廊屋三间（图 5-143）。其檐下各承以置栌斗及一栱二升柱头铺作之廊柱二根。柱身有显著收分，柱间并置有由望柱及卧棂组合之钩阑。而河南郑州市空心砖之汉宅邸图像中，则有使用连拱廊庑之形象多处，是此类结构应用于汉代地面建筑之稀有例证（图 5-130）。

明器中表现之廊，如广州市南郊刘王殿岗及东山象拦岗二号墓出土之陶屋，均置于建筑庭前门屋两侧，平面作直线或曲尺形。墙面施直棂窗，上覆以两坡屋顶。另有附于房舍前之檐廊，其形式为以檐柱支承延出之前檐。例见广西合浦县出土之西汉铜屋。

在坞堡建筑中，又有在上层的门楼与角楼或角楼与角楼间连以廊屋的。其外壁有直棂窗，亦可能为施弓弩之射孔，廊上并构两坡屋顶。广州市麻鹰岗出土陶城堡即是使用这种形制的廊屋。

6. 阁道

阁道为下部架空的空中通道，西汉长安长乐、未央、建章诸宫间，常借此以为交通，载见《汉书》高祖以下之帝纪。但实物形象未曾得见，文献记述亦极简略。

在甘肃武威市雷台出土之东汉坞堡明器中，其角楼与门楼间，架有仅具勾阑但无墙垣及屋顶之桥状木构筑物，应系阁道形象之一种。此种形式当为阁道中之简单者，其施于长安汉宫间，应有墙壁及屋顶可蔽风雨霜雪及日晒，反之，则不利王室及宫中人众之往来。前述河南焦作市白庄东汉元号墓出土组合陶楼间之阁道，可为最具代表性之物证（图 5-141）。

7. 其他建筑

汉代居住建筑中之厨灶房，在某些较大的墓葬（如江苏徐州市北洞山楚王崖洞墓）及画像砖石（如四川成都市出土东汉住宅）中，常独成一区，且以相当数量之房屋廊庑（包括灶房、柴房、储藏室……）围合为自身之庭院，并凿有专用之水井等等。其位置常居于全宅之东南隅。但在若干坞堡及住宅明器中，则多位于主体建筑之后侧。至于墓中出土之个体厨灶房建筑明器，其形状多为单间之两坡建筑，有的屋内仅置一灶，有的还另附架、槽等其他器物，如河南洛阳市金谷园 11 号汉墓所示（图 5-144-甲）。

北方之汉墓多出陶质之碓磨房建筑明器，其外形多为单间之双坡或囤顶，周承以墙或柱。中置足踏之碓或圆盘形磨，或二者兼有。例见河南洛宁县及陕县东汉墓出土之明器（图 5-144-乙）。

鸡埘大多为两坡之房屋，如湖南常德市东汉五号墓出土者，墙上开一门或二门，并设通风之小窗。另一种为圆囷形，中央开一门，例见湖南衡阳市凤凰山九号东汉墓明器（图 5-144-丙）。后者之形制与储粮之仓囷相类，很可能是利用废弃或不用之圆囷改造的。

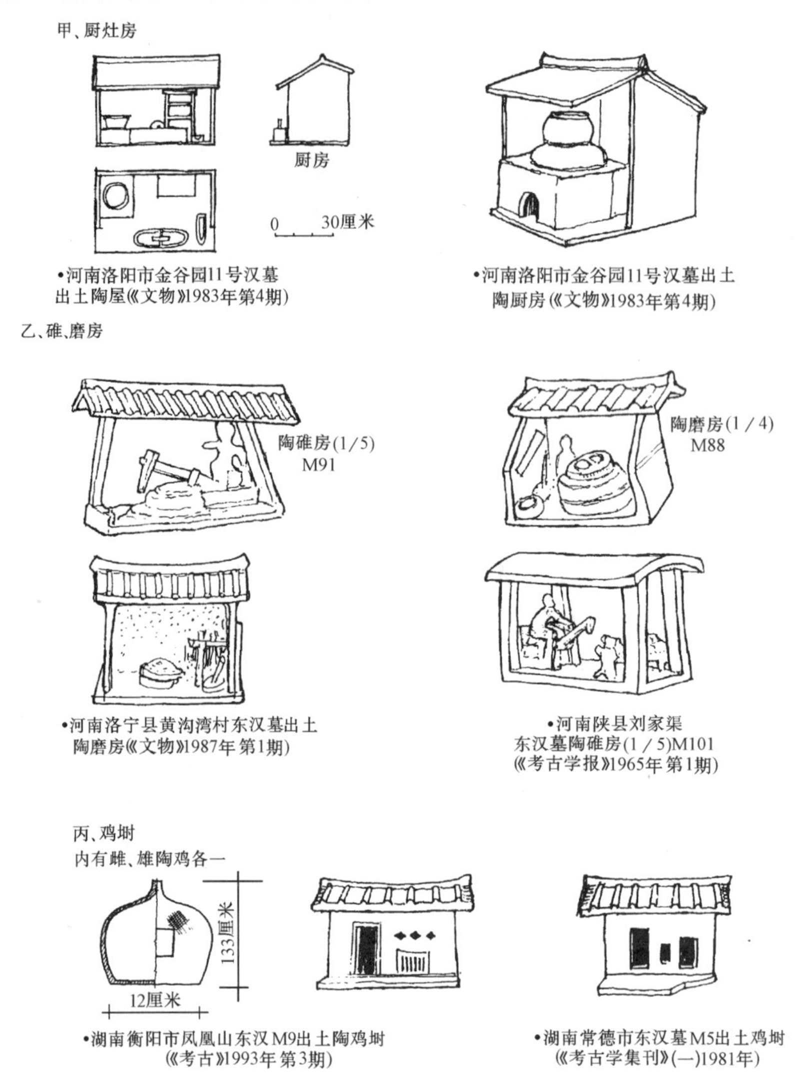

图 5-144　汉代居住建筑之厨灶房、碓磨房、鸡埘明器

作为附属建筑的畜圈和厕所，也常以单体明器或住宅中组合内容之一的形式出现。畜圈之平面，以方形、矩形和圆形为多，并周以短垣（图 5-145）。旁侧常毗邻厕所，推测其目的是为了同时方便地积聚人、畜粪便于一处。

厕所多为平面方形或矩形之小屋，其室内地面高度约与畜圈垣墙高度相等，有踏跺可自地表登临。由此可知古籍中之“登厕”，并非无因。此种小屋除辟一门及小窗外，顶部处理有单坡、两坡和四阿等数种。就实际生活而言，此类建筑似乎不大可能采用四阿顶这样的高级形式。因此，对于明器或画像砖、石中的建筑内容和形象，在说明和引用时必须十分慎重。

置于住宅内之畜圈与厕所，大多位于宅后之左侧，亦即总平面之东北隅。其排列为畜圈（一般为猪栏）在外侧，而厕所在内。例见河南淮阳县于庄及湖北云梦县瘌痢墩汉墓等处出土之陶楼明器。就目前所知之畜圈，以猪栏为最多，形式亦有多种式样。至于畜养其他家畜者，明器中有羊舍及鸡莳，但为数甚少，牛屋仅个别例。它们的特点是单独设立，与猪栏之情况不同。

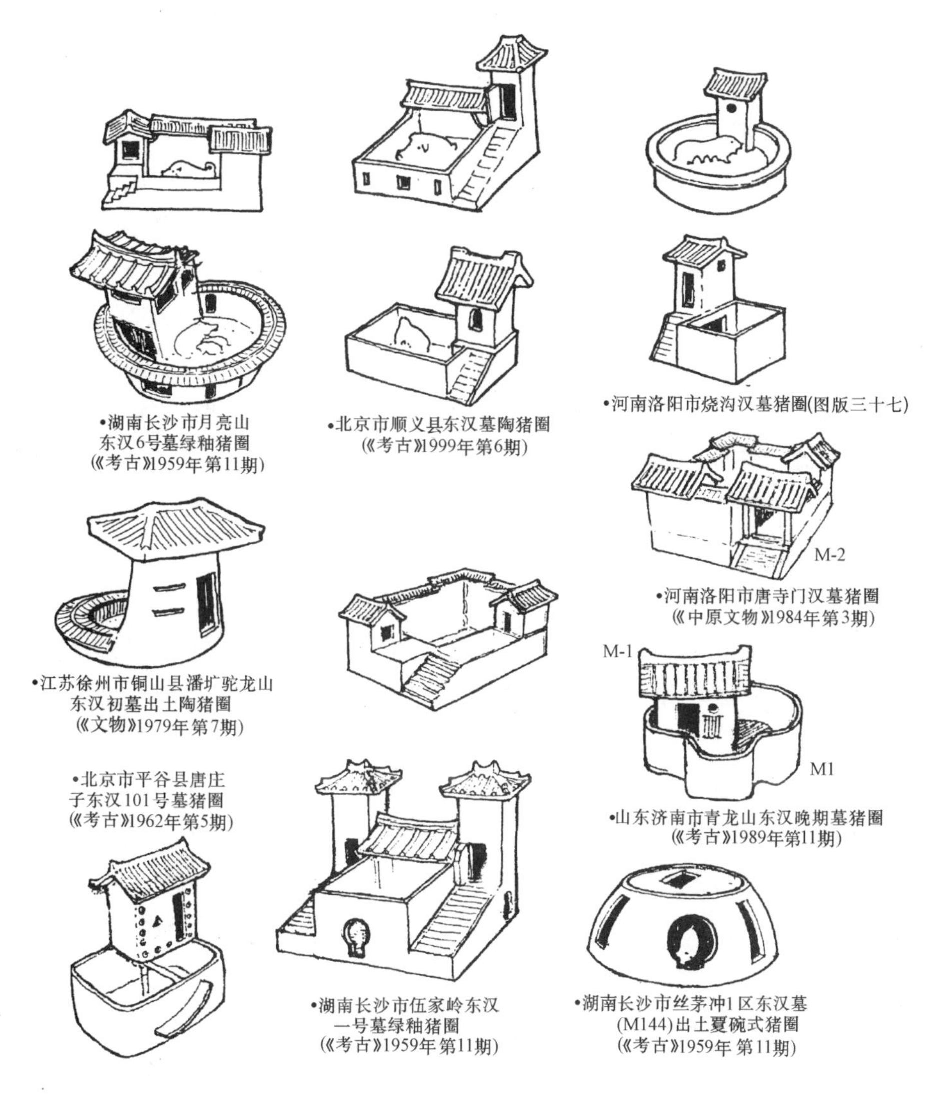

图 5-145 汉代居住建筑之厕所及猪圈明器

六、宗教建筑

（一）汉代宗教建筑概况

汉代宗教以道教及佛教为主流。前者因肇源中土，东汉时在我国北方已相当流行，但未留下建筑遗迹或可供考证之文献。佛教虽传自天竺，于东汉末已由中原延及江左，并在上层统治者和平民庶众中，产生愈来愈大的影响。它所进行的建筑活动，已有若干载入文史，同时也遗留下数量虽少但确切可信的证物。由于道教建筑资料全无，以下只能对汉代佛教建筑的已知情况，作如下之介绍。

东汉明帝十年（公元前 67 年），天竺僧人摄摩腾、竺法兰随中土使者蔡愔等抵达洛阳，先迎居于鸿胪寺（汉代接待外国使节之国宾馆）。次年，在洛阳雍门外建造佛寺。因摄摩腾等以白马负梵经、佛像来华，遂命名此寺为白马寺。这是佛教传来我国后肇建的第一座佛寺，当时之建置情况已不可考。由于我国素无此类建筑，按照常理推测，该寺之形制，应为摄摩腾等熟悉的天竺或西域佛寺式样。据后世之《魏书》释老志载："自洛中构白马寺，盛饰浮屠，画迹甚妙，为四方式，凡宫、塔制度，犹依天竺旧状而重构之"。则知寺中建筑乃承印度制式，且建有浮屠，是为我国最早之佛塔。其所谓"画迹"者，乃是寺中绘有"千骑万乘，绕塔三匝"的礼佛壁画，载见

《法苑珠林》卷十三引南齐·王琰《冥祥记》。此外，明帝又命画工，将摄摩腾等携来之释迦宝相，“图之数本，于南宫清凉台及开阳门、显节寿陵上供养。”

东汉末季，徐州牧陶谦属下吏笮融，于当地“大起浮屠祠，上累金盘，下为重楼，又堂阁周回，可容三千许人。作黄金涂像，衣以锦彩。每浴佛，辄多设饮饭，布席于路，其有就食及观者且万余人”。事见《后汉书》卷一百三·陶谦传。由此可以了解，当时之佛寺还称“祠”而不称寺，称“浮屠”而不称塔。而此组佛教建筑系以木构的楼阁式塔为中心，塔顶置铜质（可能还镀金）相轮多重；塔内立镀金着锦衣之佛像；塔外辟广庭，庭周则环建回廊、堂、阁。这是我国最早见于正史的佛塔和佛寺，将它们与后来的北魏永宁寺相比较，并参佐日本现存的自飞鸟时期以降的古代梵刹，以及结合出土的众多汉代陶楼明器，可大体推测出汉代佛寺情况：寺院轴线采用十字正交轴线；寺院和塔的平面为方形，其礼佛仍依印度之绕塔方式。

据南梁·慧皎《高僧传》，三国孙吴赤乌十年（公元247年），番僧康居会“初达建业，营立茅茨，设像行道”。后建阿育王塔及寺，以江南“始有佛寺，故号建初寺”。由此可知，虽然佛教已于明帝时传来中原，但播及江南则较晚。至番僧康居会来后，“江左大法遂兴”。同时也说明了佛教的输入，有北路之陆传与南路之海传两条途径。其中南传的时间稍迟，但对日后我国佛教之发展和流播所产生的影响，则也是不容忽视的。

（二）汉代佛教活动残迹

汉代之佛教建筑当时为数不多，实物早已无存，但佛教活动的某些内容，至今仍然依稀可见。例如散处全国各地的佛教石刻图像，以及表现在一些器物中的佛教装饰图形和纹样等等。

现存汉代佛教石刻规模最大与最集中的，应属江苏连云港市之孔望山摩崖造像[49]。此山位于连云港市海州锦屏山东北，东西延亘约700米，海拔高度129米。相传孔子曾至此山观望东海，因以得名。

造像雕刻在山南麓的西端，依崖而刻（图5-146），在东西广约17米，高9.7米的崖面上及其前方，雕刻有人物及动物之石像110躯（其中人物浅浮雕108躯，动物圆雕石像与石蟾蜍各一）。

浮雕人物最高者达1.54米，最小之头像仅0.1米。现划分为18组，最多之第二组有人物图像57个，最少的仅一个。雕刻内容有佛涅槃（图5-147）、舍身饲虎、立佛、坐佛、力士、莲花等。

图5-146 江苏连云港市孔望山摩崖造像实测图（《文物》1981年第7期）

圆雕之石像与蟾蜍形体都较巨大，前者长 4.8 米，高 2.20 米；后者长 2.4，宽 2.20 米，高 0.90 米。

就雕刻内容而言，其中人像头上具高肉髻及顶光，右掌心向外施无畏印，结跏趺坐等形态；再由象奴牵引之大象，以及多处刻莲花为饰等，都反映了明显的佛教教义与其艺术造型特点。由此也就决定了这些石刻内容的性质。

但在少数石刻中的人物形象，既未表示上述佛教内容，又非刻画社会世俗生活。如第五组之 X—66 及第六组 X—68 二像，体形甚大，所居位置又在山崖之中央或最高处，显然是雕刻时的着意安排。因此，某些考古学者认为它们是道教的造像。这与东汉时当地道教流行，以及佛、道二教在早期的差异并不十分突出等情况结合起来，加上这里又是东汉桓帝与灵帝时所建道观东海庙旧址。因此在崖壁上出现道、佛二教并奉的神像，也是不足为奇的事。

它的雕刻方式有线刻、浅浮雕、高浮雕和圆雕，基本已包纳了我国石刻的全部手法，其风格也与邻近地区的画像石刻十分接近。依照雕刻内容及人物衣着等判断，该摩崖的凿造时间应在东汉。

其他表现佛教内容之汉代石刻，尚有（图 5-148）：

（1）内蒙古自治区和林格尔县小板申村一号汉墓，发掘于 1971 年。其前室顶部绘有“仙人骑白象”图，另有“猞猁”图，考证即指佛骨之舍利。

（2）山东滕县出土之画像残石，上有二匹六牙象图形，而六牙象亦出自佛典。

（3）山东沂南县画像石墓中室独柱之南、北面顶部，所刻人物画像头部具有光环。

（4）四川彭山县崖墓出土之钱树陶座，其座下刻一佛（释迦）二菩萨（大势至与观世音）。

（5）四川乐山市麻浩崖墓与柿子湾崖墓中，均刻附背光作结跏趺坐之佛像。

除石刻外，在新疆民丰县尼雅遗址汉墓出土之织物，已有上身赤膊具背光之佛像图形。而长江下游的三国东吴墓葬中，亦多次发现背面铸有佛像之铜镜。均表明佛教之影响，已逐渐深入到民众的生活中了。

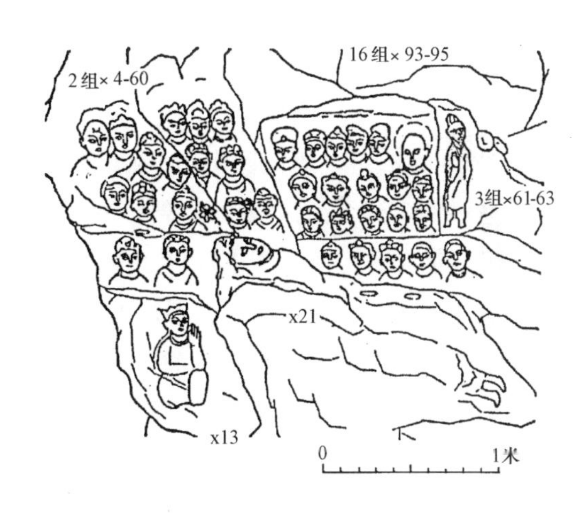

图 5-147 江苏连云港市孔望山摩崖释迦涅槃图（《文物》1981 年第 7 期）

•山东滕县画像石中的六牙白象图（《汉代画像石全集》）

•四川乐山市麻浩堂石刻佛像（《文物参考资料》1957年第6期）

•四川彭山县出土汉代佛像陶插座（《中国美术全集》雕塑篇(2)）

•新疆民丰县尼雅墓中织物上的菩萨像（《文物》1966年第6期）

图 5-148 汉代石刻、陶塑及纺织物中表现之佛教内容

七、长城

(一) 汉代长城建设概况

建于我国北境的长城，是战国以来防御匈奴等游牧民族南侵的重要军事工程。秦始皇曾将燕、赵、秦三国边墙联为一体，使它成为更加完善的防御系统，并在某些地段向北予以扩展。如蒙恬北击匈奴取河套地所建城堑亭障即是。汉代的情况大体也与秦代相仿，在高祖至文、景帝时期，基本上和匈奴保持着相峙状态，对长城则采取修缮和整顿的方针。到武帝主动征伐匈奴时，边塞建设仍不遗余力，并将这项宏巨的军事工程，推进到更遥远的北方与西北。自此以后，直至东汉之末，长城之规模及建置，均未有所大改。

依文献所载，汉代对长城之兴建，可分为下面几个阶段：

1. 西汉高祖至文帝时期

高祖二年（公元前 205 年）“缮治河上塞”，载见《史记》卷八・高祖纪及《前汉书》卷一（上）・高帝纪，所指当系秦时旧置防塞之在陇西者。据《前汉书》卷九十四（上）・匈奴传：“诸侯畔秦，中国扰乱，诸秦所徙適（按：应为谪）边者皆复去，于是匈奴得宽复，稍渡河南，与中国界于故塞”。当时天下未定，刘邦虽以逐鹿中原为主，但对身后之匈奴仍不得不防。以后高祖七年的平城白登之围，正说明了匈奴的强大。而汉初以国力凋敝，不能以实力相抗衡，只能“使刘敬奉宗室女翁主为单于阏氏，岁奉匈奴絮缯酒食物各有数，约为兄弟以和亲”的方式，谋求这一矛盾的暂时缓和。此项政策，直至武帝初年，仍然维持不变，但匈奴侵略边郡与杀掠人畜事则经常发生。孝文帝十四年（公元前 166 年），“匈奴单于十四万骑入朝那、肖关，杀北地都尉卬，虏人民畜产甚多，遂至彭阳。使骑兵入烧回中宫，候骑至雍甘泉”。“匈奴日以骄，岁入边杀人民甚众，云中、辽东最甚，郡万余人。汉甚患之”。文帝后元五年（公元前 159 年)，“匈奴复绝和亲，大入上郡、云中，各三万骑，所杀略甚众，……胡骑入代句注边，烽火通于甘泉、长安数月”。以上皆见于《前汉书》匈奴传。此时汉军虽亦云集，但未有较大战斗，待匈奴退出境外，汉军也不追击。由于匈奴的骄横，奉物与和亲已经无效。于是“文帝中年赫然发愤，遂躬戎服，亲御鞍马，从六郡良家材力之士，驰射上林，讲习战阵，聚天下精兵军于广武”，这种积极的军事准备，为日后武帝北伐奠立了基础，而边城防御体系的进一步巩固与完善，也应在当时同步开展，上述通往甘泉宫与长安城的烽火台体系，即为其中之一。另《前汉书》卷四十九・晁错传又载：“陛下（按：指文帝）幸忧边境，遣将吏发卒以治塞”，也说明了当时不断修边的事实。

2. 西汉武帝时期

武帝初期，为进攻匈奴而于元光五年（公元前 130 年）“发卒万人，治雁门险阻”。这可理解为加强雁门关一带险阻的防御工事，也可理解为平除出征道途中的障碍。而大规模的缮修与新建边塞城防，则是在与匈奴进行战争的武帝中、晚期。例如元朔二年（公元前 127 年），“卫青复出云中以西，至陇西，击胡之楼烦白羊王于河南。……于是汉遂取河南地，筑朔方，复缮秦时蒙恬所为塞，因河为固”。同时，又“募民徙朔方十万口”以实边，并收农耕屯戍与节省输将之利。而这项建议，晁错就曾向文帝提出过。此外，元狩中（公元前 122—前 117 年)，又筑金城郡令居县以西边塞，直至酒泉郡。元鼎（公元前 116—前 111 年）或元封（公元前 110—前 105 年）间，建酒泉郡至玉门关亭塞燧障。太初中（公元前 104—前 101 年）筑酒泉郡至居延海（今内蒙古自治区西部）边城。《前汉书》卷六・武帝纪：“太初三年……，强弩都尉路博德筑居延”。同年，“遣光禄卿徐自为筑五原塞外列城，西北至卢朐”。表明在阴山以北，亦建有相似之亭障城塞[50]、[51]（图 5-149）。但当年秋天，“匈奴人定襄、云中，杀略数千人，行坏光禄诸亭障”，边城工事一部遭受破坏。天汉中（公元前 100—前 97 年），筑敦煌郡至盐泽（今新疆维吾尔自治区西部之罗布泊）间边塞。其后，又在盐泽以西建有亭障，即自白龙堆与蒲昌海以西至库鲁克塔格山南麓一带（图 5-150），系当时中土通往西域楼兰及车师国之要道，其兴建亭障之意义，自不言而喻。经武帝 50 余年之努力，自战国以来为抵御北方游牧氏族入侵及保护西行交通之防卫工程与警戒体系，就此基本告成。而所达到的范围与规模，都为前代与后世所莫能企及。至宣帝时，匈奴内部分裂，析为五部，相互攻伐，实力大减，从此不能成为中国边境之大患。

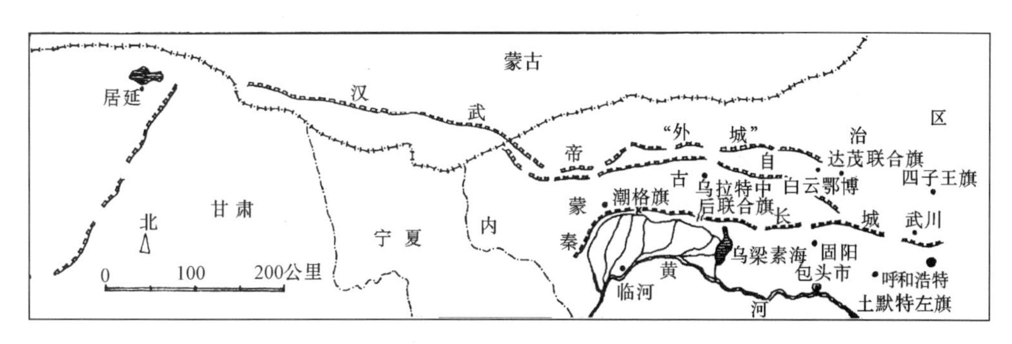

图 5-149 西汉武帝长城“外城”遗址平面示意（《文物》1977 年第 5 期）

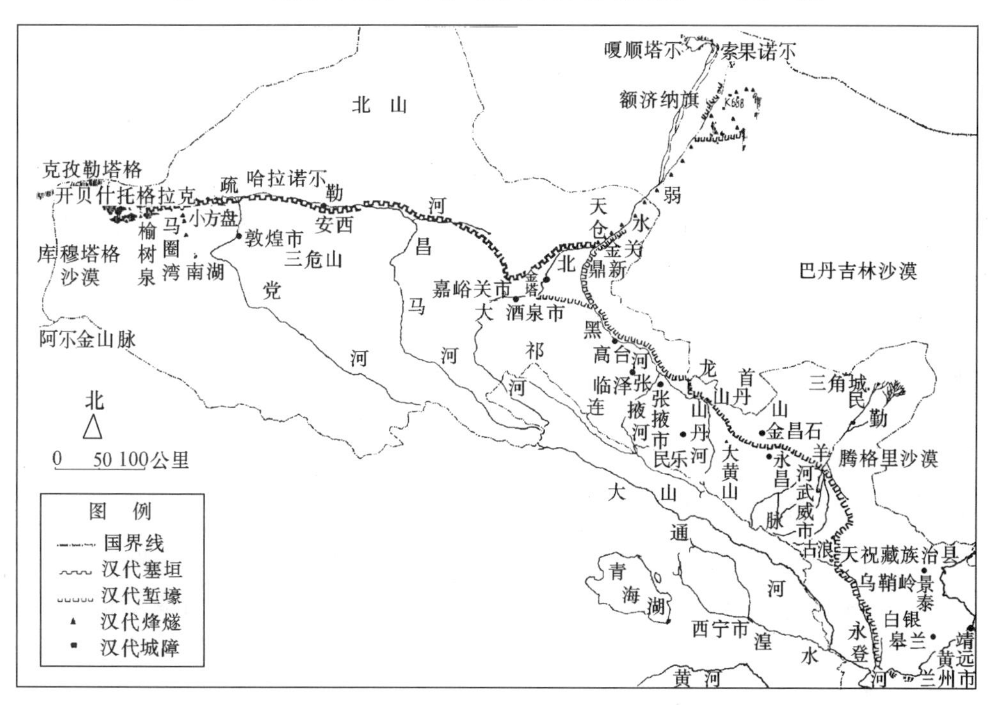

图 5-150 河西汉塞分布位置图（《文物》1990 年第 12 期）

3. 东汉初期

卢芳勾结匈奴、乌桓合兵寇边。朝廷遣兵驻防屯守，并修整亭堠烽燧。因此时匈奴已进居河套之地，故边塞防御已迁移到平城至代一线。光武帝建武二十二年（公元 46 年），乌桓击破匈奴迫其北徙，大漠以南已无抗争对象，于是下诏“罢诸边郡亭堠吏卒”，边塞之废置当始于斯时。后两年，匈奴分为南、北两部。南匈奴遣使称臣内附，并遣兵击北匈奴，却之千里以外。二十七年北匈奴亦请罢兵和亲。以后匈奴之患遂除，代替者是崛起的乌桓与鲜卑，然为害终不及匈奴之大。

汉代之长城边塞是在战国与秦旧有基础上发展起来的，西始敦煌，东止辽东，全长11500余里。除依以前旧垣，还新建了若干复线。其重点是在西北，即五原至河西一带之广大地域，也就是武帝多次出师与匈奴反复争战之所在。据有关文献记载与考古调查资料，知汉代边城并非全以城垣的形式出现，如元帝时郎中候应所言："起塞以来，百有余年，非皆以土垣也。或因山岩石、木柴僵落、溪谷水门，稍稍平之。卒徒筑治，功费久远，不可胜计"。语见《前汉书》卷九十四（下）·匈奴传。因此它应包括一切边墙、关隘、鄣塞、坞堡、亭燧、土垄、沟渠、天田等建筑与构筑物，和众多供屯守与通信的设施，以及由各级人员管理和戍守的体系和制度。

地方上以郡为边塞的最高行政与军事单位。如武帝取河南（即河套地），设朔方、五原二郡；取河西，置武威、张掖、酒泉、敦煌四郡。郡有郡守（后称太守），郡下设县（亦称城）、关。如敦煌郡有龙勒县，张掖郡有居延城，龙勒县境内又有玉门关、阳关，皆统以都尉。都尉之下领堠官，如玉门都尉下有大煎都堠官和玉门堠官。堠官又率堠若干。堠有堠长，管理烽燧数处，其级别相当于内地之乡啬夫。燧又称亭，即举烽火之台墩，是边塞守备的最基层单位，以守望及施放信号为主职。设有燧长，职别相当于内地亭长。有时在堠官及堠长间另设鄣尉。

（二）汉代长城之建筑

汉代长城边寨一部沿用战国迄秦之遗构并加以整治，另一部则建于西汉武帝之前、后期。而其中之边城、鄣塞、坞堡及烽燧，又大多置于塞垣之内侧，现依次分述于下：

1. 边城

均具有屯戍性质，其级别相当于内地之县城，但面积差小，估计是城内人口数量不多的缘故。城有护濠、城垣、城门、城楼、角楼、街道、官寺、民居、商肆、仓库等等，有的还附有瓮城、坞鄣、烽燧。墓地则位于城郊。现已查明之汉代长城沿线之边城，已达百座之多，其形制大致有下列数种：

(1) 平面方形或长方形

其城垣平直，每面长120～600米。现以内蒙古自治区奈曼旗之沙巴营子古城为例。此城始建于燕，续用于秦及西汉，至东汉时废弃。古城平面方形，南临牤牛河，现南垣已被河水冲毁，但东、北、西三面城垣保存尚好，每面长约450米，残高约4米。均由紧密夯土筑成。城之北、西垣未发现城门。仅东墙偏南处有一宽3.5米之豁口，其间之路土厚达0.40米，应是城门所在。北垣上有望楼二，其中一座已经发掘，知为二层之木构建筑，下层作粮仓，上层供瞭望。城内街道位置不明。城中央偏北处有一高夯土台，就其位置与规模，以及出土刻有秦始皇二十六年统一天下度量衡诏书之陶量，估计应为官寺之所在。此遗址以西，则有手工业作坊及民居之遗存出土。

(2) 平面"回"字形

此类边城平面由大、小两个方形套合而成。外垣一般长约1000米，内垣每面200～500米左右。官寺均置于内城，而一般民居及戍屯建筑则位于二城之间。

内蒙古自治区呼和浩特市东郊之塔布秃古城[52]，即采用此种平面。该城在呼和浩特市东北约15公里之塔布秃村北1公里，适在大青山（汉代称阴山）下。城址平面大体呈方形，南北长900米，东西宽850米，方位正南北（图5-151）。此城外垣残高2～7米，基宽约9米，均由夯土版筑而成。现南垣有一缺口，似为城门所在，其他三面之门址尚未探出。

内城方形，每面约长230米，位于大城中部偏北，其北垣距大城北垣约250米，与南垣相距约420米，残高3～7米，城门位置不明。城内未发现显著之夯土台座。

大城南部及小城内遗留之筒瓦、板瓦碎片甚多，其瓦当有素面、云纹与带“与天无极”、“万岁”等文字的多种。小城内出土空心砖、带字方砖及小砖残块甚多。此外，汉代的铜印、五铢钱和箭镞等文物，亦有大量出土。大城北部及东、西部，地下出土文物甚少。

城外以南三里，有矗立之土冢五座，其中三座并列一处。蒙语称五座土堆为“塔布秃罗亥”，该村即因此得名。此五土丘当系汉代墓葬之封土。

根据出土遗物等，此城建于西汉，以后即长期荒废。推测它是西汉武帝时代定襄郡下属的武泉县治所在。

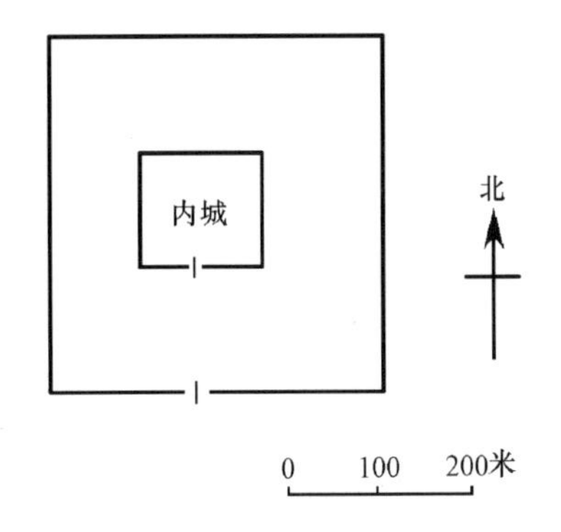

图 5-151 内蒙古自治区呼和浩特市东郊塔布秃古城平面（《考古》1961 年第 4 期）

（3）平面规整，内城作非对称布置

平面亦包括外城及内城，但内城不作规则之配置，多位于大城之一隅。总的说来，此类城址之规模较“回”字形者略小。例如美岱二十家子古城。

美岱古城[53]在内蒙古自治区首府呼和浩特市东南 45 公里之二十家子西滩村东，四面环山，城北有大黑河之东支流及北支流在此汇合后西流，城南有黄土丘岗一列，以外即为广阔平野。

城址由大、小二城组合而成（图 5-152）。大城平面呈方形，东西宽约 500 米，南北长 490 米。小城位于大城西南，平面呈南北略长之矩形，东西宽为 324 米，南北长达 350 米。其西、南二垣均系大城同方向城垣之一部。古城总面积为 23.5 万平方米。

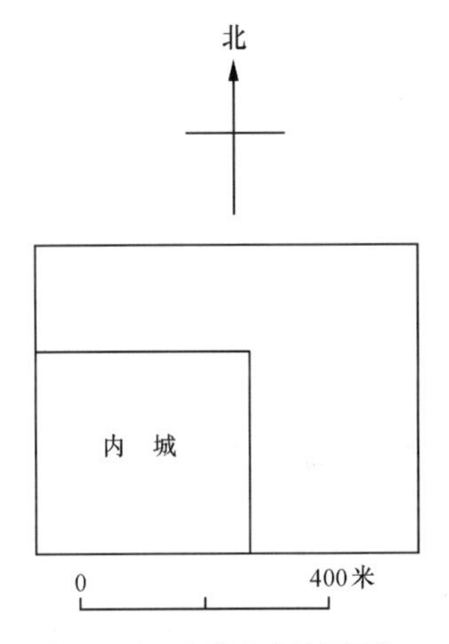

图 5-152 内蒙古自治区呼和浩特市美岱二十家子古城平面（《文物》1961 年第 9 期）

大城辟有三门，分别位于东墙与西墙之北段与南垣之东端。小城开二门，位于东垣北部与南垣西端。各城垣厚度不等，约 8～10 米。夯土色黄黑，夯窝圆形，直径 9～11 厘米。

小城内有夯基约十处，大体均作南北长东西狭之矩形。其中以位于北垣偏东处之一号基址最大，房基南北内长 37.25 米，东西宽 9.35 米，基面在今日地面以下 0.9 米。此建筑周以厚 4.35 米之夯土墙，其东墙内侧向室内凸出一块，尺度为南北 7.40 米，东西 1 米。北墙及东北隅墙体已毁，其余保存较好，该建筑于南墙中央辟一门，西墙及东墙各二门，北墙无门。各门道宽 1.2 米，东、西墙之四门两两对称布置，惟东北一门已毁。北侧门距北墙与南侧门距南墙均为 10.70 米，二门之间距离为 13.45 米。南垣门距东、西墙均为 4.10 米。

室内有南北向之柱洞二列，每列七洞。柱洞距东、西墙均约 2.5 米。二列柱洞间东西距离 4.5 米，而各柱间之南北距离亦大体如是。柱洞直径 35 厘米，深 45 厘米，其底部垫以石础，柱洞内壁则以板瓦叠砌。但洞内未发现有木柱或炭化物与灰烬遗留。估计此二列柱为支承房屋之屋架者。

室内地面，满铺以直径 30～40 厘米之河卵石。

台基上有甚厚之瓦砾堆积，经清理为背面印有方格、绳纹、米字纹、布纹等纹样之板瓦与筒瓦残片。筒瓦之瓦当为圆形，当面饰以卷云纹。又有汉代陶器碎片、西汉半两及五铢钱、铜箭镞、铁甲片、残铁刀及车马具等大量遗物。另又出土多量印有“安陶丞印”及“定襄丞印”之封泥，均可表明为西汉时代之遗存。

此城曾遭受洪水淹没，并破坏了城内部分文化遗存、尤以北部最为严重。外城西墙下有汉代墓葬群。

依文物知此城建于西汉，为当时定襄郡安陶县城所在。后一直沿用至唐、辽、金。

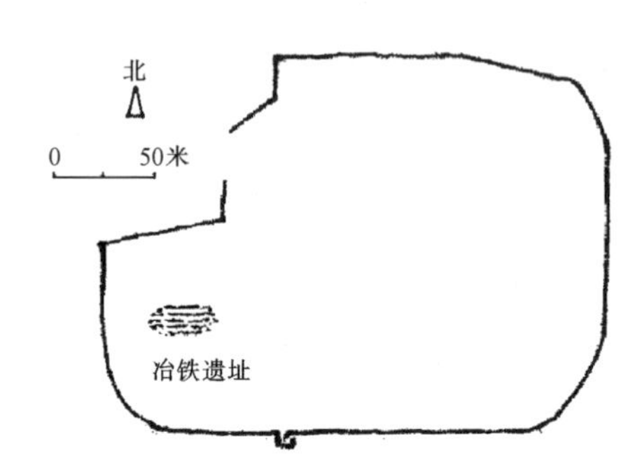

图 5-153 内蒙古自治区杭锦后旗保尔浩特古城平面（《考古》1973 年第 2 期）

（4）平面不规整形

目前所知如内蒙古自治区杭锦后旗太阳庙（蒙语为“保尔浩特”）古城址（图 5-153）即是。平面为南北短（最长达 200 米）于东西（最宽达 250 米）之不规则形，西垣且有两处曲折，南垣中间有设瓮城之城门一处。城垣皆构自夯土，墙宽 9～13 米不等。城内有汉五铢、砖瓦及陶片出土。

考定此城为汉朔方郡窳浑县城故址所在。

（5）平面呈复杂形状

甘肃夏河县八角城：

该城位于夏河县北 35 公里之高原河谷台地上，北有央拉河二支流自北而南，南临东西流向之央曲河，城市南北轴与子午线基本重合。

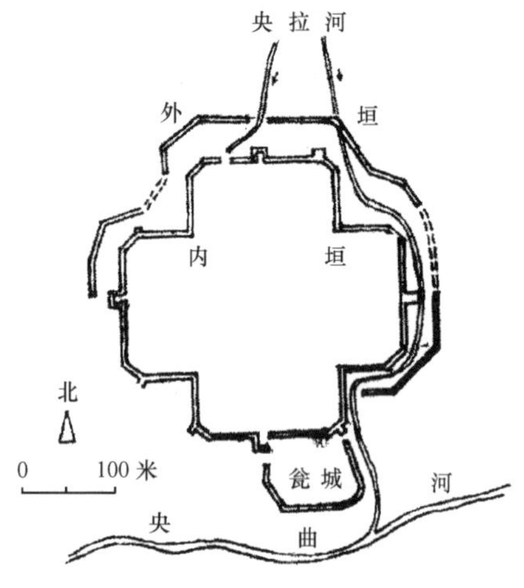

图 5-154 甘肃夏河县八角城遗址平面（《考古与文物》1986 年第 6 期）

此城有外郭及内城二道城垣（图 5-154）。其外郭墙垣尚余南、东南、东北、北及西侧各一段，残长约 1080 米。原来所包纳面积及郭城形状尚未完全探明，依现状估计其外城为不规则之多边形。现郭城残高为 4.1 米左右，其宽 3.45～5.4 米不等。城外原有护城河，其水源来自北端之央拉河，并沿城之东、西二侧引入南侧之央曲河。

内城平面作“十”字形之对称布置，其东南与西北之广长俱 490 米，周长 1960 米，城内占地面积达 169600 平方米。城垣在阳角转弯处呈 45°之折角，并于朝阴角之末端置一突出之“马面”。在东、南、西三面，于凸出之城垣中央，即依城市十字轴线处各辟一城门。南城门外有一小瓮城，南北长 15.30 米，东西宽 10 米，入口辟于东侧。南城垣墙基宽 9.50 米，高 12 米，均经夯筑而成。所施为黄土，每层厚 10～12 厘米；又以厚 2～5 厘米之砂石或苏鲁草、柳条间置墙中。

内城垣之东、西两面入口处均不设瓮城，但于垣外各筑面积约 20 平方米之夯土墩台一座。墩台之南侧，辟一穿越城垣之月牙形窄道，东道宽 3.60 米，西道宽 2 米。似为进入内城之次要通路。北垣中央及东侧各有大土台一处。

现存马面仅有五处，即东南一处，西南与西北各二处。马面宽 12.20～38.50 米，长 6.70～11.70 米。由墩台布置情况来看，并非对称建造，而是根据防御需要而定。例如北垣二座大土台，就与其附近之央拉河支流有关。

城内未发现有建筑之夯土台基等遗迹残留。

城外西北处之高地，有高约 2 米之土丘三座，均为汉代墓葬。

城内出土文物有白色大理石门槛，长 78 厘米，宽 52 厘米，高 36 厘米。另有红砂石岩凿成之柱础，大体呈方形，面积 47 厘米×47 厘米，中央有一深 2～3 厘米，直径 8.5 厘米之浅穴，以及素面陶砖、陶瓦、王莽时期货币等。考古学者推定此城建于西汉，即名将赵充国等屯田戍守之时。

在上述五种不同平面形式的汉代边城中，以第二、第三种为数最多。有关“回”字形平面边城的文字载录，首见于《前汉书》卷四十九・晁错传，其言《兵体三章》中谓：“……复为一城，其内城间百五十步”。此种边城之布局形式，有利于战守及管理，经朝廷采纳应用于实际，证明效果良好，故成为文帝以后边城建设之最通行式样。

数十年来经考古调查发现之汉代边城为数不少，现择其部分平面罗列于后（图 5-155）。

2. 关隘

汉代长城中著名之关隘，有建于河西四郡之玉门关、金关、阳关、悬索关，以及见于画像石之嘉峪关等等。其若干情况虽散见于《史记》、《前汉书》与地方志等文记（图 5-156）及出土之汉

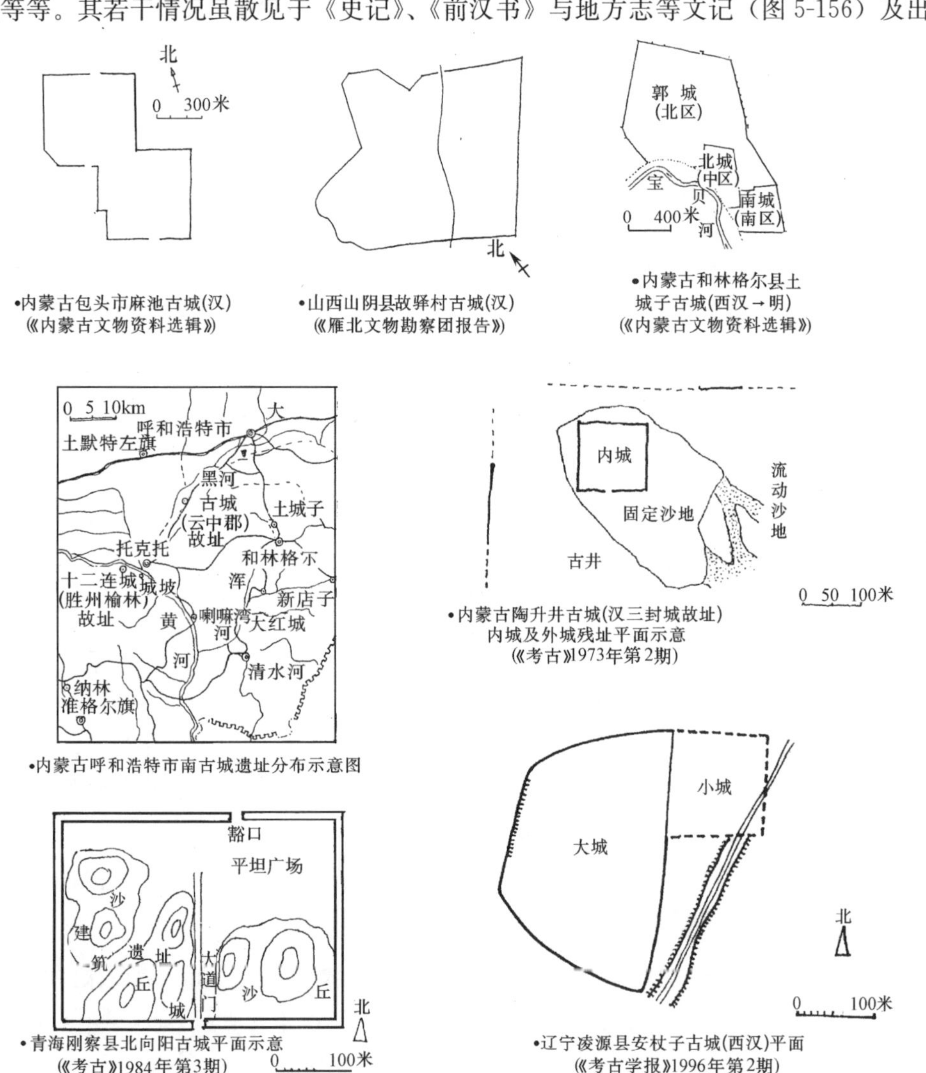

•内蒙古包头市麻池古城(汉)《内蒙古文物资料选辑》
•山西山阴县故驿村古城(汉)《雁北文物勘察团报告》
•内蒙古和林格尔县土城子古城(西汉→明)《内蒙古文物资料选辑》
•内蒙古呼和浩特市南古城遗址分布示意图
•内蒙古陶升井古城(汉三封城故址)内城及外城残址平面示意《考古》1973年第2期
•青海刚察县北向阳古城平面示意《考古》1984年第3期
•辽宁凌源县安杖子古城(西汉)平面《考古学报》1996年第2期

图 5-155 考古发现之其他汉代边城平面

简，但其具体位置则大多尚未能予以考定，仅玉门关为一例外（图 5-157）。据调查得知，这些关隘大多位于交通繁忙之驿道上，而与塞垣之关系并不密切。

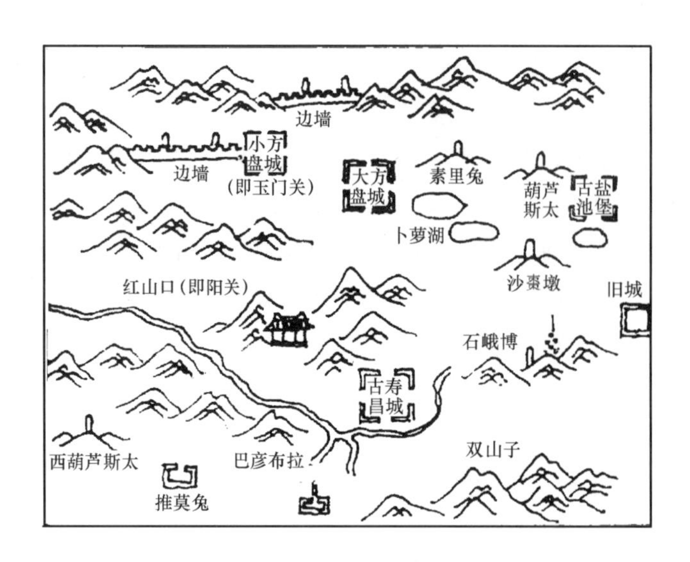

图 5-156　清道光十一年（辛卯）《敦煌县志》卷一·图考·中的两关（玉门关、阳关）遗迹图

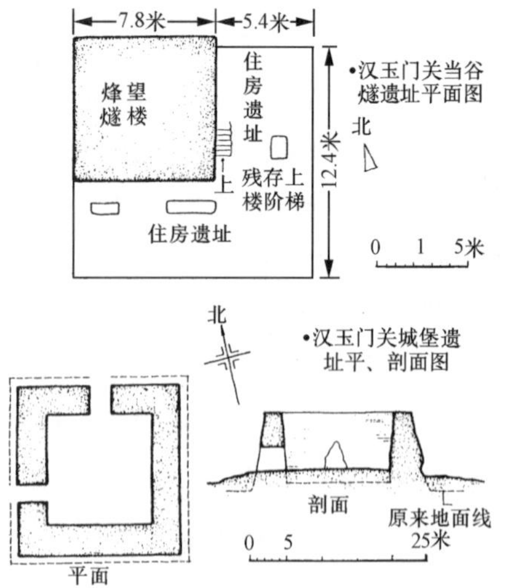

图 5-157　甘肃敦煌市汉长城玉门关城堡及烽燧遗址平、剖面图(《中国古代建筑史》,《文物》1964 年第 4 期)

1973 年对位于甘肃省金塔县黑河东岸之肩水金关[55]进行了发掘（图 5-158），此关在西汉时属张掖郡肩水都尉肩水堠官管理。其主体建筑为关门，原来应为两座长方形平面之对峙阙楼，面积均为 6.5 米×5 米，夯土楼壁厚 1.2 米。其间门道宽 5 米，东端遗有地栿、垫木、门臼、门枢等大门构件。门道内两侧列有断面为圆形或方形的倚柱，柱下施础石。门道上部结构已毁，推测应为架于两侧柱上之木梁，梁上再铺板构置屋顶或门楼。左侧阙楼内尚有由土坯砖砌造之踏跺残迹，当系登楼梯道之所在。右侧阙楼内有一隔墙，墙东之小间内遗有大批汉简。阙楼外另以土坯砖砌筑关墙。其向西者直达黑水河畔；向东者仅长 26 米，以外则为壕沟及土垄。关门以内之西南，建有烽火台及坞堡。

以上各建筑之外围，均埋有排列整齐之虎落尖桩。有的尖桩下部刻一凹槽，再系一垂直短木，使尖桩埋入后不易倾斜或移动。

现收藏于美国波士顿博物馆之一方汉画像石，其上刻绘有具“嘉峪关东门”铭文之关隘形象（图 5-159）。主体建筑为两相对应之三层阙楼，平面呈矩形，各有柱、斗栱、勾阑、窗、瓦顶。屋顶为四坡式，正脊两端翘起，中央有凤鸟装饰。楼阙前有置版门二扇之关门两道，作对称布置。两门间墙及尽端，皆立具一斗二升斗栱立柱。斗栱上承两坡之门檐。关门半启，门扇均施铺首啣环。左门且绘有一驰出之马。铭文即刻于其上，所谓“东门”当指此门。将此画像石与前述金关遗址相比较，皆有不少雷同之处，足以互予补充及校证。

3. 鄣

文献中又作障、嶂塞或鄣城。为较边城小一级之城堡。都尉或堠官常屯驻于此。依《前汉书》卷二十八·地理志（下），西汉之河西四郡都尉，驻于鄣者颇不乏人。如武威郡休屠都尉治于熊水障，酒泉郡北部都尉治会水县之偃泉障，敦煌郡宜禾都尉治广至县之昆仑障。另北地郡北部都尉治富平县之神泉障等等。而堠官之驻于各地鄣城者，为数更多。如张掖郡居延都尉下属之甲渠堠官，其驻地为今日之破城子；肩水都尉肩水堠官所屯，为今日之地湾城遗址。

鄣塞之平面大多作方形或矩形，也有在主体平面一隅另附有小堡的。它们之间的尺度悬殊甚大。如内蒙古自治区昭乌达盟之七家鄣，城址东西宽 200 米，南北长 150 米。夯土墙基厚 15 米。昭盟另一塔 其营鄣址，平面方形，每边长170米，基宽亦15米。而前述甲渠堠官驻地之遗址(图5-160)，

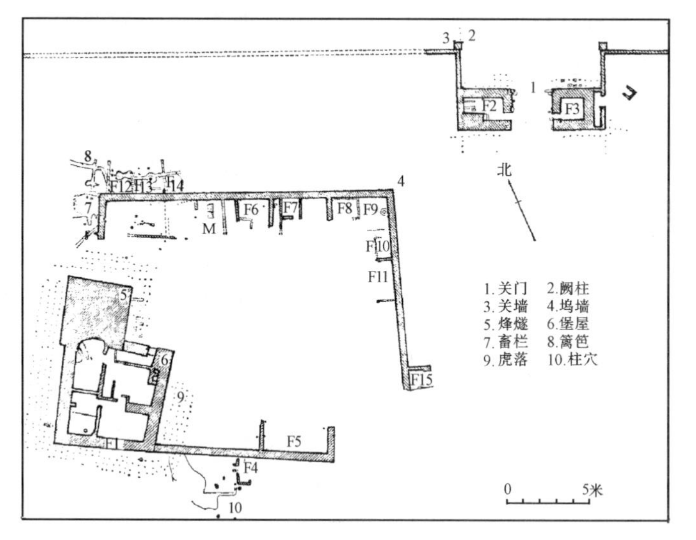

图 5-158 甘肃金塔县肩水金关平面(《文物》1978 年第 1 期)

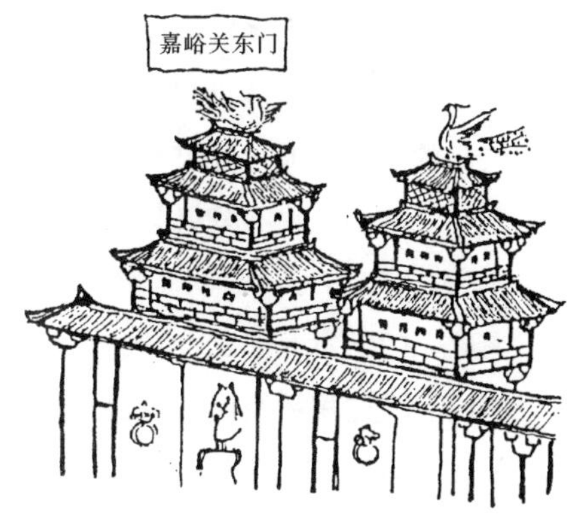

图 5-159 美国波士顿博物馆收藏“嘉峪关东门”汉画像石

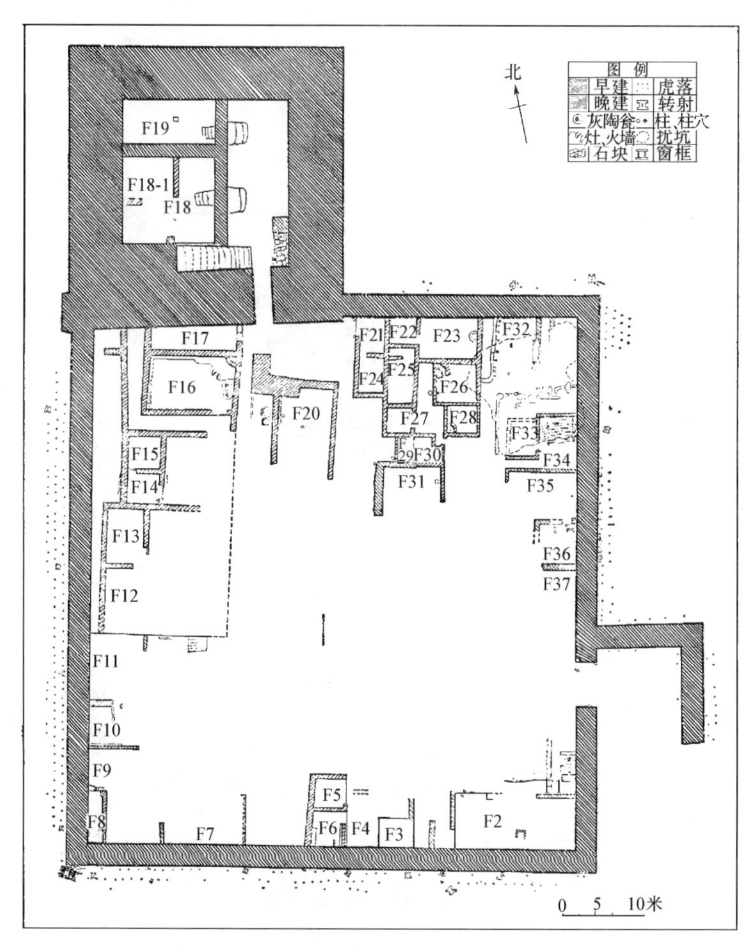

图 5-160 甘肃张掖市汉居延甲渠堠官遗址平面(《文物》1978 年第 1 期)

其主体部分、(考古文献中称之为“坞”)为方形平面，每边长46米，夯土墙厚1.8～2米。附于东北隅之小堡（文献中称之为“鄣”）平面亦作方形，每边长23.3米，堡墙厚4～4.5米（由土坯砖砌成）。

此类小城由于使用上的要求，在军事上的特点更加突出。以甲渠堠官驻地为例，其入口仅有一处，辟于东墙之南部，门外又构曲尺形护墙屏障于东、北二面，开成一南面敞口之小“瓮城”。遗址外虽未见壕沟，但密布虎落尖椿。椿高33厘米，间距70厘米，共四行作相间之排列。内部建筑大多沿墙构造。小堡墙厚超过主体部分一倍半，应是从增加瞭望高度与维护指挥部安全出发。

位于内蒙古自治区潮格旗境内的朝鲁库伦古城[56]，经考古发掘，知是西汉武帝所建“外城”北垣内侧的一座鄣城。此城平面基本呈方形（图5-161），南北长126.8米，东西宽124.6米，方位北偏东3°。城垣全由石建，以南墙保存较好，墙高3米，基宽5.5米，顶宽2.6米。城隅之角台向外作45°方向之凸出，面积5米×5米。城门仅东墙中央一处，门道宽6.6米。其外另构瓮城，瓮城门南向，门道宽5.6米。

城内有石建房屋及院落遗址多处，均集中于中、西部，其中以依西墙南端的一处为最大，该遗址平面大体作缺东北角之矩形，东西宽23米，南北长20米，墙厚约0.6米。城内建筑以此为最突出，可能是驻屯鄣尉的府衙所在。

城中未发现小堡或较高之夯土台基遗址，沿墙垣四内角处，有折尺形之土堆残迹，可能为登往城上角台之梯道。另西墙北端内，有南北长37米，东西宽20米之沙丘一处。

由城中几处探方中，觅得之文物甚少，仅有西汉五铢、铜镞、铁剑、残甲片、镬、锸、镰及陶器碎片，筒瓦、板瓦、“千秋万岁”瓦当等，但有不少红烧土及焦土，表明此城曾遭兵燹。

考古学者颇疑此城是西汉徐自为所建的宿虏城。

汉代边城坞障之其他形式，可参见图5-162所示。

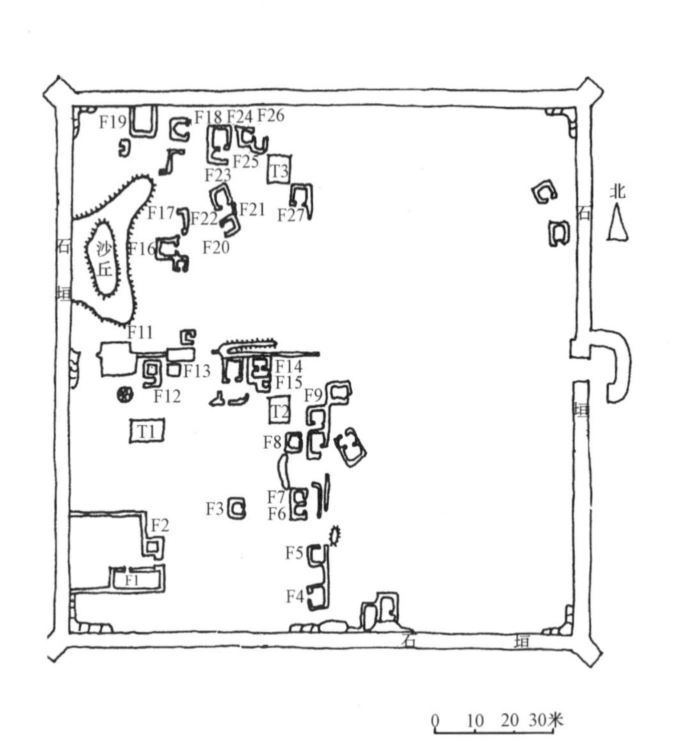

图5-161 内蒙古自治区潮格旗朝鲁库伦古城平面图(《中国长城遗迹调查报告集》)

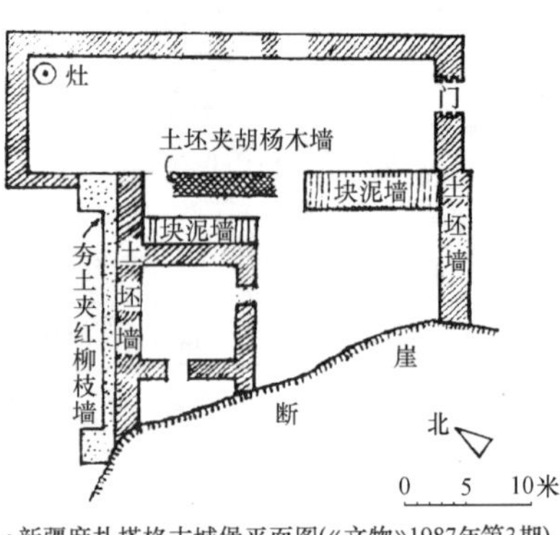

•新疆麻扎搭格古城堡平面图(《文物》1987年第3期)

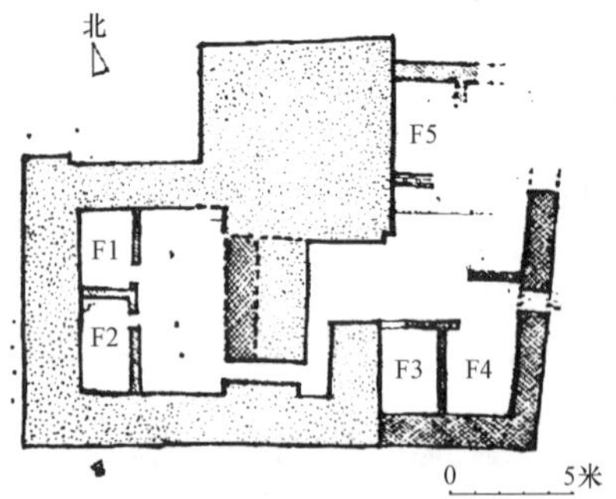

•甘肃张掖市居延甲渠塞第四烽燧遗址平面图(《文物》1978年第1期)

图5-162 汉代边城坞障的其他形式

4. 烽燧

又称烽台，以燃烽举烟示警而得名。它的布置也有几种形式，或构于长城城垣之上；或建于长城附近（一般在长城内侧130米以内）；或保持一定距离（0.5～5公里）而独立配置。其相互位置与分布，以及与障、塞之关系，可参阅图5-163及图5-164。简单的烽燧为平面呈方形或圆形之墩台，由块石或夯土构成，也有用三层土坯砖夹一层芦苇叠砌的。台的外壁涂以草泥，再刷以土红、浅兰或白色。台上为平顶，有的周建女墙。台旁或构踏跺，或迳于壁上垂悬索并利用脚窝攀登的。

圆形烽台直径自5米至30米大小不等，方形或矩形烽台之边长则在5～8米之间，烽台高度可超过10米。

烽台下之周围或一侧，常建有小屋数间，并周以围垣，作为戍卒起居之所。比较典型的可以甘肃敦煌马圈湾之西汉烽燧遗址[57]为例，其平面呈矩形（图5-165），东西约16米，南北12米。入口置于南墙西端，东侧有小居室三间，烽台在西北，面积约64平方米（8米×8.3米），约占整个建筑面积之半，台东设梯级以登临。烽燧之外，另有水井、厕所、畜圈及杂屋等。有关汉代烽燧的其他形式，现择数例列后（图5-166）。

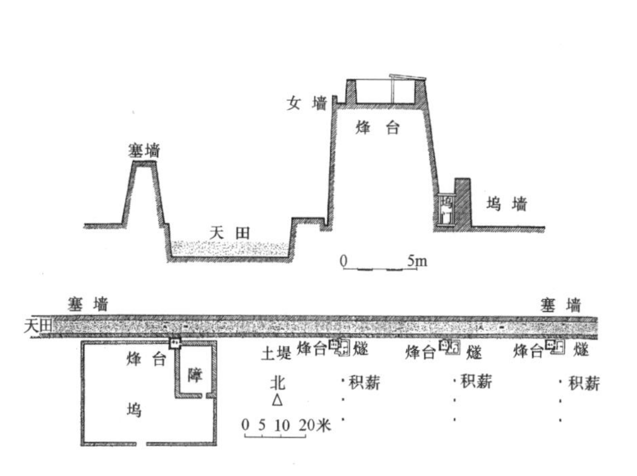

图5-163 汉代边城之障、燧、塞平面及关系示意图(《文物》1990年第12期)

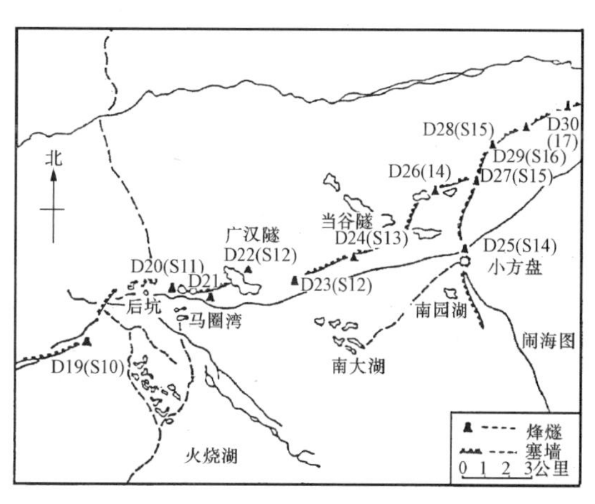

图5-164 甘肃敦煌市马圈湾地区汉代烽燧遗址位置分布图(《文物》1981年第10期)

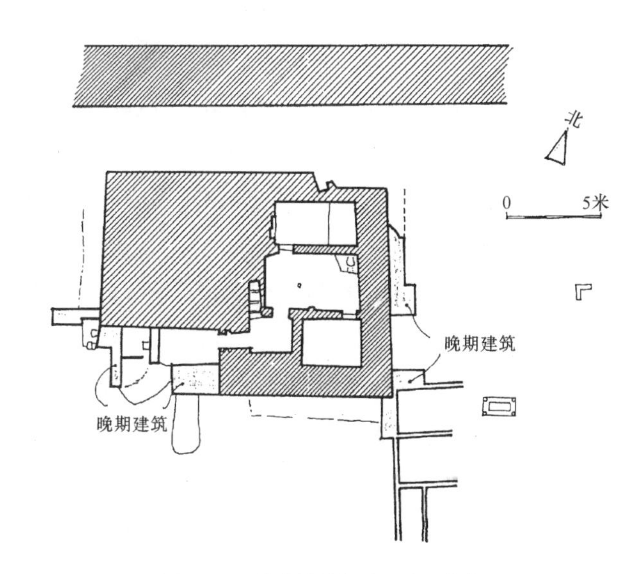

图5-165 甘肃敦煌市马圈湾汉烽燧遗址平面图(《文物》1981年第10期)

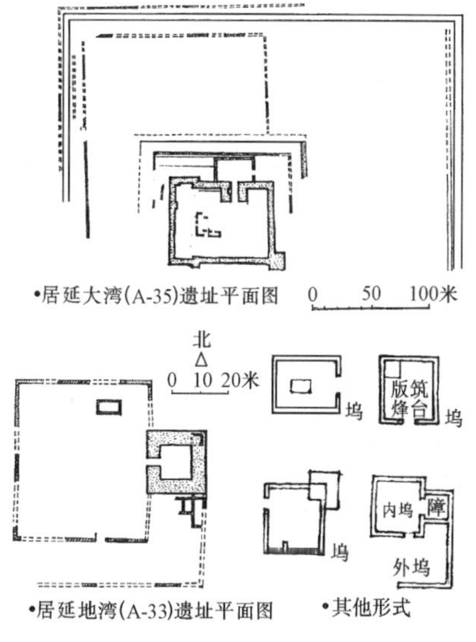

图5-166 汉边城烽燧的其他形式

由居延出土的西汉《候史广德坐不循行部》檄[58]，得知当时每一烽燧应配备四十八种防御的器物，而且对其数量与质量也有严格规定。例如军器就有枪、矢、弩、斧、羊头石、转射、深目……，示警的有大积薪、小积薪、蓬、苣、布表、鼓、烟造、灶、犬……,生活必需的有米、糒、储水缶、药盛袋等。其中的“深目”是瞄准装置；“苣”是用麻绳捆扎的芦苇束，有大、中、小三等，用以点火；“布表”是用白色或红色条状布悬于长杆，也是一种示警手段；“积薪”是成束堆放的芦苇，是举烽的主要燃料，一般堆放在烽燧外十余米处，并以每类六堆为合格储量。

至于示警方式，在白昼为举蓬、举表或燃烟，夜间则举火，积薪与击鼓昼夜可兼用。对入侵人数、方位及紧急程度，则用讯号的不同形式和数量来表示。例如来敌不超过一千人时，只燃一积薪；一千至两千人，则燃两积薪等等。

（三）汉代长城之构筑

汉代长城墙垣及濠堑的构筑，常因地制宜地就地取材，其形式有下列数种：

1. 就地开掘壕沟，沟宽一般 8～10 米，深 3 米。将掘出土堆积在壕沟一侧或两侧以为边墙。随着常年对壕沟的整修，边墙也就逐年加高。这种以堑濠为主的构筑方式，在河西汉塞中甚为普遍，大体又可分为三类：

（1）山地或黄土地带的壕沟，常在山坡较低的一侧堆土为垄，因此壕沟位于外侧。

（2）平原地区筑墙时两面取土，从而在墙内外各形成壕沟一条（图 5-167 甲）。

（3）甘肃酒泉县以东的沙漠地带，掘濠时于两面堆土（图 5-167 乙）。酒泉县以西的河湖、沼泽地带，则在壕沟外构塞墙（图 5-167 丙）。

壕沟中铺以细砂，戍者再用长杆在沙面划出记号，以防有人偷越，这种设施，就是文献中所谓的“天田”。

汉代长城之塞城、壕沟（附“天田”）、烽台及坞墙等之组合形式，可参阅图 5-163 所示。

2. 塞墙的构筑，可用石、夯土、砂、红柳、芦苇等材料，构造形式有下列数种：

（1）以天然石块堆砌之边墙，如武帝太初三年遣光禄卿徐自为建于阴山以北的“列城”，为相距 5～50 公里左右的南、北二条重垣。其通过内蒙古自治区乌拉特中旗乌兰苏木部分地区的南垣，因所在地多石料，就以较大的石块垒作墙的两壁，再用碎石等充填其间。而石墙下部厚度，常超过两米以上。

（2）以挖掘濠堑的砂土堆积成墙垅，具见前述。“列城”北垣

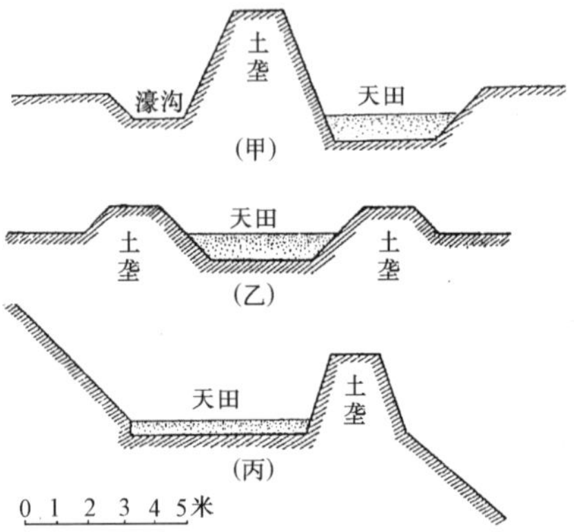

图 5-167　河西汉塞剖面示意图
(《文物》1990 年第 12 期)

大多采用这种方式。有的土垅现尚存残高1米多，宽5米以上。配合旁侧宽5～8米的壕沟，在当时对阻碍敌方骑兵的长驱直入，是有一定功效的。

(3) 使用夯土构筑的汉长城，多见于上述“列城”之南线。如内蒙古乌特拉中旗沙井苏木境内之汉长城。夯层厚度在8～12厘米左右。由于夯筑需要人力及时间较多，且受土质及用水限制，因此边墙使用这种方式的并不十分普遍。

(4) 将红柳或芦苇捆扎成束，在地上围成矩形平面的框架，内中填以沙石，上再铺以交叉放置的柳条或芦苇。然后又放上红柳等做成的框架，再填沙石及铺柳条（图5-168），如此层叠而上。由于沙中含有较多盐分，凝结后极为坚硬。今日甘肃敦煌市一带所见此类汉代边墙，其基宽一般在3米左右，壁面斜收而上，顶宽约1.5米，残存高度近4米。此垣巍然蜿蜒大漠之中，气势十分雄壮，其能经历两千余年风砂侵袭而未大坏，正表明了我国古代劳动人民在因地制宜，就地取材与简捷施工等方面的聪睿智慧与洋溢才华。

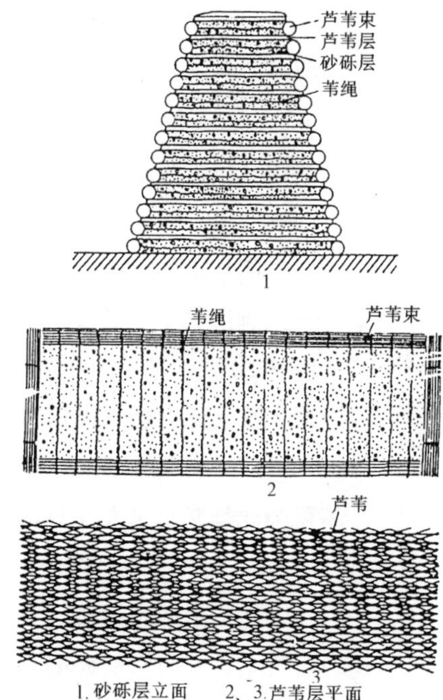

图5-168　甘肃敦煌市汉塞边墙结构示意图(《文物》1990年第12期)

八、其他建、构筑物

（一）阙

至少在西周已经出现的阙，汉代的使用更为普遍。关于它的使用目的和制式，在墓葬一节中已有介绍，这里就不再重复。已知现存汉阙实物尚有34处，以四川为最多，计22处。其余河南6处，山东5处，北京1处。内中墓阙28处，祠庙阙6处。最早的遗物是四川梓潼县李业阙，建于东汉光武帝建武十二年（公元36年）；最晚的建于东汉献帝建安十五年（公元220年），为四川夹江县的杨公阙。自文献、画像砖石、壁画、陶质建筑明器及实物中，得知它们的特点有：

1. 阙之设置地点

(1) 宫殿　宫殿前入口处多建有阙，如西汉长安未央宫之北阙、东阙，建章宫之凤阙等，具见本章前述之诸文献。宫内各区殿堂亦有立阙者，如未央宫之椒房殿（图5-26）。

(2) 官衙　例见内蒙古和林格尔东汉壁画墓中所绘之《宁城图》，其官寺入口处建有连以门屋之双出阙。

(3) 祠庙　河南登封中岳庙前之太室阙、少室阙均为此类门阙之具体实物（图5-112）。其造型比较简单，仿木程度不高，装饰琢刻亦少。但尺度比例雄浑宏伟，造型简朴明快，具有汉代早期粗犷作风。间接资料则见于画像石，如山东沂南县石墓中所刻之“日”字形平面祠庙外之双阙（图5-122）。又汉代反映“社坛”之画像石中亦有于入口处立双阙者（图5-46）。

(4) 宅邸　见于河南郑州市出土之空心砖表面图案（图 5-130）及山东曲阜市旧县村、诸城县前凉台村汉墓出土之画像石（图 5-129、5-131），均置于大门外之两侧。

(5) 关隘　前述甘肃金塔县肩水金关遗址，即有双阙之存留（图5-158）。现藏于美国波士顿博物馆之汉画像石《嘉峪关图》中，亦有此种门阙之表现。关置二阙，阙间辟具铺首之关门两道，一进一出，门道可通车马（图 5-159）。

(6) 陵墓　汉帝、后陵诸司马门前均置有阙，虽无完整之遗物存留，但已为诸多文献及考古发掘所证实。一般墓葬之阙则有相当多之实物可供研究，已知较完整者计有 27 处，位于四川境内者达 20 处，其情况在墓葬一节中曾经介绍。总的说来，其形体比例变化较多，装饰繁简不一，表现了汉代此类建筑在其制式与外观上的发展与丰富多彩（图 5-113 甲～5-118）。

(7) 仓廪　湖南常德市西郊东汉六号墓出土之陶仓楼明器，其庭院前之入口两侧各树一阙，可为此类型之代表（图 5-140）。而这种设阙的仓廪，很可能是属于政府的官仓。

2. 阙之形制与结构

建阙之结构材料，不外土、石、木材、也许还可能有陶砖。自汉代帝、后陵墓残存之门阙遗址观察，其内部概为填实之夯土，外表虽已剥蚀无余，估计是包以石料或木材。而现存汉代之墓阙与祠庙阙，皆由石料构成，这也是它们得以遗留至今的主要原因。其中四川雅安县高颐阙更逼真地表现了仿木的柱、枋、斗栱等形象（图 5-117）。另外如山东肥城东汉墓葬中出土的汉画像砖、石也有类似的表现情况，并显示它是可供人登临的多层建筑，从而可以得知汉阙也有采用木梁架结构的形式，这和已出土的战国铜阙楼明器的情况基本一致。

以砖石包砌外表面的阙，可能还施以粉刷，木架构的自当涂漆或刷色。文献中记载陕西云阳县西汉甘泉宫的“熛阙”与山东曲阜市鲁王宫的入口建有涂朱双阙，都是很好的说明。

阙顶及两阙间之门屋顶盖，大都覆以陶瓦。画像砖石、建筑明器及现存汉墓石阙，都表现了这种屋面构造。在装饰方面，阙的各脊端多嵌筒瓦，有的另于正脊中部置一铜凤或其他装饰的，例见文献所载西汉长安建章宫折凤阙、画像石《嘉峪关图》及四川雅安市高颐阙。至于所表现之纹饰，见于现存诸石阙者，有几何纹样、神话传说、墓主仪杖及出行等多种内容。

有关汉阙实物之情况，可见下例之附表。

现存汉代石阙实物一览表

阙　名	建造年代	所在地点	原来形制	现存情况	属　性	备　注
李业阙	东汉建武十二年（公元 36 年）	四川梓潼	单出阙	单阙	墓阙	仅存阙身
莒南阙	东汉元和二年（公元 85 年）	山东莒南	单出阙	单阙	墓阙	
皇圣卿阙	东汉元和三年（公元 86 年）	山东平邑	单出阙	双阙	墓阙	
功曹阙	东汉章和元年（公元 87 年）	山东平邑	单出阙	单阙	墓阙	
王文康阙	东汉永元 6 年（公元 94 年）	四川成都	单出阙	单阙	墓阙	
王群阙	东汉永元九年（公元 97 年）	四川成都	单出阙	单阙	墓阙	

续表

阙名	建造年代	所在地点	原来形制	现存情况	属性	备注
王稚子阙					墓阙	
石景山阙	东汉永元十七年（公元105年）	北京石景山	二出阙	单阙	墓阙	现藏北京市石刻博物馆
太室阙	东汉元初五年（公元118年）	河南登封	二出阙	双阙	庙阙	
少室阙	东汉元初五年（公元118年）	河南登封	二出阙	双阙	庙阙	
正阳阙	东汉	河南正阳	二出阙	单阙	庙阙	
冯焕阙	东汉建光元年（公元121年）	四川渠县	二出阙	单阙	墓阙	现仅存母阙
沈府君阙	东汉延光年间（公元122—125年）	四川渠县	二出阙	双阙	墓阙	现仅存母阙
启母阙	东汉延光二年（公元123年）	河南登封	二出阙	双阙	庙阙	
韩寿阙	东汉	河南洛阳			墓阙	现藏开封市博物馆
赵府君阙	东汉	河南孟县			墓阙	
武氏阙	东汉建和元年（公元147年）	山东嘉祥	二出阙	双阙	祠阙	
泰安无铭阙	东汉	山东泰安				藏泰安岱庙内
昭觉无铭阙	东汉光和四年（公元181年）	四川昭觉	单出阙	单阙	墓阙	
平阳府君阙	东汉初平—兴平年间（公元190—195年）	四川绵阳	二出阙	双阙	墓阙	
樊敏阙	东汉建安八年（公元203年）	四川芦山	二出阙	单阙	墓阙	
石箱村无铭阙	东汉建安年间（公元196—220年）	四川芦山	二出阙		墓阙	
石箱村无铭阙	东汉建安年间（公元196—220年）	四川芦山	二出阙		墓阙	
高颐阙	东汉建安十四年（公元209年）	四川雅安	二出阙	双阙	墓阙	
杨公阙	东汉建安十四—十五年（公元209—210年）	四川夹江	单出阙	双阙	墓阙	
杨公阙	东汉晚期	四川梓潼	二出阙	单阙	墓阙	
梓潼无铭阙	东汉晚期	四川梓潼	二出阙	单阙	墓阙	
盘溪无铭阙	东汉晚期	四川重庆	单出阙	双阙	墓阙	
松阳府君阙	东汉晚期	四川巴县			墓阙	藏北京故宫博物院
干井沟无铭阙	东汉晚期	四川忠县	单出阙	单阙	墓阙	

续表

阙　名	建造年代	所在地点	原来形制	现存情况	属　性	备　注
丁房阙	东汉晚期	四川忠县	二出阙	单阙	庙阙	
蒲家湾无铭阙	东汉晚期	四川渠县	二出阙	单阙	墓阙	
上庸长阙	东汉晚期	四川德阳	单出阙	单阙	墓阙	
贾公阙	东汉晚期	四川梓潼	二出阙	双阙	墓阙	

* 其他位于汉代崖墓入口处之门阙，如见于江苏徐州、四川乐山等地之诸例，皆未列入上表。

（二）桥梁

汉代桥梁目前已无实物存在，其见于文献者，当以长安渭水上的东、中、西三桥最为驰名（图 5-169）。内中的中渭桥始建于秦，目的是为了连贯渭水南北的宫室宗庙。在西汉时因位于城西北之横门以外，故又称横桥。其规模居三桥之冠，结构则使用木梁柱。虽然后来多次被毁，但其木构情况基本未变。东渭桥位于长安东北，作于西汉景帝前元五年（公元前 152 年）三月，《史记》卷十一・孝景纪中称之为“阳陵渭桥”，盖此桥通往景帝生前所作寿陵（葬入后称阳陵）。西渭桥在长安西北，距城四十里，建于武帝建元三年（公元前 138 年）春。《前汉书》卷六・武帝纪中称“便门桥”，由长安城经此赴茂陵之道途得以便捷。便门者即长安南垣西端之西安门，又称平门，载见《三辅黄图》。此外，长安又有灞桥，桥在今西安市东北二十里，跨灞水上，故名。王莽地皇三年（公元 22 年）二月，“霸桥灾，数千人以水沃救不灭。……二月癸巳之夜，甲午之辰，火烧霸桥，从东方西行，至甲午夕，桥尽火灭”。据载《前汉书》卷九十九（下）・王莽传，可知此桥亦为木架构，后为王莽修复，改名长存桥，又传以石柱墩代木。

汉洛阳上东门外，跨谷水有阳渠石桥，建于东汉顺帝阳嘉四年（公元 135 年），《水经注》卷十六・谷水条载：“谷水又东出屈南而迳建春门石桥下，即上东门也。……桥首建两石柱。桥之右柱，铭云：阳嘉四年乙酉壬申，诏书以城下漕渠，东通河济，南引江淮，方贡委输，所由而至。使中谒者魏郡清渊马宪，监作石桥梁柱，敦敕工匠，尽要妙之巧，攒立重石，累高周距，桥工路博，流通万里云云……三月起作，八月毕成”。由此可得知其兴造之梗概。

关于结舟江河以渡的浮桥，《后汉书》卷三・章帝记载：“建初七年（公元 82 年）十月癸丑西巡狩，……东至高陵，造舟于泾而还”。此“造舟”出于《尔雅・释水》：“天子造舟，诸侯维舟，

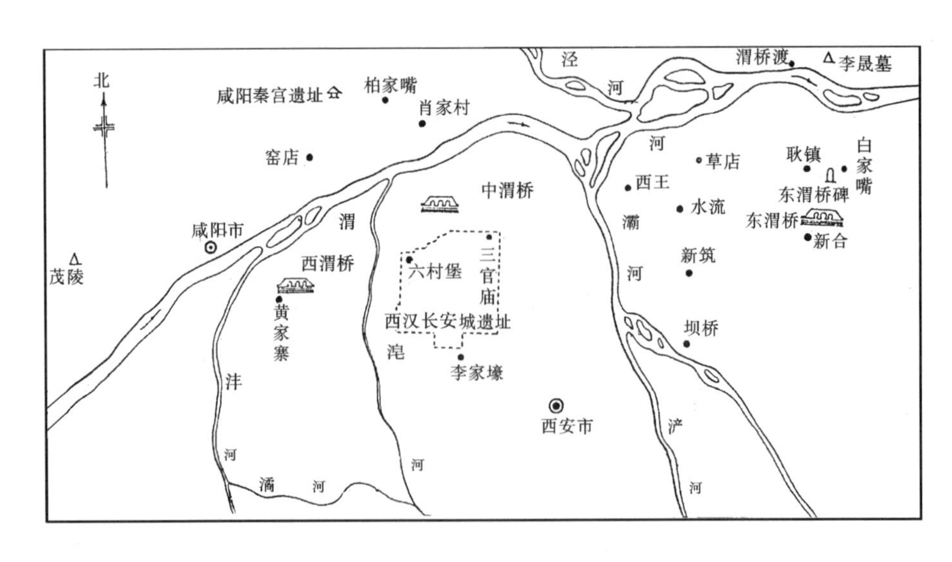

图 5-169　西汉长安古渭桥遗址分布示意图(《中国考古学会第三次年会论文集》1981 年)

大夫方舟，士特舟，庶人乘泭”。表示了浮桥等级也随使用者地位的高低而定。具体地说，就是天子所用的浮桥是将船并列联为一体；诸侯浮桥是四船联为一组，其间架梁板而成；大夫用两船一组；士单舟；庶人则“并木以渡”。

文献中未见有载及拱券式结构桥梁的。此类结构多见于东汉墓葬，而且用砖不用石。但竹索桥在汉代则已应用。西汉杨雄《蜀记》中有秦蜀守李冰在成都曾建七桥以应七星，其中之类星桥，在汉时即名笮桥。也就是藤桥或竹索桥的别称。由杨雄文记，知汉代尚在使用。

在汉墓出土的画像砖石或壁画中，也可见到桥的形象。其中一种显然是木梁柱结构，例如内蒙古自治区和林格尔县东汉墓中室至后室间甬道券门上，即有题名为“渭水桥”之彩绘桥梁图（图 5-170）。此桥中段平直，两端作斜坡形。桥墩均由一列四柱之木架构组成，柱头并施斗栱。上承阑额及横梁，梁上铺板。桥旁置由望柱、卧棂栏板及寻杖构成之桥栏。图中绘有车马多乘通行，表明该桥已有相当大的承载力和宽度。但此桥是渭水三桥中的哪一座还不清楚，其尺度比例恐与当时之实物也有相当大的差距。此类木柱梁结构桥梁的细部，在四川成都市青杠坡汉墓出土之画像砖中表现甚为清晰（图5-171），其桥下均由排为一列的方柱四根支承，柱上以横向放置之扁枋托纵向之主梁，梁上密排横向之楞木，木上再铺板作桥面。桥栏为由三根横木及立柱组成。

图 5-170　内蒙古和林格尔县东汉墓壁画中的“渭水桥”
（《文物》1974 年第 1 期）

另一种桥梁形象得自山东沂南县汉画像石墓（图 5-172），其结构与外观与上述之例颇为接近，

图 5-171　四川成都市青杠坡汉画像砖中之木桥
（《四川汉代画像砖艺术》1958年）

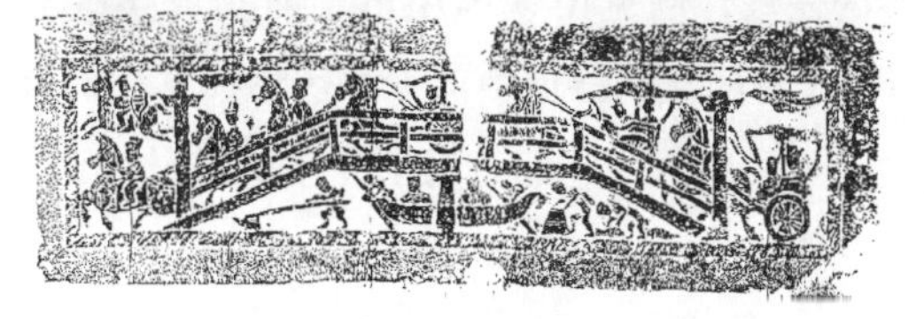

图 5-172　汉画像石中之梯形桥梁

但其中跨仅用一根（排?）支柱，柱身与其上之斗栱都较粗大，似为石构之形象。桥栏用望柱及二条甚宽之横木，桥头二端各立上端置三角形饰之粗柱一根，当为文献中所谓之“表木”。另例之梯形桥梁，桥下未见支柱，桥上有车马及执刀盾斧钺进行战斗之士卒，桥下则有人乘舟渡河。形象类似的桥梁，又见于山东苍山县向城出土之汉画像石，惟规模较小。其中跨使用各具一斗二升斗栱之墩柱三根，而桥头表木上端之装饰则作心形。桥上有轺车及乘马通过，桥下则有由二人划行之小船。另苍山县兰陵出土画像石上之桥梁，其中跨之桥墩及二侧之桥台，均由块石砌成，但上部之梁枋及勾阑则仍属木构。

除上述之柱梁式结构外，画像砖石中又有单券或多支点之弧券形桥梁图像（图 5-173、5-174）。内中之单券者，其拱形并非半圆，而是似河北赵县隋代李春所建安济桥之弧券形式，券下有的承以具一斗二升斗栱之支柱，也有的无任何支托。券上有的施栏楯、表木等之表示，有的则无。依桥上车马人物之比例，桥之跨度应在 10 米以上。此类图像又出土于河南新野县及山东嘉祥县汉墓画像石中，但汉代实际桥梁中有无此种弧券结构，笔者目前尚存疑问，未敢遽然肯定。画像石中表现为半圆形正规拱券之桥梁者，仅得一例。出于山东邹城高李庄之东汉墓，石上刻有错缝之重拱圆券石桥一孔（图 5-175）。

图 5-173　汉画像石中之单孔拱桥(《考古》1990 年第 4 期)

图 5-174　汉画像石中之多跨拱桥(《考古》1990 年第 4 期)

图 5-175　山东邹城高李庄东汉墓画像石中之重券圆拱石桥(《文物》1994 年第 6 期)

另在某些汉代刻石中，有自斜向梯道出插栱数道支托悬出水榭的形象，是当时木结构一种很巧妙的做法，例见山东枣庄市、邹县黄路屯、滕县西户口、苍山县向城等地出土之画像石（图 5-176）。有的在斜梯道中部下方还添加支柱，以减少斜向构件的悬挑长度。由于悬出建筑都位于水面之上，可以认为它们是属于凌水的园林建筑。而登临所使用的桥梯，则可视作是木架构桥梁的一种变体。

（三）栈道

汉代之栈道，其著名者如自陕西关中通往汉中之子午道，以及其西之褒斜道与通大散关之故道，均屡见诸史录。此外，尚有自围谷至堂光之骆谷道，是为汉初通蜀之四大栈道。它们大多建于秦代，至汉时仍继续使用。至于巴蜀与中土之交通，可能始于夏代或更早。依晋·常璩《华阳

•山东苍山县汉墓画像中之水榭(《考古与文物》1986年第2期)

图 5-176　汉画像石中之悬出水榭

国志》:“禹会诸侯于会稽，执玉帛者万国，巴蜀往焉”。而《史记》卷四·周本纪中载武王伐纣，参与者已有居西蜀之羌及巴蜀之髳、微，皆为僻居西南之夷蛮。以后西周幽王伐褒，战国秦厉共公十八年（公元前451年）城南郑，均为有事秦岭以南之史证。以上虽已说明曾有大批人马往来中原与巴蜀之间，但当时恐未有通途如后世之栈道者。

秦惠文王元年（公元前337年）“蜀人来朝”。后二十一年，秦将司马错循蜀人山道进军灭蜀。估计正规栈道之开通，当在此时或稍后。

楚汉之际，刘邦封汉中王，由子午道南下，用张良计烧绝栈道以示无归关中之意。尔后又自大散关故道回师，可见当时秦建立之栈道均甚完整。而直至三国蜀汉诸葛亮伐魏，仍使用上述故道和褒斜道（图5-177）。其时子午道虽然路程最短，因多有断塞而弃之弗用。

其他知名之栈道还有武帝征西南时所建的四川僰道栈道，黄河三门峡漕运栈道（图 5-178）

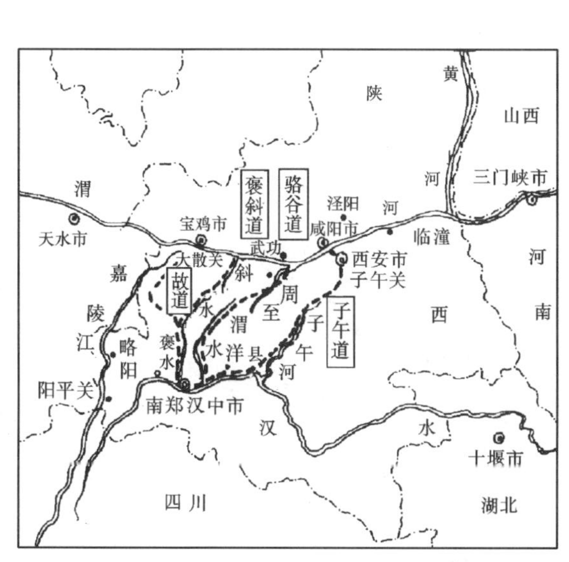

•西汉初四大栈道位置图

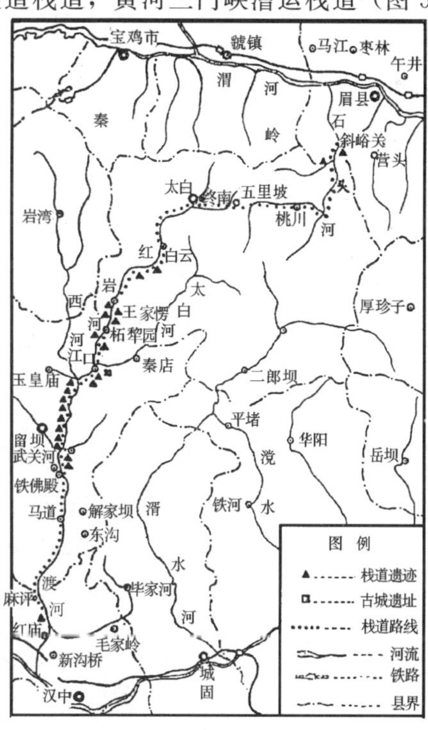

•褒斜栈道路线示意图(《考古与文物》1980年第4期)

图 5-177　西汉初期四大栈道位置及褒斜栈道路线示意图

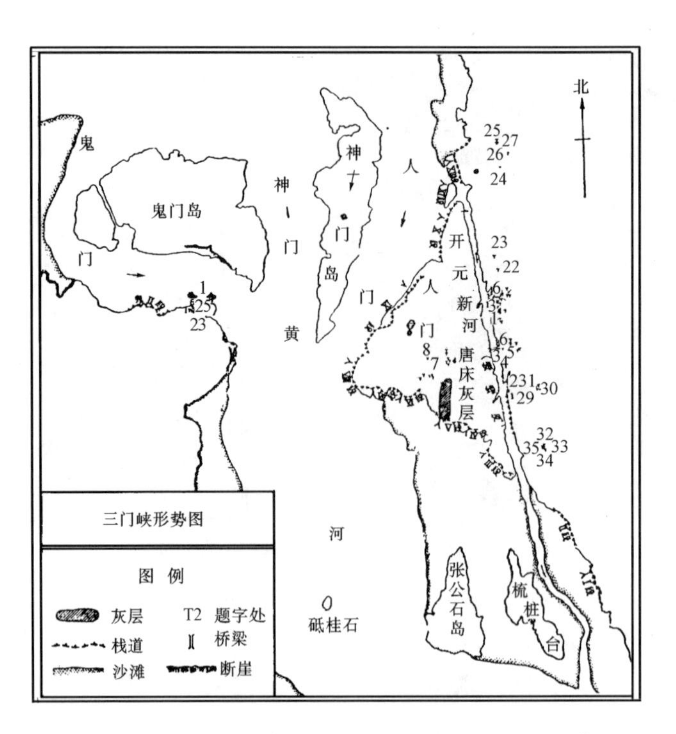

图 5-178　黄河三门峡汉代栈道平面图(《三门峡漕运遗迹》)

等。关于僰道之开辟，《水经注》卷三十三有载："汉武帝感（司马）相如之言，使县令南通僰道，费功无成，唐蒙南入，斩之。乃凿石开阁，以通南中，迄于建宁二千余里，山道广丈余，深三四丈，其錾之迹犹存"。

由于栈道所经之地，皆为陡山削壁，崎岖险道，使运输与施工困难倍增，致人力物力所耗甚巨。依有关文记，如："永平六年（公元62年），汉中郡以诏书受广汉、蜀郡、巴郡徒二千六百九十人，开通褒斜道。始作桥阁六百卅三间，大桥五，为道二百五十八里，邮亭、驿置、徒司空褒中县官寺并六十四所，凡用功七十六万六千八百余人，瓦卅六万九千八百四十□器，用钱百四十九万九千四百余斛粟。□□□九年四月成就……"（见《隶释》卷四《蜀郡太守何君阁道碑》），褒斜道一地如是，其他当可类

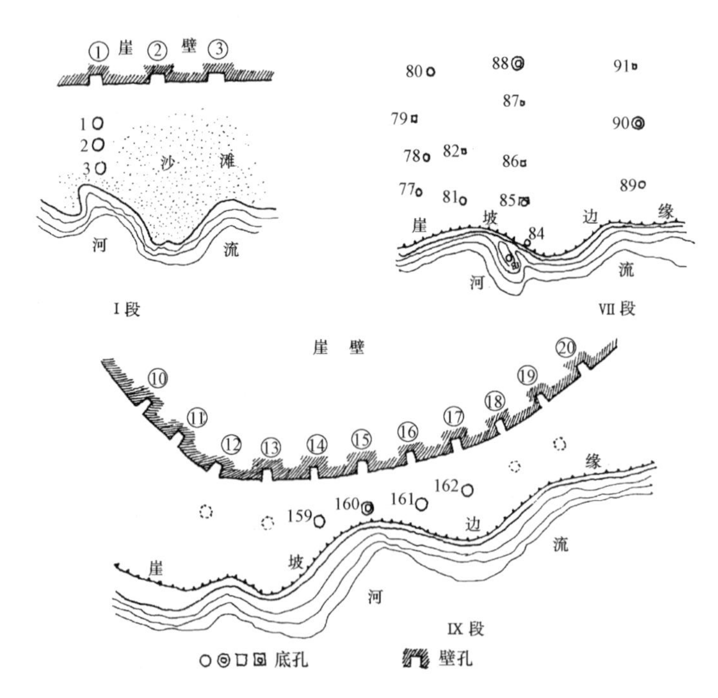

图 5-179　陕西褒城石门附近褒斜道（Ⅰ、Ⅶ、Ⅸ段）平面示意图(《文物》1964 年第 11 期)

推。现将已调查之褒斜道石门一带之平面示意图列后（图 5-179、5-180）。

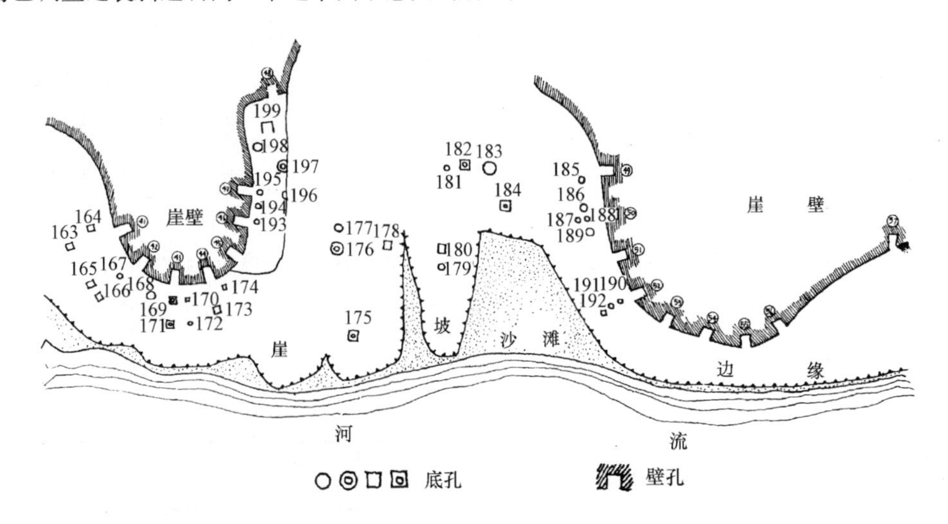

图 5-180　陕西褒城石门老虎口褒斜道（Ⅻ段）平面示意图(《文物》1964 年第 11 期)

根据现存遗迹，知栈道的做法如下[59]：先依山崖开辟可供人通行及运送建材之石路，路一般宽 1～2 米。然后沿石壁内侧底部，依次开凿可安放横向木梁之孔洞。洞口多呈方形，边口长 10～20 厘米，深 50 厘米，间距 200 厘米。在木梁下方之石路面上，再凿矩形或方形之底孔 1～3 个，孔径与深度均约 10 厘米，用以固定木梁。梁上铺以厚木板，即可通行人马与车辆。在石壁内侧高 1 米处，另凿双眼石孔（俗称牛鼻孔），用以安置供手扶之铁链或绳索（图 5-181）。栈道外侧之木梁尽端，估计也应有短柱或寻杖之类的设施。在山崖难以开凿或不及开筑石道之处，则在悬出木梁下立木柱或施斜撑支承的方式。立柱是在阁道与谷底高度不太大的条件下方可施行。其优点是省工省时，并可建成较宽的栈道（图 5-182）。如上述之褒斜道即用此式，故其宽度可达 5～6 米。

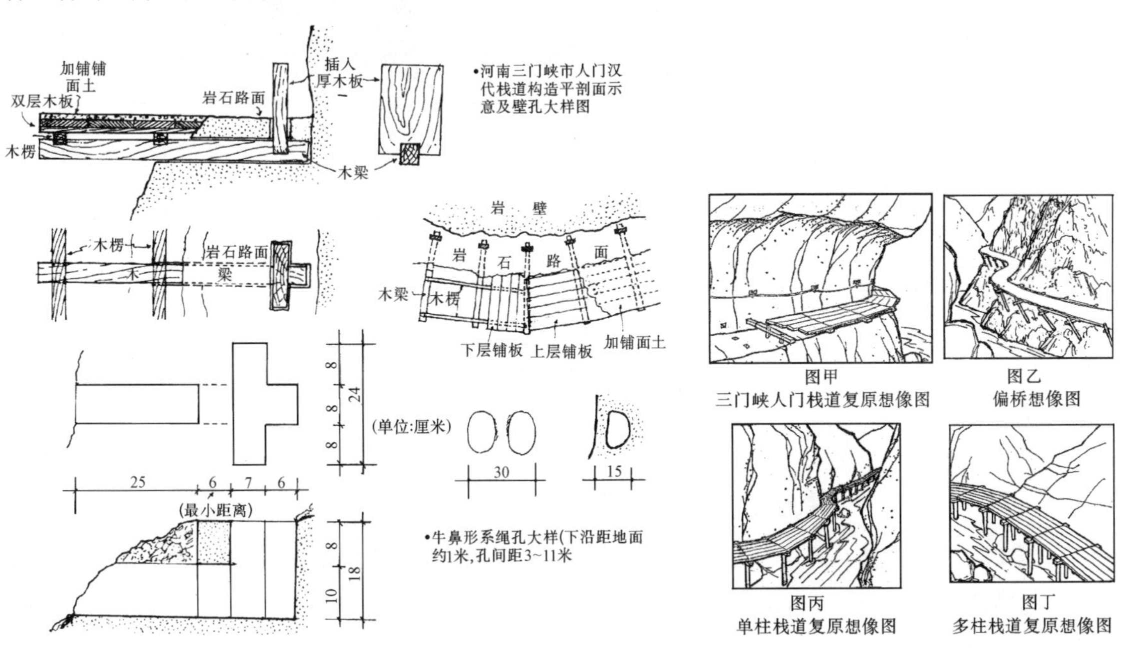

图 5-181　河南三门峡市入门栈道构造想象图(《三门峡漕运遗迹》)

图 5-182　汉代栈道构造示意图(《中国古桥技术史》)

《水经注》卷二十七中，言及大石门、下谷栈道时，引《诸葛亮与兄瑾书》云：“前赵子龙退军，烧坏赤崖以北阁道，缘谷一百余里，其搁梁一头入山腹，其一头立柱于水中。今水大而急，不得安柱，此其穷极不可强也。……顷大水暴出，赤崖以南桥阁悉坏。时赵子龙与邓伯苗，一戍赤崖屯田，一戍赤崖口。但得缘崖，与伯苗相闻而已”。及诸葛亮死、魏延退兵时再焚阁道。“自后案旧修路者，悉无复水中柱”。由此可见，此类栈道之水中立柱，在山洪暴发时不但难以施工，而且极易被水冲毁。而悬崖峭壁深难及底之处，则在栈道水平梁孔下方，另凿斜孔以安置斜柱支撑栈道（图 5-182）。由于水平悬臂梁端常仅一支点，所以栈道宽度较窄，且损坏后难以修补。

近年在陕西省东南部之蓝田县至商县间，又发现秦、汉时期自关中穿越秦岭通向东南之栈道遗迹——古武关道栈道[60]。它的路线分为二条：北路由蓝田沿灞河东北行，至流峪河折向东南，再缘柿子园、魏家沟一线，顺丹江上游至黑龙口，与南路相汇。南路亦自蓝田出发，东南顺蓝桥河之水陆庵，牧护关至黑龙口（图 5-183）。由于这一带地势较平缓，故栈道仅在局部地段设立。现将情况介绍如下：

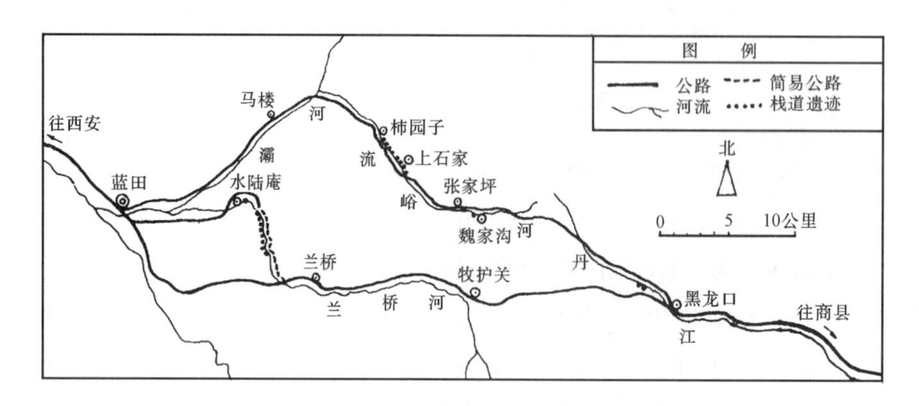

图 5-183　陕西蓝田—商县古武关道栈道遗迹分布示意图(《考古与文物》1986 年第 2 期)

1. 兰桥河栈道遗迹由水陆庵至兰桥间为曲折陡峭之峡谷。在清水河口至甘塘间，于兰桥河西岸长约 3500 米之峭壁上，已发现栈道遗迹十处，计有壁孔 55 个，底孔 226 个。由中以第Ⅲ段最为突出，在长 81 米距离中，共有壁孔 29 个，底孔 113 个（图 5-184）。虽两端之水落差达 3.5 米，但栈道之坡度并不依此而产生变化。底孔多为 15～30 厘米直径之圆孔，一部没入水中，少量亦有作方孔形式的。壁孔皆凿于悬崖上，大多为矩形孔，少数为圆形孔。自壁孔至最下层之底孔间，上下底孔一排可多至七个，有的甚至依山势由一排增为二排，而个别地点之底孔还以双孔形式出现。这些都表明了栈道在不同地形对不同部位所采用的结构强化措施。

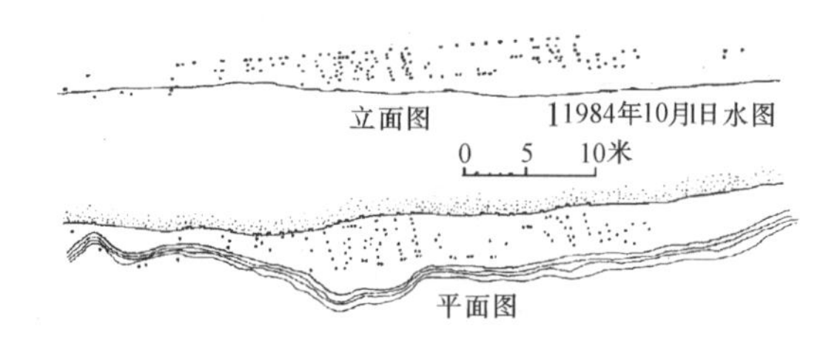

图 5-184　古武关道兰桥河栈道遗迹Ⅲ段平、立面图(《考古与文物》1986 年第 2 期)

2. 流峪河栈道遗迹自马楼至黑龙口为翻越秦岭之北路，在柿园子至魏家沟长达 8.5 公里之范围内，沿流峪河崖壁上之栈道遗迹多处可见，其中较明显者共有七段。以第Ⅵ段为例，已发现壁孔 19 个，底孔 33 个。壁孔有的为双层（如第Ⅴ段所见者），凿为 20 厘米×10 厘米之矩形孔洞，用嵌入石梁。在地形较平缓之地段，已不再出现同时凿有壁孔和底孔的情况，而是在山崖上辟出宽度不大的路面。在某些地段，则在崖壁上凿出壁孔，插入向上方斜出之石梁以为支撑，再铺以板材以加宽路面。

栈道之宽度一般为 2～5 米，由于沿线地势险峻者不太多，因此栈道的总长度和施工难度皆远不及前述之子午、褒斜诸道。而史书文献未有载录，这恐怕也是一个原因，然而作为当时栈道中的一个组成部分，还是应当给予重视的。

（四）矿井

汉代金属工具和器皿的大量使用，必然使采矿和冶炼、铸造业得到很大的发展。1987 年在安徽铜陵市金牛洞发现的汉代铜矿遗址[61]，即是这类建筑的一例。

该遗址位于铜陵市东南约 34 公里的凤凰村附近，地面设施均已毁坏无存，已对地下矿井二处进行清理，现分述于下。

第一号发掘点平面呈弧形，自目前地表至旧时采矿面地面深 20～22.7 米，长 33 米。已清理出有竖井二条、斜井四条、平巷三条（图 5-185）。

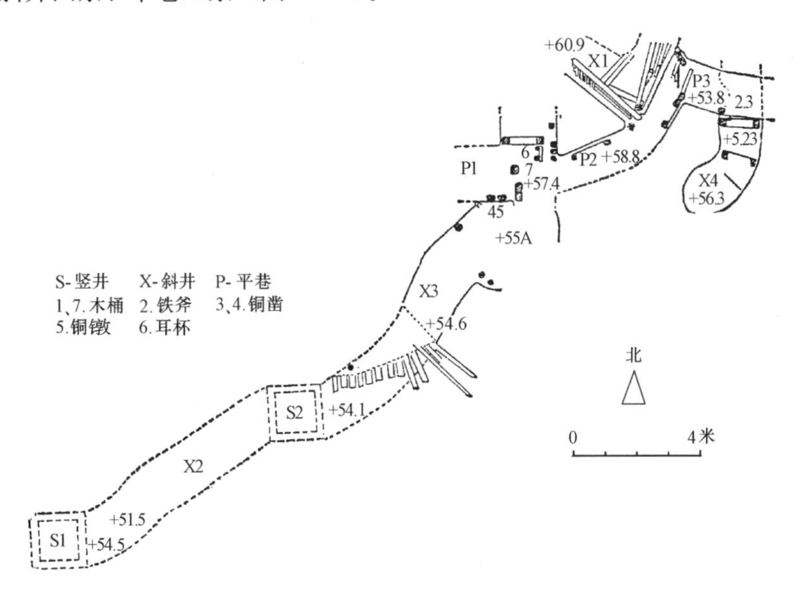

图 5-185　安徽铜陵市金牛洞汉代铜矿遗址第一发掘地点（《考古》1989 年第 10 期）

（1）竖井　已清理之 1 号及 2 号竖井，均分布在发掘点之西部。其中 1 号竖井在最西端，2 号竖井在其东北，相距约 6 米。两井之形制与结构式样基本相同，以下就 2 号井为例予以介绍。此井上部之井壁目前仅残存北侧约高 3 米，依形制知原来之平面为矩形。以下为由粗大木材构成的井筒，它本身又分为由层叠而成的井干式木框和由支柱与地梁组成的“马头门”两部分。井干式木框是以四根直径约 0.4 米的圆木，在两端开高低榫相互搭接组成，现上下叠合尚存 11 层，井内净空约为 1.6 米×2.0 米。“马头门”为经由竖井通往矿内坑道之门户，其构造为使用四根 0.25 米见方之木柱，上端支承于最下层井干式木框之四角，下端立在由四根地梁组成之框形结构上。地梁长 2.85 米，断面为 0.40 米见方。梁中央上表面有长 0.30 米，宽 0.33 米槽孔，可能是用以加固的中柱柱脚榫所在。

（2）斜井　其中 1 号斜井在发掘点东北，走向西北，残长 3.5 米。井底为斜坡式（20°）。2 号斜井在西南部，即 1 号竖井与 2 号竖井之间，长 8 米，走向东北，亦斜坡式（30°）。3 号斜井在发掘区中部，即沿 2 号竖井走向东北，长 11 米，亦斜坡式（15°）。4 号斜井在东北部，残长 4 米，为阶梯式。

其井内支撑结构可分为半框架式及梯形框架式两种。前者以 1 号斜井为例，系用直径为 0.18～0.20 米，残高 1.60 米之木柱二根，上载直径 0.15～0.20 米，长 1.8 米之横梁组成。在两组框架间，支以长2～2.80 米，直径 0.15～0.20 米之圆木为棚木，上再铺木板等为遮护。3 号斜井柱高 2 米，直径 0.15 米。横梁长 1.50 米，载面同上，所形成井道为宽 1.2 米、高 2 米之断面。4 号斜井采用梯形框架，下施宽 0.20 米、厚 0.12 米、长 1.40 米之地梁。上立直径 0.25 米，高 1 米之立柱二根，柱上端开凹槽，支托直径 0.15 米、长 1.2 米之横梁，所形成井道之净面积，为宽 0.72～0.90 米，高 1.20 米。根据现存此井内之两组框架，其间距为 1 米，高差为 1.05 米。其顶部木板厚 0.30 米，井壁侧板厚 0.20 米。

（3）平巷　三条都在发掘点之北部与东北，基本相通为一体。其结构方式系采用方形或梯形框架和半框架，做法同前。在 1 号平巷与 2 号平巷间，有一位于十字交叉巷道口之井下硐室。其空间为长 1.60 米、宽 0.80 米、高 2 米。下垫地梁，长 1.50 米，宽 0.25 米，厚 0.20 米。中立高 2 米、断面为 0.25 米见方木柱。柱上架长 1.40 米、直径 0.15 米横梁。梁上满铺长 2 米、直径 0.10 米圆木，木上再铺厚 0.30 米之顶板。

由各井巷之标高及位置，知其分为两个采掘面。其下层为竖 1 号、斜 2 号、竖 2 号、斜 3 号相通之一组。上层为平 1 号、平 2 号、斜 1 号、平 3 号为一组。两层相差之标高为 3～6 米。

第二号发掘点　面积较小，平面呈“丫”形（图 5-186）。计有斜井三道及其间交汇处之井下硐室一处。其构造仅见半框架式样。因破坏较多，保存状况不如一号发掘点好。

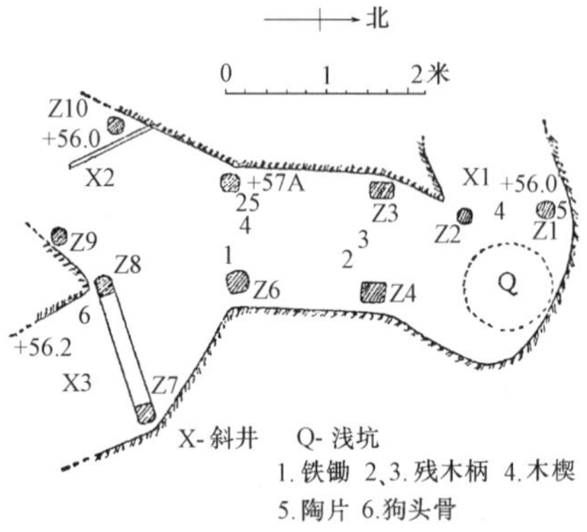

X- 斜井　Q- 浅坑
1. 铁锄 2、3. 残木柄 4. 木楔
5. 陶片 6. 狗头骨

图 5-186　安徽铜陵市金牛洞汉代铜矿遗址第二发掘地点(《考古》1989 年第 10 期)

（五）水井

水井为先民社会生活不可缺少的重要内容之一，它为人们提供必需的生活和生产用水。因此，无论在城市和乡村，在居住区或手工业作坊附近，都可以发现它们的大量存在。

汉代的水井实物，就各地已发现的诸多例证，综合可有以下几种形式；从构造上分为土坑竖井、陶圈井和砖砌井。在平面上则以圆形、多边形、椭圆形为常见。

土坑竖井是各种井中最简单的，只要在土层中挖出平面为圆形或椭圆形竖井即得，其周壁常不很规整，井口处也多半不另加处理。井口直径在 0.8～1.5 米左右。

陶圈井是在土层中挖好竖井后，逐层放入预制的陶质井圈，以构成较坚固的井壁，一如周代陶圈井式样。就河南遂平县小寨汉代村落遗址中发现的实物为例，陶井圈之直径为 0.75～1.10 米，每节高 0.28～0.38 米，厚 0.017～0.03 米。外壁平直，表面饰垂直绳纹；内壁稍凹，表面平素，或施麻点纹、方格纹。井圈上、下均为平口，惟口部略厚于圈壁。质地有砂质灰陶与泥质灰陶两种，甚为坚硬。色泽以深蓝色最多，少数为黄灰或深灰色。最上层井圈中部，有的开直径为 4 厘米的对称小孔两个，可能是用作固定井架的。

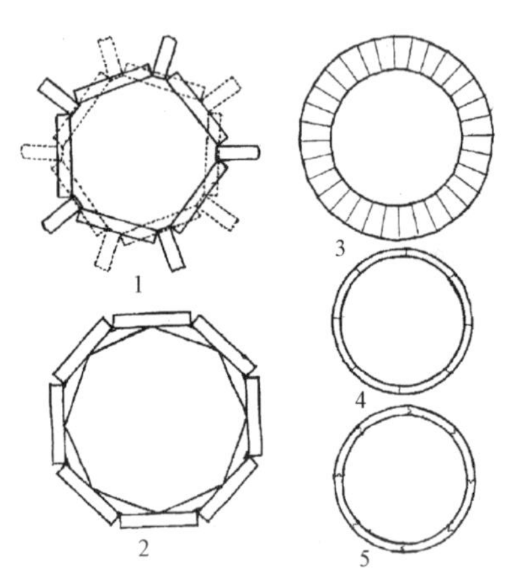

1. 五角形砖井（井 6）
2. 八角形砖井（井 4）
3. 楔形砖井（井 2）
4. 孤形砖井（井 3）
5. 弧形子母砖井（井 1）

图 5-187　汉代水井井圈的结构形式

由陶砖砌造的水井，依所使用砖类型与式样的不同，可分为小砖井、弧形砖井、楔形砖井数类（图 5-187）。

（1）小砖井系用常用之矩形小砖砌造者，其平面有圆形、五边形、六边形、八边形多种。平面为圆形的，井壁多以小砖（有的为花纹砖）平卧横砌，各层错缝。也有将小砖侧立横砌者。

除此以外，各多边形平面之井壁，亦由侧立之小砖砌成，但在排列时于每一块（或二块）横砖间夹以丁砖一块，上下各层砖体错列。在井壁砖与土竖井间之空隙，则填以泥土，或杂以碎石、砖瓦片等。

（2）弧形砖井则用特制之带子母榫或不带榫之圆弧形砖砌作井壁，一般每层用砖八块，砌成之井壁平面为圆形。所用砖之尺寸为：长 0.28～0.33 米，宽 0.16～0.17 米，厚度 0.40～0.50 米。母榫口宽 0.02 米，深 0.015 米，另端凸出之子榫尺度与之相同。井壁内径约 0.80 米。在河南泌阳县板桥村发现的一口汉井，其深度达 8.90 米，共用榫口砖 416 块，分砌为 52 层，各层砖上下均错缝。砖外表多施竖向绳纹，内表平素，色泽有红、灰色两种。

（3）以楔形砖砌造之井壁，多采用竖砌形式，亦即以砖窄面向内，拼合成圆形平面，直径 0.70～1.00 米。此类楔形砖亦有带子母榫者，砌法相同。以河南泌阳县板桥村发掘的汉代第二号井为例，其砖长 0.40 米，宽 0.16 米，宽面厚度 0.07 米，窄面厚度 0.05 米，即通常所谓的"斧形砖"。砌时每层用砖 36 块，均以母口朝下，子口朝上。

某些井壁采取混合砌法，特别是在井口部分，常使用与下部井壁不同之材料。至于井口以上之地面构造。如井栏与井架，各处遗迹中皆已无存。

各地汉墓出土的明器中，也有大量水井模型。其中绝大多数为陶质，仅有个别采用铜制。水井平面以圆形为最常见，多表现为附一段井壁之井栏，其上再立具滑车及两坡屋盖之井架。以河南洛阳市涧滨汉墓出土之陶井为例，其形状作长筒形，上部为带角之矩形井栏，栏壁上印以叶纹及斜方之回纹为饰。栏之两端有长方形小孔，以承倾斜之井架支柱。柱端再平置框形之顶架，中承系有汲瓶之滑车。此外，另附有一端大一端小之水槽，由井中汲出之水倾入此槽后，再转入其他贮水容器内。

河南洛阳市烧沟汉墓中出土陶井之井栏，平面有方形和长方形者（图 5-188）。方形者井框内角作圆弧形。井栏外壁立面作由角柱、间柱及腰枋组合之木架构形状。平面为长方形者，作成由角柱支承井干之勾阑式样。即以角柱为望柱，柱上承栌斗，斗中置具绞角造之横枋如勾阑之寻杖。角柱下端施地栿（地梁），亦为绞角造形式。栿上以矮木与小斗托华版。华版之上再以直斗造承寻杖。在装饰方面，望柱及华版表面俱饰以异兽多种，其他部位则施以圆圈纹及斜方格纹。此井上

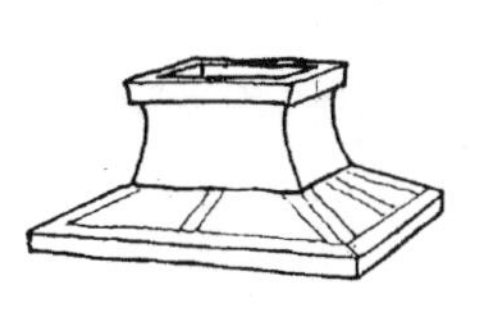
•广州市西汉前期墓（M1174）出土陶井明器《广州汉墓》(下)

•河南洛阳市五女冢新莽墓（IM461）出土陶井栏明器《文物》1995年第11期

•河南遂平县汉村落遗址出土陶井栏明器《考古与文物》1986年第5期

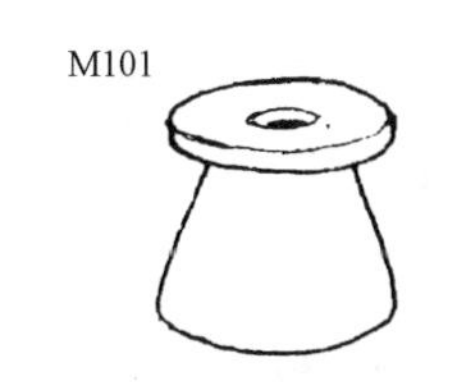

•北京平谷县东汉墓陶井明器《考古》1962年第5期

•西汉中期木井明器(附盖)

•安徽合肥市东郊汉墓出土陶井明器《考古通讯》1987年第2期

图 5-188 汉代水井之井栏

井栏所表现之仿木构形式与装饰之内容，为其他同类明器所远不逮。另一陶井井栏之形制较为简单，其平面亦作矩形，结构仿木架构，但仅有角柱、地栿、腰枋及间柱承长方形井框，及以上之井架、滑轮、井盖等。栏板上饰以菱形纹、树纹及双鸟纹。而河南巩县石家庄汉墓出土之另一矩形平面陶井栏，亦由四根角柱支承井干式井框之木架构形式，其上下枋表面饰以菱格纹样，中间之华版，则为浮刻。

甘肃省天水县街亭村曾出土汉代铜井明器一件。该井平面为方形，井栏立面为略显呈上小下大之梯形。井栏上载井干式井框，框边立有二柱，柱上承具两坡形式之“井亭盖”。

有的陶井栏上满饰如空心砖上之方形、菱形、圆璧形几何图案，似为陶质井栏之表示，而其外轮廓亦呈中部略凸之弧形，故原来的依托之形像自非木构可知。

就已知出土之汉代水井明器而言，其井架已有多种形状（图 5-189）。支承轳多用撑柱，也有用山墙状实体的。支架顶部往往建一两坡或四坡屋顶，顶上之屋脊、瓦垅及瓦当，皆有清晰之表现。

图 5-189　汉代水井之井架

有的陶井上另建以井亭（图5-190），一般为由四角柱支承之方亭，上覆四坡或攒尖屋顶。屋顶除表现屋脊、瓦垅等外，顶部有的还立一鸟（朱雀?）。个别之井亭明器，在侧面附一两坡小屋，然比例甚小，与井身大不相称，看来只是一种象征性的表示。

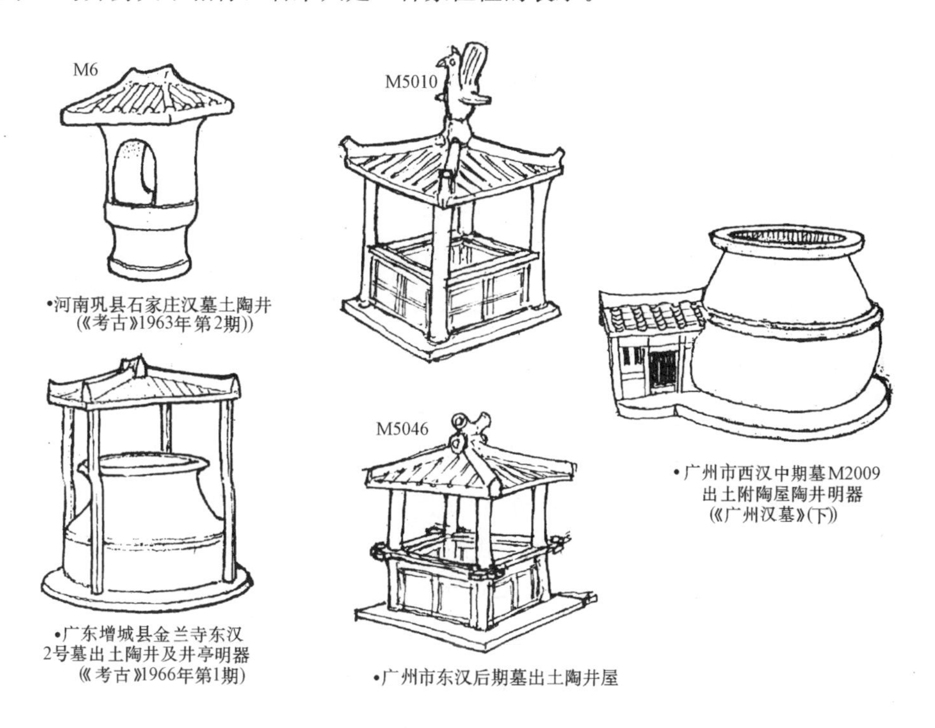

图5-190 汉代水井之井亭、井屋

（六）仓廪

仓是一种用以贮存物品的特殊建筑。它的形式与构造，常随所贮对象的种类与数量的不同而产生若干差别。已知汉代的仓有贮积粟米的粮仓、有存放兵器的武库、窖藏冰块的凌室等等。它们的构造形式有建于地下与半地下之窖穴，有置于地表与架空之干阑式者。平面形状大多为圆形或矩形。另又有单层与多层之别。规模从单体到院落、坞堡甚至仓城。

汉代文献中述及仓廪者屡有所见，例如：

《史记》卷八·高祖纪："肖丞相营作未央宫，立东阙、北阙、前殿、武库、太仓"。

《前汉书》卷二·惠帝纪："六年……起长安西市，修敖仓"。

同书卷二十四（上）·食货志："令边郡皆筑仓。以谷贱时增贾而籴以利农，谷贵时减贾而粜。名曰：常平仓，民便之"。

同书卷九十九（上）·王莽传："（东汉平帝）元始四年（公元4年）……莽奏起明堂、辟雍、灵台。为学者筑舍万区，作市常满仓，制度甚盛"。

同书卷九十九（下）·王莽传："郭钦、陈翚、成重收散卒保京师仓（注：仓在华阴灌北渭口）"。

《后汉书》卷四·和帝纪："永元五年，……三月庚寅，遣使者分行贫民，举实留冗，开仓赈廪三十余郡"。

《三辅黄图》："（长安）东出第二门曰：清明门，一曰：籍田门，以门内有籍田仓"。

仝书："太仓，萧何造，在长安城外东南，有百二十楹。……细柳仓、嘉仓在长安西，渭水北石徼西有细柳仓城，东有嘉仓，初建一百二十楹"。

由上述记载可知，属于国家级的仓廪在当时已具有很重要的地位，它们往往与帝都中的宫室、坛庙同时兴造，如汉长安的太仓和常满仓即是。它们又常被予以集中建造，甚至形成有众多仓廪的仓城，如长安的细柳仓、嘉仓，华阴的京师仓等。而各诸侯王国，亦建有太仓。《史记》卷十·孝文纪“十三年……五月，齐太仓令淳于公有罪当刑，诏狱逮徙系长安。”可知齐国亦有其封国一级之仓廪。此外，各郡县也都建有各自的仓库。就藏存的物资而言，现知以粮食占大多数。武库与凌室都属于皇室及官署建筑，数量既少，规模亦不大（但长安长乐宫与未央宫间的皇家武库例外）。

1. 粮仓

明器中的仓廪，都是地面建筑。基本可分为三类：一种是独立的圆仓，外形作筒状（文献中称为“囷”），上复以圆攒尖顶或囤顶（图 5-191）。它最早见于秦代墓中，汉代此类明器上常有隶书“粟万石”等字样。第二种是平面为矩形的仓屋（文献中称为“仓”），屋顶形式以两坡悬山最常见，有的屋下另置干阑式支架，例见广州出土之陶仓（图 5-192）。第三类是体量较大的陶仓楼，外观 2～4 层，有门、窗、梯道、斗栱等，屋顶两坡或四阿，有的还在屋面上开有气窗，如河北定县北庄及山东寿县出土之例（图 5-193）。规模再大的，则于陶仓楼前置一小院，正对陶楼的大门两侧建双阙，院墙头覆以两坡之压顶，例见河南焦作市西郊汉墓中明器依其形制，应属国家级或地方政府之官仓。考古发掘中还发现有半地下式的仓，在文献中，称之为“窌”。

四川彭县汉画像砖中所表现的粮仓，为一具两座门的六开间单层木梁架建筑（图 5-194），上覆以四坡顶，下承以较低之台基，中间有一踏道。墙面显示之构件有柱、腰枋、间柱及双扇版门、门枋……。另一自宝成铁路工地出土之画像砖亦有类似形象，惟屋面为两坡之悬山顶，屋面正脊脊头起翘，颇类今日北京民居之清水脊，悬山端部并有排山，此建筑面阔五间，开单扉门二。

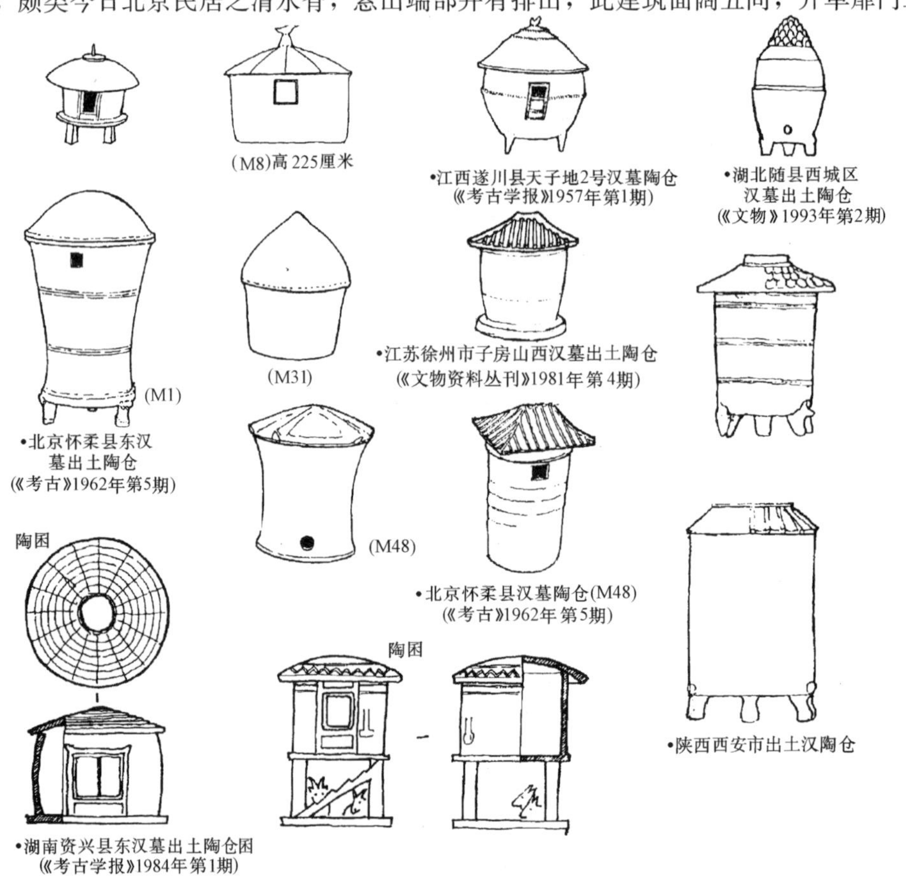

图 5-191 汉代之仓囷明器

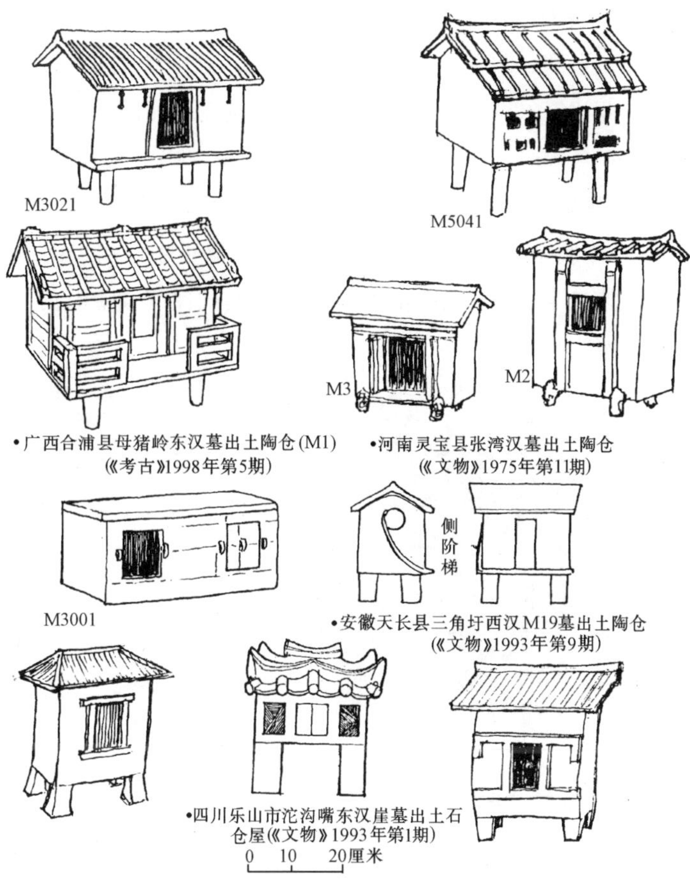

图 5-192 汉代之仓屋明器

图 5-193 汉代之仓楼明器

1980—1981年考古工作者对陕西华阴县瓦渣梁之汉华仓城址[62]进行了部分发掘（图5-195），发现大型粮食仓库、水井、水沟、水池、窖穴等遗址多处。其中特别是有关大型粮仓的资料，是对汉代建筑的重要补充。此建筑（编号为一号仓）位于仓城内西北部，平面呈长方形，坐西面东，东西宽62.3米，南北深25米。内部以东西向纵墙划分为南、中、北三室。中室较宽，南北7.1米；东西宽49.3米。中央置块石柱础九个，间距5米。柱础石长1.1米，宽0.9米，以平整一面朝上，高出于室内地表4～6厘米。中室门道辟于仓屋东山墙正中，门道南北宽3.95米，东西长3.65米，顺墙两侧南、北各有石柱础三个，间距1.7米。石础尺度较室内稍小，长0.8米，宽0.7米。室内地面曾予夯筑，厚9厘米。

图5-194 四川画像砖中仓屋之木构形象（《文物》1975年第4期）

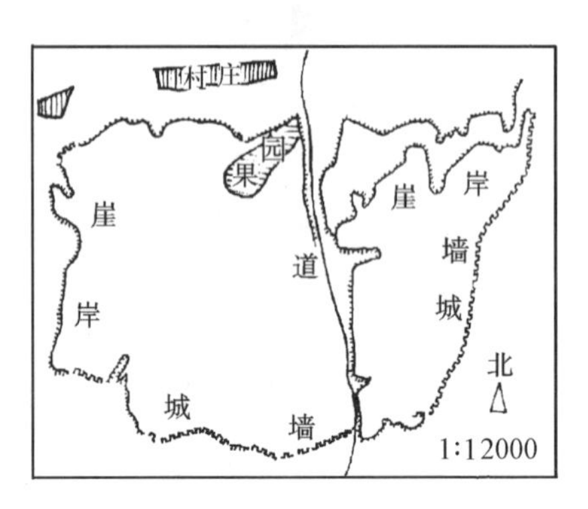

图5-195 陕西华阴县汉华仓城址遗迹平面图（《考古与文物》1981年第5期）

中室之南、北墙（即室内隔断墙）厚达1.5米，亦由夯土构成，现仅存基部残高0.64米，墙之南、北两侧各有宽0.8米，高0.65米之夯土台。在土台远墙之侧壁，有宽0.3米，深0.2米，高0.95米之柱洞一列，其间距为3.1～3.3米。而隔墙之底部，则亦有伸入墙体之水平洞穴一行。洞宽0.20～0.26米，高0.18～0.21米，深0.25～0.30米，间距0.50～0.90米，显系铺置地板之柱枋结构构件之所在。

南室室内净宽3.3米，其北墙即中室之南墙（隔墙），南墙即整个仓房之南檐墙，厚1.3米。二墙于室内均有土台似中室。北室情况与南室一致。

木屋架已毁，但室内墙转角处用二柱，是汉代建筑的一个特点。遗址出土之建筑材料，有回纹及套方纹空心砖残片、文字瓦当（“与华无极”、“千秋万岁”、“吴尹舍当”）、云纹瓦当及素面半圆瓦当、筒瓦、板瓦等。由此推测该建筑约建于西汉武帝时期，而毁弃于王莽新朝之末。

考古学家依遗址作出对该仓之复原图（图5-196），现列后并供参考。

内蒙古呼和浩特市之美岱古城内，发现建于汉代之大型仓库基址。平面矩形，仓内南北长38米，东西宽9.3米。周以厚达4米之土墙，南垣正中辟一门，东、西垣各二门，门宽约1.3米。室内有南北向之柱穴二排，每排七柱，间距4.5～5米。该仓室内面积越过350平方米，显然是边城重要仓库之一（图5-197）。

关于穿地之“窌”，在洛阳周王城内之汉河南县城址中，曾发现西汉及东汉之圆形粮仓（图5-198），西汉粮仓为简单之土构圆囷形式，即在当时地面以下掘出直径2.75米，深0.55米之圆坑，坑底亦未经夯筑。东汉者直径为2.9～3.6米，深0.52～1.6米，但用砖包砌土壁，砌时先在底部沿边平铺砖一或二层，再以横竖砖逐层错缝叠砌，也有用碎砖的，则砌法随意。另在部分窌底中央有石块，可能是用以承托屋顶木架的中心柱础石。半地下之方窌亦见于上述遗址，形式为地面以下1.45米挖方坑，东西宽4.2米，南北长3.58米，然后于四壁砌砖墙，墙厚0.36米。其方位正南北，于北壁中部辟一活门。

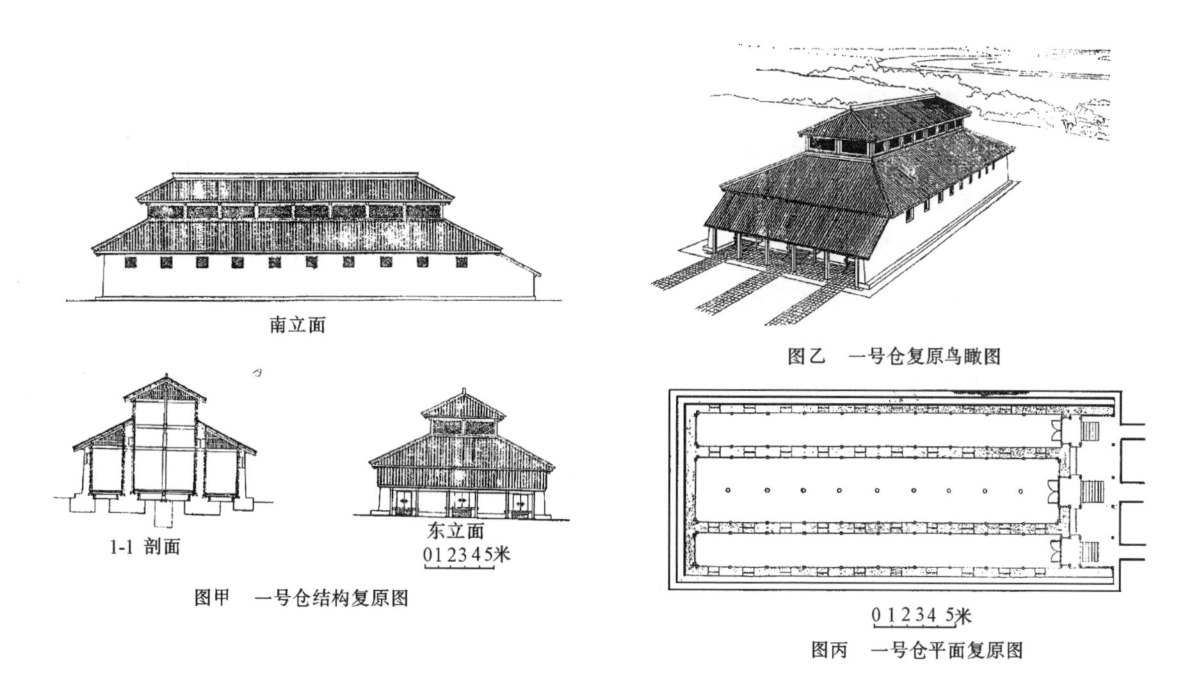

图甲　一号仓结构复原图

图乙　一号仓复原鸟瞰图

图丙　一号仓平面复原图

图 5-196　陕西华阴县汉华仓城址遗迹一号仓复原图(《考古与文物》1982 年第 6 期)

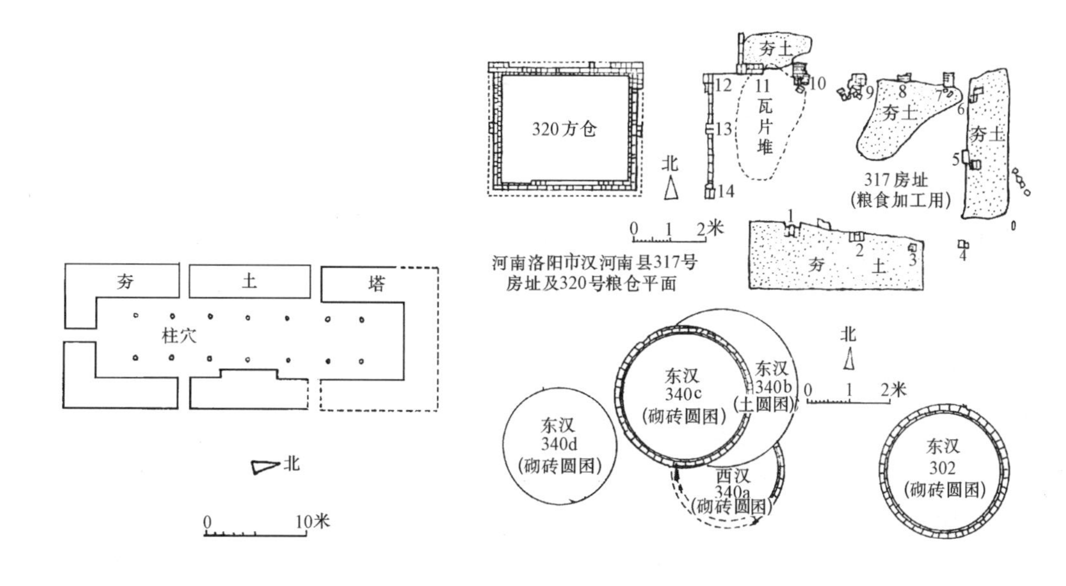

图 5-197　内蒙古呼和浩特市美岱古城内城汉代大型仓库基址(《文物》1961 年第 9 期)

图 5-198　河南洛阳市汉河南县仓困遗址平面(《考古学报》1956 年第 4 期)

2. 武库

武库是聚藏各种兵器之所在，历来为古代统治阶级的重视。因此上至帝都，下至州、府、县治，均有此类建筑设置。考古发掘证明，在西汉长安与东汉洛阳城内，都有大型武库遗址发现。而历史文献中亦有所载，以西汉长安为例：

西汉长安武库[63]历史文献记载：

●《史记》卷八·高祖纪：“八年（公元前 199 年）……肖丞相作未央宫，立东阙、北阙、前殿、武库、太仓……”

●《前汉书》卷一·高帝纪·考证·引《元和志》：“（未央宫）东距长乐宫一里，中隔武库”。

东汉洛阳武库之建造时间不详，依常规应在光武帝时已有。但有关记载亦少。

●《后汉书》卷六·安帝纪："元初四年（公元110年）春二月壬戌，武库灾"。

●《后汉书》卷七·桓帝纪："延熹四年（公元161年）二月壬辰，武库火"。

●《后汉书》卷八·灵帝纪："熹平六年（公元177年）二月，南宫、平城门及武库东垣自坏"。

1962—1977年间，考古工作者对今西安市大刘寨村东之西汉长安武库遗址进行多次考察与发掘，证实它的位置确在西汉长安长乐宫与未央宫之间，且南距长安南都垣1810米，东距安门大街82米。武库之总平面为横长方形（图5-199）（东西710米×南北322米），四面周以垣墙。外垣以南、东墙保存较好，南垣长710米，东墙长322米，西墙残长30米，均厚1.5米。北墙残长240米，厚3.6米。遗址中部有一南北向、厚4米之隔墙，将总平面划分为东（宽380米）、西（宽330米）二区。但隔墙北部已被破坏。

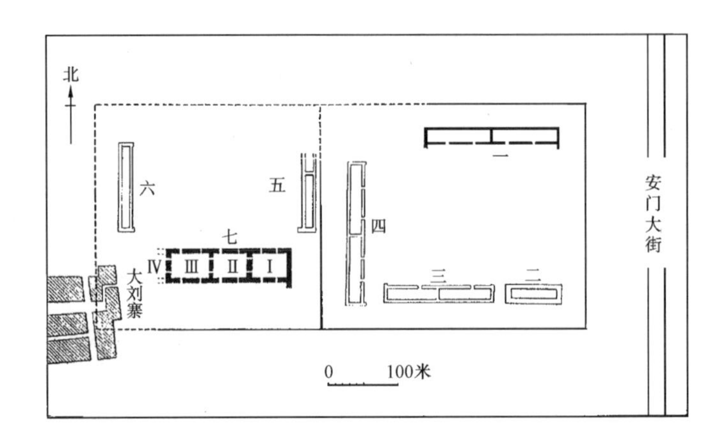

图5-199　西汉长安城武库遗址平面图(《考古》1978年第4期)

东墙中央及南墙距东墙约98米处，各有一宽8米缺口，外有路土。南墙西南约382米处，有一宽20米缺口。内隔墙南端亦有一宽14米缺口，可能都是门道所在。而东墙中央门道通向安门大街者，应为武库的主要出入口。

垣内共发现建筑基址七座，均为条状平面，现将其介绍于下（其中第一、第七号基址已经详细发掘）。

（1）第一号建筑基址

位于武库东区之北侧偏东，为一坐北面南建筑。东距武库东外垣30.5米，南距武库第二、第三号建筑基址约200米。建筑平面为狭长矩形，东西宽197米，南北深24.2米，方位5°。其东、南、西、北墙之厚度分别为4.8米、3.4米、4.6米及4.8米，残高均约0.5米，地下墙基深3.9米。皆由夯土筑成，夯层清晰，每层厚7～8厘米。中央有一隔墙，厚3.4米，残高0.5～0.7米，系与外墙同时筑成者。该平面两侧之山墙于南端均向外伸出于檐墙约5米（除第二号建筑基址外，其他基址均有此类似现象）。

门道共有四处，均列于南侧之檐墙，并作对称布置，各门距山墙或隔墙距离均约21米。门道宽5米，下有宽0.23米、深0.22米之门槛槽，内遗木灰烬。门道内又有厚0.20米之路土层。

室内东西宽187.4米，南北深16米。南、北墙之内侧均置壁柱，另有位于室中之内柱二列，从而在平面上形成进深三间的结构柱网。柱下置石础，有明础与暗础二种，式样亦有方、圆之别。其直径为0.7～0.9米，厚0.6米。柱础东西间距4.1～4.7米，南北5～5.2米。

夯土墙面先施草拌泥，再涂白灰粉面，然后抹平。

室内地面做法：于生黄土上筑夯土厚40厘米。其上抹粗麦秸泥数层，再涂1.2厘米厚细麦秸泥并表面抹光，总厚度约20厘米。现地面已为烈火烧成红色及黑灰色。上又有汉代房屋塌落之烧土、碎土坯、砖、瓦片块及木灰之堆积，亦厚30～40厘米。

南墙外有宽4.5米之廊道，残长尚余25米。

室内出土遗物除上述建筑材料外，另有铁质武器如剑、刀、戟等，尤以铁铠甲为最多。铜武器有戈、镦。又出土西汉五铢及王莽时货币。

（2）第二号建筑遗址

位于武库东区南侧东端，北距第一号建筑遗址约200米，西距第三号建筑遗址约18米。

建筑平面亦为矩形，东西宽82米，南北深30米。北墙厚7米，东、西墙均厚8米，南墙厚9米，室内未发现隔墙。门道数量及位置皆未探明，估计位于北墙上。

（3）第三号建筑遗址

位于第二号建筑基址以西，二者东西并列。为一坐南面北建筑。

建筑平面条形，东西157米，南北25米。北墙厚3.8米，东、西墙厚4米，南墙厚5米。室内中部有南北走向隔墙一道，厚3米，分内部为东、西二室。每室于北墙处各辟一门，分别位于隔墙以东46米及以西20米处。其东、西山墙北端及北墙外廊道情况，与一号建筑基址相似。

（4）第四号建筑基址

位于武库东区西侧，坐西面东，东距第三号建筑基址32米。

建筑变条状平面，南北长205米，东西宽25米。北墙厚3.4米，东、南墙厚4米，西墙厚5米。遗址中部有一厚3.3米之东西向隔墙。东墙有门道四处，大体作对称式布置。即位于北墙以南22米，南墙以北30米及内隔墙南、北各21米处。门道宽度、门槛槽及山墙端部及外廊情况，俱与第一号建筑基址者相似。

室内发现铁戟及铜箭镞等武器。

（5）第五号建筑基址

位于武库西区东侧，坐东面西。东距内隔墙约10米。

平面条状，但北部已被破坏。遗址南北残长120米，东西宽22米。东、南、西墙均厚约6米，中部有一东西向隔墙，厚3米，距南侧山墙约80米。西侧檐墙外有廊道，但门位置未探出（应在西墙处）。

（6）第六号建筑遗址

位于武库西区西侧，坐西面东。东距第五号遗址约250米。

平面条形，南北长128米，东西宽22米。四面墙厚均约6米。室中未发现隔墙及门道（应在东墙处），东墙外廊道亦存。

（7）第七号建筑基址（图5-200）

位于武库西区南部，东距内隔墙约40米，南至武库南垣约46米。

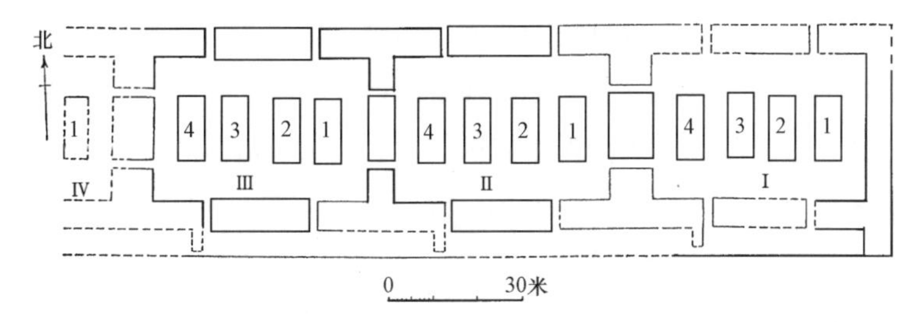

图5-200　西汉长安城武库第七遗址平面图（《考古》1978年第4期）

此建筑平面呈长方形，其西端一部（约占现长度之1/3）已毁。东西残长190米，南北深45.7米。东、南、北三面外墙厚约6.5米，残高0.4～1.5米。内部以隔墙三道划为四间大室（Ⅰ～Ⅳ）。隔墙长32.7米，宽6～9.6米，残高1.8～2米（第三隔墙最高达4.9米），两侧各有壁柱17处，其中若干尚遗留有础石。

除Ⅳ室外，其余三室平面均大体一律（48.5米×32.7米）。每室南、北外墙上各辟门二处。其南垣各门之西侧，均建一突出之柱墩。门道宽2.1米，下有木门槛槽痕。门道距室内山墙或隔墙皆为13米。室内三道隔墙亦在对称位置各辟门道二处，门宽2.1米，距南、北外垣之内表面各约11.5米。室内皆沿东西纵轴方向排列夯土墩台四座，墩台南北长13.5～14米，东西宽4.9～5.6米，高0.4～1米。墩台四壁各有壁柱16处。室内皆列东西向柱础21排，南北17排（包括壁柱）。其间距1.8～2米者，应为放置兵器之木架承重石础；间距4.5～5米者，则为房屋结构大柱石础。依南墙外之廊道遗迹，知该建筑之主要门道在南侧。

图5-201　四川新都县东汉画像砖表现之武库形象（《文物》1982年第2期）

出土物件以武器为多，如铁镞、刀、剑、戟、矛、斧、铜镞、陶弹丸，以及武器修理工具，如铁锛、凿、锤、钉。又有生活用具如铜釜、铁釜，货布则见西汉半两、五铢，及王莽大泉五十、货布、货泉等。建筑材料有大量汉代筒、板瓦及瓦当（文字有“长乐未央”、“长生未央”、“长生无极”、“与天无极”、“千秋万岁”……，以及云纹、卷云纹等图案）。砖有回纹、方格纹及素面多种。

由出土文物，知该建筑毁于王莽末年之战火，以后再未被修复及使用，这大概是因为东汉已迁都洛阳，从而对西汉长安已毁之旧有建筑，已经无暇全面顾及了。

至于地方之武库，其规模及面积自相对为小。据四川新都县出土东汉晚期画像砖，其主体建筑为一两开间四坡顶平屋，柱上施一斗三升斗栱，前檐下置双阶。室内有平置戈、矛兵器之木架——“兵栏”。柱上悬一弓。其侧屋内置三层架，似亦用置兵器者（图5-201）。

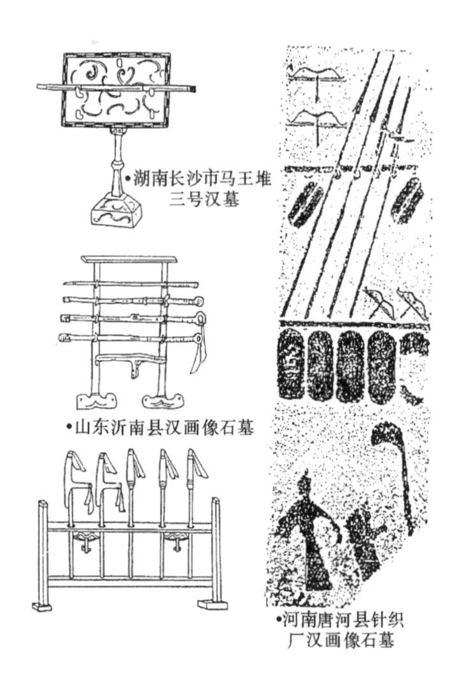

图5-202　汉代之“兵栏”及武器架

放置兵器之架亦有大小之别。小者如横板状，上有托钩以承剑、弓。大者为竖立之木架，可直插或斜放长兵器，亦可挂盾、弓等（图5-202）。

（七）陶窑

汉代建筑中使用陶质砖瓦、下水管道与井圈等甚为广泛，因此烧制这些产品的陶窑数量较前代更多，技术方面也有改进。建国以来，各地发现之汉代窑址甚众，尤以关中一带为多。例如在汉长安故城内之西北区、城外东北郊之灞河西岸，以及渭水北岸一带，据不完全统计，业经发现之西汉窑址已达百处之多，现择其中数处介绍如下。

1. 陕西咸阳市韩家湾西汉早期窑址

1981年1月，在咸阳市韩家湾魏村以东，西距汉长陵邑故址西垣约510米处，发现西汉早期窑址一座。该窑系东西向，窑门面西。门顶部为半圆拱形，全高0.90米，宽0.65米。火膛平面略呈半圆形，进深0.50米，顶部前低后高作半球状。窑室为梯形平面，前宽2.55米，后宽2.90米，进深2.80米。其窑床面高于火膛底0.30米。窑壁北侧已塌，东、南二面现高2米，均保存良好。烟道二条位于窑室后壁（即东壁）处，其平面为每边长0.30米之正方形，尚存残高2米。下有高0.25米，宽0.30米之排烟口。窑门、窑壁及烟道均用制砖瓦毛坯之泥土堆砌而成，然后将内表面予以抹平。窑顶则以草拌泥粘合之楔形砖砌发券或穹隆，砌成后亦用上述草泥抹光内表面。窑内各处地面均铺碎瓦一层，似为增强地面之耐磨能力。

2. 河南洛阳市东周王城内之西汉前期窑址（图5-203）

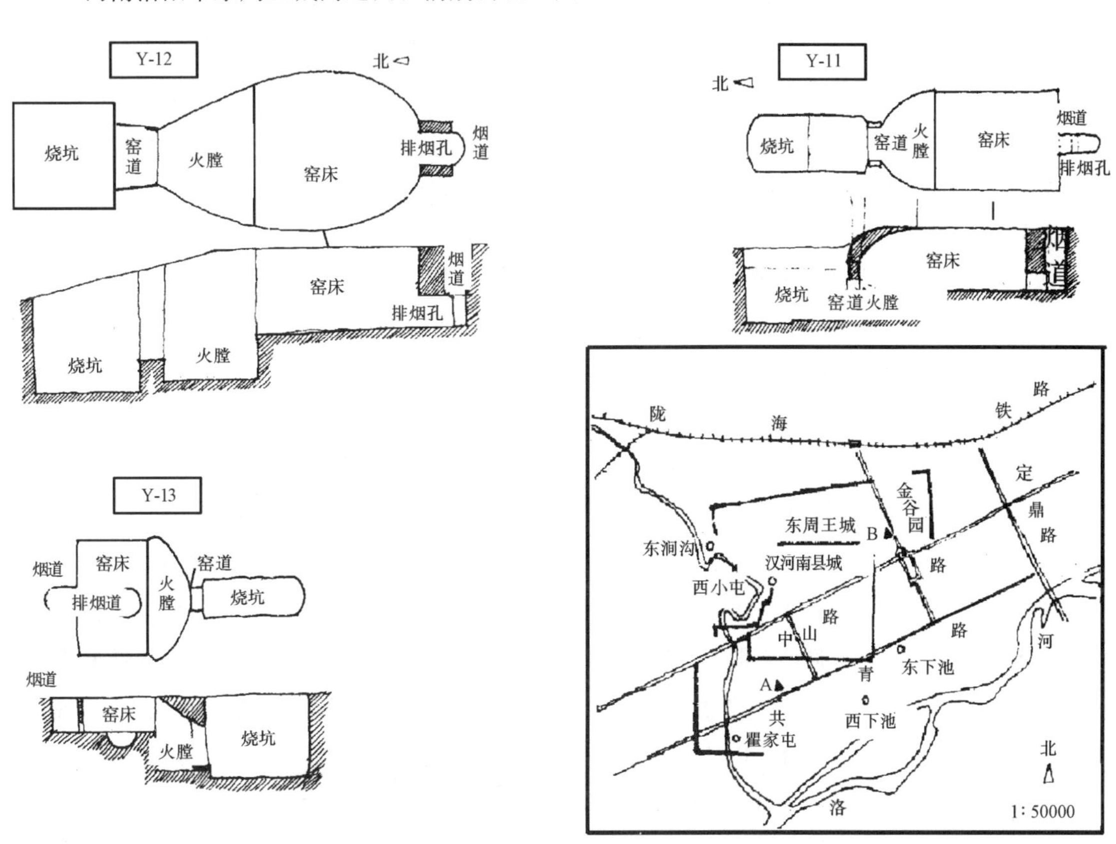

图5-203 河南洛阳市东周王城内西汉前期窑址(《考古与文物》1983年第3期)

(1) 砖瓦窑遗址（Y12）

该窑由烧坑、窑道、火膛、窑床、排烟道等组成，自窑门至后壁全长4.40米，窑床最宽处2.42米。方位正南北，其主体部分（火膛及窑床）平面呈椭圆形。

烧坑位于全窑之最北端，为烧窑时操作之地。作竖井式方坑形，南北长1.56米，东西宽1.64米，低于窑门下缘0.45米。窑门所在之窑道已残毁，南北长0.4米、东西宽0.76米。其内之火膛平面呈等腰之梯形，北宽0.84米，南宽2.18米，南北长1.58米，膛底低于窑道0.3米。窑床平面似马蹄形，南北长2.48米，东西宽2.42米，高于火膛底约0.65米。后部正中以带瓦当之筒瓦砌排烟孔，孔矩形，高0.43米，宽0.5米。其后即平面为半圆形之垂直烟道。

窑内出大量筒瓦，有的附半圆或圆形瓦当，保存且相当完好。又出土汉文帝时之半两钱一枚，故可判断其使用应不迟于西汉初期。

（2）陶器窑遗址（Y11）

该窑组成内容与前者相同，自窑门至后壁全长 4.16 米，窑床最宽处 2.10 米，方位亦正南北。

烧坑位于北端，亦为竖井式土坑，平面为北端具弧线之矩形，南北长 2.54 米，东西宽 1.20 米，坑底南部略高于北部。窑门由小砖砌之拱券形，高 1.18 米，宽 0.7 米，火膛平面为半圆形，直径 1.0 米，底面与窑道平齐而略高于烧坑。窑床平面矩形，南北 2.65 米，东西 2.10 米，高于火膛 0.7 米。其后之排烟孔上部亦拱形，孔高、宽均 0.4 米，最后为垂直之筒状烟囱。

窑内遗物以生活陶器为主，有敞口深腹盆、平底直腹盆、圆孔甑、小碗等。亦有若干工具，如陶锤、瓦垫等。又伴出文帝四铢半两钱一，故其使用期亦在西汉之初。

（3）烘范窑（Y13）

窑之组成各部亦同上，但总的尺度偏小，又有若干变化。

烧坑之平面与 Y11 大体相同。火膛则呈扁长之扇形，即宽度大而深度小（比例约 3∶1）。窑床改一般之纵置为横置，并于此矩形平面之中央，掘有一直径 0.32 米，深 0.22 米之圆坑（底呈半球形）。窑床高于火膛底约 0.5 米。

窑内出土汉半两钱范残块而未见其他，故其用途可不言而喻。

3. 汉长安城西汉四号制俑窑（Y4）遗址（图 5-204）

1990 年在汉长安城横门内西南之西市一带，即今西安市六村堡乡相家巷村南约 80 米处，发现汉代窑址七处（编号为 2 号～8 号）。该地距汉长安北垣约 280 米，距西侧已发现之西汉一号窑址约 420 米，现介绍其中之第四号窑址。

该窑坐北面南，依南北轴线，先后并对称排列烧坑、窑门、火膛、窑床及烟道，通进深达 7.42 米，最大宽度近 2 米，全窑为半地穴式，系于生土中挖掘而成。

烧坑南北长 2.3 米，宽 1.1 米，深 1.0 米，平面呈一矩形。辟于南端之入口为一较陡之斜坡，最下接台阶一步。坑底之中央，掘有一圆形小坑，直径 0.35 米，深 0.17 米，坑中满填灰烬。

窑门作略尖之拱形，高 0.75 米，宽亦如之。门口横铺土坯砖三块，窑门进深约 0.12 米。

火膛平面呈等腰之梯形，南北长 1.82 米，南端东西宽 0.7 米，北端宽 1.3 米。火膛底面较窑门外之烧坑地面低 0.12 米，又于距窑门 0.7 米建一高 0.18 米之隔火墙，现尚存砖二层。火膛上部之炉顶部分犹存。经窑门上方向内作缓和之上扬曲线，最高处尚余残高 1.02 米。

窑床紧接火膛之北端，平面为矩形，南北长 2.2 米，东西宽 1.7 米。床面平坦，高于火膛底 0.5 米。两侧窑墙尚存高 0.85 米。

烟道位于窑床北壁之下，共有三处，作对称排列。中央烟道高 0.38 米，宽 0.4 米，外形亦为拱式，进深 0.98 米，后上方接直径为 0.43 米之圆形烟囱，东侧烟道宽 0.3 米，进深 0.35 米，以上斜之烟道通向中央之烟囱，斜道现存残长 0.75 米，并留有侧立之镶砖两块。西侧烟道宽 0.28 米，进深 0.35 米，斜烟道尚存残长 0.7 米，亦有侧立镶砖三块。

附近所出烧制件皆为裸体之男陶俑，其形制与汉宣帝杜陵陪葬坑出土者相同，故时代亦与之相近，即西汉之后期偏早。陶俑身高 57.5～59 厘米，而窑门又欠小，因此很可能自窑顶部取出，目前窑内未发现有窑顶塌落之痕迹，更增大了窑顶仅为临时性构筑物的可能性。估计当时窑床至窑顶之内部高度约为 1 米或稍多。

4. 汉长安东郊西汉晚期窑遗址

在汉长安东郊灞河两岸之杜村与池底村之间，发现西汉晚期窑址二处，现介绍其南侧之二号窑址。该窑址之窑门面南，残高 1.40 米，宽 0.70 米，顶部已毁。窑室平面呈梨形，火膛在前，东西最宽处 1.68 米，南北进深 0.70 米。窑床东西宽 2.38 米，南北长 2.10 米，表面平坦，较火膛仅高 0.10 米。烟道三条，分设于后壁二侧及中央，平面矩形，南北 0.20 米，东西 0.30 米。在距地面 0.35 米处，各自向左右扩宽约 0.07 米。西侧烟道在距窑床 0.72 米处，逐渐向中央收缩，使烟道呈内倾之弧形。虽目前窑顶已毁，但知其构造与两壁相同，即由原有黄土挖掘而成。据窑中灰烬可知当时烧窑燃料为木柴与草。

5. 辽宁宁城县黑城古城王莽时期钱范作坊烘范窑遗址（图 5-205）

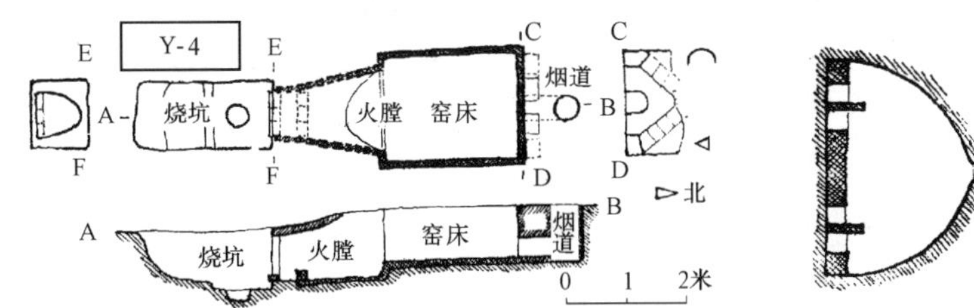

图 5-204 汉长安西汉窑址（Y4）
（《考古》1992 年第 2 期）

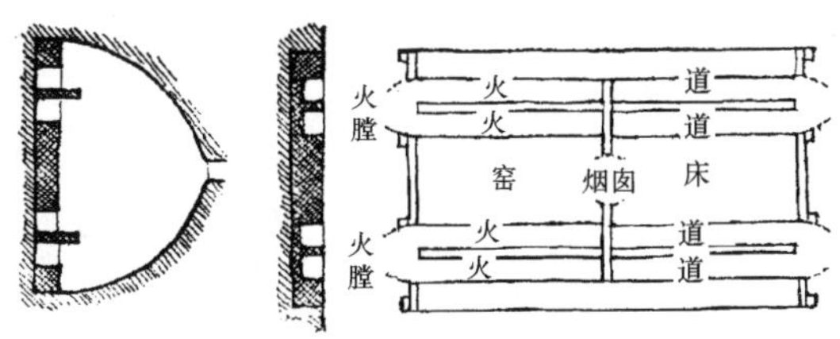

图 5-205 辽宁宁城县黑城古城王莽钱范作坊烘范窑遗址（《文物》1977 年第 12 期）

作坊遗址位于黑城外罗城内中部偏西处（即十家村西北），北距黑城内城之南垣 116 米。为一南北走向之隆起地段，其南北长 150 米，东西宽 40 米，占地面积达 6000 平方米。

烘范窑又位于作坊遗址之中部，现存平面由窑床、火道、火膛及烟囱等组合而成，窑床位于窑址中央，呈南北长 7 米，东西宽 2 米之条状平面。两侧各建由砖砌之火道二条，每火道宽 0.4 米，长 7 米，底部铺砌陶砖一层，并作成两头低、中央高之斜坡状，现残高 0.4～0.5 米，底上抹有厚 0.5 厘米之面层，已烧成深灰色。二火道间亦以砖分隔，并于南、北两端各阙一平面为半圆形之火膛（宽约 1 米，低于火道 0.5 米），烟囱置于窑床中央。窑顶已遭破坏，估计原为拱券形。

此种长窑床、长火道、多火膛并将烟囱设于中央的平台式烘窑，在辽西地区尚属首次发现，其特点是将面积大之窑床建于地面之上，易于建造施工，而将火道、火膛建于较低处，使燃烧时火烟得以在窑内回旋，借以提高其热效应。

6. 四川武胜县匡家坝汉代窑址

依河南新乡前郭柳村及四川武胜县匡家坝等地发现的汉代窑址，其火膛大体呈梯形，惟匡家坝二号窑中火膛侧壁作内凸之弧线状。窑室（即窑床所在）平面为整齐之方形或近方之矩形。匡家坝之窑床前高后低，高度相差约 10 厘米。烟道多用三条，也有四条的。其平面呈方形或矩形，皆均衡布置于后壁。窑壁亦采用就土层开挖方式。

7. 河南洛阳市东汉烧煤瓦窑遗址（图 5-206）

全窑亦由操作坑（或称烧坑）、窑门、火膛、窑床及烟洞五部组成。通进深 6.80 米，最大宽度 2.7 米，方位西偏北。窑体大部均位于地面以下 2.5 米，较一般半穴式窑为深。

操作坑平面呈圆角之矩形，东西长 2.4 米，南北宽 1.1～1.2 米，西侧入口处为一甚陡斜坡，上距目前地面 1.5 米，下距坑底 1.05 米，故操作坑目前之深度为 2.55 米。坑底基本平坦。

窑门高 1.25 米，宽 0.5 米。门之底面与外侧之操作坑及内侧之火膛底面同一水平。为保持火膛燃烧充分，故在窑门下部建一高约 0.6 米之封火墙。

火膛平面为约占 1/3 圆面积之扇形，东西进深 1 米，东端最宽处达 2.6 米。现遗有大量煤渣。

窑床平面大体呈方形，每面长 2.5 米，位置较火膛底高 1 米，床面平坦，现尚遗有相互间留有空隙之侧立横砖东西向七列，每列约 21 块，用作垫置窑坯。窑床处之窑壁仍留存高度约 1.6 米。

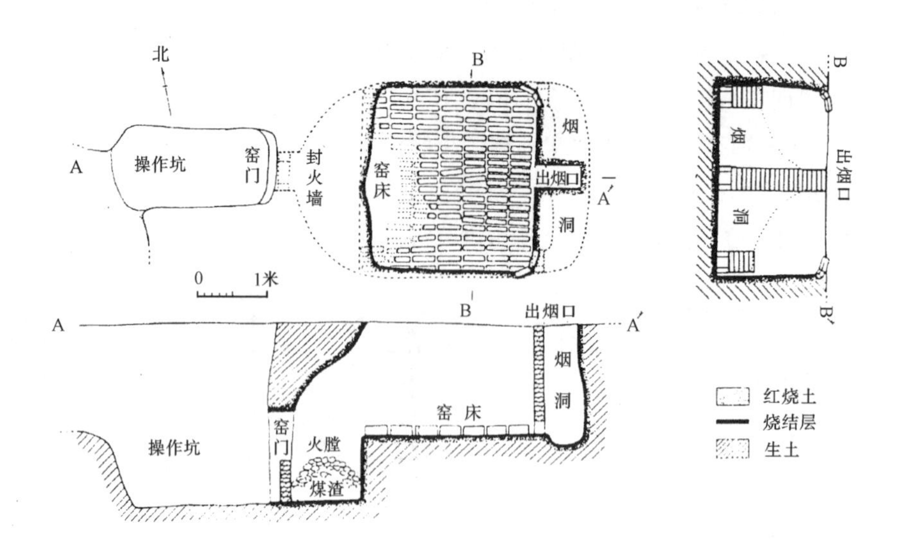

图 5-206　河南洛阳市东汉烧煤瓦窑遗址(《考古》1997 年第 2 期)

出烟口三处，中央及两侧各一，烟洞（烟囱）在中央出烟口后方，平面作矩形，其与窑床之间以土坯砖叠砌相隔，两侧出烟口亦通过上斜烟道与烟洞相通。

由于使用了煤为燃料，火力大大增强，因此减小了火膛的面积，使窑床与火膛面积之比达到4∶1，较一般使用柴草的3∶1甚至2∶1大有提高。

8. 河南洛阳市东郊东汉“对开式”陶窑（图 5-207）

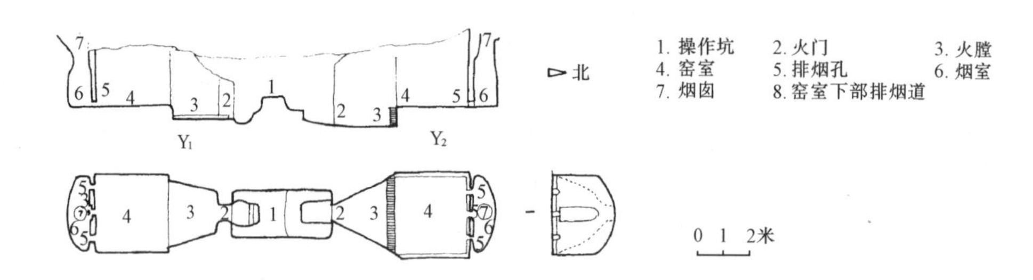

图 5-207　河南洛阳市东郊东汉“对开式”砖瓦窑(《中原文物》1985 年第 4 期)

该组陶窑计有窑址二座，南北相对，方位1°，共用一矩形平面之操作坑。现将各部组成分述于下：

（1）陶窑

南侧之一号窑（Y1）与北侧之二号窑（Y2）之平面及构造基本相同，均由火门、火膛、窑室及排烟系统构成。

1）火门

一号窑火门宽0.6米，高1.15米，弧形顶。火门与火膛间有甬道，长0.5米，甬道下砌有间隙之条砖五块，上抹草拌泥。

二号窑火门尺度及形状大致同一号窑，但未建甬道。

2）火膛

一号窑火膛平面呈等腰梯形，顶部为外低内高之穹顶。地面低于窑床0.4米，北宽1.5米，南宽2.5米，南北进深1.9米。底部以条砖交错砌出砖箅，其间遗有煤渣及炭屑。砖长0.27米，宽0.135米，厚0.058米。

二号窑形制大体同一号窑，其火膛因无甬道，故进深较长。底部之砖箅已遭破坏，但遗有多量附草拌泥之乱砖。

3）窑室

一号窑窑室平面近方形，南北进深 2.8 米，东西面阔 2.9 米。窑床保存较好，底面平坦。上部为小砖砌之券顶，已遭破坏。后壁约高 2.5 米。

二号窑窑室平面形状与尺度均同一号窑。为扩大贮放陶坯量，其南侧另用土坯加砌一道。窑顶保存较好，至窑床面高度约三米余。后壁高同一号窑。

4）排烟系统

均由烟道（孔）、烟室、烟囱三部分组成。

二号窑窑室之东、北、西壁下均建有宽 0.15 米，深 0.20 米之排烟道，它们又与窑室北壁三个排烟孔连接（孔高 0.25 米，宽 0.18 米）。窑烟汇入烟室后，经上部烟囱排出。烟室平面大体呈扁椭圆形，中央上部以土坯砖及草拌泥构成上小下大之漏斗状，其上即接烟囱。

一号窑未建排烟道，其他构造与二号窑相同。

（2）操作坑

位于一号窑与二号窑之间。为南北长 4 米，东西宽 1.7 米，深 1.5 米之土坑，其南北端近窑门处又各掘小坑一个。一号窑前小坑南北长 1 米，东西宽 0.8 米，深 1 米，北端置踏垛二步。二号窑前小坑南北长 2 米，东西宽 1.7 米，深 1 米，其东、南、西三面均构有宽 0.4 米之两层台。

估计操作坑上原有建筑（如蓬屋等），现均未有遗迹可寻。

此种由二窑共用一操作坑的方式，除了节约土地的使用面积（包括操作及燃料堆放……），又有便于管理及减少操作人员的优点，因此是一种有利于发展生产的平面布置。

9. 浙江上虞县帐子山东汉一号龙窑（图 5-208）

该窑现余残长 3.90 米，方位 310°。依平面可分为窑床及出烟坑两部分，由一残高与宽度均约 0.3 米之挡土墙分隔。其中窑床残长 2.98 米，底宽 1.97～2.08 米，倾斜度 28°。出烟坑残长 0.6～0.7 米，宽度与窑床相若，（其南侧为一墓葬打破），坑底呈凹弧形，倾斜度 21°。估计该窑全长约 10 米，窑底至拱形窑顶高度约 1.10 米。

窑底之做法，于经平整之土质窑底上，先以黏土抹平，上再铺沙土两层，用以固定窑具。窑壁（现残高 0.32～0.42 米）以黏土砖砌成，最下平砌顺砖五层，上竖侧立砖一层，再砌顺砖四层及竖侧砖一层，以上即以顺砖叠砌至窑顶拱券之下。现窑壁内表面留有烧结土——“窑汗”一层。挡火墙下部原有之排烟孔尚余四处，孔

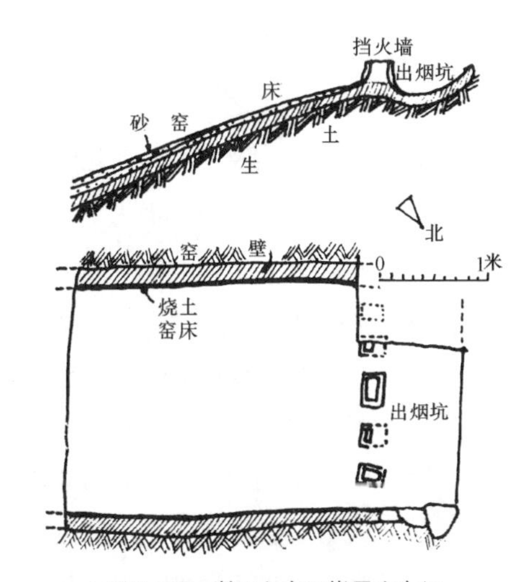

图 5-208　浙江上虞县帐子山东汉一号龙窑（《文物》1984 年第 3 期）

口呈长方形，尺度约为0.30米×0.25米。依其被破坏长处估计，原来应有此类孔洞约6处。

（八）炉灶

自从学会使用火以后，炉灶就成为人类建筑中的必不可缺的组成内涵之一。后来还进一步将它奉为宅神，特别是在阴阳五行学说盛行的时代。

汉代炉灶实物目前尚未曾发现，但自明器中的形形色色表现，说明了当时人们对它的重视。据现有资料，陶灶在西汉墓葬中已经出现，时间较盛行于东汉的陶屋明器为早。它的平面形式，有方形、长方形、圆形、舟形、折尺形、前方后圆等多种（图5-209）。内中以长方形为最多，前方后圆及舟形的次之，圆形及折尺形较少。除灶体本身以外，其炉门（或称火门），火眼与烟囱，也有若干变化。另炉身四壁及上方之灶面，又常施以各种纹样以作装饰。个别的甚至还在炉门两侧或灶底四角，置有人和动物的塑像。

长方形平面之陶灶明器，其高、宽、长度之比例、大抵在1∶2∶3左右。灶前之炉门，多采用矩形或拱券形，个别的为上梯形下方形，如湖南益阳市出土的第22号汉墓陶灶。炉门一般仅辟一处，辟二门的极少。灶壁大多平素无华。如有装饰，也多半集中于具炉门之灶前。其他壁面施涂饰者甚为罕见。装饰纹样以纵横条纹、斜格纹、三角纹、菱形纹、套框纹等几何等规整形状为主，间有绘以拉扯风箱之烧火人、附一斗二升栱之立柱，以及刻有“吉祥”、“直二百”之文字等其他内容，例见陕西西安市白鹿原出土之汉墓陶灶。湖南益阳市东汉第28号墓出土之绿釉陶灶，其炉门左侧置一人塑像，另侧为一犬，则是少见之例。而河南洛阳市烧沟第183号汉墓陶灶，其灶底四角各承一张口之卧虎（?），此种形制更为稀睹，然而不知当时实际生活中是否有此形象?至少其灶底不会作此明器下部之架空。

在灶体正面及侧面有绘以卷云纹等多种变形图案的，见于湖北宜昌市前坪西汉墓出土陶灶，其纹饰甚为华丽。而河南巩县石家庄东汉一号墓之陶灶，除于灶门周旁饰齿形纹并绘有二控火人外，又于侧面图绘以肩鱼、牵羊、引牛之人物，所表现之构图及形态均极为生动逼真，是反映当时社会生活的忠实写照，亦为已知陶灶遗物中罕见之珍例。

灶面之火眼，以前后排列二孔或呈品字形排列之三孔为多，一孔者较少，四孔与五孔者罕见（如河南洛阳市烧沟第403号汉墓及苗南新村528号汉墓出土之陶灶）。火眼平面俱作圆形。一孔者直径均较大，其他置大火眼一至二孔，小火眼二至三孔。

有时在灶门之上方砌出壁体，高低与形状不一，或垂直于灶面，或向前稍作倾斜，例见江苏扬州市东风砖瓦厂六号汉木椁墓及河北怀柔县汉墓出土陶灶。推测其施于实物之用途，为阻挡灶门中迸出之火星与烟尘，尔后发展为形体日益高宽之各式屏墙，其位置也由自开始时之灶前，扩展到灶后及侧面，变化殊多。除实用外，又起着一定的装饰作用。

灶面原为平素无华，后来又逐渐出现了各种装饰，除前述之几何纹样，尚绘画或塑出诸多灶事用具，如刀、叉、钩、铲、盘、耳杯、架……以及供烹饪之鱼、鳖、鸡等，形象均甚为写实。火眼上则置有釜、甑、罐等陶质炊器。

烟囱设置于灶之后部上方，或直立、或向后斜出。后者之出口有作成兽头形状，如湖北宜昌市前坪西汉第35号墓陶灶。在若干例中，烟囱之顶部又常覆以顶盖，如洛阳市烧沟第403号汉墓出土者。

平面方形之灶，为数虽然不多，但在造型与装饰上常具特色。陕西紫阳县白马石汉墓出土之陶灶，辟有并列之二圆拱形灶门及二孔大火眼，略呈弯曲之烟囱不依常规位于后壁之中央，而设置于后壁之左端，灶体侧面及正面灶门周旁，绘以由直线、斜十字线、三角纹、波形纹等组合之图案。灶面也绘有鸡、鱼与各种炊事用具。

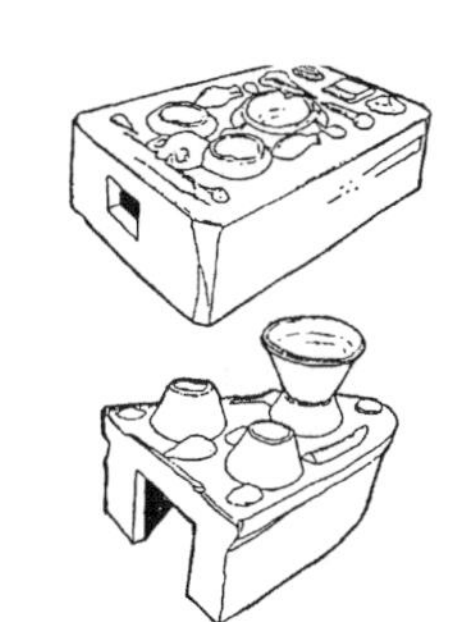

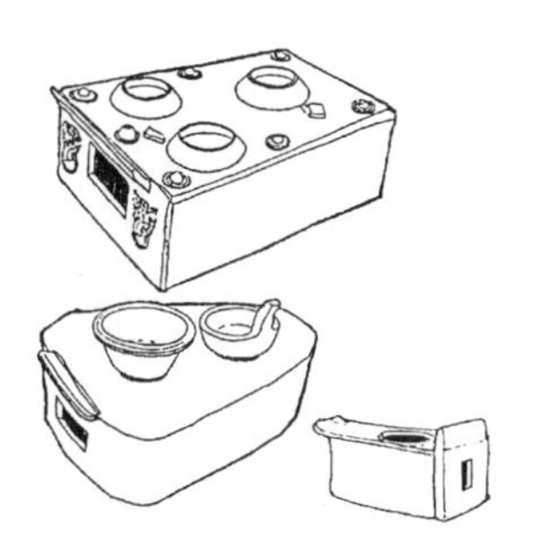

•陕西勉县老道寺3号汉墓陶灶
《考古》1980年第5期)

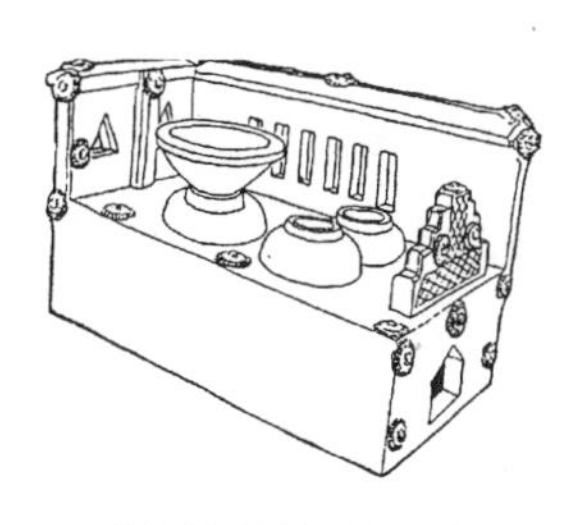

•北京市怀柔县汉墓出土陶灶明器
《考古》1962年第5期)

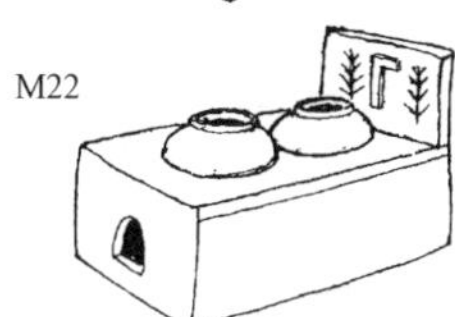

•湖北宜昌市前坪东汉陶灶

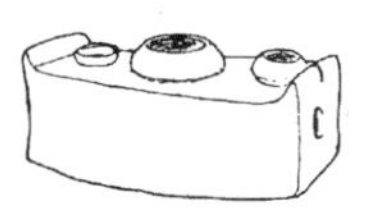

•江苏扬州市东风砖瓦厂汉木椁墓(M6)陶灶
《文物》1980年第5期)

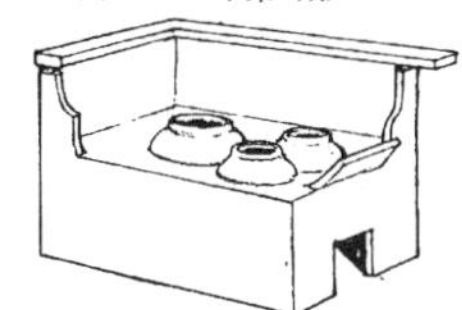

•山西朔县汉墓(GM210)出土陶灶
《文物》1987年第6期)

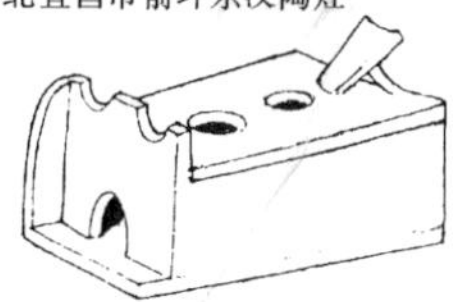

•四川凉山县西昌东汉墓陶灶
《考古》1990年第5期)

•江苏邗江县甘象老虎墩汉墓陶灶
《文物》1991年第10期)

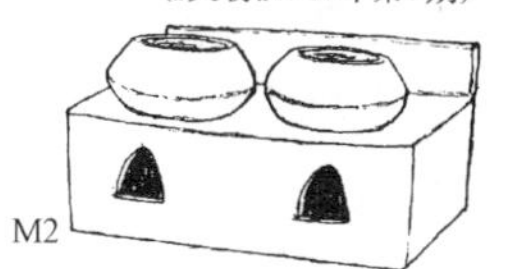

•湖北宜昌市前坪东汉墓陶灶
《考古》1990年第9期)

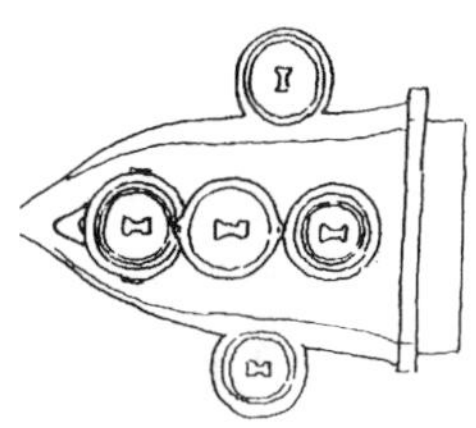

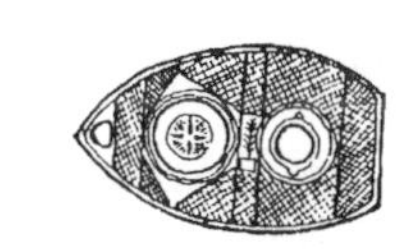

•浙江嘉兴市九里汇东汉墓陶灶
《考古》1987年第7期)

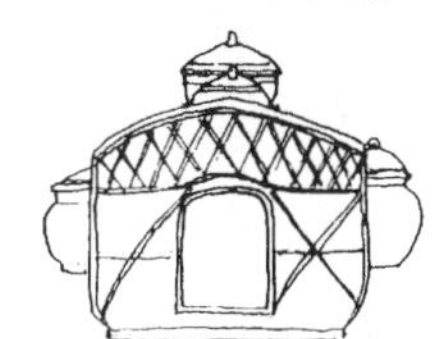

•广州市东汉后期墓M5080出土陶灶

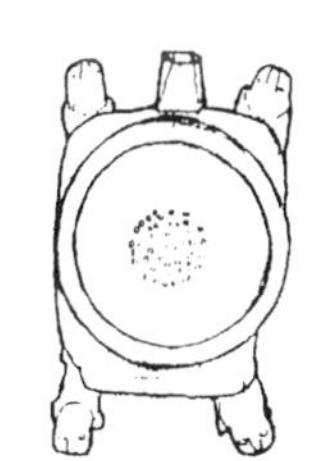

•河南洛阳市烧沟东汉墓
M183陶灶

•河南巩县石家庄东汉一号墓
出土陶灶花纹(《考古》1963年第2期)

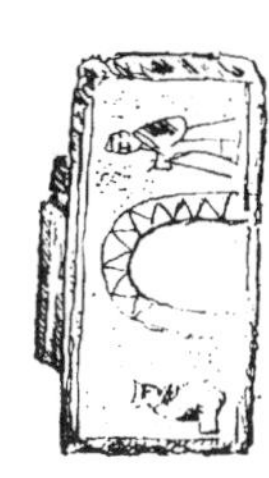

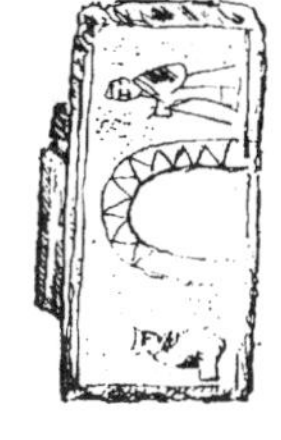

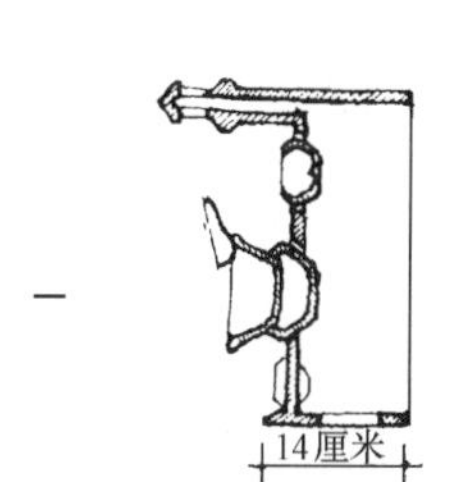

•河南洛阳市烧沟东汉墓
M403陶灶(《洛阳烧沟汉墓》)

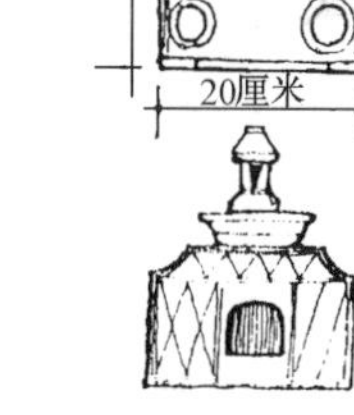

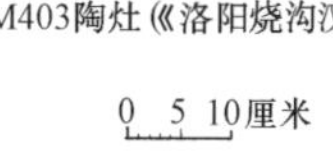

0 5 10厘米

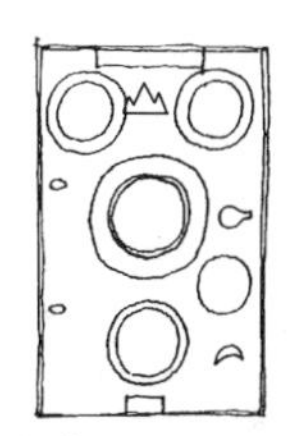

•河南洛阳市苗南新村
528号汉墓出土陶灶
(《文物》1994年第7期)

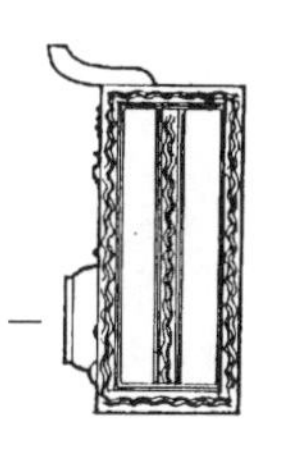

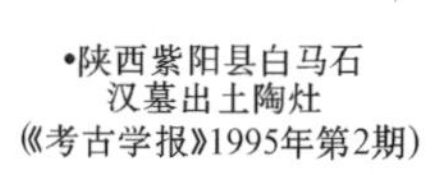

•陕西紫阳县白马石
汉墓出土陶灶
(《考古学报》1995年第2期)

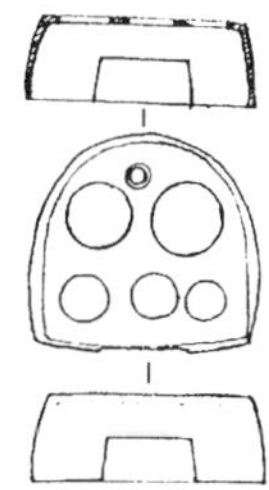

•山西朔县西汉
晚期墓出土陶灶
(《文物》1987年第6期)

•陕西安寨县王家
湾汉墓陶灶(《考古》
1995年第11期)(比例1/8)

图 5-209 汉代之陶灶明器

平面前方后圆之灶，常置火眼一至三个，已知最多有辟五孔的，如山西朔县西汉晚期墓所出者。但灶门及壁面装饰皆不若前述平面呈矩形之灶为多，但灶面及灶壁有绘卷云纹，或灶门有采用似壶门式样或具弧形底边之狭窄三角形的，多数有略烟囱。甘肃永昌县乱墩子第七号汉墓出土之陶灶灶面，亦绘有较多的炊事用具，为研究汉代的世俗生活提供了有益的间接资料。

平面似舟形之灶，其后端或为较短直线，或呈尖形。两侧则作缓和之曲线，形状甚为流畅美观，尺度亦有长有短。较长之灶，一般多置大小不等之火眼三孔，而以中央者为最大。灶门常为圆券形，壁面及灶面施装饰者较少。前后壁上亦鲜有屏墙或突起。未见设置有烟囱，多数仅于后部上方辟一出烟孔。例见福建闽侯县后山东汉墓出土者。但其炉门呈横置之扁圆形。浙江嘉兴市九里汇东汉墓之陶灶明器，表面满施斜方格纹。另广州市东汉后期墓所出之舟形陶灶，除火门上有陶罐外，又于灶侧壁各附陶罐一具，形制甚为特殊。

平面为曲尺形之灶，实际上是将矩形灶之后部向侧面延伸出一段，此处不设灶门与火眼，似作为灶旁案桌之用。灶门一般设于长端之正面，形状作矩形或券洞形。火眼二个，小眼在前，大眼在后，例见湖北宜昌市前坪西汉第 103 墓出土者。或于灶后建屏墙，上置烟道，如同第 20 号汉墓之陶灶所示。

另一种曲尺状不甚明显，仅将矩形灶前端截去一部，例见湖北宜昌市前坪东汉第 34 号墓。特点是前端之二壁面上各辟洞形灶门一处，由于灶面面积未有较大减少，故仍设火眼三个，排列略呈品字形，小眼在前，大眼在后，灶后端立屏壁，但未见烟囱。灶身及灶面均平素无饰。

圆形平面之灶明器亦少，如出土于山东沂水县旺庄汉墓者，灶底大于灶面，故灶壁作上收之斜面。灶门扁方形，灶面仅设直径较大之火眼一孔。另山西平鲁县上高村西汉墓所出陶灶，灶面设品字形火眼三孔。上例二例皆未置烟囱，亦未建有屏壁。

以其他材料制作之石灶、铜灶明器亦偶见于汉墓中（图 5-210）。前者有前方后圆与舟形两种平面形式。后者以舟形为多见，其中内蒙古呼和浩特市东郊格尔图之东汉墓出土者尤为精致。除灶面施三火眼及后部立龙首之烟囱外，又于两侧灶壁各置圆环一，灶下则以四蹄足为支承。

为了移动及使用便捷，又以体积较小、重量较轻之炉代替灶。汉墓出土之炉明器多为圆形平面之陶炉，以及为数不多的矩形平面槽状石炉。铁炉出土者甚少，如河南禹县者，平面为圆形，

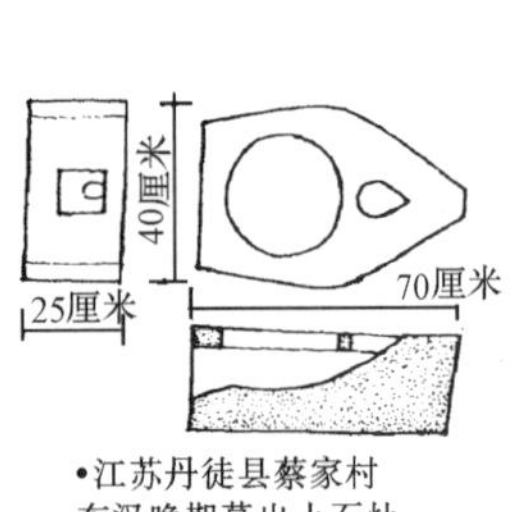
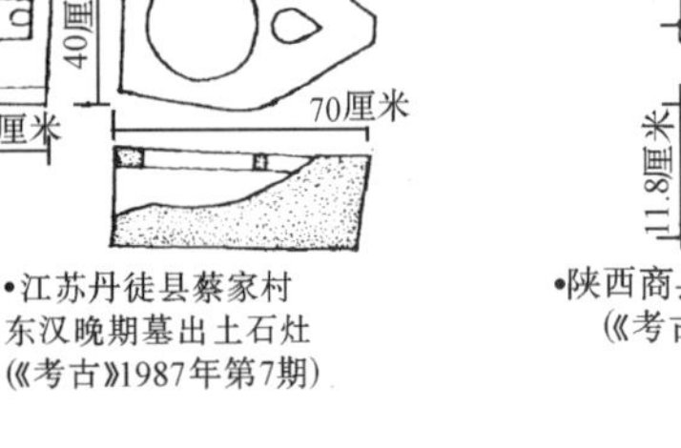

•江苏丹徒县蔡家村东汉晚期墓出土石灶（《考古》1987年第7期）

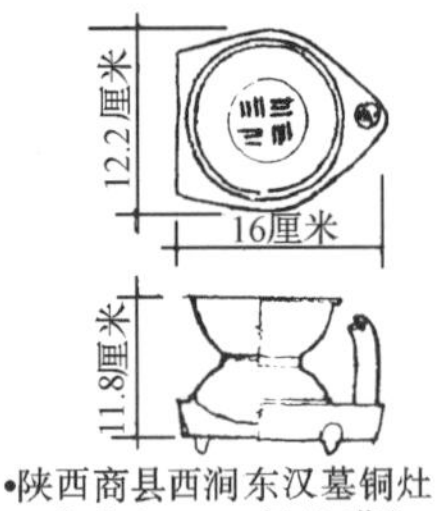

•陕西商县西涧东汉墓铜灶（《考古》1988年第6期）

•江苏邗江县姚庄 1013号西汉墓出土铜灶（《文物》1988年第2期）

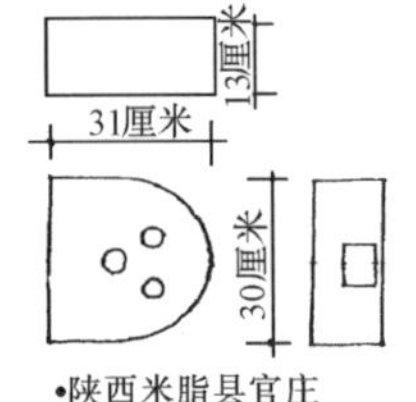

•陕西米脂县官庄东汉画像石墓石灶（《考古》1987年第11期）

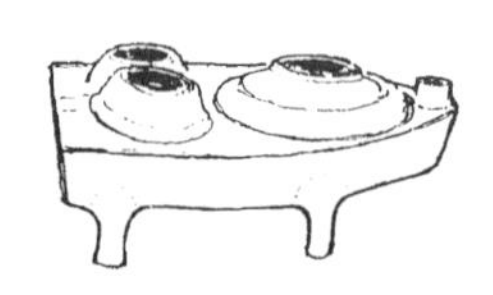
•内蒙古巴彦淖尔盟磴口县陶生井汉墓铜灶(长21.5、宽15、通高6.5厘米)（《考古》1965年第7期）

•内蒙古呼和浩特市郊格尔图汉墓出土铜灶（《文物》1997年第4期）

图 5-210 汉代之铜、石灶明器

分为上、下两层，上层为侧面及底部均开有多处槽孔之炉身，下层为具三足之承灰盘。铜质之炉可以山西太原市尖草坪汉墓出土之四神纹饰铜炉为代表。其炉体为环铸附翼神兽之椭圆形盒状，一端有曲柄可执。炉下以托有栌斗之四力神为支承。最下为一平面呈椭圆形之浅盘（图 5-211）。

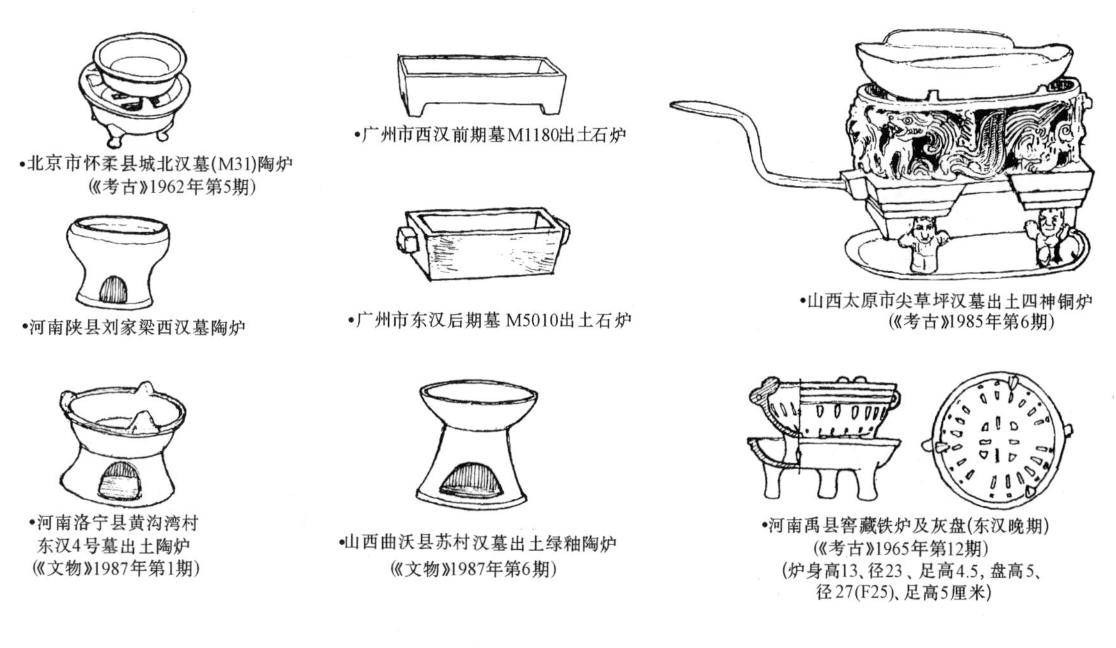

图 5-211　汉代之陶、石、铜、铁炉形象

九、建筑技术

两千年前的汉代建筑技术和建筑艺术水平，就已经达到了一个很高的境地，这是和当时类型众多与数量巨大的长期建筑实践分不开的。这些成就为我国灿烂的古代文化史增添了光辉的篇章，也为后代建筑的进一步发展，创造了有利的条件，以下就两汉建筑的有关方面，分别予以介绍。

（一）大木

1. 汉代大木结构概况

汉代的建筑大木结构，目前尚无实物可循，但间接资料还可得自墓葬、画像砖石、壁画和建筑遗址发掘，约可分为木梁柱、穿斗、干阑、井干等四种基本形式（图 5-212）。以当时最为流行和普遍使用的木梁柱架构来说，其柱网排列已很整齐。在面阔与开间方面，已有单数开间与偶数开间两种形式。前者应用甚为普遍，例如宫室及一般居住建筑；后者仅见于墓葬与祭祀建筑，这是夏、商以降旧有传统残余的表现。此外，位于建筑中央的明间宽度的增加，不仅出于对建筑材料性能认识的提高，以及对建筑内部空间使用的考虑，也出于当时礼制制度的变化与要求。

中、上阶层的住宅形象，可由四川成都市出土的画像砖（图 5-128）中知其大概。此住宅皆使用木柱梁结构，其位于后部之三开间厅堂之边跨屋架，已与后世之形式几无差别。即于前后檐柱间施四椽栿，上立蜀柱载平梁，但平梁以上是否用侏儒柱或迳用叉手承脊槫，则未有明确之表现。据室内人物及建筑各部比例推测，此建筑中央明间面阔约为 3 米，通面阔约 8 米，通进深约 5 米。其左侧之 3 层塔楼为方形平面，每面约长 3.5 米。四角立斜倾之木柱，柱间置阑额、腰枋与间柱，其做法及外观与唐、宋现存柱梁式木建筑颇为相似。

皇家的宫室、陵墓建筑，规模自然要比上述民间建筑为大，现以位于汉长安东南之宣帝杜陵东陵门为例（图 5-50），其门屋面阔 13.20 米，内部划为三间，中央之门道宽 6 米。门屋两侧有塾，

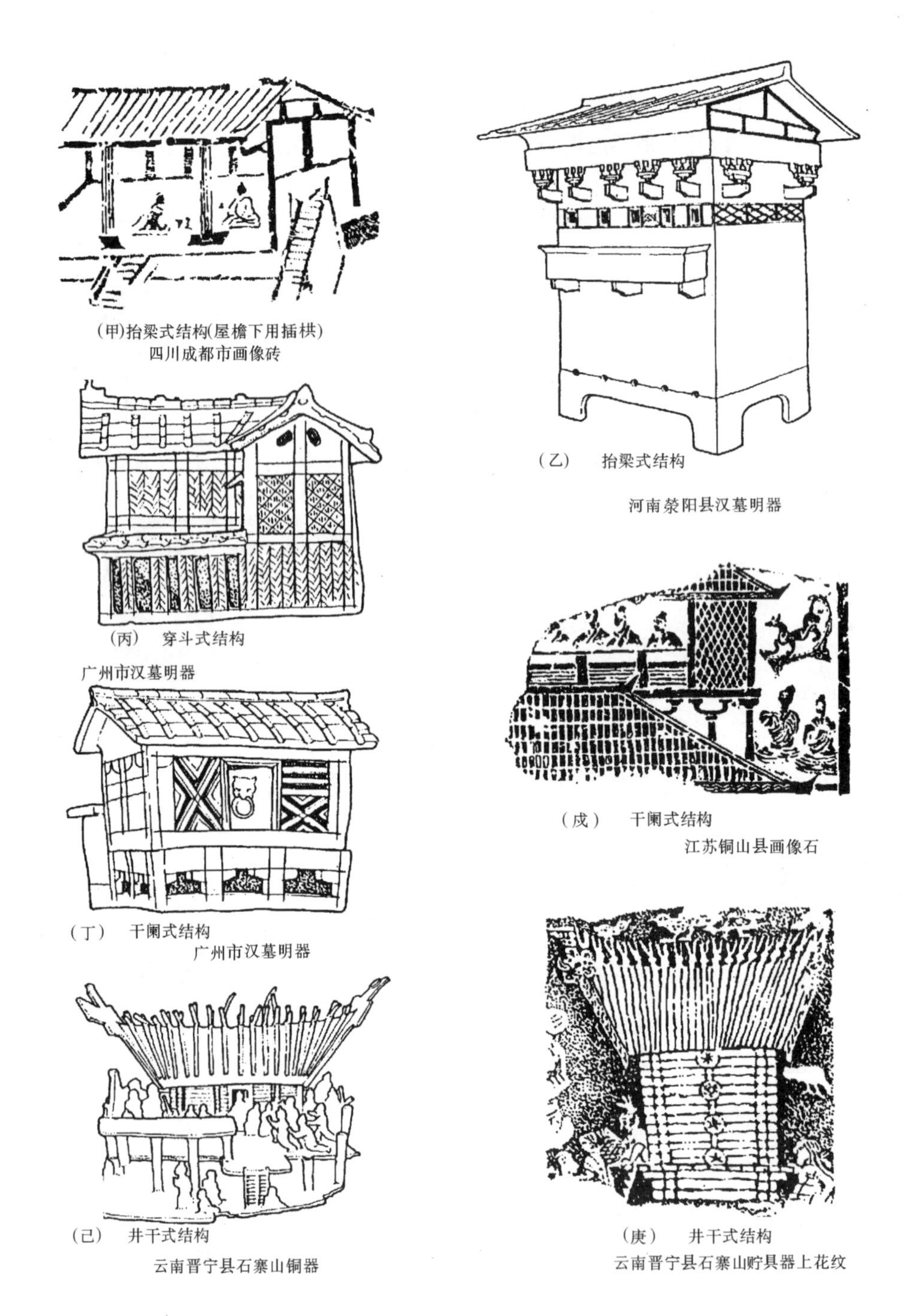

图 5-212 汉代的几种木结构建筑(《中国古代建筑史》)

再外又有依陵垣两面之复廊，廊内倚柱间距为 5.15 米，进深 3.28 米。另依西汉闽越王都东冶城（今福建崇安县城村遗址）之王宫正殿，其面阔方向之柱距为 6 米。而汉长安城址经发掘后，知其城门门道宽达 8 米，由于当时城门采用木柱梁结构，故知城门横向大梁之跨度亦为此尺度。但梁下之门柱排列甚密，间距约 1.2 米，则不能与一般建筑之柱距相提并论

目前已见较完整的汉代楹柱都是石质的，此类仿木构件，大多见于石墓或崖墓，其断面有方、方圆、八角……多种。有的表面刻小束竹纹或凹槽，但为例不多。柱径与柱高之比，约在 1∶2.5～5 之间。估计当时木柱的比值会更大些。石柱下柱础已有方、覆斗、覆钵等形式，若干例在其表面又刻以各种纹彩以为装饰（图 5-213)。遗址中发现的木柱痕迹，大多限于檐柱及倚柱。倚柱穴平面为方形或矩形，边长在 15 厘米左右，柱脚往往仍采用深埋于土阶内的古法，柱下或置或不置础

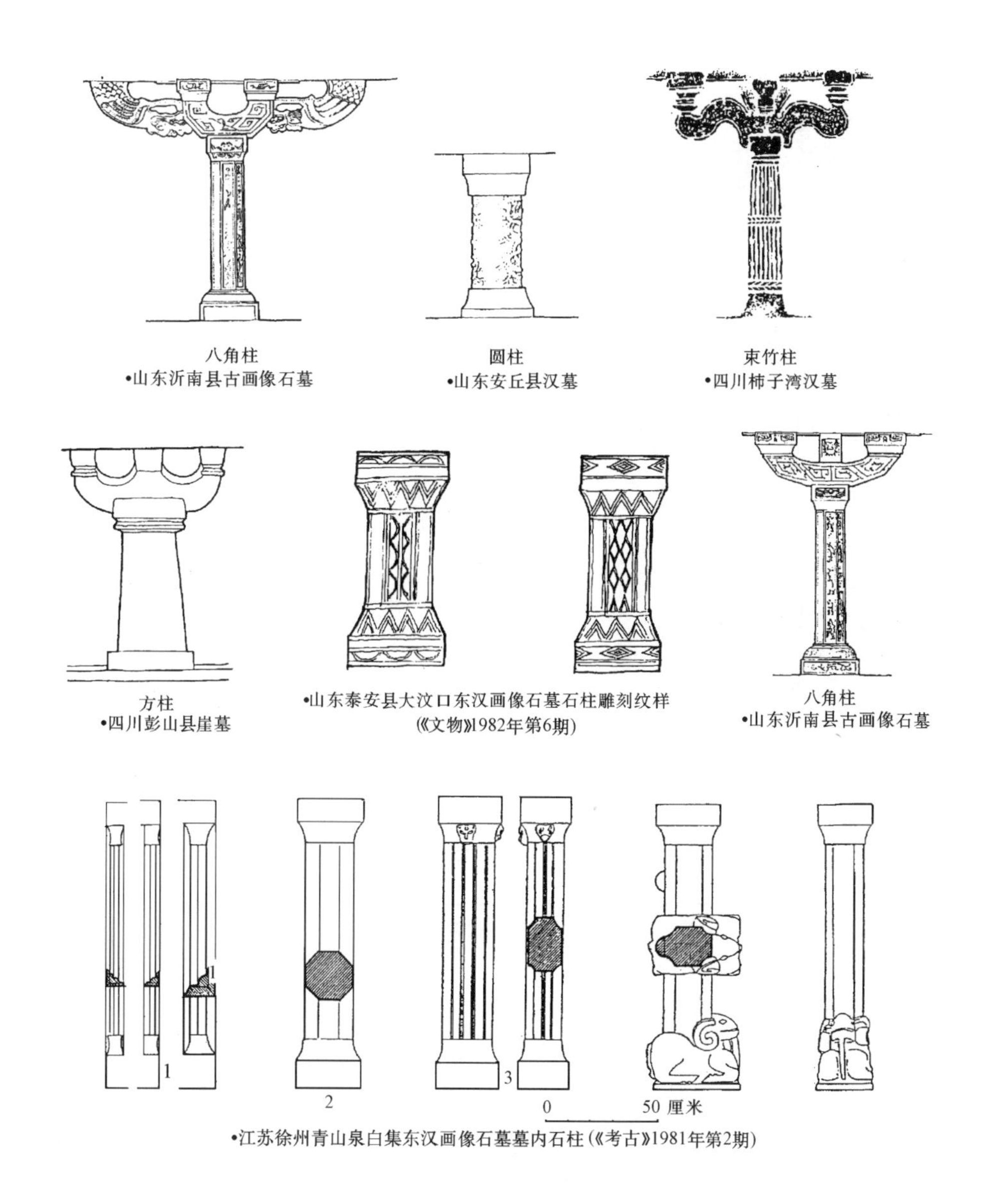

图 5-213　汉代之楹柱

石。檐柱下多垫有柱础石，其位置大多高于地面，有的表面亦经加工琢磨与雕刻。

汉代之大木结构应较周、秦更为进步，但仍保存了若干早期手法。例如建于厅堂中央之"都柱"，虽曾见于咸阳一号宫殿，但目前已发掘之汉代建筑中，尚未有此类似现象。然而在若干汉代崖墓（江苏铜山县龟山二号西汉墓）及石墓（山东沂南县汉墓）中，则仍有采用此法之例。

此外，柱在角部之处理，往往采用双柱形式，例见汉长安南郊之礼制建筑辟雍遗址及河北望都县出土陶楼。表明木构架在角部的结构与构造问题，尚未完全得到妥善解决（图 5-214）。

汉代建筑中除大量使用规矩之直梁外，为了取得更好的装饰效果，还在宫室等重要场所使用曲梁，亦即当时众多文赋中提及的"虹梁"（如班固《西都赋》中："抗应龙之虹梁"）。但其尺度比例与细部做法，因无实物而不悉其详。

2. 汉代建筑中之斗栱[64]

斗栱是我国古代建筑中一项突出构件，用以承托建筑之悬出部分。除见于汉阙及墓中局部构造之实物外，在汉代文献、明器、画像砖石及壁画中，亦有大量之描绘（图 5-215、5-216）。它施用于平座及屋檐下，主要起结构作用但亦兼具装饰之功能。汉代斗栱类型与外观之丰富多彩，当属我国古来历代王朝之最。在其统治的四百年间，斗栱从结构上发展为更加合理，类型上从单一

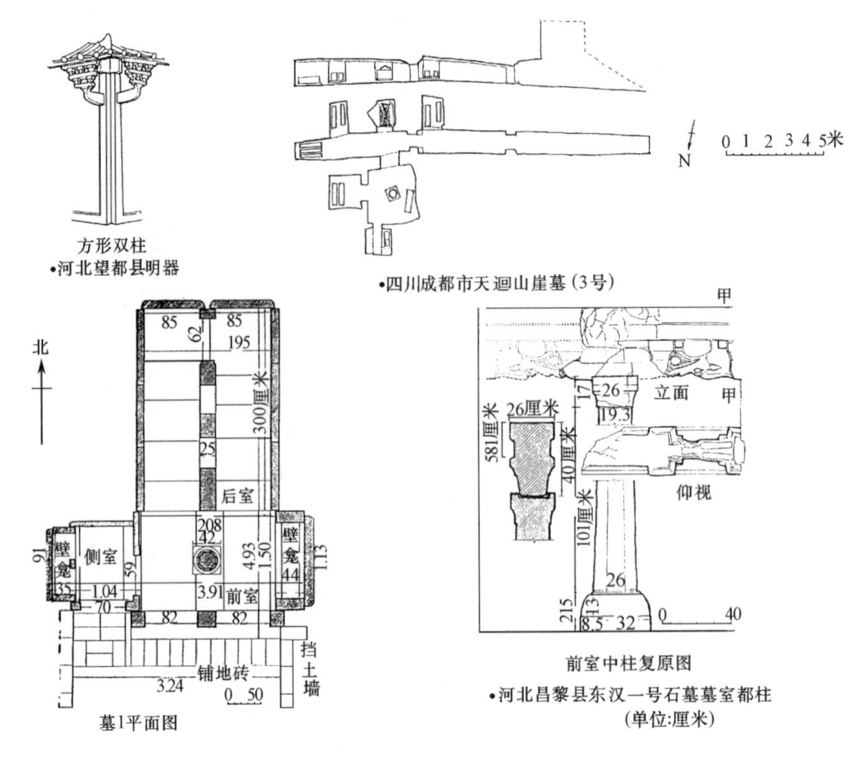

图 5-214　汉代建筑之双角柱及都柱

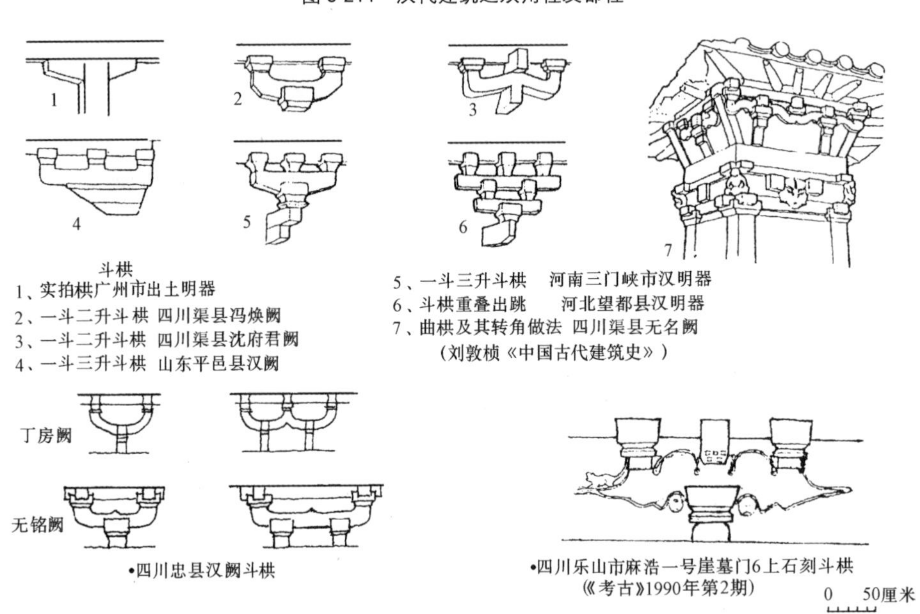

图 5-215　汉代石阙、石墓及建筑明器中之斗栱

走向多元，外观上也由古扑简单而日趋华丽复杂。通过百花齐放的创造和长期实践中的比较和筛选，最后确定了我国斗栱一斗三升的标准形制，并得到了后代的继承和发展。因此可以毫不夸大地说，汉代斗栱的发展和演变，不但对它自身的演绎，而且对我国的木架构建筑，也起着巨大的作用和影响。

斗栱的最简单形式是在柱顶放置形如斗状的梯形方木——“栌”，其上再架梁、枋。但由于它的出跳长度有限，所以又在上面增加若干层重叠的递增长度枋木，这就是早期的栱。当出跳较长而斗栱的形体不得不相应变得高大时，实叠的层栱往往使人产生笨拙的感觉，于是就将其中的部

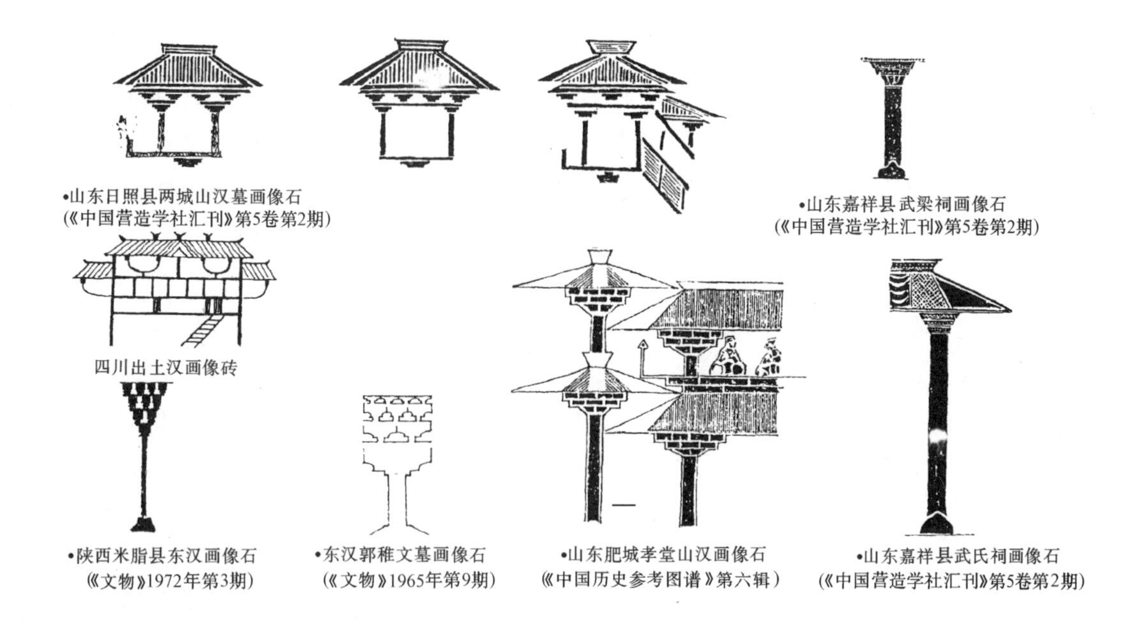

图 5-216　汉代画像砖石中之斗栱形象

分实栱隔层易为其间有一定空隙的矩形小木块，这就是早期的小斗（后世称为“升”)。此时的栌斗与小斗，都没有斗身与斗欹的区别，栱的端部也没出现卷杀。在其组合上，主要是以一斗二升式样为基准。栌斗上可叠置多层栱及小斗，但还未出现斗栱本身的出跳和使用斜向构件（昂)。

一斗二升栱的形象可能是模拟人的双臂举物。在建筑实践中，这样的一斗二升式斗栱，使得位于柱中线上的梁或屋架所承受的巨大荷载，并非经轴线方向往下传递，这就使得拱臂截应力大为增加。后来大概是为了防止梁下所垫枋木的弯曲，在栱身中央垫上一小木块。这个措施，使梁的荷载得以沿中轴线下传，从而大大改善了一斗二升斗栱在结构上的缺陷，由此也就诞生了合理的一斗三升形式。它后来成为中国斗栱的标准单元，并一直为后世所沿用。

由于斗栱本身未有出跳，在承托悬出的屋檐时，常采用在伸出的梁头（或牛腿）端部放置斗栱的方式，如汉代陶楼明器所示。屋角部分的早期做法，是在每面各出一垂直梁头。后来才有出45°斜梁头的例子，但其上所施斗栱仍依旧制而未有出跳者。

汉时斗栱依部位大致可分为檐下斗栱与平座斗栱两类。前者又有柱头、补间和角铺作之分，但形式基本一致。只有在简易民居中，柱头用实拍栱，而补间用短柱（后来发展为“直斗造”）的，例见广州市龙生岗出土陶屋明器。

栌斗形状似斗形者已见前述，也有两面斜度不一致的，例见山东平邑汉阙。后来发展为有斗耳、斗平和斗欹的式样，但各部尺度尚未有统一之比例可循。现知汉代木栌斗实物，仅一见于江苏高邮县神居山二号西汉木椁墓。其平面为长方形，正面宽75厘米，进深59厘米、通高34厘米。单向开槽口，口宽41厘米，斗耳、斗平与斗欹高度大体相等，斗底有一圆孔，当为与下面构件相接之榫孔。

栱身之变化较多，自早期的平直形短木，渐变为折线数折或弯曲如花茎状的多种形式。另就栱身形制而言，还有半栱、全栱、交手栱、折尺形栱数种。以上大多见于石阙及石墓，但由于它们都是仿木构形式，因此可认为：在汉代木建筑中的斗栱类型，不会少于上述所罗列者。

斗栱的普遍应用，使它具有了特殊的专用名称，由当时文献得悉，除前述称大斗为“栌”以外，直栱又称“阏”（音薄)、“阏”（音弁)、“枅”（音研)、“楮”（音踏）与“槉”（音疾)。而曲栱则谓之“栾”。

3. 汉代之屋面形式

汉代屋面形式有单坡、两坡悬山、攒尖、囤顶及四阿顶数种。其中以四阿顶之构造较为复杂，并大多运用在等级较高之建筑上。当汉代建筑之平面为近于方之矩形时，其四阿顶之正脊长度甚为短促，即其斜脊仍依45°角上交。由此可知当时尚未使用“推山”这种结构形式。此外，屋面又有采用上下两层套叠之方式，例见四川雅安高颐阙及广州出土之陶屋明器。

至于屋面之脊，已知已有正脊、戗脊、垂脊等数种。在两坡项垂脊之外，已广泛使用排山构造，例见山东肥城孝堂山石祠及诸多明器与画像砖石中所表现者。正脊、戗脊之尽端，亦有多种不同之处理方式。其中若干明器陶楼屋脊端所塑造之鸱尾形象，与后世见于唐、辽建筑之实物几无区别，表明其制式与造型均已达到相当成熟。另建筑正脊之中央，亦有以简单之几何形体或较复杂之禽鸟作为装饰的。圆形之瓦当，除大量应用于檐口，又有嵌在正脊朝向山面之处的，例见上述之高颐阙。正脊侧面，亦有以环璧、绶带为饰者（图5-217）的。

•湖北随县塔儿湾古城岗东汉墓出土陶屋顶(两面坡式屋顶正脊二端有蹲鸟，中有“宝瓶”，均外涂黄色釉)(《考古》1966年第3期)

•江苏沛县出土东汉画像石屋顶(正脊二端及中间装饰)

•山东日照县两城山画像石中屋脊

•山东嘉祥县武梁祠石刻

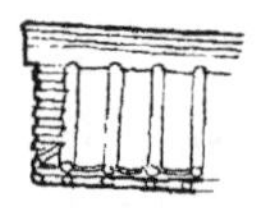

•山东肥城孝堂山石祠(正脊二端略起翘但无显著突起)

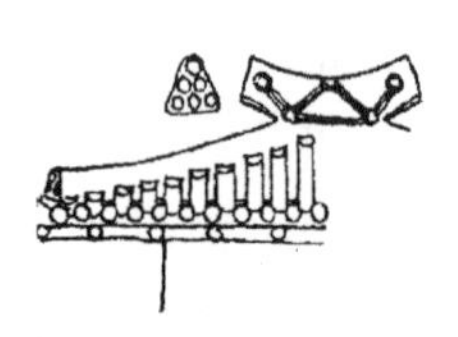

•江苏徐州市十里铺东汉墓出土陶楼(正脊起翘，端部有圆形饰)(《考古》1966年第2期)

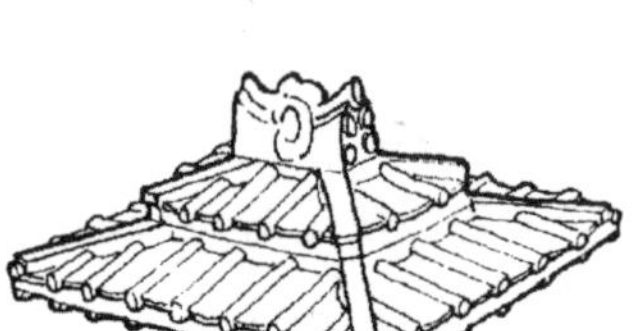

•四川雅安县高颐阙屋顶

•河南登封县太室阙(正脊二端起翘明显，戗脊则略有起翘)

•广州市东郊东汉木椁墓出土绿釉陶屋(《文物》1984年第8期)

•河南灵宝县张湾东汉陶楼(2号墓)(正脊起翘，正中有鸟形饰。正脊及戗脊端部有四瓣花形饰)

(《中国出土文物展(日本)》)

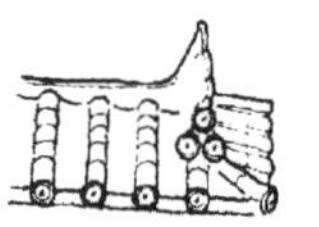

•广州市东郊龙生岗陶楼

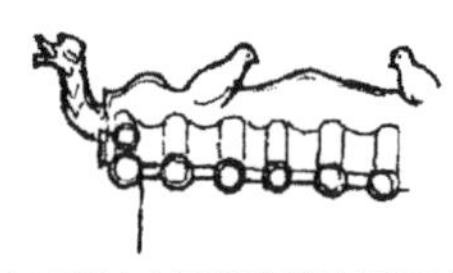

•东汉明器《中国营造学社汇刊》第5卷第2期(现在美国宾夕法尼亚大学博物馆.屋脊有凸起曲线，并有鸟兽形饰)

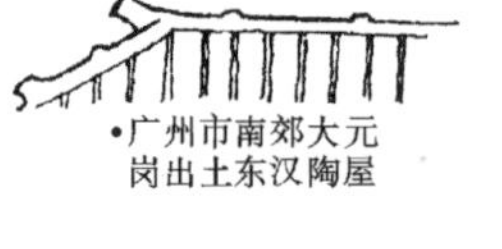

•广州市南郊大元岗出土东汉陶屋

•广州市出土东汉陶屋

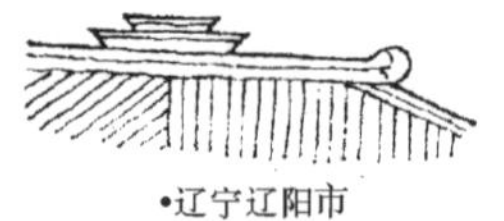

•辽宁辽阳市东汉墓壁画

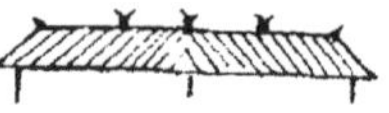

•四川出土画像砖(《中国住宅概说》)

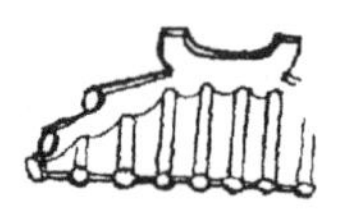

•东汉明器《中国营造学社汇刊》第5卷第2期(现在美国哈佛大学美术馆正脊二端有原始“鸱尾”形饰，戗脊已用二重)

•北京市琉璃河出土陶楼上部

•山东肥城孝堂山画像石(《中国历史参考图谱》第六辑)

图5-217 汉代之屋脊形象及装饰

4. 汉代木椁墓中反映之大木结构

汉代建筑之大木结构实物目前尚未发现。间接资料仅得自若干文献之描述，以及画像砖石（如四川出土之东汉住宅画像砖）及明器上者，皆甚为简略与笼统。总的说来，民居建筑之大木结构，大体可分为抬梁、穿斗、干阑、井干等四大类型。宫室贵胄之建筑，则以抬梁式结构为主。个别的则采用井干式（如武帝所建之井干楼）。这就使得我们至今对汉代大木结构的柱梁结合、屋架构成等主要方面所知甚少。然而汉代墓葬的木棺椁的若干局部构造，却为我们提供了这方面为数不多但甚为可靠的信息。

反映在墓葬中的大木结构有井干式和柱与板墙式二类（图 5-218）。前者用断面方形（或近于方之矩形）之木材叠垒为椁室与棺室，底木与盖木亦用同样断面之较短木材横铺 1～2 层。后者于角隅立木柱，再以较厚之木板横亘其间，一般用于内椁室或棺室之周垣。

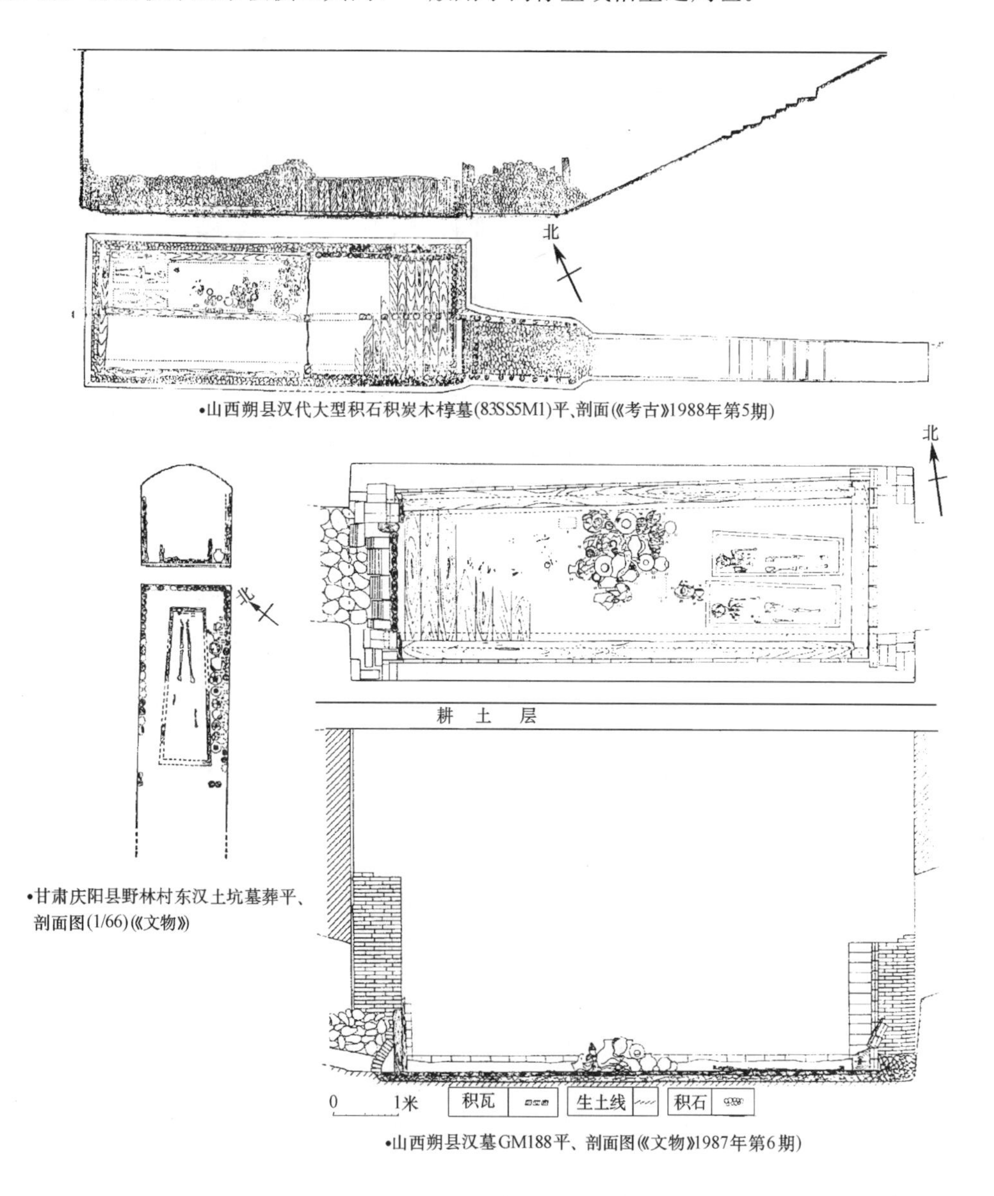

•山西朔县汉代大型积石积炭木椁墓(83SS5M1)平、剖面(《考古》1988年第5期)

•甘肃庆阳县野林村东汉土坑墓葬平、剖面图(1/66)(《文物》)

•山西朔县汉墓GM188平、剖面图(《文物》1987年第6期)

图 5-218 汉代木椁墓之其他结构形式

联结各木构件所用之榫卯，有塔边榫（或称高低榫）、子母榫（阴阳榫）、细腰榫（银锭榫）、燕尾榫、勾搭榫、割肩透榫等（图 5-219），大致与战国时所用者一致。

在某些木椁墓内（如前述神居山汉墓），其构成椁室之组件上，已注有构件之名称，编号及使

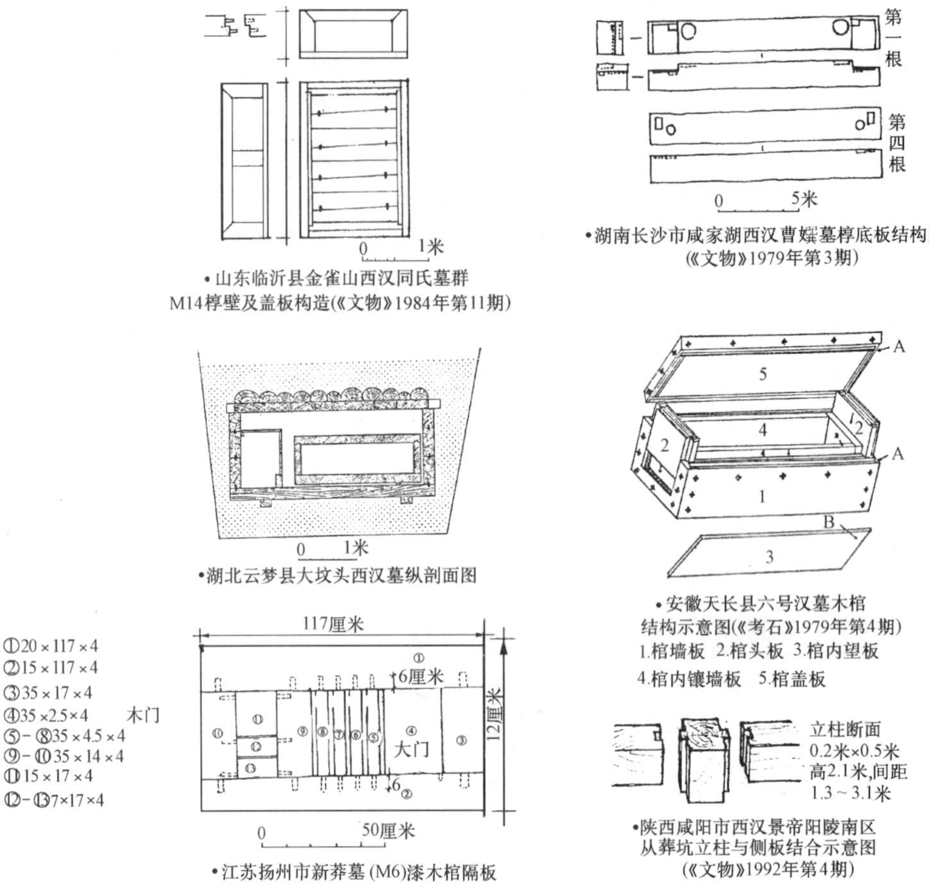

•山东临沂县金雀山西汉同氏墓群M14椁壁及盖板构造(《文物》1984年第11期)

•湖南长沙市咸家湖西汉曹𡟰墓椁底板结构图(《文物》1979年第3期)

•湖北云梦县大坟头西汉墓纵剖面图

•安徽天长县六号汉墓木棺结构示意图(《考古》1979年第4期)
1.棺墙板 2.棺头板 3.棺内望板 4.棺内镶墙板 5.棺盖板

•江苏扬州市新莽墓(M6)漆木棺隔板(《考古》1986年第11期)

•陕西咸阳市西汉景帝阳陵南区从葬坑立柱与侧板结合示意图(《文物》1992年第4期)

图 5-219 汉代木棺椁之榫卯

用地点。如称柱为“植”，压壁枋为“上收”，地梁为“下收”，题凑木为“纍木”，木墙板为“上椁”、地龙木为“下楼”。以及“食官第四内户↑↑ （北）植”，“中府第四内户辟（壁）↑↑ 行第二板”等等。这表明汉代大型建筑的构件，已经在预制和施工中得到合理的科学安排。

其他有关建筑名称之见于史志赋文的，如柱亦谓“楹”，斜柱称“梧”，梁上短柱称“棁”或“浮柱”，柱头斗栱称“楶”（音节），大梁谓之“宲廇”（音茫留），脊榑名“栋”，平榑名“楣”，檐榑名“庪”（音诡），方椽称“桷”，圆椽称“椽”（以上二种椽又统称“榱”），连檐名“梍”等。

（二）小木

包括门、窗、栏杆（钩阑）、天花、藻井、楼梯、隔架等内容。门已知有板门、栅栏门。前者见于木椁墓中，后者见于成都出土之住宅画像砖。依当时习俗，有两爿门扇的称“门”，一扇的称“户”，二者均见于墓葬。窗有棂条窗、百叶窗（湖北云梦县瘌痢墩汉墓出土陶屋）、菱格窗、支窗、横披等。其中以直棂窗和菱格窗为多见。窗孔形式在常规情况下都采用矩形或方形。三角形窗仅施于厕所或山墙尖之通风窗。圆窗之例亦少，见于云梦县瘌痢墩出土之亭榭及若干陶楼明器（图 5-220）。

汉代建筑室内用天花、藻井之形像亦多得之于墓葬，特别是石墓与崖洞墓中；形式有平顶、两坡、覆斗、筒券、穹隆、斗四等（图 5-221）。根据江苏徐州市北洞山及龟山二号西汉岩墓，其主要墓室之顶部均为两坡式，次要墓室则为覆斗形与平顶。而山东沂南县东汉石墓主室天花则采用斗四之藻井，在制形上似较前者为进步。以上情况虽然不能完全代表当时木建筑之天花藻井做法，但由于这些墓葬（特别是贵胄者）都在不同程度上较好地模拟木建筑，所以仍有重要的参考价值。

江苏彭县画像碑

江苏沛县汉墓

陕西绥德县汉墓

河南唐河县碳窑村
汉画像石墓墓门石刻
(《文物》1982年第5期)

天窗 山东西汉画像砖
《考古》1989年第12期)

天窗 四川彭县画像砖

天窗 四川彭县画像砖

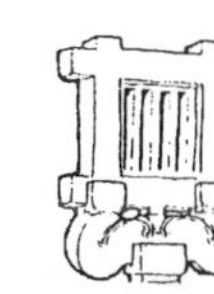
直棂窗 四川内江县崖墓

直棂窗 江苏徐州市汉墓

天窗 天津市汉墓明器

天窗 山东肥城画像石

斜格窗 汉明器

锁纹窗 江苏徐州市汉墓

卧棂窗 河南出土汉明器

圆洞窗
河南灵宝县汉明器

三角窗 广州市汉明器

支撑窗
广州市汉明器

图 5-220 汉代建筑之门、窗

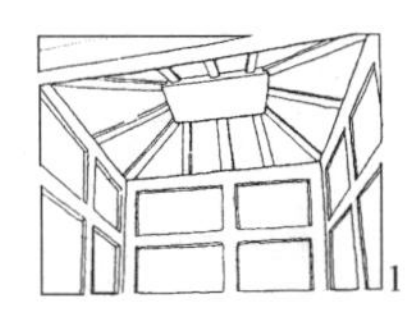
覆斗形天花

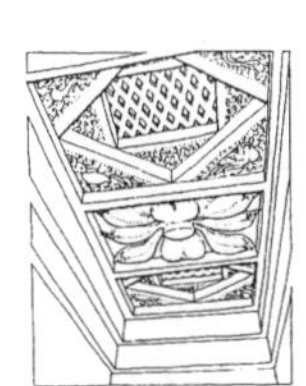
斗四天花
山东沂南县古画像石墓

河北昌黎县水库汉代石墓之藻井

中室藻井雕刻(2/25)
江苏徐州市青山泉
东汉画像石墓
(《考古》1981年第2期))

江苏铜山县一号汉墓
中室室顶盖拓本(1/7)
(《考古》1964年第10期)

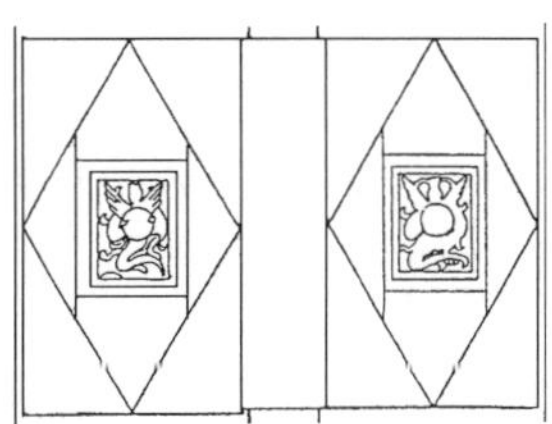
河北昌黎县水库汉代石墓斗四藻井

图 5-221 汉代建筑之天花、藻井

木构之版门实物，在汉代之中、大型木椁墓（如江苏仪征县烟袋山、高邮县神居山、湖南长沙市象鼻嘴）内，常有双扇或单扇门发现。以象鼻嘴西汉 1 号墓为例，其外椁之双扇门，每扇都由两块高 210 厘米，厚 20 厘米，宽度分别为 88 厘米及 50 厘米之木材并合而成，其间并施以长椭圆形暗梢。门扇一侧加工呈半圆形，且上下均出门轴，以分别插入上方之门楣及下面之地梁内。同墓之内椁门与外回廊之单扇门——“户”亦用相似做法，仅门扉之宽、厚有所差别而已。

墓中木构之棂窗大多施直棂板条，仅个别用横棂，后者例见湖北云梦县睡虎地西汉 39 号墓。

楼梯形像见于江苏徐州市画像石及四川成都市住宅画像砖，而以前者较为明确，梯侧施卧棂栏杆。另江苏高邮县神居山墓中又出土木楼梯模型，位置在前室二侧与东、西厢之前端。梯长 130～165 厘米，宽 58 厘米，有望柱及寻杖，但未做栏板。总的看来比较简单粗糙，但其目的是为了表意而并非写实。勾阑形象则出于画像砖石及陶楼建筑明器，尤以后者为众。其位置常见于建筑之平座、楼梯、楼栏、走廊、阁道等处。其望柱顶端或施具笠帽状之柱头或不施。栏板则做成卧棂、直棂、菱格、套环或十字形，也有将其中数种交错合并使用的（图 5-222）。

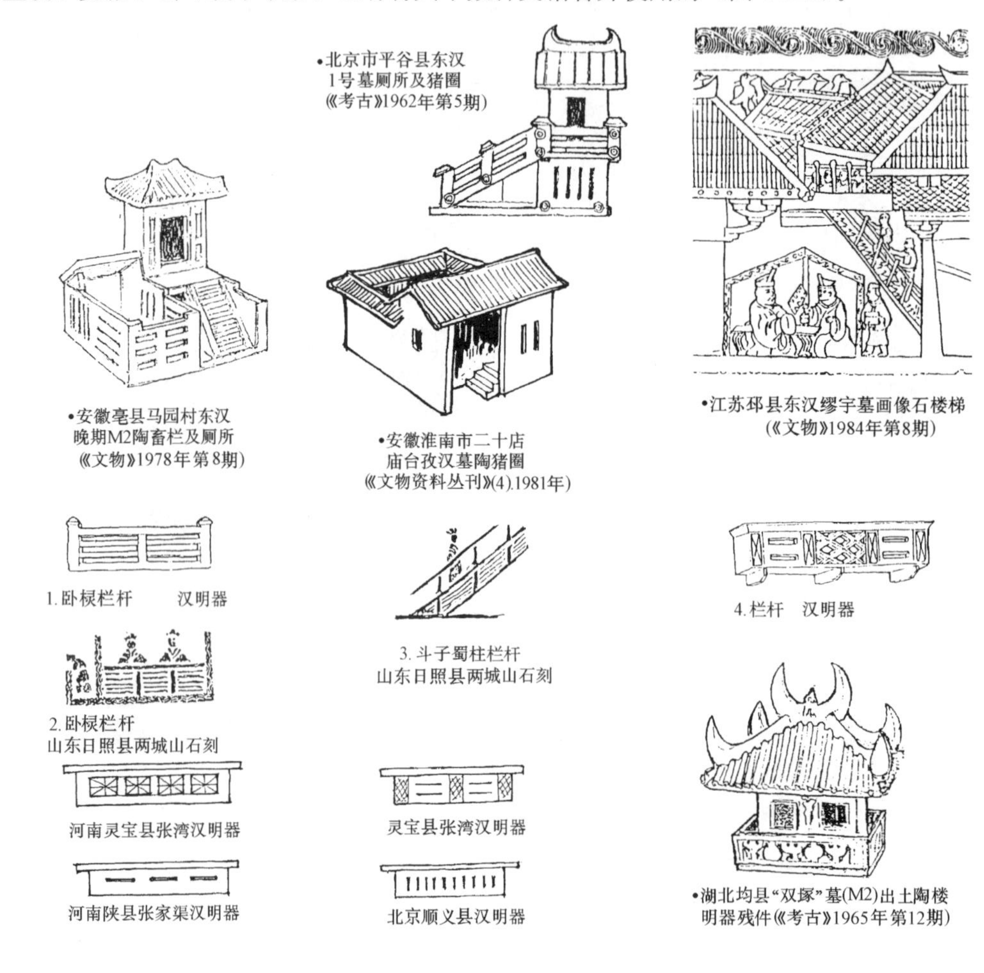

图 5-222　汉代建筑之楼梯、勾阑

另在江苏扬州市胡场西汉 20 号墓中又发现浮刻的雕刻木板，其内容有人物、房屋、门阙、船只等，为出土文物中罕见之例（图 5-223）。

（三）石作

1. 就目前直接与间接资料而言，汉代之石建筑多采仿木构之柱梁形式

汉代之石建房屋仅遗存山东肥城孝堂山石祠一处，此二开间之石室全以石条及石板构成，由于建筑雕饰重点放在中央之八角柱及附正脊、排山及瓦陇之屋面，使得整个造型既达到了仿木构

江苏扬州市胡场西汉20号墓出土刻隔板(《中国文物报》1997年11月23日)

图 5-223　汉代建筑之木刻饰板

建筑的端庄清丽，又达到了墓祠所需要的严肃简明气氛。

石墓有由石条、石板构成的如山东安丘县[65]及沂南县之汉墓。其内部之建筑形像亦多仿木建筑之梁柱，尤以前者的人物雕像柱与后者的龙首翼身栱及刻有莲花之天花与菱形格之斗四藻井最为出色。全由石板构成的如山东滕县柴胡店东汉墓群[66]，其形式较为简单，做法与盒式的大块空心砖墓类似。

崖洞墓葬开凿所耗工、费时之巨大，恐居诸石工建筑之冠。如河北满城西汉中山靖王刘胜墓，开采之石方已超过2700立方米，其妻窦绾墓更达到3000立方米之巨。而江苏徐州市北洞山西汉楚王刘郢客墓，则是用开凿崖洞与搭构石材相结合的形式。虽然凿崖的工程量不如前者，但其墓室、甬道等的凿刻比较细致，加上附属建筑部分所用石材的开采与加工，以及该部分土方的开掘，总的工作量也不会相差很多。在石料琢刻技术方面，如对石室之墙面、天花、地面及石柱等处，一般都很平整，显然经过不止一次之加工。而北洞山崖墓还在加工后表面通涂以黑漆。加工粗糙的如河北满城刘胜夫妇墓，但主要墓室（厅堂、棺室）内部另构有木架或石板的建筑。

汉代建筑中石作的发展，也可以说是它在模仿木构建筑形式中的演绎过程。除了前述的石祠、石墓和崖墓，比较突出的就是汉代石阙的变化，从河南登封县的太室阙到四川雅安市的高颐阙，其在仿木形制与装饰细致上的变化是显而易见的。这里既有时间与空间的差别，也有在雕刻艺术方面的突飞猛进。

至于石建筑之另一种结构形式——拱券或穹隆，于汉代建筑中几乎无所表现。仅间接出现在画像砖石中，其情况已在前述桥梁中有所介绍。

2. 汉代石刻艺术的几种形式

汉代石刻在圆雕方面表现的古朴作风较多，例如陕西兴平县西汉霍去病墓前的石像生、四川灌县都江堰出土的李冰像。其写实与传神的程度，都不能说已达到上乘水平，也远远不及盛行于当时的画像砖、石。因此，线刻、浅浮雕、高浮雕与圆雕这四种雕刻手法在汉代虽然均已运用，但其发展速度与达到水平却不一致。它们之间，以浅浮雕和线刻较为成熟（图 5-224、5-225），高浮雕（图 5-226）与圆刻则显然居其季、殿。

浙江海宁县长安镇汉墓画像石摹本(之一)(前室北壁)

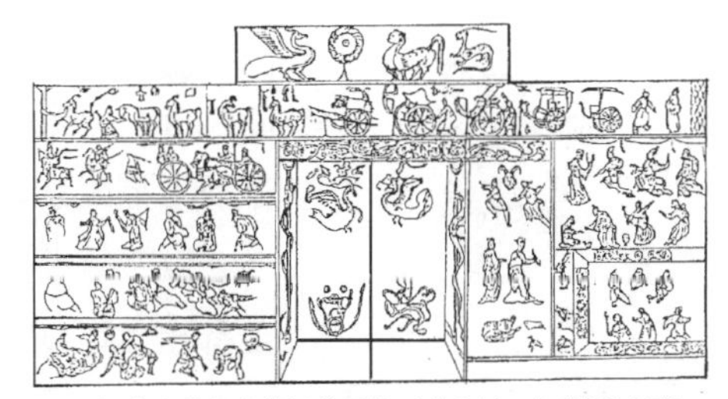

浙江海宁县长安镇汉墓画像石摹本(之二)(前室南壁)
(《文物》1984年第3期)

图 5-224　汉代之线刻石刻

1. 凤阙图　2. 执箑图　3. 执笏图
4、8. 鼓舞图　5. 长袖舞图　6. 对刺图
7. 山中射猎图　9. 摇鼗图　10. 吹笛图
11. 乐舞图　12. 斗鸡图　13. 驯牛图
14. 逐奔图　15. 骑奔图　16. 山射图

河南郑州市新通桥汉墓画像石图案
(《文物》1972 年第 10 期)

图 5-225　汉代之浅浮雕石刻

M2 第八石　M2 第七石　M1 第二石

M2 第八石(侧面)　M2 第七石

M2 第七石　M2 第七石

山东平邑县东埠阴汉画像石墓石刻
(《考古》1990 年第 9 期)

图 5-226　汉代之高浮雕石刻

汉代画像石多见于石墓及砖券墓中，其分布地点大多在山东中、南部，江苏北部、河南中、南部，湖北北部，山西西北及陕西南部一带，尤以江苏徐州、河南洛阳及南阳等地最为集中[67][68][69]。内地则于四川盆地之东汉崖墓中，亦有若干发现。画像石之使用，始于西汉之末，而大盛于东汉中期，以后即渐趋衰微，至西晋几乎绝迹。这大概与后来社会政治的不安定与经济的破坏有很大关系。

画像石在墓中的位置，常见于墓门旁侧之立柱及其上之门楣、墓门石扉、墓内壁面与柱体。其内容有：

(1) 神话传说：汉代崇尚神仙之风盛行，其若干内容在画像石中亦有所表现。例如女娲、伏羲、西王母、东王公、羽人、九尾狐、异兽、神怪、日、月、金乌（鳥）、玉兔、天鸡、四神等，以及由上述神灵派生而来的故事，如夸父逐阳、后羿射日、黄公伏兽、虎噬女魃、仙人鹿车等。

(2) 历史故事：如二桃杀三士、孔子会老子、泗水捞鼎、荆轲刺秦王、季扎挂剑、范睢受袍、晏子见齐景公、孟母三迁、伍胥逃国，以及孝子烈女秩事等等。

(3) 墓主生活：如墓主生前出行之车骑鼓吹、攸猎逐射、属吏迎谒、府第门阙、殿堂楼阁、日常起居、饮宴聚会、伎乐百戏、角抵相扑等等。

(4) 社会活动：有耕作、收薅、蚕桑、纺织、庖厨、收租、战争、技击、讲学、边关、佛像、捕鱼、网鸟、汲水，六博……

由上可知所涉及的方面甚为广泛，描绘的内容也极为丰富，对我们最有价值的，是内中的各种建筑形象，如关隘、祠庙、宅第、门阙、殿堂、行廊、仓廪、桥梁……，以及台基、踏跺、勾阑、楹柱、斗栱、梁枋、楼梯、门窗、檐椽、瓦当、屋面等建筑局部的形象与构造。在目前汉代建筑实物十分匮乏的情况下，它们是一批极有研究价值的间接资料。

已知汉代石建筑中之单体石构件如柱、梁等，其尺度与重量都不算很大。以山东沂南县汉墓之石柱梁为例，其柱高 1.10 米、直径 0.28 米；石梁长 2.70 米，高 0.48 米，厚 0.31 米；重量都在 1 吨左右。另如北京西郊之东汉幽州书佐秦君墓表石柱，其高 2.25 米，直径 0.38 米，重约 3 吨。现知最重之石件，为江苏徐州市北洞山西汉楚王崖墓墓道中之塞石，其大者长 2.70 米，宽、厚均 0.98 米，重约 7 吨。石件大小与建筑规模、采石工具及技术、社会劳动力等因素有关。在这些方面，汉代的石作与埃及、希腊、罗马、波斯等世界其他文明古国以石建筑为主的情况相比较，自然还是有相当距离的。

(四) 瓦作

西汉瓦作包括以陶砖砌造之地面、壁体、拱券、穹隆，陶瓦复盖之屋顶，陶管铺设之下水道、井壁等内容。所使用之材料有陶质之空心砖、小砖、铺地方砖、楔形砖（斧形砖）、刀形砖、扇形砖、异形企口砖、板瓦、附瓦当或不附之筒瓦、下水道陶管及陶井圈等。

1. 小砖

小砖多用于砖券墓，但也有与空心砖混合使用的。小砖尺寸在汉代种类较多（图 5-227），从体量上大致可分为大、小二种。较大之砖长 35～48 厘米，宽 18～24 厘米，厚 5.5～10 厘米。较小者长 25～30 厘米，宽 12～19 厘米，厚 4～7 厘米。其长、宽、厚之比大致为 6：3：1。这一比例的形成，应是通过各种不同的砌砖方式，在长期实践后得出的结果。一般砖面平素，但也有砖面模印几何纹样，如斜方格纹、三角纹等。或印刻人物及动、植物图像，后者常见的有鱼、鹿、马，或模印造墓年月与吉祥文字（图 5-228）。它们与画像砖的区别是图案均较小且为重复排列。而画像砖之图形内容则十分丰富，变化亦多，而且刻印都在砖的正面而非侧面，因此画面的面积也较大。

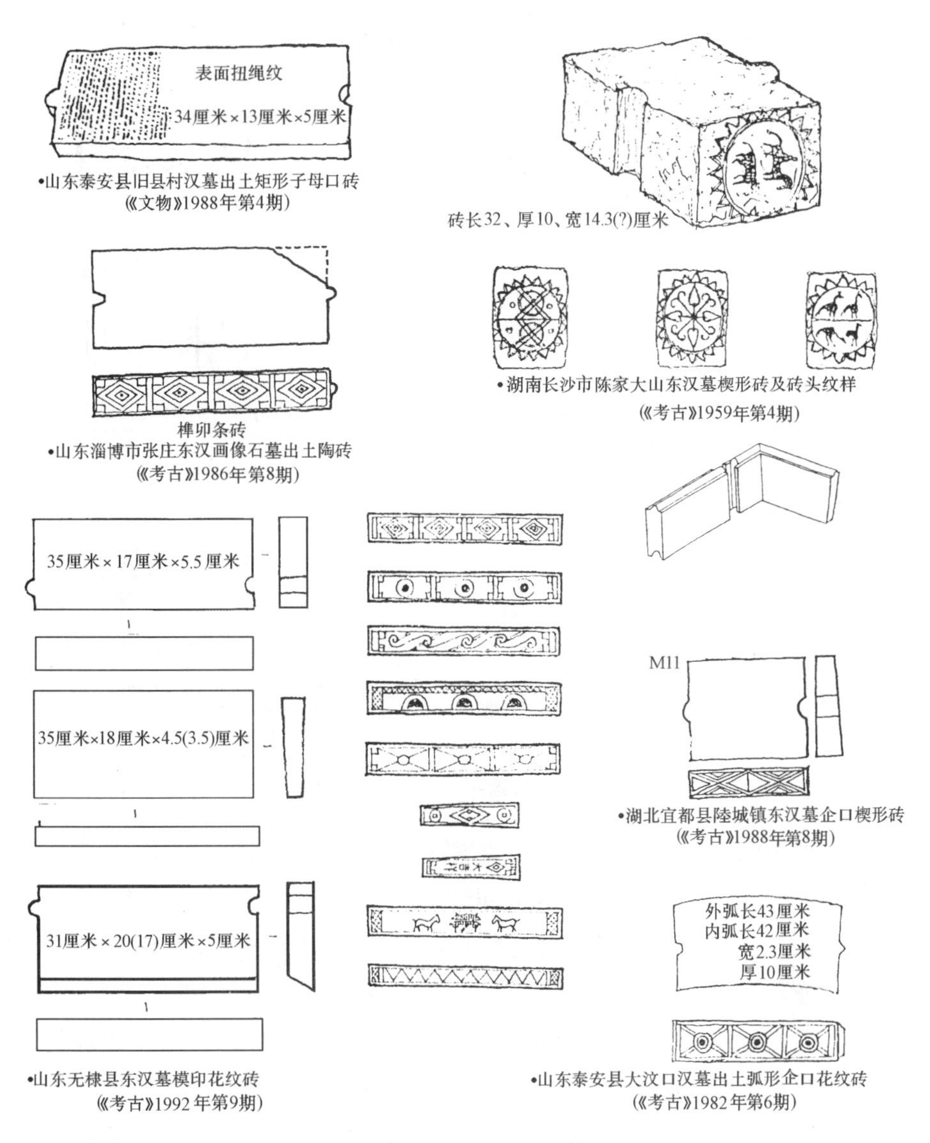

图 5-227　汉代之陶砖

小砖亦用于铺地，具见地砖部分所述，但使用的均为素面砖，未见有用花纹小砖者。其用于砌墙壁，常在墙基处砌水平错缝之顺砖 1～4 层，然后竖砌丁头砖一层，上面砌顺砖 1～2 层，如此重复而上。在砌拱券时，最初用普通小砖，后来改用刀形砖或斧形砖，使拱券缝得以密合，斧形砖又称楔形砖，其长边一头宽另头窄。又有将砖两端做成一凸一凹之弧线形，则称为扇面砖（图5-229）。

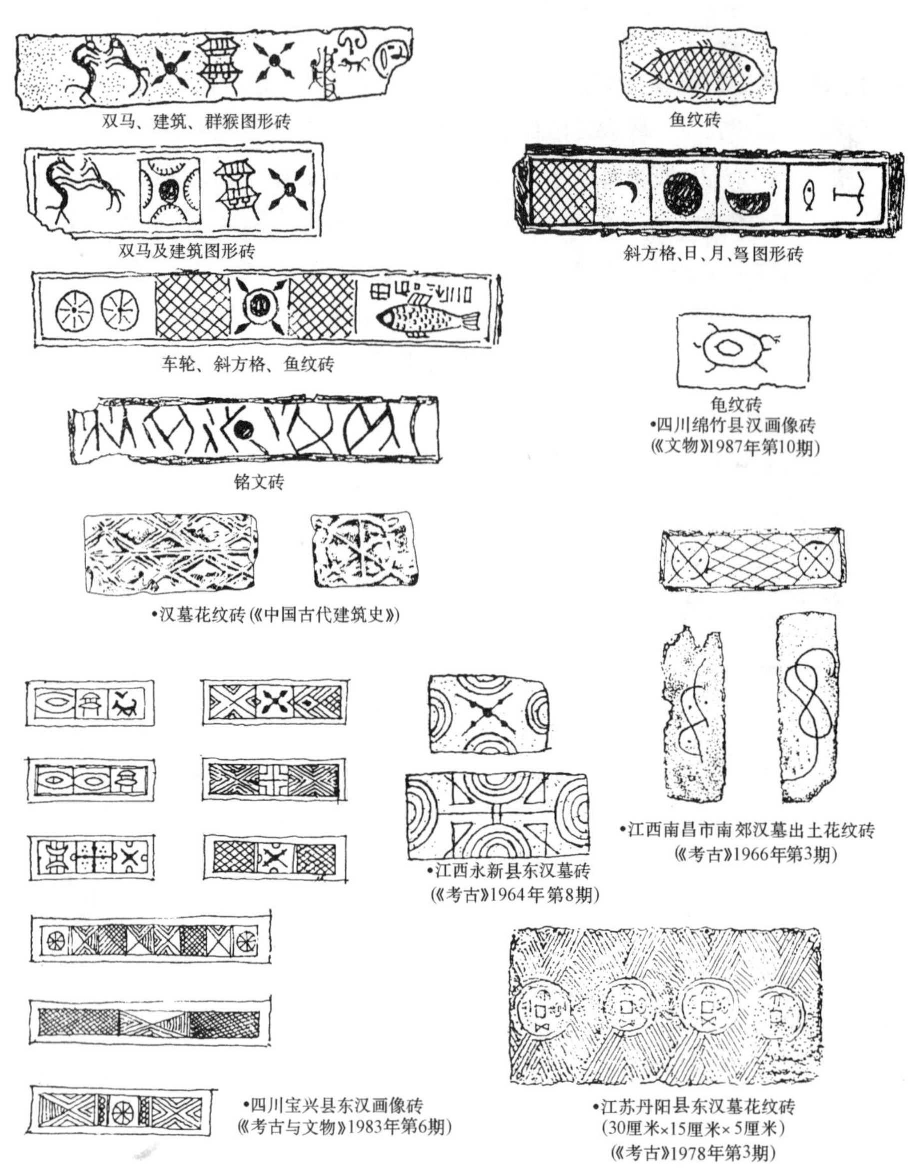

图 5-228 汉代陶砖之纹饰及铭刻（一）

早期以普通小砖砌成之筒券，其断面呈多边折线形，且每层相错，例见河南洛阳市烧沟汉墓。发券最初起一道券，后来有砌二道券相叠的，如汉长安直城门及西安门下排水券道。另有三道券相叠的，例见河南密县打虎亭1号东汉画像石墓中室门券。也有在一道券上平砌1～2道“伏”的，如河南洛阳市东关东汉殉人墓及四川德阳县黄许镇东汉墓。

汉代地面建筑是否用砖，目前尚无实物可以证明，但个别汉陶楼明器中，发现其底层之门有施圆券，其墙面划出横竖线如砖缝之条纹，似为已使用砖砌体之迹象。

此外，建筑物室外之明沟与散水，地下之暗管排水沟及聚水井，供生产与生活所用水井之井壁，均有使用小砖砌造者。在某些建筑遗址中，又曾出土少数异型砖，如有多边之条形、曲尺形、条形、上面有圆孔之矩形砖等，大部分别用于屋脊、门框或门槛、门臼等处。

个别的小砖还具有子母榫（或称阴阳榫），即砖之丁头各有一凸榫或凹榫，如山东泰安县旧县

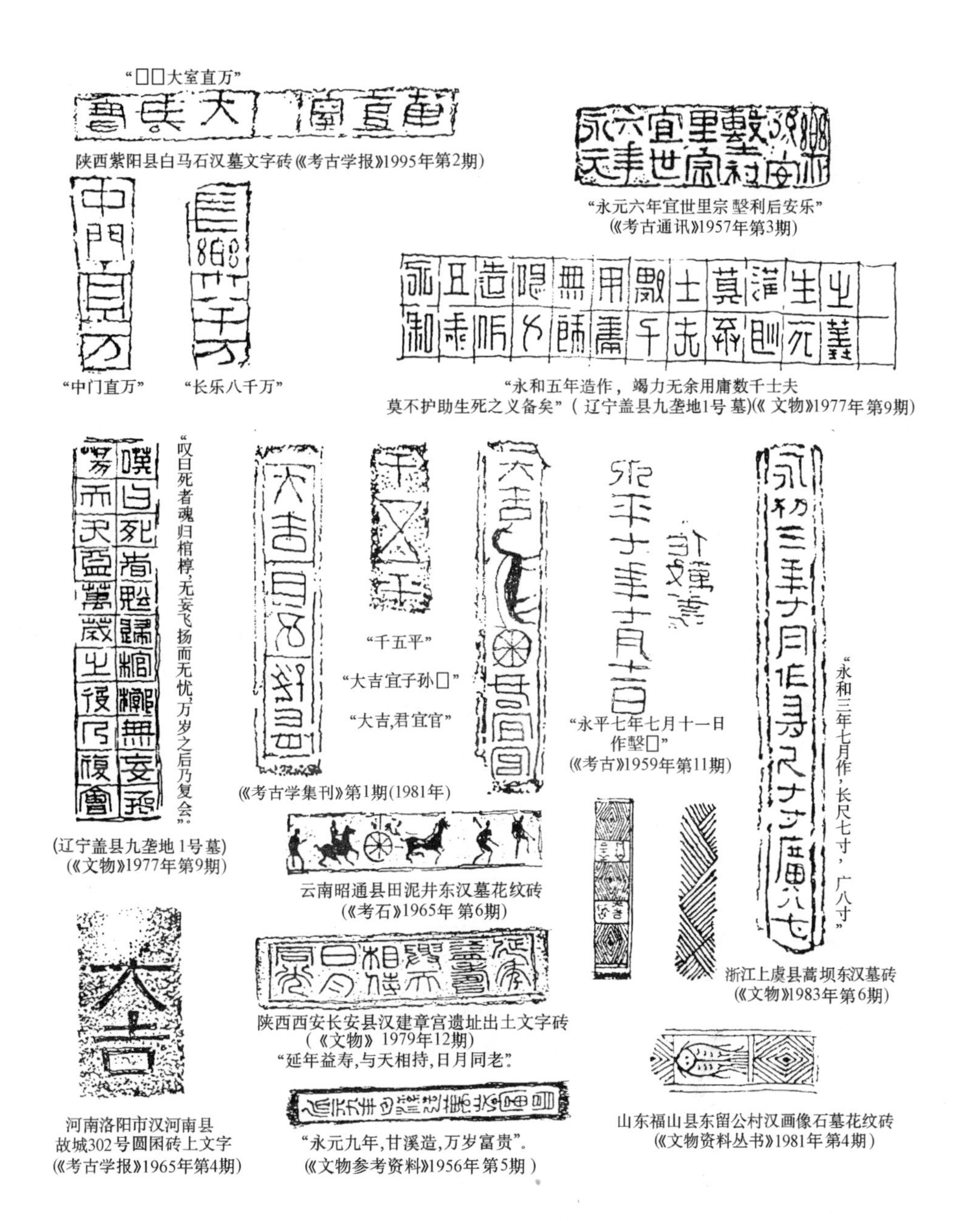

图 5-228　汉代陶砖之纹饰及铭刻（二）

村汉墓所见。砖长 34 厘米，宽 13 厘米，厚 5 厘米，正面印粗绳纹，侧面印圆圈放射纹。另淄博市张庄亦出土类似之砖，惟侧面饰矩形及菱形纹。

2. 铺地砖

铺地砖平面常呈方形或近于方之矩形，边长 30～45 厘米，厚 3～5 厘米，表面模印之纹样有方格纹、菱格纹、绳纹、环纹、S 纹、卷云纹、三角纹、乳钉纹、回纹、套方纹等几何形体，有的砖上只印单一花纹，也有多种纹样组合者。少数砖面印有动物（如朱雀）或吉祥文字（如“人生长寿”、“富乐未央、子孙繁昌”、“宜子孙、富繁昌、乐未央”等）（图 5-230）。此外也有用小砖横铺、竖铺或作席纹、人字纹铺砌的，个别尚有用扇面砖或楔形砖的。形式多至数十种，尤以墓葬中最为丰富（图 5-231）。

3. 空心砖

空心砖以板状的为多见，另有柱砖、脊砖、三角砖，以及凹腰、丁字形等异形砖（图 5-232）。多数板状空心砖之长度为 84～115 厘米，宽 20～45 厘米，厚 10.3～20 厘米。孔洞开在纵向的较

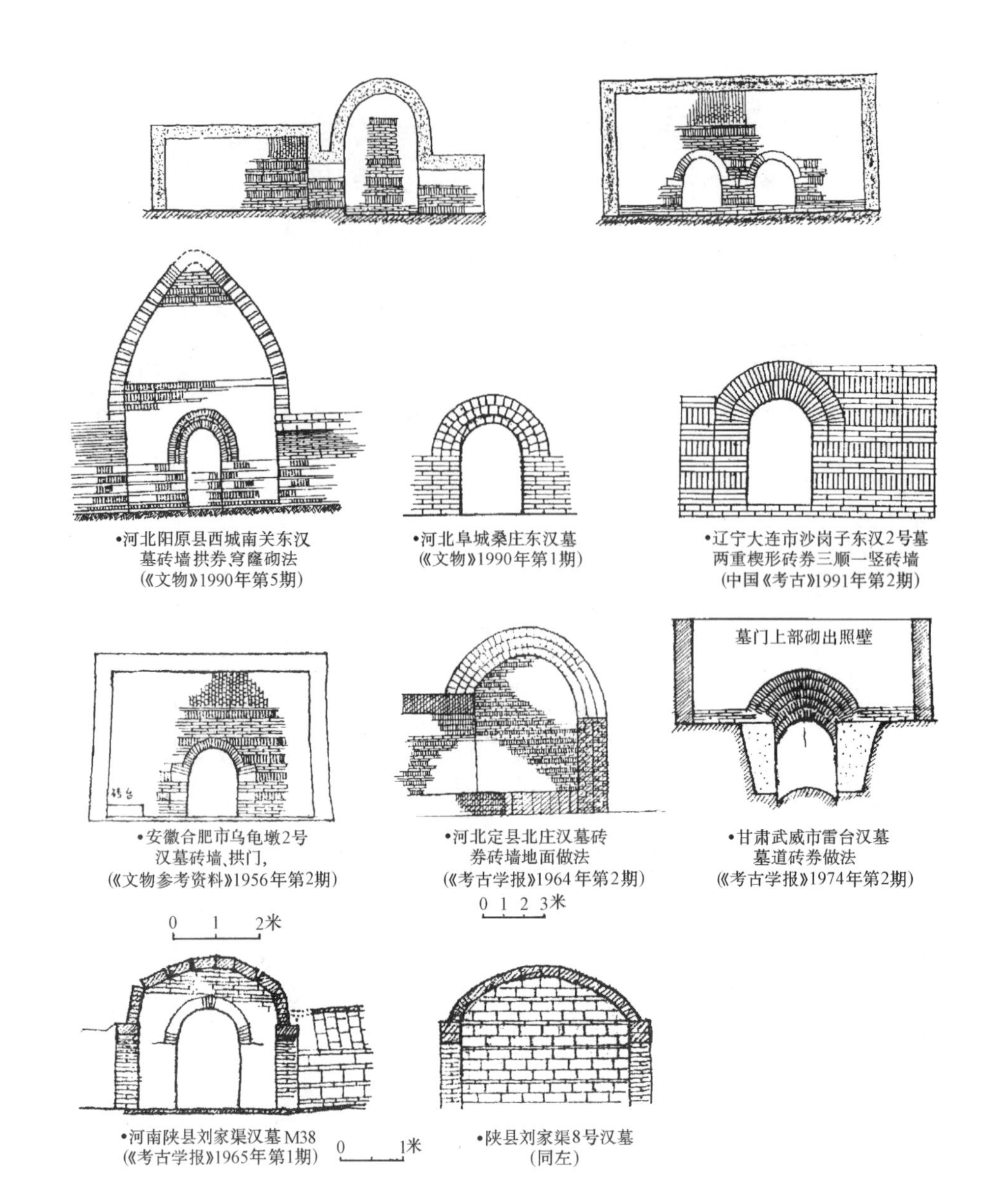

图 5-229 汉代砖墙及砖券之砌式

多，横向的较少，数量1～6孔。孔口呈圆形或椭圆形。柱砖平面为方形或矩形，边宽15～50厘米，高85～115厘米，常用作墓门之边柱。三角形空心砖多置于墓门之上，有用一整块或相等之二块拼合的，砖高24～48厘米，宽26～84厘米，厚11～12厘米。在墓室顶部呈梯形时，常使用一较短之水平顶砖及二较长之斜撑砖，三者皆有榫口。以河南洛阳市烧沟102号东汉墓为例，其顶砖长54厘米，斜撑砖长114厘米，断面与下部之柱砖一致。

空心砖表面多模印排列有序的几何图案，如叶形纹、卷云纹、柿蒂纹、套环纹、S纹、箭纹、菱形纹、三角纹等等，也有用建筑、人物、动物、植物形象或吉祥文字的（图5-233）。装饰纹样施于空心砖面周边的，称为“边纹”，大多采用几何图案。刻印于砖面中间的，谓之“心纹”，可用几何图案，亦可用上述其他内容。

空心砖相互间之组合大多用叠压方式，亦即由构件本身之重量来保持稳定。少数的依靠榫卯，其形式颇为简单，概以高低缝搭接。

空心砖之制作为将四块泥片以水润湿后粘合，再在内部涂抹薄泥一层。砖体制成后，于两端封以有孔之泥片，此孔洞在烧制时使内部膨胀之气体得以排出。砖上之纹样，则在泥片粘合之前即已模印完毕。

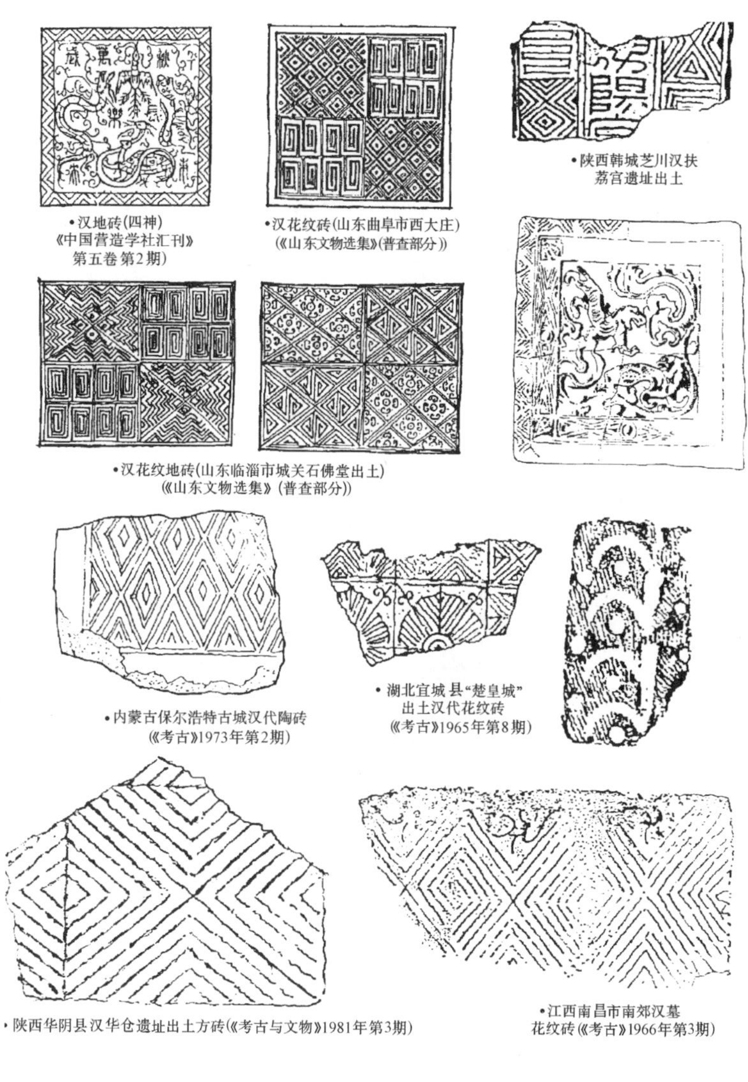

图 5-230 汉代地砖

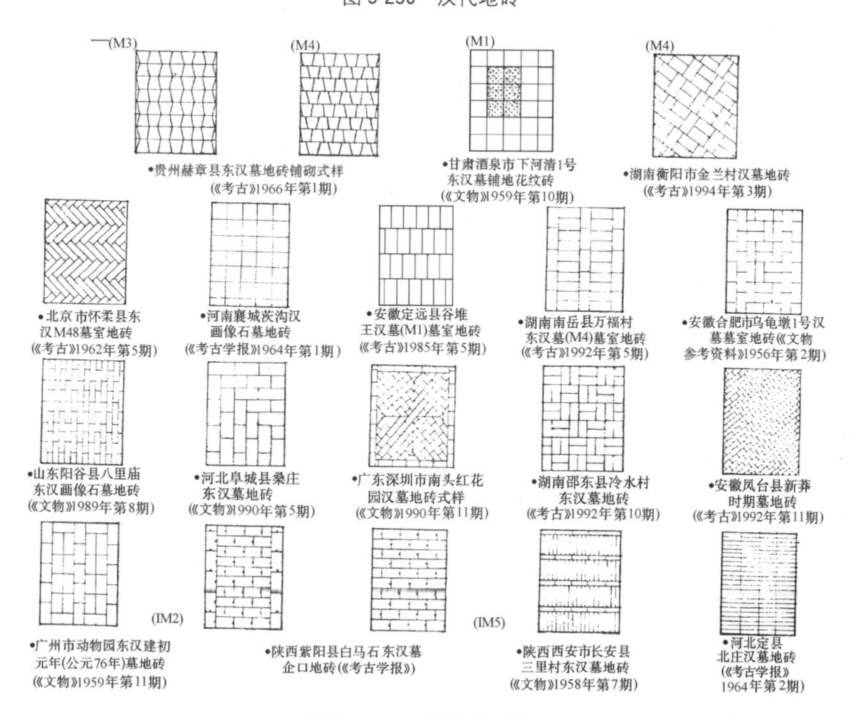

图 5-231 汉代地砖之铺式

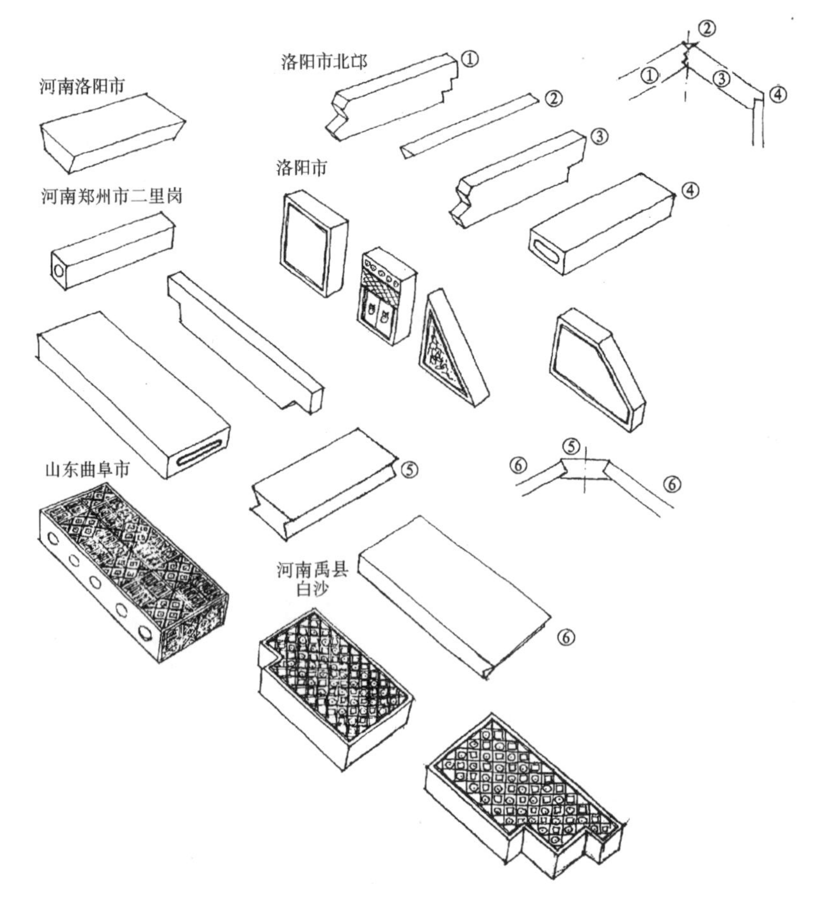

图 5-232 汉代之空心砖

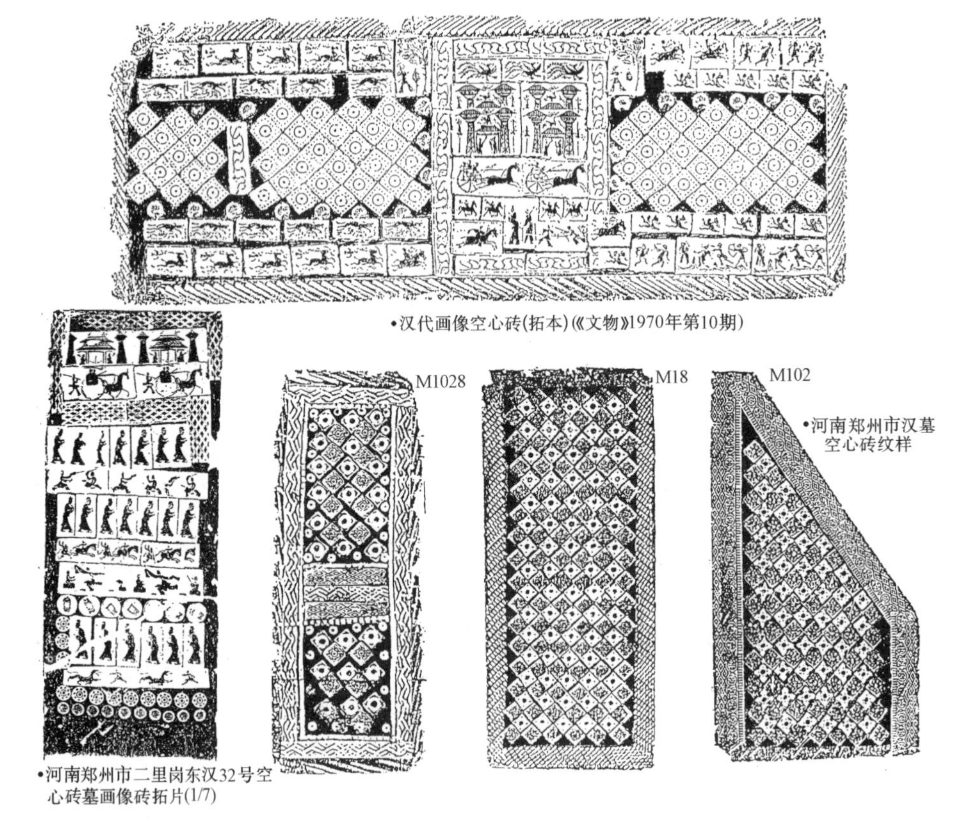

图 5-233 汉代空心砖之纹样

4. 陶瓦

陶瓦在汉代应用亦多，其主要形式为筒瓦及板瓦两类。除宫室、祠庙、官寺建筑均满铺陶瓦外，一般之居住建筑亦广泛使用。各地出土之大量住宅、仓廪、陶楼、祭堂等明器已可说明，甚至简单如井亭、作坊、碓房、畜圈等建筑，也大部铺有瓦顶。

一般来说，汉代瓦屋面之陇间距离较宽。其板瓦长度为30～50厘米，宽24～30厘米，厚1～2厘米，筒瓦长24～49厘米，直径10.5～16.3厘米，厚1～2厘米（图5-234）。其置于檐口者，前施模印以多种纹样或文字之瓦当。瓦当绝大多数为圆形立面，直径14～16厘米为多。个别的有半圆形瓦当。

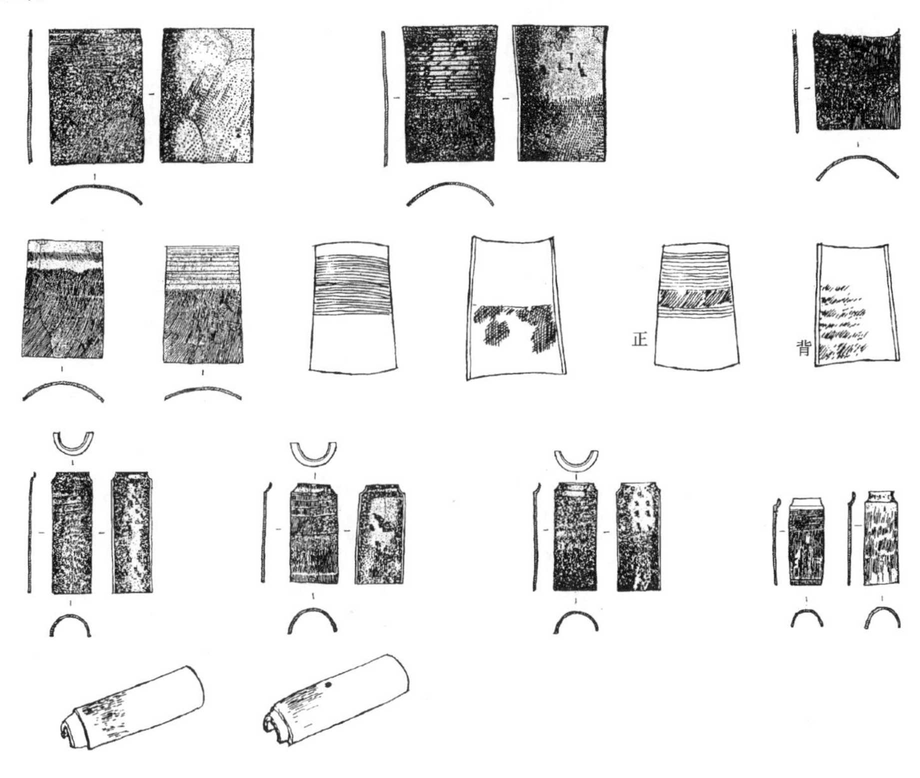

图5-234　汉代之陶瓦

圆形瓦当正面的纹样（图5-235），以蕨纹及云纹为多。一般以直线二道将当面划为相等之四区，并饰以同样之图案。中心常施突起之乳钉。周围所采用之主要纹样有四神（青龙、白虎、玄武、朱雀）、涡纹、四叶纹、箭纹……另有文字瓦当，当上所刻印文字，有宫殿、官署、苑囿、仓库、陵墓……之名称，如“上林”、“黄山”、“上林农官”、“卫”、“甘泉上林”、“折风阙当”、“华仓”、“巨扬家当”等。或为吉祥语，如“天降单于”、“延年益寿”、“千秋万岁”、“长乐未央”、“汉并天下”、“与天无极”等。半瓦当有“延年”字样及卷云纹等，为数甚少。

宼瓦时先在椽上铺木板或席，后涂抹草拌泥以为苫背，再于其上铺瓦。由山东肥城孝堂山石祠及西汉建筑明器，知悬山屋顶已使用排山。屋脊有平直与端部稍作起翘及两端高耸如鸱尾状的三种。脊端正面常贴以瓦当数枚，例见汉阙之石刻。另外，有的屋面（四坡顶）还作出上、下两层相叠式样，实物见于四川雅安市高颐阙之四坡顶，间接资料则在画像石及陶屋明器中皆有表现。

板瓦有时亦铺于室外作明沟者，而地下排水道也偶用两块筒瓦拼合之形式。

其他陶质材料，有专门用于井壁之陶井圈，其直径在75～110厘米之间，壁厚1.7～3厘米，每节高30～40厘米。又有圆筒状之陶下水管道，直径15～30厘米，壁厚1.5～2厘米，每节长度40～50厘米（图5-236）。

•陕西兴平县茂陵李夫人墓 •陕西兴平县茂陵 •陕西兴平县茂陵 •西安市北郊

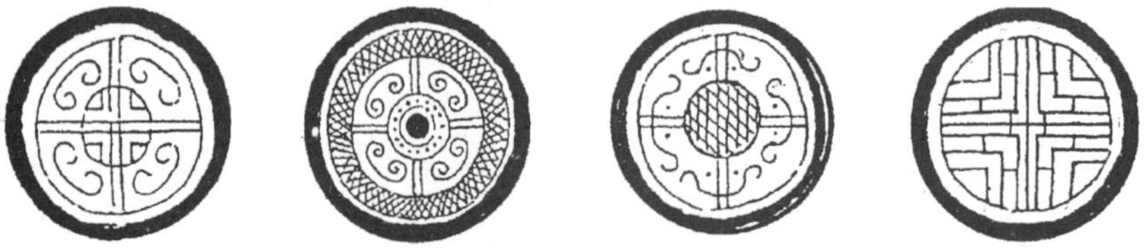

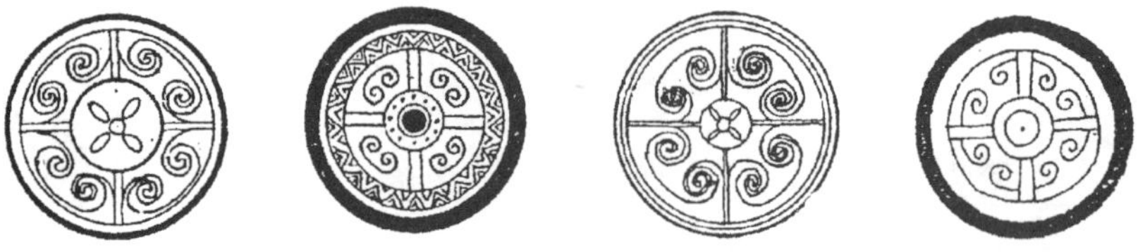

•洛阳市 •西安市北郊

•西安市西郊汉建筑遗址

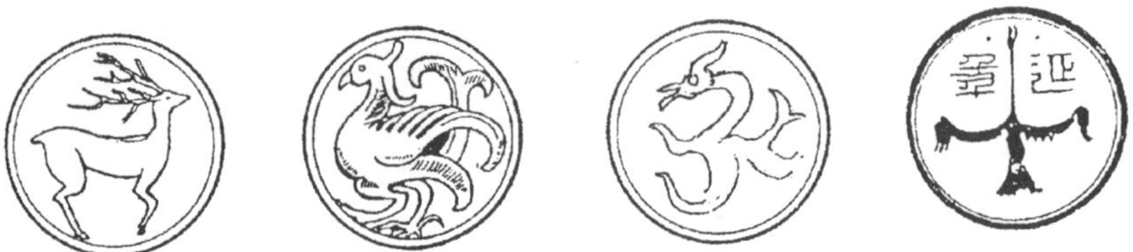

《汇刊》第5卷第2期

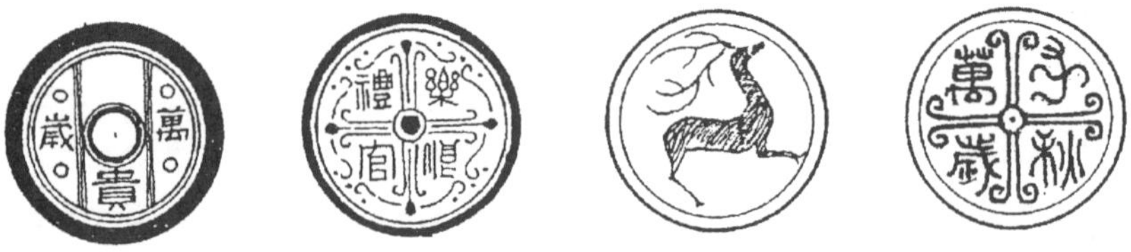

•山西洪洞县古城一汉

•朝鲜乐浪出土汉瓦当
《中国历史参考图谱》
第七辑 65)

•秦汉奔鹿瓦当
(《文物》1963年第11期)

•辽宁宁城汉瓦当
(《文物》1977年第12期)

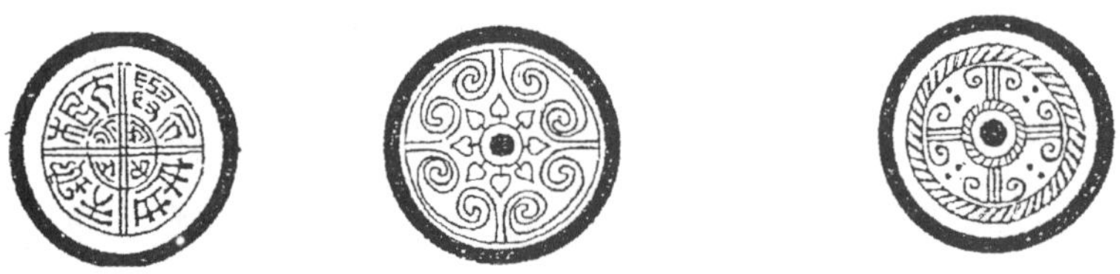

•陕西西安市茂陵西汉
十二字瓦当
(《文物》1976年第6期)

•河南郑州市古荥镇汉冶铁遗址出土(《文物》1978年第2期)

图 5-235 汉代之瓦当纹样(一)

• 陕西长安县窝头寨(汉上林苑)(《考古》1972年第5期)　• 西安市　• 呼和浩特市二十家子古城(《文物》1961年第9期)　• 陕西雍城

• 河北怀来县大古城村古城　• 西安(汉建章宫)(《文物》1975年第6期)　• 内蒙古包头市召湾汉墓8号(《文物》1955年第10期)　• 辽宁辽阳市(《文物》1955年第10期)

• 西汉陕西黄山宫(《考古》1959年第12期)　上林农官　陕西兰田县西汉宫　咸阳市(《文物》1973年第5期)

• 西汉宫殿　(《中国历史参考图谱》第七辑)

(《文物》1963年第11期)　• 西安汉茂陵　(《文物》1976年第7期)　• 王莽寿成瓦当

   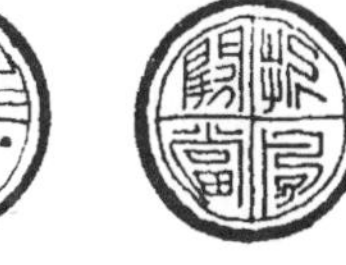      

"与天无极"　"涌泉混流"　"梁宫"　"折凤阙当"　"华仓"　"临廷"　"永承大灵"

四川乐山市麻浩享堂(《四川汉代画像选集》)　"巨杨冢当"　"西延冢当"　"宜富贵当千金"

     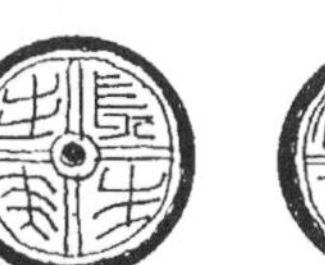   

"延寿长久"　"长生未央"　"长生无极"　"千秋万岁"

     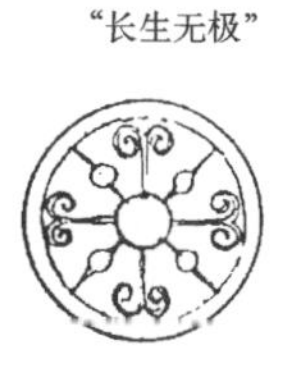 

• 陕西西安市　• 山西洪洞县　• 辽宁宁城县里城古城汉瓦当(《文物》1977年第2期)

图 5-235　汉代之瓦当纹样(二)

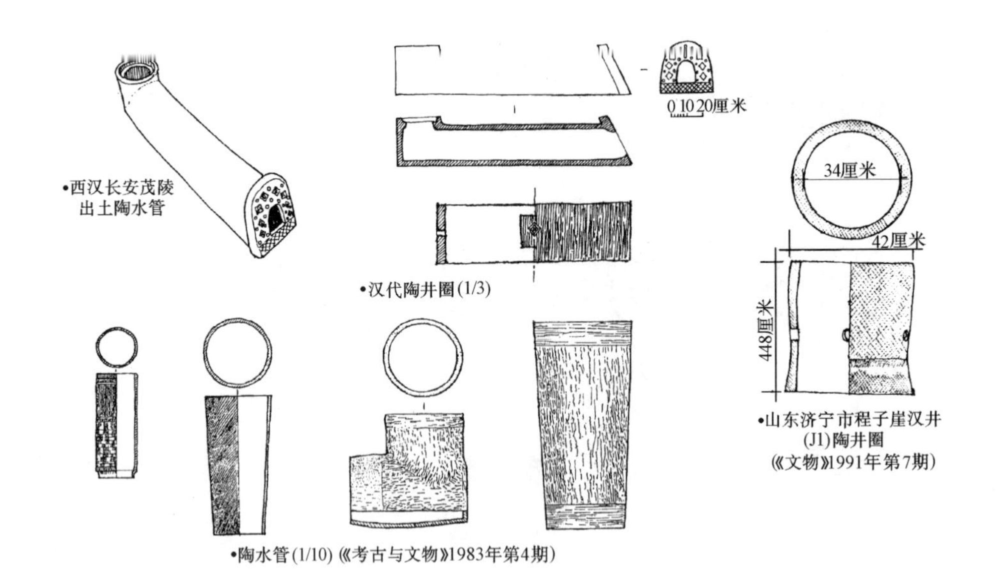

图 5-236　汉代之陶管、井圈

（五）金属建筑构件及装饰件

汉代建筑中使用金属材料为数并不太多，已出土之遗物，多属建筑中之零配件，如铺首、套件、绞页、钉等（图 5-237）。而文献中则载有柱、斗栱、仙人承露盘、龙、凤、马、神兽、飞廉等大型建筑构件及装饰物。现分述于下：

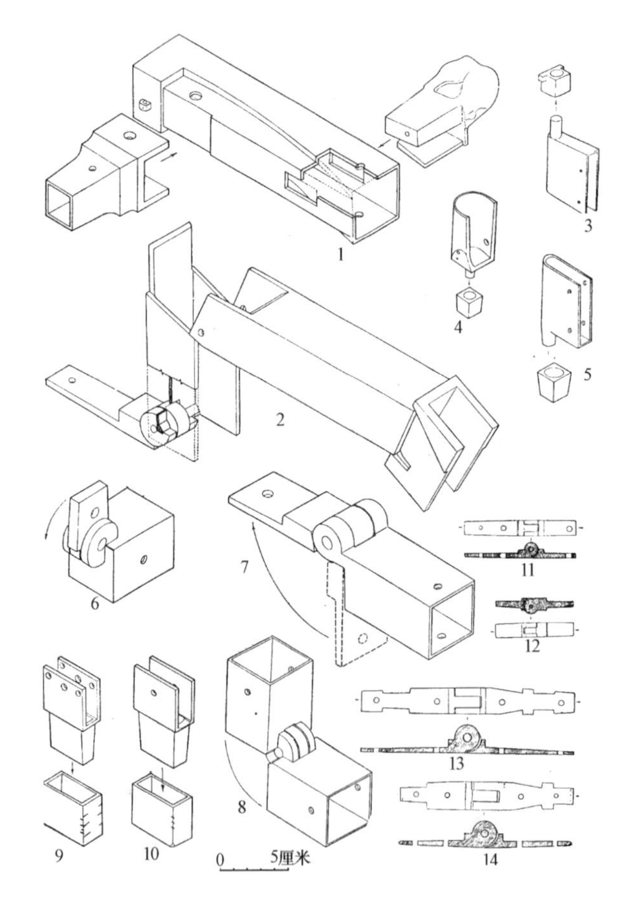

1.推滑构件 2.长方形三段连件 3～5.门轴 6～8.折叠构件 9～10.承插构件 11～14.合页构件

图 5-237　汉代之金属建筑构件(《满城汉墓发掘报告》)

铜柱殿：《三辅黄图》载“建章（宫）……又有玉堂、神明、……奇华、铜柱、函德等二十六殿”。能以铜柱命名宫中殿堂者，其柱必非一般，或以其体量庞大，或以其形制特殊，或以其装饰华焕。但此殿则不悉其详。铁柱门：《后汉书》卷二十七·五行志：“（淮阳王刘玄）更始二年（公元 24 年）二月发雒阳，欲入长安，司直李松奉引车，奔触北宫铁柱门，三马皆死”。由此知北宫建有铁柱门。

仙人承露盘：《三辅黄图》：“神明台在建章宫中，祀仙人处上有铜仙舒掌捧铜盘承云表之露”。又《三辅故事》：“建章宫承露盘高三十丈，丈七围，以铜为之，有仙人掌承露”。此为武帝特诏建造之神器。依方士之说，承天露和以玉屑，食之可长生不老，故有是举。

铜龙：《三辅黄图》：“（长安）西出南头第二门曰：直城门，亦曰：故龙楼门，门上有铜龙”。

铜凤：《三辅故事》：“建章宫阙上有铜凤凰”。《汉宫殿疏》：“建章宫东有凤阙，高二十余丈”。

铜马：《三辅黄图》：“金马门宦者署，武帝得大宛马，以铜铸像立于署门内，因以为名”。

铜人：《后汉书》卷八·灵帝纪：“中平三年（公元 186 年）……复修玉堂殿，铸铜人四，黄钟四……”。同书卷一百八·张让传：“……又使掖庭令毕岚铸铜人四，列于苍龙、玄武阙……”。

铜薄栌《前汉书》卷九十九（下）·王莽传：“地皇元年（公元 20 年）……起九庙，……黄帝太初祖庙东、西、南、北各四十丈，高十七丈。余庙半之。为铜薄栌，饰以金银琱文，穷极百工之巧”。

汉画像砖石中之建筑正脊上，常有凤鸟、朱雀等出现。就常理推测，一般民家乃至富豪者，于宅上立此，恐有悖制度，而砖石画中之所绘，很可能仅是一种象征性的表示。但藏于美国波士顿博物馆的“嘉峪关东门”刻石，内有高踞关楼上之凤鸟，则应为真正铜凤形象之反映。但具体实物多已沦亡，现保存较多的是各类铺首，除石刻及器皿外，建筑中之遗物亦不在少数（图 5-238）。

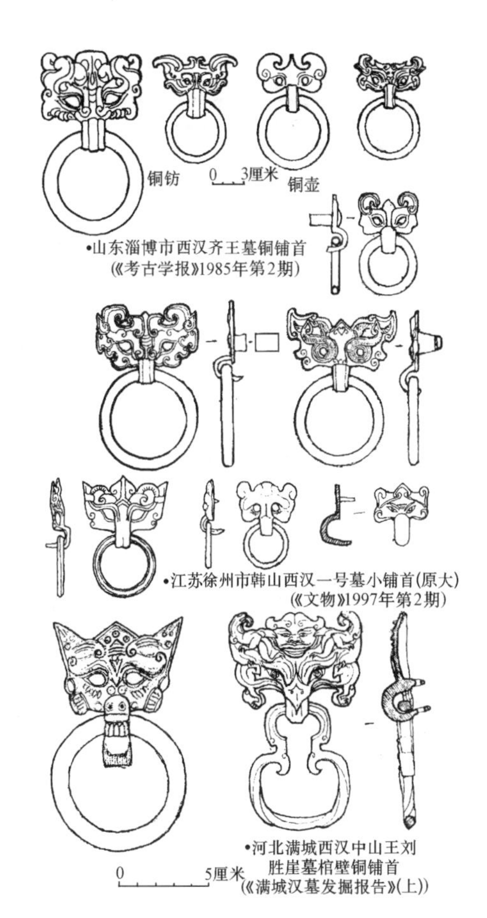

图 5-238 汉代建筑之金属装饰构件—铺首

十、建筑艺术及造型

（一）建筑本身之造型艺术

汉代宫室建筑常施以各种装饰，或涂色髹漆，或裹缠锦绣，或镂刻龙蛇，或绘画仙灵，或饰以珠玉，或络连金釭等等，不一而足。虽然目前尚未有实物遗存，但汉代文献中却有不少关于这方面的叙述。至于一般建筑的装饰，其资料更为匮乏。

山东日照市两城山石刻

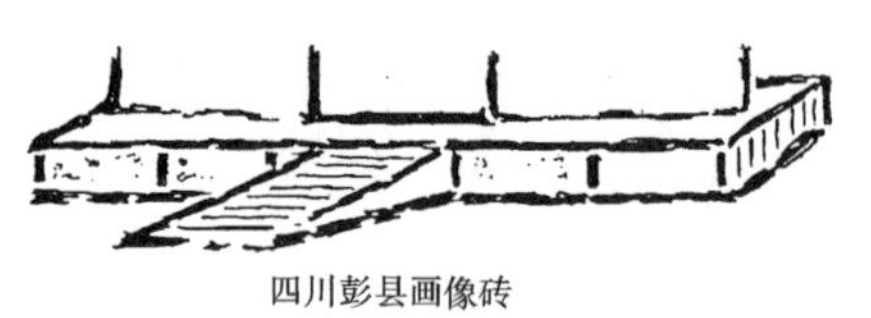

四川彭县画像砖

图 5-239　汉代建筑之台基

1. 地面

宫中庭院地面，常涂以丹朱。殿中地面则髹黑漆。如《西京杂记》所载："赵飞燕女弟居昭阳殿中，庭彤朱而殿上髹漆……"。又帝后居室，地面也有施青色的。《前汉书》卷八十二·史丹传："丹以亲密臣得侍视疾，候上间独寝时，丹直入卧内，顿首伏青蒲上，……"。其中应劭注称："以青规地曰：'青蒲'。自非皇后不得至此"。此外，殿上也有将地面涂为红色的，如《前汉书》卷六十七·梅福传："……故顾一登文石之陛，涉赤墀之涂"。应邵注云："以丹淹泥涂殿上也"。

2. 台基

建筑台基或用"文石"，或用"白石"。其层数已用"三陛"，班固《西都赋》、张衡《西京赋》及李尤《德阳殿赋》中皆有述及。

民间建筑之台基形象，于山东日照县两城山石刻及四川彭县画像砖（图 5-239）中可稍窥其情况。二者皆有压阑石、角柱、间柱及土衬石。两城山之例，其角石较间柱石广，间柱上置栌斗状构件承压阑石，而间柱间之水平线条，似表示该处有叠石或叠砖。

3. 墙壁

多用白色或淡青色粉刷，如夏侯惠《景德殿赋》之"素壁暠养"，王延寿《鲁灵光殿赋》之"皓壁暠曜以月照"，以及刘梁《七举》之"丹楹缥壁"。……皆是。或壁面用锦绣遮挂，再以金釭、珠玉为饰。班固《西都赋》有关昭阳殿之装饰："昭阳特盛，隆乎孝成。屋不呈材，墙不露形，裛以藻绣，络以纶连。隋侯明月，错落其间，金釭衔璧，是为列钱。……"。而《前汉书》卷九十七·下·外戚传·孝成皇后条亦称："昭阳殿中……壁带往往为黄金釭，函蓝田璧，明珠翠羽饰之"。除宫室外，达官权贵之大宅，亦穷极装饰，如《西京杂记》卷四所载之董贤宅："哀帝为董贤起大第于北阙下，重五殿洞六门，柱壁皆画云气、华蘤、山灵、鬼怪，或衣以绨锦，或饰以金玉"。

4. 楹柱

宫中之楹柱，多涂以朱、紫。如刘梁《七举》中谓："丹楹缥壁，紫柱虹梁"。王延寿《鲁灵光殿赋》："丹柱歙艴而电烻"。梁上小柱称为"棁"或"浮柱"的，则以厌火而绘藻文。如刘梁《七举》中之"藻棁玄黄"，王延寿《鲁灵光殿赋》："云楶藻棁"。柱面也有裹缠绨绣如上所述，或饰以金银，见李尤《德阳殿赋》："错金银于两楹"。

柱下常以白石为础，即班固《西都赋》中所谓："雕玉瑱以居楹"。张衡《西京赋》之"雕楹玉碣"。前者系白石之柱磌，后者为白石之柱础。依许慎注："楚人谓柱碣曰：础"。

5. 屋架

殿堂屋架之装饰，除大梁多采用弯曲之虹梁，如班固《西都赋》："抗应龙之虹梁"，王延寿《鲁灵光殿赋》："飞梁偃蹇以虹指"，刘梁《七举》："紫柱虹梁"及张衡《西京赋》："亘雄虹之长梁"所述。其他构件如桷（角梁）、楣（门上横梁，或作木架上之平槫）、榱（椽）等，则于表面施以雕刻。如《西京杂记》中载昭阳殿："椽桷皆刻作龙蛇，萦绕其间，鳞甲分明，见者莫不颤慄"。或绘以云气、华纹图案，如王褒《甘泉宫赋》："采云气以为楣"，司马相如《上林赋》："华榱璧珰"。而璧珰者，乃以玉璧饰于椽头，又称为"璇题"或"玉题"，亦多见于汉文献。

其他若槛（栏杆）、梍（檐口前封檐板），也施雕刻与彩绘。如张衡《西京赋》："镂槛文梍"，王褒《甘泉宫赋》："编玳瑁之文梍"。后者乃于梍上绘以龟甲纹，是为此种装饰之最早记载。栾（斗栱中之栌斗，又称"节"或"栭"）上则常绘以云纹。桷（方形之椽，见《尔雅·释宫》）或施雕琢。王延寿《鲁灵光殿赋》中即有："龙桷雕镂"之记载。

6. 天花藻井

室内之天花藻井，亦为装饰重点之处，其结构常用井干式，上绘莲、荷、菱、藻等水生植物图案以厌火。张衡《西京赋》所载："蒂倒茄于藻井，披红葩之狎猎"及王延寿《鲁灵光殿赋》之"圆渊方井，反植荷蕖"，皆为形象生动之描绘。其见于实物者，有山东沂南之画像石墓。墓中施用之斗四藻井，中镌菱形小方格，与后世之平棋几无区别。而旁侧之方井内，则刻有莲花之形象，适为上述"反植荷藻"之写照（图 5-221）。

7. 门窗

建筑中所置之门，以版门为最常见，门上施铜铺首，但未见门钉。石墓中之门扉上，除刻铺首外，另镌有神人（伏羲、女娲……）、神兽（青龙、白虎、玄武、朱雀、凤、熊……）、拥篲门吏等形象。其于大型木椁墓中出土之木质版门，表面均未髹以油漆或其他涂料，估计当时实际生活中之门户不致如此。

窗之棂格，有直棂、卧棂、斜方格及锁纹等多种，前二种亦见于木椁墓中。据文献其镇纹涂青者，为天子之制。如《前汉书》卷九十八·元后传："曲阳侯根骄奢，僭上赤墀青琐"。《后汉书》卷六十四·梁冀传："柱壁雕镂，加以铜漆。窗牖皆有绮疏青琐"。夏侯惠《景德殿赋》亦有"若乃仰观绮窗，周览菱荷……"之语。另《西京杂记》又载昭阳殿中，"窗扉多是绿琉璃，亦皆达照毛发，不得藏焉"。不审此绿琉璃为何物？由汉墓中曾出土浅绿色之玻璃器揣度，可能即是此类物品。其来源恐出自西亚，经由丝绸之路传来中土者。

8. 帘幔

又据同书所载："汉诸陵寝皆以竹为帘，上皆为水纹及龙、凤之像。……昭阳殿织珠为帘，风至则鸣如珩珮之声"。又称昭阳殿内，"设九金龙，皆衔九子金铃，五色流苏带，以绿文紫绶金银花镊。每好风日，幡旄光影，照耀一殿，铃镊之声，惊动左右"。由此可知，殿中使用珠帘及铜铃等为装饰，兼收形、色、声之效果，可谓别出心裁，寓意新奇。另《三辅黄图》亦载长安桂宫之明光殿，以"金玉珠玑为帘箔"，可见当时此种方法亦非孤例。

其他悬挂于室内之幕幔与帷帐，铺地之席、毡，以及陈设之家具，皆可以其不同之形体、色泽与质地，成为室内装饰之重要内容。另由目前出土之多种造型精美之铜制器皿及灯具，当可想象当时对室内陈设之重视。

汉代建筑之外部装饰，除台基、栏杆、柱、墙、门、窗、斗栱等已见前述以外，对屋顶部分也很注意，如瓦当之纹样与脊部之处理已极富变化。其于正脊与斜脊之端部，除本身作多种形状之起翘外，脊端又常贴以错置之瓦当为饰，如四川雅安县高颐阙之例。正脊中央，常置振翅之铜凤，文献所载建章宫之凤阙及画像砖石中屡见之形象，皆可作为资证。其瓦当当面之纹饰尤多，于后将专作介绍。

9. 壁画

史载汉代建筑中使用壁画的事例极少，仅《前汉书》卷六十六·杨恽传中，载其观宫中西阁，见壁上有绘尧、舜、禹、汤及桀、纣人物者。当系宫廷用以追思先圣，惕戒后世之借鉴，恐与一般单纯用于壁饰者不同。而前引《西京杂记》载董贤宅柱壁所绘之山灵鬼怪，则不审其意义何在。

现知汉代壁画，多出于墓葬中（图 5-240）。著名的如内蒙古自治区和林格尔县东汉壁画墓，内中绘有大、小壁画 46 组，以墓主仕途经历为顺序，自举孝廉，任繁阳县令至护乌垣校尉，表现其出行、迁任及接见乌桓首领等场面。特别是其中的繁阳县令官寺图及宁城图，对研究当时城市及官寺有重要价值。其余壁画除一部描绘其日常生活（宴饮、伎乐、百戏、厨炊）及当时之生产活动（农耕、蚕桑、畜牧）外，就是有关先代之历史与孝节故事（如孔子见老子、二桃杀三士、丁兰孝亲……），以及表现祥瑞事物（神鼎、麒麟……）之内容。位于前室顶部之“仙人骑白象”图，是我国最早表现佛教内容的绘画之一。墓中壁画面积共达百余平方米，又有表明壁画内容的墨书标题约 250 条，就壁画规模及内容而言，乃居迄今已知汉墓中之首位。考此墓壁画之创作年代，约在东汉之末。其色调概以红、棕暖色为主，例如《宁城图》，系以朱、棕、黑色绘出城垣、官寺、建筑、人物。车骑、轮廓鲜明，但整个画面又十分协调。

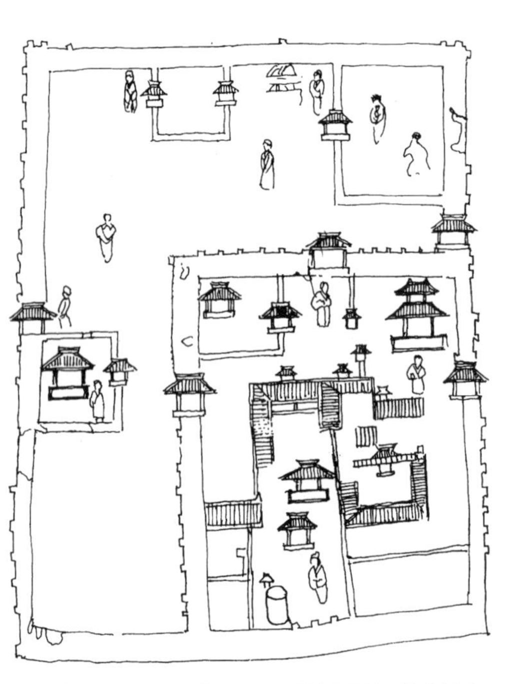

•内蒙古和林格尔县东汉墓壁画《繁阳县令官寺图》(临摹复原)
(《文物》1974年第1期)

•河南洛阳市西汉卜千秋墓壁画摹本(《文物》1977年第6期)

图 5-240　汉代建筑之壁画

西汉时期之壁画，可以河南洛阳市烧沟村之卜千秋墓[70]为代表。内容有仙灵（伏羲、女娲、四神、仙禽、神兽……）、男女墓主飞升、日月星象及历史故事等。绘制时先在砖面上刷白，然后以朱、棕、紫、绿、黑诸色绘出各种形象，最终用黑墨单线勾画轮廓。其绘于门额以上之透雕空心砖处者，造型及着色尤为佳妙。

其他汉墓中绘有壁画者，如河南平陆县与密县，河北望都县与安平县，辽宁辽阳县，山东梁山县，内蒙古托克托县，安徽亳县，陕西榆林县等地皆有发现。其中河北安平县逯家庄东汉墓[71]中出土的壁画，描绘了当时的一处坞堡，堡中建筑均组成形状不一的四合院多区，其间又建高5层之望楼，楼顶为覆四阿顶之亭式瞭望建筑，亭周以栏楯而未建墙壁，中置司晨与报警之大鼓一面。亭侧更立高竿，上悬飘扬之红幡。它为我们提供了较陶质坞堡明器更为写实的建筑形象，是甚为珍贵的历史资料。

在汉代木椁墓中，曾发现搁置于椁内之木板彩画，其形制亦应属于壁画性质。例如江苏扬州市邗江县胡场村东汉墓[72]，就出土此类彩画二幅。一幅为人物图，面积47厘米×28厘米，置于头厢下之东椁壁侧。另一为墓主起居图，面积47厘米×44厘米，竖置于头厢下对开之小门内侧。此外，广西贵县风流岭31号汉墓出土之彩绘镂空饰板及削角饰板，绘有人物及卷云等。山东诸城西汉木椁墓之彩绘木板，则绘有二龙三龟及云纹（图5-241）。

其绘制前先于板上涂灰白色薄泥一层，再以淡墨线勾出画稿轮廓。然后分别涂以朱红、金黄、乳白、墨乌等色，最后再以墨线勾勒成图。根据所绘之人物、器具等观察，描绘均用工笔，盖力求形象准确生动，而非随手鸦涂写意者。

此种木板彩画，迄今发现甚少，其出土于同一墓葬内的，亦不过两三件。因此，就其数量与所反映的内容而言，不但望尘莫及于画像砖、石，而且也远不逮于前述之壁画。然而作为汉代墓葬中的一种艺术表现形式，它又有其特殊性，这也是它为什么仅仅施用于椁墓中的原因。

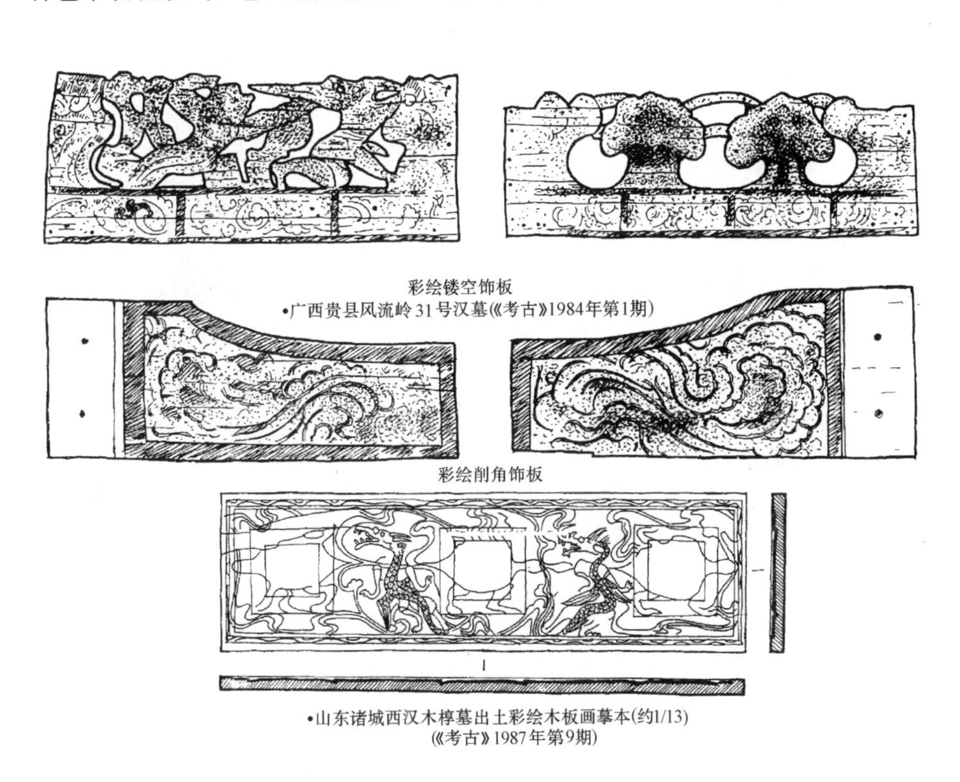
彩绘镂空饰板
•广西贵县风流岭31号汉墓(《考古》1984年第1期)
彩绘削角饰板
•山东诸城西汉木椁墓出土彩绘木板画摹本(约1/13)
(《考古》1987年第9期)

图5-241　汉代建筑之木板彩画

（二）立体雕塑造像（图5-242）

1. 石刻造像

汉代之圆雕石刻，有人物及翼狮（辟邪）、虎、象、马、牛、猪、羊、鱼、龟、蟾蜍等动物形象。所使用之地点，除墓葬外，尚见于苑囿、河防等处。

目前已知之上述汉代雕刻，恐以西汉霍去病墓前之石象生为最早，而若干东汉墓葬前亦有石人、石兽之遗存。惟其造型与手法，均难以与当时之石墓内部琢刻或陶塑、石雕、铜铸之仙灵、

图 5-242 汉代之石刻、木雕、铜铸造像

人物、走兽、飞禽等相抗衡。

在汉长安西郊的上林苑故址中，曾发现刻为牛郎与织女的石人像及置于昆明池畔的石鱼。而据《三辅故事》及张衡《西京赋》等文史记载，皆称牵牛像在池东而织女像在池西。又称池畔有长三丈之石刻鲸鱼。1973年2月，在西安市北郊高堡子村西侧发现汉代石鱼，长4.90米，中部最大直径1米。出土地点适在汉建章宫范围之内，其西北即汉太液池故址。依《长安志》载："池北岸有石鱼，长三丈，高五尺。西岸有石龟三枚，长六尺"。《关中胜迹图志》则称石鱼长二丈，石龟为二枚。以1汉尺折合23厘米计算，则高堡子村石鱼长二丈一尺余。与《图志》所云甚为接近。

1974年3月，在四川灌县都江堰发现了东汉石刻李冰像，上有铭记："故蜀郡李府君讳冰"及"建宁元年闰月戊申朔二十五日，都水橼尹龙长、陈壹造三神石人，珍水万世。"按李冰为秦时蜀郡郡守，以"凿离碓辟沫水之害，穿二江成都之中。此渠皆可行舟，有余则用溉浸"而见载于《史记》卷二十九·河渠书。考建宁为东汉灵帝刘宏第一年号，元年即公元168年。"珍"即"镇"之意。此像由灰白色砂岩制成，虽久掩于泥沙流水中，目前形象仍保存良好，可视为当时大型石刻人像之典型。

1975年1月，又在都江堰鱼嘴附近之外江中，发现一持臿石人像，其地距上述李冰像出土处仅37米。该石像已缺头部，残高1.85米，宽0.70～0.90米，重逾两吨。由于此造像之石料与上述李冰像相同，估计它即是李冰像上所铭刻“三神石人”之一。亦为当时纪念李冰等人祠庙中之遗物。

以上及前述诸例，皆为置于地面之各种人物与动物。而此等石刻之纳入地下墓葬者，则甚为少见。1973年4月，四川郫县竹瓦铺发掘之东汉二号墓，内出土石俑二件，其一件已残，仅有高55厘米之下躯存在。另一件保存完好，全高90厘米，头戴帽，身着长衣，左手执盾，右手握刀，当系墓主之侍卫。按过去墓中所见之俑，于战国及秦、汉之时，非木即陶质，用石料作俑尚稀先例。《西京杂记》虽有春秋时晋灵公冢中”四角皆以石为玃犬，捧烛石人男女四十余，皆立侍”。以及战国魏哀王墓有“石床方四尺，床上有几，左右各有三石人立侍，皆武冠带剑”及“复入一室……石床方七尺……床左右石妇人各二十，悉立侍。或有执巾栉镜之象，或有执盘奉食形”等记载，因现尚无实物可供参佐，故就其实施应用而言，暂以汉代为准。

2. 木雕造像（图5-242）

遗留的实物不多，大概是木材易腐朽而难以久存的缘故。

遗物以木俑为主，内中又以男女侍俑数量居首位。如湖南长沙市马王堆西汉1号墓出土的戴冠男俑和着衣女俑，皆体态均衡，面容姣好，其冠帻、发式与衣着都甚为写实，是研究汉代这方面状况的重要资料，多数木俑皆加彩绘，如湖北云梦县大坟头一号汉墓，其图案丰富斑斓多彩衣纹与悬挂之珠、环、璜、璧装饰，对于当时之服饰有很大参考价值。

雕刻之动物传世者甚稀。1957年于甘肃武威市出土木猴一件，其左前肢撑地，后肢跪蹲，表面曾涂白粉并施红、黑彩绘，现已大部脱落。这件由独木雕刻而成的作品虽高仅11.5厘米，但手法极为简练，造型十分生动。作者将抽象概括与实际形象很好地结合起来，表现了很高的艺术水平与技巧，这件作品的出现，可将近世西方流行的某些艺术思想和创作，提前到我国两千年前的西汉。

3. 铜铸造像（图5-242）

铜像的铸造在汉代十分流行，留存下来的佳作亦复不少。

陕西西安汉长安城遗址出土的羽人插座，作双手持物双足跪坐状，这是一躯人形化的神像，崇眉大耳，颈、肩均有羽毛，腰间束带，所着之裙服下摆皆铸成羽状，上下呼应，亦是一种很巧妙的构思。广西贵县风流岭31号墓青铜控马人像，戴冠披袍甲，瞋目有须，双手平执于胸前，下肢呈跪坐形，其造型风格颇具地方特征，而与出于中原者迥异。

铜马是汉代铸铜造像的重要内容之一，我国南北均有发现。其中著名者如甘肃武威市雷台出土东汉仪杖铜马及“马踏飞燕”，广西贵县风流岭31号汉墓出土铜马等等。皆造型雄健威武，奔腾嘶鸣，栩栩如生，有的马体涂绘以黑、白、朱色。另甘肃酒泉东汉墓出土的独角兽和山东诸城汉墓出土镇墓兽，其威猛体形与冲刺动态，都给人留下深刻印象。

4. 陶塑造像（图5-243）

汉代之陶塑出土数量最多、种类和形式也最为丰富。

以人物为例，既有以西王母为代表的神仙，也有举止神态各异的男女侍俑，但最为突出的是其伎乐百戏俑。如四川成都市天迴山出土的俳优说唱俑，右手执鼓槌，左手抱扁鼓，袒腹伸足，眯眼张口，神态极为诙谐生动，可称是此类陶俑中最具代表性的佳作。1969年出土于山东济南市

•镇墓俑　•西王母　•西王母陶俑(四川宜宾市出土)(《文物》1981年第9期)

•陕西长安县洪庆村汉墓出土男女侍陶俑(《考古》1959年第12期)　•汉代杂技俑(《洛阳出土文物集锦》)　•四川成都市天迴山崖墓出土击鼓说唱俑

•河南辉县汉墓出土陶犬　•河南济源县泗涧沟汉墓M24陶马(1/3)(《文物》1973年第2期)　•西安市白家口东汉早期墓M24出土陶舞俑(《考古通讯》1955年第2期)

图 5-243　汉代之陶塑造像

无影山一号西汉墓的一组音乐、舞蹈与杂技俑，集中反映了西汉时期上述艺术演出的生动景象。陶俑共22尊（出土时缺其一），计有漫挥长袖的舞女二人，折腰倒立的男优四人，吹笙、奏瑟、击磬、鸣鼓的乐师八人，另有高冠盛服拱手雁列于两侧，似作壁上观的男子七人，共置于一象征厅堂之长方形陶盘内。这是迄今为止发现最大的一组伎乐俑。无论从整体构成与排列组合上，还是从人物形态与动作表情上，都反映了汉代陶俑艺术的高湛水平。另河南洛阳市汉墓出土之三人相叠倒立杂技俑，亦为极富写实及艺术水平之特例。

在某些动物的塑造方面，如江苏徐州市出土的西汉陶马与四川彭山县出土的东汉陶马，河南辉县出土的陶犬、羊、猪等，形象都已达到了十分逼真的程度。

（三）家具（图 5-244）

汉代日用家具的之具体情况和形象，因为鲜有实物遗存，故主要依靠文献、随葬器物、画像砖石及壁画以得知其梗概。已知其种类有榻、床、几、案、屏、帷帐、灯等多种。就形制而言，除灯具以外，均不及后代种类之多与变化之丰富。此外，由于汉代还承继了古来室内的跪坐习惯，所以一般实用家具的高度都较矮。从这一点也可以推断，即汉代室内空间的高度也相对较低，这种情况，大概一直延续到唐代。

以下就汉代各种家具情况，分别叙述于下。

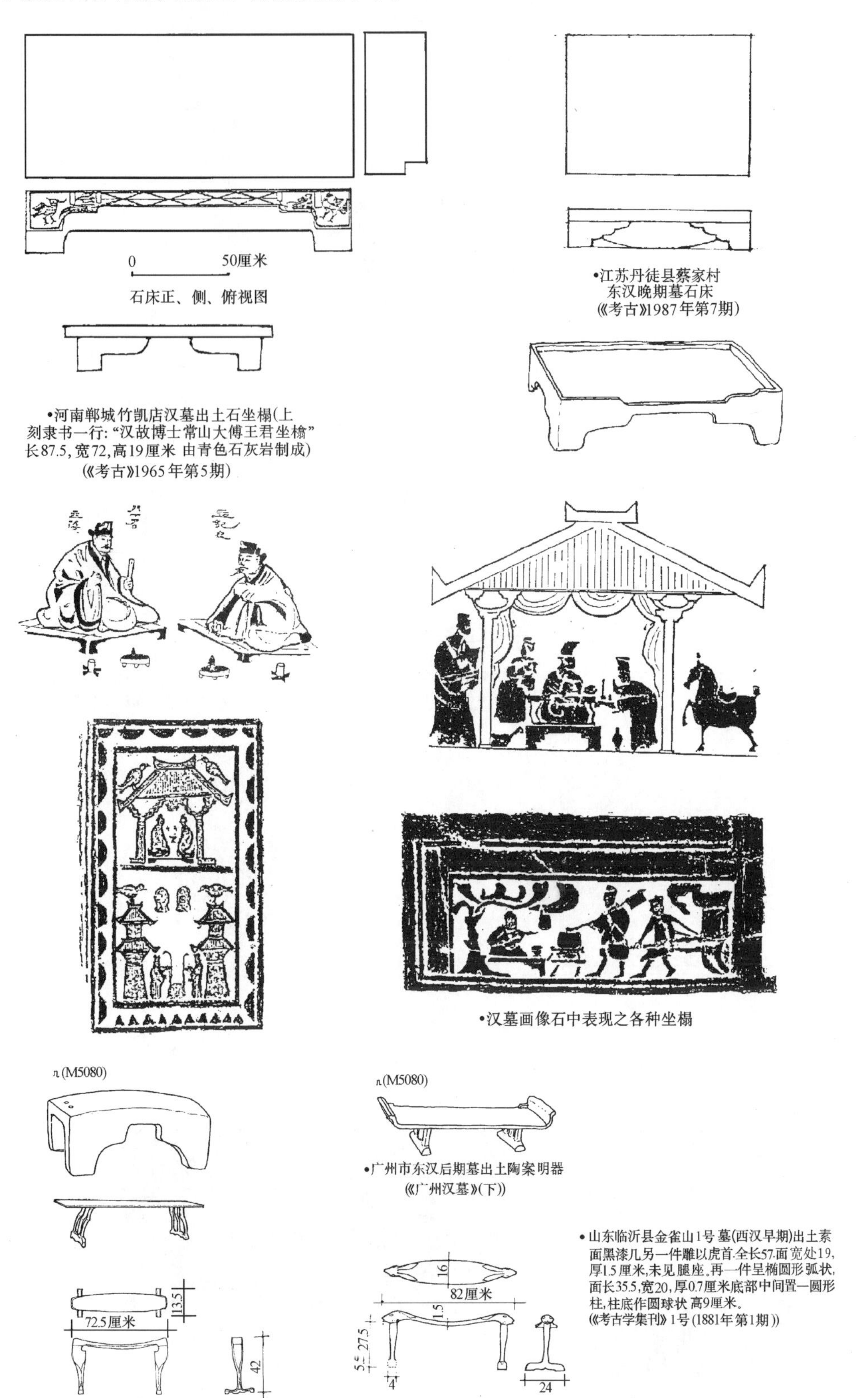

图 5-244　汉代之家具（一）

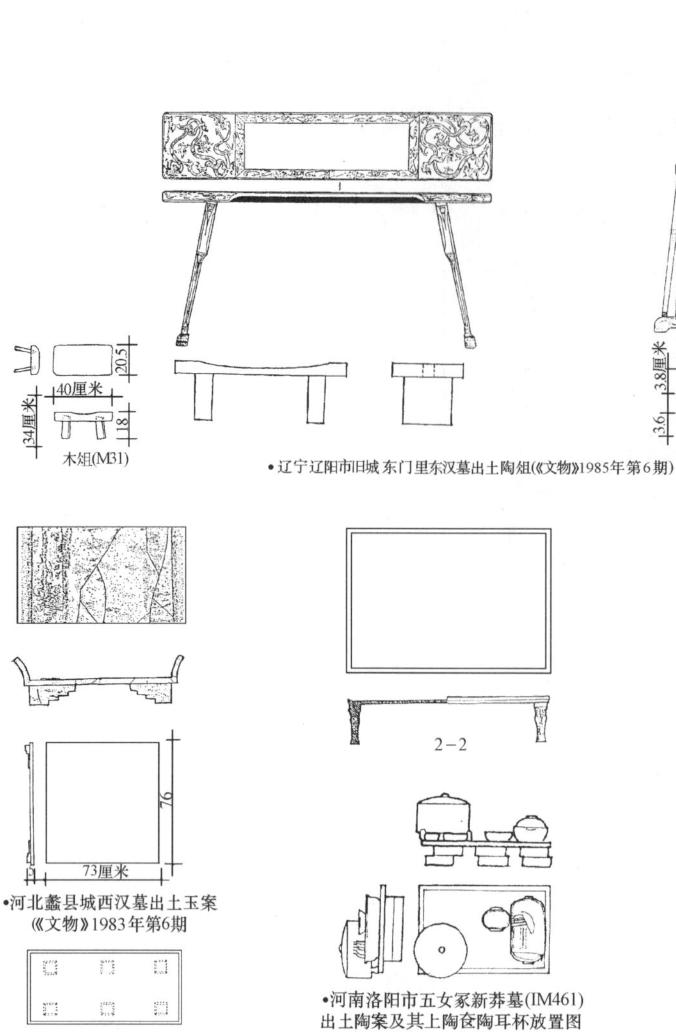

•辽宁辽阳市旧城东门里东汉墓出土陶俎(《文物》1985年第6期)

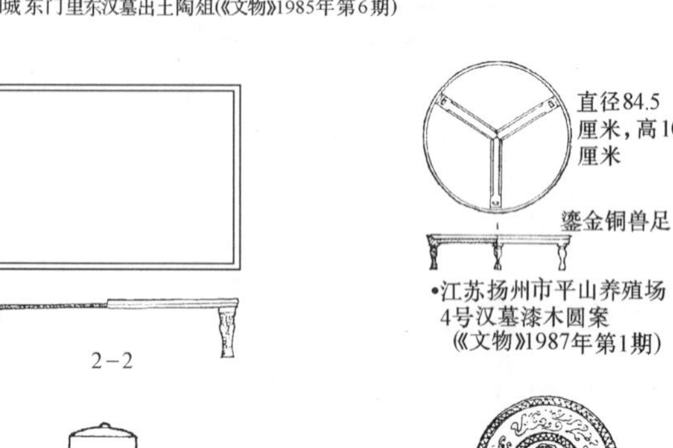

•江苏扬州市平山养殖场4号汉墓漆木圆案(《文物》1987年第1期)

•河北蠡县城西汉墓出土玉案(《文物》1983年第6期)

•河南洛阳市五女冢新莽墓(IM461)出土陶案及其上陶奁陶耳杯放置图(《文物》1995年第11期)

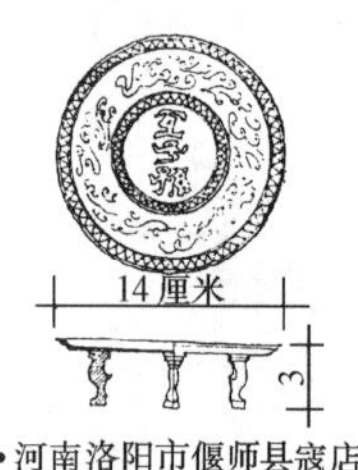

•河南洛阳市偃师县寇店窖藏东汉错金银铜案(《考古》1992年第9期)

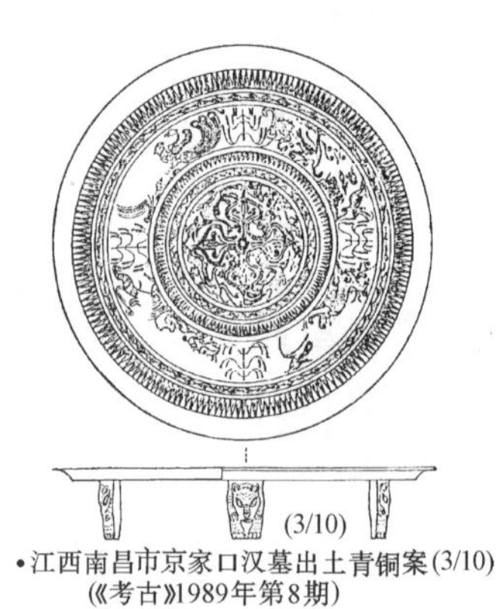

•江西南昌市京家口汉墓出土青铜案(3/10)(《考古》1989年第8期)

•山东安丘县王封村汉墓画像石中床榻、屏风及兵栏形象(《文物参考资料》1955年第3期)

•四川彭山县等地收集之汉画像砖中表现之市肆图(《考古》1987年第6期)

图 5-244　汉代之家具（二）

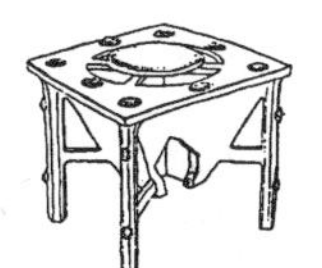

•北京市平谷县汉墓出土桌形陶磨明器（《考古》1962年第5期）

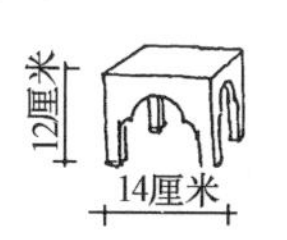

•河南灵宝县张湾汉墓出土陶“小桌”

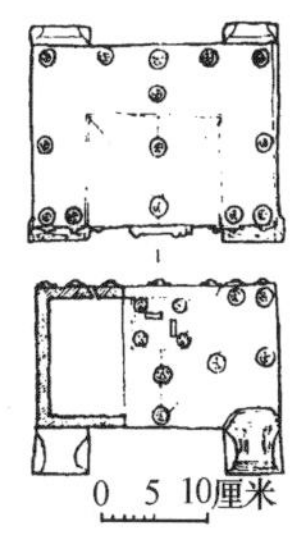

•河南陕县刘家渠汉墓 M1037 出土陶柜（《考古学报》1965年第1期）

•河北昌黎县水库 汉墓1后室东间北壁壁面上雕刻（《文物参考资料》1957年第12期）

•山东沂南县北寨村汉墓百戏画像石

•山东诸城汉墓画像石庖厨图（《文物》1987年第10期）

图 5-244 汉代之家具（三）

1. 床

是人们生活中不可缺少的家具。其功能见刘熙《释名·释床帐》：“人所坐卧曰：床。”其尺度则依唐·徐坚《初学记》引汉·服虔《通俗文》：“八尺曰：床”。而汉代文史中对此类家具，亦多有所述及。例如：

《史记》卷九十七·郦食其传：“……郦生至，入谒，沛公方倨床，使两女子洗足”。

《前汉书》卷十二·平帝纪：“元始元年（公元 1 年）二月……乙未，义陵寝神衣在柙中。丙申旦，衣在外床上……”

同书卷七十二·龚胜传：“胜称病笃，为床室中户西南牖下……使者入户，西行南面立，致诏付玺书”。

《后汉书》卷六十一·苏不韦传：“……夜则凿地，昼则逃伏，如此经月，遂得旁达之寝室，出其床下，……”

同书卷六十七·桓荣传：“……自是诸侯、将军、大夫问疾者，不敢复乘车列门，皆拜床下……”

《西京杂记》卷二：“武帝为七宝床……设于桂宫”。

由上可知，除日常起居之堂室外，床尚用于帝王之陵寝。另就刘邦踞坐浴足与苏不韦出自床下行刺的事实来看，床身的高度不致过矮。再从河南信阳市战国楚墓出土的拼装式带围栏的大木床进行推断，汉代木床的形象应与之大体相仿，只是底座可能更高一些，有的旁周置围屏，或施以珠玉装饰。

2. 榻

是与床相似可供坐卧的常用家具，但其高度与面积都较低小。依《释名·释床帐》：“长狭而卑曰：榻，言其榻然近地也。小者独坐，主人无二，独所坐也”。其大小则如《通俗文》所称：“床三尺五曰：榻，板独坐曰：枰”。从这些记载以及画像砖石等资料，得知卧榻即小床。而坐榻又有大小之分，小者仅供独坐，平面作方形，称为“枰”。而古代方形的围棋盘亦有同样名称，很可能即源出于此。

汉代正史中述及榻的很少，其中一例见于《后汉书》卷八十三，徐穉传："陈蕃为太守，……在郡不接宾客，唯穉来，特设一榻，去则悬之"。看来此榻亦为仅供单人独坐之"枰"，体小且轻，因此不用时可以悬挂。

在壁画及画像石中，则有多处表现榻的图像。如河南唐河县新店村汉郁平大尹冯君孺人画像石墓中，其南室南壁西上侧所刻之百戏图，即有执乐器的吹奏者四人跪坐于一大榻之上。江苏徐州市利国镇及铜山县岗子村汉墓，皆有二人对坐于榻上之画像石出土。至于单人使用之坐榻形象，为数更为众多，例如河北望都县汉壁画墓所绘之主簿及主记史二人，即各踞坐于一方形平面之小榻上。江苏徐州市茅村及铜山县洪楼村汉画像石墓所表现者，为于榻后侧置有弯曲支撑与横木之背栏。江苏东海县昌黎水库汉墓画像石，则于榻之左、右及背面围以榻屏。此外，山东嘉祥县武梁祠画像石及四川新繁县东汉墓画像砖中之神人西王母，皆趺坐于小榻之上。

东汉较晚的小砖券多室墓，有的已建有低矮之棺床，其高度为5～20厘米，估计是受当时卧榻的影响，例见安徽寿县马家古堆1号及2号墓。而河南洛阳市涧西七里河东汉墓之前室西侧，砌有一仅高出墓底5厘米之砖台，台上放置陶案、耳杯、碗等食具及13枝灯，而棺木则置于南室中，由此可见，此砖台显然是变形的坐榻。

1958年在河南郸城县竹凯店的汉墓中，出土了一件石榻明器，其平面为长方形，下部四隅置方足及横向之支托。榻长87.5厘米，宽72厘米，高19厘米。上表面刻有："汉故博士常山大傅王君坐榆"之隶书一行共十二行。按文中之"大"即"太"，而"榆"即"榻"。依考证知其为西汉成帝以前之物。以一汉尺合23厘米折算，则此榻之长为汉尺三尺六寸五分，与前引《通述文》所载榻的尺度大致相符。此外，近年于江苏高邮县神居山发掘之西汉1号土圹木椁墓中，亦有类似之小型坐榻出土。河南陕县刘家峡及灵宝县张湾汉墓，均有单人或双人之坐榻明器发现。

3. 案

为低矮小桌之一种，常置于床、榻之上或其前。依用途有奏案、书案、食案、祭案等多种。目前所知案的平面有方形、长方形和圆形三类。墓中出土之案明器，大多为陶制，亦有木、木胎髹漆和铜质的。

案之上表面均甚平整，惟四周有称为"拦水线"的凸起棱边。案下除少数无足或仅有略凸之浅足外，大多都置有支撑足。一般方形或矩形案施四足，个别的六足，例见湖北云梦县癞痢墩1号汉墓。圆形案则施三足，足之形状，以平直之矩形为多，如江西南昌市与四川重庆市江北相国寺东汉墓出土之陶案。或为变截面之圆柱体（如附蹄之兽足），亦甚为常见，广州市沙河东汉墓铜案及河南辉县百泉村汉墓陶案即是。有的则作成特殊形状，如河南灵宝县张湾东汉墓陶案之卧羊形案足。案足的形式虽多，但大都比较纤细，这是与本身功能以及体形不大等因素分不开的。

无足或仅有浅足的案，其功能与大型食盘相近，也就是作为宴饮之用。《史记》卷一百四·田叔传："汉七年，高祖……过赵，赵王张敖自持案进食，礼恭甚"。而古语中的"举案齐眉"，估计都属于这种类型的案。

在河南洛阳市涧西七里河一座东汉墓葬内，出土陶屋作坊明器一具。中置陶案多台，其中有上、下两层相叠之双层案，为历次发掘所未见。此器之上案长14厘米，宽4厘米，高4.5厘米，下案长15厘米，宽4.5厘米，高5.5厘米。两案之端部均起凸棱，案足作断面方形之直柱形。其侧面二足之上端皆联以横木（如木建筑柱间之阑额），而下案更于此二足之下端联以较窄之类似构件（似木建筑之地栿）。由于双层案仅在此类明器中独见，恐系酿造作坊中所专用。

木案之表面常髹以油漆，绘以图纹。江苏邗江县 101 号西汉墓所出之漆案，其凸出之边上以几何纹样为饰。案面外缘周以具回文之饰带，案中则绘有条形纹之饰带，均以褐色漆为底，面上再以朱、黑二色描出云纹、鸟兽、羽人等图案。二饰带之间则涂朱漆。此案长 46.7 厘米，宽 23.2 厘米，高 8.5 厘米。

铜案案面多刻有几何纹及鸟兽人物图像。广州市沙河汉墓出土之长方形铜案即是一例，其凸起之边棱饰以相连之 S 纹，案面外缘周刻三角纹与菱形纹，以内则镌以不对称布置之鸟、兽、鱼、龙形像。里框纹样与外框一致。中央刻呈十字形之四叶纹，其左、右各饰耳杯一具。同墓又出土圆形平面之铜案二件，分置于上述矩形铜案两侧，一已残破，一尚完整。后者之直径为 40 厘米，高 8.6 厘米，下承以兽足形案足三条。案面除突起之边棱施连续之 S 纹外，他处均平素无饰。依三者在墓中之排列情况，可知在不同形状案的组合使用中，系以矩形案为主，圆形案为辅。另广西壮族自治区梧州市旺步村 2 号汉墓出土之铜案，平面亦为矩形，其雕刻之手法与图像，较之前者更为精细华丽。该案长 69.4 厘米，宽 43.6 厘米，高 2 厘米。案面图形之布局与形式，大体与沙河铜案一致，惟内外框间刻以龙、凤及奇兽，中央则为龙、鱼及其他纹样。

依形制判断，上述漆案与铜案，均属实用之家具。

4. 几

也是一种较小而类似条桌的家具。依阮谌《三礼图》：“几长五尺，高尺二寸，广二尺”。而《礼书通故》中称：“长三尺”。其尺度之有区别，恐在于用途之不同，就其功能而言，则可分为案几和凭几二类。

于明器及画像砖石中所见之案几，大多在几下之两端，置有呈栅栏状之侧足（每边栅条三或四条），其下承于横向之跗木之上。外观常作弯曲之肋形或兽蹄形。见于明器的如江苏邗江县 101 号西汉墓之漆几，长 74 厘米，宽 16 厘米，高 25 厘米。甘肃武威县磨嘴子 22 号汉墓之木几，长 97.5 厘米，宽 12.5 厘米，残高 30 厘米（缺足下之跗，若复原则应增加 3～5 厘米）。同地 62 号汉墓之木几，长 117 厘米，宽 19 厘米，残高 26 厘米。几见于画像砖石中尤多，其中形象较明晰的，有山东沂南县、滕县、肥城，江苏东海县昌黎水库等处者。其中滕县所表现之案几形象，若依其后踞坐之主人尺度估算，则该几长度约大于 100 厘米，高度亦在 30～35 厘米左右，与上述随葬物尺度甚为接近。由此可知，使用于室内起居之案几，其尺度均不甚大，宽度也甚窄（约合汉制一尺）。另自汉墓出土之庖厨画像砖中所示之案几，其尺度依操作之二人推测，长度当大于两米，高度则仅约 30 厘米。故知前述《三礼图》等文献，尚未能全面包纳几之各种形制。

凭几体形甚小，仅供人在床、榻上倚靠之用。其平面有半圆形及“门”形两种，外观表现为由数条几足支托之水平几背（横木）。半圆形之凭几明器，见于江苏邗江县 101 号西汉墓，其形制为以三条兽足承圆形断面之横木。

5. 桌

其特点是具备案、几功能但有高足。依汉代跪坐之生活习俗，举凡文献记载、绘画雕刻，墓葬明器中，都未见殿堂、居室中使用此项家具者。因此，“汉代无桌”似乎已成定论。

在北京市平谷县发掘的东汉 1 号墓葬中，出土了一具陶磨明器，该磨磨盘及下部之方形料斗，均架设在一形如方桌之木架上。最上有正方形之台面（略低于磨面），四隅承以八边形台足，下部各自台足内侧斜出 45°之水平撑，以固定料斗。若假定该磨之直径为 40 厘米，依明器各部之比例，则台面约宽100厘米，台高约80厘米。就此木架之功能而言，它仅是石磨及料斗之支架，但就其尺度与形象而言，则与今日所见之方桌无大差别（图5-244之三）。

依四川彭县收集的汉代市集画像砖，其上端中央亦有一台面呈方形（或矩形），四隅具长足之桌状物。依其后方贾人与前面携篮妇人身高推测，其高度应在50～60厘米之间。而有此高度且具四长足之方“案”，有关汉代资料中尚未曾见。

另据四川成都市出土之住宅画像砖其右下方之庖厨所在，亦刻有一具四高足之方桌，桌前并卧有一犬。依廊屋开间及柱高之比例，此物绝非前述案、几之属。

由上述之例证，可知汉代已经有桌。但它当时可能还未能登大雅之堂，进入人们正规的起居生活，而只能应用于庖厨、磨房、市肆等次要场所。它的渊源固然起于案、几，但它的产生和形成，却是出于生产劳动之需要。可以想象，在屠夫与庖丁大挥刀斧和磨工不仃旋转石磨时，直立操作必然比跪坐要省力得多。当原来传统的案、几不能满足劳动要求时，台面较高的桌就应运而生并取而代之，乃是理所当然的事了。

6. 俎

俎（音组）是一种形似小案的家具。依释义于古代有两种用途：一种是在祭祀时作为放置牺牲（牛、羊、豕……）的供案，另一种是用作椹板（即砧板）。这里我们介绍的当然是前者。

《诗经·小雅·楚茨》中载：“为俎孔硕”，即指此器。关于它的形状，《礼记·明堂位》称：“俎，有虞氏以梡，夏后氏以嶡，殷以椇，周以房俎”。其中之梡，依《正义》：“梡形四足如案”。《三礼图》则谓：“梡长二尺四寸，广尺二寸，高一尺”。而所谓嶡者，为在俎足间加添横木。椇者，此横木为曲桡之形。房者，足下跗也。以上说明了俎在汉代以前的变化。即次第增加了足间的横木和足下的跗木，而横木还由直木变为弯曲形。

江苏仪征县胥浦101号西汉木椁墓中，出土了一件木质的俎。其平面为长方形，长44厘米，宽17厘米，高15厘米。上表面作内凹之缓和曲线，但俎下置断面为矩形之二足，而非方形之四足，足间亦无横木与跗木，看来是予以简化了。由于同墓还出土了置四蹄足的漆案和具排足与跗木的几，因此，该俎的形制简化并非无意之作。

7. 屏

屏风作为室内的轻灵隔断和重点装饰，在汉代应用已相当普遍，不但在史书文记中已屡有提及，而且也常见于画像砖石及墓葬明器。例如：

《前汉书》卷六十五·东方朔传：“及皇太子生禖屏风殿……”知有殿以屏风命名者，此屏风定非同寻常，可能即为武帝之“宝屏风”(见《西京杂记》)。

同书卷六十六·陈万年传：“万年尝病，命（子）咸教戒于床下，语致夜半，咸睡头触屏风，万年大怒……”

同书卷九十七（下）·孝成许皇后传：“……设妾欲作某屏风张于某所……”

同书同卷·孝成赵皇后传：“……使緎封箧及绿绨方底推置屏风东，恭受诏……”

《后汉书》卷五十六·宋弘传：“……御坐新屏风图画列女，帝数顾视之。弘正容言曰：‘未见好德如好色者’。帝即为彻之。……时帝姊湖阳公主新寡……后弘被引见，帝令公主坐屏风后……”

同书卷六十三·郑弘传：“……弘曲躬而自卑，帝问其故。遂听置云母屏风，分隔其间……”

《西京杂记》卷一：“赵飞燕女弟居昭阳殿中……中设木画屏，风文如蜘蛛丝缕……”

同书卷二：“武帝为七宝床、杂宝桉厕、宝屏风、列宝帐，设于桂宫，时人谓之四宝宫”。

其见于画像砖石者，如江苏东海县昌黎水库汉墓中所示，屏风置于主人身后，共有三扇，中间较宽，两边较窄，但具体形制无法了解。

出土于墓葬之明器，有前述河南洛阳市涧西七里河汉墓陶作坊中之单扇陶屏风，立面作矩形，全高16.5厘米，宽10.4厘米，下有扁平之屏足，表面平素无饰，应是屏风中最简单的一种。

其他之屏风形象，又见于汉末所铸之“伍子胥铜镜”。此镜现藏上海市博物馆，其上铸有人物及三面之屏风。

8. 柜

仅见于出土之明器。河南灵宝县张湾汉墓出土之柜，形状为一长方体，长24厘米，宽21厘米，通高19厘米，柜下四角稍内收，各置一兽形柜足。柜口则开在上表面靠前之中央，孔口作矩形，有小门可启闭。柜身遍涂绿釉，又在上表面与正面施若干凸起之钱饰。另一例见于河南陕县刘家渠汉墓，柜长23厘米，宽20厘米，高18厘米。其形状、装饰与上例大体一致，惟柜足置于四角，亦非兽形。

以上二柜之柜口均不甚大，恐非一般储放衣物所用，因此被认为是存置货币的钱柜。

9. 灯具

（图5-245）现在传世的汉代灯具仍大多出自墓葬，它们之中既有明器，也有供生活所需的实用品。依构成材料有陶（包括表面涂釉）、石、铜、铁数种。一般来说，铜质的大多构造精致，外

1. 奁形灯 2. 长信宫灯 3. 凤鸟灯 4. 当户灯 5. 槃灯 6. 朱雀灯 7. 豆灯
8. 多支灯 9. 三架豆灯 10. 三足炉形灯 11. 雁足灯 12. 羊尊灯 13. 拈灯

图5-245 汉代之灯具（一）

图 5-245　汉代之灯具（二）

观华美，为高层统治阶级所乐用。陶质的形制简朴，多用于民间，因此数量最多。石质及铁质的无论在种类和数量上都居末位，造型不突出，实物也很少。

汉代灯具外形变化之多，可谓为前人与后代所难以企及。其形式有人物灯（长信宫女灯、铜人双擎灯、当户灯等)、兽畜灯(牛灯、羊灯、犀灯……)、禽鸟灯(凤灯、朱雀灯、雁鱼灯、雁足灯……),器物灯(炉形灯、奁形灯、耳杯灯、豆形灯、槃灯……)、枝形灯、提灯、吊灯等多种)。在造型和构造方面,特别是当时的铜灯,所表现的设计巧思与技术和艺术上的高湛水平,令人叹为观止。

以众所周知的长信宫女灯(通称长信宫灯,因灯上刻有此宫名号),出土于河北满城西汉中山靖王刘胜墓。其形象为一跪坐之青年宫女,戴帽着长袖之衣衫。其左手在下握托灯之底座,右手高抬并以袖口罩套于灯的上端。灯为圆柱形,由灯座、灯盘与灯壁组成。灯盘一侧附有手柄,执此可将灯自女像手中取出。灯壁能推动启闭,借以控制灯光的强弱与照射方向。宫女之右袖亦即灯之排烟道。另如凤鸟灯之造型,为一回首张喙之丹凤,附手柄之圆盘形灯即置于凤背。燃灯时,灯烟由凤嘴所含之圆形罩收集,并经此进入凤体之内。而羊尊灯则将羊背作成一可上翻之浅盘,使用时将其翻转并搁置在羊头上,即成为照明之灯盏。朱雀灯则利用作为灯架的朱雀本身重量,与所啣灯盘相互平衡,亦是一种巧妙的做法。

10. 帷帐(图 5-246)

它的内容相当广泛,既包括悬挂于檐前、廊下与门窗、墙壁处的幛幔,也包括在室外临时作墙屏的步障,以及承以支架并复以织物,形成在室外或室内的小型建筑空间——帐幄。其功能有遮蔽风雨阳光、防寒保暖、内外隔断及另成建筑小空间以及突出使用者的尊贵地位等等。本文拟着重介绍在室内创造较小建筑空间的帐幄。

汉代室内之帐幄,多见于帝王宫室及权豪第宅,由于它常随着朝觐、听政、宴乐、治丧等重要政治与社会活动而出现,且其本身构成与形象,也都极为考究奢丽。因此,它又被看作是上层统治阶层无上权威和巨大财富的一种具体表现。这种有顶的小帐幕,在汉代常被称为帐、幄、武帐。其见于当时文献的,如《西京杂记》卷二:"武帝为七宝帐,……设于桂宫"。《史记》卷一百二十·汲黯传:"(武帝)尝坐武帐中,黯前奏事,上不冠,望见黯避帐中,使人可其奏"。《前汉书》卷六十八·霍光传:"太后被珠襦,盛服坐武帐中,侍御数百人,皆持兵期门,武士陛戟陈列殿下。群臣以次上殿,召昌邑王伏前听诏"。同书卷九十九(上)·王莽传:"未央宫置酒,内者

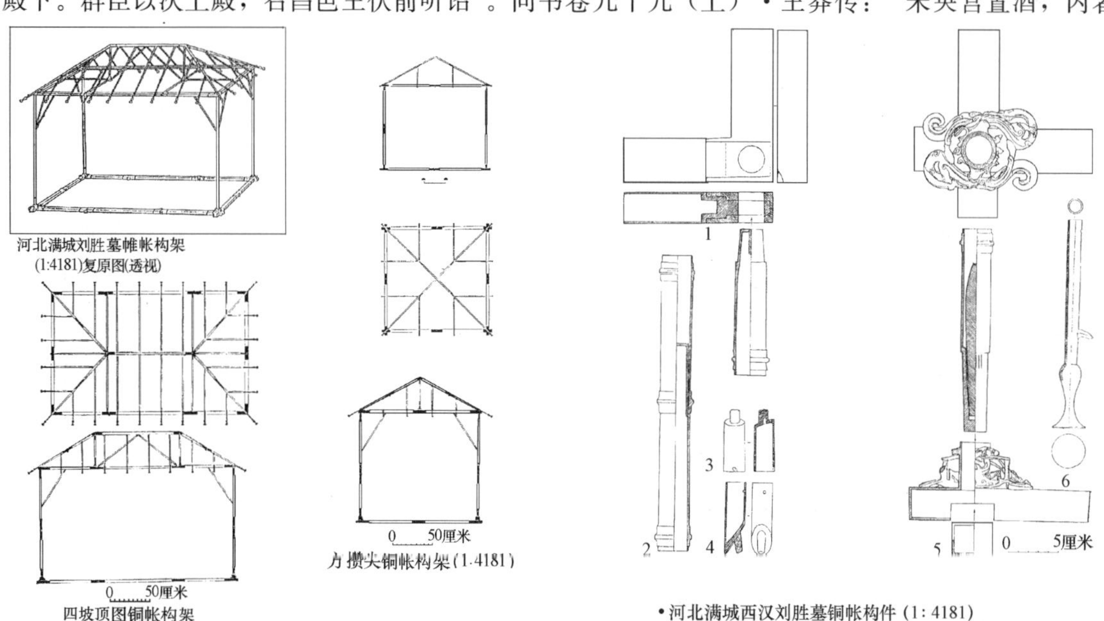

河北满城刘胜墓帷帐构架(1:4181)复原图(透视)

方攒尖铜帐构架(1.4181)

四坡顶图铜帐构架(1:4181)复原图

•河北满城刘胜帷帐(1:4181)复原图

•河北满城西汉刘胜墓铜帐构件(1:4181)
1.顶角构件和立柱柱端构件 2.立柱中段承插构件
3、4.斜撑两端构件 5.底座构件和立柱柱端构件 6.垂脊前端和椽头构件

图 5-246 汉代之帷帐

令为傅太后张幄，坐于太皇后坐旁。莽案行，责内者令曰：‘定陶太后藩妾，何以得与至尊并。’彻去，更设坐”。应当看到，它们之间的尺度是有区别的，帐可能最小，幄较大，而武帐应更大些。

在汉代大型墓葬中，曾多次出土金属帐架构件。以河北满城西汉中山靖王刘胜墓为例，其中室就置有两套完整的铜架帐构，其中较大的一套位于室中部，由铜质鎏金的地栿、角柱、阑额、脊槫、角槫、椽以及相当于梁架的水平、垂直与斜向构件组成，帐顶呈四坡形。另一在其右侧，形式为四角攒尖顶，所用构件均为铜质鎏银（图 5-246）。此外，在广州市岗西汉南越王墓以及河北定县东汉第 43 号墓中，都有类似的铜质帐构出现，但均欠完整。

这些帐构都是采用预制构件拼装而成。如刘胜墓中之四阿顶帐构，其构件可分为 14 类，计 102 件。方攒尖顶之帐构，则可分为九类，共 57 件。

11. 架

依画像砖石，明器及文献，知汉代已有施用于不同用途之架多种，总的说来，可分为独立架与附属架二大类。

（1）独立架：如悬挂钟、磬、云板等乐器之钟簴架，一般呈门架形。如悬挂乐器数量较多者，亦可划分为上、下两层，其制式仍基本承袭周、秦以来之形式。鼓架有用上述之门式者，也有用独柱自下承托者。见于厨灶房的，既有较高之门式架用以宰割、悬挂猪、羊、鸡、鸭的，也有多层架用以贮放食物或碗具的。在举行百戏表演时，又常见供空中行走之索架。此外，见于前文者，尚有井架及“兵兰”等等。

（2）附属架：为与其他器物相配合之承重架，如承石磨之磨架，置有四足，形状与方桌甚为相近。

12. 其他器物（图 5-247）

（1）枕：已发现出土于墓葬中的，有铜、石、木、玉等多种。铜枕多见于王侯贵族墓，如河北满城中山王刘胜及妻窦绾崖墓之实物。刘胜墓出者枕体大致呈长方之盒形，侧面、正面及端面均镂刻神像、卧兽等，两端面上各斜出兽头一。窦绾墓出土者，表面镌刻以璧纹为主，两端上方各斜出猪首一。云南江川县李家山汉墓出土之铜枕，其上表面向两端翘起，端上各立一牛，侧面刻三豹噬三牛及涡形纹，造型甚有特点，反映当时少数民族的造型艺术已达很高水平。

（2）带钩：是汉墓中最常见的铜质日用器之一，其长短、宽窄、曲度及钩端装饰各不相同，装饰以兽头形为主。

（3）镇：大多呈踡伏之兽形，有虎、豹、熊、鹿、羊、辟邪、龟等，也有山形和素面的。常以四枚一组同出，据称是古人用以压席者，质地有铜、铜质鎏金及石制的。多数之雕刻与铸造均甚细致精美，可视为是供实用的工艺品。

（4）杖首及杖墩：置于木杖之两端，古代老人用鸠首杖，相传鸠食物不噎，故以附会于年长者。河北满城刘胜墓出鸟头形铜鸠杖首二种，其一顶部有冠若雄鸡，另一光首巨喙，与鸠形象相近。前者之杖墩亦为铜质，上部周旁同刻鸡冠状纹饰，总的形制与兵器戈、矛、戟下所用者基本相仿。广西平乐县汉墓出土之铜鸠杖首则呈鸟形，其头部似鸭而尾部似鸽，下部出方形凸榫以插入杖身。

（5）虎子：一般为卧筒状器身，器口位于一端之上部，敞口或有盖，背部有一手柄。用途有二：贮水器或溺器。制作之材料有铜、陶及釉陶。

（6）六博：这是一种供双人或四人对奕的棋戏，汉画像砖石及明器中均有出现。其主体部分

通长44.1厘米，通高17.6厘米，宽8.1厘米

•河北满城西汉中山靖王刘胜崖墓出土铜枕
《满城汉墓发掘报告》(上)

通高8厘米
腹有中空方孔

•广西平乐县银山岭汉墓
出土铜鸠杖首(M124)
《考古学报》1978年第4期

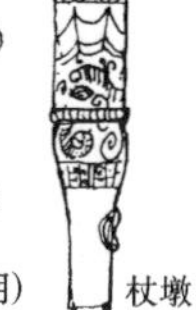

杖墩

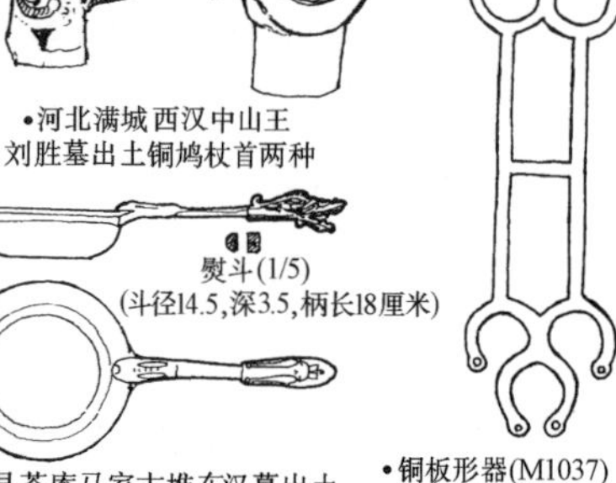

•河北满城西汉中山王
刘胜墓出土铜鸠杖首两种

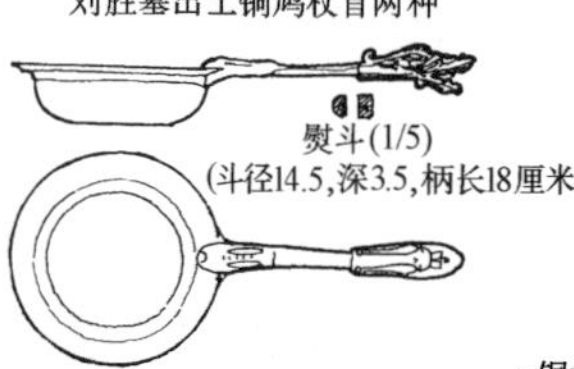

熨斗(1/5)
(斗径14.5,深3.5,柄长18厘米)

•安徽寿县茶庵马家古堆东汉墓出土

•铜板形器(M1037)
《洛阳烧沟汉墓》

通长4.1，通高20.2，宽11.1~11.8厘米

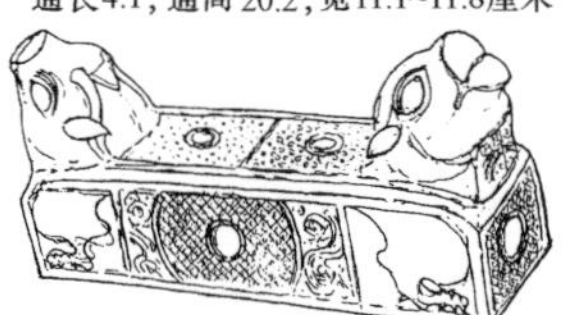

•河北满城西汉窦绾墓出土铜枕

雁通高16，长15.9，宽9厘米
双足嵌于径17.5，高2厘米
铜盘中，背盖透雕可自由取下

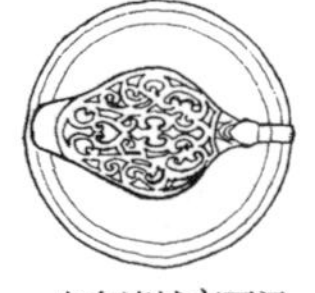

•山东诸城市西汉
中晚期木椁墓出土铜薰炉
《考古》1987年第9期

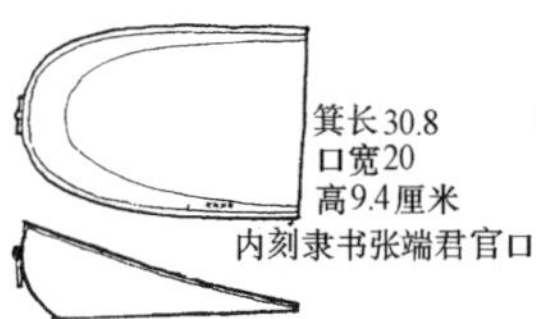

箕长30.8
口宽20
高9.4厘米
内刻隶书张端君官口

•湖南长沙市汤家岭西汉墓铜箕
《考古》1966年第4期

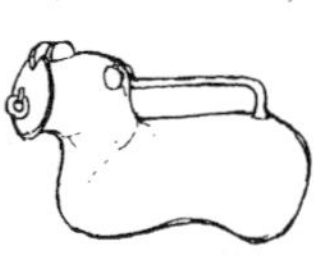

•江西南昌市塘山东汉
四号墓出土铜虎子
《考古》1981年第5期

长50.3,宽10.6,
高15.5厘米

•云南江川县李家山汉墓出土铜枕
《考古学报》1975年第2期

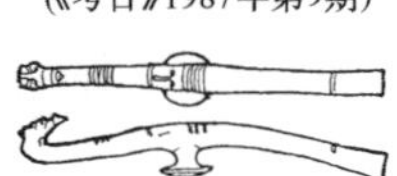

•安徽寿县茶庵马家
古堆东汉墓出土铜带钩

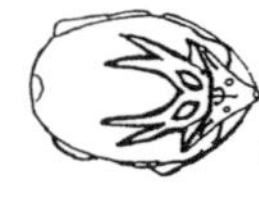

•辽宁新金县西汉墓
出土铜器铜贝鹿(M7)
《文物资料丛刊》(4)

•安徽芜湖市贺家园
西汉墓M1铜凤鸟(1/2)
《考古学报》1983年第3期

•河南唐河县湖阳镇东汉画像
石墓鎏金凤凰(通高8厘米)
《中原文物》1985年第3期

•河北 满城汉墓
出土熊雀形器足

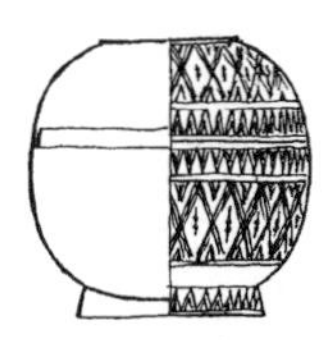

铜盒(M2,1/2)

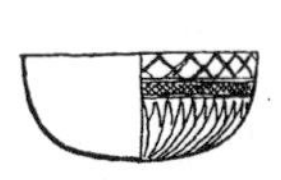

•广西合浦县堂排汉墓出土铜 罐 (M2,1/4)
《文物资料丛刊》第4集

•江苏南京市大厂镇
陆营汉墓出土玉蝉
《考古与文物》1987年第6期

•广西贺县河东高寨西汉墓玉龙
《文物资料丛刊》第4集(1981年)

•河南陕县刘家渠汉墓
M97出土骑马俑(1/2)

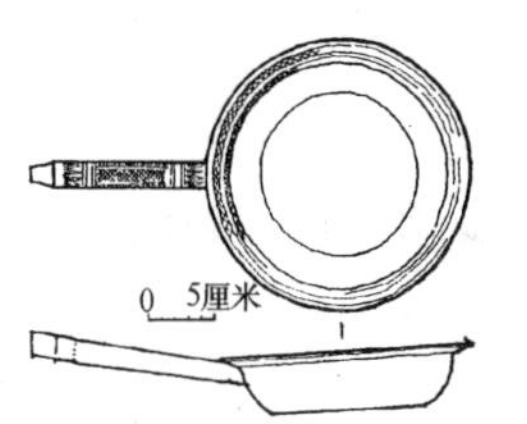

•湖南长沙市汤家岭西汉墓出
土铜熨斗(《考古》1966年第4期)

琥珀辟邪

•河北阳原县北关汉墓M1出土鎏金铜虎镇
《考古》1990年第4期

I 型

II 型

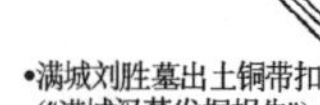

•满城刘胜墓出土铜带扣
《满城汉墓发掘报告》

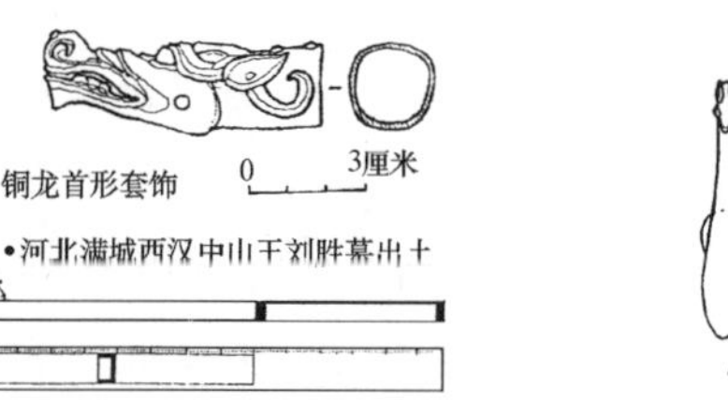

铜龙首形套饰

•河北满城西汉中山王刘胜墓出土

铜折尺

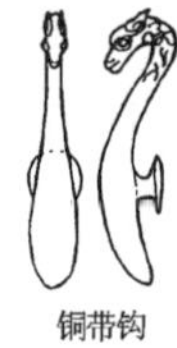

铜带钩

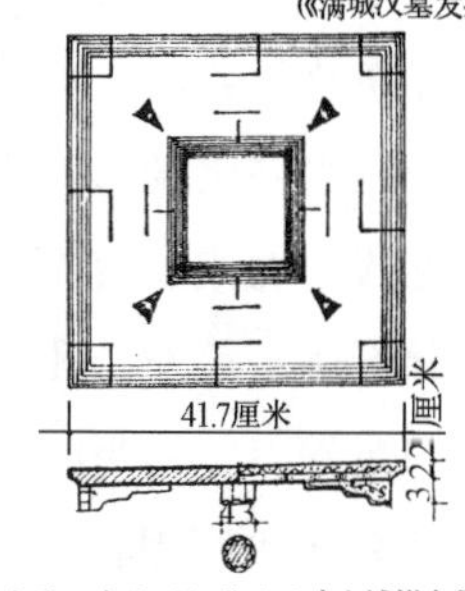

•河南洛阳市涧溪汉墓出土木六博棋盘(M31)
《考古学报》1956年第1期

图 5-247 汉代之其他生活用具

为一方形棋盘，或为平板式样，或四隅下部置足。上表面以线条划分。有的与棋盘同出棋子及算筹。棋盘有木、石、陶及釉陶多种。表面及四周常用云气、龙纹为饰。

（7）尺：出于墓中者有木、骨、铜尺……大多残缺不全。原尺一般长一尺（约合 23～23.7 厘米），划分为十寸，每寸又划为十分。有的尺表面刻以花纹或图案以为装饰。河北满城西汉刘胜墓出土的一件铜尺形状较为特殊，它全长十三寸，划分为八寸及五寸二段。八寸段为一凹槽，端部以活绞纳入长八寸断面呈“冂”形之折尺，其打开之最大角度为 109°。

第三节 汉代建筑的成就与影响

汉代是我国古代一个繁荣昌盛的王朝，它对中国社会、经济、文化……的发展，起了不可磨灭的推进作用。当时正值我国封建社会的上升时期，农业与手工业都有了较大的发展；为这一制度服务的各种法令规章也已逐渐臻于完备；西汉武帝所确立的尊孔尚儒，奠定了当时和以后中国社会的主导思想；由于击溃匈奴而开拓的中西交通，又促进了这两大地区相互间的经济与文化交流，若干外国文化以及建筑制式与形象，也逐渐输入中土。这些，都为汉代建筑的发展，带来许多积极的因素。就汉代建筑本身而言，它上承夏、商、周、秦，下启两晋、南北朝、唐、宋，在中国建筑的发展史中，正处于一个十分关键的转变时期。有汉的四百余年间，曾经先后进行过规模庞大、数量众多的各类型建筑实践活动。即使从目前所遗留为数不多的实物来看，其成就也是十分巨大和惊人的。这些成就的取得，除了上述种种原因，也和当时建筑创作思想的活跃与敢于探索和不断创新的精神分不开。而建筑实践的大量进行，又使得社会对不断推陈出新与百花齐放的建筑设计、技术与艺术，予以严格与反复的考核和检验，最后达到了存优而劣汰。长期不懈的努力，使汉代建筑得到了全面和蓬勃的发展，并对后世产生了深远的影响。

一、城市建设中出现的帝都新格局

在城市建设及制式方面，两汉所施行的郡县制度，基本仍沿袭于秦。虽对州、郡所辖的地域范围予以减削，但对其数量则有所增加。而这种制式又被后来的历代王朝所确定与因循。至于汉代郡、州、县各级城市的具体情况，由于较完整的遗址保存很少，无法进行比较。从已知的各方面资料综合来看，这些城市的平面仍多采用内、外城相套叠的方式。其形状有规整的，大多数则是不规整的，总的情况与两汉前后的各地方城市大同小异。

汉代帝都的情形，则与我国习见的传统形制有所不同，也与秦代咸阳存在着若干区别。例如在城市布局上，秦咸阳的原有宫室大多集汇于渭北城区北端的坡坂之上。虽然后来又在渭南建有若干宫室，但其分布总不若汉长安或洛阳的突出与集中。而汉代东、西都中之诸宫，皆各自独成一区，其外并无统一宫城之设置。这方面的特点，尤以汉长安最为显著（图 5-17）。以上这种帝都中宫室的布局方式，汉代以后不再出现，它师法于秦咸阳，似殆无疑问。就汉代本身而言，洛阳宫室之规制，远不逮于长安。在西汉始建时，陪都与首都自然应有所区别。但到东汉时洛阳宫室为何未得到进一步发展？是当时财力物力的不足，抑或其南、北二宫已经能够完全满足皇室的各项要求，还是另有其他原因？目前就其功能分区与安全防卫角度而言，这种布局是不够完善的。东汉末年，曹操封魏公，其于采邑邺城的兴建，就摒弃了上述的布局方式，应当说是事出有因的。

在都垣的修筑上，汉长安与洛阳皆构有高大之夯土城墙，而不似秦咸阳仅依天然地物（山丘、河流……）为屏障。但汉代都垣之走向，因地形与河道而曲折多变，从而围合的都城平面均呈不规则之矩形，与我国历代帝都所理想要求的规整对称形体有较大差距，这在长安城的建设中表现尤为明显。其所以如此，虽然是受到当地的自然与人为条件所限，但从另方面也表明了当时的设计主导思想乃是从解决实际问题出发，而不是拘泥于古制成规或追求表面形式。都垣均辟城门十二处。其中长安每面三门，似乎是受到《周礼·考工记》中有关周王城载录的启示。而洛阳则南四门，北二门，东、西各三门，排列稍有变化。这些组合方式，对以后的北魏洛阳、隋唐长安、北宋汴京、元大都、明清北京等帝都，都带来程度不同的影响。

至于都城之民居，若以长安为例，由于城内大部为宫室、官寺、祖庙、市肆、府邸、仓廪、道路……所占据，以致不得不将大部民居散置于城外，仅有少数坊里得以杂处于城北及上述建筑之间，其不便显而易见。而尔后之曹操邺城将民居坊里一概集聚于城中及城南，则是针对上述现象所作的重大改革。这一处理原则，亦为后代诸王朝建都时所遵循。

由上可知，汉长安与洛阳的规划与建设系在秦咸阳基础上的进一步发展，由此形成了我国古代帝都的一种新格局与新设想，并付诸于实践。它的出现，一方面乃基于宣扬皇权至上的封建思想，另一方面也显示了当时城市规划在功能及分区等方面的不够成熟。但无论如何，上述都城建设的构思与实践，在我国古代城市建设的发展过程中，已写下了具有本身时代特点的篇章。

1993年对陕西西安市附近古迹进行广泛调查时，发现建于西汉初期的几组大建筑群与汉长安南北主轴的展延线有明显重合现象。现测得该轴线南起秦岭之子午谷，北上经汉长安南垣安门，穿越帝都，渡渭水，过长陵高祖、吕后二封土之间，又与渭水第二支流清峪河自北南流的一段河道重合，再往北直抵可能是“天齐祠”的遗址，总长度达74.24公里[73]（图5-248）。按子午道为关中南越秦岭的最便捷路途，原名蚀中道。诸侯灭秦后，刘邦受项羽封，率士卒赴汉中，即经由此道，事见《史记》卷八·高祖纪。嗣改称子午，其名始见于《前汉书》卷九十九·王莽传。由西北谷中流来之清峪河，若依周围之自然地势，本应东南行入于渭水。但此河至下门村处突转向正西，流出约3.5公里后，于李家庄又折为正南，行5公里再拐向东，此段适与轴线重合。这河流的几次改向，皆不类出乎于天然，而颇似导引自人工。之所以如此，可能与上述轴线之部署有关。轴线之北端，达三原县北天井岸村外一巨型地坑。坑呈圆盆状，现深约32米，上口直径260米，下底直径170米。坑北端有一

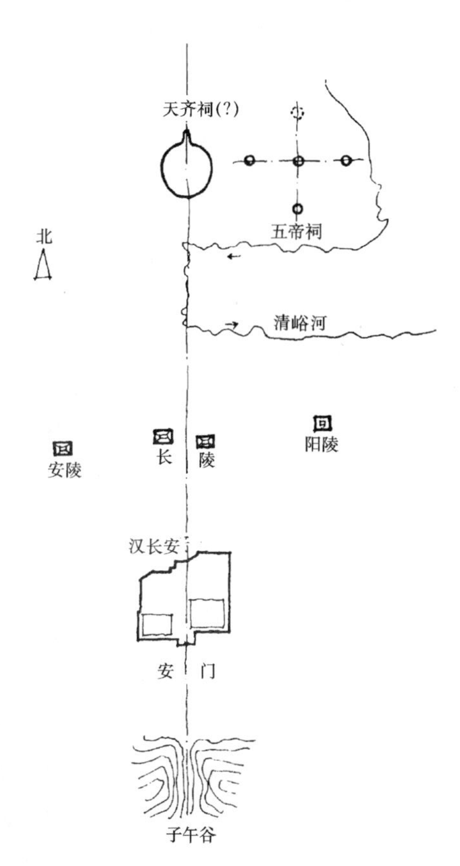

图5-248　以西汉长安为中心的超长建筑基线示意图(《文物》1995年第3期)

矩形缺口，南北长 80 米，东西广 30 米。中部有一平台，考古学家推测为汉代“天齐祠”遗址所在。经调查探测，知此坑原有深度达 42 米，其下缘曾建有台基一圈，大部已被破坏，现仅存残长 4 米之一段。坑内仅出土少量汉代绳纹陶瓦碎片。估计当时建此坑时，所掘之土方量可多达 150 万立方米。坑北 80 米及西北 200 米处，皆发现大量汉代绳纹瓦片，表明均曾建有相当规模之建筑。坑东 480 米处，另有汉代夯土基址五座，总体平面排列呈十字形，推测为文帝建于渭水之阳的“五帝祠”旧址。

由上可知，仅此轴线南端之子午谷为天然地物，其余若西汉长安、长陵、清峪河（一段）及“天齐祠”，均为人工之建构筑物。考西汉长安之规划约在高祖在位之中期，城垣则至迟成于惠帝六年（公元前 189 年）。长陵全部落成，当在吕后入葬之后，即文帝前元之初季。清峪河改道段之南端于西汉时已引水白渠，故其开凿时间应大大早于武帝太始二年（公元前 95 年）。天齐祠祀天主，于秦时已被奉为八神之一，见《前汉书》卷二十五·郊祀志：“秦时八神，一曰：天主，祠天齐。天齐渊水居临淄南郊山下者。……”，按此则该神原在齐地。又依《前汉书》卷二十八·地理志·左冯翊·谷口注：“九嵕山在西，有天齐公、五床山、仙人五帝祠四所……”则至迟在西汉时天齐与五帝祠已迁于该处。然方之《中国历史地图集》第二册之西汉“司隶部”图，西汉谷口县在都城长安西北，并不位于贯穿该城之南北轴线上。是以上述考古遗址被假定为天齐祠与五帝祠，尚有待进一步予以考证。然而无论如何，汉代于此二处均已建有较大规模之建筑则是殆无疑问的事实。而上述超长轴线的通过，在当时也一定是有所寓意的，而非偶然中的巧合。

综观这一轴线所包纳的内容，既有先天的山谷河川，也有后天的帝都、陵寝与祭祀建筑，也就是说象征性地罗列了从天地到世间的众生万物，从而体现了我国古代“天人合一”的宇宙观，也突出了“王权至上”的统治思想。其规划设计者通过该超长轴线有机地组合了这些雄伟的自然物与人为物，其构思与魄力都堪称一绝。检视我国古代诸多建筑遗迹，能够与之相提并论的，大概只有秦代咸阳一例。依《史记》卷七·秦始皇纪及《三辅黄图》，称始皇“筑咸阳宫，因北陵营殿，端门四达，以制紫宫，为象帝居。引渭水灌都，以象天汉。拱桥南渡，以法牵牛。”又廓扩阿房宫：“……表南山之巅以为阙，络樊川以为池”。虽然未言及南山之阙与咸阳宫及渭南诸庙间是否有轴线关系，但建阿房宫时应已有此考虑。秦代是我国第一个强大封建帝国，夙以法令制度严密与建设宏伟壮丽著称。及至西汉，尤多继承仿效。上述纵贯长安南北的超长轴线，可能就是对秦代此种构思与实践的继承和发展。而其具体策划者，大概是规制汉长安的丞相萧何与梧齐侯阳城延。

某些学者认为此轴线尚可北延至位于河套之汉代边陲重镇朔方郡，东展及于黄海之滨的泰朐县，对于作此展延之理由及意义，目下暂可勿议。然而古人在缺乏精确的远距离测量仪器的条件下，是否能够实现这种设想，亦是一个很大的疑问。

二、宫殿的多功能趋向及大量离宫的兴建

宫室建设亦是汉代重要建筑活动之一。西汉长安的宫室建设，始于高祖对长乐、未央以及北宫的兴造，到武帝时可称达到了顶峰。这时除了对未央、北宫继续扩建，又新筑了桂宫、明光宫和建章宫，以及对国内多处离宫苑囿的恢复与扩廓。其中建章宫的兴造，不但规模庞大，而且内涵丰富。它汇集朝廷、后宫与园苑于一体，不但包纳了众多的殿堂楼阁、亭台廊榭，还有假山、岛屿和辽阔水面，大量奇花异木以及各种石刻雕像。这种将皇家宫廷与园林御苑，自然山水与人工造景，现实生活与神话梦幻，建筑技术与造型艺术等相互结合为一体的多功能建筑组群的出现，

是我国古代建筑设计思想与手法，建筑技术及建筑艺术的一次重要总综合与升华。其成就与达到的水平也是中国古代绝大多数同类建筑难以企及的。

至于离宫别馆的兴筑，也以武帝时为最盛。据记载，其分布仍以关中地带最为集中。除一部新建外，大部均因依于嬴秦的旧有基址。内中最脍炙人口的应属上林苑，其范围之大与宫观之众，方之前代后世皆无与伦比。其他著名的尚有甘泉、黄山、五柞、长杨等宫室。需要一提的是某些宫观的建立，乃与迎仙祭神有关，例如北宫之寿宫，甘泉宫之通天台、竹宫、泰畤、益寿延寿馆等即是。

三、宫殿主体建筑组合形式的改变

皇宫中朝廷部分之主要殿堂为前殿，此称亦始见于秦，入汉复予因袭。但汉代于前殿左、右两侧另增称为“东、西厢”之挟殿，作为常朝议事、接见臣属及举行丧礼……之所。此种“前殿与东、西厢”制式，其功能与“三朝”制式相仿，惟前者之排列依东西向轴线，与后者之南北向轴线相垂直。以后至两晋、南北朝，挟殿与主殿分离，但排列顺序不变，其制式则改为“太极殿与东、西堂”。汉代宫廷采用前述制式的原因为何，目前尚不清楚。依文献周代已使用沿南北纵轴排列的“三朝五门”之制，而对秦雍城宫室（图 3-59）的发掘，得知嬴政在统一全国以前，亦曾采用此种制式。但秦孝公迁咸阳后之宫室是否亦如此，文史及遗址皆无从考证。而《史记·秦始皇纪》中仅述及前殿而未及其他，可能废除“三朝”而只设前殿即出于是时。

近年对汉长安未央宫第二号建筑基址（图 5-26）的发掘，表明它是后宫的一处嫔妃所居之所。其平面大致可划为呈倒“品”字形之三区，南区及东北区为主要宫室所在，西北区则为附属用房。依发掘知其总体布局并非全依中轴作对称之排列。在具体设施方面，其夯土基址中竟列有地下坑道及小室多处，这是秦、汉宫室中的首次发现。估计其作用为供侍从、服务人员内部交通及贮藏某些物品之处。

四、祭祀建筑的发展与定制

汉代的祭祀建筑在初期似未有定制，如对天地、山川诸神之祭祀，刘邦于秦祀四帝基础上增加一北畤以祭黑帝，于是奠定了以后汉代郊祀五帝的制度。而文帝建五帝庙于长安西北之渭阳，合五畤于一。武帝祀太一于长安南郊，又立泰畤于甘泉，后土于临汾……成帝至平帝间，则确定了南郊祭天，北郊祭地的制度，以后遂为历代所因循。

明堂的恢复始于武帝，但在汶上而不在长安。自王莽起，始将明堂、辟雍与灵台（合称“三雍”）定位于帝都南郊。

帝王祖庙最初是以个别形式设置于都城之内（如西汉初之高祖、惠帝者），而未采用周代的“左祖右社”制式。后来又迁建于各陵之侧。王莽代汉后，将此项建筑予以集中，遂立九庙于长安南郊（实际有十二庙）。东汉初，光武帝建高庙于洛阳，祀高祖以下西汉十一帝，开诸帝合祭于一庙之先例。而东汉诸帝之祭祀亦依此原则，即将各神主集中于光武帝庙中，帝陵外不另立庙。从而形成了一庙多室，一室一主的太庙制度，并为后世各代所依循。

以上可见，祭祀制度在汉代经过多次变化后才得到了统一和定制。特别是南郊祭天，北郊祭地；“三雍”集中于南郊；祖庙由分散与多庙变化为集中于一庙之多室等等，大体上形成了以后两千年公认不移的规则。因此，可以说汉代是中国古代祭祀制度及祭祀建筑逐步成熟与定型的时期。

五、帝后陵寝新形制的完善，一般墓葬结构与形式的多样化

秦始皇的骊山陵开拓了我国古代帝王陵墓新的蹊途，而西汉则在其基础上作了进一步的完善。诸如近于方形的陵园平面，四出门阙及墓道，覆斗形“方上”，寝园，陪葬墓、殉葬坑及陵邑等。惟制式皆较骊山陵者为小。此种葬式的多数内容，以后还延续到唐、宋，其影响不可谓之不大。

汉代的一般墓葬，以种类及形式的繁多而远出于各代之上。且各类墓葬均有其自身的发展演变过程与特点。总的说来，是传统土圹木椁墓的最后消亡；崖洞墓、石墓及空心砖墓的一度出现；小砖拱券墓的逐渐普及，最后取代了上述诸多类型，而成为汉代以降我国墓葬的主要形式。

墓葬地面以上的建（构）筑物，如门阙、墓垣、石象生、墓表、墓碑、墓祠等，均已逐渐形成制度。其中大部分都为后世墓葬所沿用。而现存的少数汉代墓阙、墓表、墓祠等所表现的建筑内容，为我们显示了若干间接但又较为确切的汉代建筑形象，其作用及意义则已大大超过墓葬这一范围。而墓葬中的墓门、柱、梁、枋、斗栱、天花、藻井、窗等仿木构建筑构件的形象，以及壁画、画像砖石、圆雕等艺术作品，另加出土的建筑明器、棺椁、家具……，都为我们了解汉代建筑及当时的社会与文化提供了许多直接与间接的资料。

六、奠定我国传统民居的基本类型与形式

由画像砖石、壁画、建筑明器等所反映的汉代民居，其千姿百态与丰富多彩，可谓令人目不暇接。依建筑类型有坞堡、大中小型住宅、塔楼、楼屋、仓囷、亭榭、井亭、作坊、碓房、畜栏、厕所……；依结构形式有抬梁、穿斗、干阑、井干、拱券……；依建筑各部有斗栱、勾阑、屋顶、门窗、台基、踏跺、墙垣、门阙、围垣、阁道、门楼、角楼、坞壁……；举凡中国古代居住建筑的整体与局部，几乎均已具备。而以上所反映的许多内容，如多种类型的结构形式、平面（单体及组合）、外观（屋顶形式、墙面处理、门窗、屋顶装饰……）及局部（柱础、门簪、门扇、勾阑、棂格、椽桷、鸱尾、排山……），都已经相当成熟，有的还一直沿用到今日。因此可以认为，我国古代的各种类型民居，在汉代（至少是东汉）已基本成熟且已定型，并由此沿用了近两千年。

七、佛教传入对中国历史、文化和建筑都带来深远影响

道教与佛教虽已在东汉时开始流行或传播，但其建筑对当时的社会影响极小。道教宫观在汉代作何形式，目前尚无依据可考，由后代的种种迹象观察，似乎并未形成具有本身特点之建筑式样。佛教是外来宗教，其教义及仪式皆异于中土，因此早期之佛教寺院必然具有其本身外来特点。明帝永平十一年（公元68年）于洛阳所建的我国第一座佛寺——白马寺，就是由摄摩腾所构的仿西域天竺式样。而献帝初笮融于下邳所建之浮屠祠，除了仍依天竺的佛寺形制，其于中央所置之木楼阁式塔，以及周旁其他廊殿之结构与外形，恐仍为我国之传统形式。这种塔院式佛寺于后世之南北朝迄于隋唐，尚在广泛使用。但其肇始在于汉代，乃是不可否认的事实。

此外，江苏连云港市孔望山发现的汉代佛教摩崖石刻，也是我国此类最早的作品。按我国现存佛教石窟主要位于西北，亦即沿古代之丝绸之路一线。其最早者凿于十六国之北凉，较之孔望山摩崖至少已迟一个世纪。据推测，孔望山之石刻恐系海传佛教之产物。依目前之考证，除大部分为佛教内容外，亦有若干出于道教。

八、大木结构基本定型，并出现高层木梁柱建筑，表明结构上质的飞跃

汉代建筑之结构仍以木梁柱组成之架构为主，这是商、周以降的传统结构形式。此外，从文献记载与已发掘之遗址，也可得知举凡当时的重要建筑，如宫室、宗庙、辟雍、官署、寺观、宅第等，无不采用上述结构。至于构件之尺度，由已知汉代若干中、小型官式建筑实例（如西汉宣帝杜陵东陵门、华仓城粮库、长安武库、闽越国“东冶”城宫室……）所显示的大梁跨度，一般都在7米左右。其阑额（或柱距）也在5米至7米之间。至于未央宫前殿之类的大型建筑，目前尚无资料可示，虽然其主梁跨度可能更大一些，估计也应被限制在10米左右（后代之宏大建筑，如唐长安大明宫含元殿中跨之大梁，亦仅9.8米。清北京故宫太和殿中跨为11.17米）。这是因为木材的强度与断面皆有限度，跨距过大不但在结构上不经济，而且取材困难。再根据我国现存唐代以下之著名建筑实例，其中型殿堂之梁跨，一般均在7米至6米之间，如河北蓟县独乐寺观音阁（辽）、山西晋城青莲寺大殿（北宋）、浙江宁波市保国寺大殿（南宋）、山西太原市晋祠献殿（金）、洪洞县广胜下寺大殿（元）、芮城永乐宫三清殿（元）等。而大型殿堂之梁跨，则在10米左右，例如山西五台山佛光寺大殿（唐）、河北新城县开善寺大殿（辽）、正定市隆兴寺摩尼殿（北宋）、山西榆次县永寿寺雨花宫（北宋）、辽宁义县奉国寺大殿（辽）等，梁跨达到11米的为数很少，现知者仅山西太原市晋祠圣母殿（北宋）、朔县崇福寺弥陀殿（金）数处。由上述情况进行推测，我国古代木抬梁式架构中的大梁常用跨度，大约在汉代已经有了定规。在没有现代科学方法计算与材料测定的时代，只可能是通过大量实践的经验才能取得。

除了地面建筑以外，木架构也使用于陵墓之中。例如陕西咸阳市杨家湾西汉四号墓、西安市新安机砖厂西汉利成积炭墓之墓道、墓圹内，均发现有“楼阁”式木架构遗迹。而在某些封国藩王的崖墓中，如江苏铜山县龟山西汉楚王刘注墓室内遗留的大量陶瓦，亦表明墓中曾经构有覆瓦的木架建筑。以上这些处理方式，于历代其他墓葬中尚未有发现，可以认为是汉代专门施用于高级墓葬中的特殊手法与制式。

至于木构架中之各具体构件，其发展演变与对后世影响最大者，莫过于斗栱。虽然周、秦已经开始使用斗拱，但仅从铜器中得知少数形象，无从一窥其使用于建筑之全貌。而汉代所遗之墓阙、石祠、墓葬、画像砖石、壁画及建筑明器中，则可使我们对它有较多和具体的了解。由山东嘉祥县武梁祠等刻石，其描绘之斗栱形象还比较原始（如栱身为平直矩形，小斗下无收杀……）。而山东平邑县皇汉卿阙及功曹阙之栌斗，斗下仍具有甚长之斜面。但也有斗身、斗欹较为正规者，如山东肥城县孝堂山郭巨石祠所示。这也说明当时斗栱的种类和形象是多元化的，因此我们不能仅根据某一地区的某些实例或形象，就断然判定其整个的进化水平。东汉晚期四川雅安县高颐阙与绵阳县平阳府君阙的伦焕华丽，皆非其他墓阙之所能企及。然而在其前后之四川其他石阙，自比例及造型均有相当大的差异。这就是说，在当时建筑的“百花齐放”情况下，要选择出一个具有全面代表性的典型，似乎颇难如愿。汉代斗栱虽然在形式上有着千变万化，但在结构上从较原始的一斗二升斗栱演变为一斗三升斗栱，却是一个明显的跃进。这不仅从结构上取得了根本性的改善（将主要应力由剪力转换为轴压力），而且在形式上奠定了一斗三升这一斗栱的基本单元，应当说这是汉代对斗栱结构所作出的最大贡献。

我国的传统木架构建筑，在经历了长期与大量的实践之后，终于在汉代取得了重大的突破，这就是多层木柱梁式塔楼的出现。依据东汉中、晚期出土的陶质明器及画像砖，它们的结构与造型均已相当成熟，从而使我们推测：此类建筑的最迟出现，至少应在西汉晚期以前。

现知之汉代塔楼形象以3、4层者居多，最高者可达7层（估计其实物高度当在20米以上）（图5-140～142）。其类型依用途有住宅、仓屋、望楼、水阁等，或建于陆地，或处于水中。建于陆地之实例较多，且常以独立之单体形式出现，或位于有门阙及围垣之庭院内。建于水中者，其下皆周以平面呈圆形或方形之水池，有的更于水池四隅建有方亭状建筑。塔楼之上，往往置有饮宴、歌舞之偶人，以及执弓弩之守卫。依《汉书》，知西汉末起义民众诛王莽于未央宫沧池之楼台，其建筑形制可能与上述之“水阁”明器相类似。

汉代建筑中多层塔楼的出现，打破了战国以来盛行的高台建筑均凭依土台而建的传统方式，它表明沿袭已久的木架结构已产生了质的变化。在外观上，多层塔楼除了体量高大，其总体轮廓又有上下等宽、下宽上窄及下窄上宽等多种形状。另于各层之立面，除在不同程度上暴露出柱、梁、枋等结构构件外，又在檐下及平座下施以各式斗栱，并袭用汉代建筑所习见的门、窗、勾阑等形式，从而在结构与造型上都塑造出一种既新颖而又保持传统风格的建筑来。它不但在当时的单体与群体建筑中都产生了新的风貌，而且还对日后中国佛教建筑中的楼阁式木塔，带来了十分直接和非常巨大的影响。

九、对陶质建材结构与形式的改良与探索，推动了建筑的进一步发展

在其他结构方面，例如大型空心砖，战国时已开始用于墓葬，秦代则偶见于殿堂之踏跺，到汉代才较多用于中原之墓葬。最初它的种类很少，仅仅是为了适应简单的盒式椁室的需要。后来为了扩大墓室空间及高度，墓顶由平顶逐渐发展为多边之折线形，因此除了使用有榫卯的空心板材，还增加了柱状及三角形空心砖……，其结构与构造遂日趋复杂。虽然这种墓葬后来归于淘汰，但也表明了当时曾经对这种结构作出过长时期与多方面的探索，其作用与成绩是不可泯灭的。使用小砖砌为拱券的墓葬实例，最早见于西汉之末。到东汉逐渐盛行，又出现了重券、“伏”和楔形砖等进步技术，后来还有了不甚完全的穹顶。砖券墓的产生与发展，均定型于汉代，以后又成为中国古代墓葬的主流，这都是汉代建筑的重要贡献。然而此项结构是否仅始用于西汉？专家学者早有疑问。因为一项技术的成熟，必须经过长期的实践与考验，在汉代地面建筑未大量出现此种结构的情况下，怎会有如此成熟的形式？于是有人就认为它来自西亚，是通过中西文化交流传来的。西汉之初，匈奴仍然强大，且战争不断，东西方正常的商业与文化交流不可能得到发展。大约到武帝以后，局势才有所改观。因此有人认为拱券技术是在那时以后才输入中土的。近年在对西汉长安的直城门及西安门予以发掘，发现二门之下均有高1.4米，宽1.2米及1.6米之排水涵洞，两壁砌之以石，顶部则覆以重券。现在尚不清楚此项涵洞之具体建造时间，即不审是否与城门同建于西汉初期，仰或为日后之添建？如属于前者，则不但可将我国使用此项结构形式之时代推前，而且对拱券“外来说”的否定，又多增加了一些依据。这些情况对于汉代建筑技术乃至我国古代建筑技术的发展，都是至关重要的。

十、建筑装饰题材与形式的“百花齐放”，不断提高了建筑的艺术水平，也反映了当时建筑创作思想的活跃

汉代建筑装饰内容之繁茂丰盛，亦开三代以来之先河。在装饰题材方面，上至天神鬼怪、先贤圣哲、勇士烈女、孝子节妇；下至日月星辰、波涛云气、飞禽走兽、林木花卉；乃及建筑门阙、车骑攸猎、技击百戏、几何图案、吉祥文字……，可谓包罗万象。其模刻于陶砖、瓦上之纹饰尤多，后世如南北朝之墓砖，亦有类似表现，惟品种数量大为减少。流行于汉砖石墓中的画像砖、

石，以浮刻手法表现各种题材。虽然大多在西晋及以下的墓葬中未见出现，但其雕刻技法及构图组合，却对南北朝的佛教石窟艺术产生了不小的影响。此外，汉代圆雕虽然比较古朴，水平亦不及浮刻之高湛，但却是一项造型艺术实践的开始。就品种而言，汉代之人物雕刻不及动物，后者尤以翼狮——即辟邪为突出。而后世石象生若南朝帝王陵墓前之天禄、辟邪、麒麟的雄健威猛形象，也应源本于此。

十一、若干社会传统及思想意识在汉代建筑中得到充分反映，并成为日后不移的建筑法则

众所周知，建筑是社会生产力与上层结构的有机结合，是人类一定社会条件下物质与精神的高度综合。汉代建筑所取得的上述种种成就以及所产生的影响，都是比较显而易见的，但在其内部还隐伏着更为深刻的社会与传统的因素，而它们往往对建筑产生决定性的影响。在封建社会中，“皇权至上”和“封建等级制度”无疑是左右建筑的重要杠杆。但原始崇拜、神仙之说、以西为尊等等不同的思想或传统习俗，往往也会对建筑起着一定的作用。例如对山川、天地、日月、星辰等自古以来的自然神祇，汉代均设祠延巫以祀。迎仙则起竹宫，求不死药则立通天台承露盘以贮甘露。又仿建“三神山”于太液池，形成了汉及以后皇家苑囿中的重要特点之一。以西方为尊的观念也经常体现于城市、宫殿、邸宅、墓葬……之布局及具体建置之中，如建筑之置阶、室内之安榻、设座……皆以西侧为尊贵。在一定条件下，当时的坐西面东恐较坐中面南更为重要。这是与后世的居中思想大不相同的。

汉代是中国历史中的一个辉煌的王朝，这一时期的建筑与该社会各个领域一样也得到了全面与蓬勃的发展，无论就其当时的成就或给予后世的影响，都为我国建筑史留下了灿烂的一页。由于实物的稀少，目前我们只能了解到这项丰功伟业的万千分之一，要进一步阐明这四百多年中的建筑活动和成就，还需要不断作出新的努力与探索。我们期待着更多与更新的有关资料（它们的大多数将来自已沉睡达两千年的地下），以及更多对这方面进行研究的同仁，从而共同来解决我国古代历史中这一最引人关注与瞩目的建筑之谜。

注释

[1]（1）《汉代考古学概说》（王仲殊　中华书局　1982年）
（2）《中国古代建筑史》（刘敦桢　中国建筑工业出版社　1980年）
（3）《汉长安城考古综述》（《考古与文物》1981年第1期　李遇春）
[2]《新中国的考古发现和研究》（文物出版社　1984年）
[3]（1）《福建崇安城村汉城遗址试掘》（《考古》1960年第10期　福建省文物管理委员会）
（2）《福建崇安城村汉城遗址时代的推测》（《考古》1961年第4期　陈直）
（3）《关于福建崇安汉城的性质和时代的探讨》（《厦门大学学报》1978年第2、3期）
（4）《崇安城村汉城探掘简报》（《文物》1985年第11期　福建省博物馆）
[4]（1）《汉甘泉宫遗址勘查记》（《考古与文物》1980年第2期　淳化县文化馆　姚生民）
（2）《甘泉宫考辨》（《考古与文物》1990年第1期　王根权）
[5]（1）《洛阳涧滨东周城址发掘报告》（《考古学报》1959年第2期　考古研究所洛阳发掘队）
（2）《1955年春洛阳汉河南县城东区发掘报告》（《考古学报》1956年第4期　黄展岳）
[6]《汉长安城未央宫第二号遗址发掘简报》（《考古》1992年第8期　中国社会科学院考古研究所汉城工作队）
[7]《汉长安城未央宫第三号建筑遗址发掘简报》（《考古》1989年第1期　中国社会科学院考古研究所西安唐城工作队）

[8] (1)《汉长安城未央宫第四号建筑遗址（A区）》(《中国考古学年鉴》(1988年) 文物出版社 1989年10月)
(2)《汉长安城未央宫第四号建筑遗址发掘简报》(《考古》1993年第11期 中国社会科学院考古研究所汉城工作队)
[9]《汉长安城未央宫西南角楼遗址发掘简报》(《考古》1996年第3期 中国社会科学院考古研究所汉长安城工作队)
[10] (1)《汉长安城南郊礼制建筑遗址群发掘简报》(《考古》1960年第7期 考古研究所汉城发掘队)
(2)《关于王莽九庙的问题——汉长安城南郊一组建筑的定名》(《考古》1989年第3期 黄展岳)
[11] (1)《西安西郊汉代建筑遗址发掘报告》(《考古学报》1959年第2期 唐金裕)
(2)《汉长安城南郊礼制建筑（大土门村遗址）原状的推测》(《考古》1963年第9期 王世仁)
(3)《中国古代建筑史》(刘敦桢 中国建筑工业出版社 1980年)
(4)《建筑考古学论文集》(杨鸿勋 文物出版社 1987年)
[12]《汉、魏洛阳城南郊的灵台遗址》(《考古》1978年第1期 中国社会科学院考古研究所洛阳工作队)
[13] (1)《崇安汉城北岗一号建筑遗址》(《考古学报》1990年第3期 福建省博物馆 厦门大学人类学系考古专业)
(2)《崇安汉城北岗二号建筑遗址》(《文物》1992年第8期 福建省博物馆 厦门大学人类学系考古专业)
(3)《崇安汉城北岗遗址性质和定名的研究》(《考古》1993年第12期 杨琮)
[14] (1)《西汉诸陵位置考》(《考古与文物》1980年第1期 陕西省考古研究所 杜葆仁)
(2)《西汉诸陵调查与研究》(《文物资料丛刊》1982年第6期 刘庆柱 李毓芳)
[15]《西汉十一陵》(刘庆柱 李毓芳 陕西人民出版社 1987年)
[16] (1)《西汉十一陵》(刘庆柱 李毓芳 陕西人民出版社 1987年)
(2)《1982—1983年西汉杜陵的考古工作收获》(《考古》1984年第10期 中国社会科学院考古研究所杜陵工作队)
[17] (1)《长沙马王堆一号墓》(文物出版社 1973年)
(2)《马王堆二、三号墓发掘简报》(《文物》1974年7月 湖南省博物馆 中国科学院考古研究所)
[18]《咸阳杨家湾汉墓发掘简报》(《文物》1977年第10期 陕西省文管会 陕西省博物馆 咸阳市博物馆杨家湾汉墓发掘小组)
[19]《长沙象鼻嘴一号汉墓》(《考古学报》1981年第1期 湖南省博物馆)
[20]《徐州北洞山西汉墓发掘简报》(《文物》1988年第2期 徐州博物馆、南京大学历史系考古专业)
[21] (1)《铜山龟山2号西汉崖洞墓》(《考古学报》1985年第1期 南京博物院 铜山县文化院)
(2)《江苏铜山县龟山二号西汉崖洞墓材料的再补充》(《考古学报》1997年第2期 南京博物院)
[22]《满城汉墓发掘报告》(文物出版社 1980年)
[23]《曲阜九龙山汉墓发掘简报》(《文物》1972年第5期 山东省博物馆)
[24]《河北定县北庄汉墓发掘简报》(《考古学报》1964年第2期 河北省文化局文物工作队)
[25]《望都二号汉墓》(文物出版社 1959年)
[26] (1)《河南密县打虎亭汉代画像石墓和壁画墓》(《文物》1972年第10期 安金槐 王以刚)
(2)《浅论我国古代的“尊西”思想及其在建筑中之反映》(《建筑学报》1994年第1期 刘叙杰)
[27]《汉、魏洛阳城西东汉墓园遗址》(《考古学报》1993年第3期 中国社会科学院考古研究所洛阳汉 魏城队)
[28] (1)《广州汉墓》(文物出版社 1981年)
(2)《西汉南越王墓发掘初步报告》(《考古》1984年第3期 广州象岗汉墓发掘队)
[29]《山西朔县秦、汉墓发掘简报》(《文物》1987年第6期 平朔考古队)
[30]《河北原阳三岔沟汉墓群发掘报告》(《文物》1990年第1期 河北省文物研究所 张家口地区文化局)
[31]《安徽天长县三角圩战国、西汉墓出土文物》(《文物》1993年第9期 安徽省文物考古研究所 天长县文物管理所)
[32]《广州市龙生岗四十三号东汉木椁墓》(《考古学报》1957年第1期 广州市文物管理会员会)
[33]《山东昌乐县东圈汉墓》(《考古》1993年第6期 潍坊市博物馆 昌乐县文管所)
[34]《四川崖墓的初步研究》(《考古学报》1988年第2期 罗二虎)

[35]《唐河针织厂汉画像石墓的发掘》(《文物》1973年第6期　周到、李京华)
[36](1)《沂南古画像石墓发掘报告》(文化部文化管理局出版社　1956年)
(2)《论沂南画像石墓的年代问题》(《考古通讯》1955年第2期　安志敏)
[37]《洛阳烧沟汉墓》(科学出版社　1959年)
[38]《辽宁盖县东汉墓》(《文物》1993年第4期　许玉林)
[39]《江苏泰州新庄汉墓》(《考古》1962年第10期　江苏省博物馆　泰州县博物馆)
[40]《河南襄城茨沟画像石墓》(《考古学报》1964年第1期　河南省文化局文物工作队)
[41]《山东平邑汉阙》(《刘敦桢文集》第四卷　中国建筑工业出版社　1993年)
[42]《川康之汉阙》(《刘敦桢文集》第三卷　中国建筑工业出版社　1987年)
[43](1)《中国古代建筑史》(刘敦桢　中国建筑工业出版社　1980年)
(2)《汉代的石阙》(《文物》　1961年第12期　陈明达)
[44]《中国古代建筑史》(刘敦桢　中国建筑工业出版社　1980年)
[45]《中国古代建筑史》(刘敦桢　中国建筑工业出版社　1980年)
[46]《汉武梁祠建筑原形考》(《中国营造学社汇刊》第七卷第2期　1945年10月　Welmar Fairbank著　王世襄译)
[47]《东汉彭城相缪宇墓》(《文物》1984年第8期　南京博物院　邳县文化馆)
[48]《辽阳三道濠西汉村落遗址》(《考古学报》1957年第1期　东北博物馆)
[49](1)《孔望山摩崖造像的年代考察》(《文物》1981年第7期　俞伟超　信立祥)
(2)《连云港市孔望山摩崖造像调查报告》(《文物》1981年第7期　连云港市博物馆)
(3)《孔望山佛教造像年代考辨》(《考古》1985年第1期　阮荣春)
[50](1)《中国早期长城的探索与存疑》(《文物》1987年第7期　叶小燕)
(2)《河西汉塞》(《文物》1990年第12期　吴礽骧)
[51]《汉武帝长城复线刍议》(《考古与文物》1989年第3期　罗应庚)
[52](1)《内蒙古呼和浩特郊区塔布秃村汉城遗址调查》(《考古》1961年第4期　吴荣曾)
(2)《内蒙古呼和浩特东郊塔布秃村汉城遗址调查补记》(《考古》1961年第6期　吴荣曾)
[53](1)《1959年呼和浩特郊区美岱古城发掘简报》(《文物》1961年第9期　内蒙古自治区文物工作队)
(2)《内蒙古文物资料选辑》(内蒙古人民出版社　1964年)
[54]《八角城调查记》(《考古与文物》1986年第6期　李振翼)
[55]《居延汉代遗址的发掘和新出土的简册文物》(《文物》1978年第1期　甘肃居延考古队)
[56]《潮格旗朝鲁库伦汉代石城及其附近的长城》(《中国长城遗迹调查报告集》1981年　盖山林　陆思贤)
[57]《敦煌马圈湾汉代烽燧遗址发掘简报》(《文物》1981年第10期　甘肃省博物馆　敦煌县文化馆)
[58]《居延出土的"侯史广德坐不循行部檄"》(《考古》1979年第2期　徐元邦　曹延尊)
[59](1)《褒斜道石门附近栈道遗迹及题刻的调查》(《文物》1964年第11期　陕西省考古研究所)
(2)《褒斜栈道调查记》(《考古与文物》1980年第4期　陕西省考古研究所　秦中行　李自智　汉中市博物馆　赵化成)
[60](1)《古武关道栈道遗迹调查简报》(《考古与文物》1986年第2期　西北大学历史系　王子今、陕西省考古研究所　焦南峰)
(2)《中国古桥技术史》(茅以升主编　北京出版社　1986年)
[61]《安徽铜陵金牛洞铜矿古采矿遗址清理简报》(《考古》　1989年第10期　安徽省文物考古研究所　铜陵市文物管理所)
[62](1)《汉华仓遗址勘查记》(《考古与文物》1981年第3期　陕西省考古研究所华仓考古队)
(2)《汉华仓遗址发掘简报》(《考古与文物》1982年第6期　陕西省考古研究所华仓考古队)
(3)《汉华仓遗址一号仓建筑复原探讨》(《考古与文物》1982年第6期　陕西省考古研究所华仓考古队)
[63]《汉长安城武库遗址发掘的初步收获》(《考古》1978年第4期　中国社会科学院考古研究所汉城工作队)
[64]《汉代斗栱的类型与演变》(《文物资料丛刊》1979年第2期　刘叙杰)

[65]《山东安丘汉画像石墓发掘简报》(《文物》1964 年第 4 期　山东省博物馆)
[66]《山东滕县柴胡店汉墓》(《考古》1963 年第 8 期　山东省博物馆)
[67]《江苏徐州汉画像石》(科学出版社　1959 年)
[68]《陕北东汉画像石》(文物出版社　1959 年)
[69]《南阳汉代画像石》(文物出版社　1985 年)
[70]《洛阳西汉卜千秋壁画墓发掘简报》(《文物》1977 年第 6 期　洛阳市博物馆)
[71] (1)《安平彩色壁画汉墓》(《光明日报》1972 年 6 月 22 日)
(2)《河北省考古工作概述》(文物出版社　1980 年)
[72] (1)《扬州邗江县胡场汉墓》(《文物》1980 年第 3 期　扬州博物馆　邗江县文化馆)
(2)《江苏邗江胡场五号汉墓》(《文物》1981 年第 11 期　扬州博物馆　邗江县图书馆)
[73]《陕西发现以汉长安城为中心的西汉南北向超长建筑基线》(《文物》1995 年第 3 期　秦建明　张在明　杨政)

附录　中国古代建筑大事年表（原始社会——东汉）

原始社会

- **距今约 200 万年前旧石器时代早期**

四川三峡巫山县大庙区龙坪村发现最早人类化石。

河北张家口市阳原县桑乾河畔泥河湾发现旧石器时期人类遗址，时间为距今 200 万年前。

- **距今约 180 万年前旧石器时代早期**

山西芮城县西侯度遗址已发现若干原始但非最古老石器（刮削器，砍斫器与三棱大尖状器等），以及人类用火之最早痕迹——烧骨。

- **距今约 170 万年前**

云南元谋县古人遗迹中发现炭屑，表明当时已曾使用火，又出土少量石器及古人化石。

估计在多林木及炎热、潮湿地区，古人已使用巢居，所谓“山居木栖，巢枝穴藏”。(《淮南子·秦族训》)

- **80 万年前—60 万年前**

陕西蓝田县古人已择水边之山地群居。贵州黔西县观音洞遗址出土石器 3000 余件（洞长 90 米，宽 2～4 米）。可能当时穴居与巢居并用，如《礼记·礼运》：“冬则居营窟，夏则居橧巢”。

- **50 万年前**

北京市房山区周口店龙骨山发现之“北京人”，已利用天然洞穴（高 10 米，长 14 米，宽 80 米）为住所。洞中央有明显用火迹象，表明当时人类已用火取暖、照明、烧烤食物及驱赶野兽。

辽宁营口市金牛山、安徽和县汪家山龙潭洞等处发现之古人化石，均在岩洞中，可能皆为其住所。

- **50 万年前旧石器时代中期**

湖北长阳县下钟湾、贵州桐梓县岩灰洞中均发现古人化石。

山西襄汾县丁村亦发现古人化石及石器 2000 余件。

- **50 万年前旧石器时代晚期**

广西柳江县通天岩、古人已居于岩洞中。

北京市房山区周口店龙骨山山顶洞发现古人居住遗址。山顶洞口高约 4 米，下宽约 1.5 米，洞口朝北。入洞之东侧为上洞室，南北宽约 8 米，东西长约 14 米，室中有灰烬，表明为居住所在。西侧为下洞室，位置稍低，深约 8 米，有人骨架若干。东室发现有骨针及装饰品，表明当时已有衣服及审美观。而西室遗骨周围散布之赤铁矿粉末及若干随葬物，表明已有原始宗教信仰及对死者之怀念。

- **距今 7500—5000 年前新石器时代早期**

河南新郑县裴李岗遗址，表明当时以农业生产为主，发现有圆形窑室具火道之陶窑、窖穴、及整齐之氏族墓地（矩形浅竖穴墓坑，南北向，单人仰身葬，有随葬品）。陶器以手制红陶为多，表面已有装饰。

河南密县莪沟北岗之聚落已有一定布局。居住房屋半地穴式，有方、圆二种平面，面积较小（直径 2.2～3.8 米），室内有灶及柱洞，表明上施木构。窖穴位于聚落南部，有圆、椭圆及不规则形三种平面，其中少数已具袋形。墓地在村西及西北，情况同裴李岗，少数则置有放随葬品之壁龛。

河北武安县磁山发现圆形及椭圆形平面半地穴住房二处。窖穴460多个，平面以长方形最多，另有圆、椭圆及不规则形多种。家畜已有猪、狗、鸡。

甘肃秦安县大地湾有原始社会之房基、窖穴及墓葬。陶器以细沙红陶为主。房屋基址共240余处，其中最大者面积超过130平方米，由四室组成，主次分明。中部之二组木屋架，各由一大柱三小柱支承。大柱直径50厘米，柱下置青石为础。地面施料礓石混凝土（强度可达C10）。另一座建筑之居住面上，有以炭黑描绘之人与动物形象。

- **距今6400—4600年前之大溪——屈家岭文化**

为出现于长江中游之新石器时期文化，已发现多处原始社会居住遗址。经考古发掘，具有如下特点：早期之大溪文化建筑遗址，有半穴居与地面建筑二种。中、晚期的均为地面建筑。其单体平面呈方形或矩形。至屈家岭时期，则出现了成行的“排屋”。这些紧连在一起的房屋有的可多达十余间。建筑采用木架承重与木骨泥墙围护。为了隔湿，室内居住面下铺有较厚的红烧土块垫层。其他形式建筑如干阑式结构尚未发现。

又发现属于本文化时期之原始社会城市遗址若干座，均分布于长江两岸之丘陵水网地带。例如湖北天门县石家河、石首县走马岭、江陵市阴湘、荆门市马家垸、湖南澧县城头山等地之古城。其平面有方、长方、圆、椭圆、梯形等多种形状。面积自8万平方米至100万平方米不等，其大者已较黄河流域诸古城宏巨。各城均筑有城垣，又多于四面各辟一门。城门除旱门外，有的还建有水门，并将航道引入城内。城外皆环以护城河，有的并成为城垣水门与天然河流水面间之联系纽带。这些都表现了江南水网地带城市建设的特点。

居于长江上游的四川盆地，亦有原始社会之城市遗迹发现。如四川新津县宝墩、都江堰市芒城、温江县鱼凫及郫县古城等。面积自8万平方米至30万平方米。均构有夯土城垣，个别的则置有内、外城垣各一道（如芒城古城）。这些城市的建造与使用时间，约在公元前2600—前1700年。

- **公元前5000年—前3300年河姆渡文化**

此文化分布于杭州湾至舟山群岛一带。浙江余姚市河姆渡发现最早的干阑式建筑，由木桩（方、圆、板状）、梁、柱、板等构成，并用榫卯接合。单栋建筑长达23米，划为6～7间，宽度（进深）达7米。又发现以排桩及井干式木框为壁体的水井，其上原建有井亭。已出土木构件达数千件。

- **公元前5000—前3000年仰韶文化**

此文化分布于黄河上中游，首先发现于河南渑池县仰韶村以西安市半坡村遗址为代表，遗址为一原始社会聚落，位于浐河东岸台地上，近河为居住区，东为窑址，北为墓葬，有西北→东之深沟作为屏障。住房有半地穴及地面二种，平面作圆形（直径5～6米）或方形。室中及周旁均有柱穴，推测屋架为木架，周以木骨泥墙，上覆草顶，室内面积一般16～20平方米。

河南郑州市大河村遗址已有四间并列之地面住房，室内地面已用石灰拌粗砂抹面。

河南洛阳市王湾发现面积达200平方米之方形房屋，墙下使用烧土块或卵石基础，为人工基槽的最早实例。

河南陕县庙底沟半地穴居室，地面施抹平并烤坚之草泥，室内中央有对称排列之柱洞四个，下垫天然石块之柱石。

河南濮阳县西水坡发现之墓葬，内中已有三人殉葬。另在墓主左侧（西）以蚌壳排砌成虎形，右侧（东）则为龙形。

陕西临潼县姜寨出土之原始聚落，中央有大广场，四周建房屋一百余座，大体可分为五个组群。每群有“大房子”一座，另有若干住房、窖穴环绕其周围。聚落外置有壕沟防护。墓地则位于村外东、东北、东南一带。

约在此文化之晚期，至少在河南已出现原始社会之城市。如郑州市西山古城，平面大致呈直径200米之圆形，面积约3.4万平方米。夯土城垣厚5～6米，外环以宽5～7.5米、深4米之城濠，是为目前发现黄河中游之最早城址。

- **距今4800—4300年前新石器时代晚期龙山文化**

该文化分布于黄河中下游地区，最早发现于山东章丘县龙山镇城子崖。

龙山文化早期已于山东一带建有相当数量之城市，如山东章丘县城子崖，阳谷县景阳岗、王庄、皇姑冢，茌平县教场铺、乐平铺、大尉、尚集，东阿县王集，邹平县丁公，滕县西留康等地。平面有方、长方、梯形、椭圆……多种。面积自3万平方米（大尉古城）至35万平方米（景阳岗古城）不等，反映了城市中已出现等级。各城除均建有夯土城垣，又在城内构筑面积相当大之建筑夯土基台，似为统治者所使用。由此亦可推断当时社会中的人群等级区分已很明显。

该文化中、晚期城市已经探明者，如河南登封县王城岗、淮阳市平粮台、辉县孟庄，山东寿光县边线王、淄博市田旺、滕县龙楼等，情况与早期者变化不大，但少数城市已出现内、外城式样（边线王古城）。

住房有半地穴、地面及有夯土台基之地面式多种，后者见于山东日照市东海峪遗址，是中国传统建筑使用此项构造的最早例证。墙体则用黄黏土夹石。河南临汝县煤山遗址住房已用草拌泥墙，室内居住面施夯土，上抹白灰面，坚平光洁。山西襄汾县陶寺则发现有窑洞式住屋。河南永城县王油枋住房内墙用错缝土坯砌，并以黄泥浆粘结。

河南汤阴县白营村发现深11米水井，平面为方形圆角，井壁用木棍凿榫合成之井干形框架叠砌，共46层。另山西襄汾县陶寺村遗址发现之水井深13米，并采用类似之井壁结构。

陶器黑陶及厚度仅0.1厘米之“蛋壳陶”为主。

- **距今5300—3200年前良渚文化**

此文化分布于江南太湖一带。

浙江吴兴市钱山漾亦发现条形平面之干阑式住房。

浙江余杭县瑶山发现早期祭坛建筑，建于山顶，平面方形，共3层。中央为红土夯筑之土台，周以灰土沟，再外砌以由砾石砌成之石磡，另发现整齐排为二列之墓葬12处，据遗物可能是祭师之墓。

- **距今5300—4800年前红山文化**

分布于我国内蒙古至东北一带。

红山文化分布于内蒙古大青山阿善遗址的第三期文化遗址，有以石砌围墙（厚1～1.2米，残高1.7米）的聚落遗存，其建筑外墙亦用石砌，住房多为半地穴式。

内蒙古包头市莎木佳遗址发现一组由南向北排列之三座土丘组成之祭坛，以石围砌成方、圆形状（全长14米）。阿善遗址则有由18座石堆组成之祭坛（全长51米），外绕石墙一至三道。

辽宁凌源县牛河梁发现“女神庙”遗迹，平面呈倒F形，原屋架木构，嵌以草束，内外抹泥为墙，上绘赭红、黄、白几何图案。又出土女神头、肩、手、胸……残部塑像，以头像较完整，朱唇圆目（嵌绿玉石）。

内蒙古凉山县老虎山古城，系依山而建，其城垣及城内建筑皆构以当地所产之石料。城市平面大体呈菱形，面积约13万平方米。城内依高差建为8层阶地。

- **距今5000—4000年前细石器文化**

辽东半岛之石棚建筑（又称巨石建筑），由数块竖立之侧石支承一块较扁平的大石，形成桌状结构，可能是先民的一种墓葬形式。

黑龙江依兰县倭肯哈达洞穴，其部分洞壁系由人工砌成，洞底平铺石条及大石块，上盖厚约1米之碎石及黄土。

夏

- **公元前2070—前？　帝禹**

初都阳城（今河南登封县境内）。

后迁都阳翟（今河南禹县）。又有迁都安邑（今山西夏县西北）及平阳（今山西临汾市南）等说。

禹崩于会稽，葬于今浙江绍兴市城南8公里之会稽山麓。

- **公元前2043—前1909年　帝相**

迁都帝丘（今河南濮阳县东南）。

- **公元前2015—前1848年　帝少康**

复都于阳翟。

- **公元前1999—前1831年　帝杼**

自阳翟徒原（今河南济源县西北），后又迁老丘（今河南开封市东）。

- **公元前1977—前1805年　帝槐**

帝槐作“圆土”（监狱）。

- **公元前1853—前1670年　帝廑（胤甲）**

由老丘迁河西（今河南安阳市东北）。

- **公元前1763—前1600年　帝履癸（桀）**

都于斟寻（今河南偃师县西南），建有庞大宫室建筑群。以一号宫殿为例，地基面积超过一万平方米（108米×101米）。门屋在南，内有建立于夯土台上之殿堂。庭院四周环以回廊，廊分单面及双面两种。殿堂及回廊、门屋之柱网甚为整齐。墙壁则采用木骨抹泥墙式样。表明当时建筑已具有相当水平之木架构形式。

帝桀侈奢残暴，建有琼台、瑶台、象廊、石室之宫，又“召汤，囚之夏台”（即均台，今河南禹县南）。“囚西伯于羑里（今河南汤阴县北）”。

- **其他夏代建筑遗迹**

内蒙古鄂尔多斯市朱开沟遗址，发现夏代早期住所20余处（有半地穴及地面建筑）。

山西夏县东下冯遗址，面积达25万平方米。有夏代中、晚期及商初居住建筑，形式有半地穴、地面及窑洞三种，而以窑洞为最多。

商

- **公元前1600年一世帝汤**

汤灭夏后，即于夏都斟寻西北6公里处（今河南偃师县尸乡沟）建新都西亳。该城平面大体呈南北向之矩形，建有外、内、宫垣三重。内城为最先建造者，南北长1100米，东西宽740米。宫城建于内城之中南部，平面方形，每面长200米。内有宫殿十余处。其东北及西南各有一区府库性建筑。外城为后来扩建而成，平面呈缺一东南角之矩形，南北长约1700米，东西宽约1000米。其西垣南段，南垣及东垣南段均由增扩内城垣而成。已发现城门七处。城外环以护濠，宽20米，深6米。内城北垣外亦有较窄之壕沟一道。

外垣宽16～28米，内垣宽6～7米，均由夯土筑成。城内已发现道路十余条，有的还印有宽1.2米之车辙。另城内又有东西横贯之下水道，长800余米。

宫殿中之二号殿址，长达90米，为已知商代早期建筑中规模最大者。

- **公元前1648—前1549年　二世帝外丙**

迁都于亳（今山东曹县东南）。

- **公元前1482—前1394年　十世帝仲丁**

由亳迁嚣（今河南荥阳县东北敖山）。

- **公元前1456—前1370年　十二世帝河亶甲**

由嚣迁相（今河南内黄县东南）。

- **公元前1447—前1351年　十三世帝祖乙**

由相迁邢（今河北邢台市），又有迁耿（今山西河津县南）、迁庇说。

- **公元前 1412—前 1332 年　十五世帝沃甲**

由邢迁庇（今山东郸城县北）。

- **公元前 1360—前 1317 年　十七世帝南庚**

由庇迁奄（今山东曲阜市）。

- **公元前 1324—前 1285 年　十九世帝盘庚**

由奄迁殷（今河南安阳市西北小屯村）。此城未见城垣，已发掘之宫殿区位于今小屯村之洹水西岸河湾处，面积呈南北长之矩形（南北 280 米，东西 250 米），其东南一部已被洹水冲毁。由南往北可分为祭祀、朝廷、后宫三部，各由十余座夯土基址组成。台基平面有矩形、方形、曲尺形、凹形、凸形及条形多种形状，一般长 20 米，小者仅 5～6 米，大者可达 80 米。台基上有排列整齐之柱穴，由残迹可知原埋有木柱，柱底多垫以石础，其中若干又在柱底与石础间另加一铜锧。手工业作坊及一般居住区分布于宫室周围。商王及贵族大墓则分布于洹水北岸沿西约 3～4 公里之武官村一带，已发现大型墓葬数 10 处及祭祀杀殉坑 2000 余座。

- **其他商代遗址**

● 河南郑州商城。该遗址位于今郑州市东之郑县旧城及其北关一带。平面为折东北角之纵长方形，南北长约 1900 米，东西宽约 1700 米。城垣土筑，宽 11 米。有似城门之缺口 11 处。宫殿位于城内东北，均建于夯土台基上，面积自 100～2000 平方米不等，平面大多呈矩形，其上柱穴排列整齐，柱下施有础石。城内南部为民居及作坊。城外北郊发现铸铜及制骨作坊，西郊有制陶作坊，南郊亦发现铸铜作坊。

依城垣夯土中遗物及碳 14 测定，此城建于商代中期，即公元前 1400 年左右。此时与十世王仲丁迁嚣大致相当。而嚣即史载之隞都。且荥阳县与郑州市之地理位置亦甚相近，为此若干学者认为郑州商城即仲丁之隞都。

● 湖北黄陂县盘龙城。系商代中期某诸侯之封邑，其城平面呈斜方形，周以夯土城垣。宫室位于城内东北之高地上，建筑亦建于夯土台上。四面建回廊，主体建筑划为四间，均用木骨泥墙隔绝。

● 四川成都市十二桥商代遗址。面积约 1.5 万平方米。建筑多为置于密且低木桩上之竹木构架建筑，测定年代为商代早期，估计原为巴蜀地方诸侯宫室所在。

● 河北藁城县台西商代聚落遗址。已发现较完整房址十处，大多为地面建筑，平面有矩形，曲尺及 └┐ 形多种。室数自 1 间至 6 间不等，均采用夯土墙及木屋架，施工中已采用划白线定墙垣之平直。墙内及庭院中又发现有人及动物之牺牲多处。以上建筑时代定为商代之中、晚期。

● 商代晚期之帝王墓葬。以安阳市武官村一带为集中，其大墓均为矩形土圹之木椁墓，具有二或四条墓道。墓中有二层台、椁室及腰坑。墓内、外多有殉人及车马。附近又有祭祀时之牺牲杀殉坑。

● 某些墓上发现有建筑台基及砾石柱础遗迹，如位于安阳市之商王武丁配偶妇好墓等。建筑基址面积略大于墓坑口，一般面阔二或三间，朝向东西，当属墓上祭祀建筑。

西周（公元前 1046—前 771 年）

- **公元前 1046 年　周武王十一年**

二月，率诸侯伐殷，纣王兵败自焚死，商亡。周立，建都镐京（今陕西西安市西北），亦称宗周。

- **公元前 1045 年　周武王十二年**

大封皇室功勋，以为周王藩屏。封周公旦于鲁，都曲阜（今山东曲阜市）。姜太公子牙于齐，都营丘（今山东淄博北）。召公奭于燕，都蓟（今北京市西南）。弟叔振铎于曹，都陶丘（今山东定陶县北）。舜后人妫满（胡公满）于陈（今河南淮阳市）。禹后人东楼公于杞（今河南杞县）。仲雍后人周章于吴。虞仲于虞（今山西平陆县东北）。……各建都邑宫室宗庙。

- **公元前 1043 年　周武王十四年**

武王卒，葬于毕（今陕西西安市西北）。

- **公元前 1036 年　周成王七年**

成王继武王未竟之志，于“位天下中”之洛邑建新都。命周公前往“相地嗜水”并负责兴建。于是周公合诸侯建东西六里，南北九里之成周于瀍水东岸，以处殷遗民。而起王城于瀍水西岸（今河南洛阳市王城公园一带）。王城东西约2890米，南北 3320 米。二城合称洛邑，是为周之东都，成于成王十二年。镐京则为西都。

- **公元前 1032 年　周成王十一年**

周公卒于丰（今陕西长安县沣河西岸，为文王时所建都城，与武王所建镐京相距约二十五里），葬于毕。

- **公元前 1006 年　周成王三十七年**

封熊绎于楚，都丹阳（今湖北秭归县东南）。

由武王及于成王，先后建置诸侯七十一国，其中姬姓者五十三（见《荀子·儒效篇》，《左传》作五十五）。

周初铜器令毁之柱状足上承栌斗，斗间施短柱及阑额。另一铜器兽足方鬲则有板门、方格窗及勾阑等建构件之表现。

- **公元前 1012 年　周康王九年**

晋侯（武王子叔虞之后）作宫美焕，康王责之。

- **公元前 988 年　周康王二十三年**

鲁炀公熙筑鲁城，茅阙门。

- **公元前 977 年　周昭王十九年**

昭王南征伐荆楚，渡汉水，舟人以“胶船进王”，中流船解王溺（见《帝王世纪》）。是为木构施胶粘之首载。

- **公元前 976 年　周穆王元年**

穆王筑祇宫（离宫）于南郑。

- **公元前 960 年　周穆王十七年**

穆王西巡至昆仑丘（今新疆和阗河与叶尔羌河一带），见西王母（或为西北氏族部落首领）。同年西王母来朝，宾于昭宫。

- **公元前 922 年　周穆王五十五年**

穆王卒于祇宫。

- **公元前 895 年　周懿王五年**

周室衰微，懿王自镐京迁都犬丘（今陕西兴平县东南）。

- **公元前 883 年　周夷王三年**

齐胡公自营丘（今山东淄博市北）徙都于薄姑（今山东博兴县东南）。

- **公元前 875 年　周厉王三年**

齐献公自薄姑迁都临淄（即营丘，今山东淄博市北）。城由大城（南北 4500 米，东西 3500 米），及小城（位于大城西南隅）组合而成，有城门十二（大城七，小城五），城垣筑以夯土，外绕以城濠。城内已探出大路十条，宽 8～17 米。此城在战国已成为当时最繁华都市，“车接毂，人肩摩”，有“户七万”，估计人口在 40 万左右。城内又建有高广夯土台及宏大之排水沟道。

- **公元前 826 年　周宣王二年，燕厘侯元年**

燕厘侯都燕（今北京市西南）。

● **公元前 771 年　周幽王十一年**

犬戎入镐京，杀幽王。西周亡。

*注：关于西周总年代及各王在位时间，诸多文献考征（如《竹类记书》、《史记》及《夏、商、周断代工程》[1996—2000 年] 等）、铜器铭文及各家论述，皆有所出入。本节暂以《夏、商、周断代工程》（1996—2000）之数据为准，今后若有变化，再予订正。

东周（公元前 770—前 249 年）
春秋（公元前 770—前 476 年）

● **公元前 770 年　周平王元年，秦襄公八年**

以镐京残破，平王迁都于洛邑，是为东周之始。秦襄公以护王有功，封诸侯，乃作西畤，祠白帝。

● **公元前 756 年　周平王十五年，秦文公十年**

秦作鹿畤于汧（今陕西千阳县一带）。文公居西垂宫。

● **公元前 747 年　周平王二十四年，秦文公十九年**

秦得宝于陈仓（今陕西宝鸡市东），于是作陈宝祠。周宗周宫室塌。

● **公元前 743 年　周平王二十八年，郑庄公元年**

郑庄公封弟段于大邑京（今河南荥阳县东南），祭仲谏以“都城过百雉，国之害也”。（按：一雉长三丈）

● **公元前 722 年　周平王四十九年，鲁隐公元年**

四月，费伯城郎（今山东鱼台县东北 90 里）。冬，鲁新作南门。

● **公元前 716 年　周桓王四年，鲁隐公七年**

夏，鲁城中丘（今山东临沂县东北 30 里）。

● **公元前 714 年　周桓王六年，秦宁公二年，鲁隐公九年**

秦自西垂（即西犬丘，今甘肃天水市西南）迁都平阳（今陕西宝鸡市东）。鲁城郎（今山东曲阜市附近）。

● **公元前 707 年　周桓王十三年，鲁桓公五年**

鲁城祝丘。

● **公元前 705 年　周桓王十五年，鲁桓公七年**

二月己亥，焚咸丘（鲁地，邾娄之邑也）。

● **公元前 698 年　周桓王二十二年，宋庄公十三年，鲁桓公十四年**

秋八月，鲁御廪灾。冬，宋率齐、蔡、卫、陈伐郑。入郑都，焚渠门，取郑大宫（祖庙）椽归，以为宋都卢门之椽。

● **公元前 697 年　周桓王二十三年，燕桓公元年，秦武公元年**

燕自蓟迁都易（今河北易县东南），称下都。城东西十三里，南北八里。城内有夯土高台多处，当为宫室所在。其陶瓦、陶勾阑等建筑构件，制作精致，造型优美，说明瓦作技术已有很高水平。

秦武公居平阳封宫。

● **公元前 696 年　周庄王元年，鲁桓公十六年**

冬，鲁城向（今山东莒县南）。

● **公元前 693 年　周庄王四年，鲁庄公元年**

鲁筑王姬（桓公夫人文姜）馆。

● **公元前 689 年　周庄王八年，楚文王元年**

楚始都郢（今湖北荆州市纪南城南）。城东西九里，南北七里，周以夯土墙（现残高尚达 6 米）。城内有夯土台及水井多处。

● **公元前 685 年　周庄王十二年，鲁庄公九年**

冬，鲁浚洙水，以备齐。

● **公元前 678 年　周釐王四年，秦武公二十年**

秦武公卒，葬雍（今陕西凤翔市东南）。初以人从死，殉人六十六。雍城秦公墓园约始建于是时。

● **公元前 677 年　周釐王五年，秦德公元年**

秦迁都于雍。居大郑宫。以牲三百牢祠鹿畤。

● **公元前 676 年　周惠王元年，秦德公二年**

德公初作伏祠社，磔狗以祀四门。

● **公元前 675 年　周惠王二年，楚堵敖囏三年**

楚文王卒，鬻拳葬王于夕室。楚人葬鬻拳于经皇（楚王墓阙前）。是为墓阙之始载。

● **公元前 674 年　周惠王三年，齐桓公十二年**

夏，齐大灾（特大火灾），宫室、宗庙、厩库严重被毁。

● **公元前 673 年　周惠王四年，郑厉公七年**

夏，诸侯勤王，同伐王城。郑伯将王自圉门入，虢叔自北门入……享王于阙西辟。惠王由此复国。

周王巡虢，虢公为王宫于玤（在今河南渑池县境）。

● **公元前 672 年　周惠王五年，秦宣公四年**

秦作密畤于渭南，以祀青帝。

● **公元前 671 年　周惠王六年，鲁庄公二十三年**

夏，鲁庄公至齐观社祭。秋，以丹漆鲁桓公庙楹柱，均不合礼制。

● **公元前 670 年　周惠王七年，鲁庄公二十四年**

三月，又雕刻鲁桓公庙之桷（角梁），亦非礼。

● **公元前 669 年　周惠王八年，晋献公八年**

初，晋献公筑城于聚（今山西绛县西南），以居故晋侯群公子，至是围而杀之。

● **公元前 668 年　周惠王九年，晋献公九年**

晋大夫士蒍扩建绛（今山西省宴城东南）都，以深其宫。

● **公元前 666 年　周惠王十一年，楚成王六年，鲁庄公二十八年，郑文公七年**

秋，楚伐郑，自郑桔柣之门及纯门入外郭。

冬，鲁筑郿邑（今山东东平县西）。

● **公元前 665 年　周惠王十二年，鲁庄公二十九年**

春，鲁新作延厩。冬，城诸（今山东诸城县）及防（今山东费县东北）。

● **公元前 663 年　周惠王十四年，鲁庄公三十一年**

鲁筑台于郎、薛及秦（鲁地）。

● **公元前 662 年　周惠王十五年，鲁庄公三十二年**

春，鲁筑城于小谷（今山东曲阜市西北）。八月，鲁庄公薨于路寝。

● **公元前 659 年　周惠王十八年，齐桓公二十七年，宋桓公二十三年，曹昭公三年**

夏六月，邢迁都于夷仪（今河北邢台县西）。齐、宋、曹助邢城夷仪。

● **公元前 658 年　周惠王十九年，卫文公二年，齐桓公二十八年，晋献公十九年**

卫自曹迁都于楚丘（今河南滑县东六十里）。齐率诸侯助城之。

晋、虞伐虢，取其都下阳（今山西平陆县南）。虢徙上都（今河南三门峡市东南）。

● **公元前 655 年　周惠王二十二年，晋献公二十二年**

晋灭虞虢。公子重耳奔狄。（今山西隰县）及屈（今山西石楼县）。

● **公元前 649 年　周襄王三年**

周王弟叔带联戎人攻王城，焚东门。

● **公元前 648 年　周襄王四年，卫文公十二年**

诸侯为卫筑楚丘外城以御北狄。

● **公元前 646 年　周襄王六年，齐桓公四十年**

淮夷侵杞。齐桓公迁杞于橡陵（今山东昌乐县东南），并率诸侯为之筑城。

● **公元前 643 年　周襄王九年，齐桓公四十三年，鲁鳌公十七年，宋襄公八年，陈穆公五年，卫文公十七年，郑文公三十年，曹共公十年**

淮夷逼鄫。齐桓公会鲁、宋、陈、卫、许、郑、邢、曹诸侯为鄫筑城，未果而还。

● **公元前 640 年　周襄王十二年，鲁鳌公二十年**

春，鲁新作南门。五月乙巳，鲁西宫灾。

● **公元前 639 年　周襄王十三年**

梁（今陕西韩城县南）伯好土木工程，频繁筑城，又掘沟宫外，民不堪命。

● **公元前 629 年　周襄王二十三年，卫成公六年**

狄人围卫都楚丘（今河南滑县东）。卫迁都帝丘（今河南濮阳县西南）。

● **公元前 622 年　周襄王三十年，秦穆公三十八年**

秦军入鄀都商密（即下鄀，今河南淅川县西南）。鄀君南下建新都上鄀（今湖北宜城县东南）。

● **公元前 621 年　周襄王三十一年，秦穆公三十九年**

秦穆公卒，葬雍，殉一百七十七人。

● **公元前 620 年　周襄王三十二年，鲁文公七年**

三月，鲁城部（今山东泗水县东南）。

● **公元前 615 年　周顷王四年，鲁文公十二年**

鲁城诸（今山东诸城市西南）及郓（今山东沂水县东北 40 里）。

● **公元前 614 年　周顷王五年，鲁文公十三年**

鲁大室（鲁公庙）坏。邾文公迁都于绎（今山东邹县东南 22 里绎山）。

● **公元前 613 年　周顷公六年，楚庄王元年**

楚庄王城郢。

● **公元前 611 年　周匡王二年，鲁文公十六年**

八月，鲁毁泉台（今山东曲阜市南郊）。

● **公元前 601 年　周定王六年，鲁宣公八年**

鲁城平阳（今山东邹县境内）。

● **公元前 598 年　周定王九年，楚庄王十六年**

楚孙叔敖筑沂城（今河南正阳县），“星功命日，分财用，平板榦，称畚筑，程土物，议远近，略基址，具餱粮，度有司。事三旬而成”。

又修芍坡（今安徽寿县南安丰塘），周一百二十余里，引龙穴山水及淠河水，溉田万顷。

● **公元前 589 年　周定王十八年，鲁成公二年，宋文公二十二年**

八月，宋文公卒。始厚葬，用蜃灰，益车马。始用殉，重器备。椁有四阿，棺有翰桧。(《左传》)

● **公元前 588 年　周定王十九年，鲁成公三年**

二月甲子，鲁新宫（即宣公庙）灾。

● **公元前 587 年　周定王二十年，鲁成公四年**

冬，鲁城郓（又称西郓，在今山东郓城县东）。

- **公元前 582 年　周简王四年，鲁成公九年**

鲁城中城（即曲阜子城）。

- **公元前 573 年　周简王十三年，鲁成公十八年，宋平公三年，郑成公十二年**

六月，宋侵郑，及于郑都西北之曹门。

八月，鲁筑鹿囿。乙丑，鲁成公薨于路寝。

- **公元前 571 年　周灵王元年，鲁襄公二年，晋悼公二年，齐灵公十一年，宋平公五年，卫献公六年**

冬，晋、齐、宋、卫等诸侯城虎牢（今河南汜县西）。

- **公元前 566 年　周灵王六年，鲁襄公七年**

夏，鲁季氏城费（今山东费县西北）。

- **公元前 564 年　周灵王八年，鲁襄公九年，宋平公十二年**

春，宋灾。乐喜为司城以为政，使伯氏司里。火所未至，彻小屋，涂大屋，陈畚挶，具绠缶，备水器，量轻重，蓄水潦，积土涂，巡大城，缮守备，表火道。……（《左传》）表明当时已有由政府组织的消防救火人员及设备。

- **公元前 563 年　周灵王九年**

诸侯之师再筑虎牢城。

- **公元前 561 年　周灵王十一年，吴王寿梦二十五年**

吴王寿梦卒，长子诸樊继位，迁都于吴（今江苏苏州市）。

- **公元前 560 年　周灵王十二年，鲁襄公十三年**

冬，鲁城防。

- **公元前 558 年　周灵王十四年，鲁襄公十五年**

鲁筑郛（城外大郭）于成（今山东宁阳县北）。

- **公元前 557 年　周灵王十五年，晋平公元年，楚康王三年**

晋败楚师于湛阪（河南平顶山市北），侵及方城之外。

- **公元前 555 年　周灵王十七年，晋平公三年，齐灵公二十七年**

晋平公会诸侯伐齐，围临淄。焚西、南、东、北郭及申池林木，又攻其雍门（南门）、扬门（西北门）及东闾（东门）。

- **公元前 554 年　周灵王十八年，鲁襄公十九年**

鲁曲阜建西郛以防齐。又城武城（即南武城，今山东嘉祥县境）。

- **公元前 549 年　周灵王二十三年，楚康王十一年，郑简公十七年，齐庄公五年**

楚师伐郑以救齐，攻郑东门。

齐畏晋报复，求媚于周王，为之筑王城。

- **公元前 547 年　周灵王二十五年，楚康王十三年，郑简公十九年，陈哀公二十二年，蔡景侯四十五年**

楚、陈、蔡伐郑，至都城之梁门。

- **公元前 546 年　周灵王二十六年，宋平公三十年，晋平公十二年，齐景公二年，鲁襄公二十七年**

宋平公会晋、楚、齐、鲁……十二国诸侯，盟于宋都东北之蒙门。

- **公元前 544 年　周景王元年，齐景公四年，楚郏敖元年，晋平公十四年，卫献公三年，郑简公二十二年，曹武公十一年**

二月，齐人葬齐庄公于临淄北郭。

四月，楚葬楚康王于都西门之外，诸侯皆送至墓。

晋会齐、宋、卫、郑、曹、莒等诸侯城杞。

- **公元前 542 年　周景王三年，鲁襄公三十一年**

先，鲁襄公作楚宫于国。夏六月，襄公薨于是宫。可知仿他国宫室之举，已始于春秋，而非秦始皇所肇。时晋已有铜鞮之宫（在今山西沁县南二十四里）。

又《左传》襄公三十一年："缮完葺墙，以待宾客"。表诸侯待客之馆，亦以草覆墙头。

● **公元前 541 年　周景王四年，楚郏敖四年，晋平公十七年**

楚城犨（今河南鲁山县东南五十里）、栎（今河南禹县）、郏（今河南郏县）。

秦后子奔晋侯，为秦、晋通道而"造舟于河"（见《左传》昭公元年）。为最早有关浮桥之记载。

宋司马桓魋凿石室墓于铜山坛山西麓，为时三年，穴宽 6 米，进深倍之。（见《水经注》）

● **公元前 538 年　周景王七年，吴王余祭十年，楚灵王三年**

夏，楚合诸侯宋地盟，伐吴。楚筑城于钟离（今安徽凤阳市东北）、巢（今安徽巢县瓦埠湖南）、州来（今安徽凤台县）以备吴。

● **公元前 535 年　周景王十年，楚灵王六年**

楚灵王作章华之台，数年乃成。台高十丈，广十五丈。

● **公元前 534 年　周景王十一年，晋平公二十四年**

春，晋侯筑虒祁之宫（今山西曲沃县西南 49 里，新绛县南 6 里）。

● **公元前 533 年　周景王十二年，鲁昭公九年**

冬，鲁筑郎园。

● **公元前 532 年　周景王十三年，齐景公十六年，鲁昭公十年**

秋，鲁伐莒，凯旋献俘，首用牲人祭亳社。

● **公元前 530 年　周景王十五年，楚灵王十一年**

冬，楚城陈、蔡、不羹（东不羹在河南舞阳县西北，西不羹在襄城县南 20 里）。

● **公元前 524 年　周景王二十一年，宋元公八年，卫灵公十一年，陈惠公十年，郑定公六年**

五月壬午狂风，宋、卫、陈、郑四国都城皆大火。

● **公元前 523 年　周景王二十二年，楚平王六年**

楚城郏及州来。

● **公元前 521 年　周景王二十四年，宋元公十一年**

宋司马华费叛，宋元公修阳城及桑林之门（外城门）而守之。

● **公元前 519 年　周敬王元年，楚平王十年**

楚城郢以备吴。邾人城翼（今山东邹县东北）。

● **公元前 517 年　周敬王三年，楚平王十二年**

十一月，楚平王筑城于州屈（今安徽凤阳市西）、丘皇（今河南信阳市）。筑郭于巢（今安徽瓦埠湖南）、卷（今河南叶县南）。

● **公元前 516 年　周敬王四年，齐景公三十二年**

齐景公好治宫室，为高台深池，聚犬马，厚赋敛。

● **公元前 514 年　周敬王六年，鲁昭公二十八年**

鲁自郓（山东郓城县）迁于乾侯（今河北成安县东南）。

● **公元前 513 年　周敬王七年，晋顷公十三年**

冬，晋赵鞅、荀寅帅师城汝滨（今河南鲁阳县与嵩县附近）。

● **公元前 512 年　周敬王八年，楚昭王四年**

楚城夷（即城父，今安徽亳县东南）以处徐子。

● **公元前 510 年　周敬王十年，晋定公二年，齐景公三十八年，宋景公七年，卫灵公二十五年，郑献公四年，曹襄公五年**

十一月，晋合齐、宋、卫、郑、曹、莒、薛、杞、小邾诸侯，应周天子之请，城成周。

- **公元前 509 年　周敬王十一年，晋定公三年，鲁定公元年**

正月，诸侯筑成周，三旬而毕。

九月，鲁立炀公之宫。

- **公元前 508 年　周敬王十二年，鲁定公二年**

五月，鲁宫雉门及两观灾。

十月，新作雉门及两观。

- **公元前 507 年　周敬王十三年，鲁定公三年**

鲁名匠公输般生。

- **公元前 504 年　周敬王十六年，晋定公八年，楚昭王十二年，鲁定公六年**

王子朝余党作乱。晋出兵助周戍守，并为周筑城于胥靡（今河南偃师县东南）。冬，鲁城郓中子城。

楚以屡败于吴，自郢迁都于鄀（今湖北宜城县东南）。

- **公元前 498 年　周敬王二十二年，鲁定公十二年**

鲁定公用司寇孔丘言，堕叔孙氏之郈（今山东东平县东）、季氏之费（山东鱼台县西南）及孟孙氏之成（今山东宁阳县北），史称“堕三都”。后仅堕其前二城。

- **公元前 496 年　周敬王二十四年，鲁定公十四年**

鲁城莒父（今山东莒县）及霄。

- **公元前 495 年　周敬王二十五年，鲁定公十五年**

五月壬申，鲁定公薨于高寝。冬，城漆（今山东邹县北）。

- **公元前 492 年　周敬王二十八年，鲁哀公三年**

夏五月辛卯地震，鲁公宫、桓庙、僖庙灾。

- **公元前 491 年　周敬王二十九年，鲁哀公四年**

夏，鲁城曲阜西郭。六月辛丑，亳社灾。

- **公元前 490 年　周敬王三十年，鲁哀公五年**

春，鲁城毗。

- **公元前 488 年　周敬王三十二年，鲁哀公七年，曹伯阳十四年**

春，鲁城邾瑕。

曹伯筑黍丘（今河南夏邑县西南），揖丘（今山东曹县境），大城（今山东荷泽市境），钟、邗（均在今山东定陶县境）五城。

- **公元前 486 年　周敬王三十四年，吴王夫差十年**

吴欲伐齐，进而称霸中原，是年秋筑城于邗（今江苏扬州市西）。又开邗沟（并名邗溟沟、中渎水、渠水）引长江水，以通漕运。是为我国最早之运河。

- **公元前 483 年　周敬王三十七年，郑声公十八年**

郑为宋平、元公族人城嵒、戈（今河南杞县境）、锡（今河南封丘县黄池）以居。

- **公元前 479 年　周敬王四十一年，鲁哀公十六年**

孔子卒（公元前 551—前 479 年），享年 72 岁。

战国（公元前 475—前 221 年）

- **公元前 475 年　周元王元年，越王勾践二十二年**

越灭吴，于秣陵长干里（今江苏南京市中华门外）筑越城以图楚。

- **公元前 468 年　周贞定王元年，越王勾践二十九年**

越徙都琅琊（今山东胶南县琅琊台西北）。

- **公元前 467 年　周贞定王二年，鲁哀公二十八年**

鲁工师公输班卒。班有巧思，曾造攻城云梯等器械。

- **公元前 464 年　周贞定王五年，晋出公十一年**

晋师围郑，入南里，袭郑都桔柣之门。

- **公元前 461 年　周贞定王八年，秦厉公十六年**

秦堑河旁（即沿黄河岸作防御壕沟）。又补庞戏城。

- **公元前 458 年　周贞定王十一年，赵襄子十八年**

赵简子卒，为冢积炭深一丈，垒木厚八尺，下为流泉。

- **公元前 451 年　周贞定王十八年，秦厉公二十六年**

秦左庶长筑城南郑（今陕西汉中市），置县。

- **公元前 433 年　周考王八年**

曾侯乙建墓于今湖北随县擂鼓墩。墓中积炭逾六万公斤，填青膏泥厚 10～30 厘米，随葬品万余件。

- **公元前 425 年　周威烈王元年，晋幽公九年**

晋赵浣立为献侯，徙都中牟（今河南鹤壁市西）。

- **公元前 422 年　周威烈王四年，秦灵公三年**

秦作上畤以祭黄帝，作下畤以祭炎帝。

- **公元前 421 年　周威烈王五年，鲁元公八年**

鲁取葭密（今山东荷泽县西北），城之。

- **公元前 419 年　周威烈王七年，魏文侯六年**

魏城少梁（今陕西韩城县西南）。

- **公元前 417 年　周威烈王九年，魏文侯八年，秦灵公八年**

魏再修大梁。秦濒黄河筑堑以为工事。

- **公元前 415 年　周威烈王十一年，秦灵公十年**

秦补庞城，修籍姑城。

- **公元前 411 年　周威烈王十五年，晋烈公九年**

晋赵氏筑平邑城。

- **公元前 409 年　周威烈王十七年，魏文侯十六年**

魏攻秦，筑临晋（即王城，今陕西大荔县东南）、元里（今陕西澄城县东南）。

- **公元前 408 年　周威烈王十八年，魏文侯十七年，秦简公七年，郑儒公十五年**

魏伐秦，尽取其河西地，筑洛阴（今陕西大荔县西南）及郃阳（亦称合阳，位于今陕西合阳县东南）二城。秦退守洛水，沿河作防御工事，并修重泉（今陕西蒲城县东南）城。

郑城京。

- **公元前 404 年　周威烈王二十二年，晋烈公十六年，齐康公元年**

晋军攻入齐长城（西起防门——今山东肥城县西北，东至琅琊濒海）。

- **公元前 403 年　周威烈王二十三年，韩景侯六年，赵烈侯六年，魏文侯二十二年**

周王正式册命韩虔、赵籍、魏斯为诸侯，史称“三家分晋”。韩、魏围赵城，灌水淹城，不没者仅三版。

魏西门豹为邺令，凿水渠十二条，引漳水溉田。

- **公元前 393 年　周安王九年，魏文侯三十二年**

魏伐郑，筑酸枣（今河南延津县西南）城。

- **公元前 386 年　周安王十六年，赵敬侯元年**

赵自牟迁都邯郸。

- **公元前 385 年　周安王十七年，魏武侯二年**

魏修建洛阳（陕西大荔县西南）、安邑（山西夏县西北禹王村）、王垣（山西垣曲县东南）诸城。

- **公元前 384 年　周安王十八年，秦献公元年**

秦“止从死”（废除殉人制）。

- **公元前 383 年　周安王十九年，秦献公二年，赵敬侯四年**

秦起栎阳（今陕西富平县东南）城，并自泾阳（陕西泾阳县西）迁都于此。

赵筑刚平（河南清丰县西南）城。

- **公元前 382 年　周安王二十年，楚悼王二十年**

吴起奔楚，任令尹，为楚变法，国大治。又筑楚都郢（湖北江陵县西北）。

- **公元前 379 年　周安王二十三年，秦献公六年**

秦初置蒲（今山西隰县西北）、蓝田（今陕西蓝田县西）、善、明氏诸县。

越自琅琊迁都吴（今江苏苏州市）。

- **公元前 377 年　周安王二十五年，楚肃王四年**

楚筑杆关（今湖北宜昌市西）以拒蜀。

- **公元前 375 年　周烈王元年，韩哀侯二年，郑康公二十年**

韩灭郑，并其国，徙都于郑（今河南新郑县）。

- **公元前 374 年　周烈王二年，秦献公十一年**

秦置栎阳县（今陕西富平县东南）。

- **公元前 369 年　周烈王七年**

中山国筑长城。

- **公元前 368 年　周显王元年，赵成侯七年，齐威王十一年**

赵攻齐，至齐长城。

- **公元前 367 年　周显王二年，秦献公十八年**

秦栎阳雨金，献公以为瑞。故于栎阳作畦畤而祀白帝。

- **公元前 361 年　周显王八年，魏惠王十年，秦孝公元年，燕文公元年**

魏自安邑（今山西夏县西北）迁都大梁（今河南开封市）。

燕还都易，又于都西另建新城毗联。

- **公元前 360 年　周显王九年，魏惠王十一年**

魏凿运河，引黄河水入圃田（古大湖泊，今河南中牟县西），又由此开渠灌田。

蜀自岷山导青衣江水合沫水（今大渡河）。

- **公元前 359 年　周显王十年，秦孝公三年，韩哀侯十二年**

秦伐韩，城殷（今河南武陟县东南）。

- **公元前 358 年　周显王十一年，魏惠王十三年，楚宣王十二年**

魏将龙贾筑长城于西疆，北起卷（今河南原阳县西），南至密（今河南密县东北）以备秦。

楚伐魏，决黄河水灌长垣（今河南长垣县东北）以外地。

- **公元前 355 年　周显王十四年，韩昭侯四年**

韩于亥骨以南筑长城。

- **公元前 354 年　周显王十五年，赵成侯二十一年，卫成侯八年，秦孝公八年，韩昭侯五年**

赵攻卫，取漆（今河南长垣县西北）及富丘，并就地筑城。

秦伐韩，取上枳、安陵（今河南鄢陵县北）及山氏（今河南新郑县东北），亦均为城。

● **公元前352年　周显王十七年，魏惠王十九年**

魏扩拓北洛水堤为长城，南起郑（今陕西华县），越渭水，依洛水东岸至今洛川西北。又塞固阳。

● **公元前351年　周显王十八年，秦孝公十一年**

秦于商（今陕西丹凤县西南）筑关塞。

● **公元前350年　周显王十九年，齐威王二十九年，秦孝公十二年**

齐再筑长城，西起黄河畔之防门（今山东平阴县东北），东行经五道岭及泰山西北麓，穿泰沂山区，至滨海之琅琊（今山东胶南县小朱山）。

秦作咸阳，筑冀阙，徙而都之。筑咸阳宫，北临渭水，宫馆阁道相连三十余里。

又并诸小乡集为大县，为县四十有一。

● **公元前339年　周显王三十年，魏惠王三十二年**

魏于大梁（今河南开封市）北郭凿大沟，引圃田之水，是为战国鸿沟之北段。

● **公元前337年　周显王三十二年，秦惠文王前元元年**

蜀人朝秦。表明秦、蜀之间已有途可通。即当时可能已构有早期之栈道。

● **公元前335年　周显王三十四年，赵肃侯十五年**

赵为肃侯建寿陵。帝王墓称陵始于此。

● **公元前334年　周显王三十五年，韩昭侯二十五年**

韩昭侯作“高门”。

● **公元前333年　周显王三十六年，赵肃侯十七年**

赵于漳水、滏水（今滏阳河）间作长城，南起今河北武安县西南，沿漳水东南行，至今磁县西南，再折东北至今肥乡县南。此乃赵之南长城，用以御齐、魏。

● **公元前324年　周显王四十五年，秦惠文王后元元年**

秦筑上郡塞。

● **公元前316年　周慎靓王五年，秦惠文王后元九年**

秦王遣司马错伐蜀，灭之。此为规模较大之军事行动，其军行粮运为数可观，自非崎岖羊肠小道所能胜任。故以为秦、蜀间栈道之大创，应在该役之前后。然路线之数量及位置尚不明了。

● **公元前315年　周慎靓王六年**

周慎靓王卒，赧王立。自成周（今河南洛阳市白马寺东）西徙都于王城（今洛阳市内王城公园一带）。

● **公元前301年　周赧王十四年，齐湣王二十三年，秦昭襄王六年，魏哀王十八年，韩襄王十一年，楚怀王二十八年**

齐、魏、韩合兵攻楚，至方城。

蜀侯大军反，秦王又遣司马错定之。表明此时至蜀道路已相当畅通。四大栈道可能均已建成。

● **公元前300年　周赧王十五年，赵武灵王二十六年**

赵筑北境长城，自代旁阴山下，至于高阙（今内蒙古杭锦后旗北）。

● **公元前295年　周赧王二十年，赵惠文王四年**

赵公子成等围主父（武灵王）于沙丘宫三月余，主父饿死。

● **公元前275年　周赧王四十年，魏安厘王二年**

秦围大梁（大梁城高七仞——一仞合四尺）。

● **公元前262年　周赧王五十三年，楚考烈王元年**

楚春申君黄歇子假君宫（苏州），前殿东西17丈5尺，南北15丈7尺，堂高4丈，霤高8尺。殿屋东西15丈，南北10丈2尺7寸，霤高1丈2尺。库东乡屋南北40丈8尺，南乡屋东西64丈7尺，西乡屋南北42丈9尺。

● **公元前 256 年　周赧王五十九年**

秦军入成周，东周王朝灭。

● **公元前 251 年　秦昭王五十六年**

秦蜀守李冰于今四川灌县凿离堆，导岷水，修都江堰。

● **公元前 246 年　秦王政（始皇帝）元年，韩桓惠王二十七年**

秦使韩水工郑国于泾、洛水间开渠三百余里，引水溉关中田四万余顷，农作丰收，秦因以富强。名渠曰：郑国渠。

● **公元前 241 年　秦王政六年，楚考烈王二十二年**

楚避秦，迁都寿春（今安徽寿县，命曰郢）。

● **公元前 238 年　秦王政九年**

长信侯嫪毒作乱，平之。徙其下有罪者四千余家之蜀。其入蜀当循栈道。

● **公元前 237 年　秦王政十年**

平嫪毒之乱后，秦王迎太后自雍入咸阳，复居甘泉宫。

● **公元前 230 年　秦王政十七年，韩王安九年**

灭韩。

● **公元前 225 年　秦王政二十二年，魏王假三年**

灭魏。

● **公元前 222 年　秦王政二十五年，赵代王嘉六年，楚王负刍六年**

灭赵、楚。

● **公元前 221 年　秦王政二十六年，燕王喜三十四年**

灭燕。

● **公元前 220 年　秦王政二十七年，齐王建四十五年**

灭齐。统一天下。

秦

● **公元前 220 年　秦始皇二十七年**

于渭南筑信宫（称“极庙”），于甘泉（今陕西淳化县西北）起甘泉宫。修甬道通咸阳。建咸阳跨渭水横桥，以通两岸宫室。桥广六丈（16.6 米），南北二百八十步（464.5 米），共六十八间，八百五十柱，二百一十二梁。

筑驰道，道广五十步，道旁每三丈植树，道下隐以金锥。

建鸿台，高四十丈，上起楼观（后因火毁于汉惠帝四年）。

● **公元前 219 年　秦始皇二十八年**

登泰山，游东海，作琅琊台，并刻石颂功。

命史禄于今广西兴安境内之湘、漓水间，开凿运河灵渠（渠长 70 里，宽三步）以运粮。

● **公元前 215 年　秦始皇三十二年**

始皇北巡，之碣石。今辽宁绥中县“姜女石”有秦代碣石离宫，当建于是时之稍早。

该宫由三座离宫建筑组成，沿渤海海岸一字排开，而以位于居中之石碑地宫殿为主体。此宫依山面海，中心建筑之大平台正对海中三座礁石，其侧、后为秦王寝宫居室及服务建筑，皆由众多大小不等之庭院作不对称式组合而成。总面积达 30 万平方米。其他二区离宫建筑规模较小，且破坏较多。其于北端之止锚湾处者，建筑建于伸入海内之高岬上，景观亦佳。

此离宫至少在西汉仍被沿用。

● **公元前 214 年　秦始皇三十三年**

蒙恬北击匈奴，收河套地，置县四十四。又连接旧时燕、赵、秦长城，东起辽东（今辽宁辽阳市北），西迄临洮（今甘肃岷县），绵延万余里。

● **公元前 212 年　秦始皇三十五年**

命蒙恬修直道，北自九原（今内蒙古包头市西北），南止于云阳（今陕西淳化县西北），凿山湮谷，全长一千八百里。

于咸阳渭水南建上林苑及朝宫阿房宫前殿。殿东西广五百步，南北进深五十丈，上可坐万人，下建五丈旗。销天下兵器铸铜人十二立宫前，各重二十四万斤。又以磁石为门，以杜私藏兵器者。

续建骊山陵，掘地及泉，致铜为椁，墓中筑城辟隧，内成观游。又以水银注为江湖河海，设机转运。陵置陵墙、门阙、祭殿、陪葬墓、吏舍及随葬兵马俑、车坑多处，规模宏巨。

● **公元前 210 年　秦始皇三十七年**

始皇卒，葬骊山陵。殉二世所杀诸公子、公主及工匠甚众。

● **公元前 209 年　秦二世元年**

复作阿房宫，并为兔园。幸望夷宫（位于咸阳市东南八里）。

● **公元前 206 年　秦王子婴元年**

项羽屠咸阳，杀秦降王子婴及诸公子，烧咸阳宫室府署，火三月不灭。咸阳从此残破。又掘骊山陵。

汉

● **公元前 206 年　西汉高祖（刘邦）元年**

刘邦赴汉中就汉王位，途中烧绝栈道，以示无归意。

● **公元前 205 年　西汉高祖二年**

汉王至荥阳，筑甬道至敖仓（在荥阳北，临河）以取粟。又缮治河上塞御匈奴。

汉军引水灌废丘（今陕西兴平县）。

冬，立黑帝祠，名曰：北畤。以后遂有五帝之祀。

● **公元前 202 年　西汉高祖五年**

垓下之战，楚军全灭。汉王取得天下，都洛阳。置酒洛阳南宫宴群臣。

● **公元前 200 年　西汉高祖七年**

因渭南秦离宫兴乐宫建长乐宫，宫成。二月，迁都长安。

仿建故居丰邑于今陕西临潼，以居太上皇。将作大匠胡宽主其事。

萧何为刘邦建未央宫于长乐宫西。置前殿、东阙、北阙。又建武库于未央、长乐宫间。

诏天下立灵星祠，以祀后稷。

● **公元前 195 年　西汉高祖十二年**

五月，刘邦崩于长乐宫，葬长陵。

● **公元前 194 年　西汉惠帝（刘盈）元年**

正月，始筑长安城。

立高祖庙于长安城西安门内东太常街南，置铜钟十枚。又于渭水北建高庙，谓之“原庙”。

并诏天下郡国诸侯各立高祖庙以祀。

● **公元前 192 年　西汉惠帝（刘盈）三年**

春，发长安境内六百里男女十四万六千人筑长安城，三十日罢。

● **公元前 190 年　西汉惠帝五年**

正月，再发长安六百里内男女十四万五千人筑长安城，三十日罢。九月，长安城成。城平面为不规则之矩形，周垣长四十九里。置城门十二，每面三门，门外有濠。架石梁以渡。城内建八街九陌、三庙九府、九市、一百六十闾里。

● **公元前 189 年　西汉惠帝六年**

起长安西市，修敖仓。

● **公元前 188 年　西汉惠帝七年**

八月，惠帝崩于未央宫，葬安陵。

建惠帝庙于长安城中高祖庙后。

● **公元前 182 年　西汉吕后六年**

始作长陵邑（今陕西咸阳市怡魏村一带），其南垣共长陵北垣。邑平面呈矩形，周长十三里。南、北、西墙各辟一门。邑内置官署、市场、坊里。人口五万余户，约十八万人。

● **公元前 180 年　西汉吕后八年**

七月，吕后崩于未央宫，合葬于高祖长陵。

● **公元前 176 年　西汉文帝前元四年**

九月，诏于长安城南作顾成庙（文帝庙）。

● **公元前 173 年　西汉文帝前元七年**

未央宫东阙罘罳灾。帝遣将吏，发卒以治边塞。

● **公元前 171 年　西汉文帝前元九年**

初置霸陵邑于陵北十里。

● **公元前 165 年　西汉文帝前元十五年**

做渭阳五帝庙于长安西北，一宇五殿。庙临渭，其北穿蒲池沟水。

又于长门亭外立五帝坛。

● **公元前 157 年　西汉文帝后元七年**

六月，文帝崩于未央宫，葬霸陵。因山为藏，不起坟。

● **公元前 152 年　西汉景帝前元五年**

春正月，建阳陵邑（今陕西高陵县马家湾一带）于阳陵东二里。三月，作阳陵、渭桥。夏五月，募民徙阳陵，户赐钱二十万。守陵居民多迁自关东。

● **公元前 145 年　西汉景帝中元五年**

春三月，自起庙德阳宫。

● **公元前 141 年　西汉景帝后元三年**

成都学官造石室，设孔子及七十二弟子像。

春正月，景帝崩，葬阳陵。

● **公元前 139 年　西汉武帝建元二年**

四月初置茂陵邑（今陕西长安县西北）。

● **公元前 138 年　西汉武帝建元三年**

作长安西渭桥（即便门桥）。

● **公元前 132 年　西汉武帝元光三年**

起龙渊庙（武帝庙）于茂陵西。

● **公元前 130 年　西汉武帝元光五年**

夏，发巴蜀军民治南夷道。又发卒万人治雁门险阻。

● **公元前 129 年　西汉武帝元光六年**

春，穿漕渠通渭，自长安附近引渭水至潼关入黄河。由水工徐伯测量定位，役工数万人，三年乃成。溉田七十万亩。

- **公元前 127 年　西汉武帝元朔二年**

卫青率师出云中，取河套南地，筑朔方。复缮修秦时蒙恬所建塞。夏，徙民十万口居朔方。又迁郡国豪杰及赀三百万以上者守茂陵。

- **公元前 122—前 117 年　西汉武帝元狩年间**

筑金城郡令居县以西边城，至酒泉郡。

于陕南开褒斜道，沿褒水、斜水河谷山崖构栈道，全长五百余里。

元狩三年，开昆明池，以习水战。池周围二十余里，东通漕渠及明渠，以引水于京师。后建池为苑囿，起凌波殿七间于水中，以桂木为柱。临池又刻石为鲸鱼及牛郎、织女之像。

发卒万人开龙道渠，自冯翊引洛水溉重泉（今陕西蒲城县东南）。因途中岸易崩，乃凿竖井，井下掘暗渠相通，形成地下之引水道，是为后世“坎儿井”之最早形式。

- **公元前 117 年　西汉武帝元狩六年**

霍去病殁，葬兴平，以其墓象祁连山。并置石虎，羊、马等石象生，为已知汉墓中之首见。

- **公元前 116—前 105 年　西汉武帝元鼎、元封年间**

建酒泉郡至玉门关间亭、燧、塞、障。

- **公元前 115 年　西汉武帝元鼎二年**

春，于甘泉宫作柏梁台，台高五十丈。又以铜铸仙人掌及承露盘。

- **公元前 114 年　西汉武帝元鼎三年**

徙函谷关于今河南新安县南。正月，阳陵陵园灾。

- **公元前 113 年前后　西汉武帝元鼎四年前后**

中山靖王刘胜及其妃窦绾于河北满城建大型崖墓。四年十一月，立后土祠于汾阳。

- **公元前 110 年　西汉武帝元封元年**

帝自泰山复东巡海上，至碣石。又自辽西历北边归于甘泉。

- **公元前 109 年　西汉武帝元封二年**

武帝广益宫室，作甘泉前殿、飞廉馆、桂观、延寿观。又作通天台、竹宫以迎仙人。起招仙台于明光宫北。

作明堂于汶上，木柱而无四壁，覆以茅顶，四面通水。又环绕宫墙为复道。

穿六辅渠，以溉原郑国渠周旁之高仰田地。

- **公元前 105 年　西汉武帝元封六年**

春，作上郡首山宫。夏，纵京师民观角觝于平乐馆。

- **公元前 104—前 101 年　西汉武帝太初年间**

筑酒泉郡至居延海间边城。

- **公元前 104 年　西汉武帝太初元年**

于长安城西垣外作建章宫，建高楼崇阁、千门万户。著名建筑有神明台、井干楼……。与未央宫间以阁道凌越都西垣相通。夏，筑塞外受降城。

- **公元前 102 年　西汉武帝太初三年**

强弩都尉路博德筑居延边城。

光禄卿徐自为筑五原塞外列城，西北至卢朐。将长城拓至阴山以北。

- **公元前 101 年　西汉武帝太初四年**

起明光宫于长乐宫北。

- **公元前 100—前 97 年　西汉武帝天汉年间**

筑敦煌郡至盐泽边塞。后又向西扩展，即自白龙堆经昌蒲海至库鲁克塔格山南之亭障。天汉四年春，朝诸侯王于甘泉宫。

● **公元前 96 年　西汉武帝太始元年**

徙郡国吏民豪杰于茂陵。

● **公元前 95 年　西汉武帝太始二年**

穿白渠。起谷口（今陕西淳化县北），终于栎阳（今陕西临潼县东北），长二百余里。引泾水入于渭水，溉田四千五百余顷。

● **公元前 87 年　西汉武帝后元二年**

正月，朝诸侯于甘泉宫。

二月，武帝崩于五柞宫。六月，葬茂陵（今陕西兴平县东北，在长安西北 80 里）。

● **公元前 86 年　西汉昭帝始元元年**

追尊赵倢伃为皇太后，为起云陵园庙于云阳。秋七月，大雨，渭桥绝。

● **公元前 84 年　西汉昭帝始元三年**

秋，募民徙守云陵，赐钱田宅。

● **公元前 83 年　西汉昭帝始元四年**

六月，徙三辅富人守云陵，赐钱户十万。

● **公元前 79 年　西汉昭帝元凤二年**

夏四月，帝自建章宫徙未央宫，大置酒。

● **公元前 78 年　西汉昭帝元凤三年**

罢中牟苑，赋贫民。

● **公元前 77 年　西汉昭帝元凤四年**

五月，孝文庙正殿灾。

● **公元前 75 年　西汉昭帝元凤六年**

春正月，募郡国徙筑辽东玄菟城。

● **公元前 74 年　西汉昭帝元平元年**

夏四月，昭帝崩于未央宫，六月葬平陵。

● **公元前 73 年　西汉宣帝本始元年**

正月，募郡国吏民赀百万以上者，徙平陵。

● **公元前 65 年　西汉宣帝元康元年**

春，以杜东原上为初陵，更名杜具为杜陵。

徙丞相、将军、列侯、吏二千石赀百万者守杜陵。

● **公元前 49 年　西汉宣帝黄龙元年**

十二月，昭帝崩，葬杜陵（在长安南 50 里）。

● **公元前 46 年　西汉元帝初元三年**

茂陵白鹤馆灾。

● **公元前 40 年　西汉元帝永光四年**

诏初陵（元帝寿陵）勿置陵邑。杜陵东阙灾。

十月，罢祖宗庙在郡国者。

● **公元前 33 年　西汉元帝竟宁元年**

五月，元帝崩，葬渭陵（在长安北 56 里）。

● **公元前 19 年　西汉成帝鸿嘉二年**

夏，徙郡国豪杰赀五百万以上五千户于昌陵。又赐丞相、御史、将军、列侯、公主、中二千石等冢地、第宅于昌陵。

● **公元前 16 年　西汉成帝永始元年**

七月，罢昌陵，并止徙吏民。

● **公元前 13 年　西汉成帝永始四年**

四月，长乐宫临华殿、未央宫东司马门皆灾。

六月，霸陵园门阙灾。

● **公元前 7 年　西汉成帝绥和二年**

三月，成帝崩，葬延陵（在陕西扶风县，距长安 62 里）。

● **公元前 4 年　西汉哀帝建平三年**

正月，皇太后所居桂宫正殿火。

● **公元前 1 年　西汉袁帝元寿二年**

六月，哀帝崩。十月，葬义陵（在长安北 46 里）。

● **公元前后。**

茂陵富人袁广汉园宅，东西四里，南北五里。园中构石为山，引水为池。又积沙为洲，广畜珍禽奇兽，名花异木。宅第堂榭周回，竟日不能遍涉。

● **公元元年　西汉平帝元始元年**

罢明光宫及三辅驰道。

● **公元 2 年　西汉平帝元始二年**

罢安定呼池苑。又起五里于长安城中，宅二百区以居贫民。

● **公元 3 年　西汉平帝元始三年**

王莽奏立明堂、辟雍、灵台。又为学子筑舍万区。作市常满仓。

● **公元 5 年　西汉平帝元始五年**

通子午道，从杜陵直绝南山径汉中。

十二月，平帝崩。葬康陵。

● **公元 9 年　新朝王莽始建国元年**

改长安城诸城门及宫殿名。如改长安为常安，长乐宫为长乐室，未央宫为寿成堂，前殿为王路堂，明光宫为定安馆（以居定安太后），横门为朔都门，安门为光礼门等。

● **公元 10 年　新朝王莽始建国二年**

莽兴神仙事，起八风台于宫中，费赀万金。

● **公元 20 年　新朝地皇元年**

拆建章、承光、包阳、犬台、储元宫及平乐、当路、阳禄馆凡十余所之殿阙材瓦，起九庙于长安南郊。内中最大之黄帝庙，垣方四十丈，高十七丈。余庙半之，制度甚盛。九庙殿皆重檐。又施具金、银文饰之铜斗栱，穷极工巧。功费数百巨万，卒徒死者万数。

● **公元 22 年　新朝地皇三年**

正月，九庙成。

二月癸巳夜，长安霸桥灾。火自东方西行，数千人以水沃之不灭，至甲午夕，桥尽火灭。由此知霸桥之主要结构为木构。

● **公元 23 年　新朝地皇四年**

九月，义军入长安，杀王莽于未央宫沧池渐台。

李松奉引车，马奔触洛阳北阙之铁柱门，三马皆死。

- **公元 25 年　东汉光武帝建武元年**

六月，光武帝刘秀即帝位。十月，定都洛阳。

- **公元 26 年　东汉光武帝建武二年**

正月壬子，起高庙，建社稷于洛阳，立郊兆于城南。

是月，赤眉焚西京宫室、市里，长安为墟。又发掘宗庙园寝，惟霸陵、杜陵完。

- **公元 29 年　东汉光武帝建武五年**

七月，诏修复西京园寝。

十月，初起太学（在洛阳开阳门外，去宫八里。讲室长十丈，广三丈）。

- **公元 30 年　东汉光武帝建武六年**

六月，诏天下并省县四百余，减损吏职，十去其一。

- **公元 34 年　东汉光武帝建武十年**

诏屯兵北边，复筑亭堠，修烽燧。

- **公元 36 年　东汉光武帝建武十二年**

四川梓潼县建李业阙。是为现存最早之汉石阙。

十二月，遣骠骑大将军杜茂将众屯北边，筑亭堠，修烽燧。

- **公元 38 年　东汉光武帝建武十四年**

春正月，洛阳南宫起前殿。

- **公元 43 年　东汉光武帝建武十九年**

十二月，修西京宫室。

- **公元 46 年　东汉光武帝建武二十二年**

以匈奴北遁，乃诏罢诸边郡亭堠吏卒，边塞始废。

- **公元 50 年　东汉光武帝建武二十六年**

山东金乡建朱鲔石祠。帝初做寿陵。

- **公元 56 年　东汉光武帝建武三十二年，中元元年**

初起明堂、灵台、辟雍及北邻兆域于洛阳。

- **公元 57 年　东汉光武帝中元二年**

二月，光武帝崩于洛阳南宫前殿，葬原陵（洛阳东南 15 里）。

- **公元 60 年　东汉明帝永平三年**

图中兴功臣二十八人于南宫云台。又大作北宫及诸官府。

- **公元 61 年　东汉明帝永平四年**

开褒斜道口谷七盘山石门（为长 13.4 米，宽 5.5 米，高 6.2 米隧道）。

- **公元 63 年　东汉明帝永平六年**

褒斜道全线开通，总长二百五十八里。有桥阁六百三十二间，大桥五座，邮亭驿站及官舍六十四所，用工七十六万六千有余。

- **公元 65 年　东汉明帝永平八年**

十月，北宫成。

- **公元 67 年　东汉明帝永平十年**

郎中蔡愔等于西域迎天竺僧摄摩腾、竺法兰及佛像、经书返回洛阳，居鸿胪寺。是为佛教正式传入中国之记载。

- **公元 68 年　东汉明帝永平十一年**

为摄摩腾等建白马寺于洛阳城西，为我国最早之佛寺。

- **公元 69 年　东汉明帝永平十二年**

遣乐浪人王景与将作谒者王吴修汴渠堤，自荥阳东至千乘海口，共千余里。每十里立水门一座。次年四月，渠成，河、汴分流。

- **公元 71 年　东汉明帝永平十四年**

初作寿陵。

- **公元 72 年　东汉明帝永平十五年**

三月，帝至曲阜，访孔子旧宅，祠孔子及七十二弟子。登讲台，命皇太子、诸王说儒法。

- **公元 75 年　东汉明帝永平十八年**

八月，明帝崩于东宫前殿，葬显节陵（在洛阳西北 37 里）。

- **公元 76 年　东汉章帝建初元年**

七月，诏以上林苑田赋与贫民。

- **公元 82 年　东汉章帝建初七年**

十月，帝巡狩至高陵，造舟桥于泾水而还。

- **公元 86 年　东汉章帝元和三年**

起山东平邑县皇圣卿阙。

- **公元 88 年　东汉章帝章和二年**

二月，章帝崩于章德前殿，葬敬陵（在洛阳东南 39 里）。

- **公元 93 年　东汉和帝永元五年**

自京师离宫果园、上林、广成囿悉以假贫民。

- **公元 102 年　东汉和帝永元十四年**

二月，诏修西海郡（今甘肃兰州市西）故城。

- **公元 103 年　东汉和帝永元十五年**

岭南贡鲜龙眼（荔），十里置一驿，五里置一候。

- **公元 105 年　东汉和帝永元十七年，元兴元年**

十二月，和帝崩于章德前殿，葬慎陵（在洛阳东南 41 里）。

- **公元 106 年　东汉殇帝延平元年**

殇帝崩于章德前殿，葬康陵（在洛阳东南 48 里）。

- **公元 107 年　东汉安帝永初元年**

帝好微行，于郊或露宿，起帷宫，皆用锦罽文绣。

于洛阳北宫以北起苑囿，抵于城北垣。

- **公元 109 年　东汉安帝永初三年**

四月，诏上林、广成苑可垦辟者，赋予贫民。

- **公元 116 年　东汉安帝元初三年**

筑冯翊北界堠五百所以备羌。

于蒲阳陂开三门行灌溉，成熟田数百顷。

- **公元 118—123 年　东汉安帝元初五年至延光二年**

建太室石阙于登封县中岳庙前。又建少室阙。始立六宗祀于洛阳西北。

- **公元 125 年　东汉安帝延光四年**

三月，安帝崩，葬恭陵（在洛阳西北 15 里）。

- **公元 129 年　东汉顺帝永建四年**

建郭巨石祠（山东历城孝堂山）。

● **公元 131 年　东汉顺帝永建六年**

九月，缮修太学，凡二百四十房，千八百五十室。

● **公元 132 年　东汉顺帝阳嘉元年**

起西苑，修饰宫殿。

十二月，恭陵百丈庑灾。

● **公元 135 年　东汉顺帝阳嘉四年**

马宪监作洛阳建春门石桥、石柱。

虞翊为武都太守，以“火烧法”除峡中障水流巨石。

● **公元 140 年　东汉顺帝永和五年**

令扶风（今陕西凤翔县）、汉阳（今甘肃甘谷县东）筑陇道坞三百所，置屯兵以备羌胡。

● **公元 141 年　东汉顺帝永和六年**

闰正月，羌人攻陇西及三辅，烧陵园。

● **公元 144 年　东汉顺帝汉安三年，建康元年**

八月，顺帝崩于玉堂前殿，葬宪陵（在汉洛阳西 15 里）。

● **公元 145 年　东汉冲帝永嘉元年**

正月，冲帝崩于玉堂前殿，葬怀陵（在汉洛阳西北 15 里）。

● **公元 146 年　东汉质帝本初元年**

六月，帝为大将军梁冀鸠于玉堂前殿，葬静陵（在汉洛阳东 32 里）。

● **公元 147 年　东汉桓帝建和元年**

石工孟季、孟卯建武氏祠（山东嘉祥县东南）。前置石狮，次为双阙，后建石祠。祠壁多刻画像石。据刻石文记，石阙值钱十五万，石狮值四万。

● **公元 148 年　东汉桓帝建和二年**

五月癸丑，北宫掖庭中德阳殿及左掖门火，帝移驻南宫。

● **公元 150 年　东汉桓帝和平元年**

三月，车驾徙幸北宫。

● **公元 155 年　东汉桓帝永寿元年**

六月，洛水坏鸿德苑。

● **公元 159 年　东汉桓帝延熹二年**

七月，初造显阳苑。

● **公元 161 年　东汉桓帝延熹四年**

正月，南宫嘉德殿、丙署火。

二月，武库火。五月，原陵长寿门火。

● **公元 162 年　东汉桓帝延熹五年**

正月，南宫丙署火。四月，恭陵东阙门火。虎贲掖门火。太学西门自坏。

五月，康陵园寝火。七月，南宫承善闼火。

● **公元 163 年　东汉桓帝延熹六年**

四月，康陵东署火。七月，平陵园寝火。

● **公元 165 年　东汉桓帝延熹八年**

正月，南宫千秋万岁殿火。四月，安陵园寝火。五月，南宫长秋合欢殿后钩楯、掖庭朔平署火。

十一月，德阳殿西阁黄门北寺火，延及广义、神虎门。

● **公元 167 年　东汉桓帝延熹十年，永康元年**

十二月，桓帝崩于德阳前殿，葬宣陵（在汉洛阳东南30里）。

● **公元170年　东汉灵帝建宁三年**

武都太守李翕于陕西洛阳析里江上，凿石架大木于百仞高崖，称“郙阁”，为阴平道上险要。

● **公元172年　东汉灵帝熹平元年**

建李刚石阙、石祠于黄水南。祠三间，高丈余，刻石为椽及屋面。施平天方井，四壁置画像石。

● **公元180年　东汉灵帝光和三年**

作罼圭、灵昆苑。

● **公元181年　东汉灵帝光和四年**

作列肆于后宫，使诸采女贩卖，更相窃贼斗争。帝着商贾服，饮宴游乐其间。又弄狗于西园。

● **公元185年　东汉灵帝中平二年**

二月，南宫大灾。烧灵台殿、乐成殿、北阙，西及嘉德、合欢殿。火半月乃灭。

造万金堂于西园，储公私钱币其中。

● **公元186年　东汉灵帝中平三年**

修洛阳南宫玉堂殿。又铸天禄、蛤蟆吐水于平门外桥东，转水入宫。作翻车、曲桶，用洒扫南、北郊路。

● **公元189年　东汉灵帝中平六年**

四月，灵帝崩于南宫嘉德殿，葬文陵（在洛阳西北二十里）。

● **公元190年　东汉献帝初平元年**

董卓胁献帝迁长安，烧洛阳宫寺民居，掘帝后陵寝，二百里内无复人烟鸡犬。

董卓筑郿坞（今陕西郿县北），号“万岁坞”。坞垣高厚七丈，周围一里百步，中积谷为三十年之储。又金银十余万斤，锦绮珍玩无数。

● **公元191年　东汉献帝初平二年**

二月，董卓掘洛阳诸帝陵。

● **公元193—195年　东汉献帝初平四年至兴平二年**

下邳（今江苏宿迁县西北）相（督广陵、下邳、彭城粮运）笮融大起浮屠祠于下邳。中为具相轮之木构多层塔，内置衣采之镀金铜佛。外有廊殿环绕之广庭。每浴佛，寺中可容人众三千许。此为我国以塔为中心之佛寺的最早正式记录。

● **公元196年　东汉献帝建安元年**

八月，帝自长安还洛阳，宫室全毁，百官均披荆棘，依断垣残壁间。

九月，曹操迁都于许。

● **公元198年　东汉献帝建安三年**

曹操围吕布于下邳。引泗、沂水灌城，擒吕布于白门楼（南门门楼）。

● **公元204年　东汉献帝建安九年**

曹操引淇水入白沟以通粮道。

● **公元209年　东汉献帝建安十四年**

建高颐石阙（今四川雅安县东），又有石狮及石碑。石阙仿木构形象，外观典雅华丽，居现存汉诸石阙之冠。

● **公元212年　东汉献帝建安十七年**

孙权于秣陵建石头城，徙治于此，改名建邺（今江苏南京市）。

● **公元210—215年　东汉献帝建安十五至二十年**

曹操建邺城（今河北临漳县西廿里）。其城作东西长之矩形，宫室、戚里、仓库、苑囿俱集中于城北一区，城南则为民居及部分官署。改变了过去帝王都城的格局。又于西垣上筑铜雀、金凤、冰井三台。

插　图　目　录

中国原始社会建筑插图目录

图 1-1　中国旧石器时代人类和主要文化遗址分布图
图 1-2　中国旧石器时代的各种生产工具及饰物
图 1-3　中国新石器时代主要遗址分布图
图 1-4　中国新石器时代经济发展分区示意图(《文物》1987 年第 3 期)
图 1-5　中国新石器时代文化多中心发展示意图(《文物》1986 年第 2 期)
图 1-6　中国新石器时代的各种生产工具（一）
图 1-7　中国新石器时代的各种生产工具（二）
图 1-8　中国新石器时代的各种生产工具（三）
图 1-9　中国新石器时代的各种生产工具（四）
图 1-10　中国新石器时代的各种陶器（一）
图 1-11　中国新石器时代的各种陶器（二）
图 1-12　中国新石器时代的装饰品
图 1-13　中国新石器时代的玉器（一）
图 1-14　中国新石器时代的玉器（二）
图 1-15　中国新石器时代的铜器
图 1-16　中国新石器时代的陶器装饰图案（一）
图 1-17　中国新石器时代的陶器装饰图案（二）
图 1-18　中国新石器时代的地面绘画(《文物》1986 年第 2 期)
图 1-19　中国新石器时代的人物石刻艺术
图 1-20　中国新石器时代的线刻艺术
图 1-21　中国新石器时代的陶塑人物艺术
图 1-22　中国新石器时代的乐器
图 1-23　中国新石器时代的文字符号
图 1-24-甲　中国史前城址分布示意图(《考古》1998 年第 1 期)
图 1-24-乙　山东地区龙山文化城址分布图(《文物》1996 年第 12 期)
图 1-25　山东章丘县龙山镇城子崖古城遗址平面示意图(《城子崖》中央研究院历史语言研究所 1934 年)
图 1-26　山东阳谷县景阳岗龙山文化城址平面图(《考古》1997 年第 5 期)
图 1-27　河南登封县王城岗古城遗址平面图(《文物》1983 年第 3 期)
图 1-28-甲　河南淮阳县平粮台古城遗址平面图(《文物》1983 年第 3 期)
图 1-28-乙　河南淮阳县平粮台古城南城门及门卫室平面图(《文物》1983 年第 3 期)
图 1-28-丙　河南淮阳县平粮台古城城内一号房址 F1 平面、剖面图(《文物》1983 年第 3 期)
图 1-29　湖南澧县城头山古城遗址平面图(《文物》1993 年第 12 期)

图 1-30-甲　湖北天门市石家河古城遗址平面图(《考古》1994 年第 7 期)
图 1-30-乙　湖北石首市走马岭古城遗址平面图(《考古》1994 年第 7 期)
图 1-31-甲　湖北江陵县阴湘古城遗址平面示意图(《考古》1997 年第 5 期)
图 1-31-乙　湖北公安县鸡鸣古城遗址平面示意图(《文物》1998 年第 6 期)
图 1-32　四川新津县宝墩古城遗址平面图(《中国文物报》1996 年 8 月 18 日)
图 1-33-甲　内蒙古凉城县老虎山古城址(《考古》1998 年第 1 期)
图 1-33-乙　内蒙古包头市威俊西古城址(《考古》1998 年第 1 期)
图 1-34　陕西西安市半坡村仰韶文化聚落遗址
图 1-35-甲　陕西西安市半坡仰韶文化聚落平面（一）(《西安半坡》)
图 1-35-乙　陕西西安市半坡仰韶文化聚落平面（二）(《西安半坡》)
图 1-36　陕西临潼县姜寨仰韶文化聚落平面（第一期文化遗存）(《姜寨》(上))
图 1-37　河南汤阴县白营龙山文化聚落平面(《考古学集刊》第三集 1983 年)
图 1-38-甲　浙江余姚市河姆渡原始聚落干阑建筑遗址平面（第四文化层）(《考古学报》1978 年第 1 期)
图 1-38-乙　浙江余姚市河姆渡文化遗址出土榫卯木构件(《考古学报》1978 年第 1 期)
图 1-39　江苏吴江县龙南村良渚文化聚落平面（下层）(《文物》1990 年第 7 期)
图 1-40　江苏吴江县龙南村良渚文化聚落平面（上层）(《文物》1990 年第 7 期)
图 1-41　内蒙古包头市大青山南麓红山文化聚落遗址分布示意图(《考古》1986 年第 6 期)
图 1-42　内蒙古包头市黑麻板红山文化聚落平面图(《考古》1986 年第 6 期)
图 1-43　安徽北部地区史前聚落遗址分布图(《考古》1996 年第 9 期)
图 1-44　安徽蒙城县尉迟寺新石器时代聚落遗址分布图(《考古》1996 年第 9 期)
图 1-45　江西万年县大源仙人洞新石器时代天然岩洞居址(《文物》1976 年第 12 期)
图 1-46　甘肃宁县阳坬遗址 F10 平、剖面图(《考古》1983 年第 10 期)
图 1-47　山西石楼县岔沟遗址 F5 平、剖面图(《考古学报》1985 年第 2 期)
图 1-48　山西石楼县岔沟遗址 F3 平、剖面图(《考古学报》1985 年第 2 期)
图 1-49　宁夏海源县菜园村林子梁遗址 F3 平、剖面图(《中国考古学会七届年会学术报告论文集》)
图 1-50　宁夏海源县菜园村林子梁遗址 F9 平面图(《中国考古学会七届年会学术报告论文集》)
图 1-51　陕西武功县赵家来村院落型窑洞遗址 F11 平面图（附 F1、F7）(《考古》1991 年第 3 期)
图 1-52　山西襄汾县丁村遗址 F3 及复原设想图(《考古》1993 年第 1 期)
图 1-53　陕西西安市沣西客省庄遗址二期文化 H98 平、剖面图(《沣西发掘报告》1962 年)
图 1-54　陕西西安市沣西客省庄遗址二期文化 H174 平面图(《沣西发掘报告》1962 年)
图 1-55　河南洛阳市偃师县汤泉沟 H6 复原(《建筑学考古论文集》)
图 1-56　陕西西安市客省庄遗址二期文化 H108 平面图(《沣西发掘报告》1962 年)
图 1-57　河南洛阳市涧西孙旗屯遗址袋形半穴居复原(《建筑学考古论文集》)
图 1-58　陕西西安市半坡仰韶文化建筑发展程序图表(《建筑学考古论文集》)
图 1-59　陕西西安市半坡仰韶文化 F37 复原(《建筑学考古论文集》)
图 1-60　陕西西安市半坡仰韶文化 F21 复原(《建筑学考古论文集》)
图 1-61　陕西西安市半坡仰韶文化 F41 复原(《建筑学考古论文集》)
图 1-62　陕西临潼县姜寨遗址二期文化 F114(《姜寨》（上）1988 年)

图 1-63　河南陕县庙底沟遗址 F302 复原(《建筑学考古论文集》)
图 1-64　陕西岐山县双庵龙山文化遗址 F2、F3(《考古学集刊》第三集，1983 年)
图 1-65　内蒙古赤峰市四分地东山嘴红山文化遗址 F6(《考古》1983 年第 5 期)
图 1-66　内蒙古伊金霍洛旗朱开沟二期文化遗址 F7007(《考古》1988 年第 6 期)
图 1-67　河北蔚县新石器时代居住遗址 F2(《考古》1981 年第 2 期)
图 1-68　吉林东丰县西断梁山新石器时代房屋遗址 F2(《考古》1991 年第 4 期)
图 1-69　江苏吴江县龙南新石器时代建筑遗址（87F2、87F5、87F6）(《文物》1990 年第 7 期)
图 1-70　江苏吴江县龙南新石器时代建筑遗址（88F1、88F4）(《文物》1990 年第 7 期)
图 1-71　陕西西安市半坡仰韶文化 F39 复原(《建筑学考古论文集》)
图 1-72　陕西西安市半坡仰韶文化 F25 复原(《建筑学考古论文集》)
图 1-73　陕西西安市半坡仰韶文化 F24 复原(《建筑学考古论文集》)
图 1-74　陕西临潼县姜寨遗址一期文化 F77(《姜寨》(上))
图 1-75　山西芮城东庄 F201 复原(《建筑学考古论文集》)
图 1-76　陕西西安市半坡仰韶文化 F6 复原(《建筑学考古论文集》)
图 1-77　陕西西安市半坡仰韶文化 F22 复原(《建筑学考古论文集》)
图 1-78　陕西西安市半坡仰韶文化 F29 平面(《西安半坡》)
图 1-79　陕西西安市半坡仰韶文化 F3 复原(《建筑学考古论文集》)
图 1-80　河南郑州市大河村 F1～F4 复原(《建筑学考古论文集》)
图 1-81　山东日照市东海峪龙山文化早期地面建筑遗址(《考古》1976 年第 6 期)
图 1-82　河南安阳市后岗遗址 F12(《考古学报》1985 年第 1 期)
图 1-83　湖北枝江县关庙乡大溪文化遗址 F22(《考古与文物》1986 年第 4 期)
图 1-84　江西修水县跑马岭新石器时代晚期建筑遗址 F1(《考古》1962 年第 7 期)
图 1-85　内蒙古伊金霍洛旗朱开沟二期文化遗址 F7006(《考古》1988 年第 6 期)
图 1-86　甘肃秦安县大地湾仰韶晚期建筑遗址 F405(《文物》1983 年第 11 期)
图 1-87　甘肃秦安县大地湾龙山文化建筑遗址 F901(《文物》1986 年第 2 期)
图 1-88　陕西西安市半坡仰韶文化 F1 复原(《建筑学考古论文集》)
图 1-89　陕西扶风县案板遗址仰韶文化晚期聚落“大房子”（93FAGNF3）平面图(《文物》1996 年第 6 期)
图 1-90　宁夏海源县菜园村林子梁新石器时代窑洞建筑遗址 F13 平、剖面（一）(《中国考古学会第七届年会学术报告论文集》1989 年)
图 1-91　宁夏海源县菜园村林子梁新石器时代窑洞建筑遗址 F13 剖面（二）(《中国考古学会第七届年会学术报告论文集》1989 年)
图 1-92　宁夏海源县菜园村林子梁新石器时代窑洞建筑遗址 F13“壁灯”痕迹(《中国考古学会第七届年会学术报告论文集》1989 年)
图 1-93　陕西临潼县姜寨半穴居式陶器作坊(《姜寨》(上))
图 1-94　山西太谷县白燕遗址（第二、三、四地点）窑洞式作坊 F504(《文物》1989 年第 3 期)
图 1-95　山西太谷县白燕遗址（第一地点）F2(《文物》1989 年第 3 期)
图 1-96　陕西西安市半坡遗址第三号陶窑（Y3）(《西安半坡》)
图 1-97　陕西临潼县姜寨遗址第一号陶窑（Y1）(《姜寨》(上))

图 1-98　辽宁敖汉旗小河沿四棱山红山文化遗址陶窑（Y1、Y3、Y6）（《文物》1977 年第 12 期）
图 1-99　河南陕县庙底沟二期文化一号陶窑（Y1）（《庙底沟与三里桥》1959 年）
图 1-100　山西襄汾县陶寺类型龙山文化早期陶窑遗址 Y315(《考古》1986 年第 9 期）
图 1-101　山西侯马市东呈王遗址新石器时代陶窑遗址(《考古》1991 年第 2 期）
图 1-102　山东章丘县龙山镇城子崖龙山文化陶窑遗址（A5）（《城子崖》）
图 1-103　浙江余姚市河姆渡文化聚落遗址水井(《考古学报》1978 年第 1 期）
图 1-104　浙江余姚市河姆渡文化聚落水井复原图(《建筑学考古论文集》）
图 1-105　河南汤阴县白营龙山文化聚落水井(《考古学集刊》第三集　1983 年）
图 1-106　陕西宝鸡市北首岭仰韶文化灰坑、窖穴(《宝鸡北首岭》）
图 1-107　陕西西安市半坡仰韶文化灰坑、窖穴(《西安半坡》）
图 1-108　陕西临潼县姜寨仰韶文化窖穴(《姜寨》（上））
图 1-109　甘肃永靖县大河庄齐家文化窖穴遗址(《考古学报》1974 年第 2 期）
图 1-110　陕西西安市半坡仰韶文化聚落畜栏遗址（F20、F40）（《西安半坡》）
图 1-111　陕西临潼县姜寨仰韶文化聚落畜栏遗址(《姜寨》（上））
图 1-112　江苏吴江县龙南新石器时代聚落埠头遗址(《文物》1990 年第 7 期）
图 1-113　甘肃武威市皇娘娘台齐家文化遗址卜骨(《文物》1959 年第 9 期）
图 1-114　内蒙古包头市大青山莎木佳红山文化祭祀遗址(《考古》1986 年第 6 期）
图 1-115　内蒙古包头市大青山阿善红山文化祭祀遗址(《考古》1986 年第 6 期）
图 1-116　浙江余杭县瑶山良渚文化祭祀遗址(《文物》1988 年第 1 期）
图 1-117　河南杞县鹿台岗龙山文化祭祀遗址(《考古》1994 年第 8 期）
图 1-118　(一）辽宁凌源县牛河梁红山文化“女神庙”遗址(《文物》1986 年第 8 期）
图 1-118　（二）辽宁凌源县牛河梁红山文化“女神庙”出土“女神”头像(《文物》1986 年第 8 期）
图 1-119　甘肃秦安县大地湾仰韶文化附地画房址 F411(《文物》1986 年第 2 期）
图 1-120　河南郑县水泉新石器时代遗址墓地(《考古学报》1995 年第 1 期）
图 1-121　陕西华阴县横阵仰韶文化墓地(《考古》1960 年第 9 期）
图 1-122　甘肃兰州市花寨子“半山类型”墓葬 M25(《考古学报》1980 年第 2 期）
图 1-123　甘肃永靖县莲花城秦魏家南区齐家文化墓葬(《考古学报》1975 年第 2 期）
图 1-124　甘肃永靖县大何庄齐家文化遗址东区、西区遗迹分布图(《考古学报》1974 年第 2 期）
图 1-125　陕西西安市半坡遗址仰韶文化墓葬 M152(《西安半坡》）
图 1-126　甘肃秦安县王家阴洼仰韶墓葬 M45、M51、M63(《考古与文物》1984 年第 2 期）
图 1-127　青海乐都县柳湾原始社会墓葬 M197(《考古》1976 年第 6 期）
图 1-128　陕西凤翔县大辛村龙山文化墓葬 M3(《考古与文物》1985 年第 1 期）
图 1-129　辽宁阜新市胡头沟红山文化积石玉器墓 M1(《文物》1984 年第 6 期）
图 1-130　甘肃秦安县大地湾仰韶文化遗址儿童瓮棺墓 M49(《考古与文物》1984 年第 2 期）
图 1-131　河南鲁山县邱公城岛原始社会儿童瓮棺墓(《考古》1962 年第 11 期）
图 1-132　陕西华县柳子镇元君庙仰韶文化墓地(《元君庙仰韶墓地》）
图 1-133　河南安阳市后岗龙山文化房屋 F9 奠基殉人葬 M11(《考古学报》1985 年第 1 期）
图 1-134　河南安阳市后岗龙山文化房屋 F21、F19、F23 奠基殉人葬(《考古学报》1985 年第 1 期）
图 1-135　河南濮阳县西水坡仰韶文化早期具贝壳龙虎图案殉人墓 M45(《文物》1988 年第 3 期）

图 1-136　河南濮阳县西水坡仰韶文化早期第三组贝壳龙虎图案坑穴(《考古》1989 年第 12 期)
图 1-137　河南镇平县赵湾新石器时代建筑遗址(《考古》1962 年第 1 期)
图 1-138　河南永城县黑堌堆龙山文化房址(《考古》1981 年第 5 期)
图 1-139　陕西西安市半坡遗址柱基构造示意(《建筑学考古论文集》)
图 1-140　陕西临潼县姜寨遗址柱洞柱基做法(《姜寨》(上))
图 1-141　河南安阳市后岗遗址建筑柱洞柱基做法(《考古学报》1985 年第 1 期)
图 1-142　辽宁沈阳市新乐遗址 F2 柱洞平、剖面(《考古学报》1985 年第 2 期)
图 1-143　山东烟台市白石村原始社会房屋深埋型柱洞(《考古》1992 年第 7 期)
图 1-144　宁夏海源县林子梁窑洞遗址柱洞平、剖面(《中国考古学会七届年会学术报告论文集》)
图 1-145　甘肃秦安县大地湾 F405 柱洞构造(《文物》1983 年第 11 期)
图 1-146　河南陕县庙底沟 F302 2 号柱洞做法(《庙底沟与三里桥》)
图 1-147　浙江余姚市河姆渡遗址木构件榫卯(《考古学报》1978 年第 1 期)
图 1-148　河南安阳市后岗龙山文化房址 F7（室内地面通铺木材）(《考古学报》1985 年第 1 期)
图 1-149　我国新石器时代的陶灶
图 1-150　甘肃秦安县大地湾 F901 房址墙、柱构造(《文物》1986 年第 2 期)
图 1-151　河南安阳市后岗龙山文化房址 F8 墙内土坯(《考古学报》1985 年第 1 期)
图 1-152　河南安阳市后岗龙山文化白灰渣坑 H18、H36(《考古学报》1985 年第 1 期)
图 1-153　我国新石器时代出土之陶屋模型
图 1-154　陕西临潼县姜寨遗址第一期房屋墙壁装饰图案残件(《姜寨》下)
图 1-155　山西襄汾县陶寺遗址 H330 出土刻画几何图案之白灰墙皮(《考古》1986 年第 9 期)

夏、商时期建筑插图目录

图 2-1　传说中的夏代疆域(《中国历史地图集》第一册)
图 2-2　河南洛阳市偃师县二里头文化遗址分布图(《商周考古》)
图 2-3　商代疆域分布图(《中国历史地图集》第一册)
图 2-4　夏、商时期的石工具
图 2-5　夏、商时期的骨、蚌、牙、石工具
图 2-6　夏、商时期的陶工具
图 2-7　夏、商时期的铜工具
图 2-8　商代制铜工具及陶范、坩埚
图 2-9　夏、商时期的铜器（一）
图 2-10　夏、商时期的铜器（二）
图 2-11　夏、商时期的陶器（一）
图 2-12　夏、商时期的陶器（二）
图 2-13　夏、商时期的玉器（一）
图 2-14　夏、商时期的玉器（二）
图 2-15　夏、商时期的牙、骨器
图 2-16　夏、商时期的文字符号

图 2-17　商代的卜骨、卜甲
图 2-18　商代的玉雕和陶塑人像
图 2-19　商代的乐器
图 2-20　商代中心区域图(《中国历史地图集》第一册)
图 2-21　河南洛阳市偃师县商城实测平面图(《中国文物报》1998 年 1 月 11 日)
图 2-22　河南洛阳市偃师县商城西垣 2 号城门（W—2）平面图(《考古》1984 年第 10 期)
图 2-23　河南郑州市商城及其重要遗迹分布图(《商周考古》)
图 2-24　河南郑州市商城夯土城墙截面示意图(《商周考古》)
图 2-25　河南安阳市殷墟文化遗址分布示意图(《中国大百科全书》考古卷)
图 2-26　河南安阳市殷墟宫室、墓葬遗迹位置图(《中国古代建筑史》)
图 2-27　湖北武汉市黄陂区盘龙城遗址略图(《文物》1976 年第 2 期)
图 2-28　河南洛阳市偃师县二里头夏代晚期一号宫殿基址平面图(《文物》1975 年第 6 期)
图 2-29　河南洛阳市偃师县二里头夏代晚期二号宫殿基址平面图(《考古》1983 年第 3 期)
图 2-30　河南洛阳市偃师县商城Ⅰ号宫室建筑群 4 号宫殿平面图(《考古》1985 年第 4 期)
图 2-31　河南洛阳市偃师县商城Ⅰ号宫室建筑群 5 号宫殿平面图(《考古》1988 年第 2 期)
图 2-32　河南洛阳市偃师县商城Ⅱ号宫室建筑群下层建筑基址发掘平面图(《考古》1995 年第 11 期)
图 2-33　河南洛阳市偃师县商城Ⅱ号宫室建筑群中层建筑基址发掘平面图(《考古》1995 年第 11 期)
图 2-34　河南洛阳市偃师县商城Ⅱ号宫室建筑群 F 上层建筑基址发掘平面图(《考古》1995 年第 11 期)
图 2-35　河南郑州市商城宫殿区 C8G15 基址平面图(《文物》1983 年第 4 期)
图 2-36　河南郑州市商城宫殿区 C8G16 基址平面图(《文物》1983 年第 4 期)
图 2-37　河南安阳市小屯殷商宫殿遗址总平面图(《中国古代建筑史》)
图 2-38　河南安阳市小屯殷商宫殿遗址甲四平面图及复原设想图(《安阳发掘报告》第 4 期)
图 2-39　河南安阳市小屯殷商宫殿遗址甲六平面(《安阳发掘报告》第 4 期)
图 2-40　河南安阳市小屯殷商宫殿遗址甲十二基址平面图(《考古》1989 年第 10 期)
图 2-41　河南安阳市小屯殷商宫殿遗址甲十一柱下铜锧(《商周考古》)
图 2-42　湖北武汉市黄陂区盘龙城商代诸侯宫室遗址 F1 平面(《文物》1976 年第 2 期)
图 2-43　湖北武汉市黄陂区盘龙城商代诸侯宫室遗址 F1 复原设想图(《建筑考古学论文集》)
图 2-44　四川成都市十二桥商代宫室遗址平面(《文物》1987 年第 12 期)
图 2-45　四川成都市十二桥商代宫室遗址平面Ⅰ区 T25 地梁分布(《文物》1987 年第 12 期)
图 2-46　四川广汉县三星堆遗址房基分布图(《考古学报》1987 年第 2 期)
图 2-47　河南安阳市小屯 5 号墓（妇好墓）上建筑遗迹平、剖面图(《建筑考古学论文集》)
图 2-48　河南安阳市小屯 5 号墓（妇好墓）上享堂复原设想图(《建筑考古学论文集》)
图 2-49　河南安阳市大司空村商墓 M311、M312 上建筑遗迹平面图(《考古》1994 年第 2 期)
图 2-50　山东滕州前掌大村商墓 M4 上建筑遗迹平面图(《考古学报》1992 年第 3 期)
图 2-51　山东滕州前掌大村商墓 M205 平面及其上建筑复原平面设想(《考古》1994 年第 2 期)
图 2-52　河南安阳市武官村大墓祭祀坑发掘位置图(《考古》1977 年第 1 期，《考古学报》1987 年第 1 期)
图 2-53　河南安阳市武官村北地商代祭祀坑位置图(《考古》1987 年第 12 期)
图 2-54　河南安阳市小屯殷商宫殿宗庙（乙七）前祭祀坑(《商周考古》)

图 2-55　河南安阳市高楼庄后岗殷商圆形祭祀坑第一层人架平面图(《殷墟发掘报告》)
图 2-56　河南安阳市高楼庄后岗殷商圆形祭祀坑第二、三层人架平面图(《殷墟发掘报告》)
图 2-57　四川广汉县三星堆 1 号祭祀坑平、剖面(《文物》1987 年第 10 期)
图 2-58　四川广汉县三星堆 1 号祭祀坑出土青铜器物（爬龙柱形器及人头像）(《文物》1987 年第 10 期)
图 2-59　四川广汉县三星堆 2 号祭祀坑平、剖面(《文物》1989 年第 5 期)
图 2-60　四川广汉县三星堆 2 号祭祀坑上层器物分布图(《文物》1989 年第 5 期)
图 2-61　四川广汉县三星堆 2 号祭祀坑出土器物(《文物》1989 年第 5 期)
图 2-62　江苏铜山县丘湾商代祭祀遗址平面图(《文物》1973 年第 12 期)
图 2-63　江苏铜山县丘湾商代祭祀遗址中心积石(《文物》1973 年第 12 期)
图 2-64　内蒙古鄂尔多斯市朱开沟村夏代早期居住遗址 F2026 平、剖面图(《考古学报》1988 年第 3 期)
图 2-65　内蒙古鄂尔多斯市朱开沟村夏代中期居住遗址 F2004 平、剖面图（《考古学报》1988 年第 3 期)
图 2-66　山西夏县东下冯村夏、商聚落残址平面示意图(《考古》1980 年第 2 期)
图 2-67　山西夏县东下冯村夏、商遗址窑洞式居住建筑 F565 平、剖面(《考古》1980 年第 2 期)
图 2-68　河南洛阳市偃师县二里头遗址夏代房址 80YLVI F1 平、剖面(《考古》1983 年第 3 期)
图 2-69　山西夏县东下冯村商代早期圆形建筑基址 F501(《考古》1980 年第 2 期)
图 2-70　河南洛阳市偃师县二里头遗址Ⅲ区商代房址 F1 平面(《考古》1984 年第 7 期)
图 2-71　河北藁城台西村商代中期聚落遗址平面图(《文物》1979 年第 6 期)
图 2-72　河北藁城台西村商代中期聚落遗址 F11 房址平、剖面图(《文物》1979 年第 6 期)
图 2-73　河南安阳市小屯村北商代房址(《考古》1976 年第 4 期)
图 2-74　河南安阳市北辛庄殷商房址 GNH3 平、剖面图(《殷墟发掘报告》)
图 2-75　河南安阳市小屯西北地商代房址 F7 平面(《考古》1987 年第 4 期)
图 2-76　河南柘城孟庄商代居住建筑遗址 F1～F3 平、剖面图(《考古学报》1985 年第 1 期)
图 2-77　河南安阳市小屯苗圃北地殷商居住建筑遗址 F2、F3、F4 平面分布图(《殷墟发掘报告》)
图 2-78　河南安阳市小屯苗圃北地殷商居住建筑遗址 PNVF6 房址平、剖面图(《殷墟发掘报告》)
图 2-79　河南洛阳市偃师县二里头遗址第一类型墓 K3 平面图(《考古》1976 年第 4 期)
图 2-80　河南安阳市小屯侯家庄—武官村商代陵墓及祭祀坑分布图(《新中国的考古发现和研究》)
图 2-81　河南安阳市小屯侯家庄—武官村商代大墓 HPK M1001 平面图(《商周考古》)
图 2-82　山东益都县苏埠屯商代 M1 大墓平、剖面(《文物》1972 年第 8 期)
图 2-83　山东益都县苏埠屯商代 M1 大墓圹平面图(《文物》1972 年第 8 期)
图 2-84　河南安阳市小屯武官村大墓（WKGM1）平、剖面(《商周考古》)
图 2-85　河南安阳市后岗殷商大墓(《中央研究院历史语言研究所集刊》1948 年第 13 期)
图 2-86　河南安阳市后岗殷商墓 M47 平、剖面图(《考古》1972 年第 3 期)
图 2-87　河南安阳市殷墟西区商墓 M93 平面图(《考古学报》1979 年第 1 期)
图 2-88　河南安阳市殷墟妇好墓平、剖面图(《殷墟妇好墓》)
图 2-89　湖北武汉市黄陂区盘龙城李家嘴 2 号商墓平面图(《商周考古》)
图 2-90　河北藁城台西商代墓葬 M36 平面图(《河北藁城台西遗址》)

图 2-91　陕西西安市老牛坡商墓(《文物》1988 年第 6 期)
图 2-92　河南洛阳市吉利东杨村二里头文化遗址圆穴墓（H16）(《考古》1983 年第 2 期)
图 2-93　山西长治市小常乡小神遗址二里头时期陶窑 Y3 平、剖面图(《考古学报》1996 年第 1 期)
图 2-94　河北唐山市东矿区古冶镇商代陶窑遗址(《考古》1984 年第 9 期)
图 2-95　河南柘城孟庄商代陶窑 H29 遗址平、剖面图(《考古学报》1982 年第 1 期)
图 2-96　河北磁县下七垣遗址商代晚期窑址 Y4(《考古学报》1979 年第 2 期)
图 2-97　湖南岳阳市王神庙商代窑址分布图(《考古》1995 年第 1 期)
图 2-98　湖南岳阳市双燕嘴商代陶窑群平、剖面图(《考古》1995 年第 1 期)
图 2-99　湖南岳阳市水庙嘴商代陶窑群 Y3 平、剖面图(《考古》1995 年第 1 期)
图 2-100　陕西武功县郑家坡商代陶窑遗址平、剖面图(《文物》1984 年第 7 期)
图 2-101　江西清江县吴城商代龙窑遗址平、剖面图(《文物》1989 年第 1 期)
图 2-102　河南柘城孟庄商代作坊遗址 F4 平、剖面图(《考古学报》1982 年第 1 期)
图 2-103　河南安阳市小屯村苗圃北地商代铸铜作坊平、剖面图(《考古》1961 年第 2 期)
图 2-104　河南郑州市旭旮王村商代窖穴 C20H88 平、剖面图(《考古学报》1958 年第 3 期)
图 2-105　河南郑州市二里岗商代前期窖穴(《商周考古》)
图 2-106　山西长治市小常乡小神遗址二里头时期灰坑(《考古学报》1996 年第 1 期)
图 2-107　河南安阳市孝民屯商代遗址灰坑 H103(《殷墟发掘报告》)
图 2-108　河南安阳市北辛庄商代遗址骨料坑 GNH1(《殷墟发掘报告》)
图 2-109　河南安阳市孝民屯商代遗址灰坑 H301(《殷墟发掘报告》)
图 2-110　河南安阳市小屯村西地小灰坑(《殷墟发掘报告》)
图 2-111　河南安阳市小屯村西地商代水井 GH202(《殷墟发掘报告》)
图 2-112　河南安阳市小屯村苗圃北地土坑式熔铜炉 H207(《殷墟发掘报告》)
图 2-113　河南洛阳市偃师县二里头夏代宫室建筑柱下做法示意(《中国古代建筑技术史》)
图 2-114　河南郑州市商城宫室房基 C8G16 外柱 17 号柱槽、柱础做法(《文物》1983 年第 4 期)
图 2-115　河南安阳市小屯西地夯土台基柱穴剖面图(《考古》1961 年第 2 期)
图 2-116　河南安阳市苗圃北地殷商柱洞做法(《商周考古》)
图 2-117　夏、商代遗址中发现的各种陶水管
图 2-118　商代遗址中发现的各式家具
图 2-119　河南安阳市大司空村商墓 SM301 墓室填土中的“花土”(《殷墟发掘报告》)
图 2-120　河南安阳市小屯村北地 F10、F11 建筑遗址出土彩绘壁画残片(《考古》1976 年第 4 期)
图 2-121　山西长治市小常乡小神遗址二里头时期陶片纹饰（3/10）(《考古学报》1996 年第 1 期)
图 2-122　河南洛阳市偃师县二里头遗址出土龙蛇纹陶片(《商周考古》)
图 2-123　内蒙古敖汉旗大甸子夏家店下层文化墓葬出土龙纹陶片
图 2-124　河南郑州市上街商代遗址出土涡纹陶片(《考古》1966 年第 1 期)
图 2-125　河南安阳市殷墟商墓 GM215 出土彩绘漆器残片(《殷墟发掘报告》)
图 2-126　商代铜器中反映的建筑形象

周代建筑插图目录

图 3-1　西周时期全图(《中国历史地图集》第一册 1974 年)

图 3-2　周代之石工具
图 3-3　周代之陶工具
图 3-4　周代之骨、角、蚌工具
图 3-5　周代之木工具
图 3-6　周代之铜工具
图 3-7　周代之铁工具
图 3-8　周代之铜器（一）
图 3-9　周代之铜器（二）
图 3-10　周代之铜武器
图 3-11　周代之陶器
图 3-12　周代之车舆
图 3-13　周代之车马器
图 3-14　周代之漆器
图 3-15　周代之铁武器
图 3-16　周代之玉器
图 3-17　周代之骨、蚌、牙器
图 3-18　周代之竹、木、皮革器
图 3-19　周代之金文
图 3-20　周代之卜骨、卜甲
图 3-21　周代之乐器
图 3-22　西周故都丰、镐地区位置图(《考古》1963 年第 4 期)
图 3-23-甲　河南洛阳市东周王城遗址实测图(《考古》1998 年第 3 期)
图 3-23-乙　河南洛阳市东周成周—汉魏洛阳城垣剖面图(《考古学报》1998 年第 3 期)
图 3-23-丙　周、秦成周—洛阳城平面发展示意图(《考古学报》1998 年第 3 期)
图 3-24　《三礼图》中的周王城图
图 3-25　山东曲阜市鲁故城遗址遗迹分布图(《文物》1982 年第 12 期)
图 3-26　山东曲阜市鲁故城南垣东门平面示意图(《文物》1982 年第 12 期)
图 3-27　山东淄博市齐国故城实测图(《文物》1972 年第 5 期)
图 3-28　山东淄博市齐国故城垣及城门平面图(《文物》1972 年第 5 期)
图 3-29　山东淄博市齐国故城三号排水道平、剖面图(《考古》1988 年第 9 期)
图 3-30　河北易县燕下都城址及建筑遗址位置图(《考古学报》1965 年第 1 期)
图 3-31　河北易县燕下都东城西北隅遗址分布图(《考古》1965 年第 11 期)
图 3-32　山西侯马市晋都新田遗址及周围文物位置图(《中国大百科全书》考古学卷·1986 年)
图 3-33　河北邯郸市赵王城及王郎城遗址平面示意图(《考古》1980 年第 2 期)
图 3-34　山西夏县魏都安邑（“禹王城”）平面图(《文物》1962 年第 4、5 期)
图 3-35　魏都安邑故城土垣剖面及西南城隅做法(《文物》1962 年第 4、5 期)
图 3-36　河南新郑市郑、韩故城平面示意图(《郑韩古城》1981 年)
图 3-37　湖北江陵市楚郢都（“纪南城”）遗迹分布图(《考古学报》1982 年第 3 期)
图 3-38　湖北江陵市楚郢都西垣北门遗迹平、剖面图(《考古学报》1982 年第 3 期)

图 3-39　湖北江陵市楚郢都南垣西水门遗迹平、剖面图(《考古学报》1982 年第 3 期)
图 3-40　陕西凤翔县东周时期秦雍城遗址图(《考古与文物》1985 年第 2 期)
图 3-41　湖北宜城县楚都鄢郢（“楚皇城”）遗址平面图(《考古》1980 年第 2 期)
图 3-42　湖北云梦县“楚王城”平面图(《考古》1991 年第 1 期)
图 3-43　山东邹县邾城（“纪王城”）遗址平面图(《考古》1965 年第 12 期)
图 3-44　山东滕县“薛城”遗址(《考古》1965 年第 12 期)
图 3-45　河南上蔡县蔡国古都上蔡平面示意图(《河南文博通讯》1980 年第 2 期)
图 3-46　江苏武进市春秋淹城平面及位置图(《文物》1959 年第 4 期)
图 3-47　江西樟树市楚筑卫城遗址平面图(《考古》1976 年第 6 期)
图 3-48　山西闻喜县晋清源城（“大马”古城）遗址平面图(《考古》1963 年第 5 期)
图 3-49　山西襄汾县赵康镇古城（春秋晋聚城）(《考古》1963 年第 10 期)
图 3-50　河南鄢陵县前步村古城（春秋郑鄢城）(《考古》1963 年第 4 期)
图 3-51　河南商水县扶苏村秦阳城（“扶苏城”）古址平面图(《考古》1983 年第 9 期)
图 3-52　湖北孝感市楚“草房店”古城遗址平面图(《考古》1991 年第 1 期)
图 3-53　辽宁凌源县燕“安杖子”古城平面图(《考古学报》1996 年第 2 期)
图 3-54　山西洪洞县杨国古城（战国羊舌邑城）遗址平面图(《考古》1963 年第 10 期)
图 3-55　甘肃永昌县“三角城”（春秋早期）遗址平面示意图(《考古》1984 年第 7 期)
图 3-56　河北易县燕下都古城“小平台”西侧建筑遗迹平面图(《考古》1965 年第 1 期)
图 3-57　河北易县燕下都古城［1］号夯土基址遗迹分布平面图(《考古》1965 年第 1 期)
图 3-58　河北易县燕下都古城夯上建筑遗迹［4］～［9］平面图(《考古学报》1965 年第 1 期)
图 3-59　陕西凤翔县秦雍城 3 号宫室建筑遗址(《考古与文物》1985 年第 2 期)
图 3-60　湖北江陵市楚郢都（“纪南城”）三十号建筑基址平面图(《考古学报》1982 年第 4 期)
图 3-61　辽宁凌源县“安杖子”古城战国 F3 建筑遗址平面图(《考古学报》1996 年第 2 期)
图 3-62　浙江绍兴市狮子山战国 306 号墓出土铜屋(《文物》1984 年第 1 期)
图 3-63　战国铜器纹刻中表现的周代宫室建筑形象
图 3-64　周代大型铜器所表现之建筑形象
图 3-65　西周早期铜器令毁表现之斗栱(《中国古代建筑史》1979 年)
图 3-66　河北平山县中山国灵寿城出土陶斗栱(《文物》1989 年第 11 期)
图 3-67　河北易县燕下都出土阙形铜饰(《河北省出土文物选集》1980 年)
图 3-68　陕西凤翔县秦雍城“凌阴”遗址平面图(《文物》1978 年第 3 期)
图 3-69　河北易县燕下都古城“小平台”F1 贮藏井(《考古学报》1965 年第 1 期)
图 3-70　清·任启远《诸侯五庙都宫门道图》
图 3-71　清·任启远《朝庙门堂寝室各名图》
图 3-72　清·焦循《群经宫室图》中之“亳社图”
图 3-73　陕西岐山县凤雏村西周建筑基址平面图(《文物》1979 年第 10 期)
图 3-74　陕西岐山县凤雏村西周建筑平面复原设想图(《建筑考古学论文集》1987 年)
图 3-75　陕西岐山县凤雏村西周建筑立面复原设想图(《建筑考古学论文集》1987 年)
图 3-76　陕西凤翔县马家庄春秋秦国一号建筑群遗址平面图(《文物》1985 年第 2 期)
图 3-77　山西侯马市牛村古城晋国祭祀建筑遗址平面图(《考古》1988 年第 10 期)

图 3-78　山西侯马市牛村古城晋国祭祀建筑遗址祭祀坑分布图(《考古》1988 年第 10 期)
图 3-79　山西侯马市牛村古城晋国祭祀建筑遗址各种祭祀坑(《考古》1988 年第 10 期)
图 3-80　四川成都市羊子山周代祭坛平面实测及推测复原图(《考古学报》1957 年第 4 期)
图 3-81　四川成都市羊子山周代祭坛土台遗址剖面图(《考古学报》1957 年第 4 期)
图 3-82　四川成都市羊子山周代祭坛复原鸟瞰图(《考古学报》1957 年第 4 期)
图 3-83　陕西凤翔县大辛村周代二号祭祀坑平、剖面(《考古与文物》1985 年第 1 期)
图 3-84　山西侯马市晋都新田盟誓遗址“坎”与盟书分布图(《文物》1972 年第 4 期)
图 3-85　河南温县东周盟誓遗址一号坑(“坎”)平、剖面图(《文物》1983 年第 3 期)
图 3-86　山西侯马市天马—曲村遗址北赵村晋侯墓地平面分布图(《文物》1995 年第 7 期)
图 3-87　山西侯马市天马—曲村遗址北赵村晋侯墓地 M93 墓圹平、剖面图(《文物》1995 年第 7 期)
图 3-88　陕西凤翔县战国秦公陵园钻探总平面图(《文物》1987 年第 5 期)
图 3-89　陕西凤翔县战国时期秦公陵园平面（之一）(《文物》1983 年第 7 期，1987 年第 5 期)
图 3-90　陕西凤翔县战国时期秦公陵园平面（之二）(《文物》1983 年第 7 期，1987 年第 5 期)
图 3-91　陕西临潼县战国秦东陵位置示意图(《考古与文物》1987 年第 4 期)
图 3-92　陕西临潼县战国秦东陵平面示意图(《考古与文物》1990 年第 4 期)
图 3-93　陕西临潼县战国秦东陵二号陵园 M4 墓平、剖面图(《考古与文物》1990 年第 4 期)
图 3-94　陕西临潼县战国秦东陵二号陵园陪葬墓区 BM3 平面图(《考古与文物》1990 年第 4 期)
图 3-95　陕西临潼县战国秦东陵二号陵园陪葬墓区 BM3（4）墓剖面图（1/80）(《考古与文物》1990 年第 4 期)
图 3-96　河南辉县固围村魏国王陵总平面图(《辉县发掘报告》1956 年)
图 3-97　河南辉县固围村魏国王陵墓上享堂遗址平面图(《辉县发掘报告》1956 年)
图 3-98　河北平山县战国时期中山国王陵 M1 及附葬坑位置图(《文物》1979 年第 1 期)
图 3-99　河北平山县战国时期中山国王陵 M1 出土《兆域图》铜版释文(《文物》1979 年第 1 期)
图 3-100　据《兆域图》复原的中山国王陵墓平面图(《考古学报》1980 年第 1 期)
图 3-101　据《兆域图》复原的中山国王陵墓鸟瞰图(《考古学报》1980 年第 1 期)
图 3-102　据《兆域图》复原的中山国王陵墓台顶享堂平面图(《考古学报》1980 年第 1 期)
图 3-103　北京市琉璃河燕国 1193 号大墓平、剖面图(《考古》1990 年第 1 期)
图 3-104　陕西宝鸡市茹家庄西周弜伯墓(《文物》1976 年第 4 期)
图 3-105　湖北随县擂鼓墩战国曾侯乙墓平面(《文物》1979 年第 7 期)
图 3-106　湖北随县擂鼓墩战国编钟及钟架(《文物》1979 年第 7 期)
图 3-107　四川新都县战国木椁墓平、剖面图(《文物》1981 年第 6 期)
图 3-108　山东淄博市郎家庄一号东周殉人墓平、剖面图(《考古学报》1977 年第 1 期)
图 3-109　山东莒南县大店镇春秋时期莒国殉人墓（M1）(《考古学报》1978 年第 3 期)
图 3-110　河南光山县宝相寺春秋早期黄君孟夫妇墓平、剖面图(《考古》1984 年第 4 期)
图 3-111　山东沂水县刘家店子春秋墓葬分布及 M1 平、剖面图(《文物》1984 年第 9 期)
图 3-112　山东淄博市齐故城五号东周大墓(《文物》1984 年第 9 期)
图 3-113　山东淄博市齐故城五号东周大墓殉马坑(《文物》1984 年第 9 期)
图 3-114　陕西凤翔县高庄战国秦竖井横室墓（M2）平、剖面图(《文物》1980 年第 9 期)
图 3-115　河南郑州市二里岗战国十六号空心砖墓(《郑州二里岗》1959 年)

图 3-116　安徽黄山市屯溪西周一号土墩墓剖面图(《考古学报》1959 年第 4 期)
图 3-117　江苏无锡市璨山土墩墓(《考古》1981 年第 2 期)
图 3-118　四川茂汉羌族自治县营盘山一号石棺墓平、剖面图(《文物》1994 年第 3 期)
图 3-119　辽宁宁城县南山根夏家店上层文化石椁墓和石棺墓(《商周考古》1976 年)
图 3-120　吉林省吉林市骚达沟平顶东山石棺墓(《考古》1985 年第 10 期)
图 3-121　浙江瑞安县、东阳县支石墓(《考古》1995 年第 7 期)
图 3-122　四川昭化县宝轮院巴蜀时期（战国）船棺葬(《四川船棺葬发掘报告》1960 年)
图 3-123　江西贵溪县东周中期崖墓及各式木棺(《文物》1980 年第 1 期)
图 3-124　清・张惠言《仪礼图》中的士大夫住宅图
图 3-125　陕西西安市客省庄 H98 方形房屋平、剖面图(《沣西发掘报告》1963 年)
图 3-126　陕西西安市客省庄 H108 圆形房屋平面图(《沣西发掘报告》1963 年)
图 3-127　河北磁县下潘汪遗址西周房屋遗址平、剖面(《考古学报》1975 年第 1 期)
图 3-128　山西侯马市牛村古城南郊东周居住遗址平、剖面图(《商周考古》1976 年)
图 3-129　湖北蕲春县毛家嘴西周木构建筑遗址Ⅰ平面图(《考古》1962 年第 1 期)
图 3-130　湖北蕲春县毛家嘴西周木构建筑遗址Ⅱ平面图(《考古》1962 年第 1 期)
图 3-131　陕西扶风县召陈村西周中期建筑遗址总平面图(《建筑考古学论文集》1987 年)
图 3-132　陕西扶风县召陈村西周中期建筑遗址实测平面图(《文物》1981 年第 3 期)
图 3-133　陕西扶风县召陈村西周中期建筑遗址 F3 柱下构造图(《建筑考古学论文集》1987 年)
图 3-134　春秋、战国、秦、汉长城位置图(《文物》1987 年第 7 期)
图 3-135　燕国北部长城及沿线城址示意图(《考古学报》1987 年第 2 期)
图 3-136　文献记载中战国秦长城位置与走向示意图(《考古》1987 年第 7 期)
图 3-137　陕西蒲城县秦洛堑遗迹位置分布图(《文物》1996 年第 4 期)
图 3-138　陕西白水县秦洛堑遗迹位置分布图(《文物》1996 年第 4 期)
图 3-139　湖北大冶市铜绿山东周矿井遗迹平面(《考古》1981 年第 1 期)
图 3-140　湖北大冶市铜绿山东周矿井遗迹井内支架做法(《考古学报》1982 年第 1 期)
图 3-141　湖北大冶市铜绿山春秋时期东铜竖炉复原(《文物》1981 年第 8 期)
图 3-142　河南洛阳市北窖西周冶铜作坊熔炼炉具(《文物》1981 年第 7 期)
图 3-143　山西侯马市牛村古城南郊石圭作坊遗址平、剖面(《文物》1987 年第 6 期)
图 3-144　河南洛阳市东周都城内战国粮窖分布图(《文物》1981 年第 11 期)
图 3-145　河南洛阳市战国粮仓 62 号粮窖平面图(《文物》1981 年第 11 期)
图 3-146　周代之陶质仓囷明器
图 3-147　陕西长安县沣东西周陶窑遗址 Y1、Y2 平、剖面图(《考古与文物》1986 年第 2 期)
图 3-148　陕西长安县沣东白家庄西周窑址(《考古》1986 年第 3 期)
图 3-149　陕西扶风县北吕村西周一号窖址平、剖面图(《文物》1984 年第 7 期)
图 3-150　陕西西安市客省庄 H172 圆形房屋内陶窑平、剖面图(《沣西发掘报告》1962 年)
图 3-151　河南洛阳市王湾西周晚期陶窑遗址(《中国古陶瓷论文集》1982 年)
图 3-152　湖北江陵市楚郢都新桥战国窑址(《考古学报》1995 年第 4 期)
图 3-153　浙江绍兴市富盛长竹园战国龙窑(《中国陶瓷史》1982 年)
图 3-154　广东增城县西瓜岭战国龙窑平、剖面图(《中国考古学会第二次年会论文集》1980 年)

图 3-155　周代水井之各种构造形式
图 3-156　山东淄博市战国漆盘所绘宫室(《考古学报》1977 年第 1 期)
图 3-157　河北平山县战国时期中山国王墓出土龙凤座铜方形案(《文物》1979 年第 1 期)
图 3-158　周代木构件榫卯（一）
图 3-159　周代木构件榫卯（二）
图 3-160　陕西岐山县凤雏村早周屋瓦构造示意图(《建筑考古学论文集》1987 年)
图 3-161　周代之陶瓦及其纹饰
图 3-162　周代之半瓦当
图 3-163　周代之圆瓦当及瓦钉
图 3-164　山东淄博市齐古城内采集之花纹砖（1/4）(《考古》1961 年第 6 期)
图 3-165　周代郑、韩、楚国陶砖纹样
图 3-166　河北易县燕下都出土陶下水管道及各式阑干砖
图 3-167　陕西凤翔县秦故都雍城出土之“金釭”(《考古》1976 年第 2 期)
图 3-168　“金釭”在建筑中的安装部位及与木构件结合设想图(《建筑考古学论文集》1987 年)
图 3-169　周代建筑中使用的其他铜构件
图 3-170　河北平山县东周中山国灵寿城内出土建筑陶斗(《文物》1989 年第 11 期)
图 3-171　周代之木家具（一）
图 3-172　周代之木家具（二）
图 3-173　周代之铜家具
图 3-174　周代之漆木家具（一）
图 3-175　周代之漆木家具（二）
图 3-176　周代之钟磬木架
图 3-177　湖北江陵市天星观一号楚墓出土卧虎立凤鼓架(《考古学报》1982 年第 1 期)
图 3-178　周代之灯具
图 3-179　周代之漆绘装饰纹样
图 3-180　西周、春秋青铜器纹样(《中国古代建筑史》1979 年)
图 3-181　战国时期之各种纹饰(《中国古代建筑史》1979 年)

秦代建筑插图目录

图 4-1　秦代之版图与疆域(《中国历史地图集》第二册)
图 4-2　秦代之石、陶工具(《考古与文物》1985 年第 3 期)
图 4-3　秦代之陶器
图 4-4　秦代之铁工具及铁器
图 4-5　秦代之铜器
图 4-6　秦代之漆器
图 4-7　秦代之竹、木器
图 4-8　秦代之装饰物
图 4-9　秦代之乐器

图 4-10　秦代之武器
图 4-11　秦代之车舆
图 4-12　秦代之车马器
图 4-13　秦代之金文及刻石
图 4-14　秦代之简牍
图 4-15　秦都咸阳位置示意图
图 4-16①　秦代栎阳故城遗址位置示意图(《考古学报》1985 年第 3 期)
图 4-16②　秦代栎阳故城位置及实测平面图(《考古学报》1985 年第 3 期)
图 4-17　秦咸阳阿房宫遗址示意图(《考古与文物》1984 年第 3 期)
图 4-18　秦咸阳宫遗址勘测示意图(《文物》1976 年第 11 期)
图 4-19　秦咸阳宫一号宫殿遗址平面复原图(《建筑考古学论文集》杨鸿勋)
图 4-20　秦咸阳宫一号宫殿遗址立面复原图(《建筑考古学论文集》杨鸿勋)
图 4-21　秦咸阳宫一号宫殿纵、横剖面复原图(《建筑考古学论文集》杨鸿勋)
图 4-22　秦咸阳宫一号宫殿与三号宫殿遗址复原透视图(《建筑考古学论文集》杨鸿勋)
图 4-23　秦咸阳宫二号宫殿遗址平面图(《考古与文物》1986 年第 4 期)
图 4-24　秦咸阳宫三号宫殿遗址平面图(《考古与文物》1980 年第 2 期)
图 4-25　辽宁绥中县“姜女石”秦代建筑遗址位置图(《考古》1997 年第 10 期)
图 4-26　辽宁绥中县石碑地秦代离宫遗址建筑基址分布及区域划分图(《考古》1997 年第 10 期)
图 4-27　辽宁绥中县石碑地秦代离宫遗址局部基址详测图(《考古》1997 年第 10 期)
图 4-28　辽宁绥中县石碑地秦代离宫遗址第Ⅰ区（SSI）平面图(《考古》1997 年第 10 期)
图 4-29　辽宁绥中县石碑地秦代离宫遗址第Ⅰ区第二号建筑基址（SSI-J2）平面图(《考古》1997 年第 10 期)
图 4-30　辽宁绥中县石碑地秦代离宫遗址第Ⅰ区第三号建筑遗址（SSI-J3）平、剖面图(《考古》1997 年第 10 期)
图 4-31　辽宁绥中县石碑地秦代离宫遗址第Ⅱ区（SSⅡ）平面图(《考古》1997 年第 10 期)
图 4-32　辽宁绥中县石碑地秦代离宫遗址第Ⅲ区（SSⅢ）平面图(《考古》1997 年第 10 期)
图 4-33　辽宁绥中县石碑地秦代离宫遗址第Ⅲ区第 1 组建筑平面图(《考古》1997 年第 10 期)
图 4-34　辽宁绥中县石碑地秦代离宫遗址第Ⅲ区第 2 组建筑平面图(《考古》1997 年第 10 期)
图 4-35　辽宁绥中县石碑地秦代离宫遗址第Ⅲ区第 3 组建筑平面图(《考古》1997 年第 10 期)
图 4-36　辽宁绥中县石碑地秦代离宫遗址第Ⅶ区（SSⅦ）建筑平面图(《考古》1997 年第 10 期)
图 4-37　辽宁绥中县黑山头秦代离宫遗址平面图(《文物》1986 年第 8 期)
图 4-38　陕西淳化县秦林光宫遗址及甘泉山示意图(《文物》1975 年第 10 期)
图 4-39　陕西临潼县秦始皇陵总平面图
图 4-40　陕西临潼县秦始皇陵土壤含汞量变化图(《考古》1983 年第 7 期)
图 4-41　陕西临潼县上焦村秦始皇陵陪葬墓发掘位置图(《考古与文物》1980 年第 2 期)
图 4-42　陕西临潼县上焦村秦始皇陵陪葬墓平、剖面图(《考古与文物》1980 年第 2 期)
图 4-43　陕西临潼县上焦村秦始皇陵第十八号陪葬墓平、剖面图(《考古与文物》1980 年第 2 期)
图 4-44　陕西临潼县秦始皇陵铜车马坑(《文物》1983 年第 7 期)
图 4-45　陕西临潼县秦始皇陵西侧陪葬坑分布图(《考古与文物》1982 年第 1 期)

图 4-46　陕西临潼县上焦村秦始皇陵东侧马厩坑、俑坑位置示意图(《考古与文物》1980 年第 4 期)
图 4-47　陕西临潼县上焦村秦始皇陵东侧马厩坑及陶俑坑平、剖面图(《考古与文物》1980 年第 4 期)
图 4-48　陕西临潼县秦始皇陵东侧兵马俑坑总平面图(《文物》1979 年第 12 期)
图 4-49　陕西临潼县秦始皇陵一号兵马俑坑平面及局部发掘平面图(《文物》1975 年第 11 期)
图 4-50　陕西临潼县秦始皇陵二号兵马俑坑平面图(《文物》1978 年第 5 期)
图 4-51　陕西临潼县秦始皇陵三号兵马俑坑平面图(《文物》1979 年第 12 期)
图 4-52　湖北云梦县睡虎地十一号秦墓平、剖面图(《云梦睡虎地秦墓》)
图 4-53　河南泌阳县官庄三号秦墓平、剖面图(《文物》1980 年第 9 期)
图 4-54　甘肃定西地区秦长城分布图(《文物》1987 年第 7 期)
图 4-55　秦代长城之垣及墩台基址平、剖面图(《考古与文物》1988 年第 2 期)
图 4-56　秦直道图(《文物》1975 年第 10 期)
图 4-57　子午岭上秦直道图(《文物》1975 年第 10 期)
图 4-58　秦郑国渠谷口附近渠道位置示意图(《文物》1974 年第 7 期)
图 4-59　湘、漓两水与灵渠位置略图(《文物》1974 年第 10 期)
图 4-60　灵渠陡堤示意图(《文物》1974 年第 10 期)
图 4-61　灵渠铧嘴分水略图(《文物》1974 年第 10 期)
图 4-62　陕西临潼县始皇陵秦代窑址(《考古与文物》1985 年第 5 期)
图 4-63　辽宁绥中县瓦子地秦代一号窑址(《考古》1997 年第 10 期)
图 4-64　秦代之井、窖
图 4-65　秦代之仓囷明器
图 4-66　秦始皇陵兵马俑坑建筑构造示意图(《文物》1975 年第 11 期)
图 4-67　秦咸阳一号宫殿遗址 7 室壁柱、柱础及地面做法(《文物》1976 年第 11 期)
图 4-68　秦代之陶质建筑构件
图 4-69　秦代之地砖及纹饰
图 4-70　秦代之砖、石建筑构件
图 4-71　秦代之金属建筑构件
图 4-72　秦都咸阳一号宫殿遗址 6 室、7 室楼面做法(《文物》1976 年第 11 期)
图 4-73　秦都咸阳一号宫殿遗址 8 室壁炉做法(《考古与文物》1982 年第 5 期)
图 4-74　秦代之壁画
图 4-75　秦代空心砖及纹饰（一）
图 4-76　秦代空心砖及纹饰（二）
图 4-77　秦代各式地砖饰面及瓦纹
图 4-78　秦代瓦件纹饰
图 4-79　秦代之瓦当（一）
图 4-80　秦代之瓦当（二）
图 4-81　秦代之瓦当（三）
图 4-82　秦代之服饰纹样
图 4-83　秦代之车舆纹样（一）秦始皇陵二号铜车马(《文物》1983 年第 7 期)
图 4-84　秦代之车舆纹样（二）秦始皇陵二号铜车马(《文物》1983 年第 7 期)

图 4-85 秦代之陶塑造像（一）秦始皇陵一号兵马俑坑(《文物》1975 年第 11 期)
图 4-86 秦代之陶塑造像（二）
图 4-87 秦代之铜铸造像
图 4-88 秦代之木、陶、石明器

汉代建筑插图目录

图 5-1 西汉疆域全图(《中国历史地图集》第一册)
图 5-2 汉代之铁工具
图 5-3 汉代之陶、石、木工具
图 5-4 汉代之陶器
图 5-5 汉代之釉陶器
图 5-6 汉代之铜器
图 5-7 汉代之铁器
图 5-8 汉代之石器
图 5-9 汉代之骨、木、竹器
图 5-10 汉代之漆器
图 5-11 汉代之金、银器
图 5-12 汉代之玉器
图 5-13 汉代之乐器
图 5-14 汉代之武器
图 5-15 汉代之舟、车
图 5-16 汉代之车马器
图 5-17 西汉长安城平面图
图 5-18 西汉长安城门及街道构造示意图(《中国古代建筑史》)
图 5-19 四川成都市出土东汉画像砖表现之市肆（摹写）
图 5-20 汉代市肆之形象
图 5-21 洛阳地区古代都城遗址位置示意图(《考古》1996 年第 5 期)
图 5-22 东汉洛阳城平面示意图(《汉代考古学概说》)
图 5-23 福建崇安县城村西汉闽越国都东冶城平面(《文物》1985 年第 11 期)
图 5-24 西汉河南县城及房屋遗址平面图
图 5-25 西汉长安未央宫已发掘遗址位置图(《考古》1996 年第 3 期)
图 5-26 西汉长安未央宫第二号建筑遗址平面图(《考古》1992 年第 8 期)
图 5-27 西汉长安未央宫第三号建筑遗址平面图(《考古》1989 年第 1 期)
图 5-28 西汉长安未央宫第四号建筑遗址平面图(《考古》1993 年第 11 期)
图 5-29 西汉长安未央宫第五号建筑遗址平面图(《考古》1996 年第 3 期)
图 5-30 福建崇安县城村闽越国东冶城遗址高胡南坪甲组建筑群址平面图(《文物》1985 年第 11 期)
图 5-31 内蒙古和林格尔汉墓壁画《宁城图》（局部）所描绘之官衙建筑(《文物》1974 年第 1 期)
图 5-32 西汉长安南郊礼制建筑遗址位置示意图(《考古》1989 年第 3 期)

图 5-33 西汉长安南郊王莽时期宗庙遗迹门址平面(《文物参考资料》1957 年第 10 期)
图 5-34 西汉长安南郊王莽时期宗庙第三号遗址中心建筑鸟瞰图(《考古》1989 年第 3 期)
图 5-35 西汉长安南郊礼制建筑辟雍遗址实测总平面图(《中国古代建筑史》)
图 5-36 西汉长安南郊礼制建筑辟雍遗址中心建筑实测平面图(《中国古代建筑史》)
图 5-37 西汉长安南郊礼制建筑辟雍遗址中心建筑一层平面复原图(《建筑考古学论文集》)
图 5-38 西汉长安南郊礼制建筑辟雍遗址外围建筑复原图(《建筑考古学论文集》)
图 5-39 西汉长安南郊礼制建筑辟雍遗址中心建筑复原鸟瞰图(《中国古代建筑史》)
图 5-40 西汉长安南郊礼制建筑辟雍遗址总体复原鸟瞰图(《中国古代建筑史》)
图 5-41 东汉洛阳灵台遗址平、剖面实测图(《考古》1978 年第 1 期)
图 5-42 福建崇安县城村北岗闽越国一号、二号建筑基址位置示意图(《考古》1993 年第 12 期)
图 5-43 福建崇安县城村北岗闽越国一号、二号建筑基址平面实测图(《考古》1993 年第 12 期)
图 5-44 福建崇安县城村北岗闽越国一号基址 A1 庭院实测图(《考古》1993 年第 12 期)
图 5-45 福建崇安县城村北岗闽越国一号基址 A1 庭院复原平面(《考古》1993 年第 12 期)
图 5-46 汉代之社明器及相关之画像砖、石形象
图 5-47 汉长安城及西汉诸陵位置示意图(《西汉十一陵》)
图 5-48 西汉高祖长陵建制示意图(《西汉十一陵》)
图 5-49 西汉宣帝杜陵、王皇后陵及陪葬墓平面示意图(《考古》1984 年第 10 期)
图 5-50 西汉宣帝杜陵陵园东门遗址平面图(《考古》1984 年第 10 期)
图 5-51 西汉宣帝杜陵寝园平面示意图(《西汉十一陵》)
图 5-52 西汉宣帝杜陵寝园主殿建筑平面图(《考古》1984 年第 10 期)
图 5-53 西汉惠帝安陵及其陪葬墓平面分布图(《西汉十一陵》)
图 5-54 西汉景帝阳陵及其陪葬墓平面分布图(《考古与文物》1980 年第 1 期)
图 5-55 西汉景帝阳陵王皇后陵南从葬坑平面分布图(《文物》1992 年第 4 期)
图 5-56 西汉武帝茂陵及附近墓葬、遗址分布示意图(《考古与文物》1982 年第 4 期)
图 5-57 西汉昭帝平陵及上官皇后陵遗址平面图(《考古与文物》1982 年第 4 期)
图 5-58 西汉元帝渭陵及其陪葬墓分布图(《考古与文物》1980 年第 1 期)
图 5-59 西汉武帝钩弋夫人云陵及云陵邑位置图(《考古与文物》1982 年第 4 期)
图 5-60 西汉文帝薄太后南陵及从葬坑平、剖面图(《文物》1981 年第 11 期)
图 5-61 陕西咸阳市杨家湾西汉四号、五号陪葬墓及陪葬坑位置图(《文物》1977 年第 10 期)
图 5-62 陕西咸阳市杨家湾西汉四号、五号陪葬墓平面图(《文物》1977 年第 10 期)
图 5-63 湖南长沙市象鼻嘴一号西汉木椁墓平、剖面(《考古学报》1981 年第 1 期)
图 5-64 江苏徐州市北洞山西汉楚王崖墓平面(《文物》1988 年第 2 期)
图 5-65 江苏徐州市北洞山西汉楚王崖墓石室门户及水井(《文物》1988 年第 2 期)
图 5-66 江苏铜山县龟山二号西汉崖墓平面(《考古》1997 年第 2 期)
图 5-67-甲 河北满城西汉中山王刘胜及妻窦绾墓平、剖面图(《考古》1972 年第 1 期)
图 5-67-乙 顶门器使用示意图
图 5-68 山东曲阜市九龙山西汉崖墓(《文物》1972 年第 5 期)
图 5-69 河北定县北庄东汉早期砖券墓(《文物》1964 年第 2 期)
图 5-70 河北望都县二号东汉墓(《望都二号汉墓》)

图 5-71　河南密县打虎亭东汉一号画像石墓平、剖面(《文物》1972 年第 10 期)
图 5-72　汉洛阳故城西东汉贵胄墓及墓园遗址发掘平面图(《考古学报》1993 年第 3 期)
图 5-73　汉洛阳故城西东汉贵胄墓园外垣东北角建筑遗址平面图(《考古学报》1993 年第 3 期)
图 5-74　汉洛阳故城西东汉贵胄墓园遗址Ⅰ号庭院平、剖面图(《考古学报》1993 年第 3 期)
图 5-75　汉洛阳故城西东汉贵胄墓园遗址Ⅱ号庭院平、剖面图(《考古学报》1993 年第 3 期)
图 5-76　汉洛阳故城西东汉贵胄墓园遗址Ⅲ号庭院平、剖面图(《考古学报》1993 年第 3 期)
图 5-77　汉洛阳故城西东汉贵胄墓墓室平面图(《考古学报》1993 年第 3 期)
图 5-78　广州市象岗西汉南越王墓平、剖面图(《考古》1984 年第 3 期)
图 5-79　山西朔县西汉末至东汉初各式木椁墓葬(《文物》1987 年第 6 期)
图 5-80　河北原阳县三岔沟西汉晚期洞室木椁墓 M9 平面图(《文物》1990 年第 1 期)
图 5-81　汉代一般木椁墓棺室空间的划分与组合
图 5-82　江苏盐城市三羊墩东汉二号墓平、剖面图(《考古》1964 年第 8 期)
图 5-83　安徽天长县西汉六号墓木椁门窗构造图(《考古》1979 年第 4 期)
图 5-84　湖北光化县西汉三号墓木椁纵剖面构造图(《考古学报》1976 年第 2 期)
图 5-85　广州市龙生岗四十三号东汉木椁墓平、剖面复原图(《考古学报》1995 年第 1 期)
图 5-86　山东昌乐县东圈西汉崖洞墓平、剖面图(《考古》1993 年第 6 期)
图 5-87　四川境内崖墓时代变化图(《考古学报》1988 年第 2 期)
图 5-88　四川境内崖墓地域分布图(《考古学报》1988 年第 2 期)
图 5-89　四川境内各类崖墓平面图(《考古学报》1988 年第 2 期)
图 5-90　四川乐山市白崖第 45 号崖墓(《中国古代建筑史》)
图 5-91　四川崖墓之仿木建筑石刻(《中国古代建筑史》)
图 5-92　四川乐山市白崖第 41 号崖墓(《中国古代建筑史》)
图 5-93　河南唐河县南关外东汉画像石墓(《文物》1973 年第 6 期)
图 5-94　江苏邳县东汉缪宇墓墓室平、剖面(《文物》1984 年第 8 期)
图 5-95　辽宁熊岳城汉石墓(《中国营造学社汇刊》第五卷第二期)
图 5-96　山东沂南县汉画像石墓(《中国古代建筑史》)
图 5-97　汉代石墓中的琢刻装饰
图 5-98　江苏南京市栖霞山高家山两坡顶石椁墓（M1）(《考古》1959 年第 1 期)
图 5-99　河南郑州市二里岗汉画像空心砖墓(《考古》1963 年第 11 期)
图 5-100　河南洛阳市烧沟 102 号空心砖墓平面图(《洛阳烧沟汉墓》)
图 5-101　河南洛阳市烧沟 102 号空心砖墓剖面(《洛阳烧沟汉墓》)
图 5-102　江苏泰州新庄 4 号汉墓(《考古》1962 年第 10 期)
图 5-103　安徽合肥市西郊乌龟墩 1 号汉墓(《文物参考资料》1956 年第 2 期)
图 5-104　安徽寿县茶庵马家古堆东汉 1 号墓(《考古》1966 年第 3 期)
图 5-105　山西太原市东汉墓(《考古》1963 年第 5 期)
图 5-106　湖南邵东县冷水村东汉墓(《考古》1992 年第 10 期)
图 5-107　辽宁辽阳市三道濠东汉壁画墓(《文物参考资料》1955 年第 5 期)
图 5-108　辽宁辽阳市棒台子东汉壁画墓(《文物参考资料》1955 年第 5 期)
图 5-109　甘肃嘉峪关市东汉 1 号及 3 号画像砖墓(《文物》1972 年第 12 期)

图 5-110　陕西华阳县东汉刘崎家族墓（M1）（《考古与文物》1986 年第 5 期）
图 5-111　河南襄城茨沟东汉画像石墓（《考古学报》1964 年第 1 期）
图 5-112- 甲　河南登封县启母阙、太室阙、少室阙（《中国营造学社汇刊》第六卷第四期）
图 5-112- 乙　河南登封县太室阙、少室阙（《中国营造学社汇刊）第六卷第四期）
图 5-113- 甲　山东平邑县皇圣卿阙（东汉）
图 5-113- 乙　山东平邑县功曹阙（东汉）
图 5-114　四川渠县冯焕阙（《文物》1961 年第 12 期）
图 5-115　四川渠县沈府君阙（《文物》1961 年第 12 期）
图 5-116　四川忠县无铭阙（《文物资料丛刊》（4）1981 年）
图 5-117　四川雅安市高颐墓阙立面、平面（一）、（二）（《中国古代建筑史》）
图 5-118　四川绵阳县平阳府君阙（《文物》1961 年第 12 期）
图 5-119　北京市西郊石景山汉幽州书佐秦君神道柱（《中国古代建筑史》）
图 5-120　汉墓之石象生
图 5-121　山东肥城孝堂山郭氏石祠（东汉）（《中国古代建筑史》）
图 5-122　汉明器及画像石中之祭堂及祠庙形象
图 5-123　江苏邳县东汉缪宇墓封土平、剖面及石垣构造（《文物》1984 年第 8 期）
图 5-124　汉代之陶、石、铜棺及木笭床
图 5-125　汉代居住建筑之形象（一）、（二）
图 5-126　河南灵宝县张湾东汉二号墓出土釉陶楼（《文物》1975 年第 11 期）
图 5-127　湖北云梦县瘌痢墩一号墓出土釉陶楼屋（《考古》1984 年第 7 期）
图 5-128　四川成都市出土东汉住宅画像砖（拳寓）（《文物参考资料》1954 年第 9 期）
图 5-129　山东曲阜市旧县村汉画像石中之大型住宅形象（《考古》1988 年第 4 期）
图 5-130　河南郑州市南关第 159 号汉墓封门空心砖住宅图像（《文物》1960 年第 8 期、第 9 期）
图 5-131　山东诸城县前凉台村汉墓画像石中之住宅图像（《文物》1981 年第 10 期）
图 5-132　广州市麻鹰岗东汉建初元年墓出土陶坞堡（《广州汉墓》）
图 5-133　甘肃武威市雷台东汉墓陶坞堡（《文物》1972 年第 2 期）
图 5-134　河南淮阳县于庄东汉墓陶坞堡（《中原文物》1983 年第 1 期）
图 5-135　河南洛阳市西郊西汉初期居住遗址平面（《考古通讯》1955 年第 5 期）
图 5-136　新疆民丰县尼雅遗址汉代房屋平面（《考古》1961 年第 3 期）
图 5-137　辽宁辽阳市三道濠西汉村落遗址（《考古学报》1957 年第 1 期）
图 5-138　辽宁凌源县安杖子古城西汉房址 F2 平面（《考古学报》1996 年第 2 期）
图 5-139　汉代居住建筑之门屋
图 5-140　汉化居住建筑之楼屋
图 5-141　汉化居住建筑之塔楼
图 5-142　汉代居住建筑之水阁
图 5-143　汉代居住建筑之廊庑
图 5-144　汉代居住建筑之厨灶房、碓磨房、鸡埘明器
图 5-145　汉代居住建筑之厕所及猪圈明器
图 5-146　江苏连云港市孔望山摩崖造像实测图（《文物》1981 年第 7 期）

图 5-147　江苏连云港市孔望山摩崖释迦涅槃图(《文物》1981 年第 7 期)
图 5-148　汉代石刻、陶塑及纺织物中表现之佛教内容
图 5-149　西汉武帝长城“外城”遗址平面示意(《文物》1977 年第 5 期)
图 5-150　河西汉塞分布位置图(《文物》1990 年第 12 期)
图 5-151　内蒙古自治区呼和浩特市东郊塔布秃古城平面(《考古》1961 年第 4 期)
图 5-152　内蒙古自治区呼和浩特市美岱二十家子古城平面(《文物》1961 年第 9 期)
图 5-153　内蒙古自治区杭棉后旗保尔浩特古城平面(《考古》1973 年第 2 期)
图 5-154　甘肃夏河县八角城遗址平面(《考古与文物》1986 年第 6 期)
图 5-155　考古发现之其他汉代边城平面
图 5-156　清道光十一年（辛卯）《敦煌县志》卷一・图考・中的两关（玉门关、阳关）遗迹图
图 5-157　甘肃敦煌市汉长城玉门关城堡及烽燧遗址平、剖面图(《中国古代建筑史》、《文物》1964 年第 4 期)
图 5-158　甘肃金塔县肩水金关平面(《文物》1978 年第 1 期)
图 5-159　美国波士顿博物馆收藏“嘉峪关东门”汉画像石
图 5-160　甘肃张掖市汉居延甲渠堠官遗址平面(《文物》1978 年第 1 期)
图 5-161　内蒙古自治区潮格旗朝鲁库伦古城平面图(《中国长城遗迹调查报告集》)
图 5-162　汉代边城坞障的其他形式
图 5-163　汉代边城之障、燧、塞平面及关系示意图(《文物》1990 年第 12 期)
图 5-164　甘肃敦煌市马圈湾地区汉代烽燧遗址位置分布图(《文物》1981 年第 10 期)
图 5-165　甘肃敦煌市马圈湾汉烽燧遗址平面图(《文物》1981 年第 10 期)
图 5-166　汉边城烽燧的其他形式
图 5-167　河西汉塞剖面示意图(《文物》1990 年第 12 期)
图 5-168　甘肃敦煌市汉塞边墙结构示意图(《文物》1990 年第 12 期)
图 5-169　西汉长安古渭桥遗址分布示意图(《中国考古学会第三次年会论文集》1981 年)
图 5-170　内蒙古和林格尔县东汉墓壁画中的“渭水桥”(《文物》1974 年第 1 期)
图 5-171　四川成都市青杠坡汉画像砖中之木桥(《四川汉代画像砖艺术》1958 年)
图 5-172　汉画像石中之梯形桥梁
图 5-173　汉画像石中之单孔拱桥(《考古》1990 年第 4 期)
图 5-174　汉画像石中之多跨拱桥(《考古》1990 年第 4 期)
图 5-175　山东邹城高李庄东汉墓画像石中之重券圆拱石桥(《文物》1994 年第 6 期)
图 5-176　汉画像石中之悬出水榭
图 5-177　西汉初期四大栈道位置及褒斜栈道路线示意图
图 5-178　黄河三门峡汉代栈道平面图(《三门峡漕运遗迹》)
图 5-179　陕西褒城石门附近褒斜道（Ⅰ、Ⅶ、Ⅸ段）平面示意图(《文物》1964 年第 11 期)
图 5-180　陕西褒城石门老虎口褒斜道（Ⅻ段）平面示意图(《文物》1964 年第 11 期)
图 5-181　河南三门峡市人门栈道构造想象图(《三门峡漕运遗迹》)
图 5-182　汉代栈道构造示意图(《中国古桥技术史》)
图 5-183　陕西蓝田—商县古武关道栈道遗迹分布示意图(《考古与文物》1986 年第 2 期)
图 5-184　古武关道兰桥河栈道遗迹Ⅲ段平、立面图(《考古与文物》1986 年第 2 期)

图 5-185　安徽铜陵市金牛洞汉代铜矿遗址第一发掘地点(《考古》1989 年第 10 期)
图 5-186　安徽铜陵市金牛洞汉代铜矿遗址第二发掘地点(《考古》1989 年第 10 期)
图 5-187　汉代水井井圈的结构形式
图 5-188　汉代水井之井栏
图 5-189　汉代水井之井架
图 5-190　汉代水井之井亭、井屋
图 5-191　汉代之仓囷明器
图 5-192　汉代之仓屋明器
图 5-193　汉代之仓楼明器
图 5-194　四川画像砖中仓屋之木构形象(《文物》1975 年第 4 期)
图 5-195　陕西华阴县汉华仓城址遗迹平面图(《考古与文物》1981 年第 5 期)
图 5-196　陕西华阴县汉华仓城址遗迹一号仓复原图(《考古与文物》1982 年第 6 期)
图 5-197　内蒙古呼和浩特市美岱古城内城汉代大型仓库基址(《文物》1961 年第 9 期)
图 5-198　河南洛阳市汉河南县仓囷遗址平面(《考古学报》1956 年第 4 期)
图 5-199　西汉长安城武库遗址平面图(《考古》1978 年第 4 期)
图 5-200　西汉长安城武库第七遗址平面图(《考古》1978 年第 4 期)
图 5-201　四川新都县东汉画像砖表现之武库形象(《文物》1982 年第 2 期)
图 5-202　汉代之“兵栏”及武器架
图 5-203　河南洛阳市东周王城内西汉前期窑址(《考古与文物》1983 年第 3 期)
图 5-204　汉长安西汉窑址（Y4)(《考古》1992 年第 2 期)
图 5-205　辽宁宁城县黑城古城王莽钱范作坊烘范窑遗址(《文物》1977 年第 12 期)
图 5-206　河南洛阳市东汉烧煤瓦窑遗址(《考古》1997 年第 2 期)
图 5-207　河南洛阳市东郊东汉“对开式”砖瓦窑(《中原文物》1985 年第 4 期)
图 5-208　浙江上虞县帐子山东汉一号龙窑(《文物》1984 年第 3 期)
图 5-209　汉代之陶灶明器
图 5-210　汉代之铜、石灶明器
图 5-211　汉代之陶、石、铜、铁炉形象
图 5-212　汉代的几种木结构建筑(《中国古代建筑史》)
图 5-213　汉代之楹柱
图 5-214　汉代建筑之双角柱及都柱
图 5-215　汉代石阙、石墓及建筑明器中之斗栱
图 5-216　汉代画像砖石中之斗栱形象
图 5-217　汉代之屋脊形象及装饰
图 5-218　汉代木椁墓之其他结构形式
图 5-219　汉代木棺椁之榫卯
图 5-220　汉代建筑之门、窗
图 5-221　汉代建筑之天花、藻井
图 5-222　汉代建筑之楼梯、勾阑
图 5-223　汉代建筑之木刻饰板

图 5-224 汉代之线刻石刻
图 5-225 汉代之浅浮雕石刻
图 5-226 汉代之高浮雕石刻
图 5-227 汉代之陶砖
图 5-228 汉代陶砖之纹饰及铭刻（一）、（二）
图 5-229 汉代砖墙及砖券之砌式
图 5-230 汉代地砖
图 5-231 汉代地砖之铺式
图 5-232 汉代之空心砖
图 5-233 汉代空心砖之纹样
图 5-234 汉代之陶瓦
图 5-235 汉代之瓦当纹样（一）、（二）
图 5-236 汉代之陶管、井圈
图 5-237 汉代之金属建筑构件(《满城汉墓发掘报告》)
图 5-238 汉代建筑之金属装饰构件—铺首
图 5-239 汉代建筑之台基
图 5-240 汉代建筑之壁画
图 5-241 汉代建筑之木板彩画
图 5-242 汉代之石刻、木雕、铜铸造像
图 5-243 汉代之陶塑造像
图 5-244 汉代之家具（一）、（二）、（三）
图 5-245 汉代之灯具（一）、（二）
图 5-246 汉代之帷帐
图 5-247 汉代之其他生活用具
图 5-248 以西汉长安为中心的超长建筑基线示意图(《文物》1995 年第 3 期)

编写后记

编写一部能够全面反映我国七千年传统建筑肇始与发展的历史，既是华夏文明赋予的历史使命，也是今日社会提出的迫切需求，更是我们从事建筑史学工作者义不容辞的神圣职责。早在20世纪40年代，我学科的创始人刘敦桢先生和梁思成先生就已在各自的教学工作中撰写了这方面的史稿。尔后在20世纪50至60年代，又曾经组织全国建筑史学界和有关单位及人士，对我国古代、近代与现代建筑史进行过多次编写。其中由刘敦桢先生主持并于1966年完成的《中国古代建筑史》，就是反映当时最高学术水平的代表作。从那时到现在，又经过了三十年，对传统建筑新的发现与探索正在不断展示，新的认识与观念也在不断形成。处于这样有利的形势下，如何将上述成果更全面、更深入地反映到中国建筑史中来，就成为我们这些学科后继者无可推卸与十分重大的任务。

1989年国内若干高校与科研单位在中国自然科学基金委员会和建设部的联合资助下，筹划编写一部新的多卷集中国古代建筑史。全书共分为五卷，每卷篇幅约100万字，并采用断代阐述和由各卷主编分工负责的形式，预计在1990～1992三年内完成。本书就是该文集的首卷，其内容依时代前后划分为原始社会、夏商、周、秦、汉五章，并附以前言，历代建筑大事年代及后记等。工作展开以后，由于编写及制图量甚为庞大，以及出现了一些意外情况，例如许多原约撰稿人在未作任何解释下悄然自行退出。这不但严重破坏了原拟定的进度计划，而且还迫使作为主编的我不得不接替他们留下的大量工作，从而增添了额外的沉重负担。

由于上述这些原因，使得本卷文稿延至1993年才被交付。该稿共计行文46万字，附有图片约600幅。但在随后的样稿校核中，感到某些章节的内容尚需作适当的补充与修订。这时正值若干兄弟卷文稿的撰写还未完全杀青，于是在征得出版社的同意下，将我卷稿图抽回进行整理。原来打算仅对局部内容作少许调整，但在查阅有关文献资料后，特别是近年来许多新的考古发现与研究成果陆续发表，使得在小范围内整顿的设想不得不变更为牵动全局的大动干戈。面对自己过去领略不深的学术领域（如原始社会）和必须重新查核大量文献资料的现实，以及多方面的写作与繁杂的事务，使我深感困难和茫无头绪。然而这是一项必须由自己完成的任务，面前已无任何退路，只有正视困难，以理智和冷静心态将其一一克服。

由于条件限制，当时所有的资料收集、文字抄录、插图描绘、扩缩排版等工作，都须亲手操作。长年累月的高强度劳动，使自己深感心力交瘁。每天不足六小时休息的体力疲困尚能勉强支持，但精神上与日俱增的“负债”感，却给自己带来梦魇般的极大压力。

1998年秋，修订稿终于宣告完成，这时的文字已达70万，插图也增至千幅。与1993年稿相比较，二者分别增加了50%与60%。现将其主要章节字数及撰写者列于下表：

章　节	初　稿（1993年）	修　改　稿（1998年）
原始社会	5.5万　杨鸿勋	11.6万　杨鸿勋、刘叙杰
夏、商	4.2万　刘叙杰	7.3万　刘叙杰
周	9.1万　刘叙杰	13.5万　刘叙杰
秦	5.0万　刘叙杰	7.3万　刘叙杰
汉	17.5万　（坛庙一节曹春平）刘叙杰	23.8万　（坛庙一节曹春平）刘叙杰
大事记年	3.8万　刘叙杰	4.1万　刘叙杰

虽然表中列出的仅是几行数字，但其中所包含的种种甘苦，却是千言万语所难以表达的。

最后，我要在这里感谢中国社会科学院考古研究所杨鸿勋教授对本书的热诚支持和由衷合作。感谢南京博物院梁百泉院长和南京大学历史系考古专业蒋赞初教授为我解答了不少疑难。然而最应当感谢的，还是那些考古专家学者和田野工作者们，没有他（她）们辛勤发掘、整理与研究的大量成果作为依托，我这书就只能是一叠毫无内容的白纸。

中国建筑工业出版社乔匀先生为本书的编著与出版尽了许多心力，特此一并致谢。

谨以此书献给为中国古建筑事业作出毕生贡献的前辈们和后继者！

刘叙杰

1998年11月于南京东南大学